1 中国生态大讲堂
China Ecological Forum

人类活动与生态系统变化的前沿科学问题

Scientific Frontier on Human Activities and Ecosystem Changes

于贵瑞　等著

高等教育出版社
Higher Education Press

内容简介

本书由中国科学院国际合作伙伴计划“人类活动与生态系统变化”创新团队集体撰著，全书包括绪论部分以及正文共4篇21章。作者在系统阐述20世纪生态学的发展历程和21世纪生态学发展趋势的基础上，重点介绍和论述了涡度相关技术、同位素技术和卫星遥感技术等在生态系统变化和物质循环通量的多尺度综合观测中的应用，生态系统变化过程的模型模拟、尺度问题和模型数据融合方法，陆地生态系统格局和过程对全球变化的响应和适应，以及人类活动对生态系统的影响和调控等研究领域的前沿性科学问题。本书为从事全球变化、陆地生态系统水、碳、氮循环过程以及自然-经济-人文社会环境的相互关系研究领域的科技人员提供了野外观测、模型模拟和综合分析等方面的新理论、新技术和新思路，可作为生态、农林、环境等相关领域的科研工作者和研究生的参考书。

图书在版编目(CIP)数据

人类活动与生态系统变化的前沿科学问题/于贵瑞等著.
北京:高等教育出版社，2009.7
ISBN 978-7-04-026627-6

Ⅰ.人…　Ⅱ.于…　Ⅲ.人类活动影响-生态系统-研究
Ⅳ.X171

中国版本图书馆CIP数据核字(2009)第067815号

策划编辑 李冰祥　**责任编辑** 张晓晶　**封面设计** 张楠　**责任绘图** 尹莉
版式设计 范晓红　**责任校对** 王效珍　**责任印制** 韩刚

出版发行 高等教育出版社	购书热线 010-58581118
社　址 北京市西城区德外大街4号	咨询电话 400-810-0598
邮政编码 100120	网　址 http://www.hep.edu.cn
总　机 010-58581000	http://www.hep.com.cn
	网上订购 http://www.landraco.com
经　销 蓝色畅想图书发行有限公司	http://www.landraco.com.cn
印　刷 中原出版传媒投资控股集团 北京汇林印务有限公司	畅想教育 http://www.widedu.com
开　本 787×1194　1/16	
印　张 35.25	版　次 2009年7月第1版
字　数 1 050 000	印　次 2009年7月第1次印刷
彩　插 5	定　价 88.00元

物料号　26627-00

《中国生态大讲堂系列丛书》总序

“中国生态大讲堂”(China Ecological Forum,CEF)是由中国国家生态系统观测研究网络(CNERN)综合研究中心、中国科学院生态系统研究网络(CERN)综合研究中心以及中国科学院生态系统网络观测与模拟重点试验室共同主办的综合性生态学问题的学术论坛,其宗旨是“传播新知识,交流新思想,展示新成果”,其具体内涵是指:中国的科学家和官员谈论中国生态问题,国外的科学家谈论中国生态问题,以及在中国举办的国际生态学科高级论坛。

自2005年“中国生态大讲堂”创办以来,已经组织了35次学术报告会,举办了5次综合性学术研讨会和1次高级研讨班,有110多位中外知名科学家做了主题演讲,邀请的报告人包括中国科学院和中国工程院的两院院士、国内外各科学研究机构和大学的知名专家、国家相关部委的政府官员、国际组织官员、CNERN和CERN的野外台站科技人员等。“中国生态大讲堂”面向政府职能部门、生态领域的科技人员和研究生、国际组织以及媒体开放,已经成为我国生态学研究领域的重要学术交流平台。

“中国生态大讲堂”在四年的发展历程中,为专家和官员搭建了学术讲演的舞台,为科研人员以及研究生提供了了解中国生态问题、生态系统研究科学前沿与热点领域的机会,特别是已经举办的“生态系统评估的科学问题与研究方法”、“生态系统长期观测与试验——应对可持续性的挑战”、“生态系统研究的新理念、新领域、新技术与新方法”、“气候变化与生态系统适应性——聚焦长江流域”、“人类活动与生态系统变化”等综合研讨会,涉及了广泛科学问题和技术领域,吸引了众多在国际学术前沿的科学家们的响应和参与。在2007年召开的国际长期生态学研讨会——“迎接不同尺度可持续生态系统管理的挑战”上,来自全球31个国家和地区的210名代表共聚大讲堂,深入探讨了全球的长期生态系统研究前沿问题,取得了广泛的国际影响。

“中国生态大讲堂”的健康发展,引领着我国生态学的发展,为年轻的科研人员提供了解中国、了解世界、学习知识、把握科学前沿的机会。因此,系统出版《中国生态大讲堂系列丛书》的要求也日益强烈,高等教育出版社主动提出资助《中国生态大讲堂系列丛书》出版工作的设想满足了广大科技人员的强烈需求,为推动“中国生态大讲堂”向更高层次的目标发展提供了机遇和条件。为此,在《中国生态大讲堂系列丛书》问世之际,谨向高等教育出版社致以真诚的感谢,也对高等教育出版社积极承担社会责任的精神致以崇高的敬意。

《中国生态大讲堂系列丛书》将根据我国科技发展的需要,不断选择科技界和公众高度关注的科学主题,不定期地、系统性地编辑出版“主题科学论著”,以探讨我国生态建设和生态系统科学研究中的理论和实践问题,满足生态学领域的科技人员和社会公众的需求,为我国的科技发展和生态建设服务。

《中国生态大讲堂系列丛书》是“中国生态大讲堂”的组织者、演讲者以及参与者们共同智慧和劳动成果的载体,承担着“传播新知识、交流新思想、展示新成果”历史使命。这里,衷心地祝愿《中国生态大讲堂系列丛书》能够成为具有广泛影响的“主题科学论著”系列,成为我国生态学领域必读的科学出版物;衷心地感谢“中国生态大讲堂”的组织者、演讲者以及参与者所付出的努力和贡献;也衷心地感谢高等教育出版社编辑人员的合作与鼎力支持。

中国科学院地理科学与资源研究所

于贵瑞

2009年3月于北京

中国科学院创新团队国际合作伙伴计划
“人类活动与生态系统变化”项目(CXTD-Z 2005-1)资助

作者名单

（按姓氏笔画排序）

于贵瑞	于　强	王开存	王　平	王绍强
王秋凤	王　靖	方华军	邓祥征	田　静
朱阿兴	朱莉芬	伍卫星	伏玉玲	任书杰
邬定荣	刘　帅	刘　洋	刘荣高	齐家国
闫慧敏	孙来祥	孙晓敏	孙皖肖	许守华
李仞兰	李旭辉	李　俊	李胜功	李润奎
李常斌	杨建思	肖向明	肖　薇	宋　霞
张林秀	张　峰	张　峰	张　骏	张雷明
张　黎	陈腊娇	陈镜明	周晓路	周　蕾
官丽莉	赵风华	胡中民	骆亦其	秦　军
徐　明	郭　华	黄季焜	曹明奎	曹淑艳
常　杰	梁顺林	彭长辉	温学发	谢高地

Emi Uchida　Guenther Fischer　Harrij van Velthuizen

James E. Burt　Jianjun Ge　Nathan Moore　Scott Rozelle

前言

20 世纪后期以来大规模、高强度的人类活动及其所导致的全球环境变化已经并且正在深刻地改变着陆地生态系统的格局和过程，使得保持生态系统服务功能和社会经济增长的矛盾日益突出，严重地制约了社会经济的持续发展。21 世纪人口和经济的持续增长、全球环境快速变化将给生态系统形成前所未有的压力。因此，认识和管理高强度人类活动和全球环境快速变化双重驱动下的生态系统变化，实现生态-经济-社会系统的协调和持续发展，是 21 世纪人类社会面临的共同挑战。

2005 年，中国科学院地理科学与资源研究所组织了一批活跃在生态系统变化的过程观测、遥感观测、生态系统模型、土地利用变化、区域经济发展以及气候变化等领域的科研骨干与海外知名科学家，组成了中国科学院国际合作伙伴计划"人类活动与生态系统变化"创新团队，针对 21 世纪地球系统科学和生态科学的核心问题——认识人类高强度活动和全球环境快速变化驱动下的生态系统变化，开展国际协作攻关。该创新团队以地球系统科学理论为指导，把环境-生态系统-社会作为一个相互作用的整体开展系统研究，综合应用地学、生态学、环境科学和社会经济科学方法，阐述生态系统变化的过程机制，评估和预测人类活动直接干预和环境变化共同驱动的生态系统状态变化。

通过 3 年的密切配合和精诚合作，该创新团队如期完成了预定目标，取得了多项代表性科研成果，主要包括：(1) 基于中国陆地生态系统通量观测研究网络，开展了典型生态系统水、碳、氮通量的联网观测，阐述了典型生态系统水、碳、氮循环关键过程对环境变化的响应和适应机制，引进了稳定同位素原位连续观测系统，发展和验证了新一代遥感植被生产力模型(VPM)；(2) 应用模型-数据融合方法开展陆地生态系统碳循环研究，提出了利用可变邻域技术解决生态模拟中参数尺度问题的方法，在全国尺度上模拟和分析了气候变化和人类活动对中国森林生态系统碳源汇时空格局的影响，以及土地利用变化对生态系统生产力及土壤碳吸收潜力的影响；(3) 运用计量经济学模型分析了城镇化对我国耕地资源的影响，完善和更新了农业生态区(AEZ)模型和中国农业可持续发展决策支持系统(CHINAGRO)，定量估计了区域生态系统服务功能变化及其承载能力和可持续发展能力，评价了青藏铁路修建对高原区生态环境的影响。

本专著围绕人类活动与生态系统变化研究的前沿科学问题，重点阐述了创新团队成员在生态系统变化的多尺度综合观测、模型模拟和分析、生态系统对人类活动和全球变化的响应和适应等方面所取得的重要成果。绪论部分综述了 20 世纪生态学的发展历程、现代人类活动与生态系统关系的主要特征、21 世纪生态学研究的发展趋势、热点领域及其科学问题；第一篇(第 1 章至第 5 章)论述了生态系统物质通量观测技术、同位素观测技术和遥感技术在生态系统过程和格局研究中的应用；第二篇(第 6 至第 10 章)重点介绍了生态系统水、碳循环模拟的过程机理模型、遥感模型，以及模型数据融合技术在碳循环研究中的应用；第三篇(第 11 章至第 15 章)阐述了生态系统的格局和水、碳、氮等过程对全球变化的响应和适应及其不确定性；第四篇(第 16 章至第 21 章)着重论述了人类活动对生态系统的影响，气候变化、陆地生态系统格局与人类活动相互作用关系，以及生态系统服务功能与人类活动承载能力的变化。

在中国科学院人事局和资环局、地理科学与资源研究所的领导、关怀和支持下，本团队组建了一支由 15 名项目专家、24 名青年学者和大量博士、硕士研究生参加的研究梯队，通过互派访问学者，联合培养硕士生、博士生等方式，培养了一批具有跨学科背景的后备人才队伍，并通过举办不同规模的学术交流会为国内相关领域的青年科技人员提供了良好的国际交流平台。在本专著出版之际，谨对创新团队全体成员的精诚团结和努力工作表示衷心感谢，也对关心和支持创新团队的所有领导、专家、学者和研究生表示衷心感谢，也对在该书的编辑和组织过程中付出心血的闫慧敏和张黎博士表示衷心感谢，对高等教育出版社的资助和编辑工作表示衷心感谢。

本创新团队的组建者曹明奎博士在团队组建不久就不幸辞世，团队全体同仁万分悲痛。在此后的2年多时间里，团队全体成员化悲痛为力量，继续团结合作，顺利地完成了各项预定的研究工作。本书既是创新团队集体智慧和成果的结晶，也是告慰曹明奎博士亡灵的一种表达方式，谨将此书献给尊敬的曹明奎博士，以表达团队全体成员对他的深切怀念！

本书涉及的内容前沿、问题复杂，部分研究内容还仅仅是基于有限资料和阶段性研究结果的总结，还存在许多不确定性和局限性。因此，本书中的错误和缺点也在所难免，欢迎各位读者提出宝贵意见。

中国科学院地理科学与资源研究所　于贵瑞

2009年元月

目　录

绪论　21 世纪生态学面临的挑战及其使命 …… 1
摘要 …… 1
Abstract …… 2
0.1　引言 …… 3
0.2　20 世纪生态学的发展历程 …… 3
0.3　现代人类活动与生态系统关系的主要特征 …… 9
0.4　21 世纪生态学研究的发展趋势 …… 12
0.5　现代生态学研究的热点领域及其科学问题 …… 20
0.6　我国生态系统研究的主要科技任务 …… 23
0.7　结论与展望 …… 25
参考文献 …… 26

第一篇　生态系统变化的多尺度观测与分析

第 1 章　陆地生态系统水、碳、氮通量及其循环过程的综合观测 …… 31
摘要 …… 31
Abstract …… 32
1.1　引言 …… 33
1.2　生态系统水、碳、氮的耦合循环及其通量 …… 33
1.3　生态系统水、碳通量观测的技术沿革 …… 35
1.4　生态系统氮通量观测的技术进步 …… 37
1.5　生态系统通量观测与模型模拟的结合 …… 41
1.6　生态系统通量观测与遥感反演的结合 …… 44
1.7　结论与展望 …… 46
参考文献 …… 46

第 2 章　生态系统稳定同位素平衡原理及其在生物地球化学循环研究中的应用 …… 55
摘要 …… 55
Abstract …… 56
2.1　引言 …… 57
2.2　生态系统的稳定同位素分馏原理 …… 57
2.3　生态系统中碳的同位素效应 …… 59
2.4　生态系统中水的同位素效应 …… 68
2.5　生态系统中氮的同位素效应 …… 74
2.6　结论与展望 …… 78
参考文献 …… 79

第 3 章 大气水汽的稳定同位素平衡及其在生态系统水循环研究中的应用 …… 105
摘要 …… 105
Abstract …… 106
3.1 引言 …… 107
3.2 水汽同位素在生态学和水文学研究中的应用 …… 107
3.3 大气水汽理想化系统理论 …… 108
3.4 蒸发和蒸腾水的同位素理论 …… 109
3.5 空气水汽同位素含量的时间和空间分布 …… 111
3.6 测量技术 …… 115
3.7 结论与展望 …… 118
参考文献 …… 118

第 4 章 支持生态模型模拟的地面要素遥感观测与反演 …… 121
摘要 …… 121
Abstract …… 122
4.1 引言 …… 123
4.2 用于生态系统变化监测的传感器及卫星发展计划 …… 123
4.3 陆地表层遥感参数反演的主要方法 …… 129
4.4 陆地表层遥感参数反演的主要产品 …… 133
4.5 遥感产品与生态模拟 …… 144
4.6 结论 …… 146
参考文献 …… 146

第 5 章 GIS 支持下高分辨率空间数据在流域生态模拟应用中的尺度问题 …… 157
摘要 …… 157
Abstract …… 158
5.1 引言 …… 159
5.2 基本概念 …… 159
5.3 GIS 的计算邻域与生态要素空间作用范围:计算邻域问题 …… 161
5.4 高空间分辨率数据下生态要素在空间上的协同变化:空间尺度不兼容问题 …… 167
5.5 实例分析 …… 169
5.6 本章小结 …… 173
参考文献 …… 173

第二篇 生态系统变化过程的模型模拟与信息融合

第 6 章 生态系统水循环过程的动态模拟与流域水资源管理 …… 179
摘要 …… 179
Abstract …… 180
6.1 生态模型概论 …… 181
6.2 土壤-植物-大气系统水分过程的模拟 …… 184
6.3 农田生态系统作物生长与水、热、CO_2 传输综合模型 …… 189
6.4 流域水循环模型及其与生态模型的耦合 …… 202

参考文献 …… 213

第 7 章 生态系统碳循环的时空动态模拟及计量方法 …… 223
摘要 …… 223
Abstract …… 224
7.1 前言 …… 225
7.2 生态系统碳循环分量 …… 225
7.3 光合作用模拟方法 …… 226
7.4 呼吸作用模拟方法 …… 233
7.5 林分年龄是森林碳循环中的重要驱动因子 …… 234
7.6 干扰对碳循环的影响 …… 235
7.7 碳循环的时间尺度及其在碳模拟中的应用 …… 236
7.8 减少碳收支计量不确定性的几个策略 …… 236
7.9 中国和加拿大个例分析 …… 237
参考文献 …… 241

第 8 章 森林生长和碳动态变化的混合模拟方法 …… 247
摘要 …… 247
Abstract …… 248
8.1 前言 …… 249
8.2 模型结构 …… 249
8.3 子模型描述 …… 250
8.4 一个面向对象(object-oriented)模型的建立策略 …… 254
8.5 模型检验和应用 …… 254
8.6 讨论 …… 261
参考文献 …… 262

第 9 章 陆地生态系统初级生产力遥感模型估算 …… 267
摘要 …… 267
Abstract …… 268
9.1 前言 …… 269
9.2 主要 GPP 遥感估计模型回顾 …… 271
9.3 VPM 模型详细描述 …… 274
9.4 典型生态系统 GPP 遥感模型估算 …… 276
9.5 模型精度评价和不确定性分析 …… 279
9.6 小结 …… 280
参考文献 …… 280

第 10 章 多尺度、多源生态观测数据的同化技术及其在碳循环研究中的应用 …… 285
摘要 …… 285
Abstract …… 286
10.1 引言 …… 287
10.2 陆地生态系统碳循环模拟模型 …… 287

10.3 数据同化技术 …… 289
10.4 基于通量网的应用 …… 291
10.5 基于控制试验的应用 …… 293
10.6 小结 …… 295
参考文献 …… 296

第三篇 全球变化驱动下的生态系统变化过程及其适应性

第 11 章 气候变化对陆地生态系统格局的影响 …… 301
摘要 …… 301
Abstract …… 302
11.1 中国陆地生态系统空间格局 …… 303
11.2 中国陆地生态系统时空格局变化趋势 …… 306
11.3 气候变化对中国陆地生态系统格局的影响机制 …… 312
11.4 展望 …… 314
参考文献 …… 315

第 12 章 生态系统的生物种群和植被动态对全球气候变化的响应与适应 …… 317
摘要 …… 317
Abstract …… 318
12.1 引言 …… 319
12.2 全球气候变化对植物的影响 …… 319
12.3 植物种群结构与动态对全球变化的响应 …… 321
12.4 当前及未来气候情景下的植被动态 …… 323
12.5 展望 …… 325
参考文献 …… 326

第 13 章 生态系统的碳、氮、水过程对全球变化的响应与适应 …… 331
摘要 …… 331
Abstract …… 332
13.1 生态系统碳、氮、水过程对温度升高的响应与适应 …… 333
13.2 生态系统碳、水过程对降水格局变化的响应与适应 …… 338
13.3 生态系统碳、氮、水过程对大气 CO_2 浓度升高的响应与适应 …… 342
13.4 生态系统碳、氮、水过程对大气氮沉降增加的响应与适应 …… 348
13.5 小结和展望 …… 354
参考文献 …… 354

第 14 章 陆地生态系统碳、氮、水过程间耦合关系及其对全球变化的响应与适应 …… 367
摘要 …… 367
Abstract …… 368
14.1 陆地生态系统的水、碳耦合循环 …… 369
14.2 陆地生态系统的碳、氮耦合循环 …… 379

14.3 结论与展望 …… 383
参考文献 …… 384

第 15 章 生态系统结构与功能的复杂性及其环境响应的不确定性 …… 395
摘要 …… 395
Abstract …… 396
15.1 生态系统复杂性理论概述 …… 397
15.2 生态系统结构与功能的复杂性 …… 399
15.3 生态系统环境响应的不确定性 …… 400
15.4 生态系统复杂性研究方法概述 …… 403
参考文献 …… 405

第四篇 人类活动对生态系统的影响及其评价和调控

第 16 章 中国建设用地扩张的区域差异及其影响因素 …… 409
摘要 …… 409
Abstract …… 410
16.1 引言 …… 411
16.2 数据与样本 …… 411
16.3 建设用地扩张 …… 412
16.4 人均建设用地区域差异 …… 412
16.5 建设用地变化分析计量经济模型 …… 414
16.6 计量经济模型估计结果与分析 …… 415
16.7 结论与展望 …… 416
参考文献 …… 416

第 17 章 耕地用途转移对我国耕地生产潜力的影响 …… 419
摘要 …… 419
Abstract …… 420
17.1 引言 …… 421
17.2 土地利用数据 …… 421
17.3 耕地生产潜力估算模型 …… 422
17.4 耕地用途转移特征 …… 422
17.5 耕地生产潜力变化 …… 424
17.6 2000—2003 年耕地变化 …… 425
17.7 政策建议 …… 426
参考文献 …… 427

第 18 章 农业生态区(AEZ)模型方法与农业生产潜力评估 …… 429
摘要 …… 429
Abstract …… 430
18.1 引言 …… 431
18.2 AEZ 模型框架 …… 432

18.3 土地资源的构成 …… 435
18.4 土地利用类型与作物复种轮种区划 …… 439
18.5 中国农业生产潜力评估 …… 445
18.6 结论与展望 …… 449
参考文献 …… 449

第19章 气候变化、陆地生态系统格局与人类活动相互作用机制 …… 453
摘要 …… 453
Abstract …… 454
19.1 引言 …… 455
19.2 全球气候变化与国际因素 …… 455
19.3 陆地生态系统及其对全球气候变化的响应 …… 463
19.4 气候、陆地生态系统和人类之间的相互作用机制 …… 468
19.5 中国区域气候变化、土地利用与生态功能案例研究 …… 473
19.6 结论与展望 …… 488
参考文献 …… 489

第20章 生态系统服务功能变化与人类活动承载能力 …… 491
摘要 …… 491
Abstract …… 492
20.1 重要生态服务的总体变化趋势 …… 493
20.2 用生态足迹度量生态服务消费 …… 510
20.3 中国生态服务的人口承载能力 …… 520
参考文献 …… 523

第21章 生态系统服务的供给、贸易与市场机制 …… 525
摘要 …… 525
Abstract …… 526
21.1 引言 …… 527
21.2 生态系统服务的供给与消费 …… 527
21.3 生态系统服务的价值化 …… 537
21.4 生态系统服务贸易与市场机制 …… 539
21.5 结论与展望 …… 542
参考文献 …… 542

Contents

Introduction Challenges and missions facing ecology in the 21st century …… 2
0.1 Introduction …… 3
0.2 History of ecology in the 20th century …… 3
0.3 Characteristics of relationship between modern human activities and ecosystem …… 9
0.4 The orientation of ecological research in the 21st century …… 12
0.5 Hot fields and scientific issues in modern ecology …… 20
0.6 The main scientific missions of ecosystem research in China …… 23
0.7 Conclusions and outlook …… 25
References …… 26

Part One Multi-scale measurements and analysis of ecosystem changes

Chapter 1 Synthetic observation of water, carbon, and nitrogen cycles in the terrestrial ecosystem …… 32
1.1 Introduction …… 33
1.2 Coupling of ecosystem carbon, water, and nitrogen cycles and their fluxes …… 33
1.3 History of the technology for ecosystem carbon and water flux measurements …… 35
1.4 Advance in the technology of ecosystem nitrogen flux measurements …… 37
1.5 Integrative application of ecosystem flux measurement and model simulation …… 41
1.6 Integrative application of ecosystem flux measurement and remote sensing inversion …… 44
1.7 Conclusions and outlook …… 46
References …… 46

Chapter 2 Application of stable isotope techniques in biogeochemical cyclings of terrestrial ecosystems …… 56
2.1 Introduction …… 57
2.2 Theory of stable isotope fractionation in ecosystems …… 57
2.3 Carbon isotope effects in ecosystems …… 59
2.4 Water isotope effects in ecosystems …… 68
2.5 Nitrogen isotope effects in ecosystems …… 74
2.6 Conclusions and outlook …… 78
References …… 79

Chapter 3 Stable isotopic equilibrium of atmospheric water vapor and its application in the hydrological research …… 106
3.1 Introduction …… 107

3.2 Use of water vapor isotopes in ecological and hydrological research ······ 107
3.3 Theory of idealized systems for atmospheric water vapor ······ 108
3.4 Theory for the isotopic content of evaporation and transpiration ······ 109
3.5 Temporal and spatial patterns in the isotopic content of atmospheric vapor ······ 111
3.6 Measurement techniques ······ 115
3.7 Conclusions and outlook ······ 118
References ······ 118

Chapter 4 Remote sensing observation and retrieval of land surface parameters for ecological model simulation ······ 122
4.1 Introduction ······ 123
4.2 The satellites missions for ecosystem monitoring ······ 123
4.3 The main methods for retrieval of land surface parameters from remote sensing data ······ 129
4.4 The main remote sensing land surface products ······ 133
4.5 Assimilation of Remote sensing products to ecological modeling ······ 144
4.6 Conclusion ······ 146
References ······ 146

Chapter 5 Scale issues of using high resolution spatial data in ecological modeling at the meso-scale watershed level under GIS environment ······ 158
5.1 Introduction ······ 159
5.2 Basic concepts ······ 159
5.3 Neighborhood size and ecological factor issues in Ecological modeling ······ 161
5.4 Scale incompatibility and spatial joint distribution of ecological factors ······ 167
5.5 Case analysis ······ 169
5.6 Conclusion ······ 173
References ······ 173

Part Two Process-based ecosystem modeling and information fusion

Chapter 6 The dynamic simulation of ecosystem water cycle process and river basin water resources management ······ 180
6.1 Overview of ecological models ······ 181
6.2 Simulation of hydrological processes within Soil-Plant-Atmosphere Continuum ······ 184
6.3 The integrated model of crop growth and the transfer of heat, water vapor and carbon dioxide in agricultural ecosystems ······ 189
6.4 Watershed hydrologic models and their coupling with ecological models ······ 202
References ······ 213

Chapter 7 Methods for simulating the spatiotemporal dynamics of the terrestrial ecosystem carbon cycle ······ 224
7.1 Introduction ······ 225
7.2 Components of the terrestrial carbon cycle ······ 225

7.3 Photosynthesis modeling methodology ······ 226
7.4 Respiration modeling methodology ······ 233
7.5 Stand age as an important driver of the forest carbon cycle ······ 234
7.6 The influence of disturbance on the carbon cycle ······ 235
7.7 Time scale of the carbon cycle and its implications on carbon modeling ······ 236
7.8 Strategies to reduce uncertainties in carbon cycle estimation ······ 236
7.9 Examples from Canada and China ······ 237
References ······ 241

Chapter 8 Approaches to modeling forest growth and carbon dynamics ······ 248
8.1 Introduction ······ 249
8.2 Model structure ······ 249
8.3 Descriptions of sub-models ······ 250
8.4 The construction strategy of an object-oriented model ······ 254
8.5 The test and application of model ······ 254
8.6 Discussion ······ 261
References ······ 262

Chapter 9 Satellite-based modeling of gross primary production of terrestrial ecosystems ······ 268
9.1 Introduction ······ 269
9.2 A review of major satellite-based models of gross primary production ······ 271
9.3 Detailed description of Vegetation Photosynthesis Model ······ 274
9.4 Gross primary production of major terrestrial ecosystem types - case studies ······ 276
9.5 Accuracy assessment and uncertainty analysis of models ······ 279
9.6 Summary ······ 280
References ······ 280

Chapter 10 Assimilation of multi-scale and mulit-source ecological data: Techniques and application to carbon cycle research ······ 286
10.1 Introduction ······ 287
10.2 Simulation models of ecosystem carbon cycles ······ 287
10.3 Data assimilation techniques ······ 289
10.4 Applications to fluxnet ······ 291
10.5 Applications to manipulative experiments ······ 293
10.6 Summary ······ 295
References ······ 296

Part Three Ecosystem changes under and their adaptation to global change

Chapter 11 Impacts of climate change on terrestrial ecosystems ······ 302
11.1 Spatial patterns of Chinese terrestrial ecosystems ······ 303
11.2 Trend of the temporal and spatial patterns of Chinese terrestrial ecosystems ······ 306
11.3 Mechanisms of the effects of climate change on the pattern of Chinese terrestrial ecosystems ······ 312

11.4 Outlook …… 314
References …… 315

Chapter 12 Responses and adaptation of ecosystem species and vegetation dynamic to the global climate change …… 318
12.1 Introduction …… 319
12.2 Effects of global climate change on vegetation …… 319
12.3 Responses of plant population structure and their dynamics to global change …… 321
12.4 The vegetation dynamics under current and future climate scenario …… 323
12.5 Outlook …… 325
References …… 326

Chapter 13 Responses and adaptation of ecosystems C, N and H_2O processes to global climate change …… 332
13.1 Responses and adaptation of ecosystem carbon, nitrogen and water cycles to increase of temperature …… 333
13.2 Responses and adaptation of ecosystem carbon and water cycles to the change in precipitation pattern …… 338
13.3 Responses and adaptation of ecosystem carbon, nitrogen and water cycles to increase of atmospheric carbon dioxide concentration …… 342
13.4 Responses and adaptation of ecosystem carbon, nitrogen and water cycles to increase of atmospheric nitrogen deposition …… 348
13.5 Conclusions and prospects …… 354
References …… 354

Chapter 14 Response and adaptation of the coupling relationships among carbon, nitrogen and water processes in terrestrial ecosystem to global change …… 368
14.1 Coupling of carbon and water cycles in terrestrial ecosystems …… 369
14.2 Coupling of Carbon and nitrogen cycles in terrestrial ecosystems …… 379
14.3 Conclusions and prospects …… 383
References …… 384

Chapter 15 Ecological complexity of ecosystem structure and function and uncertainty of ecological responses to environmental disturbances …… 396
15.1 A summary of ecosystem complexity theory …… 397
15.2 The ecological complexity of ecosystem structure and functions …… 399
15.3 The uncertainties of ecological responses to environmental disturbances …… 400
15.4 The general research methods of ecological complexity …… 403
References …… 405

Part Four Effects of human activities on ecosystems and their evaluation and control

Chapter 16 Regional differences and determinants of build-up area expansion in China …… 410

16.1 Introduction ········· 411
16.2 Data and samples ········· 411
16.3 Expansion of build-up areas ········· 412
16.4 Regional differences of build-up area per capita ········· 412
16.5 Econometric model of build-up area expansion ········· 414
16.6 Estimation results and analyses based on the econometric model ········· 415
16.7 Conclusion and perspective ········· 416
References ········· 418

Chapter 17 Cultivated land conversion and its impacts on agricultural productivity potential in China ········· 420
17.1 Introduction ········· 421
17.2 Land use data ········· 421
17.3 Estimation model on agricultural productivity potential ········· 422
17.4 Conversion of cultivated land ········· 422
17.5 Changes of cultivated land potential productivity ········· 424
17.6 Change of cultivated land from 2000 to 2003 ········· 425
17.7 Policy implications ········· 426
References ········· 427

Chapter 18 AEZ methodology and assessment on agricultural production potential ········· 430
18.1 Introduction ········· 431
18.2 Agro-Ecological Zones (AEZ) methodology ········· 432
18.3 Components of land resource ········· 435
18.4 Land use type and crop multiple cropping and rotation zonation ········· 439
18.5 Assessment of agricultural production potential in China ········· 445
18.6 Conclusion and perspective ········· 449
References ········· 449

Chapter 19 On the coupling of human activities, ecosystems and climate ········· 454
19.1 Introduction ········· 455
19.2 Global climate change and international factors ········· 455
19.3 Terrestrial ecosystem responses to global climate change ········· 463
19.4 Coupling of climate, terrestrial ecosystems and human activities ········· 468
19.5 A case study on climate change, land use and ecosystem functions in China ········· 473
19.6 Conclusions and future direction ········· 488
References ········· 489

Chapter 20 Changes in ecosystem services and carrying capacity of human activity ········· 492
20.1 Trends in key ecosystem service ········· 493
20.2 Estimation of ecosystem service consumption using ecological footprint ········· 510
20.3 Population bearing capacity of ecosystem service in China ········· 520
References ········· 523

Chapter 21 Supply, trade, and market force of ecosystem service ······ 526
21.1 Introduction ······ 527
21.2 Supply and consumption of ecosystem service ······ 527
21.3 Valuation of ecosystem service ······ 537
21.4 Trade and market force of ecosystem service ······ 539
21.5 Conclusions and outlook ······ 542
References ······ 542

绪论

21 世纪生态学面临的挑战及其使命

于贵瑞[1] 曹明奎[1] 陈镜明[2] 骆亦其[3] 闫慧敏[1] 张黎[1]

([1]中国科学院地理科学与资源研究所;[2]加拿大多伦多大学地理与规划系;[3]美国俄克拉何马大学)

摘要

生态学自 20 世纪中叶开始活跃在科学舞台上,经历了朴素生态学思想的形成、经典生态学、生态系统生态学、可持续发展和全球变化生态学 4 个发展阶段。当前,生态学已经发展成为研究尺度跨越分子到地球系统的各个层次、研究内容和方法与生物科学、地球科学和社会科学相互交融的科学领域。在过去几十年中,生态学的基本概念不断得到发展和完善,生态系统的综合性、整体性思想促进了其他学科的发展,在生态系统组分和系统间的比较研究、生态系统过程和格局的控制机制研究、生态系统变化的动态、联网观测和试验研究、生态系统过程的多层级边界和尺度转换等理论研究方面取得了显著进步,提升了对人类活动与生态系统变化基本关系的认识,为人类适应和减缓全球变化、生态系统管理提供了丰富的科学数据和方法。

自 20 世纪后期以来,全球环境变化和人类活动已经并且正在深刻地改变着生态系统的格局和过程。人类活动对生态系统施加的影响在某些方面甚至已经超过了自然因素。高强度的自然资源利用、不断增加的环境压力、强烈的人为干扰导致生态系统功能持续降低和退化,威胁着社会经济的可持续发展。面临这些严峻的挑战,21 世纪的生态学将更加重视研究气候变化和人类活动对生态系统变化以及人类福祉的影响,探讨自然环境、经济环境、人文社会环境的相互关系及其对社会发展的影响,探讨和认识生态系统变化的过程机制、生态系统调控和管理的理论和技术。随着研究对象、研究重点和所关注科学问题的改变,生态系统生态学的发展也已经呈现出了一些新的发展趋势,基于生态系统网络的多尺度、长期观测与联网观测和试验,生态过程研究与模型-数据的跨尺度融合,自然科学与人文科学相结合,以及多尺度、多过程、多学科、多途径的综合集成分析等新的科学研究思路和方法可能会为未来的生态学发展做出新的贡献。

我国的社会经济已经进入了快速发展的轨道,为合理利用资源、保护环境、促进地区协调发展,生态系统的科学研究必须为生态建设提供科技支撑,为自然资源管理、优化配置和区域可持续发展提供科技服务,为政府决策及行业发展提供理论指导、政策依据及其配套技术,为应对全球气候变化和全球经济一体化提供科技服务,为更好地理解地球系统的进化、人类活动的影响以及科学预测提供理论基础。

关键词: 生态学 全球变化 人类活动 生态建设 生态系统

Introduction

Challenges and missions facing ecology in the 21st century

Abstract

Ecology has been playing an active role on the stage of science since the mid of 20th century. It passed through four development phases, form of simple ecological thinking, classical ecology, ecosystem ecology, sustainable development and global change ecology. Ecology is a multidisciplinary science with a board research area from molecule to earth system, which is interactive with bioscience, geoscience and social science in research topics and methods. In the past few decades, concepts of ecology have been improved; the ideas of ecosystem integrity and syntheses have promoted the development of other disciplines; a great progress has been made in ecosystem dynamics, network of observation and field experiments, and theory researches on hierarchy and scaling. These progresses enhanced our understanding of basic relationship between human activity and ecological changes, and provided abundant data and methods for us to adapt and mitigate of global change and ecosystem management.

Since the late of 20th century, global environmental change and human activity have already changed ecosystem processes and patterns. The effect of human activity on ecosystem in some aspects even exceeded natural factors. High intensity exploitation of natural resources, increasing environmental pressure, and intensive human disturbance resulted in the continuous degradation of ecosystem function, and endangered the sustainable development of society and economy. Facing these rigorous challenges, more emphasis should be put to studies on influences of climate change and human activity on ecosystem and human welfare, to investigation of the interactive relation among natural, economic, and social environment and its effect on social development, to understanding of the mechanism of ecosystem processes and the theory and technology of ecosystem management. With the change of research objects, research focuses, and scientific questions, new trends have occurred in the development of ecosystem ecology. New research methods, such as multi-scales long-term network of observation and field experiments, model-data fusion in ecosystem research, combination of natural and social sciences, and synthetical analysis in multiple scales, processes, disciplines, and approaches, would make new contribution to the development of ecology in the future.

China's economy has embarked on a track of quick development. To make rational use of natural resources, protect environment, and promote the development of regional economy, scientific researches on ecosystem have to supply scientific and technical services for ecological construction, regional sustainable development, government decision making, industry development, fighting global climate change and global economy integration, and better understanding and forecasting the evolution of earth system and the effect of human activity.

Keywords: Ecology, Global change, Human activity, Ecological construction, Ecosystem

0.1 引言

20世纪后半期以来，在世界人口剧增和经济高速发展过程中，全球变暖、臭氧层破坏、大气污染与酸雨、土地退化与沙漠化、森林资源退化、陆地水域和海洋污染、生物多样性丧失等全球规模的环境问题越来越严重。这些问题已经对人类社会的持续发展构成了极大威胁，向全世界的科学家和政治家们提出了严峻的挑战。联合国和各种政府间联盟（UNEP、OCECD、WMO、IPCC、UNCD、WPC等）以及各种民间机构（FOE、IIED、WRI、IUCN、WWF等）组织实施了诸如世界气候计划（WCP）、世界气候研究计划（WCRP）、国际生物圈计划（IBP）、人与生物圈计划（MAB）、国际地圈生物圈计划（IGBP）、全球环境监测系统（GEMS）等一系列全球或区域规模的环境变化对策研究计划，并且就一些全球规模的环境问题进行了多种形式的政府间对话和政治协商。这些全球（或区域）规模的环境研究计划，得到了世界范围内生态学家们的广泛响应和参与，他们积极倡导用生态系统的原理和方法来管理自然环境和资源，并创立和发展了生态系统管理、全球变化生态学等新研究领域。生态系统管理和全球变化生态学已经成为当代生态学、环境学和资源科学的交叉领域和科学生长点，它不仅具有丰富的科学内涵，而且具有迫切的社会需求和广阔的应用前景。

我国自然环境脆弱，人口压力巨大，社会经济增长快速。在高强度的人类活动和全球环境快速变化的共同作用下，不同尺度的生态系统过程发生了各种变化。综合应用多学科方法，通过地面生态网络和卫星遥感多尺度联合观测，实现跨尺度机制分析、定量模拟和预测是评估人类活动和环境因素变化对生态系统分布格局、关键过程和服务功能的影响，认识生态系统变化的驱动和控制机制的基础。近年来上述研究方法在生态系统过程和功能的研究中得到迅速发展，但其技术体系还很不完善。因此，科学地分析和预测生态系统服务功能的变化，通过生态系统管理，实现生态-经济-社会系统的协调和持续发展，依然是21世纪生态学的历史使命，也是生态系统科学研究面临的重大挑战。

0.2 20世纪生态学的发展历程

0.2.1 生态学发展的历史回顾

20世纪中叶，随着资源开发和生产的需要，以及博物学、生物学、生理学和地理学等科学知识的积累，生态学作为生物科学的一个分支科学开始活跃在科学的舞台之上，其主要任务是研究生物与环境之间的相互关系（李文华，2004）。经过了近五六十年的发展，生态学科已经成为研究领域宽泛，生物科学与地球科学相互交融，涉及从生物分子到地球系统的各个圈层，以及生物和人类种群协调发展等诸多方面的学科群。

回顾生态学的历史发展过程，大致可以分为朴素的生态学思想形成、经典生态学的发展、生态系统生态学的建立、区域发展与全球变化生态学的形成这4个阶段（图0.1）。

（1）朴素生态学思想的形成阶段

朴素的生态学思想在公元前2000年就已经形成，见诸于古希腊和中国的著作和歌谣中。人们在长期的生活和生产实践中对于许多生物的用途、分布规律、生物学和生态学特性以及在管理和保护等方面积累了丰富的经验，并通过文字给予记述，形成了具有深刻的生态学内涵的哲学思想，其中一些对生态学的深刻见解迄今仍为生态学界所称羡（李文华，2004）。

我国早在6 000~7 000年以前就已在长江流域种植稻谷，在黄河流域种植谷子。商代（公元前16—公元前11世纪）的甲骨文记载了有关生物与环境的关系，春秋时期的《管子》中也零星地记录了有关生物分布、物候、土壤以及生物与环境的关系（李文华，2004）。最早的农业方面书籍见诸于2 000年前，迄今保存下来的古籍约有376部。这些书籍不仅记述了对各类作物的栽培与环境关系的深刻理解，也记录了农作物栽培、园林设计和畜牧蚕桑管理的丰富经验。战国时代（公元前475—公元前221年）的《禹贡》、《周礼》、《山海经》、《淮南子》、《吕氏春秋》等著作对各种可更新资源的合理利用与治理方面的记述大为增加，记载的内容更加系统而全面，深刻总结了中国民间对生物与环境关系的经验和认识（李文华，2004）。

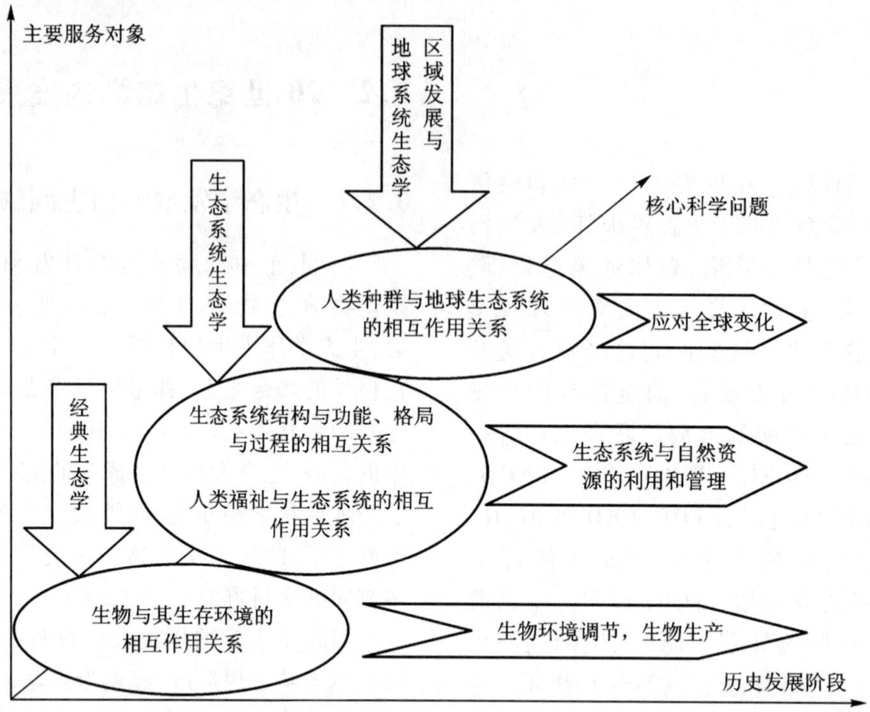

图 0.1 生态学的历史发展阶段及其核心科学问题和主要服务对象

Figure 0.1 Diagram of historical stages of development, key scientific questions, and service objects of ecology

(2) 经典生态学的发展阶段

生态学作为一门生物科学的分支科学，被定义为研究生物（个体或群体）与其生存环境相互作用关系的科学，这是经典生态学研究的核心科学问题。经典生态学的基本科学思想认为，生物与环境是相互影响的，生物是通过适应环境而生存、生长和进化的。这种经典的生态学思想推动了生物学科学研究领域中的许多早期发现，使得人们能够较清楚地认识到生命活动是如何进行和维持的，并在不断探索生物化学、生理学、行为和进化机制的过程中使得一些基本概念得到发展和完善。生态因子（ecological factor）、生物的生命周期（biological life cycle）、生命因子间的相互作用和木桶效应（cask effect）、植物光合和呼吸作用的环境控制（environmental control）、物种间的竞争（competition）与共生（symbiosis）、生命元素（biological element）和土壤肥力（soil fertility）、光周期（photoperiod）与光响应（photoresponse）、临界温度（critical temperature）与积温效应（accumulated temperature）、营养级相互作用（trophic interactions）、生物地球化学循环（biogeochemical cycle）、生态位（ecological niche）和食物链（food chain）等基本概念的发展和完善都是在经典生态学思想指导下的科学成就。在经典生态学的发展过程中，发展较为活跃的领域主要包括植物生态学、动物生态学、微生物生态学、生理生态学、种群和群落生态学等。

1949 年新中国成立以来，我国的生态学家结合国家建设任务，通过以中国科学院自然资源综合考察委员会为主体组织的各类综合考察，系统收集和整理了我国的自然、社会和资源利用及区域开发方面的资料，进行了大量的野外考察与研究，其中包括对热带橡胶林地及农垦地区的调查，在西藏、黄河中上游、黑龙江、新疆、青海、甘肃、内蒙古、西南以及南方亚热带山地进行综合考察等。这些考察不仅为我国地学、生物学科和生态学的发展奠定了基础，而且也为多学科的综合研究开了先河。我国的个体、种群和群落生态学研究主要是结合我国的国民经济发展需要而进行的。20 世纪 50 年代，生态学家在森林和草原主要建群种的生态和生理特性，植被类型划分与更新演替，农作物（包括热带作物）栽培生态学，种群与群落的经营管理生态学，昆虫和兽类的生理生态学，对农业有害的东亚飞蝗、黏虫、棉铃虫、鼠害的防治等领域都取得了一些重要的研究成果。在

20世纪70年代后期,我国开展了动物生物能量学、昆虫性激素、大熊猫和灵长类动物的行为生态学、经济鱼类、虾类、农业昆虫、有害动物种群生态学研究,对于有害动物的种群数量控制、农业病虫害预报和防治等都产生了积极影响。

(3) 生态系统生态学的发展阶段

生态系统(ecosystem)概念的提出、发展和普及将经典生态学的研究中心逐步转移到了生态系统生态学(ecosystem ecology)的新阶段。生物学和地学领域对自然界的认识一直在强调整体性和系统性的观念,并不约而同地提出了许多学说和术语来表达这种相互作用关系和整体性。影响最大的两个概念是英国生态学家 Tansley 于1936年提出的生态系统(ecosystem)和苏联林业和地植物学家 Sukachev (1945,1960)提出的生物地理群落(biogeocenose),二者被看做是同义语并得到广泛认可,其中 ecosystem 这一概念被更为普遍地接受和应用。

生态系统概念的提出和广泛应用,不仅把生态学推向了系统整合研究的新高度,同时也为不同空间尺度的生态学研究提供了概念体系,为认识和解决日益突出的区域生态与环境问题奠定了理论基础。基于生态系统概念发展起来的生态系统生态学、景观生态学、区域(流域)生态学、全球生态学与不同时空尺度的环境问题研究计划密切结合,极大地促进了以生态系统生态学为基础的宏观生态学的发展。

生态系统的概念通过生物有机体与物理环境的能量流和物质流来定量表达,这为我们认识地球的物理环境和生物过程的特征和功能提供了理论框架。生物库(pool)和与其相互作用的非生物库构成了生态系统,不同库之间的物质和能量的转移过程构成了生态系统的生物化学循环系统(circulatory system)。生态系统为社会提供一系列的产品(如食品、燃料、医药产品)和服务(水与营养物的循环、废物的去除、维持生物多样性),影响着人类健康和福祉;同时,气候变化、各种因素的干扰(如土地利用变化、污染、洪水、干旱、森林大火、虫害和海洋酸化)也驱动着生态系统的变化,当这种干扰的强度超出许多生态系统的恢复能力时,就可能使得生态系统遭受不可恢复的结构损伤或功能退化。

早期的生态系统生态学研究对象主要是空间上均质的、特定类型的生态系统,它是构成地球表面自然景观的基本单元,可以比喻为地球生物圈的"细胞",是生态系统生态学研究的核心时空尺度。生态系统生态学主要研究生态系统的组成要素、结构与功能、发展与演替,以及人为影响与调控机制,是在群落学的基础上通过现代科学技术的应用和学科间的相互渗透而发展起来的,具有独立的研究对象、理论体系和研究方法。

近年来的生态系统生态学研究,以不同空间尺度、不同类型的生态系统为对象,研究重点向景观、流域、区域、洲际乃至全球尺度的生态系统扩展(图0.2)。不仅研究生态系统内部的植物、动物、微生物等生物要素和大气、水分、碳、氮等非生物要素的动态过程及其相互作用关系,还要研究生态系统空间格局的变化及其环境效应(environmental effect),不同层次(等级)生态系统之间的相互作用关系(interaction relationship),生态系统与外部环境、社会经济系统之间的动态平衡(dynamic equilibrium)关系,人为和自然环境变化驱动下的生态系统的稳态(steady state)和非稳态(non-steady state)的状态变化(state variation),生态系统的可持续性(sustainability)及其影响因子,其学科目标是指导人们应用生态系统原理,改善和保护各类生态系统,维持生态系统和区域社会经济的可持续发展。

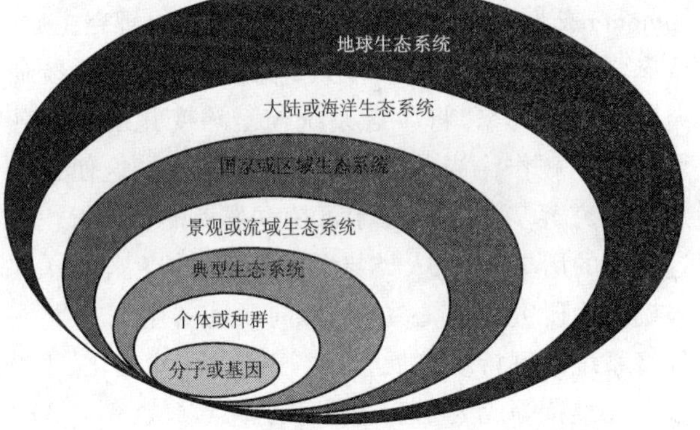

图0.2　不同层次的生态系统生态学研究
Figure 0.2　Diagram of ecological research at different scales

20世纪60年代以来,生态学领域的许多国际研究计划都把研究焦点集中在生态系统以上的空间尺度上。70年代,人与生物圈计划(MAB)的研究重点是人类活动与生物圈的关系,研究内容是全球主要类型生态系统(包括陆地、淡水、海洋等)的结构、功能和生物生产力。到80年代,国际地圈生物圈计划(IGBP)的研究目标则是了解控制地球系统的物理、化学和生物学作用过程以及人类活动对这些基本过程的影响。2001 年启动的千年生态评估(MA)研究计划更加明确地把生态系统与人类福祉的相互作用关系作为研究计划的核心科学问题(Millennium Ecosystem Assessment, 2005)。

我国生态学者于 20 世纪 50 年代末至 60 年代初对各类天然、人工生态系统的结构和功能开始定位观测研究。50 年代末期,中国科学院在云南西双版纳建立了我国第一个"生物地理群落试验站",开展小规模的定位研究。自 70 年代末开始,由寒带至热带,从高山到滨海,对众多有代表性的天然森林、草原、荒漠、海洋、农田、草地、绿洲、海湾以及一些复合经营的人工生态系统都先后建立了生态定位观测研究站,并开展了不同生态系统结构、功能及演替等方面的长期定位观测研究,至今已发展至相当规模。1988 年中国生态系统研究网络(CERN)的建立,把我国的生态系统生态学研究提高到了一个新的水平,在加强生态学研究的协调性以及观测仪器和项目的规范性方面起到了积极作用。2004 年国家生态系统观测研究网络(CNERN)的建立又把生态系统定位研究提高到了国家层次,为我国宏观生态学研究的发展提供了一个很好的野外科学研究平台。

(4) 可持续发展和全球变化生态学的发展阶段

20 世纪 90 年代,可持续发展(sustainable development)成为资源、环境、社会经济发展的研究主题,生态学家也开始将全球气候变化研究与生态系统研究紧密联系起来,将生态系统与全球变化的相互作用关系问题作为当前生态学研究的重点,这使得生态学研究逐步走向服务于可持续发展的新阶段。在这一新的历史阶段,人类与生态系统的相互作用关系被确定为研究的核心主题,不同尺度的生态-社会-经济系统的可持续发展、全球气候和环境变化、生物多样性维持等成为生态学研究的热点领域(图 0.3)。

我国生态学家积极推动了可持续发展理论、实施战略和技术系统的研究工作,参与了"国家 21 世纪议程"的框架设计、"部门与区域 21 世纪议程实施方案"的制定以及可持续发展的社区建设,并与水利、农业、林业、土地利用和环境科学等方面的专家一起开展了中国可持续发展水资源战略、中国可持续发展林业战略研究,把可持续发展和生态系统服务的理论应用到综合国力的评价之中。在我国南方地区,以退化生态系统恢复和热带人工复合生态系统的建造与管理为重点;而北方地区则以天然林的保育和可持续管理、脆弱生态过渡带的保护与合理利用等为研究重点。1999 年中国科学院系统出版了《中国可持续发展能力报告》,用绿色 GDP 的理论及指标对中国各省、市、自治区的可持续发展能力进行了综合评价和分类排序。生态学家还积极参与了西部大开发的生态建设、西部生态系统评估、西部气候与环境演变评估、西部可持续发展战略、水资源的合理利用、生态需水以及荒漠化治理等方面的综合研究,取得了显著成就。

20 世纪 90 年代以后,我国生态学工作者积极倡导国家和地方开展以县、市、省为单元的生态建设,并身体力行地投入到生态城市的建设规划、设计、论证与评估工作之中。近年来,生态学对生态文明建设给予了越来越多的关注,这有助于规范人们的行为,引导合理的消费和正确的价值取向,建立政策法规,对实现可持续发展具有重要意义。

我国生态学家积极参与了全球变化各个领域的研究工作,包括国际地圈生物圈计划(IGBP)、人类活动对全球变化的影响研究计划(IHDP)、生物多样性(DIVERSITAS)、土地覆被/土地利用变化(LUCC)和全球土地研究计划(GLP)、全球碳计划(GCP)、全球水计划(GWP)、全球陆地样带研究计划(GCTE)、海岸带陆-海相互作用研究计划(LOICZ)等。与此同时,我国还参与了国际长期生态研究网络(ILTER)和国际通量观测研究网络(FLUXNET)等多个国际联合观测和试验研究计划。

0.2.2 20 世纪生态学的科技成就及其科技贡献

20 世纪生态学的发展取得了一些重要的科技成就,对生物学和地学的发展做出了重要的科技贡献,主要包括以下八个方面。

(1) 有关生态系统综合性问题的提出推动了生物学的研究以及生态系统生态学的发展,发展和完善了生态学的基本概念

对生物有机体与物理环境的能量流和物质流的研究为我们认识地球的物理环境和生物过程的特征和功能提供了框架。生态系统的动态变化是不同时间尺度上的生态系统过程的综合结果,对生态系统过程的研究可以在多个不同的空间尺度上进行。地球系统的变化推动了陆地生态系统、大气和海洋之间相互作用的研究。在小尺度上所建立的生态系统概念可以用来阐明调控整个地球生态系统的机制。

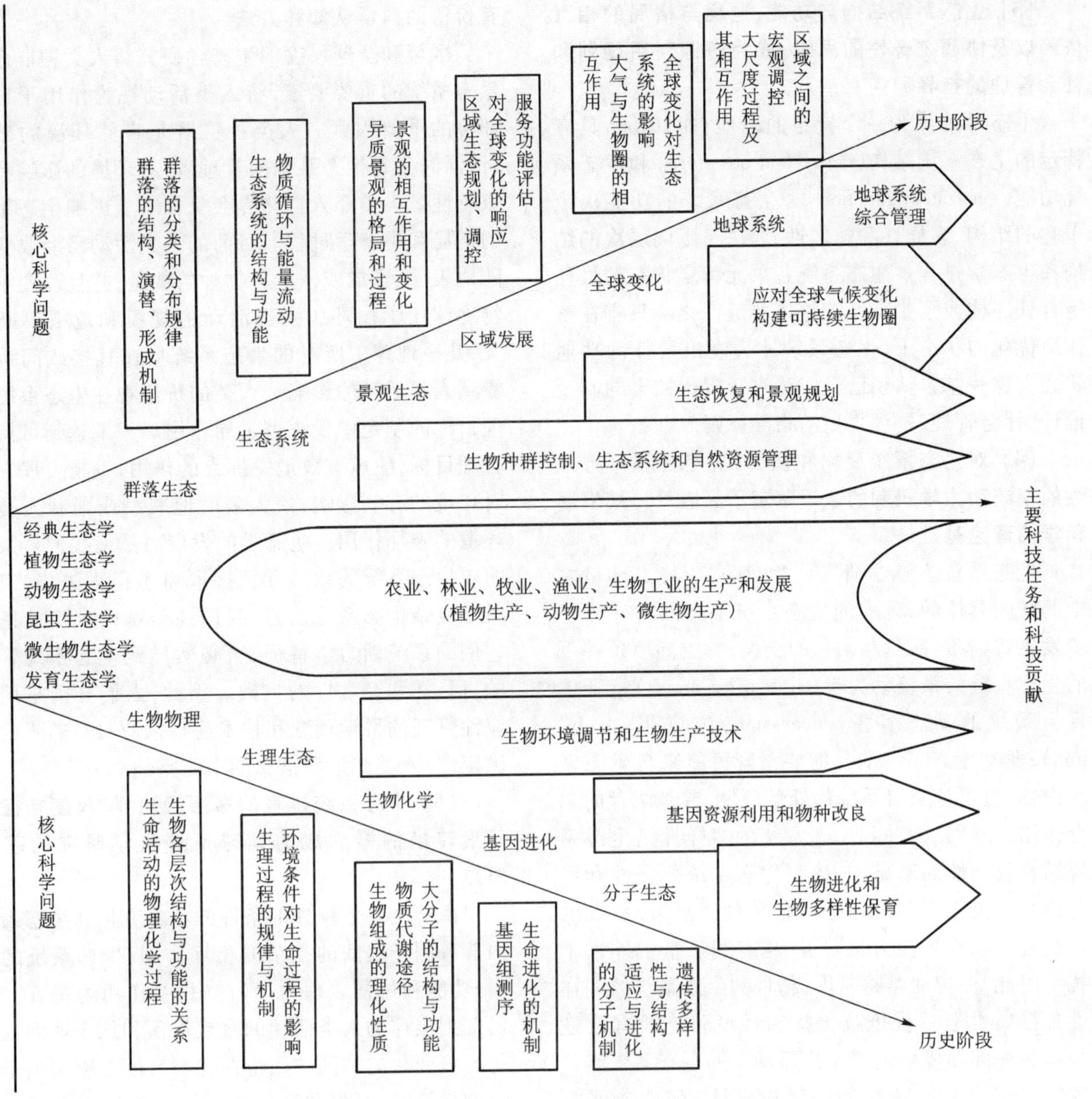

图 0.3 生态学在宏观和微观两个方向的发展历程及其科技贡献示意图

Figure 0.3 Diagram of development course of ecology in macrocosmic and microcosmic and contributions in science and technology

(2) 生态系统的整体性概念已经成为现代生物学、地学和社会科学界普遍接受的科学思想,生态系统途径(ecosystem approach)已经成为区域和全球资源管理的理论基础

生态系统是由植物、动物、微生物群落以及无机环境相互作用而构成的一个动态、复杂的功能单元。生态系统概念的精髓是将生物有机体及其环境作为一个生态有机整体(ecological organization),强调它们之间的相互作用,强调生态系统的整体性(ecological entirety)、综合性(syntheses)、完整性(integrity)、结构稳定性(structure stability)与功能协调性(function coordination),以及生态过程和组分变化间的平衡关系。这已经成为现代生物学、地学和社会科学界普遍接受的科学思想。在这种生态思想指导下的生态系统途径已经成为区域和全球资源管理的理论基础,其哲学意义的观念已经成为构筑世界经济社会秩序、建立和谐世界和实施可持续发展的基本理念。

(3) 生态系统结构与功能、过程与格局的相互依赖以及协调统一性的思维,成为资源利用规划和社会管理的指导原则

生态系统作为一个特定的地理空间单元,具有特定的生态系统结构(ecosystem structure)和生态系统功能(ecosystem function)。生态系统的功能决定于它的结构、多样性和整体性,取决于不同层次的结构和生态学过程。生态系统各单元特定状态的最佳组合秩序构成了生态系统整体的最优化。只有在整体最优化的状态下,生态系统才表现出最佳的功能状态。这一基本认识已经成为进行现代社会的制度设计、社会管理、资源规划的指导原则。

(4) 对生态系统变化和演替、稳定性和可持续性的系统动力学机制的认识奠定了区域可持续发展科学的理论基础

生态系统生态学研究认为,存在于特定环境之中的任何具体的、现实的生态系统都必然与外界环境发生着物质、能量和信息的交换;特定环境条件下的生态系统的系统动力学(system dynamics)特征体现为系统的动态演替(succession)或进化(evolution);驱动生态系统演替的要素既可能来自生态系统内部,也可能来自系统的外部环境,或是两者的综合作用。基因、物种和生态系统的多样性是生态系统结构复杂性的基础,是决定生态系统稳定性和可持续性的决定因素。生态系统结构越复杂,系统的自我维持和修复能力也越强,越有利于抵抗外来干扰。因此,保护和维持基因、物种和生态系统的多样性是提高生态系统抵抗干扰和环境胁迫的有效途径。在外部环境胁迫或干扰驱动下的生态系统演替通常表现出阶段特征的相对稳定性(弹性或保守性)或阶跃式的突变性(质变),生态系统的内部结构、组分以及系统外部环境处于相对平衡(稳定状态)或非平衡(非稳定状态,振荡)状态。外来的环境胁迫或干扰可能导致新平衡的建立,也可能导致系统功能的退化或结构的崩溃。生态系统结构的进化、复杂性与生态系统稳定性(ecosystem stability)相关联。这些关于生态系统系统动力学机制的基本认识,奠定了可持续发展科学的理论基础,既可用于指导不同空间尺度的可持续发展问题的科学研究,也是设计可持续经济系统的指导原则。

(5) 对人类活动与生态系统变化的基本关系的认识以及在生态系统适应性管理方面的实践,为人类适应和减缓全球变化、设计可持续生物圈提供了有价值的科学认知和方法

区域和全球尺度的生态学研究将人类种群作为生态系统的重要要素,将人类活动视为作用于自然环境的重要因素。人类种群既是自然环境的破坏者,同时又是生态系统的管理者,对环境的影响具有双重性。人类介入自然界会从根本上影响生态系统的格局和生态学过程。目前的人类活动已经改变了陆地表面,增加或减少了物种的数量,并且改变了生物地球化学循环。人类活动的规模和范围不断扩大,几乎地球上所有的生态系统均在直接或间接地受到人类活动的影响。人类的价值观在生态系统管理目标的制定中发挥着主导作用。为了达到可持续管理目标,应该有效地发挥人的作用,重视发挥人类对环境的有利影响,最大限度地减小或限制人类对环境的破坏作用。生态学的发展虽然使我们对某些简单生态系统的理解和把握取得了很大进步,但是对于复杂生态系统而言,我们还是难以真实地把握它们的系统动力学特征,这必然导致生态系统管理的盲目性和经常性的失败。因此,人们必须采用适应性管理的科学理念和技术途径来应对自然界的不确定性、人类知识和信息的不完整性。

(6) 生态系统过程的多层级边界、尺度特征和尺度转换的概念成为地球系统科学研究的基本思路

由于生态系统外部条件的不断变化和生态系统内部各因子之间的复杂的相互作用,生态系统的结构、功能和过程表现为以时空相互作用为特征。从局部到全球的人类活动的直接干预和从全球到区域的环境变化的共同作用将在各个尺度上影响生态系统的格局和过程,并且导致不同尺度过程之间复杂的相互作用。为了便于分析和评估,根据需要解决的问题来界定生态系统的边界非常重要。在某种意义上,考虑到所有要素之间的相互作用,可以将地球的整个生物圈看作一个生态系统。生态学过程往往跨越很大的空间和时间尺度,跨越行政/政治边界(国界、省界),并且不同生态学过程的空间和时间尺度差异很大,同时系统与过程的性质及其对各种驱动力的敏感性在不同尺度上可能并不一致,因此不能假定在某一尺度上得到的结果会自然地在另一尺度上有效(Kremen et al, 2000;McConnell, 2002)。跨尺度的相互作用对任何给定尺度上的结果都具有极其重要的影响,如果仅仅关注某个单一尺度就可能会忽略这些相互作用。生态系统管理的研究需要具有一个广泛的视野,需要科学地定义适当的生态系统空间界域(context),确定生态系统的层级和尺度,从而保证生态系统的完整性,以达到便于研究、使管理决策能够有效地调控生态学过程的目的。

(7)生态系统组分或系统间的比较研究、生态系统过程和格局的控制机制研究为地球系统科学研究提供了新的方法和思路

生态系统的结构和功能至少被气候、母质、地形、潜在生物区系和时间五个相互独立的控制变量所左右。生态系统过程既对直接调节其活动的因子做出响应,又控制着这些因子;既包含单因子的控制作用,又包含多因子的交互控制。其中重要的交互控制(interactive control)因子有支持生物有机体的生长和维持的资源供应(supply of resource)、影响生态系统过程速度的调节因子(modulator)、干扰体系(disturbance regime)、生物群落(biotic community)和人类活动(human activity)。地球系统科学研究的一个重要问题是在地球表面过程中如何把生物学过程、生态学过程与地球表面的物理和化学过程(如水文过程、大气过程、地球生物化学过程)予以整合,真正发挥多学科、多领域的知识与技能在发展地球系统科学中的作用。

(8)生态系统变化的动态监测、联网观测和试验为全球气候和环境变化研究提供了丰富的科学数据和基础知识

认识和管理生态系统与环境的相互作用首先需要进行多尺度生态系统变化的定量观测。直到20世纪90年代初,生态系统变化机制研究的主要对象仍是微观的生理生态过程(如光合和呼吸)和生态单元对环境要素变化的短期反应(Lawton, 1995),当时的区域生态系统研究还主要是利用资源普查、土地利用统计资料(Houghton, 1991)和经验模型(如迈阿密模型)(Dai & Fung, 1993; Smith & Shugart, 1993)。近10年来,以大型环境控制试验、涡度相关测定和定量遥感为代表的新技术发展迅速,推动了多尺度生态系统研究的发展。20世纪90年代以后开始应用的大型环境控制试验设施(controlled environmental facilities, CEFs)把生态系统机制研究扩展到大型生物群落(如森林)和整个生态系统水平。近10年来成熟起来的涡度相关技术使生态系统能量、水和碳通量在不同时间尺度上(如日、季节、年度和年代)的长期和连续观测成为可能。自从1990年开始应用该技术进行全年的通量连续测定以来(Wofsy et al, 1993),全球已经建立了400多个涡度相关通量观测站点,其中10余个站点进行了10年以上的连续测定,形成了区域(EuroFlux、AmeriFlux、AsiaFlux和ChinaFlux等)和全球(FLUXNET)通量观测研究网络。大尺度生态系统格局和过程的定量、动态观测一直是生态系统变化研究的主要限制因素,遥感技术和基于遥感观测的生理生态理论研究的进步将会提供有效的技术途径(Tucker et al, 1985; Schimel et al, 1995; Field et al, 1995)。地球资源卫星和气象卫星已进行了30余年的全球连续观测,新卫星系统(如美国宇航局的地球观测系统)将在未来15年提供空间和波谱分辨率更高的生态系统变化观测数据。

0.3 现代人类活动与生态系统关系的主要特征

作为地球生命支持系统的核心组成部分,生态系统为人类提供了各种必不可少的服务,比如物质产品(食物和天然纤维等)供给服务、环境(如气候和水源条件)调节服务、文化功能服务(如美学、娱乐等)和生态系统支持服务(如物质循环、物种多样性和土壤保持等),它一直并且永远是人类生存和发展的基础。现代人类活动的广度和强度迅速增长,推动着地球环境演化进入了"人类世"(Anthropocene Era)的新纪元(图0.4)。现代人类活动与生态系统关系的重要特征表现为人类活动的影响在某些方面已经超过了自然因素变化,导致地球环境以前所未有的速度发生变化(IGBP,2001)。

0.3.1 高强度的自然资源利用

现代社会需求急速增长,对地球自然资源的利用范围和强度迅速增大。当前人类对生态系统的利用强度是50年前的3.5倍,超过承载能力的20%(WWF,2004)。20世纪50年代以来,全球新开垦的耕地数量超过了18和19世纪开垦数量的总和。现有的耕地和城市用地已达到地球陆地总面积的1/3以上,并且城市用地还在随着社会经济的增长而迅速扩张。人类利用和控制的水资源总量达到了地表可利用径流量的一半,在许多地区对水资源的利用已达到了极限,但需水量还在以每10年10%的

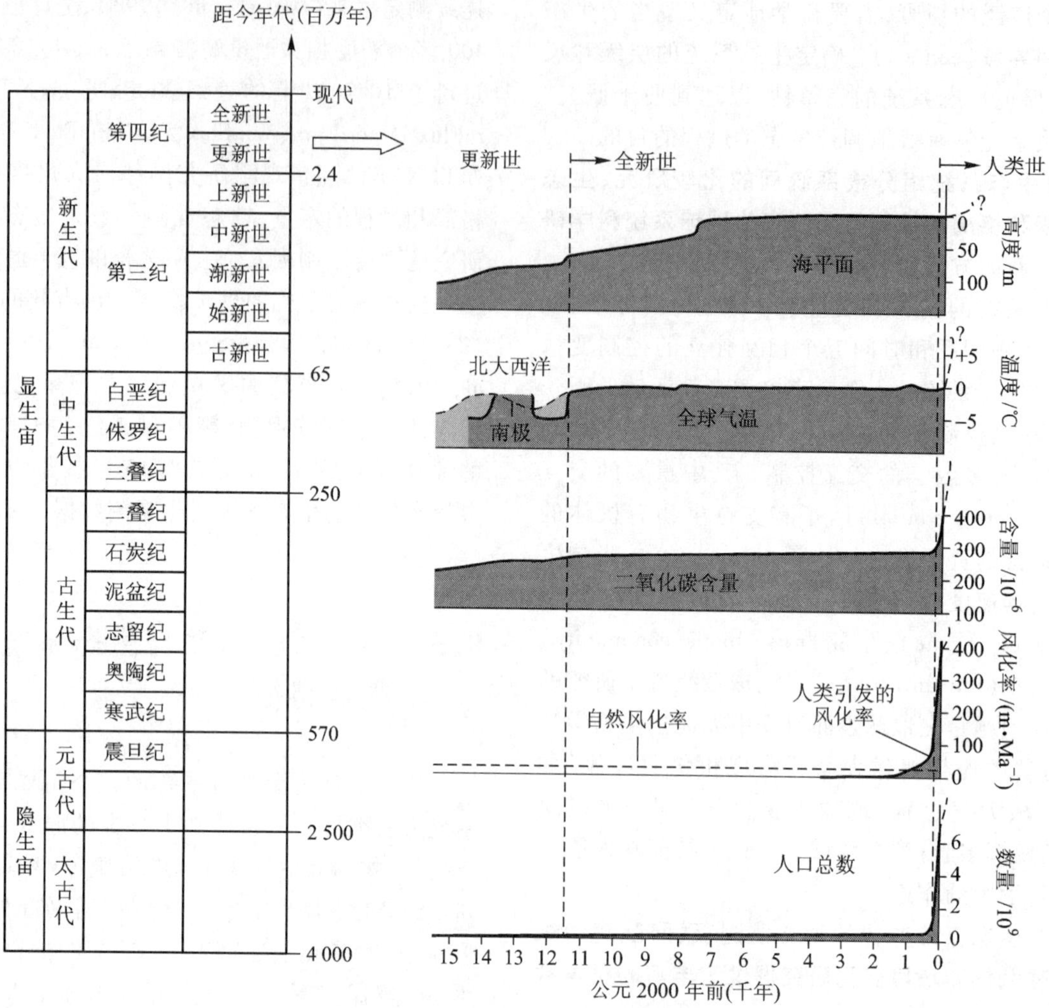

图 0.4 地球生态系统发育的地质历程

Figure 0.4 Development of earth ecosystem in geological time scale

速率增长，其中灌溉和城市用水量每 10 年增加 25%。人类活动造成的氮固定已超过陆地生态系统的自然固氮能力。农业生产的氮肥施用量从 20 世纪 60 年代以来增加了 5 倍，磷肥施用量增加了 3 倍，陆地生态系统中磷积累速率提高了 2～3 倍。为保持农业生产增长，今后的化肥施用量将在未来 25 年内进一步增加 60%。

2008 年世界人口已经达到 67 亿，并且以每年 8 000 万人的速度增加。快速的人口增长和不断提高的生活水平将导致对食物、纤维、能量、材料的需求持续增加，加速消耗地球表面有限的自然物质资源。根据“生态足迹”的估算，目前全球平均每人的消费需要 2.2 公顷的土地（Rees, 1992; Grazi et al, 2007），而这个数字乘以人口总数已经超出 2007 年全球土地总面积的 30%。在未来的 50 年中，人类对生态系统的利用强度将再增加一倍，超过承载能力的 140%。在这种高强度的自然资源利用情景下，全球生态系统对快速增加的人口和持续增长的人均消费的支撑能力及其可持续性是目前生态学家面临的挑战性科学命题。

0.3.2 巨大的自然环境压力

急速增长的社会需求、高强度的资源利用以及高强度的人类活动导致全球的环境压力不断增加。现代的工业生产和生活污染物通过水、大气和土壤进入生物地球化学循环系统，使得保持生态系统服务功能和经济增长的矛盾日益突出（Vitousek et al, 1997; WWF, 2004; Millennium Ecosystem Assessment, 2005）。在 21 世纪，人口和经济的持续增长和全球环境的快速变化将给生态系统带来前所未有的压力,可能导致生态系统整体服务功能的进一步衰退(Millennium Ecosystem Assessment, 2005)。人类活动的直接干预及其所造成的全球环境变化进而导致了土地退化、水资源枯竭、土壤和水环境恶化。在过去的50年中,侵蚀、盐碱化、养分耗损、污染、城市化等原因使得世界范围内40%的农业用地出现退化,氮、磷、硫、碳等元素循环格局的改变引起了酸雨、水土污染、河流和湖泊富营养化的发生,过度捕捞和污染造成全球海洋生态系统正处于衰退之中(Millennium Ecosystem Assessment, 2005)。根据各种可能的社会经济发展和全球变化情景的预测结果,生态系统的主要服务功能均将出现不同程度的下降趋势(Millennium Ecosystem Assessment, 2005)。

0.3.3 自然过程的强烈人为干扰

在21世纪,生态系统的自然过程将承受来自人口和经济的持续增长驱动下的人为干扰和全球环境快速变化所带来的前所未有的双重压力,而且人类活动对生态系统的影响方式和过程也出现了重大转变。随着全球可开垦耕地和适宜居住土地的减少以及人工合成物质的不断增加,人类活动的影响方式将会从过去的改变生态系统格局和结构逐步转向影响地球系统的生物地球化学循环过程,导致生态系统的时空格局、结构和功能、生态过程发生综合且复杂的变化。

气候系统的变化是生态系统变化的主要自然驱动因子,全球气候变暖是当前全球所面临的重大挑战。IPCC(2007)报告认为这种全球气候变暖"极可能"(概率超过了90%)是由人类活动排放的温室气体所导致的。据分析,大气中CO_2含量已经从工业革命前的$280×10^{-6}$上升到2005年的$379×10^{-6}$,全球地表平均温度上升了0.74℃。预计到21世纪末,全球的地表平均温度将再增加1.1~6.4℃,海平面将相应上升0.18~0.59 m。全球气候变暖不仅是气温的升高,整个气候系统(包括自由大气、海表以下几百米海水和海平面)也都在变暖。气候变化将可能导致极端气候灾害和生态、环境、海洋、地质灾害加剧,危及国土安全、粮食安全和能源安全。

近100年(1905—2001年)来,中国年平均地表气温明显上升,升温幅度为0.5~0.8℃,比同期的全球平均升温幅度(0.6℃±0.2℃)略高。最近50年,中国年平均地表气温增加了1.1℃,增温速率为0.22℃/10年,这明显地高于全球或北半球的平均增温速率。近100年来中国年总降水量的变化趋势并不明显,但是其年代际的波动增大,地区间的差异也增大。气候变暖将使我国植被带北移,到2050年作物种植三熟制的北界将北移500 km之多。温带草原和热带森林的面积将有所扩大,各类草原界限东移,农牧过渡带向东南方向移动(徐德应等,1997;王馥棠等,2003)。若温度升高2℃,降水增加20%,内蒙古草原的总面积将减少近30%(牛建明等,1999)。20世纪后期以来,高强度的人类活动及其所导致的全球环境变化已经且正在深刻地改变着陆地生态系统的格局和过程,促使生态系统服务功能明显退化,并且今后还将进一步衰退(图0.5)。

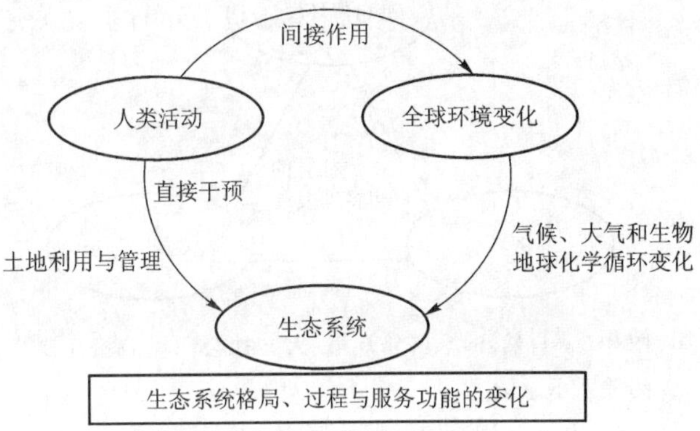

图0.5 人类活动、全球环境变化与生态系统的相互关系示意图

Figure 0.5 Schematic diagram of interactional relationship among human activity, global environmental change and ecosystem

以温度升高为主要特征的气候变化对粮食生产的最大威胁是它将进一步加剧水资源短缺。国际食物政策研究所和水资源管理研究所最新发布的报告指出,发达国家和发展中国家的农业生产都受到水资源短缺的限制(Rosegrant et al, 2002)。到2025年,发展中国家水资源的供应对实现作物最高产量的满足程度将从目前的86%下降到75%,在我国将从89%下降到78%。黄河流域、海河流域和淮河流域被列为世界上最缺水的地区,灌溉水资源只能满足作物生产需求的70%以下。根据气候-陆面过程耦合模型的预测,气候变化将减少我国多数江河的径流量,到2080年北方地区人均径流量可能减少20%以上。据预测到2050年气候变化将使我国雨养作物产量降低10%~20%,灌溉作物产量降低3%~8%,作物总产量下降5%~10%(曹明奎等,2004)。我国人口和经济的快速增长对生态系统压

力不断增强，将使生态系统服务功能的恢复和增强更加困难。

0.3.4 自然、经济和人文的相互制约

人类-自然耦合系统是人与自然的各要素交互作用的综合系统，同时也是自然环境、经济环境和人文社会环境相互制约、共同约束社会可持续发展的复杂系统。其中最具刚性的约束来自于自然环境。在人为活动的影响下，自然环境的变化正在导致生态系统功能的持续降低和退化，人地关系的矛盾更加突出，威胁着社会经济的持续发展（图 0.6）。

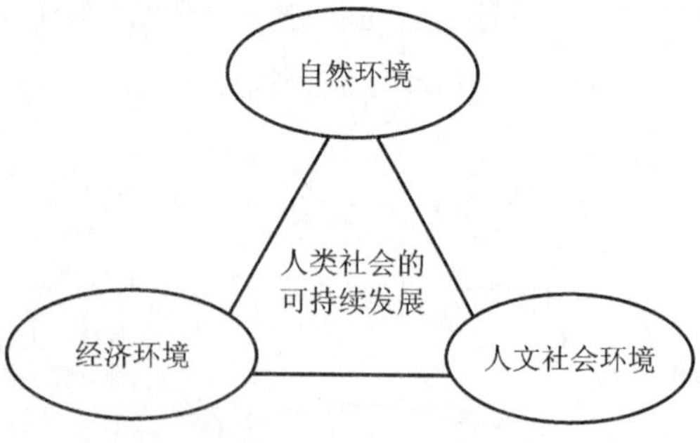

图 0.6 自然环境、经济环境、人文社会环境的相互制约关系示意图

Figure 0.6 Schematic diagram of inter-constraint correlation among natural, economic and social environment

有很多研究者分析了当代人与自然的关系，但在这些研究中社会科学和生态科学往往是相互分离的，因此不能清楚地认识这一耦合系统的复杂性特征（complexity）。人类系统和自然系统的综合研究揭示了以往社会科学和生态科学独立研究难以发现的新的复杂格局和作用过程（Liu et al, 2007）。根据六个典型案例的综合研究，人类系统与自然系统的耦合特征随着时间、空间和组织结构单元的不同而变化，耦合系统的阈值（threshold）、互惠的反馈环（reciprocal feedback loop）、时间滞后性（time lag）、恢复力（resilience）、异质性（heterogeneity）和诧异（surprises）等都呈现出非线性的动态过程。人类-自然系统的复杂性不仅仅存在于系统内部，随着全球化进程的强化，越来越多的交互作用发生在不同尺度上或者不同的空间单元甚至地理位置相距甚远的系统之间（Liu & Diamond, 2005; Young et al, 2006）。

一些研究认为现在的人类活动对自然环境干扰的强度已经超过了自然变动，这使人们对引起生态系统变化的驱动力的认知发生了较大改变。因此，在 21 世纪的生态学研究中，如何正确地认识气候变化和人类活动的双重驱动机制，以及自然环境、经济环境、人文社会环境的相互制约关系变得更加重要。此外，随着科技的进步，人类对生态系统的控制欲望不断增强，人们控制和管理生态系统的方式也在不断改变，这就需要生态学家在充分认知自然、经济和人文的相互制约关系的基础上，认识、调控和管理高强度人类活动和全球环境快速变化双重驱动下的生态系统变化过程，这对人口众多、自然资源短缺和社会经济快速发展的我国具有更为重要的意义。

0.4 21 世纪生态学研究的发展趋势

现代人类活动在某些方面已经超过了自然因素变化的影响，导致许多环境系统都朝着不利于人类生存和社会发展的方向迅速恶化，给人类社会造成了许多重大损失和灾难。因此，21 世纪的生态学研究将更加重视气候变化和人类活动对生态系统变化以及人类福祉的影响，探讨自然环境、经济环境、人文社会环境的相互关系及其对全球、区域和不同国家的社会发展的影响，探讨和认识管理高强度人类活动和全球环境快速变化双重驱动下的生态系统变化的过程机制、生态系统的调控和管理的理论和技术，以缓解人口增加、经济发展与自然资源短缺和环境恶化之间的矛盾。生态系统生态学的发展也必然会随着研究对象、研究重点和关注的科学问题的改变而呈现出一些新的发展趋势，采用一些新的研究思路，发展一些新的研究方法和技术。

0.4.1 当前的生态学研究重点和发展趋势

（1）适应与减缓全球气候和环境变化已成为地球系统科学研究的焦点

全球气候和环境变化正对世界各国从经济、环境、农业、水利、生态、生活、健康等方方面面产生日益重大而深远的影响，成为人类可持续发展面临的最严重的挑战之一。许多生态系统的适应性可能在本世纪内被气候变化、人为扰动（如洪涝、干旱、野火、虫害、海水酸化）和其他全球变化驱动因子（如土地利用变化、污染、对自然系统的分割、资源过度开采）的空前变化和多因子的叠加胁迫所超过，可能会在全球规模上导致一些生态系统的退化甚至崩

溃。例如，在当前的全球变暖背景下，我国的气候系统发生了显著变化，天气、气候灾害事件频繁发生，给国民经济和人民生命财产造成巨大损失。因此，开展全球变暖背景下气候变化和人类活动耦合系统的影响及其调控研究，开展气候极端事件发生机制研究，预测未来我国在全球变暖背景下极端气候的演变趋势及其所引起的农业受灾面积、水资源的变化趋势，提高气候灾害的预测水平，从而减轻这些灾害造成的人员伤亡和经济损失，不仅是国家所急需，也是当今气候环境和全球变化前沿研究的重大课题。为了积极应对气候变化，国际上采用"适应"和"减缓"两条途径，制定了若干重大研究计划。生态学家已把科学研究的重点放到生态系统对气候变化的响应与适应、人类活动与生态系统和气候环境变化的作用关系、适应气候变化的生态系统管理等研究主线上来，从气候变化和人类活动耦合系统的思路来综合研究全球气候变化的影响及其调控，以科技进步和科技创新来应对气候变化。

(2) 生态系统与人类福祉及其地球环境变化的关系成为生态学研究的主要对象

现代生态学的发展已经开始从传统的研究生物与环境相互作用关系逐渐走向综合研究生态系统与人类福祉的关系，关注有序的人类活动与环境的和谐发展，越来越重视解决人类生存发展的科技需求，其学科发展正在从定性描述的经验科学转向定量、半定量，进而走向科学预测。从生态系统与人类福祉的关系的角度出发，要求我们必须以区域和地球生态系统为对象，开展人地关系的综合集成研究。生态与环境问题的综合性特征以及可持续发展理论的提出，使当代生态与环境科学研究必须从整体性、系统性和时空的多尺度特征出发，研究区域和全球生态系统的整体行为、演化规律及系统间的相互作用。这种系统性的集成研究，将深入揭示其自然属性与社会属性，了解和预测生态系统内部的物理、化学、生物和人类社会等若干子系统的基本过程及其相互作用。在研究这些基本过程及其相互作用的科技活动中，必须将生态系统中的物理、化学和生物过程相耦合，并且不断地与人文科学结合，综合研究人类活动对生态系统的影响和反馈作用，需要多学科间的交叉、渗透和联合攻关，需要在许多重要的交叉点上寻找更多的突破点和新的生长点，不断地推动生态科学向前发展。

(3) 生态系统与人类活动、自然系统与经济系统的集成研究成为解决全球生态问题研究的主体思路

人类活动对生态系统和景观格局的改变是导致地球系统变化的最重要的原因，已经影响到生物圈的生命承载力。人类已经变得越来越擅长为满足自身需求而侵占或改变地球资源状态和格局，高强度、多样化的土地利用、科技进步已经导致生物地球化学循环、水文过程和景观格局的快速变化。土地利用和管理在影响生态系统的状态、属性和功能的同时也影响了生态系统服务功能的供给和人类的福祉。人类活动是现代生态系统变化的主要驱动力，而当前人类福祉和社会经济发展比以往更加依赖于生态系统服务功能（Millennium Ecosystem Assessment, 2005）。因此，研究社会经济与生态系统双向驱动机制是认识生态系统变化和可持续发展管理的前提。测量、模拟和分析人类-自然耦合生态系统，掌握人类福祉与生态系统服务功能之间的相互作用及其对地球系统可持续性的影响，研究人类高强度活动和全球环境快速变化驱动的生态系统服务功能变化及其适应性管理已经成为全球变化和生态学发展的当务之急。联合国千年生态系统评估是综合研究人类活动、环境变化、生态系统服务功能和人类福祉相互作用的典型范例，它首次把生态系统整体服务功能变化作为社会经济活动效果评估的中心内容，并把生态学作为进行社会发展规划和管理策略制定的科学基础（Millennium Ecosystem Assessment, 2005）。

(4) 服务于区域和全球可持续发展成为生态科学研究追求的社会目标和责任

近年来的生态学研究已经开始从重视科学发现、机制认识走向服务于经济、社会发展和国家利益目标。生态学领域的科学研究既包含了地球生态系统演化、地球表层过程变化等重大基础科学理论，又涉及环境和自然资源保护等技术性领域。当前为解决生态修复、环境治理、能源开发、水资源可持续利用、土地可持续利用、重大灾害预防等全球性的重大社会需求，要求生态学领域的研究重点必须放在解决重大基础理论研究问题上，要求研究工作更加关注面对解决实际问题的应用研究和技术开发，为经济、社会的可持续发展提供更为直接的服务。目前生态学研究的热点领域涵盖了全球变化、资源开发与可持续利用和管理、生态系统退化、生态系统修复技术、环境污染的生态治理和污染控制技术、清洁生产和清洁能源技术等与人地系统和谐发展息息相关的各类科技问题。生态学的研究不仅是经济、社会发展日益增强的需求，而且已经被提高到了各国的国家安全乃至全人类的生态安全的根本利益层面。

(5) 定量评估和科学预测环境变化成为生态学研究追求的科技目标

局部到全球的人类活动的直接干预与从全球到区域的环境变化的共同作用将在各个尺度上影响生态系统的格局和过程，并且导致不同尺度过程之间复杂的相互作用。生态系统及其组成部分对气候、土地利用、生物入侵等人类和自然驱动因素导致的变化在不同的时空尺度上将如何响应？响应的格局和进程是什么？生物地球化学、生物多样性、生物结构和功能的内在响应和反馈如何与气候、土地利用和物种入侵相互作用？这些反馈在各种自然环境和时空尺度下有何不同？回答这些问题，需要认识生态系统变化的强度、速度和地理分布，需要理解这些变化对物种和生态系统服务功能的潜在机制和含义。揭示这些问题的答案对未来人类福祉至关重要。认识和管理这些相互作用需要多进行多尺度的生态系统变化的定量评估和预测。科学家和管理者需要一个坚实的基础来预测这些变化的影响，定量评估和科学预测环境变化必然成为生态学研究追求的科技目标。

(6) 生态系统联网观测、控制试验和模型模拟成为综合研究生态问题的主要手段

全球变化和生态科学发展的新趋势是综合应用各种技术手段进行多尺度联网观测、模型-数据融合和过程模拟。当前国际上有关全球变化和生态系统观测的研究计划都以此作为重要发展目标。20世纪80年代以来，世界上建立了多个生态系统研究网络。在国家尺度上，主要有美国的长期生态研究网络(LTER)、英国的环境变化研究监测网络(ECN)、加拿大的生态监测与分析网络(EMAN)、中国生态系统研究网络(CERN)；在区域尺度上，包括泛美全球变化研究所(IAI)、亚太全球变化研究网络(APN)和欧洲全球变化研究网络(EN-RICH)；在全球尺度上，有全球环境监测系统(GEMS)、全球陆地观测系统(GTOS)、全球气候观测系统(GCOS)和全球海洋观测系统(GOOS)(于贵瑞，2003)。对于一个长期监测和研究网络来说，随着生态和环境问题的演变和信息技术的进步，其监测技术、数据分析和管理方法也必须不断改进。

控制试验是研究现在以及未来全球变化情景下的生态系统变化及其水、碳、氮物质循环和能量交换过程的生物、物理和化学控制机制，辨别生态系统变化关键驱动因子的重要手段，在发展和验证生态系统模型方面发挥着重要作用。如土壤和冠层的增温试验、自由大气二氧化碳富集(FACE)、采用灌溉或遮雨的水分平衡研究以及养分添加试验等。生态系统对全球变化的响应时间跨度从毫秒(如光合作用对光变化的响应)至几千年(如气候变化对物种组成变化的影响)，而试验和观测所能解决的生态系统对全球变化的响应问题只能在一些特定的时间尺度上取得特定的认识。而基于生理生态过程的机制模拟(mechanistic or process-based modeling)是系统分析和定量表达跨尺度相互作用的最有效方法(Rastetter et al, 2003)。传统生态系统模型的建立主要以单一尺度、零散(少量和非系统)的试验和观测数据为基础。这些模型大多数建立在90年代中期前的生态学认识基础上，由于当时缺乏大尺度、长期生态试验和观测数据，模型偏重于对小尺度(如叶片、植株和样点)生理生态过程及其对环境变化的短期反应的模拟。随着多尺度生态试验与观测和多尺度模型-数据融合技术的发展，构建表达多尺度生态系统过程相互作用的新一代生态系统机理模型已经成为可能。

0.4.2 生态学研究目标和思路的新变化

自20世纪末开始，先进的科学手段与现代分析技术的广泛应用，已使生态科学的研究从定性描述的经验科学向定量、半定量的现代科学发展，生态与环境科技的发展也越来越面向人类生存发展的需要。各分支学科共同致力于地球生态系统整体行为的研究，这已成为当今生态与环境领域科技发展的基本态势，具体表现出整体行为研究的系统性、科学技术领域的前沿性、多学科交叉与国际合作的广泛性、面向国家与社会问题的时效性等鲜明的时代特征，在这种历史背景下现代生态学的研究目标发生了以下几方面的新变化。

(1) 从对生态规律的认知走向对生态系统的调控和管理

经典生态学是研究生物与环境关系的科学，属于生物科学的一个重要分支。生态系统作为构成地理景观的基本单元和地球生物圈的“细胞”，在生态学研究中具有特殊的地位，它既可以作为其以下的各等级生态系统研究的宏观集成系统，也可以作为大尺度生态学研究的基础单元。

现代生态学的应用目标与以往发生了较大变化。它主要服务于全球的可持续发展，其主要研究目标是人类如何设计世界经济发展的新模式、设计生物圈可持续利用计划、保护人类共同的生存环境（地球生态系统），核心研究内容是如何实现生态系统可持续管理，其重点已经由研究生物与环境的关系转向生态系统与人类福祉的关系。

全球变化是来自于各种类型、各种尺度的地理单元生态系统变化（unit ecosystem change）的累计效应和交互作用的总体反应（图 0.7），其结果表现为一系列的全球规模的环境问题的出现。生态系统以及地球系统在自然过程驱动下具有固有的变化规律和趋势，表现为系统的演化或进化。所谓的生态系统和全球变化主要是指大规模、高强度的人类活动所引起的超越自然过程的各种变化以及由此所引起的生态与环境问题。当然，生态系统在受到外来的环境胁迫时，必然会对胁迫产生响应与进化性的自适应，这种响应或适应的结果即表现为生态系统的变化，可能对人类福祉有利，但更可能导致生态系统退化和功能的减弱。全球或区域尺度生态系统管理的研究目的是，通过对不同类型和不同尺度生态系统的有效管理，维持有序的生态系统水循环、养分循环、碳循环和生物进化等生态学的关键过程，保护物种（基因）和生态系统的多样性，维持生态系统的可持续生产和环境服务功能的产出。

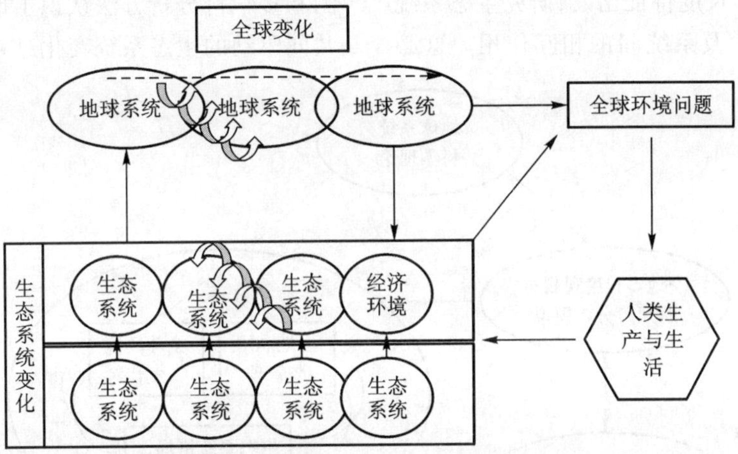

图 0.7　生态系统与全球变化的关系示意图

Figure 0.7　Schematic diagram of relationship between ecosystem and global change

（2）生态学从科学发现、机制认识走向服务于经济、社会发展和国家利益目标

21 世纪人类面临着全球环境和社会可持续发展的巨大挑战。人类在受到不断变化的地球系统的严峻挑战的同时，也在以前所未有的幅度和速度影响着地球系统。当今资源和生态方面的问题已经危及国家的安全和经济社会的可持续发展，它不只是局部或区域的问题，而是跨越国界的全球性问题。面临这些挑战，生态学研究将更具有针对性，更加强调探索利用生态系统的原理和方法来管理自然环境和资源，以服务于经济和社会的可持续发展。在全球变化的影响下，我国的自然生态系统正在发生各种改变，气候不断变暖，冰川退化，森林减少，草原退化，荒漠化面积不断增加，生物多样性减少，北方干旱化趋势增加。这些变化对国民经济有重大影响，尤其是对水资源、农业、能源、交通、人体健康等，了解和正确认识这些变化及未来的趋势需要生态学家的积极参与。另一方面，在履行有关全球环境条约和外交谈判中，为减轻国际上日益增加的对我国的压力，维护我国的根本利益，需要生态学研究提供科学可靠的研究成果作为支撑。

（3）生态学研究从定性到定量，从系统模拟走向科学预测

精确连续的野外观测数据的支持使生态系统变化过程研究的动力学模拟和精确定量化评价成为可能，而以宏观生态格局研究为主的定性描述的地球表层系统科学研究，更加需要多学科的理论、方法和相关技术的支持，同时越来越依赖于长期观测和试验数据的积累与定量分析，以弥补定性描述的不足，减少研究结果的不确定性。反之，生态过程研究也需要不断地与格局研究相结合以拓展其应用领域。以遥感（RS）、地理信息系统（GIS）、全球定位系统（GPS）等为代表的先进的观测、采集、分析技术和手段在区域生态系统研究中正在得到广泛应用。这些新技术的应用使得格局研究和过程研究更加相互依存，促使人们在过去几十年中对自然环境及其与人类之间相互关系的研究取得了许多重要进展，也将推动其整体研究进入一个有可能解决现存的生态与环境问题，并开始预测人类生存环境变化的新阶段。

（4）全球规模的生态学研究走向以地球生态系统为对象的综合集成

当代生态与环境科学研究必须从全球的整体观、系统观和时空的多尺度特征出发，研究生态系统的整体行为、演化规律及系统间的相互作用。这必然要求以地球生态系统为研究对象，将生态系统中的物理、化学和生物过程相耦合，将生态系统生态学与人文科学相结合，实现多学科之间的互相交叉和渗透，在重要交叉点上联合攻关，开展综合集成研究。

服务于全球变化问题的陆地生态系统管理必须以深入理解生态系统的水循环、养分循环、碳循环和生物进化等生态学过程的机制与动态行为为基础。但是受到自然过程的大尺度、高度变异、生态系统复杂性和人类行为的不可预测性所限制，面对急剧的全球变化，目前人们还缺乏足够的科学认识和解决问题的有效办法，这正是全球变化与生态系统管理科学所面临的重大挑战性研究任务（于贵瑞等，2004），需要运用地球系统科学理论，通过多尺度观测和多学科分析方法认识土地利用和全球环境变化共同驱动的生态系统变化过程（图0.8）。

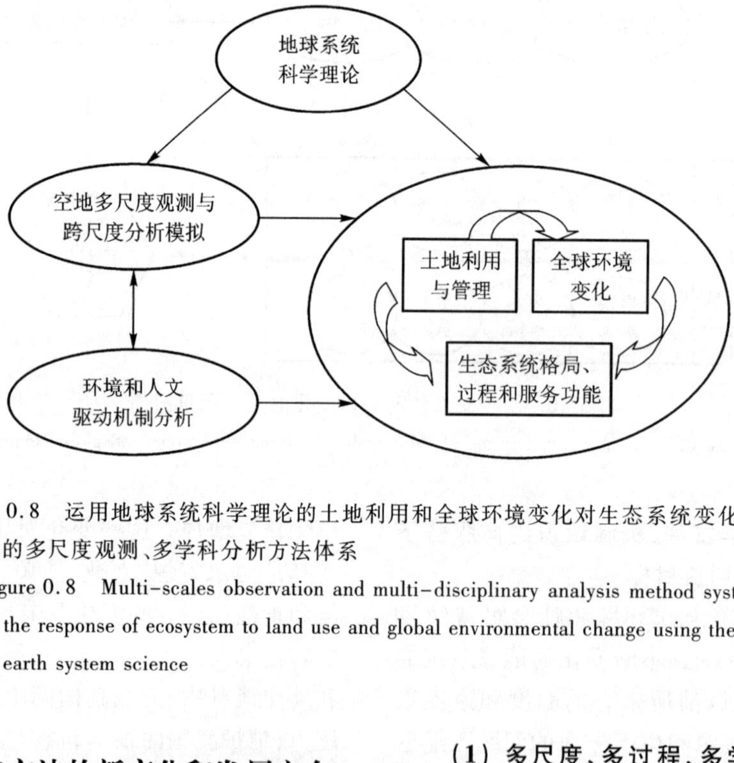

图0.8 运用地球系统科学理论的土地利用和全球环境变化对生态系统变化影响的多尺度观测、多学科分析方法体系

Figure 0.8 Multi-scales observation and multi-disciplinary analysis method system of the response of ecosystem to land use and global environmental change using theory of earth system science

0.4.3 生态学研究方法的新变化和发展方向

生态系统格局与过程研究是近年来生态系统生态学研究的重点，在认识生态系统与全球变化的关系、生态系统变化对社会经济可持续发展的影响等方面取得了重要成果。但是受到生态系统的复杂性以及研究方法和技术的局限，以往的研究工作往往存在着许多不确定性，现今的生态系统格局与过程的研究更加重视采用以下新思路和新方法。

（1）多尺度、多过程、多学科、多途径的综合集成分析

生态系统生态学研究不同时间和空间尺度上生物之间、生物与其周围环境、生态系统与人类福祉的相互关系。20世纪及其以前，地学与生态学研究已经对小尺度、孤立的科学现象和变化规律有了较为深刻的认识，积累了大量的观测和试验研究数据。“21世纪的生物学”和“21世纪的生态学”正在朝着多尺度、多过程、多学科、多途径综合集成的方向发展，实现以现代信息科学为支撑、可以多尺度转换、能够科学预测的新目标。

生态系统生态学所涉及的时间尺度包括几秒、几小时到几天、几年再向几十年、几百年甚至上千年，空间尺度也由几平方米的局地到几平方千米的生物群系（生态系统）、流域、区域以及全球生物圈。生态系统中各因素、各种过程都不是孤立存在的，它们的变化也不是孤立进行的，具有错综复杂的耦合关系。例如生物圈的水循环、碳循环和氮、磷循环等不仅受自然因素和人为因素的强烈干扰，它们之间还存在着明显的相互关联、耦合作用和反馈作用。生态系统碳循环过程中的光合与呼吸、凋落物的腐殖化与分解作用与水循环中的降水、蒸腾蒸发以及淋溶等过程有关，同时碳循环过程又受氮素的输入、迁移、释放以及固定等过程的影响。

生态系统是非线性的复杂系统，在不同的时间和空间尺度上具有不同的现象和问题。许多现象在不同的时空尺度上的主控因子及其控制机制也有很大差别。因此，在研究生态系统结构、格局与过程的变化规律、预测生态系统的变化趋势、评价管理效果等问题时，任何单一的技术途径和方法往往都具有很大的局限性和不确定性，需要采用多种试验研究方法、多种信息获取途径，开展多尺度和跨尺度的机制解析、综合分析和集成认知。在跨尺度的生态系统研究中，主要采用自上而下（top-down）和自下而上（bottom-up）两种途径。前者从宏观到微观，有利于对生态系统变化的宏观认知和总体把握；后者则从微观到宏观，有利于对生态系统过程机制的认知和现象的精细描述。这两者的有机结合，是近年来生态系统生态学发展的重要趋势之一。

通过对不同区域、不同类型生态系统的长期观测与试验，结合控制试验、遥感、模型等技术手段，采用多尺度观测、多方法印证、多过程融合、跨尺度认知和跨尺度模拟等技术途径，系统性地认识在全球变化和人类活动共同驱动下的生态系统结构与功能、过程与格局的变化规律，探讨生态系统的结构、格局和过程的调控管理途径（图0.9），这一新思路将为生物资源改良与保育、生态系统管理、粮食生产、自然资源合理利用、环境保护以及应对全球变化等提供可靠的动态监测数据、坚实的科学基础和适用的技术措施。

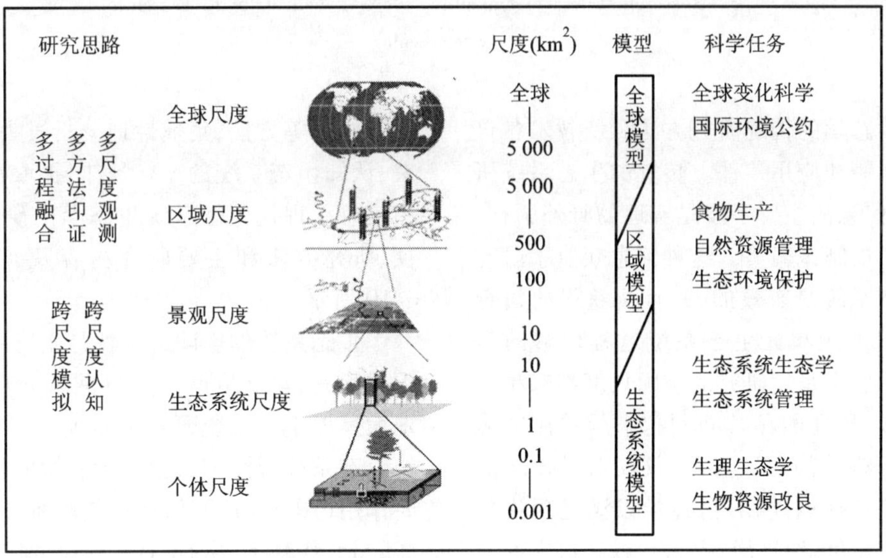

图0.9　多尺度、多过程、多学科、多途径的综合集成分析的生态研究思路

Figure 0.9　Ecological research ideas by synthesis analysis with multiple scales, process, disciplinary, and approaches

（2）基于生态系统网络的多尺度、长期观测与联网试验

生态系统中各种现象的出现和各种过程的变化规律在其显现的时间尺度上具有很大差异。一般来说，生态系统的空间尺度越大，其现象和规律所表现的时间尺度就越长（图0.10），即现象的发生周期就越长。由于现阶段的科学技术水平有限，人们还无法控制生态系统尺度的变化过程，所以也就无法开

展真正意义上的生态系统变化的控制试验，还必须依靠对自然生态系统和人为干预下的生态系统的长期观测，或者通过有目的地对某些可操作环境因子的改变，来开展生态系统变化过程的长期对比试验观测。另外，由于生态系统的变化是一个多要素、多过程耦合的复杂过程，如果仅仅依靠短期的试验和观测，许多现象往往难以发现，也难以判断生态系统的变化究竟是短期波动还是长期趋势。因此长期的动态观测在生态系统研究中具有极其重要的意义，是现代生态学研究的主要技术手段。

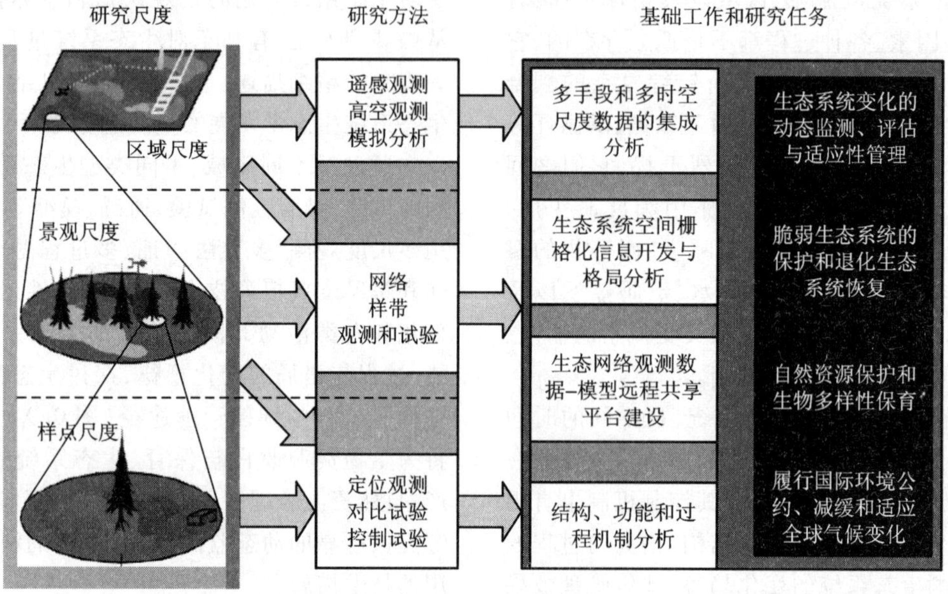

图 0.10　生态系统生态学的研究尺度、技术途径、研究方法和主要研究内容的对应关系

Figure 0.10　Research scales, technical approaches, methods and research topics of ecosystem ecology

生态系统生态学的传统研究方法和新技术各自都有其独特的优势和应用条件。传统的生态系统研究，其获取生态信息的主要手段是实地的野外调查、定位动态观测和控制试验等。这种信息获取手段对于小尺度的生态系统是有效的，并且所获得的信息可以基本满足对特定单元生态系统过程理解的需要。可是现在的生态系统研究的空间尺度越来越向大尺度方向发展，研究的科学问题越来越关注区域性和全球性的战略性问题。为此，仅仅依靠传统的试验生态学的信息获取途径，已经难以满足现代生态学所面临的大尺度、跨区域、多过程综合研究的需求。与此同时，现代信息技术的革命性发展，也为生态系统生态学研究提供了获取高分辨率、高密度、大区域和数值化信息的新技术，提高了海量数据储存和综合分析与模拟的能力。面对复杂的生态系统现象和过程，需要综合运用地学、生态学、土壤学等学科的理论知识，采用微气象法、航空器采样、大气采样、植被和土壤采样等不同时空尺度的采样方法，以及室内试验、野外观测、卫星遥感及地理信息系统、生态模拟等方法，集成性地分析过去、现在并预测未来，认知生态系统的变化规律，提取有用的生态知识和信息。现代生态系统生态学的研究尺度、技术途径、研究方法和主要研究内容及其对应关系如图 0.10 所示。

生态系统的空间变异性是生态系统研究的另一重要问题，建立站点-样带-网络的观测和试验系统是大尺度生态系统研究的重要途径，通过基于网络的生态系统观测和试验在生态学的发展中发挥了重要作用（图 0.10）。如 0.4 节所述，近年来建立的全球陆地观测系统（GTOS）、全球气候观测系统（GCOS）、国际长期生态系统研究网络（ILTER）、通量观测网络（FLUXNET）和全球海洋观测系统（GOOS）等，在了解全球和区域的生态、资源与环境问题，促进生态学发展方面发挥了重要作用。

（3）跨尺度的生态过程机制、观测数据和模型的融合

生态系统过程研究需要不同尺度的数据支持，同时不同类型的过程研究也是产生数据、提供建立模型理论基础的根本途径。因此,在生态系统生态学研究中,构建生态过程研究与模型-数据融合的工作平台能够大幅度地提高工作效率,加快研究进程。

多尺度独立观测只能描述不同尺度生态系统过程的变化,不能得到对生态系统整体功能的认识,甚至不能揭示各个尺度过程本身的变化机制。试验和观测总是在特定尺度上进行的,仅依靠多尺度的试验和观测数据不能认识和预测不同尺度过程的相互作用(Rastetter et al, 2003; Norby & Luo, 2004)。迄今在多尺度试验和观测研究中已获得了有关生态系统变化的大量数据,但是对生态系统变化驱动机制和过程机制的认识仍存在很大的不确定性。造成这些不确定性的一个主要原因是以往的研究主要分别是在各个尺度上进行的,缺乏对不同尺度之间生态系统过程相互作用机制的综合研究。

跨尺度分析能够表达不同尺度过程之间的机制联系和定量关系,基于多尺度观测的模型-数据融合方法,建立新一代的生态系统模型是人们追求的目标(Heimann & Kaminski, 1999; Luo et al, 2003; Rayner et al, 2005; 曹明奎等,2004)。模型-数据融合方法是将"前推"(forward)和"反演"(inverse)相结合,应用多尺度观测数据来优化模型结构和参数值(Luo et al, 2003; Rayner et al, 2005),并对建立的模型在不同尺度上进行验证,应用多种观测结果检验模型的可靠性。模型-数据融合将应用动态观测数据(包括环境和生态系统状态变量)对模型模拟进行连续驱动、检验和引导,现实地预测和预报生态系统动态变化。

跨尺度的生态过程机制、观测数据和模型融合系统的研究和开发需要重点解决的关键科技问题包括:生态系统变化多尺度联合观测及其数据融合方法,多尺度生态系统变化驱动因素和过程的相互作用机制及其定量表达和模拟,以及现代生态系统变化的环境与人文驱动机制及其相互作用(图 0.11)。

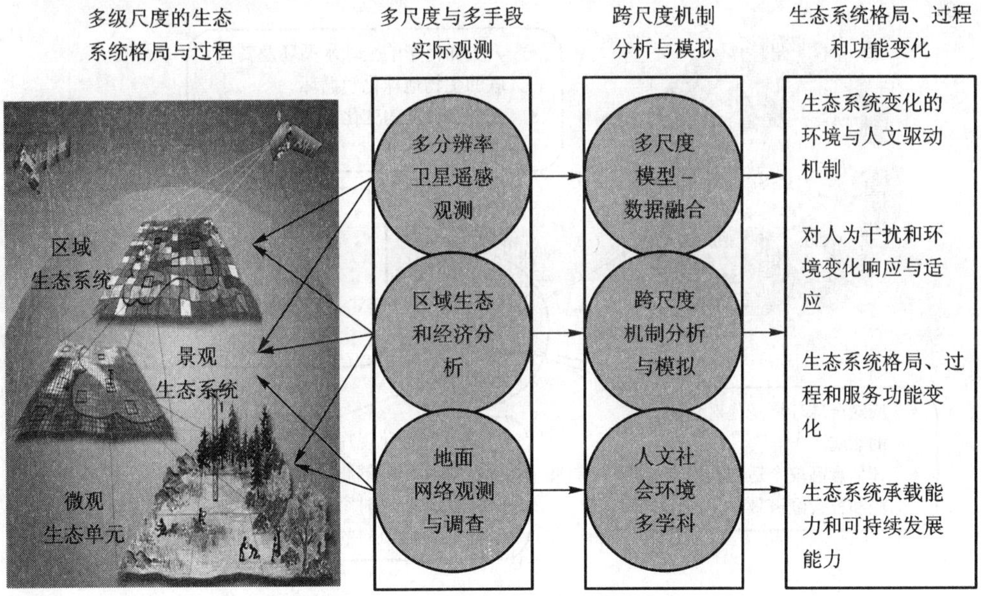

图 0.11 跨尺度的生态过程机制、观测数据和模型的融合系统的概念框架

Figure 0.11 Conceptual frame of a fusion system with multi-scales ecological processes, observations and models

(4) 自然科学与人文科学相结合的生态系统的适应性管理

管理高强度的人类活动和全球环境快速变化背景下的生态系统服务功能变化,实现社会-生态系统的协调和持续发展是当前人类面临的最大挑战之一。随着人们对地球生命支撑系统本质理解的突飞猛进,生态学界日益认识到:人类活动对生态系统运行所施加的影响越来越快,而后者正是人类社会福祉与未来所依赖的,是抵御极端气候条件和突发扰动事件的屏障。随着对生态系统服务和功能重要性的日益发现,环境管理方向正在发生重要转移,从自然资源管理转向生态系统服务和功能的管理。这样

的转变需要我们在所管理的生态系统与人类如何响应或适应生态系统服务供给变化方面提高理解和认识,需要分析人类这个主体如何对这些变化进行反馈,评估社会-生态系统的恢复能力如何。然而,目前我们还没有系统的评价方法来估计气候变化和人类活动的共同作用对生态系统恢复力的影响。

针对人类活动对生态系统影响方式的重大转变,即人类活动直接干预的主要对象从生态系统格局转移到生物地球化学循环、全球环境快速变化对生态系统格局和过程的影响日益明显,分析和辨识现代生态系统变化的直接和间接驱动因素及其相互作用机制,认识这些驱动因素对生态系统分布格局、生物地球化学循环和生产力的影响,估计人类活动直接干预和全球环境变化在不同区域和不同时期的生态系统变化中的相对作用,这些研究将为生态系统适应性管理提供科学基础。以MA为例,其主要目的为将生态系统及其服务功能方面的最新信息和知识用于政策和管理决策,从而改进生态系统管理和提高生态系统对人类实现可持续发展的贡献,其最终目标在于增强人类管理生态系统的能力。除生态系统变化的直接驱动因素外,如气候和大气环境、土地利用方式和物质投入等,MA还注重分析间接驱动因素,如人口增长、经济发展、社会政治变革、科学与技术进步以及文化与宗教的驱动。这些间接驱动力通过对直接驱动力的作用共同引起生态系统及其服务功能的变化,进而对人类的福祉产生影响。

0.5 现代生态学研究的热点领域及其科学问题

生态系统和全球变化生态学研究主要关注三大前沿问题:全球变化、生物多样性和可持续生态系统。目前已实施了一系列国际和区域间的合作研究计划,各研究计划所关注的主要科学问题如图0.12所示。

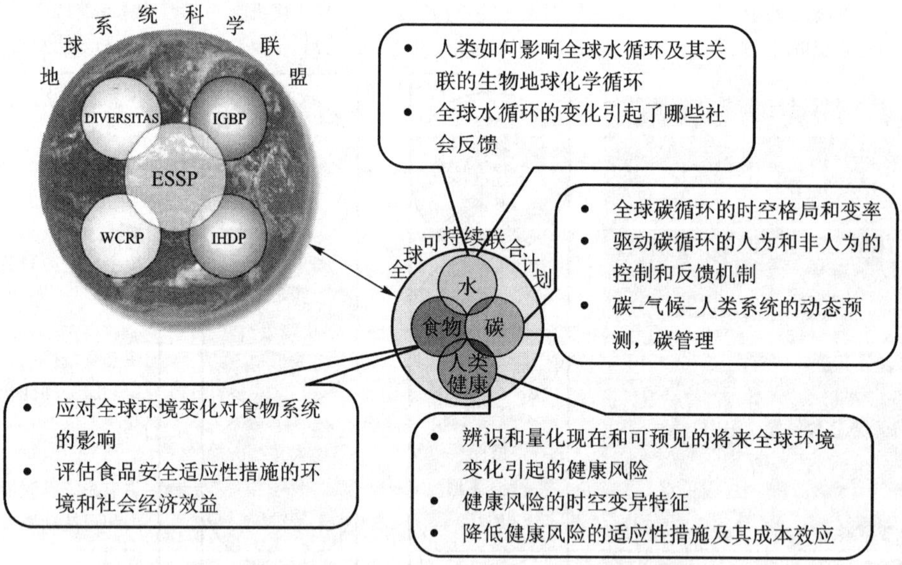

图0.12 地球系统科学研究计划关注的主要科技问题

Figure 0.12 Main scientific questions related to research programs on earth system science

从上述国际科学研究计划和生态系统研究领域所关注的科技问题来看,以下六个领域依然是今后相当长一段时期内生态学研究的热点和关键科学问题。

0.5.1 气候变化与生态系统碳、氮、水循环过程及其耦合关系

自20世纪70年代后期以来,全球气候变化与生态系统碳循环的相互作用关系受到科学界的普遍关注。目前生态系统碳循环和气候变化的研究重点仍然集中于陆地碳蓄积潜力、碳源汇的时空格局、自然和人为要素对碳循环的控制机制以及未来的碳循环趋势预测等方面。其目的在于寻找未知碳汇、了解碳循环动态的控制与反馈机制以及生态系统对全球变化的适应机制,预测未来全球碳循环的可能动

态,减少全球碳循环通量与收支评价的不确定性,评价全球变化的CO_2施肥效应和生态系统的有机碳动态平衡。

在气候变化归因研究中,人类活动如何影响大气CO_2浓度、陆地碳汇的驻留时间以及大气辐射强迫(radiative forcing)的影响是最大的不确定性来源。一般认为全球陆地生态系统表现为碳汇,约吸收了人类活动所释放CO_2的1/4(Canadell et al, 2000)。如果没有这个碳汇,大气CO_2的浓度将会增加得更高,会导致更为严重的全球变暖。然而,有些研究认为陆地的碳汇功能正在降低,甚至一些模型预测在本世纪中期陆地碳汇可能会逆转成碳源(Cox et al, 2000; Friedlingstein et al, 2006)。引起这些争论的原因首先是陆地观测数据的不确定性和区域代表性的不足,更重要的是人们对陆地生态系统碳、氮、水循环的过程机制及其相互作用关系、大气CO_2和氮沉降施肥效应、降水变化的灌溉和排水效应等方面的认识和定量评价还存在较大的不确定性。

目前正在实施的FACE(free air CO_2 enrichment)试验揭示了很多有意思的现象。比如,在养分贫瘠条件下生态系统氮吸收能力增强(Finzi et al, 2007),优化的氮分配(Franklin, 2007)和累积的氮限制(Finzi et al, 2006)等。大气CO_2浓度增加可能会改变土壤呼吸速率(Billings & Ziegler, 2008)。尽管这种影响可能只是一个短期行为(Bernhardt et al, 2006),但是它可能会影响土壤微生物群落(Finzi et al, 2006)。大气氮沉降的增加也会对陆地生态系统生产力(Chen et al, 2003)和土壤呼吸(Cleveland & Townsend, 2006)产生很大影响,但在CO_2和氮沉降不断变化的条件下,这些影响过程就变得非常复杂。

0.5.2 生态系统水循环与水资源安全和自然资源的可持续循环利用

生态系统水循环是水资源自然更新的物理学基础,同时也是地球物质循环和能量输送的动力和载体,是联系地球系统的地圈-生物圈-大气圈的纽带。开展水循环与水问题研究,有利于揭示陆地生态系统水循环格局与海-陆-气的相互作用,认识全球变化与高强度的人类影响下的陆地水循环机制、人类活动(特别是跨流域调水)对陆地生态系统水循环的影响及其生态效应;有利于从科学的角度提出解决区域或国家尺度水问题的可行性方案。

生态系统物质生产和碳固定需要大量消耗水资源。目前,我们对不同生态系统管理和变化环境下的生态系统水分利用效率、生态系统碳固定的水分消耗成本以及区域(流域)的水资源利用效率的变异规律还知之甚少,对区域水资源安全、自然资源的可持续循环利用的研究还十分不足。因此,水循环研究需要在宏观与微观尺度上不断扩展与深化。在微观方面,已经开始致力于揭示各类水分交换界面过程中水分和热量交换规律,如植物根系吸收、植物冠层辐射平衡、温度、气孔阻力、边界层阻力、土面蒸发、土壤热通量等,同时强调多要素、多过程、多学科的耦合研究。在宏观方面,强调大气、陆地和水系统间的界面过程,将描述全球物理气候系统的全球循环模型(GCMs)与全球水循环模型相耦合,量化研究全球水文过程及其未来变化,定量评价生态系统生态需水量、水资源承载力与区域的水资源安全等战略性问题。

0.5.3 生态系统对全球气候变化的响应与适应

生态系统是大气、土壤和生物协同进化的产物。气候和大气组成的长期变化,如温度、大气CO_2浓度和氮沉降,必然导致生态系统过程、结构和功能的变化。生态系统对环境变化除了有直接的生态生理反应外,还有复杂的适应性(acclimation)机制。这些反应和适应会改变生态系统的生物生理过程和功能、群落组成、土壤-生物-大气系统能量和物质循环,反过来又影响生物对环境变化的反应。

近十年来,通过生态系统尺度上的观测和控制试验,尤其是涡度相关技术的连续通量测定和卫星遥感、FACE试验,为揭示生态系统适应性提供了大量的实测数据,但是对生态系统适应性机制还缺乏系统的认识和定量表达。目前广泛应用的生态机理模型还不能模拟生态系统的适应性变化,例如CO_2对光合作用增强效应的递减,对光合产物分配、碳氮比、土壤有机质分解和有效氮供应的影响,土壤有机质分解对温度升高的敏感度下降等现象。

有关陆地生态系统对气候变化的适应性问题中,最突出的关键科技问题之一是生态系统的自养呼吸和异养呼吸对气候变暖的适应性的异同。许多研究表明,生态系统的自养呼吸可以通过降低其对温度的敏感性来适应变暖的气候(Tjoelker et al,

2001; Atkin & Tjoelker, 2003; Wythers et al, 2005),这样的适应机制可能与氮素的获得和细胞的糖分水平有关(Tjoelker et al, 2008)。尽管在草原上的增温试验支持了这种适应性的可能存在(Luo et al, 2001),但是若考虑到生态系统的异养呼吸,却鲜有试验结果说明异养呼吸同样具有这种对气候变暖的适应机制。

气候变化对昆虫和野火等扰动的潜在影响也是一个亟须开展研究的重要领域。越来越多的证据说明了气候变化对森林昆虫的影响(Logan et al, 2003),如近年来在北美高纬度地区云杉天牛的暴发(Berg et al, 2006),在加拿大山区暴发松树甲虫(Kurz et al, 2008)等。气候变化还导致了林火发生频率的增加(Waston et al, 1998; Bond-Lamberty et al, 2007)。这些扰动及其对生态系统的压力在未来的几十年中可能还会加剧(Kurz et al, 2008),并且在短期内将对陆地生态系统碳循环产生剧烈影响。

0.5.4 生物多样性保育与生物资源利用和安全

随着全球人口的激增、人类经济活动的加剧,作为人类生存最重要的基础的生物多样性也受到严峻挑战。土地利用、生物地球化学循环、人口的增长等都影响到生物多样性,而生物多样性的变化也影响陆地和海域生态系统的结构和功能,从而影响全球的土地利用变化、生物地球化学循环变化、全球气候变化等。人类活动对生境的破坏,包括自然生境的退化、消失和破碎化现象(fragmentation),是当前引起生物多样性大规模丧失的主要原因。有害生物和基因的越境迁移所造成的生物入侵也是影响生物资源安全的重要因素。生物技术尤其是基因工程对生物资源安全也具有潜在风险,包括对环境、人类健康以及伦理道德等方面的影响。在生态系统遭受一系列的改变和破坏后,许多生物物种由于不适应改变后的环境或者遭到人为的灭杀而大量消亡。根据千年生态系统评估报告,全球有35%的红树林消失,珊瑚礁的数量减少了27%,10%~30%的哺乳动物、鸟类及两栖动物濒临灭绝,物种灭绝的速度超出正常值100~1 000倍,在所评估的24个生态系统中,15个生态系统遭到破坏,有些生态系统甚至已不可逆转。

在21世纪,生物多样性保护的研究还有大量的工作要开展,主要包括:生物多样性的调查、编目及信息系统的建立。生物多样性的长期监测。生物多样性的生态系统功能。人类活动对生物多样性的影响。物种濒危机制及保护对策。家养动物和栽培植物及其野生近缘的遗传多样性保育。生物多样性保护技术。生物安全状况评价与对策。生物技术和基因工程对生物资源安全具有的潜在风险,对环境、人类健康以及伦理道德等方面的影响等。

0.5.5 生态系统的演化和退化、可持续利用与恢复重建

生态系统服务功能(ecosystem service)是指由自然系统的生境、物种、生物学状态、性质和生态过程所生产的物质及其维持的良好生活环境对人类的服务性能,即生态系统与生态过程所形成及维持的人类赖以生存的自然环境条件与效用(蔡晓明, 2002)。生态系统服务的概念自20世纪70年代首次提出以来,就一直受到生态学界的广泛重视。生态系统服务功能与生态过程密不可分,它们都是自然生态系统的属性,也是生产服务功能的源泉和多种性能的转换器。

生态系统退化是引起生态系统服务功能丧失的根本原因。物种的消失,特别是那些影响水和养分动态、营养结构和生产能力的物种的消失,会削弱生态系统的功能,降低生态系统的生产效率,减弱生态系统抵抗自然灾害、外来物种入侵和其他干扰的能力。生态系统在全球、区域、小流域和小生境等不同空间尺度上影响着气候,生态系统退化,反过来也将导致全球变化。在全球尺度上,土地利用变化导致大气CO_2浓度增加,加速地球温室效应的增强;在区域尺度上,生态系统通过影响和改变植物的蒸腾作用直接改变区域性气候,增加旱涝灾害等气象灾害;在流域尺度上,植被破坏后会导致流域水分循环过程的改变,大大增加地表径流和水土流失,进而导致土壤生产力下降,降低水资源的可利用性,加重旱涝灾害的危害;在更小的空间尺度上,自然生态系统的破坏往往使其气候调节功能减弱,使系统的自我维持和修复机制丧失。

0.5.6 生态预测、生态系统的定向调控和适应性管理

生态系统的变化包括生态系统的自然进化和演替以及人为活动胁迫下的生态系统退化等多个方

面。生态系统的进化是指长时间的生态系统变化，它是在地质、气候等外部环境的长期变迁过程中，在外部因素影响下生态系统自我适应的变化。生态系统的演替是短时间尺度上的变化，是在生态系统内部因素的驱动下生态系统类型的演变和替代过程。在相对稳定的地质和气候环境下，生态系统的自然演替主要表现为植被群落的演化，同时伴随着相应的生物地球化学、水文、局地气象等多种过程的改变。

对生态系统的自然进化和演替变化、环境影响下的长期变化和短期波动进行预测一直是人们希望实现的科学目标。服务于生态系统管理规划和决策的生态预测主要针对可能发生的气候、土地利用、人口、技术、经济活动等方面的情景，预测生态系统的状态、服务功能、自然资产并说明其不确定性的过程。其空间尺度可以是一个点、一个区域或全球，时间范围可以向前延伸 50 年（Clark et al, 2001）。通过生态预测，生态学家可以为决策者提供诸如生态系统对极端事件的脆弱性及其可能影响信息，改善生态规划和决策。

过去的生态预测研究已经在少数的案例中取得了显著成就（Clark et al, 2001；Carpenter, 2002），但是在预测生态变化及其概率分布方面仍然存在很大的局限性。用于预测生态系统行为的现有信息还不够充分，比如有些特别显著的生态系统变化发生的频率较低，因而还难以进行定态研究、定量描述和科学预测（Turner & Dale, 1998）。由于生态系统同时受到气候和社会的影响和控制，因此生态预测要求多学科领域的交叉与协作，提高数据分析和计算能力。目前还无法对生态预测的概率进行描述（Ludwig et al, 2001；Carpenter, 2002），生态预测结果还具有许多其他方面的特性或偶然性，这意味着我们必须考虑可能出现的大量结果。这些结果的多样性、偶然性及复杂性可能会成为理解障碍，限制生态预测对决策者和大众的有效性。

人类在不断的发展过程中逐渐地增强了对自然生态系统的影响能力，可以通过一定的手段（耕作管理等）和科学技术（生态、遗传工程、生物化学等）对生态系统的变化过程进行调整和控制。现在的人类活动已经成为影响生态系统演替的主要干扰因素，其影响可能阻断系统的演化进程、加速或减缓系统的演化速度、调整或改变系统的演化方向等。

人类之所以干扰生态系统，是为了从生态系统中获取物质、纤维、药材、能量和水等生活必需品以及优美的自然环境。其干扰方式从过去的简单索取，到管理生态系统生产过程，到现今的对生态系统服务形成过程的调节。人们越来越强烈地希望定向调控生态系统的变化过程和状态，使其处于良好的结构和功能状态，从而使其向着有利于人类社会可持续发展的方向发展。可是，现在人们对复杂生态系统的演变规律及驱动机制还不十分清楚，对生态系统的结构、过程与功能的相互作用关系、生态系统变化及其稳定性、不同尺度和不同类型的生态系统之间的耦合作用机制、生态系统变化的内在机制和外部原因的理解还不充分，还无法对生态系统的演化趋势进行准确的预测和预警，无法定量评价自然因素和人为因素对生态系统变化过程的调控作用及其效果。这就需要人们采用生态系统适应性管理的理念，最大限度地对生态系统变化过程实施定向调控。

0.6 我国生态系统研究的主要科技任务

我国的社会经济发展已经进入了快速发展轨道，预计将于 2020 年初步实现小康社会，在 2030 年达到人口高峰，并在 2050 年达到中等发达国家水平。随着经济和社会的发展，我国的资源需求和消耗将会不断增加，人地关系和经济开发与生态保护的冲突会越来越大，人们对环境质量的要求会不断提高，维持、稳定良好的自然环境任务越来越沉重，可能会面临不可预测的各种挑战。现阶段我国生态系统研究的科技任务主要包括以下五个方面。

（1）为生态文明和生态工程建设提供科技支撑

当前，中国正处在发展的关键时期，面临着优化经济结构、合理利用资源、保护环境、促进地区协调发展、提高人口素质、彻底消除贫困等一系列重大任务。党在十六届三中全会第一次明确提出了“科学发展观”。在党的十七大报告中明确提出了“生态文明”建设的战略任务，需要启动和实施一系列的重大生态工程来确保任务的完成。以科技发展观为指导，建立资源节约、环境友好的可持续发展模式是我国现代化建设的必选之路。长期以来，我国高度重视节约型社会建设，取得了积极成效，但是粗放型的经济增长方式并没有从根本上转变，经济增长在相当程度上仍然是主要依赖资源的高投入来实现的，建设资源节约型和环境友好型社会等都对生态系统研究提出了强烈的科技需求。

正在日益加剧的我国人与自然矛盾的冲突严重制约着我国现代化建设的进程。解决这些发展中的各种问题需要生态学界提供强有力的科技支撑，需要用科学发展观、用“五个统筹”的指导思想化解发展中的各种冲突，寻求具有中国特色并适合我国国情的工业化和城市化道路，解决“三农”问题，推进城乡协调发展，缩小地区差距，治理环境污染，遏制生态恶化，优化产业结构，集约高效利用土地等自然资源，不断提高我国的经济发展水平和国家核心竞争能力、自主创新能力、可持续发展能力和生态文明水平。

(2) 为自然资源管理、优化配置和区域可持续发展提供科技服务

自然资源的供给及其可持续利用、保护与改善环境、促进生态系统良性循环、减轻灾害所造成的损失、协调人与自然的关系等问题，是人类社会进入21世纪寻求可持续发展所面临的根本性、战略性问题，它贯穿国家经济建设的全过程，渗透在人类社会发展的各个方面。这些任务的核心是建立优化配置和管理自然资源的国家方案，以协调区域的可持续发展，需要国家尺度的生态、环境监测和试验数据的支持，需要在不同类型区域开展应用基础与应用技术的综合研究与试验，为本地区资源利用、环境保护与产业发展提供优化模式、关键技术与配套技术，从而推动区域经济发展。

生态系统管理已经成为经济活动的重要组成部分，成为人类管理地球环境的主要途径。现实的生态、资源与环境问题十分复杂，一些问题的产生和影响已超越了行政区界或国界，并将会持续影响到几代人的生活。这对生态学来说，既是一个严峻的挑战，又是生态学研究为人类社会发展提供直接服务的重要机遇。因此，现今的生态学必须加强生态系统、资源环境与人类福祉的相互关系(图0.13)的研究，为生态系统的综合管理和区域、全球的可持续发展提供科学依据和理论指导。

(3) 为生态建设、减灾防灾的政府决策及行业发展提供理论指导、政策依据及其配套技术

生态系统与社会经济系统是相互依存的。建立和谐社会，实现人与人的和谐、人与自然的和谐是大多数国家政府的执政理念。因此，自然资源管理、生态与环境保护是各级政府的职责之一。同时，国家

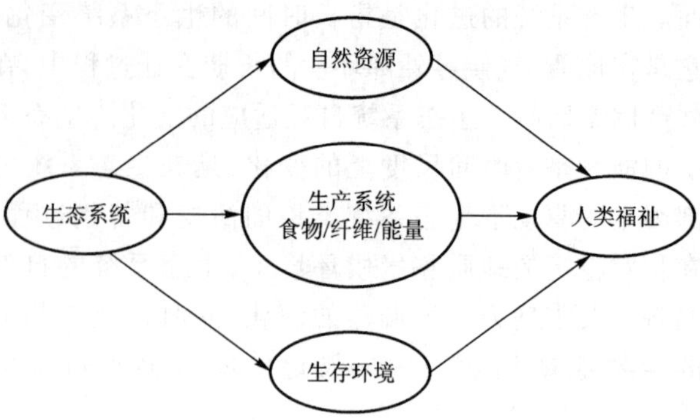

图0.13 生态系统、资源环境、人类福祉的基本关系
Figure 0.13 Schematic diagram of basic relation among ecosystem, resources, and human welfare

政策与法律、财政投入是生态与环境保护事业的政治和经济基础，政府的行政管理和监督也是生态与环境保护的有效手段。生态系统的研究必须与区域和国家的发展相结合，为国家政策与法规的制定、政府决策、行政管理与监督提供可靠的科学依据。

生态系统研究和管理的根本目的是为了保证人类社会能够从所依赖的生态系统中永续地获取有用产品和环境服务。这需要生态系统研究提供人类利用自然资源的方式、管理生态系统的政策、技术和模式，提供景观、区域和全球生态系统的功能区划、利用规划，提供生态系统的格局管理与过程管理的优化组合方案，以保证生态系统为人类的生存和发展提供最大化的生态服务。

我国是世界上自然灾害最严重的少数国家之一，平均每年造成近20 000人死亡，直接经济损失高达国家财政收入的1/6至1/4，给人民生命财产带来了巨大损失。保护自然环境、科学地防灾减灾，是我国现代化建设中必须始终给予关注的重大问题。我国自然环境脆弱，环境恶化的趋势还没有得到根本性的遏制，需要长期地开展对生态系统和环境演变的动态监测、驱动力的动态分析、生态过程的机制揭示、各种自然灾害的动态监测、预警和预报。

(4) 满足应对全球气候变化和全球经济一体化的科技需要

全球气候变化和全球经济一体化的发展趋势使得国家政治安全和经济安全显得越来越重要，中国的崛起需要在国际事务中发挥更大的作用，需要对维护世界的政治和经济秩序承担应有的责任。我们既要参与国际规则、国际公约的谈判和制定，也要履行国际公约规定的各项义务。全球气候变化和全球

经济一体化要求我国生态学研究必须充分利用国内外对生态系统研究提供的有利条件以及我国的区域优势，开展不同区域、不同尺度的生态过程和格局变化的综合监测和科学研究，为全球变化研究和可持续发展研究做出独特的国际贡献。

全球变化引起的各种环境问题已经成为国际外交的重要议题，其地位也会更加突出，与此同时全球的环境问题和对策对我国经济发展的影响也越来越大。我国是世界上最大的发展中国家，环境问题尤其受到国际上的广泛关注。围绕资源与环境的国际贸易争端与摩擦不断加剧，保障国家资源供给与双边和多边环境合作与争端已成为国家外交事务的新课题。目前我国已经签署的国际环境国际条约、公约和协议（不包括双边条约、协议等）已达30多项，内容广泛，涉及全球气候变化、臭氧层保护、生物多样性变化、湿地保护、荒漠化防治、海洋环境保护、物种国际贸易、危险废物控制等。在这些国家环境外交活动中，我国政府需要以国内外全面、翔实的科学观测和研究数据为依据。

气候变暖不仅是科技界关注的焦点，也已成为全球公众关注的热门话题。全球性的环境问题是地球系统整体行为的结果，涉及地球系统各圈层相互作用（物理气候系统与生物地球化学循环的相互作用）、生命系统与无生命系统的相互作用（即人与地球的相互作用）以及地球系统中三大基本过程（物理、化学、生物学过程）的相互作用，最终影响到人类家园的可居住性这一重大的战略性问题。

我国位于地球环境变化速率最大的东亚季风区，就其环境本身而言，具有空间上的复杂多变性、时间上的易变性；就其对外界变化的响应和承受力而言，具有敏感和脆弱的特点。与此同时，目前我国又处于经济高速发展、人口压力剧增的时期，人类活动对环境的干扰显得尤为突出。在全球变暖背景下，开展气候变化和人类活动耦合系统的影响及其调控研究，探讨气候极端事件发生机制研究，预测未来我国极端气候的演变趋势及其所引起的农业受灾面积、水资源的变化趋势，提高气候灾害的预测水平，从而减轻这些灾害造成的人员伤亡和经济损失，不仅是国家所急需，也是当今气候环境和全球变化前沿研究的重大课题。同时，正确评估和预测全球变化对我国自然环境和经济发展的影响，探讨适应和减缓全球变化的生态途径和技术体系，也是我国生态学科技工作者的重大科技任务。

(5) 为更好地理解地球系统的进化、人类活动的影响以及科学预测提供机制基础

人类的生存依赖于地球上各类大大小小、形形色色的生态系统。长期以来人类的发展是将人作为地球生态系统的重要因素，共同受到自然法则的制约，基本维持着与地球生态系统的协同进化的关系。可是，进入20世纪60年代，人类与生态系统的关系发生了重大改变。科技进步和相对和平的环境，世界人口数量的增加和资源消耗量的急速增加，使得人类活动的强度和空间范围迅速增大，人类活动正在改变着地球上各类生态系统，开始了较大规模地干扰地球生态系统变化的过程。因此，人们急需了解在人为活动影响下的地球系统的进化、人类活动的影响程度、可能的调控途径及科学预测地球系统的变化和承载力等科学问题，这必须依靠对生态系统的动态监测、复杂过程机制的深入理解。

我国自然环境复杂多样，形成了许多颇具特色的地理-生态单元（如沙漠、冰冻圈、黄土高原、喀斯特、内陆河、农牧交错带、干旱河谷等），这些区域既是面临生态、经济和社会发展难以解决问题的生态-地理单元，是地球系统科学研究的热点区域，也是以研究资源、环境、生态、灾害和人类空间行为相互作用为主要任务的地球系统科学的主要研究对象。因此，系统地开展我国不同区域、不同特色的地理-生态单元的观测和研究，系统地整合各种类型的环境信息，为国家积累长期的空间化的科学数据资源，不仅是解决制约我国经济社会发展问题的重大科技需求，也是积累国家数据资源，推动我国地球系统科学发展、科技创新的重大需要。

0.7 结论与展望

地球环境正在发生深刻的变化，人类正面临着全球环境和社会可持续发展的巨大挑战。土地利用的高强度化和多样化及技术进步已经使生物地球化学循环、水文过程和景观动力学发生了显著变化。人类对生态系统和景观的改变导致地球自然系统发生变化，影响了生物圈维持生命的能力。预计到2050年，世界人口将净增30多亿，世界经济总量将翻两番，这意味着人类对生物与物质资源的需求与消费也将剧增，同时对生态系统及其服务的影响也逐步增强。人类活动的强烈干预使得维持适宜于生物和人类生存的独特环境更加依赖于生态系统过程。生态学作为认识和管理生物与环境关系的科学,应当而且能够为人类走出如此困境发挥独特的作用。21 世纪生态学的使命就是有效地管理人类活动高强度压力下的全球生态系统快速变化,以满足对生态系统服务功能不断增长的需求。

过去几十年,全球变化和生态系统生态学已经开展了大量研究,取得了很多丰硕的成果。生态学的基本概念不断得到发展和完善,生态系统的综合性、整体性思想促进了现代生物学、地学和社会科学等学科的发展。在生态系统组分和系统间的比较研究、生态系统过程和格局的控制机制研究、生态系统变化的动态、联网观测和试验研究、生态系统过程的多层级边界和尺度转换等理论研究方面取得了显著进展。我们获得了大量关于现代人类活动与生态系统关系的主要特征、气候变化与生态系统碳、氮、水循环过程及其耦合关系、生态系统对全球气候变化的响应与适应等重要的科学知识,提升了对人类活动与生态系统变化基本关系的认识,为人类适应和减缓全球变化、生态系统管理提供了丰富的科学数据和方法。

虽然我们已经在许多重要的生态学问题上取得了重大研究进展,但是我们所具备的知识仍然非常欠缺。科学技术的进步和应用已经大大提高了我们对生态系统变化本质的理解,但洞悉这种变化的机制和预测将来的变化更加困难,因为这些变化在以难以理解并且通常无法预料的方式产生级联效应。我们还不知道人与自然之间关系究竟会如何变化,日益加剧的人类活动将是否、何时和如何改变生态系统过程与服务,其临界阈值在哪里;还不清楚社会和生态系统的适应性和脆弱性如何,什么样的特征和模式才能保证生态系统稳健运行以安全地实现社会的可持续发展。

因此,21 世纪的生态学将更加重视研究气候变化和人类活动对生态系统变化以及人类福祉的影响,探讨自然环境、经济环境、人文社会环境的相互关系及其对社会发展的影响,探讨和认识生态系统变化的过程机制、生态系统调控和管理的理论和技术。根据研究对象、研究重点和关注的科学问题的改变,采用一些新的研究思路,发展一些新的研究方法和技术,比如基于生态系统网络的多尺度、长期观测与联网观测和试验,生态过程研究与模型-数据的跨尺度融合,自然与人文科学相结合,以及多尺度、多过程、多学科、多途径的综合集成分析等。这些新的科学研究思路和方法可能会为 21 世纪生态学的发展做出新的贡献。目前,关于全球碳循环、食物系统、水资源、全球土地计划等各项研究关键的可持续问题的计划正在发展之中,多尺度联网观测、数据库建设、多模型比较等战略正在实施,一种综合的、更有活力的生态系统科学研究体系正在形成,这对未来全球可持续发展有着深远的意义。

参考文献

蔡晓明. 2002. 生态系统生态学. 北京:科学出版社.

曹明奎, 于贵瑞, 刘纪远, 等. 2004. 陆地生态系统碳循环的多尺度试验观测和跨尺度机理模拟. 中国科学 D 辑, 34(增刊Ⅱ): 1-14.

李文华, 赵景柱. 2004. 生态学研究回顾与展望. 北京:气象出版社.

牛建明, 吕桂芬. 1999. 内蒙古生命地带的划分及其对气候变化的响应. 内蒙古大学学报(自然科学版), 30(3): 360-366.

王馥棠, 赵宗慈, 王石立, 等. 2003. 气候变化对农业生态的影响. 北京:气象出版社, 131-134.

徐德应, 郭泉水, 阎洪. 1997. 气候变化对中国森林影响研究. 北京: 中国科学技术出版社.

于贵瑞, 张雷明, 孙晓敏, 等. 2004. 亚洲区域陆地生态系统通量观测研究进展. 中国科学 D 辑, 34(增刊Ⅱ): 15-29.

于贵瑞. 2003. 全球变化与陆地生态系统碳循环和碳蓄积. 北京:气象出版社.

Atkin O K, Tjoelker M G. 2003. Thermal acclimation and the dynamic response of plant respiration to temperature. TREDS in Plant Science, 8: 343-351.

Berg E E, Henry J D, Fastie C L, et al. 2006. Spruce beetle outbreaks on the Kenai Peninsula, Alaska, and Kluane National Park and Reserve, Yukon Territory: relationship to summer temperatures and regional differences in disturbance regimes. Forest Ecology and Management, 227: 219-232.

Bernhardt E, Barber J, Pippen J, et al. 2006. Long-term effects of free air CO_2 enrichment (FACE) on soil respiration. Biogeochemistry, 77(1): 91-116.

Billings S A, Ziegler S E. 2008. Altered patterns of soil carbon substrate usage and heterotrophic respiration in a pine forest with elevated CO_2 and N fertilization. Global Change Biology, 14: 1,025.-1,036. doi: 10.1111/j.1365-2486.2008.01562.

Bond -Lamberty B, Peckham S D, Ahl D E, et al. 2007. Fire as the dominant driver of central Canadian boreal forest carbon balance. Nature, 450: 89-92.

Canadell J G, Mooney H A, Baldocchi D D, et al. 2000. Carbon metabolism of the terrestrial biosphere: a multitechnique approach for improved understanding. Ecosystems, 3: 115-130.

Carpenter S. 2002. Ecological futures: building an ecology of the long now. Ecology, 83(8): 2 069-2 083.

Chen J M, Ju W, Cihlar J, et al. 2003. Spatial distribution of carbon sources and sinks in Canada's forests based on remote sensing. Tellus B, 55(2): 622-642.

Clark J S, Carpenter S R, Barber M, et al. 2001. Ecological forecasts: An emerging imperative. Science, 293(5 530): 657-660.

Cleveland C C, Townsend A R. 2006. Nutrient additions to a tropical rain forest drive substantial soil carbon dioxide losses to the atmosphere. Proceedings of National Academy of Sciences, 103: 10 316-10 321.

Cox P M, Betts R A, Jones C D, et al. 2000. Acceleration of global warming due to carbon-cycle feedbacks in a coupled climate model. Nature, 408: 184-187.

Dai A, Fung I Y. 1993. Can climate variability contribute to the "missing" CO_2 sink. Global Biogeochemical Cycles, 7: 599-609.

Field C B, Randerson J T, Malmstrom C M. 1995. Global net primary production: combining ecology and remote sensing. Remote Sensing of Environment, 51: 74 -88.

Finzi A C, Moore D J, DeLucia E H, et al. 2006. Progressive nitrogen limitation of ecosystem processes under elevated CO_2 in a warm-temperate forest. Ecology, 87 (1): 15-25.

Finzi A C, Norby R J, Calfapietra C, et al. 2007. Increases in nitrogen uptake rather than nitrogen-use efficiency support higher rates of temperate forest productivity under elevated CO_2. Proceedings of the National Academy of Sciences of the USA, 104(35): 14 014-14 019.

Finzi A C, Sinsabaugh R L, Long T M, et al. 2006. Microbial community responses to atmospheric carbon dioxide enrichment in a warm-temperate forest. Ecosystems, 9: 215-226.

Franklin O. 2007. Optimal nitrogen allocation control tree response to elevated CO_2. New Phytologist, 174(4): 811-822.

Friedlingstein P, Cox P, Betts R, et al. 2006. Climate-carbon cycle feedback analysis: Results from the C4MIP model intercomparison. Journal of Climate, 19: 3 337-3 353.

Grazi F, van den Bergh J C J M, Rietveld P. 2007. Welfare economics versus ecological footprint: modeling agglomeration, externalities and trade. Environmental and Resource Economics, 38(1): 135-153.

Heimann M, Kaminski T. 1999. Inverse modeling approaches to infer surface trace gas fluxes from observed atmospheric mixing ratios//Bouwman A F. Approaches to scaling of trace gas fluxes in ecosystems. Amsterdam: Elsevier, 275-295.

Houghton R A. 1991. Tropical deforestation and atmospheric carbon dioxide. Climate Change, 19: 99-118.

IGBP. 2001. Global Change and the Earth System: a Planet under Pressure. IGBP Science, 4.

IPCC. Climate Change 2001: Impact, adaptation, and vulnerability. Cambridge: Cambridge University Press.

IPCC. Climate Change 2007: The Physical Science Basis. Contribution of Working Group I to the Fourth Assessment Report of the Intergovernmental Panel on Climate Change. Cambridge: Cambridge University Press, 131-141.

Kremen C, Niles J O. 2000. Economic Incentives for Rain Forest Conservation across Scales. Science, 288 (9): 1 828-1 832.

Kurz W A, Dymond C C, Stinson G, et al. 2008. Mountain pine beetle and forest carbon feedback to climate change. Nature, 452: 987-990.

Kurz W A, Stinson G, Rampley G J, et al. 2008. Risk of natural disturbances makes future contribution of Canada's forests to the global carbon cycle highly uncertain. Proceedings of National Academy of Sciences, 105: 1 551-1 555.

Lawton J H. 1995. Ecological experiments with model systems. Science, 269: 328-331.

Liu J G, Jared Diamond. 2005. China's environment in a globalizing world. Nature, 435: 1 179-1 186.

Liu J, Dietz T, Carpenter S R, et al. 2007. Complexity of coupled human and natural systems. Science, 317: 1 513-1 516.

Logan J A, Régnière J, Powell J A. 2003. Assessing the impacts of global climate change on forest pests. Frontiers in Ecology and the Environment, 1: 130-137.

Ludwig D, Mangel M, Haddad B. 2001. Ecology, conservation, and public policy. Annual Review of Ecology and Systematics, 32: 481-517.

Luo Y, Wan S, Hui D, et al. 2001. Acclimatization of soil respiration to warming in a tall grass prairie. Nature, 413: 624-625.

Luo Y, White L, Canadell J, et al. 2003. Sustainability of terrestrial carbon sequestration: A case study in Duke Forest with inversion approach. Global Biogeochemical Cycles, 17(1): 1 021. doi:10.1029/2002GB001923.

McConnell W. 2002. Madagascar: Emerald isle or paradise lost. Environment, 44: 10-22.

Millennium Ecosystem Assessment. 2005. Ecosystems and Human Well-being: Synthesis. Washington. DC: Island Press.

Norby R J, Luo Y. 2004. Evaluating ecosystem responses to rising atmospheric CO_2 and global warming in a multi-factor world. New Phytologist, 162: 281-395.

Rastetter E B, Aber J D, Peters D P C, et al. 2003. Using mechanistic models to scale ecological processes across space and time. BioScience, 53: 68-76.

Rayner P J, Scholze M, Knorr W, et al. 2005. Two decades of terrestrial Carbon fluxes from a Carbon Cycle Data Assimilation System (CCDAS). Global Biogeochemical Cycle, 19. doi:10.1029/2004GB002254.

Rees W E. 1992. Ecological footprints and appropriated carrying capacity: what urban economics leaves out. Environment and Urbanisation, 4(2): 121-130.

Rosegrant M W, Cai X, Cline S A. 2002. Global water outlook to 2025: averting an impending crisis. Report of International Food Policy Research Institute and International Water Management Institute: 2-16.

Schimel D S. 1995. Terrestrial biogeochemical cycle: global estimates with remote sensing. Remote Sensing of Environment, 51: 49-56.

Smith T M, Shugart H H. 1993. The transient response of terrestrial carbon storage to a perturbed climate. Nature, 361: 523-526.

Tjoelker M G, Oleksyn J, Reich P B, 2001. Modelling respiration of vegetation: evidence for a general temperature-dependent Q10. Global Change Biology, 7: 223-230.

Tjoelker M G, Oleksyn J, Reich P B, et al. 2008. Coulping of respiration, nitrogen, and sugars unlerlies convergent temperature acclimation in *Pinus kanksiana* across wide-ranging sites and populations. Global Change Biology, 14: 782-797.

Tucker C J, Townshend J R G, Goff T E. 1985. African land-cover classification using satellite data. Science, 227: 369-375.

Turner M G, Dale V H. 1998. Comparing large, infrequent disturbances: what have we learned. Ecosystems, 1: 493-496.

Vitousek P M, Mooney H A, Lubchenco J, et al. 1997. Human domination of earth's ecosystems. Science, 227: 494-499.

Watson R T, Zinyowera M C, Moss R H, et al. 1998. The Regional Impacts of Climate Change. An Assessment of Vulnerability. Cambridge: Cambridge University Press.

Wofsy S C, Goulden M L, Munger J W, et al. 1993. Net exchange of CO_2 in a mid-latitude forest. Science, 260: 1 314-1 317.

World Wildlife Fund. 2004. Annual report. http://www.worldwildlife.org.

Wythers R, Reich P B, Tjoelker M G, et al. 2005. Foliar respiration acclimation to temperature and temperature variable Q10 alter ecosystem carbon balance. Global Change Biology, 11: 435-448.

Young O R, Berkhout F, Gallopin G C, et al. 2006. The globalization of socio-ecological systems: An agenda for scientific research. Global Environmental Change, 16: 304-316.

第一篇

生态系统变化的多尺度观测与分析

第1章

陆地生态系统水、碳、氮通量及其循环过程的综合观测

孙晓敏 温学发 方华军 田静 王秋凤

（中国科学院地理科学与资源研究所）

摘要

生物圈与大气圈之间的二氧化碳、氮和水汽交换的观测数据是揭示地球生态系统碳、氮和水循环过程机制及其相互作用关系，研究全球气候变化驱动机制、预测未来气候变化趋势的基础科学信息。以涡度相关技术为主体的通量观测技术的成熟，可称为20世纪末生态系统与全球变化领域一次重大的技术性革命。由于全球变化以及生态系统对环境变化响应的复杂性和不确定性，更全面地认识生态系统碳、氮、水循环过程的长期变化特征，需要长期的通量观测。全球规模的生态系统碳、氮、水通量的联网观测数据已经成为生态系统和全球变化科学数据中最有价值的观测资料，发挥着其他方法不可替代的重要作用。

生态系统碳、氮、水通量观测为评价不同时空尺度生态系统碳、氮、水循环及其生物物理学和环境控制机制提供了重要的和直接的研究数据。同时，生态系统碳、氮、水循环机制与过程模型的改进、区域尺度碳源或碳汇特征的遥感估算都在极大程度上依赖于通量观测所提供的高质量数据资源。由于控制陆地生态系统与大气之间CO_2、氮、水汽交换的物理和生物过程的复杂性，准确阐明生态系统碳、氮、水平衡的控制机制，评价区域尺度上碳、氮、水平衡的时空变异性，需要在不同类型的生态系统开展以碳、氮、水通量为核心、结合稳定性同位素技术和生理生态学调查的综合观测。

目前，传统的野外与生态台站的观测仍是以生态系统尺度上各种生态环境要素的观测为主，虽然观测数据具有精度高、连续性好、更有针对性的优势，但是在人类生存的环境中，许多与人类息息相关的用于生态过程和全球变化研究的地学信息均是具有区域尺度概念的。遥感科学恰恰为这些要素的区域测量和估算提供了强有力的手段，是从传统的“点”测量向“面”测量发展的一次飞跃，是区域地学信息获取途径的革命。

关键词：气候变化　涡度相关技术　稳定同位素技术　氮沉降　模型　遥感

Chapter 1

Synthetic observation of water, carbon, and nitrogen cycles in the terrestrial ecosystem

Abstract

The CO_2, H_2O and nitrogen fluxes datasets are the basic and scientific information for exploring their mechanisms and relationship among the processes of ecosystem carbon, water and nitrogen, and investigating the driving mechanisms of global climate change, and forecasting the trend of climate change in future. The success of eddy covariance technique in the fluxes of the carbon, water and nitrogen has become an innovative revolution in the field of ecosystem and global climate change research. For the complex and uncertainty of global climate change and the ecosystem response to environmental variation, it is indispensable to do long-term carbon, water and nitrogen fluxes measurements in order to elucidate the characteristic of long-term variation in the processes of ecosystem carbon, water and nitrogen cycles. It has become the most invaluable datasets that collected from network measurements of ecosystem carbon, water and nitrogen fluxes at the global scales.

Network measurements of ecosystem carbon, water and nitrogen fluxes will be benefit to evaluate the ecosystem carbon, water and nitrogen cycles at different spatial-temporal scales, and to elucidate their biophysical and environmental mechanisms. Meanwhile, they depend on the high quality data resources for the improve of ecosystem carbon, water and nitrogen mechanism and process models. It is so complex for the physical and biological processes that dominate the exchange of carbon, water and nitrogen between terrestrial ecosystem and atmosphere. It is a challenge to elucidate exactly the dominated mechanisms, and evaluate the spatial-temporal variations on the balance of ecosystem carbon, water and nitrogen at regional scales. For the purposes described above, it is necessary to combine the eddy covariance method, stable isotope technique and ecophysiological survey in the network measurements of ecosystem carbon, water and nitrogen fluxes. Especially, remote sensing has also become another innovative revolution to achieve the regional geographical information that related closely to the ecological processes and global climate change researches.

Keywords: Climate change, Eddy covariance technique, Stable isotope technique, Nitrogen deposition, Model, Remote sensing

1.1 引言

陆地生态系统的水、碳、氮循环是驱动生态系统变化的关键过程,这些过程的变化将反馈影响全球变化的进程。关于生态系统水、碳、氮循环过程与全球变化相互作用关系的研究,是认识全球变化规律、预测全球变化趋势、理解生物圈与大气圈相互作用关系的重大基础性理论问题,是全球变化科学和现代生态学研究的核心命题之一。生态系统的水、碳循环与氮素循环具有复杂的耦合关系,它们通过多种物理化学和生物学过程而相互作用,并与环境因子之间存在各种复杂的响应和反馈关系。生物圈和大气之间的碳、水交换过程主要是通过植物的光合作用和蒸腾作用实现的,而两者又共同受植物气孔行为所控制,形成了光合作用-气孔行为-蒸腾作用之间的相互作用与反馈,气孔行为主导的光合-蒸腾作用的平衡关系对土壤有效水分十分敏感。土壤中N素营养是生态系统生产力的重要制约因素,直接控制着生态系统的光合作用能力和生态系统的水循环和碳循环强度,以及水碳平衡状况。目前,由于人类活动和全球气候变化的影响,通过大气氮沉降使进入陆地生态系统的氮素增加。氮素的增加可促进缺氮生态系统的固碳能力,但也有研究结果表明氮沉降反而对有些生态系统会产生明显的不利影响。

迄今,关于生态系统水、碳和氮循环的研究工作大多是以各自的独立过程研究为主而开展的。但是,因为实际的生态系统水、碳和氮循环是相互关联的生物地球化学过程,如果仅仅停留在对某个单一过程的独立研究,无法认识各种过程间的相互制约关系,难以全面揭示生态系统对全球变化的响应与适应过程及其机制。近年来,虽然在生态系统模型开发方面已经开始考虑生物圈的水循环、碳循环和氮代谢过程的耦合关系,但是因为试验条件和数据资源等方面的限制,一直还没有取得大的突破,依然是将碳、水和氮素循环之间复杂的动态关系进行过度地简化。一些陆地生态系统碳循环和水循环模型在碳循环与水循环的耦合环节上还存在着严重的缺陷,在对于碳循环与水循环耦合关系的处理方面也过于简单化,所构建的模型难以确切地分析生物圈对碳循环和水循环的控制作用和对全球变化响应的反馈特征。因此,客观需要以生态水、碳、氮循环的耦合过程为对象,采用多过程、多尺度的综合观测、联网对比研究与控制试验相结合的方法,从生态系统和区域尺度上综合认识水、碳、氮循环过程的耦合关系及其相互作用机制,以实现对这些过程变化的成功模拟和科学预测,揭示生态系统的关键过程对全球变化响应和适应机制。

1.2 生态系统水、碳、氮的耦合循环及其通量

地球生态系统碳循环作为人类-环境系统不可分割的组成部分,一直是地球系统科学和全球变化研究领域的前沿课题,是预测未来气候变化、有效管理自然资源以及减缓温室效应的关键问题(Steffen et al, 1998)。早在20世纪70年代,碳循环研究就成为国际科学联盟理事会(ICSU)环境问题委员会(SCOPE)的主要研究方向和重点关注课题;到了80年代和90年代,旨在研究温室效应所造成的全球环境变化及其对生态系统影响的国际地圈生物圈计划(IGBP)的实施显著地推动了碳循环的研究,使之成为地球系统科学、生物科学和社会科学共同关注的主题之一。到了21世纪,碳循环的研究得到了进一步深化。IGBP、世界气候研究计划(WCRP)、国际生物多样性计划(DIVERSITAS)和国际全球环境变化人文因素计划(IHDP)共同发起并成立了地球系统科学联盟(ESSP),其目的是促进地球系统集成研究和全球可持续发展潜力方面的研究。ESSP缘起于日益严重的全球环境变化问题,将全球碳计划(GCP)、全球水系统计划(GWSP)、全球环境变化与食物系统(GECAFS)和全球环境变化与人类健康(GECHH)列为应该持续关注的全球四大"联合计划"。近年来,生态系统碳循环及其对气候变化的区域响应与适应成为地球系统科学和全球变化研究领域的焦点,无论各国政府还是各种国际相关组织都对应对气候变化的行动纲领予以高度重视。例如,IPCC的4次气候变化报告始终将碳循环与区域响应,以及碳增汇机制和对策列为关注的主要对象(IPCC, 2007a, b, 2008)。

IGBP-IHDP-WCRP联合成立的全球碳计划(GCP)完整地描绘了所关注的科学问题构架,主要

包括:(1) 全球碳储量和通量的时空格局与变异性;(2) 控制碳循环动态的内在机制和反馈作用及其与人类活动的相互作用;(3) 未来碳循环动态的可能变化趋势(Canadell et al, 2007a)。由此可见,评估生态系统的碳源汇空间格局、揭示环境控制机制与人类活动影响、预测未来变化趋势依然是国际碳循环研究的三大核心命题。土壤是地球上仅次于海洋和岩石圈地质碳库的第三大碳库,最近对土壤碳过程在全球变化中的作用,特别是草地和农田土壤的固碳潜力、动态和持久性的研究引起了高度重视(Lal, 2004; Fontaine et al, 2007; Stewart et al, 2007)。从减缓、调节与适应气候变化的角度,确定基于生态系统管理的农业与林业活动及相关政策的增汇对策,区分自然因素、间接人为因素和人类活动对碳增汇的贡献,在碳循环研究中日益得到重视(Canadell et al, 2007b)。

涡度相关技术实现了对生态系统碳、水汽通量的直接、精确和连续的观测,与传统的生理生态学方法相比,是从生态系统尺度揭示陆地生物圈-大气圈相互作用关系的最有效方法(Friend et al, 2007; Baldocchi, 2008)。据不完全统计,经过近20年,特别是最近几年的发展,目前全球利用涡度相关技术研究生态系统碳循环的观测站点已超过500个,几乎遍及地球陆地表面所有代表性的陆地生态系统类型,形成了从区域到全球的通量观测网络。基于涡度相关技术的长期连续通量观测在揭示陆地生态系统碳循环过程的时空动态及其驱动机制、评价区域碳收支状况和平衡关系方面做出了重要贡献,同时也为模型的验证与优化、遥感反演等研究提供了数据支持;还为分析气候变化,尤其是特殊或异常气候事件对碳循环的影响提供了可能。例如,通量观测的结果准确地诠释了2003年席卷欧洲的热浪和干旱对生态系统碳循环和生产力的严重影响(Ciais et al, 2005)。通量观测还捕捉到了皮纳博托火山爆发对于北美森林生态系统碳交换过程的影响,表明由于火山灰引起的大气中气溶胶含量的增加,使散射辐射的比例增大,从而使生态系统光合作用增强(Gu et al, 2003)。基于 CarboEurope 观测数据显示,欧洲大陆的森林生态系统可以吸收欧洲温室气体排放总量的7% ~12% (Janssens et al, 2003)。

分析气候变化因素(如温度升高、降水格局变化等)与各种扰动因素(如 CO_2浓度升高、氮沉降长期增加、臭氧增加等)对陆地生态系统碳、氮和水循环过程的作用机制,从而进一步综合评价陆地生态系统对气候变化的响应与适应,是探讨人类社会适应气候变化的重大科技需求,日益成为全球碳循环研究的焦点问题(Walther et al, 2002)。在过去的研究中,主要是通过 FACE 和 OTC 控制试验评价 CO_2浓度或温度升高对植物个体、群落及生态系统水平的作用和影响,以及生态系统在各个水平的响应和适应过程与机制(Norby & Luo, 2004)。迄今的研究结果表明,CO_2浓度升高可增加植物的光合速率、干物质生产、作物产量和水分利用效率,降低气孔导度和最大光合能力;而且这些响应受到其他光、水分和养分条件的强烈影响(Long et al, 2004; Ainsworth & Long, 2005)。温度升高对生态系统碳循环的影响主要表现在植物物候期、光合作用、呼吸、土壤水分动态和蒸散的变化(Luo et al, 2001; Melillo et al, 2002; Piao et al, 2008)。

近年来在降水格局变化如何影响生态系统碳循环过程方面开展了大量研究工作,特别是降水脉动对生态系统生产力的影响(Knapp et al, 2002; Huxman et al, 2004a)。研究表明,随着年平均降水的增加,生物群系的降水利用效率减小;而且当水分受到极端限制时,无论是荒漠还是草原和森林,它们的最大降水利用效率都趋于守恒,即单位降水的生物量生产相等(Huxman et al, 2004b)。许多生态系统氮匮乏是限制碳固定的重要因素,所以外源氮的输入可以促进缺氮生态系统碳固定和生产力的增加。随着人类活动向大气中排放含氮化合物的不断增加会导致大气氮沉降的增加(Galloway et al, 2004),可是一些研究却发现大气氮沉降引起生态系统的氮饱和,并使生物多样性减少和流域环境污染(Aber et al, 2003; Emmett, 2007; Clark & Tilman, 2008)。北半球北方林和温带林碳汇功能明显的增强。弃耕后森林面积扩展,管理措施改善,CO_2浓度升高,温度增加和氮沉降都有可能是碳汇增加的贡献者(Goodale et al, 2002)。最近的研究指出,人类活动引发的氮沉降强烈影响北方林和温带林的净碳固持能力,碳汇增加可能主要归因于氮沉降,从而对以前的所谓氮饱和现象提出质疑(Magnani et al, 2007)。然而,有关氮沉降对生态系统生产力的影响依然是充满争议的学术问题(Cleveland & Townsend, 2006; de Vries et al, 2008)。

目前的环境控制试验研究更多地关注多因子交叉试验,以及更长时间尺度多因子协同作用的响应机制(Norby & Luo, 2004)。例如,在Oren et al (2001)的CO_2浓度升高的试验中发现,氮的有效性限制了森林生态系统的固碳潜力。此外,也有一些研究探讨了CO_2浓度升高与其他要素,如生物多样性损失(Reich et al, 2001)之间的关系。在美国加利福尼亚州一年生草地进行的持续3年的模拟增温、增雨和氮沉降的多因子试验中发现,这些因子单独或协同引起净初级生产力(NPP)的增加;增加CO_2也可以增加NPP,但抑制了物质向根的分配,从而减小了温度、降水和氮沉降的正效应;NPP对气候变化交互作用的响应明显不同于对单个因子简单组合的响应(Shaw et al, 2002)。

联网观测和联网研究是国际全球变化和陆地生态系统碳循环及其区域响应的重要发展方向、技术途径和手段(Baldocchi, 2008)。迄今已经建立了许多区域的(如AmeriFlux, CarboeuropeIP, AsiaFlux, Carboafrica等)和全球的(FLUXNET)碳通量观测网络(Baldocchi, 2008);建立了生态系统变化与降水控制试验网络(Precipnet)、生物圈-大气圈稳定性同位素网络(BASIN)、欧洲区域氮研究网络(NitroEurope)等。通过多学科、多过程、多尺度的综合联网观测,开展区域、洲际乃至全球尺度生态系统碳循环与全球变化响应的系统性、集成性研究成为碳循环研究的重要发展方向(Baldocchi, 2008)。例如,将稳定性同位素技术与通量观测技术结合,分析生态系统碳、水循环过程机制是最近几年生态系统与全球变化研究的热点(Zobitz et al, 2007);利用数据-模型的融合与同化,以及与遥感技术结合也是陆地碳循环集成研究的重要手段(Raupach et al, 2005; Sacks et al, 2007)。

生态系统的联网观测和试验研究可以揭示单站点观测空间尺度扩展的瓶颈问题,也是进行区域综合与系统集成分析的基础。利用网络观测数据,可以阐释不同生物区系、不同地带或生态气候区的碳循环及其与气候变化相互关系的区域分异特征与驱动机制,同时也为模型验证与优化提供了极其重要的实证资料。在区域或景观尺度,通量网络观测研究可以揭示复杂地形条件、林龄、生物多样性和土地利用管理以及自然或人为干扰对生态系统碳循环的影响;在生物区系、洲际或全球的尺度,结合遥感信息可以揭示碳通量与突发和异常事件(如厄尔尼诺/拉尼娜、火山爆发、火灾、热浪等)之间的内在联系(Falge et al, 2002; Reichstein et al, 2007)。例如,碳通量的综合集成研究表明,欧洲森林碳汇强度随纬度的升高而降低,而且是生态系统呼吸决定了欧洲森林碳汇的这一空间格局特征(Valentini et al, 2000)。连续9年的通量观测表明,在厄尔尼诺发生年份(1998和2002年),由于展叶提早,生长期延长,促进了日本温带阔叶林生产力的增加(Saigusa et al, 2005)。

1.3 生态系统水、碳通量观测的技术沿革

陆地生态系统碳循环是全球碳循环的重要组成部分,在全球碳收支中占主导地位,研究陆地碳循环机制及其对全球变化的响应是预测大气CO_2含量及气候变化的重要基础,这已引起科学界的高度重视。陆地生态系统碳循环通量的主要研究方法有清单方法、反演模拟、以涡度相关技术为代表的微气象学通量观测方法和模式模拟等。样地或样带调查与清单方法为经典的生态系统碳循环研究方法,是在不同的陆地生态系统中选取典型的样点或代表区域,对不同时间和空间尺度的碳循环过程进行定位或移动观测研究,以清单的方法来定量描述不同类型陆地生态系统不同时期的碳循环过程。目前陆地生物圈碳循环研究中采用不同测定技术获得的主要数据源包括空气瓶取样测定数据、卫星遥感数据、涡度相关通量数据以及生态系统尺度模拟试验数据(Canadell et al,2000)。

为进一步加强陆地生态系统碳循环研究,近年来国际组织和各国先后开展了一系列重大的陆地生态系统碳循环研究计划,如IGBP陆地样带(Terrestrial Transect)研究计划;由IGBP、IHDP和WCRP共同发起了为期十年的碳循环联合计划即全球碳挑战计划(The Carbon Challenge/An IGBP-IHDP-WCRP Joint Project)。碳挑战计划的大部分研究来自IGBP、IHDP和WCRP现有和计划的全球环境变化研究项目(Hibbard et al, 2001)、开放式CO_2浓度增高试验系统(FACE)、全球陆地生态系统通量观测网络(FLUXNET)等。此外,国家以及区域的碳计划如北美碳研究计划、欧洲碳研究计划、中国陆地生态系统碳循环及其驱动机制研究计划等都将促进陆地生态系统碳循环的研究与发展。

目前碳循环研究中各种结论相差很大，虽然来自各方面的“证据”表明陆地生态系统确实净吸收大气的 CO_2，但直接的观测证据仍然十分零散和缺乏。目前研究认为“未知碳汇”存在于陆地生态系统，分布区域可能在北半球中纬度地带的森林生态系统（Goulden et al, 1998; Twine et al, 2000）。对全球各碳库及碳库间的碳交换通量估算的不确定性是造成全球碳源汇时空格局不清和“未知碳汇”的根本原因。植被与大气间 CO_2 通量的长期测定能够加深人们对于陆地生态系统在全球碳循环研究中的科学地位的理解（Goulden et al,1996a; Baldocchi et al, 2001）。近年来涡度相关技术的进步使植被与大气间 CO_2 通量的长期测定成为可能（Baldocchi et al, 1988; Saigusa et al, 2002; Baldocchi et al, 2003; Carrara et al, 2003）。以涡度相关技术为主要技术手段的全球陆地生态系统通量观测网络（FLUXNET）的建立为探讨生态系统尺度 CO_2 通量时空变异特征提供了新的途径。

以涡度相关技术为主体的通量观测是揭示生态系统对全球变化响应规律及其反馈机制的最直接手段，是生态系统尺度研究技术的一次重大革新。20世纪60—70年代以来发展起来的植物生长箱、野外环境控制试验、便携式测定系统（包括稳态气孔仪、光合作用测定系统）、自动气象和水文要素观测仪器的进步，为研究叶片、个体或样点的碳、水和氮生理生态过程提供了重要的技术手段，可是这些研究手段只能对生态系统碳、氮、水循环的部分过程及其影响要素进行直接测定。因此，要了解生态系统整体光合作用、呼吸以及水分消耗等过程，还必须采用多种统计或模型工具进行尺度扩展，或者间接推测，这必然会带来极大的不确定性。虽然基于微气象理论的波文比法和空气动力学梯度法历史悠久，现在仍然有人在使用，但因为这两种方法需要较多的假设条件，以及观测仪器测定精度等方面的原因，也只能算作间接的和近似的生态系统尺度通量的观测方法。20世纪90年代以来，随着新型涡度相关观测仪器的研制成功、先进数据采集设备的出现以及计算机技术的突飞猛进，使得这种在50年代提出的通量观测理论应用于野外观测成为可能，并在全球通量观测研究中得到了广泛应用。以涡度相关技术为主体的通量观测实现了对生态系统尺度的光合、呼吸和蒸散的直接、精确和连续测量，是生态系统尺度研究技术手段的一次重大革新。

在全球陆地生态系统通量观测网络中，AmeriFlux（北美洲）、CarboEurope（欧洲）、OzFlux（澳洲）、AsiaFlux（日本）、KoFlux（韩国）、ChinaFLUX（中国）等一些主要区域网络利用自身的特色积极地发展生态系统碳和水循环研究，充实了 FLUXNET 的观测内容和研究项目。FLUXNET 观测网络涵盖包括热带雨林、北方落叶林、温带森林、草地、农田、极地冻土带等。观测站分布在从北纬70°到南纬30°间的五大洲上。FLUXNET 从区域网络获得数据和元数据，汇编站点特征、地图和背景信息，提供有价值的分析结果和数据。整个 FLUXNET 都强调高质量和可靠的信息和有价值的成果。目前，FLUXNET 所观测的数据已经成为检验各种模型估算精度的最权威资料，已经得到微气象学和生态学家们广泛认可（Baldocchi,1996; Baldocchi et al, 2003）。

FLUXNET 是获取生态系统与大气间 CO_2 和水热通量数据的有效手段，可为分析地圈-生物圈-大气圈的相互作用关系，评价陆地生态系统在全球碳循环中的作用提供数据服务（Goulden et al,1996b; Houghton et al,2000; Baldocchi, 2003）。FLUXNET 的建立和研究工作的展开在陆地生态系统的水循环和碳循环、地圈-生物圈-大气圈的相互作用以及分析陆地生态系统碳汇/源的区域分布、寻找“未知碳汇”等研究中发挥了重要作用（Houghton et al, 2000）。

全球规模的通量联网观测已经成为支持地球生态系统碳、氮和水循环研究的科学观测数据资源，在生态系统与全球变化科学研究中发挥了不可替代的重要作用。目前，涡度相关技术以其不破坏或不影响地表植被或土壤，直接而且连续测定生态系统尺度的 CO_2、水汽和能量通量的优势，成为研究陆地生态系统与大气相互作用关系的最主要的方法之一，为地球生态系统碳、氮和水循环研究提供了丰富而且是最有价值的科学观测数据资源。特别是涡度相关技术与传统的试验生理生态学、稳定同位素技术、生态系统机制与过程模型、地面遥感技术等的结合、优势互补正在带来全球变化研究技术领域的革命性进步，全球规模的多种技术综合应用的通量联网观测在生态系统与全球变化科学研究中发挥着不可替代的重要作用。

稳定同位素技术在生态系统的养分循环、生态系统净 CO_2 和水交换各组分的分离，以及生态功能对环境的动态响应等研究方面都具有巨大的潜力

(Bowling et al, 2001; Ehleringer et al, 2000)。通过测定植物体内的稳定性同位素(^{13}C、^{18}O和D)的变化特征,可以反映不同时间和空间尺度上的降水和温度等环境因子对CO_2固定过程的影响(Ehleringer et al, 2000)。涡度相关法观测技术与稳定性同位素分析结合的研究工作最近才刚刚起步(Bowling et al, 2001),两者的联合观测可以解决涡度相关技术无法区分生态系统呼吸和光合作用通量,无法区分土壤蒸发和植物蒸腾作用对生态系统水汽交换通量的贡献的难题。特别是近年来已有研究证明可以实现$^{13}C-CO_2$(Bowling et al, 2003)、$^{18}O-CO_2$(Griffis et al, 2005)、$^{13}C/^{18}O-CO_2$(Griffis et al, 2008)、$^{18}O-H_2O$ (Lee et al, 2005)和$D/^{18}O-H_2O$ (Wen et al, 2008)的原位连续观测。因为稳定性同位素技术在生态学研究中的独特性和不可替代性,及其可能的广泛应用前景,一些较有影响的国际研究计划开始加强了有关稳定性同位素方面的研究,如GCTE在北美建立了稳定性同位素观测网络(Biosphere-Atmosphere Stable Isotope Network, BASIN, http://gcte-focus1.org)。2002年,在欧盟科学基金会(European Science Foundation)的资助下,启动了有关生物圈-大气气体交换稳定性同位素特征的研究计划(Stable Isotopes in Biospheric-Atmospheric Exchange, SIBAE, http://www.esf.org)。

1.4 生态系统氮通量观测的技术进步

氮沉降对陆地生态系统结构和功能影响的研究开始于20世纪80年代初,到90年代发展到定位研究的阶段,并逐渐形成观测研究网络。欧洲先后启动了NITREX(Nitrogen Saturation Experiments on Forest Ecosystems)、EXMAN(Experimental Manipulation of Forest Ecosystems in Europe)、NIPHYS(Nitrogen Physiology of Forest Plants and Soils)、CANIF(Carbon and Nitrogen Cycling in Forest Ecosystems)和EMEP(European Monitoring and Evaluation Programme)等研究项目,并于2005年宣布执行总经费为1 600万欧元,以"氮循环及其对欧洲温室气体的影响"为主题的NitroEurope综合集成项目。美国建立了全国范围的NADP/NTN(National Atmospheric Deposition Program/ National Trends Network)、NDDN(National Dry Deposition Network)和CASNet(Clean Air Status and Trends Network)网络,开展全国237个站点的湿沉降和65个站点的干沉降监测工作,并将水、碳、氮耦合循环列为美国气候变化科学战略中的重要研究方向(Holland et al, 2005)。此外,"国际氮行动"(the International Nitrogen Initiative, INI)研究计划也正在启动过程之中。

生态系统氮素循环明显影响生态系统的结构和功能,通过改变生态系统其他要素的循环特征和稳定性,最终决定生态系统的演化方向。生态系统氮循环由氮素的输入(大气干湿沉降、生物固氮)、内部转化(生物吸收同化、土壤氮素矿化、硝化、反硝化、氨挥发等)及输出(液态流失及气态释放)等过程组成。生态系统氮通量主要包括大气氮素干湿沉降、土壤含氮温室气体排放以及土壤氮素水平和垂直流失等过程。本节主要对陆地生态系统氮素循环关键过程通量观测的重要性、原理和方法等方面进行简要的概述,指出目前观测研究中存在的问题。

1.4.1 大气氮素干、湿沉降通量观测的进展

大气氮沉降是陆地生态系统氮素输入的重要组成部分,包括干沉降、湿沉降和混合沉降。当前全球大气氮沉降量平均为25~40 $TgN \cdot a^{-1}$,随着大气中人为源反应性氮的增加,预计未来25年内全球氮沉降水平会加倍(Neff et al,2002)。大气氮沉降输入会引起陆地生态系统的诸多过程发生变化,如生态系统碳的截留与损耗、土壤氮饱和与酸化、生物多样性的变化以及流域水体富营养化等(Nadelhoffer et al, 1999;Stevens et al, 2004)。因此,准确测定大气氮沉降输入通量有利于正确评价陆地生态系统结构和功能的变化特征。国外自20世纪50年代就开展了氮沉降的相关研究,而国内在该领域的研究则始于70年代末(张金良,1999),且研究重点大多集中在湿沉降(降水)或干湿混合沉降的研究上,而对干沉降的单独研究相对较少(刘昌岭等,2003)。研究内容上,主要包括干湿沉降的组成特征、季节变化和区域差异(Norren et al, 2001;David et al, 2003)、影响因素分析包括气象、下垫面和人类活动(Byrnes,1990; Aneja et al, 2000; 刘昌岭等,2003)及其氮沉降的生态效应(Galloway et al, 2003)等。

氮素湿沉降是指高空雨滴吸收含氮物质,在

下降过程中再冲刷含氮物质降到地面的过程。湿沉降监测通常包括手动操作测定、仪器自动观测和树脂法测定等方法。国内外氮沉降采集器大多由红外或电路传感器、雨水/降尘采集器、微电脑控制器、电动装置等几部分构成(图 1.1)。水样测定步骤如下:采集液首先用 0.45 μm 的醋酸纤维滤膜过滤,过滤后的滤膜在 40～45℃下烘干,差减法计算颗粒物质量,干烧法或湿烧法测定其中的总氮浓度,计算颗粒态氮(PON)含量。滤液转移到洁净的聚乙烯瓶中,利用流动化学分析仪测定总氮(TN)、NH_4^+-N、NO_3^--N 浓度,溶解性有机氮(DON)等于总氮减去 NH_4^+-N 和 NO_3^--N 之和。同时仪器记录每次采样时的降水量,N 素的湿沉降通量采用下式计算:

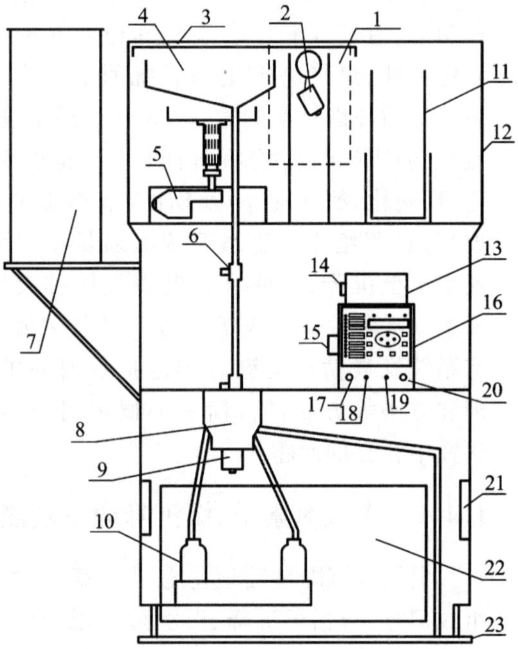

1. 雨水传感器及电源线箱
2. 平移电机
3. 滑动盖板
4. 雨水采集筒
5. 升降电机
6. 电磁阀
7. 定量瓶
8. 多通道阀
9. 旋转电机
10. 雨水收集瓶
11. 降尘采集罐
12. 箱体
13. 电池变压器
14. 220 V电源打印机插座
15. 打印机接口
16. 控制操作面板
17. 保险管插座 2 A
18. 交流开关
19. 直流开关
20. 保险管插座 2.5 A
21. 排风扇
22. 冰箱
23. 地脚镙钉孔

图 1.1 APS-3A 型降水、降尘自动采样器内部结构图

Figure 1.1 Internal sketch map of automatic sampling of precipitation and dust fall (APS-3A)

$$\text{N 的湿沉降量}(\text{kg N/hm}^2) = \Sigma c_i \times 10^{-6} \times v_i / A \times 10\ 000 \qquad (1.1)$$

式中,c_i 为质量浓度($mg \cdot L^{-1}$),v_i 为沉降物体积(L),A 为雨量桶横截面积(m^2)。当前大气湿沉降监测迫切需要解决的问题是构建质量保证和质量控制方案(QA/QC)。通过确保数据的正确性、精度、代表性及其完整性,可取得在区域尺度网络系统可比较的可信度高的数据。

干沉降是指不下雨时,大气中的气体和颗粒物直接沉降在地表面(森林、草类、水面、建筑物等)的过程。在降水量少的地域,干沉降是总沉降量的主要组成部分。但由于地表面的多样性、空气流动的复杂性,干沉降监测方法尚未标准化。有关大气干沉降监测方法包括直接测定法和间接测定法。直接测定法又包括代理表面法、积雪分析法、树冠透过水、树茎水测定法以及大气通量法(梯度法等)。而间接测定法包括浓度测定法和推算法。直接测定法中所必需的化学成分浓度测定器在性能上有许多尚未达到应有水平,存在的缺点包括(1) 费用比较高,(2) 需要熟练技术人员,(3) 通常不容易得到测定中所需要的均一表面。在大气浓度测定方面,目前已建立了大气浓度测定方法,具有可利用的自动测定装置、滤膜装置、吸收管装置、被动式采样器等(图 1.2)。各大气污染物干沉降通量可通过以下公式进行计算(Edgerton et al, 1992):

$$F_{dry} = V_d \times c_n \qquad (1.2)$$

$$V_d = (r_a + r_b + r_c)^{-1} \qquad (1.3)$$

其中,V_d 为干沉降速率($m \cdot s^{-1}$),c_n 为各大气成分含量($\mu g \cdot m^{-3}$),r_a、r_b、r_c 分别为空气动力学阻力、边界层阻力和下垫面层阻力。干沉降速率可以通过气象资料进行模拟,也可以利用表面分析法或微气象方法进行测定。

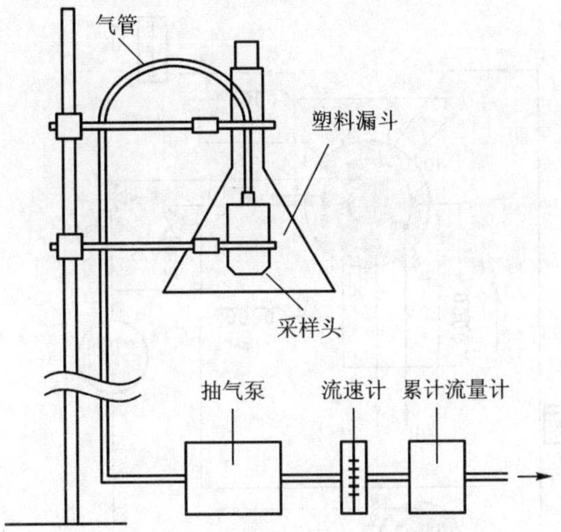

图 1.2 干沉降多层滤膜采样法示意图

Figure 1.2 Sketch map of multiple-layer filter sampling for dry nitrogen deposition

1.4.2 土壤含氮温室气体排放通量监测进展

土壤硝化、反硝化以及硝化过程反硝化作用均可产生 NO_x(N_2O 和 NO),生态系统排放的 N_2O 占大气 N_2O 的 70% ~90%(Bowmann,1990)。除此之外,海洋、工业生产、生物物质燃烧和反刍动物也产生大量的 N_2O。目前,大气中 N_2O 的浓度为 320×10^{-9},并以每年大约 0.25 % 的速率增长。N_2O 主要在平流层中发生光化学降解,起着 N_2O 汇的作用。在计算全球大气 N_2O 收支平衡时,发现现有的 N_2O 源的估算值不足以解释大气中 N_2O 浓度的持续增加,其间相差 1.5 $TgN\cdot a^{-1}$(IPCC,1994),约占已知 N_2O 源的 1/10。结果表明,还有些 N_2O 源未被发现或过低估计了已知源的强度。因此,迫切需要准确长期测定典型生态系统 NO_x 释放通量。

土壤 NO_x 排放通量测定方法有静态箱、动态箱、红外仪和微气象法等。其中,微气象法又包括可调二极管激光痕量气体分析系统(TDLAS)、傅里叶变换红外分析仪(FTIR)、涡度相关法、空气动力学法和波文比/能量平衡法等技术。李俊等(2002)对各种方法计算的 N_2O 通量公式作了简要阐述。不同的方法各有优缺点。密闭箱法简单易行,非常适合于不同作物品种、不同施肥灌溉等处理的田间小区观测。密闭箱法/气相色谱法自动观测系统已成功地实现了全天候连续观测,是目前评价 N_2O 通量时间变异性的最有效的观测方法(Brumme & Beese,1992)。然而,由于密闭箱对测量环境会产生人为影响,它所测出的 N_2O 通量可能比未覆盖箱子的同一块地的 N_2O 通量偏小(Mosier & Heinemeyer,1985)。此外,土壤排放 N_2O 高度的时空变异性也限制了其测定结果的代表性。涡度相关法是通过直接测量温度、风速和气体浓度的脉动来确定其能量、物质通量(包括 N_2O)。微气象法测定的生态系统 N_2O 通量一般高于密闭箱法的观测值,可能与植被冠层可释放 N_2O 有关,其机制可能是土壤中生成的 N_2O 被植物的蒸腾液流输送到大气中。微气象法测定 N_2O 通量具有对地表没有破坏,测定范围较大,可进行长期连续测定等优点。为了提高 N_2O 浓度和通量观测的精度和效率,采用高精度和快速响应的气体分析仪器如 TDLAS 和 FTIR 是今后的迫切需求。

田间原位自动连续测定是对生态系统甲烷、氧化亚氮和一氧化氮排放过程机制进行深入系统研究的关键技术依托。由手动离散测定过渡升级到自动连续测定,开展对多种气体通量同步连续测定可能是今后研究的一个重要方向。在实验室内测定 N_2O 的常规方法是采用双阀双柱自动进样、反吹、分离和切换气路,单独使用 ECD 检测器(图 1.3)。手动离散测定每周只能对一个观测点测 1 ~2 次排放通量,难以进行排放过程的机制研究,而且难以控制试验误差。而自动连续测定每周可在一个观测点上对每一种气体测 42 次排放通量,还可以同时对 9 个点进行三种气体排放通量的同步连续测定,而且可以避免人为操作误差。该项技术需要解决的关键技术问题是:在田间条件下,实现三种气体的分析测定技术之间,及其和电路、气路以及机械系统之间的耦合与一体化控制。

1.4.3 生态系统氮素淋失通量监测进展

土壤氮素淋失(包括垂直渗漏和水平淋失)是生态系统氮素循环的重要环节,正确测定氮素淋失通量是评价生态系统氮素过程及收支平衡的关键。根据研究系统的不同,氮素渗漏和淋失通常包括陶土管法、树脂袋法、流域集水区径流场测定法等。氮素淋失的形态包括无机氮(NH_4^+-N 和 NO_3^--N)、颗粒态有机氮(PON)和可溶性有机氮(DOC),其中对有机氮淋失研究相对薄弱。

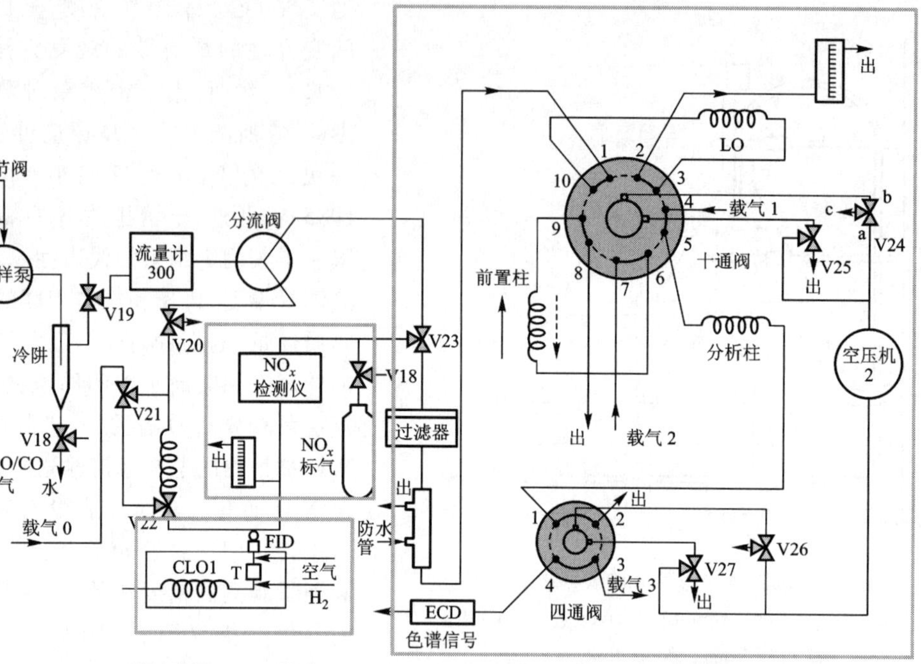

V16~V27：三通电磁阀　b~c：常开
b~a：常闭
COL1：CH_4/N_2O 分析柱
T：镍触媒转化器

十通阀：A 位：实线，系统装样、分离、反吹
B 位：虚线，系统注样
四通阀：A 位：实线，系统放空
B 位：虚线，系统检测

图 1.3　$N_2O/NO/CH_4$ 观测系统气路配置图

Figure 1.3　Sketch map of $N_2O/NO/CH_4$ observation system

（1）离子交换树脂袋法

离子交换树脂袋通常由尼龙网编织而成，用于强阳离子树脂吸附 NO_3^--N 和其他阴离子，用阴离子树脂吸附 NH_4^+-N 和其他阳离子。根据土壤中 NH_4^+-N和 NO_3^--N 的浓度高低确定所放树脂的数量。放置一定深度测定该层土壤渗漏的无机氮通量。一定时间后，取出所埋树脂袋，放在冰盒内带回实验室，把附在袋里的根和土壤小心地用手取走后，用 50 mL 的 2 mol/L KCl 溶液浸提，利用流动化学分析仪或常规室内化学分析方法测定浸提液中 NH_4^+-N 和 NO_3^--N 含量。相似地，陶土管法是在不同土壤深度埋入陶土管，一定时间后，用负压计采集该土层的渗漏水，量测水样的体积并测定其不同形态氮浓度，进而计算出单位时间土壤氮素的垂直渗漏通量。

（2）水堰测流法

其基本原理是在流域集水区出水口建立径流场，将流量观测和定时采集水样分析相结合，计算水流中各形态氮素的淋失通量。按照水堰的断面形状通常可分为三角形、矩形或梯形等薄壁堰（图 1.4），不同形态水堰流量计算方法详见《水环境要素观测与分析》（1998）。根据研究需要，在几个代表性的采样时期沿采样断面中部每隔一段时间采样一次，用蒸馏水冲洗过的洁净塑料桶盛装水样（约 100 L）。将水样在实验室静置 24 h 之后，用孔径为 0.45 μm 的醋酸纤维微孔滤膜低压抽滤。待过滤结束后，收集桶底的自然沉淀颗粒物（粗粒组）和滤膜上的颗粒物（细粒组），剔除肉眼可察的植物残屑后，分别在 50℃ 的恒温箱中烘干。用精度为 0.1 mg 的分析天平称重，经玛瑙钵研磨均一测定水体中的颗粒态有机氮（PON）。重复测试 3 ~ 5 次，保持相对偏差在 5% 以内。最后计算出各形态氮素的流失通量。

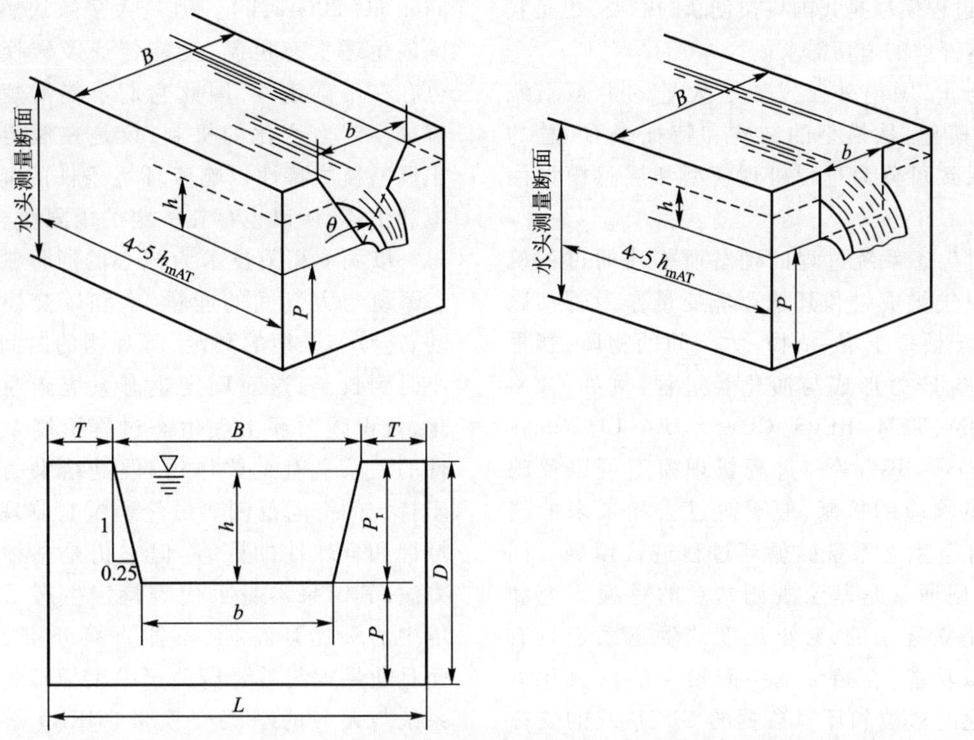

图 1.4　不同形态水堰断面结构示意图

Figure 1.4　Structured diagram of water weirs section in different configuration

1.5　生态系统通量观测与模型模拟的结合

为了评估陆地生态系统的碳收支，目前国内外已经有大量陆地生态系统碳循环模型，已经开始考虑生物圈的水循环、碳循环和氮代谢过程的耦合关系，主要可以分成 3 类：生物地球化学模型（如 HRBM 模型、CENTURY 模型、TEM 模型、CARAIB 模型、FBM 模型、PLAI 模型、SILVAN 模型、BIOME-BGC 模型和 KGBM 模型）、全球植被动态模型（如 BIOME3 模型、IBIS 模型、DOLY 模型和 HYBRID 模型）和遥感驱动的陆地碳循环模型（如 CASA 模型、GLO-PEM 模型、SDBM 模型、TURC 模型和 SiB2 模型等）。然而，由于试验条件和数据资源等方面的限制，关于碳氮循环耦合的定量研究进展缓慢，目前的大多数模型关于碳素循环和氮素循环之间的复杂动态关系都过于简单化，即使在一些模型中加入了氮素影响因素，也只是简单的单向反馈，没有考虑碳、氮之间的动态耦合关系，缺乏过程与机制的描述（Woodward & Smith, 1994; Yu et al,2004）。

在我国不同生态系统的碳循环模型方面取得了大量的研究成果，并对森林、草地、农田、湿地等陆地生态系统的碳循环进行了模拟分析。在森林生态系统碳循环模型研究方面，构建了中国森林生态系统碳收支模型 FORCCHN（Forest Ecosystem Carbon Budget Model for China）；在草地生态系统碳循环模型研究方面，以 IBIS（Integrated Biosphere model）为基础，构建了中国草地生态系统碳循环模型系统；在农田生态系统碳循环模型研究方面，建立了中国农田生态系统碳循环模型（Agro-C），并发展和完善了稻田甲烷排放模型（CH_4MOD）；在湿地生态系统碳循环模型研究方面，基于自然湿地植被生长过程、湿地沉积物有机碳不同组分特征及其分解过程动力学参数构建了湿地生态系统碳循环的过程机理模型。

这些模型的开发为生态系统碳收支格局的分析和预测奠定了基础。可是，在模型的研发过程中对于碳氮过程耦合关系还没有给予充分的考虑，还无法动态预测和分析氮过程对碳循环的影响。因此，在已有的研究基础上开发新一代、更高精度的生态系统碳、氮过程模型是我国科技创新的需要,也是我国温室气体管理的迫切需求。

迄今为止,国内外已发展了大量的生态系统碳、水通量模型,从模型的结构和特征来看,总的来说它们大致可分为过程机理模型和遥感模型两大类。

基于对生态系统过程的理解所构建的过程机理模型是以气候资料和其他环境变量作为驱动因子,重点在于模拟土壤-植物-大气间的物质、能量传输、植被生产力形成与演化等过程,例如CENTURY、AVIM、TEM、BEPS、CEVSA、EALCO、Sim-CYCLE、Biome-BGC等。过程机理模型可以反映生物对环境响应的机制,便于对过去和未来的气候变化条件下生态系统碳循环过程进行预测。同时,该类模型通常是基于观测站点的过程研究和观测数据建立起来的,对小尺度的生态系统具有很强的模拟功能,在精细的空间尺度的参数化方案和空间化的植被和环境数据的GIS系统的支撑下,能够模拟生态系统水、碳循环的空间格局,也便于与GCMs实现有效的对接。但是,多数过程机理模型都是在均质斑块或多斑块的个体分散的生态系统水平上建立的,而且模型结构比较复杂,所需参数较多,在用于区域和全球估算时网格点内参数的尺度转换和定量化相对困难,这些都限制了过程机理模型的发展。

近20年来,从遥感数据提取陆地表面生物物理信息的模型构建工作取得了很大进展。研究者可以利用遥感的多时相特点定位分析同一样区不同时段的非干扰变化,使传统方法难以解决的问题变得轻而易举,对生态系统的动态监测也成为可能。一般来说,以遥感资料(NDVI、fPAR、APAR)为驱动变量,以GIS的植被或空间化的环境数据库为支撑的遥感模型,所需要的模型参数较少,仅需植被指数和一些常规气象数据就完成模型模拟,操作比较简单。例如,CASA(Carnegie Ames Stanford Approach)、FOREST-BGC、SiB2(Revised Simple Biosphere Model)和VPM(Vegetation Photosynthesis Model)等都是该类模型的代表。遥感模型结构比较简单,大多数模型参数可以直接利用遥感信息反演获得,结合遥感的大尺度观测优势,在试验基础上适宜于向区域及全球尺度的扩展,并且在碳通量的季节和年际动态模拟方面,具有十分可靠的模拟信度(Ruimy et al, 1996; Xiao et al, 2004a,b)。但是大多数遥感模型缺乏明确的生理生态机制,光能传递及转换过程的研究也存在不确定性,因此它们不能清楚地从机制上解释生产力变化的机制,仅是在假定生态过程趋于调整植物特性以响应环境条件的前提下进行模拟和估算,所以也存在一定的局限性。

以涡度相关技术为核心的通量观测能够对生态系统与大气间的能量、水和碳交换通量进行自动、连续和长期的测定,其观测的时间尺度可以从小时到数年,这对确定生态系统碳通量的连续变化,认识碳循环生理生态过程机制及其与环境条件的关系具有重要作用,但其结果的有效性仅限于特定的空间范围。虽然通量观测现在已形成区域性和全球性的网络,但它仍是一种小尺度观测方法,其结果本身只代表特定生态系统在特定环境中的碳循环特征,不能直接外推到区域尺度。而且通量观测需要借助于模型模拟将测定的生态系统与大气的净碳交换量(NEE)分解为其他变量,如GPP、NPP、植被和土壤呼吸等,以揭示碳循环与环境条件之间的关系(曹明奎,2005)。另外,涡度相关测定本身还存在一些悬而未决的问题。例如,涡度相关测定的能量收支还存在不平衡(闭合)、夜间通量低估等问题。

由于陆地生态系统碳循环涉及地球多圈层间的复杂过程和许多非线性关系,作用与反馈同时并存。如果仅仅依靠重复的野外观测、简单的相关分析,远远不能解决对陆地生态系统碳循环过程机制的认识问题,也不可能实现对区域或全球尺度碳收支的精确评价(于贵瑞和孙晓敏,2006)。因此,生态系统过程机理模型模拟就成为描述陆地生态系统碳循环过程、获得陆地碳汇/源强度与时空分布格局、模拟气候变化和人类活动对碳循环过程的影响的最重要手段之一。迄今为止,国际上已经发展了大量的基于生态系统过程模型或生物地球化学过程的模型。其代表性的模型主要有:基于植被-气候关系的陆地碳交换模型、生物物理模型、生物地理模型、生物地球化学模型等。这类基于生态系统过程与机制的模型可以用于分析生物对环境的响应机制,便于对过去和未来的气候变化条件下生态系统碳循环过程的预测。

但是,生态系统过程模型的建立、改进和验证必须以可靠的观测数据为基础。生态系统通量观测是建立生态系统过程模型的知识和数据来源,可以为模型的建立提供假设与验证、机制与关系的认识、模型参数化和模型模拟或预测结果检验的数据支撑。

王秋凤等(2004)应用BEPS模型和通量观测数据研究了长白山温带阔叶红松林的碳、水和能量交换。顾峰雪等(2006)和米娜等(2007)分别利用CEVSA模型和EALCO模型进行了亚热带针叶林水、碳通量的模拟及其与观测的对比研究。这些研究促进了模型的改进和对通量观测结果的合理解释。生态系统模型模拟和通量观测的有机结合必然会成为生态学研究的一种趋势,二者的结合对于研究各种典型生态系统能量转化和物质循环特征及其对气候季节和年际变化的反应将具有重要的意义。

气候变化与人类活动对陆地生态系统碳循环时空格局的影响,以及生态系统碳过程对环境变化的区域响应和适应性研究,是探讨人类社会减缓和适应气候变化、预测气候变化趋势的直接科技需求,也是科学家最为关注的科学问题。随着长期生态和环境变化信息的积累和联网观测数据的集成,利用遥感技术、数据-模型的融合与同化技术等分析碳循环对气候变化和土地利用变化响应的变异性与不确定性,预测未来环境变化情景下的碳循环趋势也得到了长足发展(Raupach et al, 2005; Sacks et al, 2007)。可是以往的研究多注重气候变化或人为扰动的单因素或双因素对生态系统的影响,而现在的研究更多地关注多因子的协同作用与响应机制(Norby & Luo, 2004)。与此同时,生态系统对于环境要素的脉冲效应和激发效应,碳、氮、水循环和能量交换的耦合和反馈,地上与地下碳循环过程的耦合关系,环境变化敏感区与脆弱区碳循环的区域响应等也日益成为学术界关注的焦点(Field et al, 2007; Heimann & Reichstein, 2008)。

陆地生态系统碳循环模型依然是估算区域和全球陆地生态系统碳收支和预测未来变化的有效手段。最早的生态模型(Miami model)出现在20世纪70年代初,主要模拟分析了全球植被潜在生产力的分布格局。90年代以来,机理模型或过程模型开发得到重视,在早期的模型中主要是考虑气候和CO_2浓度变化对陆地生态系统碳循环的影响(Cao & Woodward, 1998; Schimel et al, 2000)。随着对土地利用方式、放牧强度和树龄结构等对碳循环影响重要性认识的提高,陆地生态系统碳循环模拟的一个发展趋势是在估算区域和全球碳源汇时,也将土地覆被变化和森林扰动等作为重要因子予以考虑(Albani et al, 2006)。此外,使用通量数据的模型参数优化(Wang et al, 2006)、模型比较、资料同化(Raupach et al, 2005)、动态植被模型与气候模式耦合模拟等技术手段在估算区域碳平衡中的作用也得到高度重视。遥感信息与模型融合正成为陆地生态系统碳循环模拟的发展方向,遥感反演的叶面积指数、土地覆被类型和森林年龄以及光合有效辐射分量等参数被用来驱动机制性碳循环模型或光能利用率模型(Nemani et al, 2003),以及估算火灾引起的直接碳排放量(van der Werf, 2004)。由于在现有的生态模型中还没有充分考虑碳和氮的相互作用,还难以确切地分析生物圈对碳和水循环的控制作用(Hungate et al, 2003)。因此,耦合碳、氮循环过程的模型研发越来越引起重视(Reich et al, 2006)。

陆地生态系统本身是一个异常复杂的系统,不仅在土壤、植被、大气等不同构件之间存在着错综复杂的相互作用关系,而且贯穿其中的碳、氮和水循环之间的联系也是千丝万缕。显然,理解碳、氮和水循环之间的耦合关系是探讨环境变化如何影响生态系统碳汇功能的重大科学问题,也是生物地球化学循环研究中的难点与挑战。但是,迄今的研究工作对碳循环与其他生物地球化学循环,特别是与氮循环之间的耦合关系,及其与气候变化之间的联系的基础工作还十分薄弱(Gruber & Galloway, 2008)。

现有的关于生态系统碳、氮关系的研究多以模型模拟为主要手段(Thornton et al, 2007),还缺乏充分的观测数据和科学试验的证据。模拟结果显示,碳-氮耦合可以深刻影响陆地生物圈对CO_2浓度、温度和降水变化的响应,从而直接影响碳循环与气候变化间的正负反馈作用;而碳-氮耦合关系的导入可以减小碳循环与气候变化间正负反馈变异性的量化范围(Thornton et al, 2007)。尽管生态系统的碳、氮和水循环有着密切的耦合关系,可是由于观测技术和经费方面的限制,目前全球的通量观测网络还没有开展大规模的有关碳、氮和水循环耦合关系及其与气候变化之联系的综合观测研究,十分缺乏有关氮和水循环的各个组分的系统测定数据,也难以开展区域乃至全球尺度的集成研究。

1.6 生态系统通量观测与遥感反演的结合

在全球环境变化的驱动下，传统的生态过程研究正经历着深刻的变革。人类活动在生态过程变化中的作用，生态与资源、环境问题的关系等新问题越来越多地融入到生态过程研究中。生态学的研究对象正在从自然生态系统向自然、社会、经济等复合生态系统方向发生演变。研究方法从局部的、孤立的研究向整体的网络化研究发展。随着生态过程研究的时空尺度不断拓展，研究手段也在不断更新，其与相关学科的交叉与融合正在成为现代生态学发展的重要方向。其中利用先进的遥感技术研究区域尺度的生态学问题已经成为重要的研究方向。而且从20世纪70年代至今，卫星遥感数据已经从可见光发展到红外线、微波；从单波段发展到多波段、多角度；并且已初步建立了高、中、低轨道结合，大、小、微型传感器协同，粗、细、精分辨率互补的全天候、多层次的全球对地观测体系，为其在各学科领域的广泛应用奠定了扎实的基础。

众所周知，传统的野外与生态台站的观测目前仍是以田间尺度上各种生态环境要素的观测为主，虽然观测数据具有精度高、连续性好、更有针对性的优势，但是在人类生存的环境中，许多与人类息息相关的用于生态过程和全球变化研究的地学信息均是具有区域尺度概念的，这时人类所需求的与能获得的地学信息之间就存在很大的差距。因为只有获取大范围的动态、区域连续的地表信息，对于数值预报、气候趋势、环境监测、农作物长势和产量预报等生态方面的研究才有实质性的意义，才能更逼真地反映客观世界，才能更正确地揭示规律（张仁华等，1999）。遥感科学恰恰为这些要素的区域测量和估算提供了强有力的手段，是从传统的“点”测量向“面”测量发展的一次飞跃，是区域地学信息获取途径的革命。翱翔在太空或天空的遥感传感器可以快速地、周期地获取大范围的二维甚至三维分布的地表电磁波信息。通过遥感模型和其他地表参数的配合，能够反演出地表通量等生态环境参数的区域分布及其总量。高空遥感飞机和高光谱扫描仪、侧视雷达等传感器相结合的航空遥感，可以获得空间分辨率更高的地学信息。它们以更机动灵活的方式，准确地为政府部门提供了洪涝灾害信息，及时预报农业旱灾的发展趋势。总而言之，遥感技术在科学事业的发展和国民经济的腾飞中发挥着巨大作用，所有这一切应归功于遥感所具有的快速获取区域二维信息的功能。目前，多时相、多分辨率遥感数据已被广泛应用在全球生态学研究中。最近20年来，从遥感数据提取陆地表面生物物理信息的模型构建工作获得了很大进展。通过遥感反演获取地面物理参数，如地面反照率、叶面积指数、土壤水分、有效光和辐射等。可直接利用植被指数或高光谱分辨率遥感数据获取陆地生态系统植被碳库、植被与大气CO_2交换、陆地生物圈的碳流季节性变化特征等信息；可直接用于洪涝灾害、植被生物多样性的动态监测；可直接作为陆地生态系统碳循环模型的驱动变量或参量。随着对全球变化研究中碳循环等问题的深入研究，遥感技术在生态学领域的应用空间将会进一步扩展。因此，寻求遥感技术与生态学结合切入点，不仅是遥感应用发展的需要，也是解决生态学问题的有益途径。

1.6.1 遥感技术用于植被生物物理参数的提取与应用

植被（包括森林和农作物）是陆地生态系统的主体，占据全球非冰盖和冰层陆地表面的40%，与其他生态系统相比较，分布面积最大，生物量和生产力最高，对维持生物圈的稳定以及在地球生命支持系统的碳循环中具有举足轻重的作用（陈新芳等，2005）。随着全球变化研究的深入、全球范围和大区域尺度的碳循环和水文分布式模型的建立，植被的生物物理参数常常作为重要的输入因子而成为模型中不可缺少的组成部分。传统的地面测量获得的只是有限的生物物理参数信息，而且不能够反映生物物理参数的空间变异性，因此，全球范围和大区域的生物物理参数的获取必须依赖遥感。遥感以其大面积、快速、动态的优势在宏观生态研究中得到广泛应用，借用遥感手段提取植被生物物理参数研究取得了较大的发展，加深了对于地球表层物质和能量循环的理解，并且推动全球碳循环、水循环等模型的应用。当前有很多学者正致力于从遥感信息反演这些生物物理参数的方法和模型。利用遥感技术进行相关参数的反演和推算主要是基于植被反射光谱特征来实现的（彭少麟等，1999）。植被的光谱反射特征是关于植被叶片组织结构的光学特性、冠层生物物理特征、土壤条件以及光照和观测几何条件的函数，与其他地物相比有明显的差异，因此为从众多地物中提取植被信息奠定了基础，如图 1.5 所示。具体的参数包括生物物理参数和生物化学参数，其中从遥感数据中提取生物物理参数主要指用于陆地生态系统研究的一些生物物理变量：叶面积指数、光合有效辐射、净第一性生产力、生物量、植被分类、森林郁闭度及其他冠层结构参数等。

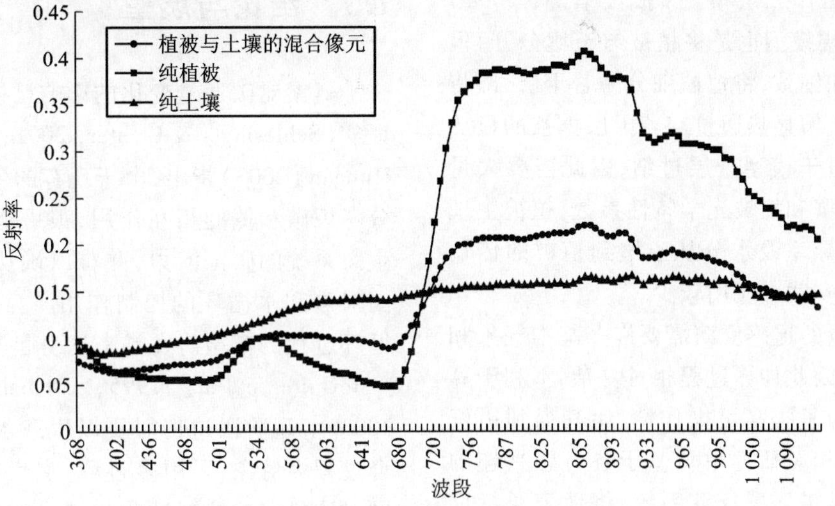

图 1.5　混合像元、纯土壤和纯植被的反射光谱曲线

Figure 1.5　Reflectance spectrum curves of mixed pixels, pure soil, and pure vegetation

1.6.2　遥感技术在生态系统水、热循环研究中的应用

当前，生态系统中土壤-植被-大气系统内部的水、热、碳循环过程是生态学研究和全球变化研究的热点内容。太阳辐射作为地表的能量源，到达陆地表面后，部分用于植被光合作用，从而吸收空气中的二氧化碳，部分以热量和水汽交换的形式返回到大气中。这种能量和物质的传输转化过程不仅影响着植被生长的微气候环境，同时也控制着区域甚至更大尺度的气候条件。一方面，地表的热量通量及动量通量决定了边界层内湍流扩散强度和稳定度，从而控制着近地面层平均风、温度和湿度的变化；另一方面，大气运动所需要的热能及水汽正是通过边界层的湍流运动由地表输送到自由大气，从而影响整个大气环流（孙睿和刘昌明，2003）。因此，准确地确定地表的水、热、碳通量对于全球变化研究极为重要。虽然相关研究从观测手段到建模都有了长足的进展，但是缺乏区域甚至全球尺度的观测数据则是阻碍大区域和全球土壤-植被-大气系统模拟发展的主要瓶颈。目前随着不断更新的航天技术和卫星系统的发展，遥感资料为定量研究不仅提供了巨大的数据源，而且开拓了一些新的方法，这种瓶颈问题正在得到解决。

遥感区域尺度的地表水、热、碳通量模型大多是基于地表能量平衡原理建立的。从理论上可以分为单层模型、二层模型和多层模型。在土壤-植被-大气系统中，单层模型把地表能量界面当作一个整体、一个边界层来研究其传输过程，是对地表的一种最简单的近似处理，对土壤和植被不作区分，较著名的有 SEBAL 模型和 SEBS 模型（Bastiaanssen et al, 1998; Su, 2002）。首先由空气动力学阻抗及表面温度与气温的差值确定显热通量，然后由能量平衡方程通过余项法计算地表蒸散。研究发现，在植被完全覆盖区，用单层模型计算得到的蒸发蒸腾量与观测值较为一致。然而，对于干旱或半干旱的部分植被覆盖区，由于土壤和植被的温差较大，各自与大气的交换过程存在较大的不同，因此，计算结果与实际值偏差很大（Kustas, 1990; Verhoef, 1997）。为了克服单层模型的不足，也为了更精确地模拟地表自然状况，二层模型应运而生。它与单层模型的区别就在于将地表中的土壤和植被分开来看，分别考虑它们各自与大气界面的交换，将非均匀下垫面的土壤表面和植被冠层作为两个边界层分别进行能量平衡的计算,而这个地表的显热或潜热通量则是土壤和植被显热通量、潜热通量之和,如较典型的S-W模型(Shuttleworth & Wallace, 1985),N95模型(Norman et al, 1995)和以像元排序对比法(pixel component arranging and comparing algorithm, PCACA)为核心的可操作二层模型(张仁华等, 2004)等。与此相比,多层模型也是将植被与土壤分开,但对植被的研究更加细致,将植被细分为若干层,即将显热通量看作是土壤显热通量与若干层植被的显热通量之和。但是由于模型分层过细,因此需要大量的输入参数,如土壤和植被光学特性参数、植被生理特性参数、气孔传导率及水分从土壤到植被的传输过程等,也因此在实践中应用较少。

由于地表通量的遥感反演需要许多基本气象和地表参数的支撑,因此计算过程相对复杂,不利于算法的普遍应用。为了提高可操作性,使其得到更好的应用,国内许多相关研究单位基于各自感兴趣的模型开发了地表通量遥感反演系统,将地表通量反演模型和算法转化为软件系统,使反演过程流程化,大大提高了应用价值。如中国科学院遥感应用研究所基于SEBAL模型开发的系统,中国科学院地理科学与资源研究所基于一种可操作的二层模型开发的系统等。根据山东禹城生态试验站用涡度相关测定的二氧化碳通量值与20×20个像元约484 km^2的平均值相比,偏差55%,与50×50个像元约3 025 km^2的平均值相比,偏差196%(张仁华等,2000)。

1.6.3 从生态学发展方向看遥感技术的应用前景

随着生态学研究的不断发展,新一代对地观测技术的不断创新,现代生态学研究在研究层次和尺度上,正在逐渐由个体-群落-生态系统向区域-国家-全球规模转变;在研究对象上,正在由传统的以自然生态系统为主逐渐向自然-社会-经济复合生态系统转变;在研究目的上,正在从理论方法学研究逐步走向社会,直接为社会、为国家服务。从研究层面上,正在由孤立研究转变为大范围、多层面的合作研究,全球性和协作性加强。这些特点是由现代生态学日益拓展的时空尺度所要求的(聂呈荣等, 2003)。相应地,也就要求研究方法和手段的不断跟进,即要求由传统的收集、观测、描述、统计到现代的全球生态网络和包括遥感技术在内的"3S"技术的广泛应用。尤其这种区域甚至全球尺度范围的研究更体现了遥感技术的优势。遥感不仅为生态学研究提供了有效的数据源,更为生态学研究中一种新的方法学研究提供了契机。

1.7 结论与展望

氮素对碳通量变化的影响已被许多观测数据所证实(Schlesinger & Lichter, 2001; Luo et al, 2001)。Hungate(2003)指出,由于现有的生态模型中没有充分考虑碳和氮的相互作用,很可能夸大了未来森林生态系统的碳汇潜力,并难以确切地动态分析生物圈对碳和水循环的控制作用。为此,耦合水、碳、氮循环过程的模型研发越来越引起模型工作者的重视(McGuire et al, 1995; Global Carbon Project, 2003)。现阶段迫切需要以生态水、碳、氮循环的耦合过程为对象,采用多过程、多尺度的综合观测、联网对比研究与控制试验相结合的方法,从生态系统和区域尺度上综合认识水、碳、氮循环过程的耦合关系及其相互作用机制,以实现对这些过程变化的成功模拟和科学预测(于贵瑞,2006)。我国的生态系统碳循环研究工作取得了很大进展,但是,迄今的研究工作都还没有涉及生态系统碳循环、氮素代谢与水循环过程的耦合关系,还没有涉及生物圈各种代谢过程的多尺度、多过程的融合及其综合集成分析等科学问题。

参考文献

蔡斌, 陆文杰, 郑新江. 1995. 气象卫星条件植被指数监测土壤状况. 国土资源遥感, 4: 45-50.

陈怀亮,徐祥德,刘玉洁. 2005. 土地利用与土地覆盖变化的遥感监测及环境影响研究综述. 气象科技, 33: 289-294.

陈沈斌. 1998. 种植业可持续发展的支持系统——农作物卫星遥感估产. 地理科学进展, 6: 71-77.

陈维英, 肖乾广, 盛永伟. 1994. 距平植被指数在1992年特大干旱监测中的应用. 环境遥感, 9: 106-112.

陈新芳, 安树青, 陈镜明, 等. 2005. 森林生态系统生物物理参数遥感反演研究进展. 生态学杂志, 24: 1 074-1 079.

杜培林，田丽萍，薛林，等. 2007. 遥感在作物估产中的应用，35:936-938.

方秀琴，张万昌. 2003. 叶面积指数(LAI)的遥感定量方法综述，9:58-62.

甘甫平，陈伟涛，张绪教，等. 2006. 热红外遥感反演陆地表面温度研究进展. 国土资源遥感，1:6-11.

顾峰雪，曹明奎，温学发，等. 2006. 亚热带针叶林水碳通量的模拟及其与观测的对比研究. 中国科学(D辑)，增刊(36):224-233.

李俊，于沪宁，于强，等. 2002. 农田 N_2O 通量测定方法分析. 地学前缘，9(2):377-385.

李小文，汪骏发，王锦地，等. 2001. 多角度与热红外对地遥感. 北京:科学出版社.

李星敏，刘安麟，张树誉，等. 2005. 热惯量法在干旱遥感监测中的应用研究. 干旱地区农业研究，23:54-59.

刘昌岭，陈洪涛. 2003. 大气中微量元素的沉降对海洋生态系统的影响. 海洋通报，22(2):89-93.

刘良民，李德仁. 1999. 基于辅助数据的遥感监测分析. 武汉测绘科技大学学报，24:300-305.

刘兴文，冯勇进. 1987. 应用热惯量编制土壤水分图及土壤水分探测效果. 土壤学报，24(3):272-280.

柳钦火，辛景峰，辛晓洲，等. 2007. 基于地表温度和植被指数的农业干旱遥感监测方法. 科学导报，25:12-18.

陆桂华，张建云，杨扬，等. 2003. 大范围旱情监测技术. 水利水电技术，34:44-46.

马蔼乃. 遥感信息模型. 1997. 北京：北京大学出版社，41-59.

米娜，于贵瑞，王盘兴，等. 2007. 基于 EALCO 模型对中亚热带人工针叶林 CO_2 通量季节变异的模拟. 植物生态学报，31(6):1 119-1 131.

聂呈荣，李明辉，崔志新，等. 2003. 3S 技术及其在生态学上的应用. 佛山科学技术学院学报，21:70-74.

聂娟. 2003. 大尺度中国土地覆盖综合分类比较研究[硕士论文]. 北京：北京师范大学.

彭少麟，郭志华，王伯荪. 1999. RS 和 GIS 在植被生态学中的应用及其前景. 生态学杂志，18:52-64.

朴世龙，方精云，郭庆华. 2001. 1982—1999 年我国植被净第一性生产力及时空变化. 北京大学学报(自然科学版)，37:563-569.

申广荣，田国良. 1998. 作物缺水指数监测旱情方法研究. 干旱地区农业研究，16:1，123-128.

孙睿，刘昌明. 2003. 地表水热通量研究进展. 应用生态学报，(14):434-438.

田国良，徐兴奎，柳钦火. 2000. 用于地表能量交换的动态地表特征模式. 遥感学报:121-128.

王军邦，牛铮，胡秉民，等. 2004. 定量遥感在生态学研究中的基础应用. 生态学杂志，23:152-157.

王秋凤，牛栋，于贵瑞，等. 2004. 长白山森林生态系统 CO_2 和水热通量的模拟研究. 中国科学(D辑)，增刊II(34):131-140.

武晓波，阎守邕，田国良，等. 1998. 在 GIS 支持下用 NOAA/AVHRR 数据进行旱情监测. 遥感学报，2:280-284.

肖乾广，陈维英，盛永伟，等. 1994. 用气象卫星监测土壤水分的试验研究. 应用气象学报，5:12-318.

谢贤群. 1998. 中国生态系统研究网络观测与分析标准方法——水环境要素观测与分析. 北京:中国标准出版社.

熊利亚. 1996. 中国农作物遥感动态监测与估产集成系统. 北京:中国科学技术出版社.

徐文婷，吴炳方. 2005. 遥感用于森林生物多样性监测的进展. 生态学报，25:1 199-1 204.

延昊. 2002. 中国土地覆盖变化与环境影响遥感研究. 博士学位论文. 北京：中国科学院遥感应用研究所.

闫峰，覃志豪，李茂松，等. 2006. 农业旱灾监测中土壤水分遥感反演研究进展. 自然灾害学报，15:114-121.

于贵瑞，孙晓敏. 2006. 陆地生态系统通量观测的原理与方法. 北京:高等教育出版社.

余涛，田国良. 1997. 热惯量法在监测土壤表层水分变化中的研究. 遥感学报，1:24-31.

袁国富，唐登银，罗毅，等. 2000. 基于冠层温度的作物缺水研究进展. 地球科学进展，16:49-54.

张杰，潘晓玲，高志强，等. 2006. 干旱生态系统净初级生产力估算及变化探测. 地理学报，61:15-25.

张金良，于志刚，张经. 1999. 大气的干湿沉降及其对海洋生态系统的影响. 海洋环境科学，18(1):70-76.

张仁华，孙晓敏，苏红波，等. 1999. 遥感及其地球表面时空多变要素的区域尺度转换. 国土资源遥感，4:51-59.

张仁华，孙晓敏，王伟民，等. 2004. 一种可操作的区域尺度地表通量定量遥感二层模型的物理基础. 中国科学 D 辑，34(增刊 II):200-216.

张仁华，孙晓敏，朱治林，等. 2002. 以微分热惯量为基础的地表蒸发全遥感信息模型及在甘肃沙坡头地区的验证. 中国科学(D辑), 32: 1 041-1 050.

张仁华,孙晓敏,朱治林,等. 2000. 遥感区域地表植被二氧化碳通量的机制及其应用. 中国科学(D辑), 30: 215-224.

张仁华,田国良. 1981. 常温物体比辐射率的测量. 科学通报,5: 297-300.

张仁华. 1986. 以红外辐射信息为基础的估算作物缺水状况的新模式. 中国科学(B辑), 7: 776-784.

张仁华. 1991. 土壤含水量的热惯量模型及其应用. 科学通报, 36: 924-927.

张仁华. 1996. 试验遥感模型及地面基础. 北京:科学出版社.

张仁华. 1996. 植被指数的抗大气影响探讨. 植物学报, 38: 53- 62.

张仁华. 1999. 对于定量遥感的一些思考. 国土资源遥感, 1: 1-6.

Aber J D, Goodale C L, Ollinger S V, et al. 2003. Is nitrogen deposition altering the nitrogen status of northeastern forests. Bioscience, 53(4): 375-389.

Ainsworth E A, Long S P. 2005. What have we learned from 15 years of free-air CO_2 enrichment (FACE)? A meta-analytic review of responses to rising CO_2 in photosynthesis, canopy properties and plant production. New Phytologist, 165: 351-372.

Albani M D, Medvigy D, Hurtt G C, et al. 2006. The contributions of land-use change, CO_2 fertilization and climate variability to Eastern US carbon sink. Global Change Biology, 12: 2 370-2 390.

Aneja V P, Chuahan J P, Walker J T. 2000. Characteristics of atmospheric ammonia emissions from swine waste storage and treatment lagoons. J Geophys Res, 105: 11 535-11 545.

Baldocchi D D, Falge E, Gu L, et al. 2001. FLUXNET: A New Tool to Study the Temporal and Spatial Variability of Ecosystem-Scale Carbon Dioxide, Water Vapor, and Energy Flux Densities. Bulletin of the American Meteorological Society, 82: 2 415-2 434.

Baldocchi D D, Hicks B B, Meyers T P. 2003. Measuring biosphere-atmosphere exchanges of biologically related gases with micrometeorological methods. Ecology, 69: 1 331-1 340.

Baldocchi D D. 2008. Turner Review No. 15— Breathing of the terrestrial biosphere: Lessons learned from a global network of carbon dioxide flux measurement systems. Australian Journal of Botany, 56: 1-26.

Baldocchi D D. 1988. Assessing the eddy covariance technique for evaluating carbon dioxide exchange rates of ecosystems: past, present and future. Global Change Biology, 9: 479-492.

Baldocchi D, Valentini R, Running S, et al. 1996. Strategies for measuring and modeling carbon dioxide and water vapour fluxes over terrestrial ecosystems. Global Change Biology, 2: 159-168.

Bastiaanssen W G M, Menenti M, Feddes R A, et al. 1998. A remote sensing surface energy balance algorithm for land (SEBAL) 1. Formulation. Journal of Hydrology, (212-213): 198-212.

Bastiaanssen W G M, Pelgrum H, Wang J, et al. 1998. A remote sensing surface energy balance algorithm for land (SEBAL) 2. Validation. Journal of Hydrology, (212-213): 213-229.

Bowling D R, Sargent S D, Tanner B D, et al. 2003. Tunable diode laser absorption spectroscopy for stable isotope studies of ecosystem-atmosphere CO_2 exchange. Agric. For. Meteorol., 118: 1-19.

Bowling D R, Tans P P, Monson R K. 2001. Partitioning net ecosystem carbon exchange with isotopic fluxes of CO_2. Global Change Biology, 7: 127-145.

Bowman W D. 1990. Plant Physiological Ecology—Field Methods and Instrumentation//Pearcy R W, Ehleringer J, Mooney H A, et al. Journal of Vegetation Science. London: Chapman and Hall.

Brumme R, Beese F. 1992. Effect of liming and nitrogen fertilization on emissions of CO_2 and N_2O from a temperate forest. Journal Geophysical Research, 97: 12 851-12 858.

Buettner C D, Kern K J K. 1965. The determination of infrared of emissivities of terrestrial surface. Journal of Geophysical Research, 70: 1 327-1 337.

Byrnes B H. 1990. Environmental effects of N fertilizer use—An overview. Fertilizer Research, 26: 209-215.

Canadell J G, Kirschbaum M U F, Kurz W A, et al. 2007b. Factoring out natural and indirect human effects on terrestrial carbon sources and sinks. Environmental Science and Policy, 10: 370-384.

Canadell J G, Mooney H A, Baldocchi D D, et al. 2000. Carbon metabolism of the terrestrial biosphere: a multitechnique approach for improved understanding. Ecosystems, 3: 115-130.

Canadell J G, Quere C L, Raupach M R, et al. 2007a. Contributions to accelerating atmospheric CO_2 growth from economic activity, carbon intensity, and efficiency of natural sinks. Proceedings of the National Academy of Sciences of the United States of America, 104(47): 18 866-18 870.

Cao M K, Woodward F I. 1998. Net primary and ecosystem production and carbon stocks of terrestrial ecosystems and their responses to climate change. Global Change Biology, 4: 185-198.

Carrara A, Kowalski A S, Neirynck J, et al. 2003. Net ecosystem CO_2 exchange of mixed forest in Belgium over 5 years. Agricultural and Forest Meteorology, 119: 209-227.

Chen J M. 1996. Canopy architecture and remote sensing of the fraction of photosynthetically active radiation absorbed by boreal conifer forests . IEEE Trans. Geosci. Rem. Sens. , 34 : 1 353-1 368.

Ciais P, Reichstein M, Viovy N, et al. 2005. Europe-wide reduction in primary productivity caused by the heat and drought in 2003. Nature, 437: 529-533.

Clark C M , Tilman D. 2008. Loss of plant species after chronic low-level nitrogen deposition to prairie grasslands. Nature, 451: 712-715.

Clawson K L, Jackson R D, Pinter P J. 1989. Evaluating plant water stress with canopy temperature differences. Agronomy Journal. 81: 858-863.

Cleveland C C, Townsend A R. 2006. Nutrient additions to a tropical rain forest drive substantial soil carbon dioxide losses to the atmosphere. Proceedings of the National Academy of Sciences of the United States of America, 103(27): 10 316-10 321.

Davis F W, Stoms D M, Estes J M, et al. 1990. An information systems approach to the preservation of biological diversity. International Journal of Geographical Information Systems, 4: 55-78.

de Vries W, Solberg S, Dobbertin M, et al. 2008. Ecologically implausible carbon response. Nature, 451: E1 ~ E3.

Edgerton E S, Lavery T F, Boksleitner R P. 1992. Preliminary data from the USEPA dry deposition network: 1989. Environmental Pollution, 75: 145-156.

Ehleringer J R, Roden J, Dawson T E. 2000. Assessing ecosystem-level water relations through stable isotope ratio analysis// Sala O E, Jackson R B, Mooney H A, et al. Methods in Ecosystem Science. Berlin: Springer, 181-198.

Emmett B A. 2007. Nitrogen saturation of terrestrial ecosystems: some recent findings and their implications for our conceptual framework. Water, Air, and Soil Pollution: Focus, 7(1): 99-109.

Falge E, Tenhunen J, Baldocchi D, et al. 2002. Phase and amplitude of ecosystem carbon release and uptake potentials as derived from FLUXNET measurements. Agricultural and Forest Meteorology, 113: 75-95.

Field C B , Lobell D B, Peters H A, et al. 2007. Feedbacks of terrestrial ecosystems to climate change. Annual Review of Environment and Resources, 32: 1-29.

Fontaine S, Barot S, Barré P, et al. 2007. Stability of organic carbon in deep soil layers controlled by fresh carbon supply. Nature, 450: 277-280.

Friend A D, Arneth A, Kiang N Y, et al. 2007. FLUXNET and modelling the global carbon cycle. Global Change Biology, 13: 610-633.

Galloway J N, Aber J D, Erisman J W, et al. 2003. The nitrogen cascade. BioScience, 53: 341-356.

Galloway J N, Dentener F J, Capone D G, et al. 2004. Nitrogen cycles: past, present and future. Biogeochemistry, 70: 153-226.

Goodale C L, Apps M J, Birdsey R A, et al. 2002. Forest carbon sinks in the Northern Hemisphere. Ecological Applications, 12: 891-899.

Goulden M L, Munger J M, Fan S M, et al. 1996a. Measurement of carbon sequestration by long-term eddy covariance: methods and a critical evaluation of accuracy. Global Change Biology, 2: 169-182.

Goulden M L, Munger J W, Fan S M, et al. 1996b. Exchange of carbon dioxide by a deciduous forest: response to interannual climate variability. Science, 271: 1 576-1 578.

Goulden M L, Wofsy S C, Harden J W, et al. 1998. Sensitivity of boreal forest carbon balance to soil thaw. Science, 279: 214-217.

Griffis T J, Lee X, Baker J M, et al. 2005. Feasibility of quantifying ecosystem-atmosphere $C^{18}O^{16}O$ exchange using laser spectroscopy and the flux-gradient method.

Agric. For. Meteorol., 135: 44-60.

Griffis T J, Sargent S D, Balker J M, et al. 2008. Direct measurement of biosphere-atmosphere isotopic CO_2 exchange using the eddy covariance technique. Journal of Geophysical Research, 113: D08304. doi: 10.1029/2007JD0.

Gruber N, Galloway J N. 2008. An Earth-system perspective of the global nitrogen cycle. Nature, 451: 293-296.

Gu L, Baldocchi D D, Wofsy S C, et al. 2003. Response of a deciduous forest to the Mount Pinatubo eruption: enhanced photosynthesis. Science, 299: 2 035-2 038.

Heimann M, Reichstein M. 2008. Terrestrial ecosystem carbon dynamics and climate feedbacks. Nature, 451: 289-292.

Hibbard K A, Steffen W, Benedict S, et al. 2001. The carbon challenge: an IGBP-IHDP-WCRP joint project. International Geosphere Biosphere Programme, Stockholm, 23.

Houghton R A, Skole D L, Carlos A N, et al. 2000. Annual fluxes of carbon from deforestation and regrowth in the Brazilian Amazon. Nature, 403: 301-304.

Hungate B, Dukes J S, Shaw M R, et al. 2003. Nitrogen and climate change. Science, 302: 1 512-1 513.

Huxman T E, Cable J M, Ignace D D, et al. 2004a. Response of net ecosystem gas exchange to a simulated precipitation pulse in a semiarid grassland: the role of native versus non-native grasses and soil texture. Oecologia, 141: 295-305.

Huxman T E, Smith M D, Fay P A, et al. 2004b. Convergence across biomes to a common rain-use efficiency. Nature, 429: 651-654.

Idso S B, Jackson R D, Pinter P J J, et al. 1981. Normalizing the stress degree day for environmental variability. Agricultural Meteorology, 24: 45-55.

IPCC. 1994. Radiative forcing of climate change and an evaluation of the IPCACIS92 emission scenario// Houghton J T. Climate Change. Cambridge, UK: Cambridge University Press.

IPCC. 2007a. Climate Change 2007—The Physical Science Basis: Contribution of Working Group I to the Fourth Assessment Report of the Intergovernmental Panel on Climate Change. New York, USA: Cambridge University Press, 1 009.

IPDC. 2007b. Climate Change 2007—Mitigation of Climate Change: Contribution of Working Group III to the Fourth Assessment Report of the Intergovernmental Panel on Climate Change. New York, USA: Cambridge University Press, 96.

IPCC. 2008. Climate Change 2007—Impacts, Adaptation and Vulnerability: Contribution of Working Group II to the Fourth Assessment Report of the Intergovernmental Panel on Climate Change. New York, USA: Cambridge University Press, 1 000.

Jackson R D, Idso S B, Reginato R J. 1981. Canopy temperature as a crop water stress indicator. Water Resource Research, 17: 1 133-1 138.

Jakubauskas M E, Price K P. 1997. Empirical relationship between structural and spectral factors of Yellow stone Lodgepole Pineforests. Photogrammetric Engineering and Remote Sensing, 63 : 1 375-1 381.

Janssens I A, Freibauer A, Ciais P, et al. 2003. Europe's terrestrial biosphere absorbs 7 to 12% of European anthropogenic CO_2 emissions. Science, 300: 1 538-1 542.

Jordan C F. 1969. Derivation of leaf area index from quality of light on the forest floor. Ecology, 50: 663-666.

Kahle A B. 1977. A simple thermal model of the Earth's surface for geologic mapping by remote sensing. Journal of Geophysical Research, 82: 1 673-1 680.

Knapp A K, Fay P A, Blair J M, et al. 2002. Rainfall variability, carbon cycling, and plant species diversity in a mesic grassland. Science, 298: 2 202-2 205.

Kustas W P, Norman J M. 1999. Evalution of soil and vegetation heat flux prediction using a simple two-source model with radiometric temperature for canopy cover. Agricultural and Forest Meteorology, 94: 13 -29.

Kustas W P, Norman J M. 2000. A two-source energy balance approach using directional radiometric temperature observation for sparse canopy covered surface. Agrinomy Journal. 92: 847-854.

Kustas W P. 1990. Estimates of evapotranspiration with a one and two layer model of heat transfer over partial canopy cover. Journal of Applied Meteorology, (29): 704-715.

Lal R . 2004. Soil carbon sequestration impacts on global climate change and food security. Science, 304: 1 623-1 627.

Lee X , Sargent S, Smith R, et al. 2005. *In situ* measurement of the water vapor $^{18}O/^{16}O$ isotope ratio for atmospheric and ecological applications. Journal of Atmospheric and Oceanic Technology, 22: 555-565.

Lhomme J P, Monteny B, Amadou M. 1994. Estimating sensible heat flux from radiometric temperature over sparse millet. Agricultural and Forest Meteorology, 1994(68):77-91.

Li X , Strahler A H. 1985. Geometric - Optical Modeling of a Conifer Forest Canopy. IEEE Transaction on Geoscience and Remote Sensing, 23 (5):705-720.

Li Z , Becker F, Stoll M P. 1999. Evaluation of six methods for extracting relative emissivity spectra from thermal infrared images. Remote Sensing of Environment, 69: 197-214.

Liang S . 2001. An optimization algorithm for separating land surface temperature and emissivity from multispectral thermal infrared imagery. IEEE Transaction on Geosciences and Remote Sensing, 39: 264-274.

Liu W T , Kogan F. 1996. Monitoring regional drought using the vegetation condition index. International Journal of Remote Sensing, 17: 2 761-2 782.

Long S P , Ainsworth E A, Rogers A, et al. 2004. Rising atmospheric carbon dioxide: plants FACE the future. Annual Review of Plant Biology, 55: 591-628.

Loveland T R, Merchant J W, Ohlen D O, et al. 1991. Development of a land cover characteristics database for the conterminous U S. Photogrammetric Engineering and Remote Sensing , 57 :1 453-1 463.

Luo Y , Wan S, Hui D, et al. 2001. Acclimatization of soil respiration to warming in a tall grass prairie. Nature, 413: 622-625.

Magnani F , Mencuccini M, Borghetti M, et al. 2007. The human footprint in the carbon cycle of temperate and boreal forests. Nature, 447: 848-850.

Melillo J M , Steudler P A, Aber J D, et al. 2002. Soil warming and carbon-cycle feedbacks to the climate system. Science, 298: 2 173-2 176.

Moran M S , Clarke T R, Inoue Y, et al. 1994. Estimating crop water deficit using the relation between surface air temperature and spectral vegetation index. Remote Sensing of Environment, 49: 246-263.

Mosier A R , Heinemeyer O. 1985. Current methods used to estimate N_2O and N_2 emissions from field soils//Golterman H L. Denitrification in the nitrogen cycle. New York: Plenum Press 79-99.

Mosier A R. 1989. Chamber and isotopic techniques//Andreae M O, Schimel D S. Exchange of trace gases between terrestrial ecosystems and the atmosphere. New York: John Wiley, 175-187.

Nadelhoffer K J, Emmett B A, Gundersen P, et al. 1999. Nitrogen deposition makes a minor contribution to carbon sequestration in temperate forests. Nature, 398:145-148.

Neff J C, Townsend A R, Gleixner G, et al. 2002. Variable effects of nitrogen additions on the stability and turnover of organic carbon. Nature, 419:915-917.

Nemani R R, Keeling C D, Hashimoto H, et al. 2003. Climate-driven increases in global terrestrial net primary production from 1982 to 1999. Science, 330: 1 560-1 563.

Norby R J, Luo Y. 2004. Evaluating ecosystem responses to rising atmospheric CO_2 and global warming in a multifactor world. New Phytologist, 162: 281-294.

Norman J M, Kustas W P, Humes K S. 1995. A two-source approach for estimating soil and vegetation energy fluxes from observation of directional radiometric surface temperature. Agricultural and Forest Meteorology, 77:263-293.

Oindo B O , Skidmore A K. 2003. Mapping habitat and biological diversity in the MaasaiMara ecosystem. International Journal of Remote Sensing, 24: 1 053-1 069.

Oren R , Ellsworth D S, Johnsen K H, et al. 2001. Soil fertility limits carbon sequestration by forest ecosystems in a CO_2-enriched atmosphere. Nature, 411: 469-472.

Piao S , Ciais P, Friedlingstein P, et al. 2008. Net carbon dioxide losses of northern ecosystems in response to autumn warming. Nature, 451: 49-53.

Poor N, Pribble R, Greening H. 2001. Direct wet and dry deposition of ammonia, nitric acid, ammonium and nitrate to the Tampa Bay Estuary, FL, USA. Atmospheric Environment, 35:3 947-3 955.

Prata A J. 1993. Land surface temperature derived from the Advanced Very High Radiometer and the Along - Track scanning Radiometer. Geophys Res., 98: 16 689-16 702.

Price J C. 1977. Thermal inertia mapping: a new view of the earth. Journal of Geophysical Research, 82:2 582-

2 590.

Price J C. 1985. On the analysis of thermal infrared imagery, the limited utility of apparent thermal inertia. Remote Sensing of Environment, 18: 59-73.

Raupach M R, Rayner P J, Barrett D J, et al. 2005. Model-data synthesis in terrestrial carbon observation: methods, data requirements and data uncertainty specifications. Global Change Biology, 11: 378-397.

Reich P B, Hobbie S E, Lee T, et al. 2006. Nitrogen limitation constrains sustainability of ecosystem response to CO_2. Nature, 440: 922-925.

Reich P B, Knops J, Tilman D, et al. 2001. Plant diversity enhances ecosystem responses to elevated CO_2 and nitrogen deposition. Nature, 410: 809-812.

Reichstein M, Ciais P, Papale D, et al. 2007. Reduction of ecosystem productivity and respiration during the European summer 2003 climate anomaly: a joint flux tower, remote sensing and modeling analysis. Global Change Biology, 13(3): 634-651.

Roujean J L, Breon F M. 1995. Estimating PAR absorbed by vegetation from bidirectional reflectance measurements. Remote Sensing of Environment, 51: 375-384.

Ruimy A, Dedieu G, Saugier B. 1996. TURC: a diagnostic model of continental gross primary productivity and net primary productivity. Global Biogeochemical Cycles, 10: 269-286.

Ruimy A, Saugier B. 1994. Methodology for the estimation of terrestrial net primary production from remotely sensed data. Geophysical Research, 97: 18 515-18 521.

Sacks W J, Schimel D S, Monson R K. 2007. Coupling between carbon cycling and climate in a high-elevation, subalpine forest: A model-data fusion analysis. Oecologia, 151(1): 54-68.

Saigusa N S, Yamampto S, Murayama S, et al. 2002. Gross primary production and net ecosystem exchange of a cool-temperature deciduous forest estimated by the eddy covariance method. Agricultural and Forest Meteorology, 112:203-215.

Saigusa N, Yamamoto S, Murayama S, et al. 2005. Inter-annual variability of carbon budget components in an asiaflux forest site estimated by long-term flux measurements. Agricultural and Forest Meteorology, 134: 4 -16.

Schimel D V, Melilio J, Tian H Q, et al. 2000. Contribution of increasing CO_2 and climate to carbon storage by ecosystems in the United States. Science, 287: 2 004-2 006.

Shaw M R, Zavaleta E S, Chiariello N R, et al. 2002. Grassland responses to global environmental changes suppressed by elevated CO_2. Science, 29: 1 987-1 990.

Shuttleworth W J, Wallace J S. 1985. Evaporation from sparse crops—an energy combination theory. Qurat. J. R. Met. Soc, (111): 839-855.

Sobrino J A, Coll C, Caselles V. 1991. Atmospheric corrections for land surface temperature using AVHRR channel 4 and 5. Remote Sensing of Environment, 38: 19-34.

Steffen W, Noble I, Canadell J. et al. 1998. The terrestrial carbon cycle: lmplications for the Kyoto protocol. Science, 280: 1 393-1 394.

Stevens C J, Dise N B, Mountford J O, et al. 2004. Impact of nitrogen deposition on the species richness of grasslands. Science, 303:1 876-1 879.

Stewart C E, Paustian K, Conant R T, et al. 2007. Soil C saturation: Concept, evidence, and evaluation. Biogeochemistry, 86: 19-31.

Su Z B. 2002. The surface energy balance system(SEBS) for estimation of turbulent heat fluxes. Hydrology and Earth System Science, (6):85-89.

Thornton P E, Lamarque J F, Rosenbloom N A, et al. 2007. Influence of carbon-nitrogen cycle coupling on land model response to CO_2 fertilization and climate variability. Global Biogeochemical Cycles, 21: GB4018. doi:10.1029/2006GB002868.

Twine T E, Kustas W P, Norman J M, et al. 2000. Correcting eddy-covariance flux underestimates over a grass land. Agricultural and Forest Meteorology, 103: 279-300.

Valentini R, Matteucci G, Dolman, et al. 2000. Respiration as the main determinant of carbon balance in European forests. Nature, 404: 861-865.

van der Werf G R, Randerson J T, Collatz G J, et al. 2004. Continental-scale partitioning of fire emissions during the 1997 to 2001 El Niño/La Niña period. Science, 303: 73-76.

Verhoef A, de Bruin H A R, van den Hurk B J J M.

1997. Some practical notes on the parameter kB-1 for sparse vegetation. Journal of Applied Meteorology, (36): 560-572.

Verhoef W. 1984. Light scattering by leaf layers with application to canopy reflectance modeling , the SAIL model. Remote Sensing of Environment, 16:125-141.

Verlinden A, Masogo R. 1997. Satellite remote sensing of habitat suitability for ungulates and ostrich in the Kalahari of Botswana. Journal of Arid Environment, 35: 563-574.

Walther G R, Post E, Convey P, et al. 2002. Ecological responses to recent climate change. Nature, 416: 389-395.

Wan Z, Li Z. 1997. A physics based algorithm for retrieving land surface emissivity and temperature from EOS/MOD IS data. IEEE Transaction on Geosciences and Remote Sensing, 35: 980-996.

Wang Y P, Baldocchi D, Leuning R, et al. 2006. Estimating parameters in a land-surface model by applying nonlinear inversion to eddy covariance flux measurements from eight Fluxnet sites. Global Change Biology, 12:1-19.

Watson K, Rowen L C, Offield T W. 1971. Application of thermal modeling in the geologic interpretation of IR images. Remote Sensing of Environment, 3: 2 017-2 041.

Wen X F, Sun X M, Zhang S C, et al. 2008. Continuous measurement of water vapor D/H and $^{18}O/^{16}O$ isotope ratios in the atmosphere. Journal of Hydrology, 349, 489-500.

Whitall D, Hendrickson B, Paerl H. 2003. Importance of atmospherically deposited nitrogen to the annual nitrogen budget of the Neuse River estuary, North Carolina. Environment International. 29:393-399.

Woodward F I, Smith T M. 1994. Global photosynthesis and stomatal conductance: Modelling the controls by soil and climate. Advances in Botanical Research, 23: 1-41.

Xiao X M, Hollinger D. 2004a. Satellite-based modeling of gross primary production in an evergreen needle leaf forest. Remote Sensing of Environment, 89: 519-534.

Xiao X M, Zhang Q Y, Bobby B, et al. 2004b. Modeling gross primary production of temperate deciduous broadleaf forest using satellite images and climate data. Remote Sensing of Environment, 91: 256-270.

Yu G R, Wang Q F, Zhuang J. 2004. Modeling the water use efficiency of soybean and maize plants under environmental stresses: application of a synthetic model of photosynthesis -transpiration. Journal of Plant Physiology, 16(3): 303-318.

Zobitz J M, Burns S P, Ogee J, et al. 2007. Partitioning net ecosystem exchange of CO_2: A comparison of a Bayesian/isotope approach to environmental regression methods. Journal of Geophysical Research, 112: G03013. doi:10.1029/2006JG000282.

第 2 章

生态系统稳定同位素平衡原理及其在生物地球化学循环研究中的应用

李胜功

（中国科学院地理科学与资源研究所）

摘要

本章概要介绍了稳定同位素技术在陆地生态系统生物地球化学循环中的应用。重点讨论了土壤、植物、大气各库之间碳、氢、氧和氮同位素的交换、吸收、移动、转移、转化和同化等环节的同位素分馏。植物光合作用对大气 CO_2 碳同位素的判别效应因光合路径（C_3、C_4和 CAM）而异，但其总体效果使植物组织^{13}C 贫化，而使大气^{13}C 富集；与此形成鲜明对照的是，虽然呼吸作用（包括植物需氧呼吸和土壤异养呼吸或分解）的同位素分馏非常小，但释放的与呼吸底物同位素组成近乎相同的 CO_2 使大气^{13}C 贫化。这一特征使利用 Keeling 图技术区分净生态系统 CO_2 交换为光合和呼吸组分成为可能。植物在吸收土壤水分和随后向叶片蒸发部位运输过程中没有同位素分馏，这一特征可以用来识别植物可利用水源。植物蒸腾和土壤蒸发过程中都伴随着很强的同位素分馏，并可以用 Craig-Gordon 同位素富集模型表述。在同位素稳定状态，植物蒸腾水汽与其水源的同位素组成保持一致。源自土壤蒸发的水汽和源自植物蒸腾的水汽，它们的同位素组成存在显著差异，导致它们对于大气水汽同位素组成的影响不同。这一蒸散对大气水汽影响的二重性是利用 Keeling 图技术将生态系统蒸散区分为土壤蒸发和植物蒸腾的理论基础。氮的同位素分馏主要发生在土壤中。有证据显示，在微生物调节的土壤氮转化（矿化、硝化和反硝化）、氨挥发和淋溶损失过程中发生不同程度的同位素分馏。绝大多数植物生物代谢所需的氮来自土壤中的无机氮（铵和硝酸盐），但有些植物也可以直接利用土壤溶解有机氮（如氨基酸）。植物可以通过共生固氮细菌固定大气 N_2 或通过菌根或共享菌根网吸收土壤中的 N。稳定氮同位素作为一种有用的工具，可以评价大气氮沉降和氮饱和现象对生态系统的影响。

关键词： 陆地生态系统　^{13}C　^{2}H　^{18}O　^{15}N　碳循环　水循环　氮循环　全球变化

Chapter 2

Application of stable isotope techniques in biogeochemical cyclings of terrestrial ecosystems

Abstract

This chapter briefly introduces applications of the stable isotope techniques in biogeochemical cycles of terrestrial ecosystems, focusing on isotopic fractionation occurred during exchange, uptake, transfer, transformation, translocation and assimilation of stable carbon, oxygen, hydrogen and nitrogen among their pools respectively in the soil, plants and the atmosphere. Photosynthetic discrimination against atmospheric $^{13}CO_2$ varies with plant photosynthetic pathways of C_3, C_4 and CAM, as a whole, leading to ^{13}C depletion in plant tissues and ^{13}C enrichment in the remaining atmosphere CO_2. In contrast, respiration, including plant autotrophic respiration and soil heterotrophic respiration (decomposition), exhibits very little fractionation, but the released CO_2 has approximately similar isotope ratios to those of its respiratory substrates, resulting in dilution of ^{13}C in the atmosphere. This feature is the fundamental for utilization of the Keeling plot method to separate net ecosystem CO_2 exchange into its photosynthesis and respiration components. There is no isotopic fractionation during water uptake by plant roots and subsequent transport from the roots to evaporative sites in the leaves. This feature is used in identifying water sources available to plants. Strong fractionation can occur during plant transpiration and soil evaporation, and can be described with the Craig-Gordon isotope evaporative enrichment model. Under the isotopically steady state, transpired water has the same isotopic composition as the water source. Transpiration- and evaporation-derived water vapor differ appreciably from each other in isotopic composition, thereby contributing differently to the isotopic composition of air vapor. This dual nature of the air vapor provides a useful tool for partitioning ecosystem evapotranspiration into its soil evaporation and plant transpiration components through the Keeling plot method. Stable nitrogen isotope fractionation occurs mainly in the soil nitrogen pool. There is evidence for various degrees of fractionation during microbes-mediated nitrogen transformation (mineralization, nitrification and denitrification) as well as nitrogen loss by volatilization and leaching. Most of plant species acquire their metabolite nitrogen from soil inorganic nitrogen (ammonium and nitrates). Some plants, however, can also take up soluble organic nitrogen such as amino acid. The plants can also fix the atmospheric N_2 via symbolic N-fixing bacteria or absorb soil nitrogen via symbolic mycorrhizal fungi and shared mycorrhizal networks. As a powerful tool, the stable nitrogen isotope can be used to evaluate the effects of atmospheric nitrogen deposition nitrogen saturation on ecosystem fuctioning.

Keywords: Terrestrial ecosystem, ^{13}C, ^{2}H, ^{18}O, ^{15}N, Carbon cycle, Water cycle, Nitrogen cycle, Global change

2.1 引言

我们赖以生存的地球上的各种物质都是由各种化学元素组成的。每种化学元素由于其原子核中的中子数不同，而存在不同的形态，谓之同位素。其中没有放射性的称为稳定同位素，而具有放射性的叫做放射性同位素。每种元素的不同同位素形态在自然界存在的丰度差异悬殊，其中以某一种同位素最常见且占绝对优势。造成这种差异的主要原因是自然界存在的各种生物和非生物过程中发生的同位素分馏现象（isotope fractionation），即重同位素的富集（enrichment）或贫化（depletion）效应。也正是由于同位素在自然界的存在方式和丰度各异，它们也必然携带导致这种差异的“记忆”信息，所以对于这些同位素的研究，促进了我们对地球生态系统生物地球化学过程机制的认识。自从英国著名化学家 Aston 于 1918 年首次发现同位素以来，对于同位素的研究就从来没有间断过。而且，随着科学技术的进步，尤其是用于同位素测定的质谱仪的不断改进，同位素研究也在不断深入。目前，同位素技术的应用几乎涉及地球科学和生命科学的每个领域（Griffiths，1998；Dawson et al，2002；Flanagan et al，2005）。尤其是在过去 30 多年里，同位素技术在植物生态学、生物地球化学、生态系统生态学和全球变化等领域得到了广泛应用（Rundel et al，1989；Ehleringer et al，1993；Griffiths，1998；Dawson et al，2002；Ehleringer et al，2005；West et al，2006；Dawson & Siegwolf，2007；Michener & Lajtha，2007；Bowling et al，2008）。

稳定同位素是非常有用的非放射性示踪物和指示物，能够综合反映生态系统生物地球化学过程在时空尺度上的变化与环境中各种生物和非生物要素的关系。同位素技术的应用包括两方面，首先是通过测定同位素自然丰度及其变化（同位素分馏效应），揭示自然界各种物质的理化性质及其与环境变化的关系；另一方面，利用同位素示踪法，即用已知同位素比值的示踪物，作为反应物（底物），或标记被研究的化合物，跟踪理化反应（尤其是生化反应）进程中该示踪物或被标记的化合物的反应历程以及最终去向，从而获取理化反应的过程和作用机制等方面的信息。所以，只要我们对于同位素分馏过程的机制有充分的理解，就可以利用物质的同位素信息揭示生态系统中发生的各种生物、物理或化学等功能过程。

本章简要介绍稳定同位素技术在生物地球化学循环的一些应用实例，重点涉及与全球变化和生态系统碳、氮、水循环有关的一些问题以及目前的研究进展。虽然作者试图就这些方面展开深入讨论，但限于作者的水平，未免流于俗套，或以偏概全，不妥之处，尚望读者斧正。同时，读者可以参阅本文末尾所列的部分文献以及本书有关章节，以便获得更多这方面的信息。

2.2 生态系统的稳定同位素分馏原理

2.2.1 同位素定义

地球上所有物质是由各种化学元素组成的。元素是以其原子核中的质子数（正电荷数）而定义的。一种元素的原子质量数是原子核中的质子数和中子数之和。就单个元素而言，其原子核中的中子数可能不同，往往有两个或两个以上的质量数。所以，我们将质量数不同（中子数不同），但质子数相同，即在元素周期表中位置相同的单个元素的不同形态称为同位素（isotope）。或简言之，同位素指含有不同中子数的同一种元素的所有原子。另外，元素的质子带正电，而中子为电中性，因此，中子数的多少并不影响该元素的电荷量。因为属于同一元素的不同同位素具有相同的电子，所以，在化学反应里几乎没有差别。同位素有两种形式。有些同位素是稳定的，虽然它们的含量会受到理化反应的影响，但其形态不随时间而变，所以叫做稳定同位素（stable isotope）。而其他同位素具有放射性，称作不稳定同位素或放射性同位素（radioactive isotope）。放射性同位素通过释放粒子或能量可以衰变（或裂变）为较稳定的同位素形态。大多数在生物地球化学循环中常见的元素，如碳、氢、氧、氮和硫有两种或两种以上的稳定同位素（表 2.1）。

同位素以其质量数予以区分，在元素符号的左上角标以质量数来表示（Mazor，1997），如含有 6 个质子和 6 个中子，即质量数为 12 的碳原子（C），可以简单地表示为 ^{12}C；同样，含有 6 个质子和 7 个中子，即质量数为 13 的碳原子，则可表示为 ^{13}C。又例如，氢元素有 3 种同位素形态，将原子核里只含有一个质子的氢元素称为氕（protium），标记^{1}H，将含有一个质子和一个中子的氢同位素称为氘（deuterium），标记为^{2}H 或 D。将含有一个质子和两个中子的氢同位素称为氚（tritium），标记为^{3}H 或 T。

2.2.2　同位素自然丰度

每个元素的不同同位素形态在自然界存在的丰度（abundance）差异悬殊，尤其是对于相对原子质量小于 40 的元素，其中有一个同位素（通常为最轻的）最常见且占绝对优势。造成这种差异是由于自然界存在的各种生物和非生物过程中伴随的同位素分馏。同位素的自然丰度定义为元素的某种同位素与该元素所有同位素的物质的量比值，常用百分数表示。表 2.1 列出了生态系统中常见元素碳、氢、氧、氮和硫的稳定同位素及其自然丰度。例如，在自然界，有 98.89% 的碳原子以^{12}C 形态存在，仅有 1.11% 的碳原子以^{13}C 形态存在，而其他形态的碳原子（如^{14}C）则更加稀少，不足 0.1%。又例如，在自然界氢同位素^{1}H 最常见，丰度达 99.985% 以上，而 D 和 T 则含量甚微。绝大多数元素都有不止一个稳定的、非放射起源的同位素。由不同元素的稳定同位素组成的分子，在自然界也以某一种形态最为常见，如最常见的水分子形态是$^{1}H_2{}^{16}O$，但也存在诸如 $H_2{}^{18}O$ 和 HD^{16}O 水分子形态。

表 2.1　生态系统中常见元素的稳定同位素存在形态及其平均丰度（Hoefs，2004；Fry，2006）

Table 2.1　Stable istopes of some common elements and their mass number and abundance (Hoefs，2004；Fry，2006)

元素	同位素	相对原子质量	丰度/%
氢	^{1}H	1.007 850 3	99.985
	^{2}H	2.014 101 78	0.015
碳	^{12}C	12	98.89
	^{13}C	13.003 354 83	1.11
氮	^{14}N	14.003 074	99.634
	^{15}N	15.000 108 96	0.366
氧	^{16}O	15.994 914 62	99.759
	^{17}O	16.999 131 4	0.037
	^{18}O	17.999 16	0.204
硫	^{32}S	31.972 070 5	95.02
	^{33}S	32.971 458 3	0.75
	^{34}S	33.967 868 5	4.21
	^{36}S	35.967 080 8	0.02

2.2.3　同位素相对含量

物质中某种同位素的相对含量（R）通常表示为重同位素（^{m}X）与轻同位素（^{n}X）物质的量之比：

$$R=\frac{^{m}X}{^{n}X} \tag{2.1}$$

例如，物质中碳同位素的相对含量可以表示为 $^{13}C/^{12}C$。显然，不同物质或同一物质不同形态之间的 R 值的绝对差异非常小，而且重同位素的绝对含量一般很低，所以 R 很难用质谱仪量化。但是，待测物质（样品）的同位素比值与常用标准物质（参照物）的同位素比值之间的相对差异，比较容易测量。因此，通常以样品的 R 值（R_{smpl}）与标准物质的 R 值（R_{std}）之比，并采用微分记号 δ（Urey，1948）和如下关系式来表述样品的同位素组成（isotopic composition）（δ_{smpl}）：

$$\delta_{smpl}=\left(\frac{R_{smpl}}{R_{std}}-1\right)\times 1\ 000 \tag{2.2}$$

δ_{smpl}的单位是千分之一（‰）。δ_{smpl}也称作样品的同位素比值（isotope ratio）。

文献中所有的同位素组成，都是参照国际上通用的标准物质加以表示的。这种表示方法因无需准确测定物质的同位素绝对丰度而被广泛采用。不同元素的同位素采用不同的国际参照标准物质（表 2.2）。国际参照标准的 δ 值为 0。

表 2.2　一些常见同位素的国际参照标准及其丰度比（Clark & Fritz，1997）

Table 2.2　International reference standards and their aboundance ratios for some stable istopes (Clark & Fritz，1997)

同位素	测定比值	同位素组成标记	国际参照标准	参照标准的丰度比/10^{-3}
^{2}H	$^{2}H/^{1}H$	δD	SMOW 或 V-SMOW	0.155 75
^{13}C	$^{13}C/^{12}C$	$\delta^{13}C$	PDB 或 V-PDB	11.237 2
^{15}N	$^{15}N/^{14}N$	$\delta^{15}N$	大气 N_2	3.677
^{18}O	$^{18}O/^{16}O$	$\delta^{18}O$	SMOW 或 V-SMOW	2.005 2
			PDB 或 V-PDB（碳酸盐）	2.067 2
^{34}S	$^{34}S/^{32}S$	$\delta^{34}S$	CDT	45.005

注：SMOW，Standard Mean Ocean Water，标准平均海洋水；V-SMOW，Vienna-Standard Mean Ocean Water，维也纳标准平均海洋水；PDB，Pee Dee Belemnite，美国南卡罗来纳州白垩系皮狄组的海成石灰石化石，即美洲似箭石；V-PDB，Vienna-PDB，维也纳 PDB；CDT，Canyon Diablo Meteorite，美国亚利桑那州 Canyon Diablo 铁陨石中的陨铁硫。

2.2.4 同位素效应

由于不同的稳定同位素之间质量上的差异,其理化性质和理化反应过程,如在气相中的扩散、液相中的传导、溶解、相变、光解、生化合成与分解速率等方面的表现也不尽相同,从而导致理化反应前后的反应物和生成物在同位素组成上的差异,这一现象叫做同位素效应(isotopic effect)。通常用同位素分馏(isotope fractionation)或同位素判别(isotope discrimination)表述。正是因为同位素效应,才导致自然界各种物质的稳定同位素相对含量的变化。

同位素分馏效应常常分为动力学分馏效应和热力学分馏效应两种,其区别在于前者指非平衡态时的效应,后者指平衡态时的情形(Farquhar et al, 1989a)。当反应是不可逆的单向动态反应,则发生动力学同位素分馏。所以,动力学同位素分馏揭示含有不同同位素的分子在反应过程中的速率差异。一般而言,元素的轻同位素比重同位素扩散得快。扩散可以引起显著的动力学同位素分馏。热力学同位素分馏发生在相变,即从一种相(如液体)转变为另一种相(如气体)时的同位素交换反应,是双向可逆的平衡反应。

同位素效应也称作同位素分馏因子或分馏系数(isotope fractionation factor),常定义为反应物的同位素相对含量(R_r)与产物的同位素相对含量(R_p)之比,并用 α 表示(Farquhar et al, 1989a):

$$\alpha=\frac{R_r}{R_p} \tag{2.3}$$

同位素效应的大小,也可以用同位素判别(discrimination against an isotope)(Δ)来表示,即 α 与 1 之差(Farquhar & Richards, 1984):

$$\Delta=\alpha-1 \tag{2.4}$$

或

$$\Delta=\frac{R_r}{R_p}-1 \tag{2.5}$$

如果 δ_r 和 δ_p 分别代表反应物(原材料)和产物的同位素组成,并且 Δ 采用千分比单位‰,则由公式(2.2)和(2.3),很容易导出 Δ 与 δ_r 及 δ_p 的如下关系,即将 δ 换算为 Δ:

$$\Delta=\frac{\delta_r-\delta_p}{1+\frac{\delta_p}{1\ 000}} \tag{2.6}$$

因为在绝大多数情形下,分母的值非常接近 1,于是公式(2.6)可以简化为:

$$\Delta\approx\delta_r-\delta_p \tag{2.7}$$

用同位素判别来表示同位素分馏效应,比用同位素组成值更直观反映同位素分馏引起的底物与产物之间同位素组成的变化。例如,空气中 CO_2(底物)的同位素组成约为-8‰,而 C_3 植物叶片(产物)的同位素组成平均为-28‰,则依据公式(2.7),植物叶片的同位素判别值约为 20‰,也即分馏效果为 20‰。注意,尽管 Δ 和 δ 的单位一样,都是无量纲的千分比(‰),但 Δ 所指的是产物与反应物同位素组成的差值,而不是某一种化合物的同位素判别值。

一般而言,同位素分馏取决于其质量大小,即同位素质量差越大,同位素分馏效应也越大,称之为质量相关分馏(mass-dependent fractionation)。但是,如果分馏效应不以同位素之间质量差的大小而异,则谓之非质量相关分馏(mass independent fractionation)。前面提到的动力学和热力学同位素分馏效应属于质量相关分馏。非质量相关分馏现象最早是由 Thiemens 和 Heidenreich 于 20 世纪 80 年代初在研究平流层臭氧形成过程时发现的(Thiemens & Heidenreich, 1983)。现在在自然界存在许多非质量相关分馏的例子(Thiemens, 2006)。

2.2.5 同位素测定

同位素效应的量化需借助于质谱仪。所谓质谱(mass spectrum)是指带电原子、分子或分子碎片按质荷比(或质量)的大小顺序排列的图谱。所以,质谱仪就是基于电磁学原理设计而成的获得质谱的分析仪器。根据用途或分析对象的不同,质谱仪分为无机质谱仪、有机质谱仪、同位素质谱仪及气体质谱仪等类型。同位素比率质谱仪(isotope ratio mass spectrometer, IRMS)是质谱仪的一种,主要构件包括进样系统、离子源(电离装置)、质量分析器、离子检测器、电气系统、真空系统和计算机控制系统。此外,根据测定对象和目的的不同,同位素比例质谱仪常常辅以各种外设装置,如元素分析仪(EA)、气相色谱仪(GC)和预浓缩装置(PreCon)等。

2.3 生态系统中碳的同位素效应

地球上的碳同位素有各种存在形式。在大气圈,绝大多数碳原子以 CO_2 的形态存在,也有 CH_4、

CO、氟利昂(CFCs)、碳酸盐等形态。在海洋里则主要是溶解态碳酸氢盐(HCO_3^-)。在陆地生物圈则主要是有机碳化合物。在岩石圈中,则以沉积物的形式存在,包括有机物质和无机碳酸钙。碳同位素的分馏效应主要发生在有机物的形成过程中,其中最重要的莫过于植物的光合作用。

2.3.1 植物碳

绿色植物的光合作用利用太阳能把空气中的无机 CO_2同化为糖类,并释放出氧气。正是通过光合作用,太阳光能被转化为植物体内的化学能,从而进入生物圈,驱动地球上包括人类活动在内的几乎所有的生命活动和各种生物地球化学循环过程。同时,伴随光合作用所发生的碳同位素分馏乃是自然界碳同位素分馏的最重要过程之一。所以,理解光合作用过程中的同位素分馏效应,是我们认识生物地球化学循环和各种生命现象的基础和出发点。在 20 世纪 30—40 年代,稳定同位素技术最先主要用在物理学和地质学领域。Nier 和 Gulbransen(1939)最早发现植物有机物比无机碳物质的^{13}C 含量少。稳定同位素技术在植物生态学领域的应用主要出现在 20 世纪 60 ~ 70 年代。Park 和 Epstein (1960, 1961)最先用分馏模型解释了植物叶片和空气 CO_2 的^{13}C 组成的差异。

根据光合作用中羧化酶(RuBP 和 PEP)和羧化过程的时空差异,植物可以分为 Calvin 循环(C_3)、Hatch-Slack 循环(C_4)和景天酸代谢(CAM)三种主要光合类型或途径。使用不同光合途径的植物的稳定^{13}C 同位素组成($\delta^{13}C$)存在明显差异。这主要是由于 CO_2经气孔向叶内扩散、在叶内溶解和羧化各个阶段所发生的同位素分馏效应在不同植物光合类型的表现不同而造成的(Farquhar & Sharkey, 1982; O'Leary, 1988; Farquhar et al, 1989a, b)。由于酶和生理过程(光合作用)中的同位素判别作用(排斥$^{13}CO_2$而优先选择$^{12}CO_2$),植物体的^{13}C 含量比大气的要低得多,即发生植物光合产物(即糖类)中^{13}C 的贫化,而叶片周围空气 CO_2的^{13}C 富集,从而导致植物的 $\delta^{13}C$ 值比周围大气 CO_2的 $\delta^{13}C$ 值低得多(Farquhar & Sharkey, 1982; Farquhar et al, 1989a, b)。C_3植物的 RuBP 羧化酶对$^{13}CO_2$有较强的排斥作用,其 $\delta^{13}C$ 值变化在-35‰ ~ -20‰之间,平均值为-27‰;C_4植物的 $\delta^{13}C$ 值变化在-15‰ ~ -11‰之间,平均值为-12‰(Bender, 1971; Farquhar et al, 1989a, b; Brugnoli & Farquhar, 2000; Dawson et al, 2002)。CAM 植物的同位素分馏过程类似于 C_4植物,但其 $\delta^{13}C$ 值的大小以其是否是专性(obligate)或兼性(facultative) CAM 植物而异,基本上介于 C_3和 C_4植物之间,为-34‰ ~ -11‰ (Bender, 1971; Bender et al, 1973; Farquhar et al, 1989a, b; Dawson et al, 2002)。

Park 和 Epstein (1960, 1961)最先提出三步分馏模型来解释植物叶片和空气中 CO_2的^{13}C 组成的差异,其中扩散和光合作用(羧化)引起的分馏占主导作用,而植物次生代谢的分馏作用只起次要的作用。详细描述光合作用中动力学同位素分馏过程出现在 20 世纪 70 年代末(O'Leary & Osmond, 1980; O'Leary, 1981; Farquhar et al, 1982b)。澳大利亚植物生理学家 Farquhar 及其同事的研究认为,植物个体的碳同位素比值与胞间 CO_2 浓度水平(或胞间 CO_2浓度与大气 CO_2浓度之比)存在密切的线性相关,并根据这种线性关系建立了 C_3植物的光合作用同位素判别(photosynthetic isotope discrimination, $\Delta^{13}C$)模型(Farquhar et al, 1982b; Farquhar & Richards, 1984; Farquhar et al, 1989a):

$$\Delta^{13}C = a+(b-a)\frac{c_i}{c_a} \tag{2.8}$$

这里,a 是 CO_2分子扩散的判别值或分馏因子(约为 4.4‰),b 是由酶羧化过程引起的净同位素判别(主要是由 Rubisco 羧化酶引起的同位素判别)(约为 27‰),c_i是细胞内或胞间 CO_2浓度,c_a是叶片周围大气中 CO_2浓度。

同样,C_4植物的光合作用同位素判别或同位素分馏效应也可以用模型表述(Farquhar et al, 1982b; Farquhar et al, 1989a):

$$\Delta^{13}C = a+(b_4-b_3f-a)\frac{c_i}{c_a} \tag{2.9}$$

公式(2.9)与 C_3植物光合作用同位素判别方程相类似,但有一些附加项。其中,b_4是 PEP 酶羧化过程引起的同位素判别或分馏系数(约为 5.7‰),远小于由 Rubisco 酶羧化过程引起的同位素判别或 b_3(约为 27‰),f 是从维管束鞘细胞泄漏出的 CO_2所占的分量。

根据前面的定义(公式(2.6)和(2.7)),$\Delta^{13}C$ 也可表述为:

$$\Delta^{13}C = \frac{\delta^{13}C_a-\delta^{13}C}{1+\dfrac{\delta^{13}C}{1\ 000}} \approx \delta^{13}C_a-\delta^{13}C \tag{2.10}$$

这里，$\delta^{13}C_a$ 是大气 CO_2 的同位素组成（约-8‰），$\delta^{13}C$ 是叶片的同位素组成。C_3与 C_4植物 $\delta^{13}C$ 的平均值分别为-27‰和-14‰，则它们的 $\Delta^{13}C$ 平均值分别为 19‰和 6‰。

显而易见，植物的 $\delta^{13}C$ 或 $\Delta^{13}C$ 与 c_i/c_a 直接相关（公式（2.8）和（2.9））（Farquhar et al, 1982a; Brugnoli et al, 1988; Farquhar et al, 1989a），从而携带 c_i/c_a 的信息，而 c_i/c_a 的大小受控于光合速率和气孔开闭程度即气孔导度。所以，植物的 $\delta^{13}C$ 值综合反映了各种环境要素的时空变化对 c_i/c_a 的影响。实质上，光合作用过程中的扩散和酶羧化分馏效应是伴随生化反应而发生的，可以认为是一种内在过程，因此它们不仅受到植物自身（遗传）条件（如年龄、性别、生活型、发育阶段、形态属性和矿物营养状况等），也受到环境要素（如辐射、温度、湿度、CO_2浓度、水分供给、干旱胁迫、土壤盐性、氮素来源和海拔等）的影响（例如 Ehleringer et al, 1993; Ehleringer et al, 2001; Dawson et al, 2002 以及其中所引用的文献）。通过测定植物组织的稳定碳同位素组成，不仅可以认识植物生理生态过程的机制，也可以揭示它们与环境因素之间的关系。所以，植物组织的同位素信息是综合反映植物功能特征的非常有用的指标之一。

然而，需要指出的是，引起植物 $\delta^{13}C$ 或 $\Delta^{13}C$ 变化的原因和过程是非常复杂的，而且其与单个要素的相关性有时并不是直接的。因此，在解释植物 $\delta^{13}C$ 或 $\Delta^{13}C$ 的变化时需要格外小心（Yakir & Sternberg, 2000; Dawson et al, 2002）。举例而言，在茂密冠丛或树冠里（如在热带和温带森林中），当土壤呼吸产生的 CO_2不能迅速与周围大气混合则形成 CO_2浓度随高度而减少的梯度，从而 c_i/c_a 成为冠丛或树冠高度的函数（Martinelli et al, 1998）。这也可以在叶片的 $\delta^{13}C$ 值中反映出来，越接近地表，$\delta^{13}C$值越小，说明植物可以循环利用由土壤呼吸产生的 $\delta^{13}C$ 较低的 CO_2（Vogel, 1978; Sternberg, 1989a; Sternberg et al, 1989; Medina et al, 1991; Berry et al, 1997; Sternberg et al, 1997）。另一方面，叶片的光合能力通常也随冠丛或树冠高度的减小（光量减小）而减小，即光强度下降导致较高的 c_i/c_a 比值（Farquhar et al, 1989a），这也可以作为近地表叶片的 $\delta^{13}C$ 值较小的另一种解释（Ehleringer et al, 1987; Martinelli et al, 1998; Brendel et al, 2003）。此外，与阳叶相比，阴叶通常受到光而不是 c_a 的限制（Wohlfahrt et al, 1999）。但是，林下越接近地表，CO_2浓度越高，有可能抵消低光强效应（Medina et al, 1991）。在澳洲北部热带样带（NATT），在降水量低于 475 mm 的地区，乔木树种的 $\delta^{13}C$ 值随降水的增加而增加；而当降水量超过 475 mm 时，$\delta^{13}C$ 值的变化不大（Schulze et al, 1998）。当植物生长不受水分条件的限制时，它的 $\delta^{13}C$ 值可能更多地受到来自大气水汽压亏缺（VPD）、光照和叶片含氮量等多因素协同作用的影响（Sharifi & Rundel, 1993; Waring & Silvester, 1994; Hamerlynck et al, 2004）。

此外，同一植物个体的不同组织（如根、茎、叶）或同一组织的不同组分（如木质素和脂质）之间的同位素组成也存在差异，这是因为植物光合作用合成的糖类在植物体内又通过各种生理生化过程，转化成其他生命活动和生物代谢所需的有机物，并可转移、运输或重新分配到除叶之外的组织或器官中；在所有这些光合产物的代谢和转化过程中，都有可能发生不同程度的同位素分馏现象，称为后光合作用同位素分馏（post-photosynthetic isotope discrimination, Pate & Arthur, 1998; Schmidt & Gleixner, 1998; Hobbie & Werner, 2004; Badek et al, 2005; Brandes et al, 2006）。例如，我们的研究发现，蒙古山地落叶松受到松毛虫啃食后，尚未形成光合能力的刚萌发叶片的碳主要来自储存在其他组织如茎或枝条中的碳，在这部分碳向叶片的传递过程可能发生后光合作用同位素分馏（Li et al, 2007b）。关于后光合作用同位素分馏已提出不同的假说，如（1）同化物输出过程中可能发生分馏，或者输出产物本身是^{13}C 富集的；（2）磷酸烯醇丙酮酸羧化酶的活性在不同器官之间有差异；（3）呼吸过程中可能发生分馏但不同器官之间各异（Hobbie & Werner, 2004; Badek et al, 2005; Brandes et al, 2006; Barbour, 2007）。

2.3.2 植物碳-水关系

如前所述，C_3、C_4和 CAM 植物光合作用的羧化过程所使用的羧化酶不同，从而导致碳同位素的分馏效果明显不同，所以植物叶片的 $\delta^{13}C$ 值或 $\Delta^{13}C$ 值的差异可以用来区分植物的光合作用类型（Farquhar et al, 1989a），也可以用来区分植被类型或植物功能类群（如 Bonal et al, 2000）。研究植物的 $\delta^{13}C$值或 $\Delta^{13}C$ 值还可以和植物的水分利用效率（WUE）建立起直接联系（Farquhar et al, 1982b;

Farquhar & Richards, 1984; Farquhar et al, 1989b; Ebdon et al, 1998; Arslan et al, 1999)。植物叶片的蒸腾速率(E)取决于水汽气孔导度(g_s)和相对于叶片内部的空气干湿程度,即叶片内(e_i)外(e_a)的水汽压差(e_i-e_a):

$$E=g_s(e_i-e_a) \tag{2.11}$$

植物叶片的光合速率(A)取决于 CO_2 气孔导度(g'_s)和叶片内(c_i)外(c_a)的 CO_2 浓度差(c_a-c_i):

$$A=g'_s(c_a-c_i)=g_s(c_a-c_i)/1.6 \tag{2.12}$$

其中,常数 1.6 指空气中 CO_2 和水汽的气体扩散系数之比。于是我们可以定义瞬时水分利用效率(instantaneous water use efficiency, WUE):

$$WUE=\frac{(c_a-c_i)/1.6}{e_i-e_a}=\frac{c_a(1-c_i/c_a)}{1.6\times(e_i-e_a)}=\frac{c_a(1-c_i/c_a)}{1.6\times VPD} \tag{2.13}$$

这里叶片内外的水汽压差很难直接测量,所以可以用大气的饱和水汽压差(VPD)来代替(即 $e_i-e_a\approx VPD$)。与前面的公式(2.8)~(2.10)联系起来,我们就可以利用公式(2.13)推导出植物组织的 $\delta^{13}C$ 值或 $\Delta^{13}C$ 值与 WUE 的耦合关系(Farquhar et al, 1989b)。由于植物的 $\delta^{13}C$ 值或 $\Delta^{13}C$ 值与 c_i/c_a 比值密切相关,而 c_a 的变化一般很小,所以 WUE 也主要受 c_i 的影响(Farquhar et al, 1982b; Farquhar et al, 1989b; Ehleringer et al, 1991a)。植物叶片 $\delta^{13}C$ 值每升高 1‰, c_i 约降低 15 μmol · mol^{-1}(Ehleringer & Cooper, 1988)。一般 c_i 越大,$\delta^{13}C$ 值越小或 $\Delta^{13}C$值越大,则 WUE 越小,即 WUE 与 $\Delta^{13}C$ 之间存在密切的负线性关系(Farquhar & Richards, 1984)。

另外,所有前述影响 $\delta^{13}C$ 值或 $\Delta^{13}C$ 值的因子同样也影响 WUE。一般来自资源受到限制的生境(如水分短缺)下的植物的 $\delta^{13}C$ 值较高,相应地 WUE 也高(Schuster et al, 1992; Ehleringer, 1993b; Anderson et al, 2000)。例如在干旱条件下,水分亏缺可能导致气孔部分或全部关闭,以致进入气孔的 CO_2 减少,并进而使光合作用减弱,于是叶片的 $\delta^{13}C$ 值升高,但叶片的 WUE 增加(Schuster et al, 1992; Ehleringer, 1993b; Anderson et al, 2000)。沿着一个土壤水分梯度的研究显示,生长在含水量高的低洼地的植物比生长在含水量低的坡地的植物的水分利用效率低($\delta^{13}C$ 值更负)(Ehleringer & Cooper, 1988)。高海拔地区(3 000 ~ 4 000 m)的落叶松比与其生长在一起的常绿树的水分利用率低,但却可以维持较高的光合能力(基于叶片氮含量)(Kloeppel et al, 1998)。由于植物的 WUE 存在显著的种内差异,$\delta^{13}C$ 值与 WUE 之间的相关具有较强的遗传性(如 Hubick et al, 1988; Ehdaie et al, 1991; Menendez & Hall, 1995)。由于植物叶片 $\delta^{13}C$ 值受到可利用氮素的影响,所以叶片的 $\delta^{13}C$ 值与其碳氮比(C/N)也有相关关系,从而可以通过这一关系建立 WUE 与氮素利用效率的联系(Patterson et al, 1997; Livingston et al, 1999; Li et al, 2007b)。需要指出的是,用叶片 $\delta^{13}C$ 值所揭示的 WUE,与用光合系统仪直接测定的蒸腾系数,即光合速率(A)与蒸腾速率(E)之比是不同的,前者反映植物水分利用的长期效应,而后者则是一种短暂的或瞬时的水分利用关系(Dawson et al, 2002; Máguas & Griffiths, 2003)。同时,基于叶片 $\delta^{13}C$ 值的 WUE 也不同于基于生物量或生态系统生产力的 WUE,前者没有考虑呼吸作用的碳损失和土壤蒸发(或夜间蒸腾)的水分消耗(Peterson & Fry, 1987; Ehleringer, 1993a; Ebdon et al, 1998)。

2.3.3 植物呼吸作用

与光合作用相反,植物的呼吸作用向大气中释放 CO_2。于是,呼吸作用过程中是否存在同位素分馏现象是研究者一直关注的问题。早在 1920 年德国生化学家 Otto Warburg 发现氧分压升高抑制光合作用(Warburg, 1920)。这一现象起初叫做 Warburg 效应(Warburg effect),后来被确认为是一种光合有机体依靠光来消耗 O_2, 放出 CO_2 的作用,即光呼吸(photorespiration)(Eckardt, 2005)。光呼吸约抵消 30% 的光合作用。一般 C_3 植物的光呼吸较高,而 C_4 植物的光呼吸非常低。据认为在光呼吸(经由甘氨酸去羧化)和暗呼吸(经由 TCA 去羧化)的叶片基质去羧化过程中可以发生 ^{13}C 分馏。光呼吸中的分馏比较明显(Ivlev et al, 1996; Ivlev, 2004),但暗呼吸中的分馏或许很小(von Caemmerer & Evans, 1991)。

光呼吸的同位素效应对于净光合判别值的影响可能很高,特别是当叶片内 CO_2 分压低的时候(Farquhar et al, 1982b; Farquhar et al, 1989a)。由于(光)呼吸过程中存在不同程度的分馏,所以从植物物质中测定的碳同位素判别值($\Delta^{13}C$)应当不仅反映光合作用 CO_2 吸收和呼吸释放的净同位素效应,而且与潜在呼吸 CO_2 的再固定效应有关(Gillon & Griffiths, 1997; Ghashghaie et al, 2003)。呼吸对于净$\Delta^{13}C$的贡献将取决于相对于CO_2固定的去羧化速率和去羧化过程中的各个分馏作用(Farquhar et al, 1982b; Gillon & Griffiths, 1997)。尽管过去10多年来,在确定光呼吸过程中同位素分馏方面作了一些研究,但仍存在非常大的不确定性(Tcherkez et al, 2004; Ivlev, 2005; Tcherkez, 2006)。在解释叶片物质的$\delta^{13}C$值时,特别是当(光)呼吸的CO_2损失对于整个植物碳收支的相对贡献比较大时,考虑(光)呼吸的分馏作用是必要的(Gillon & Griffiths, 1997)。

在植物组织的暗呼吸过程中,一般假设呼吸CO_2的$\delta^{13}C$与其基质的总体有机碳的同位素组成相同(Randerson et al, 2002; Ogée et al, 2003)。例如,Lin和Ehleringer (1997)的研究显示,暗呼吸过程中不发生分馏。但是,最近的研究指出,相对于总体叶片物质,在暗呼吸过程中逐渐形成的$^{13}CO_2$富集可高达6‰ (Duranceau et al, 1999, 2001; Ghashghaie et al, 2001, 2003)。例如,在自然条件下常绿植物叶片呼吸的$\delta^{13}C$可以经历非常剧烈的日变化(5‰ ~ 10‰) (Hymus et al, 2005; Prater et al, 2006)。这种变异有的是由于用于呼吸的基质与总体物质的碳同位素差异所致(Duranceau et al, 1999; Cernusak et al, 2001; Hymus et al, 2005; Klumpp et al, 2005; Barbour et al, 2007)。此外,呼吸CO_2的$\delta^{13}C$取决于温度条件的变化(Ghashghaie et al, 2003; Tcherkez et al, 2003)。进一步证据显示,如果呼吸产生的CO_2反映最近形成的光合产物,而总体组织的$\delta^{13}C$则反映早期固定的碳,那么或许发生明显的分馏(Pate, 2001)。在自然条件下,生态系统气体交换不可能处于完全同位素平衡,所以,不同器官或组分的呼吸同位素信号的较大变异对于整个生态系统呼吸的时空变异的潜在影响不容忽视(Ghashghaie et al, 2003; Steinmann et al, 2004; Werner et al, 2006)。例如,Bathellier等(2008)调查了法国大豆(*Phaseolus vulgaris*)在早期个体发育期间不同器官有机物质和呼吸产生的CO_2的同位素信号,发现有机物质和呼吸产生的CO_2的同位素信号起初(异养阶段)非常接近于种子的值(-26.83‰±0.69‰),而在光合作用开始后(自养阶段)在叶片和根出现明显趋异现象,即叶片呼吸CO_2的同位素富集达到-20‰,而在根里变得贫化,下降到-29‰。

2.3.4 土壤碳

土壤是地球系统的主要组成之一,在生态系统水分、能量和养分循环中发挥关键作用。土壤碳库在全球碳循环动态中起重要作用,它有可能是碳汇,也可能是碳源(Schlesinger, 1995; Lal et al, 2004)。土壤碳循环研究,特别是土壤碳储量动态和周转时间、土壤与大气的碳交换及其全球碳循环中的作用、土壤固碳潜力以及古环境变化等一直受到高度关注(Bernoux et al, 1998; Ehleringer et al, 2000a; Garten et al, 2000; Trumbore, 2006)。

土壤碳以两种形式存在,有机碳(SOC)和无机碳(SIC)。SOC可以区分为惰性和活性碳两部分。前者不涉及矿化过程,并且取决于土壤类型、气候、土地利用史和景观区位;后者则取决于管理状况。SIC主要是指碳酸盐($CaCO_3$或$CaMg(CO_3)_2$),可以是土成的,也可以是岩成的。土成碳酸盐主要是土壤呼吸(植物根呼吸和微生物分解)释放的或从大气通过扩散作用进入土壤的CO_2与土壤中的水、钙(Ca^{2+})和镁(Mg^{2+})离子反应而形成的。

绝大多数土壤有机质随深度增加而富集^{13}C。在温带半干旱土壤里^{13}C富集一般在1‰ ~ 3‰ (例如, Nadelhoffer & Fry, 1988; Balesdent & Mariotti, 1996);在有些土壤里,甚至可达6‰ (例如, Garten et al, 2000; Krull et al, 2002)。有许多研究者讨论了SOC的^{13}C随深度富集的可能原因,但仍存有较大争议(例如,Ehleringer et al, 2000a; Garten et al, 2000; Biggs et al, 2002; Krull et al, 2005; Wynn et al, 2006; Boström et al, 2007)。这些研究列出的主要原因包括:(1) Suess效应—自19世纪中叶工业革命开始以来,因^{13}C贫化的化石燃料的燃烧稀释大气CO_2的^{13}C含量(Suess效应),所以,最近经过光合作用固定的随后以凋落物或根分泌物形式进入土壤的有机碳相对较轻,即土层越浅(越年轻) SOC的^{13}C越贫化,土层越深(越老) SOC越富集^{13}C。(2) 具有不同同位素组成的SOC组分的选择性分解—因为不同植物组织(如叶和根)以及不同化合物或次生代谢物(如淀粉和脂质)之间存在同位素差异,所以,以这些组织和代谢物为基质的土壤微生物的选择性分解过程,有可能影响土壤剖面中^{13}C的分布。例如,^{13}C贫化的脂质和木质素由于其化学相对稳定性,可能在SOC分解的初始阶段有选择性地累积,并在有些情况下,它们的浓度随土壤深度和SOC年龄的增加而增加。(3) 呼吸过程中的动力学分馏——当微生物选择性地呼吸$^{12}CO_2$,将导致剩余SOC的^{13}C富集。但是已发表的研究结果相互矛盾。有些研究表明产生CO_2的较大^{13}C贫化(如,Schweizer et al, 1999; Fernandez et al, 2003),而其他研究则表明没有或只有微小的同位素分馏(如,Ekblad et al, 2002)。(4)具有不同同位素组成的有机物质的混合—由于根系一般比来自同一植物的地上生物质(特别是叶片)更加富集^{13}C(Schweizer et al, 1999; Brugnoli & Farquhar, 2000),所以,主要来自叶和茎的地表凋落物和源于根系的地下凋落物向土壤SOC库输入的混合,将影响SOC的同位素组成。另外,由于地表植被的变化,如C_3和C_4的转变使新输入土壤的有机碳与原有碳的混合而影响其^{13}C在土壤剖面的分布。

土壤有机质的^{13}C丰度提供了陆地碳循环和古生态变化的有用指标。植物光合作用优先吸收含轻同位素^{12}C的CO_2引起稳定同位素分馏。土壤中的碳来自植物组织(根、茎和叶)的凋落物或根系的分泌物,所以自然也就携带植物的同位素信息(Ehleringer et al, 2000a)。另外,土壤SOC分解过程中的同位素分馏效应比光合作用的同位素分馏效应小得多,所以SOC的同位素组成基本接近地上植被的同位素组成(Nadelhoffer & Fry, 1988; Ågren et al, 1996; Boutton et al, 1998)。如果由于自然演替或人工毁林、开荒等引起地表植被类型的变化,如由原有的C_3植被演变为C_4植被或在原先生长过C_3植被的土壤上种植C_4植物,则必然引起进入土壤的有机碳同位素信息的改变。所以,利用土壤SOC或土成碳酸盐的$\delta^{13}C$值可以分析由于土地利用变化导致的过去几年乃至几百年的自然或人工植被变化、土壤有机物动态和重建过去生态环境(Balesdent & Mariotti, 1996; Boutton et al, 1998; Ehleringer et al, 2000a; Solomon et al, 2002; Stevenson et al, 2005)。例如,Solomon等(2002)研究了埃塞俄比亚高地将自然森林(C_3)开垦为玉米(C_4)农田后SOC的动态,发现开垦25年后,源于森林的SOC减少了70%以上。Krull等(2005)研究了澳大利亚昆士兰附近草地和林地土壤有机碳储存中源于C_3和C_4植物的相对贡献,并用Roth碳周转模型再现了过去50年间碳储存的变化。Li等(2006b)利用稳定^{13}C同位素技术研究了蒙古高原弃用道路植被恢复过程中C_3和C_4植物的动态,发现在恢复过程的初期,那些耐贫瘠和土表板结的C_4植物最先侵入。土成的碳酸盐的碳同位素组成可以用来揭示地质历史时期的大气CO_2的浓度变化(Cerling, 1992)、土壤呼吸速率的变化及其相关的土壤有机碳含量和生态系统生产力的变化(Stevenson et al, 2005)。

2.3.5 生态系统碳循环

研究大气、植物和土壤各个碳库之间的源或汇关系和碳流动(固定、转移、释放等环节)是生态系统碳循环的重要课题。各库碳的同位素组成以及各库之间碳流动所发生的同位素效应是有差异的,所以,我们可以借助稳定同位素技术分析这些差异从而建立它们之间的联系以及明确其形成机制。诚如前述,植物在光合作用中优先使用$^{12}CO_2$,这一同位素分馏效应使植物组织^{13}C贫化,而使留在大气中的CO_2富集$^{13}CO_2$。同时,生态系统中植物和其他生物体总是在呼吸,向大气不断释放CO_2以便维持生命代谢过程。通常认为,呼吸过程中不发生同位素分馏,即呼吸CO_2的^{13}C含量与其基质基本相同。就整个生态系统而言,白天光合作用和呼吸作用并行,夜间则呼吸作用占绝对优势,这样就产生了大气CO_2的$\delta^{13}C$的日变化。同时,我们也知道,控制光合作用和呼吸作用的机制不同,例如,呼吸主要受温度的调控,而光合作用则受光、温度、水分和许多其他因子的影响。利用微气象观测技术可以直接测定生态系统与大气之间CO_2(或水汽交换)的净通量(Baldocchi, 2003, 2008),但它还不能直接量化不同生态过程(如光合与呼吸)的相对贡献。但是,稳定同位素技术在这一方面大有可为(Yakir & Sternberg, 2000; Dawson et al, 2002; Ehleringer et al, 2002)。所以,分析影响大气CO_2的^{13}C组成的这两个相反过程有助于我们深刻理解区域乃至全球生态系统碳循环过程的机制。

早在50多年以前,Keeling (1958; 1961a, 1961b)研究了北美太平洋沿岸若干森林生态系统冠层空气CO_2的同位素组成,发现它与空气CO_2浓度的倒数之间存在线性关系,即所谓的Keeling图。其基本理论假设是,生态系统冠层内空气CO_2浓度(c_{a-i})由冠层之上的本底CO_2浓度(c_{bg})和因生物活动(如生态系统呼吸或光合)而增加或减少的CO_2浓度(c_{bio})组成,即(Yakir & Sternberg, 2000; Dawson et al, 2002; Ehleringer et al, 2002):

$$c_{a-i}=c_{bg}+c_{bio} \tag{2.14}$$

于是,根据同位素质量守恒定律,存在以下关系:

$$\delta_{a-i}\times c_{a-i}=\delta_{bg}\times c_{bg}+\delta_{bio}\times c_{bio} \tag{2.15}$$

这里,c表示CO_2浓度,δ表示CO_2的同位素比值,下标 a-i 和 bg 分别表示冠层内和本底。一般假定本底大气 CO_2的浓度及其同位素组成基本恒定,并取冠层上部边界层或对流层大气的均值,也可以是全球大气观测网络的平均值。注意,我们这里省略了水平平流和化石燃料燃烧排放的 CO_2的影响(Miller et al, 2003)。

在夜间,生物活动对本底大气的影响主要来自生态系统呼吸 R_E(包括植物的自养呼吸和微生物的异养呼吸),所以,δ_{bio}和 c_{bio}反映生态系统呼吸的信息。重新整理公式(2.14)和(2.15)可以得到如下线性关系,即 Keeling 回归直线:

$$\delta_{a-i}=(\delta_{bg}-\delta_R)\frac{c_{bg}}{c_{a-i}}+\delta_R \quad (2.16)$$

其中,截距 δ_R 表示整个生态系统呼吸 CO_2的同位素组成,揭示来自植物和土壤呼吸所释放 CO_2的同位素组成在时间和空间上的一个综合值,因为它包括了来自具有不同周转时间和不同年龄植物和土壤碳库的贡献(Dawson et al, 2002)。所以,只要同步采集并分析近地表或冠层内的 CO_2的浓度及其同位素组成,就可以利用公式(2.16)的线性关系得到 δ_R的估测值。此外,如果 CO_2样品采自土壤表面,则 Keeling 图截距是土壤呼吸的同位素比值;CO_2样品也可能采自对流层上部,则 Keeling 图截距反映整个区域的同位素比值。

在白天,δ_{bio}和 c_{bio}反映生态系统总光合作用(GPP)和生态系统总呼吸作用(R_E)的平衡信息,即净生态系统 CO_2交换(NEE):

$$NEE=-GPP+R_E \quad (2.17)$$

同样,根据同位素质量守恒定律有:

$$\delta_{bio}\times NEE=-\overline{\delta_p}\times GPP+\overline{\delta_R}\times R_E \quad (2.18)$$

这里,$\overline{\delta_p}$表示冠层或生态系统尺度不同植物的叶片光合作用的碳同位素比值的加权平均值(Lloyd & Farquhar, 1994);$\overline{\delta_R}$是通量加权的生态系统呼吸的同位素组成(Lai et al, 2005b)。类似叶片尺度的光合作用同位素判别,也可以定义冠层或生态系统尺度的光合作用同位素判别(Δ_A)(Lloyd & Farquhar, 1994):

$$\Delta_A=\frac{\delta_{bg}-\overline{\delta_p}}{1+\overline{\delta_p}/1\,000}\approx\delta_{bg}-\overline{\delta_p} \quad (2.19)$$

注意这里定义的冠层或生态系统尺度的光合作用同位素判别不同于 Buchmann 等(1998)提出的冠层或生态系统判别的概念(Δ_e),它们的定义是基于生态系统呼吸的,即:

$$\Delta_e=\frac{\delta_{trop}-\delta_R}{1-\delta_R} \quad (2.20)$$

其中,δ_{trop}表示对流层 CO_2的稳定碳同位素组成。于是,公式(2.18)可以改写为:

$$\delta_{bio}\times NEE=(\Delta_A-\delta_{bg})\times GPP+\overline{\delta_R}\times R_E \quad (2.21)$$

重新整理公式(2.14)和(2.15)可以得到如下线性关系:

$$\delta_{a-i}\times c_{a-i}-\delta_{bg}\times c_{bg}=\delta_{bio}\times(c_{a-i}-c_{bg}) \quad (2.22)$$

公式(2.22)是从与用来导出 Keeling 关系(公式(2.16))相同的 $^{12}CO_2$和 $^{13}CO_2$质量守恒方程中导出的。但是,这一形式有一个优点,即可以用来分析采自多个季节或多年的气体样品的时间序列,在此期间,本底 CO_2混合比及其 $\delta^{13}C$ 值恒定的假定不成立(Miller et al, 2003; Miller & Tans, 2003; Lai et al, 2004)。利用线性回归分析,$X=c_{a-i}-c_{bg}$ 和 $Y=\delta^{13}c_{a-i}\times c_{a-i}-\delta^{13}c_{bg}\times c_{bg}$,我们就可以得到 δ_{bio}是该截距为 0 的直线回归方程的斜率。由于自变量和因变量都有测定误差,所以要求这种分析采用几何平均回归(模型Ⅱ)(Pataki et al, 2003)。由于计算几何平均回归不应穿过原点,我们可以通过检验截距的统计显著性来证明这一模型回归观测数据的妥当性。如果统计上截距不同于 0,则说明公式(2.22)可能不宜于解释观测数据的方差。利用公式(2.22)推测生态系统净 CO_2交换的同位素组成需要知道 c_{bg}和 δ_{bg}的值,它们可以从 NOAA/CMDL 网的 Globalview 参照海洋边界层(MBL)的数据矩阵得到(Lai et al, 2004)。

结合微气象通量观测技术,以及稳定同位素的取样与分析,就可以对上述关系的各种待测参数进行估计,从而为我们提供与生态系统碳循环过程(光合和呼吸)相关的各种生物物理过程与立地条件、气候、环境要素之间相关关系的众多有用信息(Lloyd et al, 1996; Lloyd et al, 2001; Ogée et al, 2003; Griffis et al, 2004b; Bowling et al, 2005; Griffis et al, 2005; Mortazavi et al, 2006; Alstad et al, 2007)。

Keeling 图法的主要用途之一是估计生态系统呼吸的同位素组成 δ_R和生态系统同位素判别 Δ_e。大量的研究已经指出,δ_R或基于 δ_R推测的 Δ_e受到诸多环境因素和生态系统自身特性的深刻影响。Fessenden 和 Ehleringer (2002)发现 δ_R随林分年龄而异,这主要是因为老年针叶树的导水度减小,从而导致气孔导度减小和扩散限制增加。Ometto 等(2002)对热带常绿林的研究结果表明,δ_R与月降水量关系密切。Pataki 等(2003)分析了不同生物类群δ_R的差异,其中温带阔叶林的δ_R最高,热带雨林的δ_R则最低;同时,他们也指出,δ_R的空间差异主要由年平均降水量的差异造成的,随降水量从 230 mm 增加到 2 250 mm,δ_R随之减小,但降水进一步增加,则δ_R反而有增加的趋势。其他因素(如温度、辐射、水汽压亏缺或相对湿度和土壤含水量)也可影响δ_R的变异性(Bowling et al, 2002; Fessenden & Ehleringer, 2003; McDowell et al, 2004a, 2004b)。Bowling 等(2002)发现δ_R与水汽压亏缺成正相关,但存在几天的时间滞后,说明δ_R的变动可能与数日前才固定的碳的快速循环有关(Ekblad & Högberg, 2001; Bowling et al, 2002),所以δ_R或Δ_e可以作为一个重要工具评价生态系统对于最近环境变化的整合响应(Pataki et al, 2003; Knohl et al, 2005; Mortazavi et al, 2005)。有些研究观测到了δ_R与土壤含水量之间呈显著的负相关(Fessenden & Ehleringer, 2003; Lai et al, 2005b; Ponton et al, 2006)。Werner 等(2006)从小时、日和年尺度评价了地中海疏林δ_R的时间动态,发现从湿到干或从干到湿的过渡期间,δ_R与影响光合判别的因子、土壤呼吸和整个冠层气孔导度之间显著相关。此外,迄今为止,绝大多数全球反演模型假定δ_R为常数,这是因为早期的研究观测到的δ_R变化比较小(Flanagan et al, 1996; Buchmann et al, 1998),但最近的研究指出,δ_R具有明显的季节性(例如,Bowling et al, 2002; McDowell et al, 2004b; Lai et al, 2005b; Ponton et al, 2006; Werner et al, 2006)。

土壤呼吸产生的CO_2可以被地上植物重新固定,即所谓的土壤呼吸CO_2的再循环。Keeling 图法还可以用来估计这一再循环的比例(Sternberg et al, 1989; Broadmeadow et al, 1992; Brooks et al, 1997; Sternberg et al, 1997)。例如,在巴拿马热带雨林,植冠可以利用近 10% 的土壤呼吸CO_2(Sternberg, 1989; Sternberg et al, 1989)。在西印度群岛山地雨林的观测中,土壤呼吸CO_2的再循环比例在 8% ~ 26% 之间(Broadmeadow et al, 1992)。

大气CO_2所包含的$^{13}C/^{12}C$同位素信息的重要用途之一是在生态系统水平或区域乃至全球尺度开展碳源或碳汇的分布、生态系统通量的区分以及来自不同植被类型的相对贡献等方面的工作。在这方面应用的一个重要前提是不同系统之间存在显著的同位素差异。例如,海洋和陆地生态系统的^{13}C判别相差 10 倍以上(海洋明显低于绝大多数陆地植物);光合作用和呼吸作用的同位素效应对本底大气的影响也截然不同;C_3和C_4植被的^{13}C判别效应平均相差近 15‰。

在生态系统尺度,呼吸和光合CO_2的同位素组成的较大差异可以用来将 NEE 区分为 GPP 和R_E(例如,Lloyd & Farquhar, 1994; Yakir & Wang, 1996; Flanagan & Ehleringer, 1998; Bowling et al, 2001; Bowling et al, 2003d; Ogée et al, 2003; Lai et al, 2003; Knohl & Buchmann, 2005)。例如,Yakir 和 Wang (1996) 基于叶片尺度的测定以及植物物质和土壤有机质的取样,成功地利用 Keeling 图法和微气象梯度法将几种农作物生态系统净CO_2交换区分为其光合和呼吸组分。Bowling 等(1999a, 1999b, 2001)首次利用气瓶取样技术与涡度协方差(EC)技术相结合的办法,同步测定了美国得克萨斯州森林生态系统$^{13}CO_2$通量,并对 EC 测定的 NEE 中 GPP 和R_E组分予以区分。

由于光合CO_2吸收与海洋-大气CO_2交换的同位素判别明显不同(Francey et al, 1995),所以,在全球尺度,CO_2浓度和它的碳同位素组成的变化可以用来区分陆地生态系统和海洋的CO_2通量及其分布与相对贡献(Farquhar et al, 1989a; Ciais et al, 1995a, b; Francey et al, 1995; Keeling et al, 1995)。在区域尺度,测量生态系统CO_2浓度和它的碳同位素组成可以用来揭示环境因素对于生态系统碳同位素判别的影响(Buchmann et al, 1996; Ehleringer & Cook, 1998)。假定陆地植被对$^{13}CO_2$的光合判别维持常数,则陆地和海洋生态系统CO_2通量的年际变化可以利用模型反演技术结合大气CO_2浓度和$\delta^{13}C$含量的全球气瓶网的观测加以推测(Lloyd & Farquhar, 1994; Ciais et al, 1995a, b; Francey et al, 1995; Keeling et al, 1995; Fung et al, 1997; Ciais et al, 1999; Battle et al, 2000; Randerson et al, 2002)。目前的全球反演模型假定恒定的陆地^{13}C判别Δ_A,或许高估了用于全球CO_2收支闭合的海洋和陆地通量的年际变异(Randerson et al, 2002)。最近的研究指出,陆地生态系统碳同位素判别存在明显的季节和年际变化(Bowling et al, 2002; Kaplan et al, 2002; Randerson et al, 2002; Baldocchi & Bowling, 2003; Lai et al, 2005a; Suits et al, 2005; Aranibar et al, 2006; Chen & Chen, 2007; Wingate et al, 2007)。Chen 和 Chen (2007) 利用并联的生态系统-边界层同位素模型(VDS-BEPS-EASS),研究了加拿大一个北方林生态系统14年(1990—1996和1998—2004)间从小时到年际序列(小时 CO_2 浓度和气象记录)数据,探讨了生态系统(树冠水平)碳同位素判别(Δ_A)的年际变化对于环境因子的响应。他们的研究表明,14年间 Δ_A 的平均日变化范围为2.1‰~3.4‰(平均2.8‰±0.5‰),Δ_A 的最大值出现在日出(20.2‰±0.3‰)与日落(18.2‰±0.5‰),而 Δ_A 最小值出现在午后正中(17.7‰±0.4‰)。总体 Δ_A 季节性表现为从5月叶片出现到9月逐渐增加的趋势,而在10月生长季结束时略有减小。Δ_A 年平均变化范围在18.3‰和19.7‰之间,而14年的平均值为19‰±0.4‰。

利用 C_3 和 C_4 植物 ^{13}C 判别效应的差异,可以区分它们各自对生态系统的贡献。例如,Lai 等(2003)在堪萨斯曼哈顿附近一个 C_3-C_4 混生高草草地测定了各种生态系统组分和NEE通量的稳定同位素比值。结果表明,草地在干旱期间 C_4 植被贡献约80%的NEE,而且后来约100%的NEE通量对于强降水的脉冲做出响应。在整个生长季,C_4 植物的贡献从早春的约68%增加到晚夏的接近100%。此外,δ_R 的时间序列分析揭示出,在高风速期间,可以检测到周边的 C_3 农田和森林有时影响 C_4 草地的碳同位素信息。在一个 C_3-C_4 混生草地,Still 等(2003)通过比较生态系统呼吸的 $\delta^{13}C$ 和 C_3(约-28‰)与 C_4(约-12‰)植物的 $\delta^{13}C$,利用Keeling图法和二源混合模型,确定了来自 C_3 与 C_4 植物对于生态系统总呼吸的相对贡献。他们的研究表明,1999年源自 C_4 植物碳对于生态系统呼吸的表观贡献从春季的约40%增加到秋季的80%以上。

虽然在区域或全球范围,利用地面通量塔和气瓶站的取样,已开展了大量研究,但研发能够快速响应且可原位测定同位素比值或浓度的仪器将大大地推动稳定同位素技术在研究植物-大气相互关系中的应用。在这方面,一些新仪器,如自动取样与测定系统、可调谐二极管激光(TDL)质谱仪和脉冲式量子级联激光质谱仪已得到了实际应用(Bowling et al, 2003c; Schauer et al, 2003; Griffis et al, 2004a; Schauer et al, 2005; McManus et al, 2005; Griffis et al, 2007)。同时,借助于稳定同位素机理模型和实测数据的结合,研究整个生态系统或生物圈的碳循环过程。例如,在全球环流模型(GCMs)中输入大气对流层 CO_2 的稳定性同位素组成变量估测全球碳收支及其组成项(大气、海洋和陆地等)的数量和时空分布(Woodward, 2001)。

需要指出的是,Keeling图技术有两个假设前提:(1) 本底大气 CO_2(通常取自上风向或冠层边界层之上)和因生态系统呼吸而增加的 CO_2 只存在简单的湍流混合,背景大气 CO_2 的同位素组成在浓度-同位素梯度上是均一的;(2) 在混合过程中它们的同位素组成不发生显著变化。这两个假设在野外条件下很难同时成立,因此在室外取样或观测中须慎重(Yakir & Sternberg, 2000; Dawson et al, 2002; Pataki et al, 2003)。

理论上而言,Keeling图技术也可用于 CO_2 的 ^{18}O 或其他气体,如水汽和甲烷等(Flanagan et al, 1997b; Moreira et al, 1997; Bowling et al, 2003a, b; Pataki et al, 2003)。大气 CO_2 的氧同位素组成受到其与水体(主要是海洋)、土壤和植物叶绿体内水中氧的同位素交换反应的强烈影响(Farquhar et al, 1993)。海水的氧同位素比值在全球范围基本是常数。相比之下,降水、土壤水和叶片水的 ^{18}O 含量差异显著。实际上,由扩散而进入叶片的 CO_2 只有约1/3被光合作用所固定,剩余的2/3与叶片水进行同位素交换后再经扩散返回到大气(Yakir & Sternberg, 2000)。同样,大气中的 CO_2 或呼吸产生的 CO_2 也可以与土壤水发生同位素交换,并将其 ^{18}O 信息带到大气中来。叶片或土壤水中碳酸酐酶(CA)的存在,促进了 CO_2 和水的同位素交换(Gillon & Yakir, 2001; Riley et al, 2002)。由于蒸发或蒸腾的同位素效应的差异,一般来自土壤扩散的 CO_2 比从叶片扩散出的 CO_2 的 ^{18}O 含量低。这一叶片和土壤水的 ^{18}O 含量的区别奠定了陆地碳循环研究中利用 CO_2 中 ^{18}O 作为示踪物的基础(Bowling et al, 2003a, b)。类似于碳同位素,利用 CO_2 中的氧同位素信息,也可以确立其与 CO_2 浓度之间的联系。氧同位素的主要优点是,即使在 $\delta^{13}C$ 信号的差异较小时,在这些库之间 CO_2 交换的 $\delta^{18}O$ 的变化也比较大。但是,CO_2 的 $\delta^{18}O$ 的变异性和空间异质性比较大,从而使Keeling图法获得的数据有时难以找到合理的解释(Flanagan et al, 1997a; Bowling et al, 1999b, 2001, 2003a, b)。例如,Yakir 和 Wang

(1996)在不同的农田里利用测定的大气CO_2的$\delta^{18}O$值将NEE通量区分为光合和呼吸。但Yakir和Wang (1996)的方法可能并不适宜于或很难用于森林冠层的净生态系统交换的区分,因为缺乏CO_2的$\delta^{18}O$与其浓度之间显著的相关关系(Bowling et al, 1999b)。Mortazavi和Chanton (2002)研究了美国佛罗里达一个10龄松树(*Pinus elliottii* var. *elliottii*)林的生态系统呼吸CO_2的碳同位素组成,并运用CO_2的氧同位素区分了夜间生态系统呼吸成分(冠层和地下组分)。Lai等(2006)在具有明显不同土壤水分条件的3个生长季(2002—2004),每周一次测定了堪萨斯曼哈顿附近一个C_3-C_4混生高草草原大气CO_2的碳($\delta^{13}C$)和氧($\delta^{18}O$)同位素,并将氧同位素结合到陆地表面模型里的一个机理模型(ISOLSM, Riley et al, 2002, 2003)。他们的结果表明,当表层土壤干燥时,$\delta^{18}O$值和CO_2浓度的线性关系并不明显,从而阻碍了Keeling图的可靠性(Miller et al, 1999);同时生态系统呼吸CO_2的$\delta^{18}O$的季节变化与土壤水分条件关系密切,在发生水分胁迫时,^{18}O含量增加(Lai et al, 2006)。由于CO_2中的氧与水中氧的同位素交换,离开陆地生态系统的CO_2会携带叶片和土壤水的^{18}O信号。这一信号与海水的^{18}O截然不同,于是测定大气CO_2的氧同位素组成,也可以作为分离海洋和陆地碳汇的方法。在全球规模使用氧同位素时模型必须估计光合作用的^{18}O判别效应,也必须估计全球规模的植物和土壤水的氧同位素组成。Farquhar等(1993)首先建立了利用CO_2中的^{18}O进行全球尺度的NEE区分的理论框架。此后,以此为基础的类似研究接踵而至(例如,Ciais et al, 1997a, b; Peylin et al, 1999; Cuntz et al, 2003a, 2003b)。各种模型结果显示,土壤和植物的同位素通量对所测大气CO_2的^{18}O动态变化的贡献都远比海洋或化石燃料燃烧组分的贡献大得多(每个都约5倍)(Miller et al, 1999)。

但是,值得一提的是,在全球碳循环的研究中,有关陆地生物圈不同生物群系中光合作用和呼吸作用的同位素数据以及对流层CO_2浓度及其同位素组成的数据还比较缺乏,因而将同位素技术用于全球碳循环的时空动态,确定和区分各个碳库的贡献,预测其对于全球变化的响应仍然受到技术条件和观测方法(如气体取样设备和分析仪器)等方面的限制,更多的工作仅局限于模型模拟,全球尺度的同位素观测仍有许多问题有待开展大量深入细致的研究工作。

2.4 生态系统中水的同位素效应

由于氧元素有三种稳定同位素(^{16}O, ^{17}O, ^{18}O),而氢元素有两种稳定同位素(H和D),所以由它们组成的水分子至少有9种形态。其中按照其自然丰度的多少,在生物地球化学循环中最重要的形态有4种,即$H_2{}^{16}O$, $HD^{16}O$, $H_2{}^{17}O$和$H_2{}^{18}O$。自然丰度的微小差异是由于它们的质量差异而造成的反应性差异所致。通常,$H_2{}^{16}O$比$H_2{}^{18}O$大约轻10%,所以其反应性更强。生态系统各个组成部分(土壤、植物和大气)里水分的氧和氢稳定同位素含量随环境因素的变化而变化(Dongmann et al, 1974; Walker et al, 1989)。迄今为止,测定生态系统各组成部分中水的同位素比值在生态系统植物水分关系和水分循环过程中得到了非常广泛的应用(Dawson et al, 1998; Yakir & Sternberg, 2000)。例如,我们可以利用土壤、植物和大气连续体(SPAC)中水的^{18}O和D同位素信息分析水分在SPAC中的运动过程、植物水分利用策略、植物可利用水源和土壤蒸发与植物蒸腾的区分等方面的机制(Yakir & Sternberg, 2000; Dawson et al, 2002)。

2.4.1 植物水分利用策略

我们经常需要回答这样的问题,即植物如何获取水分用于蒸腾及其他生理活动。植物的扎根深度可以千差万别(可认为是生态位分化的一种形式),在土壤里的分布也是纵横交错,同时不同的植物种,在不同的土壤和环境条件下,可以采取不同的水分利用策略。正确理解不同植物水分吸取的动态有助于我们预测气候和环境条件的变化对于生态系统水循环的影响。稳定氢、氧同位素分析明显促进了我们对于植物获取水源的认识,因为植物所利用的不同水源的同位素组成可能明显不同。

大量研究表明,植物在根系水分吸收和沿木质部向叶片蒸发部位输送水分的过程中是以液流形式进行的,由于与外界环境不发生水分交换或蒸发,所以不存在同位素的分馏现象,也即水分在被根系吸收并从根部向上运输过程中均不发生稳定同位素分馏,植物导管内或茎木质部的水分同位素应与水源水具有相同的同位素组成(Gonfiantini et al, 1965;

Wershaw et al, 1966; Walker & Lance, 1991)。只有非常少的例子报道水分吸收过程中发生同位素分馏,例如 Lin 和 Sternberg (1993)举了一个海生的、排盐植物种在水分吸收时似乎分馏 H(但不是 O)。植物水分吸收的这一同位素特征被广泛用来研究植物可利用水源和水分利用策略(例如,Ehleringer & Dawson, 1992; Dawson, 1993a; Dawson & Ehleringer, 1998; Dawson et al, 1998; Jackson et al, 1999; Meinzer et al, 1999; Ehleringer et al, 2000b; Gebauer & Ehleringer, 2000; Stratton et al, 2000)。根据植物茎部或木质部水与不同水源(土壤水、地下水、河水或降水等)的同位素组成的相似性,我们可以确认被植物利用的水分来源(有效水分吸收区域)或相对比例(White, 1989; Ehleringer et al, 1991b; Ehleringer & Dawson, 1992; Dawson & Ehleringer, 1998)。利用稳定同位素技术确定植物可利用水源的所在,与传统的方法(如挖根法)相比的优点是省时省力,且不破坏植被和土壤(Meinzer et al, 2001)。利用同位素混合模型,结合其他生态或生理测定,这种技术就变得特别有力,从而将植物利用的水源与其他方面的水分关系联系起来(Dawson, 1993b; Jackson et al, 1995; Williams & Ehleringer, 2000)。

植物在水分利用时空格局的差异和变动是其适应环境变化以维持生存的一种策略选择。已有不少研究表明,由于根系分布格局的不同,生长在一起的不同植物或不同植物功能型(如不同生活型植物)所利用的水源可以在时间和空间上表现出明显不同(如 White et al, 1985; Flanagan et al, 1992; Dawson & Ehleringer, 1998; Ewe et al, 1999; Roupsard et al, 1999; Snyder & Willians, 2000; Drake & Franks, 2003; Alessio et al, 2004; Chimner & Cooper, 2004)。即使是同一种植物对于季节性可利用水源的响应也有差异(Dawson & Ehleringer, 1991; Ehleringer et al, 1991b; Donovan & Ehleringer, 1994; Jackson et al, 1995; Dawson & Pate, 1996; Kolb et al, 1997; Zencich et al, 2002)。植物水分利用这一时空上的变化对于避免不同植物之间的竞争,从而增加在干旱缺水时的生长和成活具有特别的意义(Noy-Meir, 1973; Dodd et al, 1998)。Dawson 和 Pate (1996)研究了美国犹他州与亚利桑那州交界处沙漠灌丛群落的水分利用情况,发现一年生肉质植物 *Yucca angustissima* 只利用夏季降水,多年生植物既可以利用夏季降水也可以利用深层土壤水,其中夏季降水在多年生草本植物和多年生木本植物的水分来源中分别占 91% 和 57%。White (1989)研究了北美乔松(*Pinus strobes*)的水分利用与干湿季节和地下水位深浅的关系,发现一般湿润季节比干旱季节雨水利用的比例高;但无论是干旱还是湿润的夏季,地下水位越深,利用雨水的比例越高。例如在地下水位相对较深的地区,北美乔松的可利用水分中有 20% (干旱夏季)和 32% (湿润夏季)来自雨水;而在地下水位相对较浅的地区,可利用水分中雨水的比例为 10% (干旱夏季)和 16% (湿润夏季)。在沿亚利桑那和犹他地区的夏季季风降水梯度上,食松(*Pinus edulis*)-桧树(*Juniperus osteosperma*)群落里生长的三种植物利用不同的水源:食松和桧树的水源主要来自夏季季风降水,而栎树(*Quercus gambelii*)主要利用深层土壤水,即使是有较强的水分补给的情况下也是如此(Williams & Ehleringer, 2000)。在稀树草原,乔灌草能够共生于同一群落,一般也主要是由于它们在水资源利用上的差异:乔木和灌木的根系分布较深,可以利用深层土壤水分,而草本植物的根系集中在表层,主要利用表层水分(Noy-Meir, 1973; Weltzin & McPherson, 1997)。在半干旱的毛乌素沙地,乡土树种臭柏(*Sabina vulgaris*)和引种的旱柳(*Salix matsudana*)使用比较深层的土壤水分,而生长在一起的油蒿(*Artemisia ordosica*)则主要使用浅层土壤水分,因而引种沙柳固沙造林可能引起大量不可逆转的地下水的消耗,不利于乡土植物的生长和生存(Ohte et al, 2003)。在西伯利亚,落叶松(*Larix sibirica*)在夏季水分短缺时,可以使用冻土层的冻融水而在一定程度上避免了干旱的胁迫(Sugimoto et al, 2002)。在蒙古东北部,山地落叶松主要利用表层土壤水分,只有在水分出现短缺时,通过深层分布的根系利用较深土层的水分(Li et al, 2006a),这一特征也得到模型的进一步证实(Li et al, 2007a)。生长在河岸边的植物,尽管离河流很近,但却很少利用河水(Dawson & Ehleringer, 1991)。与幼树相比,成熟高大的乔木更倾向于利用深层土壤水,因为水分供应相对比较稳定和可靠(Dawson & Pate, 1996; Jackson et al, 1999)。在海岸边,尤其是在降水补给较少或几乎没有的海岸沙漠地区,植物可能将雾水作为其主要的水源(Dawson, 1998; Burgess & Dawson, 2004)。不同植物种或不同植物功能型利用土壤水或地下水水源在时间和空间上的差异,可以认为是一种生态位分化,这一水分利用策略上的选择,显然对于避免水分竞争,实现在同一气候条件下的共存起到了积极的作用(Sala et al, 1997; Ehleringer et al, 1998; Schwinning et al, 2002)。所以,一旦供给水源(如降水)发生变化,生长在一起的不同植物就会表现出不同的响应(Sala et al, 1997; Ehleringer et al, 1998; Schwinning et al, 2002)。最近,Schwinning 和她的同事们利用水同位素的自然丰度变化和同位素(D)标记的模拟降水试验,研究了美国科罗拉多高原乡土植物不同功能类型水分利用的季节变化,以及降水变化(强度和季节分配)对它们的影响(Schwinning et al, 2002, 2003; 2005a, 2005b)。此外,水分同位素分析也为认识植物根系从土壤的湿润层(深)向干燥层(浅)进行水分再分配(hydraulic redistribution)或水分提升(hydraulic lift)提供了可能(Richards & Caldwell, 1987; Dawson, 1993c; Ludwig et al, 2003; Peñuelas & Filella, 2003; Bauerle et al, 2008)。

确定植物可利用水源的稳定同位素技术是基于简单的线性二源或三源混合模型(Dawson & Pate, 1996; Jackson et al, 1999; Yakir & Sternberg, 2000; Dawson et al, 2002)。该模型既得到广泛的理论和实践的支持(如 Brunel et al, 1995),也受到一些批评(如 Thorburn & Ehleringer, 1995; Snyder & Williams, 2000; Phillips & Gregg, 2001; Phillips & Koch, 2002; Phillips & Gregg, 2003)。支持者认为,由取样、水分提取和模型假设所引起的误差完全在可接受的范围,因而用基于混合模型的同位素技术确定植物利用的可能水源是可行的。而批评者则认为,混合模型不能给出植物吸收水分的根系活跃区和具体水分吸收深度(或面积)的信息。但混合模型的这两个缺陷最近得到了解决(Ogle et al, 2004; Romero-Saltos et al, 2005)。Ogle 等(2004)提出了 RAPID (root area profile and isotope deconvolution)模型,用以模拟根系活跃区和水分吸收剖面。现在,也可以确定植物吸收水分的平均深度(Romero-Saltos et al, 2005)。Li 等(2007a)利用 Romero-Saltos 等(2005)提出的方法,研究了蒙古东北部山地落叶松林的水分来源及其季节变化。但是,不管怎么说,通过稳定同位素技术来揭示植物水分利用来源及其与环境条件的关系还有许多方面值得去探索和思考。当涉及试验设计、野外取样、样品处理、质谱仪分析和结果解释等方面,应当小心谨慎。尤其是在样品采集、运输、储存和水分提取过程中须避免蒸发和其他水源对样品的污染。

2.4.2 植物蒸腾

尽管植物从土壤中吸取水分时不出现同位素的分馏作用(Gonfiantini et al, 1965; Dongmann et al, 1974; Flanagan & Ehleringer, 1991a; Walker & Lance, 1991; Yakir, 1998),但在植物蒸腾过程中存在明显的同位素分馏(Farquhar et al, 1998; Saurer et al, 1998; Helliker & Griffiths, 2007),即轻同位素(^{16}O 和^{1}H)比重同位素(^{18}O 和^{2}H)蒸发得更快,从而使得残留在叶片中的水分比来自土壤的植物水源富集更多的重同位素(Dongmann et al, 1974; Flanagan & Ehleringer, 1991a; Flanagan et al, 1991a, b; Helliker & Ehleringer, 2000; Yakir & Sternberg, 2000; Gan et al, 2002)。但在叶片水的^{18}O 和^{2}H 同位素富集(沿叶脉两侧)存在明显的空间异质性或梯度(Luo & Sternberg, 1992; Helliker & Ehleringer, 2000; Gan et al, 2002)。由于蒸腾过程中的同位素分馏取决于大气的蒸发需求及其水汽的同位素组成(Craig & Gordon, 1965; Yakir et al, 1990a, b; Flanagan & Ehleringer, 1991b; Flanagan et al, 1991a, b; Roden & Ehleringer, 1999),因而在蒸腾过程中叶片水分的同位素比率的变化是建立蒸腾作用与环境控制因子之间相互关系的非常有用的信息(Bariac et al, 1989; Brunel et al, 1992)。

Craig 和 Gordon (1965)首先提出了描述同位素稳态条件下开阔水体(如海洋)蒸发的同位素富集模型(evaporative enrichment model)。Craig-Gordon 模型后来被用到叶片蒸腾时的同位素分馏效应的研究(Dongmann et al, 1974; Allison et al, 1985; Leaney et al, 1985; White, 1989; Flanagan & Ehleringer, 1991a, b; Flanagan et al, 1991a, b)。叶片蒸发水的同位素比值可以表示为(Flanagan & Ehleringer, 1991a, b; Flanagan et al, 1991a, b):

$$R_T=\frac{1}{\alpha_k}\times\frac{\dfrac{R_L e_i}{\alpha_*}-R_a e_a}{e_i-e_a} \tag{2.23}$$

式中,R 是重、轻同位素的物质的量比(也可用 δ 记号表示,见公式(2.2)),其下标 T, L 和 a 分别表示植物水源、叶片蒸发部位的水和空气中的水汽。e 为水汽压,其下标 i 和 a 分别表示叶片细胞间隙和周围空气。α_* 指液相-气相平衡分馏效应(Majoube, 1971)。α_k指水体与大气之间蒸发界面发生扩散的动力学分馏效应(Merlivat, 1978; Cappa et al, 2003)。由于水从土壤运送到叶片蒸发部位的过程中不存在分馏,所以 R_T可以用茎木质部水的同位素比值(R_{wx})代替,也就是说,在假定同位素稳定状态的情况下,蒸腾水与水源水的同位素比值相等。如果 R_T已知,重新整理公式(2.23),并引入一个叶片表面和周围空气之间的边界层效应,则可以预测叶片水的同位素富集效应和同位素比值(Flanagan & Ehleringer, 1991a, b; Flanagan et al, 1991a, b):

$$R_L = \alpha_* \left[\alpha_k R_{wx} \left(\frac{e_i - e_s}{e_i} \right) + \alpha_{kb} R_{wx} \left(\frac{e_s - e_a}{e_i} \right) + R_a \left(\frac{e_a}{e_i} \right) \right] \tag{2.24}$$

其中,e_s 为叶片表面的水汽压,α_{kb}是与边界层扩散有关的动力学分馏。利用 Craig-Gordon 同位素富集模型(公式(2.24)),结合空气温度和湿度、茎木质部水和水汽的同位素组成的测定,就可以模拟叶片水在蒸腾过程中的同位素组成的变化。

Craig-Gordon 同位素富集模型可以很好地再现所观测到的叶片水分同位素组成的日变化趋势,但是模型推算的相对于水源的叶片水的重同位素富集水平存在过高估计的问题(Dongmann et al, 1974; Leaney et al, 1985; Walker et al, 1989; Yakir et al, 1989; Flanagan & Ehleringer, 1991a, b; Roden & Ehleringer, 1999)。比观测值高估 10% ~30%(Allison et al, 1985; Leaney et al, 1985; Walker et al, 1989; Flanagan et al, 1991b)。在环境控制试验里,Roden 和 Ehleringer (1999)观测到这种高估比例可以降到 10%以下。许多研究者就 Craig-Gordon 模型过高估计的原因展开了深入探讨(如 White, 1989; Yakir et al, 1990a, b; Wang & Yakir, 1995; Wang et al, 1998; Roden & Ehleringer, 1999; Gan et al, 2002; Helliker & Ehleringer, 2002a, b; Farquhar & Gan, 2003; Barbour et al, 2004; Farquhar & Cernusak, 2005; Ogée et al, 2007)。主要原因包括:(1) Craig-Gordon 模型的同位素稳态假设在野外条件下失效(Flanagan, 1993; Yakir, 1998; Harwood et al, 1999);(2) 水在叶片内部分布的空间异质性(Yakir et al, 1989; Luo & Sternberg, 1992; Yakir et al, 1994; Helliker & Ehleringer, 2000; Helliker & Ehleringer, 2002a, b);(3) Péclet 效应(Péclet effect),即存在相对于来自木质部尚未重同位素富集的水的对流流动以及存在明显不同的来自蒸发表面的重同位素富集水的回流扩散效应(Yakir et al, 1990b; Barbour et al, 2000b; Gan et al, 2002; Farquhar & Gan, 2003; Barbour et al, 2004; Ogée et al, 2007)。也有研究指出,叶片形态与生理特性的理解有助于叶片水同位素组成的推定(Wang et al, 1998)。当蒸腾高的时候,模拟值与观测值的差异会增大(White, 1989; Walker et al, 1989; Flanagan et al, 1991a, b)。一般而言,VPD 的增加可以引起叶片水的重同位素富集。如果说 Péclet 效应是重要的,因气孔导度减小而蒸腾减少,则 Péclet 数(Péclet number)也应当减小,从而进一步促进叶片水的重同位素富集(Barbour & Farquhar, 2000)。

研究表明,叶片水同位素组成或叶片水同位素富集效应存在明显的日变化(如 Allison et al, 1985; Yakir et al, 1990b; Wang & Yakir, 1995; Li et al, 2006a)。这种日变化与大气的水汽压亏缺(VPD)、温度和大气水汽的同位素组成密切相关(Craig & Gordon, 1965; Förstel, 1978; Leaney et al, 1985; Yakir et al, 1990a; Flanagan & Ehleringer, 1991a, b; Flanagan et al, 1991a, b; Barbour et al, 2000a; Lai et al, 2008)。即在早晨低的 VPD 引起叶片中水较少的重同位素富集,而在下午随着 VPD 的增大,叶片水的重同位素富集明显增强。在蒙古山地落叶松林,叶片水同位素富集效应的大小和群落水汽交换存在正的线性关系(Li et al, 2006a),文献中也有类似的报道(如 Bariac et al, 1989; Brunel et al, 1992)。但是需要指出的是,蒸腾量本身并不影响叶片蒸腾部位的 $\delta^{18}O$ 和 δD 值的变化,所以 Craig-Gordon 同位素富集模型里也没有将其包括在内。此外,由于重同位素富集水的回流扩散相对于对流水流较小,蒸腾的增加反而可能引起平均叶片水分重同位素富集的减少。例如,有观测表明,叶片水的同位素组成随气孔导度和蒸腾速率减少而增加(Barbour et al, 2000a; Barbour & Farquhar, 2000; Barbour & Farquhar, 2003; Cernusak et al, 2003; Keitel et al, 2003),这与理论的假设是一致的(Farquhar & Lloyd, 1993)。Cernusak 等(2003)也观测到,相对于韧皮部有机物的水源,叶片水随着蒸腾增加而重同位素富集减少的现象。Keitel 等(2003)在野外条件下欧洲山毛榉(*Fagus sylvatica*)叶片里也的确观测到了氧同位素组成与蒸腾之间存在轻度正线性关系,但这种关系比起叶片氧同位素富集效应与 VPD 的正相关关系显然要弱得多(Keitel et al, 2003; Li et al, 2006)。利用叶片水分的稳定同位素组成来确定植物蒸腾时的大气条件，或直接计算蒸腾速率时,仍有许多需要完善的地方。多种测定方法以及模型模拟相结合,才有可能描绘蒸腾的全貌。

2.4.3 土壤蒸发

土壤水分主要来自大气降水的补给,所以它的同位素组成首先取决于补给源的同位素组成及其季节变化,同时土壤表层可以直接以蒸发的形式与周围大气进行水汽交换,这一过程伴随着强烈的同位素分馏效应。所以,土壤水的同位素组成是在不断变化着的,尤其是近地表的土层,这种变化更加剧烈,从而形成随深度而变化的同位素组成的梯度(Cook & O'Grady, 2006)。由于蒸发的同位素分馏作用,土壤水变得越来越富集重氢、氧同位素,并通常在干燥土表以下 10 ~ 50 cm 形成高度富集的“蒸发前线(evaporation front)”(Barnes & Allison, 1988)。在这一前线以下,同位素富集效应随深度指数递减,直至与系统水源的同位素值相同(Zimmermann et al, 1966; Allison & Barnes, 1983; Barnes & Allison, 1984; Allison et al, 1983; Barnes & Allison, 1989)。形成稳态同位素剖面所需的时间可能很长(如几个月, Allison & Barnes, 1983; Mathieu & Bariac, 1996a)。Zimmermann 等(1966, 1967)基于天然水的氘浓度剖面,在室内和野外推算了沙土柱的蒸发通量。利用类似的方法,可以估测无植被表面(Allison & Barnes, 1983)或其他非饱和介质(Barnes & Allison, 1988; Walker & Brunel, 1990)的蒸发速率。

土壤水蒸发过程基本类似于水体蒸发过程,也可以用 Craig-Gordon 模型表达(公式(2.23))。对于土壤水蒸发的同位素组成的估测值与试验结果具有好的一致性(Allison & Barnes, 1983; Walker & Brunel, 1990; Mathieu & Bariac, 1996a, b)。

2.4.4 大气水汽与生态系统水汽通量

水以大气降水的形式进入陆地生态系统。这部分水可形成地表径流,补给河流或湖泊等水体;在土壤中流动并补给地下水或储存于土壤中;也可通过植物蒸腾和土壤蒸发返回到大气。土壤表面的蒸发与植物叶片的蒸腾合起来叫做蒸散(evapotranspiration)。土壤蒸发一般局限在土壤表层数厘米,但是植物可以通过其根系将不同深度土层的水蒸腾到大气中。

植物蒸腾水汽、土壤蒸发水汽和本底大气水汽的同位素组成有明显差异。由于土壤蒸发存在显著的同位素分馏效应,而稳态条件下,植物蒸腾水汽与其水源的同位素组成保持一致(没有同位素分馏),于是,源自土壤蒸发的水汽和源自植物蒸腾的水汽,它们的同位素组成存在显著差异。所以,生态系统的蒸散过程(植物蒸腾和土壤蒸发)能够有区别地显著影响总体大气水汽的同位素组成。这一蒸散对大气水汽影响的二重性是将生态系统蒸散区分为土壤蒸发和植物蒸腾的理论基础(Yakir & Sternberg, 2000; Dawson et al, 2002)。所以,类似于植冠内 CO_2 的 Keeling 图情形,理论上生态系统冠层空气水汽的同位素组成与浓度的倒数之间也存在线性关系,其线性回归方程的截距代表生态系统蒸散的同位素组成。其基本假设是,生态系统冠层内水汽浓度(V_{a-i})是由植冠之上的本底(边界层)水汽浓度(V_{bg})和因生态系统蒸散(蒸发与蒸腾)而增加的水汽浓度(V_{ET})组成,即:

$$V_{a-i}=V_{bg}+V_{ET} \tag{2.25}$$

于是根据同位素质量守恒定律,有以下的关系:

$$\delta_{a-i}\times V_{a-i}=\delta_{bg}\times V_{bg}+\delta_{ET}\times V_{ET} \tag{2.26}$$

联立上述两个公式,我们得到:

$$\delta_{a-i}=(\delta_{bg}-\delta_{ET})\frac{V_{bg}}{V_{a-i}}+\delta_{ET} \tag{2.27}$$

这里,V 表示水汽浓度,δ 表示水汽的同位素组成或同位素比值,下标 a-i 和 bg 分别表示冠层内和冠层之上的本底。显而易见,δ_{a-i}(y 轴)与 $1/V_{a-i}$(x 轴)之间的关系是直线,其截距为 δ_{ET},斜率为$(\delta_{bg}-\delta_{ET})\times V_{bg}$。$\delta_{ET}$代表整个生态系统蒸散通量(即引起水汽浓度变化的源或库)的同位素组成,它代表来自植物蒸腾和土壤蒸发的水汽的同位素组成在时间和空间上的综合测度。根据简单的线性混合关系,即蒸散(ET)可以表示为植物蒸腾(T)和土壤蒸发(E)之和:

$$ET=T+E \tag{2.28}$$

根据同位素质量守恒定律,同样存在如下关系:

$$ET\times\delta_{ET}=T\times\delta_T+E\times\delta_E \tag{2.29}$$

式中,δ_T代表植物蒸腾通量的同位素组成,δ_E代表土壤蒸发通量的同位素组成。联立以上两个公式,通过整理可以得到(例如,Moreira et al, 1997):

$$f=\frac{T}{ET}=\frac{\delta_{ET}-\delta_E}{\delta_T-\delta_E} \qquad (2.30)$$

$$1-f=\frac{E}{ET}=\frac{\delta_{ET}-\delta_T}{\delta_E-\delta_T}$$

式中,f 和 $1-f$ 分别表示植物蒸腾和土壤蒸发在生态系统蒸散中所占的份额。当蒸腾作用和大气水汽达到稳定平衡状态时,植物蒸腾水汽通量的同位素组成就是植物所利用水源(木质部水)的同位素组成,而与叶片水的同位素富集无关(Yakir & Sternberg, 2000)。δ_T可以通过采集植物茎或枝条木质部的水分,并分析其 D 或^{18}O 的含量加以确定。δ_{ET}可以通过采集冠层水汽,并测定其浓度与分析其 D 或^{18}O 含量,绘制 Keeling 图(公式(2.27)),通过线性回归加以确定。δ_E可以通过前述 Craig-Gordon 同位素富集模型予以推测(公式(2.23))。所以,只要 δ_T、δ_E 和 δ_{ET}确定了以后,就可以利用上面的关系区分 *ET* 中 *E* 和 *T* 的相对贡献。如果通过微气象技术,如涡度协方差法或梯度法测得 *ET*,还可以推算出 *E* 和 *T* 的绝对值。

文献中有许多利用微气象的观测技术(如梯度法和涡度协方差法)、同位素质量守恒或 Keeling 图技术将生态系统蒸散区分为其组分的例子(Bariac et al, 1989; Brunel et al, 1992; Yakir & Wang, 1996; Tuzet et al, 1997; Harwood et al, 1999; Ferretti et al, 2003; Scott et al, 2003; Williams et al, 2004)。植物蒸腾在蒸散中所占的比例与生态系统类型、叶面积指数和土壤水分条件(降水的补给)等有关。例如,在小麦田里,这一比例高达 96% ~ 98%(Wang & Yakir, 1995, 2000)。在亚马孙河流域的郁闭的高大森林里,也有 76% ~100% 的蒸散来自蒸腾的贡献(Moreira et al, 1997)。利用一个简单的同位素质量守恒法,结合降水量和土壤含水量及其^{18}O 同位素的测定,Hsieh 等(1998)在美国夏威夷沿一个土壤(降水)从干到湿样带的 4 个地点的蒸散研究中,发现随年降水增加和温度降低,蒸发对于蒸散的贡献减小(从 86% 减到 29%),而蒸腾的贡献相对增加。在蒙古山地西伯利亚落叶松森林,来自植物蒸腾的贡献也可达 76%(Li et al, 2006a)。利用以上关系也可以将 *ET* 分解为林冠和林下的蒸散(Yepez et al, 2003; Li et al, 2006a)。例如,在亚利桑那东南部 San Pedro 河上游半干旱稀树草原林地的研究中观测到,上层林冠蒸腾[主要是牧豆树(*Prosopis velutina*)]、林下冠层蒸腾[主要是多年生 C_4植物北美鼠尾粟(*Sporobolus wrightii*)]及土壤蒸发在蒸散中所占的比例分别为 71%、17% 和 12%(用 δ^{18}O 推测)[70%、15% 和 15%(用 δD 推测)](Yepez et al, 2003)。

但需要指出的是,水汽的 Keeling 图技术是建立在严格的假设前提上的,主要包括:(1) 增加到大气背景水汽的具有不同稳定同位素组成的蒸散水汽来源不多于两个,即只有土壤蒸发和植物蒸腾;(2) 只有通过湍流混合水汽才从植冠散失,如不发生水汽凝结(Yakir & Sternberg, 2000)。一般而言,当观测数据都落在一条直线附近,则说明更接近稳态条件。但是,在野外条件下,生态系统经常处于不稳定同位素状态,所以,Keeling 图技术的假设条件很难得到满足,因而区分 *ET* 仍有许多不确定性,在解释区分结果时须倍加小心。此外,如果同时调查植冠不同高度水汽和 CO_2通量的^{18}O 同位素变化特征,可以获取更多有关生态系统碳、水循环方面的有价值信息,显然这是今后研究的重点方向之一。

前面提到,当叶片处于同位素稳定状态时,一般假定蒸腾水汽的同位素组成与植物所利用水源(土壤水)的同位素组成应该是相等的。但是,这一稳态条件很难在较短的时间(如数分到数小时)尺度得到满足(Harwood et al, 1998; Farquhar & Cernusak, 2005; Lai et al, 2005a, 2006, 2008)。例如,Wang 和 Yakir (1995)在相对湿度控制试验里,研究了 6 种作物的蒸腾水汽与水源水的同位素比值,发现即使蒸发叶片保持恒定湿度条件 3 h 以上,真正的稳态也没有达到,蒸腾水汽比水源水的^{18}O 含量低 1.5‰ ~ 3.0‰。Harwood 等(1998)研究了特立尼达热带森林植物 *Piper aduncum* 蒸腾水的^{18}O 同位素组成,发现正午之前比水源水低,在 13:00—15:00 左右近于稳态,而此后比水源水高;并指出主要原因与 VPD 的变化有关。Harwood 等(1999)利用一个叶室测定了英国 Northumberland 附近一个栎树(*Quercus petraea*)林叶片蒸腾水的^{18}O 同位素组成,结果表明,在一个较长时间(例如 1 d)取平均时,接近水源水的 δ^{18}O 即达到稳态;但在短时间(例如小时)尺度,蒸腾水的 δ^{18}O 变化很大,且与 VPD 成负相关。Lee 等(2007)在美国康涅狄格州一个温带混交林首次连续测定了一个完整生长季水汽同位素比值和蒸散通量。他们发现,整个植冠蒸腾水与植物水源水并未达到同位素稳态。在夜里和低蒸腾速率的日子里,偏离稳态最大。在短于几个小时的时间尺度，相对湿度起主要作用；但在日时间尺度，非稳态是由相对湿度和蒸腾速率一同发挥影响。平均而言，蒸腾水的 $\delta^{18}O$ 在上午中段时间最小，而在午夜最大。在整个生长季，峰值-峰值平均变化的量级可达 15‰（Lee et al, 2007）。Lai 等（2006）研究了美国太平洋西北一个老年针叶林冠层之内和之上两个连续夏日的水汽 ^{18}O 同位素组成的日变化格局，结果显示水汽的同位素从早晨开始减小，在正午达到最小，然后在午后晚些时候又恢复到早晨的水平。他们发现 Douglas 冷杉（*Pseudotsuga menziesii*）针叶叶片水的周转时间在日中约为 11 h，说明蒸腾在通常假设的同位素稳定条件下或许不会发生。同时，他们还验证了一个预测叶片水 $\delta^{18}O$ 的非稳态模型，模型计算显示同位素稳态的假设可能增加蒸腾同位素通量。

在全球，只有屈指可数的有关大气水汽同位素比值时空变化的测定（Lai et al, 2006）。在野外采集水汽需要液氮或干冰限制了长时间的取样（Helliker et al, 2002）。可进行近乎连续的水汽同位素测定的新激光技术（TDL）弥补了这方面的不足（Lee et al, 2005, 2006, 2007; Wen et al, 2008），但目前测定系统的昂贵价格和严格的维护要求阻碍了它的推广。

2.5　生态系统中氮的同位素效应

氮有两种稳定同位素，即 ^{14}N 和 ^{15}N。氮是植物生长的重要营养元素之一，参加生态系统各种复杂的生物化学过程。所以，研究氮动态，可以更好地认识生态系统不同循环过程之间的内在联系。氮以有机和无机两种形态存在于生态系统，而且在参加各种生化过程中，发生不同程度的同位素分馏。自然界存在的各种物质的 $\delta^{15}N$ 值变化范围很大，而且不同形态的氮差异也很大，变化范围从−20‰到+30‰（Kendall, 1998）。用大气氮气（N_2）生产的化肥的 $\delta^{15}N$ 值约为 0±3‰，而动物排泄物的 $\delta^{15}N$ 一般变化在+10‰到+25‰（Kendall, 1998）。

2.5.1　植物氮

绝大多数陆生植物从土壤中获取生物代谢所需的氮（主要是 NH_4^+ 和 NO_3^-），植物组织的 $\delta^{15}N$ 值大多在 0 ~ 9‰，平均在 3‰ ~ 6‰范围（Pate et al, 1994; Pate, 2001）。生物固氮系指植物或微生物将空气 N_2 合成为有机氮的过程。植物以其能否直接固定大气中的 N_2 而分为固氮植物和非固氮植物。如豆科固氮植物可以直接固定大气中的 N_2，其值一般在 −2‰ ~ +2‰范围，平均约 1‰（Evans & Ehleringer, 1994; Pate et al, 1994; Pate, 2001）。由于土壤比大气的 $\delta^{15}N$ 值高，即富集更多的 ^{15}N，并且非固氮植物所需的 N 素主要来自土壤 N 库，而固氮植物所需的 N 素有一部分来自大气，所以非固氮植物和固氮植物的 $\delta^{15}N$ 值会不同，一般非固氮植物比固氮植物富集 ^{15}N。相对于土壤而言，固氮植物组织的 $\delta^{15}N$ 值越小（更负），则说明其固氮能力越强。这一特征是用 ^{15}N 丰度估测共生固氮作用的基础。也可以用稳定 ^{15}N 同位素示踪技术研究植物的固氮作用（Vitousek et al, 2002）。

植物组织的 ^{15}N 含量一般由其 N 源决定。即使生长在一起的植物其 $\delta^{15}N$ 的差异高达 10‰（Handley & Scrimgeour, 1997; Handley et al, 1999）。这一点说明影响植物组织 N 同位素含量的过程可能异常复杂，所观测到的自然丰度值显然是许多过程的综合效应（Handley & Scrimgeour, 1997; Robinson, 2001; Evans, 2001; Stewart, 2001; Dawson et al, 2002）。例如，具不同同位素值的 N 源（包括来自内部循环、共生 N_2 固定、根系从土壤里直接吸取或通过菌根真菌获取的氮）的形态和可利用性的时空动态，植物氮需求的变化，氮同化和分配，影响氮同位素分馏的植物生理状态、营养胁迫、发育阶段和年龄等因子，以及共生菌根结合的存在与否，所有这些都影响植物的 $\delta^{15}N$ 值（Chapin et al, 1993; Nadelhoffer et al, 1996; Michelsen et al, 1998; Handley & Scrimgeour, 1997; Högberg, 1997; Hobbie et al, 2000; Handley et al, 1997, 1999; Evans, 2001; Robinson, 2001; Dawson et al, 2002; Nadelhoffer et al, 2004）。植物在遗传方面 N 吸收和同化能力的差异也影响 N 同位素吸收过程中的同位素分馏效应（Guy & Holowachuk, 2001; Pritchard & Guy, 2005）。

在各种 N 源中，来自内部循环（分配和同化过程）的氮的同位素分馏（植物体内分馏）一般比较小（Shearer & Kohl, 1986; Gebauer & Dietrich, 1993; Nösholm, 1994; Yoneyama, 1995; Högberg, 1997; Kitayama & Iwamoto, 2001; Dawson et al, 2002）。有一些数据涉及叶片中 $\delta^{15}N$ 随时间的变化和 N 从

叶片转移(translocation)过程中的 $\delta^{15}N$ 变化。Gebauer 和 Schulze (1991)、Gebauer 等(1994)监测了云杉针叶和嫩枝的 $\delta^{15}N$ 随年龄的变化,发现尽管健康的和生长下降的样地之间有一些差异,但直到 6 龄的针叶和嫩枝 $\delta^{15}N$ 的变化不到 1‰。Garten (1993) 的研究表明,在叶片脱落之前,伴随从枯萎叶片的类似氮转移的同位素分馏较小,一般使剩余氮富集不足 0.5‰。在叶片脱落和根周转的植物氮损失过程中同位素分馏非常小。氮同位素穿过活体生物膜,无论是主动还是被动吸收,一般不发生同位素分馏,所以植物组织与氮源的同位素差异是由于酶调节的结果(Handley & Raven, 1992; Dawson et al, 2002)。但是,如果已分馏的植物组分或化合物以根分泌物从根或以气态 N 从叶片散失时,则可能发生净同位素分馏(Dawson et al, 2002)。不同植物组成、器官和化合物与整体植物的 $\delta^{15}N$ 值不同(Dawson et al, 2002; Peuke et al, 2006)。在 N 经根系吸收后,在植物体内的代谢过程可以进一步改变植物组织的 N 同位素信息,但植物体内的变异一般比较小,在 2‰至 3‰之间,但荒漠植物可达 7‰(Evans, 2001; Dawson et al, 2002)。然而,植物体内所有 N 分馏过程的总和有可能达到 12‰的变化范围(Handley & Raven, 1992)。所以,在评价 N 源时,根部组织可能比叶片是更好的指标(Handley & Raven, 1992)。植物在同化吸收硝酸盐时存在对 ^{15}N($^{15}NO_3^-$)的判别(Ledgard et al, 1985; Werner & Schmidt, 2002; Tcherkez & Farquhar, 2006)。

由于大气 N_2的 $\delta^{15}N$ 基本保持不变(~0‰),而且固氮酶的同位素分馏非常小(Garten, 1993; Kolb & Evans, 2002),所以来自共生 N_2固定的氮的同位素比值比较恒定(Handley & Raven, 1992)。

已有的数据表明,在自然土壤条件下伴随根系吸收的氮同位素分馏比较小或为 0, 于是,这一过程只引起植物和它的 N 源之间微小的同位素差异(Karamanos & Rennie, 1980; Mariotti et al, 1980, 1982a, b; Peterson, 1987; Garten, 1993; Evans et al, 1996; Högberg, 1997; Nordin et al, 2001; Dawson et al, 2002)。所以,不管植物个体是否与环境处于稳定状态,它们叶片的 $\delta^{15}N$ 值应该接近其 N 源的 $\delta^{15}N$ 值,即可以反映它们的 N 源差异(Michelsen et al, 1996, 1998; Hobbie et al, 2000)。一般 ^{15}N 随土壤深度富集(Rennie et al, 1976; Shearer et al, 1978; Shearer & Kohl, 1986; Nadelhoffer & Fry, 1988),所以,如果植物的根系接触不同土层、不同形态或不同同位素组成的 N 源,就会使植物所吸收的 N 的形态和同位素组成各异。

菌根的存在与否及其类型可以影响植物的 ^{15}N 丰度(Michelsen et al, 1998; Emmerton et al, 2001a, b; Vitousek et al, 2002; Pons et al, 2007)。除了无机氮,植物也可以直接吸收利用溶解有机氮(如甘氨酸、氨基酸)(Schulze et al, 1994; Nösholm et al, 2000; McKane et al, 2002; Miller & Bowman, 2002, 2003; Persson & Nösholm, 2003; Nadelhoffer et al, 1996; Nordin et al, 2004; Weigelt et al, 2005)。有些植物通过菌根连接吸收有机氮从而绕开了矿化(Nösholm et al, 1998; Northup et al, 1995; Nordin et al, 2001; Persson et al, 2003; Rains & Bledsoe, 2007)。研究发现不仅菌根树种,而且非菌根树种也能够从土壤中吸收有机 N(Nösholm et al, 1998, 2000; Lipson & Monson, 1998)。但是,有关有机态 N 在吸收和同化过程中是否发生分馏知之甚少(Dawson et al, 2002)。另外,植物可以直接吸收大气沉降的氮(例如, Garten & Hanson, 1990; Boyce et al, 1996; Sievering et al, 2007; Tomaszewski et al, 2003, 2007)。

影响植物组织 N 同位素含量的气候因素主要是温度和降水(Pate et al, 1994, 1998; Pate, 2001; Robinson, 2001)。例如,Mariotti 等(1980)研究了法国沿一个高程梯度(气候序列)植物和土壤 ^{15}N 变化,发现植物和土壤的 ^{15}N 都随高程增加(以及降水增加和温度下降)而减小,但他们没有给出机制性解释。热带森林生产力高,是陆地生态系统中 ^{15}N 最富集者之一(Martinelli et al, 1999);但热带森林植物的 ^{15}N 含量随降水增加而减小(Austin & Vitousek, 1998; Handley et al, 1999; Austin & Sala, 1999; Schuur & Matson, 2001; Amundson et al, 2003; Vitousek, 2004; Houlton et al, 2006, 2007)。Sah 等(2006)研究了芬兰北方林叶片自然丰度的纬向(60°30′N ~ 68°2′N)变化。他们的结果清楚地表明,虽然叶片 N 含量不随纬度发生显著变化,但由于 N 吸收形态上的差异,叶片 ^{15}N 含量在高纬度地点显著高于中低纬度。其中,降水是叶片 ^{15}N 的主要控制因素。他们分析了植物 ^{15}N 自然丰度随纬度增加而增加的原因,但其真正机制尚不清楚(Sah et al, 2006)。另外,Handley 等(1999)利用文献调查的方法,研究了叶片 ^{15}N 含量与纬度的关系,但没有发现二者显著的相关。

也可以用稳定^{15}N同位素示踪植物氮的各种来源(Handley & Raven, 1992)。例如,利用二元同位素技术(例如NO_3^-中的$\delta^{15}N$和$\delta^{18}O$, Durka et al, 1994)能够区分出植物主要的N源。与同位素比例质谱仪结合的特殊化合物的色谱分离,可能有助于解决代谢过程和推测植物与N的关系。给植物添加^{15}N富集标记物,跟踪它的行迹,可能是区分外部和内部植物氮源以及量化维系植物生长的内部N循环的有效途径(Proe et al, 2000)。利用标记过的^{15}N示踪物,可以跟踪^{15}N示踪物如何在植物体内移动;也可以确定来自大气(生物固氮)或土壤N库的比例(Dawson et al, 2002)。N富集的示踪物还可以用来确定N供应和大气CO_2关系。例如,当N可利用度高时,栎树实生苗对于CO_2浓度升高的响应为正,然而N匮缺则造成生长不平衡,促进生物质累积并将新同化的碳和氮分配到根系里(Vivin et al, 1996, Maillard et al, 2001)。Hu等(2001)在一个一年生草地进行的持续5个生长季的开顶箱CO_2升高(720×10^{-6})试验里,向土壤中施加^{15}N标记过的$(^{15}NH_4)_2SO_4$用来区分CO_2升高对于植物与微生物氮利用的影响。示踪试验结果表明,CO_2升高导致植物氮吸收、微生物生物质碳和微生物可利用碳的增加,但是,减少了土壤可利用氮,加剧了氮对微生物的限制,从而减少了单位生物质的微生物呼吸。这一发现揭示,CO_2升高可能改变植物和微生物之间的相互关系,有利于植物氮的利用,减小微生物呼吸,从而增加一年生草地生态系统碳的累积(可能成为吸收CO_2的汇)(Hu et al, 2001)。二元同位素标记(^{13}C和^{15}N)可能是说明内部N储存与最近固定的光合产物之间关系的最有力工具(Dyckmans & Flessa, 2001; Dyckmans & Schmidt, 2004)。

2.5.2 土壤氮

土壤中的绝大多数氮(>95%)是以有机氮的形态存在的。一般土壤的$\delta^{15}N$值比空气高得多,表明伴随土壤微生物活动发生稳定N同位素的分馏,进而引起土壤库中N的$\delta^{15}N$的时空变化。诚如前述,尽管有些植物可以直接吸收利用有机氮,但是一般情况下,土壤氮在被植物利用之前,需要经过微生物的矿化,形成两种主要的无机氮形态,即铵(NH_4^+)和硝酸盐(NO_3^-)。所以,理解导致土壤$\delta^{15}N$变化的各种过程是确定植物利用N源所必不可少的,因为植物从土壤中获取它们所需的大部分N(Handley & Raven, 1992)。影响土壤总体N同位素组成或分馏的因素很多,如气候变化、地上植被组成及其凋落物、土壤特性(粒径、质地、含水量和排水状况)、土地利用变化和施肥、大气氮沉降等(Shearer et al, 1978; Nadelhoffer & Fry, 1988, 1994; Karamanos et al, 1981; Högberg, 1997; Shearer & Kohl, 1986, 1989, 1993; Aber et al, 1989, 1998, 2003; Robinson, 2001)。

在酶反应和其他生物过程中发生同位素分馏,当化学键裂解时排斥较重的^{15}N,于是产物一般比残留底物的$^{15}N/^{14}N$比值低(Mariotti et al, 1981; Robinson, 2001)。由微生物调节的土壤N转化的主要过程,如矿化(从有机态转化为无机态N, Nadelhoffer & Fry, 1994)、硝化(在需氧条件下,从NH_4^+转化为NO_3^-, Handley & Raven, 1992; Schulze et al, 1994; Nadelhoffer & Fry, 1994; Högberg, 1997)和反硝化[在微生物呼吸过程中(厌氧条件下)从NO_3^-转化为大气NO、N_2O或N_2; Piccolo et al, 1996],都存在不同程度的N分馏,一般导致产物比形成它们的底物含有较少的^{15}N,即^{15}N贫化(Peterson & Fry, 1987; Handley & Raven, 1992; Nadelhoffer & Fry, 1994; Yoneyama, 1996; Högberg, 1997)。例如,在硝化过程中,形成的硝酸盐相对于铵底物是^{15}N贫化的;所以,如果硝化过程中产生的NO_3^-超过了土壤和植物需求并从一个森林里淋溶掉,那么剩余N库可能会逐渐^{15}N富集(Nadelhoffer & Fry, 1988, 1994; Piccolo et al, 1994)。反硝化也发生强的分馏,而且在分馏明显的地点,也引起剩余N库相似的富集(Piccolo et al, 1994; Högberg, 1997)。在有机物的微生物分解过程中可能发生进一步的^{15}N富集(Nadelhoffer & Fry, 1994)。另外,氨挥发过程中也发生同位素分馏,通常导致产物NH_3的^{15}N贫化和剩余底物NH_4^+的^{15}N富集。植物的根系可能优先吸收土壤中的硝酸盐,而不是铵(Nadelhoffer & Fry, 1988)。

表层土壤受植物凋落物的影响较大,而深层土壤则比较综合地反映过去微生物分解的影响。一般而言,随土壤深度的增加^{15}N则更加富集,但其形成机制尚不完全清楚(Rennie et al, 1976; Shearer et al, 1978; Shearer & Kohl, 1986; Nadelhoffer & Fry, 1988)。Sah等(2006)研究了芬兰北方林叶片、腐殖质和土壤的^{15}N自然丰度沿一个气候梯度的变化,分析了温度、降水、土壤碳和氮在解释这种变化中的作用，同时评价了皆伐是否对腐殖质和矿质土壤的^{15}N分馏有影响。他们的回归分析结果表明，不管是皆伐前还是皆伐后，温度是影响所有森林生态系统腐殖质和土壤^{15}N自然丰度的主要因素。对于热带森林的研究表明，土壤N库^{15}N含量随降水增加而趋于减小（Austin & Vitousek, 1998; Austin & Sala, 1999; Handley et al, 1999; Schuur & Matson, 2001; Vitousek, 2002; Amundson et al, 2003; Houlton et al, 2006）。Houlton等（2006）分析了造成这一趋势的主要原因，包括：（1）大气输入N同位素的变化（Heaton, 1987; Kendall, 1998），（2）同位素较轻的N向河流水的选择性淋溶（Högberg, 1997; Austin & Vitousek, 1998; Handley et al, 1999; Austin & Sala, 1999; Schuur & Matson, 2001; Vitousek, 2002; Amundson et al, 2003），或（3）同位素较轻的N向大气的气态损失（Högberg, 1997; Austin & Vitousek, 1998; Handley et al, 1999; Austin & Sala, 1999; Schuur & Matson, 2001; Amundson et al, 2003; Vitousek, 2004）。

大多数植物进化形成了与菌根真菌和（或）固N细菌的互惠共生联系，即菌根真菌和固N细菌供给植物N，作为回报从植物那里获得它们代谢所需的糖类。菌根在植物土壤养分获取中起关键作用，或许能使其寄主植物使用不同形态的N，如寄主不能直接同化的不稳定有机N（Dawson et al, 2002）。丛枝菌根和外生菌根是农业和自然生态系统里最重要的菌根。丛枝菌根和外生菌根都可以利用无机态的氮（NH_4^+和NO_3^-），而绝大多数外生菌根菌也能利用有机氮。Michelsen等（1996）指出，亚北极的菌根种利用凋落物的有机N是专向的，而且这一N源相对于土壤矿物N是^{15}N贫化的。现在还不清楚当N被吸收和输送到植物时，在什么条件下真菌改变了$\delta^{15}N$（Högberg, 1997; Hobbie et al, 2000, 2001; Evans, 2001）。此外，植物根可以通过共享的或共同的菌根网（common mycorrhizal networks, CMNs）而联系起来，CMNs构成了植物间资源传输的通道（He et al, 2003; Egerton-Warburton et al, 2007）。CMNs有助于营养吸收和流动。养分如碳、氮、磷和其他元素可以通过丛枝菌根网或外生菌根网从一种植物输送到另一种植物。可以用^{15}N标记或^{15}N自然丰度来跟踪丛枝菌根网或外生菌根网联系起来的植物之间N的流动。试验观测到豆类植物向非豆类植物的单向N传递可以达到20% ~50%（He et al, 2003）。在少量研究中，也有氮从非固氮菌根植物向固氮菌根植物传递（双向N输送）（He et al, 2003）。有人提出假说认为，植物种之间所观测到的$\delta^{15}N$差异可能在N从真菌向寄主传递过程中就发生了（Högberg et al, 1999; Hobbie et al, 1999a; Kohzu et al, 2000; Emmerton et al, 2001; Hobbie & Colpaert, 2003）。Högberg等（1999a）利用已知$\delta^{15}N$值的N源进行的研究中发现，植物吸收和同化时，对不管来自NH_4^+还是来自NO_3^-的N都发生^{15}N的分馏；分馏大小似乎随植物N吸收的增加而减小，且当NH_4^+是N源时最大。但是，他们没有观测到外生菌根植物和非菌根植物之间在分馏上的明显区别（Högberg et al, 1999a）。

2.5.3 氮沉降

氮作为植物（也应包括动物和微生物）基本的且往往是限制性的养分很早以来就为人们所熟知。已知许多生态系统存在氮匮乏的现象。但是，随着人类活动（土地利用变化、森林砍伐、农业施肥、工业制造过程和汽车尾气）向大气中排放含氮化合物的不断增加（Galloway et al, 1995, 2004）而导致的氮沉降，现在也出现不少生态系统氮饱和现象（Ågren & Bosatta, 1988; Aber et al, 1989, 1998, 2003; Pardo et al, 2004）。所谓N饱和是指N在生态系统的累积超过了生物活动之所需，因而多余的N经淋溶或气态释放从生态系统丧失的过程（Ågren & Bosatta, 1988; Aber et al, 1989, 1998, 2003; Pardo et al, 2004）。伴随N饱和，出现许多有害效应，如水质降低、土壤肥力下降和微量气体排放的增加、地表水富营养化等（Aber et al, 1989; Asner et al, 1997; Vitousek et al, 1997; Aber et al, 1998; Emmett et al, 1998a, b, c; Tietema et al, 1998b; Aber et al, 2002, 2003）。Aber等（1998）描述了N饱和形成的几个阶段：（1）在N饱和之前，生态系统受N限制，N的增加将促进N的矿化，但叶片N含量只是略有增加，伴随着叶片生物量增加以及净硝化和硝酸盐淋溶的增加；（2）净N矿化速率与植物和微生物N吸收所需基本持平，此时硝化和硝酸盐淋溶继续增加，叶片N浓度和叶片生物量也增加；（3）持续的高硝化、硝酸盐淋溶和气态N损失，同时出现叶片生物量和生态系统生产力的减小，叶片N含量呈现一个台状。最近人类活动引起的氮沉降对于生态系统的长期影响受到相当的重视，可以在诸如 GaNE（Global Nitrogen Enrichment）（Fowler et al，2004）、NITREX（Nitrogen Saturation Experiments）（Emmet et al，1998a；Tietema et al，1998b）和部分 FACE（Free-Air CO_2 Enrichment）试验（Zak et al，2003）等项目里反映出来。

为了评价大气氮沉降增加或氮饱和的效应，可进行施肥试验（例如，Högberg，1990a，b，1991；Högberg et al，1992；Högberg & Johannisson，1993；Johannisson & Högberg，1994）。但是，施肥试验常常是一次性施用，或在相对较短的时间里脉冲式施肥，与现实中长期持续的大气氮沉降明显不同；而且，氮肥施用的速率一般也比大气氮沉降速率高得多，从而限制了其在长期氮沉降效应评价的应用（Aber et al，1989；Poulson et al，1995）。利用植物组织稳定 N 同位素自然丰度的变化可以揭示和解释氮沉降或氮饱和对于生态系统的影响，可能是一种比较有效的方法（Poulson et al，1995；Hart & Classen，2003；Saurer et al，2004；Pardo et al，2006；Bukata & Kyser，2007）。Poulson 等（1995）研究了美国新罕布什尔 Hanover 附近铁杉（*Tsuga canadensis*）植物树轮 N 同位素的变化，发现树轮 $\delta^{15}N$从 20 世纪 60 年代初期（~+6‰）到 1992 年（~+0.9‰）的 30 年里一直在减小，其主要原因是同位素较轻的硝酸盐和铵的大气沉降随时间增加的结果。这与在瑞典中部 Stråsan 湖挪威云杉（*Picea abies*）叶片 $\delta^{15}N$ 从 1966 至 1989 年间随时间减小的趋势是一致的（从 1966 年的-1‰减小到 1989 年的-5‰）（Högberg et al，1992）。后来基于树轮的其他研究也观测到了 20 世纪 $\delta^{15}N$ 值下降的趋势（Peñuelas & Estiarte，1997；Hart & Classen，2003；Saurer et al，2004；Bukata & Kyser，2005；Choi et al，2005；Bukata & Kyser，2007）。由于 N 沉降的增加，美国科罗拉多前锋山脉高山湖的总体沉积物 $\delta^{15}N$从 1950 年前的 5‰，在一个湖芯减小到 1‰，在第二个湖芯减小到 2.5‰（Wolfe et al，2001）。

另外，植物叶片的^{15}N 富集水平似乎与土壤 N 含量增加（Meints et al，1975；Högberg，1990b；Gebauer & Schulze，1991；Emmett et al，1998b）、土壤 N 循环速率（Garten，1993；Garten & van Miegroet，1994；Pardo et al，2002）和 N 损失增加（Högberg & Johannisson，1993）存在正相关。这就意味着，叶片 $\delta^{15}N$ 值越高，一个森林生态系统越接近 N 饱和（Högberg，1990b）。所以，植物叶片可以作为评价生态系统 N 饱和的有用指标（Pardo et al，2006）。当硝化增加且^{15}N 贫化的硝酸盐从生态系统淋溶损失后，残留在生态系统中的 N（包括可被植物吸收的 N）则是^{15}N 富集的。离 N 污染越近，由于硝化增加（和^{15}N 贫化的硝酸盐的损失）叶片 $\delta^{15}N$ 值随之增加（Gebauer & Schulze，1991；Gebauer et al，1994；Jung et al，1997；Korontzi et al，2000；Saurer et al，2004）。

已有研究指出，自 20 世纪 70 年代以来美国东北部许多地方的森林 N 有效性在降低（Goodale et al，2003；Stoddard et al，1999）。McLauchlan 等（2007）将 3 种彼此独立的但时间上同步的森林 N 有效性估测（树轮同位素、湖相沉积物和河水硝酸盐数据）结合起来，重建了美国东北部森林过去 1 000 年的陆地 N 有效性的变化，发现氮可利用性在过去 75 年里在下降，这可能是由于生态系统正在从 200 年前欧美土地利用中恢复。人类活动的长期干扰，特别是采伐和农业，是当今森林生态系统陆地 N 循环的主要驱动者，即使干扰停止一个世纪后依然如此（McLauchlan et al，2007）。

这里需要指出的是，对于土壤-植物-大气各个氮库之间的氮循环过程中各个环节所发生的各种同位素分馏现象以及彼此之间的相互作用关系的认识仍然有许多值得深入研究的问题。例如，为了揭示植物对无机 N 或有机 N 的直接吸收，生物固氮，受菌根调节的 N 吸收、分泌和转移、植物体内 N 同化和转化等过程中可能发生的各种分馏作用的机制，我们可以借助于氮化合物中二元（dual-isotope）或多元同位素（multi-isotope）分析或标记的方法（例如，Deléens et al，1994；Avice et al，1996；Robinson et al，2000；Taylor et al，2004；Bottner et al，2006），也可以开发同位素模型与试验相结合的方法（Shearer et al，1974；Hanson & Garten，1992；Hobbie et al，1999 b；Currie et al，1999；Currie & Nadelhoffer，1999；Vitousek & Field，1999；Treseder & Allen，2002；Currie et al，2004；Schimel & Bennett，2004）。

2.6 结论与展望

本章只是简要叙述了碳、氢、氧和氮稳定同位素在陆地生态系统应用的基本原理和一些实例。我们的焦点主要放在生态系统生物地球化学循环中的碳、氮和水循环过程方面,而对于利用稳定同位素技术明确动物-植物的相互关系、反演或重建古环境、古气候和古植被,以及评价环境健康和污染等方面的研究工作鲜有提及。毋庸置言,稳定同位素技术在这些方面的应用也是十分广泛。例如,动物组织(包括动物化石)里的^{13}C、D、^{18}O和^{15}N反映现在或过去动物的迁徙、食性、食物来源和营养级(食物链或食物网)关系等(例如,Gannes et al, 1997, 1998; Dawson et al, 2002; Rubenstein et al, 2002; Schwertl et al, 2003; Rubenstein & Hobson, 2004; Hobson, 2005; Michener & Lajtha, 2007)。树轮木质里的^{13}C、D、^{18}O和^{15}N丰度记录了大量的植物年内、年际、数十年甚至数百年以上的生长发育过程中的生理生态及其环境变化信息(例如,Feng & Epstein, 1994; Griffiths, 1998; McCarroll & Loader, 2004; Augusti et al. 2006; Kagawa et al. 2006; Roig et al. 2006; Leavitt, 2007)。利用冰芯、岩芯、湖芯、海芯或动植物化石中稳定同位素可以重建古气候或古环境(例如,Nordt et al. 1994; Petit et al. 1999; Dawson et al. 2002; Landais et al. 2007; Michener & Lajtha, 2007; Tipple & Pagani, 2007)。另外,为了更好地阐明生态系统各种生物地球化学过程的机制,采用二元或多元同位素(也包括放射性同位素)的分析或标记受到了重视(如 Deléens et al. 1994; Avice et al. 1996; Robinson et al. 2000; Taylor et al. 2004; Ferrio & Voltas, 2005; Bottner et al. 2006; Ferrio et al. 2007)。同时,稳定性同位素标记技术与分子生物学技术相结合而发展起来的稳定同位素探测技术(stable isotope probing, SIP)的应用前景十分广阔(Radajewski et al. 2000, 2002; Lu & Conrad, 2005; Dumont et al. 2006; Leake et al. 2006)。

在我国,稳定同位素技术在陆地生态系统生物地球化学循环方面的研究起步比较晚,研究基础比较薄弱,试验设备短缺和技术条件相对落后,所以与欧美等发达国家相比仍然存在明显差距。只是进入20世纪90年代以来,一些基础研究工作才陆续得以开展(例如,林植芳等, 1990, 1994, 1995; 孙谷畴等, 1993; 刘东生等, 1994; 蒋高明, 1996; 蒋高明等, 1997; 严昌荣等, 1998; Hong et al. 2001; 渠春梅等, 2001; Chen et al. 2002, 2003; 苏培玺等, 2003; 王国安, 2003; 王国安等, 2003; 陈世苹等, 2004; 何勇等, 2004; Liu et al. 2004; Lu et al. 2004; 喻方圆和徐锡增, 2004; Zhao et al. 2004; Liu et al. 2005)。国内有许多研究者结合国内的研究工作,对国外稳定同位素技术的应用与研究进展进行了文献综述(林光辉, 柯渊, 1995; 陈拓等, 1998; 苏波等, 1999; 陈世苹等, 2002; 王建柱等, 2004; 孙伟等, 2005; 于贵瑞等, 2005; 李庆康等, 2006; 段德玉和欧阳华, 2007)。例如,王建柱等(2004)综述了稳定同位素在陆地生态系统动-植物相互关系研究中的应用;王国安(2003)综述了稳定碳同位素在第四纪古环境研究中的应用;孙伟等(2004)综述了稳定性同位素技术与Keeling曲线法在陆地生态系统碳/水交换研究中的应用;于贵瑞等(2005)综述了碳同位素技术在土壤碳循环研究中的应用;李庆康等(2006)综述了稳定性同位素技术在通量观测中的应用;段德玉和欧阳华(2007)综述了稳定氢氧同位素在定量区分植物水分利用来源中的应用。

我们已经提到,稳定同位素技术在地球科学和生命科学的各个领域的应用十分广泛。在时间尺度上,从秒到分、小时、日、月、年乃至数百数千年;在空间尺度上,从细胞到叶片、个体、群落、生态系统或区域乃至全球,稳定同位素技术都可以为我们提供有关各种生态系统生物地球化学循环及其与环境变化关系的有用信息。而且,作为一种实用技术和为其他学科所不可替代的强有力工具,稳定同位素技术在促进生物地球化学循环研究的进步,甚至在解决许多悬而未决的问题方面正在发挥,也必将发挥其独到的作用。与此同时,随着观测仪器和研究方法,特别是稳定同位素模型的研发和不断完善,稳定同位素技术与其他领域(如微气象学、分子生物学、遗传学等)的技术和方法以及相结合,将更加焕发其勃勃生机。

参考文献

陈世苹, 白永飞, 韩兴国. 2002. 稳定性碳同位素技术在生态学研究中的应用. 植物生态学报, 26(5): 549-560.

陈世苹, 白永飞, 韩兴国, 等. 2004. 沿土壤水分梯度黄囊苔草碳同位素组成及其适应策略的变化. 植物生态学报, 28(4): 515-522.

陈拓，秦大河，康兴成，等. 1998. 树轮氢、氧同位素研究进展. 地球科学进展，13(4)：382-386.

段德玉，欧阳华. 2007. 稳定氢氧同位素在定量区分植物水分利用来源中的应用. 生态环境，16(2)：655-660.

何勇，秦大河，任贾文，等. 2004. 塬堡全新世黄土剖面有机质碳同位素的气候记录. 地球化学，33(2)：178-184.

蒋高明，1996. 植物生理生态学中的稳定碳同位素技术及其应用. 生态学杂志，15(2)：49-54.

蒋高明，黄银晓，万国江，等. 1997. 树木年轮 $\delta^{13}C$ 值及其对我国北方大气 CO_2 浓度变化的指示意义. 植物生态学报，21(2)：155-160.

李庆康，高鲁鹏，王绍强，等. 2006. 稳定性同位素技术在通量观测中的应用//于贵瑞，孙晓敏. 陆地生态系统通量观测的原理与方法. 北京：高等教育出版社，285-306.

林光辉，柯渊. 1995. 稳定同位素技术与全球变化研究//李博. 现代生态学讲座. 北京：科学出版社，161-188.

林植芳. 1990. 稳定碳同位素在植物生理生态研究中的应用，3(3)：1-6.

林植芳，彭长连，林桂珠，等. 1994. 菠萝叶片稳定碳同位素比和 PEP 羧化酶及 PEP 羧化酶活性. 植物学报，36：534-538.

林植芳，林桂珠，孔国辉，等. 1995. 生长光强对亚热带自然林两种木本植物 $\delta^{13}C$，c_i 和 WUE 的影响. 热带亚热带植物学报，3(2)：77-82.

刘东生，郭正堂，吴乃琴，等. 1994. 史前黄土高原自然植被景观：森林还是草原. 地球学报，(3-4)：226-273.

苏波，韩兴国，黄建辉. 1999. ^{15}N 自然丰度法在生态系统氮素循环研究中的应用. 生态学报，19：408-416.

孙谷畴，林植芳，林桂珠，等. 1993. 亚热带人工松林 $^{13}C/^{12}C$ 比率和水分利用效率. 应用生态学报，4(3)：325-327.

苏培玺，陈怀顺，李启森，2003. 河西走廊中部沙漠植物 $\delta^{13}C$ 值的特点及其对水分利用效率的指示. 冰川冻土，25(5)：597-602.

渠春梅，韩兴国，苏波，等. 2001. 云南西双版纳片断化热带雨林植物叶片 $\delta^{13}C$ 值的特点及其对水分利用效率的指示. 植物学报，43 (3)：186-192.

孙伟，林光辉，陈世苹，等. 2005. 稳定性同位素技术与 Keeling 曲线法在陆地生态系统碳/水交换研究中的应用. 植物生态学报，(5)：851-862.

王建柱，林光辉，黄建辉，等. 2004. 稳定同位素在陆地生态系统动-植物相互关系研究中的应用. 科学通报，(21)：2 141-2 149.

王国安. 2003. 稳定碳同位素在第四纪古环境研究中的应用. 第四纪研究，23(5)：472-484.

王国安，韩家懋，刘东生. 2003. 中国黄土区 C_3 植物稳定性同位素组成的研究. 中国科学(D)，33：251-255.

严昌荣，韩兴国，陈灵芝，等. 1998. 暖温带阔叶林主要植物叶片中 $\delta^{13}C$ 值的种间差异及时空变化. 植物学报，40(9)：853-859.

于贵瑞，王绍强，陈泮勤，等. 2005. 碳同位素技术在土壤碳循环研究中的应用. 地球科学进展. 20(5)：568-578.

Aber J D, Goodale C L, Ollinger S V, et al. 2003. Is nitrogen deposition altering the nitrogen status of northeastern forests. Bioscience, 53(4): 375-389.

Aber J D, McDowell W, Nadelhoffer K, et al. 1998. Nitrogen saturation in temperate forest ecosystems. Bioscience, 8: 921-934.

Aber J D, Nadelhoffer K J, Steudler P A, et al. 1989. Nitrogen saturation in forest ecosystems. Bioscience, 39: 378-386.

Aber J D, Ollinger S V, Driscoll C T, et al. 2002. Inorganic nitrogen losses from a forested ecosystem in response to physical, chemical, biotic, and climatic perturbations. Ecosystems, 5: 648-658.

Ågren G I, Bosatta E. 1988. Nitrogen saturation of terrestrialecosystems. Environmental Pollution, 54: 185-197.

Ågren G I, Bosatta E, Balesdent J. 1996. Isotope discrimination during decomposition of organic matter: A theoretical analysis. Soil Science Society of America Journal, 60: 1 121-1 126.

Alessio G A, De Lillis M, Brugnoli E, et al. 2004. Water sources and water-use efficiency in mediterranean coastal dune vegetation. Plant Biology, 6: 350-357.

Allison G B, Barnes C J. 1983. Estimation of evaporation from non-vegetated surfaces using natural deuterium. Nature, 301: 143-145.

Allison G B, Barnes C J, Hughes M W. 1983. The distribution of deuterium and ^{18}O in dry soil: II. Experimental. Journal of Hydrology, 64: 377-397.

Allison G B, Gat J R, Leaney F W J. 1985. The relationship between deuterium and oxygen-18 delta values in leaf water. Chemical Geology, 58: 145-156.

Alstad K P, Lai C-T, Flanagan L B, et al. 2007. Environmental controls on the carbon isotope composition of ecosystem respired CO_2 in contrasting forest ecosystems in Canada and USA. Tree Physiology, 27: 1 361-1 374.

Amundson R, Austin A T, Schuur E A G, et al. 2003. Global patterns of the isotopic composition of soil and plant nitrogen. Global Biogeochemical Cycles, 17(1): 1 031. doi:10.1029/2002GB001903.

Anderson J E, Kriedemann P E, Austin M P, et al. 2000. Eucalypts forming a canopy functional type in dry sclerophyll forests respond differentially to environment. Australian Journal of Botany, 48: 759-775.

Aranibar J N, Berry J A, Riley W J, et al. 2006. Combining meteorology, eddy fluxes, isotope measurements, and modeling to understand environmental controls of carbon isotope discrimination at the canopy scale. Global Change Biology, 12: 710-730.

Arslan A, Zapata F, Kumarasinghe K S. 1999. Carbon isotope discrimination as indicator of water-use efficiency of spring wheat as affected by salinity and gypsum addition. Communications in Soil Science and Plant Analysis, 30: 2 681-2 693.

Asner G P, Seastedt T R, Townsend A R. 1997. The decoupling of terrestrial carbon and nitrogen cycles. Bioscience, 47: 226-234.

Augusti A, Betson T R, Schleucher J. 2006. Hydrogen exchange during cellulose synthesis distinguishes climatic and biochemical isotope fractionations in tree rings. New Phytologist, 172(3): 490-499.

Austin A T, Sala O E. 1999. Foliar $\delta^{15}N$ is negatively correlated with rainfall along with the IGBP transect in Australia. Australian Journal of Plant Physiology, 26: 293-295.

Austin A T, Vitousek P M. 1998. Nutrient dynamics on a precipitation gradient in Hawaii. Oecologia, 113: 519-529.

Avice J C, Ourry A, Lemaire G, et al. 1996. Nitrogen and carbon flows estimated by ^{15}N and ^{13}C pulse-chase labeling during regrowth of alfalfa. Plant Physiology, 12: 281-290.

Badeck F W, Tcherkez G, Nogués S, et al. 2005. Post-photosynthetic fractionation of stable carbon isotopes between plant organs—a widespread phenomenon. Rapid Communications in Mass Spectrometry, 19: 1 381-1 391.

Baldocchi D D. 2003. Assessing ecosystem carbon balance: Problems and prospects of the eddy covariance technique. Global Change Biology, 9: 478-492.

Baldocchi D D. 2008. Turner Review No. 15— Breathing of the terrestrial biosphere: lessons learned from a global network of carbon dioxide flux measurement systems. Australian Journal of Botany, 56: 1-26.

Baldocchi D D, Bowling D R. 2003. Modeling the discrimination of ^{13}C above and within a temperate broad-leaved forest canopy on hourly to seasonal time scales. Plant, Cell and Environment, 26: 231-244.

Balesdent A, Mariotti A. 1996. Measurement of soil organic matter turnover using ^{13}C natual abundance // Boutton T W, Yamasaki S-I. Mass Spectrometry of Soils. New York: Marcel Dekker, Inc, 83-111.

Barbour M M. 2007. Stable oxygen isotope composition of plant tissue: A review. Functional Plant Biology, 34(2): 83-94.

Barbour M M, Farquhar G D. 2000. Relative humidity-and ABA-induced variation in carbon and oxygen isotope ratios of cotton leaves. Plant, Cell and Environment, 23: 473-485.

Barbour M M, Farquhar G D. 2000. Do pathways of water movement and leaf anatomical dimensions allow development of gradients in $H_2{}^{18}O$ between veins and the sites of evaporation within leaves. Plant Cell and Environment, 27(1): 107-121.

Barbour M M, Fischer R A, Sayre K D, et al. 2000a. Oxygen isotope ratio of leaf and grain material correlates with stomatal conductance and grain yield in irrigated wheat. Australian Journal of Plant Physiology, 27: 625-637.

Barbour M M, McDowell N G, Tcherkez G, et al. 2007. A new measurement technique reveals rapid post-illumination changes in the carbon isotope composition of leaf-respired CO_2. Plant, Cell and Environment, 30(4): 469-482.

Barbour M M, Roden J S, Farquhar G D, et al. 2004. Expressing leaf water and cellulose oxygen isotope ratios as enrichment above source water reveals evidence of a Péclet effect. Oecologia, 138: 426-435.

Barbour M M, Schurr U, Henry B K, et al. 2000b. Variation in the oxygen isotope ratio of phloem sap sucrose from castor bean. evidence in support of the Péclet effect. Plant Physiology, 123: 671-680.

Bariac T, Rambal S, Jusserand C, et al. 1989. Evaluating water fluxes of field-grown alfalfa from diurnal observations of natural isotope concentrations, energy budget and ecophysiological parameters. Agricultural and Forest Meteorology, 48: 263-283.

Barnes C J, Allison G B. 1983. The distribution of deuterium and ^{18}O in dry soils: I. Theory. Journal of Hydrology, 60: 141-156.

Barnes C J, Allison G B. 1984. The distribution of deuterium and ^{18}O in dry soils: III. Theory for non-isothermal water movement. Journal of Hydrology, 74: 119-135.

Barnes C J, Allison G B. 1988. Tracing of water movement in the unsaturated zone using stable isotopes of hydrogen and oxygen. Journal of Hydrology, 100: 143-176.

Barnes C J, Allison G B. 1989. Temperature gradient effects on stable isotope and chloride profiles in dry soils. Journal of Hydrology, 112: 69-87.

Bathellier C, Badeck F W, Couzi P, et al. 2008. Divergence in $\delta^{13}C$ of dark respired CO_2 and bulk organic matter occurs during the transition between heterotrophy and autotrophy in *Phaseolus vulgaris* plants. New Phytologist, 177(2): 406-418.

Battle M, Bender M, Tans P P, et al. 2000. Global carbon sinks and their variability inferred from atmospheric O_2 and $\delta^{13}C$. Science, 287: 2 467-2 470.

Bauerle T L, Richards J H, Smart D R, et al. 2008. Importance of internal hydraulic redistribution for prolonging the lifespan of roots in dry soil. Plant, Cell and Environment, 31: 177-186.

Bender M M. 1971. Variation in the $^{13}C/^{12}C$ ratios of plants in relation to the pathway of photosynthetic carbon dioxide fixation. Phyotochemistry, 10: 1 239-1 244.

Bender M M, Rouhani I, Vines H M, et al. 1973. $^{13}C/^{12}C$ ratio changes in crassulacean acid metabolism plants. Plant Physiology, 52: 427-430.

Bernoux M, Cerri C C, Neill C, et al. 1998. The use of stable isotopes for estimating soil organic matter turnover rates. Geoderma, 82: 43-58.

Berry S C, Varney G T, Flanagan L B. 1997. Leaf $\delta^{13}C$ in *Pinus resinosa* trees and understory plants variation associated with light and CO_2 gradients. Oecologia, 109: 499-506.

Biggs T H, Quade J, Webb R H. 2002. $\delta^{13}C$ values of soil organic matter in semiarid grassland with mesquite (*Prosopis*) encroachment in southeastern Arizona. Geoderma, 110: 109-130.

Bonal D, Sabatier D, Montpied P, et al. 2000. Interspecific variability of $\delta^{13}C$ among canopy trees in rainforests of French Guiana: Functional groups and canopy integration. Oecologia, 124: 454-468.

Boström B, Comstedt D, Ekblad A. 2007. Isotope fractionation and ^{13}C enrichment in soil profiles during the decomposition of soil organic matter. Oecologia, 153: 89-98.

Bottner P, Pansu M, Sarmiento L, et al. 2006. Factors controlling decomposition of soil organic matter in fallow systems of the high tropical Andes: A field simulation approach using ^{14}C- and ^{15}N-labelled plant material. Soil Biology and Biochemistry, 38(8): 2 162-2 177.

Boutton T W, Archer S R, Midwood A J, et al. 1998. $\delta^{13}C$ values of soil organic carbon and their use in documenting vegetation change in a subtropical savanna ecosystem. Geoderma, 82: 5-41.

Bowling D R, Baldocchi D D, Monson R K. 1999a. Dynamics of isotopic exchange of carbon dioxide in a Tennessee deciduous forest. Global Biogeochemical Cycles, 13: 903-922.

Bowling D R, Burns S P, Conway T J, et al. 2005. Extensive observations of CO_2 carbon isotope content in and above a high-elevation subalpine forest. Global Biogeochemical Cycles, 19: GB3023. doi: 10.1029/2004GB002394.

Bowling D R, Delany A C, Turnipseed A A, et al. 1999b. Modification of the relaxed eddy accumulation technique to maximize measured scalar mixing ratios differences in updrafts and downdrafts. Journal of Geophysical Research, 104(D): 9 121-9 133.

Bowling D R, McDowell N G, Bond B J, et al. 2002. ^{13}C content of ecosystem respiration is linked to precipitation and vapor pressure deficit. Oecologia, 131: 113-124.

Bowling D R, McDowell N G, Welker J M, et al. 2003a. Oxygen isotope content of CO_2 in nocturnal ecosystem respiration. 1. Observations in forests along a precipitation transect in Oregon, USA. Global Biogeochemical Cycles, 17: 1 120. doi: 10.1029/2003GB002081.

Bowling D R, McDowell N G, Welker J M, et al. 2003b. Oxygen isotope content of CO_2 in nocturnal ecosystem respiration. 2. Short-term dynamics of foliar and soil component fluxes in an old-growth ponderosa pine forest. Global Biogeochemical Cycles, 17: 1 124. doi: 10.1029/2003GB002082.

Bowling D R, Pataki D E, Ehleringer J R. 2003d. Critical evaluation of micrometeorological methods of measuring ecosystem-atmosphere isotopic exchange of CO_2. Agricultural and Forest Meteorology, 116: 159-179.

Bowling D R, Pataki D E, Randerson J T. 2008. Carbon isotopes in terrestrial ecosystem pools and CO_2 fluxes. New Phytologist, 178: 24-40.

Bowling D R, Sargent S D, Tanner B D, et al. 2003c. Tunable diode laser absorption spectroscopy for stable isotope studies of ecosystem-atmosphere CO_2 exchange. Agricultural and Forest Meteorology, 118(1/2): 1-19.

Bowling D R, Tans P P, Monson R K. 2001. Partitioning net ecosystem carbon exchange with isotopic fluxes of CO_2. Global Change Biology, 7: 127-145.

Boyce R L, Friedland A J, Chamberlain C P, et al. 1996. Direct canopy nitrogen uptake from ^{15}N-labeled wet deposition by mature red spruce. Canadian Journal of Forest Research, 26: 1 539-1 547.

Brandes E, Kodama N, Whittaker K, et al. 2006. Short-term variation in the isotopic composition of organic matter allocated from the leaves to the stem of *Pinus sylvestris*: Effects of photosynthetic and postphotosynthetic carbon isotope fractionation. Global Change Biology, 12(10): 1 922-1 939.

Brendel O, Handley L, Griffiths H. 2003. The $\delta^{13}C$ of Scots pine (*Pinus sylvestris* L.) needles: Spatial and temporal variations. Annals of Forest Science, 60: 97-104.

Broadmeadow M S J, Griffiths H, Maxwell C, et al. 1992. The carbon isotope ratio of plant organic material reflects temporal and spatial variations in CO_2 within tropical forest formations in Trinidad. Oecologia, 89: 435-441.

Brooks J R, Flanagan L B, Varney G T, et al. 1997. Vertical gradients of photosynthetic gas exchange and recycling of respired CO_2 within boreal forest canopies. Tree Physiology, 17: 1-12.

Brugnoli E, Farquhar G D. 2000. Photosynthetic fractionation of carbon isotopes//Leegood R C, Sharkey T D, von Caemerer S. Photosynthesis: Physiology and Metabolism (Advances in Photosynthesis Volume 9) (Advances in Photosynthesis and Respiration). Boston: Kluwer Academic Publishers, 399-434.

Brugnoli E, Hubick K T, von Caemmerer S, et al. 1988. Correlation between the carbon isotope discrimination in leaf starch and sugars of C_3 olants and the ratio of intercellular and atmospheric partial pressures of carbon dioxide. Plant Physiology, 88: 1 418-1 424.

Brunel J-P, Walker G R, Kennett-Smith A K. 1995. Field validation of isotopic procedures for determining sources of water used by plants in a semi-arid environment. Journal of Hydrology, 167: 351-368.

Buchmann N, Brooks J R, Flanagan L B, et al. 1998. Carbon isotope discrimination in terrestrial ecosystems//Griffiths H. Stable Isotopes: Integration of Biological, Ecological and Geochemical processes. Oxford: BIOS Scientific Publishers Ltd, 203-221.

Buchmann N, Kao W K, Ehleringer J R. 1996. Carbon dioxide concentrations within forest canopies-variation with time, stand structure, and vegetation type. Global Change Biology, 2: 421-432.

Bukata A R, Kyser T K. 2005. Response of the nitrogen isotopic composition of tree-rings following tree-clearing and land-use change. Environmental Science and Technology, 39: 7 777-7 783.

Bukata A R, Kyser T K. 2007. Carbon and nitrogen isotope variations in tree-rings as records of perturbations in regional carbon and nitrogen cycles. Environmental Science and Technology, 41(4): 1 331-1 338.

Burgess S S O, Dawson T E. 2004. The contribution of fog to the water relations of *Sequoia sempervirens* (D. Don): foliar uptake and prevention of dehydration. Plant Cell and Environment, 27: 1 023-1 034.

Cappa C D, Hendricks M B, DePaolo D J, et al. 2003. Isotopic fractionation of water during evaporation. Journal of Geophysical Research, 108: 4 525. doi: 10.1029/2003JD003597.

Cerling T E. 1992. Use of carbon isotopes in paleosols as an indicator of the P(CO_2) of the paleoatmosphere. Global Biogeochemical Cycles, 6: 307-314.

Cernusak L A, Marshall J D, Comstock J P, et al. 2001. Carbon isotope discrimination in photosynthetic bark. Oecologia, 128: 24-35.

Cernusak L A, Wong S C, Farquhar G D. 2003. Oxygen isotope composition of phloem sap in relation to leaf water in *Ricinus communis*. Functional Plant Biology, 30: 1 059-1 070.

Chapin III F S, Moilainen L, Kielland K. 1993. Preferential use of organic acid N by a non-mycorrhizal arctic sedge. Nature, 361: 150-153.

Chen B Z, Chen J M. 2007. Diurnal, seasonal and interannual variability of carbon isotope discrimination at the canopy level in response to environmental factors in a boreal forest ecosystem. Plant, Cell and Environment, 30(10): 1 223-1 239.

Chen S P, Bai Y F, Han X G. 2002. Variation of water use efficiency of *Leymus chinensis* and *Cleistogenes squarrosa* in different plant communities in Xilin river basin, Nei Mongol. Acta Botanica Sinica, 44: 1 484-1 490.

Chen S P, Bai Y F, Han X G. 2003. Variations in composition and water use efficiency of plant functional groups based on their water ecological groups in the Xilin river basin. Acta Botanica Sinica, 45: 1 251-1 260.

Chimner R A, Cooper D J. 2004. Using stable oxygen isotopes to quantify the water source used for transpiration by native shrubs in the San Luis Valley, Colorado U.S.A. Plant and Soil, 260: 225-336.

Choi W J, Chang S X, Allen H L, et al. 2005. Irrigation and fertilization effects on foliar and soil carbon and nitrogen isotope ratios in a loblolly pine stand. Forest Ecology and Management, 213(3): 90-101.

Ciais P, Denning A S, Tans P P, et al. 1997a. A three-dimensional synthesis study of ^{18}O in atmospheric CO_2. 1. Surface fluxes. Journal of Geophysical Research, 102: 5 857-5 872.

Ciais P, Friedlingstein P, Schimel D S, et al. 1999. A global calculation of the $\delta^{13}C$ of soil respired carbon: Implications for the biospheric uptake of anthropogenic CO_2. Global Biogeochemical Cycles, 13: 519-530.

Ciais P, Tans P P, Denning A S, et al. 1997b. A three-dimensional synthesis study of ^{18}O in atmospheric CO_2. 2. Simulations with the TM2 transport model. Journal of Geophysical Research, 102: 5 873-5 883.

Ciais P, Tans P P, Trolier M, et al. 1995a. A large northern hemisphere terrestrial CO_2 sink indicated by the $^{13}C/^{12}C$ ratio of atmospheric CO_2. Science, 269: 1 098-1 102.

Ciais P, Tans P P, White J W C, et al. 1995b. Partitioning of ocean and land uptake of CO_2 as inferred by $\delta^{13}C$ measurements from the NOAA Climate Monitoring and Diagnostics Laboratory Global Air Sampling Network. Journal of Geophysical Research, 100: 5 051-5 070.

Clark I, Fritz P. 1997. Environmental isotopes in hydrogeology. Boca Raton: Lewis Publishers, 328.

Cook P G, O'Grady A P. 2006. Determining soil and ground water use of vegetation from heat pulse, water potential and stable isotope data. Oecologia, 148: 97-107.

Craig H, Gordon L. 1965. Deuterium and oxygen-18 in the ocean and the marine atmosphere//Tongiorgi E. Proceedings of a Conference on Stable Isotopes in Oceanographic Studies and Paleotemperatures. Laboratory of Geology and Nuclear Science, Spoleto, Italy: 9-130.

Cuntz M, Ciais P, Hoffmann G, et al. 2003a. A comprehensive global 3D model of $\delta^{18}O$ in atmospheric CO_2: 1. Validation of surface processes. Journal of Geophysical Research, 108(D17): 4 527. doi: 10.1029/2002JD003153.

Cuntz M, Ciais P, Hoffmann G, et al. 2003b. A comprehensive global 3D model of $\delta^{18}O$ in atmospheric CO_2: 2. Mapping the atmospheric signal. Journal of Geophysical Research, 108(D17): article 4 528. doi: 10.1029/2002JD003154.

Currie W S, Nadelhoffer K. 1999. Dynamic redistribution of isotopically labelled cohorts of nitrogen inputs in two temperate forests. Ecosystems, 2: 4-18.

Currie W S, Nadelhoffer K, Aber J D. 1999. Soil detrital processes controlling the movement of ^{15}N tracers to forest vegetation. Ecological Applications, 9: 87-102.

Currie W S, Nadelhoffer K, Aber J D. 2004. Redistributions of ^{15}N highlight turnover and replenishment of mineral soil organic N as a long-term control on forest C balance. Forest Ecology and Management, 196: 109-127.

Dawson T E. 1993a. Water sources of plants as determined from xylem-water isotopic composition: perspectives on plant competition, distribution, and water relations//Ehleringer J R, Hall A E, Farquhar G D. Stable Isotopes and Plant Carbon-Water Relations. New York: Academic Press, 465-496.

Dawson T E. 1993b. Woodland water balance. Trends in Ecology and Evolution, 8: 120-121.

Dawson T E. 1993c. Hydraulic lift and water use in plants: implications for performance, water balance and plant-plant interactions. Oecologia, 95: 565-574.

Dawson T E. 1998. Fog in the California redwood forest: ecosystem inputs and use by plants. Oecologia, 117: 476-485.

Dawson T E, Ehleringer J R. 1991. Streamside trees that do not use stream water. Nature, 350: 335-337.

Dawson T E, Ehleringer J R. 1998. Plants, isotopes and water use: A catchment-scale perspective//Kendall C, McDonnell J. Isotope Tracers in Catchment Hydrology. Amsterdam: Elsevier, 165-202.

Dawson T E, Mambelli S, Plamboeck A H, et al. 2002. Stable isotopes in plant ecology. Annual Review of Ecology and Systematics, 33: 507-559.

Dawson T E, Pate J S. 1996. Seasonal water uptake and movement in root systems of Australian phreatophytic plants of dimorphic root morphology: A stable isotope investigation. Oecologia, 107: 13-20.

Dawson T E, Pausch R C, Parker H M. 1998. The role of hydrogen and oxygen stable isotopes in understanding water movement along the soil-plant-atmspheric continuum//Griffiths H. Stable Isotopes: Integration of Biological, Ecological and Geochemical processes. Oxford: BIOS Scientific Publishers Ltd., 169-183.

Dawson T E, Siegwolf R T W. 2007. Stable Isotopes as Indicators of Ecological Change. New York: Elsevier Academic Press, 350.

Deléens E, Cliquet J B, Prioul J L. 1994. Use of ^{13}C and ^{15}N plant label near natural abundance for monitoring carbon and nitrogen partitioning. Australian Journal of Plant Physiology, 21(2): 133-146.

Dodd M B, Lauenroth W K, Welker J M. 1998. Differential water resource use by herbaceous and woody plants in a shortgrass steppe community. Oecologia, 117: 504-512.

Dongmann G, Nürnberg H, W, Förstel H, et al. 1974. On the enrichment of $H_2{}^{18}O$ in leaves of transpiring plants. Radiation, Environment and Biophysiology, 11: 41-52.

Donovan L A, Ehleringer J R. 1994. Water stress and use of summer precipitation in a Great Basin shrub community. Functional Ecology, 8: 289-297.

Drake P L, Franks P J. 2003. Water resource partitioning, stem xylem hydraulic properties, and plant water use strategies in a seasonally dry riparian tropical rainforest. Oecologia, 137(3): 321-329.

Dumont M G, Neufeld J D, Murrell J C. 2006. Isotopes as tools for microbial ecologists. Current Opinion in Biotechnology, 17(1): 57-58.

Duranceau M, Ghashghaie J, Badeck F, et al. 1999. $\delta^{13}C$ of CO_2 respired in the dark in relation to $\delta^{13}C$ of leaf carbohydrates in *Phaseolus vulgaris* L. under progressive drought. Plant, Cell and Environment, 22: 515-523.

Duranceau M, Ghashghaie J, Brugnoli E. 2001. Carbon isotope discrimination during photosynthesis and dark respiration in intact leaves of *Nicotiana sylvestris*: Comparisons between wild type and mitochondrial mutant plants. Australian Journal of Plant Physiology, 28(1): 65-71.

Durka W, Schulze E-D, Gebauer G, et al. 1994. Effects of forest decline on uptake and leaching of deposited nitrate determined from ^{15}N and ^{18}O measurements. Nature, 372: 765-767.

Dyckmans J, Flessa H. 2001. Influence of tree internal N status on uptake and translocation of C and N in beech: a dual ^{13}C and ^{15}N labeling approach. Tree Physiology, 21: 395-401.

Dyckmans J, Schmidt O. 2004. Dual ^{13}C, ^{15}N labelling of terrestrial slugs (*Deroceras reticulatum*). Isotopes in Environmental and Health Studies, 40(3): 233-237.

Ebdon J S, Petrovic A M, Dawson T E. 1998. Relationship between carbon isotope discrimination, water use efficiency, and evapotranspiration rate in Kentucky bluegrass. Crop Science, 38: 157-162.

Eckardt N A. 2005. Photorespiration Revisited. The Plant Cell, 17: 2 139-2 141.

Egerton-Warburton L M, Querejeta J I, Allen M F. 2007. Common mycorrhizal networks provide a potential pathway for the transfer of hydraulically lifted water between plants. Journal of Experimental Botany. doi:10. 1093/jxb/erm009.

Ehdaie B, Hall A E, Farquhar G D, et al. 1991. Water-use efficiency and carbon isotope discrimination in wheat. Crop Science, 31: 1 282-1 288.

Ehleringer J R. 1993a. Carbon and water relations in desert plants: an isotopic perspective//Ehleringer J R, Hall A E, Farquhar G D. Stable Isotopes and Plant Carbon-Water Relations. New York: Academic Press, 155-172.

Ehleringer J R. 1993b. Gas exchange implications of isotopic variation in aridland plants//Smith J A C, Griffiths H. Water Deficits: Plant Responses from Cell to Community. London: BIOS Sscientific Publishers Ltd., 265-284.

Ehleringer J R, Bowling D, Fessenden J, et al. 2002. Stable isotopes and carbon cycle processes in forest and grasslands. Plant Biology, 4:181-193.

Ehleringer J R, Buchmann N, Flanagan L B. 2000a. Carbon isotope ratios in belowground carbon cycle processes. Ecological Applications, 10: 412-422.

Ehleringer J R, Cerling T E, Flanagan L B. 2001. Global change and linkages between physiological ecology and ecosystem ecology//Press M, Huntly N, Levin S. Ecology: Achievement and Challenge. Oxford: Blackwell Scientific Press, 115-138.

Ehleringer J R, Cooper T A. 1988. Correlations between carbon isotope ratio and microhabitat in desert plants. Oecologia, 76: 562-566.

Ehleringer J R, Cook C S. 1998. Carbon and oxygen isotope ratios of ecosystem respiration along an Oregon conifer transect: Preliminary observations based upon small-flask sampling. Tree Physiology, 18: 513-519.

Ehleringer J R, Dawson T E. 1992. Water uptake by plants: perspectives from stable isotopes. Plant, Cell and Environment, 15: 1 073-1 082.

Ehleringer J R, Dearing M D, Cerling T E. 2005. History of Atmospheric CO_2 and the Impacts on Plants, Animals, and Ecosystems. Berlin: Springer-Verlag, 530.

Ehleringer J R, Evans R D, Williams D. 1998. Assessing sensitivity to change in desert ecosystems: A stable isotope approach//Griffiths H. Stable Isotopes: Integration of Biological, Ecological and Geochemical processes. Oxford: BIOS Scientific Publishers Ltd., 223-237.

Ehleringer J R, Hall A E, Farquhar G D. 1993. Stable Isotopes and Plant Carbon-Water Relations. San Diego: Academic Press, 555.

Ehleringer J R, Klassen S, Clayton C, et al. 1991a. Carbon isotope discrimination and transpiration efficiency in common bean. Crop Science, 31: 1 611-1 615.

Ehleringer J R, Lin Z F, Field C B, et al. 1987. Leaf carbon isotope ratios of plants from a tropical monson forest. Oecologia, 72: 109-114.

Ehleringer J R, Phillips S L, Schuster W S F, et al. 1991b. Differential utilization of summer rains by desert plants. Oecologia, 88: 430-434.

Ehleringer J R, Roden J, Dawson T E. 2000b. Assessing ecosystem-level water relations through stable isotope ratio analyses//Sala O, Jackson R, Mooney H A, et al. Methods in Ecosystem Science. New York: Springer Verlag, 181-198.

Ekblad A, Högberg P. 2001. Natural abundance of ^{13}C in CO_2 respired from forest soils reveals speed of link between tree photosynthesis and root respiration. Oecologia, 127: 305-308.

Ekblad A, Nyberg G, Högberg P. 2002. ^{13}C-discrimination during microbial respiration of added C_3-, C_4- and ^{13}C-labelled sugars to a C_3-forest soil. Oecologia, 131: 245-249.

Emmerton K S, Callaghan T V, Jones H E, et al. 2001a. Assimilation and isotopic fractionation of nitrogen by mycorrhizal fungi. New Phytologist, 151: 503-511.

Emmerton K S, Callaghan T V, Jones H E, et al. 2001b. Assimilation and isotopic fractionation of nitrogen by mycorrhizal and nonmycorrhizal subarctic plants. New Phytologist, 151: 513-524.

Emmett B A, Boxman D, Bredemeier, et al. 1998a. Predicting the effects of atmospheric nitrogen deposition in conifer stands: evidence from the NITREX ecosystems-scale experiments. Ecosystems, 1: 352-360.

Emmett B A, Kjønaas O J, Gundersen P, et al. 1998b. Natural abundance of ^{15}N in forests across a nitrogen deposition gradient. Forest Ecology and Management, 101: 9-18.

Emmett B A, Reynolds B, Silgram M, et al. 1998c. The consequences of chronic nitrogen additions on N cycling and soil water chemistry in a Sitka spruce stand, North Wales. Forest Ecology and Management, 101: 165-175.

Evans R D. 2001. Physiological mechanisms influencing plant nitrogen isotope composition. Trends in Plant Science, 6: 121-126.

Evans R D, Bloom A J, Sukrapanna S S, et al. 1996. Nitrogen isotope composition of tomato (*Lycopersicon esculentum* Mill. cv T-5) grown under ammonium or nitrate nutrition. Plant, Cell and Environment, 19: 1 317-1 323.

Evans R D, Ehleringer J R. 1994. Water and nitrogen dynamics in an arid woodland. Oecologia, 99: 233-242.

Ewe S M L, Sternberg L D L, Busch D E. 1999. Water-use patterns of woody species in pineland and hammock communities of South Florida. Forest Ecology and Management, 118: 139-148.

Farquhar G D, Ball M C, von Caemmerer S. 1982c. Modeling of photosynthesis to environmental conditions//Lange O L, Nobel P S, Osmond C B, et al. Encyclopedia of Plant Physiology, NS Vol12A: Physiological Plant Ecology I. Berlin: Springer-Verlag, 549-587.

Farquhar G D, Barbour M M, Henry B K. 1998. Interpretation of oxygen isotope composition of leaf material//Griffiths H. Stable Isotopes: Integration of Biological, Ecological and Geochemical processes. Oxford: BIOS Scientific Publishers Ltd., 27-62.

Farquhar G D, Cernusak L A. 2005. On the isotopic composition of leaf water in the non-steady state. Functional Plant Biology, 32: 293-303.

Farquhar G D, Ehleringer J R, Hubick K T. 1989a. Carbon isotope discrimination and photosynthesis. Annual Review of Plant Physiology and Plant Molecular Biology, 40: 503-537.

Farquhar G D, Gan K S. 2003. On the progressive enrichment of the oxygen isotopic composition of water along a leaf. Plant, Cell and Environment, 26: 801-819.

Farquhar G D, Hubick K T, Condon A G, et al. 1989b. Carbon isotope fractionation and plant water-use efficiency//Rundel P W, Ehleringer J R, Nagy K A. Stable Isotopes in Ecological Research. Ecological Studies, Vol. 68. New York: Springer-Verlag, 21-40.

Farquhar G D, O'Leary M H, Berry J A. 1982b. On the relationship between carbon isotope discrimination and the intercellular carbon dioxide concentration in leaves. Australian Journal of Plant Physiology, 9: 121-137.

Farquhar G D, Lloyd J. 1993. Carbon and oxygen isotope effects in the exchange of carbon dioxide between terrestrial plants and the atmosphere//Ehleringer J R, Hall A E, Farquhar G D. Stable Isotopes and Plant Carbon-Water Relations. New York: Academic Press, 47-70.

Farquhar G D, Lloyd J, Taylor J A, et al. 1993. Vegetation effects on the oxygen isotopic composition of atmospheric CO_2. Nature, 363: 439-443.

Farquhar G D, O'Leary M H, Berry J A. 1982a. On the relationship between carbon isotope discrimination and intercellular carbon dioxide concentration in leaves. Australian Journal of Plant Physiology, 9: 121-137.

Farquhar G D, Richards R A. 1984. Isotopic composition of plant carbon correlates with water-use efficiency of wheat genotypes. Australian Journal of Plant Physiology, 11: 539-552.

Farquhar G D, Sharkey T S. 1982. Stomatal conductance and photosynthesis. Annual Review of Plant Physiology, 33: 317-345.

Feng X, Epstein S. 1994. Climatic implications of an 8000-year hydrogen isotope time series from bristlecone pine trees. Science, 265: 1 079-1 081.

Fernandez I, Mahieu N, Cadisch G. 2003. Carbon isotopic fractionation during decomposition of plant materials of different quality. Global Biogeochemical Cycles, 17: 1 075-1 085.

Ferretti D F, Pendall E, Morgan J A, et al. 2003. Partitioning evapotranspiration fluxes from a Colorado grassland using stable isotopes: Seasonal variations and implications for elevated atmospheric CO_2. Plant and Soil, 254: 291-303.

Ferrio J P, Mateo M A, Bort J, et al. 2007. Relationships of grain $\delta^{13}C$ and $\delta^{18}O$ with wheat phenology and yield under water-limited conditions. Annals of Applied Biology, 150: 207-215.

Ferrio J P, Voltas J. 2005. Carbon and oxygen isotope ratios in wood constituents of *Pinus halepensis* as indicators of precipitation, temperature and vapour pressure deficit. Tellus, 57B: 164-173.

Fessenden J E, Ehleringer J R. 2002. Age-related variations in $\delta^{13}C$ of ecosystem respiration across a coniferous forest chronosequence in the Pacific Northwest. Tree Physiology, 22: 159-167.

Fessenden J E, Ehleringer J R. 2003. Temporal variation in $\delta^{13}C_R$ of ecosystem respiration in the Pacific Northwest: Links to moisture stress. Oecologia, 136: 129-136.

Flanagan L B. 1993. Environmental and biological influences on the stable oxygen and hydrogen isotopic composition of leaf water//Ehleringer J R, Hall A E, Farquhar G D. Stable Isotopes and Plant Carbon-Water Relations. New York: Academic Press, 71-90.

Flanagan L B, Bain J F, Ehleringer J R. 1991a. Stable oxygen and hydrogen isotope composition of leaf water in C_3 and C_4 plant species under field conditions. Oecologia, 88: 394-400.

Flanagan L B, Ehleringer J R, Pataki D E. 2005. Stable Isotopes and Biosphere-Atmosphere Interactions: Processes and Biological Controls. London: Academic Press, 316.

Flanagan L B, Brooks J R, Varney G T, et al. 1996. Carbon isotope discrimination during photosynthesis and the isotope ratio of respired CO_2 in boreal ecosystems. Global Biogeochemical Cycles, 10: 629-640.

Flanagan L B, Brooks J R, Varney G T, et al. 1997a. Discrimination against $C^{18}O^{16}O$ during photosynthesis and the oxygen isotope ratio of respired CO_2 in boreal forest ecosystems. Global Biogeochemical Cycles, 11: 83-98.

Flanagan L B, Comstock J P, Ehleringer J R. 1991b. Comparison of modeled and observed environmental influences on the stable oxygen and hydrogen isotope composition of leaf water in *Phaseolus vulgaris* L. Plant Physiology, 96: 588-596.

Flanagan L B, Cook C S, Ehleringer J R. 1997b. Unusually low carbon isotope ratios in plants from hanging gardens in southern Utah. Oecologia, 111: 481-489.

Flanagan L B, Ehleringer J R. 1991a. Stable isotopic composition of stem and leaf water: applications to the study of plant water use. Functional Ecology, 5: 270 -277.

Flanagan L B, Ehleringer J R. 1991b. Effects of mild water stress and diurnal changes in temperature and humidity on the stable oxygen and hydrogen isotopic composition of leaf water in *Cornus stolonifera* L. Plant Physiology, 97: 298-305.

Flanagan L B, Ehleringer J R. 1998. Ecosystem-atmosphere CO_2 exchange: Interpreting signals of change using stable isotope ratios. Trends in Ecology and Evolution, 13: 10-14.

Flanagan L B, Ehleringer J R, Marshall J D. 1992. Differential uptake of summer precipitation among co-occurring trees and shrubs in a pinyon-juniper woodland. Plant, Cell and Environment, 15: 831-836.

Förstel H. 1978. The enrichment of ^{18}O in leaf water under natural conditions. Radiation and Environmental Biophysics, 15: 323-344.

Fowler D, Muller J B A, Sheppard L J. 2004. The GaNE programme in a global perspective. Water Air and Soil Pollution: Focus, 4(6): 3-8.

Francey R J, Tans P P, Allison C E, et al. 1995. Changes in oceanic and terrestrial carbon uptake since 1982. Nature, 373: 326-330.

Fry B. 2006. Stable Isotope Ecology. 1st ed. New York: Springer Verlag, 308.

Fung I, Berry J A, Field C, et al. 1997. Carbon-13 exchanges between the atmosphere and biosphere. Global Biogeochemical Cycles, 11: 507-533.

Galloway J N, Dentener F J, Capone D G, et al. 2004. Nitrogen Cycles: Past, present and future. Biogeochemistry, 70: 153-226.

Galloway J N, Schlesinger W H, Levy H II, et al. 1995. Nitrogen fixation: anthropogenic enhancement-environmental response. Global Biogeochemical Cycles, 9: 235-252.

Gan K S, Wong S C, Yong J W H, et al. 2002. $\delta^{18}O$ spatial patterns of vein xylem water, leaf water and dry matter in cotton leaves. Plant Physiology, 130: 1 008-1 021.

Gannes L, O'Brien D M, Martinez del Rio C. 1997. Stable isotopes in animal ecology: Assumptions, caveats, and a call for more laboratory experiments. Ecology, 78: 1 271-1 276.

Gannes L Z, del Rio C M, Koch P. 1998. Natural abundance variations in stable isotopes and their potential uses in animal physiological ecology. Comparative Biochemistry and Physiology, 199A: 725-737.

Garten C T Jr. 1993. Variation in foliar ^{15}N-abundance and the availability of soil nitrogen on Walker Branch Watershed. Ecology, 74: 2 098-2 113.

Garten C T Jr, Cooper L W, Post III W M, et al. 2000. Climate controls on forest soil C isotope ratios in the southern Appalachian mountains. Ecology, 81: 1 108-1 117.

Garten C T Jr, Hanson P J. 1990. Foliar retention of ^{15}N-nitrate and ^{15}N-ammonium by red maple (*Acer rubrum*) and white oak (*Quercus alba*) leaves from simulated rain. Environmental and Experimental Botany, 30: 333-342.

Garten C T Jr, van Miegroet H. 1994. Relationships between soil nitrogen dynamics and natural ^{15}N abundance in plant foliage from Great Smoky Mountains National Park. Canadian Journal of Forest Research, 24: 1 636-1 645.

Gebauer G, Dietrich P. 1993. Nitrogen isotope ratios in different compartments of a mixed stand of spruce, larch and beech trees and of understorey vetation including fungi. Isotopes in Environmental and Health Studies, 29: 35-44.

Gebauer G, Giesemann A, Schultze E D, et al. 1994. Isotope ratios and concentrations of sulfur and nitrogen in needles and soils of *Picea abies* stands as influenced by atmospheric deposition of sulfur and nitrogen compounds. Plant and Soil, 164: 267-281.

Gebauer G, Schulze E D. 1991. Carbon and nitrogen isotope ratios in different compartments of a healthy and a declining *Picea abies* forest in the Fichtelgebirge, Ne Bavaria. Oecologia, 87: 198-207.

Gebauer R L E, Ehleringer J R. 2000. Water and nitrogen uptake patterns following moisture pulses in a cold desert community. Ecology, 81: 1 415-1 424.

Ghashghaie J, Duranceau M, Badeck F W, et al. 2001. δ^{13}C of CO_2 respired in the dark in relation to δ^{13}C of leaf metabolites: Comparison between *Nicotiana sylvestris* and *Helianthus annuus* under drought. Plant, Cell and Environment, 24: 505-516.

Ghashghaie J, Badeck F W, Lanigan G, et al. 2003. Carbon isotope fractionation during dark respiration and photorespiration in C_3 plants. Phytochemistry Reviews, 2: 145-161.

Gillon J S, Griffiths H. 1997. The influence of (photo) respiration on carbon isotope discrimination in plants. Plant, Cell and Environment, 20: 1 217-1 230.

Gillon J, Yakir D. 2001. Influence of carbonic anhydrase activity in terrestrial vegetation on the ^{18}O content of atmospheric CO_2. Science, 291: 2 584-2 587.

Gonfiantini R, Gratziu S, Tongiorgi E. 1965. Oxygen isotope composition of water in leaves//Use of isotopes and radiation in soil-plant nutrition studies. Vienna: IAEA, Technical Report Ser, No. 206, 405-410.

Goodale G L, Aber J D, Vitousek P M. 2003. An unexpected nitrate decline in New Hampshire streams. Ecosystems, 6: 75-86.

Griffis T J, Baker J M, Sargent S, et al. 2004a. Measuring field-scale isotopic CO_2 fluxes using tunable diode laser absorption spectroscopy and micrometeorological techniques. Agricultural and Forest Meteorology, 124: 15-29.

Griffis T J, Baker J M, Zhang J. 2005. Seasonal dynamics and partitioning of isotopic CO_2 exchange in C_3/C_4 managed ecosystem. Agricultural and Forest Meteorology, 132(1-2): 1-19.

Griffis T J, Black T A, Gaumont-Guay D, et al. 2004b. Seasonal variation and partitioning of ecosystem respiration in a southern boreal aspen forest. Agricultural and Forest Meteorology, 125: 207-223.

Griffis T J, Lee X, Baker J M, et al. 2005. Feasibility of quantifying ecosystem-atmosphere $C^{18}O^{16}O$ exchange using laser spectroscopy and the flux-gradient method. Agricultural and Forest Meteorology, 135 (1-4): 44-60.

Griffis T J, Zhang J, Baker J M, et al. 2007. Determining carbon isotope signatures from micrometeorological measurements: Implications for studying biosphere-atmosphere exchange processes. Boundary-Layer Meteorology, 123 (2): 295-316.

Griffiths H. 1998. Stable Isotopes: Integration of Biological, Ecological and Geochemical Processes. Oxford: BIOS Sscientific Publishers Ltd., 438.

Guy R D, Holowachuk D L. 2001. Population differences in stable carbon isotope ratio of *Pinus contorta* Dougl.

ex Loud.: Relationship to environment, climate of origin, and growth potential. Canadian Journal of Botany, 79: 274-283.

Hamerlynck E P, Huxman T E, McAuliffe J R, et al. 2004. Carbon isotope discrimination and foliar nutrient status of *Larrea tridentate* (creosote bush) in contrasting Mojave Desert soils. Oecologia, 138: 210-215.

Hamilton S D, Hopmans P, Chalk P M, et al. 1993. Field estimation of N fixation by *Acacia* spp. using ^{15}N isotope dilution and labelling with ^{35}S. Forest Ecology and Management, 56: 297-313.

Handley L L, Austin A T, Robinson D, et al. 1999. The ^{15}N natural abundance ($\delta^{15}N$) of ecosystem samples reflects measures of water availability. Australian Journal of Plant Physiology, 26: 185-199.

Handley L L, Raven J A. 1992. The use of natural abundance of nitrogen isotopes in plant physiology and ecology. Plant, Cell and Environment, 15: 965-985.

Handley L L, Scrimgeour C M. 1997. Terrestrial plant ecology and ^{15}N natural abundance: The present limits to interpretation for uncultivated systems with original data from a Scottish old field. Advances in Ecological Research, 27: 133-212.

Handley L L, Austin A T, Robinson D, et al. 1999. The ^{15}N natural abundance ($\delta^{15}N$) of ecosystem samples reflects measures of water availability. Australian Journal of Plant Physiology, 26: 185-199.

Hanson P J, Garten Jr C T. 1992. Deposition of $H^{15}NO_3$ to white oak, red maple, and loblolly pine foliage: Experimental observations and a generalized model. New Phytologist, 122: 329-337.

Hart S C, Classen A T. 2003. Potential for assessing long-term dynamics in soil nitrogen availability from variations in $\delta^{15}N$ of tree rings. Isotopes in Environmental and Health Studies, 39: 15-28.

Harwood K G, Gillon J S, Griffiths H, et al. 1998. Diurnal variation of $\delta^{13}CO_2$, $\delta C^{18}O^{16}O$ and evaporative site enrichment of $\delta H_2{}^{18}O$ in *Piper aduncum* under field conditions in Trinidad. Plant, Cell and Environment, 21: 269-283.

Harwood K G, Gillon J S, Roberts A, et al. 1999. Determinants of isotopic coupling of CO_2 and water vapour within a *Quercus petraea* forest canopy. Oecologia, 119: 109-119.

He X-H, Critchley C, Bledsoe C. 2003. Nitrogen transfer within and between plants through common mycorrhizal networks (CMNs). Critical Reviews in Plant Sciences, 226: 531-567.

Heaton T H E. 1987. The $^{15}N/^{14}N$ ratios in plants in South Africa and Namibia: relation to climate and coastal/saline environments. Oecologia, 74: 236-246.

Helliker B R, Ehleringer J R. 2000. Establishing a grassland signature in veins: ^{18}O in the leaf water of C_3 and C_4 grasses. Proceedings of the National Academy of Sciences of the United States of America, 97: 7 894-7 898.

Helliker B R, Ehleringer J R. 2002a. Differential ^{18}O enrichment of leaf cellulose in C_4 versus C_3 grasses. Functional Plant Biology, 29: 435-442.

Helliker B R, Ehleringer J R. 2002b. Grass blades as tree rings: Environmentally induced changes in the oxygen isotope ratio of cellulose along the length of grass blades. New Phytologist, 155: 417-424.

Helliker B R, Griffiths H. 2007. Toward a plant-based proxy for the isotope ratio of atmospheric water vapor. Global Change Biology, 13(4): 723-733.

Helliker B R, Roden J S, Cook C S, et al. 2002. A rapid and precise method for sampling and determining the oxygen isotope ratio of atmospheric water vapor. Rapid Communications in Mass Spectrometry, 16: 929-932.

Hobbie E A, Colpaert J V. 2003. Nitrogen availability and colonization by mycorrhizal fungi correlate with nitrogen isotope patterns in plants. New Phytologist, 157: 115-226.

Hobbie E A, Macko S A, Shugart H H. 1999a. Insights into nitrogen and carbon dynamics of ectomycorrhizal and saprotrophic fungi from isotopic evidence. Oecologia, 118: 353-360.

Hobbie E A, Macko S A, Shugart H H. 1999b. Interpretation of nitrogen isotope signatures using the NIFTE model. Oecologia, 120: 405-415.

Hobbie E A, Macko S A, Williams M. 2000. Correlations between foliar nitrogen levels and isotopic ratios indicate possible plant-mycorrhizal interactions. Oecologia, 122: 273-283.

Hobbie E A, Olszyk D M, Rygiewicz P T, et al. 2001. Foliar nitrogen concentrations and natural abundance ^{15}N suggest nitrogen allocation patterns of Douglas-fir and mycorrhizal fungi during development in elevated carbon dioxide concentration and temperature. Tree Physiology, 21: 1 113-1 122.

Hobbie E A, Werner R A. 2004. Intramolecular, compound-specific, and bulk carbon isotope patterns in C_3 and C_4 plants: A review and synthesis. New Phytologist, 161: 371-385.

Hobson K A. 2005. Stable isotopes and the determination of avian migratory connectivity and seasonal interactions. The Auk, 122(4): 1 037-1 048.

Hoefs J. 2004. Stable Isotope Geochemistry. 5th ed. New York: Springer, 241.

Högberg P. 1990a. ^{15}N natural abundance as a possible marker of the ectomycorrhizal habit of trees in mixed African woodlands. New Phytologist, 115: 483-486.

Högberg P. 1990b. Forests losing large quantities of nitrogen have elevated nitrogen $^{15}N/^{14}N$ ratios. Oecologia, 84: 229-231.

Högberg P. 1991. Development of ^{15}N enrichment in a nitrogen-fertilized forest soil-plant system. Soil Biology and Biochemistry, 23: 335-338.

Högberg P. 1997. Tansley review no. 95: $\delta^{15}N$ in natural abundance in soil-plant systems. New Phytologist, 137: 179-203.

Högberg P, Högberg M N, Quist M E, et al. 1999. Nitrogen isotope fractionation during nitrogen uptake by ectomycorrhizal and non-mycorrhizal *Pinus sylvestris*. New Phytologist, 142: 569-576.

Högberg P, Johannisson C. 1993. ^{15}N abundance of forests is correlated with losses of nitrogen. Plant and Soil, 157: 147-150.

Högberg P, Tamm C-O, Högberg M. 1992. Variations in ^{15}N abundance in a forest fertilization trial: Critical loads of N, N saturation, contamination and effects of revitilization fertilization. Plant and Soil, 142: 211-219.

Hong Y T, Wang Z G, Jiang H B, et al. 2001. A 6000-year record of changes in drought and precipitation in northeastern China based on a $\delta^{13}C$ time series from peat cellulose. Earth and Planetary Science Letters, 185: 111-119.

Houlton B Z, Sigman D M, Hedin L O. 2006. Isotopic evidence for large gaseous nitrogen losses from tropical rainforests. Proceedings of the National Academy of Sciences of the United States of America, 103: 8 745-8 750.

Houlton B Z, Sigman D M, Schuur E A G, et al. 2007. A climate-driven switch in plant nitrogen acquisition within tropical forest communities. Proceedings of the National Academy of Sciences of the United States of America, 104(21): 8 902-8 906.

Hsieh J C C, Chadwick O A, Kelly E F, et al. 1998. Oxygen isotopic composition of soil water: Quantifying evaporation and transpiration. Geoderma, 82: 269-293.

Hu S, Chapin III F S, Firestone M K, et al. 2001. Nitrogen limitation of microbial decomposition in a grassland under elevated CO_2. Nature, 409: 188-191.

Hubick K T, Shorter R, Farquhar G D. 1988. Heritability and genotype × environment interactions of carbon isotope discrimination and transpiration efficiency in peanut (*Arachis hypogaea* L.). Australian Journal of Plant Physiology, 15: 799-813.

Hymus G J, Maseyk K, Valentivin R, et al. 2005. Large daily excursion in ^{13}C-enrichment of leaf respired CO_2 in two Quercus forest canopies. New Phytologist, 167: 377-384.

Ivlev A A. 2005. The isotope effect in the glycine dehydrogenase reaction is the cause of the intramolecular isotope inhomogeneity of glucose carbon of starch synthesized during photorespiration. Biofizika, 50(6): 1 079-1 087.

Ivlev A A. 2004. Contribution of photorespiration to changes of carbon isotope characteristics in plants affected by stress factors. Russian Journal of Plant Physiology, 51(2): 271-280.

Ivlev A A, Bykova N V, Igamberdiev A U. 1996. Fractionation of carbon ($^{13}C/^{12}C$) isotopes in glycine decarboxylase reaction. FEBS Letters, 386(2-3): 174-176.

Jackson P C, Cavelier J, Goldstein G, et al. 1995. Partitioning of water resources among plants of a lowland tropical forest. Oecologia, 101: 197-203.

Jackson P C, Meinzer F C, Bustamante M, et al. 1999. Partitioning of soil water among tree species in a Brazilian Cerrado ecosystem. Tree Physiology, 19: 717-724.

Johannisson C, Högberg P. 1994. ^{15}N abundance of soils and plants along an experimentally induced forest nitrogen supply gradient. Oecologia, 97: 322-325.

Jung K, Gebauer G, Gehre M, et al. 1997. Anthropogenic impacts on natural nitrogen isotope variations in *Pinus sylvestris* stands in an industrially polluted area. Environmental Pollution, 97: 175-181.

Kagawa A, Sugimoto A, Maximov T C. 2006. $^{13}CO_2$ pulse-labelling of photoassimilates reveals carbon allocation within and between tree rings. Plant, Cell and Environment, 29: 1 571-1 584.

Kaplan J O, Prentice I C, Buchmann N. 2002. The stable carbon isotope composition of the terrestrial biosphere: Modeling at scales from the leaf to the globe. Global Biogeochemical Cycles, 16: 1 060. doi: 10.1029/2001GB001403.

Karamanos R E, Rennie D A. 1980. Variations in natural nitrogen-15 as an aid in tracing fertilizer nitrogen transformation. Soil Science Society of America Journal, 44: 57-62.

Karamanos R E, Voroney R P, Rennie D A. 1981. Variation in natural ^{15}N abundance of central Saskatchewan soils. Soil Science Society of America Journal, 45: 826-828.

Keeling C D. 1958. The concentration and isotopic abundances of atmospheric carbon dioxide in rural areas. Geochimica et Cosmochimica Acta, 13: 322-334.

Keeling C D. 1961a. The concentration and isotopic abundances of atmospheric carbon dioxide in rural and marine areas. Geochimica et Cosmochimica Acta, 24: 277-298.

Keeling C D. 1961b. A mechanism for cyclic enrichment of carbon-12 by terrestrial plants. Geochimica et Cosmochimica Acta, 24: 299-313.

Keeling C D, Whorf T P, Wahlen M, et al. 1995. International extremes in the rate of rise of atmospheric carbon dioxide since 1980. Nature, 375: 666-670.

Keitel C, Adams M A, Holst T, et al. 2003. Carbon and oxygen isotope composition of organic compounds in the phloem sap provides a short-term measure for stomatal conductance of European beech (*Fagus sylvatica* L.). Plant Cell and Environment, 26: 1 157-1 168.

Kendall C. 1998. Tracing nitrogen sources and cycling in catchments//Kendall C, McDonnell J J. Isotope Tracers in Catchment Hydrology. Amsterdam: Elsevier, 519-576.

Kitayama K, Iwamoto K. 2001. Patterns of natural ^{15}N abundance in the leaf-to-soil continuum of tropical rain forests differing in N availability on Mount Kinabalu, Borneo. Plant and Soil, 229: 203-212.

Kloeppel B D, Gower S T, Treichel I W, et al. 1998. Foliar isotope discrimination in *Larix* species and sympatric evergreen conifers: A global comparison. Oecologia, 114: 153-159.

Klumpp K, Schäufele R, Lötscher M, et al. 2005. C-isotope composition of CO_2 respired by shoots and roots: Fractionation during dark respiration. Plant Cell and Environment, 28: 241-250.

Knohl A, Buchmann N. 2005. Partitioning the net CO_2 flux of a deciduous forest into respiration and assimilation using stable carbon isotopes. Global Biogeochemical Cycles, 19: GB4008. doi:10.1029/2004GB002301.

Knohl A, Werner R A, Brand W A, et al. 2005. Short-term variations in $\delta^{13}C$ of ecosystem respiration reveals link between assimilation and respiration in a deciduous forest. Oecologia, 142(1): 70-82.

Kohzu A, Yoshioka T, Ando T, et al. 1999. Natural ^{13}C and ^{15}N abundance of field-collected fungi and their ecological implications. New Phytologist, 144: 323-330.

Kolb T E, Hart S C, Amundson R. 1997. Boxelder water source and physiology at perennial and ephemeral stream sites in Arizona. Tree Physiology, 17: 151-160.

Kolb K J, Evans R D. 2002. Implications of leaf nitrogen recycling on the nitrogen isotope composition of deciduous plant tissues. New Phytologist, 156: 57-64.

Korontzi S, Macko S A, Anderson I C, et al. 2000. A stable isotopic study to determine carbon and nitrogen cycling in a disturbed southern Californian forest ecosystem. Global Biogeochemical Cycles, 14: 177-188.

Krull E S, Bestland E A, Gates W P. 2002. Soil organic matter decomposition and turnover in a tropical Ultisol: Evidence from $\delta^{13}C$, $\delta^{15}N$ and geochemistry. Radiocarbon, 44: 93-112.

Krull E S, Skjemstad J O, Burrows W H, et al. 2005. Recent vegetation changes in central Queensland, Australia: Evidence from $\delta^{13}C$ and ^{14}C analyses of soil organic matter. Geoderma, 126: 241-259.

Lai C-T, Ehleringer J R, Bond B J, et al. 2005a. Contributions of evaporation, isotopic non-steady state transpiration, and atmospheric mixing on the $\delta^{18}O$ of water vapor in Pacific Northwest coniferous forests. Plant, Cell and Environment, 29: 77-94.

Lai C T, Ehleringer J R, Schauer A J, et al. 2005b. Canopy-scale $\delta^{13}C$ of photosynthetic and respiratory CO_2 fluxes: Observations in forest biomes across the United States. Global Change Biology, 11: 633-643.

Lai C T, Ehleringer J R, Tans P P, et al. 2004. Estimating photosynthetic ^{13}C discrimination in terrestrial CO_2 exchange from canopy to regional scales. Global Biogeochemical Cycles, 18: GB1041. doi: 10.1029/2003GB002148.

Lai C T, Riley W, Owensby C, et al. 2006. Seasonal and interannual variations of carbon and oxygen isotopes of respired CO_2 in a tallgrass prairie: Measurements and modeling results from 3 years with contrasting water availability. Journal of Geophysical Research, 111 (D8): Art. No. D08S06. doi:10.1029/2005JD006436.

Lai C T, Schauer A J, Owensby C, et al. 2003. Isotopic air sampling in a tallgrass prairie to partition net ecosystem CO_2 exchange. Journal of Geophysical Research, 108 (D18). doi: 10.1029/2002JD003369.

Lai C T, Ometto J P H B, Berry J A, et al. 2008. Life form-specific variations in leaf water oxygen-18 enrichment in Amazonian vegetation. Oecologia, 157 (2): 197-210.

Lal R. 2004. Soil carbon sequestration to mitigate climate change. Geoderma, 123: 1-22.

Landais A, Lathiere J, Barkan E, et al. 2007. Reconsidering the change in global biosphere productivity between the Last Glacial Maximum and present day from the triple oxygen isotopic composition of air trapped in ice cores. Global Biogeochemical Cycles, 21: GB1025. doi:10.1029/2006GB002739.

Leake J R, Ostle N J, Rangel-Castro J I, et al. 2006. Carbon fluxes from plants through soil organisms determined by field $^{13}CO_2$ pulse-labelling in an upland grassland. Applied Soil Ecology, 33(2): 152-175.

Leaney F W, Osmond C B, Allison G B, et al. 1985. Hydrogen-isotope composition of leaf water in C_3 and C_4 plants: Its relationship to the hydrogen-isotope composition of dry matter. Planta, 164: 215-220.

Leavitt S W. 2007. Regional expression of the 1988 U. S. Midwest drought in seasonal $\delta^{13}C$ of tree rings. Journal of Geophysical Research, 112: D06107. doi:10.1029/2006JD007081.

Ledgard S F, Woo K C, Bergersen F J. 1985. Isotopic fractionation during reduction of nitrate and nitrite by extracts of spinach leaves. Australian Journal of Plant Physiology, 12: 631-640.

Lee X H, Kim K, Smith R. 2007. Temporal variations of the $^{18}O/^{16}O$ signal of the whole-canopy transpiration in a temperate forest. Global Biogeochemical Cycles, 21 (3): GB3013. doi:10.1029/2006GB002871.

Lee X H, Sargent S, Smith R, et al. 2005. In situ measurement of the water vapor $^{18}O/^{16}O$ isotope ratio for atmospheric and ecological applications. Journal of Atmospheric and Oceanic Technology, 22 (5): 555-565.

Lee X H, Smith R, Williams J. 2006. Water vapour $^{18}O/^{16}O$ isotope ratio in surface air in New England, USA. Tellus, 58B(4): 293-304.

Li S G, Romero-Saltos H G, Tsujimura M, et al. 2007a. Plant water sources in the cold semiarid ecosystem of the upper Kherlen River catchment in Mongolia: A stable isotope approach. Journal of Hydrology, 333: 109-117.

Li S G, Tsujimura M, Sugimoto A, et al. 2006a. Seasonal variations in oxygen isotope composition of waters for a montane larch forest in Mongolia. Trees-Structure and Function, 20: 122-130.

Li S G, Tsujimura M, Sugimoto A, et al. 2006b. Natural recovery of steppe vegetation on vehicle tracks in central Mongolia. Journal of Biosciences, 31: 85-93.

Li S G, Tsujimura M, Sugimoto A, et al. 2007b. Temporal variation of $\delta^{13}C$ of larch leaves from a montane boreal forest in Mongolia. Trees-Structure and Function, 21: 479-490.

Lin G, Ehleringer J R. 1997. Carbon isotopic fractionation does not occur during dark respiration in C_3 and C_4 plants. Plant Physiology, 114: 391-394.

Lin G, Sternberg L. 1993. Hydrogen isotopic fractionation by plant roots during water uptake in coastal wetland plants//Ehleringer J R, Hall A E, Farquhar G D. Stable Isotopes and Plant Carbon-Water Relations. San Diego: Academic Press, Inc., 497-510.

Lipson D A, Monson R K. 1998. Plant-microbe competition for soil amino acids in the alpine tundra: effects of freeze-thaw and dry-rewet events. Oecologia, 113: 406-414.

Liu Y, Ma L, Leavitt S W, et al. 2004. Seasonal precipitation reconstruction from tree-ring stable carbon isotopes at Mt. Helan, China, since AD 1804. Global and Planetary Change, 41: 229-239.

Liu W, Feng X, Ning Y, et al. 2005. $\delta^{13}C$ variation of C_3 and C_4 plants across an Asian monsoon rainfall gradient in arid northwestern China. Global Change Biology, 11: 1 094-1 100.

Livingston N J, Guy R D, Sun Z J, et al. 1999. The effects of nitrogen stress on the stable carbon isotope composition, productivity and water use efficiency of white spruce (*Picea glauca* (Moench) Voss) seedlings. Plant, Cell and Environment, 22: 281-289.

Lloyd J, Farquhar G D. 1994. ^{13}C discrimination during CO_2 assimilated by the terrestrial biosphere. Oecologia, 99: 201-215.

Lloyd J, Francey R J, Mollicone D, et al. 2001. Vertical profiles, boundary layer budgets, and regional flux estimates for CO_2 and its $^{13}C/^{12}C$ ratio and for water vapor above a forest/bog mosaic in central Siberia. Global Biogeochemical Cycles, 15(2): 267-284.

Lloyd J, Kruijt B, Hollinger D Y, et al. 1996. Vegetation effects on the isotopic composition of atmospheric CO_2 at local and regional scales: theoretical aspects and a comparison between rain forest in Amazonian and boreal forest in siberia. Australian Journal of Plant Physiology, 23: 371-399.

Lu H Y, Wu N Q, Gu Z Y, et al. 2004. Distribution of carbon isotope composition of modern soils on the Qinghai-Tibetan Plateau. Biogepchemistry, 70 (2): 275 -299.

Lu Y, Conrad R. 2005. In situ stable isotope probing of methanogenic archaea in the rice rhizosphere. Science, 309: 1 088-1 090.

Ludwig F, Dawson T E, de Kroon H, et al. 2003. Hydraulic lift in *Acacia tortilis* trees on an East African savanna. Oecologia, 134: 293-300.

Luo Y H, Sternberg L. 1992. Spatial D/H heterogeneity of leaf water. Plant Physiology, 99: 348-350.

Máguas C, Griffiths H. 2003. Applications of stable isotopes in plant ecology. Progress in Botany, 64: 473-505.

Maillard P, Guehl J M, Muller J F, et al. 2001. Interactive effects of elevated CO_2 concentration and nitrogen supply on partitioning of newly fixed ^{13}C and ^{15}N between shoot and roots of pedunculate oak seedlings (*Quercus robur*). Tree Physiology, 21: 163-172.

Majoube M. 1971. Fractionnement en oxygène-18 et en deutérium entre l'eau et sa vapeur. Journal of Chemical Physics, 197: 1 423-1 436.

Mariotti A, Germon J C, Hubert P, et al. 1981. Experimental determinatiuon of nitrogen kinetic isotope fractionation: some princliples, illustration for the denitrification and nitrification processes. Plant and Soil, 62: 413-430.

Mariotti A, Germon J C, Leclerc A. 1982a. Nitrogen isotope fractionation associated with the NO_2- N_2O step of denitrification in soils. Canadian Journal of Soil Science, 62: 227-241.

Mariotti, A, Mariotti F, Champigny M L, et al. 1982b. Nitrogen isotope fractionation associated with nitrate reductase activity and uptake of NO_3^- by pearl millet. Plant Physiology, 69: 880-884.

Mariotti A, Pierre D, Vedy J C, et al. 1980. The abundance of natural ^{15}N in the organic matter of soils along an altitudinal gradient (Chablais, Haute Savoie, France). Catena, 7: 293-300.

Martinelli L A, Almeida S, Brown I F, et al. 1998. Stable carbon isotope ratio of tree leaves, boles and fine litter in a tropical forest in Rondonia, Brazil. Oecologia, 114: 170-179.

Martinelli L A, Piccolo M C, Townsend A R, et al. 1999. Nitrogen stable isotopic composition of leaves and soil: Tropical versus temperate forests. Biogeochemistry, 46: 45-65.

Mathieu R, Bariac T. 1996a. An isotopic study (^2H and ^{18}O) of water movements in clayey soils under a semiarid climate. Water Resources Research, 32: 779 -789.

Mathieu R, Bariac T. 1996b. A numerical model for the simulation of stable isotope profiles in drying soils. Journal of Geophysical Research, 101: 12 585-12 696.

Mazor E. 1997. Chemical and Isotopic Groundwater Hydrology: The Applied Approach. 2nd ed. New York: Marcel Dekker, Inc., 413.

McDowell N G, Bowling D R, Bond B J, et al. 2004a.

Response of the carbon isotope content of ecosystem, leaf and soil respiration to meteorological and physiological driving factors in a *Pinus ponderosa* ecosystem. Global Biogeochemical Cycles, 16. doi: 10.1029/2003GB002049.

McDowell N G, Bowling D R, Schauer A, et al. 2004b. Associations between the carbon isotope content of ecosystem respiration, water availability, and canopy conductance. Global Change Biology, 10: 1 767-1 784.

McKane R B, Johnson L C, Shaver G R, et al. 2002. Resource-based niches provide a basis for species diversity and dominance in an arctic plant community. Nature, 415: 68-71.

McCarroll D, Loader N J. 2004. Stable isotopes in tree rings. Quaternary Science Reviews, 23: 771-801.

McLauchlan K K, Craine J M, Oswald W W, et al. 2007. Changes in nitrogen cycling during the past century in a northern hardwood forest. Proceedings of the National Academy of Sciences of the United States of America, 104(18): 7 466-7 470.

McManus J B, Nelson D D, Shorter, et al. 2005. A high precision pulsed quantum cascade laser spectrometer for measurements of stable isotopes of carbon dioxide. Journal of Modern Optics, 52: 2 309-2 321.

Medina E, Sternberg L, Cuevas E. 1991. Vertical stratification of $\delta^{13}C$ values in closed and natural plantation forests in the Luquillo mountains, Puerto Rico. Oecologia, 87: 369-372.

Meints V W, Boone L V, Kurtz L T. 1975. Natural ^{15}N abundance in soil, leaves, and grain as influenced by long term additions of fertilizer N at several rates. Journal of Environmental Quality, 4: 486-490.

Meinzer F C, Andrade J L, Goldstein G, et al. 1999. Partitioning of soil water among trees in a seasonally dry tropical forest. Oecologia, 121: 293-301.

Meinzer F C, Clearwater M J, Goldstein G. 2001. Water transport in trees: Current perspectives, new insights and some controversies. Environmental and Experimental Botany, 45: 239-262.

Menendez C M, Hall A E. 1995. Heritability of carbon isotope discrimination and correlations with earliness in cowpea. Crop Science, 35: 673-678.

Merlivat L. 1978. Molecular diffusivities of $H_2{}^{16}O$, $HD^{16}O$ and $H_2{}^{18}O$ in gases. Journal of Chemical Physics, 69: 2 864-2 871.

Michelsen A, Schmidt I K, Jonasson S, et al. 1996. Leaf ^{15}N abundance of subarctic plants provides field evidence that ericoid, ectomycorrhizal, and non-and arbuscular mycorrrhizal species access different sources of soil N. Oecologia, 105: 53-63.

Michelsen A, Quarmby C, Sleep D, et al. 1998. Vascular plant ^{15}N natural abundance in heath and forest tundra ecosystems is closely correlated with presence and type of mycorrhizal fungi in roots. Oecologia, 115: 406-418.

Michener R, Lajtha K. 2007. Stable Isotopes in Ecology and Environmental Science (Ecological Methods and Concepts). 2nd ed. Oxford: Blackwell Scientific Press, 592.

Miller A E, Bowman W D. 2002. Variation in nitrogen-15 natural abundance and nitrogen uptake traits among co-occurring alpine species: do species partition nitrogen form. Oecologia, 130: 609-616.

Miller A E, Bowman W D. 2003. Alpine plants show species-level differences in the uptake of organic and inorganic nitrogen. Plant and Soil, 250: 283-292.

Miller J B, Tans P P. 2003. Calculating isotopic fractionation from isotopic measurements at various scales. Tellus, 55B: 207-214.

Miller J B, Tans P P, White J W C, et al. 2003. The atmospheric signal of terrestrial carbon isotopic discrimination and its implication for partitioning carbon fluxes. Tellus, 55B: 197-206.

Miller J B, Yakir D, White J W C, et al. 1999. Measurement of $^{18}O/^{16}O$ in the soil atmosphere CO_2 flux. Global Biogeochemical Cycles, 13: 761-774.

Moreira M, Sternberg L, Martinelli L, et al. 1997. Contribution of transpiration to forest ambient vapour based on isotopic measurements. Global Change Biology, 3: 439-450.

Mortazavi B, Chanton J P. 2002. Carbon isotopic discrimination and control of nighttime canopy $\delta^{18}O$-CO_2 in a pine forest in the southeastern United States. Global Biogeochemical Cycles, 16(1): 1 008. doi: 10.1029/2000GB001390.

Mortazavi B, Chanton J P, Smith M C. 2006. Influence of ^{13}C-enriched foliage respired CO_2 on $\delta^{13}C$ of ecosystem-respired CO_2. Global Biogeochemical Cycles, 20:

GB3029. doi:10.1029/2005GB002650.

Mortazavi B, Chanton J P, Prater J L, et al. 2005. Temporal variability in ^{13}C of respired CO_2 in a pine and a hardwood forest subject to similar climatic conditions. Oecelogia, 142: 57-69.

Nadelhoffer K J, Colman B P, Currie W S, et al. 2004. Decadal-scale fates of ^{15}N tracers added to oak and pine stands under ambient and elevated N inputs at the Harvard Forest (USA). Forest Ecology and Management, 196: 89-107.

Nadelhoffer K J, Fry B. 1988. Controls on natural nitrogen-15 and carbon-13 abundances in forest soil organic matter. Soil Science Society of America Journal, 52: 1 633-1 640.

Nadelhoffer K J, Fry B. 1994. Nitrogen isotope studies in forest ecosystems//Lathja K, Michener R. Stable Isotopes in Ecology and Environmental Science. Oxford: Blackwell Scientific Press, 22-44.

Nadelhoffer K J, Shaver G, Fry B, et al. 1996. ^{15}N natural abundances and N use by tundra plants. Oecologia, 107: 386-394.

Näsholm T. 1994. Removal of nitrogen during needle senescence in Scots pine (*Pinus sylvestris* L.). Oecologia, 99: 290-296.

Näsholm T, Ekblad A, Nordin A, et al. 1998. Boreal forest plants take up organic nitrogen. Nature, 392: 914-916.

Näsholm T, Huss-Danell K, Högberg P. 2000. Uptake of organic nitrogen in the field by four agriculturally important plant species. Ecology, 81: 1 155-1 161.

Nier A O, Gulbransen E A. 1939. Variations in the relative abundance of the carbon isotopes. Journal of the American Chemical Society, 61: 697-698.

Nordin A, Högberg P, Näsholm T. 2001. Soil nitrogen form and plant nitrogen uptake along a boreal forest productivity gradient. Oecologia, 129: 125-132.

Nordin A, Schmidt I K, Shaver G R. 2004. Nitrogen uptake by arctic soil microbes and plants in relation to soil nitrogen supply. Ecology, 85: 955-962.

Nordt L C, Boutton T W, Hallmark C T, et al. 1994. Late Quaternary climate changes in Central Texas based on the isotopic composition of organic carbon. Quaternary Research, 41: 109-120.

Northup R R, Yu Z, Dahlgren R A, et al. 1995. Polyphenol control of nitrogen release from pine litter. Nature, 377: 227-229.

Noy-Meir I. 1973. Desert ecosystems: environment and producers. Annual Review of Ecology and Systematics, 4: 25-51.

O'Brien J M, Dodds W K, Wilson K C, et al. 2007. The saturation of N cycling in Central Plains streams: N-15 experiments across a broad gradient of nitrate concentrations. Biogeochemistry, 84(1): 31-49.

Ogée J, Cuntz M, Peylin P, et al. 2007. Non-steady-state, non-uniform transpiration rate and leaf anatomy effects on the progressive stable isotope enrichment of leaf water along monocot leaves. Plant Cell and Environment, 30(4): 367-387.

Ogée J, Peylin P, Ciais P, et al. 2003. Partitioning net ecosystem carbon exchange into net assimilation and respiration using $^{13}CO_2$ measurements: a cost-effective sampling strategy. Global Biogeochemical Cycles, 17 (2): 1 070. doi: 10.1029/2002GB001995.

Ogle K, Wolpert R L, Reynolds J F. 2004. Reconstructing plant root area and water uptake profiles. Ecology, 85: 1 967-1 978.

Ohte N, Koba K, Yoshikawa K, et al. 2003. Water utilization of natural and planted trees in the semiarid desert of Inner Mongolia, China. Ecological Applications, 13 (2): 337-351.

O'Leary M H. 1981. Carbon isotope fractionation in plants. Phytochemistry, 20: 553-567.

O'Leary M H. 1988. Carbon isotopes in photosynthesis. Fractionation techniques may reveal new aspects of carbon dynamics in plants. Bioscience, 38: 328-336.

O'Leary M H, Osmond C B. 1980. Diffusional contribution to carbon dioxide fractionation during dark CO_2 fixation in CAM plants. Plant Physiology, 66: 931-934.

Ometto J P H B, Flanagan L B, Martinelli L A, et al. 2002. Carbon isotope discrimination in forest and pasture ecosystems of the Amazon Basin, Brazil. Global Biogeochemical Cycles, 16. doi: 10.1029/2001GB001462.

Pardo L H, Hemond H F, Montoya J P, et al. 2002. Response of the natural abundance of ^{15}N in forest soils and foliage to high nitrate loss following clearcutting. Canadian Journal of Forest Research, 32: 1 126-1 136.

Pardo L H, Kendall C, Pett-Ridge J, et al. 2004. Evaluating the source of streamwater nitrate using $\delta^{15}N$ and δ

^{18}O in nitrate in two watersheds in New Hampshire, USA. Hydrol Process, 18: 2 699-2 712.

Pardo L H, Templer P H, Goodale C, et al. 2006. Regional assessment of N saturation using foliar and root / varvec $\delta^{15}N$. Biogeochemisty, 80: 143-171.

Park R, Epstein S. 1960. Carbon isotope fractionation during photosynthesis. Geochimica et Cosmochimica Acta, 21: 110-126.

Park R, Epstein S. 1961. Metabolic fractionation of ^{13}C and ^{12}C in plants. Plant Physiology, 36: 133-138.

Pataki D E, Ehleringer J R, Flanagan L B, et al. 2003. The application and interpretation of Keeling plots in terrestrial carbon cycle research. Global Biogeochemical Cycles, 17: 1 022. doi: 10.1029/2001GB001850.

Pate J. 2001. Carbon isotope discrimination and plant water-use efficiency: Case scenarios for C_3 plants//Unkovich M, Pate J, McNeill A, et al. Stable Isotopes Techniques in the Study of Biological Processes and Functioning of Ecosystems. Dordrecht: Kluwer Academic Publishers, 19-36.

Pate J, Arthur D. 1998. $\delta^{13}C$ analysis of phloem sap carbon: Novel means of evaluating seasonal water stress and interpreting carbon isotope signatures of foliage and trunk wood of *Eucalyptus globulus*. Oecologia, 117: 301-311.

Pate J S, Unkovich M J, Armstrong E L, et al. 1994. Selection of reference plants for ^{15}N natural abundance assessment of N_2 fixation by crop and pasture legumes in southwest Australia. Australian Journal of Agricultural Research, 45: 133-147.

Pate J S, Unkovich M J, Erskine P D, et al. 1998. Australian mulga ecosystems: ^{13}C and ^{15}N natural abundances of biota components and their ecophysiological significance. Plant, Cell and Environment, 21: 1 231-1 242.

Patterson T B, Guy R D, Dang Q L. 1997. Whole-plant nitrogen- and water-relation traits and their associated trade-offs in adjacent muskeg and upland boreal spruce species. Oecologia, 110: 160-168.

Peñuelas J, Estiarte M. 1997. Trends in plant carbon concentration and plant demand for N throughout this century. Oecologia, 109: 69-73.

Peñuelas J, Filella I. 2003. Deuterium labelling of roots provides evidence of deep water access and hydraulic lift by *Pinus nigra* in a Mediterranean forest of NE Spain. Environmental and Experimental Botany, 49 (3): 201-208.

Persson J, Näsholm T. 2003. Regulation of amino acid uptake by carbon and nitrogen in *Pinus sylvestris*. Planta, 217: 309-315.

Persson J, Högberg P, Ekblad A, et al. 2003. Nitrogen acquisition from inorganic and organic sources by boreal forest plants in the field. Oecologia, 137: 252-258.

Peterson B J, Fry B. 1987. Stable isotopes in ecosystem studies. Annual Review of Ecological Systems, 18: 293-320.

Petit J R, Jouzel J, Raynaud D, et al. 1999. Climate and atmospheric history of the past 420 000 years from the Vostok ice core, Antarctica. Nature, 399: 429-436.

Peuke A D, Gessler A, Rennenberg H. 2006. The effect of drought on C and N stable isotopes in different fractions of leaves, stems and roots of sensitive and tolerant beech ecotypes. Plant, Cell and Environment, 29(5): 823-835.

Peylin P, Ciais P, Denning A S, et al. 1999. A 3-dimensional study of $\delta^{18}O$ in atmospheric CO_2: Contribution of different land ecosystems. Tellus, 51B: 642-667.

Phillips D L, Gregg J W. 2001. Uncertainty in source partitioning using stable isotopes. Oecologia, 127: 171-179.

Phillips D L, Gregg J W. 2003. Source partitioning using stable isotopes: coping with too many sources. Oecologia, 136: 261-269.

Phillips D L, Koch P L. 2002. Incorporating concentration dependence in stable isotope mixing models. Oecologia, 130: 114-125.

Piccolo M C, Neill C, Cerri C C. 1994. Natural abundance of ^{15}N in soils along forest-to-pasture chronosequences in the western Brazilian Amazon Basin. Oecologia, 99: 112-117.

Pons T L, Perreijn K, van Kessel C, et al. 2007. Symbiotic nitrogen fixation in a tropical rainforest: N-15 natural abundance measurements supported by experimental isotopic enrichment. New Phytologist, 173 (1): 154-167.

Ponton S, Flanagan L B, Alstad K P, et al. 2006. Comparison of ecosystem water-use efficiency among Douglas-fir forest, aspen forest and grassland using eddy covariance and carbon isotope techniques. Global Change Biology, 12: 294-310.

Poulson S R, Chamberlain C P, Friedland A J. 1995. Nitrogen isotope variation of tree rings as a potential indicator of environmental change. Chemical Geology, 125: 307-315.

Prater J L, Mortazavi B, Chanton J P. 2006. Diurnal variation of the $\delta^{13}C$ of pine needle respired CO_2 evolved in darkness. Plant, Cell and Environment, 29: 202-211.

Pritchard E S, Guy R D. 2005. Nitrogen isotope discrimination in white spruce fed with low concentrations of ammonium and nitrate. Trees, 19: 89-98.

Proe M F, Midwood A J, Craig J. 2000. Use of stable isotopes to quantify nitrogen, potassium and magnesium dynamics in young Scots pine (*Pinus sylvestris*). New Phytologist, 146: 461-469.

Radajewski S, Ineson P, Parekh N R, et al. 2000. Stable isotope probing as a tool in microbial ecology. Nature, 403: 646-649.

Radajewski S, Webster G, Reay D S, et al. 2002. Identification of active methylotroph populations in an acidic forest soil by stable-isotope probing. Microbiology, 148: 2 331-2 342.

Rains K C, Bledsoe C S. 2007. Rapid uptake of ^{15}N-ammonium and glycine-^{13}C, ^{15}N by arbuscular and ericoid mycorrhizal plants native to a Northern California coastal pygmy forest. Soil Biology and Biochemistry, 39 (5): 1 078-1 086.

Randerson J T, Collatz G J, Fessenden J E, et al. 2002. A possible global covariance between terrestrial gross primary production and C-13 discrimination: Consequences for the atmospheric C-13 budget and its response to ENSO. Global Biogeochemical Cycles, 16: 1 136. doi:10.1029/2001GB001845.

Rennie D A, Paul E A, Johns L E. 1976. Natural nitrogen-15 abundance of soil and plant samples. Canadian Journal of Soil Science, 56: 43-50.

Richards J H, Caldwell M M. 1987. Hydraulic lift: Substantial nocturnal water transport between soil layers by *Artemisia tridentata* roots. Oecologia, 73: 486-489.

Riley W J, Still C J, Helliker B R, et al. 2003. ^{18}O composition of CO_2 and H_2O ecosystem pools and fluxes in a tallgrass prairie: Simulations and comparisons to measurements. Global Change Biology, 9: 1 567-1 581.

Riley W J, Still C J, Torn M S, et al. 2002. A mechanistic model of $H_2{}^{18}O$ and $C^{18}OO$ fluxes between ecosystems and the atmosphere: Model description and sensitivity analyses. Global Biogeochemical Cycles, 16 (4): 1 095. doi:10.1029/2002GB001878.

Robinson D. 2001. ^{15}N as an integrator of the nitrogen cycle. Trends in Ecology and Evolution, 16: 153-162.

Robinson D, Handley L L, Scrimgeour C M, et al. 2000. Using stable isotope natural abundances ($\delta^{15}N$ and $\delta^{13}C$) to integrate the stress responses of wild barley (*Hordeum spontaneum* C. Koch.) genotypes. Journal of Experimental Botany, 51: 41-50.

Roden J S, Ehleringer J R. 1999. Observations of hydrogen and oxygen isotopes in leaf water confirm the Craig-Gordon model under wide ranging environmental conditions. Plant Physiology, 120: 1 165-1 174.

Roig F A, Siegwolf R, Boninsegna J A. 2006. Stable oxygen isotopes ($\delta^{18}O$) in *Austrocedrus chilensis* tree rings reflect climate variability in northwestern Patagonia, Argentina. International Journal of Biometeorology, 51: 97-105.

Romero-Saltos H, Sternberg L da S L, Moreira MZ, et al. 2005. Rainfall exclusion in an eastern Amazonian forest alters soil water movement and depth of water uptake. American Journal of Botany, 92(3): 443-455.

Roupsard O, Ferhi A, Granier A, et al. 1999. Reverse phenology and dry-season water uptake by *Faidherbia albida* (Del.) A. Chev. in an agroforestry parkland of Sudanese West Africa. Functional Ecology, 13 (4): 460-472.

Rubenstein D R, Hobson K A. 2004. From birds to butterflies: Animal movement patterns and stable isotopes. Trends in Ecology and Evolution, 19: 256-263.

Rubenstein D R, Chamberlain C P, Holmes R T, et al. 2002. Linking breeding and wintering ranges of a migratory songbird using stable isotopes. Science, 295: 1 062-1 065.

Ruess L, Häggblom M M, Langel R, et al. 2004. Nitrogen isotope ratios and fatty acid composition as indicators of animal diets in belowground systems. Oecologia, 139: 336-346.

Rundel P W, Ehleringer J R, Nagy K A. 1989. Stable

Isotopes in Ecological Research. New York: Springer-Verlag, 525.

Sah S P, Rita H, Ilvesniemi H. 2006. ^{15}N natural abundance of foliage and soil across boreal forests of Finland. Biogeochemistry, 80: 277-288.

Saurer M, Cherubini P, Ammann M, et al. 2004. First detection of nitrogen from NO_x in tree rings: A $^{15}N/^{14}N$ study near a motorway. Atmospheric Environment, 38: 2 779-2 787.

Saurer M, Robertson I, Siegwolf R, et al. 1998. Oxygen isotope analysis of cellulose: An inter-laboratory comparison. Analytical Chemistry, 70(10): 2 074-2 080.

Schauer A J, Lai C T, Bowling D R, et al. 2003. An automated sampler for collection of atmospheric trace gas samples for stable isotope analyses. Agricultural and Forest Meteorology, 118: 113-124.

Schauer A J, Lott M J, Cook C S, et al. 2005. An automated system for stable isotope and concentration analyses of CO_2 from small atmospheric samples. Rapid Communications in Mass Spectrometry, 19: 359-362.

Schimel J P, Bennett J. 2004. Nitrogen mineralization: challenges of a changing paradigm. Ecology, 85: 591-602.

Schlesinger W H. 1995. An overview of the global carbon cycle//Lal R, Kimble J, Levine E, et al. Soils and Global Change. Boca Raton, Florida: Lewis Publishers, 9-25.

Schmidt H L, Gleixner G. 1998. Carbon isotope effects on key reactions in plant metabolism and ^{13}C-patterns in natural compounds//Griffiths H. Stable Isotopes: Integration of Biological, Ecological and Geochemical processes. Oxford: BIOS Scientific Publishers Ltd., 13-26.

Schulze E D, Chapin III F S, Gebauer G. 1994. Nitrogen nutrition and isotope differences among life forms at the northern treeline of Alaska. Oecologia, 100: 406-412.

Schulze E D, Williams R J, Farquhar G D, et al. 1998. Carbon and nitrogen isotope discrimination and nitrogen nutrition of trees along a rainfall gradient in northern Australia. Australian Journal of Plant Physiology, 25: 413-425.

Schuster W S F, Sandquist, D R, Phillips S L, et al. 1992. Comparisons of carbon isotope discrimination in populations of arid land plant species differing in lifespan. Oecologia, 91: 332-337.

Schuur E A G, Matson P A. 2001. Aboveground net primary productivity and nutrient cycling across a mesic to wet precipitation gradient in Hawaiian montane forest. Oecologia, 128: 431-442.

Schweizer M, Fear J, Cadisch G. 1999. Isotopic (^{13}C) fractionation during plant residue decomposition and its implications for soil organic matter studies. Rapid Communications in Mass Spectrometry, 13: 1 284-1 290.

Schwertl M, Auerswald K, Schnyder H. 2003. Reconstruction of the isotopic history of animal diets by hair segmental analysis. Rapid Communications in Mass Spectrometry, 17: 1 312-1 318.

Schwinning S, Davis K, Richardson L, et al. 2002. Deuterium enriched irrigation indicates different forms of rain use in shrub/grass species of the Colorado Plateau. Oecologia, 130: 345-355.

Schwinning S, Starr B I, Ehleringer J R. 2003. Dominant cold desert plants do not partition warm season precipitation by event size. Oecologia, 136(2): 252-260.

Schwinning S, Starr B I, Ehleringer J R. 2005a. Summer and winter drought in a cold desert ecosystem (Colorado Plateau). I: effects on soil water and plant water up take. Journal of Arid Environments, 60: 547-566.

Schwinning S, Starr B I, Ehleringer J R. 2005b. Summer and winter drought in a cold desert ecosystem (Colorado Plateau). II: effects on plant carbon assimilation and growth. Journal of Arid Environments, 61: 61-78.

Scott R L, Watts C, Garatuza J, et al. 2003. The understory and overstory partitioning of energy and water fluxes in a semi-arid woodland ecosystem. Agricultural and Forest Meteorology, 114: 127-139.

Sharifi M R, Rundel P W. 1993. The effect of vapour pressure deficit on carbon isotope discrimination in the desert shrub *Larrea tridentata* (creosote bush). Journal of Experimental Botany, 44: 481-487.

Shearer G, Duffy J, Kohl D H, et al. 1974. A steady-state model of isotopic fractionation accompanying nitrogen transformations in soil. Soil Science Society of America Journal, 38: 315-322.

Shearer G, Kohl D H. 1986. N_2-fixation in field settings: Estimations based on natural ^{15}N abundance. Australian Journal of Plant Physiology, 13: 699-756.

Shearer G, Kohl D H. 1989. Estimates of N_2 fixation in

ecosystems: the need for and basis of the ^{15}N natural abundance method//Rundel P W, Ehleringer J R, Nagy K A. Stable Isotopes in Ecological Research. Ecological Studies, Vol. 68. New York: Springer-Verlag, 342-373.

Shearer G B, Kohl D H, Chien S H. 1978. The nitrogen-15 abundance in a wide variety of soils. Soil Science Society of America Journal, 42: 899-902.

Sievering H, Tomaszewski T, Torizzo J. 2007. Canopy uptake of atmospheric N deposition at a conifer forest: Part I. Canopy N budget, photosynthetic efficiency, and net ecosystem exchange. Tellus, 59B: 483-492.

Snyder K, Williams D G. 2000. Water sources used by riparian trees varies among stream types on the San Pedro river, Arizona. Agricultural and Forest Meteorology, 105: 227-240.

Solomon D, Fritzsche F, Lehmann J, et al. 2002. Soil organic matter dynamics in the subhumid agroecosystems of the Ethiopian highlands: Evidence from natural ^{13}C abundance and particle-size fractionation. Soil Science Society of America Journal, 66: 969-978.

Steinmann K, Siegwolf R T W, Saurer M, et al. 2004. Carbon fluxes to the soil in a mature temperate forest assessed by ^{13}C isotope tracing. Oecologia, 141: 489-501.

Sternberg L d S L. 1989. A model to estimate carbon dioxide recycling in forests using $^{13}C/^{12}C$ ratios and concentrations of ambient carbon dioxide. Agricultural and Forest Meteorology, 48: 163-173.

Sternberg L d S L, Moreira M Z, Martinelli L A, et al. 1997. Carbon dioxide recycling in two Amazonian tropical forests. Agricultural and Forest Meteorology, 88: 259-268.

Sternberg L da S L, Mulkey S S, Wright S J. 1989. Ecological interpretation of leaf isotope ratios: Influence of respired carbon dioxide. Ecology, 70: 1 317-1 324.

Stevenson B A, Kelly E F, McDonald E V, et al. 2005. The stable carbon isotope composition of soil organic carbon and pedogenic carbonates along a bioclimatic gradient in the Palouse region, Washington State, USA. Geoderma, 124(1-2): 37-47.

Stewart G R. 2001. What do $\delta^{15}N$ signatures tell us about nitrogen relations in natural ecosystems//Unkovich M, Pate J, McNeill A, et al. Stable Isotopes Techniques in the Study of Biological Processes and Functioning of Ecosystems. Dordrecht: Kluwer Academic Publishers, 91-101.

Still C J, Berry J A, Ribas-Carbó M, et al. 2003. The contribution of C_3 and C_4 plants to the carbon cycle of a tallgrass prarie: an isotopic approach. Oecologia, 136: 347-359.

Stoddard J L, Jeffries D S, Lükewille A, et al. 1999. Regional trends in aquatic recovery from acidification in North America and Europe. Nature, 401: 575-578.

Stratton L, Goldstein G, Meinzer F C. 2000. Temporal and spatial partitioning of water resources among eight woody species in a Hawaiian dry forest. Oecologia, 124: 309-317.

Streeter T C, Bol R, Bardgett R D. 2000. Amino acids as a nitrogen source in temperate upland grasslands: the use of dual labelled (^{13}C, ^{15}N) glycine to test for direct uptake by dominant grasses. Rapid Communications in Mass Spectrometry, 14(15): 1 351-1 355.

Sugimoto A, Yanagisawa N, Naito D, et al. 2002. Importance of permafrost as a source of water for plants in East Siberian Taiga. Ecological Research, 17: 493-503.

Suits N S, Denning A S, Berry J A, et al. 2005. Simulation of carbon isotope discrimination of the terrestrial biosphere. Global Biogeochemical Cycles, 19: GB1017. doi:10.1029/2003GB002141.

Taylor A F S, Gebauer G, Read D J. 2004. Uptake of nitrogen and carbon from double-labelled (^{15}N and ^{13}C) glycine by mycorrhizal pine seedlings. New Phytologist, 164: 383-388.

Tcherkez G. 2006. How large is the carbon isotope fractionation of the photorespiratory enzyme glycine decarboxylase. Functional Plant Biology, 33: 1-10.

Tcherkez G, Farquhar G D. 2006. Isotopic fractionation by plant nitrate reductase, twenty years later. Functional Plant Biology, 33: 531-537.

Tcherkez G, Farquhar G D, Badeck F, et al. 2004 Theoretical considerations about carbon isotope distribution in glucose of C_3 plants. Functional Plant Biology, 31: 857-877.

Tcherkez G, Nogués S, Bleton J, et al. 2003. Metabolic origin of carbon isotope composition of leaf dark-respired CO_2 in french bean. Plant Physiology, 131:

237-244.

Thiemens M H. 2006. History and applications of mass-independent isotope effects. Annual Review of Earth and Planetary Sciences, 34: 217-262.

Thiemens M H, Heindenreich H. 1983. The mass-independent fractionation of oxygen: A novel isotope effect and its possible cosmochemical implications. Science, 219: 1 073-1 075.

Thorburn P J, Ehleringer J R. 1995. Root water uptake of field-growing plants indicated by measurements of natural-abundance deuterium. Plant and Soil, 177: 225 -233.

Tietema A, Boxman A W, Bredemeier M, et al. 1998b. Nitrogen saturation experiments (NITREX) in coniferous forest ecosystems in Europe : a summary of results. Environmental Pollution, 102: 433-437.

Tietema A, Emmett B A, Gunderson P, et al. 1998a. The fate of ^{15}N-labelled nitrogen deposition in coniferous forest ecosystems. Forest Ecology and Management, 101: 19-27.

Tipple B J, Pagani M. 2007. The early origins of terrestrial C_4 photosynthesis. Annual Reviews of Earth and Planetary Sciences, 35: 435-461.

Tomaszewski T, Boyce R, Sievering H. 2003. Canopy uptake of atmospheric nitrogen and new growth nitrogen requirement at a Colorado subalpine forest. Canadian Journal of Forest Research, 33(11): 2 221-2 227.

Tomaszewski T, Sievering H. 2007. Canopy uptake of atmospheric N deposition at a conifer forest: part II-response of chlorophyll fluorescence and gas-exchange parameters. Tellus, 59B: 493-501.

Treseder K K, Allen M F. 2002. Direct N and P limitation of arbuscular mycorrhizal fungi: A model and field test. New Phytologist, 155(3): 507-515.

Trumbore S. 2006. Carbon respired by terrestrial ecosystems: Recent progress and challenges. Global Change Biology, 12: 141-153.

Tuzet A, Castell J-F, Perrier A, et al. 1997. Flux heterogeneity and evapotranspiration partitioning in a sparse canopy: the fallow savanna. Journal of Hydrology, 188-189(1-4): 482-493.

Urey H C. 1948. Oxygen isotopes in nature and in the laboratory. Science, 108: 489-496.

Vitousek P M. 2004. Nutrient Cycling and Limitation: Hawaii as a Model System. Princeton, NJ: Princeton University Press, 252.

Vitousek P M, Cassman K, Cleveland C, et al. 2002. Towards an ecological understanding of biological nitrogen fixation. Biogeochemistry, 57: 1-45.

Vitousek P M, Field C B. 1999. Ecosystem constraints to symbiotic nitrogen fixers: A simple model and its implications. Biogeochemistry, 146: 179-202.

Vitousek P M, Mooney H A, Lubchenco J, et al. 1997. Human domination of Earth's ecosystems. Science, 277: 494-499.

Vivin P, Martin F, Guehl J M. 1996. Acquisition and within-plant allocation of ^{13}C and ^{15}N in CO_2-enriched Quercus robur plants. Plant Physiolology, 98: 89-96.

Vogel J C. 1978. Recycling of carbon in a forest environment. Oecologia Plantarum, 13: 89-94.

von Caemmerer S, Evans J R. 1991. Determination of the average partial pressure of CO_2 in chloroplasts from leaves of several C_3 plants. Australian Journal of Plant Physiology, 18: 287-305.

Walker C D, Brunel J P. 1990. Examining evapotranspiration in a semi-arid region using stable isotopes of hydrogen and oxygen. Journal of Hydrology, 118: 55 -75.

Walker C D, Lance R C M. 1991. The fractionation of ^2H and ^{18}O in leaf water of Barley. Australian Journal of Plant Physiology, 18: 411-425.

Walker C D, Leaney F W, Dighton J C, et al. 1989. The influence of transpiration on the equilibration of leaf water with atmospheric water vapor. Plant, Cell and Environment, 12: 221-234.

Wang X F, Yakir D. 1995. Temporal and spatial variations in the oxgen-18 content of leaf water in different plant species. Plant, Cell and Environment, 18: 1 377-1 385.

Wang X F, Yakir D. 2000. Using stable isotopes of water in evapotranspiration studies. Hydrological Processes, 14: 1 407-1 421.

Wang X F, Yakir D, Avishai M. 1998. Non-climatic variations in the oxygen isotopic composition of plants. Global Change Biology, 4: 835-849.

Warburg O. 1920. über die Geschwindigkeit der photochemischen Kohlensäurezersetzung in lebenden Zellen. II. Biochem Zeitschr, 103: 188-217.

Waring R H, Silvester W B. 1994. Variation in foliar

$\delta^{13}C$ values within the crowns of *Pinus radiata* trees. Tree Physiology, 14: 1 203-1 213.

Weigelt A, Bol R, Bardgett R. 2005. Preferential uptake of soil nitrogen forms by grassland plant species. Oecologia, 142: 627-635.

Weltzin J F, McPherson G R. 1997. Spatial and temporal soil moisture resource partitioning by trees and grasses in a temperate savanna, Arizona, USA. Oecologia, 112: 156-164.

Wen X F, Sun X M, Zhang S C, et al. 2008. Continuous measurement of water vapor D/H and $^{18}O/^{16}O$ isotope ratios in the atmosphere. Journal of Hydrology, 349: 489-500.

Werner C, Unger S, Pereira J S, et al. 2006. Importance of short-term dynamics in carbon isotope ratios of ecosystem respiration ($\delta^{13}C_R$) in a Mediterranean oak woodland and linkage to environmental factors. New Phytologist, 172(2): 330-346.

Werner R A, Schmidt H L. 2002. The *in vivo* nitrogen isotope discrimination among organic plant compounds. Phytochemistry, 61: 465-484.

Wershaw R L, Friedman I, Heller S J, et al. 1966. Hydrogen isotope fractionation of water passing through trees//Hobson F, Speers M. Advances in Organic Geochemistry. New York: Pergamon Press, 55-67.

West J B, Bowen G J, Cerling T E, et al. 2006. Stable isotopes as one of nature's ecological recorders. Trends in Ecology and Evolution, 21: 408-414.

White J W C. 1989. Stable hydrogen isotope ratios in plants: A review of current theory and some potential applications//Rundel P W, Ehleringer J R, Nagy K A. Stable Isotopes in Ecological Research. Ecological Studies, Vol. 68. New York: Springer-Verlag, 142 -162.

White J W C, Cook E R, Lawrence J R, et al. 1985. The D/H ratios of sap in trees: implications for water sources and tree ring D/H ratios. Geochimica et Cosmochimica Acta, 49: 237-246.

Williams D G, Cable W, Hultine K, et al. 2004. Components of evapotranspiration in an olive orchard determined by eddy covariance, sap flow and stable isotope techniques. Agricultural and Forest Meteorology, 125: 241-258.

Williams D G, Ehleringer J R. 2000. Intra- and inter-specific variation for summer precipitation use in pinyon-juniper woodlands. Ecological Monographs, 70: 517-537.

Wingate L, Seibt U, Moncrieff J B, et al. 2007. Variations in ^{13}C discrimination during CO_2 exchange by *Picea sitchensis* branches in the field. Plant, Cell and Environment, 30: 600-616.

Wohlfahrt G, Bahn M, Cernusca A. 1999. The use of the ratio between the photosynthesis parameters P_{ml} and V_{cmax} for scaling up photosynthesis of C_3 plants from leaves to canopies: A critical examination of different modelling approaches. Journal of Theoretical Biology, 200: 163-181.

Wolfe A P, Baron J S, Cornett R J. 2001. Anthropogenic nitrogen deposition induces rapid ecological changes in alpine lakes of the Colorado Front Range (USA). Journal of Paleolimnology, 25: 1-7.

Woodward F I. 2001. Carbon cycle-discriminating plants. Science, 291: 2 562-2 563.

Wynn J G, Harden J W, Fries T L. 2006. Stable carbon isotope depth profiles and soil organic carbon dynamics in the lower Mississippi Basin. Geoderma, 131: 89-109.

Yakir D. 1998. Oxygen-18 of leaf water: a crossroad for plant-associated isotopic signals//Griffiths H. Stable Isotopes: Integration of Biological, Ecological and Geochemical processes. Oxford: BIOS Scientific Publishers Ltd., 147-168.

Yakir D, Berry J A, Giles L, et al. 1994. Isotopic heterogeneity of water in transpiring leaves: identification of the component that controls the $\delta^{18}O$ of atmospheric O_2 and CO_2. Plant, Cell and Environment, 17: 73-80.

Yakir D, DeNiro M J, Ephrath J E. 1990a. Effects of water stress on oxygen, hydrogen and carbon isotope ratios in two species of cotton plants. Plant, Cell and Environment, 13: 949-955.

Yakir D, DeNiro M J, Gat J R. 1990b. Natural deuterium and oxgen-18 enrichemnt in leaf water of cotton plants grown under wet and dry conditions: evidence for water compartmentation and its dynamics. Plant, Cell and Environment, 13: 49-56.

Yakir D, DeNiro M J, Rundel P W. 1989. Isotopic inhomogeneity of leaf water: evidence and implications for the use of isotopic signals transduced by plants.

Geochimica et Cosmochimica Acta, 53: 2 769-2 773.

Yakir D, Sternberg L D L. 2000. The use of stable isotopes to study ecosystem gas exchange. Oecologia, 123: 297-311.

Yakir D, Wang X F. 1996. Fluxes of CO_2 and water between terrestrial vegetation and the atmosphere estimated from isotope measurements. Nature, 380: 515 -517.

Yepez E A, Williams D G, Scott R, et al. 2003. Partitioning overstory andunderstory evapotranspiration in a semi-arid savanna ecosystem from the isotopic composition of watervapor. Agricultural and Forest Meteorology, 119: 53-68.

Yoneyama T. 1995. Nitrogen metabolism and fractionation of nitrogen isotopes in plants//Wada E, Yoneyama T, Minagawa M, et al. Stable Isotopes in the Biosphere. Kyoto, Japan: Kyoto University Press, 92-102.

Yoneyama T. 1996. Characterization of natural ^{15}N abundance of soils//Boutton T W, Yamasaki S-I. Mass Spectrometry of Soils. New York: Marcel Dekker, Inc, 205-223.

Zak D R, Holmes W E, Finzi A C, et al. 2003. Soil nitrogen cycling under elevated CO_2: A synthesis of forest FACE experiments. Ecological Applications, 13: 1 508-1 514.

Zencich S J, Froend R H, Turner J V. 2002. Influence of groundwater depth on the seasonal sources of water accessed by *Banksia* tree species on a shallow sandy coastal aquifer. Oecologia, 131: 8-19.

Zimmermann U, Münnich K O, Roether W, et al. 1966. Tracers Determine Movement of Soil Moisture and Evapotranspiration. Science, 152: 346-347.

Zimmermann U, Ehhalt D, Munnich K O. 1967. Soil-water movement and evaporation: changes in isotopic composition of the water//Knippner M. Proceedings of the Symposium on Isotopes in Hydrology. Vienna: IAEA, 567-584.

第3章

大气水汽的稳定同位素平衡及其在生态系统水循环研究中的应用

李旭辉[1]温学发[2]孙晓敏[2]

([1]美国耶鲁大学;[2]中国科学院地理科学与资源研究所)

摘要

由于同位素效应的存在,$H_2{}^{18}O$,$HD{}^{16}O$和$H_2{}^{16}O$成为大气、水文和生态等诸多学科研究土壤、植被、大气和海洋间不同形式水分运动的最佳示踪剂和重要研究工具。测定液态、气态和固态水$^{18}O/^{16}O$和D/H稳定同位素比值可以提供大量有关大气水汽来源和大气中水相变过程的重要信息。目前,由于采样与分析的仪器和技术的限制,关于大气水汽$^{18}O/^{16}O$和D/H同位素比值和通量的研究,几乎都局限于短期集中试验和较粗时间分辨率。由于测定的水汽样品量非常有限,从而限制了大气水汽$^{18}O/^{16}O$和D/H在不同生态系统、区域和全球尺度的植被/大气相互作用方面的研究。

然而,高时间分辨率和连续的大气水汽$^{18}O/^{16}O$和D/H同位素比值和通量数据将为陆地生态系统水循环(包括植物蒸腾和土壤蒸发过程)及其相关的大气过程特别是涉及相变过程的科学研究提供更多有价值的信息,也将促进氢氧稳定同位素技术在水文学、大气学和生态学等相关领域中的广泛应用。最近作者及合作者在大气水汽$H_2{}^{18}O$、$HD{}^{16}O$和$H_2{}^{16}O$激光痕量气体分析技术(TDLAS)的基础上,开发了大气水汽$^{18}O/^{16}O$和D/H在线标定系统,成功构建了大气水汽$^{18}O/^{16}O$和D/H同位素比值和通量的原位连续观测系统,其观测精度(小时尺度)可以达到甚至优于同位素质谱仪(Finnigan MAT253)的观测精度,已经具备了大气水汽$^{18}O/^{16}O$和D/H同位素比值和通量的原位连续观测能力。由于$^{18}O/^{16}O$和D/H同位素比值和通量都受相似的生物和气象变量的影响,因此同时观测$^{18}O/^{16}O$和D/H将为生态系统水循环和生态过程研究,如水汽通量拆分、植物叶片水富集、光合作用同位素判别等提供更多有价值的信息。此外,这里确定和定义一种适宜野外条件的、能够独立且及时对原位连续观测系统性能进行客观评价的方法。基本原理就是露点发生器产生水汽遵循瑞利分馏理论的预测。该评价方法也可以用于检验和评价野外条件下其他类型原位观测系统的性能表现。

关键词:生态学　水文学　水汽　稳定同位素　$^{18}O/^{16}O$　D/H　TDLAS

Chapter 3

Stable isotopic equilibrium of atmospheric water vapor and its application in the hydrological research

Abstract

The stable isotopes of water, $H_2{}^{18}O$, $HD^{16}O$, and $H_2{}^{16}O$, are powerful tracers for studies of the hydrologic cycle, ecological processes and paleoclimate. Quantification of both the D/H and $^{18}O/^{16}O$ ratios in the three phases of water has the potential of providing insights on the atmospheric water source regions and the dynamic phase change. Most published studies on water vapor are limited to brief campaigns and discrete sampling due to the sampling and measuring limitations. Because of the limited data available on the vapor phase, it is limited for the application of water vapor isotopes in ecological and hydrological research at ecosystem, regional and global scales.

Continuous and simultaneous measurement of D/H and $^{18}O/^{16}O$ of atmospheric water vapor should provide an improved understanding of the mechanisms of evaporation and transpiration at the surface of the earth and the subsequent transport and phase change in the atmosphere. A special focus is on the *in-situ* measurement technology recently developed by the authors and their collaborators and the potential of the technology in advancing our understanding of isotopic exchanges between the earth's surface and the atmosphere. High-frequency continuous measurement of both the vapor D/H and $^{18}O/^{16}O$ ratios may open a new window on the hydrologic cycle, particularly processes involving phase changes of water, and can increase the power of the isotope method in ecological and hydrological applications. Our system differs from other published studies on the TDLAS technology for water vapor isotopes in that we achieve an accuracy and precision comparable to that of a mass spectrometer and at the same time allow uninterrupted operation. A good knowledge of the temporal dynamics of vapor D/H and $^{18}O/^{16}O$ ratios and the value of the transpired water therefore has the potential to improve the leaf water enrichment predictions, flux partitioning, etc., especially if its measurement is made in a non-destructive manner and on a continuous basis.

We have refined a method to provide independent, timely performance test of the *in-situ* system. The method used a dewpoint generator to generate a stream of moist air whose isotope ratio follows the Rayleigh distillation prediction. We showed that it can be used to characterize the precision of the TDL system. The procedure established here can be used to check the performance of other types of *in-situ* measurement system in field conditions.

Keywords: Ecology, Hydrology, Water vapor, Stable isotope, $^{18}O/^{16}O$, D/H, TDLAS

3.1 引言

本章中,我们对有关同位素水文和生态过程研究的理论和观测方法进行综述。在适当的地方,引用了我们最近发表的研究数据,其中特别介绍了最近作者及合作者开发的大气水汽同位素的原位观测技术,旨在促进我们理解地球表面与大气之间水汽同位素交换方面的应用潜力。同时,读者也可参阅其他有关该主题的综述论文(Farquhar et al,2007;Araguas - Araguas et al, 2000; Yakir & Sternberg, 2000;Gat, 1996)以及本书的有关章节。

3.2 水汽同位素在生态学和水文学研究中的应用

地球水循环中,大约 0.2% 的氧同位素是^{18}O,0.015% 的氢同位素是^{2}H 或 D。生态学界和水文学界已经对这些水的稳定同位素进行了广泛研究。自然环境中水的微量同位素($H_2{}^{18}O$ 或 $HD^{16}O$)通常利用它相对于主要同位素 $H_2{}^{16}O$ 的物质的量比来度量,用 delta(δ)符号表示:

$$\delta=(R/R_s-1)\times 1\,000 \qquad (3.1)$$

其中 R 是 D/H 或$^{18}O/^{16}O$ 的物质的量比,R_s 是标准物质的量浓度,采用 Vienna 标准平均海水(VSMOW),D/H 等于 0.000 155 76,$^{18}O/^{16}O$ 等于 0.002 005 2。δ 值的单位为千分之一(‰)。

对气态、液态和固态水 δ 值的测量,能够揭示大气水源区域和大气中发生的动态相变的重要信息。现在,已有大量液态水的同位素数据(例如,IAEA/WMO 全球降水网络;Schotterer et al,1996)。但仅有少量的研究报告了气态水的观测数据。气态水数据可以为水分循环研究提供一些重要启示,这是只用液态水数据无法得到的。例如,White 和 Gedzelman(1984)和 He 等(2001)的研究显示,在美国东北部,水汽同位素比值与环境湿度高度相关,这表明水汽同位素比值携带了气团凝结历程的信息。据 Jacob 和 Sonntag(1991)报道,德国海德堡季节尺度上的水汽同位素数据,似乎来源于当地降水。He 和 Smith(1999)观测到边界层空气和上方自由大气之间的水汽同位素比值差异很大,HDO 相差达 200‰,$H_2{}^{18}O$ 相差达 30‰。航空采样的水汽同位素比值数据提供了冰升华是对流层上层水来源这一理论的证据(Smith, 1992)。大多数已发表关于水汽同位素的研究都是短期且不连续取样,只有少数数据观测时间较长。Jacob 和 Sonntag(1991)对水汽同位素进行了 8 年多几乎连续的观测,但时间分辨率较低,为 24 ~ 48 h。最近作者及合作者报道了近地层空气的高分辨率水汽$^{18}O/^{16}O$ 比值(δ_v)时间序列的分析结果(Lee et al,2005;Lee et al,2007;Welp et al,2008;Wen et al, 2008)。其所采用原位连续观测技术介绍请见第 3.6 节。

水的稳定同位素是植物-水分关系研究的示踪剂。水分在植物体内传输过程中,同位素组成保持不变,与土壤水的同位素组成相同。因此,可以用木质部水同位素组成的测量值来研究植物水分来源的时间变化(Dawson et al, 1998)。在干季和湿季交替的环境中,通常干季开始而表层土壤变干后,木本植物的蒸腾更依赖于深层土壤水和地下水(Zencich et al, 2002; Ewe & Sternberg, 2002; Williams & Ehleringer,2000;Smith et al,1997;Thorburn et al, 1993)。大气中水汽自身的 δ_v 信号虽然受植物蒸腾作用的影响,但并不等于蒸腾水的同位素组成。近地面层大气中,如果在两个或多个高度上测量 δ_v,就可以用通量梯度廓线技术确定蒸腾水的同位素组成(Yakir & Wang,1996)。植株尺度上,可以用木质部水同位素组成对植物水分利用来源进行标记;与之不同,在生态系统尺度上可以应用通量梯度廓线技术。例如,Lee 等(2007)采用通量梯度廓线技术的研究结果表明,在生长晚期温带森林水源从浅层土壤转换到深层土壤,乔木层蒸腾量占生态系统蒸腾量的主要部分。

描述 δ_v 的时空格局的能力,也与全球生物地球化学循环中的一些重要科学问题紧密相关。根系吸水和植物体内水分传输并不改变水的同位素组成,而蒸腾则会导致叶片组织中 HDO 和 $H_2{}^{18}O$ 同位素的富集。同位素富集叶片的^{18}O 信号会传递给光合作用放出的 O_2 分子和从气孔腔扩散出去的 CO_2 分子(Hoffmann et al,2004;Farquhar et al,1993)。当用植物材料(如脂质化合物)进行合理的古气候重建之前,必须考虑这一因素(Sternberg,1988)。如何最好地定量化叶片水同位素富集效应,仍然是研究的前沿领域。Farquhar 和 Cernusak(2005)的研究表明，直接影响$^{18}O-CO_2$和$^{18}O-O_2$交换的是气孔腔蒸发点上水的$^{18}O/^{16}O$比值（$\delta_{L,e}$），而非总体叶片水的同位素比值（δ_L）。但是，$\delta_{L,e}$无法直接测得。过去，研究者依靠复杂程度各异的模型预测$\delta_{L,e}$（Farquhar & Cernusak, 2005; Roden & Ehleringer, 1999; Flanagan et al, 1991; Dongmann et al, 1974）。为了验证模型，在进行了适当的 Péclet 效应校正后，将模型的预测结果与δ_L观测值进行比较（Farquhar & Cernusak, 2005），或将预测结果应用到$^{18}O-CO_2$的光合作用判别计算中，再与观测值比较（Seibt et al, 2006; Cernusak et al, 2004）。因此，知道δ_v的时间变化和蒸腾水的δ值，特别是用非破坏方法进行连续的观测，可以改进对$\delta_{L,e}$的预测（Welp et al, 2008; 温学发等, 2008）。

3.3 大气水汽理想化系统理论

3.3.1 完全开放系统

δ_v的时间和空间行为很复杂。但理想化过程的物理学已经很完备，可以通过它们来认识δ_v的变化规律。其中一个经典物理学模型就是开放系统的 Rayleigh 分馏理论：一部分水汽凝结成液态后立即降雨出去。降雨效应使得水汽混合比较低，也使水汽的$H_2{}^{18}O$含量逐渐降低。对于气团从水汽源地平流中的干燥过程，该理论可视为一种理想化的描述。尽管无法精确知道凝结温度和水汽源地，从而难以将该理论应用到单个天气循环，但它是解释δ_v季节变化的合理理论框架（Jacob & Sonntag, 1991; Lee et al, 2005）。

完全开放系统的数学模型可以在质量守恒的基础上构建。设n_v和n_l分别为气态和液态$H_2{}^{16}O$的总分子数，n_v^i和n_l^i分别为气态和液态水中微量同位素的分子数。根据定义，气态和液态的物质的量同位素比为$R_v=n_v^i/n_v$和$R_l=n_l^i/n_l$，其相互关系为：

$$R_v=R_l/\alpha \tag{3.2}$$

其中α是分馏系数。当系统饱和时，通常处于热力学平衡状态，α等于平衡分馏系数α_e。α_e的最佳取值为（Majoube, 1971）：

$H_2{}^{18}O$，

$$\ln\alpha_e=\frac{1.137}{T^2}\times10^3-\frac{0.4156}{T}-2.0667\times10^{-3} \tag{3.3}$$

HDO，

$$\ln\alpha_e=\frac{24.844}{T^2}\times10^3-\frac{76.248}{T}+52.612\times10^{-3} \tag{3.4}$$

其中T是温度（K）。α_e大于1，故处于平衡状态的水汽总是比液态水的微量同位素含量低。如果液态水一旦形成就立即形成降水，下述比例方程为：

$$\frac{dn_v^i}{dn_v}=\frac{dn_l^i}{dn_l}=R_v\alpha_e \tag{3.5}$$

$$dR_v=d\left(\frac{n_v^i}{n_v}\right)=\frac{dn_v^i}{n_v}-\frac{R_v dn_v}{n_v} \tag{3.6}$$

从公式（3.5）和（3.6）中消去dn_v^i，对n_v积分，得到：

$$\frac{R_v}{R_{v,0}}=\left(\frac{n_v}{n_{v,0}}\right)^{\alpha_e-1} \tag{3.7}$$

或

$$\frac{\delta_v+1}{\delta_{v,0}+1}=\left(\frac{w}{w_0}\right)^{\alpha_e-1} \tag{3.8}$$

其中下标0表示初始值，w是水汽混合比。对于$H_2{}^{18}O$，α_e足够接近1，公式（3.8）可以近似为线性方程：

$$\delta_v=\delta_{v,0}+(\alpha_e-1)\ln(w/w_0) \tag{3.9}$$

公式（3.8）和（3.9）称为 Rayleigh 分馏方程，表明δ_v与空气湿度有紧密联系。当湿空气从水汽源地移走时，一些水分从气态凝结成液态和固态，降水出去。由于凝相水的^{18}O比气相水富集，所以降水产生的水分移除会同时降低w和δ_v。

Rayleigh 方程有几种形式。上述推导假设α_e恒定，但在实际大气中，凝结温度是变化的。例如，对流风暴中的气团沿绝热冷却，Smith（1992）给出了这种特殊情况下 Rayleigh 方程的数学方案。如果初始状态所有的水都以液相存在，水以水汽的形式从系统中移出（例如湖泊蒸发失水现象），则可以用类似的方程来追踪液态水同位素组成的变化。其实，对δ_v原位连续观测系统进行交叉定标，Rayleigh 分馏方程是很有用的（第3.6节）。

3.3.2 完全闭合系统

另一个理想化系统中气相水和凝相水共同存在，称为完全闭合系统。与开放系统不同的是，所有液态水都保留在系统内。液态水质量的增加由气态水质量的减少精确平衡，反之亦然。两相处于热力学平衡状态。可以表示为：

$$\frac{\delta_v+1}{\delta_{v,0}+1}=\left[(1-\alpha)\frac{w}{w_0}+\alpha\right]^{-1} \tag{3.10}$$

对于^{18}O，以上公式可以线性化为：

$$\delta_v=\delta_{v,0}-\ln[(1-\alpha)w/w_0+\alpha] \tag{3.11}$$

3.3.3 半开放系统

显然，气团既不是完全开放也不是完全封闭的。发生凝结时，凝相水是一部分并非全部降水出去。Merlivat 和 Jouzel（1979）推导了气态水$^{18}O/^{16}O$物质的量比 R_v 的解析模型：

$$\frac{dR_v}{R_v}=\frac{(\alpha-1)\,dn_v-n_1 d\alpha}{n_v+\alpha n_1} \tag{3.12}$$

公式（3.12）的推导过程中做了如下假设：气团整个生命期的降水效应比值（f）恒定，系统内外空气不混合，液相和气相水处于平衡状态，离开系统的降水与留在系统内的液态水同位素比值相同。系统内液相水总量与 f 和初始水量（均以气相存在）$n_{v,0}$ 的关系为：

$$n_1=(1-f)(n_{v,0}-n_v) \tag{3.13}$$

若假设 α 恒定，利用公式（3.13），将公式（3.12）对 n_v 积分，得到：

$$\frac{\delta_v+1}{\delta_{v,0}+1}=\left\{[1-\alpha(1-f)]\frac{w}{w_0}+\alpha(1-f)\right\}^{(\alpha-1)/[1-\alpha(1-f)]} \tag{3.14}$$

其中 $R_{v,0}$ 为初始水汽$^{18}O/^{16}O$物质的量比。当 $f\to0$ 和 1 时，公式（3.14）分别简化为公式（3.10）和公式（3.8）。

3.4 蒸发和蒸腾水的同位素理论

3.4.1 Craig-Gordon 模型

上述 3 个系统处理的是大气中水在相变影响下的水汽同位素比值的变化。在近地面，水汽的同位素比值还受水体和土壤蒸发水以及植物蒸腾水的影响。水面蒸发水的同位素比值（δ_E）受以下因素控制：大气湿度、空气中水汽同位素比值以及平衡分馏和动力分馏效应。计算 δ_E 的第一个理论模型是由 Craig 和 Gordon（1965）提出的。后来，生态学家将 Craig-Gordon 模型推广到陆地植物蒸腾同位素比值（δ_T）的研究中（Dongmann et al，1974；Flanagan et al，1991；Farquhar & Cernusak，2005）。接下来，我们将给出该模型的详细推导过程。通过推导，我们希望读者了解阅读文献时将遇到的大量符号的意义，强调该学科领域中一些新兴研究问题的理论基础。

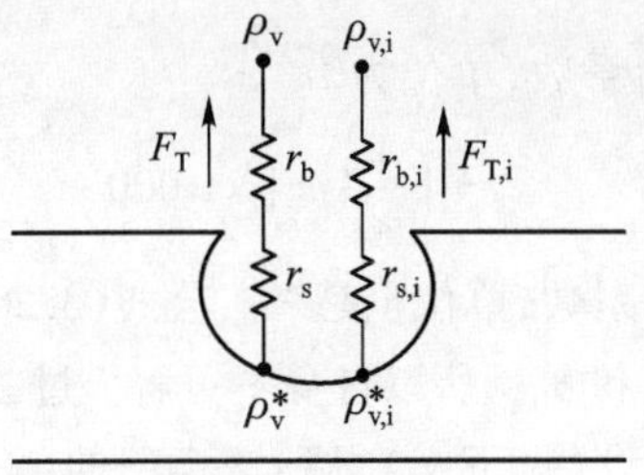

图 3.1 叶片-大气稳定同位素交换的阻力电学类比的示意图

Figure 3.1 Resistance analology of leaf-air exchange of water vapor isotopes

叶片和空气之间的水汽主要组分 $H_2{}^{16}O$ 通量 F_T和微量组分通量 $F_{T,i}$（HDO 或 $H_2{}^{18}O$，由下标 i 表示）共用一个气孔通道，单位为 $mol\cdot m^{-2}\cdot s^{-1}$，见图 3.1。其中，$\rho_v$是叶片边界层外的水汽密度（单位为 $mol\cdot m^{-3}$）；r_s 和 r_b 分别是气孔阻力和边界层阻力（s/m）；ρ_v^*是气孔腔内水汽密度，等于叶温 T_L下的饱和水汽密度。设 $R_{L,e}$为气孔腔内蒸发点上液态水的物质的量比。同位素平衡状态下气孔腔内气态水的物质的量比为：

$$\frac{\rho_{v,i}^*}{\rho_v^*}=\frac{1}{\alpha_e}R_{L,e} \tag{3.15}$$

其中平衡分馏系数 α_e 由公式（3.3）和（3.4）得出。应用阻力的电学类比方法，得到：

$$F_T=\frac{\rho_v^*-\rho_v}{r_b-r_s} \tag{3.16}$$

$$F_{T,i}=\frac{\rho_{v,i}^*-\rho_{v,i}}{r_{b,i}-r_{s,i}} \tag{3.17}$$

联立公式（3.15 ~ 3.17），得到物质的量通量比 R_T的表达式：

$$R_T\equiv\frac{F_{T,i}}{F_T}=\frac{R_{L,e}/\alpha_e-R_v h}{1-h}k \tag{3.18}$$

其中 h 是对应于叶温的相对湿度（$h=\rho_v/\rho_v^*$），R_v（$=\rho_{v,i}/\rho_v$）是水汽物质的量比，而

$$k=\frac{r_b+r_s}{r_{b,i}+r_{s,i}} \tag{3.19}$$

将所有的物质的量比转化为各自对应的 δ 值（公式

(3.1)),我们得到(Yakir & Sternberg,2000):

$$\delta_T=\frac{\delta_{L,e}/\alpha_e-h\delta_v-\varepsilon_{eq}-(1-h)\varepsilon_k}{(1-h)+(1-h)\varepsilon_k/1\,000} \qquad (3.20)$$

其中,

$$\varepsilon_{eq}=\left(1-\frac{1}{\alpha_e}\right)\times 1\,000 \qquad (3.21)$$

是平衡分馏系数,单位为‰。

$$\varepsilon_k=\left(\frac{1}{k}-1\right)\times 1\,000 \qquad (3.22)$$

是动力分馏系数,单位也是‰。公式(3.20)包含了两个未知量 δ_T 和 $\delta_{L,e}$,所以自身不可解。过去,人们通过引入稳态假设(见下文)得到该模型的闭合形式。最近,Farquhar 和 Cernusak(2005)提出克服这一闭合难题的办法,将 $\delta_{L,e}$ 表示为总体叶片水 δ_L 的函数,而 δ_L 是可以测得或通过质量守恒方程算得的。

通常称公式(3.20)为计算蒸腾水汽同位素比值的 Craig-Gordon 模型。该模型通常有几种变化形式。若想得到湖泊蒸发水汽的同位素比值,我们只需用湖泊蒸发水面的同位素比值代替公式(3.20)中的 $\delta_{L,e}$,并将气孔阻力设为0。若已知土壤水的同位素比值,可以用公式(3.20)计算土壤蒸发水汽的同位素比值,这时用土壤孔隙的扩散阻力代替 r_s,用土壤中蒸发锋面的液态水同位素比值代替 $\delta_{L,e}$,h 为与参考蒸发锋面土温对应的相对湿度(例如 Barnes & Allison,1988)。

土壤/开放水体蒸发与植物蒸腾存在着重要差异。前者,源水体相对较大,故同位素比值随时间的变化相对稳定。在典型的湿度状况下,由于平衡分馏和动力分馏效应的作用,从土壤或湖泊蒸发出去的水汽通常比水源轻得多。后者,与开放水体周转时间很长不同,叶片水的周转相当快。结果产生了 $\delta_{L,e}$ 的日变化和季节变化(例如 Welp et al, 2008)。这里,周转时间定义为液态水质量与水汽通量之比。比叶片水周转时间长得多的时间尺度上,质量平衡条件要求叶片水的 δ_T 等于木质部水的 δ_x。在分钟到小时的短时间尺度上,野外条件下 δ_T 是变化的,这表明稳态假设(SSA)——即 δ_T 等于 δ_x——一般无法满足(Farquhar & Cernusak, 2005; Lai et al, 2005;Harwood et al,1998)。δ_T 的动态变化会影响近地层的水汽同位素比值。例如,Welp 等(2008)观测到傍晚时大豆田内,伴随着 δ_T 迅速上升,$H_2{}^{18}O$ 的 δ_v 大约上升了2‰。

公式(3.20)表明 δ_T 和 δ_E 的时间变化受很多参数的控制。Lee 等(2007)的研究结果显示,在短于几小时的时间尺度上,主要控制因子是相对湿度。为分离出相对湿度的影响,他们将公式(3.20)简化为:

$$\delta_T\approx\frac{\delta_{L,e}-\delta_v-\varepsilon_{eq}}{1-h}+\delta_v-\varepsilon_k \qquad (3.23)$$

根据公式(3.23),δ_T 对 h 的响应几乎是瞬时的,δ_T 与 h 负相关。

3.4.2 动力分馏系数

平衡分馏系数 ε_{eq} 是温度的弱函数,10℃时 HDO 和 $H_2{}^{18}O$ 的 ε_{eq} 值分别为89.2‰和10.6‰,30℃时分别为69.1‰和8.9‰。动力分馏系数的估算则略复杂些。分子穿过气孔口的运动是通过分子扩散完成的,所以 r_s 和 $r_{s,i}$ 这两个气孔阻力之比就等于空气中水汽主要组分 H_2O 的分子扩散系数(D)和微量组分 HDO 或 $H_2{}^{18}O$ 的分子扩散系数(D_i)之比,

$$k_s\equiv\frac{r_s}{r_{s,i}}=\frac{D_i}{D}$$

该比例关系也适用于通过气孔通道扩散的其他种类气体。例如,用典型气孔计测量出的水汽的气孔阻力,进行分子扩散系数校正后,可以得到二氧化碳和其他化学物质的气孔阻力(例如,Baldocchi,1988;Wesely,1989)。Merlivat(1978)报告了 H_2O : HDO 的分子扩散系数之比为1.025 1,H_2O : $H_2{}^{18}O$ 为1.028 1。最近,Cappa 等(2003)将这两个比例修改为1.016 4 和1.031 9。Cernusak 等(2005)在模拟研究植物组织氧同位素组成时采用了 Cappa 等(2003)的值。

由于空气湍流的干扰,通过叶片边界层的扩散对应的动力分馏效应为:

$$k_b=\frac{r_b}{r_{b,i}}=\left(\frac{D_i}{D}\right)^{2/3}$$

有了上述公式,我们便可以推导动力分馏系数 ε_k 的准确表达式。将公式(3.19)和(3.22)重组:

$$\varepsilon_k=\frac{(1/k_b-1)r_b+(1/k_s-1)r_s}{r_b+r_s}\times 1\,000 \qquad (3.24)$$

用 Cappa 等(2003)的扩散系数值,得到 HDO 的 ε_k 为:

$$\varepsilon_k=\frac{11r_b+16r_s}{r_b+r_s} \qquad (3.25)$$

$H_2{}^{18}O$ 的 ε_k 为:

$$\varepsilon_k=\frac{21r_b+32r_s}{r_b+r_s} \qquad (3.26)$$

在几天的时间尺度上，δ_v 的变化相当大，经常超过20‰(^{18}O)。在美国 New Haven，这种变化大部分是天气循环中不同降雨阶段的气团平流造成的。图3.4详细描述了2003年12月19到26日(日序354到361)发生的一个天气循环中，w 和 δ_v 随时间的变化。12月19日(日序354)傍晚的晚些时候 ^{18}O 同位素比值达到最低值 -33.6‰，然后随时间平稳上升，直到12月23日(日序358)地方标准时间(LST)12:00——降雨过程的中点——达到最大值 -12.2‰，这5天内总变化范围为21.4‰。在此期间，记录到的总降水量为15 mm，其同位素比值为 -6.4‰。相对而言，从8.4°N到49.8°N的纬度带中，暖季 ^{18}O 平均 δ_v 的变化范围较窄，为12‰(表3.1)。

δ_v 的日变化受局地因素控制，如热环流、边界层的生消和表面蒸散。Lee 等(2006)发现，由于海陆风循环的影响，New Haven 一个沿海站点上暖季 δ_v(^{18}O)日变化振幅为2‰。而 Great Mountain 的一个内陆站点，日变化只出现在湿度较低的日子，这显示了边界层夹卷的作用。Lai 等(2005)观测到正午 δ_v 值比清早和傍晚时的值低。Helliker 等(2002)报道草地上 δ_v(^{18}O)从上午10点左右到下午3、4点平稳上升了4‰。Welp 等(2008)观测到日落后大豆冠层上 δ_v(^{18}O)突然上升2‰，并将其归因于蒸腾水同位素比值的突然上升。

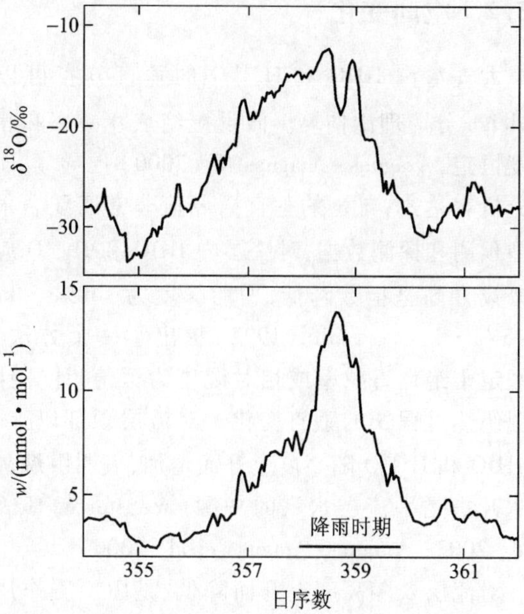

图3.4 2003年12月19—26日(日序354—361)，美国康涅狄格州 New Haven 地区的一个天气循环中 $H_2^{18}O$ 水汽同位素比值 $\delta^{18}O$ 和水汽混合比 w 的变化

Figure 3.4 An example of variations in the $H_2^{18}O$ vapor isotope content $\delta^{18}O$ and mixing ratio w through a weather cycle, New Haven, December 19—26, 2003 (days of year 354—361)

表3.1 近地层大气水汽 $H_2^{18}O$ 同位素比值特征

Table 3.1 $H_2^{18}O$ isotopic composition of water vapor in surface air in the warm

地点	纬度-经度	海拔/m	观测时间	$\delta^{18}O$/‰	引用
		连续观测			
美国 New Haven	41.3°N 2.9°W	20	2004年6—10月	-17.4	1
美国 Great Mountain	42.0°N 73.2°W	460	2005年6—10月	-17.7	1
美国 St Paul	44.7°N 93.1°W	260	2006年6—9月	-17.4	2
德国 Heidelberg	49.8°N 8.7°E	110	1980—1988年6—10月	-16.3	3
		离散或短期观测			
蒙古	48.4°N 108.7°E	1 632	2003年6—10月	-23.4	4
蒙古	47.8°N 108.7°E	1 250	2003年6—10月	-23.6	4
美国 Logan	41.7°N 111.8°W	1 390	2003年8月1—6日	-16.3	5
地中海	—	27	1995年1月7日—2月3日	-13.4	6
墨西哥 Puerto Escondido	16.0°N 97.2°W	0	1998年7月10—31日	-16.6	7
太平洋	8.4°N 167.6°E	0	1999年7月23日—9月11日	-15.4	7
美国 Key West	24.5°N 81.6°W	0	2001年8月14日—9月28日	-11.6	7

注：1-Lee et al (2006), 2-Welp et al (2008), 3-Jacob & Sonntag(1991), 4-Tsujimura et al (2007), 5-Lee et al (2005), 6-Gat et al (2003), 7-Lawrence et al (2004)。

3.5.2 空间变化

大气水汽 HDO 和 $H_2{}^{18}O$ 的垂直分布可以用 Rayleigh 分馏理论估算。假设湿绝热直减率和相对湿度恒定，Araguas-Araguas 等(2000)推导了 HDO 的分析表达式，与 δ_v 的垂直探测值非常匹配。根据模型预测和探测数据，对流层内 HDO 和 $H_2{}^{18}O$ 应该随海拔升高呈指数降低，平均梯度为 $-40‰\cdot km^{-1}$ 和 $-5‰\cdot km^{-1}$。Smith(1992)提出了一个方法，不必假定干绝热直减率或相对湿度为恒值，计算伴随着湿绝热过程 δ_v 的垂直变化。对流层顶部以上，水汽 HDO 和 $H_2{}^{18}O$ 随高度上升而增加，表明甲烷氧化和冰升华是平流层水汽的来源(Webster & Heymsfield, 2003; Araguas-Araguas et al, 2000)。

对流层 δ_v 随高度上升而降低，是由冷凝作用和凝结水的降雨效应造成的。晴天，气团上升到抬升凝结高度之前，不发生凝结。大气边界一般在抬升凝结高度以下，所以，严格来讲，Rayleigh 分馏理论预测并不适用于大气边界层。He 和 Smith(1999)的观测资料显示，边界层中水汽同位素的混合较好，比自由大气的水汽同位素比值高很多。在一次飞机探测中，他们观测到穿过覆盖逆温层，HDO 变化 200‰，$H_2{}^{18}O$ 变化 30‰(图 3.5)。根据他们观测，Lee 等(2006)认为，在白天，伴随着对流边界层生长的夹卷作用，会导致边界层内水汽同位素比值轻微减少(图 3.5)。

目前，关于近地面 δ_v 空间分布的研究很少见。就作者所知，唯一已发表的研究就是 Schoch-Fischer 等(1983)对多站点 δ_v 同步测量结果。在其研究中，自 1983 年 1 月至 4 月，在德国的海德堡和汉诺威、法国的巴黎、波兰的克拉科夫和美国的迈阿密等站点，用冷阱法收集了水汽，观测间隔为 24 ~ 48 h。平均来看，距离海岸越远，HDO 值越小，梯度为每 1 000 km减小-29‰。在日到周的时间尺度上，欧洲 4 个站点之间的水汽 HDO 含量高度相关，在-100‰到-200‰之间波动。受海洋气团影响，迈阿密同时期 HDO 含量相对而言较稳定，变化小于 30‰，平均值为-75‰。

船载和机载测量水平样带(transect)上的 δ_v 也可提供 δ_v 空间变化的信息，不过这种资料 δ_v 是时空变化的综合。Ehhalt 和 Östlund(1970)观测了沿着飓风内一个样带，海拔 600 m 高度上的 HDO，发现

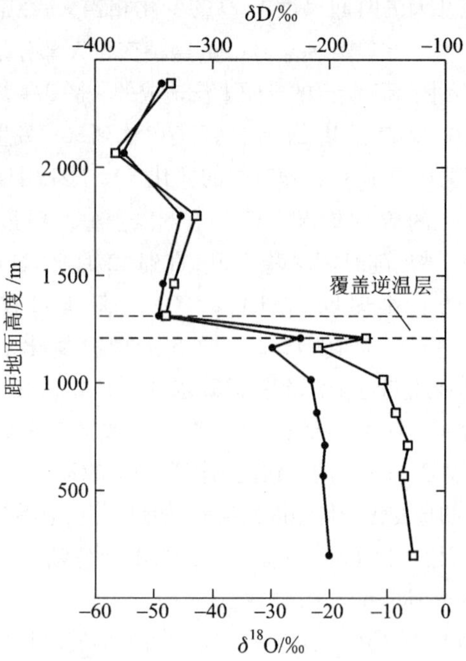

图 3.5 1996 年 10 月 12 日美国康涅狄格州 New England 南部低层大气 HDO(正方形)和 $H_2{}^{18}O$(圆点)水汽同位素比值的廓线——根据 He 和 Smith(1999)发表的数据

Figure 3.5 Profiles of the HDO (squares) and $H_2{}^{18}O$ (dots) vapor isotope contents in the lower atmosphere in southern New England on October 12, 1996, according to the data reported by He and Smith (1999)

大气水汽 D/H 比值随着雨滴的降落，偏离同位素平衡状态-20‰到+10‰。他们认为这种偏差的正负，取决于观测是在上升气流区域还是下沉气流区域：在下沉气流区域，雨滴在较高水平上形成，其同位素比值通常比与环境同位素平衡的低，尤其是当雨滴降落速度快时。在地中海，Gat 等(2003)观测到在覆盖 30°经度范围的一个样带上，HDO 变化范围为-124‰到-68‰，$H_2{}^{18}O$ 为-18.6‰到-11.0‰。这些变化与空气水汽混合比有关(Lee et al, 2006)。

在另外一个船载观测研究中，Craig 和 Gordon(1965)测量了海洋上表面空气的 $H_2{}^{18}O$。北太平洋上沿南北样带水汽 δ_v 的变化，比北大西洋上沿东西样带的变化剧烈，这表明 δ_v 的经向变化更明显。在太平洋样带，δ_v 与相对湿度高度相关。在两个样带中，都发生了偏离同位素平衡状态(相对于海水)较远的情况，而且偏离程度是变化的。对热带海洋上水汽的最近研究中，Lawrence 等(2004)发现 δ_v 的最高值出现在平静天气或孤立对流区域中，与海水同

位素平衡值接近，而最低值发生在重大天气扰动的下风方。因为热带大气中湿度并非逐时δ_v的良好预报因子（Lee et al, 2006），所以与其他陆地上采集的数据相比，Lawrence的数据是独特的。

为了知道δ_v沿纬向是如何变化的，我们将文献中找到的一些$H_2{}^{18}O$数据收集在表3.1。其中最大值出现在佛罗里达州Key West，最低值出现在蒙古。在调查的站点中，暖季变化的范围是12‰。相对而言，同位素计算器（http://www.waterisotopes.org/）预测的这些站点的降水$H_2{}^{18}O$含量变化范围是7.8‰。因此，水汽的同位素纬向梯度比液态水大。

显然，我们对δ_v空间变化的了解还远远少于对降水同位素比值的认识。降水的大量观测数据使我们可以通过简单的地理参数（经度、纬度和海拔高度）计算月或年的同位素比值（Bowen & Wilkinson, 2002）。由于气态数据有限，研究者们提出了两种方法计算表面空气的水汽同位素比值。第一，可以假设δ_v等于当地降水的同位素平衡值——后者既可测得也可算得（例如，用同位素计算器）。比如，预测CO_2和水循环中^{18}O的全球尺度模型都采用了平衡方法（Farquhar et al, 1993; Hoffmann et al, 1998; Cuntz et al, 2003）。我们的观测资料显示这一方法在暖季确实很精确，但在冷季，当降水是固态时，实际的δ_v就比平衡值低10‰（^{18}O；Lee et al, 2006）。

第二种方法是假设δ_v和常规气象因子（如温度和湿度）相关的回归方程（基于观测时间序列）可以用来绘制δ_v的空间变化。在指定站点，在几天到几周的时间尺度上，水汽混合比w对δ_v的预测比温度好。然而，在各站点上，$w-\delta_v$关系式中的回归参数不同（Welp et al, 2008）。对于不同站点和地理区域，哪个气象因子具有最强的预测能力，仍是有待研究的问题。

3.6 测量技术

3.6.1 大气水汽冷阱/同位素质谱仪技术

目前，大气水汽$^{18}O/^{16}O$和D/H研究几乎都依靠大气水汽冷阱/同位素质谱仪技术（cold-trap/mass spectrometer method），通常都包括两个步骤：样品收集和样品分析，而这两个步骤都是非常耗时费力的。首先，利用冷阱技术将大气中水汽凝结成液态水后收集入样品瓶（Wang & Yakir 2000; Gat et al, 2003; Riley et al, 2003）。如大气水汽可以通过乙醇/液氮混合溶液冷凝收集（Helliker et al, 2002; 李庆康，2007）。乙醇/液氮混合溶液的低温通过定期加入液氮来维持。水汽采集的质量应该在大气水汽混合比、流速、空气温度和压力条件下的理论质量的95%以上。如果样品收集效率达不到100%，那么收集的液态水$^{18}O/^{16}O$和D/H将比气态水$^{18}O/^{16}O$和D/H略重，这是因为大气水汽中$H_2{}^{18}O$和HDO会优先凝结。样品收集的效率取决于冷阱装置的设计、冷阱温度和空气湿度。当大气湿度较低时，这种效应将会更严重。冷阱装置温度不够冷或过冷都会导致收集的液态水$^{18}O/^{16}O$和D/H过重，实际的偏差取决于冷阱装置的设计和气流参数的设置（Lee et al, 2005）。如果冷阱装置温度不够低，可以基于冷阱装置的实际温度利用瑞利分馏方程进行校正。如果冷阱装置温度过低，目前还没可行的校正方法（Lee et al, 2005）。其次，将收集样品利用同位素质谱仪分析。一般来说，同位素质谱仪D/H的分析精度可以达到1‰，而$^{18}O/^{16}O$的分析精度可以达到0.1‰。大气水汽$^{18}O/^{16}O$和D/H测定的精度和准确性受样品收集效率和仪器分析精度的双重制约（Yakir & Sternberg, 2000; Ogée et al, 2003）。

关于大气水汽$^{18}O/^{16}O$和D/H同位素比值和通量研究，由于目前的采样与分析的仪器和技术的限制，几乎所有研究都局限于短期集中试验和较粗时间分辨率的条件下进行（Flanagan & Ehleringer, 1998; Lee et al, 2005）。由于测定的水汽样品量非常有限，这就限制了大气水汽$^{18}O/^{16}O$和D/H在不同生态系统、区域和全球尺度的植被/大气相互作用方面的研究（Araguás-Araguás et al, 2000; Yakir & Sternberg, 2000）。虽然已有几个研究利用微气象学通量梯度技术观测生态系统蒸散$^{18}O/^{16}O$和D/H同位素通量（Yakir & Wang 1996; He et al, 2001; Riley et al, 2003），但是，生态系统大气水汽$^{18}O/^{16}O$和D/H同位素梯度很小，与大气水汽冷阱/同位素质谱仪技术的精度是同量级的，这也极大地限制了氢氧稳定同位素技术在生态系统生态过程研究中的广泛应用（Yakir & Sternberg, 2000; Lee et al, 2005; Wen et al, 2008）。

3.6.2 原位激光痕量气体技术

（1）工作原理

大气水汽$^{18}O/^{16}O$和D/H的原位连续测定技术

将可以克服大气水汽冷阱/质谱仪技术的缺点(Webster & Heymsfield, 2003; Lee et al, 2005)。Lee等(2005)首次利用$H_2{}^{18}O$和$H_2{}^{16}O$可调谐二极管激光吸收光谱(tunable diode laser absorption spectroscopy, TDLAS)的激光痕量气体分析技术对大气水汽$^{18}O/^{16}O$开展原位连续的观测研究,其观测精度可以达到同位素质谱仪的精度。Wen等(2008)所使用的$H_2{}^{18}O$、$HD{}^{16}O$和$H_2{}^{16}O$激光痕量气体分析仪(TGA100A, Campbell Scientific Inc., USA)是Lee等(2005)所使用$H_2{}^{18}O$和$H_2{}^{16}O$激光痕量气体分析仪的升级产品。以TGA100A为例,其结构示意图如图3.6所示。TGA100A分析仪的主体由调制式半导体激光发生器、样品检测器和参比检测器构成。该调制式半导体激光光源利用液氮和加热器平衡原理精确维持在恒定的低温环境下运行,而参考室和样品室的激光检测器也利用液氮维持在恒定的低温环境下运行。

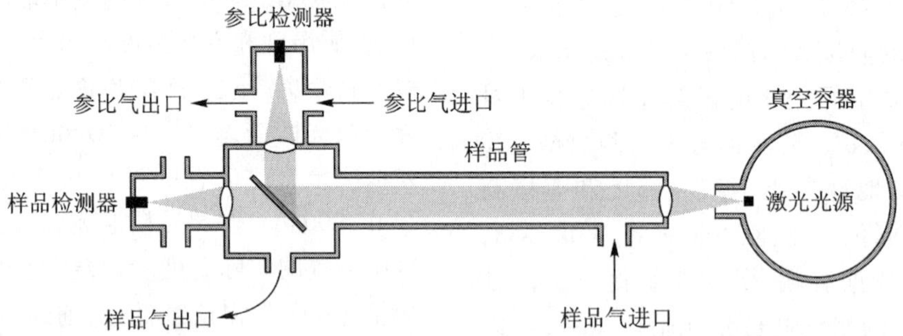

图3.6 $^{18}O/^{16}O$和D/H分析系统TGA100A的结构示意图

Figure 3.6 Schematic diagram of $^{18}O/^{16}O$ and D/H analyzer of TGA100A

在恒定的低温条件下(使用液氮或半导体制冷技术),对$H_2{}^{18}O$、$HD{}^{16}O$和$H_2{}^{16}O$各自敏感的红外线吸收波谱进行交替扫描探测。利用$H_2{}^{18}O$和$HD{}^{16}O$富集的水汽作为参照气体可以直接测定大气水汽$H_2{}^{18}O$、$HD{}^{16}O$和$H_2{}^{16}O$的相对浓度。因此,客观上,需要校正才能获得浓度的真值,即需要$^{18}O/^{16}O$和D/H的在线标定系统。TGA100A分析仪$H_2{}^{18}O$、HDO和$H_2{}^{16}O$吸收线的波数分别为1 501.188、1 501.116和1 500.546 cm^{-1}。如果采用其他吸收波长,也可以观测其他气体的稳定同位素。激光的波长取决于它的温度和电流。当激光温度发生改变时,它的电流将自动调整维持正确的激光激发频率。激光的功率输出取决于电流的偏差,因此由于检测器的非线性将会导致一定的测量误差。理想情况下,每个吸收线应该具有同等的有效吸收强度,因此可以降低参比检测器和样品检测器的非线性响应造成的误差。但在现实条件下这很难实现。为保证仪器不受外界水汽的干扰,激光光源、样品检测器和参比检测器都需要不断地利用干空气冲刷。

TGA100A参比水库内的水蒸发进入参比室而获得参比水汽。参比水库的水由5 g HDO、1 g $H_2{}^{18}O$和100 g $H_2{}^{16}O$构成。通过样品气泵使参比水汽和样品气分别通过TGA100A参比室和样品室,而旁路气泵将使所有其他未进入参比室和样品室的气体通过气体旁路。利用样品气泵可使参比室和样品室通常维持在较低气压(一般小于10 hPa)条件下工作,这样可以降低吸收线的宽度从而最小化吸收线间的相互干扰。Lee等(2005)的观测系统仪采用单个气泵抽取样品和旁路气体。Wen等(2008)则采用样品气泵和旁路气泵的设计剔除由于单泵造成的歧路管的压力变化。保持较低的运行压力也可以增加样品室内气体的周转速率,这是因为体积流速与压力成反比,因此可以降低仪器的时间常数。

值得注意的是,应用TDLAS技术测定大气水汽$^{18}O/^{16}O$和D/H需要采取适当的标定方法,才能与同位素质谱仪测定的结果取得一致(Lee et al, 2005)。由于TDLAS技术可以快速地在线完成目标气体浓度($H_2{}^{18}O$、$HD{}^{16}O$和$H_2{}^{16}O$)的同步测定,系统克服了常规方法在样品处理过程中可能发生的污染等问题,能够减小大气水汽$^{18}O/^{16}O$和D/H测定结果的不确定性。目前,还没有商业化的大气水汽$^{18}O/^{16}O$和D/H在线标定系统。

(2) 校正方法

如前所述,参比水库内^{18}O和D富集的液态水

蒸发所产成的未知 $H_2{}^{18}O$、HDO 和 $H_2{}^{16}O$ 浓度的气态水作为参考标准，因此无法准确确定 $^{18}O/^{16}O$ 和 D/H 的数值。Lee 等(2005)研发了 $^{18}O/^{16}O$ 和 D/H 在线标定系统，其核心组成部分是滴水系统(dripping system)，主要由校正水瓶、滴水泵和蒸发瓶构成。滴水系统将产生两个跨度的标准校正气(S1 和 S2)。滴水泵以 1～14 μL·min^{-1} 的流量将已知 $^{18}O/^{16}O$ 和 D/H 同位素比值的液体水滴入蒸发瓶。蒸发瓶内的液态水将会瞬间蒸发成气态水。定量的干空气进入蒸发瓶与蒸发水汽混合，混合后的湿空气为校正气 S2，其水汽混合比将高于大气水汽混合比的 5% 左右。部分 S2 将与少量干空气进一步混合构成校正气 S1，其水汽混合比将低于大气水汽混合比的 5% 左右。因为蒸发瓶内液态水的瞬间蒸发，那么校正气 S2 和 S1 与滴水泵的液态水具有相同的 $^{18}O/^{16}O$ 和 D/H 同位素比值。

因此，利用干空气直接进入 TGA100A 分析仪作为标定零气。利用滴水装置产生两个湿度跨度的标定气(S2 和 S1)跟踪外界大气水汽浓度变化。根据已建立的数据校正程序，对观测数据进行校正可以得到大气水汽 $^{18}O/^{16}O$ 和 D/H 同位素比值的真值。

数据校正程序分为两个步骤。假设 x_i 为该系统第 i 个进气口未校正的水汽物质的量混合比(i=1，2，3，4，分别为 S1、S2、零气和外界大气)，而 x'_i 为未校正的痕量气体($H_2{}^{18}O$ 或 HDO)的物质的量混合比。

因此，如果 S1 用作校正气时，大气水汽 $^{18}O/^{16}O$ 或 D/H 可以表示为：

$$R_1 = R_d\left(\frac{x'_4 - x'_3}{x'_1 - x'_3}\right)\left(\frac{x_1 - x_3}{x_4 - x_3}\right) \tag{3.32}$$

或者 S2 用作校正气时，大气水汽 $^{18}O/^{16}O$ 或 D/H 也可以表示为：

$$R_2 = R_d\left(\frac{x'_4 - x'_3}{x'_2 - x'_3}\right)\left(\frac{x_2 - x_3}{x_4 - x_3}\right) \tag{3.33}$$

这里 R_d 为滴水装置内液态校正水的物质的量比。校正后的结果可以转换为 δ 符号表示：

$$\delta_1 = (R_1/R_{vsmow} - 1) \times 1\,000‰ \tag{3.34}$$

和

$$\delta_2 = (R_2/R_{vsmow} - 1) \times 1\,000‰ \tag{3.35}$$

为进一步降低该系统的非线性误差，利用 δ_1 和 δ_2 进行线性内插来获得真正的大气水汽 $^{18}O/^{16}O$ 或 D/H 值：

$$\delta_v = \delta_1 + \frac{\delta_2 - \delta_1}{x_2 - x_1}(x_4 - x_1) \tag{3.36}$$

(3) 交叉验证技术

商业化的露点发生器(LI610，Licor Inc.，Lincoln，NE，USA)是评价大气水汽 $^{18}O/^{16}O$ 和 D/H 同位素比值的原位激光痕量气体技术的性能表现的重要工具。为测试该原位连续观测系统的性能表现，可以分别进行 15、12、8 和 1℃ 露点条件下的露点试验。每个露点试验进行 24～48 h，具体试验步骤如下：

① 试验准备：首先将露点发生器内水箱所有残存的水抽净并丢弃。每次冲洗使用 20 mL 的校正水(与滴水装置所用水具有相同的 $^{18}O/^{16}O$ 和 D/H)，反复冲洗露点发生器内水箱几次。然后，再次将露点发生器内水箱所有残存的水抽净并丢弃。接下来，向露点发生器内水箱注入 30～35 mL 的校正水。最后，将露点仪设置到需要的露点温度，打开露点发生器控温泵后至少放置 3～4 h，以便使露点发生器内部的管线与校正水达到完全平衡的状态。

② 试验：将干空气作为空气气源进入露点发生器内。将露点发生器的水汽流量设置为 700 mL·min^{-1}，并记录开始时间。将 700 mL·min^{-1} 水汽中的 570 mL·min^{-1} 通过大气采样口进入 $^{18}O/^{16}O$ 和 D/H 的分析系统 TGA100A 内，而剩余气体则通过旁路进入大气。试验连续进行 24 h。

③ 试验结束：关闭露点发生器，并记录试验结束时间。利用针管将露点发生器内水箱内的所有残余水抽出来并称量。然后，将其中的小部分(2 mL)收集起来供同位素质谱仪测定使用。

试验期间消耗水的量取决于露点发生器露点温度的设置。一般来说，对于 24 h 周期露点测试来说，露点温度为 1℃ 时消耗水 4.8 g，而露点温度为 15℃ 时消耗水 11.5 g。同样，残余水富集程度也取决于露点发生器露点温度的设置。露点温度为 1℃ 时 $^{18}O/^{16}O$ 和 D/H 富集程度分别为 2‰ 和 12‰，而露点温度为 15 ℃ 时 $^{18}O/^{16}O$ 和 D/H 富集程度分别为 3‰ 和 23‰。

露点发生器水汽物质流量可以通过下式计算：

$$Q = (m_o - m_e)/(t_e - t_o) \tag{3.37}$$

这里 m_o 和 m_e 分别为露点发生器内水箱内开始和结束时水的质量，而 t_o 和 t_e 分别为试验开始和结束的时间(h)。

露点发生器产生的水汽 $^{18}O/^{16}O$ 和 D/H 的富集

过程都遵循瑞利分馏方程：

$$R_v = \frac{R_{1,o}}{\alpha}\left(\frac{m}{m_o}\right)^{1/\alpha-1} \quad (3.38)$$

这里，R_v 是水汽$^{18}O/^{16}O$ 或 D/H 物质的量比，$R_{1,o}$ 是校正水的初始$^{18}O/^{16}O$ 或 D/H 物质的量比，这里物质的量比值可以转换为 δ 符号形式。

露点发生器水箱内残余水的质量为：

$$m = m_o - Qt \quad (3.39)$$

因为露点发生器水箱的顶部空间空气已经完全达到饱和状态，分馏系数 α 应该等于平衡分馏系数(Majoube, 1971)。

3.7 结论与展望

最近作者及合作者在大气水汽 $H_2{}^{18}O$、$HD{}^{16}O$ 和 $H_2{}^{16}O$ 激光痕量气体分析技术的基础上，开发了大气水汽$^{18}O/^{16}O$ 和 D/H 在线标定系统，成功构建了大气水汽$^{18}O/^{16}O$ 和 D/H 同位素比值和通量的原位连续观测系统，其观测精度(小时尺度)可以达到甚至优于同位素质谱仪(Finnigan MAT253)的观测精度，已经具备了大气水汽$^{18}O/^{16}O$ 和 D/H 同位素比值和通量的原位连续观测能力。此外，确定和定义一种适宜野外条件的、能够独立和及时对该原位连续观测系统性能进行客观评价的方法。基本原理就是露点发生器产生水汽遵循瑞利分馏理论的预测。研究结果表明，该方法可以用来确定原位连续观测系统的精度。本研究中建立的评价方法也可以用于检验和评价野外条件下其他类型原位观测系统的性能表现。

高时间分辨率和连续的大气水汽$^{18}O/^{16}O$ 和 D/H同位素比值和通量数据将为陆地生态系统水循环(包括植物蒸腾和土壤蒸发过程)及其相关的大气过程特别是涉及相变过程的科学研究提供更多有价值的信息(Gat, 1996; He & Smith, 1999; Yakir & Sternberg, 2000; Lee et al, 2006)，也将促进氢氧稳定同位素技术在水文学、大气学和生态学等相关领域中的广泛应用(Jouzel et al, 2000; Lee et al, 2006)。由于这些同位素比值和通量都受相似的生物和气象变量的影响，因此同时观测多种同位素如$^{18}O/^{16}O$ 和 D/H 将为生态系统水循环和生态过程研究提供更多有价值的信息，如水汽通量拆分(Yakir & Wang, 1996)、植物叶片水富集(Lee et al, 2007)、光合作用同位素判别(Lai et al, 2004)等。结合大气水汽 $H_2{}^{18}O$、$HD{}^{16}O$ 和 $H_2{}^{16}O$ 激光痕量气体分析(TDLAS)技术、同位素质谱仪(Finnigan MAT253)技术和涡度相关(EC)技术将显著促进生态系统水循环和生态过程的过程解析及其模拟方面的研究。目前，大气水汽$^{18}O/^{16}O$ 和 D/H 同位素比值和通量的原位连续观测研究才刚刚起步，仍然存在大量的不足和需要深入研究与探讨的方面。

参考文献

温学发，张世春，孙晓敏，等. 2008. 叶片水 $H_2{}^{18}O$ 富集的研究进展. 植物生态学报，32：961-966.

Araguas L, Froehlich K, Rozanski K. 2000. Deuterium and oxygen-18 isotope composition of precipitation and atmospheric moisture. Hydrol. Process., 14: 1 341-1 355.

Baldocchi D. 1988. A multi-layer model for estimating sulfur dioxide deposition to a deciduous oak forest canopy. Atmos. Environ., 22:869-884.

Barnes C J, Allison G B. 1988. Tracing of water movement in the unsaturated zone using stable isotopes of hydrogen and oxygen. J. Hydrol., 100:143-176.

Bowen G J, Wilkinson B. 2002. Spatial distribution of ^{18}O in meteoric precipitation. Geology, 30:315-318.

Cappa C D, Hendricks M B, DePaolo D J, et al, 2003. Isotopic fractionation of water during evaporation. J. Geophys. Res., 108 (D16): 4 525. doi: 10.1029/ 2003JD003597.

Cernusak L A, Farquhar G D, Pate J S. 2005. Environmental and physiological controls over oxygen and carbon isotope composition of Tasmanian blue gum. Eucalyptus globulus, Tree Physiol., 25: 129-146.

Cernusak L A, Farquhar G D, Wong S C, et al. 2004. Measurement and interpretation of the oxygen isotope composition of carbon dioxide respired by leaves in the dark. Plant Physiol., 136: 3 350-3 363.

Craig H, Gordon L I. 1965. Deuterium and oxygen 18 variations in the ocean and the marine atmosphere// Tongiorgi E. Stable Isotopes in Oceanographic Studies and Paleotemperatures. Pisa, Italy: Lab. di Geol. Necl., 9-130.

Cuntz M, Ciais P, Hoffmann G, et al. 2003. A comprehensive global three-dimensional model of $\delta^{18}O$ in atmospheric CO_2: 1. Validation of surface processes. J. Geophys. Res., 108, Art No: 4 527.

Dawson T E, Pausch R C, Parker H M. 1998. The role of hydrogen and oxygen stable isotopes in understanding water movement along the soil-plant-atmospheric continuum//Griffiths H. Stable Isotopes: Integration of Biological, Ecological and Geochemical Processes. Oxford: BIOS Scientific Publishers, 169-183.

Dodd M B, Lauenroth W K, Welker J M. 1998. Differential water resource use by herbaceous and woody plant life-forms in a shortgrass steppe community. Oecologia, 117:504-512.

Dongmann G, Neurnberg H W, Forstel H, et al. 1974. On the enrichment of $H_2^{18}O$ in the leaves of transpiring plants. Rad. and Environm. Biophys., 11:41-52.

Ehhalt D H, Östlund H G. 1970. Deuterium in Hurricane Faith 1966: preliminary results. J. Geophys. Res., 75:2 323-2 327.

Ewe S M L, Sternberg L S L. 2002. Seasonal water-use by the invasive exotic, *Schinus terebinthifolius*, in native and disturbed communities. Oecologia, 133: 441-448.

Farquhar G D, Cernusak L A, Barnes B. 2007. Heavy water fractionation during transpiration. Plant Physiol., 143:11-18.

Farquhar G D, Cernusak L A. 2005. On the isotopic composition of leaf water in the non-steady state. Functional Plant Biol., 32: 293-303.

Farquhar G D, Lloyd J, Taylor J A, et al. 1993. Vegetation effects on the isotope composition of oxygen in atmospheric CO_2. Nature, 363: 439-443.

Flanagan L B, Comstock J P, Ehleringer J R. 1991. Comparison of modeled and observed environmental influences on the stable oxygen and hydrogen isotope composition of leaf water in *Phaseolus vulgaris* L. Plant Physiol., 96:588-596.

Gat J R, Klein B, Kushnir Y, et al. 2003. Isotope composition of air moisture over the Mediterranean Sea: an index of the air-sea interaction pattern. Tellus, 55B: 953-965.

Gat J R. 1996. Oxygen and hydrogen isotopes in the hydrologic cycle. Annu. Rev. Earth Planet. Sci., 24: 225-262.

Harwood K G, Gillon J S, Griffiths H, et al. 1998. Diurnal variation of $\Delta^{13}CO_2$, $\Delta C^{18}O^{16}O$ and evaporative site enrichment of $\delta H_2^{18}O$ in *Piper aduncum* under field conditions in Trinidad. Plant Cell and Environ., 21: 269-283.

He H, Lee X, Smith R B. 2001. Deuterium in water vapor evaporated from a coastal salt marsh. J. Geophys. Res., 106: 12 183-12 191.

He H, Smith R B. 1999. Stable isotope composition of water vapor in the atmospheric boundary layer above the forests of New England. J. Geophys. Res., 104D: 11 657-11 673.

Helliker B R, Roden J S, Cook C, et al. 2002. A rapid and precise method for sampling and determining the oxygen isotope ratio of atmospheric water vapor. Rapid Commun. Mass Spectrom., 16: 929-932.

Hoffmann G, Cuntz M, Weber C, et al. 2004. A model of the Earth's Dole effect. Global Biogeochem. Cycles, 18. doi: 10.1029/2003GB002059.

Hoffmann G, Werner M, Heimann M. 1998. Water isotope module of the ECHAM atmospheric general circulation model: A study on timescales from days to several years. J. Geophys. Res., 103D: 16 871-16 896.

Jacob H, Sonntag C. 1991. An 8-year record of the seasonal variation of ^2H and ^{18}O in atmospheric water vapour and precipitation at Heidelberg, Germany. Tellus, 43B: 291-300.

Jouzel J, Hoffmann G, Koster R D, et al. 2000. Water isotopes in precipitation: Data/model comparison for present-day and past climates. Quat. Sci. Rev., 19: 363-379.

Lai C T, Ehleringer J R, Bond B J, et al. 2005. Contributions of evaporation, isotopic non-steady state transpiration, and atmospheric mixing on the $\delta^{18}O$ of water vapor in Pacific Northwest coniferous forests. Plant Cell Environ., 29: 77-94.

Lawrence J R, Gedzelman S D, Dexheimer D, et al. 2004. Stable isotopic composition of water vapor in the tropics. J. Geophys. Res., 109: Art No D06115. doi: 10.1029/2003 JD004046.

Lee X, Kim K, Smith R. 2007. Temporal variations of the isotopic signal of the whole-canopy transpiration in a temperate forest. Global Biogeochem. Cycles, 21. doi:

10.1029/2006GB 002871.

Lee X, Sargent S, Smith R, et al. 2005. *In situ* measurement of the water vapor $^{18}O/^{16}O$ isotope ratio for atmospheric and ecological applications. J. Atmos. Oceanic Tech., 22: 555-565.

Lee X, Smith R, Williams J. 2006. Water vapor $^{18}O/^{16}O$ isotope ratio in surface air in New England, USA. Tellus, 58 B: 293-304.

Majoube M. 1971. Fractionnement en oxygene-18 et en deuterium entre l'eau et sa vapeur. J. Chem. Phys., 197: 1 423-1 436.

Merlivat L, Jouzel J. 1979. Global climatic interpretation of the deuterium-oxygen-18 relationship for precipitation. J. Geophys. Res., 84: 5 029-5 033.

Merlivat L. 1978. Molecular diffusivities of $H_2{}^{16}O$, $HD^{16}O$ and $H_2{}^{18}O$ in gases. J. Phys. Chem., 69: 2 864-2 871.

Roden J S, Ehleringer J R. 1999. Observations of hydrogen and oxygen isotopes in leaf water confirm the Craig-Gordon model under wide-ranging environmental conditions. Plant Physiol., 120: 1 165-1 173.

Schoch-Fischer H, Rozanski K, Jacob H, et al. 1983. Hydrometeorological factors controlling the time variation of D, ^{18}O and ^{3}H in atmospheric water vapour and precipitation in the northern westwind belt. Isotope Hydrology. Vienna, Austria: IAEA, 3-30.

Schotterer U, Oldfield F, Frohlich K. 1996. GNIP—Global network for isotopes in precipitation. International Atomic Energy Agency: Vienna, 47.

Seibt U, Wingate L, Berry J A, et al. 2006. Non-steady state effects in diurnal ^{18}O discrimination by *Picea sitchensis* branches in the field. Plant Cell Environ., 29: 928-939.

Smith D M, Jarvis P G, Odongo J C W. 1997. Sources of water used by trees and millet in Sahelian windbreak systems. J. Hydrol., 198:140-153.

Smith R B. 1992. Deuterium in North Atlantic storm tops. J. Atmos. Sci., 49:2 041-2 057.

Sternberg L S L. 1988. D/H ratios of environmental water recorded by D/H ratios of plant lipids. Nature, 333: 59-61.

Thorburn P J, Hatton T J, Walker G R. 1993. Combining measurements of transpiration and stable isotopes of water to determine groundwater discharge from forests. J. Hydrol., 150: 563-587.

Tsujimura M, Sasaki L, Yamanaka T, et al. 2007. Vertical distribution of stable isotopic composition in atmospheric water vapor and subsurface water in a grassland and forest sites, eastern Mongolia. J. Hydrol., 333: 35-46.

Webster C R, Heymsfield A J. 2003. Water isotope ratios D/H, $^{18}O/^{16}O$, $^{17}O/^{16}O$ in and out of clouds map dehydration pathways. Science, 302:1 742-1 745.

Welp L R, Lee X, Kim K, et al. 2008. Measurements of the $\delta^{18}O$ of evapotranspiration and the sites of leaf evaporation in a soybean canopy using TDL infrared spectroscopy. Plant Cell Environ., 31:1 214-1 228.

Wen X F, Sun X M, Zhang S C, et al. 2008. Continuous measurement of water vapor D/H and $^{18}O/^{16}O$ isotope ratios in the atmosphere. J. Hydrol, 349:489-500.

Wesely M L. 1989. Parameterization of surface resistances to gaseous dry deposition in regional-scale numerical-models. Atmos. Environ., 23: 1 293-1 304.

White J W C, Gedzelman S D. 1984. The isotope composition of atmospheric water vapor and the concurrent meteorological conditions. J. Geophys. Res., 89: 4 937-4 939.

Williams D G, Ehleringer J R. 2000. Intra- and interspecific variation for summer precipitation use in pinyon-juniper woodlands. Ecological Monographs, 70: 517-537.

Yakir D, Sternberg L S L. 2000. The use of stable isotopes to study ecosystem gas exchange. Oecologia, 123:297-311.

Yakir D, Wang X F. 1996. Fluxes of CO_2 and water between terrestrial vegetation and the atmosphere estimated from isotope measurements. Nature, 380: 515-517.

Zencich S J, Froend R H, Turner J V, et al. 2002. Influence of groundwater depth on the seasonal sources of water accessed by *Banksia* tree species on a shallow, sandy coastal aquifer. Oecologia, 131:8-19.

第4章

支持生态模型模拟的地面要素遥感观测与反演

梁顺林[1] 刘荣高[2] 秦军[2] 刘洋[2] 孙皖肖[3] 王开存[1] 杨建思[4]

([1]美国马里兰大学地理系；[2]中国科学院地理科学与资源研究所；[3]美国大峡谷州立大学；[4]武汉大学)

摘要

遥感可获取大范围地表动态数据，是掌握地表要素的状态尤其是空间分布特征的有效技术手段。新的传感器和信息提取技术使得我们能从遥感数据中直接估算生态特征参数，遥感技术在生态系统模型中的应用极大地推动了生态系统研究。通过将遥感手段提取的陆地表面状态定性与定量数据和生态模型结合，可以克服生态模型在区域和全球碳循环模拟过程中参数获取困境，实现对生态系统水、热和碳状况的深入了解，从而为生态系统的评估和管理提供可靠数据支持。为推动遥感和生态研究的结合，本章对遥感技术应用于生态系统研究的三个方面作了全面的综述，包括用于生态系统变化监测的卫星传感器系统、陆地表层遥感参数反演技术以及主要的遥感参数产品。卫星传感器系统部分介绍了国际与国内的主要陆地应用相关光学和微波传感器系统，并介绍了紫外遥感、激光雷达和传感器网络等新兴的遥感技术。遥感反演技术部分叙述了各种地表辐射传输的物理模型、遥感数据的预处理和各种物理模型反演算法。陆地表层遥感参数产品部分介绍了支持生态系统模型模拟的主要地表参数的算法和现有遥感数据产品，参数具体包括叶面积指数、光合有效辐射比、宽波段反照率、入射光合有效辐射、发射率和表面温度、物候、植被功能类型、生态系统生物量和生产力、土壤湿度与蒸散。最后讨论了遥感数据产品与生态模型的结合。

关键词：遥感　辐射传输　信息提取　叶面积指数　反照率　入射光合有效辐射　表面温度　植被功能类型　生产力　蒸散

Chapter 4

Remote sensing observation and retrieval of land surface parameters for ecological model simulation

Abstract

Remote sensing can obtain large-scale land surface dynamic information, which is one of effective technological means to characterize the state of land surface, especially its spatical pattern. Combination of ecological models with qualitative and quantitative terrestrial parameters can overcome the problem of parameter obtaining in regional and global carbon circle modeling, which helps deeply understanding of hydrology, heat and carbon condition of ecosystem and provides data to ecosystem evaluation and management. Advances in remote-sensing methods with new sensors and information extraction techniques that enable direct measurement of ecological properties from remote-sensing platforms have greatly contributed to ecosystem studies. To foster the integration of remote sensing techniques with ecological studies, this chapter provides a comprehensive overview of remote sensing capacity applied to ecological studies in terms of satellite sensor systems, information extraction techniques and a series of terrestrial biophysical products. Satellite sensor system part introduces the major international remote sensing systems for terrestrial applications and also Chinese remote sensing satellite systems. Several new remote sensing techniques, such as ultraviolet remote sensing, lidar and sensor networks are also introduced. The information extraction techniques include various physical modeling methods for surface reflected radiation, radiometric pre-processing and various physical inversion algorithms. The terrestrial biophysical products part describes current main algorithms and remote sensing products of key biophysical parameters used in ecological models, include leaf area index, fraction of synthetically active radiation absorbed by green vegetation, broadband albedo, incident solar radiation, temperature and emissivity, phenology, biomass and productivity, plant functional types, soil moisture, and evapotranspiration. The integration of remote sensing and ecological models has also been addressed.

Keywords: Remote sensing, Radiative transfer, Information extraction, Leaf area index, Albedo, Incident PAR, Skin temperature, Plant function type, Productivity, Evapotranspiration

4.1 引言

人类活动现在已经极大地影响了陆地生物圈，并且这种影响强度正在不断增加，影响范围正在不断扩大。检测及预测自然环境的变化比以往任何时候都显得更为重要。然而，传统的野外生态数据并不能很好地解释区域或全球的环境变化，并且由区域数据衍生的模型不太可能预测因人类活动引起的全球变化。因此，遥感成为为全球环境变化提供数据来源的重要技术支持手段。

近年来遥感对生态的研究大部分源自于树冠样本容量研究，样本取自于大面积森林区域。新的传感器及从遥感平台上直接提取生态参数的信息提取技术对树冠的化学特性的理解、树冠的检测、植被气候特性、个体生物物种图谱以及整个区域生物量的估算都提供了一种先进的技术手段。

遥感的高光谱数据一直被用来估算树冠的氮气含量与木质素的浓度，氮气含量与木质素的浓度是与生态处理密切相关的生态系统的化学特征，生态处理包括树叶的转化、植物的腐化分解。来自相机高分辨率影像、视频影像以及航空航天传感器的多光谱影像已经极大地促进了单个物种的探测以及生物种类测量。在热带地区这种技术将改进对森林类型、树种组成、生物多样性、动植物的栖息地以及被干扰破坏的历史等因素进行多尺度和系统的监测。雷达传感器使我们可以直接测量地面生物量（碳储量）及结构属性如：容积、基底面积、树冠的体积。激光雷达技术（LiDAR）可以直接测量树冠的高度同时取得树冠的纵向结构，这些测量结果使得生态学家们能够对生态景观在三维空间进行定量分析，从而更好地理解碳储量及森林的轮替，进一步改进生态模型。

针对大范围检测的遥感方法改进之后也可用来做区域的模糊土地覆盖变化评估。土地覆盖的时序空间变化以及气候与生物气候学的关系等信息只有通过卫星及机载传感器获得。来自卫星的区域尺度的土地覆盖数据可以观测动态碳；确定森林砍伐地区的周围环境，有助于生物保护及社区生态的研究基地的选择。遥感在火灾监测、火灾面积估算、燃烧生物量和气溶胶的估算等技术上的发展改变了我们对于森林功能的理解。

为了加强生态学与遥感之间的交叉研究，这一章对遥感系统（4.2 节）、反演技术（4.3 节）以及一些典型的生态系统参数的估算（4.4 节）等做一个简单的回顾。在 4.5 节对当前的一些遥感产品以及遥感和生态模型的集成做了探讨。

4.2 用于生态系统变化监测的传感器及卫星发展计划

4.2.1 光学遥感

光学遥感利用可见光和近红外、热红外波段的电磁波探测地物特征，属于被动遥感。按照其时间、空间及波谱分辨率等特征，光学遥感传感器可分为以下几种（表 4.1）：

表 4.1 主要光学传感器

Table 4.1 Major optical sensors

传感器	时间分辨率/d	空间分辨率/m	用　途
MODIS	1～2	250,500,1 000	植被监测、土地覆盖、云、海洋水色、海面温度、林火、气溶胶等
AVHRR	0.5	1 100	植被、云、雪/冰覆盖、海表温度等
SPOT-1	26	10,20	土地利用、地形地貌、土壤侵蚀和土地沙漠化等
SPOT-2	26	10,20	土地利用、地形地貌、土壤侵蚀和土地沙漠化等
SPOT-3	26	10,20	土地利用、地形地貌、土壤侵蚀和土地沙漠化等
SPOT-4	26	10,20	森林覆盖、地形地貌、土地利用、土壤侵蚀和土地沙漠化等监测

达测量计划 STRM，于 1999 年 9 月 16 日执行为期 11 天的航天飞行，利用其携带的 InSAR 获得了迄今为止最为精确的地球表面雷达影像。欧空局 2002 年 3 月发射升空的对地观测卫星 ENVISAT-1 上的 ASAR，具有多极化、可变观测角度、宽幅成像、多种工作模式的特点。2006 年 1 月发射的日本"大地"号卫星携带的相控阵型 L 波段合成孔径雷达 PALSAR，为多极化、多工作模式雷达系统，可用于全天时全天候陆地观测（http://www.palsar.ersdac.or.jp/e/about/sensor.html）。德国 2007 年 6 月发射的 TERRSAR-x，提供空间分辨率为 1～16 m 的地表雷达图像，可用于研究土壤特征，监测农作物、城市结构、海洋和沿海区域以及两极地区。2007 年 12 月升空的 RADARSAT-2 空间分辨率高达 3 m，能够左右侧视，实现了全极化（http://www.radarsat2.info/）。其主要参数见表 4.2。

表 4.2　主要星载合成孔径雷达系统

Table 4.2　Major spaceborne synthetic aperture radar systems

SAR 系统	波长/cm、波段	极化	入射角/(°)	距离分辨率/m	方位分辨率/m	覆盖宽度/km
Seasat	23.5/L	HH	23±3	25	25	100
SIR-A	23.5/L	HH	50±3	40	40	50
SIR-B	23.5/L	HH	15～65（从垂直角度）	58～16	20～30	20～40
SIR-C/X-SAR	23.5/L，5.8/C，3.1/X	全极化	15～60	30	30	15～90
ERS-1	5.7/C	VV	23	30	30	100
ERS-2	C	HH	24	25	25	100
JERS-1	23/L	HH	24	18	18	75
ENVISAT-1/ASAR	5.6/C	VV 或 HH，VV/HH 或 VV/VH 或 HH/HV	15～45.2	10，30，150，1 000	10，30，150，1 000	5～400
PALSAR	L	HH 或 VV，HH+HV 或 VV+VH，HH+HV+VH+VV	8～60	7～100		20～350
RADARSAT-1	5.6/C	HH	10～60	9～100	9～100	45～500
RADARSAT-2	C	全极化		3～100	3～100	

目前，极化 SAR 和干涉 SAR 是微波遥感发展的两个重要方向。全极化合成孔径雷达是 SAR 向多功能方向发展的一个重要方向，现有主要的航天极化 SAR 有 NASA/JPL 的 SIR-C，具有全极化能力。

从 20 世纪 90 年代中后期以后，合成孔径雷达干涉测量技术逐渐成熟，成为 SAR 应用研究的热点之一。干涉雷达（InSAR）指采用干涉测量技术的合成孔径雷达，可获得大区域地表三维地形信息。系统通过两条侧视天线同时工作，或者一定时间间隔的两次平行观测，获得同一地表区域的复像对。对复像对进行复相关形成干涉纹图，去除平地效应，并利用最小范数法、最小二乘相位解缠法等算法实现相位解缠，再进行地理编码，可生成区域 DEM 数据。目前可提供干涉测量数据源的星载 InSAR 系统主要有日本的地球资源卫星 JERS-1、美国的 SIR-C/X-SAR、加拿大的资源调查卫星 RADARSAT-1 和欧洲空间局的环境卫星 ENVISAT 等。

4.2.3 国产卫星遥感计划

(1) 中巴地球资源卫星

① 中巴地球资源一号卫星计划

中巴地球资源一号 01 星(国际上简称“CBERS-01”;国内称“资源一号卫星”,简称为 ZY-1)是中国空间技术研究院(CAST)和巴西空间院(INPE)历经十年联合研制的第一颗传输型、长寿命地球资源卫星(http://www.cresda.cn/cn/expro/2005.pdf;http://www.cresda.com/cn/expro/report/1b.htm)

。于 1999 年 10 月 14 日在中国太原卫星发射中心首射成功,经在轨测试后于 2000 年 3 月 2 日投入应用运行。CBERS-01 星在轨运行 3 年 10 个月,于 2003 年 8 月 13 日停止工作。

中巴地球资源一号 02 星是 01 星的接替星,其功能、组成、平台、有效载荷和性能指标的标称、参数等与 01 星相同。02 星于 2003 年 10 月 21 日在中国太原卫星发射中心发射升空,经在轨测试后于 2004 年 2 月 12 日投入应用运行,目前 02 星在轨道上正常运行。

02B 星是 02 星的接替星,于 2007 年 9 月 19 日,在太原卫星发射中心由“长征四号乙”运载火箭成功发射升空。02B 星在 02 星的基础上,去掉红外多光谱扫描仪,增加了一台高分辨率 CCD 相机。

中巴地球资源一号卫星 03/04 星目前正由中国和巴西在联合研制中,卫星的性能指标将有较大提高,为第二代中巴地球资源卫星。星上有效载荷除保留 01/02 星的配置外,增加 5 m 全色和 10 m 多光谱 CCD 相机,03 星预计于 2010 年发射。

② 中巴地球资源一号卫星简况

中巴地球资源一号卫星 01/02 星采用太阳同步回归冻结轨道,轨道高度为 778 km,轨道倾角为 98.5°。主要技术参数参见表 4.3。

表 4.3 中巴地球资源一号卫星 01/02 星主要技术指标

Table 4.3 Main technical specifications of CBERS-01/02

遥感器	CCD 相机	红外相机	宽视场相机
焦距/mm	520	1 000/500	
遥感光谱段/μm	0.45~0.52 0.52~0.59 0.63~0.69 0.77~0.89 0.51~0.73	0.50~0.90 1.55~1.75 2.08~2.35 10.4~12.5	0.63~0.69 0.77~0.89
空间分辨率/m	20	80/160	260
轨道	太阳同步极地轨道,轨道高度 778 km		
重复周期	26 天		
地面扫描宽度/km	113	120	890

③ 应用范围

由于卫星设置多光谱观察,对地观察范围大,数据信息收集快,因此,特别有利于动态和快速观察地球地面信息。该星装有多光谱 CCD 相机、高分辨率相机、宽视角成像仪、空间环境监测系统和数据收集传输系统等有效载荷,可向中国、巴西和世界其他具有接收能力的国家和地区实时发送可见光、多光谱遥感图像信息,可广泛应用于农作物估产、环境保护与监测、城市规划和国土资源勘测等领域。

该卫星图像产品可用来监测国土资源的变化,每年更新全国土地利用图、测量耕地面积、估算森林蓄积量、监测农作物长势、产量和草场载畜量及每年的变化;监测自然和人为灾害;快速调查洪涝、地震、林火和风沙等破坏情况,估计损失,提出对策;对沿海经济开发、滩涂利用、水产养殖、环境污染提供动态情报;同时勘探地下资源,圈定黄金、石油、煤炭和建材等资源区,监督资源的合理开发。

(2) 海洋水色小卫星

海洋水色卫星可以用来监测海水叶绿素、悬浮泥沙、可溶有机物、污染物等海洋水色要素,可应用于全球气候变化、海洋初级生产力、海洋富营养和赤潮、厄尔尼诺监测预报等领域。为了更好地开发海洋资源，我国也积极展开了海洋水色卫星研究。2002年5月，我国第一颗海洋探测卫星“海洋一号”(HY-1A)在太原卫星发射中心成功进入太空预定轨道(表4.4)。HY-1A上携带了海洋水色水温扫描仪COCTS和海岸带成像仪CCD。COCTS在402～12 500 nm上拥有8个可见光近红外通道和2个热红外通道，波段宽度为20 nm，空间分辨率为1.1 km，主要用于探测海洋水色和海温，重访周期为3天。CCD成像仪有4个可见光波段，空间分辨率为250 m，主要用于海岸带动态测绘，重访周期为7天(蒋兴伟等，2002)。

表4.4 HY-1A卫星平台的技术指标

Table 4.4 Technical specifications of HY-1A satellite platform

轨道类型	太阳准同步近圆形极地轨道
轨道高度	798 km
倾角	98.8°
周期	100.8 min
重复观测周期	COCTS 3天，CCD成像仪7天
卫星质量	368 kg
姿态控制	三轴稳定
设计寿命	2年
有效载荷	一台十波段红外水色扫描仪COCTS 一台四波段CCD相机

2007年4月，我国成功发射了海洋1B卫星。海洋1B是HY-1A的后续星，同样携带了一台海洋水色扫描仪和一台海岸带成像仪，观测能力和探测精度都有提高，海洋水色扫描仪覆盖周期由原来的3天缩短到1天。

(3) 环境与灾害监测预报小卫星

① 环境与灾害监测预报小卫星星座项目概况

2002年9月国务院正式批准环境与灾害监测预报小卫星星座项目的立项。星座投入使用之后，可实现对灾害的全天候、全天时、动态的监测。环境与灾害监测预报小卫星星座项目拟采用分步实施战略：首先发射两颗光学小卫星和一颗合成孔径雷达小卫星。包括两颗被命名为“环境一号”A星和B星的光学小卫星和一颗被命名为“环境一号”C星的合成孔径雷达小卫星；追加发射，形成由四颗光学小卫星和四颗合成孔径雷达小卫星组成的星座(http://www.jianzai.gov.cn/rs/news.asp? cID=2)。

② 环境与灾害监测预报小卫星星座组成及特点

卫星搭载的四种有效载荷：宽覆盖CCD相机、红外相机、超光谱成像仪、合成孔径雷达；

星座轨道：太阳同步轨道；

重访周期：48 h(光学小卫星)，96 h(雷达小卫星)；

数据特点：码速率高，光学星的下行数据速率为120 Mbps，合成孔径雷达小卫星的下行数据速率为320 Mbps。数据量大，每天下传的数据量约263 GB(未解压)，解压后高达694.8 GB。成像方式多，四种传感器成像方式各不相同。

③ 传感器及其指标(“二加一阶段”)

见表4.5。

表4.5 环境与灾害监测预报小卫星星座传感器及其指标一览表

Table 4.5 Sensors and specifications of environment and hazards monitor and prediction satellite

传感器类型	谱段		地面分辨率	幅宽
宽覆盖多光谱	0.43～0.52 μm		30 m	≥
可见光相机	0.52～0.60 μm			720 km
	0.63～0.69 μm			
	0.76～0.90 μm			
超光谱成像仪	0.45～0.95 μm	平均光谱分辨率：5 nm	100 m	50 km
		谱段数：100～128		
红外相机	0.75～1.10 μm		150 m(近、中红外)	720 km
	1.55～1.75 μm			
	3.50～3.90 μm		300 m(热红外)	
	10.5～12.5 μm			
S波段	S波段		20 m	100 km
合成孔径雷达				

④ 应用领域

环境小卫星星座不仅可以应用于环境与灾害监测预报，还可以应用于以下领域：土地利用、资源普查、农作物估产、城市管理、国土测绘等。

4.2.4 新型遥感技术

(1) 紫外遥感

紫外波段(ultraviolet)的波长为0.01～0.4 μm，位于可见光波段紫色波段以外。由于波长小于0.3 μm的电磁波被大气中的臭氧所吸收，可以通过大气传输的只有0.3～0.4 μm的紫外信息。紫外遥感可用于监测气体污染和海面油膜污染。但由于该波段受大气散射的影响十分严重，在当前实际应用中很少采用。

紫外遥感目前主要应用于外太空遥感和地球大气电离层的探测。2007年10月24日中国发射的嫦娥一号卫星上携带有紫外月球敏感器。紫外敏感器的工作波段选在对地球和恒星观测均较为有利的260～300 nm。它可以同时观测多个天体目标，能够提供三轴的航天器姿态信息。另外，全球紫外成像仪GUVI(global ultraviolet imager)可用来观测地球高层大气在太阳紫外辐射照射下发光效应。它可用来检测辐射到中间层和低热层中的电离层(MLTI，mesosphere and lower-thermosphere ionosphere)的太阳入射能量，该入射能量使得大气原子和分子发生电离。这也是在磁暴发生时，产生极光和高空电流的大气区域。GUVI用于得到MLTI区域大气组分、温度廓线以及能量输入(http://guvi.jhuapl.edu/)。

(2) 激光雷达

激光雷达(light/laser detect and ranging，LIDAR)，即激光扫描(laser scanning)，是激光技术与雷达技术相结合的产物。它通过位置、距离、角度等观测数据直接获取对象表面点的三维坐标，实现地表信息提取和三维场景重建的对地观测。与摄影测量技术相比，激光雷达技术避免了投影(三维到二维)带来的信息损失；降低了对地表纹理信息的要求；提高了自动化程度；增强了表现不连续变化信息的能力。此外，该技术受成像条件影响小，反应时间短，能部分穿透水体，并能反映对象的细节信息，可用于建立数字地形模型、水道测量、林木信息提取和大气监测(梁欣廉等，2005；隋立春等，2007)。

(3) 传感器网络

一个新出现的研究热点是传感器网络。地球环境变化异常并通过多个系统相互关联。为了了解地球系统和其变化的动态性，需要改进其时空观测，多传感器系统的数据融合被大家一致认为是一个最佳的选择。计算机芯片的日益廉价和电信工业发展的成熟为将来发展分布式、异构、适应性观测系统或传感器网络提供了机会，传感器网络可以用到各种应用中，如健康、军事、家庭等(Akyildiz et al，2002)。

Hart和Martinez(2006)宣称ESN(environmental sensor networks)会成为一个未来地球系统和环境科学研究的工具。ESN从被动的登录系统(手动下载)变成了智能传感器网络，这个网络包括自动传感器节点网络和通信系统。这些系统积极地与传感器网络服务通信连接整合其他环境的数据集，传感器节点可以固定也可以移动，并设置为所处环境中合适的尺度范围。有超过50个具有不同尺度和功效的代表性的系统已经形成，Lemmerman等(2005)引导了由100个飞行器组成的低地球轨道卫星群LEO(low earth orbiting)集中在一种可能方法之上的成本分析。Kung等(2006)设计了DFAS(drought forecast and alert system)系统，这个系统是由移动用户、生态监测传感器、整合服务器、智能干旱决策系统组成的4层系统框架。DFAS采用了无线传感器网络、嵌入式多媒体通信和人工神经网络决策技术高效地完成干旱预报和预警。Paul(2006)描述了一个用于国防的新的主动式精巧型传感器智能网络，此传感器网络呈网络中心分布式，并提供大量强大的情形预知的信息融合系统。防御功能根据需要呈梯度下降，此系统强调大阵列局部传感器多传感器的融合，并与其他资源相结合，提供实时的影像、天气、目标信息、任务计划和海陆空军事操作的仿真模拟。

4.3 陆地表层遥感参数反演的主要方法

从遥感数据中提取生态信息主要有三种方法。第一种方法是人工目视解译，有经验的专业人员从影像中识别出有用信息。第二种是计算机图像处理，一方面通过图像增强和特征信号提取帮助目视解译,另一方面从影像中自动分辨地表类型。最后一种方法是通过物理数值模型反演,这就是本节所讨论的内容。

下面的4.3.1节先介绍各种遥感反射率物理建模方法。4.3.2节叙述数据预处理技术,包含大气与地形纠正。4.3.3节到4.3.6节讨论各种数值反演算法。

4.3.1 遥感信号建模技术

为了理解遥感信号,陆地表面变量必须使用多种物理模型和在大气顶部(或中间)由传感器记录的辐亮度相结合(Liang,2004)。通过改变地表和大气的条件,物理模型可以被用来模拟遥感信号,还可以用来开发从卫星观察获取陆地表面变量的反演算法。下文将讨论以下三个领域中的物理模型:大气、陆地表面、传感器。

(1) 大气辐射转换模型

传感器记录的信号包括大气和地面二者的信息:大气气体分子、气溶胶和云散射及吸收到的太阳入射辐射、地表反射和/或发射的辐射。大气在很大程度上调节了光谱的相关性以及地表辐射的空间分布。为了更好地预估陆地表面变量,理解大气内部的辐射转换是非常重要的,这样才能有效地去除大气对遥感数据的影响。

大气辐射转换模型(RT)已经非常成熟。已经有了大量的算法用来解决辐射转换问题,其中的部分算法已经打包成辐射传输解算软件包。例如:MODTRAN (http://www. ontar. com/Software/ProductDetails. aspx? item = MODTRAN4)和6S(ftp://kratmos. gsfc. nasa. gov/pub/eric/6S/)。

(2) 地表辐射模型

所有的陆地表面辐射模型可以被分为以下三类:辐射传输(RT)模型、几何光学(GO)模型和计算机模拟模型。对于植被的冠层来说,RT模型适用于密集植被,GO模型适用于稀疏植被。RT和GO的混合模型的出现使得RT和GO模型之间的差别近来变得越来越模糊了。计算机模拟模型由于考虑三维结构,所以能够精确地表现树冠辐射场的特点,但是需要大量的计算机资源来进行模拟。

① 辐射传输模型

辐射传输模型基于由小颗粒构成的混乱介质处理辐射传输。这种介质平均光学属性或者它的子区域被用来计算辐射量。大部分的树冠模型都是一维的,但是也有为树冠设计的三维辐射传输模型(例如Myneni et al, 1990)。Gastellu - Etchegorry等(1996)在假设每一个单元内部是混乱介质散射的前提下,设计了一种将树冠表示成容量成分的三维树冠模型。

近年来,新的辐射传输模型的开发速度明显减慢,在近期的文献中也很难找到相关的例子。Pitman等(2005)应用了一种数值辐射传输算法来计算石英发射率。Kokhanovsky等(2005)在辐射传输方程渐进解决方法的基础上开发了一种近似雪反射率模型。Li和Zhou(2004)利用多层方位角和天顶相关平行面RT模型模拟了被雪覆盖的海洋冰层的雪地表面双向反射因子BRF(bidirectional reflectance factor)和半球方向反射因子HDRF(hemispherically directional reflectance factor)。

对于树冠来说,最近的相关研究工作都集中在使用一维模型来计算树冠场的三维结构(Pinty et al, 2004a; 2004b; Rautiainen & Stenberg, 2005; Smolander & Stenberg, 2003; Widlowski, 2005)和随机辐射传输模型(Kotchenova et al, 2003; Shabanov et al, 2005; Shabanov et al, 2000)。Liangrocapart和Petrou(2002)设计了一种同类植被树冠的双向反射率二层模型,这种模型考虑到了植被树冠和背景的各向异性散射,例如光秃的土壤或者落叶层。一种新的光谱定量理论建模方法正准备将树叶和树冠的光谱发射率和反射率进行简单的代数组合,这种方法利用一组很少的波长不相关结构的特殊变量,并提供一个简单和准确的任意太阳光谱波长树冠反射率的参数组(Huang et al, 2007)。学术界正在对一些植被辐射传输模型进行比较。

② 几何光学模型

几何光学模型假定光线是沿直线传播,和被模型化成一定几何形状的地表物体相互作用。几何光学模型计算给定的视场中各组分的每一个像元的辐亮度并做面积加权和,这些组分包括:光照区域和阴影区域。

经典的几何光学模型本质上具有直接太阳辐射和陆地表面相互作用的特征,学界还将漫反射引入几何光学模型从而出现混合辐射传输/几何光学模型(Chen & Leblanc, 2001; Huemmrich, 2001; Ni et al, 1999; Nilson & Peterson, 1991; Peddle et al, 2004)。GO模型的基本的原理和方法Chen等(2000)曾作过总结回顾。

③ 计算机模拟模型

光学遥感领域的计算机模型包括典型的蒙特卡罗光线跟踪模型(Monte Carlo)和辐射度 (radiosity)模型。这些模型能够表示树冠的3D结构并对树冠辐射场提供准确和完整的描述。光线跟踪方法基于对植被树冠和其他媒体光子轨道的采样(Disney et al, 2000)。模型表面反射(Disney et al, 2006)、激光光探测与测距(LIDAR)(Govaerts et al, 1996; Lewis, 1999)和合成孔径雷达(SAR)干涉效应(Lin & Sarabandi, 1999b)等就是这种方法的应用实例。

辐射度(radiosity)方法在计算机图形学的真实场景渲染中被广泛使用,同时在树冠反射模型中也得到了应用(Borel et al, 1991; Goel et al, 1991)。Qin 等(2002)将一个辐射度模型应用来计算包括树冠方向反射的树冠辐射体。这种方法的主要优点是一旦找到了解决辐射传输的方法,任意视角的树冠反射都可以被模拟。尽管有多种加速方法可以应用,但是这个方法的主要的局限就是构成可视因子矩阵和解决辐射传输的初始计算载荷。

(3) 传感器建模

由于普通探测器的材料不能对整个光谱产生反应,所以大部分传感器都拥有各自的焦面和对每个光谱区的噪声机制。传感器模型具有描述在陆地表面的光谱辐射均值和协方差统计值等图像光谱仪的效用。每个光谱通道的输入辐射统计由电子获取和辐射噪声源来修正,相对校正错误产生辐射信号统计,这些信号统计能够表现如光谱仪呈现的图像一样的场景。

传感器模型是为分散式光谱仪和傅里叶变换光谱仪建立的,傅里叶变换通常应用于热红外光谱区(Kerekes & Baum, 2002; 2005; Kerekes & Landgrebe, 1991)。一般的分散式光谱仪模型会分别覆盖可见光、近红外、短波红外、中波红外和长波红外光谱。传感器模型包括光谱反应函数和辐射噪声源的近似值。

除了传感器光谱反应函数和辐射噪声,传感器模型还包括空间效果。传感器的地面瞬时视场(IFOV)中,表面要素不能平均地对要素值产生影响,中间部分的要素对要素值影响较大。这种空间效果通常由空间域的传感器点扩散函数(PSF)来详细说明(Mobasseri et al, 1980)。PSF的傅里叶变换被称为调制传递函数(MTF),是一种精确的细节计量,也是在频率域作的一种对比。

传感器系统的MTF能够在试验室里利用不同的技术进行测量,例如冲激(impulse)输入法、正弦曲线(sinusoidal)输入法、锐边(knife-edge)输入法和脉冲输入法。然而,仅有其中的一部分方法能够被用来从遥感图像中预估传感器的MTF。例如,脉冲输入法被用来测量Landsat TM的MTF,其脉冲源是旧金山海湾大桥(Schowengerdt et al,1985)。Ruiz和Lopez(2002)利用锐边方法导出了SPOT影像的归一化PSF矩阵。这些PSF或MTF测量值能够用来对传感器进行建模。Huang等(2002)证明了传感器PSF能够改进土地利用分类。

4.3.2 辐射预处理算法

以下将陈述三种预处理类型:辐射定标、大气纠正和地形纠正。

(1) 辐射定标

辐射定标是将传感器记录的电压或数字值转换成绝对辐射度量的过程,这个辐射指标与传感器图像形成的特性无关。辐射定标可以是相对定标或绝对定标。对于一个线性传感器,绝对定标是通过传感器的数字值乘以一个比值来进行,该比值是通过入瞳处精确已知的均一辐射亮度场确定的。而相对定标则将一个波段内所有探测器的输出归一化为一个给定的输出值(通常是平均值)。

定标测量分为三个阶段:发射前定标,即遥感器送入太空之前,必须对其传感器的辐射特性进行精确测量;在轨定标,在轨定标通常由机载校正系统来完成这一系列程序;发射后定标,发射后定标系数需要通过外场定标方法来获得,外场定标技术通常是指利用地表天然或人工场地进行传感器发射后定标的方法。

发射后辐射定标方法大致可以分为两种典型的方法:一种方法是利用飞机搭载已定标的辐射计,在相同光照和观测方向条件下测量卫星观测到的目标光谱辐射亮度。这种方法需要对空间和光谱均一的地面目标的同步辐射测量,通常称为辐亮度定标方法。而反射率的定标方法要求精确测量地面目标的光谱反射率、光谱消光厚度和其他气象变量。

(2) 大气纠正

航空或航天传感器记录的观测辐射率包含大气和地表的信息,为了估计陆地表面生物物理量,大气对数据的影响必须去除。这类的大气纠正包括两个主要的步骤:大气参数预估和地表反射系数修正。

如果所有的大气参数已知，大气纠正就会变得容易一些。大气纠正最具有挑战性的工作就是从图像本身中预估大气属性（特别是水蒸气含量及气溶胶的光学厚度）。

差分吸收技术已经广泛用于直接从多光谱和高光谱成像系统估算大气水汽总含量（Green et al, 1998）。其主要思路是在水汽吸收区域（如0.94 μm）取一个波段，并在水汽吸收区域外取多个波段。这些波段间的差异显示了大气中的水汽含量。在最近的研究中，Liang 和 Fang（2004）应用了神经网络方法根据多光谱数据来做水蒸气含量的预估。Miesch 等（2005）利用蒙特卡洛模拟设计了多光谱数据水蒸气纠正算法。学者还利用两个热红外波段，通过使用分裂窗法或简单比率法估算水的含量（Jimenez-Munoz & Sobrino, 2005; Li et al, 2003），但这些方案在不同条件下可能会不太稳定（Barton & Prata, 1999; Ottle & Francois, 1999）。

利用遥感图像对大气气溶胶含量进行预测已经有相对较长的历史了。除很多统计方法外，基于物理的方法包括那些使用空间特征，如反射率空间对比度（Guanter et al, 2007 ; Tanre & Legrand, 1991），模糊和清晰区域直方图的匹配（Richter, 1997），模糊和清晰区域各自集群的匹配（Liang et al, 2001; Liang et al, 2002）；光谱特征，例如黑体方法（例如 Kaufman et al, 2000; Liang et al, 1997）和多光谱算法（Liang & Fang, 2004）；角度特征（Martonchik et al, 2002; North, 2002）；极化特征（Denze et al, 2001）；以及时态特征（Liang et al, 2006b; Tang et al, 2005; Zhong et al, 2007）。

（3）地形纠正

山地地区的遥感图像的地形纠正和大气纠正一样重要。地形的背光和阴影影响遥感信号及陆地表面参数的反演。地形纠正需要高分辨率和精确的数字高程模型（DEM）数据。

最简单和早期的方法是比例算法。假定地形造成的辐照度影响在不同波段成比例，那么利用两个波段的比例算法就可以除去地形的影响。然而，这些比例算法通常情况下是不能产生满意的结果的，因为地形引起的辐射通量变化和波长相关，波段间的地形差异是不能通过简单的增加或减少同样的比例来完成的。

余弦校正方法虽然是根据经验的，但由于算法简单而被广泛使用。Dozier 等设计了一个复杂得多的方法（Dozier, 1989; Dozier & Frew, 1990）。它用公式将所有的入射短波辐照通量密度表达成三个部分之和：直接太阳辐射（F_I）、散射辐射（F_D）和相邻像素反射辐射。DEM 数据被用来计算这些组成部分。Zheng 等（2007）应用这个公式来计算 GOES 数据的 PAR。Schaaf 等（1994）使用 GO 模型纠正了地形影响，Wang 等（2005b）纠正了预估太阳辐射的地形影响。

4.3.3 模型模拟和统计分析

统计模型在很多的遥感应用中被证明是十分有用的。它们通常都是基于地表测量而建立，本书中的其他章节已做过了相关的讨论。由于在不同条件下收集大量详尽的地面测量是非常昂贵的，这种基于地面测量的模型最大的缺点就是它有限的表达能力。

一个可以替换以上方法的解决办法就是使用经过场测量校正和野外现场数据证实过的物理辐射模型去模拟遥感数据。不同的统计方法可以被用来将模型模拟的输入和输出关联起来。除去方便的多元回归分析，不同的机器学习模型和其他的先进统计分析技术也已经被使用，例如人工神经网络（ANN）方法用来预估不同的生物物理变量（Baret & Fourty, 1997; Fang & Liang, 2003; 2005; Kimes et al, 1998; Smith, 1993）；遗传算法利用微波数据（Lin & Sarabandi, 1999a）和 LAI（Fang et al, 2003）预估陆地表面粗糙度和土壤湿度（Jin & Wang, 1999; Wang & Jin, 2000），以及森林承载的生物物理参数（例如树密度、树高度、树干直径、土壤湿度）；回归树方法用来预估少量植被覆盖（Hansen et al, 2002）；贝叶斯网络（Bayesian networks）用来计算叶面积指数 LAI（Kalacska et al, 2005）。大部分机器学习技术（例如 ANN）的一个重要缺陷就是缺乏解释机制。越来越明显的是，没有某些形式的解释能力，被训练的 ANN 的全部潜力有可能不能完全实现。一些研究已经将焦点集中在那些设计用来往 ANN 中插入知识的技术、过程和算法（知识初始化）；从训练有素的 ANN 中抽取规则（规则抽取）和使用 ANN 来提炼已经存在的规则基础（规则提炼）。

4.3.4 最优化算法

最优化算法计算地表辐射模型参数（Ψ）的最小

成本函数如下：

$$F^2 = \sum_{i=1}^{n} \omega_i [R_i - f_i(\psi)]^2 \tag{4.1}$$

上式中，$R_i, i=1,2,\cdots,n$ 表示遥感信号（辐亮度、发射率、亮温）；ω_i 为权重系数；$f_i(\psi)$ 为地表辐射模型的预测值。在给定初始值后，搜索算法会不断迭代确定参数集 Ψ 的值。

这种最优化算法在地面遥感中使用相当广泛（Kimes et al, 2000；Liang, 2001b；Liang & Strahler, 1993；1994）。近期使用这种优化算法的有：Gascon 等（2004）使用 3D 作物冠层辐射传输模型计算 SPOT 和 IKONOS 影像的叶面积指数 LAI、冠层覆盖度（crown coverage）、叶绿素浓度（leaf chlorophyll concentration）。为了简化计算，一些参数方程可通过 3D 反射模型建立的表来查找；Meroni 等（2004）使用这种算法反演了高光谱数据的 LAI；Schaepman 等（2005）使用耦合的叶-冠层-大气辐射传输模型对多角度和高光谱遥感数据的生物物理和生物化学变量进行了反演；MISR 研究组使用了 4 波段多角度 MISR 数据生产了地表产品（Diner et al, 2005）。Qin 等（2007）在冠层RT模型中融合了伴随算法以加快最优化处理的计算速度。

最优化算法的大量计算需求导致要使用更简单的地表反射模型，而并不是提高优化算法的效率。光学遥感的一个发展趋势是使用简单的经验或者半经验的模型（Lucht & Roujean, 2000）。最优化算法用来计算这些简单模型中的参数，而这些参数又与地表属性具有一定的关系。如 Widlowski 等（2004）拟合了多角度观测的双向反射分布函数（BRDF）并将其中一个参数与地表结构属性建立联系。

4.3.5 查表算法

由于遥感数据量庞大，最优化算法的计算成本昂贵，反演计算速度减缓。查找表（LUT）方法被广泛用来加速反演的计算过程。它预先计算了大范围参数组合模型反射率，这样就会在反演之前完成大量的计算代价，而剩下的问题就是在查找表中搜索与所要测量集吻合或者类似的模型反射率集。

这种方法已经在遥感反演中使用，如大气纠正（Liang et al, 1997）、叶面积指数计算（Knyazikhin et al, 1998a；Knyazikhin et al, 1998b；Weiss et al, 2000）、入射太阳辐射（Liang et al, 2006a）。在一般的查找表（LUT）方法中，为了追求高精度，查找表的维度很大，但是在线查询时速度过慢。此外，很多参数都需固定存在于查找表中。Gastellu-Etchegorry 等（2003）通过减少 LUTs 的维度提出了一个经验的函数拟合 LUT 值，这种方法使得查找表的过程变成了一个简单的局部函数的简单计算。Liang 等（2005b）提出了在太阳照射和传感器几何监测时用一个简单的线性回归方法代替每个角度的表查找。

4.3.6 数据融合与同化

前面的章节讨论了各种计算地表变量的方法。这些从不同数据源计算得到的变量值在物理意义上可能不相容。许多技术没有有效利用不同时间的观测数据，也不能处理不同空间分辨率的观测数据。特别是很多技术只计算显著影响传感器所接收到的辐亮度的变量。但大多数情况下，一些和辐亮度没有直接关系的变量的计算才是真正有意义和需要的。

如果存在大量的遥感反演数据的病态性和海量的观测数据，我们将会面临一个挑战：如何将从不同的数据源得到的观测数据整合在一起？如何将观测资料（位置、时间、装置）与非具体理论的理解相联系？将多源数据结合在一起的数据融合技术还不足以完成这个挑战。数据同化方法将一段时间内的所有可获得数据整合起来计算各种未知的地表模型（Liang & Qin, 2007），可以整合的信息包括观测数据、相关优先级信息和其中最重要的动态模型。数据同化被广泛应用到了气象学和海洋学，但是还要陆地遥感学者一起努力将其应用到陆地遥感来描述地表环境特征。

4.4 陆地表层遥感参数反演的主要产品

目前一个流行的趋势是数据中心不仅提供原始的遥感数据而且生成各种与应用密切相关的高级数据产品。高分辨率的遥感产品一般仅在局部区域有覆盖，时间上连续、空间上完整的遥感产品数据集合主要有 MODIS、VEGETATION 和 AVHRR 的产品集。

MODIS 标准数据产品分级系统由 5 级数据构成，分别是：0 级、1 级、2 级、3 级和 4 级。其中，0 级数据是卫星地面站直接接收到的,包括全部数据信息在内的原始数据;对没有经过处理的、完全分辨率的数据进行重建、数据时间配准、使用辅助数据注解、计算和增补到 0 级数据之后为 1 级数据;在 1 级数据基础上开发的、采用相应算法得到的地球物理参数数据为 2 级数据;3 级数据是平均化、网格化后的地球物理参数数据,完成了时间和空间上的校正和复合;通过分析模型和综合分析 3 级以下数据得出的结果数据为 4 级数据。目前 MODIS 标准数据产品主要可分为三类:陆地标准数据产品、大气标准数据产品和海洋标准数据产品,总计 44 种产品(表 4.6)。其中,可获得的陆地产品有:MOD09:2 级地表反射率数据产品;MOD10:2 级雪覆盖/海冰数据产品;MOD11: 2、3 级地表温度和辐亮度数据产品;MOD12:3 级土地覆盖 / 土地覆盖变化数据产品;MOD13:3 级植被指数产品;MOD14:2 级热异常-火灾数据产品;MOD15:3 级叶面积指数和光合有效辐射数据产品;MOD17:4 级植被总初级生产力 GPP 数据产品;MOD43:3 级 BRDF/Albedo 参数数据产品; MOD44:3 级植被覆盖转换数据产品(http://edcdaac. usgs. gov/dataproducts. asp)。可获得的大气标准产品主要有:MOD04:2 级气溶胶数据产品;MOD05:2 级可降水量(http://modis - atmos. gsfc. nasa. gov/products. html)。

表 4.6 常用 MODIS 标准产品表

Table 4.6 Commonly used MODIS data products

产品代码	产品内容	时间分辨率	空间分辨率
MOD04	气溶胶	日	10 km
MOD05	可降水量	日	1 km、5 km
MOD09	地表反射率	日、8 d	250 m、500 m、1 km、0.05°
MOD10	雪覆盖/海冰	5 min、日、8 d、月	500 m、1 km、4 km、0.05°
MOD11	地表温度和辐亮度	5 min、日、8 d、每月	1 km、6 km、0.05°
MOD12	土地覆盖 / 土地覆盖变化	年	1 km、0.05°
MOD13	植被指数(NDVI/EVI)	16 d、月	250 m、500 m、1 km、0.05°
MOD14	热异常-火灾	5 min、日、8 d	1 km
MOD15	叶面积指数/光合有效辐射比	8 d	1 km
MOD17	植被总初级生产力 GPP	8 d、年	1 km
MOD43	BRDF/Albedo 参数	16 d	500 m、 1 km、0.05°
MOD44	植被覆盖转换	季、年	250 m 、500 m

欧空局于 1998 年 3 月发射的 SPOT4 和 2002 年 5 月发射的 SPOT5 星上载有宽视角植被探测仪 VEGETATION,该传感器在可见光-短波红外波段(0.43 ~ 1.75 μm)上设有蓝、红、近红外和短波红外 4 个波段,空间标称分辨率 1 km,扫描宽度 2 250 km,可在全球和区域尺度上对自然植被和农作物进行连续监测。VEGETATION 提供如下几种标准数据产品:初级产品(P):经过辐射校正和几何校正,尚未进行几何精校正的大气顶层反射率的单轨道产品;合成产品(S):已进行了大气校正,包括 24 h 获取数据合成的日合成产品 S1、10 d 合成产品 S10,基于双向反射分布函数(BRDF)的 10 d 合成产品 D10,以及 NDVI 合成产品 S-NDVI(http://www.spot-vegetation. com/)。

NOAA/AVHRR(先进的甚高分辨率辐射仪),于 1978 年 10 月搭载在 TIROS-N 上首次升空,有 4 个波段,1981 年 6 月升空的 NOAA-7 上搭载了 AVHRR/2,有 5 个波段,1998 年 5 月发射的 NOAA-15 上搭载的 AVHRR/3,波段数增加到 6 个。AVHRR 星下点分辨率为 1.1 km,单颗星重复观测周期为 1 天两次,在双星系统下,同一地面点每天成像次数可达 4 次,扫描带宽 2 800 km。AVHRR 发射时间早,拥有 1980 年以来的全球连续数据集,是全球变化研究的重要资源。目前,AVHRR 的原始数据为单颗卫星获得的单景数据,并提供 1b 级经过辐射校正和几何校正的单景二进制格式数据。USGS

还提供了全球 10 天合成的 8 km NDVI 数据和全球土地覆盖类型产品（http://eros.usgs.gov/products/satellite/avhrr.html）。

目前一些国际科学研究计划也根据研究目的建立了包括遥感数据在内的数据库，针对性强，数据丰富，对科学研究很有帮助。如国际卫星地表气候计划 ISLSCP（International Satellite Land Surface Climatology Project），其一期数据收集了 1987—1988 年 1°分辨率的全球月植被分布、近地表气象参数、大气辐射、云、降水、河网汇流、地表径流、土壤和雪/冰数据，所有数据重采样为统一网格、采用同种格式（Sellers et al, 1996）。该计划的二期工作中收集了 1985—1996 年的土地覆盖、NDVI、反照率、降水、碳、辐射和云、水文、地形、土壤、雪、海冰、海洋和近地表气象参数等数据，数据可以从 http://daac.ornl.gov/.上获得（Hall et al, 2006）。

下面我们将对与生态系统更密切相关的产品作更详细的介绍。

4.4.1 叶面积指数与光合有效辐射比

叶面积指数（LAI）表现了植被冠层机能和能量吸收能力，是大多地表模型中都使用的变量。对于 LAI 的定义如总叶面积指数、绿叶面积指数和有效叶面积指数，遥感学者和一般用户可能会存在分歧。计算 LAI 的常规方法是采用统计拟合观测的 LAI 值和相应的植被指数 VI 值，从而建立一个植被指数 VI 和叶面积指数 LAI 之间的经验关系。使用非线性优化函数寻找不同传感器数据的辐射传输模型最优解已证明非常有效（Gobron et al, 2000）。

除了基于植被指数的统计模型，在其他章节中介绍的反演方法也被用来建立叶面积指数图。一些安装在卫星上的科学仪器如 MODIS、MISR、AVHRR、MERIS、POLDER 以及 SPOT VEGETATION 也提供各种空间和时间分辨率的全球 LAI 图。表 4.7 是这些 LAI 产品的介绍。

表 4.7 主要全球 LAI 产品

Table 4.7 Major global LAI datasets

产品	空间分辨率/km	时间分辨率/d	日期	文献
MODIS	1	8	2000—	Knyazikhin et al, 1998b; 1999
MISR	1.1	9	2000—	Knyazikhin et al, 1998a
CYCLOPES\VGT	1/112°	10	1999—2003	Baret et al, 2007
GLOBCARBON	1/11.2°	30		Deng et al, 2006
ECOCLIMAP	1/120°	30		Masson et al, 2003

光合有效辐射（PAR）中被绿色植被吸收的部分比率称为光合有效辐射比率（fPAR），在全球变化科学研究中 fPAR 是基本的地表参数。许多生产率模型计算总第一性生产力（GPP）和净第一性生产力（NPP）是基于植被吸收的光合有效辐射比率。fPAR 取决于植被覆盖状况和植被的类型，遥感模型通常采用植被指数反映植被覆盖状况。在 CASA 模型中，fPAR 由 NDVI 和植被类型表示，最大值不超过 0.95（Potter et al, 1993）：

$$fPAR=\min\left(\frac{SR-SR_{\min}}{SR_{\max}-SR_{\min}},0.95\right) \tag{4.2}$$

$$SR=\frac{1+NDVI}{1-NDVI} \tag{4.3}$$

其中，$SR_{\min}=1.08$；$SR_{\max}$ 取值与植被类型相关，在 4.14～6.17 之间。

GLO-PEM 模型中，直接采用 NDVI 的线性函数估算植被冠层对 PAR 的吸收率（Prince, 1991; Prince & Goward, 1995）：

$$fPAR=1.67NDVI-0.08 \tag{4.4}$$

VPM 模型则采用增强植被指数 EVI 计算 fPAR（Xiao et al, 2004a; 2004b; 2005）：

$$fPAR=A\times EVI \tag{4.5}$$

其中，A 为模型参数，与植被类型有关。

不同的 fPAR 产品是采用不同的方法从多个卫星传感器得到的，表 4.8 是 fPAR 产品列表。

表4.8 现有主要 fPAR 产品
Table 4.8 Current major fPAR products

产品	空间分辨率/km	时间分辨率/d	日期	文献
MOD15	1	8	2000—	Knyazikhin et al, 1998b; 1999
MISR	1.1	9	2000—	Knyazikhin et al, 1998a
CYCLOPES	1/112°	10	1999—2003	Baret et al, 2007
GLOBCARBON	1/11.2°	30	1998—2003	Plummer & Fierens, 2006
SeaWiFS	2/0.5°	1/10/30	1997—2004	Gobron et al, 2006

4.4.2 宽波段反照率

地表宽波段反照率是影响地球气候的一个重要的因素,也是当前气候模型辐射不确定性变量之一(Dickinson, 2007; Wang et al, 2006)。一个典型的反照率成图算法,例如:MODIS 反照率产品,包括三个部分(Schaaf et al, 2002):

① 大气纠正:大气顶层辐射转变为地表方向反射。

② BRDF 模型:方向性反射转变为光谱反照率。

③ 窄波段转变为宽波段:光谱反照率转变为宽波段反照率。

大气纠正算法和地表 BRDF 模型前面已经做过介绍。可以使用不同的统计公式用来将窄波段反照率转变为宽波段反照率(Liang, 2001a; Liang et al, 2003; Liang et al, 2005a)。使用这样的物理方法,反照率就受到处理过程的影响,如大气纠正的影响和描述方向分布反射模型的角度模型的精度的影响,每个处理步骤误差是如何作用和影响其他步骤的,这些都还不清楚。

一种代替从遥感数据中重新精确获取地表变量的方法是基于物理的重新获取的方法,这种方法是将所有处理步骤通过回归分析方法放到一步中,回归分析的目的仅仅是为了得到一个最好的宽波段反照率。这种直接获取方法主要包含两个步骤(Liang, 2003; Liang et al, 1999; Liang et al, 2005b),第一步是产生一个大气顶方向反射率和地表反照率的数据库,这是通过辐射传输模型模拟的地表和大气条件变化实现。第二步是通过非参数回归算法(如神经网络或投影寻踪回归)或者线性回归分析建立模拟的大气顶反射率与地表宽波段反射率的联系。这种方法以后将用来生产 VIIRS 的反照率产品。

地表反照率成图也可以从多角度传感器中获取,如 MISR,表4.9是反照率产品的介绍。

表4.9 现有主要反照率产品
Table 4.9 Current major albedo products

产品	空间分辨率/km	时间分辨率/d	日期	文献
MOD43	0.5	8	2000—	Schaaf et al, 2002
MISR	1.1	9	2000—	Diner et al, 2005
CYCLOPES	1	10	1998—2005	Geiger & Samain, 2004
MERIS	0.05°	16	2002—2006	Muller et al, 2006
VIIRS	0.5	1	2009—	Liang et al, 2005a

4.4.3 入射光合有效辐射

入射太阳辐射,不论是光合有效辐射的可见光(400 ~ 700 nm)还是所有短波(300 ~ 4 000 nm)入射都是几乎所有地表模型需要的主要变量。许多生态模型都计算生物量积累与入射光合有效辐射的线性比例关系。光合有效辐射的空间和时间分布信息是建立水循环模型和计算全球海洋和陆地净第一性生产力 NPP 所需的,并由土壤水分蒸发蒸腾损失总量处理所控制。

对大多数模型而言，遥感是获取入射光合有效辐射的唯一途径。计算入射太阳辐射的方法粗略地分为两种算法。第一种方法是：采用从其他数据源重新获取的云或者大气参数，并用已测的大气顶辐射/通量作为约束。CERES (clouds and earth's radiant energy system)算法采用 MODIS 的云和气溶胶信息，并将大气宽波段通量作为约束，生产 25 km 空间分辨率的日照和光合有效辐射产品。

第二种方法是：建立大气顶辐射和地表入射日照或者基于扩展的辐射传输模拟的光合有效辐射的关系(Liang et al, 2007)。这种方法首次应用于地表辐射平衡试验(earth radiation budget experiment, ERBE)数据分析。Liang 等 (2006a) 和 Wang 等 (2007a)应用该方法生成了 1 km 分辨率 MODIS 数据的 PAR 产品，Liu 等(2007)通过改进该方法生产了中国的 PAR 产品。这种算法也应用于 GOES 数据(Wang et al, 2007b; Zheng et al, 2007)，改进之后也可用于其他卫星数据(如 AVHRR, SeaWiFS)。

4.4.4 发射率和表面温度

向上热辐射主要取决于地表温度(LST, T)和发射率(ε)：

$$F_u = (1-\varepsilon) F_d + \varepsilon\sigma T^4 \tag{4.6}$$

上式中，F_d是向下的热辐射，σ 是一个常数，在高密度植被或者水面区域，宽波段的发射率差不多为 1 (0.96～1)。在非植被地面远远低于 1。大多 GCM 和地表模型假定发射率为一常数，这就会造成净辐射和其他辐射通量的误差(Jin & Liang, 2006; Rowntree, 1991)。

通过热红外遥感数据同时估算地表瞬时发射率和地表温度是一个具有挑战性的问题。传感器接收的辐射包括大气信息(如温度、水汽轮廓线)和地表属性(发射率和地表温度)。因此，获取发射率和地表温度的第一步就是做大气纠正，第二步就是从获取的地表发射辐射中分离发射率和温度。

传感器一般有 2 个热波段，如 AVHRR 和 GOES，设定一个发射率值(或者由植被指数或土地覆盖图推断而得)，然后用所谓的分割窗口(split-window)算法计算地表温度。基于双热波段(10.5～12.5 μm)的分割窗口算法已经被广泛用来计算地表温度及给定地表发射率。

新一代的传感器有多个热波段，如 ASTER 和 MODIS，可以计算瞬时的光谱发射率和地表温度。MODIS 研究组提出了两种获取 LST 和发射率的方法(MOD17)。第一种方法是：利用分割窗口算法和土地覆盖分类获取的发射率的值，最后产生 1 km 的 LST 产品；第二种方法是：利用"day/night"算法使用白天和晚上的观测数据获得 5 km 的 LST 产品(Wan & Li, 1997)。MODIS 的大气温度廓线产品(MOD11)也包括了 LST。据研究(Wang et al, 2007c)，MOD17 产品相对于 MOD11 有很好的精度。这二种方法和 ASTER 算法有很大的区别(Gillespie et al, 1998)，ASTER 算法是一种基于大气纠正和温度/发射率分离的算法。

表 4.10 列出了不同传感器的 LST 产品，LST 同样可以从其他传感器数据中获得，如 TM (Sobrino et al, 2004a), SEVIRI (Sobrino & Romaguera, 2004), AVHRR (Sobrino et al, 2001; Sobrino et al, 1999) 和 ATSR (Sobrino et al, 1996)。

表 4.10 现有主要 LST 产品

Table 4.10 Current major LST products

产品	空间分辨率/km	时间分辨率/d	日期	文献
MOD11	1	1	2000—	Wan & Dozier, 1996; Wan & Li, 1997
AATSR	1.1	3	2002—	Sobrino et al, 2004b
ASTER	0.09	4	2000—	Gillespie et al, 1998
VIIRS	1	6	2009—	Yu et al, 2005

4.4.5 物候

物候是研究气候和具有周期性的生物学现象之间联系的一门学科，它关心生物对其所处环境的季节性和气候性变化的响应。季节性变化包括日照长短、降水、温度和其他生命控制因子的变化；气候性变化是温度和降水等因子的长时间平均的变化。相应地,物候的改变反映了这些因子的变化情况。其中,植被什么时候开始生长、生长持续多长时间以及生长什么时候结束是物候现象的重要组成部分,这对于农林业管理、控制病虫害、保护生物多样性具有重要意义。在目前全球变暖的背景下,研究作为气候变化指示器的植被物候,对于揭示全球变暖对植被的影响以及其对气候系统的反馈有不可替代的作用。例如,植被开始生长意味着植被开始光合作用吸收大气中的 CO_2,同时从土壤根区吸收水分以蒸腾的形式释放到大气,地表能量平衡中地表吸收的净辐射以潜热的形式释放到大气;相应的,植被停止生长时,冠层开始枯萎与植被相关的过程就结束,地表吸收净辐射主要以显热释放到大气。很多研究表明随着全球增温,很多地区的植被生长季开始提前,生长季结束推迟,整个生长季的时间增长,这意味着整个土壤-植被-大气间相互作用的时间增加了,这又会反馈到全球气候系统。

物候的研究需要数据的支持,目前国际上和国内建立了很多物候监测网络对物候及其变化进行观测,如:国际上有欧洲物候观测网、英国物候观测网和国际生物气象学会创立的全球物候监测网络;国内有中国科学院物候观测网络。这些网络对于物候的研究发挥着不可替代的作用,但它们只是分散地布置在离散点上,对于监测和研究面上连续植被物候的状态和变化就显得捉襟见肘。目前,只有遥感能够提供面上的覆盖全球的陆地表面信息,故其对于提供面上数据支持物候研究有着天然的优势。近年来,许多学者发展了不同的基于 VI(vegetation index)植被指数,特别是 NDVI(normalized difference vegetation index)归一化植被指数时间序列的地表植被物候提取方法,总的来说有:阈值法、平均值法、中点法、后向移动平均法、最大上升速率判断法和曲线拟合法等,除了以上几种方法外还有其他的一些方法,但由于经验性较强,使用起来比较复杂,没有予以列出。

下面就这些方法作一个简单介绍。

(1) NDVI 阈值法

就是为年 NDVI 时间序列设定两个阈值,分别用 $NDVI_o$ 和 $NDVI_e$ 表示,当 $NDVI$ 大于 $NDVI_o$ 时表示植被进入生长季,用 DOY_o 表示;当 $NDVI$ 小于 $NDVI_e$ 时表示生长季结束,用 DOY_e 表示,而这两个日期的差值就认为是生长季的长度,表示为 LGS。阈值法的另一种形式:把一年中 NDVI 持续大于 $NDVI_o$ 的开始日期作为生长季的开始,而 NDVI 持续小于 $NDVI_e$ 的开始日期作为生长季的结束。

(2) NDVI 平均值法

就是求取 NDVI 长时间序列(如:10 年)的平均值,将其作为参照值表示为 $NDVI_a$,一年中当 $NDVI$ 大于 $NDVI_a$ 表示生长季开始,$NDVI$ 小于 $NDVI_a$ 表示生长季结束。

(3) NDVI 中点法

就是将一年中 NDVI 时间序列的中值作为参考值,表示为 $NDVI_m$,一年中当 $NDVI$ 大于 $NDVI_m$ 表示生长季开始;$NDVI$ 小于 $NDVI_m$ 表示生长季结束。

(4) NDVI 后向移动平均法

就是把 NDVI 时间序列曲线剧烈升高,看作光合作用的开始信号。它是用移动平均法从 NDVI 时间序列曲线中提取另外一条曲线,然后用其和已有 NDVI 时间序列比较,得到植被物候的方法。后向移动平均法计算移动平均曲线的公式为:

$$Y_t = \frac{X_t + X_{t-1} + X_{t-2} + \cdots + X_{t-(w-1)}}{w} \tag{4.7}$$

其中,Y_t 是 t 时刻的移动平均值,X_t 是 t 时刻的 NDVI 值,w 是时间窗口。生长季开始日期 DOY_o 定义为 NDVI 曲线与呈逐渐增加趋势并达到一年中 NDVI 最大值的移动平均曲线相交点所对应的日期。生长季结束日期用上述相同方法计算,但不同处在于对 NDVI 时间序列做相反时序移动平均,生长季结束日期 DOY_e 定义为 NDVI 曲线与呈逐渐下降趋势并达到一年中 NDVI 最小值的移动平均曲线相交点所对应的日期。

(5) 最大上升速率判断法

就是确定 NDVI 时间序列曲线斜率变化最为剧烈的两个点分别为生长季开始和结束日期,用公式表示如下:

$$\begin{aligned} &\Delta NDVI_t = NDVI_t - NDVI_{t-1} && \theta_t = \arctan(\Delta NDVI_t) \\ &\Delta NDVI_{t+1} = NDVI_{t+1} - NDVI_t && \theta_{t+1} = \arctan(\Delta NDVI_{t+1}) \\ &\Delta\theta_t = \theta_{t+1} - \theta_t \end{aligned} \tag{4.8}$$

其中,$NDVI_{t+1}$、$NDVI_t$ 和 $NDVI_{t-1}$ 分别表示 t+1、t 和 t-1 时刻的 NDVI 值,θ 为曲线斜率,$\Delta\theta$ 为斜率的变化。在一年内的 NDVI 上升和下降阶段 $\Delta\theta$ 最大绝对值分别为生长季开始日期 DOY_o 和结束日期 DOY_e。

(6) 曲线拟合法

就是利用固定的函数形式用优化算法去拟合

NDVI时间序列曲线,一般情况下是将一年NDVI曲线分成上升和下降两段分别拟合,然后利用拟合曲线的特征点作为标志表示物候。常用的形式有以下两种:

$$NDVI(t)=a\left(\frac{t}{b}\right)^{p}\exp[q(b^2-t^2)] \quad (4.9)$$

其中,t是时间,a,b,p,q为待拟合参数。如果拟合上升曲线参数b表示生长季开始日期DOY_o,相应地,拟合下降曲线b表示生长季结束日期DOY_e。

$$NDVI(t)=\frac{c}{1+\exp(a+bt)}+d \quad (4.10)$$

其中,a,b,c,d为待拟合参数。当这4个参数求得后,根据拟合曲线的曲率改变率:

$$K'=b^3cz\left\{\frac{3z(1-z)(1+z)^3[2(1+z)^3+b^2c^2z]}{[(1+z)^4+(bcz)^2]^{\frac{5}{2}}}-\frac{(1+z)^2[1+2z-5z^2]}{[(1+z)^4+(bcz)^2]^{\frac{3}{2}}}\right\} \quad (4.11)$$

其中,K'为曲线的曲率改变率,$z=\exp(a+bt)$,生长期开始日期为NDVI上升部分曲率改变率对应的靠近年初的极值所在日期。相应地,生长期结束日期为NDVI下降部分曲率改变率对应的靠近年末的极值所在日期。

需要提醒的是,上面所使用的方法都是针对光滑的NDVI时间序列,也就是没有明显噪声的NDVI时间序列。但实际情况是由于云等因素的干扰,NDVI必须经过前期滤波处理,得到光滑曲线后,才能输入进行遥感物候的提取。

很明显,对于相同的NDVI时间序列,使用上面的方法会得出不同的生长季开始日期、结束日期和生长季长度。这就提出了基于遥感数据确定物候期的关键问题:所得结果如何验证以及如何与物候学定义的物候期概念相对应。不同的研究人员使用他们各自的方法从NDVI中获取了物候并且和地表实测进行了对照验证,得出了不同的结果。但就以上两个问题的回答并不充分,需要进一步研究。

4.4.6 植被功能类型

植被功能类型是指在生物体层次具有相似功能、对环境因素表现出相似反应、对生态系统具有相似影响的植物组群(Smith et al, 1997)。植被功能类型是碳模型、生态系统模型以及气候模型所必需的关键变量。植被功能类型越来越多地被应用到相关研究领域,传统的基于生物群系的土地覆盖类型已不能满足全球变化研究的新发展。

利用植被功能类型来表现地表比用生物群系来表现地表更具优势(Smith et al, 1997; Bonan et al, 2002)。首先,植被功能类型与叶片层面的生理学测量直接相关,这样能够更精确地设置用于陆面模型的生态参数。第二,植被功能类型允许建模者通过分别改变网格单元内的植物组成和结构来更准确地表现地表。第三,利用植被功能类型来表现地表可以使陆面模型更好地与生态系统模型相结合,因为生态系统模型一般根据植被功能类型的丰富程度对植被变化进行模拟(Running & Coughlan, 1988; Smith et al, 2001; Sitch et al, 2003; Gamon et al, 2004)。

利用遥感技术提取植被功能类型是一个较新的研究领域。文献回顾显示,至今为止只有极少数关于植被功能类型的分类方法(Strahler et al, 1999; Bonan et al, 2002; Sun et al, 2005; 2008a; 2008b),而且现有分类方法的精度也没有被验证。研究表明应用不同的分类方法得到不同的植被功能类型数据集对全球气候模型的模拟结果具有显著影响(Oleson & Bonan, 2000; Bonan et al, 2002; Tian et al, 2004)。下面简要介绍几种典型的植被功能类型的分类方法。

(1) 从现有的土地覆盖数据集中提取植被功能类型

陆地建模的学者首先在陆地模型中使用大面积范围的植被功能类型数据集(Bonan, 1996; Oleson & Bonan, 2000; Bonan et al, 2002)。一般说来,这些建模者所采用的提取植被功能类型的方法基于已经存在的土地覆盖分类图。

Oleson和Bonan(2000)在他们对北方森林表面通量的研究中,提供了BOREAS地区的植被功能类型数据集。这一植被功能类型数据集来自于Steyaert等人(1997)利用AVHRR数据得到的1 km分辨率的BOREAS区域土地覆盖分类图。1 km分辨率的土地覆盖分类用于计算植被功能类型的数目和这些类型在每个网格单元的所占的比例。每个网格内可以最多区分出6种植被功能类型,而且网格内的水体和湿地类型所占的比例也能够被区分。

利用类似于Oleson和Bonan(2000)提出的方法,Bonan等人(2002)利用1 km分辨率的卫星数据编制了全球植被功能类型图。在这一方法中,每个模型网格被划分为4种基本的土地覆盖类型:冰川、湖泊、湿地和植被。模型共包含 15 种植被功能类型。每个网格的植被部分又可以进一步细分来包含最多 4 种植被功能类型。这 15 种植被功能类型的地理分布和丰度源于 1 km 的 IGBP DISCover 数据集(Loveland et al, 2000)和马里兰大学 1 km 分辨率的树木覆盖数据集(DeFries et al, 1999; 2000a; 2000b)。

(2) 基于 MODIS 数据的植被功能类型:决策树分类

为了满足陆地建模研究者的需要,中分辨率成像光谱仪(MODIS)的地面组正在编制全球植被功能类型图(MODIS Land Cover 5)以用于公用陆面模式(Community Land Model)。这个植被功能类型产品具有 1 km 空间分辨率,是由重新分类 MODIS Land Cover Type 1 产品而得到(Strahler et al, 1999; Friedl et al, 2002)。MODIS Land Cover Type 1 产品采用国际地圈生物圈计划(IGBP)制定的标准分类系统。IGBP 土地覆盖分类系统包含 11 种自然植被类型、3 种开发和混合的地表类型以及 3 种无植被覆盖的地表类型。

MODIS 数据的土地覆盖类型和在此基础上得到的植被功能类型是由决策树分类方法得到的。MODIS 土地覆盖分类方法主要采用 MODIS 数据的光谱和时间信息。关键的输入参数包括,由地面双向反射分布函数/反照率产品(MOD43B4)得到的订正到天顶角的双向反射比系数,MODIS 增强性植被指数(EVI)(MOD13)等(Strahler et al, 1999; Friedl et al, 2002)。决策树分类器的成功运用取决于大量的高质量的训练样本数据。陆地生态系统的参数化系统数据库(STEP)被用于训练 MODIS 决策树分类器。

(3) 多源证据推理

Sun 等人(2005; 2008a; 2008b)最近提出一种基于 MODIS 数据进行植被功能类型分类的多源数据融合方法,其主要思想是植被功能类型可以用植被的形态、结构、物候以及环境条件来区分(Running et al, 1995)。因此一种有效提取植被功能类型的方法应该考虑植被功能类型在这些方面的差异,这意味着一个自动提取植被功能类型的方法应该融合反映植被功能类型生理学的、结构的、物候的和生态属性等的多源信息来解决植被功能类型识别的问题。

由 Sun 等人(2005; 2008a; 2008b)提出的多源数据融合方法基于证据推理。证据推理(evidential reasoning)建立于最初由 Dempster (1967)提出的证据数学理论基础之上,随后由 Shafer (1976)进行扩展和改进。在遥感应用中,证据推理比传统的分类方法(例如最大似然法)有许多先进之处。第一,证据推理是一种非参数分类器,因此能够处理那些可以违背基于高斯假设的参数分类器数据(Lee et al, 1987; Srinivasan & Richards, 1990)。第二,它能够处理在任何尺度下测量得到的任何来源的数据。证据推理方法不同于最大似然分类器,不需要输入数据,具有独立性(Peddle, 1995)。第三,它具有通过引入未知这一概念来处理不确定信息的显著机制。未知描述了一个人知识的不完备性,可以作为我们无法分辨出任何类型的程度测量(Lein, 2003)。第四,它能提供许多解释方式(例如支持、未知和似然)来评价分类结果(Peddle, 1995; Lein, 2003)。

前面所介绍的现有植被功能类型的分类方法主要是应用光谱信息。而多源数据融合新方法与现有方法的主要不同在于多源数据融合方法不仅通过光谱信息,而且可以借助多种来源的高层面的生物物理和地球物理的产品,例如叶面积指数(LAI)、增强性植被指数(EVI)、反照率以及其他气候和地形的空间数据,从而能够改进 MODIS 植被功能类型产品。

4.4.7 生态系统生物量和生产力

随着遥感器技术和定量反演算法模型的发展,生态系统生物量和生产力的研究不仅是生态学的一个重要研究方向,也成为定量遥感在生态系统监测和全球变化研究中的一大领域。

(1) GPP/NPP 的遥感估算

植物通过光合作用生产有机物固定太阳能,是地球系统和人类社会赖以生存和发展的基础。生态系统生产力可以描述生物及其群体的物质生产能力,其中,植物总初级生产力(GPP),又称总第一性生产力,是指单位时间内生物(主要是绿色植物)通过光合作用途径所固定的有机碳量;植物净初级生产力(NPP),又称净第一性生产力,是指植物所固定的有机碳中扣除其自身的呼吸消耗后余下的部分(周广胜和王玉辉, 2003)。

① GPP 的遥感估算

目前基于遥感的 GPP 估算多采用光能利用率模型,这种模型基于资源平衡的观点,认为植物的生长状况是各种可利用性资源组合的结果，其生态过程趋于调整植物特性以响应环境条件，在极端条件下，生产力受最紧缺资源的限制（Field et al, 1995）。模型部分关键参数通过卫星遥感获得，可计算出大区域的初级生产力，估算生态系统碳储存量的时空格局。代表模型为 Potter 等提出的 CASA（Potter et al, 1993）、美国马里兰大学地理系发展的 GLO-PEM（Prince, 1991; Prince & Goward, 1995）和肖向明提出的 VPM（Xiao et al, 2004a; 2004b; 2005）。

尽管在光合作用和呼吸作用的估算细节上有区别，这种模型都采用了光能转化率的思想，基于 Monteith 提出的利用植被吸收的光合有效辐射 APAR 和光能转化率 ε 来计算作物生产力，具体框架公式如下（Monteith, 1972）：

$$GPP = PAR \times fPAR \times \varepsilon \tag{4.12}$$

其中，PAR 为光合有效辐射；$fPAR$ 为植被对 PAR 的吸收比例；两者的乘积即植物所吸收的光合有效辐射 $APAR$；ε 为光能转化率。

光能转化率 ε 估算方法如下：

$$\varepsilon = T_{\varepsilon} \times W_{\varepsilon} \times \varepsilon^{*} \tag{4.13}$$

其中，T_{ε}和 W_{ε}分别为温度和水分对光能转化率的限制因子，ε^{*}为最大光能转化率。不同模型植被最大光能转化率的取值不同，范围在 0.09 ~ 2.16 g · MJ^{-1}，CASA 模型中取 0.389 g · MJ^{-1}，VPM 中由植被类型决定，由通量站点观测模拟获得（Potter, 1993; Xiao et al, 2004a）。

温度限制因子主要与植被光合作用的最高、最低和最适温度有关。在最适温度时达到最大值 1，随着温度的升高或者降低而减小。GLO-PEM 和 VPM 采用如下公式表示温度对植被光合能力的影响（Prince & Goward, 1995; Xiao et al, 2004a）：

$$T_{\varepsilon} = \frac{(T-T_{\min})(T-T_{\max})}{(T-T_{\min})(T-T_{\max})-(T-T_{\text{opt}})^2} \tag{4.14}$$

式中，T 为气温，$T_{\min}$、$T_{\max}$、T_{opt} 分别为光合作用的最低、最高、最适温度。

CASA 模型采用 $T_{\varepsilon1}$ 反映低温和高温时，植物内在生化作用限制光合作用导致的生产力下降（Potter et al, 1993）：

$$T_{\varepsilon1} = 0.8 + 0.02T_{\text{opt}} - 0.0005T_{\text{opt}}^2 \tag{4.15}$$

当某一月平均温度小于或等于-10°时，$T_{\varepsilon1}$ 取 0。

采用 $T_{\varepsilon2}$ 表示环境温度从最适温度向高温和低温变化时，光能转化率逐渐变小的趋势：

$$T_{\varepsilon2} = 1.1814\,\frac{1+e^{0.2(T_{\text{opt}}-10-T)}}{1+e^{0.3(-T_{\text{opt}}-10+T)}} \tag{4.16}$$

不同模型采用不同方法估算水分对光能转化率的影响。GLO-PEM 模型认为影响气孔导度的关键因素是叶片和土壤水分（Prince, 1991; Prince & Goward, 1995）。其中，水汽压差对气孔导度的影响采用如下方法表示：

$$W_q = \begin{cases} 1-0.05\delta_q & 0<\delta_q \leqslant 15 \\ 0.25 & \delta_q > 15 \end{cases} \tag{4.17}$$

式中，δ_q为比湿差，公式如下：

$$\delta_q = Q_w(T) - q \tag{4.18}$$

式中，$Q_w(T)$为气温为 T 时的饱和比湿；q 为气温为 T 时的比湿。

土壤水分对光能利用率的影响表示为：

$$W_{\theta} = 1 - e^{0.081(\delta_{\theta}-83.83)} \tag{4.19}$$

式中，δ_{θ}为上部 1.0 m 土层内的土壤水分差，取决于饱和含水量和实际含水量之差。

CASA 模型中水分影响因子取值范围为 0.5 ~ 1，取决于可能蒸散 PET 和估计蒸散 EET（Potter et al, 1993）：

$$W_{\varepsilon} = 0.5 + 0.5 \times \frac{EET}{PET} \tag{4.20}$$

其中，PET 采用 Thornthwaite 公式计算，EET 利用模型的土壤水分子模块计算。当月平均温度小于或等于 0℃时，该月的水分影响因子取前一个月的值。

VPM 模型采用陆地表面水分指数 LSWI 计算水分影响因子（Xiao et al, 2004a）：

$$W_{\varepsilon} = \frac{1+LSWI}{1+LSWI_{\max}} \tag{4.21}$$

其中 $LSWI$ 为陆地表面水分指数，$LSWI_{\max}$ 为一定时间序列中生长季 $LSWI$ 的最大值，当有多年遥感数据时，计算时间段内一定时间序列的平均值，再选出生长季内的最大值作为 $LSWI_{\max}$。

另外，VPM 模型还引入了 P_{ε}表征叶物候对光能转化率的影响（Xiao et al, 2004a）：

$$P_{\varepsilon} = \frac{1+LSWI}{2} \tag{4.22}$$

② NPP 的遥感估算

植被通过光合作用积累的总初级生产力 GPP 中，部分通过自养呼吸作用重新返回大气中，余下的部分成为植被的净初级生产力 NPP。GPP 中转化为 NPP 的比率为碳转化率 CUE（carbon-use efficiency），可以利用 CUE 由 GPP 估算得到 NPP。目前许多景观尺度的碳循环模型认为森林的 CUE 取值大约为0.5,DeLucia 等分析了1975年以来发表的26篇文章中的60组数据,认为森林的 CUE 取值为0.53,不同森林类型的取值在0.23~0.83之间,随着树龄增大而降低,随着叶物质与总物质比例提高而增大(DeLucia et al, 2007)。CASA 模型直接估算 NPP,实际上也是假设自养呼吸消耗 GPP 一固定比例的碳量,即 CUE 为一固定值。DeLucia(2007)也指出,不同植被类型的碳转化率存在差异,假设自养呼吸为 GPP 的一固定比例可能会导致对碳循环的不正确估计。GLO-PEM 模型采用半经验公式估算了自养呼吸消耗量,从 GPP 中扣除估算的自养呼吸 R_a 获得了 NPP(Prince, 1991; Prince & Goward, 1995):

$$R_a = \left[0.53\left(\frac{W}{W+50}\right)\right]\exp\left(\frac{T_c - T_a}{50}\right) \quad (4.23)$$

式中,W 为地上部生物量;T_c 为平均气温,T_a 为气温。

③ NEP、NBP 的遥感估算

植物生长固定的 NPP 大部分以凋落物的形式进入地表,成为土壤有机质的一部分,或者通过凋落物分解回到大气中,其余部分形成净生态系统生产力 NEP。净生态系统生产力 NEP 是指单位时间、单位空间内,土壤、凋落物及植物量等整个生态系统的有机物或能量的变化,表征了陆地与大气之间的净碳通量,为净初级生产力与土壤呼吸 R_h 之差:

$$NEP = NPP - R_h \quad (4.24)$$

土壤呼吸是将植物光合作用所固定的碳以 CO_2 形式返回到大气中的主要途径,包括根呼吸、土壤动物呼吸和土壤微生物呼吸3个生物学过程和一个化学氧化过程(崔骁勇等, 2001)。目前,区域到全球尺度的主要生态系统模型都采用了基于 Q_{10} 函数的公式来计算土壤呼吸(Lou et al, 2001; Xu & Qi, 2001; Xu et al, 2001)。Q_{10} 是表示温度敏感性的一个指标,定义在5~20℃之间,温度每增加10℃时,呼吸速率增加的倍数。Q_{10} 可以表示为气温或者土壤温度 T_{soil} 的指数或者线性形式,Chen 研究指出,在生物群系尺度上,简单的指数模型优于简单的线性模型,平均土壤温度较平均气温更合适(Chen & Tian, 2005)。目前生态系统碳循环模型中,Q_{10} 采用常数,一般取2.0左右。CASA 模型中,Q_{10} 取2.0,土壤呼吸采用如下公式计算(Potter et al, 1993):

$$R_s = Q_{10}^{(T_{soil}-30)/10} \quad (4.25)$$

陆地生态系统固碳量即陆地生态系统净生物群系生产量 NBP,指生态系统净初级生产力 NPP 扣除土壤呼吸消耗量、生物燃烧、虫害等自然因素引起的碳消耗量。由于虫害引起的碳释放较其他方式比较而言是个较小的值,通常忽略。公式简化如下:

$$NBP = NPP - R_h - NR = NEP - NR \quad (4.26)$$

式中,NR 为非呼吸代谢消耗的光合产物,包括森林和作物燃烧碳释放量。

(2)生物量的遥感估算

常用的常规生物量估算方法有皆伐法、平均生物法、回归模型估计法、材积源生物量法、生物量转换因子连续函数法等。这些方法都以实测数据为基础,会对生态系统造成破坏。基于遥感的生物量估计不仅避免了对生态系统的破坏,也能实现大面积动态监测。目前基于遥感的生物量估算主要有以下方法:植被指数法和植被结构参数法。

通过回归分析建立生物量与 NDVI 等植被指数的经验关系,可从植被指数获得生物量。常用的回归经验式有线性、对数和幂指数等形式。

植被结构参数法基于植被二向反射特性,目前国内外学者提出了考虑辐射传输的3D模型、几何光学的间隙率模型等。其基本思路是建立植被结构特征、光谱特征和植被 BRDF 之间的关系,由多光谱信息或者多角度信息反演植被结构信息,并获得植被生物量。

4.4.8 土壤湿度与蒸散

土壤湿度是控制蒸散(包括土壤蒸发和植被蒸腾)的一个重要物理量。受不同的地形、降水和地表覆盖状况等因素的影响,土壤湿度具有很大的空间和时间变化率。在传统手段下,地基土壤湿度观测只能代表几十平方厘米的很小区域,很难扩展到全球或区域尺度,而卫星遥感为观测区域或全球尺度上的土壤湿度提供了条件。

目前,我们已经在使用卫星可见光、近红外、热红外和微波观测来反演土壤湿度。其中,微波观测被认为能够最有效地反演土壤湿度。干燥土壤的介电常数一般为2~3,而水的介电常数为80,因此不同含水量的土壤发射或反射微波辐射的能力存在很大差别。地表发射(或反射)的微波辐射与表层(微波一个波长左右的深度)土壤湿度有密切关系,因此可以用地表发射微波辐射(被动微波遥感)和地表反射微波辐射(主动微波遥感)来反演表层土壤湿度。根据频率的不同,微波可以分成以下几个波段:L 波段(1~2 GHz)、S 波段(2~4 GHz)、C 波段(4~8 GHz)、X 波段(8~12 GHz)、Ku 波段(12~18 GHz)和 K 波段(18~27 GHz)。L 波段是最适合进行土壤湿度反演的,因为地表的一些其他特征,比如植被覆盖度(植被中水的含量)、地形和地表粗糙度等会对地表微波辐射产生较大影响,一般情况下,这些影响在低频段要比高频段小。L 波段波长较长(23 cm 左右),探测得到的土壤深度较深。

截至目前,我们还没有非常完整系统的全球或区域尺度上的卫星 L 波段微波观测数据。现有的全球尺度上的微波遥感传感器主要包括:

(1) 搭载于 AQUA 卫星上的 Advanced Microwave Scanning Radiometer (AMSR - E),其中 6.9 GHz和 10.7 GHz 比较适合进行土壤湿度反演。资料从 2002 年开始(Njoku & Chan, 2006)。

(2) 搭载于国防气象卫星(Defense Meteorological Satellite Program, DMSP)上的 Special Sensor Microwave Imager (SSM/I)。SSM/I 有 4 个频率:19.35 GHz、22.235 GHz、37.0 GHz 和 85.5 GHz。从这些观测中得到的土壤湿度参数是全球第一个业务运行的土壤湿度产品(Basist et al, 1998)。业务产品从 1998 年开始至今。

(3) 搭载在 European Remote Sensing (ERS)卫星:ERS - 1 和 ERS - 2 上的 Scatterometer。Scateroemter 是 C 波段(5.3 GHz)微波探测器,空间分辨率为 50 km(Wagner et al, 1999)。1991 年至今的全球土壤湿度产品可以从 http://www.ipf.tuwien.ac.at/radar/index.php? go = ascat 下载得到(Wagner et al, 2003)。

(4) Tropical Rainfall Measuring Mission (TRMM) Microwave Image (TMI),TMI 的频率为 10.65 GHz(X 波段)。资料从 1997 开始至今(Gao et al, 2006)。TRMM 主要是用来观测热带和亚热带地区(南北纬 35°之间)。

(5) 搭载于美国雨云 7 号(Nimbus-7)上的扫描多波段微波辐射计(scanning multichannel microwave radiometer, SMMR)。资料从 1979 年 10 月开始至 1987 年 8 月结束。原始数据的分辨率为 25 km,覆盖全球。其中 6.5 GHz 的观测可以用来估计土壤湿度(De Jeu, 2003)。

大量的验证试验表明:现有卫星遥感土壤湿度产品虽然能够提供比较客观的土壤湿度估计,但误差仍然较大(Wagner et al, 2003; Dirmeyer et al, 2004; Reichle et al, 2007)。不同的土壤湿度产品具有不同的气候平均值以及季节变化强度,不能把卫星遥感产品直接应用到模型中模拟。其中一个重要的因素是现有的卫星微波观测受观测波段的限制,很难排除植被、地形和地表粗糙度等对微波辐射的影响。2008 年即将发射的欧空局 Soil Moisture and Ocean Salinity (SMOS)卫星 L 波段(1.4 GHz)微波观测将有助于提高全球卫星微波遥感土壤湿度产品的精度。

卫星热红外辐射很早被用来估计土壤湿度(Idso et al, 1975; Schmugge et al, 1978; Jackson, 1982)。利用热红外辐射估计土壤湿度的原理是:土壤热惯量随土壤湿度的增加而增加。土壤热惯量类似于电压和电阻概念系统中的电阻,用来衡量土壤在吸收一定能量后土壤温度的增加能力(Cai et al, 2007)。地表温度-植被指数空间关系也被用来估计土壤湿度(Wan et al, 2004)。Wang 等(2006)认为地表温度-植被指数空间关系的理论基础就是土壤热惯量与土壤湿度之间的关系。虽然植被指数被用来构架这一空间,但只有地表温度被用来参数化土壤湿度(或土壤湿度指数),植被的影响并没有被考虑进去。利用卫星热红外辐射观测估计土壤湿度的主要缺点是:土壤蒸发随土壤湿度的变化有很大的变化,这一变化对土壤温度的变化有明显的影响。但是热惯量方法没有能够给予很好的考虑,同时也无法准确地表现出植被对热惯量的影响。

卫星可见光和近红外的发射率观测也可以用来估计地表土壤湿度和植被含水量。利用水吸收波段和非吸收波段发射率的不同组合,可以得到土壤湿度指数或土壤缺水指数(Fensholt et al, 2003; Harris et al, 2005; Khanna et al, 2007; Wang & Qu, 2007)。地表宽波段反照率或水吸收波段发射率随土壤湿度的增加呈减小趋势(例如 Wang et al, 2005a),因此土壤发射率随土壤湿度的变化的关系也被用来反演土壤湿度(Muller & Décamps, 2000 ; Whiting et al, 2004)。

蒸散是地球系统科学的核心。通过与植被光合作用耦合,蒸散又是地球系统中能量循环、水循环、生化系统循环重要的中间量。天气和气候预测在很大程度上取决于能否准确地估计蒸散。蒸散观测(涡旋相关法等)只能代表一个很小区域,而蒸散受地表特征(植被覆盖、土壤湿度和地表温度等)的影响,具有很大的空间变异率,很难进行外推。根据现有的区域陆面模式(大气和气候模式的一部分)模拟得到的蒸散具有很大的误差(Betts et al, 2006; Robock et al, 2003; Yang et al, 2006),这主要与蒸散的参数化有关(Sellers et al, 1997):

$$R_n = H + ET + G \tag{4.27}$$

$$H = \frac{T_s - T_a}{r_a}\rho C_P \tag{4.28}$$

$$ET = \beta\left[\frac{e^*(T_s) - e_r}{r_a + r_c}\right]\frac{\rho C_P}{\gamma} \tag{4.29}$$

其中 R_n为地表净辐射,H 为地气感热通量,ET 为蒸散(能量单位,气象中又称为潜热通量),G 为土壤热通量,T_s为地表温度,T_a为近地面气温,r_a为空气动力学阻力,ρ 为空气密度,C_P为空气定压比热容,β 为土壤湿度的函数($0 \leqslant \beta \leqslant 1$),$r_c$是叶面气孔阻力,$e^*(T_s)$为地表温度下的饱和水汽压,$e_r$为近地面水汽压,$\gamma$ 为干湿表常数。上述参数化中利用土壤湿度来计算蒸散,验证试验表明,现有的模式不能够有效地模拟土壤湿度(Wagner et al, 2003; Dirmeyer et al, 2004; Reichle et al, 2007),从而蒸散模式中得到的蒸散也是不准确的。

另外,地气之间感热和潜热(蒸散)通量的大小受地表净辐射控制。当地表净辐射已知的情况下,感热通量和蒸散这两个量,只要能够得到其中之一,就可以通过(4.27)式得到另外一个。因此,早期的遥感反演蒸散的模式使用(4.28)式计算感热通量,然后利用(4.27)式计算蒸散(比如 Kustas et al, 1989)。但是地气温差往往是很小的,对于有植被覆盖的地表,这一温差一般为几 K。卫星遥感地表温度,以及像素点近地面气温(通过气象站观测插值到像素点上)的误差一般是在 2~5 K 之间,地气温差的误差有时候比其真实值还要大。这种利用地气温差来计算蒸散的方法对误差十分敏感(Timmermans et al, 2007),估计得到的蒸散误差很大。因此有必要改善卫星遥感反演蒸散的方法对温度误差的敏感度。当计算某一像素点上的蒸散时,(4.28)式仅仅使用了该点一个时次的地表温度观测。因此,有两种基本类型的方法被用来改善蒸散反演方法:(1) 使用地表温度的空间信息,(2) 加入地表温度的时间变化信息(Anderson et al, 1997; Norman et al, 2000; Nishida et al, 2003)。利用地表温度-植被指数空间关系的方法被认为有效地使用了地表温度的空间变化信息,该方法能够用来计算蒸散比(蒸散与可以利用能量 $R_n - G$ 之比)。Wang 等(2006) 指出当使用地表温度-植被指数空间关系来计算蒸散比的时候,其实我们使用的是地表温度变化的空间分布,而不是某一时次的地表温度观测。当使用白天一次地表温度观测来计算蒸散比的时候,其实我们有一个潜在的假定,那就是在研究区域上夜间地表温度是均一的。但是这种假定是很难得到满足的,因此有必要使用地表温度差来计算蒸散比,试验也证明当使用温度差来计算蒸散比精度会有较大的提高。但是地表温度-植被指数空间关系方法需要人工来确定地表温度-植被指数空间各个边的斜率,另外,这种方法只能得到蒸散比,不能得到蒸散。

长期连续的地基蒸散观测始于 20 世纪 90 年代,这些观测虽然只是在有限的点上进行的,但是能够帮助我们深入了解控制蒸散的关键因子。在分析现有长期蒸散观测的基础上,Wang 等(2007d) 提出了一个利用地表净辐射、植被和地表温度(或近地面气温)观测来计算蒸散的方法。该方法有效地降低了反演方法对地表温度或近地面气温误差的敏感度。验证试验表明该方法可以有效地应用到整个美国地区。Wang 等 (2008a) 对该方法进行了改进,利用温度(地表温度或近地面气温)日较差来表达土壤湿度对蒸散的影响。修改后的方法可以有效地估计全球陆地上的蒸散。进一步的研究表明,该方法可以有效地估计全球陆地上空蒸散的长期变化(Wang et al, 2008b)。

4.5　遥感产品与生态模拟

多时相多分辨率遥感数据广泛地应用在生态模拟研究中。遥感在生态系统模拟中的应用可以归纳为 3 类:植被和土地利用分类,生态系统特征的定量化提取,生态系统管理方面的研究。通过将遥感手段提取的陆地表面状态定性与定量数据和生态模型结合,可以克服生态模型在区域和全球碳循环模拟过程中参数获取困境,获取对生态系统所处水、热和碳状况的深入了解,从而为生态系统的评估和管理提供可靠的数据支持。

近 20 年来,从遥感数据提取陆地表面生物物理信息的模型构建工作获得了很大进展,通过遥感反演获取地面物理参数如地面反照率、叶面积指数、土壤湿度等可直接作为陆地生态系统碳循环模型的驱动变量或参量，可直接利用植被指数或高光谱遥感数据获取陆地生态系统植被碳库、植被与大气 CO_2交换、陆地生物圈的碳流季节性变化特征等信息。随着对全球变化碳循环等问题的深入研究，遥感技术在生态学领域的应用空间将会进一步扩展。因此，研究遥感的应用方法与生态学研究中存在的问题，寻求遥感技术与生态学结合切入点，不仅是遥感应用发展的需要，也是解决生态学问题的有益途径。当然，这是一个涉及研究内容广泛的问题，这里并不试图对此进行全面讨论，而主要介绍遥感在生态学研究中基本应用的几个方面，期望为生态学界和遥感应用研究起到桥梁作用。

目前，对地表陆面系统模拟的模型可以分为：陆面过程模型、生态模型、水文模型和作物生长模型。实际上，这些模型有相似的结构，都是对陆地表面土壤-植被-大气之间动量、能量和物质交换的数学描述。但由于其侧重点不同，模型的结构就有所差异。陆面过程模型最主要是为数值天气预报模型和气候模型提供下边界条件，由于大气是快变系统，陆面过程模型建立在小时时间尺度上，使其能够分辨出日变化，故而对地表大气间的动量、能量和物质（一般指水分）交换描述比较仔细，但对于物质交换过程中的碳循环子过程的描述比较粗糙。生态模型的时间分辨率一般是天或者更长，目前主要是用于描述地表和大气间的能量和物质交换，重点是对碳、氮等元素的循环进行描述。水文模型主要表示地表大气间水循环过程，重点是描述降水、地表蒸散发、地表径流、地下径流等地表水平衡要素，时间分辨率一般是天。作物生长模型的目的是为了模拟作物生长过程，例如：出苗、开花和成熟等，为农业决策提供支持，实际上作物生长过程就是一个地表大气碳等元素的转移过程（物质交换过程），这个过程能量由太阳提供（能量过程），当然作物的生长离不开水（水过程）。可以看出，以上四种模型本质上是一样的，都是对地表过程的客观数学描述，现在的趋势是它们之间差别越来越小，可以认为都是对地表生态过程的刻画，逐步向统一化方向发展。

对地遥感主要能获取地表四方面的信息：地表能量平衡信息、地表结构信息、地表水分信息和植被覆盖地表光合作用有关信息。地表能量平衡信息主要体现为地表温度、发射率、地表反照率、入射短波辐射和入射长波等的遥感反演产品；地表结构信息主要体现为对植被覆盖地表 LAI（leaf area index）叶面积指数的反演产品；地表水分信息体现为微波反演表层土壤水含量产品；光合作用信息表现为光合有效辐射（PAR）和光合有效辐射比（fPAR）。目前，在地表生态系统模拟中像使用 LAI 或 fPAR 产品一样，直接将地表温度、发射率和地表反照率带入模型中的研究较少，原因是现在的生态模型一般将植被和其下面的土壤分开处理进行参数化，而这三个遥感参数反映的是植被和土壤的整体信息，在模型中没有直接对应的参数。入射短波和长波以及 PAR 是一个快变过程，具有明显的日变化过程，对于一般的极轨卫星时间分辨率有限，其产品很难获得小时时间分辨率的这三种参数的数值，只是瞬时的信息，这无论对于天时间分辨率还是小时时间分辨率的生态模型都不能满足需要，在实际模型的运行过程中较少用到这三个产品。对于水分产品由于其现在空间分辨率较低（50 km），满足不了生态应用要求，一般在生态模拟中使用较少。实际上，LAI 和 fPAR 是等价的两个遥感产品，在对辐射传输方程反演求解时可以同时获得，一般 LAI 高 fPAR 就大，反之亦然。LAI 和 fPAR 是慢变参数，而且对于水、热和碳过程都十分的关键，故而遥感产品在生态模拟中获得了广泛的应用。经过众多研究人员的努力，已经研发出了基于静止卫星数据的遥感产品，由于其较高的时间分辨率（一般为 30 min），使得获取小时时间分辨率的入射短波和长波以及 PAR 成为可能，从而也可方便地获取天时间分辨率的这三个产品。

正如上面提到的，现在生态模型对遥感数据或遥感产品的使用一般采取直接带入的方式，这样就限制了很多遥感产品或遥感数据的应用。是否存在新的结合生态模型和遥感数据或产品的方法，从而对地表生态过程相关变量和参数进行更加合理的估算？答案是肯定的。现在十分有效的方法就是数据同化，它可以结合动态的生态模型和遥感数据。一般，同化系统由四个部分构成：动态模型、观测算子和观测数据、同化算法和误差模型。它们可以分别对应于我们的生态模型；遥感辐射传输方程和遥感产品；同化算法一般有变分法和滤波法；由于生态模型的不完美以及遥感数据的不精确，其不确定性必须在同化的框架内得到考虑。具体内容在本书的其他章节中有介绍。

4.6 结论

遥感在生态学的应用中起不可或缺的作用并且将来的作用会越来越大。遥感技术将随着各种新型传感器的发展而获得广泛应用,时空分辨率越高,遥感获得的信息就会越精确、越有效;好的服务系统将会提供更大的机会在景观、区域、陆地尺度发展和应用新的生态系统测量,预测区域与全球范围内由自然和人类活动引起的生态功能变化的结果。

现场野外的生态数据与遥感数据经常在不同的空间尺度范围内被收集。两种数据有它们各自的优缺点,遥感数据克服了空间、时序及逻辑上的挑战,以促进对生态系统结构和动态性的理解,最有效的应用遥感数据需要将它与生态现场调查数据及生态模型结合起来。

致谢

作者非常感谢杜鹃、桂胜和张小通翻译了部分英文稿件。

参考文献

崔骁勇,陈佐忠,陈四清. 2001. 草地土壤呼吸研究进展. 生态学报, 21(2): 315-325.

梁欣廉,张继贤,李海涛,等. 2005. 激光雷达数据特点. 遥感信息, 3: 71-76.

蒋兴伟,刘建强,林明森. 2002. 中国海洋一号卫星及地面应用系统. 卫星应用, 10(3): 23-29.

刘荣高, 刘纪远, 庄大方. 2004. 基于 MODIS 数据估算晴空陆地光合有效辐射. 地理学报, 59(1): 64-73.

隋立春, 宋会传, 马远新,等. 2007. 航空激光雷达数据处理原理及其应用前景. 测绘科学技术学报, 24(3):157-159.

周广胜,王玉辉. 2003. 全球生态学. 北京: 气象出版社.

Abuelgasim A A, Fernandes R A, Leblanc S G. 2006. Evaluation of national and global LAI products derived from optical remote sensing instruments over Canada. IEEE Transactions on Geoscience and Remote Sensing, 44: 1 872-1 884.

Akyildiz I F, Su W L, Sankarasubramaniam Y, et al. 2002. A survey on sensor networks. IEEE Communications Magazine, 40: 102-114.

Alex Haxeltine, Prentice I C, 1996. BIOME3: An equilibrium terrestrial biosphere model based on ecophysiological constraints, resource availability, and competition among plant functional types. Global Biogeochemical Cycles, 10(4): 693-709.

Anderson M C, Norman J M, Diak G R, et al. 1997. A two-source time-integrated model for estimating surface flux using thermal infrared remote sensing. Remote Sensing of Environment, 60: 195-216.

Bacour C, Baret F, Beal D, et al. 2006. Neural network estimation of LAI, fAPAR, fCover and LAIxC(ab), from top of canopy MERIS reflectance data: Principles and validation. Remote Sensing of Environment, 105: 313-325.

Baret F, Fourty T. 1997. Estimation of leaf water content and specific leaf weight from reflectance and transmittance measurements. Agronomie, 17: 455-464.

Baret F, Hagolle O, Geiger B, et al. 2007. LAI, fAPAR and fCover CYCLOPES global products derived from VEGETATION: Part 1: Principles of the algorithm. Remote Sensing of Environment, 110: 275-286.

Barton I J, Prata A J. 1999. Difficulties associated with the application of covariance-variance techniques to retrieval of atmospheric water vapor from satellite imagery. Remote Sensing of Environment, 69: 76-83.

Basist A, Grody N C, Peterson T C, et al. 1998. Using the Special Sensor Microwave Imager to monitor land surface temperatures, wetness, and snow cover. Journal Applied Meteorology, 37: 888-911.

Betts A K, Zhao M, Dirmeyer P A, et al. 2006. Comparison of ERA40 and NCEP/DOE near-surface data sets with other ISLSCP-II data sets. Journal of Geophysical Research, D22S04. doi:10.1029/2006JD007174.

Bonan G B. 1996. A land surface model (LSM version 1.0) for ecological, hydrological, and atmospheric studies: Technical description and user's guide. NCAR Technical Note NCAR/TN-417+STR. National Center for Atmospheric Research, Boulder, Colorado. 150.

Bonan G B, Levis S, Kergoat L, et al. 2002. Landscapes as

patches of plant functional types: An integrating concept for climate and ecosystem models. Global Biogeochemical Cycles, 16(2). doi:10.1029/2000GB001360.

Borel C C, Gerstl S A W, Powers B J. 1991. The radiosity method in optical remote sensing of structured 3-D surfaces. Remote Sensing of Environment, 36: 13-44.

Cai G, Xue Y, Hu Y, et al. 2007. Soil moisture retrieval from MODIS data in Northern China Plain using thermal inertia model. International Journal of Remote Sensing, 28(16): 3 567-3 581.

Chen J M, Liu J, Cihlar J, et al. 1999. Daily canopy photosynthesis model through temporal and spatial scaling for remote sensing applications. Ecological Modelling, 124: 99-199.

Chen H, Tian H Q. 2005. Does a general temperature-dependent Q(10) model of soil respiration exist at biome and global scale. Journal of Integrative Plant Biology, 47(11): 1 288-1 302.

Chen J M, Li X, Nilson T, et al. 2000. Recent advances in geometrical optical modelling and its applications. Remote Sensing Reviews, 18: 227-262.

Chen J M, Leblanc S G. 2001. Multiple-scattering scheme useful for geometric optical modeling. IEEE Transactions on Geoscience and Remote Sensing, 39: 1 061-1 071.

Chen J M, Menges C H, Leblanc S G. 2005. Global mapping of foliage clumping index using multi-angular satellite data. Remote Sensing of Environment, 97: 447-4 57.

De Jeu R A M. 2003, Retrieval of land surface parameters using passive microwave remote sensing. Ph. D. dissertation, Dept. of Geo-Environ. Sci., Vrije Univ. Amsterdam, Netherlands.

DeFries R S, Hansen M C, Townshend J R G. 2000a. Global continuous fields of vegetation characteristics: A linear mixture model applied to multi-year 8 km AVHRR data. International Journal of Remote Sensing, 21: 1 389-1 414.

DeFries R S, Hansen M C, Townshend J R G, et al. 2000b. A new global 1-km dataset of percentage tree cover derived from remote sensing. Global Change Biology, 6: 247-254.

DeFries R S, Townshend J R G, Hansen M C. 1999. Continuous fields of vegetation characteristics at the global scale at 1-km resolution. Journal of Geophysical Research, 104D: 16 911-16 923.

DeLucia E H, Drake J E, Thomas R B, et al. 2007. Forest carbon use efficiency: is respiration a constant fraction of gross primary production. Global Change Biology, 13(6): 1 157-1 167.

Dempster A P. 1967. Upper and lower probabilities induced by multivalued mappings. Annals of Mathematical Statistics, 38: 325-329.

Deng F, Chen J M, Plummer S, et al. 2006. Algorithm for global leaf area index retrieval using satellite imagery. IEEE Transactions on Geoscience and Remote Sensing, 44: 2 219-2 229.

Deuze J L, Breon F M, Devaux C, et al. 2001. Remote sensing of aerosols over land surfaces from POLDER-ADEOS-1 polarized measurements. Journal of Geophysical Research-Atmospheres, 106: 4 913-4 926.

Dickinson R. 2007. Applications of Terrestrial Remote Sensing to Climate Modeling//Liang S. Advances in Land Remote Sensing: System, Modeling, Inversion and Application. New York: Springer, 445-446.

Diner D J, Martonchik J V, Kahn R A, et al. 2005. Using angular and spectral shape similarity constraints to improve MISR aerosol and surface retrievals over land. Remote Sensing of Environment, 94: 155-171.

Dirmeyer P A, Guo Z, Gao X. 2004. Comparison, validation and transferability of eight multi-year global soil wetness products. Journal of Hydrometeorology, 5: 1 011-1 033.

Disney M, Lewis P, Saich P. 2006. 3D modelling of forest canopy structure for remote sensing simulations in the optical and microwave domains. Remote Sensing of Environment, 100: 114-132.

Disney M I, Lewis P, North P R J. 2000. Monte Carlo ray tracing in optical canopy reflectance modeling. Remote Sensing Reviews, 18: 163-196.

Dozier J. 1989. Spectral signature of alpine snow cover from the Landsat Thematic Mapper. Remote Sensing of Environment, 28: 9-22.

Dozier J, and Frew J. 1990. Rapid calculation of terrain parameters for radiation modeling from digital elevation data. IEEE Transactions on Geoscience and Remote Sensing, 28: 963-969.

Fang H, and Liang S L. 2003. Retrieve LAI from Landsat

7 ETM+ Data with a Neural Network Method: Simulation and Validation Study. IEEE Transactions on Geoscience and Remote Sensing, 41: 2 052-2 062.

Fang H, Liang S L. 2005. A hybrid inversion method for mapping leaf area index from MODIS data: experiments and application to broadleaf and needleleaf canopies. Remote Sensing of Environment, 94: 405-424.

Fang H, Liang S L, Kuusk A. 2003. Retrieving Leaf Area Index (LAI) Using a Genetic Algorithm with a Canopy Radiative Transfer Model. Remote Sensing of Environment, 85: 257-270.

Fensholt R, Sandholt I. 2003. Derivation of a shortwave infrared water stress index from MODIS near- and shortwave infrared data in a semiarid environment. Remote Sensing of Environment, 87: 111-121.

Field C B, Randerson J T, Malmstrom C M. 1995. Global net primary production: combining ecology and remote sensing. Remote Sensing of Environment, 51: 74-88.

Foley J A, Prentice I C, Ramankutty N, et al. 1996. An integrated biosphere model of land surface processes, terrestrial carbon balance, and vegetation dynamics. Global Biogeochemical Cycles, 10(4): 603-628.

Friedl M A, McIver D K, Hodges J C F, et al. 2002. Global land cover mapping from MODIS: Algorithms and early results. Remote Sensing of Environment, 83 (1-2): 287-302.

Gamon J A, Huemmrich K F, Peddle D R, et al. 2004. Remote sensing in BOREAS: Lessens learned. Remote Sensing of Environment, 89: 139-162.

Gao H, Wood E F, Jackson T J, et al. 2006. Using TRMM/TMI to retrieve surface soil moisture over the southern United States from 1998 to 2002. Journal of Hydrometeorology, 7: 23-38.

Gascon F, Gastellu-Etchegorry J P, Lefevre-Fonollosa M J, et al. 2004. Retrieval of forest biophysical variables by inverting a 3-D radiative transfer model and using high and very high resolution imagery. International Journal of Remote Sensing, 25: 5 601-5 616.

Gastellu-Etchegorry J P, Demarez V, Zagolski F. 1996. Modeling radiative transfer in heterogeneous 3D vegetation canopies. Remote Sensing of Environment, 58: 131-156.

Gastellu-Etchegorry J P, Gascon F, Esteve P. 2003. An interpolation procedure for generalizing a look-up table inversion method. Remote Sensing of Environment, 87: 55-71.

Geiger B, Samain O. 2004. Algorithm Theoretical Basis Document Albedo Determination.

Gillespie A R, Rokugawa S, Matsunaga T, et al. 1998. A temperature and emissivity separation algorithm for Advanced Spaceborne Thermal Emission and Reflection Radiometer (ASTER) images. IEEE Transactions on Geoscience and Remote Sensing, 36: 1 113-1 126.

Gobron N, Pinty B, Aussedat O, et al. 2006. Evaluation of fraction of absorbed photosynthetically active radiation products for different canopy radiation transfer regimes: Methodology and results using Joint Research Center products derived from SeaWiFS against ground-based estimations. Journal of Geophysical Research-Atmospheres, 111(D13110): 000239217300005.

Gobron N, Pinty B, Verstraete M, et al. 1999. The MERIS Global Vegetation Index (MGVI): Description and preliminary application. International Journal of Remote Sensing, 20: 1 917-1 927.

Gobron N, Pinty B, Verstraete M M, et al. 2000. Advanced vegetation indices optimized for up-coming sensors: design, performance, and applications. IEEE Transactions on Geoscience and Remote Sensing, 38: 2 489-2 504.

Goel N S, Rozehnal I, Thompson R I. 1991. A computer graphics based model for scattering from objects of arbitrary shapes in the optical region. Remote Sensing of Environment, 36: 73-104.

Govaerts Y M, Jacquemoud S, Verstraete M M, et al. 1996. Three-dimensional radiation transfer modeling in a dicotyledon leaf. Applied Optics, 35: 6 585-6 598.

Green R O, Eastwood M L, Sarture C M, et al. 1998. Imaging spectroscopy and the airborne visible/infrared imaging spectrometer (AVIRIS). Remote Sensing of Environment, 65: 227-248.

Guanter L, Gonzalez-Sanpedro M D, Moreno J. 2007. A method for the atmospheric correction of ENVISAT/MERIS data over land targets. International Journal of Remote Sensing, 28: 709-728.

Hall F G, Brown de Colstoun E, Collatz G J, et al. 2006. ISLSCP Initiative II global data sets: Surface boundary conditions and atmospheric forcings for land-atmosphere studies. Journal of Geophysical Research-Atmospheres, 111(D22): D22S01.

Hansen M, DeFries R S, Townshend J R G, et al. 2002. Towards an operational MODIS continuous field of percent tree cover algorithm: Examples using AVHRR and MODIS data. Remote Sensing of Environment, 83: 303-319.

Harris A, Bryant R G, Baird A J. 2005. Detecting near-surface moisture stress in *Sphagnum* spp. Remote Sensing of Environment, 97: 371-381.

Hart J K, Martinez K, Ong R, et al. 2006. A wireless multi-sensor subglacial probe: design and preliminary results. Journal of Glaciology, 52(178): 389-397.

Huang C, Townshend J R G, Liang S, et al. 2002. Impact of sensor's point spread function on land cover characterization: Assessment and deconvolution. Remote Sensing of Environment, 80: 203-212.

Huang D, Knyazikhin Y, Dickinson R E, et al. 2007. Canopy spectral invariants for remote sensing and model applications. Remote Sensing of Environment, 106: 106-122.

Huemmrich K F. 2001. The GeoSail model: A simple addition to the SAIL model to describe discontinuous canopy reflectance. Remote Sensing of Environment, 75: 423-431.

Idso S B, Schmugge T J, Jackson R D, et al. 1975. The utility of surface temperature measurements for the remote sensing of surface soil moisture. Journal of Geophysical Research, 80: 3 044-3 049.

Jackson R D. 1982. Soil Moisture Inferences from Thermal-Infrared Measurements of Vegetation Temperatures. IEEE Transactions on Geoscience and Remote Sensing, 20(3): 282-286.

Jimenez-Munoz J C, and Sobrino J A. 2005. Atmospheric water vapour content retrieval from visible and thermal data in the framework of the DAISEX campaigns. International Journal of Remote Sensing, 26: 3 163-3 180.

Jin M, Liang S. 2006. Improve land surface emissivity parameter for land surface models using global remote sensing observations. Journal of Climate, 19: 2 867-2 881.

Jin Y, Wang Y. 1999. A genetic alogorithm to simultaneously retrieve land surface roughness and soil moisture. 25th Annual Conference and Exhibition of the Remote Sensing Society Earth Observation: From Data to Information. University of Wales at Cardiff and Swansea.

Kalacska M, Sanchez-Azofeifa A, Caelli T, et al. 2005. Estimating leaf area index from satellite imagery using Bayesian networks. IEEE Transactions on Geoscience and Remote Sensing, 43: 1 866-1 873.

Kaufman Y J, Karnieli A, Tanre D. 2000. Detection of dust over deserts using satellite data in the solar wavelengths. IEEE Transactions on Geoscience and Remote Sensing, 38: 525-531.

Kerekes J P, Baum J E. 2002. Spectral imaging system analytical model for subpixel object detection. IEEE Transactions on Geoscience and Remote Sensing, 40: 1 088-1 101.

Kerekes J P, Baum J E. 2005. Full-spectrum spectral imaging system analytical model. IEEE Transactions on Geoscience and Remote Sensing, 43: 571-580.

Kerekes J P, Landgrebe D A. 1991. An analytical model of Earth-observational remote sensing systems. IEEE Transactions on Systems, Man, and Cybernetics, 21: 125-133.

Khanna S, Palacios-Orueta A, Whiting M L, et al. 2007. Development of angle indexes for soil moisture estimation, dry matter detection and land-cover discrimination. Remote Sensing of Environment, 109: 154-165.

Kimes D, Nelson R, Manry M, et al. 1998. Attributes of neural networks for extracting continuous vegetation variables from optical and radar measurements. International Journal of Remote Sensing, 19: 2 639-2 663.

Kimes D S, Knyazikhin Y, Privette J L, et al. 2000. Inversion methods for physically-based models. Remote Sensing Reviews, 18: 381-440.

Knyazikhin Y, Glassy J, Privette J L, et al. 1999. MODIS Leaf Area Index (LAI) and Fraction of Photosynthetically Active Radiation Asborved by Vegetation (FPAR) Product (MOD15) Algorithm Theoretical Basis Document. http://eospso. gsfc. nasa. gov/atbd/modistables. html.

Knyazikhin Y, Martonchik J V, Diner D J, et al. 1998a. Estimation of vegetation canopy leaf area index and fraction of absorbed photosynthetically active radiation from atmosphere-corrected MISR data. Journal of Geophysical Research, 103: 32 239-32 256.

Knyazikhin Y, Martonchik J V, Myneni R B, et al.

1998b. Synergistic algorithm for estimating vegetation canopy leaf area index and fraction of absorbed photosynthetically active radiation from MODIS and MISR data. Journal of Geophysical Research, 103: 32 257-32 275.

Kokhanovsky A A, Aoki T, Hachikubo A, et al. 2005. Reflective properties of natural snow: Approximate asymptotic theory versus *in situ* measurements. IEEE Transactions on Geoscience and Remote Sensing, 43: 1 529-1 535.

Kotchenova S Y, Shabanov N V, Knyazikhin Y, et al. 2003. Modeling lidar waveforms with time-dependent stochastic radiative transfer theory for remote estimations of forest structure. Journal of Geophysical Research-Atmospheres, 108(D15): 4 484. doi:10.1029/2002JD003288.

Kung H Y, Hua J S, Chen C T. 2006. Drought forecast model and framework using wireless sensor networks. Journal of Information Science and Engineering, 22: 751-769.

Kustas W, Choudhury B, Reginato M M R, et al. 1989. Determination of sensible heat flux over sparse canopy using thermal infrared data. Agricultural and Forest Meteorology, 44: 197-216.

Lee T, Richards J A, Swain P H. 1987. Probabilistic and evidential approaches for multi-source data analysis. IEEE Transactions on Geoscience and Remote Sensing, 25(3): 283-292.

Lein J K. 2003. Applying evidential reasoning methods to agriculture land cover classification. International Journal of Remote Sensing, 24: 4 161-4 180.

Leith H. 1973. Primary production: terrestrial ecosystem. Human Ecology, 1: 303-332.

Lemmerman L, Raymond C, Shotwell R, et al. 2005. Advanced platform technologies for Earth science. Acta Astronautica, 56: 199-208.

Lewis P. 1999. Three-dimensional plant modelling for remote sensing simulation studies using the Botanical Plant Modelling System. Agronomie, 19: 185-210.

Li S S, Zhou X B. 2004. Modelling and measuring the spectral bidirectional reflectance factor of snow-covered sea ice: An intercomparison study. Hydrological Processes, 18: 3 559-3 581.

Li Z L, Jia L, Su Z B, et al. 2003. A new approach for retrieving precipitable water from ATSR2 split-window channel data over land area. International Journal of Remote Sensing, 24: 5 095-5 117.

Liang S. 2001a. Narrowband to broadband conversions of land surface albedo. Remote Sensing of Environment, 76: 213-238.

Liang S. 2001b. An Optimization Algorithm for Separating Land Surface Temperature and Emissivity from Multispectral Thermal Infrared Imagery. IEEE Transactions on Geoscience and Remote Sensing, 39: 264-274.

Liang S. 2003. A direct algorithm for estimating land surface broadband albedos from MODIS imagery. IEEE Transactions on Geoscience and Remote Sensing, 41: 136-145.

Liang S. 2004. Quantitative Remote Sensing of Land Surfaces. New York: John Wiley & Sons.

Liang S, Fang H. 2004. An improved atmospheric correction algorithm for hyperspectral remotely sensed imagery. IEEE Geoscience and Remote Sensing Letters, 1: 112-117.

Liang S, Qin J. 2007. Data assimilation methods for land surface variable estimation, Chapter 11//Liang S. Advances in Land Remote Sensing: System, Modeling, Inversion and Application. New York: Springer.

Liang S, Strahler A H. 1993. An analytic BRDF model of canopy radiative transfer and its inversion. IEEE Transactions on Geoscience and Remote Sensing, 31: 1 081-1 092.

Liang S, Strahler A H. 1994. Retrieval of surface BRDF from multiangle remotely sensed data. Remote Sensing of Environment, 50: 18-30.

Liang S, Fallah-Adl H, Kalluri S, et al. 1997. An operational atmospheric correction algorithm for Landsat Thematic Mapper imagery over the land. Journal of Geophysical Research-Atmospheres, 102: 17 173-17 186.

Liang S, Fang H, Chen M. 2001. Atmospheric Correction of Landsat ETM+ Land Surface Imagery: I. Methods. IEEE Transactions on Geoscience and Remote Sensing, 39: 2 490-2 498.

Liang S, Fang H, Chen M, et al. 2002. Atmospheric Correction of Landsat ETM+ Land Surface Imagery: II. validation and applications. IEEE Transactions on Geoscience and Remote Sensing, 40: 2 736-2 746.

Liang S, Shuey C, Fang H, et al. 2003. Narrowband to

broadband conversions of land surface albedo: II. Validation. Remote Sensing of Environment, 84: 25-41.

Liang S, Strahler A, Walthall C. 1999. Retrieval of land surface albedo from satellite observations: A simulation study. Journal of Applied Meteorology, 38: 712-725.

Liang S, Zheng T, Liu R, et al. 2006c. Estimation of incident photosynthetically active radiation from Moderate Resolution Imaging Spectrometer data. Journal of Geophysical Research, 111(D15208). doi:10.1029/2005JD006730.

Liang S, Yu Y, Defelice T P. 2005a. VIIRS narrowband to broadband land surface albedo conversion: Formula and validation. International Journal of Remote Sensing, 26: 1 019-1 025.

Liang S, Zheng T, Liu R, et al. 2006a. Mapping incident Photosynthetically Active Radiation (PAR) from MODIS Data. Journal of Geophysical Research-Atmospheres, 111(D15208). doi:15210.11029/12005JD006730.

Liang S, Zhong B, Fang H. 2006b. Improved estimation of aerosol optical depth from MODIS imagery over land surfaces. Remote Sensing of Environment, 104: 416-425.

Liang S L, Stroeve J, Box J E. 2005b. Mapping daily snow/ice shortwave broadband albedo from Moderate Resolution Imaging Spectroradiometer (MODIS): The improved direct retrieval algorithm and validation with Greenland *in situ* measurement. Journal of Geophysical Research-Atmospheres, 110(D10109). doi:10.1029/2004JD005493.

Liang S L, Zheng T, Wang D D, et al. 2007. Mapping high-resolution incident photosynthetically active radiation over land from polar-orbiting and geostationary satellite data. Photogrammetric Engineering and Remote Sensing, 73: 1 085-1 089.

Liangrocapart S, Petrou M. 2002. A two-layer model of the bidirectional reflectance of homogeneous vegetation canopies. Remote Sensing of Environment, 80: 17-35.

Lieth H. 1975. Modeling the primary productivity of the world, in Primary Productivity of the Biosphere. New York : Springer-Verlag, 237-263.

Lin Y, Sarabandi K. 1999a. Retrieval of Forest Parameters Using a Fractal-Based Coherent Scattering Model and a Genetic Algorithm. IEEE Transactions on Geoscience and Remote Sensing, 37: 1 415-1 424.

Lin Y C, Sarabandi K. 1999b. A Monte Carlo coherent scattering model for forest canopies using fractal-generated trees. IEEE Transactions on Geoscience and Remote Sensing, 37: 440-451.

Liu J, Chen J M, Cihlar J, et al. 1997. A Process-Based Boreal Ecosystem Productivity Simulator Using Remote Sensing Inputs. Remote Sensing of Environment, 62(2): 158-175.

Liu R, Liang S, He H, et al. 2007. Mapping photosynthetically active radiation from MODIS data in China. Remote Sensing of Environment, 12(3): 998-1 009.

Loveland T R, Reed B C, Brown J F, et al. 2000. Development of a global land cover characteristics database and IGBP DISCover from 1 km AVHRR data. International Journal of Remote Sensing, 21:1 303-1 330.

Lucht W, Roujean J L. 2000. Considerations in the parametric modeling of BRDF and albedo from multiangular satellite sensor observations. Remote Sensing Reviews, 18: 343-380.

Luo Y, Wang S, Hui D, et al. 2001. Acclimatization of soil respiration to warming in a tall grass airie. Nature, 413: 622-625.

Masson V, Champeaux J L, Chauvin F, et al. 2003. A global database of land surface parameters at 1 km resolution in meteorological and climate models. J. Clim., 16: 1 261-1 282.

Martonchik J V, Diner D J, Crean K A, et al. 2002. Regional Aerosol Retrieval Results From MISR. IEEE Transactions on Geoscience and Remote Sensing, 40: 1 520-1 531.

Melillo J M, McGuire A D, Kicklighter D W, et al. 1993. Global climate change and terrestrial net primary production. Nature, 363: 234-340.

Meroni M, Colombo R, Panigada C. 2004. Inversion of a radiative transfer model with hyperspectral observations for LAI mapping in poplar plantations. Remote Sensing of Environment, 92: 195-206.

Miesch C, Poutier L, Achard W, et al. 2005. Direct and inverse radiative transfer solutions for visible and near-infrared hyperspectral imagery. IEEE Transactions on Geoscience and Remote Sensing, 43: 1 552-1 562.

Mobasseri B G, Anuta P E, McGillem C D. 1980. A parametric model for multispectral scanners. IEEE Transactions on Geoscience and Remote Sensing, 18: 175-179.

Monteith J L. 1972. Solar radiation and productivity in

tropical ecosystems. Journal Applied Ecology, 7: 747-766.

Muller E, Décamps H. 2000. Modeling soil moisture-reflectance. Remote Sensing of Environment, 76: 173-180.

Muller J P, Brockmann B, Fomferra N, et al. 2006. Algorithm for MERIS land surface BRDF/albedo retrieval and its validation using contemporaneous EO data products. 3rd Geoland Forum, February 9th, 2006. Vienna.

Myneni R B, Asnar G, Gerstl S A W. 1990. Radiative transfer in three-dimensional leaf canopies. Transport Theory and Statistical Physics, 19: 205-250.

Ni W, Li X, Woodcock C E, et al. 1999. An analytical model of bidirectional reflectance over discontinous plant canopies. IEEE Transactions on Geoscience and Remote Sensing, 37: 1-13.

Nilson T, Peterson U. 1991. A forest canopy reflectance model and a test case. Remote Sensing of Environment, 37: 131-142.

Nishida K, Nemani R R, Running S W, et al. 2003. An operational remote sensing algorithm of land surface evaporation. Journal of Geophysical Research, 108 (D9): 4 270. doi: 10.1029/2002JD002062.

Njoku E G, Chan S K. 2006. Vegetation and surface roughness effects on AMSR-E land observation. Remote Sensing of Environment, 100: 190-199.

Norman J M, Kustas W P, Prueger J H, et al. 2000. Surface flux estimation using radiometric temperature: A dual temperature- difference method to minimize measurement errors. Water Resource Research, 36 (8): 2 263-2 274.

North P R J. 2002. Estimation of aerosol opacity and land surface bidirectional reflectance from ATSR-2 dual-angle imagery: Operational method and validation. Journal of Geophysical Research-Atmospheres, 107(D12): 4 149. doi:10.1029/2000JD000207.

Oleson K W, Bonan G B. 2000. The effects of remotely sensed plant functional type and leaf area index on simulations of boreal forest surface fluxes by the NCAR land surface model. Journal of Hydrometeorology, 1: 431-4 46.

Ottle C, Francois C. 1999. Further insights into the use of the split-window covariance technique for precipitable water retrieval. Remote Sensing of Environment, 69: 84-86.

Paul J L. 2006. Smart sensor web: Tactical battlefield visualization using sensor fusion. IEEE Aerospace and Electronic Systems Magazine, 21: 13-20.

Peddle D R. 1995 MERCURY: An evidential reasoning image classifier. Computer & Geosciences, 21: 1 163-1 176.

Peddle D R, Johnson R L, Cihlar J, et al. 2004. Large area forest classification and biophysical parameter estimation using the 5-Scale canopy reflectance model in multiple forward-mode. Remote Sensing of Environment, 89: 252-263.

Pinty B, Gobron N, Widlowski J L, et al. 2004a. Synergy between 1-D and 3-D radiation transfer models to retrieve vegetation canopy properties from remote sensing data. Journal of Geophysical Research-Atmospheres, 109(D21205). doi:10.1029/2004JD005214.

Pinty B, Widlowski J L, Taberner M, et al. 2004b. Radiation Transfer Model Intercomparison (RAMI) exercise: Results from the second phase. Journal of Geophysical Research-Atmospheres, 109 (D06210). doi: 10.1029/2006JD007821.

Pitman K M, Wolff M J, Clayton G C. 2005. Application of modern radiative transfer tools to model laboratory quartz emissivity. Journal of Geophysical Research-Planets, 110(E08003). doi:10.1029/2005JE002428.

Plummer S, Fierens F. 2006. The GLOBCARBON Initiative: Multi-sensor estimation of global biophysical products for global terrestrial carbon studies. 3rd Geoland Forum, Feb 9th, 2006. Vienna.

Potter C S, Randerson J T, Field C B, et al. 1993. Terrestrial ecosystem production: A process model based on global satellite and surface data. Global Biogeochemical Cycles, 7: 811-841.

Prince S D, Goward S N. 1995. Global primary production: a remote sensing approach. Journal of Biogeography, Vol. 22(4/5): 815-835.

Prince S D. 1991. A model of regional primary production for use with coarse resolution satellite data. International Journal of Remote Sensing, 1991, 12(6): 1 313-1 330.

Qin J, Liang S, Li X, et al. 2007. Development of the adjoint model of a canopy radiative transfer model for sensivity study and inversion of leaf area index. IEEE Transactions on Geoscience and Remote Sensing, 46 (7) :2 028-2 037.

Qin W H, Gerstl S A W, Deering D W, et al. 2002. Characterizing leaf geometry for grass and crop canopies from hotspot observations: A simulation study. Remote Sensing of Environment, 80: 100-113.

Rautiainen M, Stenberg P. 2005. Application of photon recollision probability in coniferous canopy reflectance simulations. Remote Sensing of Environment, 96: 98-107.

Reichle R H, Koster R D, Liu P, et al. 2007. Comparison and assimilation of global soil moisture retrievals from the Advanced Microwave Scanning Radiometer for the Earth Observing System (AMSR-E) and the Scanning Multichannel Microwave Radiometer (SMMR). Journal of Geophysical Research, 112(D09108). doi: 10.1029/2006JD008033.

Richter R. 1997. Correction of atmospheric and topographic effects for high spatial resolution satellite imagery. International Journal of Remote Sensing, 18: 1 099-1 111.

Robock A, Luo L, Wood E F, et al. 2003. Evaluation of the North American Land Data Assimilation System over the southern Great Plains during the warm season. Journal of Geophysical Research, 108 (8846). doi: 10.1029/2002JD003245.

Rowntree P. 1991. Atmospheric parameterization schemes for evaporation over land: Basic concepts and climate modeling aspects//Schmugge T, Abdre J. Land Surface Evaporation: Measurement and Parameterization. New York: Springer-Verlag, 5-34.

Running S W, Coughlan J C. 1988. A general model of forest ecosystem processes for regional applications. I. Hydrological balance, canopy gas exchange and primary production processes. Ecological Modeling, 42: 125-154.

Running S W, Loveland T R, Pierce L L, et al. 1995. A remote sensing based vegetation classification logic for global land cover analysis. Remote Sensing of Environment, 51:39- 48.

Schaaf C, Gao F, Strahler A, et al. 2002. First operational BRDF, albedo nadir reflectance products from MODIS. Remote Sensing of Environment, 83: 135-148.

Schaaf C B, Li X, Strahler A. 1994. Topographic effects on bidirectional and hemispherical reflectancescalculated with a geometric-optical canopy model. IEEE Transactions on Geoscience and Remote Sensing, 32: 1 186-1 193.

Schaepman M E, Koetz B, Schaepman-Strub G, et al. 2005. Spectrodirectional remote sensing for the improved estimation of biophysical and -chemical variables: Two case studies. International Journal of Applied Earth Observation and Geoinformation, 6: 271-282.

Schmugge T J. 1978. Remote sensing of soil moisture. Journal of Applied Meteorology, 17: 1 549-1 557.

Schowengerdt R, Archwamety C, Wrigley R C. 1985. Landsat Thematic Mapper image derived MTF. Photogrammetric Engineering and Remote Sensing, 51: 1 395-1 406.

Seemann S W, Borbas E E, Li J, et al. 2006. MODIS Atmospheric profile retrieval: Algorithm Theoretical Basis Document, Version 6, Oct. 25, 2006.

Sellers J, Dickinson R E, Randall D A, et al. 1997. Modeling the exchanges of energy, water, and carbon between continents and the atmosphere. Science, 275: 502-509.

Sellers P J, Collatz J, Koster R, et al. 1996. The ISLSCP Initiative I global data sets: Surface boundary conditions and atmospheric forcings for land-atmosphere studies. Bull. Am. Meteorol. Soc., 77(9): 1 987-2 005.

Shabanov N V, Huang D, Yang W, et al. 2005. Analysis and optimization of the MODIS leaf area index algorithm retrievals over broadleaf forests. IEEE Transactions on Geoscience and Remote Sensing, 43: 1 855-1 865.

Shabanov N V, Knyazikhin Y, Baret F, et al. 2000. Stochastic modeling of radiation regime in discontinuous vegetation canopies. Remote Sensing of Environment, 74: 125-144.

Shafer G. 1976. A Mathematical Theory of Evidence. Princeton, NJ: Princeton University Press.

Sitch S, Smith B, Prentice I C, et al. 2003. Evaluation of ecosystem dynamics, plant geography and terrestrial carbon cycling in the LPJ dynamic global vegetation model. Global Change Biology, 9 (2): 161-185.

Smith T M, Shugart H H, Woodward F I. 1997. Plant

Functional Types: Their Relevance to Ecosystem Properties and Global Change. New York: Cambridge University Press, 369.

Smith B, Prentice I C, Skyes M T. 2001. Representation of vegetation dynamics in the modeling of terrestrial ecosystems: comparing two contrasting approaches within European Climate space. Global Ecology & Biogeography, 10: 621-637.

Smith J A. 1993. LAI Inversion Using a Backpropagation Neural Network Trained with a Multiple Scattering Model. IEEE Transactions on Geoscience and Remote Sensing, 31: 1 102-1 106.

Smolander S, Stenberg P. 2003. A method to account for shoot scale clumping in coniferous canopy reflectance models. Remote Sensing of Environment, 88: 363-373.

Sobrino J A, Romaguera M. 2004. Land surface temperature retrieval from MSG1-SEVIRI data. Remote Sensing of Environment, 92: 247-254.

Sobrino J A, Jimenez-Munoz J C, Paolini L. 2004a. Land surface temperature retrieval from LANDSAT TM 5. Remote Sensing of Environment, 90: 434-440.

Sobrino J A, Li Z L, Stoll M P, et al. 1996. Multi-channel and multi-angle algorithms for estimating sea and land surface temeprature with ATSR data. International Journal of Remote Sensing, 17: 2 089-2 114.

Sobrino J A, Raissouni N, Li Z L. 2001. A comparative study of land surface emissivity retrieval from NOAA data. Remote Sensing of Environment, 75: 256-266.

Sobrino J A, Raissouni N, Simarro J, et al. 1999. Atmospheric water vapor content over land surfaces derived from the AVHRR data: application to the Iberian Peninsula. IEEE Transactions on Geoscience and Remote Sensing, 37: 1 425-1 434.

Sobrino J A, Soria G, Prata A J. 2004b. Surface temperature retrieval from Along Track Scanning Radiometer 2 data: Algorithms and validation. Journal of Geophysical Research-Atmospheres, 109 (D11101). doi: 10.1029/2003JD004212.

Srinivasan A, Richards J A. 1990. Knowledge-based techniques for multi-source classification. International Journal of Remote Sensing, 11(3): 505-525.

Steyaert L T, Hall F G, Loveland T R. 1997. Land cover mapping, fire regeneration, and scaling studies in the Canadian boreal forest with 1 km AVHRR and Landsat TM data. Journal of Geophysical Research, 102: 29 581-29 598.

Strahler A, Coauthors. 1999. MODIS Land Cover Product Algorithm Theoretical Basis Document (ATBD). Version 5.0. Boston University.

Sun W, Liang S. 2008a. Methodologies for mapping plant functional types. Accepted for publication in a professional book Advances in Land Remote Sensing: System, Modeling, Inversion and Application. New York: Springer.

Sun W, Liang S, Xu G, et al. 2005. Improving MODIS PFT product using multisource evidential reasoning. Proceedings of the 9th International Symposium on Physical Measurements and Signatures in Remote Sensing, 1: 225-227.

Sun W, Liang S, Xu G, et al. 2008b. Mapping plant functional types from MODIS data using multisource evidential reasoning. Remote Sensing of Environment, 112 (3): 1 010-1 024.

Tang J, Xue Y, Yuc T, et al. 2005. Aerosol optical thickness determination by exploiting the synergy of TERRA and AQUA MODIS. Remote Sensing of Environment, 94: 327-334.

Tanre D, Legrand M. 1991. On the satellite retrieval of Saharan dust optical thickness over land: Two different approaches. Journal of Geophysical Research, 96: 5 221-5 227.

Tian Y, Dickinson R E, Zhou L, et al. 2004. Land boundary conditions from MODIS data and consequences for the albedo of a climate model. Geophysical Research Letters, 31: L05504. doi:10.1029/2003GL019104.

Timmermans W J, Kustas W P, Anderson M C, et al. 2007. An intercomparison of the Surface Energy Balance Algorithm for Land (SEBAL) and Two-Source Energy Balance (TSEB) modeling Schemes. Remote Sensing of Environment, 108: 369-384.

Uchijima Z, Seino H. 1985. Agroclimatic evaluation of net primary productivity of nature vegetation. (1) Chikugo model for evaluating primary productivity. Agriculture Meteorology, 40: 343-352.

Wagner W, Lemoine G, Rott H. 1999. A method for estimating soil moisture from ERS scatterometer and soil data. Remote Sensing of Environment, 70: 191-207.

Wagner W, Scipal K, Pathe C, et al. 2003. Evaluation

of the agreement between the first global remotely sensed soil moisture data with model and precipitation data. Journal of Geophysical Research, 108 (D19): 4 611. doi:10.1029/2003JD003663.

Wan Z, Dozier J. 1996. A generalized split-window algorithm for retrieving land-surface temperature measurement from space. IEEE Transactions on Geoscience and Remote Sensing, 34: 892-905.

Wan Z, Li Z L. 1997. A physics-based algorithm for retrieving land-surface emissivity and temperature from EOS/MODIS data. IEEE Transactions on Geoscience and Remote Sensing, 35: 980-996.

Wan Z, Wang P, Li X. 2004. Using MODIS land surface temperature and normalized difference vegetation index for monitoring drought in the southern Great Plains, USA. International Journal of Remote Sensing, 25: 61-72 .

Wang D, Liang S, Zheng T. 2007. Estimation of daily-integrated PAR from MODIS data. International Journal of Remote Sensing, submitted.

Wang K, Liang S. 2008a. An improved method for estimating global evapotranspiration based on satellite determination of surface net radiation, vegetation index, temperature, and soil moisture. Journal of Hydrometeorology, 9(4): 712-727.

Wang K M, Wild R E, Dickinson, et al. 2008b. Increase in Global Terrestrial Evaporation from 1982 to 2002. Nature Geoscience, submitted.

Wang K, Li Z, Cribb M. 2006. Estimation of evaporative fraction from a combination of day and night land surface temperature and NDVI: A new method to determine the Priestley-Taylor parameter. Remote Sensing of Environment, 102: 293-305.

Wang K, Wang P, Liu J, et al. 2005a. Variation of surface albedo and soil thermal parameters with soil moisture at a semi-desert site on the western Tibetan Plateau. Boundary-Layer Meteorology, 116: 117-129.

Wang K, Wang P, Li Z, et al. 2007. A simple method to estimate actual evapotranspiration from a combination of net radiation, vegetation index, and temperature. Journal of Geophysical Research, 112(D15107). doi:10.1029/2006JD008351.

Wang K, Zhou X, Liu J, et al. 2005b. Estimating surface solar radiation over complex terrain using moderate-resolution satellite sensor data. International Journal of Remote Sensing, 26: 47-58.

Wang L, Qu J J. 2007. NMDI: A normalized multi-band drought index for monitoring soil and vegetation moisture with satellite remote sensing. Geophysical Research Letter, 34(L20405). doi:10.1029/2007GL031021.

Wang S, Trishchenko A P, Khlopenkov K V, et al. 2006. Comparison of International Panel on Climate Change Fourth Assessment Report climate model simulations of surface albedo with satellite products over northern latitudes. Journal of Geophysical Research, 111(D21108). doi:10.1029/2005JD006728.

Wang W, Liang S, Meyer T. 2007. Validating MODIS land surface temperature products. Remote Sensing of Environment, 112(3): 623-635.

Wang Y, Jin Y. 2000. A genetic algorithm to simultaneously retrieve land surface roughness and soil moisture. Journal of Remote Sensing, 4: 90-94.

Weiss M, Baret F, Myneni R B, et al. 2000. Investigation of a model inversion technique to estimate canopy biophysical variables from spectral and directional reflectance data. Agronomie, 20: 3-22.

Whiting M L, Li L, Ustin S L. 2004. Predicting water content using Gaussian model on soil spectra. Remote Sensing of Environment, 89: 535-552.

Widlowski J L, Pinty B, Gobron N, et al. 2004. Canopy structure parameters derived from multi-angular remote sensing data for terrestrial carbon studies. Climatic Change, 67: 403-415.

Widlowski J L, Pinty B, Lavergne T, et al. 2005. Using 1-D models to interpret the reflectance anisotropy of 3-D canopy targets: Issues and caveats. IEEE Transactions on Geoscience and Remote Sensing, 43: 2 008-2 017.

Widlowski J L, Taberner M, Pinty B, et al. 2007. Third Radiation Transfer Model Intercomparison (RAMI) exercise: Documenting progress in canopy reflectance models. Journal of Geophysical Research-Atmospheres, 112, Art. No. D09111.

Wielicki B A, Barkstrom B R, Baum B A, et al. 1998. Clouds and the Earth's Radiant Energy System (CERES): Algorithm overview. IEEE Transactions on Geoscience and Remote Sensing, 36: 1 127-1 141.

Xiao X M, Hollinger D, Aber J, et al. 2004a. Satellite-based modeling of gross primary production in an evergreen needleleaf forest. Remote Sensing of Environment, 89(4): 519-534.

Xiao X M, Zhang Q Y, Braswell B, et al. 2004b. Modeling gross primary production of temperate deciduous broadleaf forest using satellite images and climate data. Remote Sensing of Environment, 91(2): 256-270.

Xiao X M, Zhang Q Y, Saleska S, et al. 2005. Satellite-based modeling of gross primary production in a seasonally moist tropical evergreen forest. Remote Sensing of Environment, 94(1): 105-122.

Xu M, DeBiase T Qi Y, Goldstein A, et al. 2001. Ecosystem respiration in a young ponderosa pine plantation in the Sierra Nevada Mountains, California. Tree Physiol, 21: 309-318.

Xu M, Qi Y. 2001. Spatial and seasonal variations of Q10 determined by soil respirationmeasurements at a Sierra Nevadan forest. Global Biogeochem Cycles, 15: 687-696.

Yang F, Pan H L, Krueger S K, et al. 2006. Evaluation of the NCEP Global Forecast System at the ARM SGP Site. Monthly Weather Review, 134: 3 668-3 690.

Yu Y Y, Privette J L, Pinheiro A C. 2005. Analysis of the NPOESS VIIRS land surface temperature algorithm using MODIS data. IEEE Transactions on Geoscience and Remote Sensing, 43: 2 340-2 350.

Zheng T, Liang S, Wang K C. 2007. Estimation of incident PAR from GOES imagery. Journal of Applied Meteorology and Climatology, 47(3): 858-863.

Zhong B, Liang S, Holben B. 2007. Validating a new algorithm for estimating aerosol optical depths from MODIS imagery. International Journal of Remote Sensing, 28: 4 207-4 214.

第5章

GIS支持下高分辨率空间数据在流域生态模拟应用中的尺度问题

朱阿兴[1,2]　王平[2]　James E. Burt[2]　李润奎[1]　陈腊娇[1]

([1]中国科学院地理科学与资源研究所资源与环境信息系统国家重点试验室；
[2]威斯康星大学麦迪逊分校地理系)

摘要

本章通过理论分析和实例分析阐述GIS支持下高空间分辨率空间数据(如高空间分辨率遥感数据和数字地形数据)在中小流域(10～100 km^2)生态模拟应用中存在的两个问题。第一个是GIS空间数据分析方法中的邻域问题,基于GIS的高分辨率空间数据分析对分析所用的邻域敏感性很高(可塑性空间单元问题),通常GIS空间分析方法中的既定邻域与模拟流域生态过程所需参数的空间尺度不是一致的,这种不一致性及对分析邻域的高敏感性造成在利用高分辨率空间数据进行流域生态模拟时,由于邻域选择不当而使模拟结果有很大差别。为减小GIS方法的分析邻域对刻画所需生态要素的负面影响,这里建议在利用高空间分辨率数据刻画生态要素的空间变化时,GIS分析方法中的邻域应根据被模拟过程的空间尺度而设置,避免直接采用GIS分析方法的既定邻域。这里讨论的第二个问题是数据空间尺度不兼容及其对刻画生态模拟所需的生态要素空间协同变化的影响,高分辨率空间数据(如高空间分辨率遥感数据和数字地形数据)与用于刻画其他生态要素的空间数据往往在空间尺度上是不一样的(即不兼容的),这种不兼容性严重影响到对生态要素空间协同变化的正确刻画,以致造成模拟结果的严重偏差。为减小各要素间由于空间尺度不同而带来的不兼容性,本章建议对生态模型所需空间数据先进行空间尺度转换,以使所用数据的空间尺度基本一致,这种尺度转换并非简单的格式转换,而应该是内容上的转换。

关键词:地理信息系统　流域生态模拟　高分辨率空间数据　空间邻域　尺度不兼容性　空间协同变化　尺度问题

Chapter 5

Scale issues of using high resolution spatial data in ecological modeling at the meso-scale watershed level under GIS environment

Abstract

This chapter presents and discusses the two issues related to the use of high resolution spatial data for ecological modeling at the meso-scale watershed level (10 ~ 100 km^2) under GIS environment. The first issue is the mismatch between spatial scale of spatial process and the neighborhood size used in spatial analysis for characterizing the parameters related to the spatial process to be modeled. The second is the scale incompatibility and its impact on the characterization of spatial joint distribution which are needed in modeling ecological processes at the watershed scale. It has been shown in this chapter through theoretical analysis and case studies that spatial information characterized through GIS-based spatial analysis is very sensitive to the neighborhood size used in GIS. It is recommended that GIS-based spatial analysis should employ the neighborhood size comparable to the spatial scale of the ecological process under study. This can be achieved by altering the default neighborhood size in GIS-based spatial analysis algorithms. It is also shown that scale incompatibility of geographic data could lead to significant mischaracterization of spatial joint distribution of geographic factors. It is suggested that scale transformation of spatial data is needed to mitigate the impact of scale incompatibility on characterization of spatial joint distribution.

Keywords: GIS, Watershed ecological modeling, High resolution spatial data, Spatial neighborhood size, Scale incompatibility, Spatial covariation, Scale issues

5.1 引言

人们往往认为数据空间分辨率的提高会使生态过程模拟精度提高。这种认知忽略了生态要素的空间"作用"范围和生态要素间的空间协同变化对生态过程的作用。由于生态要素的空间"作用"范围与数据的空间分辨率不是一一对应的关系,随着空间数据分辨率的提高,如何合理地综合这些高分辨率数据,刻画某空间作用范围内生态要素的特征,成为在地理信息系统支撑下如何为生态模拟提供空间数据的重要问题。同时,高分辨率数据与不同分辨率的其他数据的混合使用会产生对生态要素空间协同变化的错误刻画,导致模拟结果的严重偏差。如何合理地利用高空间分辨率数据,减小对生态要素空间协同变化的错误刻画是生态模拟数据准备中应注意的另一个重要问题。本章根据生态模拟中空间尺度的基本概念和地理信息系统中空间数据分析的特征,阐述利用高分辨率数据确定流域生态模拟所需的生态要素特征应注意的问题,并初步探讨解决这些问题的方法。由于本章内容主要是高空间分辨率的数据的应用,所涉及的尺度主要为空间尺度,所以下文所提到的尺度概念、尺度转换或跨尺度问题都是指空间尺度。本章分为基本概念、邻域问题、尺度不兼容问题和实例分析四大部分,5.6 节为本章小结。

5.2 基本概念

5.2.1 生态模拟中的尺度概念

(1) 生态学中的尺度概念

尺度是生态学研究的核心问题之一(Levin, 1992),在生态学领域中越来越受关注(Wiens, 1989a; Levin, 1992; Wiens et al, 1993; Jenerette & Wu, 2000; Wiens et al, 2002; 肖笃宁, 1999; 邬建国, 2000; 吕一河和傅伯杰, 2001; 赵文武等, 2002)。关于尺度的概念,不同的生态学家从不同的角度出发有不同的定义。通常意义上的时间和空间尺度,是指研究某一现象或过程所采用的空间或时间单元,主要通过粒度(grain,即细节)和幅度(extent,即范围)来表达(Turner et al, 1989; Mac Nally & Quinn, 1998; Houston, 2002; Wu, 2004; 吕一河和傅伯杰, 2001)。其中,空间粒度是研究范围内最小可辨识单元所代表的特征长度、面积或体积,刻画生态过程的详细程度;时间粒度是指某一现象或者事件发生的(或取样的)频率或时间间隔;幅度是指研究对象在空间上或时间上的持续范围或长度(邬建国, 2000)。所以,生态学中大尺度(coarse scale)是指大幅度、大空间范围或大时间尺度,往往涉及粗粒度、低分辨率(Wiens, 1989a; Noon & Dale, 2002);而小尺度(fine scale)则常常是指小空间范围或短时间,往往对应于高分辨率。

在地理信息系统支撑下的生态过程模拟,GIS 技术的作用体现在精确表达和处理空间信息,为生态模拟提供不同空间粒度水平的输入数据。生态学的尺度在 GIS 提供的空间数据中的体现,主要表现为空间粒度,直接对应于空间数据的像元或者栅格的大小,它刻画了空间数据描述的详细程度。空间数据的分辨率与空间粒度有直接关系,高空间分辨率对应小空间尺度、精细空间粒度(fine scale),本章内容提到的高空间分辨率数据的概念就是限定在这个框架下的。

(2) 生态过程的多空间尺度及其空间尺度转换

生态过程具有空间尺度依赖性。在不同的空间尺度上,影响生态过程发生的主导因素和生态学过程机制不同(Wiens, 1989a; Turner et al, 1995; 邬建国, 1996; 傅伯杰等, 2000; 张娜, 2006),生态过程的特征因尺度而异。例如,在小尺度上,起主导植物光合作用、蒸腾等的生理生态过程的是气孔机制,而在大尺度,如区域尺度,起主导这些生理生态过程的是气候过程,从而体现出不同的特征。生态过程对尺度的依赖性和多尺度特征,要求我们在生态过程模拟中,针对需模拟的特定的生态过程,选择合适的空间尺度。

由于不同尺度上占主导地位的过程和影响要素不同,生态过程的空间尺度有一个层级的概念(Allen & Starr, 1982; O'Neill et al, 1986; Urban et al, 1987; Urban et al, 1999),从一个空间尺度[幅度/粒度(extent/grain)],将过程机制扩展到更广的尺度上,此时往往会遇到新的限制条件和与其他要素新的相互作用,原有尺度的粒度(grain)开始瓦解,并形成新的概化的空间粒度(Urban, 2005),同时将扩展后的机制进行简化,提取较大尺度上的主要生态过程。因此,将小尺度的过程在大尺度上进行综合转换,实际上是一个细节与概括交换折中的过程,为了得到更高一层的规律,一些较细的过程是必须忽略或简化的。

在地理信息系统支撑下进行生态过程的模拟，小尺度的生态过程研究中，一般用高空间分辨率的空间数据，当生态模拟尺度扩展到更大的尺度，如何处理高空间分辨率数据，使其符合生态过程尺度，这就变得非常重要了。

(3) 生态过程相互作用的跨尺度特征

不同尺度间的生态过程相互作用机制是生态学中与尺度相关的另一个重要问题。不同尺度的生态过程之间存在相互作用、相互影响。从空间尺度来看，大尺度上的生态过程根源于小尺度的过程，而小尺度上的生态过程又不可避免会受到大尺度的过程的影响(Wiens,1989a)。例如，大尺度的森林生态过程源于森林系统内树木生长过程，而小尺度范围树木的生长过程既受到当地生境条件的影响，同时也受大尺度范围生态过程的影响(Greig-Smith, 1979; May, 1981; O'Connor & Fuller, 1985; Vaisanen et al, 1986; Ricklefs, 1987; Woodward, 1987; Roughgarden et al, 1987; Wiens, 1989b)。

在生态过程模拟中，必须考虑生态过程在不同空间尺度的相互作用机制以及跨尺度相互作用如何影响环境管理和政策制定等方面的问题(岳天祥,2003)。目前主要的生态模型都还是针对单一尺度而言，如前所述，不同尺度上对某生态要素或过程的主导因子不同，由此导致将一种尺度上的生态规律直接应用到另一尺度，往往会出现较大的偏差。因此如何通过对不同尺度的模型综合，来研究跨尺度生态过程的相互作用是一个非常值得重视的问题，如何利用高分辨率数据来支持跨尺度生态模拟更是一个有待研究的难题。

5.2.2 生态要素的空间作用范围

生态要素对生态过程的作用需要在一定的空间范围内完成。生态要素之间相互作用的过程是一个物质能量交换传输的过程，这个过程往往不是在某一点上完成，而是在一定的空间范围内进行。即要素对生态过程的影响需要一定的空间范围来体现，这个空间范围，也可称为生态要素的最小空间作用范围。例如，某点植物的生长状况不完全是取决于该点的环境条件，而更是取决于该点及其周围的环境条件，即环境条件对植物的生长的影响需要一定的空间范围。又如，地形通过影响地表物质和能量再分配，在土壤形成过程中起着至关重要的作用，在不同的地形部位上成土过程不同，发育的土壤类型和土壤属性特征也往往不同。但对某点土壤形成产生影响的不仅仅是该点的地表状态，更是该点及其周围一定范围内地表所表现出的综合地形格局，即各种地形因子对土壤属性的影响需要一个空间范围。

生态要素的最小空间作用范围，一方面取决于生态要素自身的性质。例如，地形要素与土壤特性对植物生长过程的最小空间作用范围是不一样的。另一方面，与受其影响的生态过程有关，例如，土壤特性对植物生长过程与土壤特性对水文过程的最小空间作用范围也是不同的。

生态要素的最小空间作用范围与生态学尺度中粒度的概念是相关的。一般来说，最小空间作用范围是空间尺度中粒度的极限，小于这个最小空间作用范围的粒度对刻画生态过程不仅没有意义，而且还可能引入人为的误差。生态要素的作用只有在空间范围大于最小作用范围时才能体现，即生态要素的空间作用范围必须大于或等于最小空间作用范围。

生态要素的空间作用范围可以通过两种方式在生态模拟中体现：一是在对生态要素定量计算时考虑该生态要素值所代表的空间范围，即通过尺度概念中的粒度或定量计算中的邻域来体现；二是在生态建模中考虑生态要素作用的空间范围。由于大部分生态模型没有直接考虑生态要素作用的空间范围，前者常常成为用于体现空间作用范围的方法，所以本章的内容主要针对前者。

5.2.3 生态要素在空间上的协同变化

生态要素在空间上的协同变化是指多个生态要素(如气温、坡度、土层厚度、植被覆盖率度等)在空间某点上的组合及该组合随空间位置变化所体现的变化。比如，从宽阔的坡顶到平展的谷地，海拔高度、坡度和土层厚度的组合呈现出一种特有的变化：先是海拔高、坡度缓、土层厚(坡顶)，再是海拔高、坡度变陡、土层薄(坡肩)，到海拔降低、坡度陡、土层薄(背坡)，再到海拔低、坡度变缓、土层变厚(坡脚)，最后到海拔低、坡度平、土层厚(谷地)。这种协同变化是由两个互相关联的过程造成的：第一是生态要素之间存在相互作用，比如坡度的变化导致土层厚度的变化，土层厚度的变化又引起植被的变化，从而使这些要素在空间上呈现了协同变化的特征；第二是生态要素自身在特定地区内的空间变化，比如海拔与坡度在空间上的协同变化，海拔高低与坡度并没有直接关系，但它们在特定的地区可能会呈现出某种协同变化。

由于生态要素对生态过程的影响往往是直接且决

定性的,这种决定性的影响使得生态过程和现象具有预测性,而对生态要素空间协同变化的不正确描述会严重影响到生态模拟的结果,所以,正确地描述生态要素在空间上的组合及其空间协同变化是生态过程模拟的基础。

5.3 GIS 的计算邻域与生态要素空间作用范围:计算邻域问题

在地理信息系统中,邻域是指计算某要素在某点的值时所需要的空间范围。比如,某点的地表坡度是根据该点周围一定范围内的高程变化而确定的。在流域生态模拟中,不仅需要利用邻域来计算所需生态要素在各点上的值,以刻画该生态要素在流域内的空间变化信息,而且还需要通过邻域来体现生态要素在空间上的作用范围。因此,邻域在基于地理信息系统的流域生态模拟中具有特别重要的作用。

随着高空间分辨率数据的出现,邻域的概念变得尤为重要,这是因为许多基于地理信息系统的计算方法具有邻域既定的特点。比如在计算某点的地表坡度时,许多地理信息系统软件将以该点为中心的 3×3 个像元的区域作为计算邻域。当分辨率较高时,计算某一点生态要素值的既定邻域可能会小于生态要素的最小空间作用范围,此时计算得到的要素值与代表最小空间作用范围内的要素值可能存在很大的差别,前者可能不具有生态意义。比如,在利用 0.1 m 分辨率的地形数据计算某点地表坡度时,既定邻域为 0.3 m ×0.3 m,计算得到的每一点的地表坡度代表的是 0.3 m×0.3 m 的范围,而坡度对流域生态过程影响的最小空间作用范围往往要比这个范围大得多;另外,基于小邻域计算的坡度值特别容易受当地没有生态意义的小特征或人为误差影响,这就给生态模拟带来额外的误差。

在高分辨率下,生态要素空间变化定量计算过程中的邻域问题包括两个互相关联的方面:计算方法的既定邻域(default neighborhood)和空间可塑性面积单元问题(modifiable area unit problem, MAUP)。

5.3.1 既定邻域问题

在地理信息系统中,计算要素在某点的值所用的邻域往往是由 3×3 个像元构成的范围,即既定邻域。既定邻域的大小与数据的分辨率有关,如分辨率为 10 m,对应的既定邻域即为 30 m×30 m,如果分辨率为 0.1 m,对应的既定邻域即为 0.3 m×0.3 m。比如,计算地形属性的最常用的方法就是 33 邻域移动窗口法,主流的 GIS 软件如 ESRI ArcGIS 及 TAPES 都采用这种方法(Moore, 1992)。这种方法在边长为 3 个像元、总面积为 9 个像元面积的方形区域内计算地形属性,计算地形属性的区域空间范围与数字高程模型(digital elevation model, DEM)的分辨率相联系,随着 DEM 分辨率的变化而变化,因此,用这种方法计算得到的地形属性值会随着 DEM 分辨率的变化而变化。

将计算邻域与数据分辨率绑定在一起存在明显的问题(Hodgson, 1995; Wood, 1996),因为此时邻域大小取决于分辨率的粗细,而与研究的生态尺度没有关系。例如,如果当 DEM 的分辨率提高到 0.1 m 时,没有理由认为坡度和坡向必须在 0.3 m×0.3 m 的范围内计算。实际上,当野外专家(如土壤专家、地貌学家及生态学家等)在确定某一位置的地表坡度时,是通过特有的空间范围估计的,专家认为要素需要这一特有空间范围才能对研究对象及过程产生明显的影响。因此,将邻域像元个数和 DEM 分辨率捆绑在一起来计算地形参数可能得出错误的结果,因为专家对坡度的定义并不在该 DEM 分辨率下进行。在高分辨率下,既定邻域不仅不能提高估算的生态要素值的精度,反而会增加不必要的细节从而降低生态要素空间变化信息的可靠性,影响生态模拟的精度。

5.3.2 空间可塑性面积单元问题(MAUP)

(1) 空间可塑性面积单元问题的概念

为了使生态要素计算的既定邻域与生态模拟所需空间尺度相匹配,对高分辨率数据的粗化和综合在所难免。将高分辨率数据综合到合适的生态模拟空间尺度时,不管是使用简单的分辨率粗化还是利用邻域扩大的新计算方法,都会涉及可塑性面积单元问题,即 modifiable area unit problem (MAUP) (Openshaw & Taylor, 1979, 1981; Openshaw, 1984; Jelinski & Wu, 1996)。可塑性面积单元问题是指由空间基本面积单元选择的任意性和可变性而造成统计结果不一致性的问题。这可以通过 Simpon 的失业率与种族关系案例来展示。如表 5.1 所示,失业率在 A 区和 B 区内都与种族无关,但两区合二为一时,新区内的失业率存在种族之间的差别。这完全是由空间上的综合造成的,是 MAUP 的典型案例。

表 5.1 Simpon 的失业率与种族关系案例,各小区内种族的失业率没有差别,而合并后的区域内种族的失业率出现了差别

Table 5.1 Correlation of unemployment rate and race in single sub-district and combined sub-districts (The Simpson Paradox)

A 区			
种族	失业人数	区内总人口	失业率/%
白人	9	90	10
亚洲人	1	10	10
A 区总体	10	100	10
B 区			
种族	失业人数	区内总人口	失业率/%
白人	10	50	20
亚洲人	10	50	20
B 区总体	20	100	20
A 区和 B 区合并			
种族	失业人数	区内总人口	失业率/%
白人	19	140	13.57
亚洲人	11	60	18.33
合并区总体	30	200	15

MAUP 包括两个独立的问题部分:尺度效应(scale effect)和划区效应(zoning effect)(Openshaw & Taylor,1979;Openshaw,1984)(图 5.1)。尺度效应是指“空间数据单元经聚合改变其粒度的大小导致的统计结果的变化”,上述的 Simpson 案例就属于这类问题;而划区效应是指“在同一个粒度或聚合水平上,由于其空间上组合的方式不一样而导致统计结果的变化”(Openshaw & Taylor,1979)。

(2) 空间可塑性面积单元问题的尺度效应

在生态模拟研究中将高分辨率数据在一定的空间单元上聚合时,可塑性面积单元问题的两种效应都会出现,但本节主要阐述由计算邻域大小而产生的尺度效应,有关尺度效应的其他方面和划区效应的内容,读者可以参考 Band(1993)和 Chen(1999)。

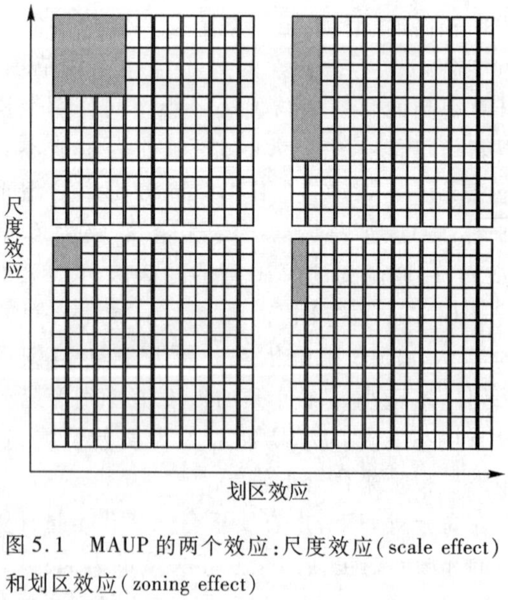

图 5.1 MAUP 的两个效应:尺度效应(scale effect)和划区效应(zoning effect)

Figure 5.1 Scale effect and zoning effect of modifiable areal unit problem

Zhu 等(2008)利用用户定义邻域的计算方法研究了计算邻域和数据分辨率对地形坡度和曲率的尺度效应。用户定义邻域的计算方法来自于 Wood(1996)提出的基于研究目的的动态邻域来计算地形参数的概念。这种方法首先根据用户指定的窗口大小建立一个基于最小二乘法的多次曲面,对地表进行拟合(Shary et al, 2002; Schmidt et al, 2003),形成一个由局部回归而成的曲面;然后,在每一点上对所得的局部曲面(多项式)进行求导计算,获得坡度、曲率以及其他所需因子。这种技术降低了邻域尺度内小尺度的信息的作用,能使用户通过控制邻域的大小来确定需要的空间尺度。

Zhu 等(2008)利用上述的方法在美国威斯康星州 Dane 县境内两个研究区进行了分析研究。为了研究邻域大小和 DEM 分辨率对地形因子的影响,在选择不同 DEM 分辨率(10、20、30、40、50 英尺①)的基础上,对每一个分辨率水平的 DEM 采用不同的邻域大小(从 10 英尺到 300 英尺)分别计算坡度、剖面曲率和等高线曲率。需要指出的是,这里的邻域大小是指从像元中心沿东、南、西、北各方向延伸的距离。因此,DEM 分辨率决定了最小可能的邻域,比如 20 英尺的邻域只能在 10 英尺和 20 英尺的 DEM 上出现;30 英尺以及更粗的分辨率上不可能出现 20 英尺的邻域。

该研究从两个方面来评价计算邻域和分辨率对地形参数计算结果的影响。第一个方面是采用 RMSE(root mean squared error,均方差)度量不同邻域尺度和分辨率下获得的坡度值与土壤专家在野外测量得到的 81 个采样点坡度值之间的吻合程度,以此来检验邻域大小和分辨率对计算而得的地形要素值的影响(图 5.2)。从图中可以明显地看出两点:(1) 最小 RMSE,即最高吻合程度,所对应的邻域大小为 100 英尺到 110 英尺,而不是最小邻域。这说明在这些地区,土壤专家在刻画坡度对土壤属性影响的时候,用于确定坡度的邻域大小在 100 英尺左右,基于小邻域计算而得的坡度值并不能代表土壤专家所用的尺度。表 5.2 也充分说明了这一点:采用 ArcGIS 中的既定邻域方法计算所得结果的平均误差 ME(mean error)和 RMSE 都较大,说明其计算的坡度代表性差。这不仅证实了前面所指出的在高分辨率下不能用计算方法中的既定邻域来代表要素的空间作用范围,而且也说明了不能盲目地将分辨率作为生态模拟中所需要的细节。(2) DEM 的分辨率对 RMSE 影响不明显。这一结果说明当数据的分辨率已足以使计算邻域接近模拟所需尺度的细节时,无谓地再提高数据分辨率并不能更好地刻画生态要素的空间变化,这一结果对于生态模拟中数据分辨率的选择具有重要的指导意义。比如,在该地区刻画土壤空间变化时,就坡度而言,由于其对土壤的空间作用范围为 100 英尺左右,50 英尺分辨率的 DEM 就足够刻画在这个尺度上坡度的空间变化,因此采用 10、20 英尺或更高分辨率的 DEM 是没有必要的。

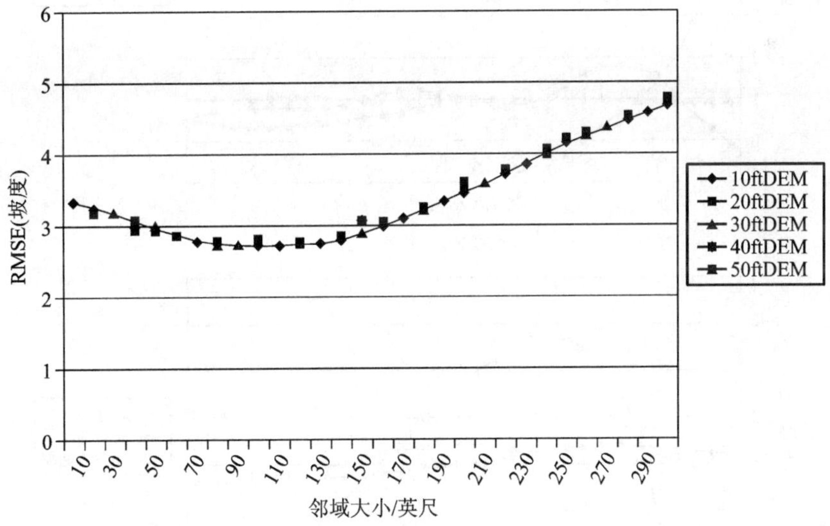

图 5.2 不同邻域尺度和 DEM 分辨率下计算的坡度值与野外测量坡度值间的 RMSE

Figure 5.2 Root mean squared difference in slope gradient due to different neighborhood size and different DEM resolution

① 1 英尺(ft)= 0.304 8 m,全书下同。

表 5.2 既定邻域方法(ArcGIS)与用户自定义邻域方法计算的坡度的比较

Table 5.2 Comparison of slope gradient computed by default neighborhood and user-defined neighborhood

DEM 分辨率	10 英尺		20 英尺		30 英尺	
计算方法	ArcGIS	邻域为 100 英尺	ArcGIS	邻域为 100 英尺	ArcGIS	邻域为 90 英尺
ME	0.94	0.075	0.923	0.041	0.864	0.197
RMSE	3.422	2.726	3.188	2.764	3.28	2.739

第二个方面是检验地形因子对邻域大小的敏感性。为比较不同地形因子如坡度(slope gradient)、剖面曲率(profile curvature)、等高线曲率(planform curvature)对邻域大小的敏感性,引入"标准化值"和"相对变化值"两个指标。标准化值是某邻域所得的要素值(个体值)与所有邻域得到的平均值(均值)之比,用于衡量个体与均值之间的偏差。例如,某点的坡度在某个邻域下的标准化值是指该点在当前邻域下计算的坡度值与所有邻域下计算的坡度值的均值之间的比值。标准化值与1偏离越远,说明这些值与平均值的偏差越大。由于标准化值没有单位,所以某一个地形因子的标准化值可以与其他地形因子的标准化值相比,从而能够评判不同地形因子对邻域的敏感性。需要指出的是,标准化值可能不适合于所有邻域计算的要素值的平均值接近于零的情况。"相对变化值"是指某点相近两个邻域的标准化值之差,即上一个邻域的标准化值与该邻域的标准化值之差。通过"相对变化值"可以有效识别地形因子计算较为敏感的邻域大小,因此,可将它作为描述邻域敏感性的另一个指标。

图 5.3 表示两个野外样点上三个地形因子标准化值随邻域大小的变化情况。图中显示,随着邻域

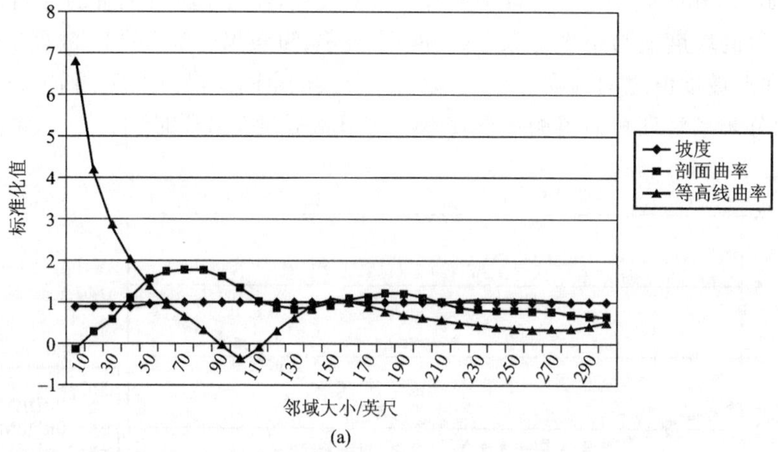

(a)

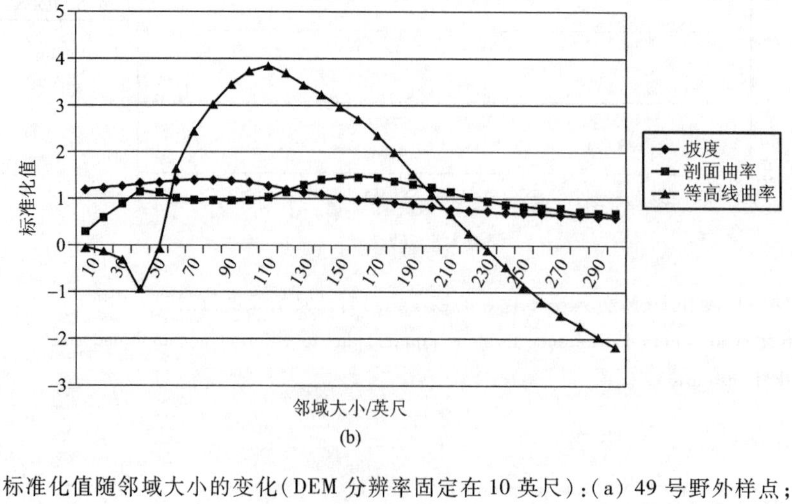

(b)

图 5.3 地形因子的标准化值随邻域大小的变化(DEM 分辨率固定在 10 英尺):(a) 49 号野外样点;(b) 105 号野外样点

Figure 5.3 Standardized magnitude of terrain factors by different neighborhood sizes:(a) 49th field point; (b) 105th field point

大小的变化,计算的曲率值变化很大,在某些邻域下计算的值甚至是其平均值的几倍,但不同的邻域大小计算的坡度值与其平均值相差不大。尽管这种敏感性随空间位置的变化而有所变化,但图中可以明显看出,曲率比坡度对邻域大小更敏感。

图 5.4 表示两个野外样点上地形因子因计算时所采用的邻域大小的变化而产生的相对变化。从图中分析可以得出以下两点:第一,各地形因子对邻域的敏感性随着邻域的增大而减弱;第二,曲率的相对变化值的波动比坡度的相对变化值的波动要大。这些结果进一步说明,利用既定邻域计算方法来刻画生态要素空间变化时,高分辨率数据更不容易准确地描述生态要素的空间变化,且生态要素的作用范围很小时,对邻域大小的选择更为重要。

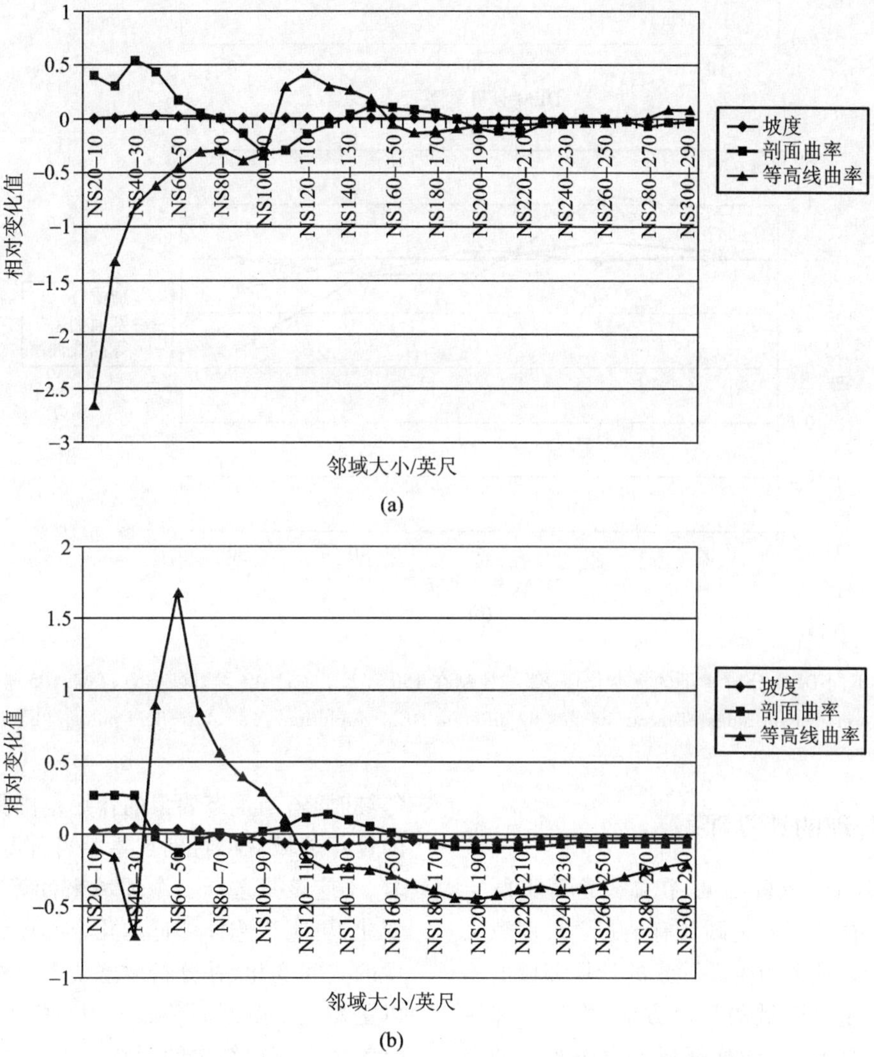

图 5.4 地形因子的相对变化值随邻域大小的变化(DEM 分辨率固定为 10 英尺):(a) 49 号野外样点;(b) 105 号野外样点

Figure 5.4 Relative variation of terrain factors by different neighborhood size: (a) 49th field point; (b) 105th field point

图 5.5 为邻域约 150 英尺时不同 DEM 分辨率下的坡度和曲率的标准化值。图中,地形因子标准化值相对于均值的偏离比图 5.3 中不同邻域大小造成的偏离要小,标准化值的变化与 DEM 分辨率的变化之间并不存在明显的趋势。结合图 5.2 可以得出,地形因子的计算结果对 DEM 分辨率的敏感性弱,当 DEM 分辨率在生态要素作用的空间范围内,DEM 分辨率对地形因子的计算结果影响不大。

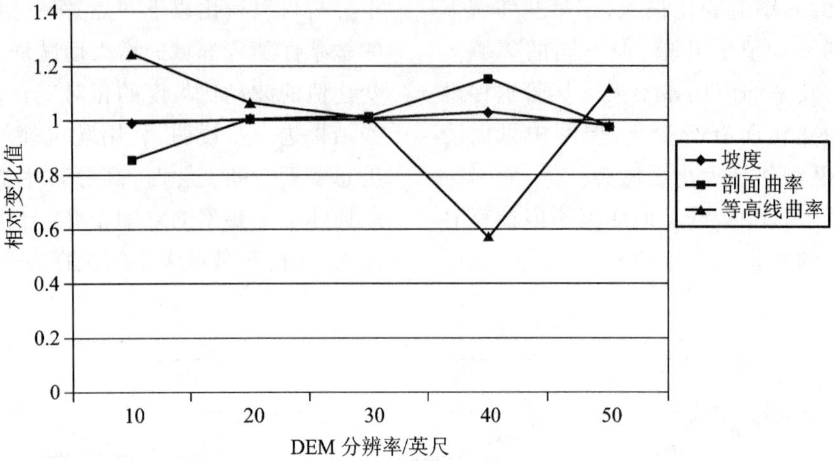

(a)

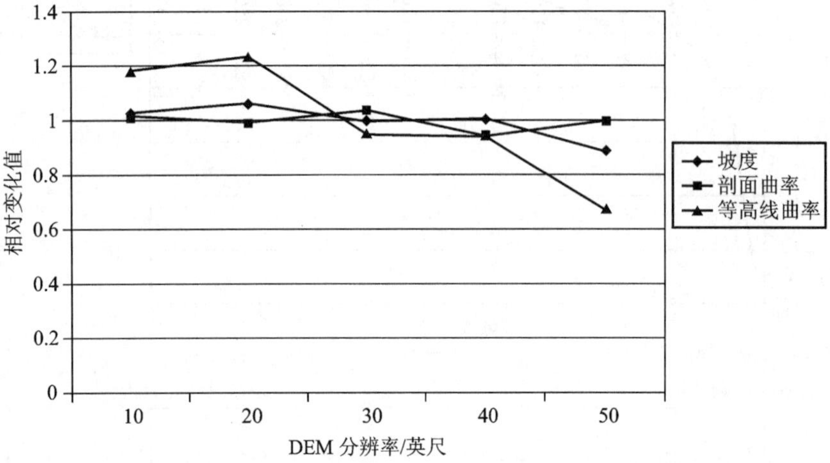

(b)

图5.5 不同DEM分辨率下的标准化值(邻域控制在150英尺):(a) 49号野外样点;(b) 105号野外样点

Figure 5.5 Normalization index of terrain factors by different DEM resolutions: (a) 49th field point; (b) 105th field point

5.3.3 利用合理的计算邻域

通过上述的讨论分析可见,在高分辨率下既定邻域的计算方法往往不能刻画具有生态学尺度意义的空间变化。合理地采用生态要素的计算邻域的第一步是建立用户定义邻域的计算方法,将计算邻域与数据的分辨率分开,为计算邻域与生态要素的空间作用范围相连接提供工具。这方面的研究在地形要素的计算方面已有很好的开展(Wood,1996;Florinsky, 1998;Schmidt & Hewitt,2004; Schmidt & Andrew,2005;Smith et al,2006),但在其他生态要素的计算方面开展较少,通常还是通过降低分辨率来实现,灵活性较差,且往往会对数据进行没有必要的粗化。

由于在小邻域时要素值对邻域的敏感性比在大邻域时高,当生态要素的作用范围很小时,选择适当的计算邻域变得特别重要。当所需的邻域大小较小时,不应该只选择一个邻域来计算生态要素的空间变化,更应该选择邻近的几个邻域,分别计算生态要素的空间变化,并分析生态要素值对邻域的敏感性,以更好地了解不同邻域下刻画的生态要素的空间变化对生态模拟结果的影响。

由于当数据分辨率达到一定程度时,提高数据分辨率不能提高刻画要素空间变化的准确性,一味地追求高分辨率数据不仅浪费财力和物力,而且往往会给所刻画的空间变化带入更多的误差。确定适当的数据分辨率可以通过如下方法完成:首先,用户必须确定模拟的空间尺度,即模拟的粒度,从而确定参与的生态要素所需的空间作用范围;然后根据所需的空间作用范围和计算方法,确定原数据的分辨率。

5.4 高空间分辨率数据下生态要素在空间上的协同变化:空间尺度不兼容问题

流域生态模拟需要多种生态要素的空间变化信息作为数据支撑,要素的空间变化信息往往是通过地理信息系统技术对来源不同、分辨率各异的原数据分析计算而得。从5.3节中的分析讨论中可以得出,计算邻域对刻画生态要素的空间变化有重要影响,同时许多常用的空间计算方法采用既定邻域的概念(即将计算邻域与数据分辨率相联)造成刻画的生态要素的空间变化无形之中与数据分辨率相联,而不一定由研究的尺度(或粒度)而定。这些由来源不同、分辨率各异的原数据刻画而来的各种生态要素的空间变化信息在空间尺度上是不兼容的,因此利用这些的空间数据刻画而来的生态要素在空间上的协同变化是往往不正确的。本节将从地理信息的表达的角度阐述数据不兼容的原因和不兼容对刻画要素空间协同变化的影响。

5.4.1 地理信息的陈述与地理信息的显示、地图与数据层

在地理信息系统支撑下,地理信息的应用应该重视如下两个概念的区别:geographic representation(地理信息的陈述)和 geographic presentation(地理信息的显示)。虽然两者都有地理信息表达的含义,但 geographic representation 着重对地理信息的记载和陈述,其目的是尽量详细、真实、正确地记载地理信息,强调数据的储存,受数据收集方式和表达模式所限制。比如,一幅 TM 波段1的数字遥感图像的正确性取决于传感器的敏感性和空间分辨率;再如,通过 GPS 测定的城市交通数字图的精度受限于 GPS 仪器的精度和采样密度。一般而言,geographic representation 与分辨率密切相关。geographic presentation 着重地理信息的显示,强调对信息进行选择和概括,重视主要或重要信息,往往不重视信息的细节(详细程度、具体位置等),其目的是用于知识交流,受限于传媒工具和手段以及接收器官的敏感性。比如,屏幕上的交通图能显示的详细程度与屏幕大小和人眼的分辨能力有关,也许所获得的交通网络很详细,但由于屏幕小,从而必须对详细的交通网络进行概括粗化才能被人眼所分辨;又如,挂在墙上的由遥感技术生成的植被类型图,其精度和详细程度在很大程度上取决于比例尺。由于信息是在可视的媒介(如屏幕、纸张等)上显示,任何一个 geographic presentation 必须有比例尺,所以 geographic presentation 与比例尺密切相关。

总体而言,与 geographic representation 相关的地理信息详细程度高,而与 geographic presentation 相关的地理信息详细程度低,因为后者必须经过简化、概括才能在媒介上显示,并能让读者清晰地理解。所以用于显示的地理信息与用于陈述的地理信息在详细程度上是不匹配的。

地图一方面是 geographic presentation,用于传播知识,另一方面它也是 geographic representation,用于数据的储存,但它受限于 geographic presentation 的局限性,详细程度由地图的比例尺而定。地理信息系统中的数据层,可以是 geographic representation,如上述的 TM 数字遥感数据和城市交通数字图及其未经可视化处理的派生数据层;也可以是 geographic presentation,如由地图数字化而得的数据层及经过可视化处理过的、原来属于 geographic representation 的数据层。在地理信息系统中这两种形式的数据都存在,虽然有元数据(metadata)描写这些数据各自的特点,但在实际应用中很少对这两种数据给予区分,造成详细程度及其不同的空间数据混用的情况,给生态模拟及其他地理分析带来错误的结论。

5.4.2 数据不兼容与空间协同变化的刻画

由于基于 geographic representation 的数据与基于 geographic presentation 的数据在地理信息系统支撑下的流域生态模拟中混用,再加上既定邻域计算方法的局限性,使由此而得的各生态要素空间变化信息的空间尺度不兼容,导致对模型所依赖的生态要素在空间上的协同变化的错误刻画。

图5.6为 Zhu(2000)在美国蒙大拿州 Lubrecht 试验森林区得到的土壤 A 层厚度与坡向和坡度的空间协同变化示意图,展示了由生态要素空间尺度的不兼容性产生的要素空间协同变化的错误刻画。图5.6(a)是由常规土壤图与高分辨率地形信息组合下刻画的协同变化,从图中可以得出:土壤表层厚

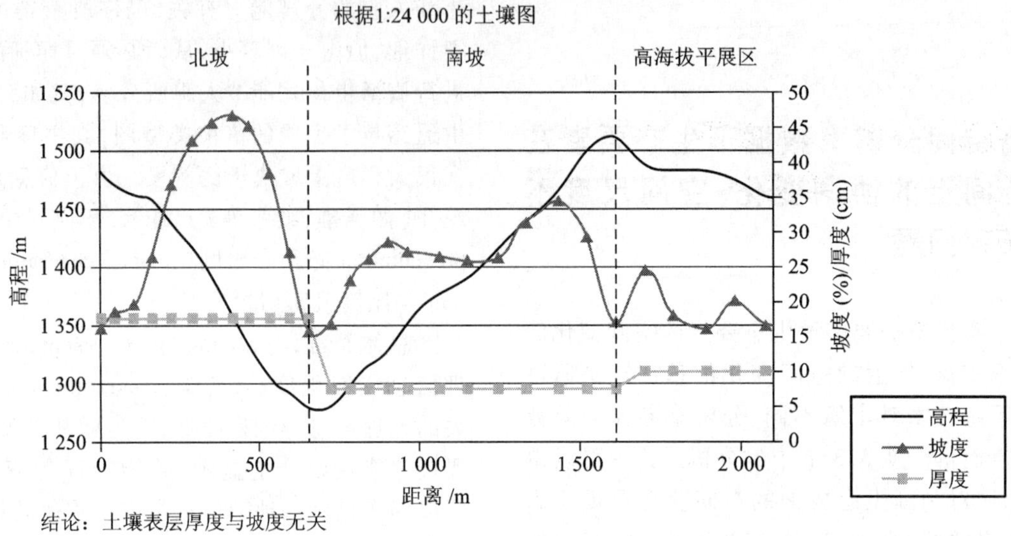

(a)

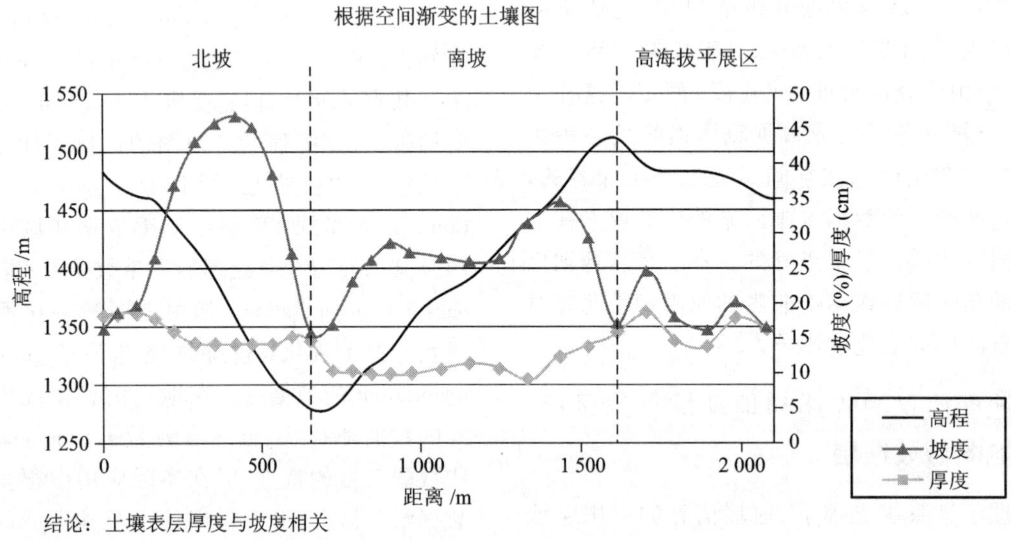

(b)

图 5.6 要素空间尺度的不兼容对刻画要素空间协同变化的影响：(a) 粗土壤空间信息与精细坡度信息组合下，刻画的土壤 A 层厚度与坡度的空间协同变化；(b) 精细土壤空间信息与精细坡度信息组合下，刻画的土壤 A 层厚度与坡度的空间协同变化

Figure 5.6 Spatial joint variation of A-horizon depth with gradient and elevation

度只与坡向有关，而与坡度无关。图5.6(b)表示同一地区由精细土壤信息与高分辨率地形信息组合下刻画的协同变化，图中不仅体现了坡向对土壤表层厚度的影响(北坡比南坡厚)，也体现了坡度的影响(土壤表层厚度随地表坡度的增大而减小)，同时，在高海拔的平展地区，土壤表层厚度与地表坡度之间呈现了相反的关系，即陡坡区的土壤表层厚度比平缓区的厚度大。这一结论完全符合土壤发生学原理：坡度陡的地方，侵蚀作用强，土层薄；坡度缓的地方，侵蚀作用弱，土层厚；在高海拔的平展地区，土壤的发育与排水状况有关，坡度大排水好，土壤发育好，土层厚；反之，则土层薄。两图所得出截然不同结论的原因是要素之间空间尺度的不兼容。图 5.6(a)是基于常规土壤图的结果，受到 geographic presentation 的局限性的限制，而高分辨率地形数据是基于 geographic representation，与常规土壤图之间的空间尺度相差较大，从而使得利用土壤图与高分辨率地形信息的组合来刻画空间协同变化产生了较大误差。图 5.6(b)是基于现代数字方法获取的土壤空间信息的结果，由于这些数字土壤信息获取方法克

服了常规方法的表达问题,所得土壤信息是在 geographic representation 的层次(见 Zhu et al,2001),其详细程度与高分辨率的地形数据及遥感数据的详细程度是完全匹配的,因此,由它们的组合而获得的空间协同变化比较符合实际,正确性高。

5.4.3 空间协同变化的合理刻画

合理地刻画生态要素在空间上的协同变化的前提条件是描写各要素空间变化的数据必须在空间尺度上相匹配。使要素间空间尺度相匹配有如下两种方法:第一,描写要素空间变化的数据应属于同一表达类型,即所用数据或都是受限于 geographic presentation 的局限性或都是 geographic representation 的数据,并且这些数据的比例尺或分辨率应相似;第二,如果数据不属于同一表达类型或是同一表达类型但空间尺度(比例尺或分辨率)有较大差别时(如 1:10 万的地图与 1:1 万的地图;或 50 m 分辨率的数据和 10 m 分辨率的数据),应将这些数据通过尺度转换,使其成为同一表达类型并具有类似的空间尺度。Quinn 等(2005)通过数据不兼容性对生态模拟影响的尺度效应的研究,发现当模拟尺度与要素中空间尺度最粗的数据的空间尺度接近时,数据不兼容性对模拟的结果影响最小。因此,通常是将数据向粗的尺度转换。如果数据是受 geographic presentation 限制,可以通过地图概化(cartographic generalization)(Slocum et al,2005)方法,将数据统一到要素中最粗的尺度;如果数据是受 geographic representation 的限制,可以通过栅格粗化的方式(Lillesand & Kiefer, 2000),将其统一到最粗的分辨率,或通过用户定义邻域的方法(如 5.3 节中所述),将要素的空间变化信息统一到同一空间尺度上。简单地将栅格细化(如 50 m 的像元拆为 25 个 10 m 的像元)并不是尺度转化,只是增加了数据量,而对数据的内容没有任何增加,无法增加所表达要素的空间细节。

5.5 实例分析

5.5.1 实例 1:邻域对刻画土壤要素空间变化的影响

为了清楚地说明 5.3 节提出的在地理信息系统支持下计算邻域对刻画生态要素的空间变化有很大影响的问题,本节设计以下实例研究。该实例以生态要素中土壤要素为例,分析不同的邻域大小和 DEM 分辨率对土壤要素空间变化的影响。

在该实例中,要素值的计算采用了用户定义邻域的计算方法(Smith et al,2006;Zhu et al,2008),邻域对土壤要素空间变化的影响通过数字土壤制图的精度来评价。数字土壤制图是一种新型的、利用土壤-环境关系、基于地理信息系统技术的描述土壤信息空间变化的方法(Zhu et al,2001;朱阿兴,2005;朱阿兴,2008),其核心是将利用地理信息系统技术获取的环境条件与土壤-环境关系相结合,推理土壤的空间分布。地形要素是土壤形成的重要环境条件,在小区域内(即景观尺度上)地形条件决定了土壤的空间分布,所以地形条件空间变化刻画的合理性决定了所得土壤空间分布图的精度。如 5.3 节所述,计算邻域对刻画地形要素的空间变化有很大的影响,因此从理论上来说,计算邻域对所得的数字土壤图也应有很大的影响。为了证实这种影响的存在及其程度,该研究在控制土壤-环境关系不变的条件下,通过变化输入的地形要素(坡度、剖面曲率、沿等高线曲率)的计算邻域来研究邻域对所得土壤图精度的影响。地形要素的变化是通过对所用 DEM 的分辨率和这些地形要素的计算邻域的变化来实现的。所用的 DEM 分辨率分别是 10 英尺、15 英尺和 30 英尺,所用的邻域从 10 英尺变化到 180 英尺。显然,20 英尺的邻域尺度仅能在 10 英尺和 20 英尺的 DEM 上出现,不能在 30 英尺以及更粗分辨率 DEM 上实施。每一种分辨率与邻域的组合都能产生一组输入的地形要素,进而对应一幅数字土壤图及其精度。为了确定土壤-环境关系在此研究中合理的应用,该研究先通过土壤专家检验的方式,利用 10 英尺分辨率的 DEM 和 10 英尺邻域产生的土壤图对所用土壤-环境关系进行了律定,律定后的关系被用于其他组合,以保证由各组合产生的土壤图的精度具有可比性。

图 5.7 展示了邻域与数字土壤制图精度之间的关系。从图中可以明显看到邻域对土壤图精度的重要作用。不同邻域下的土壤图精度差别相当大,某些邻域对应的精度可能都达到了其他邻域的两倍。另外一个值得说明的问题是,精度最高的土壤图并不是在最小的邻域下获得的。对该研究区而言,精

度的峰值约出现在邻域在 100 英尺左右，这个尺度也正是土壤专家认为地形要素对土壤形成影响的尺度（参见 5.2 节）。需要注意的是，由于 10 英尺分辨率的 DEM 和 10 英尺邻域对应的土壤图经过了律定，本具有较高的精度，然而它对应的精度仍然低于邻域大小为 100 英尺时的值。这些表明，数字土壤制图中 DEM 中过短距离内（小尺度）的变化（不管是真实情况还是人为误差）对土壤的空间变化几乎没有影响，应在分析时给以剔除，否则会严重影响土壤图的精度。在高分辨率的数据中，这种小尺度的变化非常多，当这些小尺度变化与刻画所需要素的空间变化没有关系时，必须通过放大计算邻域的方法将其剔除，从而提高对要素空间变化刻画的正确性。

另外，从图 5.7 中还可以发现由 DEM 分辨率引起的精度差异也相对较小，即 DEM 分辨率在数字土壤制图中对精度的影响不明显，当然，DEM 的分辨率必须是在土壤空间变化的尺度范围内。但在最优邻域尺度以内（即当邻域比较小的时候），粗 DEM 对应的土壤图精度比细 DEM 的精度稍高，这是由于粗的 DEM 平滑掉了更细节的变化，起到了放大邻域的作用。

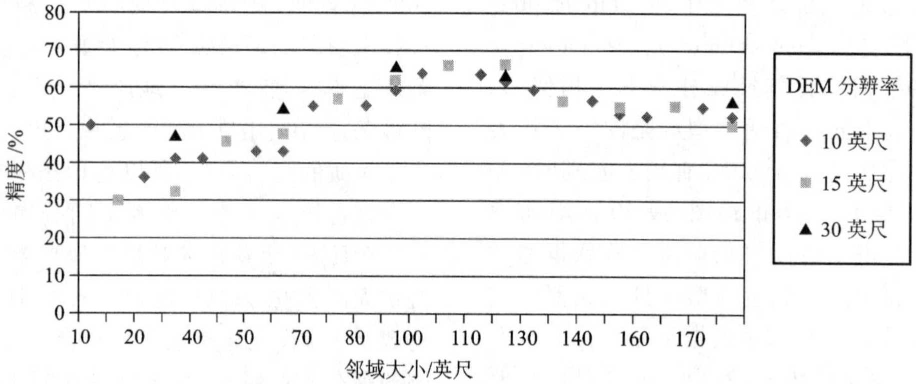

图 5.7 土壤图精度与邻域大小的关系

Figure 5.7 Accuracy of soil map in relation to neighborhood size

通过本实例可以得出，在定量计算生态要素的空间变化时，邻域的选择往往比提高数据分辨率更重要，而合理的邻域应取决于生态要素作用的空间尺度（范围），而不是数据的分辨率，在利用高分辨率数据进行流域生态模拟时，应充分考虑生态要素的空间作用范围。

5.5.2 实例 2：空间尺度兼容性对生态模拟的影响

针对 5.4 节提出在地理信息系统支撑下的流域生态模拟中，各生态要素空间变化信息的空间尺度不兼容，导致生态要素在空间上的协同变化的错误刻画的问题，为探讨这种空间尺度不兼容问题对生态过程模拟的影响，设计开展了以下实例的研究。该实例主要通过分析土壤信息与其他要素在空间尺度上的不匹配，将精细土壤信息和传统土壤图分别输入生态水文模型，分析数据尺度不匹配（不兼容）而造成的生态要素空间协同变化刻画的偏差对生态模拟结果的影响。

由于土壤水力属性影响到植被的可利用水量（Burrough, 1996; Corwin, 1996; Waring & Running, 1998），在流域的生态水文模拟中，土壤的水力属性是非常重要的参数，因此，中尺度的流域水文生态模拟需要提供土壤水力属性的空间分布信息。传统土壤图是当前生态水文模拟中获取土壤信息空间分布的主要来源。由于传统的土壤制图是基于 geographic presentation 和手工勾绘，不能提供环境模拟所需要的详细（高分辨率）土壤信息，因此，传统土壤图所描绘的土壤信息与数字地形分析以及遥感技术获得的精细空间信息之间存在不匹配（Band & Moore, 1995; Zhu, 1997; Seyfried, 1998; Waring & Running, 1998; Zhu, 1999a）。新兴的土壤制图方法 SoLIM（土壤-环境推理模型）（Zhu & Band, 1994; Zhu et al, 1996; Zhu et al, 1997; Zhu, 1997; Zhu, 1999b; Zhu, 2000）利用 GIS 技术集成当地土壤专家知识，通过模糊逻辑推理可获得精细土壤空间分布和高精度属性信息。这种详细的、空间上连续变化的土壤信息能够与精细地形分析和遥感技术获得的空间信息相匹配(Zhu,2000)。5.4 节中图 5.6 比较了基于传统(常规)的土壤图的土壤 A 层厚度与地形要素的协同变化(图 5.6a)和基于 SoLIM 方法得到的土壤 A 层厚度与地形要素的协同变化(图5.6b),得出了截然不同的结论,而图 5.6(a)的错误刻画正是由于空间数据不兼容造成的。

图 5.8 所示的试验设计重点讨论空间数据不兼容对生态水文模拟结果的影响。研究中用 RHESSys (regional hydro-ecological simulation system) 模型来模拟流域水文生态过程(Running et al, 1989; Band et al, 1991; Nemani et al, 1993; Mackay & Band, 1997)。该模型需要气候、植被、地形、土壤等生态要素作为输入,通过模拟景观尺度上的生态水文过程,估算流域范围内的地表径流、蒸发(ET)和冠层光合作用(Band et al, 1993)。在模型的输入要素中,气候信息(气温、降水)、植被信息和地形信息的空间尺度往往比较相似,但从常规土壤图上所得到的土壤信息尺度较粗,与上述要素的尺度不匹配。而由 SoLIM 方法获得的土壤空间信息与气候等要素的尺度相当,同时由 SoLIM 方法获得的土壤空间信息的精度也更高(Zhu et al,2001;朱阿兴,2005),因此,Zhu 和 Mackay (2001)认为由 SoLIM 方法获得的土壤空间信息与上述要素空间信息形成的组合作为输入所模拟得到的结果比较接近实际。本试验中便将这两种土壤信息与气候等其他要素相组合分别作为输入,通过比较两种组合下的模拟的净光合作用量和径流量之间的差异来判断数据空间尺度不兼容性的影响。

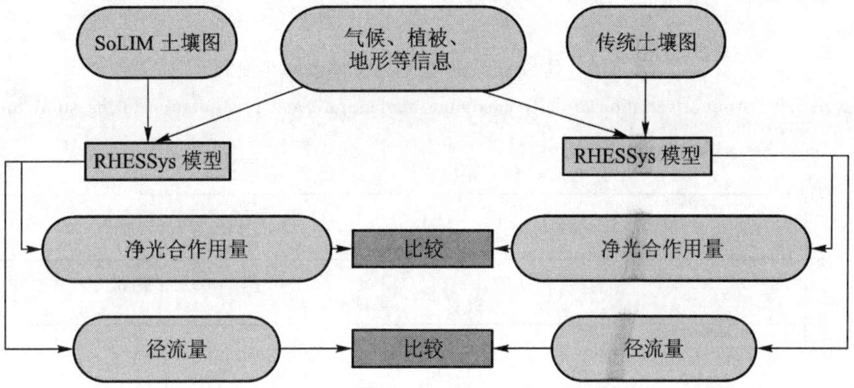

图 5.8 试验设计

Figure 5.8 Research flow chart

研究区是美国蒙大拿州 Lubrecht 试验森林区。该林区位于 Missoula 东北 50 km,属于西蒙大拿州多山区,地形起伏从中等到剧烈,气候为半干旱半湿润气候,夏季干热(图 5.9),多年平均降水为 500 ~ 760 mm(Ross & Hunter, 1976),大约 44% 的降水集中在冬季(11 月—3 月),24% 的降水集中在夏季(6—8 月)(Nimlos, 1986)。区域内南坡与北坡、高海拔与低海拔区的湿度条件差异非常明显。低海拔地区的南坡水分条件差,高海拔地区的北坡水分条件好。

图 5.10 是用 RHESSys 模型采用集总式方法模拟得到的日径流深。由于 RHESSys 模型中采用的产流机制是蓄满产流,因此 SoLIM 所得土壤图和传统土壤图下的模拟结果均随着降雨和降雪的变化剧烈波动,但前者模拟的径流深相对于后者而言波动较小。两种土壤图模拟的径流波动的差别主要是由于土壤信息与其他要素的空间尺度兼容性的不同而造成的。土壤的空间变化在传统土壤图中被高度概化,而 SoLIM 中土壤信息的概化相对较少。在传统的土壤制图中,坡面内小面积的不同土壤类型往往被忽略,不能应用到生态水文模型中,但这些小面积土壤的省略会导致坡面上计算出的土壤属性的平均值高于或低于实际状况,这在半干旱区尤其明显。比如,在本研究区,这种小块的、类型不同的土壤大致分布在大南坡上的偏东或偏西的边坡,由于其地形较凹且潜在蒸发弱,所以土壤较湿润,适合土壤剖面的发育,因此导致了土层比较厚,且质地细,容易保水。在传统的土壤制图中,这些小斑块未能体现,使估算的南坡土层厚度偏薄,导水率偏高。土层厚度估计值偏低,会造成只要少量降水就能使土壤饱和;而导水率估计偏高,则会导致土壤排水过快。因此,土壤对于降水的响应非常急促,水文响应波动剧

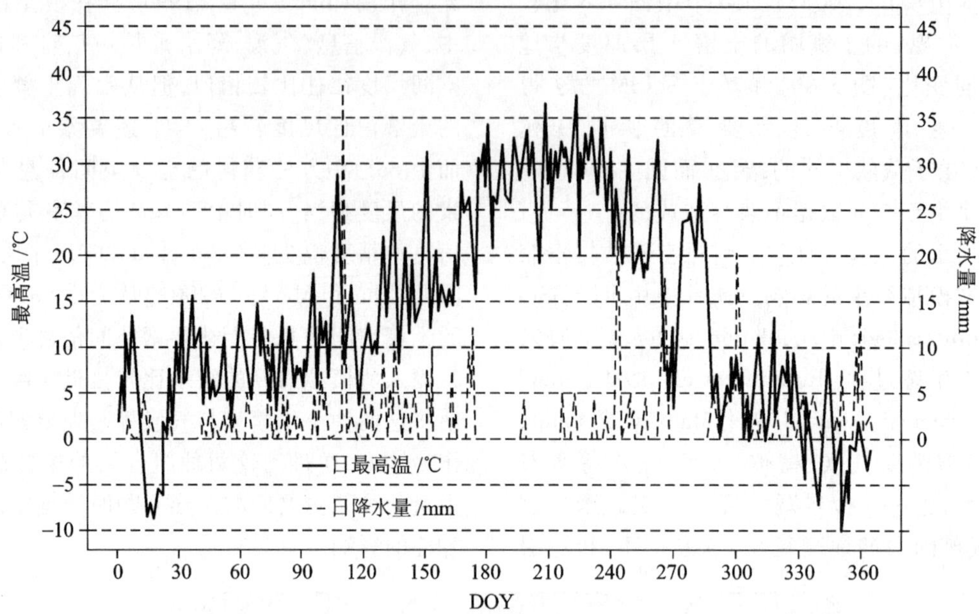

图 5.9 研究区日最高气温和降水的年变化

Figure 5.9 Annual variation of daily maximum temperature and precipitation in the study area

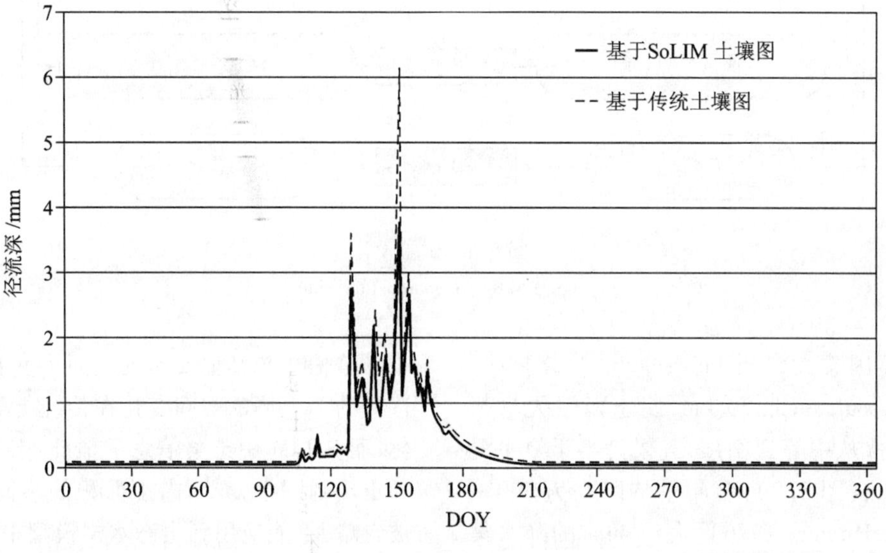

图 5.10 RHESSys 模型基于不同精度土壤图模拟的全流域日径流深

Figure 5.10 Comparison of stream flows simulated with RHESSys based on different soil maps for the whole watershed

烈。而 SoLIM 所产生的土壤图体现了土壤在边坡与主坡面的差异,使估算的南坡土层厚度和导水率都比较符合实际(Zhu & Mackay,2001),模拟的水文过程线的峰值比较低。

图 5.11 是用 RHESSys 模型采用集总式方法模拟的日净光合作用量(PSN)。在一年的前 5 个半月,PSN 受土壤要素的影响不明显;从 6 月底开始到 9 月初,两种不同土壤信息的模拟结果出现明显的差别;9 月以后,两者的差别又逐渐变小。这三个阶段与研究区一年内气候的变化一致。年初时温度低,光合作用弱,土壤持水特征对光合作用的影响不大。随着气温逐渐升高,降水增加,同时积雪也开始融化,所以土壤水分得到充分的补充,土壤水的补给等于或超过土壤水耗损量,此时土壤的持水性能不影响土壤对植物的供水,土壤空间变化的刻画差别对模型结果也就没有影响。夏季(6 月之后),气温

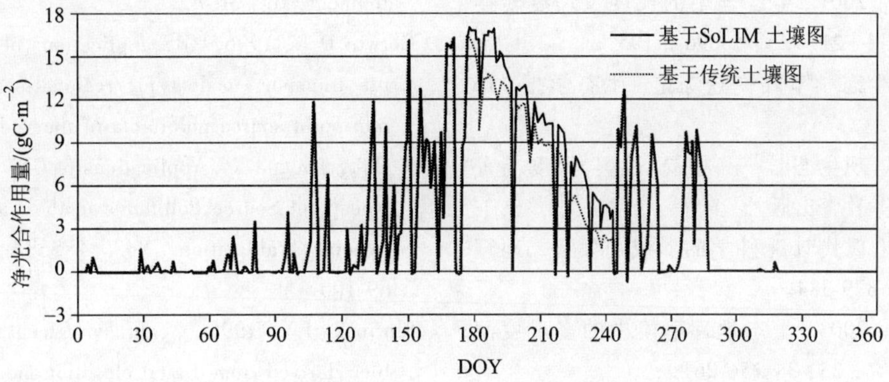

图 5.11　RHESSys 模型基于不同精度土壤图模拟的流域净光合作用量

Figure 5.11　Comparison of PSN simulated with RHESSys based on different soil maps for the whole watershed

继续升高,但降水量减少,积雪融化也结束,土壤水分的补给主要靠偶尔出现的降雨,同时蒸发强,土壤水的耗损量超过补给量,出现缺水现象。此时土壤蓄水能力对光合作用就非常关键,因为作物要从土壤中汲取水分,当土壤蓄水量少时,土壤含水量耗损比较快,就会过早出现水分胁迫,导致 PSN 值减少,而其减少的程度则与土壤空间变化刻画有关。从图 5.11可以看出,基于传统土壤图的 PSN 模拟值低于基于 SoLIM 的土壤信息的模拟值,这主要是由于传统土壤图低估了南坡的土层厚度并高估了土壤导水率,同时南坡的太阳辐射截取量大于北坡,因此与 SoLIM 方法相比,基于传统土壤图得到的土壤含水量低,水分胁迫出现早而且严重。当夏季结束后,气温逐渐降低,降水量逐渐增加,土壤含水量逐渐增加,土壤水分的限制也随之消失。

通过本实例的分析可以看出,土壤信息与其他要素在空间尺度的不匹配会导致对要素空间协同变化的错误刻画,从而对流域生态模拟带来明显的影响。另一方面,该影响主要表现在土壤的持水特性对模拟的生态过程起重要作用的水分胁迫期。由此可以推测,在生态过程模拟中,与其他数据在空间上不匹配的要素对模型结果的负面影响往往产生在该要素成为所模拟的生态过程的限制因子时。

5.6　本章小结

本章通过对生态要素的空间作用范围及各要素在空间上的协同变化的讨论,提出了利用高分辨率数据进行流域生态模拟时应注意的两个问题:计算邻域问题和空间尺度的不兼容问题。本章从理论和实例两方面说明了这两个问题对流域生态模拟具有明显的影响,并提出了利用高分辨率数据进行流域生态模拟时,如何减小这两个问题对模拟结果的负影响的方法。为减少计算邻域对生态要素空间变化定量描述的负影响,本章建议使用用户定义邻域的计算方法,将计算邻域与数据分辨率分开,使用户能根据生态要素的实际空间尺度确定计算邻域;同时,当所需的空间尺度较小时,还应该通过变动邻域来检验计算结果随邻域变化的变化,从而更好了解计算所得的空间变化对生态模拟结果的影响。为减少要素间空间尺度的不匹配对生态模拟的负影响,本章建议尽量利用表达模式一致且尺度相当的数据,或通过计算邻域的变化将所用到的要素的空间变化信息转换到同一尺度或类似尺度上。一般而言,最终的尺度应为空间尺度最粗且对生态过程起限制作用的要素的空间尺度。

致谢

本研究受到了中国科学院创新团队国际合作伙伴计划(“人类活动与生态系统变化”,CXTD-Z2005-1)、国家重点基础研究发展计划(2007CB407207)、中国科学院“百人计划”项目的资助。特此鸣谢。

参考文献

傅伯杰, 陈利顶, 马克明, 等. 2000. 景观生态学原理与应用. 北京: 科学出版社.

吕一河，傅伯杰．2001．生态学中的尺度及尺度转换方法．生态学报，21(12)：2 096-2 195．

邬建国．1996．生态学范式变迁综论．生态学报，16(5)：449-459．

邬建国．2000．景观生态学——格局、过程、尺度与等级．北京：高等教育出版社．

肖笃宁．1999．论现代景观科学的形成与发展．地理科学，19(4)：379-384．

岳天祥，刘纪远．2003．生态地理建模中的多尺度问题．第四纪研究，23，3：256-261．

张娜．2006．生态学中的尺度问题：内涵与分析方法．生态学报，26(7)：2 340-2 355．

赵文武，傅伯杰，陈利顶．2002．尺度推绎研究中的几点基本问题．地球科学进展，17(6)：905-911．

朱阿兴，李宝林，裴韬，等．2008．精细数字土壤普查模型与方法．北京：科学出版社．

朱阿兴，李宝林，杨琳，等．2005．基于GIS、模糊逻辑和专家知识的土壤制图及其在中国应用前景．土壤学报，42(5)：844-851．

Allen T F H, Starr T B. 1982. Hierarchy: perspectives for ecological complexity. Chicago, Illinois, USA: University of Chicago Press.

Band L E. 1993. Effect of land surface representation on forest water and carbon budgets. Journal of Hydrology, 150: 749-772.

Band L E, Moore I D. 1995. Scale: landscape attributes and geographical information systems. Hydrolical Process, 9: 401- 422.

Band L E, Patterson P, Nemani R, et al. 1993. Forest ecosystem processes at the watershed scale: incorporating hillslope hydrology. Agricultural and Forest Meteorology, 63: 93-126.

Band L E, Peterson D L, Running S W, et al. 1991. Forest ecosystem processes at the watershed scale: basis for distributed simulation. Ecological Modelling, 56: 171-196.

Burrough P A. 1996. Opportunities and limitations of GIS-based modeling of solute transport at the regional scale//Corwin D L, Laogue K. Applications of GIS to the Modeling of Non-point Source Pollutants in the Vadose Zone. SSSA Special Publication No. 48SSSA, Madison, 19-38.

Chen J M. 1999. Spatial scaling of a remotely sensed surface parameter by contexture. Remote Sensing of Environment, 69: 30-42.

Corwin D L. 1996. GIS applications of deterministic solute transport models for regional-scale assessment of non-point source pollutants in the vadose zone//Corwin D L, Laogue K. Applications of GIS to the Modeling of Non-point Source Pollutants in the Vadose Zone. SSSA Special Publication No. 48SSSA, Madison WI, 69-100.

Florinsky I V. 1998. Accuracy of local topographic variables derived from digital elevation models. International Journal of Geographical Information Science, 12: 47-61.

Greig-Smith P. 1979. Pattern in vegetation. Journal of Ecology, 67: 755-779.

Hodgson M E. 1995. What cell size does the computed slope/aspect angle represent. Photogrammetric Engineering and Remote Sensing, 61: 513-517.

Houston M A. 2002. Critical issues for improving predictions//Scott J M, Heglund P J, Morrison M L, et al. Predicting species occurrences: issues of accuracy and scale. Washington: Island Press.

Javis P G, McNaughton K G. 1986. Stomatal control of transpiration: scaling up from leaf to region. Advances in Ecological Research, 15: 1-49.

Jelinski D E, Wu J G. 1996. The modifiable areal unit problem and implications for landscape ecology. Landscape Ecology, 11: 129-140.

Jenerette G D, Wu J G. 2000. On the definitions of scale. Bulletin of the Ecological Society of America, 81: 104-105.

Levin S A. 1992. The problems of pattern and scale in ecology. Ecology, 73: 1 943-1 967.

Lillesand T, Keifer R. 2000. Remote Sensing and Image Interpolation. New York, U S A: John Wiley & Sons.

Mac Nally R, Quinn G P. 1998. Symposium introduction: The importance of scale in ecology. Austmtian Journal of Ecology, 23: 1-7.

Mackay D S, Band L E. 1997. Forest ecosystem processes at the watershed scale: dynamic coupling of distributed hydrology and canopy growth. Hydrological Process, 11: 1 197-1 217.

May R M. 1981. Modeling recolonization by neo-tropical migrants in habitats with changing patch structure, with notes on the age structure of populations//Burgess R L,

Sharp D M. Forest Island Dynamics in Man-dominated Landscapes, New York: Springer-Verlag, 207-213.

Nemani R, Pierce L, Running S, et al. 1993. Forest ecosystem processes at the watershed scale: sensitivity to remotely remotely sensed leaf area index estimates. International Journal of Remote Sensing, 14: 2 519-2 534.

Nimlos J T. 1986. Soils of Lubrecht Experimental Forest, Miscellaneous Publication No. 44, Montana Forest and Conservation Experiment Station, School of Forestry, University of Montana, Missoula, Montana.

Noon B R, Dale V H. 2002. Broad-scale ecological science and its application//Gutzwiller K J. Applying landscape ecology in biological conservation. New York: Springer, 3-21.

O'Connor R J, Fuller R J. 1985. Bird population responses to habitat//Taylor K, Fuller R J, Lack P C. Bird Census and Atlas Studies: Proceedings of the VII International Conference on Bird Census Work. British Trust for Ornithology, Tring, England, 197-211.

O'Neill R V, DeAngelis D L, Waide J B, et al. 1986. A Hierarchical Concept of Ecosystems. New Jerse Princeton University Press.

Openshaw S. 1984. The modifiable areal unit problem. CATMOG 38. GeoBooks, Norwich, England.

Openshaw S, Taylor P. 1979. A million or so correlation coefficients: three experiments on the modifiable areal unit problem//Wrigley N. Statistical Applications in the Spatial Sciences. London: Pion, 127-144.

Openshaw S, Taylor P J. 1981. The modifiable areal unit problem//Wrigley N, Bennett R. Quantitative Geography: A British View. London: Routledge and Kegan Paul, 60-69.

Ricklefs R E. 1987. Community diversity: relative roles of local and regional processes. Science, 235: 167-171.

Ross R L, Hunter H E. 1976. Climax Vegetation of Montana Based on Soils and Climate. USDA Soil Conservation Service, Bozeman, Montana.

Roughgarden J, Gaines S D, Pacala S W. 1987. Supply side ecology: the role of physical transport processes// Gee J H R, Giller P S. Organization of Communities Past and Present Oxford: Blackwell Scientific Publication, 491-518.

Running S W, Nemani R R, Peterson D L, et al. 1989. Mapping regional forest evapotranspiration and photosynthesis by coupling satellite data with ecosystems simulation. Ecology, 70: 1 090-1 101.

Schmidt J, Andrew R. 2005. Multi-scale landform characterization. Area, 37: 341-350.

Schmidt J, Hewitt A E. 2004. Fuzzy land element classification from DTMs based on geometry and terrain position. Geoderma, 121: 243-256.

Schmidt J, Evans I S, Brinkmann J. 2003. Comparison of polynomial models for land surface curvature calculation. International Journal of Geographical Information Science, 17: 797-814.

Seyfried M. 1998. Spatial variability constraints to modeling soil water at different scales. Geoderma, 85: 231-254.

Shary P A, Sharaya L S, Mitusov A V. 2002. Fundamental quantitative methods of land surface analysis. Geoderma, 107: 1-32.

Slocum, McMaster, Kessler, et al. 2005. Thematic cartography and geographic visualization. New Jersey, U S A: Prentice Hall.

Smith M P, Zhu A X, Burt J E, et al. 2006. The Effects of DEM Resolution and Neighbourhood Size on Digital Soil Survey. Geoderma, 137: 58-69.

Turner M G, Gardner R H, O'Neill R V. 1995. Ecological dynamics at broad scales. Bioscience, 45: 29-35.

Turner M G, Dale V H, Gardner R H. 1989. Predicting across scales: theory development and testing. Landscape Ecology, 3: 245-252.

Urban D L. 2005. Modeling ecological processes across scales. Ecology, 86: 1 996-2 006.

Urban D L, Acevedo M F, Garman S L. 1999. Scaling fine-scale processes to large-scale patterns using models derived from models: meta-models//Mladenoff D, Baker W. Spatial modeling of forest landscape change: approaches and applications. Cambridge, UK: Cambridge University Press, 70-98.

Urban D L, O'Neill R V, Shugart H H. 1987. Landscape ecology. Bioscience, 37: 119-127.

Vaisanen R A, Jarvinen O, Rauhala P. 1986. How are extensive, human-caused habitat alterations expressed on teh scale of local bird populations in boreal forests. Ornis Scandinavica, 17: 282-292.

Waring R H, Running S W. 1998. Forest Ecosystem: Analysis at Multiple Scales. New York: Academic Press.

Wiens J A. 1989. Spatial Scaling in Ecology. Functional Ecology, 3: 385-397.

Wiens J A. 2002. Predicting species occurrences: progress, problems, and prospects//Scott J M, Heglund P J, Morrison M L, et al. Predicting species occurrences: issues of accuracy and scale. Washington: Island Press, 739-749.

Wiens J A. 1989b. The Ecology of Bird Communities, Processes and Variation. Cambridge: Cambridge University Press.

Wiens J A, Stenseth N C, Van Horne B, et al. 1993. Ecological mechanisms and landscape ecology. Oikos, 66: 369-380.

Wood J. 1996. Scale-based characterisation of digital elevation models//Parker D. Innovations in GIS 3. London: Taylor & Francis, 163-175.

Woodward F I. 1987. Climate and Plant Distribution. Cambridge: Cambridge University Press.

Wu J G. 2004. Effects of changing scale on landscape pattern analysis: scaling relations. Landscape Ecology, 19: 125-138.

Zhu A X. 1997. A similarity model for representing soil spatial information. Geoderma, 77: 217-242.

Zhu A X. 1999a. Fuzzy inference of soil patterns: implications for watershed modeling // Corwin D L, Loague K, Ellsworth. Applications of GIS. Remote sensiry Geostatistical and transport modelling to the Assessment of Nonpoint source Pollution in the vadose zone, Geophysical Monograph 108. Washington DC: American Geophysical Union, 135-149.

Zhu A X. 1999b. A personal construct-based knowledge acquisition process for natural resource mapping. International Journal of Geographical Information Science, 13: 119-141.

Zhu A X. 2000. Mapping soil landscape as spatial continua: the neural network approach. Water Resources Research, 36: 663-677.

Zhu A X, Band L E. 1994. A knowledge-based approach to data integration for soil mapping. Canadian Journal of Remote Sensing, 20: 408-418.

Zhu A X, Band L E, Dutton B, et al. 1996. Automated soil inference under fuzzy logic. Ecological Modelling, 90: 123-145.

Zhu A X, Band L E, Vertessy R, et al. 1997. Derivation of soil properties using a soil land inference model (SoLIM). Soil Science Society of America Journal, 61: 523-533.

Zhu A X, Burt J E, Smith M, et al. 2008. The Impact of Neighbourhood Size on Terrain Derivatives and Digital Soil Mapping//Zhou Q, Lees B, Tang G. Advances in Digital Terrain Analysis. New York: Springer-Verlag, 333-348.

Zhu A X, Hudson B, Burt J, et al. 2001. Soil mapping using GIS, expert knowledge, and fuzzy logic. Soil Science Society of America Journal, 65: 1 463-1 472.

Zhu A X, Mackay D S. 2001. Effects of spatial detail of soil information on watershed modeling. Journal of Hydrology, 248: 54-77.

第二篇

生态系统变化过程的模型模拟与信息融合

第6章

生态系统水循环过程的动态模拟与流域水资源管理

于强[1] 李俊[1] 邬定荣[2] 王靖[3] 肖薇[1] 许守华[1]

([1]中国科学院地理科学与资源研究所；[2]中国气象科学研究院；[3]中国农业大学资源与环境学院)

摘要

本章分为四部分。第一部分概述了模型的定义和功能、模型的类型和组成、模型构建的步骤。第二部分讲述土壤-植物-大气系统水分过程的模拟。在叶片水平描述了气孔导度模型和叶水势模型。在群体水平描述了估算蒸散的经验模型和过程模型。过程模型包括单层、双层和多层模型。在单层模型中介绍了 Penman 公式、Penman-Monteith 公式、Priestley-Taylor 公式和作物系数法。在双层模型中介绍了 Shuttleworth-Wallace 公式和 Choudhury-Monteith 公式。在多层模型中阐述了梯度扩散理论(K-theory)、高阶闭合方法和 Lagrangian 公式在计算空气动力学阻力中的应用。对估算蒸散的单层、双层和多层模型进行了比较。

第三部分建立农田生态系统综合模型(ChinaAgrosys)以模拟作物生长与水、热、CO_2传输。模型包括土壤、作物和微气象三个模块。土壤模块包括土壤热传输、水分运动以及根吸水子模型；作物生长模块包括光合和呼吸、气孔导度、干物质积累与分配、叶面积生长与发育期子模型；微气象模块包括冠层内辐射传输、能量平衡、空气动力学阻力与冠层阻力子模型。叶片气孔导度由光合-气孔导度耦合模型描述并考虑叶片水势对气孔导度的影响。冠层导度为阴叶与阳叶导度之和。土壤蒸发与蒸腾由多层水热传输模型计算。用冬小麦生长季涡度相关通量数据对模型的模拟效果进行验证。结果表明，当能量平衡闭合状况较好时，模型能很好地模拟水热通量的日变化和季节变化。

第四部分讲述流域水文模型及其与生态模型的耦合。流域水文模型包括流域产流模型、坡面汇流模型和河道汇流模型。坡面产汇流模型模拟从降水到流域产流和流域坡面汇流的水文子过程；河道演进模型模拟河网汇流水文子过程。阐述了分布式水文模型的特点、发展和应用。描绘了 GIS 和遥感(RS)技术在水循环模型中的应用。最后，介绍了生态水文学的产生及其特点，以及水文模型与生态模型的耦合——生态-水文模型。

关键词：农田生态系统　SPAC　水分过程　水文模型　水热通量　ChinaAgrosys 模型　水分管理

Chapter 6

The dynamic simulation of ecosystem water cycle process and river basin water resources management

Abstract

This chapter includes four parts. In the first part we provided an overview on the definition, functions, types and composition of the model, and also elucidate the process of modeling. In the second part we described the simulation of water process in a soil-plant-atmosphere system. Under leaf level, models on stomatal conductance and leaf water potential were described. Under canopy level, empirical models and process models were used to estimate evapotranspiration. The process models involve monolayer, double-layer and multilayer ones. Penman formula, Penman-Monteith formula, Priestley-Taylor formula and crop coefficient approach are monolayer models while Shuttle worth-Wallace formula and Choudhury-Monteith formula are double-layer models. In the multilayer model, gradient-diffusion theory (K-theory), high rank closing method and Lagrangian formula were used to calculate aerodynamic resistances. Models on monolayer, double-layer and multiplayer were compared for the estimation of evapotranspiration.

In the third part, a comprehensive model (ChinaAgrosys) was established to simulate crop growth and the transfer of heat, water vapor and carbon dioxide in agro-ecosystem. The model contains three modules: soil, crop and micrometeorology. Soil module includes three sub-models on soil heat transfer, soil water movement and water absorption by roots. Crop growth module involves sub-models on photosynthesis, respiration, stomatal conductance, dry matter accumulation and partitioning, leaf area growth and development stage. Micrometeorology module contains sub-models on radiation tranfer within the canopy, energy balance, aerodynamic resistance and canopy resistance. The influence of leaf water potential on stomatal conductance was considered in the coupling model on photosynthesis and stomatal conductance. Canopy conductance was the sum of the conductance of leaves under sunlight and shadow. Soil evaporation and transpiration were calculated by multiplayer model. ChinaAgrosys model was verified using the flux of eddy covariance during the growing season of winter wheat. The results showed that the model could simulate diurnal and seasonal variation of water and heat fluxes very well when energy closure was better.

In the fourth part, we described the watershed hydrologic model and their coupling with ecological models. Watershed hydrological model contains sub-models on runoff production, slope surface confluence and channel routing. The characteristic, development and application of distributed hydrological model were narrated. The applications of GIS and RS in watershed hydrologic model were described. In the end, the characteristics, development and the application of eco-hydrology were introduced. The coupling of hydrological model and ecological model were discussed also.

Keywords: Agricultural ecosystem, SPAC, Water cycle process, Hydrology model, Water heat fluxes, ChinaAgrosys model, Water management

6.1 生态模型概论

6.1.1 模型的定义及其功能

模型是对系统的抽象和简化的表达,是科学分析的扩展,它从已知的局部的行为预测尚不清楚的整体行为,或者说模型是我们对系统认知的程式化(formalization)。生态系统模型比实际的生态系统更简单,但具有真实系统的重要功能特性。显然模型不是具有反映所有的特性,否则它就不是一个模型,而是一个真实系统。但是在特定的条件下,模型是认识观测现象、发展和检验理论的有力工具,其主要功能如下:

(1) 概化、组织和联系复杂的现象

模型可以帮助科学家概化(conceptualizing)、组织(organizing)和联系复杂的现象。在自然条件下,生物体与环境的关系错综复杂,有土壤、植物、气象因子的相互作用,生物之间的相互作用,也有物理、化学与生物过程的相互作用。而在试验中,常常可以设定环境条件,来分析主要因子之间的关系,同时排除其他因子的变化带来的不确定性。为了认识某一生态过程与某单因子之间的关系,需要确定其他因子稳定少变条件下的响应特征。

(2) 产生假说

模型的重要功能之一是产生假说(generate hypotheses)。如果我们对系统的局部有较好的认识,则希望将各部分连接起来,分析判断系统的整体行为。例如地球系统模式(EES),通过模型预测或模拟与(在相同条件下)自然界过程的对比。可以检验假设(assumption)是否正确合理。如果两者不符,就可以肯定资料或/和模型有问题,然后追溯误差来源,这可以增加我们对真实系统或模型的理解。模型并不是灵丹妙药,不能解决所有问题。模型仍有缺陷,但是离开模型就对纷繁的世界无所适从。模型需要一步步推进,也就是认识提高和知识积累的一个过程。

(3) 检验田间试验资料及其推论

模型的另外一个用处是检验田间试验资料和我们从这些资料的推论。主要是气象资料的准确性检验(数据质量控制)。模型协助我们建立一个系统的观念,指导试验和观测方法。比如说现在试验站做水分观测,如果不做生物量观测,如LAI和生物量的观测,就和没有观测差不了多少。因为我们的观测与物理化学试验不同,在试验室的可控试验中,一个基本原则是可重复性。这在自然条件下是不成立的。这就需要我们对系统的状态有明确的定义,不然结果没有意义,也就是说不知道在何种环境条件下得到这样的结果。

(4) 模型预测

① 动态预报,如气候、天气预报。系统前后的时间状态服从于动力学方程。

② 相互作用的预报,从已知的外界驱动预测系统的响应,如从气象要素预报生态系统变化和状态,如产量预报、水体污染预报等,是一般生态模型方法。比较而言,生态学更侧重生物与环境的关系(系统与外部因素关系)的研究。

③ 评价。预报模型常用于资源管理方式对缓解影响的评价。可以有助于分析某些行为、措施产生的后果。有些类似于气象上的数值试验(numerical experiment)。可以做真实的试验,但是可能是破坏性的,有些是不可能做的,如全球气候变化。

④ 资源管理的优化与决策。因为现实的影响因子极其复杂,需要对决策者或生产者提供决策支持,这也是模型分析功能的延伸。

6.1.2 模型的类型

模型可分为两种:解析模型(analytic model)和模拟模型(simulation model)。解析模型关注数学方程的应用,模拟模型的特点是应用较简单一些的数学知识并结合应用计算机。解析模型方法需要求证微分方程或其他方程的解析解。这种方法在预报能力和分析能力上有很大的优势。这种分析方法在生态学的一些学科中有相当多的应用,尤其在种群生物学和种群遗传学领域。解析方法在理论模型的发展上有价值,它是生态学许多理论的基础。有时解析模型可用于种群管理计划,但很少用于整个生态系统的研究。原因是解析方程只在极其有限的条件下成立,即只有当描述生物过程的方程是线性的,或同时求解较少的方程时。针对整个生态系统的模型通常包括数十个到数百个甚至更多的瞬时公式,并且大多为非线性的。简化进一步限制了解析模型在生态系统中的有效性。解析模型常常对模拟的过程进行彻底的简化(purposeful)。例如,许多种群模型假定内禀增长率(intrinsic increase rate)为常数。事实上,实际增长率和潜在增长率可以随环境因子和种群的功能而变化。如食物的季节性改变限制程度。

因此,分析方法在建立生态系统模型时并非特别有效,因为需要同时求解数十个数百个方程,而且其中许多是非线性的。只有非常简化的偏微分方程可以求得解析解。对于非线性方程,一般情况下需要借助计算机,应用数值方法进行求解。因而近数十年来随着计算机的普及和计算能力的提高,建模者(modeler)转而采用模拟模型(simulation model)。模拟模型并不像解析模型那样给出模型的解析解,因为求解方法与自然状况并非绝对一致,所以它会产生一系列的误差。另外,建模者失去了简便地用纯数学方法发掘模型行为的机会,然而得到了两个非常重要的财富:一是能同时求解许多方程,二是可以不必损失重要的模型组分(components),初学者和有经验的建模者都无法回避模拟的准确性和误差。模型建立的每一步都需要平衡、判断,常常需要权衡(tradeoffs)。

6.1.3　模型的组分

模型的数学表达式有 5 个组分:强制函数(或外部变量)、状态变量、数学公式、常数和参数。

强制函数,或外部变量,即影响生态系统状态的外部函数或变量。模型用来预测当强制函数随时间变化时,生态系统中的哪些组分会随之变化,如气候变量、影响生物和非生物组分及进程速度。在我们控制之下的强制函数称为控制函数。状态变量描述生态系统的状态。状态变量的选择对于模型结构是至关重要的。数学公式用来表示生物学、化学和物理过程,描述强制函数和状态变量之间的关系。常数是不随系统变化的实体,如绝大多数地球环境模型(研究重力异常的地球物理模型除外)中的重力加速度。

参数,即过程的数学表达式里的系数。特定的生态系统或生态系统的某部分中,可以认为是常数。但当模型代表不同的模式、不同的网格单元或者同一模型中不同对象的时候,参数是变化的。文献中,很多参数一般不表示为常数,而表示为范围,尽管如此,这在参数估计中还是具有重要价值的。

如何找到参数:最基本的是通过阅读文献获得参数的合适值。能以合适的精度再现测量结果,却没有真实的参数——即文献中给定范围内的参数,这样的模型是不合格的。当然也有可能模型精度和参数都不合适,但用一般的强制函数,二者的影响会相互抵消,用其他的强制函数,测量值和模型输出之间就会出现根本的差异。许多模型研究的目的之一都是预测生态系统对强制函数改变的反应,模型中存在这样的缺陷,就完全不能作为管理的工具。所以,一般通过阅读文献得到参数的初始估计值,如果校准过程得到超出文献范围的参数,则需要修改模型。如果文献中很难找到该参数,最好进行观测,分别确定参数。找到模型的稳态形式,用它来建立最重要的那些参数的界限。

6.1.4　模型的构建

构建模型的步骤见图 6.1,其中最重要的是:标定(calibration)、验证(verification)和有效性确定(validation)(Jorgensen,1994)。

(1) 问题和系统的定义

需要界定空间、时间和子系统组分。分析问题的前提是确定问题的时间和空间尺度。由于时间尺度和空间尺度的变化可以导致结论的不同,甚至相反。生态学家通常将生态系统作为一定程度的组织,但问题是如何选择合适的时间和空间尺度。生态系统是一个生物的功能性系统或单元,包含所有的生物和非生物变量。时间和空间尺度并非提前设定,而是完全建立在生态系统研究目的的基础上。空间尺度的变化实际上是研究对象和针对问题的变化,可以导致模型的输入和输出是不同的。因此从模型的输入和输出可以判断模型的功能以及可以解决的问题。空间的变化带来的是反馈关系的变化。空间和时间的界定通常比较简单,确定欲嵌入模型的子系统则复杂些。

现代数学模型很大程度上归功于系统思维和系统分析。系统在结构上或功能上具有两个以上组分,并且组分之间存在相互作用的现象、事物、对象。系统分析(system analysis)是对系统或系统的基本特性的程式化研究。在实践中,系统分析要降低复杂程度,或将其模块化,变成简单的管理子系统,这些子系统通过因果关系、质量、能量或信息链相互连接。系统分析的目的是使复杂系统变得更容易被认识。系统分析的对象具有不同的水平(level)或尺度(scale),如生态系统、社会系统、经济系统等。本节所描述的是从植物个体上升到更复杂的群体尺度。

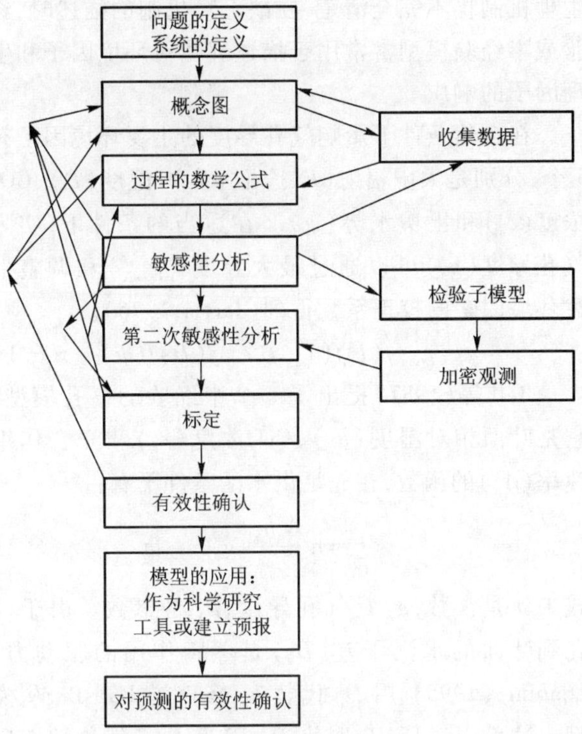

图 6.1 建模步骤

Figure 6.1 Diagram of modeling steps

个体的组合成为种群(population),各种植物种群组成一个群落。群落与非生物的相关的环境一起形成生态系统(ecosystem)。次大陆尺度的巨大生态系统和强大的生物连续体(biotic continuity)称为群落(biomes),地球上所有的生物体总称为生物圈。

系统尺度:在生态系统尺度上存在许多生物的(biotic)和非生物的(abiotic)相互作用。这些是一些环境问题的核心。同样我们需要考虑的问题是高于或低于这个尺度的过程。

每个复杂性水平的机制可以在低于该水平的机制上得到解释,并且在高于其水平的尺度上体现出意义。

(2) 选择合适的模型复杂度

模型复杂度的选择就是平衡的问题。一方面,要考虑那些对所关注问题最重要的状态变量和过程。另一方面,不要让模型比数据更复杂,这是很重要的。在模型上增加更多的连接,可以使它更接近现实,但加入新的参数不会再继续提高模拟效果。相反,更多的参数就意味着更多的不确定性。模型的合理简化也是重要方向。在更大的尺度上,模型输入的气象因子和参数更少,不易获得,模型必须更简化才能应用,这时如果用详细的模型可能会导致一些参数不准确而使它的预测更不准确。模型简化的目的是更需提炼出主干的过程,也就是"删繁就简三秋树,领异标新二月花"(郑板桥)。模型简化的任务就是发现哪些是主要过程,哪些是次要过程。忽略次要过程,让模型用较少的模块、语言和输入参数,得到误差许可范围内的结果。

(3) 数据的质量和数量

原则上,所有选定的状态变量的数据都应具备。

(4) 模型的概化

模型概化为模型提供所需的状态变量、强制函数和过程信息(这些信息对生态系统和关注的问题都很重要),并表明这些组分是如何通过过程联系起来的。

(5) 将过程表达为数学公式

许多过程可以用多个公式表示,故选择正确的公式对于最终模型的结果意义重大。

(6) 验证

一旦有了数学公式,就要进行验证,以检验模型的内部逻辑。这一步非常重要,可惜很多建模者都忽略了。这一步至少要回答以下问题:模型是否长期稳定?模型行为是否符合建模者初衷?这一步骤主要是运行模型。通过运行,建模者可以了解模型以及它对干扰的反应。对比模拟结果和观测结果,根据建模者的直觉和对模型反应的了解,改进模型。如果他对模型和观测结果的一致性满意,就可以接受该模型。

(7) 敏感性分析

通过敏感性分析,建模者对模型最敏感的成分有了较好的认识。所以,敏感性分析是为了度量参数、强制函数或子模型对最重要的状态变量的敏感程度。实际模拟过程中,通过改变参数、强制函数或子模型来进行敏感性分析。

(8) 标定

标定的目的是改善对参数的估计,通过变换选定的一些参数,使计算和观测数据最一致。可以用试差法或软件,寻找能使观测值和计算值最一致的参数。对于因果生态学模型,文献中找到的一些参数可能不是定值,而是大概的值或取值范围。

对标定的一些建议:① 从文献中找到尽可能多的参数。② 如果某些参数无法在文献中找到,用估计方法进行估算。对一些关键参数,最好用原位或试验室试验进行确定。③ 应该用敏感性分析,来确定哪些参数是最重要的。④ 对最重要的状态变量,使用加密数据收集程序，为最重要的参数提供更好的估计。⑤ 应该用没用过的数据进行标定。⑥ 二次敏感性分析的结果，会与首次敏感性分析的不同。⑦ 根据二次敏感性分析，对最重要的参数进行二次标定。

(9) 有效性确认

有效性确认和验证是不同的，标定之后必须进行有效性确认，对检验模型输出与数据的符合程度进行客观测验，以检测模型的可靠性。有效性确认采用的数据应该和标定的完全不同，需要有大量的模型目的确定出来的强制函数的数据，这一点是很重要的。客观测验的选择则取决于模型的目的和能使用的数据量，通常采用的是模型预测与观测值的标准差，或比较重要状态变量的观测和模拟的最小值和最大值。如果对几个状态变量进行有效性确认，则需要给出不同的权重。

6.2 土壤-植物-大气系统水分过程的模拟

6.2.1 叶片水平的模拟

(1) 气孔导度模型

气孔是生态系统水分循环的重要通道，受生理和环境因素等的控制。叶片气孔控制植物光合作用对 CO_2的吸收和蒸腾作用水分的散失，气孔大小调节水分利用效率和能量平衡中感热和潜热分配比例。因此，在农业生态系统中，气孔导度参数的确定是模拟作物生产力和水分利用效率的关键。

气孔模型按性质可分为机理模型和经验模型，按模拟的时间过程可分为动态模型和稳态模型。机理模型主要用于研究生理过程对单因子的生理响应，如气孔振荡（oscillation）与叶片水势的关系（Cowan, 1972），光合系统对环境 CO_2浓度的响应（Upadhyaya et al, 1983），也有综合性的研究（傅伟和王天铎，1994a，b）。其优点是理论性强，机制性明确；缺点是参数复杂，不易获得，过程太细，不实用。机理模型一般是动态模型，也有稳态。从动态的变化可以分析出作用机制，经验模型基本上是稳态模型。

气孔是发育完善的植物器官。目前气孔行为的生理机制仍不完全清楚，在缺乏对机制的描述时，经验或半经验模型常常用于描述气孔对环境因子和生理因子的响应。

在自然条件下影响气孔导度的主要环境因子有5个，分别是太阳辐射(I)、气温(T_a)、湿度(D)、CO_2浓度(c_a)和土壤水势(ψ)。在适当的条件下，实际气孔导度(g_s)可以通过最大导度（g_{max}）和调整上述环境因素的校正系数得到(Jarvis, 1976)。

$$g_s = g_{max} f(I) f(T_a) f(c_a) f(D) f(\psi) \qquad (6.1)$$

Ball 等(1987)提出了一个半经验的气孔模型，它是叶面相对湿度(h_s)，CO_2浓度(c_s)和光合作用速率(A_n)的函数，在充足供水的条件下有：

$$g_s = a\frac{A_n h_s}{c_s} + g_0 \qquad (6.2)$$

式中 a 是常数，g_s 是气孔导度，g_0 是参数。由于气孔到叶面的水汽压差(D_s)是蒸腾作用的驱动力，Leuning (1995) 用 D_s 代替 h_s 修正了 Ball-Berry 模型。这里，我们用 D 取代 D_s，因为 D 是气象学变量且容易得到。公式(6.2)可表示为：

$$g_s = a\frac{A_n}{(c_s - \Gamma)(1 + D/D_0)} + g_0 \qquad (6.3)$$

式中 Γ 是 CO_2补偿点，D_0是反映气孔对大气水汽压差 D 响应的特征参数(Pa)，它决定气孔导度对湿度响应曲线的弯曲程度。

即使在光补偿点以下，当光强增加时气孔导度开始迅速增加。Yu 等(2001)提出用总同化速率代替净同化速率，用 c_s 代替公式(6.3)中的($c_s - \Gamma$)：

$$g_s = a\frac{A_g}{c_s(1 + D/D_0)} \qquad (6.4)$$

式中 A_g 总同化速率，c_s 是叶面 CO_2浓度。在这个表达式中，公式(6.3)中的参数 g_0取 0，因为在黑暗中 A_g 和 g_s 趋近 0。

A_g 是环境变量的函数。我们采用一个修正项来考虑光合作用受气孔导度限制：

$$A_g = \frac{A_m \alpha I \eta c_a}{A_m \alpha I + A_m \eta c_a + \alpha I \eta c_a} \frac{g_s}{g_s + g_{int}} \qquad (6.5)$$

式中 A_m 是单位面积叶面 Rubisco 最大催化能力，α 为初始光化效力，η 为 CO_2 响应曲线的初始斜率 [μmol · m^{-2} · s^{-1}/(μmol · mol^{-1})]。g_{int} 是参数。如果 $g_{int} \to 0$，$g_s/(g_s + g_{int}) = 1$ 时，公式简化为对光和 CO_2的响应曲线。

A_m 是温度的函数(Collatz et al, 1991)：

$$A_m = A_0 \frac{Q_{10}^{(T_a-25)/10}}{1+\exp\{[-a_1+b_1(T_a+273)]/[R(T_a+273)]\}} \tag{6.6}$$

a_1, b_1是参数，当 $T_a=25$℃时 $A_m=A_0$，R 为通用气体常数。

假设对特定的植物，$g_s/(g_s+g_{int})$主要由叶片或土壤水分状况决定，因此，公式(6.5)可以修改为如下形式：

$$A_g = \frac{A_m \alpha I \eta c_a}{A_m \alpha I + A_m \eta c_a + \alpha I \eta c_a} f(\psi) \tag{6.7}$$

水势系数$f(\psi)$与凋萎水势(ψ_0)和最大水势(ψ_m)是简单的线性关系，因此，联合公式(6.4)和(6.7)，气孔导度能表示为对环境变量的函数：

$$g_s = a\frac{A_m \alpha I \eta}{(A_m \alpha I + A_m \eta c_a + \alpha I \eta c_a)} \cdot \frac{1}{(1+D/D_0)} \cdot \frac{\psi-\psi_0}{(\psi_m-\psi_0)} \tag{6.8}$$

气孔在黑暗中关闭，也就是说当 I 等于 0 时 g_s 等于 0，公式(6.8)是合理的。气孔对光、D 和水势的响应的边界层条件也是合理的。a 的单位与 CO_2 浓度的单位相同。

气孔导度模型是基于气孔导度和总光合速率（公式 6.4，Yu et al，2002）及光合作用和 I（公式 6.7，Thornley，1976）之间的关联。参数 α 和 A_m 涉及生物化学过程并受到环境因素的影响。模型由两部分组成：① 气孔导度和光合作用之间的关系（公式 6.4），受光、温度和 CO_2 浓度影响（公式 6.6 和 6.7）及将气孔导度统一到一个表达式中；② 蒸发需求的影响 D 和土壤水势也被包括在这个表达式中（公式 6.8）。

在田间自然条件下，研究了华北平原冬小麦光合作用和气孔导度对光强和 CO_2的响应。气孔导度是 Jarvis（1976）的经验模型和修正后的 BWB 模型（Ball et al，1987；Yu et al，2001）的扩展。光合作用对光强和 CO_2 响应用双曲线方程表示（Thornley，1976），减少了在模型中参数的数目。模型用实测的光、温度和 CO_2响应数据验证，观测环境温度和水汽压差日变化是较大的。模型解释了在环境因素变化剧烈的条件下的气孔响应特征。模型的多数参数，比如初始量子效率和最大光合速率（P_{max}）等有生理学意义。模型能响应包括基于其他生理学基础的影响，例如，叶龄和营养条件以及营养水平，尤其是叶片氮素含量。

植物蒸腾作用是净辐射能中的部分转化为潜热通量的物理过程，由气孔控制（Jarvis & McNaughton，1986）。Penman-Monteith 蒸散模型是基于能量平衡，冠层阻力是影响水汽扩散的唯一因素（Thom，1975）。因此，阻力的确定是模拟蒸散的关键。Yu 等（2001）提出了一个气孔模型，是太阳辐射、CO_2浓度和温度的函数，也是土壤水分和 D 的函数。在气候变化条件下，气孔关闭的机制仍然被研究，它的本质是评价初级生产力和水分利用。在很多水文学模型中计算光合作用是没有必要的（Hatton，1992；Gottschalck et al，2001），气孔模型能直接用于计算蒸腾作用。

除了气孔导度和大气湿度或 D_s 之间的关系外，Monteith（1995）在大量试验的基础上，提出了气孔导度对湿度的响应，在某种程度上随蒸腾速率增加而线性降低。气孔导度和蒸腾之间的线性关系和气孔导度与 D_s 之间的非线性关系是一样的（Leuning，1995）。Dewar（1995）给出了气孔模型中气孔导度与环境因子，光合作用和蒸腾作用的关系的详尽的解释。

经验模型中的参数没有明确的生理学意义，且随品种和地域变化（Calvet，2000），它的值确定的复杂性随参数的数目增加而迅速增加。Jarvis 模型通常包括 5 个环境变量，即光强、温度、湿度、CO_2浓度和土壤水分。半经验模型是基于植物生理学特征，尽管它们没有理论根据。有生理学基础的半经验模型的参数可扩展到一般模型。例如，P_{max}，α 和 η 有生理学意义，模型中的很多参数包含其他环境因子的影响。例如，最大光合速率是叶片氮含量的函数。由于光合参数是适用的，气孔导度和光合速率之间的关系包括在内以及植物营养包括在参数 P_{max}中。

经验模型有很多参数，半经验模型参数较少且有理论基础，例如，气孔导度和总光合速率从 0 增加，且边界条件暗示气孔导度和总光合速率有恒定的比率和节距，g_0趋近于 0（公式 6.3）。当分别考虑光和 CO_2 的影响时，光和 CO_2 的响应方程需要的参数减少。Cannell 和 Thornley（1998）提出温度和 CO_2浓度是影响以非直角双曲线表示的光合作用（P_n）的两个重要因素。

模型验证所需的数据是在控制光和 CO_2在较大的范围内测量的，具有普遍性。气孔导度模型验证的测量数据环境温度范围广，包括光和 CO_2 的日变化。

当光强超出极限后，光响应曲线不再是双曲线，光合速率随光强增加而降低(Yu et al,2002)。在高光强条件下,光合速率可能会由于光抑制的增强随光强增加显著降低(Leverenz,1994)。

(2) 叶水势动态

由于白天水分从土壤中的蒸发,土壤水势下降,并且根和叶片的水势更大。当土壤和根系之间的水势差增大时,根-土之间的总的阻力将随土壤水分的下降而增大(Cowan,1965)。

在大叶模型中考虑一个有效土壤水势。叶片水分状况决定于蒸腾引起的失水和根系吸水的供应。基于物质守恒,植物水分含量的变化从水分的吸收和散失计算出来:

$$C\frac{\mathrm{d}(h_s-h_1)}{\mathrm{d}t}=T_r-\frac{h_s-h_1}{R_{sl}} \tag{6.9}$$

其中 C 是水容,h_s 是根层平均土壤水势,h_1 是叶水势,R_{sl}是土壤到叶片间的水分传输阻力。水容定义为叶片含水量(W)变化与叶水势变化的比值($\mathrm{d}W/\mathrm{d}h_1$)。水容低的植物,其水势对水分含量的变化更加敏感。R_{sl}会随土壤和叶片的水势而变化。当土壤和叶片间的水势差增加时,水的通量会由于其间的阻力 R_{sl}的增加而迅速下降。假定 R_{sl}从最小阻力 R_{sl0}随之指数增加,即

$$R_{sl}=R_{sl0}\mathrm{e}^{k_1(h_s-h_1)} \tag{6.10}$$

其中 k_1是经验关系的系数。假定土壤水势变化远小于叶水势变化,也就是说 $\mathrm{d}(h_s-h_1)=-\mathrm{d}h_1$。

因此叶水势可以表达为:

$$-C\frac{\mathrm{d}h_1}{\mathrm{d}t}=T_r-\frac{h_s-h_1}{R_{sl0}\exp[k_1(h_s-h_1)]} \tag{6.11}$$

这个公式用于基于蒸腾速率的叶水势模拟。叶水势影响气孔阻力和蒸腾,该模型可以用于单株植物的水势模拟,并以单位地面积来表达(Yu et al,2007)。

6.2.2 群体水平的模拟

(1) 统计模型

Thornthwaite(1948)提出了由月平均气温估算的潜在蒸散(ET_p)模型:

$$ET_p=1.6(L/12)(N/30)(10T_a/I)^{a_1} \tag{6.12}$$

其中 L 是日长,N 是一月中的天数,T_a是月平均气温,I 是热指数,a_1为参数。

Blaney 和 Criddle (1950)将月作物耗水量表示为生长阶段与月平均气温的函数:

$$ET_p=k_c\cdot(0.0173T-0.314)\cdot T\cdot p/100 \tag{6.13}$$

其中 k_c 是月生长阶段系数,T 是月平均气温,p 是特定月份的日长百分比。

Hargreaves(1974)将潜在蒸散表示为温度(T)和相对湿度(RH)的函数:

$$ET_p=MF\cdot T\cdot CH \tag{6.14}$$

其中 MF 是与局地纬度相关的因子,CH 是相对湿度对潜在蒸散的修正因子,当相对湿度大于64%时,$CH=0.166(100-RH)^{1/2}$。

Jensen 等(1969)用辐射(R_s)和温度的阶乘函数来计算参考作物的蒸散(ET_0):

$$ET_0=R_s\cdot C_t\cdot(T-T_x) \tag{6.15}$$

其中 C_t 为经验系数,T_x 为温度截距。

Samani 和 Hargreaves(1985)表示潜在蒸散为辐射(R_a),日平均温度(T)和最高-最低温度差(TD)的函数:

$$ET_p=0.00094\cdot R_a\cdot T\cdot TD^{1/2} \tag{6.16}$$

这些估算水热通量的统计模型的优点是形式简单,资料易得,用于有长时间历史序列资料的地区的模拟效果较好,对大范围的水热通量模拟具有指导意义,但统计模型的经验性强,难以推广到其他地区,而且由于理论基础差,物理意义不明确,不具备对未来的预测能力。

(2) 过程模型

统计模型注重结果与输入因子的相关性,常常依赖于历史资料,区域性强,而普适性差。过程模型是指通过模拟影响水热和CO_2通量传输的物理和生理过程,包括光合作用、呼吸作用、蒸腾作用等过程来揭示环境因子与水热过程的相互作用。

① 单层模型

单层模型是将土壤和冠层视为一个整体,并假定冠层与大气的感热和潜热交换发生在同一个水平层,冠层吸收的太阳辐射能转换成植被冠层的潜热和感热两部分。冠层本身的生理生化过程消耗的能量很小,可忽略不计;而当植被足够浓密,叶面积指数较大时,向下的土壤热通量和土壤与冠层之间的能量交换也可以忽略。单层模型当叶面积足够大并且下垫面供水充分时,能较好地模拟农田的能量平衡过程,而且它的参数少,应用方便。

Penman 公式

Penman(1948)通过将感热和潜热通量(λE)的对流方程与能量平衡方程相结合消去表面温度推导

出了 Penman 公式，用于计算下垫面均一、水分供应充足、生长旺盛的矮草作物的蒸散：

$$\lambda E=\frac{\Delta(R_n-G)+\rho C_p D/r_a}{\Delta+\gamma} \tag{6.17}$$

式中 Δ 为饱和水汽压对温度曲线的斜率，R_n 为净辐射，G 为土壤热通量，ρ 为空气密度，C_p 为空气定压比热容，D 为空气水汽压差，r_a 为空气动力学阻力，γ 为干湿表常数。

Penman 公式形式简单，物理意义明确，因此成为了计算各种作物潜在蒸散的基础方法。但是 Penman 公式没有包括任何植被因子对蒸散的影响，不能用于计算各种作物的实际蒸散。

Penman-Monteith 公式

Monteith 通过引进具有生理意义的冠层阻力（r_c）改进了 Penman 公式（Monteith，1965；Monteith，1973），建立了当前广为应用的 Penman-Monteith 公式：

$$\lambda E=\frac{\Delta(R_n-G)+\rho C_p D/r_a}{\Delta+\gamma\left(1+\frac{r_c}{r_a}\right)} \tag{6.18}$$

Penman-Monteith 公式由于引入了植被因子，可以考虑植被叶面积指数变化、水分、氮素亏缺等对蒸散的影响，因此一经提出即得到了广泛的应用，成为估算各种植被感热和潜热通量的经典方法（Doorenbos & Pruit，1977；Brutsaert & Stricker，1979；Brutsaert，1982；Katul & Parlange，1992；Parlange & Katul，1992；Konzelmann et al，1997；Domingo et al，1999）。P-M 公式将地表和土壤视为一个单独的植被层，冠层吸收的太阳辐射能转换成植被冠层的潜热和感热两部分。当植被足够浓密，叶面积指数较大时，向下的土壤热通量和土壤与冠层之间的能量交换也可以忽略。

Penman-Monteith 公式应用过程中的主要问题是如何确定冠层阻力，冠层阻力是冠层导度的倒数，而冠层导度又为叶片导度在冠层尺度上的扩展，最经典的叶片气孔导度模型为 Jarvis（1976）提出的阶乘模型，叶片气孔导度（g_s）表示为各个气象、植被和土壤因子的阶乘函数（Jarvis，1976；Jarvis & Morison，1981；Running & Coughlan，1988）：

$$g_s=\max(g_{max}f(I)f(T)f(D)f(\psi),g_{min}) \tag{6.19}$$

其中 g_{max} 和 g_{min} 是最大和最小气孔导度，$f(I)$、$f(T)$、$f(D)$ 和 $f(\psi)$ 是光合有效辐射、温度、水汽压差、水势对气孔导度的限制因子。

Farquhar（1978）提出计算气孔导度的前馈阶乘模型为：

$$g_s=g_n+g_x\frac{Q_p}{Q_p+b}\left[\left(\frac{T-T_n}{T_o-T_n}\right)\left(\frac{T_x-T}{T_x-T_o}\right)^a\right]\left(\frac{1-b'D/P_a}{1+b''D/P_a}\right) \tag{6.20}$$

其中，g_x 和 g_n 是最大和最小气孔导度，Q_p 为太阳辐射，T_o、T_x、T_n 为最适、最高和最低温度，P_a 为大气压，a、b、b'、b''为经验常数。

Lohammer 等（1980）提出的气孔导度阶乘模型形式为

$$g_s=g_n+g_x\frac{Q_p}{Q_p+b}\left[\left(\frac{T-T_n}{T_o-T_n}\right)\left(\frac{T_x-T}{T_x-T_o}\right)^a\right]\left(\frac{1}{1+b''D/P_a}\right) \tag{6.21}$$

在不同尺度的模型中需要不同尺度的气孔导度模型，因此如何将气孔导度扩展到不同尺度上始终是一个复杂而重要的问题。气孔导度从单叶到冠层的扩展有着不同的方法：

阴阳叶导度平均法（Bailey & Davis，1981）

$$g_s=[(g_{s,n}+g_{s,e})/2]\times L \tag{6.22}$$

式中 $g_{s,n}$ 和 $g_{s,e}$ 分别是阳叶和阴叶的气孔导度，L 是叶面积指数。

顶层阳叶取样法（Whitehead et al，1981）

$$g_s=g_{s,n,T}\times L \tag{6.23}$$

式中 $g_{s,n,T}$ 是冠层顶层占 25% 叶面积指数的阳叶的平均气孔导度。

权重法（Duncan et al，1967）

$$g_s=g_{s,n}\times L_n+g_{s,e}\times L_e \tag{6.24}$$

式中 L_n 和 L_e 分别是阳叶和阴叶的叶面积指数。

有效叶面积指数法（Szeicz & Long，1969）

$$g_s=[(g_{s,n}+g_{s,e})/2]\times L_f \tag{6.25}$$

式中有效叶面积指数（L_f）表示为

$\begin{cases}L_f=L, & L\leqslant L_x/2\\ L_f=L_x/2, & L>L_x/2\end{cases}$，$L_x$ 是最大叶面积指数。

冠层分层法

$$g_s=\sum_{i=1}^{3}(L_{n,i}\times g_{s,n,i}+L_{e,i}\times g_{s,e,i}) \tag{6.26}$$

多重叶角分级法（Sellers et al，1986）

$$g_s=\sum_{i=1}^{3}\left[\sum_{j=1}^{5}(g_{s,n,i,j}\times L_{n,i,j})+g_{s,e,i}\times L_{e,i}\right] \tag{6.27}$$

式中 i 表示冠层的分层数，j 表示叶倾角的等级。

将冠层导度表示为光斑(sunlit)、遮阴(umbral)和部分遮阴(penumbral)叶片的气孔导度在冠层上的积分。

$$g_s=\int_0^L g_s(Q_{ps}T_{ls}D_s)\,P_s(L')+g_s(Q_{pu}T_{lu}D_u)\,P_u(L')$$

$$+g_s(Q_{pp}T_{lp}D_p)\,P_p(L')\,\mathrm{d}L' \qquad (6.28)$$

其中 Q_{ps}、Q_{pu}、Q_{pp} 分别表示光斑、遮阴和部分遮阴叶片所接受的太阳辐射,T_{ls}、T_{lu}、T_{lp} 分别表示光斑、遮阴和部分遮阴叶片的温度,D_s、D_u、D_p 分别表示光斑、遮阴和部分遮阴叶片的叶面水汽压差。通常,需要与一个辐射传输模式和能量平衡模型结合来求解。

Priestley-Taylor 公式

Priestley 和 Taylor(1972)通过引进"平等蒸发力"这个概念简化了 Penman 公式:

$$\lambda E=\frac{\alpha\cdot\Delta(R_n-G)}{\Delta+\gamma} \qquad (6.29)$$

α 值一般取为 1.26。De Bruin 和 Holtslag(1982)在 Priestley-Taylor 方法的基础上发展了估算下垫面水分充足的低矮作物的水热通量:

$$\lambda E=\alpha'\frac{\Delta}{\Delta+\gamma}(R_n-G)+\beta \qquad (6.30)$$

$$H=\frac{(1-\alpha')\Delta}{\Delta+\gamma}(R_n-G)-\beta \qquad (6.31)$$

式中 α' 和 β 为经验常数。这种方法适于湿润和半湿润地区估算大面积低矮作物的蒸散,但在干旱半干旱地区,由于下垫面复杂的热力和动力作用,这种方法的应用受到了限制。

作物系数法

作物系数法是基于在作物的生长阶段,作物需水量的变化主要由作物覆盖和气候因子的变化决定(Doorenbos & Pruitt,1977)。当作物不受土壤水分亏缺时,实际蒸散(ET)为潜在蒸散与生长阶段作物系数(K_c)的乘积:

$$ET=K_c\cdot ET_p \qquad (6.32)$$

潜在蒸散一般使用 Penman 公式或 Priestley-Taylor 公式。Doorenbos 和 Pruitt (1977)提供了不同气候条件下不同作物在不同生长阶段的作物系数,这为那些没有实测资料的地区估计实际蒸散提供了便利。但是在有实测资料的地区使用时,必须对作物系数进行订正以获得当地作物不同生长阶段的作物系数。

② 双源模型

Shuttleworth-Wallace 公式

单层模型当叶面积足够大并且下垫面供水充分时,能较好地模拟农田的能量平衡过程,而且它的参数少,应用方便。但在干旱半干旱地区或植被稀疏的情况下,它的应用受到了很大的限制,因为冠层和土壤两个表面的通量有显著的不同。因此,单层模型已经被扩展为双源或双层模型。Menenti (1984)将 Penman 公式扩展到双层并应用遥感技术来计算沙漠地区的蒸散。经典的双源模型是由 Shuttleworth 和 Wallace(1985)提出,将冠层和土壤分开考虑,分别计算其能量平衡,S-W 公式的具体形式为:

$$\lambda E=C_cPM_c+C_sPM_s \qquad (6.33)$$

$$PM_c=\frac{\Delta(R_n-G)+[\rho C_pD-\Delta r_a^c(R_{ns}-G)]/(r_a^a+r_a^c)}{\Delta+\gamma\left(1+\dfrac{r_s^c}{r_a^a+r_a^c}\right)} \qquad (6.34)$$

$$PM_s=\frac{\Delta(R_n-G)+[\rho C_pD-\Delta r_a^s(R_n-R_{ns})]/(r_a^a+r_a^s)}{\Delta+\gamma\left(1+\dfrac{r_s^s}{r_a^a+r_a^s}\right)} \qquad (6.35)$$

式中 R_{ns} 为土壤吸收的净辐射,r_a^a 为冠层源高度到参考高度的空气动力学阻力,r_a^c 为冠层表面边界层阻力,r_a^s 为土壤表面到冠层源高度的空气动力学阻力,r_s^c 为冠层阻力,r_s^s 为土壤阻力,C_c 和 C_s 分别为冠层和土壤的系数。每一项在形式上类似于 Penman-Monteith 公式。

S-W 公式已经被广泛应用于农业和非农业作物(Stannard, 1993; Farahani, 1994)。Farahani(1994)将 S-W 模型扩展到可以模拟当土壤表面有残茬时的土壤蒸散;Mo 和 Liu(2001)基于双源模型建立了模拟光合和蒸散的过程模型,很好地模拟了冬小麦生长季的光合和蒸散。双源模型明确地区分了冠层和土壤的能量交换,较之单层模型更接近农田能量转换的实际情况,因而提高了模型的预测精度。然而,双源模型的应用过程中的最大困难就是各项阻力的确定,模拟阻力产生的误差有时会对模拟结果的精度造成很大的影响。

Choudhury-Monteith 公式

Choudhury 和 Monteith(1988)在 Menenti(1984)和 Shuttleworth 和 Wallace (1985)工作的基础上提出了均一下垫面的四层水热传输解析模式。植被冠层和土壤层各分为两层,植被冠层能量平衡的计算仍按照 Shuttleworth-Wallace 公式,但是将土壤分成了上层完全干的层和下层湿润层，四层模式模拟的亚利桑那州小麦蒸散与用大型蒸渗仪的实测结果比较一致。尽管四层模型仍然属于双源模型，但是它对土壤阻力的处理更加精细，可以考虑更细致的土壤水分运移过程对蒸散的影响。

③ 多源模型

当下垫面不再是单一植被时，如下垫面可能是农作物、矮草、灌木丛或各种植被混合生长时，用单层或双源模型就不能真实地描述植被的水热通量，因为不同作物的生长状况不同，冠层导度也就不同。Dolman (1993)发展了一个多源陆地表面能量平衡模型，并应用于热带雨林、热带草原和农田作物能量平衡的计算，无论是模拟短时间或长期的蒸发都取得了比较好的结果。Brenner 和 Incoll (1997)进一步扩展了 Dolman 的多源模型，将下垫面区分为植被和非植被两种类型，并且可以考虑当下垫面有残茬时的土壤蒸发过程。

④ 多层模型

无论单层模型或是双源模型都将植被冠层视为一层，但是田间植物具有垂直结构，在不同高度层次上，植被所处的微环境不同，因此应该将冠层（植被和空气）按高度划分成不同的层次，根据每一层的微气象条件（温度，水汽压，风速，辐射，CO_2浓度）来计算各层的感热和潜热通量，再累加成冠层尺度的量。

Waggoner 和 Reifsnyder (1968)以及 Goudriaan 和 Waggoner (1972)发展了多层模型，每一层感热和潜热通量通过电学类比理论来计算，多层模型包括了冠层垂直结构变化，微气象环境对水热能量交换的影响，但是由于每一层的微气象因子难以测定，因此提供解析的方法来计算整层通量显得更加有意义，Chen (1984)通过引入焓和超额热通量流两个变量建立了非耦合的感热和潜热通量的解析模式；Lhomme (1988)将 Penman-Monteith 公式扩展到了多层模型，但模型中参数众多，结构复杂，难以应用。

空气动力学阻力的确定是制约多层模型应用的一个重要因子，当前的多层模型中，计算空气动力学阻力主要基于三种方法：梯度扩散理论（K-theory）、高阶闭合方法和 Lagrangian 公式。其中应用最广泛的方法是 K-theory。但由于在试验中观测到了通量反梯度传输（Denmead & Bradley, 1987; Thurtell, 1989），K-theory 的应用受到了挑战，因为在许多冠层中，涡度的尺寸几乎与冠层高度同阶，K-theory 假设的有效性不再成立。一些多层模型中使用高阶闭合模型（Meyers & Baldocchi, 1988; Wilson, 1989）或 Lagrangian 原理（Dolman & Wallace, 1991; Hsieh et al, 1997）来模拟冠层内的涡度传输。然而，这种高阶闭合模型与 Lagrangian 方法要求详细的冠层结构信息，在计算过程中耗费大量的时间，不适宜于应用。而且 Wu 等（2001）比较了分别用 K-theory 和 Lagrangian 方法计算的双层和单层模型，发现两者的差别很小。

多层模型虽然将冠层或土壤分为好几层，考虑了热量和水在冠层和土壤中传播的层次性，但多层模型需要的输入参数多，这些参数有时难以获得或无法测定，而且参数的不确定性导致多层模型的计算结果未必比大叶模型和双源模型准确，因此在水热传输模拟中应用较少。

6.3 农田生态系统作物生长与水、热、CO_2传输综合模型

天气是控制植被生长和发育的主要因子之一（Wolf, 1993; Goudriaan, 1996; Nonhebel, 1996; Hoogenboom, 2000; Mall et al, 2004）。而植被干物质和叶面积指数的变化又会对不同时空尺度的水碳循环和气候系统产生重大的影响（Charney, 1975; Dickinson & Sellers, 1988; Lean & Rowntree, 1993; Dirmeyer & Shukla, 1994; Bonan, 1995; Dickinson, 1995; Dolman, 1997; Lean & Rowntree, 1997; Xue, 1997），因此大气、植被和土壤存在着复杂的相互作用。CO_2、水汽和能量通量的观测和模拟是了解控制植被和大气相互作用的生物物理和生理过程的基本方法，FLUXNET 为此提供了一个强有力的研究平台（Baldocchi et al, 2003）。基于长期和连续的水、碳和能量通量的测量，进一步发展土壤-植被-大气传输模型（SVAT），用以研究植被和大气相互作用及反馈机制并将其移植到中尺度模型和大气环流模式（GCMs）中是当前和未来预测气候变化和评价气候变化对植被影响的一个重要任务。过去的几十年，大量描述土壤-植被-大气水汽交换的 SVAT 模型已经被建立（例如 Deardorff, 1978; Sellers et al, 1986; Noilhan & Planton, 1989; Flerchinger et al, 1989, 1991; Dawes & Hatton, 1993; Famiglietti & Wood, 1994; Braden, 1995;

Braud et al,1995;Noilhan & Mahfouf, 1996;Sellers et al,1996;Dickinson et al,1998)。

早期的SVAT模型考虑了水汽传输的物理过程,但一般都采取对现实简化的描述(Verhoef & Allen, 2000),特别是植被部分(Deardorff,1978;Flerchinger et al,1989, 1991)。BATS模型(Dickinson,1984)和SiB模型(Sellers et al,1986)能够准确地描述植被、土壤与大气的感热和潜热通量交换过程,但是这些模型没有考虑土壤-植被-大气连续体中的生物化学过程,如叶片气孔阻力常表示为光强、气温、湿度、大气CO_2浓度和土壤湿度等的经验阶乘函数(Jarvis,1976;Avissar et al,1985),或者是对每种植被给出一个固定的冠层导度。由于阶乘模型能够有效地模拟气孔导度,因此被许多SVAT模型广泛采用。但这些模型没有考虑光合作用和气孔导度的反馈机制,因此不能描述气孔导度对未来CO_2浓度变化的响应。Ball等(1987)和Colltza等(1991)将气孔导度和净光合速率以及CO_2浓度联系起来,根据这种关系,许多光合和气孔导度耦合模型被建立(Leuning,1995;Harley & Baldocchi,1995;Jacobs et al,1996)。随后,这种改进的叶片气孔导度模式开始被SVAT模型采用(Bonan,1996;Sellers et al,1996;Dickinson et al,1998)。不过Ball-Berry模型的应用前提是作物水分供应充足,当土壤或作物受到水分亏缺影响时,必须对Ball-Berry模型进行改进。因此我们当前建立的模型考虑了作物和土壤水分对叶片气孔导度的影响。此外,早期的SVAT模型将植被和土壤层视为一层(Deardorff,1978;Dickinson,1986)——即Penman-Monteith描述的大叶模型(Monteith,1965)。由于大叶模型不适用于模拟稀疏植被或非均匀下垫面的植被蒸散,因此多层或多源模型得到了更广泛的应用(Shuttleworth & Wallace,1985;Sellers et al,1986;Dolman,1993;Kustas,1999)。

尽管当前GCMs中的SVAT模型通过采用更加复杂和详细的方式处理冠层和土壤水热平衡来模拟植被和大气的相互作用,但是它们一般不能模拟植被的动态变化,如在陆面模式中叶面积指数常常是输入变量(Bonan,1996;Sellers et al, 1996),因此,这些模型不能描述植被和大气的双向反馈作用。最近一些工作开始将SVAT模型和植被生长模型相结合(Cox, 2000;Lu et al, 2001;Tsvetsinskaya et al, 2001a,b)。这些模型大部分都是基于较大的空间尺度和较长的时间尺度。而我们当前建立的模型主要从更短时间尺度来研究植被和大气的生物物理和生物化学过程。

另一方面,从作物生长模型来看,尽管当前作物生长模型趋向于更强的机制性和综合性,但模型对一些实际情况的简化仍存在较大偏差。例如,在不同的植被和气候条件下,对冠层和土壤的处理情况是有很大差别的,作物生长模型应该随着基于过程模型的改进而改进,对于均匀、郁闭冠层以及湿润地区,单层模型,如Penman公式(Penman,1948)、Penman-Monteith公式(Monteith,1965)以及Priestley-Taylor方程(Priestley & Taylor,1972)用来模拟蒸散是足够准确的;而双源模型和多源模型更适用于非均匀和稀疏或干旱的地区(Waggoner & Reifsnyder,1968;Shuttleworth & Wallace,1985;Choudhury & Monteith,1988;Noihan & Planton,1989;Kustas,1990;Shuttleworth & Gurney,1990;Mihailovic & Ruml,1996;Brenner & Incoll,1997)。此外,当前大部分作物生长模型对光合和蒸腾分别计算,而实际上二者是通过气孔调控耦合在一起的(Collatz et al,1991;Harley et al,1992;Leuning et al,1995;Nikolov et al,1995)。因此,本节基于长期的涡度相关观测和光合蒸腾耦合模型,建立一个土壤-植物-大气综合模型来模拟作物生长过程以及能量和CO_2通量的瞬时变化。

6.3.1 作物生长与水、热、CO_2传输综合模型(ChinaAgrosys)

本节提出的土壤-植被-大气综合模型由三个模块组成(图6.2):土壤、作物和微气象模块。土壤模块包括土壤热传输、水分运动以及根吸水子模型;作物生长模块包括光合和呼吸、气孔导度、干物质积累与分配、叶面积生长与发育期子模型;微气象模块包括冠层内辐射传输、能量平衡、空气动力学阻力与冠层阻力子模型。叶片气孔导度由光合-气孔导度耦合模型描述并考虑叶片水势对气孔导度的影响。冠层导度为阴叶与阳叶导度之和。土壤蒸发与蒸腾由多层水热传输模型计算。

(1) 作物生长模块

作物生长模块描述了冠层的光合、呼吸、同化物累积、干物质分配、叶面积指数变化以及生育期发展,其中冠层光合、呼吸和叶面积指数变化基于瞬时尺度,而作物生长、干物质分配和生育期发展基于日尺度。

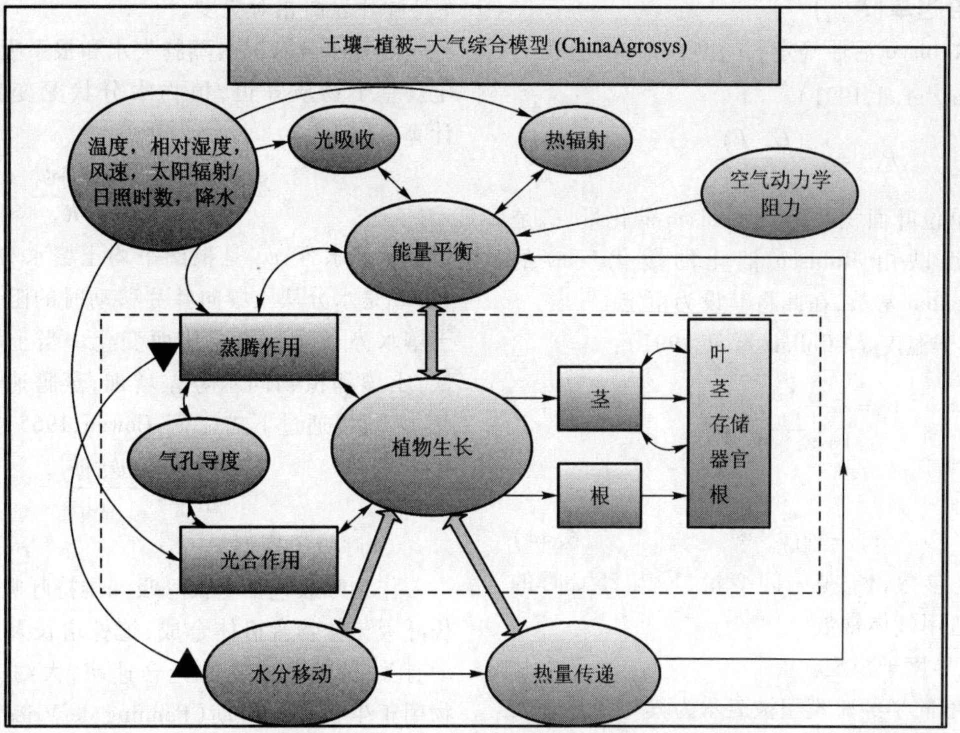

图 6.2 ChinaAgrosys 的示意图

Figure 6.2 The schematic graph of ChinaAgrosys

① 光合作用子模型

冠层光合(P_{cn})模型由叶片尺度的光合作用生化模型通过考虑阴叶($P_{u,n}$)和阳叶($P_{n,s}$)扩展到冠层。

$$P_{cn}=P_{u,n}+P_{n,s} \tag{6.36}$$

Farquhar 等(1980)和 von Caemmerer 和 Farquhar(1981)等提出的 C_3植物叶片光合作用的生化模型，叶片光合基于羧化和电子传递两个基本过程。将光合作用表征为胞间 CO_2 浓度(intercellular CO_2 concentration, C_i)、光合作用光子通量密度(I)和温度(T_l)的函数。胞间 CO_2浓度由净光合速率和气孔控制的气体扩散阻力或导度决定。光合速率可以表示为几个限速的过程：

$$P_n \approx \min\begin{Bmatrix} J_E, f(I,a,C_i,T_l) \\ J_C, f(V_m,C_i,T_l) \\ J_S, f(T_l,V_m) \end{Bmatrix} - R_d, f(T_l,V_m) \tag{6.37}$$

其中 J_E是受 RuBP 电子传递速率限制的光合作用速率，它依赖于电子传递速率；J_C是受 Rubisco 酶活性限制的光合作用速率，而 J_S 是对光合产物的利用能力(最大可能为蔗糖合成物)，R_d 为叶片的暗呼吸速率，与羧化速率(V_m)和叶温有关(Collatz et al, 1991)：

$$R_d=rV_m \tag{6.38}$$

r 是比例常数。

Collatz 等(1991)和 Leuning(1995)等将该模型改进用以模拟光合作用和蒸腾作用的耦合。光合作用和辐射通量密度(I)的关系用一个非直角双曲线表示(Thornley, 1976)：

$$\theta P_n^2-P_n(\alpha I+P_{max})+\alpha I P_{max}=0 \tag{6.39}$$

也可表示为：

$$P_n=\frac{\alpha I+P_{max}-\sqrt{(\alpha I+P_{max})^2-4\alpha\theta I P_{max}}}{2\theta}-R_d \tag{6.40}$$

其中 α 为初始光能利用效率，P_{max}为最大光合速率，θ 为凸度，P_n 为总光合速率，R_d 为暗呼吸，α 和 P_{max} 是与受环境因子影响的生物化学过程相关的参数。

初始光能利用效率(α)

α 决定于 CO_2浓度(Goudriaan et al, 1985)：

$$\alpha=\frac{\alpha_0(C_i-\Gamma)}{C_i+2\Gamma} \tag{6.41}$$

其中，α_0是 CO_2同化的初始量子效率，C_i 是胞间 CO_2 浓度，Γ 是 CO_2补偿点。

最大光合速率(P_{max})

P_{max}由 Rubisco 活性确定,是温度和 CO_2分压力的函数(Collatz et al,1991)

$$P_{max}=\frac{V_m(C_i-\Gamma)}{C_i+C_0} \tag{6.42}$$

其中,V_m 为单位叶面积的最大 Rubisco 催化量,C_0是一个参数,反映由 Rubisco 催化的羧化反应的 Michaelis-Menten 常数,在此将其设为恒定。

V_m 依赖于温度 T_l(Collatz et al,1991):

$$V_m=\frac{V_{m0}}{1+e^{\frac{-a_1+a_2(T_l+273)}{R(T_l+273)}}} \tag{6.43}$$

其中

$$V_{m0}=V_0Q_{10}^{\frac{T_l-25}{10}} \tag{6.44}$$

其中 a_1,a_2是参数,V_{m0}是中间变量,V_0为 25℃时的 V_{m0}值,R 是通用气体常数。

② 气孔导度子模型

气孔导度的半经验模型被表示为其与叶片表面上的湿度、CO_2浓度(C_s)和光合速率(P_n)的函数(Goudriaan & van Laar,1978;Ball et al,1987;Leuning,1995;Monteith,1995;Wang & Leuning,1998;Yu et al,2004):

$$g_s=m\cdot\frac{P_n}{(C_s-\Gamma)\cdot(1+D_s/D_0)}f(\psi_l)+g_0 \tag{6.45}$$

其中 Γ 为 CO_2补偿点,D_0是一个反映气孔对空气水汽压亏损 D_s 响应特征的参数,m 和 g_0是经验参数。当存在水分胁迫时,气孔导度和光合作用的上述关系依然存在(Wong,1985a,b)。

通量梯度方程表示为:

$$C_i=C_s-\frac{P_n}{g_s} \tag{6.46}$$

基于公式(6.45)和(6.46),C_i 可以表示为(Yu et al,2002):

$$C_i=C_s-\frac{(C_s-\Gamma)\cdot(1+D_s/D_0)}{m\cdot f(\psi_l)} \tag{6.47}$$

$$f(\psi_l)=\frac{1+e^{s_f\cdot\psi_f}}{1+e^{s_f\cdot(\psi_f-\psi_l)}} \tag{6.48}$$

其中 $f(\psi_l)$是叶水势(ψ_l)的修正系数,在 0~1 范围内变化,s_f是敏感性参数,ψ_l为叶水势,ψ_f为参考叶水势(Tuzet et al, 2003)。

$$D_s=e_s(1-h/100) \tag{6.49}$$

$$e_s=6.11\cdot e^{\frac{17.27\times T_l}{T_l+237.3}} \tag{6.50}$$

h 是叶片表面相对湿度。

叶片水分状况由蒸腾失水和根系吸水间平衡决定。基于物质守恒,植物水分状况变化可由下式计算:

$$c\frac{d(\psi_s-\psi_l)}{dt}=T_r-\frac{\psi_s-\psi_l}{R_{sl}} \tag{6.51}$$

这里 c 是水容,ψ_s 是根圈平均土壤水势,ψ_l 是叶水势,R_{sl}是水分从土壤向叶片移动时的阻力。R_{sl}也随土壤水势和叶水势变化而变化。当土壤很干的时候,土壤和植物间水势差增加,蒸腾速率降低。因此,ψ_l 可以通过下式计算(Cowan,1965):

$$-c\frac{d\psi_l}{dt}=T_r-\frac{\psi_s-\psi_l}{R_{sl}} \tag{6.52}$$

③ 呼吸子模型

作物呼吸包括生长呼吸和维持呼吸两部分。生长呼吸与作物有机体合成、植株增长及新陈代谢活动有关,依赖于作物的光合速率,大约 10% 的同化物用于生长代谢活动(Penning de Vries et al,1989;Arora & Gajri,2000)。

维持呼吸(R_m)

叶片、茎、根和籽粒的维持呼吸由下式计算(Arora & Gajri,2000):

$$R_m=R_{m0}\cdot W\cdot Q_{10}^{(T_a-T_o)/10} \tag{6.53}$$

式中 T_a,T_o 分别为气温和参考气温,R_{m0}是参考温度为 25℃时叶、茎、根和籽粒的维持呼吸率,分别为 0.001 25,0.000 625,0.000 417 和 0.000 417 $kg\cdot kg^{-1}\cdot h^{-1}$,$W$ 是叶、茎、根和籽粒的干重(kg),Q_{10}为温度每增加 10℃时的呼吸增长率。

生长呼吸(R_g)

生长呼吸可以表示为总光合速率和维持呼吸差的函数(Knorr,2000):

$$R_g=\begin{cases}r_g\cdot(P_n+R_d-R_m), & P_n+R_d-R_m>0\\0, & \text{其他情况}\end{cases} \tag{6.54}$$

这里,r_g 是生长呼吸参数。

土壤呼吸(R_s)

土壤呼吸主要是土壤温度和土壤水分的函数(Lee & Hu,2002):

$$R_s=R_0\cdot\frac{\theta}{a+\theta}\cdot\frac{b}{b+\theta}\cdot Q_{10}^{\frac{T_s-25}{10}} \tag{6.55}$$

其中 R_0 是参考温度(25℃)下的土壤呼吸(0.000 297 $kg\cdot m^{-2}\cdot h^{-1}$),$T_s$ 是从土壤表面到 10 cm深的平均土壤温度,θ 是根圈深度平均土壤含水量,a、b是回归系数,Q_{10}为温度每变化10℃呼吸速率变化率(1.7)。

④ 同化物累积(DM)

植物同化累积是光合产物减去呼吸消耗的结果,即:

$$DM=\sum_{i=1}^{24} F_{ci} \tag{6.56}$$

$$F_{ci}=\zeta \cdot P_{cn} \cdot L-(R_g+R_m) \tag{6.57}$$

F_{ci}是每小时净光合累积($kgCH_2O \cdot m^{-2} \cdot h^{-1}$),$\zeta$是糖类转换系数(0.75),$L$是叶面积指数。

⑤ 干物质分配子模型

在营养生长期,总的干物质在根(f_R)、茎(f_S)、叶(f_L)之间分配系数有如下关系:

$$f_R+f_S+f_L=1 \tag{6.58}$$

$$T_r=T_0 \cdot W_1 \cdot SLA=U \cdot W_1 \tag{6.59}$$

T_r是冠层的蒸腾量(mm),T_o为单位叶面积的蒸腾速率,U为每单位叶干重的叶片蒸腾速率。这里我们在传统的根系吸水模型(Gardner, 1960; Herkelrath et al, 1977)的基础上做修改:

$$A_b=\frac{\theta}{\theta_s} \cdot E_r \cdot \frac{1}{WPL} \cdot (\psi_s-\psi_r) \cdot W_r=V \cdot W_r \tag{6.60}$$

A_b是根系的吸水量(mm),θ_s为土壤饱和含水量,V为每单位根干重吸水速率,WPL为单位根长的干重。

$$W_s=c \cdot W_1+d \tag{6.61}$$

$$T_r=K \cdot A_b \tag{6.62}$$

c,d,K是经验系数。通过公式(6.61)和(6.62)可以得到:

$$\Delta W_1=f_L \cdot DM \tag{6.63}$$

$$\Delta W_s=c \cdot \Delta W_1 \tag{6.64}$$

$$\Delta W_r=\frac{U \cdot \Delta W_1}{K \cdot V} \tag{6.65}$$

联合公式(6.58)、(6.63)~(6.65),我们得到分配系数如下:

$$f_L \cdot DM+c \cdot f_L \cdot DM+\frac{U \cdot f_L}{K \cdot V} \cdot DM=DM \tag{6.66}$$

$$f_L=\frac{K \cdot V}{U+(1+c) \cdot K \cdot V} \tag{6.67}$$

$$f_S=c \cdot f_L \tag{6.68}$$

$$f_R=\frac{U}{K \cdot V} \cdot f_L \tag{6.69}$$

在生殖生长期,光合作用产物全部用于籽粒灌浆。

⑥ 发育期子模型

冬小麦的发育期模型包括温度和光周期的作用,同时考虑春化作用过程。发育阶段由几个特征值描述,其中0为出苗,1为开花,2为成熟。中间值根据发育速率计算,发育速率在营养生长阶段由日平均气温和日长决定,而在生殖生长阶段只由温度决定。模型中发育速率(R_{dev})根据一个阶乘函数来确定(Wang & Engel, 1998),在营养生长阶段:

$$R_{dev}=R_{dev,max} f(T) f(V) f(h_{php}) \tag{6.70}$$

式中$R_{dev,max}$为最大发育速率(d^{-1}),$f(T)$为发育速率对温度的响应函数,$f(V)$和$f(h_{php})$分别表示春化作用和光周期对发育速率的影响。在生殖生长阶段:

$$R_{dev}=R_{dev,max} f(T) \tag{6.71}$$

其中温度响应函数$f(T)$表示为:

$$f(T)=\begin{cases}\dfrac{2(T-T_{min})^{\alpha}(T_{opt}-T_{min})^{\alpha}-(T-T_{min})^{2\alpha}}{(T_{opt}-T_{min})^{2\alpha}} \\ 0\end{cases} \tag{6.72}$$

式中T为气温(℃),T_{min}、T_{opt}和T_{max}分别为作物生长的最低气温(℃)、最适气温(℃)和最高气温(℃)。而系数α为:

$$\alpha=\ln 2/\ln\left(\frac{T_{max}-T_{min}}{T_{opt}-T_{min}}\right) \tag{6.73}$$

而春化作用的影响函数$f(V)$为:

$$f(V)=\min\left[1,\max\left(0,\frac{V_n-V_{nb}}{V_{nd}-V_{nb}}\right)\right] \tag{6.74}$$

式中V_{nd}为生理春化日数(d),V_{nb}为基本春化日数(d),与作物的遗传特性有关。而V_n为实际春化日数(d),由春化率$f_{vn}(T)$决定,其表达形式为:

$$V_n=\sum_{germ}^{n} f_{vn}(T) \tag{6.75}$$

其中春化率由公式(6.74)计算。

光周期的影响函数$f(h_{php})$为:

$$f(h_{php})=1-\exp[-\chi \cdot \omega \cdot (h_{php}-h_{pc})] \tag{6.76}$$

式中h_{php}为日长(h),χ对于长日照植物取为1,短日照植物取-1。ω为光周期敏感因子,h_{pc}为临界光周期(h)。

⑦ 叶面积指数子模型

叶面积指数的变化由叶片净生长率、叶片死亡率、比叶面积和叶片水分状况决定,与SUCROS模型相似(van Keulen et al, 1982):

$$\Delta L=S_L \cdot (G_L-R_L) \cdot f(\psi_1) \tag{6.77}$$

式中S_L为比叶面积($m^2 \cdot kg^{-1}$),G_L为叶片的净生长率($kg \cdot m^{-2} \cdot h^{-1}$),$R_L$为在开花期后由于叶片衰

老以及遮阴影响造成的叶片死亡率（$kg \cdot m^{-2} \cdot h^{-1}$），$f(\psi_1)$ 为冠层水势胁迫系数，由式（6.48）计算。

（2）微气象模块

微气象模块描述了太阳辐射在冠层上方和冠层内部的传输和分布状况、冠层、土壤和大气的水热交换，这些过程都基于瞬时尺度。

① 太阳辐射在冠层中的分布子模型

太阳短波辐射包括直接可见辐射、直接近红外辐射、散射可见辐射和散射近红外辐射。模型假设冠层在水平方向上均匀分布，由 Beer 定律，冠层内任一水平面的光强随着距冠层顶的深度增加而呈指数递减。

模型将整个冠层分为阴叶和阳叶。阳叶的叶面积指数由下式计算（Wang & Leuning，1998）：

$$L_{\text{sunlit}} = \frac{1 - e^{-k_v(i) \cdot L}}{k_v(i)} \tag{6.78}$$

式中 $k_v(i)$ 为冠层对直接可见光的消光系数，阴叶的叶面积指数为：

$$L_{\text{sunshade}} = L - L_{\text{sunlit}} \tag{6.79}$$

② 能量平衡子模型

如前文所述，冠层和土壤的能量平衡方程分别为：

$$R_{nc} = H_c + \lambda E_c \tag{6.80}$$

$$R_{ns} = H_s + \lambda E_s + G \tag{6.81}$$

将冠层分为上下两层，冠层和大气以及土壤都存在着水热交换；同样，土壤和冠层以及大气之间也存在水热交换，冠层和土壤的感热和潜热通量可分别由以下方程计算（Chen，1984）：

$$H_c = \rho C_p \frac{(T_c - T_s) \cdot r_{a,1} + (T_c - T_a) \cdot (r_{a,2} + r_b^s)}{r_{a,1} \cdot (r_{a,2} + r_b^c + r_b^s) + r_b^c \cdot (r_{a,2} + r_b^s)} \tag{6.82}$$

$$H_s = \rho C_p \frac{(T_s - T_c) \cdot r_{a,1} + (T_s - T_a) \cdot r_b^c}{r_{a,1} \cdot (r_{a,2} + r_b^c + r_b^s) + r_b^c \cdot (r_{a,2} + r_b^s)} \tag{6.83}$$

$$\lambda E_c = \frac{\rho C_p}{\gamma} \frac{[e_s(T_c) - e_s(T_s)] \cdot r_{a,1} + [e_s(T_c) - e_a] \cdot (r_{a,2} + r_b^s + r_s^s)}{r_{a,1} \cdot (r_{a,2} + r_b^c + r_s^c + r_b^s + r_s^s) + (r_b^c + r_s^c) \cdot (r_{a,2} + r_b^s + r_s^s)} \tag{6.84}$$

$$\lambda E_s = \frac{\rho C_p}{\gamma} \frac{[e_s(T_s) - e_s(T_c)] \cdot r_{a,1} + [e_s(T_s) - e_a] \cdot (r_b^c + r_s^c)}{r_{a,1} \cdot (r_{a,2} + r_b^c + r_s^c + r_b^s + r_s^s) + (r_b^c + r_s^c) \cdot (r_{a,2} + r_b^s + r_s^s)} \tag{6.85}$$

式中 ρ 为空气密度，C_p 为空气定压比热容，λ 为汽化潜热，γ 为干湿表常数，T_a 为空气温度，T_c 为冠层温度，T_s 为地表温度，$r_{a,1}$ 为冠层中部到冠层顶部的空气动力学阻力（$s \cdot m^{-1}$），$r_{a,2}$ 为冠层底部到冠层中部的空气动力学阻力（$s \cdot m^{-1}$），r_b^c 为冠层边界层阻力（$s \cdot m^{-1}$），r_b^s 为土壤边界层阻力（$s \cdot m^{-1}$），r_s^c 为冠层阻力（$s \cdot m^{-1}$），r_s^s 为土壤阻力（$s \cdot m^{-1}$）。

③ 阻力子模型

与前文所述阻力模型不同的是，我们进一步考虑了大气稳定度对空气动力学阻力的影响。摩擦风速（u_*）定义为（Goudriaan，1977）：

$$u_* = \frac{ku}{\ln\left(\frac{z_r - d}{z_0}\right) + 4.75 \frac{z_r - d}{\xi}} \tag{6.86}$$

式中 z_r 为参考高度（m），u 为参考高度的风速（$m \cdot s^{-1}$），z_0 为冠层粗糙度（m），ξ 为 Monin-Obukhov 长度。当大气层结稳定时（$\xi > 0$），从冠层中部到参考高度的空气动力学阻力为：

$$r_{a,1} = \frac{0.74 \cdot \left[\ln\left(\frac{z_r - d}{z_0}\right) + 4.7 \cdot \left(\frac{z_r - d}{\xi}\right) - \ln\left(\frac{z_c - d}{z_0}\right) - 4.7 \cdot \left(\frac{z_c - d}{\xi}\right)\right]}{ku_*} \cdot \frac{z_r - z_c/2}{z_r - z_c} \tag{6.87}$$

而从冠层底部到冠层中部的空气动力学阻力为：

$$r_{a,2} = \frac{0.74 \cdot \left[\ln\left(\frac{z_r - d}{z_0}\right) + 4.7 \cdot \left(\frac{z_r - d}{\xi}\right) - \ln\left(\frac{z_c - d}{z_0}\right) - 4.7 \cdot \left(\frac{z_c - d}{\xi}\right)\right]}{ku_*} \cdot \frac{z_c/2}{z_r - z_c} \tag{6.88}$$

式中 z_c 为株高（m）。当大气层结不稳定时（$\xi < 0$），从冠层底部到冠层中部的空气动力学阻力为：

$$r_{a,2} = 0.37 \frac{z_c}{l_m} \frac{\exp(k_w/2) - 1}{k_w} \tag{6.89}$$

式中 k_w 为冠层对风速的衰减系数，l_m 为平均混合长（m），表示为：

$$l_m = 1.2 \cdot \sqrt{4 \cdot \xi \cdot z_c / \pi / L} \tag{6.90}$$

而从冠层中部到参考高度的空气动力学阻力为：

$$r_{a,1} = \frac{0.74 \cdot \left[\ln\left(\frac{z_r - d}{z_0}\right) - 2 \cdot \ln\left(\frac{1 + \sqrt{1 - 9\frac{z_r - d}{L}}}{2}\right) - \ln\left(\frac{z_c - d}{z_0}\right) + 2 \cdot \ln\left(\frac{1 + \sqrt{1 - 9\frac{z_c - d}{L}}}{2}\right)\right]}{ku_*} + r_{a,2} \tag{6.91}$$

零平面位移(d)定义为(Monteith,1973):

$$d=0.63z_c \tag{6.92}$$

而冠层粗糙度(z_0)为(Goudriaan,1977):

$$z_0=(z_c-d)\exp\left[-\frac{z_c}{k_w(z_c-d)}\right] \tag{6.93}$$

冠层边界层阻力(r_b^c)和土壤边界层阻力(r_b^s)由下式计算:

$$r_b^c=\frac{r_{bl}}{2L} \tag{6.94}$$

其中:

$$r_{bl}=\frac{(100/n)\sqrt{(L_w/u)}}{1-e^{-n/2}} \tag{6.95}$$

L_w 为叶宽(m)。

$$r_b^s=180\sqrt{\frac{d_s}{u_s}} \tag{6.96}$$

式中 d_s 为土壤的特征维(m),u_s 为地表风速($m\cdot s^{-1}$)。

冠层阻力为冠层导度的倒数,冠层导度为阴叶和阳叶导度之和。叶片导度的计算:

$$g_s=m\frac{A_n}{(C_s-\Gamma)(1+D_s/D_0)}f(\psi_1)+g_0 \tag{6.97}$$

式中$f(\psi_1)=m_1\dfrac{\psi_1-\psi_w}{\psi_f-\psi_w}$。

土壤阻力由经验性的表层土壤水分函数来确定(Lin & Sun,1983):

$$r_s^s=b_1\cdot\left(\frac{\theta_s}{\theta}\right)^{b_2}+b_3 \tag{6.98}$$

其中 θ 为 0~10 cm 土层的平均土壤含水量($m^3\cdot m^{-3}$),θ_s是表层土壤的饱和含水量($m^3\cdot m^{-3}$),b_1、b_2 和 b_3为经验参数。

(3) 土壤模块

土壤模块描述了水分在土壤和植物中的传输过程以及土壤热传导过程,并计算土壤温度和土壤含水量,这些过程都基于瞬时时间尺度。

① 土壤水热传输子模型

非饱和土壤的热传输的模拟基于以下的热传导方程:

$$c(z)\frac{\partial T_s}{\partial t}=\frac{\partial}{\partial z}\left(\lambda(z)\frac{\partial T_s}{\partial z}\right) \tag{6.99}$$

式中 T_s 为土壤温度,$c(z)$为土壤比热容,$\lambda(z)$为土壤热导度。

而垂直方向的土壤水分运动由 Richards 方程描述:

$$c(\psi_m,z)\frac{\partial\psi_m}{\partial t}=\frac{\partial}{\partial z}\left(K(\psi_m,z)\frac{\partial\psi_m}{\partial z}\right)-\frac{\partial K(\psi_m,z)}{\partial z}-S(z,t) \tag{6.100}$$

式中 $c(\psi_m)$为土壤在深度 z 的水容(cm^{-1}),ψ_m为土壤基质势(cm),$K(\psi_m,z)$为深度 z 的非饱和土壤导水率($cm\cdot h^{-1}$),$S(z,t)$为根吸水率($cm^3\cdot cm^{-3}\cdot h^{-1}$)。

② 扩散方程数值解子模型

模型中,当给定初始条件和边界条件后,可以通过有限差分方法来求解垂直方向的水热运动方程。

对于土壤水分运动,初始条件为:

$$\psi_m(z,t=0)=\psi_0(z) \tag{6.101}$$

如果不考虑土壤水分传输的滞后作用则有:

$$\theta(z,t=0)=\theta_0(z) \tag{6.102}$$

式中 $\psi_0(z)$和 $\theta_0(z)$为初始水势和含水量剖面。

对于土壤热量传输,初始条件为:

$$T_s(z,t=0)=T_{s0}(z) \tag{6.103}$$

式中 T_{s0}为初始土壤温度剖面。

边界条件一般可以分为 3 种类型:

Dirchlet 条件

顶部和底部边界的土壤水势或土壤含水量为:

$$\psi_m(z=0,t)=\psi^t\text{或}\ \theta(z=0,t)=\theta^t \tag{6.104}$$

$$\psi_m(z=L,t)=\psi^b\text{或}\ \theta(z=L,t)=\theta^b \tag{6.105}$$

顶部和底部边界的土壤温度为:

$$T_s(z=0,t)=T^t \tag{6.106}$$

$$T_s(z=L,t)=T^b \tag{6.107}$$

Neumann 条件

通过顶部和底部边界的水流通量为:

$$q(t)=-K(\psi_m)(\partial\psi_m/\partial z-1) \tag{6.108}$$

或

$$q(t)=-D(\theta)\frac{\partial\theta}{\partial z}+K(\theta) \tag{6.109}$$

通过顶部和底部边界的热量通量为

$$G(t)=-K_h\left(\frac{\partial T}{\partial z}\right) \tag{6.110}$$

Dirchlet 和 Neumann 混合条件

本模型采用混合边界条件来确定土壤顶部和底部的边界条件。对于土壤水分运动,上边界的水流通量由气象条件决定,即通过上边界进入土壤的水流通量为降水量与灌溉量之和减去土壤的蒸发量;而下边界的土壤水势值为实测的土壤水势剖面值,并由土壤水分特征曲线而求得土壤含水量。对于土壤温度剖面,上边界为地表温度,而通过土壤下边界的热量通量为 0,此时土壤温度随深度不再变化。

③ 根系吸水子模型

模型采用 Hillel(1976)的根系吸水模型。Hillel 基于水通量方程(Van den Honert,1948)发展了一个根系吸水的机理模型:

$$S(z,t)=\frac{\psi_s(z)-\psi_c}{R_s(z)+R_r(z)+R_x} \tag{6.111}$$

式中 ψ_c为冠层水势(cm),$\psi_s(z)$为第 z 层的土壤总水势(cm),$R_s(z)$为第 z 层的水流阻力($h \cdot cm^{-1}$),$R_r(z)$为第 z 层的根阻力($h \cdot cm^{-1}$),R_x 为木质部阻力($h \cdot cm^{-1}$)。

冠层水势采用经验内插方法,不同时刻的冠层水势由冠层相对含水量(R_{wc})决定,冠层相对含水量由下式计算:

$$R_{wc}=\frac{W_{fc}-W_{dc}}{W_{fc}}\times 100\% \tag{6.112}$$

式中 W_{fc}为冠层鲜重,W_{dc}为冠层干重。

水流阻力表示为(Gardner, 1960):

$$R_s(z)=\frac{\ln\left(\frac{1}{\pi R_{Ld}(z)r_r^2}\right)}{4\pi D(z)K(z)} \tag{6.113}$$

式中 R_{Ld}为根长密度(cm^{-2}),r_r 为平均根半径(cm),$D(z)$和 $K(z)$分别为第 2 层的土层厚度和导水率。

木质部阻力表示为(康绍忠等,1994):

$$R_x(z)=\frac{a_r}{\pi r_r^4} \tag{6.114}$$

式中 a_r 为经验参数。

根阻力表示为:

$$R_r(z)=\frac{1}{K_r D(z) R_{Ld}(z)} \tag{6.115}$$

式中 K_r 为根系的导水率($cm \cdot h^{-1}$)。

6.3.2　ChinaAgrosys 在农田水分过程模拟中的应用

(1) 净辐射、感热、潜热和土壤热通量的模拟

模型建立后,我们用禹城综合试验站涡度相关测定的冬小麦生长季水热通量等对模型的模拟效果进行了验证。表 6.1 为冬小麦生长季半小时平均净辐射密度、感热通量密度、潜热通量密度和土壤热通量密度的模拟值和测量值的比较。从表 6.1 中可以看出,除 1 月外($ME=0.73$),模型模拟的净辐射与测量的净辐射相当一致,显示出模型对短波辐射和长波辐射在冠层内传输的描述非常合理,模拟的净辐射在 11 月、1 月和 2 月高于测量值,而在 3 月、4 月和 5 月低于测量值,这可能是由于随着冬小麦的生长,冠层对太阳辐射的反射率降低,而在模型中没有考虑反射率随生长季的变化。模拟的土壤热通量除 1 月外($ME=0.46$),与测定的土壤热通量也比较吻合。模型中土壤热通量是由不同深度的土壤温度和土壤参数决定的,因此土壤温度模拟的准确与否决定着土壤热通量模拟的准确性。

模拟的潜热通量与实测的潜热通量不是特别一致,特别是在 11 月、1 月和 2 月,即当叶面积指数很小的时候。主要原因是这个阶段农田生态系统测量的感热和潜热通量之和与净辐射和土壤热通量之差不平衡。图 6.3 为整个冬小麦生长季能量平衡闭合性的检验,为了检验数据的质量,我们没有对丢失和错误的数据进行插补。整个生长季回归线的斜率都

表 6.1　冬小麦生长季净辐射、潜热通量、感热通量和土壤热通量模拟值和测量值的比较

Table 6.1　The comparison of measured and simulated components of the surface energy balance over the growing season of winter wheat

月	净辐射/($W \cdot m^{-2}$)			潜热通量/($W \cdot m^{-2}$)			感热通量/($W \cdot m^{-2}$)			土壤热通量/($W \cdot m^{-2}$)		
	ME	*RMSD*	*MBE*	*ME*	*RMSD*	*MBE*	*ME*	*RMSD*	*MBE*	*ME*	*RMSD*	*MBE*
11	0.93	29.97	6.88	0.02	20.26	4.77	0.68	20.37	−2.77	0.81	15.53	1.35
1	0.73	49.53	14.97	0.27	20.22	−1.55	0.55	12.69	−1.79	0.46	27.83	8.41
2	0.93	30.51	0.20	0.14	17.36	2.24	0.81	17.87	−8.81	0.91	13.36	−1.90
3	0.95	32.38	−6.48	0.66	26.88	6.90	0.75	28.09	−9.65	0.89	13.78	−1.64
4	0.95	43.32	−26.68	0.77	39.34	1.27	0.57	30.43	−12.24	0.92	9.73	−1.52
5	0.93	58.09	−19.39	0.93	24.96	−0.65	0.44	28.65	0.33	0.66	19.34	−0.02

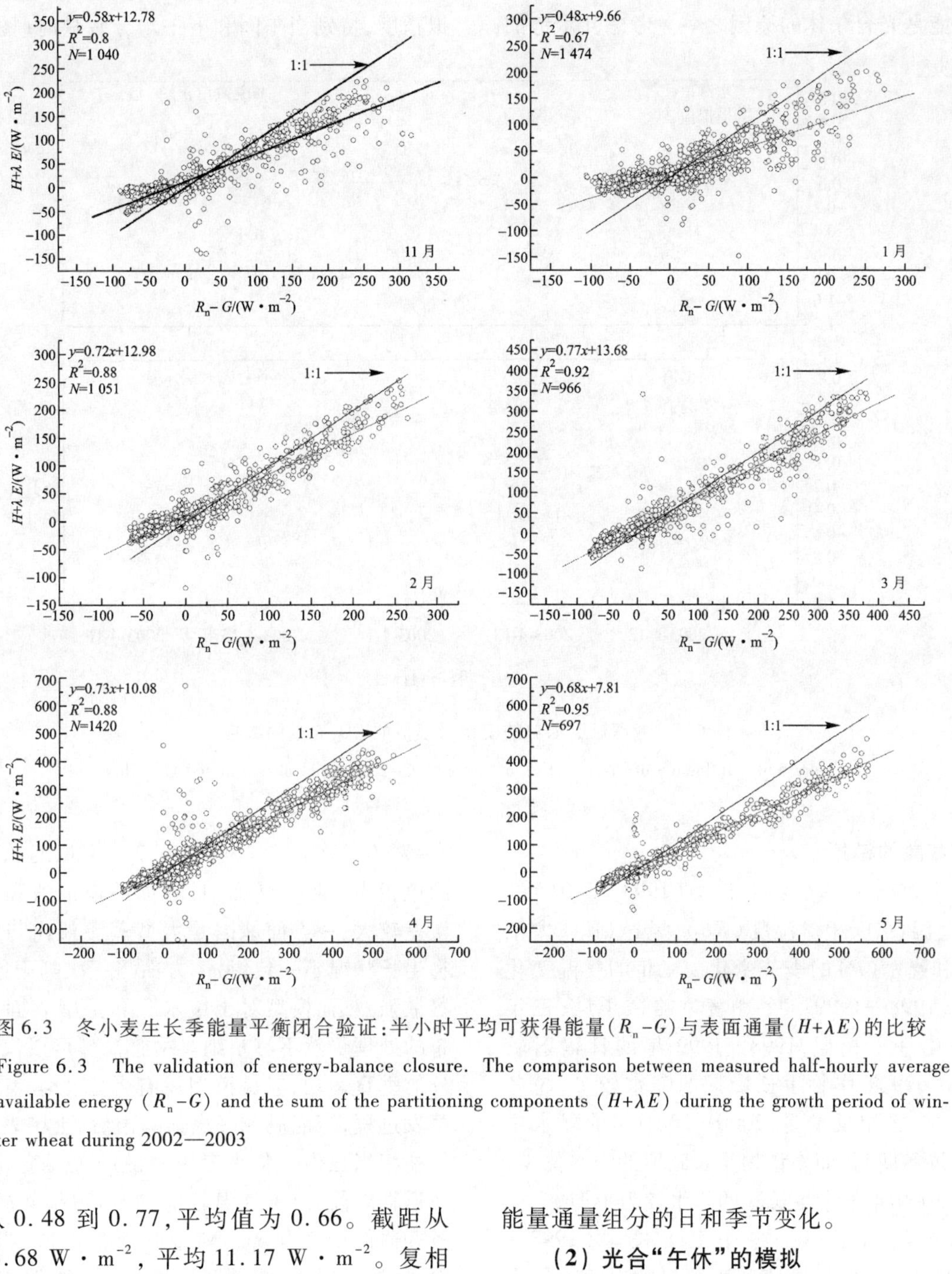

图 6.3 冬小麦生长季能量平衡闭合验证:半小时平均可获得能量(R_n-G)与表面通量($H+\lambda E$)的比较

Figure 6.3 The validation of energy-balance closure. The comparison between measured half-hourly average available energy (R_n-G) and the sum of the partitioning components ($H+\lambda E$) during the growth period of winter wheat during 2002—2003

小于1,从0.48到0.77,平均值为0.66。截距从7.81到13.68 $W\cdot m^{-2}$,平均11.17 $W\cdot m^{-2}$。复相关系数(R^2)从0.67到0.95,平均值为0.85。而且随着叶面积指数的增加,不平衡性降低。表面能量通量($H+\lambda E$)相对于可获得能量(R_n-G)一般低估了20%~50%。另一方面,大气稳定度对能量交换的影响也是造成这种差异的可能原因。当大气处于稳定层结时,特别是夜间,湍流交换能力显著下降,这时观测值和模拟值的差异更大,因此本模型采用的稳定度校正方法也许仍需要进一步改进。总体来说,当能量平衡闭合状况较好时,模型能很好地模拟能量通量组分的日和季节变化。

(2)光合“午休”的模拟

在自然条件下光合作用在中午的降低(“午休”)是一个普遍的现象,其原因有气孔因素和非气孔因素,在前文分析中认为气孔因素是主导作用。对于气孔因素,常常认为由于中午期间蒸腾过于强烈,导致叶片水势下降而引起气孔的关闭。叶片水分状态由蒸腾失水和根系吸水的平衡决定,由于蒸腾主要决定于太阳辐射和气温,因此叶片水势也主要响应于太阳辐射和气温。太阳辐射的增加会导致叶片水势的下降,随着叶片水分的不断损失,叶水势在午间和下午达到最低值,然后在日落前不断恢复。因此这可能是光合午休的原因之一。考虑叶水势的动力机制可以提高模型对 CO_2 通量和水汽通量的模拟精度,特别当午间和下午水分亏缺时(图6.4)。

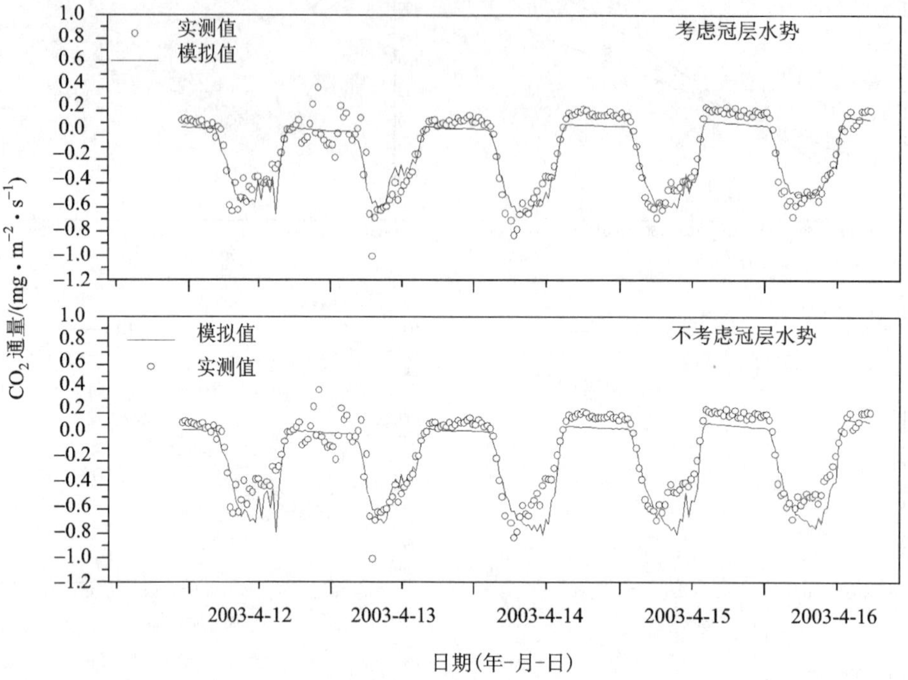

图6.4 考虑冠层水势的变化对模拟的 CO_2 通量的影响

Figure 6.4 Influence of the variation of canopy water potential on simulated CO_2 flux

(3) 蒸散的模拟

图6.5为三个冬小麦生长季(1998—2001)气象因子-气温(T)、相对湿度(RH)、风速(U)、太阳辐射(Q)和降水(P)的季节变化。三年的气温变化基本相似,1998—1999年冬小麦季略微干燥;三年的风速变化基本相似;1998—1999年的日辐射较高;1998—1999年作物生长峰期的降水较多,越冬期间偏少,与之相反的是,2000—2001年的降水主要集中在越冬期间,而在作物生长旺期的降水偏少,而1999—2000年整个生长季的降水较为平均。

图6.6给出了三个冬小麦生长季(1998—2001)的田间蒸散的模拟值和测量值的对比。三个生长季模拟累积蒸散与实测值的相对误差分别为0.4%、0.7%和2.7%(表6.2),模拟的总蒸散与实测值相当一致。然而,日蒸散的模拟值和测量值的误差较大,一方面原因是大型蒸渗仪内与大田的作物生长状况不一致;另一方面当一次降雨或灌溉后,蒸散强烈,而模型对土壤水分和土壤表面水分再分布的处理仍然不够精细。尽管模型可以模拟土壤水分的垂直运动,但是模型没有考虑土壤表面水分的蒸发过程,当灌溉或一次强降雨后,土壤表面水蒸发往往相当强烈。冬小麦季蒸散的主要变化过程是:在返青以前,由于气温较低、叶面积指数较小,日蒸散普遍低于2.0 mm,随着叶面积指数的增加和辐射、气温的增加,蒸散开始增加,并在拔节到乳熟期达到峰值,平均为4.0 mm。

表6.2 1998—1999、1999—2000和2000—2001三个生长季实测和模拟累积蒸散比较

Table 6.2 Simulated and measured accumulated evapotranspiration during 1998—1999, 1999—2000 and 2000—2001 for a winter-wheat growing season

	1998—1999	1999—2000	2000—2001
测量的总蒸散	464.8	424.0	468.6
模拟的总蒸散	462.8	421.1	455.9

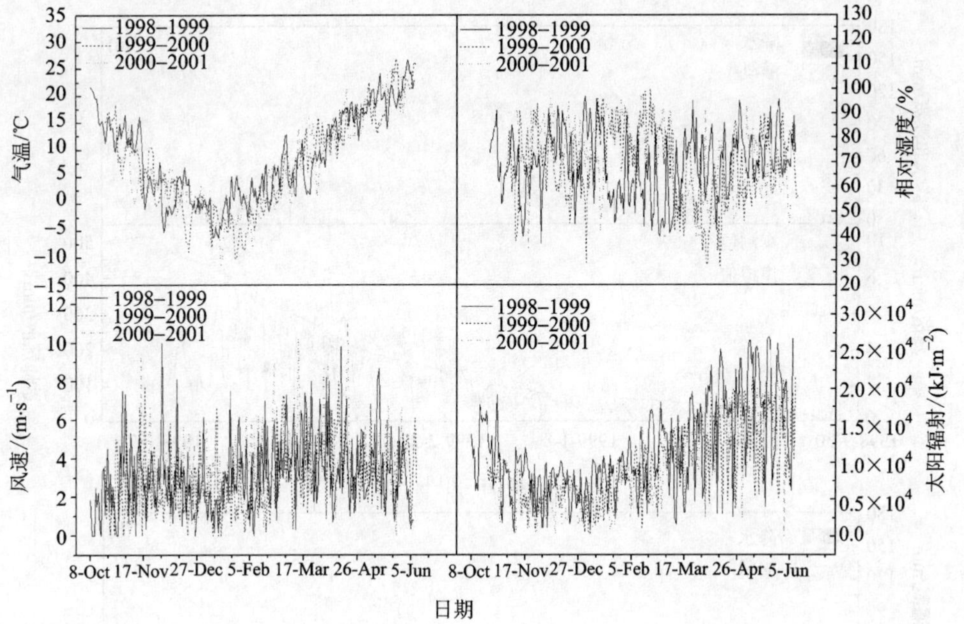

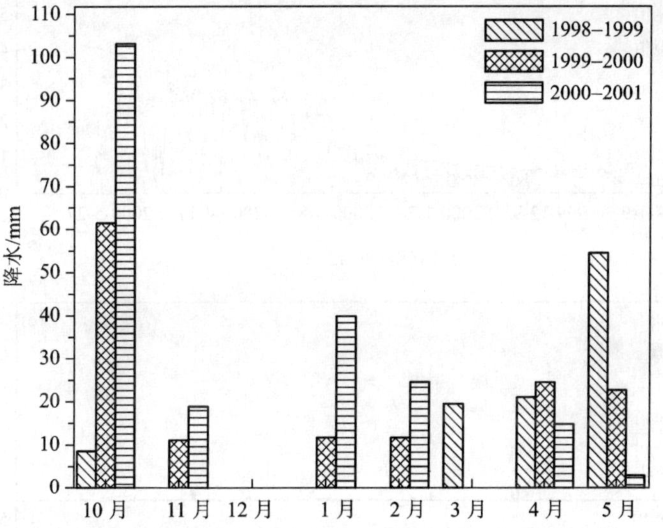

图6.5 禹城三个冬小麦生长季(1998—2001)气象因子-气温(T)、相对湿度(RH)、风速(U)、太阳辐射(Q)与降水(P)的季节变化

Figure 6.5 Seasonal variation of meteorological factors, including daily average air temperature (T), relative humidity (RH), wind speed (U), global radiation (Q) and precipitation (P) in three growing seasons of winter wheat in Yucheng (1998—2001)

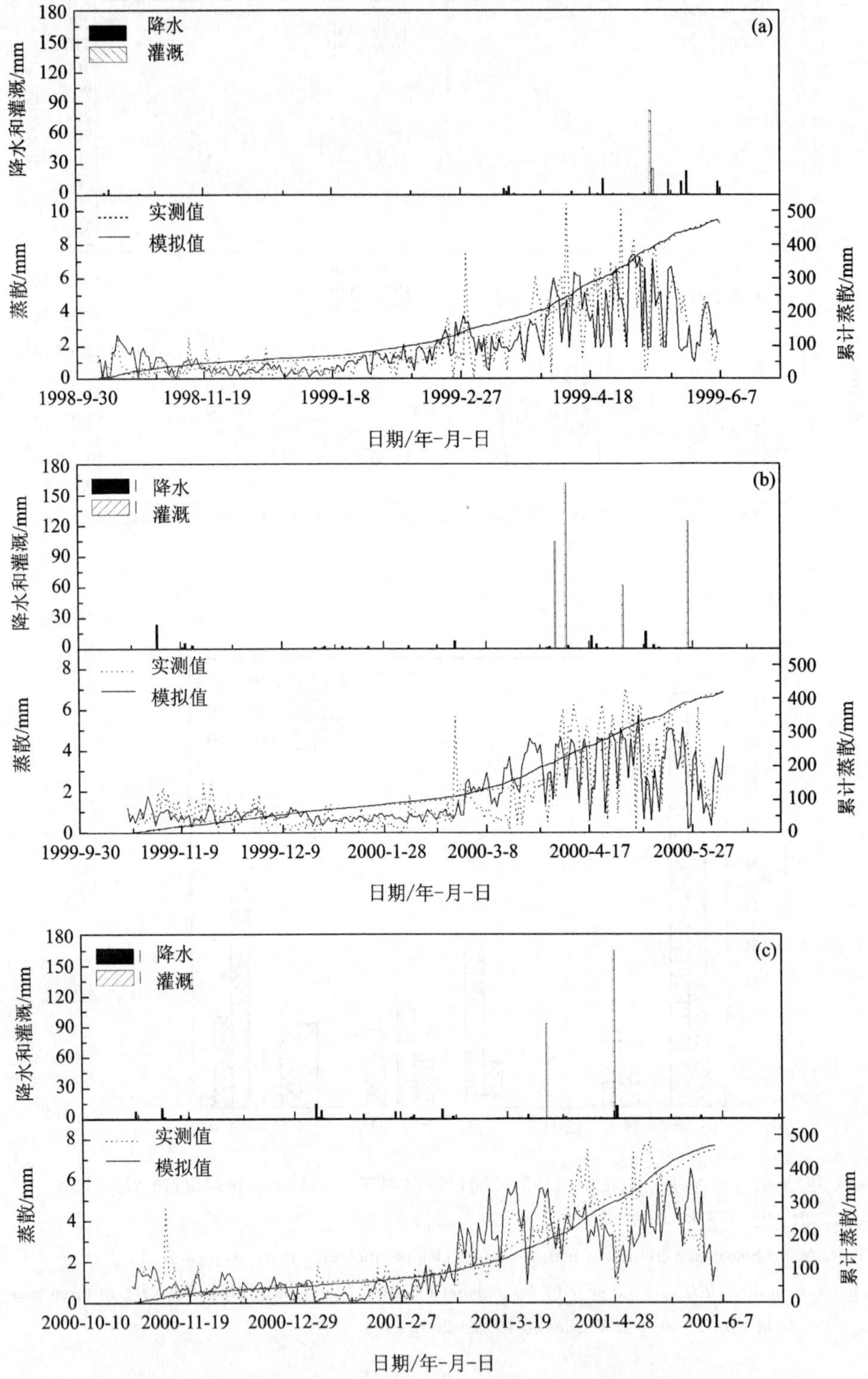

图6.6 1998—1999、1999—2000和2000—2001三个生长季实测和模拟的蒸散比较

Figure 6.6 Simulated and measured evapotranspiration during 1998—1999, 1999—2000 and 2000—2001 for a winter-wheat growing season

6.3.3 ChinaAgrosys 与其他 SVAT 模型的比较

本节在耦合的光合-气孔导度-蒸腾模型的基础上，将能量和 CO_2通量传输与作物生长和发育结合起来建立了农田生态系统综合模型，可以模拟能量和 CO_2通量的日变化和季节变化以及作物的株高、叶面积指数等生长因子。下面将本模型与当前广泛应用的 SVAT 模型进行比较，来判别模型的优点以及需要进一步改进之处。从表 6.3 可以看出，与当前广为应用的几个 SVAT 模型相比较，本模型在土壤、作物和大气模块的处理都较为均衡，土壤模块各模型的差别不大，均采用了多层土壤水热运移模型；与 SiB2 和 LSM 相似，光合模块都采用了较为机理性的生化模型，作物模块与 THESEUS 相似，均采用较为机理的作物生长和发育过程模型。本模型时间步长为瞬时 ~1 d，可与大气环流模式很好地耦合。但应当看到，本模型与这些成熟的模型仍存在一定的差距，如作物类型单一，本模型目前只针对小麦和玉米作物，需要进一步扩展到其他植被类型，同时模型需要更多资料的检验。

表 6.3 ChinaAgrosys 与其他 SVAT 模型的比较

Table 6.3 The comparison between ChinaAgrosys and some famous SVAT models

SVAT 模型	SiB2 (Sellers et al, 1996)	SHAW (Flerchinger & Saxton, 1989)	LSM (Bonan, 1996)	WAVES (Dawes & Short, 1993)	FORUG (Samson, 2001)	THESEUS (Wegehenkel, 2000)	ChinaAgrosys
输入气象变量	气温、水汽压、风速、气压、降水、总辐射	气温、相对湿度、风速、总辐射、降水、初始土壤温度和土壤湿度剖面	温度、风速、相对湿度、气压、降水、总辐射	最高和最低气温、相对湿度、风速、日照时数、降水	气温、相对湿度、风速、总辐射、降水	平均气温、相对湿度、总辐射、风速、土壤温度	气温、相对湿度、风速、总辐射/日照时数、降水
时间步长	1 h ~1 d	1 h ~1 d	1 h ~1 d	1 d	1 h ~1 d	1 d	1 h ~1 d
植物类型	9 种下垫面植被类型	10 种作物	12 种植被类型	各种下垫面	森林	各种作物	小麦和玉米
叶面积指数变化	遥感监测	实测值输入	月平均值输入	潜在生长速率×生长指数(0~1)	采用叶面积指数生长曲线的三个阶段来划分	四个作物模块(生长系数,半经验生长模式,简化的基于生理过程的模式,作物生长模式类似于 WOFOST)	采用半经验方程模拟,由叶片净生长率、叶片死亡率、比叶面积和叶片水分状况决定
光合模块	Collatz 光合-气孔导度耦合模型	无	Collatz 生化模型	Michaelis-Menten 方程	CO_2响应曲线和光响应曲线	光响应曲线(直角双曲线)	采用 Farquhar 的生化模型结合 Leuning 的气孔导度模型,并考虑光抑制
蒸散模块	双源模型(冠层和土壤)	多层能量平衡模型	多层能量平衡模型	采用 Penman-Monteith 公式计算上下冠层蒸散和土壤蒸发	多层模型计算蒸散(上、中、下冠层和林下叶层)	5 个蒸散模块计算潜在蒸散,实际蒸散由 Penman-Monteith 方程计算	多层水热传输(冠层分两层,土壤一层)
土壤水热传输模块	根区多层水热传输	多层土壤水热传输(2~50 层)	多层水热传输(达西定律)	多层水热传输(基于 Richards 方程和达西定律)	无	3 个土壤模块(一层水热传输;多层水热传输;达西定律)	基于 Richards 多层土壤水热传输

6.3.4 结论和讨论

理解土壤-植被-大气系统能量、水分和CO_2交换过程对评价全球陆地生态系统在水碳循环和气候变化中的角色非常重要。本节提出了一个土壤-植被-大气系统综合模型(ChinaAgrosys)来模拟能量、水分和CO_2通量以及作物生长和发育。模型假设农田生态系统养分供应充足以及作物生长季不受病、虫、杂草害的影响。由于土壤-植被-大气系统的复杂性,考虑环境和作物所有的相互作用过程并不现实。经验模型不能真实地反映客观世界,但机理模型需要太多的输入参数限制了其应用,如何在经验与机制之间找到一个平衡是一个难点,同时在模型中保持各个过程的平衡也非常重要。因此,本模型的一个重要特征就是保持土壤、植物和大气各个模块的平衡。模型对SPAC系统中的各个物理和生理过程都进行了比较详尽的描述,通过冠层阻力的参数化将光合和蒸腾耦合起来,模型采用了模块化结构,每一个模块都可以独立使用并可以被更先进的模块代替。

本节的模型将能量、水分和CO_2传输与作物生长和发育结合起来,可以模拟能量和CO_2通量的日变化和季节变化以及作物的株高、叶面积指数等生长因子。通量的模拟主要基于耦合的光合-气孔导度-蒸腾模型,模型可以很好地模拟作物对光、温度、水汽压差、CO_2浓度和土壤水分变化的响应。光合模型由生化模型简化而来,可以模拟C_3和C_4植物的光合作用,也容易与冠层能量平衡模型结合。在大田条件下,作物存在普遍的光合午休现象,而光合午休一般由气孔因素和非气孔因素造成。对于气孔因素,可能是由于蒸腾失水强烈,导致叶片水势下降而引起气孔关闭造成的,模型通过考虑叶水势的动力变化对气孔导度的影响来模拟光合午休,提高了CO_2和水汽通量的模拟精度。

ChinaAgrosys能很好地模拟水热、CO_2通量以及作物生长和发育,因而可以用于水资源管理。ChinaAgrosys也是研究水热和CO_2通量的控制因子以及作物生长发育过程的有效工具。由于模型对农田生态系统主要反馈过程的描述相当合理,因此也可以用来评价气候变化对作物生长的影响。将本模型进一步耦合到区域气候模型中,可以研究植被和大气的相互作用。

6.4 流域水循环模型及其与生态模型的耦合

6.4.1 流域水循环模型

(1) 概述

流域水循环模型是由描述流域降水径流形成的数学函数构成的一种数学物理模型,它严格满足流域水量平衡原理。水文模型的产生是对水文循环规律研究的必然结果。水文模型在水资源开发利用、防洪减灾、水库、道路、城市规划、面源污染评价、人类活动的流域响应等诸多方面得到了广泛的应用,当今的一些研究热点,如生态环境需水、水资源可再生性等均需要水文模型的支持。

水文预报可以通过水文模型来实现。数十年来,人们研制了各种水文模型,并在许多流域中广泛使用。流域水循环模型的出现与计算机的出现密不可分,后期的发展也得益于计算机科学的迅猛发展。流域水循环模型的研究大约始于20世纪50年代,六七十年代是蓬勃发展的时期,涌现出了大量的流域水文模型,Stanford流域模型(SWM)、Sacramento模型、Tank模型、Boughton模型、前期降水指标(API)模型、新安江模型等是这一时期的典型代表。其后一段时期则处于相对缓慢的发展阶段。但到了最近几年,随着计算机技术和一些交叉学科的发展,流域水文模拟的研究方法也开始了新一轮根本性的发展。随着计算机的广泛应用,近几十年来已提出数百种模型。

我国自20世纪70年代开始,一方面积极引进国外有关的流域水循环模型,另一方面也致力于新的水循环模型的研制。流域水循环模型属于数学模型,即对一些经验规律加以物理解释,用严密的数学方式表达出来,再把各个水循环过程综合起来,形成全流域的水量平衡计算系统。经典水力学与计算机技术的结合,已在20世纪70年代产生了计算水力学,并在一定程度上替代了水力学模型试验。

流域水文模型是在计算机技术和系统理论的发展中产生的,流域水文模型研究的突出趋势主要反映在计算机技术、空间技术、遥感技术等的应用方面,随着地理信息系统与遥感技术的发展,空间信息的获取与处理取得了极大的进展，分布式物理模型被广泛提出，遥感（RS）、地理信息系统（GIS）在水文模拟中的应用给传统的研究方法带来了创新。但由于受到技术等原因的制约，分布式模型目前的应用还较困难，应用 GIS 的水文模型尽管有诸多优点，但并不能代表模型本身的高质量，遥感资料还没有完全融入水文模型的结构中（吴险峰和刘昌明，2002）。

（2）水文模型

水文模型将流域概化成一个系统，该系统根据输入条件求解输出结果，其实质是对流域上发生的水文过程进行模拟计算。降雨到达地面之前，部分被树冠截流；在降落到地面的雨水中，一部分由于蒸发而损失，一部分下渗到地下，以串流和基流的形式汇集到河道中，剩下的部分在满足地面填洼后，以坡面流的形式汇聚到河道中，进入河网汇流过程。

水文模型为模拟上述过程的数学物理模型。在水文模型中，系统输入一般为降雨、融雪、水质、泥沙过程以及流域的蒸散发能力。系统的输出是流域出口断面的流量过程和流域实际蒸散发。在水文过程模拟中，对流域内的产流、坡面汇流以及河道汇流过程的模拟是很重要的。坡面产汇流模型模拟从降水到流域产流和流域坡面汇流的水文子过程；河道演进模型模拟河网汇流水文子过程。

① 流域产流理论

流域产流是指降雨转化为径流时各种径流成分的生成过程，主要取决于非饱和带地下水运动的机制、特性和运动规律。自然界包气带结构的复杂性和降雨特性时空分布的多样性导致了其在产流过程中一般要涉及一种以上产流机制。对特定的包气带结构和降雨特性可能出现的产流机制的组合称为产流模式。因此，一种产流模式将包含一种或一种以上径流成分。

最早的产流理论是 1935 年 Horton 在题为《地表径流现象》的论文中提出的，即著名的下渗理论。他以降雨强度是否大于地面下渗能力和包气带土壤含水量是否达到田间持水量两个条件为依据，阐明了自然界坡渗地面径流和地下径流的形成机制，并给出了相应的产流条件。

Horton 产流理论的重要意义在于他第一个提出了产流的主导因素，根据了径流生成的基本条件以及超渗产流的形成机制。从某种程度上说，他指出了径流生成的最基本规律。20 世纪 60 年代以来的一些研究，对古典的 Horton 理论提出了许多不同的看法（Dunne，1978）。许多研究发现，径流形成过程的实际现象与上述产流理论存在不少矛盾，表明 Horton 对产流的概括过于简单，并不能充分反映客观产流现象的全部内容。按 Horton 概念，在有超渗降雨期间，坡面上要产生一种片状流。但根据许多学者在野外实地观测的结果，只在荒坡与人工地面上看到过这种片状流，一般情况下，特别是在表土比较疏松，有植被覆盖的地方，很难出现这种片状流，而通常产生壤中流。当土壤有分层结构，土层的水力传导率随深度的变化出现不连续性时，可以在每个土层的底部产生饱和带，在饱和带中形成串流，在未饱和带中，也可以产生串流，但量很小。当饱和层增厚，达到地面时，土中已无空隙，降雨易于形成地面径流，称为饱和坡面流。饱和坡面流状态下的水量平衡关系，决定于土层间的水分交换，土层内的蓄量已无变化。即使雨强没有超过表土的下渗能力，也可产生地面径流。壤中流与饱和坡面流的概念是古典的 Horton 概念中所没有的，这就是山坡水文学与古典 Horton 概念的基本区别（Dunne，1978；Sivapala et al，1987）。饱和坡面流很难在全流域上产生，但却很容易在局部面积上产生。

在湿润有植被地区，坡面流是饱和坡面流，并且可以把饱和面积看成是永久性河道系统向蓄水容量较小地区的伸延。从坡顶到坡脚，水深与流量不断增加，但水深的增量不与流量的增量成正比，因为流速也增加了。大体上水深的增量与流量增量的 2/3 次方成正比。这些均成为了后来的分布式水文模型的基础。关于寒冷地区的产汇流研究要考虑相应的特殊的水文气象条件。

② 坡面汇流理论

概念性坡面汇流模型和地貌瞬时单位线理论是研究流域汇流的两条不同途径（Wood，1986）。坡面汇流计算有两种方法：一为单位线，是黑箱子性质；另一种是等流时线，是概化推理性质。

20 世纪 50 年代以来，中小河流汇流计算常采用单位线和等流时线等方法，较大的流域汇流计算则采用标准过程线、概化过程线，或采用单位线、等流时线与河道汇流计算相结合的方法。单位线是 Sherman 于 1932 年提出来的，其基本假定是：降水时空分布均匀，流域为线性系统，产流过程符合倍比叠加原理。国内于上世纪 50 年代初针对降雨的不同强度的不均匀分布特性，对其进行了分类、分型，建立了净雨强度与单位线要素的经验关系,随后在一些河流地区分析了按净雨强度分类单位线,还得到了不同暴雨中心位置对单位线型的影响研究。20 世纪 60 年代又引进了 Nash 的瞬时单位线,并做了大量工作。

Rodriguez-Iturbe 和 Valdes 于 1979 年首先提出了地貌瞬时单位线的概念,单位线被解释为降落在流域上的净雨雨滴在流域上传播时间的概率密度函数。函数假设,降落在流域上不同部位的雨滴按不同的路径汇集到流域出口,路径由水质点在河网中的运动规律决定,雨滴在任一路径上的传播时间等于该路径上各状态的传播时间之和,在任一路径的传播时间概率密度函数等于组成该路径上各级状态的传播时间的概率密度函数的卷积。按各路径概率叠加这些路径传播时间的概率密度函数即得该流域瞬时单位线。任一状态传播时间和概率密度函数可以取任何形式,Beven 和 Wood(1983) 等建议采用指数型分布,其分布参数正比于该级河道长度的1/3 次方,比例系数由流域平均滞时确定。由此可见,地貌瞬时单位线理论,显然把流域与河网结构和流速的空间分布联系起来,从而提供了一个直接利用流域出口断面流速资料就可以确定流域瞬时单位线的新途径。这一概念于上世纪 80 年代中后期被引进国内,进行了大量研究,90 年代进行了确定性概念水文模型与地貌瞬时汇流模型之间参数关系的研究,在无资料地区汇流计算方面做了大量研究工作,取得了很多有价值的成果。

目前,用于实际作业的产流预报方法主要有降雨径流经验相关法和下渗曲线法, 流域水文模型法主要有:① 新安江模型、② 水箱模型、③ 萨克拉门托(Sacramento)模型、④ HEC 模型、⑤ 包夫顿(Boughton)模型、⑥ 第Ⅳ号斯坦福(Stanford)模型、⑦ API 连续演算水文模型等。目前,世界上有 200 多种水文模型。国内众多人分析比较了常用流域水文模型中的新安江模型、水箱模型和萨克拉门托模型的蒸发、下渗、产流机制,并剖析了模型中存在的问题(刘兆存等,2007)。

③ 流域汇流模型

水文学方法。河槽径流是不稳定流水力学计算问题,它的基本根据是圣维南方程组。由于圣维南方程组动力学求解方法过程复杂,在水文模型中一般先对圣维南方程组进行简化,然后再进行求解。通常将圣维南方程组简化为运动波、扩散波或惯性波方程,然后再进行求解。Dooge 等(1995)将忽略惯性项的圣维南方程组线性化,求得了扩散方程与马斯京根洪水演算法,并导出了马斯京根法 x 值的理论公式。孔奇(Cunge)对扩散方程进行差分离散,取其二阶近似,也得到了马斯京根洪水演算法及马斯京根法 x 值的理论公式。由此可知,洪水演算法相当于求解扩散波方程。常见的洪水演算方法有马斯京根法与特征河长法。

此外,水文中还经常使用经验槽蓄曲线法进行洪水演进计算。由于河道与邻近的蓄滞洪区水流交换非常复杂,而且最终有部分洪水滞留在蓄滞洪区内,不能进入河道,此时洪水过程变形严重,属于非正常演进洪水。用一般的洪水演进方法进行模拟很难得到满意结果,为解决此类洪水的预报,常采用经验槽蓄曲线法。

水力学模型。水力学模型是始于 20 世纪 60 年代的流体动力学数值模拟,是在计算机问世之后,综合流体力学、计算数学以及各种生产应用技术而发展起来的新兴研究领域。流体运动数值模拟国外始于 20 世纪 60 年代,国内始于 70 年代,并于 70 年代末以后有大量研究成果问世。从总体情况而言,70 年代以河口一维潮流计算为主,进入 80 年代后,除继续应用推广一维计算模型外,大多已采用二维数值模拟模型,并按需要配以泥沙、温度、盐度和污染物等物质输移模型,三维模型也已逐步展开,并取得了显著的进展(李孟国等,1999; 程伍群和李大鸣,1998;沈焕庭,1997)。数值计算的方法主要有有限差分法、有限元法、有限体积法和特征线法。

有限差分法是将微分方程中的微分用差分代替,从而化微分方程为易于求解的代数方程。在二维水流模拟模型中,差分方法是用得最多且最为成熟的一种方法。为了很好地模拟复杂的固岸边界和底地形,并能随意布置和加密网格,三角形网格差分法得到了广泛的推广。

用有限元法对二维水流进行数值模拟是为了克服最初的规则网格划分不适应复杂的边界及不能满足计算域内部的局部加密要求等缺点而发展起来的。有限元法具有网格划分灵活、拟合复杂岸边界和地形容易等优点,但是数学推导繁琐,公式众多,不易编程,特别是通常要求解庞大的代数方程组,占用内存大,耗费机时多,不够经济,这些都限制了有限元法的应用。

有限体积法为对微分控制方程的积分形式进行

离散求解的方法。其最大优点是离散方程的解表示了变量(如质量、动量等)在任何数量的控制体积上的总体积分是守恒的,因此在整个计算区域也是守恒的。有限体积法不仅能在精细的网格上获得很好的结果,而且即使在较粗网格的情况下,也可以得到很好的结果。有限体积法一般使用矩形交错网格,也可以使用不规则网格(谭维炎等,1995)。

特征线法称为特征理论法或特征差分法。其基本思想是基于浅水波方程属一阶拟线性双曲线偏微分方程,利用二维空间的特征理论,可导出两簇特征曲面和相应的特征关系式,对特征关系式进行离散求解可得到流速各分量的数值解。特征线法在水位、流速变化剧烈的强潮河口、海湾潮流计算中会取得较好的效果(汪德灌和陈新建,1987)。

(3) 分布式水文模型

由于流域水文过程中的空间分异性和复杂性,使得水文研究人员至今还不能采用数学物理方程来描述径流形成过程中的各个子过程,在产流、汇流等环节上仍然主要借助于概念性水文模型、水量平衡方程或经验公式。在一些比较著名的模型,如美国的 Stanford 流域模型(SWM)、Sacramento 模型、日本的 Tank 模型以及中国的新安江和陕北模型等,常采用简单的下渗经验公式、经验流域蓄水曲线或水箱侧孔、低孔出流等来模拟产流过程;采用单位线、线性或非线性水库及渠道来模拟汇流过程。

概念性流域水文模型用概化的方法表达流域的水文过程,虽然具有一定的物理基础,也具有相当的经验性,模型结构简单,实用性强,但由于仅涉及水文现象的表面而不涉及水文本质或物理机制,因此在结构上与实际水文空间分散性和不均匀性输入是不匹配的。流域降水是分散地、不均匀地降落在流域地面上,各点产生的径流流至同一出口断面,它具有分散性输入和集中性输出的特点,只有采用数学物理偏微分方程才能全面描述水文过程的这一特点。在实际应用中考虑这一问题时,几乎无一例外地采用划分单元面积的方法,在该单元面积上采用集中输入和集中输出的流域水文模型,最后将各单元线性叠加成出口断面的流量。这种处理方法是不合理的,如各单元雨量的空间变化、参数不同、产流机制有别、汇流过程不满足线性叠加原理等问题都未考虑。因此,采用数学物理偏微分方程结构,反映水文变量与参数空间变化的分布式流域水动力学模型进行水文产汇流研究是十分必要的。

所谓分布式水文数学模型,主要是指那些依据物理学质量、动量与能量守恒定律以及流域产汇流的特性,推导出来的描述地表径流和地下径流的微分方程组(黄平和赵吉国,1997)。这些方程能表现径流在时空上的变化,也能处理随时空变化的降雨输入的偏微分方程组。国外称之为具有物理基础的分布式水文模型(distributed hydrological model)。它被认为是植被、土壤、地貌等地理要素综合影响流域的水文过程。模型把流域分成一系列的单元,每个单元内部各地理要素是相对一致的,单元之间有水分的流动与交换,根据各种地理要素对过程的影响机制,把地理要素作为模型的参数,建立外部因素与水文过程的数量关系(井立阳,2005)。

与概念性模型相比,分布式水文模型用严格的数学物理方程表述水文循环的各子过程,参数和变量中充分考虑空间的变异性,并着重考虑不同单元间的水平联系,对水量和能量过程均采用偏微分方程模拟。因此,在模拟土地利用、土地覆盖、水土流失变化的水文响应及面源污染、陆面过程、气候变化影响评价等方面应用显出优势。参数一般不需要通过实测水文资料来率定,且具有明确的物理意义,可以通过连续方程和动力方程求解,可以更准确地描述水文过程,解决了参数间的不独立性和不确定性问题,具有很强的适应性,便于在无实测水文资料的地区推广应用。

在分布式水文模型中,考虑了降雨的空间变化,计算区域的空间分异,如土壤与地形的空间分布。这与以前的概念模型有了很大的差别。在分布式水文模型中仍有一些假定:降雨空间分布不平衡,但不考虑其时间变化。在暴雨期间,土壤含水量的再分配不考虑,土壤与降雨的空间相关关系被忽略。从技术上讲,要构建分布式水文模型的框架并不难,关键问题为水文单元划分、空间参数确定、产汇流机制确定和模型算法实现等,地理信息系统技术与遥感技术有助于这些问题的解决。分布式或半分布式流域水文模型现已成为国际上水文研究的热点(Wood,1988)。

分布式物理模型的概念由 Freeze 和 Harlan 于 1969 年第一次提出,随后得到了飞速的发展。三个欧洲机构提出的 SHE 模型(Abbott et al, 1986a,b)是最早的分布式水文模型的代表作。SHE 模型考虑了截留、下渗、土壤蓄水量、蒸散发、地表径流、壤中流、地下径流、融雪径流等水文过程。流域参数、降雨及水文响应的空间分布垂直方向用层表示,水平方向用方形网格表示。该模型的主要水文过程可由质量、动量和能量守恒偏微分方程的有限差分表示,也可由经验方程表示。模型有18个参数,部分具有物理意义,可由流域特征确定。

它的物理基础和计算的灵活性使它适用于多种资料条件,在欧洲和其他地区得到了应用和验证(Storm & Jensen, 1984)。这期间还有一些考虑流域空间特性、输入、输出空间变化的分布式物理模型,如,CEQU EAU模型(Charbonneau et al, 1977),将流域分为方形网格,输入所有网格的地形、地貌、雨量等特征,对每一个网格进行计算,在水质模拟、防洪、水库设计等诸多方面有适用性;Susa流域模型(Refsgard & Hansen, 1982)强调地表水和地下水的合成,除可模拟径流外,还可以用于预测土地利用的水文效应;还有一些SHE模型的不同版本及IHDM模型(Beven, 1996)等。

1994年,Jeff Arnold为美国农业部(USDA)农业研究中心(ARS)开发了SWAT模型(soil and water assessment tool)(Neitsch et al, 2000)。SWAT是一个具有很强物理机制的、长时段的流域水文模型。它能够利用GIS和RS提供的空间信息,模拟复杂大流域中多种不同的水文物理过程。模型可采用多种方法将流域离散化(一般基于栅格DEM),能够响应降水、蒸发等气候因素和下垫面因素的空间变化以及人类活动对流域水文循环的影响。

TOPMODEL(Topography-based hydrological model)模型是基于地理要素的水文模型(Beven, 1979)。TOPMODEL模型是个比较引人注目的分布式或半分布式模型。模型将动态变化的产流面积与简单的集总参数型模型的优点结合起来。模型中的参数具有较明确的物理意义,不但可以利用野外的实测资料来确定,而且还可以用于无资料流域的产汇流计算。该模型最初是用来模拟英国山区降雨径流的,后来被广泛应用于美国东部,以及新西兰等温湿地区,均得到了很好的模拟结果(余新晓等, 2002)。

国内这方面的研究开展较晚,目前还没有比较成熟或者得到国际上普遍认可的分布式水文模型,但在国内科学家的努力下,也进行了很多有益的探索和研究。1995年,沈小东在研究降雨时空分布与下垫面自然地理参数空间分布的不均匀性对径流过程影响的基础上,提出了一种在GIS支持下的动态分布式降雨径流流域模型,实现了基于栅格DEM的坡面产汇流的数值模拟。1997年黄平和赵吉国分析了国外一些具有物理基础的分布式水文数学模型的不足,提出了流域三维动态水文数值模型的构想。

李兰等(2000)提出了一种分布式水文模型,模型包括各小流域产流、汇流、流域单宽入流和上游入流反演、河道洪水演进四个部分。水源分坡面流、壤中流和地下径流,考虑了产流随空间和时间变化的分布特征,能计算产流的多种径流成分的物理过程。将数学物理反问题与洪水预报结合,给出了流域产流、河道汇流、水库洪水演进三个动态分布预报耦合模型,不仅可以用于分析降水径流规律,还可以用于洪水预报。该模型在丰满、龙河口和陆浑等水库流域得到应用(郭生练等,2001);张建云等(2000)建立了参数网格化的分布式月径流模型,并应用模型进行了华北、江淮流域的水资源动态模拟评估。

郭生练等(2000)提出了一个基于DEM(digital elevation model)的分布式流域水文物理模型,该模型将流域划分为网格单元,详细描述了网格单元的截留、蒸散发、下渗、地表径流、地下径流、融雪等水文物理过程,在每一个网格上用地形高程来建立地表径流之间的关系。模型的结构中,植物截留过程引入了描述植物截留能力的物理参数——植物蓄积容量;流域的蒸散发主要考虑了太阳辐射、日云量、反射率、植物叶面指数、可供土壤水、大气温度等因素;用一维圣维南方程的运动波近似法模拟坡面水流运动,用运动波模型模拟地下径流。不同网格单元之间水流流向的确定是模型的关键,该模型采用多流向法确定从较高单元到相邻的较低单元的流量。模型作者应用美国缅因州BBMW流域验证模型的结构和精度(郭生练等,2000),将流域划分为30 m×30 m的网格单元,选用了五场洪水。模型仅优化调整了一个参数,即下渗能力校正系数,其他参数均可从基础资料中分析求得。计算得出,模型的效率系数平均值为85.2%,水量守恒指数平均值为0.98,与新安江模型的计算结果相比(分别为83.48%、1.10),精度略高。

在国内对分布式水文模型研究的队伍中,夏军的团队取得了令人瞩目的成果。王纲胜和夏军(2000)通过对水文季节信息和时变增益非线性系统模型的耦合,建立了一种只需降雨径流资料的洪水预报方法,并将其应用于6个代表性流域,取得了较好的预报效果。在广泛了解有关分布式水文模型研究进展的基础上,王纲胜等(2002)结合中国实际资料条件和问题,提出了一种"水文循环机制-系统理论"相耦合的分布式水循环模型——时变增益分布式水循环模型(DTVGM),并建立了潮河流域分布式水文循环模型。潮河实例研究表明,DTVGM 的应用是比较成功的,基本上能够满足水资源管理的要求。2003 年,夏军和王纲胜针对分布式水文模拟的问题,结合河西走廊黑河流域实际资料条件,提出将水文循环空间数字化信息与水文系统理论相结合的分布式时变增益水循环模型。2004 年,夏军等人将 DTVGM 分别应用到河西走廊黑河流域和华北地区的潮白河流域,模拟了水文时空变化以及陆面覆被变化与水文影响分析,取得了较好的效果。

在前期工作的基础上,夏军等(2005)将研究区域扩展到黄河流域,针对气候变化与人类活动对黄河流域水资源量的变化影响问题,建立了一个大尺度分布式时变增益水文模型,模型主要包括自然情况下产流与人类活动影响两大模块。研究结果表明,它能够在一定程度上解决无资料(缺资料)地区的水文问题。

(4) GIS 在水循环模型中的应用

水文模拟的任务为模拟地表和地下环境中的水体流动及其溶解物输移。利用时间序列数据进行水文模拟的工作已开展多年,使得利用上千个空间单元进行水文模拟已逐渐成为可能。GIS 是运用系统工程和信息科学的理论,科学管理和综合分析具有空间内涵的地理数据,以提供对规划、管理、决策和研究所需信息的技术系统。经过多年的发展,GIS 中用于空间数据及非空间属性数据的获取、存储、分析和显示的功能已非常成熟,可为水文模型提供非常详尽的背景环境描述(如 DEM,土地利用类型等)。

由于 GIS 在水循环中极具应用潜力,基于过程的分布式水文模型得到了一定的关注与发展(Beven & Moore,1992; Kovar & Nachtnebe,1996),这是由于其应用连续的空间单位(网格单元)用于数据存储和处理,使数据易于进行叠加分析,并且可从 DEM 中提取水文网络以用于建立水文模型。这种高精度的数据是常规方法所不能满足的。GIS 有能力处理不同源的数据:地图、航空照片、卫星影像和研究区的监测与实测数据资料,故在水文模型中以下几方面能发挥重要作用:① 管理空间数据,② 由基础数据层生成新数据层,③ 为模型参数的自动获取提供可能,④ 为水文建模提供方便,⑤ GIS 有利于分析计算的过程及结果可视化表达。

近年来,随着科学家们的不懈努力,GIS 在水文模拟中得到了广泛的应用。借助于 GIS 强大的空间数据分析处理功能,水文模型的研究手段得到了根本性的转变。GIS 不仅可以管理空间数据,用于模型的输入、输出,而且还可以将水文模块植入 GIS 系统,用户只需要根据 GIS 开发的界面进行操作,而不需要涉及水文模型的本身。

就目前的研究及应用看,GIS 与水文模型的结合主要表现为四种方式(朱雪芹等,2003),即模拟模型嵌入 GIS 平台、GIS 功能嵌入模拟模型、模拟模型和 GIS 的松散连接以及水文模型和 GIS 的紧密连接。

① 水文模拟模型嵌入 GIS 平台:目前流行的部分 GIS 平台嵌入了专业应用模块,方便了用户直接应用于专门流域的开发。例如 Integraph 公司的 In-Roads ,Army Corps of Engineers 的 HEC-SAS,又如美国 ESRI 公司的 Arc/Info 即嵌入了流域模型 ARC-Storm 和 ARCGrid 等、地下水 Darcy 水流模型和污染运移模型,常见的模块有 BASIN、DARCYFLOW、PO-ROUSPUFF、WATERSHED、FLOW-ACCUMULA-TION、PARTICLETRACK 等。上述模块是高度概化的通用模块,用于解决复杂实际问题还有一定困难。

② GIS 功能嵌入水文模拟模型:目前流行的水文模拟模型软件多基于 Windows 平台,可视化程度较高。例如,TOPMODEL、MIKE SHE、MIKE BA-SIN、Visual MODFLOW、GMS 和 FEFLOW 等都采用了可视化数据输入处理和模拟结果表达,大大提高了模型识别、验证与应用的效率。又如,美国 Re-search Systems 公司的交互式数据语言 IDL 和 VIP 可视化开发工具,为模型集成提供了理想平台;Re-search Systems 公司开发的 River Tools 为 IDL 平台开发的 DEM 分析、水系及河流网系分析、洪水淹没分析应用系统。但是,这种方式的集成其空间数据处理分析功能有限,还需要借助其他 GIS 工具软件实现大规模数据的输入和前处理。

③ 模拟模型和 GIS 的松散连接:通过各种工具软件,将二者连接起来,开发数据接口程序,通过共享数据库或数据文件交换的方式进行连接。Argus ONE (open numeric environment) 即为一套可视化的、开放式数值模拟环境,为各类模拟软件提供便捷的数据前处理和后处理平台。由于通过数据文件交

换方式进行水文模型和GIS的连接，不可避免存在个别数据交换错误，影响整个模拟模型精度和效率。

④ 模拟模型和GIS的紧密连接：通过GIS提供的宏语言或二次开发4GL高级语言（如Visual Basic、Visual C++、Dephi等），将水流数值模拟模型和GIS紧密连接。一般情况下，GIS在后台运行，但模拟模型可充分利用GIS的空间数据和属性数据处理功能，并能够实现水流动态的实时模拟和演示。目前，许多GIS软件提供了二次集成开发的环境，如ESRI公司的Avenue和AML开发语言，MapInfo公司的MapInfo平台，MapBasic以及Intergraph公司的GeoMedia Object等。水流数值模拟模型和GIS集成二次开发工作量大，开发成本高，需要多个专业开发人员的参与和配合。例如，Huang和Jiang（2002）运用Arcview宏语言Avenue，采用TOPMODEL（topography-based hydrological model）代码开发AVTOP模型系统，实现了水文模拟模型和GIS的完全集成，模型创建的所有阶段，包括模型初始参数输入、数据集转换、中间和最终结果的图形方式表达在同一环境下完成，大大提高了模型数据分析与决策的效率。

水文陆面模拟中，地形是十分关键的因素，GIS用于水文模拟，可以用来操作、获取、显示这些与模型有关的空间数据和所得的成果，使模型进一步细化，从而深入认识水文现象的物理本质。GIS中，以数字地形模型（DTM）、数字高程模型（DEM）存储的地形信息，为流域水系信息参数的自动化提取提供了可能。通过GIS可以提取流域的基本特征，包括下垫面特征、水系、河网等，并可以依据河网等级对流域进行任意的子流域的划分或者进行网格化划分，不仅可以与传统的概念性流域水文模型相结合，管理提供基本的数据信息，并实现输入输出功能，更重要的是为分布式的水文物理模型研制提供了平台。由GIS可以实现不同数据的可视化结合、数据转换，并可以减少模型输入时的数据误差。GIS在流域水文模拟中得到广泛的应用，出现了许多商业化的集成软件和专业软件。如ESRI提供的Hydro模块，可以在Arc/Info、Arcview中直接调用；Research Systems公司的River Tools，目前发展到2.4版本，它的一个特点是可以处理很大的DEM数据，这些工具在流域地形处理方面功能非常强大。还有一些基于GIS的专业水文处理软件，如WMS（watershed modeling system）模型系统，它是美国Brigham Young大学环境模型研究试验室（EMRL）开发的专业水文模拟处理软件，提供水文模拟全过程的工具，包括流域、子流域的自动生成、几何参数的计算、水文参数（如汇流时间、降雨深度等）的计算等，并能实现模拟结果的可视化。WMS可以使用矢量地图、DEM、TIN等格式的数据来进行地形分析和水文模拟。嵌入了多种传统的概念性水文模型，包括HEC21、NFF、TR220、TR255、Rational Method、HSPF等，根据自动提取的流域参数进行水文模拟，可以用于洪水预报、水库设计、城市规划等。

以地形空间变化为主要结构，用地形信息模拟水文响应的TOPMODEL概念提出后，国外已有多方面的研究应用，国内也有较多的应用和研究报道。如，郭方等（2000）将TOPMODEL应用在淮河流域史河水系。任立良等（1999，2000）建立了基于DEM的数字流域水文模型，该模型的基本结构是：在流域栅格DEM数据上，应用数字高程流域水系模型（DEDNM）的原理和方法自动提取流域水系，构建数字流域，主要过程包括凹陷区的识别处理、平坦部位水流流向设定、子流域集水单元勾划、河网生成、河网与子流域编码及河网拓扑关系的建立；然后对生成的每一集水子流域应用新安江模型建立产流模型，再根据河网结构拓扑关系，采用分段马斯京根法，建立数字河网汇流模型，构成了数字水文模型，并在淮河史灌河流域进行了实例应用研究，计算的黄泥庄站时流量过程和蒋集站日流量过程均能与实测过程较好地拟合。

(5) 遥感（RS）在水循环模型中的应用

水循环模型发展至现在，已是复杂而又具有物理意义的分布式水文模型了，对空间数据的要求有了极大的提高。与此同时，传统数据收集部门承受了极大的压力，因为传统地面观测站网的密度远远不能满足模型对数据的要求。流域水循环模拟的结果很大程度上依赖于输入数据，在过去的许多研究中，往往由于缺乏足够的、合适的数据而不能很好地对水文过程进行描述和模拟。只有在获得详细的地形、地质、土壤、植被和气候资料的基础上，对大范围流域气候变化和土地利用产生的水文影响研究才有可能。

遥感技术是20世纪60年代以来发展起来的新兴边缘学科，是一门先进的、实用的探测技术。遥感方法被认为是花费较少的数据获取方法（Koblinsky et al，1992）。自从美国于1972年发射了用于人类的试验遥感卫星之后，卫星遥感数据的获取使得对地球科学的研究进入一个新的时代,许多国家使用卫星数据对其国内资源进行管理。

在水循环领域,作为一种信息源,遥感技术可以提供土壤、植被、地质、地貌、地形、土地利用和水系水体等许多有关下垫面条件的信息,也可以获取降雨的空间变化特征、估算区域蒸发、监测土壤水分等,这些信息是确定产汇流特性和水循环模型参数所必需的。通过遥感技术,能够弥补传统监测资料的不足。特别重要的是,遥感数据在无常规资料地区可能是唯一的数据源,这就极大地丰富了水文模型的数据源。和传统的数据收集方法相比,遥感技术获取数据的优点主要有:它是面状数据,无需再进行点面的转化;直接获取或经转换后为数字化形式,便于应用;可提供相对高分辨率的时间和空间信息;可获取偏僻的无人可及的区域资料。

遥感技术在水文学中的应用可大致分为两个方面:一是利用遥感资料推求各种水体(如湖泊、湿地等)的面积变化、监测冰川和积雪的融化状态,以及洪水过程的动态监测等,这是遥感技术在水文学中的直接应用;二是利用遥感资料进行有关水文过程中的参数和变量的推求,如土地覆盖状况、植物(作物)生长和发育情况,继而利用一些经验公式、统计模型和概念性水文模型等来获取诸如径流、土壤水分、区域蒸发等水文变量,这是遥感技术在水文学中的间接应用(傅国斌和刘昌明,2001)。

国外早期的研究主要是利用遥感资料提取流域地物信息、估算水文模型的参数等,如进行土壤分类、应用一些经验性的模型估算融雪径流、估算损失参数等,后期注意适应遥感信息的模型结构的改造和设计。国内也有这方面的应用尝试,主要集中在运用遥感资料获取流域水文模型的输入和率定有关的参数方面。如王燕生(1989)利用陆地卫星影像获取流域的下垫面资料,将流域按植被和土壤、土地利用分区,并应用气象雷达探测雨区及相应的面雨量,采用 USDAHL 水文模型,进行了少冷河的洪水预报研究;魏文秋等(1992)通过改进 SCS 模型并应用遥感资料确定模型的土地利用和土壤类型,以安徽城西径流试验站进行了实例研究,结果表明产流模拟的精度是满意的;徐雨清等(2000)应用 GIS 与 RS 技术研究了黄土高原半干旱地区降雨径流关系问题,应用 GIS 提取流域边界、水道、地形和下垫面特征,应用卫星遥感(NOAA AVHRR 卫星数据)获取植被和土地利用状况,建立了流域多年平均径流量与降雨量、植被等因素的关系模型。

王腊春和熊江波(1997)将遥感资料应用到新安江模型的参数提取。用泰森多边形将流域分块,每一个分块用双层新安江模型计算产流,用遥感资料提取产流参数。其实质是根据 SCS 模型通过遥感资料确定 *CN*(curve number)值从而确定流域最大可能土壤蓄水量 *S*。该模型应用 Landsat TM 数字磁带和黑白航空相片来分析研究区地表覆盖状况和辅助常规土壤图确定水文土壤类型,从而确定每一个分块面积上的 *CN* 和 *S* 值。新安江模型的其他参数用常规优化方法获取。该模型在浙江溪西流域模拟 6 次洪水的产流,计算结果表明,计算值与实测值相对误差在 -6.5% ~8.3% 之间,精度是满意的。在洪水演进模型中,土地利用类型图可用于估算计算网格的糙率系数;利用遥感数据估算降雨、土壤含水量的研究也取得了一定的进展。

刘昌明等(2001)将应用遥感信息的水文模型概略地分成三类。第一类是遥感信息和地面同步实测资料的回归模型;第二类是将遥感信息作为水文模型中参数的输入与估计或者是调整水文模型结构后与具有空间特征的遥感资料相耦合的遥感水文模型;第三类是应用遥感资料的水量平衡模型。

时至今日,已经发射了大量装备不同传感器的遥感卫星,如高光谱传感器、高分辨率传感器、不同类型的雷达、微波辐射计等,如美国的 Landset 系列和 Quickbird,中国的风云一号和二号,法国的 SPOT 等。将来有更多不同来源的多光谱、多时态、多元数据可使用,以改善其水文应用的效果。为方便遥感影像的处理和 GIS 时空分析在水文中的应用,将影像处理、GIS 和数据库管理系统进行高度的集成是非常有必要的。在未来,基于人工智能的解译系统先验专家知识,可存于数据库中,使用者能用其解译结果和新发现(或认识)更新该数据库。遥感有大量的数据,有很多重复的处理过程(如时间序列数据分析等)以及需要很多自然和地理方面的先验知识,因此是专家系统应用的理想领域。GIS、遥感、水文模型和数据库管理系统的完全集成,是 GIS 与水文模型集成的发展目标。

但是,数据类型是当今遥感和 GIS 在水文学中应用的制约因素之一。地理信息系统一般使用两种数据:图形数据和非图形数据。图形数据是地图属性的数字化表示,一般可存储为栅格或矢量格式,水文模型应用中一般倾向于栅格形式,这是因为水文模型中涉及的水文参数往往是分区域的,有利于参数估算及模型运转。但另一方面,栅格类型导致空间数据文件过大,极大地降低了模型的运算速度。这是遥感和地理信息系统耦合在水文学中应用的关键问题。

6.4.2 水文与生态模型的耦合

(1) 水文学的产生及特点

生态水文学是生态学与水文学的交叉学科,它研究不同时空尺度上水文过程与生物动力过程的耦合机制与规律,以期实现水资源的持续管理。Ingram 在 1987 年首先提出生态水文学这一概念,并对苏格兰泥炭地的生态水文过程进行了研究(Ingram, 1987)。

生态水文学兴起则是 20 世纪 90 年代。在淡水资源短缺逐渐成为全球问题时,1992 年在都柏林国际水与环境大会上生态水文学作为一门独立的学科提出来(Zalewski et al, 1997)。研究生态水文过程可以为合理生态水文格局的构建和水资源的持续利用提供理论支持(Hutjes et al, 1998)。随着水文循环的生物圈部分(BAHC)和国际教科文组织主持的国际水文计划等国际项目的实施,生态水文过程研究得到迅速的发展和广泛的重视,成为当前研究的热点(黄奕龙等,2003)。

生态水文学和传统水文学的最大区别在于它吸收了生态学中的理论,特别是生态系统方法论,因此更重视不同生态系统及其变化与水文过程间相互关系的探讨。与传统水文过程研究相比,生态水文过程研究有两个基本特点(黄奕龙等,2003):① 重视生态过程和水文过程关系研究。水文过程中将不同生态系统中的生物均用地表特征参数进行处理,而生态水文过程则重视不同植被或生物与水文过程的相互影响及耦合关系,通过生态水文关系的研究为生态水文布局及其动态平衡的维持提供理论依据,为生态演替和水文循环变化及其相互关系提供合理解释和有效预测。② 尺度性。传统水文学中尺度概念较为淡漠,在模拟水文过程时,一般不考虑尺度效应及不同尺度间的联系和转换(夏军等,2000;陈喜等,2000; Dooge,1995)。而生态水文学中,源于生态学尺度思想以及现代水文学中对尺度研究开始重视等,尺度在生态水文过程研究中随处可见。

作为一门独立学科提出,生态水文学目前还处于事实收集的初级阶段,虽然世界各国学者众说纷纭,从不同角度对生态水文学进行了多方面阐述,但生态水文学至今仍未形成一个公认的定义。生态水文学介于生态学与水文学之间,是研究生态格局和生态过程变化的水文学机制的一门边缘学科,它的一个重要研究方向是在不同时空尺度上和一系列环境条件下探讨生态水文过程(Zalewski, 2000;Janauer, 2000);联合国教科文组织主持的国际水文计划第Ⅴ阶段研究计划(IHP-Ⅴ)列出的地表生态水文过程包括植被变化、土地利用和侵蚀过程、水库和三角洲的沉积过程、河系、洪泛平原和湿地之间的关系及地表水过程,并认为生态水文学的实用性含义(working definition)是研究在不同时空尺度上水文过程与生物动力过程相综合的科学;Hatton 等定义广义生态学为:在一系列环境条件下来探讨生态水文过程,它考虑了干旱地区、湿地、森林、河流和湖泊的生态水文过程。

早期森林水文学曾经为水文学领域的一个重要分支,揭示了森林生态系统与水文相互作用的关系,然而,森林水文的研究并未提出普遍性的有关生态与水文关系的原则(Post, 1998),影响了全球变化以及人类活动参与下生态系统与水文循环关系的认识。相区别于森林水文,生态水文拓展了森林水文研究对象,以干旱区生态系统、湿地生态系统、森林生态系统,以及河流、湖泊生态系统为对象探讨生态-水文相互影响、作用关系,从而形成现代生态水文学的主要内涵,即以认识陆地生态系统与区域水文过程的耦合机制为核心(Liken et al, 1996)。

生态水文学的定义在国内学术界也引起了广泛探讨。生态水文学研究以寻求水资源持续管理方案为学科研究的明确目的,因此部分研究者认为生态水文学是研究一定时空尺度上生态过程与水文过程的耦合演进规律及成因,探求协调的生态水文模式,应用于水资源持续管理实践的科学(严登华等,2001)。此外,有学者定义认为生态水文学是一个集地表水文学、地下水文学、植物生理学、生态学、土壤学、气象学和自然地理学等于一体,彼此间相互影响渗透而形成的一门新型边缘交叉学科,其研究对象是由水圈、生物圈、岩石圈和大气圈共同组成的复合系统(武强等,2001)。

直至 20 世纪 90 年代中后期,我国都尚未将生态水文学作为一专门学科加以研究,只是在相关研究中有所涉及,包括土地利用方式的改变对河川径流量的影响,森林破坏和草地退化对径流量变化的影响以及近年来开展的生态需水研究等。20世纪末，严登华等人开始在东辽河流域开展生态水文学研究，以GIS为工具，探讨流域生态水文格局的演化，并构建理想的生态水文格局，进而探讨其在区域水环境安全调控中的应用。

(2) 水文-生态模型的耦合

生态学、水文学等相关研究的深入和计算机技术的发展推动了模型的开发和应用。从生态水文过程耦合发生的角度构建生态水文模拟模型来仿真水文事件已经被证明是一种有效而可行的方法(刘凤莲,2005)。

生态水文过程模拟必然要求建立相应的模型，但生态水文学是个年轻的学科，生态水文研究也处于初步阶段，因此目前生态水文模型的研究多借鉴生态学、水文学以及其他学科的模型。生态水文模型的建立是实现生态水文学纵深发展的关键所在。

从广义上说，生态水文模型就是任何可以用于生态水文研究的模型，这包括当前所有的生态学和水文学模型以及它们的综合，比如Wassen等(1996)就利用地下水流模型(Flow NET模型)来确定进入或流出沼泽地带的水运动通道以更好地认识湿地植物种类的分布规律。从狭义上说，揭示生态水文过程的模型才是生态水文模型(夏佰成,2004；严登华,2005)。美国农业部水土保持局研制的SCS模型，考虑了流域下垫面的特点，它可针对未来土地利用情况的变化，预估降雨径流关系的可能变化，是较简单的一种生态水文模型(袁作新,1988)。

土壤-植被-大气传输(SVAT)模型就符合生态-水文模型，因为这些模型直接揭示植物如何影响地表表面水分散失速率。SVAT模型分多种类型，比较复杂的如SWIMV2.1，可解决四种植被类型、土壤中不同根系分布、多层结构土壤、Darly-Richards型土壤水分与溶质传输等条件下的传输问题；还有其他一些用于简单SVAT和植物生长问题的生态-水文模型，如PATTERN模型等。SHE模型可以处理流域水流过程所有方面的问题，该模型可视作分布式模型，对所涉及的上述过程都可模拟。

我国在这方面的研究相对落后，就目前情况来看，采用大尺度水文物理模型来探讨土壤-植物-大气系统的水汽能量交换过程，可弥补传统水文模型和气候模型对生物系统及水文地表过程模拟过于粗糙的缺陷，但由于水文过程的时空差异性很大，研究区域内的土壤结构、土壤湿度、地形地貌条件、植物种类及覆盖程度千差万别，用大尺度水文模型还难以真实地模拟水文地面过程。穆宏强等人(1999,2001)从水文学的角度，结合生态学的概念，提出了一个用于模拟水文生态过程的分布式流域水文生态模型的理论框架，其基本思想是：借助于气候模型中的网格概念，将区域划分成网格，研究每一网格内的地表径流和地下径流等空间水文信息，然后进行汇流计算，得到流域的出口流量过程。目前，生态水文模型可以归纳为表6.4所示的几种类型。

表6.4 部分生态水文模型及其应用领域

Table 6.4 Eco-hydrological models and their application fields

模型类别	代表性模型	应用领域
经验模型	Rutter模型、Gash模型、DCA模型、回归模型、Philip模型	森林水文生态过程、植物水环境排序、预测与模拟植物对水文的影响过程
机理模型	Penman-Monteith模型、Horton模型、系统响应模型、透水系数模型、Pattern模型、分布式水文模型、MARIOLA模型、FOREST-BGC模型	生态水文平衡要素测定、生态与水文耦合过程模拟与预测、植被的水文生态效应分析
随机模型	Monte Carlo模型、马尔可夫模型	水文与生态过程的随机性模拟、参数与要素模拟
确定性模型	Darly-Richards模型、Boussinesque模型、Hagan-Poiseuille模型、Laplace模型、Manning模型	土壤水流、河川径流运动与土壤侵蚀、溶质迁移过程、植被对河川径流的影响
集总模型	SVAT模型、HYDROM模型、SWINV 2.1模型、新安江模型、SCS模型、SPAC模型、系统动力学模型、HYDRROM模型	土壤-植被-大气间物质能量传输过程、区域气候、径流、植被与土壤侵蚀之间的相互关系，不同自然条件下土壤水分、溶质传输过程，区域生态与水文耦合过程，流域水文循环与水文过程

续表

模型类别	代表性模型	应用领域
分布式模型	SHE 模型、OWLS 模型、分布式新安江模型、DTVGM 模型等	径流模拟、人类活动对径流、水质的影响、陆面水文过程的物理机制、流域内水文循环的时空变化过程

资料来源:王清华,植被变化的生态水文效应分析,西安理工大学,硕士学位论文,2004:13.

近年来开展了大量植被变化对水文效应的研究,但大多都采用流域平行对比和流域自身对比从理论上分析了植被发生变化后的水文效应,对开展流域及区域尺度上植被变化的生态水文模型的研究有待进一步加强(穆兴民等,1999;何进知等,2001;金林,2002)。另外,由于绝大多数水文和生态过程的数学方程或物理定律都具有高度的尺度依赖性,在小尺度试验研究建立起来的模型能否推广应用到大尺度问题上是生态水文模型又一关键所在。

由于生态水文过程影响因素众多,而且具有明显时间和空间变异性,要多时相、多信息源的历史动态变化信息以及多方法和多学科的综合。因此,以地理信息系统为平台,以遥感技术获取空间信息为手段,建立和校核基于物理过程分布式参数的流域水文过程耦合和尺度变换模型已成为当今生态水文模拟的热点研究领域。

6.4.3　存在的问题与展望

水循环模型是在研究水文现象和水文规律中产生的,并在不断地发展和完善。目前广泛使用的绝大多数仍为概念性的水文模型,既具有一定的物理基础,又有良好的适用性,在水文模拟中发挥了巨大的作用,但在越来越受水文界关注的尺度问题、生态水文过程、人类活动及气候变化的水文响应等热点问题上缺乏有力的解决方案,有待进一步的发展和完善。

单纯地就模拟与预报结果而言,分布式水文模型并不比传统的集总式水文模型有太多的优势。但是,分布式水文模型所揭示的水文物理过程越来越接近客观世界。同时,由于与 GIS 和 RS 的有机结合与对海量的气象和下垫面空间数据的处理与利用,使得分布式水文模型在研究人类活动和自然环境变化对流域水文循环时空过程的影响、研究区域水资源生成与演变规律方面,具有独特的优势。因此,基于 GIS 和 RS 的分布式水文模型仍然是现代水文水资源研究的理想工具,代表了未来水文模型发展的主要方向。但是,应用中对水文模型的选择,应该首先取决于要解决的问题和地区的实际资料情况,并非是越复杂的模型越能得出精确的结果,有时候经验性的简单模型可能更能取得好的模拟效果。

GIS 的应用给水循环模型的研究思路和技术方法带来了创新和革命。GIS 中用于空间数据及非空间属性数据的获取、存储、分析和显示的功能已非常成熟,可为水文模型提供非常详尽的背景环境描述。就目前的研究看,商业化软件的开发是一种趋势。应用 GIS 的水文模拟软件具备很多传统水循环模型所不具备的优点,但鉴于目前 GIS 与水循环模型的集成方式存在的不足,有必要提出水文模型和 GIS 集成的"高层次共实体"的概念,开展多维时空概念框架以及水文模型和 GIS 可视化的集成技术与实施方案的研究,提高水文模拟技术的研究水平,同时对 GIS 理论发展具有促进作用。Open GIS 的提出为高层次共实体概念框架的实现提供了可能。水文模型和 GIS 集成的"高层次共实体"的时空概念框架研究,是研究在此框架基础上如何运用面向对象技术实现 GIS 环境下互操作,包括时空模型中的时空数据表达和管理以及时空分析方法。

至于遥感在水循环模型中应用的方面,虽然到目前为止,还没有专门为水文学研究而发射的卫星,但水文工作者利用气象卫星、陆地资源卫星、微波技术等遥感手段在遥感应用于水文学领域取得了巨大的成就。遥感技术可提供面状信息而非点状,可直接或间接测量常规手段无法测量到的水文变量和参数(如区域土壤湿度),可提供长期、动态和连续的大范围资料值,因此,在水文学上有着广泛的前景。遥感和 GIS 可分别单独用于许多水文问题,但两者联合,优势互补,不仅拓宽和深入了遥感技术在水文学中的应用,而且解决了 GIS 空间数据库的"老化"和"静态"问题。因此,遥感、GIS 与水文模型的耦合,是现代水文科学研究的重要方面和内容。未来水文科学的发展在很大程度上取决于水文数据的获得和精度。尽管目前遥感在水文学中的应用还受到传感器、分辨率(时空)以及图像解译精度等的影响,但遥感图像可为水文学提供大量有关数据已是无可辩驳的事实。在未来,如果水文学离开遥感技术的支持,它将会停滞不前甚至倒退。反之,在遥感信息的支持下,水文学研究将会不断深入,进入新的发展阶段,更好地为人类服务。

在生态水文模型的应用中,需要加强生态与水文耦合机制的研究。生态过程与水文过程耦合机制,尤其是森林流域土壤入渗、坡面产汇流动力学机制,仍需进一步研究。对于生态与水文耦合过程边界条件的确定,一直没有合理的解决方案,因此还需要加强边界条件的确定性研究。降雨、土壤水分运动和植被的动态耦合作用,将是今后生态水文模型研究的重点。

尺度问题仍然是生态水文模型研究中国内外关注的热点。大尺度生态水文过程模拟的难点在于,从技术层面上看,数据集的获取是最大的问题,由于水量平衡各分量分别依据不同精度的数据源推算,模型总体的精度取决于精度最低的分量,即所谓的"木桶效应"(孙鹏森和刘世荣,2003)。而且不同尺度的水文循环的机制是不相同的,水文模型的结构也就不尽相同,如何考虑流域水文过程的时空不均匀性和变异性是尺度问题的关键,影响这种不均匀性和变异性的主要因素有流域的地形、植被覆盖、土壤及降雨、蒸发等气候因素,而采用新技术,如GIS、RS,获取更多的信息源是水文模拟发展的一个趋势,由于尺度问题的存在,就涉及这些信息源的时空分辨率的问题。因此,对尺度问题的研究可以确定采集信息源的分辨率,如DEM的空间分辨率、遥感数据源的时空分辨率等,而分辨率的不同直接影响着水文模拟的精度。不同的尺度对数据源的时空分辨率有不同的要求,但就具体的一般流域尺度而言,如果流域的时空不均匀性和变异性大,对反映这些特性的信息源的精度就有更高的要求,这里又同时涉及计算机的处理能力问题。由于水文变量时空分布的不均匀性和水文过程转换的复杂性,水文尺度问题和不同尺度之间水文信息转换的研究还存在很多困难,尺度问题还远未得到解决。因此,在现代流域模拟中,无论是从宏观综合还是微观研究,尺度问题始终是关注和研究的焦点。

参考文献

陈喜,陈永勤. 2000. 21世纪中国水文科学. 北京:科学出版社.

程伍群,李大鸣. 1998. 近岸区波浪场数值模拟的研究与进展,17(4):84-93.

傅国斌,刘昌明. 2001. 遥感技术在水文学中的应用与研究进展. 水科学进展,12(4):547-559.

傅伟,王天铎. 1994a. 边界层阻力在叶片气体交换过程中的作用. 植物学报, 36: 614-621.

傅伟,王天铎. 1994b. 一个气孔响应环境因子的机理模型. 植物生理学报, 20: 277-284.

郭方,等. 2000. 以地形为基础的流域水文模型-OPMODEL及其拓宽应用. 水科学进展, 9: 296-301.

郭生练,等. 2000. 基于DEM的分布式流域水文物理模型. 武汉水利电力大学学报, 33(6).

郭生练,等. 2001. 分布式流域水文物理模型的研究现状与进展//刘昌明,等. 黄河流域水资源演化规律与可再生性维持机理研究和进展. 郑州:黄河水利出版社, 51-57.

何进知,李舒宝,等. 2001. 森林植被对流域产汇流的影响分析. 水力发电学报.

黄平,赵吉国. 1997. 流域分布型水文数学模型的研究及应用前景展望. 水文,5: 5-10.

黄奕龙,傅伯杰,陈利顶,等. 2003. 生态水文过程研究进展. 生态学报,23(3):580-587.

金林. 2002. 山西省森林植被对径流泥沙影响的研究. 西北水资源与水工程.

井立阳. 2005. 数字化流域水文模拟研究. 河海大学博士学位论文.

康绍忠,等. 1994. 土壤—植物—大气连续体水分传输理论及其应用. 北京:水利电力出版社.

李兰,等. 2000. 流域水文数学物理耦合模型//朱尔明. 中国水利学会优秀论文集. 北京:中国三峡出版社.

李孟国,曹祖德. 1999. 海岸河口潮流数值模拟的研究和进展. 海洋学报,21(1): 111-125.

刘昌明,等. 2001. 水文循环过程理论与方法的研究进展//刘昌明,等,黄河流域水资源演化规律与可再生性维持机理研究和进展. 郑州:黄河水利出版社, 22-33.

刘凤莲,陈植华. 2005. 流域水文模型发展展望. 地质灾害与环境保护,16(1):71-74.

刘兆存,金生,韩丽华,等. 2007. 国内流域产汇流模型与应用分析. 地球信息科学,9(3):96-103.

穆宏强,夏军. 1999. 水文生态祸合模式的理论框架. 人民长江.

穆宏强,夏军,等. 2001. 分布式流域水文生态模型的理论框架. 长江职工大学学报,第 1 期.

穆兴民,王文龙,等. 1999. 黄土高原沟壑区水土保持对小流域地表径流的影响. 水利学报,第 2 期.

任立良. 2000. 流域数字水文模型研究. 河海大学学报, 7: 1-7.

任立良,刘新仁. 1999. 数字高程模型在流域水系拓扑结构计算中的应用. 水科学进展, 6: 129-134.

沈焕庭. 1997. 中国河口数学模拟研究的进展. 海洋通报,16(2):81-85.

孙鹏森,刘世荣. 2003. 大尺度生态水文模型的构建及其与 GIS 集成. 生态学报,23(10):2 116-2 125.

谭维炎,等. 1995. 钱塘江口涌潮的二维数值模拟. 水科学进展,6(2):83-93.

汪德灌,陈新建. 1987. 长江口南支流场的平面二维有限差分模拟. 河海大学学报,15(5):34-46.

王纲胜,夏军. 2000. 含季节信息的时变增益水文系统模型. 科技进步与对策,17(12):185-187.

王纲胜,夏军,谈戈,等. 2002. 潮河流域时变增益分布式水循环模型研究. 地理科学进展,21(6):573-582.

王腊春,熊江波. 1997. 用遥感资料建立分块产流模型. 地理科学,2:76-80..

王清华. 2004. 植被变化的生态水文效应分析. 硕士学位论文,西安理工大学,13.

王燕生. 1989. 遥感水文模型及其应用. 水文,(5): 20-24.

魏文秋,谢淑琴. 1992. 遥感资料在 SCS 模型产流计算中的应用. 环境遥感, 4: 243-250.

吴险峰,刘昌明. 2002. 流域水文模型研究的若干进展. 地理科学进展,21(4):341-348.

武强,董东林. 2001. 试论生态水文学主要问题及研究方法. 水文地质工程地质,2:69-72.

夏佰成,胡金明,宋新山,等. 2004. 地理信息系统在流域生态水文过程模拟研究中的应用. 水土保持研究,1(1):5-8.

夏军,王纲胜. 2003. 分布式时变增益流域水循环模拟. 地理学报,58(5):789-796.

夏军,王纲胜,谈戈,等. 2004. 水文非线性系统与分布式时变增益模型. 中国科学 D 辑地球科学,34(11): 1 062-1 071.

夏军,叶爱中,王纲胜,等. 2005. 黄河流域时变增益分布式水文模型(Ⅰ)——模型的原理与结构. 武汉大学学报(工学版),38(6):10-15.

徐雨清,等. 2000. 遥感和地理信息系统在半干旱地区降雨-径流关系模拟中的应用. 遥感技术与应用.

严登华,何岩,邓伟,等. 2001. 水资源地域耦合空间结构初探. 东北师大学报(自然科学版),32(4):82-87.

严登华,何岩,邓伟,等. 2005. 生态水文学研究进展. 地理科学,1(5):467-4 73.

余新晓,赵玉涛,张志强,等. 2002. 基于地形指数的 TOPMODEL 研究进展与热点跟踪. 北京林业大学学报,24(4):117-121.

袁作新,等. 1988. 流域水文模型. 北京:水利电力出版社.

朱雪芹,潘世兵,张建立,等. 2003. 流域水文模型和 GIS 集成技术研究现状与展望等. 地理与地理信息科学等,19(3):10-13.

Abbott M B, Bathurst J C, et al, 1986a. An introduction to the European Hydro logical System-System Hydrologic European, "SHE". 1: history and philosophy of a physically based distributed modeling system. Journal of Hydrology, 87:45-59.

Abbott M B, Bathurst J C, et al, 1986b. An introduction to the European Hydro logical System-System Hydrologic European, "SHE". 2: structure of a physically based distributed modeling system. Journal of Hydrology, 87:61-77.

Arora V K, Gajri P R. 2000. Assessment of a crop growth-water balance model for predicting maize growth and yield in a subtropical environment. Agricultural Water Management, 46: 157-166.

Avissar R, Avissar P, Mahrer Y, et al, 1985. A model to simulate response of plant stomata to environmental conditions. Agricultural and Forest Meteorology, 34: 21-29.

Bailey W G, Davies J A. 1981. Bulk stomatal control on evaporation. Boundary-Layer Meteorology, 20: 401-415.

Baldocchi D. 2003. Assessing the eddy covariance technique for evaluating carbon dioxide exchange rates of ecosystems, past, present and future. Global Change Biology, 9: 479-492.

Ball J T, Woodrow I E, Berry J A. 1987. A model predicting stomatal conductance and its contribution to the control of photosynthesis under different environmental conditions//Biggins I. Progress in Photosynthesis Research. the Netherlands: Martinus Nijhoff Publishers, 221-224.

Beven K J, Moore I D. 1992. Terrain Analysis and Distributed Modelling in Hydrology. Chichester: John Wiley and Sons Ltd, 213-226.

Beven K J, Wood E F. 1983. Catchment geomorphology and the dynamics of runoff contributing area. Journal of Hydrology, 65: 139-158.

Beven K J. 1979. On the generalized Kinematic routing Method. Water Resources Research, 15:1 238-1 242.

Beven K J. 1996. A discussion of distributed modeling// Abbott M B, Refsgard J C. Distributed Hydrological Modelling. Kluwer: Dordrecht, 255-278.

Blaney H F, Criddle W D. 1950. Determining water requirements in irrigated areas from climatological and irrigation data. USDA Soil Conservation Service Tech. Paper, 96: 48.

Bonan G B. 1995. Land-Atmosphere interactions for climate system Models, coupling biophysical, biogeochemical, and ecosystem dynamical processes. Remote Sensing of Environment, 51: 57-73.

Bonan G B. 1996. A land surface model (LSM version 1.0) for ecological, hydrological, and atmospheric studies: Technical description and user's guide. NCAR Tech. Note NCAR/TN-417+STR, 150.

Braden H. 1995. The model AMBETI. A detailed description of a soil-plant-atmosphere model. -Berichte des Deutschen Wetterdienstes Offenbach / M. Nr. 195.

Braud I, Dantas-Antonino A C, Vauclin M, et al, 1995. A simple soil-plant-atmosphere transfer model (SiSPAT) development and field verification. Journal of Hydrology, 166: 213-250.

Brenner A J, Incoll L D. 1997. The effect of clumping and stomatal response on evaporation from sparsely vegetated shrublands. Agric. For. Meteorol, 84, 187-205.

Brutsaert W, Stricker H. 1979. An advection-aridity approach to estimate actual regional evapotranspiration. Water Resources Research, 15: 443-450.

Brutsaert W. 1982. Evaporation Into the Atmosphere. Hingham, Mass: D. Reidel, 299.

Calvet J C. 2000. Investigating soil and atmospheric plant water stress using physiological and micrometeorological data. Agricultural and Forest Meteorology, 103: 229-247.

Cannell M G R, Thornley J H M. 1998. Temperature and CO_2 responses of leaf and canopy photosynthesis: a clarification using the non-rectangular hyperbola model of photosynthesis. Annals of Botany, 82: 883-892.

Charbonneau R, Fortin J P, Morin G. 1977. The CEQUEAU model: description and examples of its use in problems related to water resource management. Hydrological Science Bulletin, 22(1/3):193-202.

Charney J G. 1975. Dynamics of deserts and drought in the Sahel. Quarterly Journal of Royal Meteorological Society, 101:193-202.

Chen J. 1984. Uncoupled multi-layer model for the transfer of sensible and latent heat flux densities from vegetation. Boundary-layer Meteorology, 28: 213-225.

Choudhury B J, Monteith J L. 1988. A four-layer model for heat budget of homogeneous land surfaces. Quarterly Journal of the Royal Meteorological Society, 114: 373-398.

Collatz G J, Bal J T, Grivet C, et al, 1991. Physiological and environmental regulation of stomatal conductance, photosynthesis and transpiration: A model that includes a laminar boundary layer. Agricultural and Forest Meteorology, 54: 107-136.

Cowan I R. 1965. Transport of water in the soil-plant-atmosphere system. Journal of Applied Ecology, 2: 221-239.

Cowan I R. 1972. Oscillations in stomatal conductance and plant functioning associated with stomatal conductance: observations and a model. Planta, 106: 185-219.

Cox P M, Richard A B, Chris D J, et al, 2000. Acceleration of global warming due to carbon-cycle feedbacks in a coupled climate model. Nature, 408:184-187.

Dawes W, Hatton T J. 1993. TOPOG-IRM. 1. Model Description. Division of Water Resources Technical Memorandum 93/5. Canberra: CSIRO.

Dawes W R, Short D L. 1993. The efficient numerical solution of differential equations coupled water and solute dynamics: the WAVES model. Tech. Memo. 93/18, CSIRO division of water resources.

de Bruin H A R, Holtslag A A M. 1982. A simple parameterization of the surface fluxes of sensible and latent heat during daytime compared with the Penman-Monteith concept. J. Appl. Meteor., 21:1 610-1 621.

Deardorff J W. 1978. Efficient prediction of ground surface temperature and moisture with inclusion of a layer of vegetation. Journal of Geophysical Research, 83: 1 889-1 903.

Denmead O T, Bradley E F. 1987. On scalar transport in plant canopies. Irrigation Science, 8: 131-149.

Dewar R C. 1995. Interpretation of an empirical model for stomatal conductance in terms of guard cell function. Plant, Cell and Environment, 18: 365-372.

Dickinson R E, Sellers A H. 1988. Modelling tropical deforestations: A study of GCM land-surface parameterizations. Quarterly Journal of Royal Meteorological Society, 114: 439-462.

Dickinson R E, Shaikh M, Bryant R, et al, 1998. Interactive canopies for a climate model. Journal of Climate, 11: 2 823-2 836.

Dickinson R E. 1984. Modelling evapotranspiration for three-dimensional global climate models. Geophysical Monograph, 29: 58-72.

Dickinson R E. 1995. Land processes in climate models. Remote Sensing of Environment, 51: 27-38.

Dickinson R E, Sellers A H, Kennedy P J, et al. 1986. Biosphere-Atmosphere Transfer Scheme (BATS) for the NCAR Community Climate Model, NCAR/TN-275 +STR.

Dirmeyer P A, Shukla J. 1994. Albedo as a modulator of climate response to tropical deforestation. Journal of Geophysical Research, 99: 863-877.

Dolman A J, Gash J H C, Goutorbe J P, et al, 1997. The role of the land surface in Sahelian climate: HAPEX-Sahel results and future research needs. Journal of Hydrology, 188-189: 1 067-1 079.

Dolman A J. 1993. A multiple source land surface energy balance model for use in GCMs. Agricultural and Forest Meteorology, 65: 21-45.

Dolman A J, Wallace J S. 1991. Lagragian and K-theoury approaches in modeling evaporation from sparse canopies. Quarterly Journal of the Royal Meteorological Society, 117: 1 235-1 340.

Domingo F, Villagarcia L, Brenner A J, et al, 1999. Evapotranspiration model for semi-arid shrub lands tested against data from SE Spain. Agricultural and Forest Meteorology, 95:67-84.

Dooge J C I. 1995. Hydrology in perspective. Hydrological Sciences Journal, 33(2): 61-85.

Doorenbos J, Pruitt W O. 1977. Guidelines for Predicting Crop Water Requirements. FAO Irrigation and Drainage Paper No. 24, Rome.

Duncan W B, Loomis R S, Williams W A, et al, 1967. A model for simulating photosynthesis in plant communities. Hilgardia, 38: 181-205.

Dunne T. 1978. Field studies of hillslope flow processes in hillslope hydrology. New York: John Wiley, 1 227-2 931.

Famiglietti J, Wood E. 1994. Multiscale modeling of spatially variable water and energy balanceprocesses. Water Resource Research, 30: 3 061-3 078.

Farahani H J. 1994. Evaporation and transpiration processes. Root Zone Water Quality Model. USDA-ARS GPSR. Tech. Rep. No. 2. Fort Clooins, C O.

Farquhar G D, von Caemmerer S, Berry J A. 1980. A biochemical model of photosynthetic CO_2 assimilation in leaves of C_3 species. Planta, 149: 78-90.

Farquhar G D. 1978. Feedforward responses of stomata to humidity. Australian Journal of Plant Physioloy, 5: 787-800.

Flerchinger G N, Pierson F B. 1991. Modeling plant canopy effects on variability of soil temperature and water. Agricultural and Forest Meteorology, 56: 227-246.

Flerchinger G N, Saxton K E. 1989. Simultaneous heat and water model of a freezing snow-residue-soil system: I. Theory and development. Transactions of ASAE, 32: 573-578.

Freeze R A, Harlan R L. 1969. Blueprint of a physically based digitally-simulated hydrological response model. Journal of Hydrology, 9:237-258.

Gardner W R. 1960. Dynamic aspects of water availability to plants. Soil Science, 89:63-73.

Goregensen S E. 1994. Fundamentals of Ecological Modelling. 2nd ed. Amsterdam-London-New York-Tokyo: Elsevier, 22-27.

Gottschalck J C, Gillies R R, Carlson T N. 2001. The simulation of canopy transpiration under doubled CO_2: The evidence and impact of feedbacks on transpiration in two 1-D soil-vegetation-atmosphere-transfer models. Agricultural and Forest Meteorology, 106: 1-21.

Goudriaan J. 1977. Crop micrometeorology: a simulation study. Wageningen, the Netherlands: Center for Agricultural Publishing and Documentation.

Goudriaan J. 1996. Predicting crop yields under global

change//Walker B H, Steffen W. Global change and terrestrial ecosystems. Cambridge: Cambridge University Press.

Goudriaan J, van Laar H H. 1978. Relations between leaf resistance, CO_2- concentration and CO_2 assimilation in maize, beans, lalang grass and sunflower. Photosynthetica, 12: 241-249.

Goudriaan J, van Laar H H, van Keulen H, et al. 1985. Photosynthesis, CO_2 and plant production//Day W, Atkin R K. Wheat Growth and Modelling. NATO ASI Series A: Life Sciences. New York: Plenum Press, 107-122.

Goudriaan J, Waggoner P E. 1972. Simulating both aerial microclimate an soil temperature form observations above the foliar canopy. Netherlands Journal of Agricultural Science, 20:104-124.

Hargreaves G H. 1974. Estimation of potential and crop evaporation. Trans. ASAE, 17: 701-704.

Harley P C, Baldocchi D D. 1995. Scaling carbon dioxide and water vapor exchange from leaf to canopy in a deciduous forest: leaf level parameterization. Plant Cell and Environment, 18: 1 146-1 156.

Harley P C, Thomas R B, Reynolds J F, et al. 1992. Modelling photosynthesis of cotton grown in elevated CO_2. Plant Cell and Environment, 15: 271-282.

Hatton T J, Walker J, Dawes W R, et al. 1992. Simulations of hydroecological responses to elevated CO_2 at the catchment scale. Australian Journal of Botany, 40: 679-696.

Herkelrath W N, Miller E E, Gardner W R. Water uptake by plants. 1977. The root contact model. Soil Science Society of America Journal, 41:1 039-1 043.

Hillel D, Talpaz H, Van Keulen. 1976. A macroscopic-scale model of water uptake by a non-uniform root system and of water and salt movement in the soil profile. Soil Science, 121: 242-255.

Hoogenboom G. 2000. Contribution of agrometeorology to the simulation of crop production and its applications. Agricultural and Forest Meteorology, 103: 137-157.

Hsieh C, Katul G G, Schieldge J, et al, 1997. The Lagrangian stochastic model for fetch and latent heat flux estimation above uniform and nonuniform terrain. Water Resources Research, 33: 427-438.

Huang B, Jiang B. 2002. AVTOP: a full integration of TOPMODEL into GIS. Environmental modeling and software, (17):261-268.

Hutjes R W A, Kabat P, Running S W, et al, 1998. Biospheric aspects of the hydrological cycle. Journal of Hydrology, 213-214(1-4):1-21.

Ingram H A P. 1987. Eco-hydrology of Scottish peatlands. Transactions of the Royal Society of Edinburgh. Earth Science, 78(4):287-296.

Jacobs C M J, van den Hurk B J J M, de Bruin H A R. 1996. Stomatal behavior and photosynthetic rate of unstressed grapevines in semi-arid conditions. Agricultural and Forest Meteorology, 80: 111-134.

Janauer G A. 2000. Ecohydrology: fusing concepts and scales. Ecological Engineering, 16(1):9-16.

Jarvis P G. 1976. The interpretation of leaf water potential and stomatal conductance found in canopies in the field. Philosophical Transactions of the Royal Society of London, Ser B, 273: 593-610.

Jarvis P J, McNaughton K G. 1986. Stomatal control of transpiration: scaling up from leaf to region. Advances in Ecological Research. Vol 15. London: Academic Press, 86-112.

Jarvis P G, Morison J I L. 1981. The control of transpiration and photosynthesis by the stomata//Jarvis P G, Mansfield T A. Stomatal physiology. Cambridge: Cambridge University Press, 247-280.

Jensen M E, Wright J C, Pratt B J. 1969. Estimating soil moisture depletion from climate, crop, and soil data. ASAE Paper, 69-941.

Katul G G, Parlange M B. 1992. A Penman-Brutsaert model for wet surface evaporation. Water Resources Research, 28: 121-126.

Knorr W. 2000. Annual and interannual CO_2 exchanges of the terrestrial biosphere: process based simulations and uncertainties. Biogeography, 9: 225-252.

Koblinsky C J, Gaspar P, Lagerloef G. 1992. The future of spaceborne altimetry: Oceans and climate change. Washington, D. C. USA: Joint Oceanographic Institutions Incorporated.

Konzelmann T, Calanca P, Muller G, et al, 1997. Energy balance and evapotranspiration in a high mountain area during summer. Journal of Applied Meteorology, 36: 966-973.

Kovar K, Nachtnebe H P. 1996. Application of Geographical Information System in Hydrology and Water Resources Management. Wallingford: IAHS.

Kustas W P, Norman J M. 1999. Evaluation of soil and vegetation heat flux predictions using a simple two-source model with radiometric temperatures for partial canopy cover. Agricultural and Forest Meteorology, 94: 13-29.

Kustas W P. 1990. Estimations of evapotranspiration with one and two-dimension model of heat transfer over partial canopy cover. Journal of Applied Meteorology, 29: 704-715.

Lean J, Rowntree P R. 1993. A GCM simulation of the impact of Amazonian deforestation on climate change using an improved canopy representation. Quarterly Journal of Royal Meteorological Society, 199: 509-530.

Lean J, Rowntree P R. 1997. Understanding the sensitivity of a GCM simulation of Amazonian deforestation to the specification of vegetation and soil characteristics. Journal of Climate, 10: 1 216-1 235.

Lee X H, Hu X Z. 2002. Forest-air fluxes of carbon water and energy over non-flat terrain. Boundary-Layer Meteorology, 103: 277-301.

Leuning R. 1995. A critical appraisal of a combined stomatal-photosynthesis model for C_3 plants. Plant, Cell and Environment, 18: 339-355.

Leverenz J W, Falk S, Pilström C M, et al. 1990. The effects of photoinhibition on the photosynthetic light-response curve of green plant cells (*Chlamydomonas reinhardtii*). Planta, 182: 161-168.

Lhomme J P. 1988. Extension of Penman's formulae to multi-layer models. Boundary-Layer Meteorology, 42: 281-291.

Likens G E, Bormann F H, et al. 1996. Biogeochemistry of a forested ecosystem. New York: Sprinter-verlag, 1-54.

Lin J D, Sun S F. 1983. Moisture and heat flow in soil and theirs effects on bare soil evaporation. Trans. Water Conservancy, 7: 1-7.

Lohammer T, Larsson S, Linder S, et al. 1980. FAST-simulation models of gaseous exchange in Scots Pine. Ecological Bulletin (Stockholm), 32: 505-523.

Lu L, Pielke R A, Liston G E, et al. 2001. Implementation of a two-way interactive atmospheric and ecological model and its application to the central United States. Journal of Climate, 14: 900-919.

Mall R K, Lal M, Bhatia V S, et al. 2004. Mitigating climate change impact on soybean productivity in India: a simulation study. Agricultural and Forest Meteorology, 121: 113-125.

Menenti M. 1984. Physical Aspects and Determination of Evaporation in Deserts Applying Remote Sensing Techniques. Instituut von Cultuurtechnik en Waterhuishounding, Wageningen, The Netherlands, 202.

Meyers T P, Baldocchi D D. 1988. A comparison of models for deriving dry deposition fluxes of O_3 and SO_2 to a forest canopy. Tellus, 40B: 270-284.

Mihailovic D T, Ruml M. 1996. Design of land-air parameterization scheme (LAPS) for modelling boundary layer surface processes. Meteorology and Atmospheric Physics, 58: 65-81.

Mo X G, Liu S X. 2001. Simulating evapotranspiration and photosynthesis of winter wheat over the growing season. Agricultural and Forest Meteorology, 109: 203-222.

Monteith J L. 1995. A reinterpretation of stomatal responses to humidity. Plant Cell and Environment, 18: 357-364.

Monteith J L. 1965. Evaporation and environment. Symposia of the Society for Experimental Biology, 19: 205-234.

Monteith J L. 1973. Principles of Environmental Physics. London: Edward Arnold.

Neitsch S L, Arnold J G, Kiniry J R, et al. Soil and Water Assessment Tool Theoretical documentation. Version 2000. http://www.brc.tamus.edu/swat/.

Nikolov N T, Massman W J, Schoettle A W. 1995. Coupling biochemical and biophysical processes at the leaf level: an equilibrium photosynthesis model for leaves of C_3 plants. Ecological Modelling, 80: 205-235.

Noilhan J, Mahfouf J F. 1996. The ISBA land surface parameterization scheme. Global and Planetary Change, 13:145-159.

Noilhan J, Planton S. 1989. A simple parameterization of land surface processes for meteorological models. Monthly Weather Review, 117: 536-549.

Nonhebel S. 1996. Effects of temperature rise and increase in CO_2 concentration on simulated wheat yields in Europe. Climatic Change, 34: 73-90.

Parlange M B, Katul G G. 1992. Estimation of the diurnal variation of potential evaporation from a wet bare soil surface. Journal of Hydrology, 132: 71-89.

Penman H L. 1948. Natural evaporation from open water, bare soil and grass. Proceedings of the Royal Society, 193: 120-145.

Penning de Vries F W T, Jansen D M, ten Bergeet H F M. 1989. Simulation of Ecophysiological Process of Growth in Several Annual Crops. Wageningen: Pudoc and Docum, 147-250.

Post D A, Grant G E, Jones J A. 1998. New developments in ecological hydrology expand research opportunities. EOS, Transactions, American Geophysical Union, 79(43):517-526.

Priestley C H B, Taylor R J. 1972. On the assessment of surface heat flux and evaporation using large-scale parameters. Monthly Weather Review, 100: 81-92.

Refsgard J C, Hansen E A. 1982. Distributed groundwater/surface water model for the Susa-catchment. Part I—model description. Nordic Hydrology, 13:299-310.

Rodriguez-Iturbe I, Valdes J B. 1979. The geomorphologic structure of hydrologic response. Water Resources Research, 156: 1 409-1 420.

Running S W, Coughlan J C. 1988. A general model of forest ecosystem processes for regional applications I. Hydrologic balance, canopy gas exchange and primary production processes. Ecological Modelling, 42: 125-154.

Samani Z A, Hargreaves G H. 1985. Water requirements, drought and extreme rainfall manual for the United States. International Irrigation Center, Utah State University, Logan UT.

Samson R. 2001. An experimental and modeling approach to the actual evapotranspiration in a mixed forest ecosystem (Experimental Forest Aelmoeseneie at Gontrode). Ph. D. Thesis, Ghent University: 294.

Sellers P J, Mintz Y, Sud Y C, et al, 1986. A simple biosphere model (SiB) for use within general circulation models. Journal of Atmospheric Science, 43: 505-531.

Sellers P J, Randall D A, Collatz G J, et al, 1996. A revised land surface parameterization (SiB2) for atmospheric GCMs. Part I: Model formulation. Journal of Climate, 9: 676-705.

Shuttleworth W J, Gurney R J. 1990. The theoretical relationship between foliage temperature and canopy resistance in a sparse crop. Quarterly Journal of Royal Meteorological Society, 116: 498-519.

Shuttleworth W J, Wallace J S. 1985. Evaporation from sparse crops—an energy combination theory. Quarterly Journal of Royal Meteorological Society, 111: 839-855.

Sivapalan M, Beven K, Wood E F. 1987. On hydrologic similarity. 2. A scaled model of storm runoff production. Water Resources Research, 23(2): 2 266-2 278.

Stannard D I. 1993. Comparion Penman-Monteith, Shuttleworth-Wallace, and Modified Priestley-Taylor evapotranspiration models for wildland vegetation in semiarid rangeland. Water Resources Research, 29: 1 379-1 392.

Storm B, Jensen K H. 1984. Experiences with field testing of SHE on research catchments. Nordic Hydrology, 15:283-294.

Szeica G, Long I F. 1969. Surface resistance of crop canopies. Water Resources Research, 5: 622-633.

Thom A S. 1975. Momentum mass and heat exchange of plant communities//Monteith J L. Vegetation and the atmosphere. Vol 1. Principles. London: Academic Press, 57-109.

Thornley J H M. 1976. Mathematical Models in Plant Physiology. London: Academic Press, 86-110.

Thornthwaite C W. 1948. An approach toward a rational classification of climate. Geography Review, 38: 55-94.

Thurtell G W. 1989. Comments on using K-theory within and above the plant canopy to model diffusion processes. Estimation of Areal Evaotranspiration, 177: 81-85.

Tsvetsinskaya E, Mearns L O, Easterling W. 2001a. Investigating the effect of seasonal plant growth and development in 3-dimensional atmospheric simulations. Part I: Simulation of surface fluxes over the growing season. Journal of Climate, 14: 692-709.

Tsvetsinskaya E A, Linda O M, William E E. 2001b. Investing the effects of seasonal plant growth and development in three-dimensional atmospheric simulations. Part II: Atmospheric responses to crop growth and development. Journal of Climate, 14: 711-729.

Tuzet A, Perrier A, Leuning R. 2003. Stomatal control of photosynthesis and transpiration: Results from a soil-plant-atmosphere continuum model. Plant, Cell and Environment, 6: 1 097-1 116.

Upadhyaya S K, Rand R H, Cooke J R. 1983. A mathematical model of the effect of CO_2 on stomatal dynamics. Journal of Theoretical Biology, 101: 415-440.

Van den Honert T H. 1948. Water transport in plants as a catenary process. Discussion of the Farady Society, 3: 146-153.

van Keulen H, Penning de Vries F W T, Drees E M. 1982. A summary model for crop growth//Penning de Vries F W T, Laar van H H. Simulation of Plant Growth and Crop Production. Pudoc, Wageningen: Simulation Monographs.

Verhoef A, Allen S J. 2000. A SVAT scheme describing energy and CO_2 fluxes for multi-component vegetation: calibration and test for a Sahelian savannah. Ecological Modelling, 127: 245-267.

von Caemmerer S , Farquhar G D. 1981. Some relationships between the biochemistry of photosynthesis and the gas exchange of leaves. Planta,153: 376-387.

Waggoner P E, Reifsnyder W E. 1968. Simulation of the temperature, humidity and evaporation profiles in a leaf canopy. Journal of Applied Meteorology, 7: 400-409.

Wang E, Engel T. 1998. Simulation of phonological development of wheat crops. Agricultural Systems, 58: 1-24.

Wang Y P, Leuning R. 1998. A two-leaf model for canopy conductance, photosynthesis and partitioning of available energy I. Model description and comparison with a multi-layered model. Agricultural and Forest Meteorology, 91: 89-111.

Wassen M J, van Diggelen R, Wolejko L, et al, 1996. A comparison of fens in natural and artificial landscapes. Vegetation, 126:5-26.

Wegehenkel M. 2000. Test of a modelling system for simulating water balances and plant growth using various different complex approaches. Ecological Modelling, 129: 39-64.

Whitehead D, Okali D U U, Fasehun F E. 1981. Stomatal response to environmental variables in two tropical forest species during the dry season in Nigeria. Journal of Applied Ecology, 18:571-587.

Wilson J D. 1989. Turbulent transport within the plant canopy//Black T A, Spittlehouse D L, Novak M D, et al. Estimation of Areal Evapotranspiration. Wallingford: IAHS Publication, 43-80.

Wolf J. 1993. Effects of climate change on wheat and maize production potential in the EC//Kenny G J, Harrison P A, Parry M L. The Effect of Climate Change on Agricultural and Horticultural Potential in Europe. Research Report No2. Environmental Change Unit. Oxford: University of Oxford, 93-120.

Wong S C, Cowan I R, Farquhar G D. 1985a. Leaf conductance in relation to rate of CO_2 assimilation. Ⅰ. Influence of nitrogen nutrition, phosphorus nutrition, photon flux density, and ambient partial pressure of CO_2 during ontogeny. Plant Physiology, 78:821-825.

Wong S C, Cowan I R, Farquhar G D. 1985b. Leaf conductance in relation to rate of CO_2 assimilation. Ⅱ. Effects of short-term exposures to different photon flux densities. Plant Physiology, 78:826-829.

Wood E F, Hebson C S. 1986. On hydrologic similarity. 1. Derivation of the dimensionless flood frequency curve. Water Resources Research, 22(11): 1 549-1 554.

Wood E F, Sivapalan M, Beven K, et al. 1988. Effects of spatial variability and scale with implications to hydrologic modeling. Journal of Hydrology, 102: 29-47.

Wu A, Black A, Verseghy D L, et al. 2001. Comparison of two-layer and single-layer canopy models with Lagrangian and K-theory approaches in modeling evaporation from forests. International Journal of Climatology, 21: 1 821-1 839.

Xue Y. 1997. Biosphere feedback on regional climate in tropical North Africa. Quarterly Journal of Royal Meteorological Society, 123: 1 483-1 515.

Yu Q, Goudriaan J, Wang T D. 2001. Modeling diurnal courses of photosynthesis and transpiration of leaves on the bases of stomatal and non-stomatal responses, including photoinhibition. Photosynthetica, 39: 43-51.

Yu Q, Liu Y F, Liu J D, Wang T D. 2002. Simulation of leaf photosynthesis of winter wheat on Tibetan Plateau and in North China Plain. Ecological Modelling, 155: 205-216.

Yu Q, Xu S H, Wang J, et al. 2007. Influence of leaf water potential on diurnal changes in CO_2 and water vapor fluxes. Boundary Layer Meteorology, 124(2): 161-

181.

Yu Q, Zhang Y Q, Liu Y F, et al, 2004. Simulation of the stomatal conductance of winter wheat in response to light, temperature and CO_2 changes. Annals of Botany, 93: 435-441.

Zalewski M. 2000. Ecohydrology—the scientific background to use ecosystem properties as management tools toward sustainability of water resources. Ecological Engineering, 16(1):1-8.

Zalewski M, Janauer G A, et al, 1997. Ecohydrology: A new paradigm for the sustainable use of aquatic resources. Paris: UNESC 0, 1-56.

第7章 生态系统碳循环的时空动态模拟及计量方法

陈镜明

（加拿大多伦多大学地理与规划系）

摘要

生态系统碳循环具有时间尺度长、空间变异大，并且对环境因子敏感性强等特点。这些特点造成了碳循环时空动态模拟的难度，并引起区域碳收支计量的很大不确定性。本章综述碳循环空间分布的模拟方法，着重阐述降低碳收支计量不确定性的对策；讨论模拟林冠净初级生产力几种过程模型的优缺点，包括大叶、双叶和多层模型；介绍计算自养、异养呼吸作用的方法；阐述土壤碳空间分布和碳库分离的方法；强调森林碳循环中生态系统扰动的作用和扰动后森林的再生长过程的重要性。虽然大叶模型在早期广泛应用于区域及全球的陆地生产力的计算，但近年的研究表明这种模型存在几个严重缺陷。第一，它对辐射变化的反应不敏感。第二，它过分地增强了叶片内部（从气孔到叶绿素）的阻抗对CO_2流动的控制。本文对这些缺陷存在的原因进行了系统的分析。在包括土壤在内的碳循环模拟方面，本文强调模拟时间尺度的重要性。由于碳循环周期长（15～50年），为了准确模拟土壤碳的空间分布，模型所需要的时间尺度至少要两倍于碳循环周期。另一方面，用模型预热的方法来计算土壤碳的空间分布往往要用到动态平衡的假设，即净初级生产力与异养呼吸相平衡，使地表处于碳中性状态。这一假设只有在前工业时期（100～150年前）才成立，所以对碳循环而言，我们所需要的时间尺度至少要100年。任何少于100年的模拟都不全面也不可靠。本文最后以加拿大和中国为个例，给出国家森林碳收支计量的初步结果。两个例子都阐明了在进行森林碳收支计量时森林年龄结构的重要性，以及气候和大气变化对森林碳循环的影响。

关键词：碳循环　冠层 NPP 模型　NBP 模型　林龄　再生长　扰动

Chapter 7

Methods for simulating the spatiotemporal dynamics of the terrestrial ecosystem carbon cycle

Abstract

The carbon cycle in terrestrial ecosystems has the characteristics of long time scale, large spatial variability, and high sensitivity to many environmental factors. These characteristics make it difficult to model the spatiotemporal dynamics of the carbon cycle and cause large uncertainties in regional carbon budget estimation. This chapter provides an overview of methodologies for spatially explicit carbon cycle modeling, with emphasis on strategies for reducing uncertainties in carbon budget estimation. Advantages and shortcomings of process-based methods are discussed for modeling the net primary productivity at the canopy level, including big-leaf, two-leaf, and multi-layered models. Methods for estimating autotrophic and heterotrophic respiration are included. Methods for estimating the soil carbon spatial distribution and its separation into pools are introduced. The role of disturbance in the forest carbon cycle and the effects of forest regrowth after disturbance are emphasized. Although big-leaf models were used extensively in early days for regional and global terrestrial net primary productivity (NPP) simulations, recent findings suggest that they have several serious drawbacks, including (1) they are insensitive to the variation of radiation and (2) they unreasonably amplify the leaf internal control (from the stomatal cavity to chlorophyll) on the CO_2 flow. In this chapter, the reasons for these drawbacks are systematically analyzed for the first time. For the carbon cycle modeling including the soil component, the importance of modeling time length is emphasized. Because the carbon cycle in terrestrial ecosystems is slow (15–50 years), we need at least twice the carbon cycle length in our modeling in order to simulate the soil carbon spatial distribution. Additionally, the dynamic equilibrium assumption is often used in our model spin-up for the purpose of estimating the soil carbon spatial distribution. The dynamic equilibrium means that carbon absorption due to NPP is balanced by carbon release due to heterotrophic respiration, making the land surface carbon neutral. As this assumption is valid only for the pre-industrial period (100–150 years ago), any modeling results that are shorter than 100 years would therefore be incomplete and often unreliable. Two examples of national forest carbon budget estimation in Canada and China are given at the end. Both examples illustrate the importance of forest stand age structure in estimating the national forest carbon budgets and the effect of climate and atmospheric change on the forest carbon cycle.

Keywords: Carbon cycle, Canopy NPP models, NBP models, Forest age, Regrowth, Disturbance

7.1 前言

随着近几十年来人类对化石燃料消耗的快速增加及土地利用方式的改变,大气中温室气体的累积率在日益加速。陆地生态系统在全球碳循环中起着十分重要的作用。在过去 30 年里,它大约以每年 2 PgC(20 亿吨碳)的速度形成相当大的碳汇(Houghton, 2007)。在过去 50 年里,这个碳汇年际变化很大,但没有一个确定的趋势(Canadell et al, 2007)。然而,这个碳汇的持续性将会影响未来大气 CO_2的增加率,也会引起在预测未来大气 CO_2浓度和气候变化方面的很大不确定性(Cox et al, 2000; Friedlingstein et al, 2006)。从科学角度来看,理解陆地生态系统的碳循环并且增强我们预测其未来发展趋势的能力显得非常重要(Tans et al, 1990; Pataki et al, 2003)。

大气中温室气体的浓度的增加与最近几十年的全球变暖有密切关系(Mann, 2007)。由于人类活动所导致的温室气体排放的快速增加,全球变暖有可能加速(IPCC 4th report),带来对地球生存环境潜在的灾难性破坏和对世界经济的不可估量的影响,这些都可用"碳的社会成本"来衡量(SEI Oxford Office Report, 2005; Smith et al, 2006)。因为陆地生态系统是全球碳循环的重要组分,并且受人类活动的影响很大,联合国气候变化框架公约要求每个国家报告温室气体的详细清单,其中包括农业和森林用地,并且京都议定书(http://unfccc.int/resource/docs/convkp/kpeng.html)已经实施,鼓励以增加陆地碳储存量为目的的各种生态系统管理方式。所以,估算地区和国家内的不同陆地生态系统的碳收支与制定部门、国家、国际的气候变化政策有密切关系。

陆地生态系统的空间变异性是我们在区域和全球碳循环计量中所遇到的主要挑战。应用在沿海和大陆各采样点所观测的大气 CO_2浓度资料,可将地球表面分成几十个大区域用大气反演的方法来计算它们每月或每年的碳汇和碳源总量(Gurney et al, 2002; Rödenbeck et al, 2003; Deng et al,2007; Stephens et al, 2007)。这些"自上而下"的结果仍然具有相当大的不确定性,也没能提供足够的空间信息以用地面资料进行直接验证和为政策的制定提供依据。不过,我们即将可以得到从卫星上观测的大气 CO_2数据,使空间分辨率得到很大提高(Crisp & Johnson, 2005; Inoue et al, 2006)。尽管用涡度相关法通常可以测到可靠的碳通量,并且这种方法已被广泛应用到许多国家和地区的通量网上(Baldocchi et al, 2001),但是这些通量测量只覆盖了整个地表的很小的一部分。从星载测量获取的空间信息可以有效地应用于碳循环的空间分布模拟(Running et al, 1989; Potter et al, 1993; Chen et al, 2003; Goetz et al, 2005; Ju et al, 2006),从而达到提高碳收支计量的精度的目的,并为生态系统管理提供可靠的空间分布信息。本章的目的是介绍碳循环的空间分布建模方法,提出使用通量测量进行模型验证的方法。

7.2 生态系统碳循环分量

生态系统碳循环包括两个方面:通过光合作用植物所吸收的大气中的二氧化碳和通过呼吸作用、生态扰动土壤和植被所释放的二氧化碳。光合作用将气态二氧化碳转化成固态糖类,而呼吸作用则通过消耗植物体内的糖类和分解土壤中有机物把二氧化碳还原到大气中去。生态系统扰动是由于火灾、虫害和伐木所引起的,从而导致额外的碳释放(Steffen et al, 1998)。碳循环的全部过程如图 7.1 所示。总初级生产力(GPP)是地表单位面积、单位时间的光合速率,即 $g\ C \cdot m^{-2} \cdot a^{-1}$ 或 $t\ C \cdot hm^{-2}\ a^{-1}$[克碳/(平方米·年)或吨碳/(公顷·年)],它可以被认为是生态系统碳循环的开始。净初级生产力(NPP)是用于衡量单位时间、单位土地面积碳的净吸收量,表示物质积累量,所以它可以理解为生物总量(无论是地上还是地下部分)随着时间的增加量再加上转移到土壤中的部分生物量(根和叶子)。在过程模型中,NPP 是 GPP 及自养呼吸量(R_a)的差,也就是:

$$NPP = GPP - R_a \tag{7.1}$$

自养呼吸是维持植物生存所必需的,它包含两个方面:维持性呼吸和生长性呼吸。维持性呼吸是植物为维持生存而消耗的能量,而生长性呼吸则是植物构造新组织而消耗的能量。自养呼吸作用所消耗的能量约为 GPP 的一半(Ryan et al, 1996),但是所降低的比率随着植物生长环境的不同而有所不同

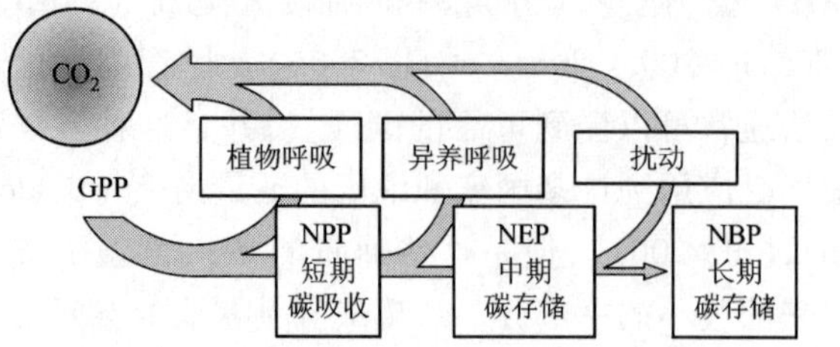

图 7.1　陆地生态系统碳循环示意图(Steffen et al,1998)

总初级生产力(gross primary productivity, GPP)在减去植物自养呼吸后得到净初级生产力(net primary productivity, NPP)。同时,再减去土壤中的异养呼吸(微生物对有机质的分解)所释放的 CO_2 可得到净生态系统生产力(net ecosystem productivity, NEP)。生态系统的扰动会引起向大气释放的 CO_2 增加。由 NEP 中扣除这个增加量便是最后所留下的碳,称为净生物群区生产力(net biome productivity, NBP)。这些不同的碳循环分量也代表碳在生态系统中的存储时间

Figure 7.1　Schematic of the terrestrial carbon cycle (Steffen et al, 1998)

The gross primary productivity (GPP) minus plant autotrophic respiration is the net primary productivity (NPP). NPP minus heterotrophic respiration (decomposition of soil organic matter due to microbial activities) is the net ecosystem productivity (NEP). Disturbance to the ecosystem increases the release of CO_2 to the atmosphere. NEP deducted by the direct carbon emission due to disturbance is the net biome productivity (NBP). These different carbon cycle components also represent different carbon residence times in the ecosystem

(Ryan et al, 1997)。

净生态系统生产力(NEP)是测定地表(有植被或无植被)和大气间净碳交换量的指标,它不包括由于生态扰动而直接释放的碳量。NEP 是 NPP 与异养呼吸量 (R_h) 的差值,即:

$$NEP = NPP - R_h \qquad (7.2)$$

异养呼吸是由埋在土壤中的有机物和矿物层以上的凋落层的分解所引起的。基于这种定义,如果 NEP>0,地表就是碳汇,也就是说该地表吸收的碳要比释放到大气中的碳多。在微气象的碳通量的测定中,人们常用净生态系统交换量(NEE) 这个术语 (Black et al, 1996)。NEE 和 NEP 的绝对值相同但是符号相反。

净生物群区生产力 (NBP) 是指 NEP 中扣除生物群区层面上的生态扰动所带来的碳流失量后的剩余部分。它的测算公式为:

$$NBP = NEP - D \qquad (7.3)$$

其中,D 是在生态扰动的情况下,碳的直接释放量,它由三部分组成:

$$D = D_{fire} + D_{insect} + D_{log} \qquad (7.4)$$

其中 D_{fire},D_{insect} 和 D_{log} 分别是由于火灾、病虫害引起植被死亡、伐木后所加速的有机物的分解的碳释放量。

NPP 是生态碳循环的重要组成部分。对森林来说,它与树木的生物量累积率有关,可以通过树木的年轮来分析 (Thomas et al, 2007)。对于农作物来说,NPP 可以通过田间生物量或产量和收成指标来测定 (De Coasta et al, 2003)。在森林里,当 CO_2 通量在冠层以上和以下同时被测量时,我们可以得到每半小时的 NPP 值 (Chen et al, 1999)。在接近地表的空气中碳的侧向流动可以被忽略或者被修正的情况下,CO_2 通量测定可以直接提供 NEP 数据。这个通量数据也可以用来推算 GPP,通过将整个生态系统的呼吸量 (R_e) 和白天测得的 NEP 相加 (Goulden et al, 1996)。整个生态系统的呼吸量是自养呼吸量和异养呼吸量的总和。

7.3　光合作用模拟方法

一个林分的光合作用总量是每片叶子的光合作用量的总和。每一片叶子在光合作用中所发生的生物化学过程是我们模拟林冠层光合作用的重要基础。如果我们能够模拟出单片叶子的光合作用量,那么会有多种升尺度转化方法来估测林冠的光合作用总量。

7.3.1　单叶片光合作用模拟方法

在多种植物叶片同化作用模型中,Farquhar 等 (1980) 提出的机理性光合作用模型已被广泛使用。该模型确定 C_3 植物叶片的瞬时光合作用率取以下两式(7.5a, 7.5b)所得的结果中的小值:

$$W_c = V_m \frac{C_i - \Gamma}{C_i + K} \qquad (7.5a)$$

$$W_j = J \frac{C_i - \Gamma}{4.5C_i + 10.5\Gamma} \qquad (7.5b)$$

式中,W_c 和 W_j 分别表示羧化酶(Rubisco)限制下和光限制下光合作用速率,单位为 $\mu mol \cdot m^{-2} \cdot s^{-1}$;$V_m$ 表示羧化作用率的最大值,单位是 $\mu mol \cdot m^{-2} \cdot s^{-1}$;$J$ 表示光合电子传递率,单位是 $\mu mol \cdot m^{-2} \cdot s^{-1}$;$C_i$

表示细胞间 CO_2 浓度；Γ 表示没有暗呼吸时的 CO_2 补偿点；K 表示酶动力函数。C_i，Γ，K 的单位是 Pa 或者 $mg \cdot kg^{-1}$，这里用的是 Pa。Γ 和 K 是依赖于温度的参数，其中 Γ 是 Collatz 等 1991 年和 Sellers 等 1992 年提出的，可以表示为：

$$\Gamma = 1.92\times10^{-4} O_2(1.75)^{(T-25)/10} \quad (7.6)$$

式中，O_2 表示大气中氧气的浓度，当气压是 100 000 Pa，氧气的体积分数是 21% 时，那么氧气气压就是 21 000 Pa。T 表示空气的温度，单位是℃。K 也是依赖于温度的参数，可由公式(7.7)给出：

$$K = K_c(1+O_2/K_o) \quad (7.7)$$

式中 K_c 和 K_o 分别表示 CO_2 和 O_2 的 Michaelis-Menten 常量，单位是 Pa；$K_c = 30\times2.1^{(T-25)/10}$，$K_o = 30\ 000\times1.2^{(T-25)/10}$(Collatz et al, 1991)。

V_m 可以表示为温度的函数(Collatz et al, 1991)或者温度和叶片含氮量的函数(Bonan, 1995)：

$$V_m = V_{m25}\times2.4^{(T-25)/10} f(T) f(N) \quad (7.8)$$

式中 V_{m25} 表示 V_m 在 25℃ 时的值，它是取决于植物类型的变量。在温度和氮限制的条件下，$f(T)$ 和 $f(N)$ 分别定义为：

$$f(T) = (1+\exp((-220\ 000+710(T+273))/(R_{gas}(T+273))))^{-1} \quad (7.9a)$$

$$f(N) = N/N_m \quad (7.9b)$$

式中，N 表示叶子中的含氮量，而 N_m 表示最大含氮量，R_{gas} 是摩尔气体常数。J 依赖于叶片吸收的光合光量子通量密度(*PPFD*)(Farquhar & Caemmerer, 1982)，可以表示为：

$$J = J_{max} PPFD/(PPFD+2.1\times J_{max}) \quad (7.10)$$

式中，J_{max} 表示叶细胞中光合作用的碳还原循环中电子传输的光饱和率。根据 Wullschleger(1993)，J_{max} 与 Rubisco 羧化酶活性的关系为：

$$J_{max} = 29.1+1.64\times V_m \quad (7.11)$$

净 CO_2 同化率(A)可以用光合作用速率减去白天叶片的暗呼吸量(R_d)得到：

$$A = \min(W_c, W_j) - R_d \quad (7.12)$$

根据 Collatz 等人 1991 年提出的：

$$R_d = 0.015 V_m \quad (7.13)$$

上述的叶片光合作用模型确定了在已知光照条件下单叶片的瞬间光合作用过程。使用以上公式在计算单叶片光合作用率时，C_i 是未知量，所以需要用另一个公式将它求出来。净光合作用率也可以表示为公式(7.14)(Leuning, 1990; Sellers et al, 1996)：

$$A = (C_a - C_i) g \quad (7.14)$$

式中，C_a 表示大气中 CO_2 的含量；g 表示叶层外的大气 CO_2 通过某路径进入细胞间隙的传导率，单位是 $\mu mol \cdot m^{-2} \cdot s^{-1} \cdot Pa^{-1}$，计算公式为：

$$g \approx 10^6\times g_s/(R_{gas}\times(T+273)) \quad (7.15)$$

式中，g_s 表示气孔导度，R_{gas} 是摩尔气体常数，即 $8.314\ 5\ m^3 \cdot Pa \cdot mol^{-1} \cdot K^{-1}$。

通过：(ⅰ) 用公式(7.14)中的 C_i 取代公式(7.5a)和(7.5b)中的 C_i；(ⅱ) 与公式(7.12)中的结果相结合；(ⅲ) 选择二次方程两根中的最小根(Leuning, 1990)，我们可得到：

$$A_c = \frac{1}{2}\left((C_a+K)g+V_m-R_d-\sqrt{((C_a+K)g+V_m-R_d)^2-4(V_m(C_a-\Gamma)-(C_a+K)R_d)g}\right) \quad (7.16a)$$

$$A_j = \frac{1}{2}\left((C_a+2.3\Gamma)g+0.2J-R_d-\sqrt{((C_a+2.3\Gamma)g+0.2J-R_d)^2-4(0.2J(C_a-\Gamma)-(C_a+2.3\Gamma)R_d)g}\right) \quad (7.16b)$$

这里 A_c 和 A_j 分别等于公式(7.12)中的 W_c 和 W_j，但先减去了暗呼吸量(R_d)。

7.3.2 冠层尺度光合作用模型

从理论上讲，公式(7.16)可以应用于冠层中任意叶片以进行冠层尺度的光合作用速率模拟。但在实际研究中，通常用几种方法将单叶模型扩展到整个冠层尺度，它们的原理描述如下：

(1) 大叶模型

大叶模型假定叶片尺度上所描述的生物化学过程在扩展到冠层尺度上后是不变的，即把冠层看作一片"大叶"。这样，公式(7.5)～(7.16)能够直接应用于冠层尺度。在同样的气象和土壤条件下，这一大叶可仅根据一个参数：叶面积指数(L)的变化而产生不同的光合作用。叶面积指数用来定义冠层导度(g_c)：

$$g_c = L\times g \quad (7.17)$$

用冠层导度代替公式(7.14)中的气孔导度，即实现了从单叶模型到大叶模型的转换。考虑到在冠层尺度上不同叶子对光合作用的速率的贡献不是均等的，Seller 等(1992, 1996)根据叶子在冠层中的高度将叶子对光合作用的贡献赋予不同的权重，将公式(7.17)进行了修正。这一修正解决了由于光照的强度随着冠层的深度加大而指数衰减所导致冠层底部叶子对光合作用的贡献较小这一问题。

由于其简单性而且包含了一定的生物化学过程，大叶模型被广泛应用于早期的生态模型中，例如 Biome-BGC 模型(Hunt & Running, 1992; Kimball et al, 1997; Liu et al, 1997)和 SiB2 模型(Sellers et al, 1996)等。然而，大叶模型有两点严重的不足(Chen et al, 1999)：① 在作物生长期，辐射对光合作用的影响在大叶模型中几乎不存在。由于大叶模型假定整个大叶接收到全部入射辐射，因此即使在多云的天气，天空光仍然基本上满足大叶光合作用对入射辐射的需求。而实际上，被其他叶子遮蔽的叶子(阴叶)和在冠层低层的叶子可能接收不到足够的辐射进行光合作用。由公式(7.5b)计算出的光限制条件下的光合作用速率始终大于公式(7.5a)计算出的 Rubisco 限制条件下的光合作用速率，因此大叶模型减弱了辐射对光合作用的控制。然而在大多数情况下，辐射对阴叶的光合作用起主要作用。② 大叶模型假定光合作用发生在一个叶子上(或概念上的一层叶子)，CO_2从气孔空穴(以 C_i代表)流向光合作用器官(以 CO_2补偿点 Γ 代表)的过程中，只有一个叶片内部阻抗起作用。此外，为考虑在多层叶片气孔张开的情况下碳的流动阻抗会变小，大叶模型用冠层阻抗代替气孔阻抗，但这只是部分接近碳流动的路径。然而实际情况是：在冠层尺度上有多层叶子同时进行光合作用(图 7.2)，即同时有多层叶片内部阻抗平行地起作用(多阻抗平行会减少总阻抗)，因此大叶模型的上述假定不合理地改变了碳的流动路径，人为地放大了叶子内部阻力对光合作用的控制，使其在不同的环境条件下变化较小。Chen 等(1999)利用两层 CO_2通量测量的每日 NPP 数据证明了大叶模型的这个缺陷。因此，Chen 等(2003)建议完全放弃用大叶模型模拟冠层尺度的光合作用。不过，对于水汽通量而言，Penman-Monteith 的大叶模型还是很接近真实状况(图 7.2)。

(2) 两叶模型

为了避免上述大叶模型的缺陷，冠层的光合作用总量(A_{canopy})可以在两种有代表性的叶片：光照叶片(阳叶)和遮蔽叶片(阴叶)的基础上建模(De Pury & Farquhar, 1997; Wang & Leuning, 1998)。这两种叶片的光合作用速率可以利用单叶片模型[(如公式(7.5)～(7.16)]分别计算，然后乘以各自的叶面积指数(Norman, 1982)：

$$A_{canopy}=A_{sun}L_{sun}+A_{shade}L_{shade} \quad (7.18)$$

上式中下标“sun”和“shade”分别代表阳叶和阴叶的光合作用(A)和叶面积指数(L)。需要强调的是：“两叶模型”在概念上和“两片大叶模型”是根本不同的。在“两片大叶模型”中，阴叶和阳叶的总体的光合作用速率是通过阴叶和阳叶的冠层导度用大叶模型分别计算出来的。它只是对大叶模型的改进，但仍然不能避免大叶模型的缺陷，只是在一定程度上减少了这种缺陷。主要原因是它没有避免使用冠层导度。因此，我们需要从概念上区分“两叶模型”和“两片大叶模型”。

考虑到集聚指数(clumping index：Ω)对冠层辐射机制的影响，Chen 等(1999)将 Norman(1982)计算 L_{sun}和 L_{shade}的算法进行了改进：

$$L_{sun}=2\cos\theta(1-\exp(-0.5\Omega L/\cos\theta)) \quad (7.19a)$$

$$L_{shade}=L-L_{sun} \quad (7.19b)$$

式中 L 指叶面积指数，θ 是太阳天顶角。Ω 对于针叶树取值 0.5～0.7，阔叶林取值 0.7～0.9，草类和作物取值 0.9～1.0(Chen, 1996a; Chen et al, 1997)。Ω 越小，植被在空间非随机性分布性越强。植被的聚集程度改变了植被对入射辐射的接收能力，因此考虑 Ω 对生产力模型是非常重要的。植被的丛生的程度越大(对应的 Ω 越小)，导致更多辐射能够穿过冠层而不被叶片拦截，从而降低了光照部分的 LAI，增加了遮蔽部分的 LAI。森林冠层这种集聚结构使得阴叶和阳叶分离变得非常重要。因为集聚的冠层中阴叶的比例比随机分布冠层大得多，阴叶在森林生产力计算中起重要作用(Guolden et al, 1997; Chen et al, 2003)。

(3) 多层模型

冠层光合作用速率同样也可以通过“多层模型”估算。在多层模型中，叶片层平均的光合作用速率可利用单叶模型[公式(7.5)～(7.16)]，通过下式计算(Bonan, 1995; Foley et al, 1996)：

$$A_{canopy}=\sum_{i=1}^{L}A_i(g_i) \quad (7.20)$$

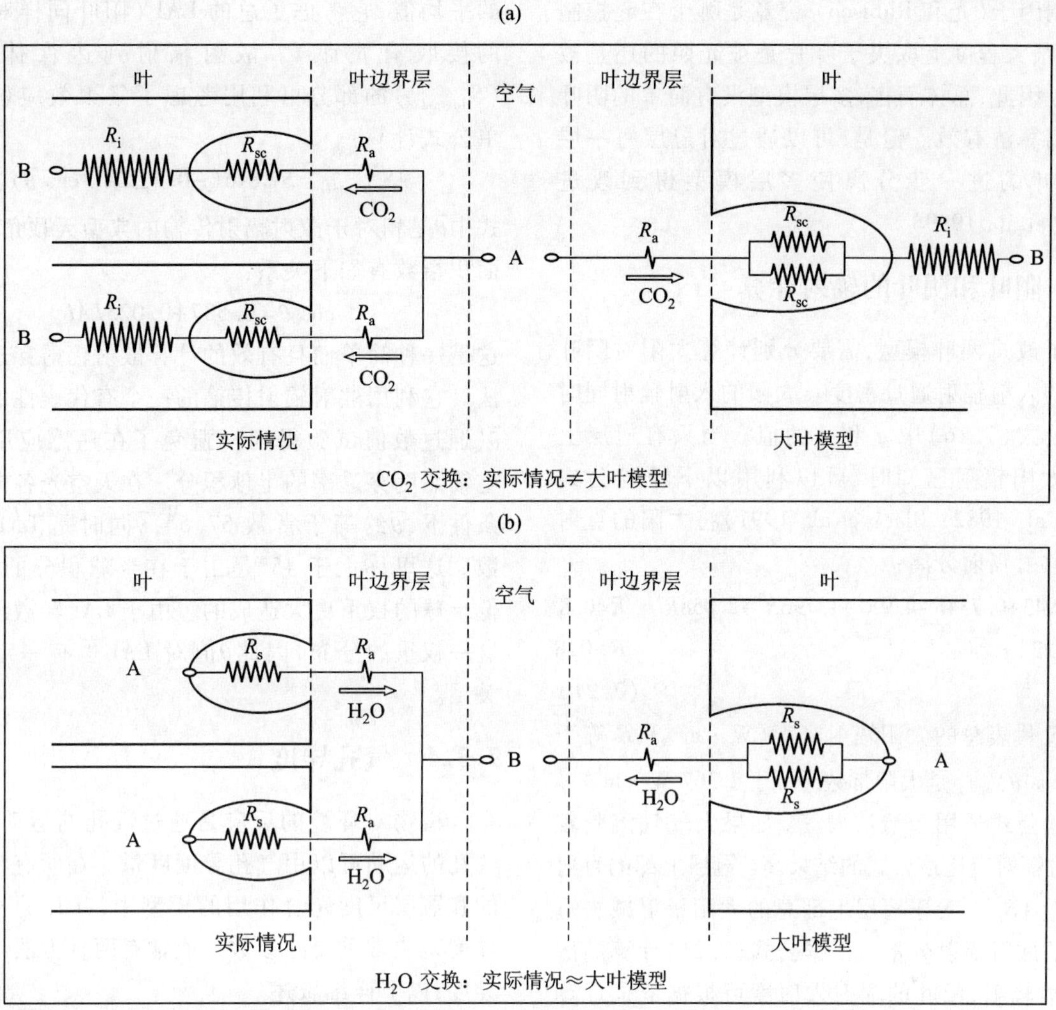

图 7.2　植物冠层 CO_2 和 H_2O 的气体流动示意图

上图(a)为 CO_2，下图(b)为 H_2O。在上下两图中右边代表大叶模型，而左边代表真实状况。这里，我们仅用两层叶子代表冠层。R_{sc} 和 R_s 分别代表气孔对 CO_2 和 H_2O 的阻抗，R_i 和 R_a 分别是叶片内部和叶片边界层阻抗。从这些阻抗的组合情况，可以推出大叶模型不能代表 CO_2 气体的真实流动状况（从 A 到 B），而可以近似表达 H_2O 流动的真实状况（从 A 到 B）。请注意：(1) R_a 的作用一般很小；(2) R_i 很大，且只对 CO_2 存在

Figure 7.2　Schematic of the CO_2 and H_2O flow path in a plant canopy

Panel (a) on the top is for the CO_2 flow, and panel (b) at the bottom is for the H_2O flow. In both panels, the right hand side shows a big-leaf model and the left hand side represents the reality. Here, we only use two layers of leaves to represent the canopy. R_{sc} and R_s represent stomatal resistances to CO_2 and H_2O, respectively. R_i and R_a denote the leaf internal resistance and leaf boundary layer resistance, respectively. From the ways these resistances are combined, we can infer that the big-leaf model does not represent reality of the CO_2 flow (from A to B), but it can approximate the reality of the H_2O flow (from A to B). Please note that: (1) the influence of R_a is normally very small, and (2) R_i is very large and only exists for CO_2

式中 $A_i(g_i)$ 是第 i 层的光合作用速率，它是该层平均气孔导度 g_i 的函数。公式(7.20)避免了大叶模型的缺陷，同时又可以指定不同叶片层的生物物理参数，如比叶面积（单位质量下的叶面积）（Raulier et al，1999）和叶片氮含量（Leuning et al，1995）等，以描述它们随高度的变化。该模型的关键步骤是计算每一层叶片平均太阳辐射通量密度，从而得到有代表性的 g_i 值。然而，对于某一时刻某一层叶子，

阴叶和阳叶的光合作用速率是不同的，这一过程中两个限制因子(光和 Rubisco) 究竟是哪个在起控制作用，在很大程度上取决于叶片是被光照的还是被遮蔽的。因此，总体而言，多层模型没有简单的阴叶阳叶分离算法有效。但是，可以通过对冠层每一层阴叶阳叶的进一步分离使多层模型得到改进(Raulier et al, 1999)。

7.3.3　阳叶和阴叶的辐射计算

为了改进两叶模型，需要分别计算太阳对阴叶和阳叶的入射辐射通量密度。太阳的入射辐射同时影响了公式(7.16)中 g 和 J 的值。当只有冠层上部总的太阳辐射已知时，可以利用以下经验公式(Erbs et al, 1982; Black et al, 1991)将太阳的直射辐射和散射辐射分离：

$$\frac{S_{dif}}{S_g}=\begin{cases}0.943+0.734R-4.9R^2+1.796R^3+2.058R^4 & R<0.8\\ 0.13 & R>0.8\end{cases} \tag{7.21}$$

上式中 S_g代表总的太阳辐射密度($W\cdot m^{-2}$)，R 等于 $S_g/(S_0\cos\theta)$，S_0 是太阳常数(等于 1 367 $W\cdot m^{-2}$)。这一经验公式适用于清洁大气。如果大气气溶胶较多，散射辐射应比该公式的结果高。冠层上部的直射辐射分量(S_{dir})等于冠层上部总的太阳辐射减去冠层上部的散射辐射分量。根据公式(7.21)计算的散射和直射辐射，阳叶的辐射入射度可根据下式计算(Norman, 1982)：

$$S_{sun}=S_{dir}\cos\alpha/\cos\theta+S_{shade} \tag{7.22}$$

式中 α 是平均叶倾角。对于叶倾角是球形分布的冠层，$\alpha=60°$。研究发现，球形分布是对北部冠层叶倾角分布(θ 在 30°到 60°范围)的一个很好的近似(Chen, 1996)。由于 S_{dir}和 $\cos\theta$ 成比例，S_{sun}在一天中变化不大。考虑到植被聚集效应，Chen et al (1999) 发展了一种基于物理辐射传输原理的估算平均阴叶辐射入射度(S_{shade})的方法，总结如下：

$$S_{shade}=(S_{dif}-S_{dif,under})/LAI+C \tag{7.23}$$

式中 $S_{dif,under}$代表植被冠层以下的散射辐射，C 是来源于冠层内直射辐射的多次散射(Norman, 1982)：

$$C=0.07\Omega S_{dir}(1.1-0.1LAI)\exp(-\cos\theta) \tag{7.24}$$

公式(7.23)表明阴叶的散射辐射有两个来源：天空辐射和入射辐射在冠层内部的多次散射。公式(7.23)的第一项是叶片从天空接收的总散射辐射的平均值，它考虑了总的 LAI(阳叶同样对散射光的接收有贡献)。散射辐射到达森林的地面($S_{dif,under}$)的部分可利用考虑了集聚效应(Ω)的简单公式计算：

$$S_{dif,under}=S_{dif}\exp(-0.5\Omega LAI/\cos\bar{\theta}) \tag{7.25}$$

式中$\bar{\theta}$是相对于散射辐射传输的典型天顶角，它和叶面积指数有如下关系：

$$\cos\bar{\theta}=0.537+0.025LAI \tag{7.26}$$

这是一种简单而且有效的计算散射辐射穿透率的方法。它利用散射辐射传输的一个有代表性的天顶角$\bar{\theta}$(通过数值试验得到)，避免了在遥感应用中对天空辐照度穿透率的半球积分。在天空光各向同性的条件下，$\bar{\theta}$约等于常数 57.5°，$\bar{\theta}$同时是 LAI 的弱函数。这里，$\bar{\theta}$大于 45°是由于在半球积分的过程中，低半球的权重更大造成的。由于 LAI 轻微地改变了这一权重的分布，因此$\bar{\theta}$值对 LAI 也有一定的依赖关系。

7.3.4　气孔导度

植物对环境的反应是通过气孔的运动实现的。气孔的运动可以用气孔导度度量。在所有叶片尺度的和冠层尺度光合作用的模型中，叶片的 CO_2气孔导度是非常重要的参数。通常有两种方法计算气孔导度，以下详细叙述。

(1) Jarvis 的半经验模型

Jarvis 方法假设当环境变量偏离最优条件时，植物会相应地降低气孔导度。因此用环境变量偏离最优化条件的程度将与植物种类有关的最大的气孔导度减少而接近真值(Jarvis & Morison, 1981; Running & Coughlan, 1988; Chen et al, 2005)。环境因子通常包括与光合作用有关的光合作用光子通量密度(photosynthetic photon flux density: *PPFD*)、温度(temperature: *T*)、水汽压差(vapor pressure deficit: *VPD*)和土壤水分含量(θ)等：

$$g_s=\max(g_{max}\cdot f(PPFD)\cdot f(T)\cdot f(VPD)\cdot f(\theta_{sw}),\ g_{min}) \tag{7.27}$$

环境因子函数在 0～1 之间取值，其形式和 Biome-BGC 模型是一样的。这些函数表达如下：

$$f(PPFD)=PPFD\cdot PPFD_{coef}/(1+PPFD\cdot PPFD_{coef}) \tag{7.28a}$$

$$f(T)=\begin{cases}\ln(T)/\ln(T_{opt}) & T<T_{opt}\\ \cos\left(\dfrac{\pi}{2}(T-T_{opt})/(T_{range}-T_{opt})\right) & T>T_{opt}\\ 0 & T<1\end{cases} \tag{7.28b}$$

$$f(VPD)=\begin{cases}1 & VPD<VPD_{open}\\ (VPD_{close}-VPD)/(VPD_{close}-VPD_{open}) & VPD_{open}<VPD<VPD_{close}\\ 0 & VPD>VPD_{close}\end{cases} \tag{7.28c}$$

$$f(\theta_{sw})=\begin{cases}0 & \theta_{sw}\leqslant\theta_{wp}\\ \dfrac{\theta_{sw}-\theta_{wp}}{\theta_{fc}-\theta_{wp}} & \theta_{wp}<\theta_{sw}\leqslant\theta_{fc}\\ 1-0.5\times\dfrac{\theta_{sw}-\theta_{fc}}{\theta_s-\theta_{fc}} & \theta_{fc}<\theta_{sw}\leqslant\theta_s\end{cases} \tag{7.28d}$$

公式(7.28a～d)中的字符的意义、值和单位详见表7.1。

表 7.1 北部针叶林的光合作用及呼吸作用的一些常用值

Table 7.1 Commonly used parameter values for photosynthesis and respiration in boreal conifer forests

符号 Symbol	单位 Unit	含义 Meaning	数值 Value	参考文献 References
光合作用（Photosynthesis）				
g_{max}	$mm\cdot s^{-1}$	CO_2最大气孔导度	1.6	Dang et al (1997) Running & Coughlan (1988)
g_{min}	$mm\cdot s^{-1}$	最小气孔导度	0.0	Chen et al(1999)
N_{leaf}	%	叶片氮含量	1.2	基于 Kimball et al (1997)
N_m	%	最大叶片氮含量	1.5	Bonan (1995)
$V_{m,25}$	$\mu mol\cdot m^{-2}\cdot s^{-1}$	25℃时最大光合作用率	33	Bonan (1995) Dang et al (1999)
$PPFD_{coef}$	$\mu mol\cdot m^{-2}\cdot s^{-1}$	公式(7.28a)中的系数	0.01	Kimball et al (1997)
T_{opt}	℃	最适温度	25	Kimball et al (1997)
T_{range}	℃	最大温度范围	40	Kimball et al (1997)
VPD_{open}	kPa	气孔开张最大时的水汽压差	0.2	Dang et al (1997)
VPD_{close}	kPa	气孔关闭时的水汽压差	2	Dang et al (1997)
呼吸作用（Respiration）				
Q_{10}	—	温度敏感度	2.3	Kimball et al (1997)
$r_{m,leaf}$	$g\cdot g^{-1}\cdot d^{-1}$	叶呼吸系数	0.002 (20℃)	Kimball et al (1997)
$r_{m,stem}$	$g\cdot g^{-1}\cdot d^{-1}$	树干呼吸系数	0.001 (20℃)	Kimball et al (1997)
$r_{m,rootc}$	$g\cdot g^{-1}\cdot d^{-1}$	粗根叶呼吸系数	0.001 (20℃)	Kimball et al (1997)
$r_{m,rootf}$	$g\cdot g^{-1}\cdot d^{-1}$	细根叶呼吸系数	0.002 (20℃)	Kimball et al (1997)
r_g	$g\cdot g^{-1}\cdot d^{-1}$	生长呼吸系数	0.25	Ryan (1991)
$r_{g,root}$	$g\cdot g^{-1}\cdot d^{-1}$	根系生长叶呼吸系数	0.25	Ryan (1991)
$r_{a,root}$	—	根系碳分配系数	0.40	Running & Coughlan (1988)

(2) Ball-Berry 模型

Wong 等(1979) 发现叶片光合作用对叶片气孔张开有影响,并认为植被能够调节气孔的张开以保持细胞间的 CO_2 含量基本不变(对于 C_3 植物,这一常量大约为自由空气值的 70%)。据此,Ball(1988)、Leuning(1990)和 Collatz 等(1991) 进行了进一步的试验室试验,发展了一种通过有机连接气孔导度和叶片净光合速率(A_n)来确定气孔导度的方法。其公式如下:

$$g_s = m\frac{A_n h_s}{C_s}p + b \tag{7.29}$$

式中 g_s 为气孔导度($mol \cdot m^{-2} \cdot s^{-1}$),$m$ 是与植被物种有关的经验系数,h_s 是叶片表面的大气相对湿度,p 是大气压,C_s 是叶片表面的 CO_2 浓度,b 是叶片暗呼吸引起的经验常数。这一公式通常被称为"Ball-Berry"模型,以纪念对这个模型最有贡献的前两位科学家。Collatz 等(1991) 对这个模型进行了检验,发现该模型能在叶片温度变化很大的范围内与实际测量的 g_s 值保持很好的一致性。

Ball-Berry 模型彻底改变了我们对光合作用的理解:植被为了得到光合作用所需要的 CO_2 而保持气孔张开,但同时也使水分被动地通过气孔流失。这一理解对地表能量平衡建模产生深远的影响。如在利用 Penman-Monteith 公式估算蒸散量时,气孔对水的导度依赖于叶片的光合作用。因此一些改进的地表方案加入了光合作用模块以便精确计算气孔对水的导度(Sellers et al, 1996; Dickinson et al, 1998; Cox et al, 1998; Dai et al, 2003)。然而,在不知道 g_s 的条件下无法估算 A_n,必须用一种迭代的方法同时确定 A_n 和 g_s,因此不能直接用 Ball-Berry 模型估算气孔导度。此外,上述的迭代过程需要大量的计算代价,导致 Ball-Berry 模型没能被多数生态模型应用。特别是一些和遥感有关的生态模型,如 Biome-BGC 模型(Kimbal et al, 1997)和 BEPS 模型(Liu et al, 2002)等。Baldocchi(1994) 提出了一种估算 g_s 的解析解的方法。这种方法不需要花费大量的迭代计算来估算 A_n,因此有助于改进瞬时叶片光合作用的计算速度。但是这种方法还需要进一步发展,从而可以计算逐日或更长时间步长的光合作用速率。

需要注意的是:Ball-Berry 模型中包含了经验系数 m 和 b,这两个经验系数在不同植被品种和功能类型下变化很大。此外,这一模型同样没有直接考虑土壤水分亏缺对气孔导度的影响,因此模型需要进一步的参数化。为了考虑土壤水分亏缺对气孔导度的影响,可以采取土壤水分分级的方法直接降低气孔导度(Foley, 1994; Wang & Leuning, 1998; Knorr, 2000)或降低与土壤水分亏缺对应的光合作用率(Cox et al, 1998)两种方法。

7.3.5 日步长两叶模型

严格地说,对于单个叶片而言,要获得其光合作用日总量,就必须将其一日之内的光合作用不断地累加。但是如果将这种方法扩展到大区域,仅仅其计算量就会令人畏缩,无论是微气象数据的获取,还是计算能力的需求都难以满足。对于区域和全球应用来说,已经有人运用这种原创的瞬时模型去描述不同的时间长度(从日到月)平均光合作用速率(Woodward et al, 1995; Kimball et al, 1997)。在这些应用中,通过调整参数,忽略时间步长内的变化,可以得到比较合理的光合作用值。对于日步长的计算,为了避免过度的计算要求,并且考虑到微气象变量对光合作用的日变化影响,Chen et al(1999) 对 Farquhar 模型的时间积分开发了一种简化的解析解办法。

植物光合作用的日变化受到以下几个气象要素的影响,包括:(1) 入射的太阳辐射,它决定了气孔导度和光合作用模型中的 J;(2) 空气温度,它影响到模型中的 V_m,Γ 和 K;**(3) 空气的相对湿度,它影响到气孔导度和 C_i。**

公式(7.16a)和公式(7.16b)的完全时间积分需要考虑到上述三个因素,但事实上很难做到。通过逐日积分的数字试验,我们发现光合作用的日内变化的主要原因是气孔导度的日内变化引起的,气孔导度则是在特定土壤水分条件下太阳辐射密度和水汽压力差的综合变量。假定:(1) 太阳辐射的日变化是太阳高度角(正午时刻太阳高度)余弦函数;(2) 太阳辐射的变化决定了气孔导度的日变化格局;(3) 公式(7.16a)和(7.16b)中的 V_m, K 和 J 在一日之内随环境因子线性变化,这样我们用其逐日的平均值就可以;(4) 一日之内,叶片的光照面积和阴影面积的比率保持不变。因此,可推导出以下植被层次光合作用的日步长两叶模型(Chen et al, 1999)。

$$A = \frac{1.27}{2(g_n - g_{min})}\Bigg(\frac{a^{1/2}}{2}(g_n^2 - g_{min}^2) + c^{1/2}(g_n - g_{min}) -$$
$$\frac{2ag_n + b}{4a}d + \frac{2ag_{min} + b}{4a}e^{1/2} +$$

$$\left.\frac{b^2-4ac}{8a^{3/2}}\ln\frac{2ag_n+b+2a^{1/2}d}{2ag_{min}+b+2a^{1/2}e}\right) \quad (7.30)$$

式中，A_c，$a=(K+C_a)^2$，$b=2(2\Gamma+K-C_a)V_m+2(C_a+K)R_d$，$c=(V_m-R_d)^2$，$A_j$，$a=(2.3\Gamma+C_a)^2$，$b=0.4(4.3\Gamma-C_a)J+2(C_a+2.3\Gamma)R_d$ 和 $c=(0.2J-R_d)^2$，$d=(ag_n^2+bg_n+c)^{1/2}$，$e=(ag_{min}^2+bg_{min}+c)^{1/2}$。

公式(7.30)所得到的日平均值 A 是 A_c 和 A_j 的最小值。它必须分别应用于阳叶和阴叶。它有以下几个优点：(1) 没有额外的参数被引入到该日模型中，所有的常数由原 Farquhar 模型中单叶的生化参数决定；(2) 尽管公式(7.30)看起来有点复杂，但它在数值解上是稳定的，即使是在较为极端的条件下，该公式在大范围的遥感应用中也没有遇到过数值解的问题；(3) 公式(7.30)所给出的解析积分，计算效果好，避免了数值积分方法中的日循环问题，这一点对于使用遥感数据进行大范围的应用显得尤为有用。

7.4 呼吸作用模拟方法

7.4.1 自养呼吸

自养呼吸是消耗光合作用中形成的糖类并将 CO_2 释放到大气中去的过程。通常自养呼吸（R_a）又分为维持呼吸（R_m）和生长呼吸（R_g）（Amthor, 1989; Running & Coughlan, 1988; Ryan, 1991）：

$$R_a=R_m+R_g=\sum_i(R_{m,i}+R_{g,i}) \quad (7.31)$$

式中，i 是一个指数，代表植物不同分量(树叶=1，树干=2，根=3)。

维持呼吸和温度相关，

$$R_{m,i}=M_i r_{m,i}Q_{10}^{(T-T_b)/10} \quad (7.32)$$

式中，M_i 是植物部位 i 的生物量(对于树干而言，指木质层)，$r_{m,i}$ 是植物部位 i 的维持呼吸系数，用于估计 10℃(基础温度)时呼吸速率；Q_{10} 是温度敏感因子，T_b 是基础温度(=10℃)。大范围的树干生物量不太容易获取，但是木质边层(sapwood)的生物量和 LAI 相关，LAI 可以从光学遥感图像中获取。自养呼吸与木质边层生物量的关系比与整个树干生物量的关系更密切(Lavigne & Ryan, 1997)。生长呼吸通常与气温没有直接关系，而是和 GPP 成一定的比例：

$$R_{g,i}=r_{g,i}r_{a,i}(GPP-R_m) \quad (7.33)$$

式中，$r_{g,i}$ 是植物部位 i 的生长呼吸系数，$r_{a,i}$ 是植物部位 i 的碳分量。这些呼吸系数的推荐值见表 7.1。

7.4.2 异养呼吸

异养呼吸来自于微生物对土壤中的有机质(包括土壤上层凋落物)的分解并向大气释放 CO_2，它是地面以下的一个复杂的生物物理化学过程，和土壤中有机质的多少、温度以及土壤湿度密切相关。尽管我们已经有它与温度的理论关系（Lloyds & Taylor, 1994）和它对土壤湿度的经验响应曲线（Parton et al, 1993），但对于区域估计而言，最难的任务是怎样得到土壤中有机质的空间分布。在相同的环境下，土壤中源自不同生物部位(叶、根、茎)的有机质的分解有很大的不同，通常有必要将土壤中的碳分解成不同的碳库，例如落叶层、细凋落物(树枝)、粗凋落物(树干)、快速分解、慢速分解和惰性碳库等。碳库的分类和碳库之间的相互作用加大了异养呼吸作用估算的复杂程度。

一个地区土壤中碳库的空间分布以及碳库的分类一般不易获取，所以只能在一定假设条件下去估计碳库的空间分布。因为土壤碳库源自于植物，一个特定地方的土壤碳库和该地长期平均的 NPP 成正比关系。自然状态下，当土壤碳库总量稳定后，长期平均的异养呼吸作用等于 NPP，也就是说，从光合作用中获得的净碳量与从异养呼吸作用中失去的碳量相平衡，使得该植被处于碳中性状态。这也就是所谓的碳循环动态平衡。

在动态平衡的假定条件下，异养呼吸作用可以简单地看作等于长期 NPP 平均值。这个假设在许多模型中得到广泛的使用（VEMAP, 1995）。如果知道了总的呼吸系数，即单位土壤碳库的呼吸速率，土壤碳库的总量就可以被估算出来。同样地，如果能得到不同碳库的呼吸系数，各类碳库的总量也能够被估算出来。因为这些碳库之间有着一定的转化作用，所以，需要有一系列的微分公式来描述它们之间的关系。这些式子中，包含了不同碳库的依赖于温度和湿度的呼吸系数，这样在相同的 NPP 情况下，寒冷地区土壤碳含量比温暖地区要高。数学上，第 i 个碳库（K_i）的呼吸速率系数的计算公式是：

$$K_i = K_{i\_max} f_T(T_s) f_P\left(\frac{P+W}{ET}\right)[f_L(L_s) \cdot f_S(T_{sc})] \tag{7.34}$$

式中，K_{i_max} 是第 i 个碳库的最大呼吸速率系数；T_s，P，W 和 ET 分别是年平均土壤温度、降水、土壤水和蒸散量；L_s 是地表枯枝落叶层和土壤中木质层组织；T_{sc} 是土壤中的粉沙和黏土含量；f_T，f_P，f_L 和 f_S 分别是其相应变量的函数。在模拟加拿大的碳汇和碳源分布时（Chen et al, 2003），L_s 的估算采用了文献（Peng et al, 1998; Gholz et al, 2000; Trofymow et al, 1998）中的方法和推荐的系数，T_{sc} 从加拿大的 Soil Landscapes of Canada 数据库中提取（Shields et al, 1991; Schut et al, 1994，又见 http://sis.agr.gc.ca/cansis/references/1994ss _ a.html）。在我们基于像元的模拟模型中，采用 CENTURY（Parton et al, 1993）中所使用的相关公式去计算土壤湿度、有机质中木质含量以及土壤质地对不同碳库分解速率的影响。假定在 35℃时分解的速率最大，气温的响应函数表达为：

$$f(T_s) = e^{308.56\left(\frac{1}{35+46.02} - \frac{1}{T_s+46.02}\right)} \tag{7.35}$$

这个公式在年均温 $T_s < 35℃$ 的地方比较可靠，对于热带地区，该公式需要进行修正。函数 $f\left(\frac{P+W}{ET}\right)$ 是描述异养呼吸作用中土壤水的影响（Parton et al, 1993）。这种影响对于降水（P）远大于蒸发（ET）的地处低洼区尤为重要。

7.5　林分年龄是森林碳循环中的重要驱动因子

森林有较长的生命周期。遭受砍伐、火灾或虫灾等扰动后重生的森林通常在开始时生长较慢，到了中期开始变快，当森林进入老年期后，生长速度又慢下来。生长速度最快的树龄通常取决于气候和立地条件，气候越温暖，立地条件越好，就能比较早地达到生长最快的树龄。森林的生长量，也就是 NPP，随着林分年龄有着较大的波动，而土壤中长期积累后的碳储量与林龄相关性不大。这种地表以上和地表以下碳循环两种不同的方式，决定了不同林分年龄的森林或成为碳源，或成为碳汇（Chen et al, 2003; Coursolle et al, 2006）。

林龄代表一个林分的平均树龄。在模拟由林龄的动态变化所引起的碳循环的变化中，最重要的是要知道 NPP 随着林龄变化的格局，因为土壤碳的变化相对较缓慢。关于森林中立木生长量与林分年龄的经验性研究已有很多，但是对于 NPP（包括地表以上和地表以下）与林分年龄之间的经验关系报道则很少。在加拿大森林碳循环的模拟中，Chen 等（2003）通过对安大略省（Ontario）黑云杉（black spruce）立木数据的分析（Chen et al, 2002），建立了 NPP 与林龄的关系。这些关系随立地条件而变（立地条件是经过 50 年的生长后树木可以达到的高度），我们使用了一个立地指数来定量表示这种变化（图 7.3）。为了在大区域内使用这些关系，下面给出一个通用半经验数学函数：

$$NPP(Y) = A\left(1 + \frac{b\left(\frac{Y}{c}\right)^d - 1}{\exp\left(\frac{Y}{c}\right)}\right) \tag{7.36}$$

式中 A，b，c 和 d 依赖于立地指数，Y 为林龄。在大区域应用中，作为“影响森林生长的主导因子”立地指数用年平均气温（T_a）来代替。我们使用经过相互配准的 1994 年的 NPP 分布图和 T_a 分布图来调整公式（7.36）中的相关参数。在加拿大的应用中，利用了森林生命周期中最大的 NPP 来标准化这簇依赖于温度的 NPP-Y 曲线，所以这簇曲线中的最大值是相等的，它可能出现在不同的林分年龄段上，至于出现在什么年龄段，则要取决于温度。经过标准化后，所有的系数都成为年平均气温的唯一函数，当一个地方的年平均气温确定后，该地的标准化的曲线也就确定了。NPP 的绝对数量随森林类型不同而不同，但是，它随年龄而变化的格局遵循相同的模式。标准化的处理过程显著地减少了因将黑云杉曲线应用到其他植被类型上所造成的误差。这簇与温度相关的标准化曲线的应用，大大改进了 Chen et al（2000c）所使用的固定的 NPP-Y 关系曲线。

在中低纬度地区，温度只是几个影响森林生长主要因素当中的一个，所以至少还要多考虑一个因子，如降水等。能够被广泛应用在不同纬度地区的 NPP-Y 模型还尚待研究。这也许是该模型在区域和全球生态应用中的一个重要缺陷。

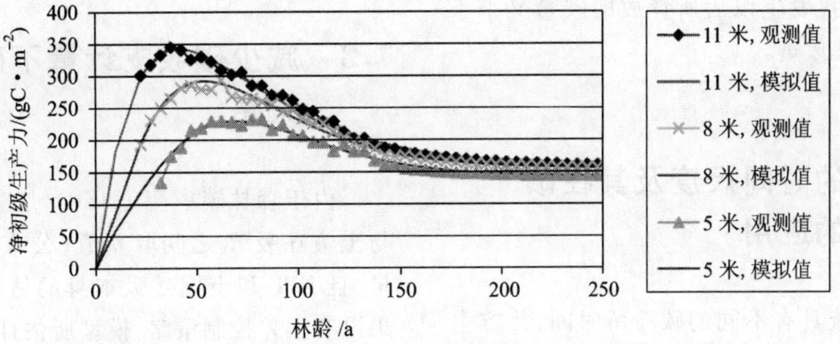

图 7.3 在不同立地条件下净初级生产力(NPP)随林龄(age)的变化。所用资料取自加拿大安大略省的黑云杉(black spruce)(Chen et al,2002)

Figure 7.3 The variation of net primary productivity (NPP) with forest stand age under different site indices. The data used to derive these relationships are from black spruce stands in Ontario, Canada (Chen et al, 2002)

7.6 干扰对碳循环的影响

前面叙述了林龄对森林碳循环研究的重要性(7.5 节),而干扰(火灾、虫灾、伐木)对森林碳循环的影响将会更为强烈,因为干扰不仅会导致森林向大气直接释放碳,而且会通过改变森林的年龄结构而重新设立"森林时钟"。在干扰期间向大气直接释放的碳量是由发生干扰的类型和干扰的剧烈程度而决定的。火灾通常在短时间内释放大量的碳,而在火灾发生后的几年中由于死树的分解而释放少量碳 (Stocks, 1991; Amiro et al, 2001)。虫灾会导致叶子的损失或者树木的死亡,死亡的树木会缓慢分解,在很长时间内将碳释放回大气。伐木常常将残余物留在现场,这些残留物也会缓慢分解。一个精确的森林碳循环模型应该包括:(1) 干扰通过改变森林的年龄结构而对森林碳循环产生的间接影响,(2) 干扰期间的直接碳释放,(3) 干扰后由受损坏的生物量分解而引起的间接碳释放。

在对加拿大森林碳循环的模拟中,Chen 等 (2003) 使用了 1998 年林龄的空间分布数据,它是通过综合整编森林清查资料、大面积火烧迹地的历史数据和近期的遥感数据(近 25 年过火日期)而得到的。林龄资料是用来决定最近一次的扰动发生的日期,我们将这个日期的林龄设为 0,随后让其逐年增加。由于在每个像元没有足够的信息将这三类干扰区分开来,所以目前所有的干扰都当作火灾处理。干扰引起的碳释放量由以下公式估计:

$$D_{\text{fire}} = B_f + 0.25B_w + L_{\text{detf}} \tag{7.37}$$

其中 B_f 和 B_w 分别为叶和木质部的生物量密度,L_{detf} 是叶子的凋落物。以上公式表明,火灾发生时森林将向大气释放叶子中的所有碳,25% 的地上木质生物量和所有的地表细碎的燃料(叶子的凋落物)。公式(7.37)是 Kasischke 等(2000)模型的简化形式,其中木质材料损耗系数 0.25 是用于计算在正常燃烧时所损失的第一和第二级树枝以及在剧烈燃烧时所损失的部分树干 (Kasischke et al, 2000)。该系数是在总的碳释放量与 Amiro 等(2001)和 Stocks (1991) 的研究结果一致的前提下通过调整得到的。生物量的所有组成部分和凋落物的空间分布由综合的陆地生态系统碳循环模型 (InTEC)模拟得到,该模型综合了干扰和非干扰因子对生态系统碳平衡的影响 (Chen et al, 2000a, 2000b)。模拟的加拿大由干扰引起的碳释放量 D_{fire} 在 0~2 000 g C·m^{-2} 之间变化,平均为 1 210 g C·m^{-2},略小于 Amiro 等 (2001) 报道的 1959—1999 年期间全加拿大所有森林火灾的平均值 1 300 g C·m^{-2},但是略高于 Stocks (1991) 对极地附近森林的估计值 1 200 g C·m^{-2}。由于缺少资料,Kasischke 等 (2000) 的模型中还没有考虑火灾剧烈程度对碳释放的影响。当林地过火以后,所有残留的生物量假设已死去并转换到凋落物库,其中包括细根、粗根以及残留的树干。这些新增加的有机质在干扰过后将分解。将所有的干扰类型视为火灾可能会导致 NBP 年际变化的估计误差,因为火灾在干扰期间释放的碳大于虫灾和伐木的释放量，而火灾在干扰发生以后所释放的碳量又小于虫灾和伐木的碳释放量。

7.7 碳循环的时间尺度及其在碳模拟中的应用

不同生态系统具有不同的碳滞留时间，北方生态系统的碳滞留时间比热带和温带生态系统的要长（Thompson et al, 1996）。碳滞留时间是生态系统总碳量（C），即土壤和植被碳总和与新进入生态系统的碳量的比值：

$$\tau = \frac{C}{NPP} \tag{7.38}$$

对于一个生物量为 30 t C · hm^{-2}（Chen et al, 2003），土壤碳（不计惰性碳库）为 120 t C · hm^{-2}（Tarnocai, 1996），NPP 为 3 t C · hm^{-2} · a^{-1}（Liu et al, 2002）的典型北方森林生态系统，其碳驻留时间为 50 年。而一个典型的热带森林，据文献估计，其生物量为 100 t C · hm^{-2}（Neeff et al, 2005），土壤碳为 50 t C · hm^{-2}（Batjes & Dijkshoorn, 1999），NPP 为 10 t C · hm^{-2} · a^{-1}（Krinner et al, 2005），因此其碳滞留时间为 15 年。随着纬度的增加温度降低，而碳在生态系统的滞留时间增加。

与水的滞留时间（几星期）相比，较长的碳滞留时间对碳循环模拟具有深刻的意义：（1）任何模拟净生态系统生产力的模型，其模拟时段小于 1 个碳滞留时间都是不完整的。因为在这种情况下，土壤总碳量或者土壤碳的分解系数常常是任意分配的。（2）任何不将土壤碳划分为几个不同滞留时间碳库的模型都会引起很大误差。因为不同碳库随时间的变化是不同的，特别是受到扰动以后。（3）由于土壤老碳（存在于缓慢分解和惰性库中的碳）需要较长时间（几千年）才能积累起来，而现在它仍然在很慢地分解，我们需要用模型预热（spin-up）方法来估计土壤中老碳的数量。这种“spin-up”的方法，可以在每个像元通过运行模型 5 千至 2 万年（非常耗时）（Liu et al, 2005）得到，或者假设工业社会前期处于动态平衡态，通过求解一系列方程组而得到（Chen et al, 2003）。

7.8 减少碳收支计量不确定性的几个策略

由于森林碳平衡（NEP）是净初级生产力 NPP 与土壤呼吸 R_h 之间取差值（公式 7.2）后的一个小量，且 NPP 和土壤呼吸本身的估计误差就很大，如果没有误差控制策略，模型所估计的 NEP 会很不可靠。例如以遥感为基础的模型对 NPP 的估计误差大约是 25%（Liu et al, 2002）。由于在各种环境条件下很难准确确定土壤碳库及其呼吸系数，土壤呼吸的估计误差会更大。近几十年全球陆地碳汇大约是 2 Gt C · a^{-1}（Houghton, 2007），同时全球 NPP 大约为 60 Gt C · a^{-1}（Cramer et al,1999），因此全球陆地表面平均碳汇只是 NPP 的 3% 左右。在基于有很大误差的 NPP 和土壤呼吸去估计如此小的 NEP 值的时候，我们就必须有一些策略来减少 NEP 估计的不确定性。以下概述这些策略。

（1）假设在工业社会前期（1900 年以前）NPP 和土壤呼吸处于动态平衡状态（VEMAP, 1995; Chen et al, 2000c）。在这个前提下，由于工业社会前期的 NPP 被强制等于土壤呼吸，NPP 对 NEP 产生的任何系统性误差都会大大地降低（Chen et al, 2000a），同时土壤呼吸对 NEP 估计的系统误差也被消除。工业社会以后，NEP 随着气候和大气环境条件的变化而改变。这样，我们所估计的现代的碳平衡是从工业社会前期以来所累积的所有变化的总和，任何微小的气候和大气条件的改变对 NEP 的影响均可以得到比较精确的模拟。在空间变化模拟中，这种平衡态假设是对每一个像元而言的，由于不同地点受干扰的历史不同，常常会产生误差。然而这个误差随时间将以 $e^{t/\lambda}$ 倍减少，其中 t 是距假设的平衡态的年数，λ 是碳滞留的年数。如果所模拟的现在时段距假设的平衡态的年数是碳滞留时间的 2 倍，即 $t/\lambda = 2$，则工业社会前期为非平衡态所带来的误差将降低 $e^2 = 7.4$ 倍。这样的误差估计表明对森林碳循环的长期历史的模拟的重要性。

通常我们只估计现在的 NPP，而应用这项策略的一个重要步骤是估计工业社会前期的 NPP。由于 NPP 会随着历史气候和大气的变化而改变，因此需要模拟自工业社会前期以来 NPP 的变化。一种迭代算法常用来进行此类计算，直到所模拟的现代的NPP与观测的或预先确定的现代NPP相吻合(Chen et al, 2003)。由于NPP的历史变化是现在碳汇的一个主要原因，这种减少误差的策略仍然对气候和大气对植物生长影响的参数化很敏感。

(2) 对森林生态系统来说，历史的NPP变化不仅与气候和大气变化有关，而且还与林龄有很大关系。因此需要增加一个策略来避免林龄对工业社会前期平衡态假设的影响。这个策略需要用到一个平衡态林龄的概念。平衡态林龄就是当树木逐渐长大，森林变为碳中性时树木的年龄。在树木的生命周期中，有两个时期碳是平衡(中性)的，一个是在树木生长的早期，这时的NPP逐渐增加，当增大到与土壤异养呼吸相当时，森林处于碳平衡状态。另一个时期是在树木生长的后期，这时NPP会逐渐下降，当NPP下降到与土壤异养呼吸相当时，森林又处于碳平衡。我们把第二个碳平衡的时期作为树木的平衡态年龄。由于树木的生长率是由气候和生长地环境条件决定的，树木的平衡态年龄在空间上有变化。在对加拿大森林碳循环的模拟中，我们在每个像元上模拟历史的NPP和土壤异养呼吸然后找出二者相等(或者之差小于1%)的第二个时期作为平衡态林龄。据研究，加拿大树木达到平衡态年龄的时间在80~150年之间，平衡态林龄从南向北增加。

在InTEC模型的模拟中(Chen et al, 2003)，这一平衡林龄概念以两种方式用于不同年龄的林地。对于林龄大于100年的林地，在最后一次干扰以前，假定它总处于平衡态林龄时的动态平衡，但是在干扰以后，立即由于林龄的影响从碳中性转化为净碳交换。对于林龄小于100年的林地来说，假设1901年以前的碳循环平衡态是处于平衡态年龄，1901年以后，由于气候和大气的变化，碳循环偏离中性状态，但是平衡态树龄仍然继续到受干扰的年份。对于林地在最后一次干扰前是处于平衡态年龄假设的原因是我们不知道森林在上一次干扰时的年龄。

把平衡态林龄的概念用于估计某个特定地点(像元)的“永恒(ageless)的森林”的基本态是重要的。这一基本态常用来区分干扰和非干扰的影响。在重要的工业社会前为平衡态的假设中，这个永恒的基本态提供了一种客观的土壤碳估计，因为我们往往没有那个阶段树龄的资料。

7.9 中国和加拿大个例分析

7.9.1 加拿大个例

基于加拿大森林清查中的森林面积和林龄结构资料，Kurz和Apps (1999)对加拿大森林碳收支做了广泛研究。这一研究没有考虑在过去100年中树木的生长条件可能会有变化趋势，如气候变暖及CO_2增加等因素的影响。他们所用的生物量与树龄的关系是从清查整编的大约100年的资料中被推导出来，这些不随时间变化的关系被用于加拿大陆地的48个空间单元，忽略了气候等环境因子的影响。遥感资料的使用不仅大大提高了空间分辨率(~1 km)，而且在利用过去的气候和现在的植被资料进行过程模拟时，还可以模拟森林生长条件随时间的变化(Chen et al, 2003)。图7.4显示在模拟全加拿大森林碳循环中使用的主要遥感参数以及主要步骤。基于遥感数据的模型的一个主要特点是遥感模型不仅能跟其他模型一样考虑非扰动因子(氮、二氧化碳施肥效应和气候变化)的影响，而且还能考虑扰动因子(火灾、虫灾和伐木)的影响及其空间变异性。由于缺少空间资料，在模型中虫灾和伐木的干扰与火灾的干扰的处理方法相同。对模拟干扰效应最重要的资料是1998年的林龄图(图7.5)，该图综合了森林清查数据、大面积火烧迹地边界以及遥感数据以确定近25年的过火日期。

遥感数据能提供的最基本的信息是近年来量化的地面条件，这对碳循环空间分布的模拟非常有用。但是，碳循环是一个慢过程，包括光合作用、死亡的有机质的积累和分解、生物量的积累和周转、扰动和再生长等。平均来看，北方森林中碳的滞留时间大约为50年(7.7节)。为了估计现在的碳循环，各种空间数据(包括林龄)必须与时间长度至少是碳滞留时间2倍的历史的气候记录相结合，才能较准地模拟植被和土壤条件随时间的变化。由于在碳循环的估计中土壤碳库的大小和它们的分解速率是非常关键的，同时它们在大面积上又很难直接通过观测获得，因此我们用模型预热方法来估计模拟最初阶段，即1900年的碳库的大小和它们的分解速率(Chen et al, 2003)。InTEC模型利用这些数据模拟

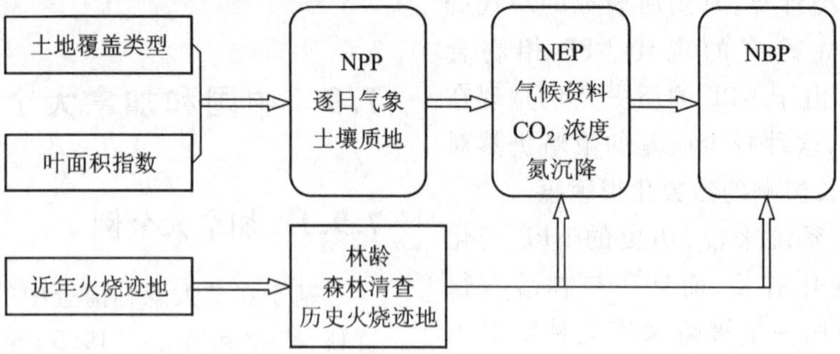

图7.4 陆地生态系统碳循环模拟的几个重要步骤。由卫星遥感图像提取的土地覆盖类型、叶面积指数和近年的火烧迹地是重要输入参数。它们对净初级生产力(NPP)、净生态系统生产力(NEP)和净群区生产力(NBP)的计算有不同的贡献。NBP代表碳源或碳汇

Figure 7.4 Several major steps in using remote sensing data for terrestrial carbon cycle simulations. Land cover, leaf area index and fire scar derived from remote sensing are important input parameters. These parameters contribute differently to the estimation of net primary productivity (NPP), net ecosystem productivity (NEP) and net biome productivity (NBP). NBP represents the carbon source or sink

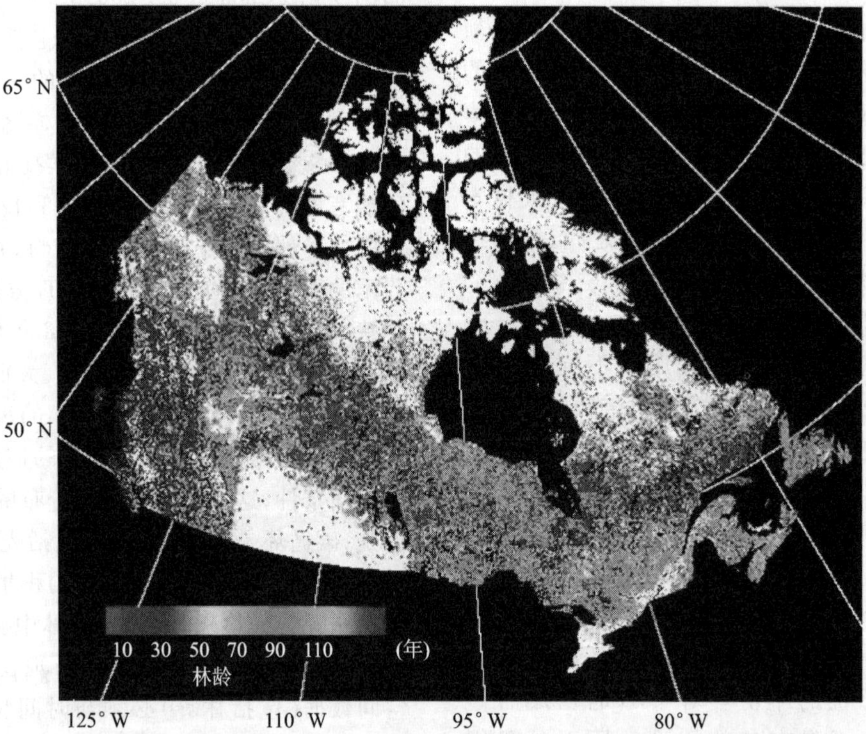

图7.5 加拿大森林年龄分布图(1998)。该图汇总了20世纪90年代森林清查资料(将树龄分成6个年龄段)、1959年来的地面火烧迹地资料,及由卫星遥感得到的近25年的火烧迹地资料,假设过火后第二年森林开始再生长。参见彩色插页

Figure 7.5 Forest stand age distribution in Canada(1998). This map integrates forest inventory data in the last 90 years (forest age is separated into 6 classes), large fire polygons since 1959, fire scar in the last 25 years based satellite remote sensing data. Forest regrowth is assumed to start in the second year after disturbance

了扰动和非扰动因子对森林碳循环的影响（Chen et al, 2000a,2000b）。InTEC 模型由以下部分组成：(1) Farqhuar的基于叶片的光合作用模型（Farqhuar et al, 1980）通过时空尺度转换应用于遥感像元（Chen et al, 1999）;(2) CENTURY 土壤生物地球化学模型（Parton et al, 1993）被改进后用于森林生态系统（Chen et al, 2000b）;(3) 一个基于温度的森林再生长经验模型。InTEC 模型利用遥感和其他空间数据作为输入，计算了空间分辨率为 1 km，时间步长为 1 年的加拿大森林碳收支。图 7.6 显示模拟的 1984—1998 年 15 年平均的加拿大森林碳源和汇的分布。与林龄图（图 7.5）比较，NBP 明显与林龄有关。在 BC（British Columbia）省大部分树木的年龄超过 100 年，气候变暖所带来的微小正效应（提高营养循环）和 CO_2增加的施肥效应可以抵消老化的森林中由林龄增长所引起的碳汇的微弱下降，在这些地区森林碳接近于中性但是小碳汇。在草原省份，由于频繁受到扰动（火灾、虫灾），森林总体上是碳源，森林再生长的增加不能补偿 20 世纪 80 和 90 年代不断增加的扰动的负影响。东部和沿海各省一般是碳汇，因为大面积中等年龄的森林的生产力从增加的氮沉降、在变暖情况下改善了的营养条件以及 CO_2增加的施肥效应中得到提高。碳汇呈现从南向北逐渐减小的一般趋势，这是由气候变暖对植被和土壤的不同影响造成的。在高纬度，土壤有机物的分解对气候变暖更敏感，而植被稀疏的高纬度森林的生长从气候变暖中受益较小。模拟这些空间分布的关键资料是遥感的林火范围和森林密度（LAI）。土壤和植被碳储量模拟的验证最初是通过加拿大土壤图和森林清查的地上生物量数据以及 4 个通量观测塔数据（Chen et al, 2003）进行的。Ju 和 Chen（1995）以及 Ju et al（2006）对模拟结果进行了进一步验证。

InTEC 最近被扩展并用于湿地模拟，包括好氧和厌氧过程（Ju & Chen, 2005）。模型同时包含了水文过程并模拟水的侧向流动及其对 CO_2和 CH_4释放的影响（Ju et al, 2006）。模型还增加了数字地形模型的空间资料和排水级（drainage class）用来模拟地下水位和土壤湿度，实现了对耦合的水、碳循环的模拟。

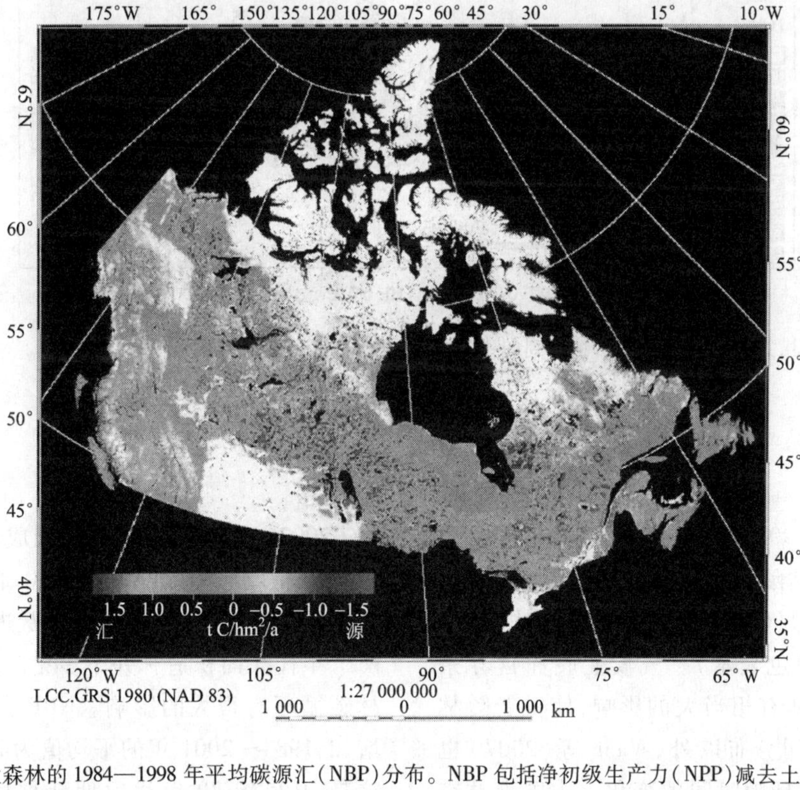

图 7.6　加拿大森林的 1984—1998 年平均碳源汇（NBP）分布。NBP 包括净初级生产力（NPP）减去土壤的异养呼吸，再减去由扰动所引起的碳释放量。由于资料限制，所有扰动（包括火灾、虫灾和伐木）都处理为火灾扰动。参见彩色插页

Figure 7.6　Carbon source and sink（NBP）distribution in Canada's forest in 1984—1998. NBP includes the net primary productivity（NPP）minus heterotrophic respiration and the direct carbon emission due to disturbance. Due to data limitation, all disturbance（including fire, insect and harvest）is treated as fire disturbance in our model

7.9.2 中国个例

最初用来模拟加拿大森林的 InTEC 模型，也已被用于估计中国森林的碳源和碳汇分布（Wang et al, 2007）。在采用遥感、气候和土壤数据（Feng et al, 2007）作为输入的 BEPS 模型模拟的 2001 年全中国 NPP 的基础上，InTEC 模型模拟了自 1901 到 2001 年的 NBP 的时空分布。其中，模拟干扰和干扰过后森林的生长引起的碳释放的重要输入是 2001 年的林龄图（图 7.7）。该图是从第四次森林清查中得到的 1989 至 1993 年 32 个省（FRSC, 1994）的数据中推导出来的。由于该研究只是从森林清查资料中得到的大范围的平均林龄，林龄图仅显示很小的空间变化。而在现实中林龄在不同的省份会有比该图所显示的变化范围更大。采用这样的平均值，而不像在加拿大个例中对清查资料中的林龄进行分段处理（图 7.5 为其结果），在模拟干扰和再生长的年际变化时可能会导致相当大的错误，因此模拟中国的碳循环仍需要更详细的林龄资料。

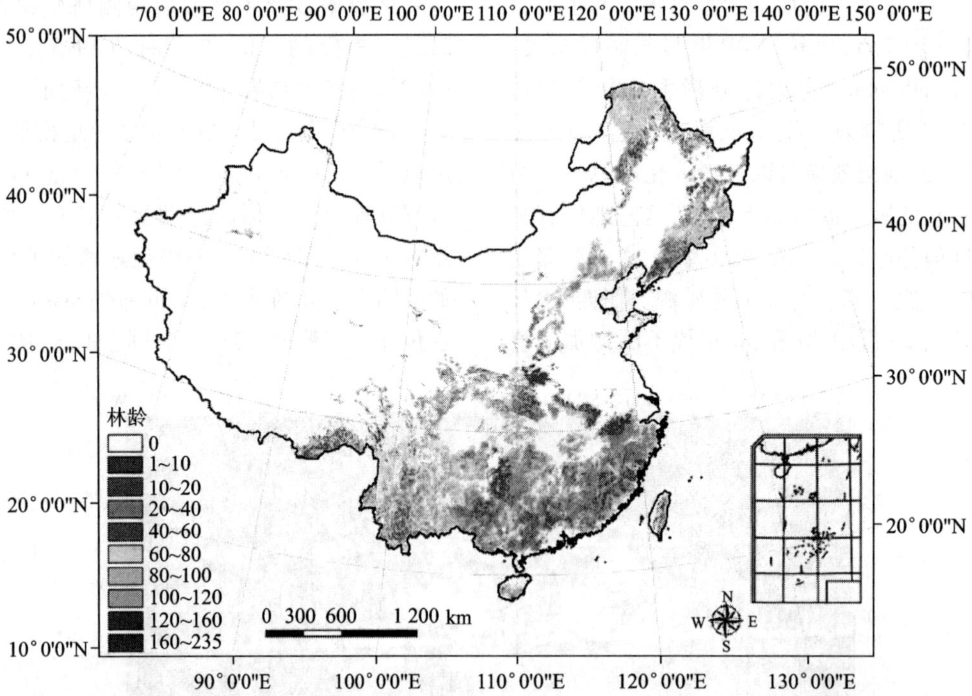

图 7.7 由第四次森林清查资料得到的中国林龄分布图（Wang et al,2007）
参见彩色插页

Figure 7.7 Forest stand age distribution in China obtained from the fourth forest inventory data（Wang et al, 2007）

图 7.8 展示了 1992 至 2001 年中国森林碳源汇（NBP）的变化。与林龄图比较（图 7.7），幼林（1～10 年）是最大的碳源（用红色表示），成熟林（20～50 年）是碳汇（用绿色表示）。气候变暖和营养条件的改善对北方森林有相当大的影响，使得老龄林成为碳汇。除了空间分布以外，Wang 等（2007）也估计了 20 世纪碳循环随时间的变化。中国森林在 1901—1960 年期间的碳平衡量是-15±9 Tg C（源），至 1961—1983 年减少到-263±102 Tg C（源）。中国的森林面积在 1949 年最低，新中国成立以后由于大量地人工造林，森林面积增加（Houghton & Hackler, 2003）。事实上，在新中国成立的早期森林受到了各种人为干扰，如 20 世纪 50 年代的朝鲜战争，50 年代后期和 60 年代初期的大跃进和自然灾害，在这两个年代大面积造林并不多见。这些扰动对中国森林碳循环有很大的影响。NBP 自 1983 年以后快速增加，1984—2001 年的平均值为 213±60 Tg C（汇），这是 20 世纪 70 年代后期新种植林地碳积累的结果，与 Pan 等（2004）的结果相近。据 Houghton 和 Hackler（2003）报道，20 世纪 50 年代至 70 年代在中国东北和西南地区，由于林中空地和伐木的快速增加而导致的碳释放量最高达每年 0.2～0.5 Pg C。

从那以后，毁林的速度下降，再加上人工造林等原因，净碳通量在 20 世纪 90 年代从源变为汇（Houghton & Hackler, 2003）。这些历史的干扰和种植行为对估计未来中国森林碳汇有深刻影响。Ju 等（2007）认为由于现阶段中国森林有相对年轻的年龄结构（只有 29% 的森林达到成熟），目前中国森林的碳汇至少到 2025 年才会达到峰值。

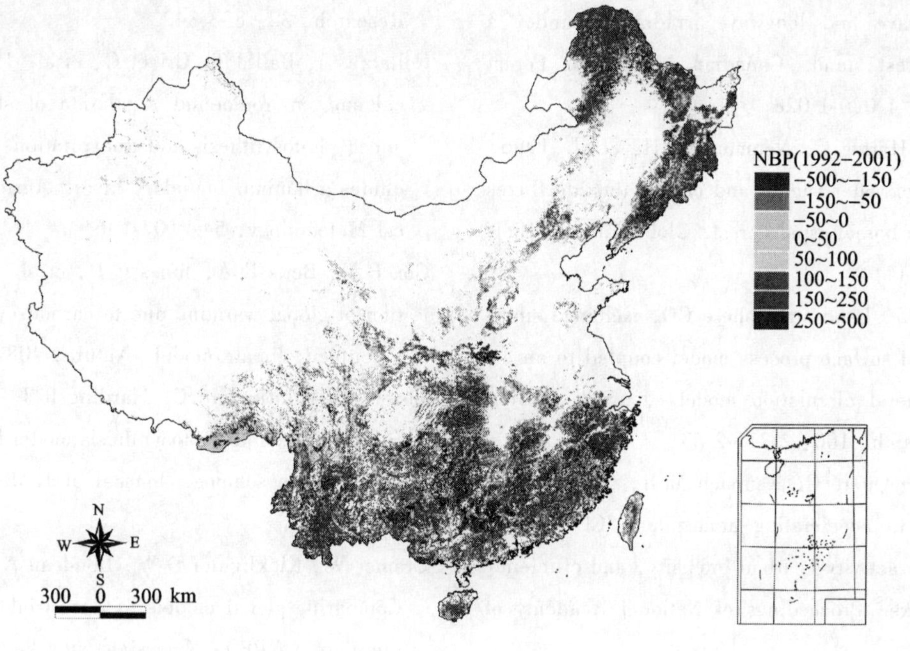

图 7.8 中国森林的 1992—2001 年平均碳源汇（NBP）分布（Wang et al,2007）。NBP 包括净初级生产力（NPP）减去土壤的异养呼吸，再减去由扰动所引起的碳释放量。NBP 的正值为碳汇，负值为碳源。

参见彩色插页

Figure 7.8 The carbon source and sink (NBP) distribution in China's forest in the period 1992—2001 (Wang et al, 2007). NBP includes the net primary productivity (NPP) minus heterotrophic respiration and the direct carbon emission due to disturbance. Positive values (green) indicate sinks, and negative values (red) indicate sources

致谢

感谢王绍强博士和居为民博士同意使用他们文章中的一些结果（图 7.7 和图 7.8）。黄玫博士、汤家法博士、张绍良博士及朱琳女士共同将原英文初稿翻译成中文。莫刚先生帮助完成图 7.1。

参考文献

Amiro B D, Todd J B, Wotton B M, et al. 2001. Direct carbon emissions from Canadian forest fires, 1959—1999. Canadian Journal of Forest Research, 31: 512-525.

Amthor J S. 1989. Respiration and crop productivity. New York: Springer-Verlag, 215.

Baldocchi D, Falge E, Gu L, et al. 2001. Fluxnet: a new tool to study the temporal and spatial variability of ecosystem-scale carbon dioxide, water vapour, and energy flux densities. Bulletin of the American Meteorological Society, 82: 2 415-2 434.

Baldocchi D. 1994. An Analytical Solution for Coupled Leaf Photosynthesis and Stomatal Conductance Models. Tree Physiology, 14: 1 069-1 079.

Ball J T. 1988. An analysis of stomatal conductance. Ph. D.

thesis (supervisor J. Berry), Stanford University, 89.

Batjes N H, Dijkshoorn J A. 1999. Carbon and nitrogen stocks in the soils of the Amazon region. Geoderma, 89:273-286.

Black T A, Chen J M, Lee X, et al. 1991. Characteristics of shortwave and longwave irradiances under a Douglas-fir forest stand. Canadian Journal for Forest Research, 12: 1 020-1 028.

Black T A, den Hartog G, Neumann H H, et al. 1996. Annual cycle of water vapour and carbon dioxide fluxes in and above a boreal aspen forest. Global Change Biology, 2: 101-111.

Bonan G B. 1995. Land-atmosphere CO_2 exchange simulated by a land surface process model coupled to an atmospheric general circulation model. Journal of Geophysical Research, 100: 2 817-2 831.

Canadell J G, Le Quéré C, Raupach M R, et al. 2007. Contributions to accelerating atmospheric CO_2 growth from economic activity, carbon intensity, and efficiency of natural sinks. Proceedings of National Academy of Sciences, 11.

Chen J M, Chen W, Liu J, et al. 2000a. Annual carbon balance of Canada's forests during 1895—1996. Global Biogeochemical Cycle, 14 (3): 839-850.

Chen J M, Chen X, Ju W, et al. 2005. Distributed hydrological model for mapping evapotranspiration in a forested watershed. Journal of Hydrology, 305: 15-39.

Chen J M, Ju W, Cihlar J, et al. 2003. Spatial distribution of carbon sources and sinks in Canada's forests based on remote sensing. Tellus B, 55(2): 622-642.

Chen J M, Liu J, Cihlar J, et al. 1999. Daily canopy photosynthesis model through temporal and spatial scaling for remote sensing applications. Ecological Modelling, 124: 99-119.

Chen J M. 1996. Canopy architecture and remote sensing of the fraction of photosynthetically active radiation in boreal conifer stands. IEEE Transactions on Geoscience and Remote Sensing, 34:1 353-1 368.

Chen W J, Chen J M, Liu J, et al. 2000b. Approaches for reducing uncertainties in regional forest carbon balance. Global Biogeochemical Cycle, 14(3): 827-838.

Chen W, Chen J M, Cihlar J, 2000c. Integrated terrestrial ecosystem carbon-budget model based on changes in disturbance, climate, and atmospheric chemistry. Ecological Modelling, 135: 55-79.

Chen W, Chen J M, Price D T, et al. 2002. Effects of stand age on net primary productivity of boreal black spruce forests in Canada. Canadian Journal for Forest Research, 32: 833-842.

Collatz G J, Ball J T, Crivet C, et al. 1991. Physiological and environmental regulation of stomatal conductance, photosynthesis and transpiration: a model that includes a laminar boundary layer. Agricultural and Forest Meteorology, 54: 107-136.

Cox P M, Betts R A, Jones C D, et al. 2000. Acceleration of global warming due to carbon-cycle feedbacks in a coupled climate model. Nature, 408:184-187.

Cox P M, Huntingford C, Harding R J. 1998. A canopy conductance and photosynthesis model for use in a GCM land surface scheme. Journal of Hydrology, 212-213: 79-94.

Cramer W, Kicklighter D W, Bondeau A B, et al. 1999. Comparing global models of terrestrial net primary productivity (NPP): Overview and key results. Global Change Biology, 5: 1-15.

Crisp D, Johnson C. 2005. The Orbiting Carbon Observatory Mission, ACTA Astronautica, 56 (1-2) : 193-197.

Dai Y, Zeng X, Dickinson R E, et al. The Common Land Model (CLM). Bulletin of the American Meteorological Society, 84: 1 013-1 023.

Dang Q L, Margolis H A, Coyea M R, et al. 1997. Regulation of branch-level gas exchange of boreal trees: roles of shoot water potential and vapour pressure difference. Tree Physiology, 17: 521-535.

De Costa W A J M, Weerakoon W M W, Herath H M L K, et al. 2003. Response of Growth and Yield of Rice (*Oryza sativa*) to Elevated Atmospheric Carbon Dioxide in the Subhumid Zone of Sri Lanka. Journal of Agronomy and Crop Science, 189: 83-95.

De Pury D G G, Farquhar G D. 1997. Simple scaling of photosynthesis from leaves to canopies without the errors of big-leaf models. Plant, Cell and Environment, 20: 537-557.

Deng F, Chen J M, Yuen C W, et al. 2007. Global monthly CO_2 flux inversion with focus over North America. Tellus, 59B: 179-190.

Denning S A, Collatz G J, Zhang C, et al. 1996. Simulation of terrestrial carbon metabolism and atmospheric CO_2 in a general circulation model Part 1: Surface carbon fluxes. Tellus, 48B: 521-542.

Dickinson R E, Shaikh M, Bryant R, et al. 1998. Interactive canopies for a climate model. Journal of Climate, 11: 2 823-2 836.

Erbs D G, Klein S A, Duffie J A. 1982. Estimation of diffuse radiation fraction for hourly, daily and monthly-average global radiation. Solar Energy, 28: 293-304.

Farquhar G D, von Caemmerer S, Berry J A. 1980. A biochemical model of photosynthetic CO_2 assimilation in leaves of C_3 species. Planta, 149: 78-90.

Farquhar G D, von Caemmerer S. 1982. Modelling of photosynthetic response to environmental conditions//Lange O L, Nobel P S, Osmond C B, et al. Encyclopedia of Plant Physiology New Series, Vol. 12B, Physiological Plant Ecology II. Berlin, Germany: Spring Verlag, 549-587.

Feng X, Liu G, Chen J M, et al. 2007. Simulating net primary productivity of terrestrial ecosystems in China using a process model driven by remote sensing. Journal of Environmental Management, 85: 563-573.

Foley J A, Prentice I C, Ramankutty N, et al. 1996. An integrated biosphere model of land surface processes, terrestrial carbon balance and vegetation dynamics. Global Biogeochemical Cycles, 10: 603-628.

Foley J A. 1994. Net primary productivity in the terrestrial biosphere: The application of a global model. Journal of Geophysical Research, 99: 20 773-20 783.

Friedlingstein P, Cox P, Betts R, et al. 2006. Climate-Carbon Cycle Feedback Analysis: Results from the C4MIPModel Intercomparison. Journal of Climate, 19: 3 337-3 353.

FRSC. 1994. Forest Resource Statistics of China (1989—1993). Beijing, China: Chinese Forestry Publishers.

Gholz H L, Wedin D A, Smitherman S M, et al. 2000. long-term dynamics of pine and hardwood litter in contrasting environments: toward a global model of decomposition. Global Change Biology, 6: 751-765.

Goetz S J, Bunn A G, Fiske G, et al. 2005. Satellite observed photosynthetic trends across boreal North America associated with climate and fire disturbance. Proceedings of the National Academy of Science, 102 (38): 13 521-13 525.

Goulden M L, Daube B C, Fan S M, et al. 1997. Physiological responses of a black spruce forest to weather. Journal of Geophysical Research, 102: 28 987-28 996.

Goulden M L, Munger J W, Fan S M, et al. 1996. Exchange of carbon dioxide by a deciduous forest: response to interannual climate variability. Science, 271: 1 576-1 578.

Gurney R K, Law R M, Denning A S, et al. 2002. Towards robust regional estimates of CO_2 sources and sinks using atmospheric transport models. Nature, 415: 626-630.

Houghton R A, Hackler J L. 2003. Sources and sinks of carbon from land-use change in China. Global Biogeochemical Cycles, 17(2), 1 034. doi:10.1029/2002GB001970.

Houghton R A. 2007. Balancing the global carbon budget. Annual Review of Earth and Planetary Sciences, 35: 313-347.

Hunt Er Jr, Running S W. 1992. Simulated dry matter yields for aspen and spruce stand in the North American Boreal Forest. Canadian Journal for Remote Sensing, 18: 126-133.

Inoue G, the GOSAT Team. 2006. Global carbon dioxide and metane column observation by GOSAT (Greenhouse gases observing satellite). Geophysical Research Abstracts, 8: 10 624-10 625.

Jarvis P G, Morison J I L. 1981. Stomatal control of transpiration and photosynthesis//Jarvis P G, Mansfield T A. Stomatal Physiology. New York: Cambridge University Press, 247-279.

Ju W, Chen J M, Black T A, et al. 2006. Hydrological Effects on Carbon Cycles of Canada's Forests and Wetlands. Tellus, 58B: 16-30.

Ju W, Chen J M, Harvey D, et al. 2007. Future carbon balance of China's forests under climate change and increasing CO_2. Journal of Environmental Management, 85: 538-562.

Ju W, Chen J M. 2005. Distribution of soil carbon stocks in Canada's forests and wetland simulated based on drainage class, topography and remote sensing. Hydrological Processes, 19: 77-94.

Kasischke E S, O'Neill K P, French N H F, et al. 2000.

Controls on patterns of biomass burning in Alaska boreal forests//Kasischke E S, Stocks B J. In Fire, Climate Change and Carbon Cycling in the Boreal Forest. New York: Springer-Verlag.

Kim J, Verma S B. 1991. Modeling canopy photosynthesis: scaling up from a leaf to canopy in a temperate grassland. Agricultural and Forest Meteorology, 57: 187-208.

Kimball J S, Thornton P E, White M A, et al. 1997. Simulating forest productivity and surface-atmosphere carbon exchange in the BOREAS study region. Tree Physiology, 17: 589-599.

Knorr W. 2000. Annual and interannual CO_2 exchanges of the terrestrial biosphere: Process based simulations and uncertainties. Global Ecology and Biogeography, 9: 225-252.

Krinner G, Viovy N, Noble-Ducoudre N de, et al. 2005. A dynamic global vegetation model for studies of the coupled atmosphere-biosphere system. Global Biogeochemical Cycles, 19: GB1015. doi: 10.1029/2003GB002199.

Kurz W A, Apps M J. 1999. A 70-year retrospective analysis of carbon fluxes in the Canadian forest sector. Ecological Modelling, 9(2): 526-547.

Lavigne M B, Ryan M G. 1997. Growth and maintenance respiration rates of aspen, black spruce and jack pine stems at northern and southern BOREAS sites. Tree Physiology, 17: 543-551.

Leuning R, Kelliher F M, de Pury D G G, et al. 1995. Leaf nitrogen, photosynthesis, conductance and transpiration: scaling from leaves to canopies. Plant, Cell and Environment, 18: 1 183-1 200.

Leuning R. 1990. Modelling Stomatal Behaviour and Photosynthesis of *Eucalyptus grandis*. Australian Journal of Plant Physiology, 17: 159-175.

Liu J X, Price D T, Chen J M, et al. 2005. Nitrogen Budget and Nitrogen Controls on Ecosystem Carbon Sequestration: A Model Implementation and Application to Saskatchewan, Canada. Ecological Modeling, 186: 178-195.

Liu J, Chen J M, Cihlar J, et al. 1997. A process-based boreal ecosystem productivity simulator using remote sensing inputs. Remote Sensing of Environment, 62: 158-175.

Liu J, Chen J M, Cihlar J, et al. 2002. Net primary productivity mapped doe Canada at 1-km resolution. Global Ecology and Biogeography, 11: 115-129.

Lloyd J, Taylor J A. 1994. On the temperature dependence of soil respiration. Functional Ecology, 8: 315-323.

Mann M. 2007. Climate over the past two millennia. Annual Review of Earth and Planetary Sciences, 35: 111-136.

Neeff T, Dutra L V, dos Santos J R, et al. 2005. Tropical forest measurement by interferometric height modeling and P-Band radar backscatter. Forest Science, 51: 585-594.

Norman J M. 1982. Simulation of microclimates//Hatfield J L, Thomason I J. Biometeorology in integrated pest management. New York: Academic Press, 65-99.

Pan Y, Luo T, Birdsey R A, et al. 2004. New estimates of carbon storage and sequestration in China's forests: effects of age-class and method on Inventory-based carbon estimation. Climatic Change, 67: 211-236.

Parton W J, Ojima D S, Cole C V, et al. 1993. A general model for soil organic matter dynamics: sensitivity to litter chemistry, texture and management. Soil Science Society of America Journal: 147-167.

Pataki D E, Ehleringer J R, Flanagan L B, et al. 2003. The application and interpretation of Keeling plots in terrestrial carbon cycle research. Global Biogeochem. Cycles, 17(1), 1 022. doi:10.1029/2001GB001850.

Peng C H, Apps M J, Price T D, et al. 1998. Simulating carbon dynamics along the boreal forest transect case study (BFTCS) in central Canada, 1. Model testing. Global Biogeochemical Cycle, 12: 381-392.

Potter C S, Ranserson J T, Field C B, et al. 1993. Terrestrail ecosystem production: a process model based on global satellite and surface data. Global Biogeochemical Cycles, 7: 811-841.

Raulier F, Bernier P Y, Ung C H. 1999. Canopy photosynthesis of sugar maple (*Acer saccharum*): comparing big-leaf and multilayer extrapolations of leaf-level measurements. Tree Physiology, 19: 407-420.

Rödenbeck C, Houweling S, Gloor M, et al. 2003. CO_2 flux history 1982—2001 inferred from atmospheric data using a global inversion of atmospheric transport. Atmospheric Chemistry and Physics, 3: 1 919-1 964.

Running S W, Coughlan J C. 1988. A general model of forest ecosystem processes for regional applications I. Hydrological balance, canopy gas exchange and primary production processes. Ecological Modelling, 42: 125-154.

Running S W, R R Nemani, D L Peterson, et al. 1989. Mapping regional forest evapotranspiration and photosynthesis by coupling satellite data with ecosystem simulation. Ecology, 70: 1 090-1 101.

Ryan M G, Hubbard R M, Pongracic S, et al. 1996. Autotrophic respiration in *Pinus radiata* in relation to nutrient status. Tree Physiology, 16: 333-343.

Ryan M G, Lavigne M B, Gower S T. 1997. Annual carbon cost of autotrophic respiration in boreal forest ecosystems in relation to species and climate. Journal of Geophysical Research, 102: 28 871-28 883.

Ryan M G. 1991. Effects of climate change on plant respiration. Ecol Appl, 1: 157-167.

Schlesinger W H. 1991. Biogeochemistry: An Analysis of Global Change. San Diego: Academic Press.

Schut P, Shields J, Tarnocai C, et al. 1994. Soil Landscapes of Canada—An Environmental Reporting Tool. Canadian Conference on GIS Proceedings. Ottawa: 953-965.

SEI Oxford Office Report. 2005. Social Cost of Carbon: A Closer Look at Uncertainty. Queen's Printer and Controller of HMSO.

Sellers P J, Berry J A, Collatz G J, et al. 1992. Canopy reflectance, photosynthesis, and transpiration. III. A reanalysis using improved leaf models and a new canopy integration scheme. Remote Sensing of Environment, 42: 187-216.

Sellers P J, Randall D A, Collatz G J, et al. 1996. A revised land surface parameterization (SiB2) for atmospheric GCMs. Part Ⅰ: Model formulation. Journal of Climate, 9: 676-705.

Shields J A, Tarnocai C, Valentine K W G, et al. 1991. Soil landscapes of Canada, procedures manual and user's handbook. Agric Can, Ottawa, Ontario: Agric Can Publ, 1868/E.

Smith S J, Edmonds J A. 2006. The economic implications of carbon cycle uncertainty. Tellus, 58B: 586-590.

Steffen W, Noble I, Canadell J, et al. 1998. The terrestrial carbon cycle: implications for the Kyoto Protocol. Science, 280: 1 393-1 394.

Stephens B B, Gurney K R, Tans P P, et al. 2007. Weak northern and strong tropical land carbon uptake from vertical profiles of atmospheric CO_2. Science, 316: 1 732-1 735.

Stocks B J. 1991. The extent and impact of forest fires in northern circumpolar countries//Levine J S. Global biomass burning: atmospheric, climatic and biopsheric implications. Cambridge, MA: MIT Press, 197-202.

Tans P P, Fung I Y, Takahashi T. 1990. Observation constraints on the global atmospheric CO_2 budget. Science, 247: 1 431-1 438.

Tarnocai C. 1996. The amount of organic carbon in various soil orders and ecological provinces in Canada//Lal R, Kimbla J, Follett R F, et al. Soil processes and the carbon cycle. Boca Raton, FL: CRC Press, 81-92.

Thomas S C, Malczewski G, Saprunoff M. 2007. Assessing the potential of native tree species for carbon sequestration forestry in northeast China. Journal of Environmental Management, 85: 663-675.

Thompson M V, Randerson J T, Malmstrom C M, et al. 1996. Change in net primary production and heterotrophic respiration: How much is necessary to sustain the terrestrial carbon sink. Global Biogeochemical Cycles, 10: 711-726.

Trofymow J A, the CIDET working group. 1998. The Canadian Intersite Decomposition Experiment (DCIDET): Project and site establishment report, 15.

VEMAP Participants. 1995. Vegetation/Ecosystem Modeling and Analysis Project: Comparing biogeography and biogeochemistry models in a continental-scale study of terrestrial ecosystem responses to climate change and CO_2 doubling. Global Biogeochemical Cycles, 9: 407-437.

Walker B, Steffen W. 1997. An overview of the implications of global change for natural and managed terrestrial ecosystems. Conservation Ecology, 1(2): 2.

Wang S, Chen J M, Ju W, et al. 2007. Carbon sinks and sources in China's forests during 1901—2001. Journal of Environmental Management, 85: 524-537.

Wang Y P, Leuning R. 1998. A two-leaf model for canopy conductance, photosynthesis and partitioning of available energy Ⅰ: Model description and comparison with a multi-layered model. Agricultural and Forest Meteorology, 91:89-111.

Wong S C, Cowan I R, Farquhar G D. 1979. Stomatal conductance correlates with photosynthetic capacity. Nature, 282: 424-426.

Woodward F I, Smith T M, Emanuel W R. 1995. A global land primary productivity and phytogeography model. Global Biogeochemical Cycle, 9: 471-490.

Wullschleger S D. 1993. Biochemical limitations to carbon assimilation in C_3 plants—A retrospective analysis of the A/Ci curves from 109 species. Journal of Experimental Botany, 44: 907-920.

第 8 章

森林生长和碳动态变化的混合模拟方法

彭长辉[1*] 周晓路[1] 张骏[2] 常杰[2] 张锋[3]

([1]加拿大魁北克大学蒙特利尔分校(UQAM)，生物科学系和环境研究所

(＊e-mail:peng.changhui@uqam.ca)；[2]浙江大学生命科学学院，

浙江大学生态学与保护生物学研究所；[3]中国科学院地理科学与资源研究所)

摘要

为了预测未来全球环境变化(比如气候、土地利用、火灾干扰和采伐)对于森林生态系统的可承受力的潜在影响,森林资源管理部门需要森林生长和碳动态模型。模拟森林生长和动态的基本途径包括使用经验模型、机理模型以及两者结合的森林模拟模型。本章对一个以月为时间单位步长的森林生长和碳动态混合模型——TRIPLEX 进行了描述和检验。TRIPLEX 模型整合了森林生产力 3-PG 模型森林生长和产量、TREENYD3 模型和土壤碳氮 CENTURY4.0 模型。该模型试图在不提高复杂度前提下更全面简化输入参数的个数,探索森林生态系统碳氮循环间的关键过程及其重要的相互作用。模型设计思路融合了经验和机理的内容,用于:(1) 对森林管理决策(例如生长和产量预测),(2) 量化森林碳平衡,(3) 评定气候变化的短期和长期效应。在本研究中,我们利用加拿大安大略北部的 12 个 Jack 松(*Pinus banskiana* Lamb.)永久样地、中国东北 70 个森林样地和中国浙江亚热带森林 117 个样地对 TRIPLEX 模型进行检验。将模拟的立地生长量(例如树木直径、树高、密度)、材积、凋落物和生物量与森林样地观测到的数据进行对照,显示模拟的结果与样地测量的结果具有高度的一致性,对树木生长变量、材积、凋落物和生物量的预测都在这些样地的合理预期范围内。同时也说明 TRIPLEX 不仅能够适用于加拿大的北方针叶林,而且也能够用于中国北方针叶林、温带森林和亚热带森林生态系统。

关键词:生物量　北方森林　碳平衡　气候变化　密度　生态系统模型　森林生态系统　森林管理　生长和产量模拟　凋落物库　模型验证　净初级生产力

Chapter 8

Approaches to modeling forest growth and carbon dynamics

Abstract

To predict the potential effects of future global environmental changes (e. g. climate, land-use, fire disturbance, and forest harvesting) on the sustainability of forest ecosystems, forest resource managers will need forest simulation models. Basic approaches to modeling forest growth and dynamics include the use of empirical, mechanistic, and hybrid forest simulation models. In this paper, a hybrid, monthly time-step model of forest growth and carbon dynamics (TRIPLEX) is described and tested. The TRIPLEX model integrates the forest production model of 3-PG, the forest growth and yield model of TREENYD3, and the soil-carbon-nitrogen model of CENTURY4.0. The model is intended to be comprehensive without becoming complex, and minimizes the number of input parameters required, while capturing key processes and important interactions between the carbon and nitrogen cycles of forest ecosystems. It is designed as a hybrid of both empirical and mechanistic components that can be used for (1) making forest management decisions (e. g. growth and yield prediction), (2) quantifying forest carbon budgets, and (3) assessing the effects of climate change in both the short and long term. We tested TRIPLEX against age-dependent growth measurements from 12 permanent sample plots (PSP) in Jack pine (*Pinus banskiana* Lamb.) stands in northern Ontario (Canada), 70 boreal forest stands in northeast of China and 117 subtropical forest stands in southeast of China. Comparisons of simulated stand growth variables (e. g. tree diameter, height, and stem density) with those observed in forest stands indicated a good agreement. Predictions of tree total volume and aboveground biomass were within the expected range for these plots. The independent validations obtained by utilizing TRIPLEX1.0 demonstrate that the model offers competency while providing confidence when applying its ability to extrapolate outcomes at regional scales and its ability to withstand rigorous testing for simulating carbon storage forest ecosystems. While the model is promising, future modifications are discussed.

Keywords: Biomass, Boreal forest, Carbon balance, Climate change, Density, Ecosystem model, Forest ecosystem, Forest management, Growth and yield modelling, Litter pool, Model validation, Net primary productivity

8.1 前言

可持续森林管理(sustainable forest management)代表了一个林学的重要范畴。传统的可持续产量管理已经和正在被可持续的森林生态系统管理代替。可持续森林管理面对的主要挑战有:(1)持续的森林生态系统生产力,(2)改善碳(C)吸收潜力,(3)减轻和适应未来气候变化的影响。预测未来全球环境(如气候、土地利用、火灾干扰和森林采伐)变化对于森林生态系统可持续性的潜在影响将要求森林资源管理人员使用森林模拟模型(Peng, 2000a)。模拟森林生长和碳动态变化的基本途径包括经验、机理和混合森林模型,分别具有各自的优点和局限(Landsberg, 1986; Kimmins, 1990; Mohren et al, 1994; Landsberg & Coops, 1999; Mäkelä et al, 2000; Peng, 2000a, b; Nightingale et al, 2004)。

经验模型(如森林生长和产量模型)来源于大量的野外数据,通过以样地参数、年龄、密度、胸径和基面积等为变量的回归模型来描述生长速率。经验模型的主要优势是利用特定的数学函数或曲线描绘测量数据和生长决定变量之间的最佳相关,仅需要简单的输入,易于构建;且易于和各种管理分析及森林管理措施相结合,有效和精确地为森林管理计划提供定量信息。在历史生长条件变化不显著的时间尺度下,它们可适当地预测短期产量。然而经验生长和产量模型并不是万能的,例如分析气候变化或环境胁迫下的结果(Kimmins, 1990; Shugart et al, 1992)。

不同于经验模型,基于过程的机理模型一般描述关键生态过程或模拟依赖于许多交互作用过程例如光合、呼吸、分解和营养循环过程的生长。这些模型提供了检验和产生选择假设的框架,并有助于我们精确描绘特定环境变化下这些过程如何相互作用(Landsberg & Gower, 1997; Peng, 2000a, b)。因此,它们主要的优势在于包含了生理生态机理和变化环境下长期预测的能力。过去的十年,在更多的机理森林生长模型发展中取得了许多进步,比如结合能量、碳、营养和水循环过程。但是,在森林管理中基于过程模型很少被应用(Korzukhin et al, 1996; Landsberg & Gower, 1997; Sands et al, 2000; Mäkelä et al, 2000)。最近,Battaglia 和 Sands (1998), Landsberg 和 Coops (1999), Mäkelä 等(2000)和 Peng(2000a, b)对可持续森林管理中利用经验和机理模型的优缺点进行了深入讨论。通常,一种模型的弱点恰是另一种的优点,反之亦然。对于给定数据集经常能够找到更合适的经验模型,因为过程模型的假设存在强加限制(constraints imposed)。但经验和过程模型可以结合为一个混合模型,一定程度上克服两种方法的短处。这是森林生长和碳动态模拟混合模型方法的基本原理(Kimmins, 1993; Battaglia et al, 1999; Kimmins et al, 1999; Peng, 2000b)。特别值得指出的是,合并经验与过程模型的关键因子和生态学过程,混合的生态模拟能够预测短、长期内森林生长、生产和碳动态变化(Pastor & Post, 1988; Battaglia & Sands, 1998; Kimmins et al, 1999)。

本文介绍的是以月为时间步长模拟森林生长与C、N 动态变化的混合模型(TRIPLEX)。TRIPLEX 模型根据三个已建立的成熟模型发展:3-PG(Landsberg & Waring, 1997), TREEDYN3.0(Bossel, 1996)和CENTURY4.0(Parton et al, 1993),结合了经验和机理内容。能够用于(a)为森林管理决策提供依据(例如生长和产量预测),(b)估算森林碳预算和(c)评定气候变化对森林的影响。本文的目标是(1)阐明TRIPLEX 模型的科学基础、主要假设和数学公式,(2)通过现有模型检验和敏感性分析结果论证其预测能力,(3)对将来模型的改进进行讨论。

8.2 模型结构

虽然过去十年中森林生长的很多机理模型取得了长足的进展,比如能够结合能量、碳、营养和水循环(Mäkelä et al, 2000),但预测森林生长和碳动态仍存在不足。比如 3-PG(预测生长的生理原理)是简单的基于过程模型,设计目标为预测生长、径级分布和单个林地的年死亡率(Landsberg & Waring, 1997)。但是模型没有包括土壤组成或地上和地下组分之间的反馈。TREEDYN3.0(Bossel, 1996)包括森林生长和产量的动态模块,且有一个简单的土壤分解子模型(仅仅是一个土壤碳库),但和 3-PG 有类似的缺点。它并没有考虑土壤分解中土壤水的影响。另外,CENTURY 只有简单的经验地上过程且无森林生长和产量模块,也不包括土壤子模型和气候变量。但 3-PG、TREEDYN3.0 和 CENTURY4.0 都有类似的子模型和相同的月单位步长，因此易于整合在TRIPLEX 模型中。

TRIPLEX 类似 3-PG 模型（Landsberg & Waring, 1997），可以填补森林生长与产量经验模型和基于过程的 C 平衡模型之间的空白。它全面但不复杂，对需要输入的参数个数进行了简化，考虑了复杂森林生态系统中树木生长关键过程及其与 C、N、水循环之间的重要相互作用。另外，TRIPLEX 模拟了立地的平均特性而非单株树木的立地条件。它的设计目标是：对不同地理位置、不同土壤和气候条件下的均匀或不均匀年龄的针、阔叶树种实现参数化。如图 8.1 所示，TRIPLEX 有 4 个主要的子模型：(1) 森林生产子模型，估算光合作用（PAR）、总初级生产力（GPP）和地上、地下生物量，(2) 土壤 C 和 N 的子模型，模拟土壤和凋落物中 C、N 的动态变化，(3) 森林生长和产量子模型，计算树木生长和生产量的动态变化，包括树高、胸径、基部面积和材积，(4) 土壤水平衡子模型，模拟水分动态变化。各模块利用面向对象程序（C++）方式以类列出。模型以月单位为时间步长，以每月天气数据驱动。TRIPLEX 的关键部分和模拟过程见图 8.1。

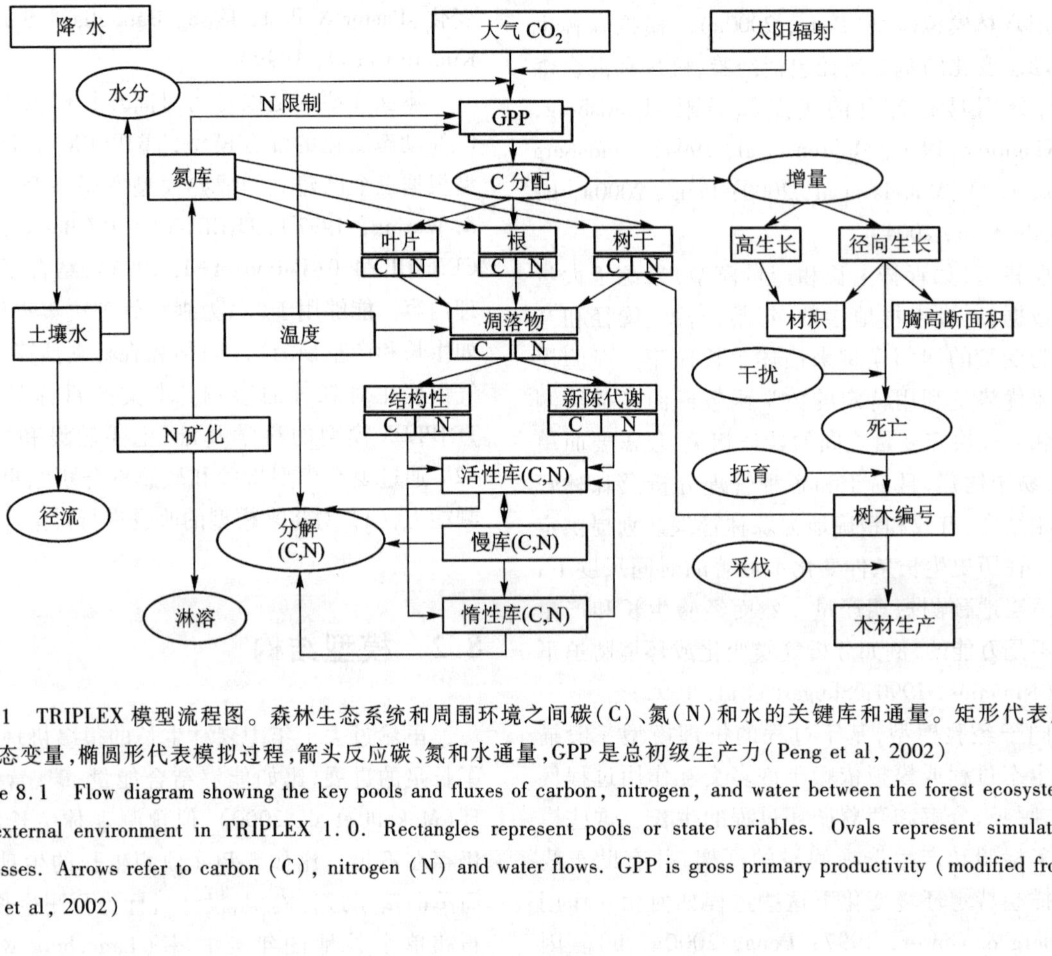

图 8.1　TRIPLEX 模型流程图。森林生态系统和周围环境之间碳（C）、氮（N）和水的关键库和通量。矩形代表库或静态变量，椭圆形代表模拟过程，箭头反应碳、氮和水通量，GPP 是总初级生产力（Peng et al, 2002）

Figure 8.1　Flow diagram showing the key pools and fluxes of carbon, nitrogen, and water between the forest ecosystem and external environment in TRIPLEX 1.0. Rectangles represent pools or state variables. Ovals represent simulated processes. Arrows refer to carbon (C), nitrogen (N) and water flows. GPP is gross primary productivity (modified from Peng et al, 2002)

8.3　子模型描述

一般来说，TRIPLEX 模型中森林生长和 C、N 动态变化最初由太阳辐射驱动。环境条件（例如温度、降水、土壤水分和氮）和生物因素（例如林龄、生物量分配、树木排列格局和死亡率）对于实际的森林生长和 C、N 流都产生影响（图 8.1）。TRIPLEX 中主要等式见 Peng 等(2002)文中表 3。

8.3.1　光合有效辐射(PAR)

PAR 根据 TREEDYN3.0 给定的等式计算（Bossel, 1996），初始 PAR（I_{0PAR}）是太阳常数

(=1 360 W·m^{-2})，根据太阳辐射分数(φ_{PAR} = 0.47)、太阳高度($\sin\beta$)和大气吸收因子 K_{atm} 的阳光吸收率计算(Penning de Vries & van Laar, 1982; Richter, 1985):

$$I_{0PAR} = 1\ 360\varphi_{PAR}\sin\beta e^{-\frac{K_{atm}}{\sin\beta}} \tag{8.1}$$

由于太阳高度($\sin\beta$)是纬度和时间的函数，PAR 的计算可以用于地区模拟。它的时间步长是 0.1 h。

对树冠每月接受的 PAR(I_m)估算是晴朗天气(I_{mclr})和多云天气(I_{mcld})下每月的 PAR 混合。多云天气的 PAR 假定是同一天晴朗天气的 20%(Penning de Vries & van Laar, 1982)。因为感光曲线无疑是非线性的(Bossel, 1996)，这种区别能够减少直接用平均辐射效率产生的偏差。多云因子(C_{cld})被 Bossel (1996)用来计算每月的 PAR。C_{cld} 的值由假定每年晴朗和多云天气下辐射总量等于观测到的年总辐射来决定(Bossel, 1996)。所以，每月树冠的 PAR 计算为:

$$I_m = (1-C_{cld})I_{mclr} + C_{cld}I_{mcld} \tag{8.2}$$

8.3.2 总初级生产力

我们采用 Landsberg 和 Waring(1997)发展的基于过程的 3-PG 模型来计算 GPP(t·hm^{-2})和净初级生产力(NPP,t·hm^{-2})。每月总碳增加量(GPP)是每月接受的 PAR(I_m)加以叶面积指数(LAI)、林龄(f_a)、月平均气温(f_t)、土壤干旱度(f_w)和每月霜日百分比(f_d)修正的函数；k 是转换常数:

$$GPP = kI_m LAI f_a f_t f_w f_d \tag{8.3}$$

f_a, f_t, f_w 的计算如下:

$$f_a = \frac{1}{1+\left(\frac{F_{ar}}{0.95}\right)^3} \tag{8.4}$$

$$f_t = \left(\frac{T_a - T_{min}}{T_{opt}-T_{min}}\right)\left(\frac{T_{max}-T_a}{T_{max}-T_{opt}}\right)^{\left(\frac{T_{max}-T_{opt}}{T_{opt}-T_{min}}\right)} \tag{8.5}$$

$$f_w = \min\left(e^{p_{cof}VPD}, \frac{1}{1+\left(\frac{1-W_r}{W_c}\right)^{W_p}}\right) \tag{8.6}$$

这里，T_a、T_{min}、T_{max} 和 T_{opt} 是月平均气温、最低、最高和最适树木生长气温；F_{ar}, VPD 和 p_{cof} 是相对林龄、饱和水汽压差(vapour pressure deficit, VPD)和 VPD 系数；W_c 和 W_p 不随土壤而变化，W_r 是等式(8.31)描述的土壤含水率(见 8.3.6 部分)。

在 3-PG 模型中，相对林龄(F_{ar})是实际林龄和最大林龄的比率。公式(8.4)的年龄效应意味着幼林有更高的生长效率。当应用于加拿大北方森林时就过高估计了幼龄林立地的生长。因此，我们修正 F_{ar} 和 f_a 为:

$$F_{ar} = \max\left(0, \frac{A-0.2F_{amax}}{F_{amax}}\right) \tag{8.7}$$

$$f_a = 0.7+0.3\left(\frac{A}{0.2F_{amax}}\right)，如果(A<0.2F_{amax})$$

$$f_a = \frac{1}{1+\left(\frac{F_{ar}}{0.95}\right)^3}，如果(A\geqslant 0.2F_{amax}) \tag{8.8}$$

这里 A 是林龄，F_{amax} 是最大林龄。公式(8.8)延迟了幼龄的年龄效应，意味着有更多的生长旺盛的树木，这更符合北方森林的现实。

大范围森林 NPP 的估算近似为 GPP 固定的一部分(C_{NPP} = 0.47±0.04; Waring et al, 1998)，或:

$$NPP = C_{NPP}GPP \tag{8.9}$$

这里使用恒定的 NPP、GPP 比率的优点是减少根据糖类分配从 GPP 估算 NPP 的难度。Landsberg 和 Waring(1997)和 Waring 等(1998)认为由于对糖类分配简单化处理产生的误差小于由计算一系列环境条件下立地生长产生的呼吸引起的误差。最近的研究同样提出：恒定的 NPP/GPP 也许并不受到温度日益升高的和 CO_2 浓度提高的影响(Gifford, 1995; Dewar et al, 1999; Tjoelker et al, 1999; Cheng et al, 2000)。在本模型中呼吸速率作为光合作用 C 获得的恒定部分进行估算，与 Kirschbaum(1999)的 GenW 模型的计算类似。

当考虑到营养(f_r)受限制，实际的 NPP 多数低于潜在的 NPP。在 3-PG 中 f_r 设为不变，只影响根中生长分配。我们把 f_r 修改为可利用 N(N_{avl})、潜在 NPP 和光合产物最大 C:N(B_{max})的函数后，NPP 计算公式为:

$$NPP' = C_{NPP}f_r GPP \tag{8.10}$$

$$f_r = \min\left(1.0, \frac{N_{avl}}{\left(\frac{NPP}{B_{max}}\right)}\right) \tag{8.11}$$

8.3.3 碳分配

碳分配定义为植物各部分之间的 C 分摊吸收(Cannell & Dewar, 1994)。虽然以往研究对于量化个体树木碳分配取得了进展，但对决定个体树木碳分配量的机制依旧知之甚少(Thornley, 1972a, b;

Agren, 1983; Agren & Ingestad, 1987; Agren & Wikstrom, 1993; Valentine, 1985; Landsberg, 1986; Cannell & Dewar, 1994; Bartelink, 1998)。我们采用3-PG的子模型,在除去总NPP在根分配后决定C在叶、干的分配,这还取决于光合作用和固有土壤肥力的限制评估。

在3-PG模型中,叶和茎生长速率的比(p_{fs})以树胸径(D)和常数(F_{prn}, F_{pra}, S_{prn}, S_{pra})来计算:

$$p_{fs}=\frac{F_{prn}F_{pra}}{S_{prn}S_{pra}}D^{(F_{prn}-S_{prn})} \tag{8.12}$$

这里F_{prn}和F_{pra}是NPP在叶分配的经验系数,S_{prn}和S_{pra}是NPP在干分配的经验系数。根(η_r)、干(η_s)和叶(η_f)分配比率计算方法如下:

$$\eta_r=\frac{0.5}{1+2.5f_r f_a f_t f_w f_d} \tag{8.13}$$

$$\eta_s=\frac{1-\eta_r}{1+p_{fs}} \tag{8.14}$$

$$\eta_f=1-\eta_r-\eta_s \tag{8.15}$$

TRIPLEX中凋落物在叶、干和根的比率和在3-PG中一样是常数。

8.3.4 树高、胸径、材积和死亡率

个体树木树高和直径增量基于TREEDYN3.0的方法,通过干重量增长计算(Bossel, 1996)。树木个体树高年增长(R_h/m)和直径(R_d/cm)的计算函数如下:

$$R_d=\frac{4G}{\pi\varphi D^2\left(2\frac{H}{D}+F_{hd}\right)} \tag{8.16}$$

$$R_h=F_{hd}R_d \tag{8.17}$$

这里G是干生物量增长,代表了树木胸径(D)和树高(H)的增长,φ是形状系数。

树高和胸径的生长受到生理学和形态学对环境因素响应的共同影响(Mustard & Harper, 1998; Makinen, 1998; Wang, 1998)。树高和胸径的比率作为一个供选择的竞争指数在决定活力(vigour)和"自由生长"状态的树木中应用(Mustard & Harper, 1998; Opio et al, 2000)。根据Bossel (1996)的方法,我们根据以下假设计算树高(H)和胸径(D):(1)如果树冠竞争($S_{tc}\geqslant 1$)发生,树木更倾向于树高生长;(2)如果没有竞争($S_{tc}<1$)发生,树木更倾向于胸径方向生长。

F_{hd}生长因子[公式(8.17)]决定树木在D或H方向生长以及程度,计算方法如下:

① 若($S_{tc}<1$并且$H/D\geqslant F_{hdmin}$),那么$F_{hd}=F_{hdmin}$;

② 若($S_{tc}\geqslant 1$并且$H/D\leqslant F_{hdmax}$),那么$F_{hd}=F_{hdmax}$;

③ 若($S_{tc}\geqslant 1$并且$H/D\leqslant F_{hdmax}$并且$A<0.5F_{amax}$),那么$F_{hd}=F_{hdmin}$;

④ 若($H/D<F_{hdmin}$),那么$F_{hd}=F_{hdmax}$;

⑤ 若($H/D<F_{hdmax}$),那么$F_{hd}=0.5F_{hdmin}$;

⑥ 若($A>0.7F_{amax}$),那么$F_{hd}=0$。

这里S_{tc}是公式(8.21)描述的树木竞争因子,F_{hdmax}和F_{hdmin}是最大和最小树高和胸径比率(H/D)。个体树木材积(V)(单位m^3)是树高、胸径和形状系数(φ)的函数:

$$V=\frac{\pi}{4}D^2H\varphi \tag{8.18}$$

每株树木的C质量(G_t/t C)以材积和物种木材C密度(γ)的乘积估算:

$$G_t=\gamma V \tag{8.19}$$

γ是木材密度(最初假定给定树种是固定的参数)。我们对Jack松用$\gamma=0.22$ t C·m^{-3}(Alemdag, 1984)。

在TREEDYN3.0模型中,树木死亡率(μ)分成有竞争的死亡率(μ_c)和无竞争的死亡率(μ_n):

$$\mu=\mu_n+\mu_c \tag{8.20}$$

μ_c和μ_n都是固定值。当没有竞争时,μ_c定为零。当模型运行,根据每μ年一部分树干和生物量会减去活树。

树木竞争(S_{tc})是树冠对立地的相对覆盖($m^2\cdot hm^{-2}$),由树冠到干直径的比率(λ_C)、胸径(D)和密度(P)决定:

$$S_{tc}=\frac{\frac{\pi}{4}(\lambda_C D)^2P}{10\,000} \tag{8.21}$$

竞争假定在$S_{tc}\geqslant 1$发生[具体细节在Bossel (1996)给出]。

有时在立地建立的早些年常数μ_c过低,但是在立地发展后期过高。简单化增长的μ_c,树木死亡率不均匀减少。在TRIPLEX中,我们在立地建立和稍后竞争的早期计算的μ_c较大。因此,它计算为:

$$\mu'_c=\left(1-\frac{2}{(ya+1)^2}\right)\mu_c,\ 如果(1<ya\leqslant 3)$$

$$\mu'_c=\frac{1}{\sqrt{(ya-2)}}\mu_c,\ 如果(ya>3) \tag{8.22}$$

这里ya是从竞争开始积累的年份。

在 TREEDYN3.0 中,每年死树的数量(R_p)用死亡率(μ)和可利用的密度(P)的乘积计算:

$$R_p = -P\mu \tag{8.23}$$

在 TRIPLEX 中,活生物量损失的计算方法(比如树叶、树枝、树干、树根)因死亡率不同而不同。TRIPLEX 假定相同竞争下小树的死亡概率比大树高。因此,生物量损失(W_{loss})计算如下:

$$W_{loss} = b\left(\frac{R_p}{P}\right)L_B \tag{8.24}$$

这里 b 是恒定参数(<1.0),L_B是总活树生物量。

8.3.5 土壤碳和氮动态变化

Friend 等(1997)在混合模型 3.0 版本中提出了若干预测土壤碳和氮动力学的方法,包括以往 Thornley 和 Verberne (1989) 和 Raich 等(1991)的描述。他们声称 CENTURY 模型(Parton et al, 1987, 1993)是模拟土壤 C 和 N 动力学的最佳模型。CENTURY 能够用于广泛范围的少量输入速率,无需像 Thornley 和 Verberne(1989)的模型那样要对土壤和气候条件细节参数化,或如 Raich 等(1991)的模型那样对于不同的植被类型需要不同的参数。土壤 C-N 的 CENTURY 子模型和其他生态系统模型完全或部分结合(如 G'DAY, Comins & McMurtrie, 1993; Hybrid v.3.0, Friend et al, 1997; GenW, Kirschbaum, 1999; InTEC, Chen et al, 2000)。CENTURY 的土壤分解子模型主要部分被整合进了 TRIPLEX,因为它对土壤 C 和 N 矿化速率提供了合理的估算(Peng et al, 1998)。

CENTURY 中,每个库的土壤 C 分解率(R_i)表达为:

$$R_i = K_i C_i M_d T_d \tag{8.25}$$

这里 i 是不同的碳库,C_i 是单独碳库的碳储量,K_i 是最大分解率,M_d和 T_d是土壤分解时的湿度和温度的影响,计算方法如下:

$$M_d = \frac{1}{1+4e^{-6W_s}} \tag{8.26a}$$

$$T_d = 0.125e^{0.07T_s} \tag{8.26b}$$

这里 T_s是土壤温度(℃),W_s是土壤水分含量(%)。

考虑到土壤矿化氮可利用的局限性,我们扩大了公式(8.25)。为了消除土壤矿化氮的负储存,TRIPLEX 利用以下等式来限制实际土壤 C 分解的计算:

$$R'_i = \min\left(R_i, \frac{k_i S_N(B_s B_t)}{(pB_s - pB_t - (1-p)B_t R_e)}\right) \tag{8.27}$$

这里 p 是流向其他碳库的分解 C 比率,S_N 是土壤矿化氮,R_e是土壤 C 分解流向其他土壤矿化氮库产生的土壤有机氮释放分数,B_s和 B_t各自代表来源 C 库和目标 C 库的 C : N 比。

另外,一个关键简化是土壤分解子模型在时间步长上组合在一起。TRIPLEX 使用的月单位步长,CENTURY 模型内部重复时间步长不到一个月。CENTURY 中,N 沥滤(N_L)的计算是土壤矿化氮(S_N)和沥水总量的乘积。我们在 CENTURY 的函数中增加一个氮沥滤因子($F_{IN}=0.2$)来限制 TRIPLEX 单一化土层和降雨量增长相关而不实际的土壤氮损失:

$$N_L = (0.2+0.7S_{sand})S_N S_{wl} F_{IN} \tag{8.28}$$

这里 S_{sand}是土壤含沙量,S_{wl}是土壤沥滤强度。

树木生长可利用的总氮(N_{avl})包括植物固定的氮(=0.000 5 NPP)、植物贮存的氮(P_N)和土壤矿物中的氮(S_N)。S_N由经验可利用因子($K_a=0.6$)修正,因为只有一部分的土壤矿化氮(除去沥滤了的氮)用于植物生长:

$$N_{avl} = K_a S_N + P_N + 0.0005NPP \tag{8.29}$$

8.3.6 土壤水平衡

我们没有为 TRIPLEX 模型更改 CENTURY 的土壤水子模型。CENTURY 利用简单的水平衡模型计算每月水分由于蒸腾和蒸发的损失、土壤水含量、融雪形成的水量(Parton et al, 1987, 1993)。月降水量当平均气温低于 0℃ 时以雪的形式发生。水平衡(L_w/cm)通过水的输入和输出计算:

$$\Delta L_w = R - T - E - L \tag{8.30}$$

这里 R 是降水量(cm),T 是蒸腾量(cm),E 是蒸发量(cm),L 是下渗量(cm)。

所以,土壤含水率(W_r)需要公式(8.3)的 GPP 作为每层的土壤水含量(L_{wi})和最大水保持量(S_{Fi})的函数来计算:

$$W_r = \frac{\sum L_{wi}}{\sum S_{Fi}} \tag{8.31}$$

这里 i(i=1, 2, 3)表示土壤层数,用来计算 TRIPLEX 的土壤水平衡。

8.4 一个面向对象(object-oriented)模型的建立策略

大多数现有模型因输入和输出的兼容性和过程联结复杂性,导致其难以再使用。对于模型的再使用需要三个必需条件:第一,模型组分应使用相同的量纲系统。例如,3-PG 和 TREEDYN3.0 对于干生物量用相同的单位 Mg·hm^{-2},降水量用 mm 作单位;而 CENTURY4.0 分别使用 g·m^{-2}和 cm。如果量纲不统一标准,这些模型就不能共同工作。第二,数据交换模块的功能有助于模型组分正确和有效地接受输入和发送输出数据。在 TRIPLEX 中,这种数据交换功能,以数据信息中心(InfoCentre)的方法实现。最后,一个整合完成的系统需要有良好的用户界面。在 TRIPLEX 中,这个装配系统以应用界面(application interface)实现。

8.4.1 模型内容类别的定义(class definitions of model components)

TRIPLEX 使用 Borland 的 C++程序作为开发工具,将最初 BASIC 编码的 3-PG、PASCAL 编码的 TREEDYN3.0 和 FORTRAN 编码的 CENTURY4.0 重新编写。所有组分都通过面向对象的导向程序(object-oriented programming,OOP)方法以类目标建立。TRIPLEX 有 8 个类控制数据流和参数设置,11 个类和生态过程模拟相关。这 11 个模拟类和它们的主要特性见 Peng 等(2002)文中表 4。

生态系统是所有模拟模型成分的基本类。它揭示了一个真实生态系统的基本成员,比如辐射、树叶、土壤水和可利用氮;以及基本成员函数,比如 Initialize(),GetInfo(),Simulate()和 SetInfo()。一些共同函数同样定义在基本类中,例如 clip3()能够在三个变量中选择中间值。

实际的模拟成分(类)是生态系统的派生物,但有更多的变量和继承定义的成员函数。例如,Fa 是私有成员(private member),仅仅在类 ppMaker-3PG 表现,代表 GPP 计算的年龄因子,GppMaker-3PG 的类 GetInfo()是继承公共成员(public member)函数,为模拟得到气候数据。GetInfo()函数从执行其他数据工作的其他类中继承。

特殊的类 InfoCentre 设计用模型初始化和数据交换。大多数 InfoCentre 的成员在实际模型类(组成)中有相同的成员(变量),因为模拟组成需要动态地得到和调整变量值。这些 InfoCentre 的成员必须表明为公共的。

8.4.2 数据信息中心(InfoCentre)

TRIPLEX 的 InfoCentre 提供了数据交换的简单方法。每个模型成分为了动态数据交换将分别指向 InfoCentre,且只和 InfoCentre 相互影响。模型成分之间的直接相互影响被避免。TRIPLEX 的 InfoCentre 角色简单,例如只初始化。如果用户希望 InfoCentre 提供不仅仅是公共数据交换,还有诸如选择或过滤特别信息的服务,那么需要更多的成员功能。数据进入 InfoCentre 前,还需要单位转化,由每个成分的 GetInfo()和 SetInfo()函数实现。

8.5 模型检验和应用

为了检验模型的有效性,必须对模型进行评估以确定其正确性(Rauscher et al, 2000)。进行验证的主要意义是检验该模型所产生的结果是否与所预期的目的一致(Rykiel, 1996; Rauscher et al, 2000)。为了检验 TRIPLEX 模型在不同地区的精确性和适用性,本研究继续沿用了前述 Peng 等(2002)研究工作所用的标准。由于缺乏比较全面的数据库,模型的校准和模拟是一个巨大的挑战。TRIPLEX 模型面临着两大问题:某些参数在不同模型中的定义不同;在覆盖各个样地的广大区域中要获得用于拟定参数的相关野外数据甚为困难。已有许多研究涉及关于北方针叶林模型参数化的讨论,也有学者提出了确定平均值或者从文献中筛选出平均值的常规处理过程,同时提供了某些具体树种的一些参数范围(Wullschleger, 1993; Kimball et al, 1997, 2000; Kolstrom, 1998; Peng et al, 1998; Price et al, 1999; Coops et al, 2001; Wang et al, 2001)。但因 TRIPLEX 模型具有整合三个经验性模型和过程性模型所带来的复杂性,使其不能从文献中获得足够的可利用参数,也无法使用给定参数范围,只能选择固定的参数。因为在大范围内选择参数用于各种立地条件,将会导致大量参数在一个模型中使用。这将不能满足在 TRIPLEX 模型最初发展过程中使参数输入最小化的要求(Peng et al, 2002)。

8.5.1 在加拿大安大略省的检验

(1) 样地信息

以 Jack 松(*Pinus banskiana* Lamb.)为主的森林蓄积量占安大略省超过 35% 的软木材材积总量(OMNR, 1996)。安大略北部立地中大约 50% 的 Jack 松林龄超过 80 年。检验模型的数据集选于 12 个永久样地(PSPs),由 Kimberly Clark 于 20 世纪 50 年代到 80 年代建立和测量。数据集包含样地建立的时间信息和土壤信息(Woods & Miller, 1998)。记录中没有密度数据,但可利用迭代校准程序重新建立;这个过程需要对所有 12 个样地最初密度的多重修改交互作用,直到通过 TRIPLEX 模拟的密度和实测数据一致,见 Peng 等(2002)文中表 5。

本研究中,12 个 Jack 松样地的树干数量、胸径、树高和材积数据用于检验 TRIPLEX 的预测能力。大气环境服务局(AES, 1983)在 1970 和 1980 年间收集的平均气候数据(例如月均、最低、最高气温),反复用于森林生长阶段的模拟。扩展信息见 Peng 等(2002)文中表 5。

(2) 运行检验

我们通过比较 TRIPLEX 的预测结果和基于年龄的观测数据来检验模型的预测能力和行为,从而确定其优点和弱点。

(3) 树高和胸径

树高(H)和胸径(DBH)对于估算材积量是必需的森林清查测量指标,也是森林生长和产量模拟中重要的变量。TRIPLEX 预测的 H 和 DBH 和那些 PSPs 观测值呈现出很好的一致性(图 8.2 ~ 图 8.5)。5 个连续测量过程的平均决定系数(R^2),DBH 大约为 0.97(图 8.2a),H 大约为 0.91(图 8.2b)。一般而言,TRIPLEX 预测值的相对误差,DBH 在 ±10%,H 在±15%,模型对 50 ~ 90 年生树木提供了最佳的动态预测(图 8.3)。

(4) 密度和材积

密度(每公顷树)的测量指示了测量期间发生的树木死亡率(图 8.6)。这些比较结果提出所有 12 个 PSPs 模拟的平均密度和独立测量的结果一致(图 8.6a)。模拟和观测的全部一致很高(R^2 = 0.97)(图 8.2c)。但是,30 ~ 60 年立地的大量误差(±25%)说明对于年轻样地模型正确率不高(图 8.3c)。

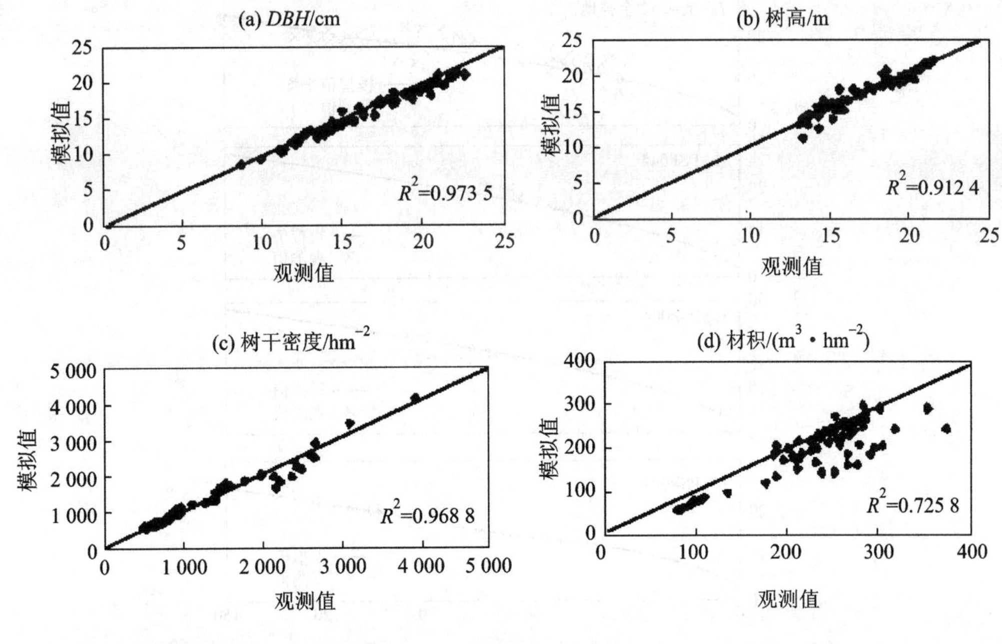

图 8.2 模拟值和观测值(对角线是 1:1)一致性比较。(a)胸径(cm),(b)树高(m),(c)密度(hm^{-2}),(d)总材积量(m^3 · hm^{-2})(Peng et al, 2002)

Figure 8.2 Comparisons of simulated and observed (a) diameter at breast height (DBH) (cm), (b) tree height (m), (c) stem density (stem · hm^{-2}), and (d) tree total volume (m^3 · hm^{-2}), respectively (solid diagonal is the 1 : 1 line) (modified from Peng et al, 2002)

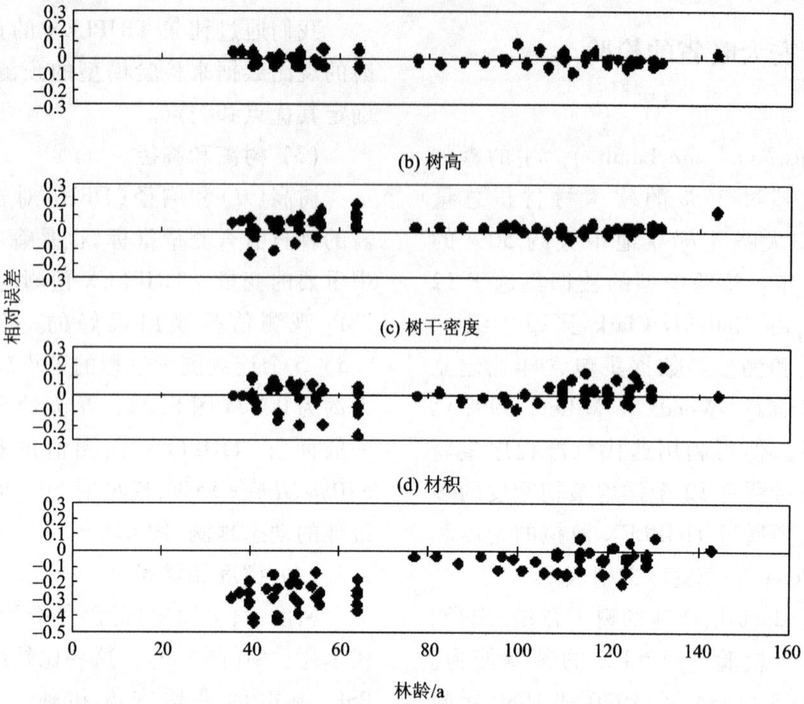

图 8.3 不同立地年龄的模拟相对误差[(模拟值-观测值)/观测值]比较:(a)胸径(cm),(b)树高(m),(c)密度(hm^{-2}),(d)总材积量($m^3 \cdot hm^{-2}$)(Peng et al, 2002)

Figure 8.3 Simulated relative errors (=[simulation-observation]/observation) over stand age for (a) diameter at breast height (DBH) (cm), (b) tree height (m), (c) stem density ($stem \cdot hm^{-2}$), and (d) tree total volume ($m^3 \cdot hm^{-2}$), respectively (modified from Peng et al, 2002)

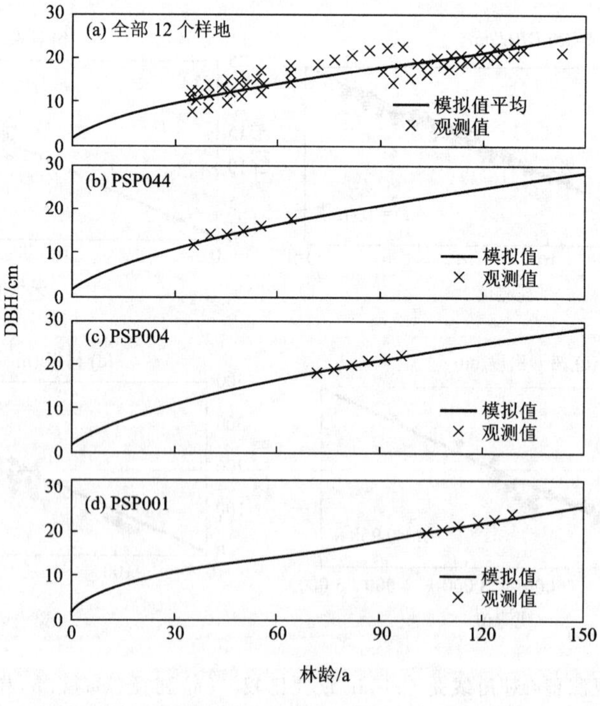

图 8.4 胸径(DBH)的平均模拟值和观测值的比较:(a) 所有 12 个永久样地,(b) PSP044, (c) PSP004 和 (d) PSP001(Peng et al, 2002)

Figure 8.4 Comparisons of averaged simulations and observations of diameter at breast height (DBH) (cm) for (a) all 12 PSPs, (b) PSP044, (c) PSP004, and (d) PSP001, respectively (modified from Peng et al, 2002)

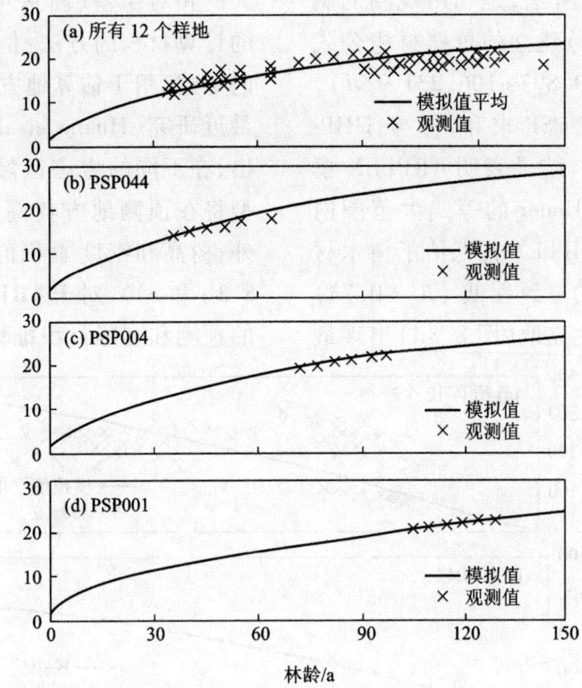

图 8.5　树高(m)的平均模拟值和观测值的比较:(a) 所有 12 个永久样地,(b) PSP044,(c) PSP004 和(d) PSP001(Peng et al, 2002)

Figure 8.5　Comparisons of averaged simulations and observations of tree height (m) for (a) all 12 PSPs, (b) PSP044, (c) PSP004, and (d) PSP001, respectively (modified from Peng et al, 2002)

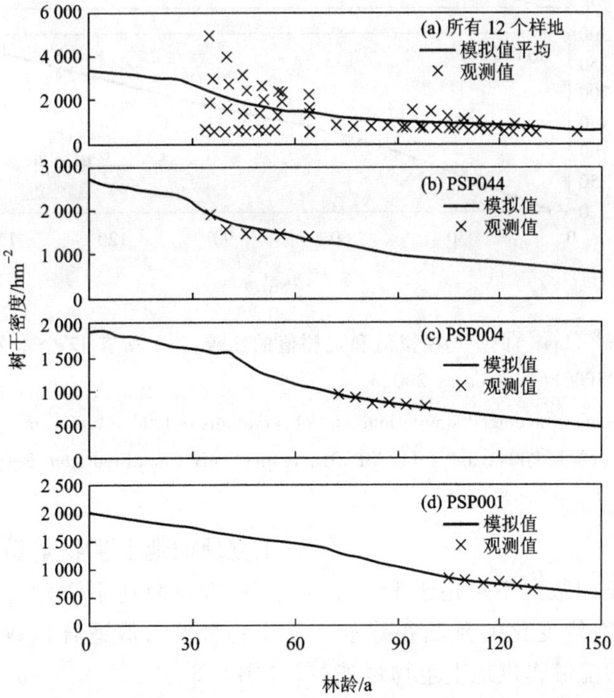

图 8.6　立地密度的平均模拟值和观测值的比较:(a) 所有 12 个永久样地,(b) PSP044,(c) PSP004 和(d) PSP001(Peng et al, 2002)

Figure 8.6　Comparisons of averaged simulations and observations of stem density (stem · hm^{-2}). (a) all 12 PSPs, (b) PSP044, (c) PSP004, and (d) PSP001, respectively (modified from Peng et al, 2002)

对于总树木材积的计算方法，是利用观测的胸径、树高以及 Honer 等(1983)建立的单株材积公式(材积 = $0.004\ 331\ DBH^2/(0.897+106.231\ 9/H)$)计算单株材积，然后对每个 PSP 求和，再与 TRIPLEX 预测的材积进行比较。结果表明 TRPLEX 模拟的总材积($m^3 \cdot hm^{-2}$)和 Honer 的等式大范围内吻合良好。除了 PSP004，TRIPLEX 都低估了树木材积量(图 8.7c)。全部材积的一致性低 ($R^2=0.73$)(图 8.2d)，并且 30 ~ 60 年生立地(图 8.3d)出现最大的相对误差(高达 40%)。这是因为采用了不同的计算材积的方法：例如材积估算等式是省份尺度的等式，用于估算地方立地材积就会产生地方偏差。最近研究(Huang et al, 2000; Peng et al, 2001)提出，在不同的生态区域应用省或地区树高-胸径模型将在预测地方树高和材积中产生潜在误差。另外，树高和密度累积的误差可能增加这些差异(图 8.3b 和 c)。对于 TRIPLEX 的一个更好检验就是它的预测和实际材积推算比较。

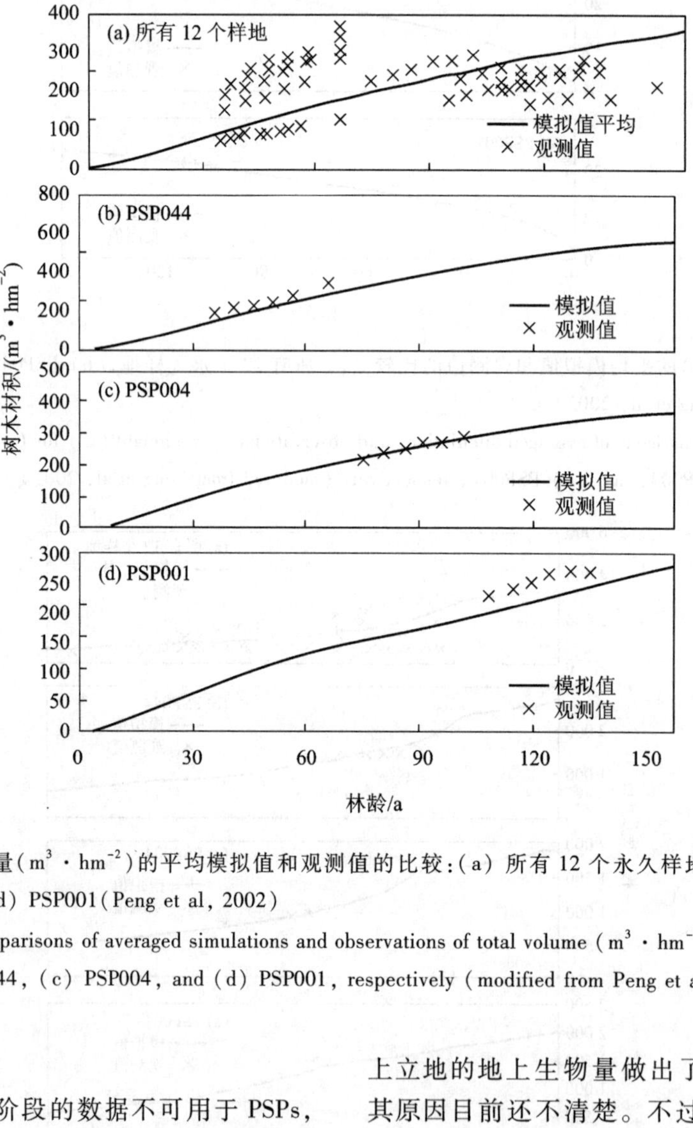

图 8.7　总材积量($m^3 \cdot hm^{-2}$)的平均模拟值和观测值的比较：(a) 所有 12 个永久样地，(b) PSP044，(c) PSP004 和(d) PSP001(Peng et al, 2002)

Figure 8.7　Comparisons of averaged simulations and observations of total volume ($m^3 \cdot hm^{-2}$) for (a) all 12 PSPs, (b) PSP044, (c) PSP004, and (d) PSP001, respectively (modified from Peng et al, 2002)

(5) 地上生物量

因为覆盖整个模拟阶段的数据不可用于 PSPs，所以对数十年以上总干生物量变化的预测很难验证。但经验的干生物量模型能够提供地上生物量独立的估算。TRIPLEX 地上生物量估测结果和 Hegyi (1972)的经验干生物量模型的估算结果进行了对照(图 8.8)。

TRIPLEX 在对 70 ~ 100 年的立地地上生物量模拟较准确(图 8.8c)，但对 60 年以下和 100 年以上立地的地上生物量做出了低估(图 8.8b 和 d)。其原因目前还不清楚。不过 TRIPLEX 预测的地上生物量平均值适合依赖时间经验估算的广泛范围(图 8.8a)。

8.5.2　在中国北方森林生态系统的检验

我们利用在 2000—2004 年间在长白山、大兴安岭、凉水、帽儿山等地建立的 70 块森林样地实测结果 (Zhu et al, 2005) 作为模型检验的数据。选用

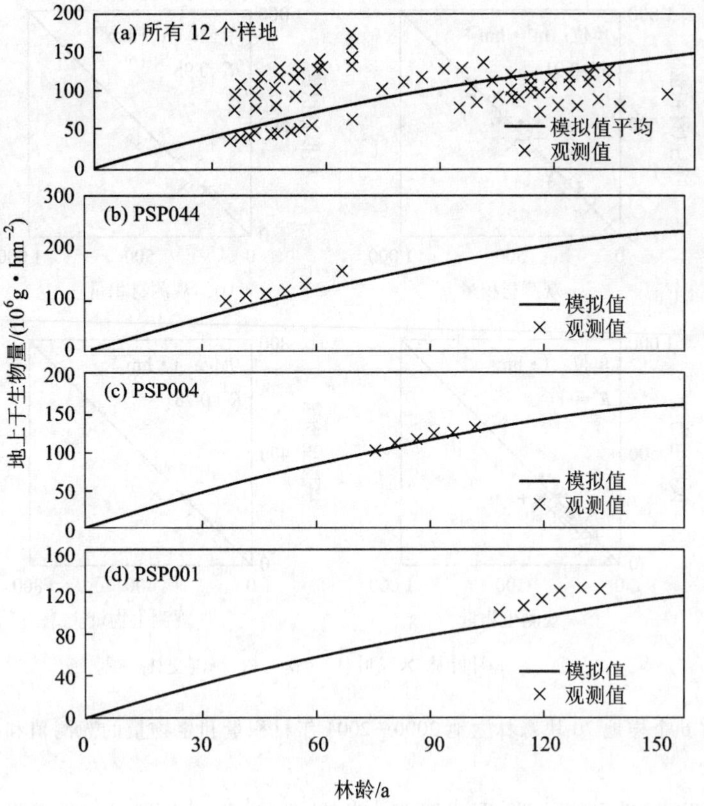

图 8.8 安大略北方不同年龄立地地上生物量模拟值和根据 Hegyi(1972)经验生物量方程估算值的比较(引自 Peng et al, 2002)

Figure 8.8 Simulation of aboveground biomass with different stand ages compared to estimates of the empirical biomass equation of Hegyi (1972) (aboveground biomass = 0.091 9 $DBH^{2.4206}$), which was developed by fitting observations from 77 Jack pine PSPs in northern Ontario (modified from Peng et al, 2002)

树木的材积和生物量的实测值对模型进检验(Peng et al, 2008)。

正如图 8.9 所示,TRIPLEX 模型所模拟的材积与实测值是一致的。模拟值与观测值之间的相关系数为:北方针叶林为0.95,温带阔叶林为0.91,模拟的误差相对小(0.7% ~4.2%),为 2 ~ 15 $m^3 \cdot hm^{-2}$。但模拟的生物量似乎比林木材积的结果要差。相关系数在温带森林只有 0.86,在北方针叶林为 0.78。对 70 块森林样地而言,模拟的平均误差和偏差值分别为 18 ~ 26 $m^3 \cdot hm^{-2}$ 和 7% ~15 %。当然,TRIPLEX 模型在本研究模拟中未考虑土地利用和火干扰以及林冠下植被等影响。这些不确定性都会或多或少给模拟的结果带来误差(Peng et al, 2008)。

8.5.3 在中国亚热带森林生态系统的检验

我们对浙江 21 个县 3 种主要林型的 117 个样地 1999—2000 年观测的(Zhang et al, 2007)森林生长和产量数据作为模型检验的数据。主要林型有常绿阔叶林(EF)、针阔混交林(MF)和马尾松林(PF)。用 TRIPLEX 分别检验了密度、树高(H)、胸径(DBH)、凋落物库、地上和总生物量。

亚热带森林生态系统的模拟值和观测值的相关系数都很高,密度为 0.91,胸径为 0.86,树高为 0.83,地上生物量为 0.89,总生物量为 0.91,只有凋落物库较低为 0.54,但也极显著相关(图 8.10)。模拟值和观测值之间的平均预测误差(e)除了密度为 121.6,其他变量也很小:胸径为-0.29,树高为-0.65,凋落物库为 1.16,地上生物量为-0.51,总生物量为-2.64。模拟值和观测值之间的偏差(平均预测误差除以平均观测值)也较低:密度为 6.7%,胸径为 -3.0%,树高为 -9.3%,地上生物量为 -0.9%,总生物量为-3.9%,只有凋落物库的偏差较高,达 15.7%。可能因为浙江森林受干扰较大且

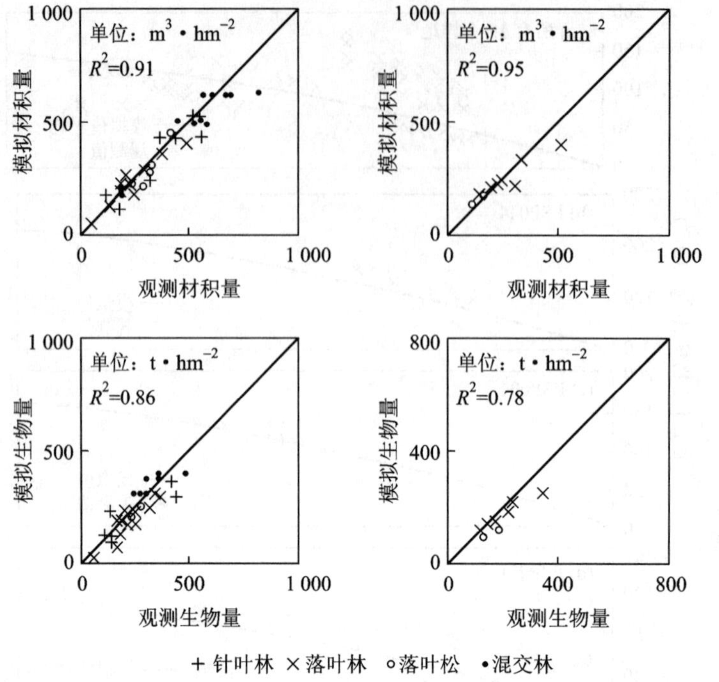

图 8.9 中国东北 6 个样地 70 块森林立地 2000—2004 年材积量和生物量的观测值和模拟值一致性比较 (Peng et al, 2008)

Figure 8.9 Comparisons of tree volume and biomass between model simulations and observed data that were measured from 70 forest plots across 6 sites in northeast of China during 2000—2004 (modified from Peng et al, 2008)

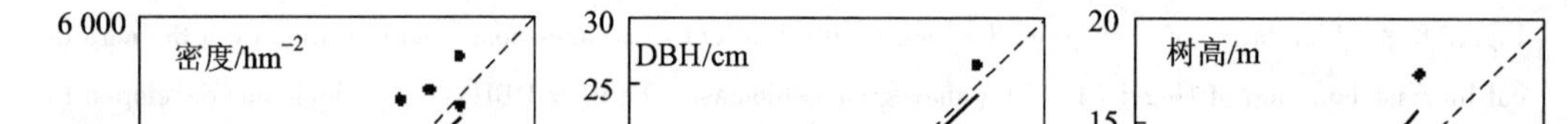

图 8.10 亚热带森林立地密度、树高、胸径、凋落物库、地上生物量和总生物量模拟值和观测值的比较(Zhang et al, 2008)

Figure 8.10 The comparisons of tree density, height, DBH, litter pool, aboveground and total biomass between simulations and observations from yield measurements in the subtropical forest zone of Zhejiang Province (n=79 ~ 89, p<0.001) (modified from Zhang et al, 2008)

野外数据获得困难,加之 TRIPLEX 模型本身时间尺度上的误差容易积累,所以和土壤碳库直接相关的凋落物模拟精度稍差。虽然 TRIPLEX 没有考虑人类干扰、火灾以及土地利用变化,但以上结果说明该模型可以在亚热带森林应用。

8.6 讨论

8.6.1 基于过程模型在森林管理应用中的问题

基于过程的 C 平衡模型经常具有相似的结构和关键过程。它们计算辐射拦截、树冠光合作用或 GPP、估算 NPP 和碳在树木不同部分的分配,利用相似的修改方案显示温度、湿度和营养的影响。遗憾的是,森林管理部门很少以基于过程的森林生长模型为工具进行决策(Landsberg & Gower, 1997; Battaglia & Sands ,1998; Mäkelä et al, 2000),因为以下各种原因:

① 很多现有的基于过程模型,比如 FOEST-BGC(Running & Coughlan, 1988)、TEM(Melillo et al, 1993)、CENTURY(Parton et al, 1987, 1993)、PnET(Aber & Federer, 1992)、TREGROW (Weinstein et al, 1991)和 Hybrid v3.0(Friend et al, 1997)都不适于管理应用,因为它们的设计目标不是用来预测立地特性比如基部面积、平均胸径、树高和年死亡率等关键变量,因此这些基于过程模型的输出大多数并不能直接用于管理计划中(Landsberg & Waring, 1997)。

② 大多数基于过程的模型太复杂以至于超出森林管理部门所能收集到的信息(参数和输入变量的个数),使其对此很少感兴趣(Sands, 1988; Landsberg & Coops, 1999)。

③ 模型缺乏用户易于掌握的界面,手册和帮助文档不全面,使森林管理人员难以使用(Peng, 2000b)。

森林管理部门对利用基于过程 C 平衡的途径来评定短轮作业下森林生态系统生产力可持续性和对未来的全球变暖及增高的大气 CO_2浓度潜在影响的兴趣日益增加。对发展用来模拟森林生长和产量的基于过程 C 平衡的模型越来越有兴趣(Bossel, 1996; Landsberg & Waring, 1997; Mäkelä et al, 2000)。我们建立的新模型 TRIPLEX,包括了经验和机理的成分。例如,我们把气候变量(如温度、降水量和辐射)整合,增强预测气候变化对于生产力影响的能力;为了改善基于过程的模型处理森林管理事务的能力,我们增加了能够提供诸如树高、胸径、死亡率和材积这些有利于管理决策的输出量的生长和产量子模型。我们相信 TRIPLEX 使用的混合方法,能够填补森林生长和产量经验模型与基于过程 C 平衡模型之间的空白。

8.6.2 遥感和 GIS 与模型的潜在联结

在景观和区域水平应用森林模拟模型的重大挑战是尺度问题(Wu, 1999)。由于生物和非生物变量在空间内的异质性,使得有目的地运用少量的样点水平研究来评价大尺度森林生态系统随时间对于自然和人类的干扰响应十分困难。GIS 是整合空间多层驱动变量的参考数据库的有力工具。这些多层联结能够模仿生态系统对不同干扰的响应。但是 GIS 仍然不能有效地处理时间尺度的问题,也不能解释生态系统结构和功能的空间格局。解决这个局限性显而易见的办法是将 TRIPLEX 模型和 GIS 结合起来。

我们发展 TRIPLEX 模型的最初目标之一是从样地扩展到区域水平。TRIPLEX 类似 3-PG(Landsberg & Waring, 1997),有利用遥感数据估算树冠的光合有效辐射(PAR)和通过 NDVI 指数估算 LAI 的潜力。GIS 能够利用来自根据地面生长和产量样点测量与遥感图结合的多尺度数据,处理数据整合问题。最近 Coops 等(1998), Coops (1999)和 Coops 等(2001a, b),利用 3-PG 修正版通过 NOAA-AVHRR 和 Landsat MSS imagery 在景观和区域尺度上成功地预测了森林生产力。我们相信能与 GIS 和遥感技术结合的 TRIPLEX 能够改进它预测大尺度下森林生长和 C 动力学的能力,并能够和大尺度的碳预算模型结合(例如 CBM-CFS2, Kurz & Apps, 1999)来预测一个省份或国家未来的森林 C 预算(Peng et al, 2000c)。

8.6.3 模型的有效性和未来的改进

基于过程的机理模型的主要挑战已经确认。多数基于过程的 C 平衡模型很少使用传统的森林生长和产量样地测量来检测模型十年以上的预测精度(Landsberg & Waring, 1997; Landsberg & Coops,

1999)。本文的结果论证了 TRIPLEX 能够对加拿大安大略 Jack 松立地、中国北方森林和中国亚热带森林进行合理的估算。模拟的关键变量(例如总材积和地上生物量)和经验估计量一致。但是,由于缺乏验证样地的部分观测数据,我们只对模型有效性进行部分的检验。对于模拟各种森林生态系统的 NPP、地下生物量、土壤中 C、N 和水分动力学的更多严格检验是模型发展中最优先考虑的。此外,诸如农业、森林资源砍伐和城市化等人类干扰,通过加强陆地生态系统的变化而使未来生态系统的研究复杂化(Chapin et al, 2004),在中国尤其显著。因此,CO_2施肥效应和生态系统干扰(如火灾、收割、昆虫病害)对于森林生长和 C 动态变化影响的额外模块,将要包括在 TREPLEX 以后的改进版本中。

致谢

本工作得到中国科学院“人类活动与生态系统变化”国际创新团队 (CXTD-Z2005-1) 的支持。同时,也得到安大略自然资源部门和加拿大气候和大气科学基金的气候变化项目的支持。我们感谢 J. J. Landsberg, H. Bossel 和 CENTURY 团体免费提供模型。

参考文献

Aber J D, Federer C A. 1992. A generalized, lumpedparameter model of photosynthesis, evapotranspiration and net primary productivity in temperate and boreal forest ecosystems. Oecologia, 92: 463-500.

AES (Atmospheric Environment Service). 1983. Canadian Climate Normals 1950—1980. Environ. Can., Downsview, Ont., Canada.

Agren G I, Ingestad T. 1987. Root-shoot ratios as a balance between nitrogen productivity and photosynthesis. Plant, Cell and Environment, 10: 579-586.

Agren G I, Wikström J F. 1993. Modelling carbon allocation: a review. New Zealand Journal of Forestry Science, 23: 343-353.

Agren G I. 1983. Nitrogen productivity of some conifers. Canadian Journal of Forest Research, 13: 494-500.

Alemdag I S. 1984. Wood density variation of 28 tree species from Ontario. Can. For. Serv. Petawawa Nat. For. Inst, Chalk River, Ont., Inf. Rep., PI-X-45, 12.

Bartelink H H. 1998. A model of dry matter partitioning in trees. Tree Physiology, 18: 91-101.

Battaglia M, Sands P J, Candy S G. 1999. Hybrid growth model to predict height and volume growth in young *Eucalyptus globulus* plantations. Forest Ecology and Management, 120: 193-201.

Battaglia M, Sands P J. 1998. Process-based forest productivity models and their applications in forest management. Forest Ecology and Management, 102: 13-32.

Bossel H. 1996. TREEDYN3 Forest Simulation Model. Ecological Modelling, 90: 187-227.

Cannell M G R, Dewar R C. 1994. Carbon allocation in trees: A review of concepts for modelling. Advanced Ecology Research, 25: 59-104.

Chapin F S, Callaghan T V, Bergeron Y, et al. 2004. Global change and the boreal forest: thresholds, shifting states or gradual change. Ambio, 33: 361-365.

Chen W J, Chen J, Liu J, et al. 2000. An integrated terrestrial ecosystem carbon-budget model based on changes in disturbance, climate, and atmospheric chemistry. Ecological Modelling, 135: 55-79.

Cheng W, Sims D A, Luo Q, et al. 2000. Photosynthesis, respiration, and net primary production of sunflower stands in ambient and elevated atmospheric CO_2 concentrations: an invariant NPP: GPP ratio. Global Change Biology, 6: 931-941.

Comins H N, McMurtrie R E. 1993. Long-term response of nutrient-limited forest to CO_2 enrichment. Ecological Application, 3: 666-681.

Coops N C, Waring R H, Brown S R, et al. 2001. Comparisons of predictions of net primary production and seasonal patterns in water use derived with two forest growth models in Southwestern Oregon. Ecological Modelling, 142: 61-81.

Coops N C, Waring R H. Landsberg J J. 1998. Assessing forest productivity in Australia and New Zealand using a physiologically-based model driven with averaged monthly weather data and satellite-derived estimates of canopy photosynthetic capacity. Forest Ecology and Management, 104: 113-127.

Coops N C, Waring R H. 2001a. The use of multiscale remote sensing imagery to derive regional estimates of forest growth capacity using 3-PGS. Remote Sensing of Environment, 75: 324-334.

Coops N C. 1999. Improvement in predicting stand growth of *Pinus radiate* (D. Don) across landscape using NOAA AVHRR and Landsat MSS imagery combined with a forest growth process model (3-PGS). Photogrammetric Engineering and Remote Sensing, 65: 1 149.

Coops N C, Waring R H. 2001b. Estimating maximum potential site productivity and site water stress in the Eastern Siskiyous using 3-PGS. Canadian Journal of Forest Research, 31: 143-154.

Dewar R C, Medlyn B E, McMurtie R E. 1999. Acclimation of the respiration/photosynthesis ratio to temperature: insights from a model. Global Change Biology, 5: 615-622.

Friend A D, Stevens A K, Knox R G, et al. 1997. A process-based, terrestrial biosphere model of ecosystem dynamics (Hybrid v3.0). Ecological Modelling, 95: 249-287.

Gifford R M. 1995. Whole plant respiration and photosynthesis of wheat under increased CO_2 concentration and temperature: long-term vs. short-term distinctions for modelling. Global Change Biology, 1: 385-396.

Hegyi F. 1972. Dry matter distribution in Jack pine stands in northern Ontario. Forestry Chronicle, 48: 193-197.

Honer T G, Ker M F, Alemdag I S. 1983. Metric timber tables for the commercial tree species of central and eastern Canada. Can. For. Serv., Marit. For. Res. Cent. Inf. Rep. M-X-140, 139.

Huang S, Price D, Titus S J. 2000. Development of ecological-based height-diameter models for white spruce in boreal forest. Forest Ecology and Management, 129: 125-141.

Kimball J S, Thornton P E, White M A, et al. 1997. Simulating forest productivity and surface-atmosphere carbon exchange in the BOREAS study region. Tree Physiology, 17: 589-599.

Kimmins J P, Mailly D, Seely B. 1999. Modelling forest ecosystem net primary production: the hybrid simulation approach used in FORECAST. Ecological Modelling, 122: 195-224.

Kimmins J P. 1990. Modeling the sustainability of forest production and yield for a changing and uncertain future. Forestry Chronicle, 66: 271-280.

Kimmins J P. 1993. Scientific foundations for the simulation of ecosystem function and management in FORCYTE-11. Forestry Canada, Northwest region, Information Report NOR-X-328, 88.

Kirschbaum M U F. 1999. CenW, a forest growth model with linked carbon, energy, nutrient and water cycles. Ecological Modelling, 118: 17-59.

Kolström M. 1998. Ecological simulation model for studying diversity of stand structure in boreal forests. Ecological Modelling, 111: 17-36.

Korzukhin M D, Ter-Mikaelian M T, Wagner R G. 1996. Process versus empirical models: which approach for forest ecosystem management. Canadian Journal of Forest Research, 26: 879-887.

Kurz W A, Apps M J. 1999. A 70-year retrospective analysis of carbon fluxes in the Canadian forest sector. Ecological Applications, 9: 526-547.

Landsberg J J, Coops N C. 1999. Modeling forest productivity across large areas and long periods. Natural Resource Modelling, 12: 383-411.

Landsberg J J, Gower S T. 1997. Applications of Physiological Ecology to Forest Management. San Diego, CA: Academic Press, 354.

Landsberg J J, Waring R H. 1997. A generalised model of forest productivity using simplified concepts of radiation-use efficiency, carbon balance and partitioning. Forest Ecology and Management, 95: 209-228.

Landsberg J J. 1986. Physiological Ecology of Forest Production. Sydney, Australia: Academic Press.

Makinen H. 1998. The suitability of height and radial increment variation in *Pinus sylyestris* (L.) for expressing environmental signals. Forest Ecology and Management, 112: 191-197.

Melillo J M, McGuire A D, Kicklighter D W, et al. 1993. Global climate change and terrestrial net primary production. Nature, 363: 234-240.

Mohren G M L, Burkhart H E, Jansen J J. 1994. Contrasts between biologically-based process models and management-oriented growth and yield models. Forest Ecology and Management, 69: 1-5.

Mustard J, Harper G. 1998. A summary of the available information on height to diameter ratio. BC Ministry of Forest, Victoria, BC: 120.

Mäkelä A, Landsberg J Ek A, Burk T E, et al. 2000. Process-based models for forest ecosystem management: current state of the art and challenges for practical implementation. Tree Physiology, 20: 289-298.

Nightingale J M, Phinn S R, Held A A. 2004. Ecosystem process models at multiple scales for mapping tropical forest productivity. Progress in Physical Geography, 28: 241-281.

Ontario Ministry of Natural Resources (OMNR). 1996. Forest Resources of Ontario. Ont. Min. Nat. Resour., Sault Ste Marie, ON.

Opio C, Jacob N, Coopersmith D. 2000. Height to diameter ratio as a competition index for young conifer plantations in northern British Columbia, Canada. Forest Ecology and Management, 137: 245-252.

Parton W J, Schimel D S, Cole C V, et al. 1987. Analysis of factors controlling soil organic matter levels in Great Plains grasslands. Soil Science Society of America Journal, 51: 1 173-1 179.

Parton W J, Scurlock J M, Ojima D S, et al. 1993. Observations and modelling of biomass and soil organic matter dynamics for the grassland biome worldwide. Global Biogeochemical Cycles, 7: 785-809.

Pastor J, Post W M. 1988. Response of northern forests to CO_2-induced climate change. Nature, 334: 55-58.

Peng C H, Apps M J, Price D T, et al. 1998. Simulating carbon dynamics along the Boreal Forest Transect Case Study (BFTCS) in central Canada—1. Model testing. Global Biogeochemical Cycles, 12: 381-392.

Peng C H, Liu J X, Apps M J, et al. 2000c. Quantifying Ontario's forest carbon budget I. Carbon stocks and fluxes of forest ecosystems in 1990. Ont. Min. Nat. Resour., Ont. For. Res. Inst., Sault Ste Marie, ON, For. Res. Rep. ,158: 20.

Peng C H, Liu J X, Dang Q L, et al. 2002. TRIPLEX: A generic hybrid model for predicting forest growth and carbon and nitrogen dynamics. Ecological Modellling, 153: 109-130.

Peng C H, Zhang L, Huang S, et al. 2001. Developing ecoregion-based height-diameter models for Jack pine and black spruce in Ontario. Ont. Min. Nat. Resour., Ont. For. Res. Inst., Sault Ste Marie, ON For. Res. Rep., 162: 18.

Peng C H, Zhou X L, Zha S, et al. 2008. Quantifying the response of forest carbon balance to future climate change in Northeastern China: Model validation and prediction. Forest Ecology and Management, submitted.

Peng C H. 2000a. Understanding the role of forest simulation models in sustainable forest management. Environmental Impact Assessment Review, 20: 481-501.

Peng C H. 2000b. Growth and yield models for uneven-aged stands: past, present and future. Forest Ecology and Management, 132: 259-279.

Penning de Vries F W T, van Laar H H. 1982. Simulation of Plant Growth and Crop Production. Pudoc: Wageningen, 308.

Price D T, Peng C, Apps M J, et al. 1999. Simulating effects of climate change on boreal ecosystem carbon pools in central Canada. Journal of Biogeography, 26: 1 237-1 248.

Raich J W, Rastetter E B, Melillo J M, et al. 1991. Potential net primary productivity in South America: application of a global model. Ecological Applications, 1: 399-429.

Rauscher H M, Young M J, Webb C D, et al. 2000. Testing the accuracy of growth and yield models for southern hardwood forests. Southern Journal of Applied Forestry, 24 (3): 176-185.

Richter O. 1985. Simulation des Verhaltens ökologischer System. Weinheim, Germany: VCH, 219.

Running S W, Coughlan J C. 1988. A general model of forest ecosystem processes for regional application. I. Hydrologic balance, canopy gas exchange and primary production. Ecological Modelling, 42: 125-154.

Rykiel E J. 1996. Testing ecological models: the meaning of validation. Ecological. Modelling, 90: 229-244.

Sands P J. 1988. Resources modelling: its nature and use. Memoirs of the Entomological Society of Canada, 143: 5-10.

Sands P J, Battaglia M, Mummery D. 2000. Application of process-based models to forest management: experience with PROMOD, a simple plantation productivity model. Tree Physiology, 20: 383-392.

Shugart H H, Smith T M, Post W M. 1992. The application of individual-based simulation models for assessing the effects of global change. Annual Review of Ecology and Systematics, 23: 15-38.

Thornley J H M, Verberne E L J. 1989. A model of nitrogen flows in grassland. Plant, Cell and Environment, 12: 863-886.

Thornley J H M. 1972a. A model for root: shoot ratios in vegetative plants. Annals of Botany, 36: 419-430.

Thornley J H M. 1972b. A balanced quantitative model for roots: shoot ratios in vegetative plants. Annals of Botany, 36: 431-441.

Tjoelker M G, Oleksyn J, Reich P B. 1999. Acclimation of respiration to temperature and CO_2 in seedling of boreal tree species in relation to plant size and relative growth rate. Global Change Biology, 49: 679-691.

Valentine H T. 1985. Tree-growth models: derivation employing the pipe-model theory. Journal of Theoretical Biology, 117: 579-585.

Wang G G. 1998. Is height of dominant trees at a reference diameter an adequate measure of site quality. Forest Ecology and Management, 112: 49-54.

Wang S, Grant R F, Verseghy D L, et al. 2001. Modelling plant carbon and nitrogen dynamics of a boreal aspen forest in CLASS-the Canadian Land Surface Scheme. Ecological Modelling, 142: 135-154.

Waring R H, Landsberg J J, Williams M. 1998. Net primary production of forests: a constant fraction of gross primary production. Tree Physiology, 18: 129-134.

Weinstein D A, Beloin R M, Yanai R D. 1991. Modeling changes in red spruce carbon balance and allocation in response to interaction ozone and nutrient stress. Tree Physiology, 9: 127-146.

Woods M E, Miller R J. 1998. Jack pine storability in Ontario. Ont. Min. Nat. Resour., Southcentral Sci. Sect. Tchno. Note No. 3:13.

Wu J. 1999. Hierarchy and scaling: Extrapolating information along a scaling ladder. Canadian Journal of Remote Sensing, 25: 367-380.

Wullschleger S D. 1993. Biochemical limitations to carbon assimilation in C_3 plants—a retrospective analysis of the A/Ci curves from 109 species. Journal of Experimental Biology, 44: 907-920.

Zhang J, Chu Z Y, Ge Y, et al. 2008. TRIPLEX Model Testing and Application for Predicting Forest Growth and Biomass Production in the Subtropical Forest Zone of China's Zhejiang Province. Ecological Modelling, accepted.

Zhang J, Ge Y, Chang J, et al. 2007. Carbon storage by ecological service forests in Zhejiang Province, subtropical China. Forest Ecology and Management, 245: 64-75.

Zhu B. 2005. Carbon stocks of main forest ecosystems in Northeast China. MS Thesis, Peking University, Beijing.

Chapter 9

Satellite-based modeling of gross primary production of terrestrial ecosystems

Abstract

Gross primary production (GPP) of vegetation is the foundation for the carbon cycle and energy flow of terrestrial ecosystems, and is one of important factors that determine whether a terrestrial ecosystem acts as a carbon source or sink. GPP plays an important role in the global carbon cycle and climate change. Plant photosynthesis is related to light absorption by vegetation. Remote sensing data have been widely used to estimate the fraction of photosynthetically active radiation (PAR) absorbed by vegetation canopy ($FPAR_{canopy}$). Several satellite-driven vegetation production models were developed over the last decades; and these models were used for quantifying spatial distribution and seasonal dynamics of vegetation production as well as continuous monitoring of ecosystem production. One group of these models is based on the linear relationship between net primary production (NPP), which is the difference between GPP and plant autotrophic respiration, and absorbed PAR by vegetation canopy (APAR), together with the light use efficiency (LUE_{npp}); i. e., $NPP = LUE_{npp} \times APAR$. The other group of these models is based on the linear relationship between GPP and absorbed PAR by vegetation canopy, together with the light use efficiency (LUE_{gpp}); i. e., $GPP = LUE_{gpp} \times APAR$. The GPP models are further divided into two sub-groups, dependent upon whether a model uses (1) $FPAR_{canopy}$ or (2) the fraction of photosynthetically active radiation (PAR) absorbed by chlorophyll ($FPAR_{chl}$) to estimate $APAR_{canopy}$ or $APAR_{chl}$. The first sub-group estimates $FPAR_{canopy}$ by the NDVI-$FPAR_{canopy}$ or NDVI-LAI (leaf area index) relationships, and the model is expressed as $GPP = LUE_{gpp(canopy)} \times FPAR_{canopy} \times PAR$; while the second sub-group estimates $FPAR_{chl}$ by the chlorophyll-$FPAR_{chl}$ relationship, and the model is expressed as $GPP = LUE_{gpp(chl)} \times FPAR_{chl} \times PAR$. In this chapter, we briefly reviewed the methods in estimating vegetation primary production, briefly described several satellite-based production models (TURC, GLO-PEM, and PSN), and provided detailed discussion on the Vegetation Photosynthesis Model (VPM) that uses the chlorophyll-$FPAR_{chl}$ relationship.

Keywords: Terrestrial ecosystems, GPP, Light use efficiency, Remote sensing, Model, VPM

第9章

陆地生态系统初级生产力遥感模型估算

肖向明[1]闫慧敏[2]伏玉玲[2]张雷明[2]

([1]美国俄克拉何马大学;[2]中国科学院地理科学与资源研究所)

摘要

陆地生态系统植被总初级生产力(GPP)是生态系统中物质与能量运转的基础,是判定生态系统碳源/汇和调节生态系统过程的主要因子,在研究全球陆地碳循环和全球变化中有重要作用。遥感对植被光合有效辐射吸收(APAR)的测定为估计植被生产力时空变化提供了动态观测数据,遥感数据驱动的植被生产力模型在过去10多年得到迅速发展和广泛应用,基于遥感观测的植被生产力研究已经由起初的分析植被生产力的空间分布和季节变化开始应用于生态系统植被生产力的连续监测。植被净初级生产力(NPP)遥感模型一般是以Monteith发现的NPP与APAR具有相似的线性关系而建立的Monteith方程为理论基础的光能利用率模型,在CO_2光合同化过程中空气温度、土壤水分含量和饱和水汽压差等环境因子影响植物吸收的光合有效辐射的利用效率,叶片类型和叶子物候期的差异也会使植被冠层截获的光量不同从而影响光能利用率。由于随着生物量和温度的升高会导致更多的同化物通过自养呼吸消耗,相对于NPP与APAR的关系而言,植被总初级生产力GPP与APAR的关系更稳定。因此,很多模型通过参数化环境条件及植被类型对GPP与APAR的关系来估算GPP。目前基于光能利用率原理的GPP遥感模型根据估计植被所吸收的光合有效辐射的方法通常分为两类:一类是基于植被叶面积指数(LAI)-植被冠层吸收的光合有效辐射($FPAR_{canopy}$)关系的生物物理方法,这种方法已经是遥感和生态学研究中的主流方法;第二类是基于叶绿素(chlorophyll)-叶绿素吸收的光合有效辐射($FPAR_{chl}$)关系的生物化学方法,这是在该领域近年发展的新方法。本章首先简要概述了生态系统生产力的估计方法,介绍了TURC、GLO-PEM和PSN等几个在国际上有影响力的典型的遥感模型原理,详细论述了基于叶绿素-$FPAR_{chl}$关系的VPM模型的结构、原理及在典型生态系统的模拟与应用。

关键词:陆地生态系统　GPP　光能利用率　遥感　模型　VPM

9.1 前言

生态系统初级生产力是定量描述生物圈特征的重要生态指标,而且是可以在全球尺度上进行模拟的基础生态系统变量。植被总初级生产力(gross primary productivity,GPP)是指在单位时间和单位面积上,绿色植物通过光合作用所产生的全部有机物同化量,即光合总量。GPP中除了包括植物个体各部分的生产量外,还包括同期内植物群落为维持自身生存,通过呼吸所消耗的有机物,它决定了进入陆地生态系统的初始物质和能量。净初级生产力(net primary productivity,NPP)是植被通过光合作用同化的碳量(GPP)与暗呼吸消耗碳量之差,反映了植物群落在自然条件下的生产能力。GPP和NPP的单位一般为g C/m^2。NPP包括了大部分从大气圈进入到陆地生物圈的碳通量,NPP的季节性变化被认为是大气中CO_2浓度季节性波动的主要原因(Ciais et al, 1995; Keeling et al,1996),GPP和NPP对全球变化的反应也因此至关重要。尽管GPP和NPP的概念很简单,但大尺度上的精确估算却非常困难。植被的生产力及其地理分布除受植物本身的生物学特性限制之外,主要还受气候因子(如光、温度、CO_2浓度、降雨等)、土壤(如营养元素、土壤质地、有机物分解、呼吸过程)和人类活动与干扰(如火、病虫害、采伐、土地利用等)的影响。

由于人们无法在区域和全球尺度上直接和全面地测量生态系统的生产力,利用计算机模型估算陆地植被的生产力已成为一种重要而广泛接受的研究方法。自从第一个NPP模型(Miami模型)(Lieth, 1975)问世以来,相继建立了很多模型,这些模型从简单的气候指标与NPP的回归模型到模拟生物物理和生态生理过程的复杂的机理模型。目前国内外研究植被净第一性生产力的模型有很多。这些模型可概括为三类(Ruimy,1994):

(1) 统计模型

在NPP研究的起步阶段,多数学者普遍选择了一种较为简单的统计学方法。这种方法也称为气候相关模型,是考虑到一般情况下,植被的生产力主要受到气候因子的影响,利用温度、降水、光照等与NPP的相关性估算净初级生产力,以Miami模型、Thornthwaite模型等为代表。因模型中的气象数据比较容易获得,而且模型计算的结果能够真实地反映植物NPP的地带性分布规律,所以曾推广一时。1985年日本内岛基于植被上层的CO_2通量(相当于NPP)与水汽通量(相当于蒸散量)之比确定植被水分利用效率,结合IBP(International Biological Program)期间取得的世界各地大量的生物量数据和相应的气候资料,通过计算太阳辐射、光合有效辐射、净辐射和辐射干燥度,得到植物气候生产力与净辐射(R_n)的统计关系,即Chikugo模型。该模型是植物生态生理学和统计相关方法相结合的产物,是一种半理论半经验的方法,它综合考虑了诸因子的作用,是估算自然植被第一性生产力的较好方法。但该模型是建立在土壤水分供给充分的条件下,所估计的NPP实际上是潜在或最大NPP,与实际情况有所差距。在应用到中国自然植被NPP估算时,与干旱和半干旱区实测的NPP存在相当大的偏差。朱志辉(1993)在Chikugo模型682组资料基础上增加了Efimova 23组自然植被和中国森林、草原46组资料,建立了北京模型,并利用该模型分析了中国自然植被生产力功能和地带性结构的气候耦合,指出净辐射和辐射干燥指数的函数组合是确定净初级生产力的主导因子,能在很大程度上说明植被地带性结构的有序排列。但由于采用了大量人工林的资料,所以其实用性受到一定的限制。周广胜和张新时(1996)根据植物生理生态特点及联系能量平衡和水分平衡方程的区域蒸散模式建立了净初级生产力模型,为确定地带性景观生产力、植被净初级生产力的区域分布、全球分布和气候变化影响评价提供了理论基础。

这类统计模型是根据实测点的数据建立回归方程来估算任意点的NPP,但模型考虑的生物和环境因素比较简单,是植被生产力与环境因子的简单回归,且没有与特定的物种相关联,缺乏一定的理论基础。

(2) 生态系统过程模型

植被GPP/NPP研究的另一种方法为生态系统过程模型模拟方法,在这些模型中,几乎每个模型都包含有模拟碳循环的子模型,如Biome-BGC,TEM,CENTURY,CEVSA等(表9.1),这些模型模拟陆地生态系统的水、碳及营养元素的循环,并讨论了这些循环对于温度、降水、太阳辐射、土壤质地、土壤水分、大气CO_2浓度及人类活动的反应,NPP是其中重要的输出变量。过程模型即通过对植物的生长过程机制以及能量的内在转换机制进行深入的研究，模拟太阳能转化为化学能的过程、植物冠层蒸散与光合作用相伴随的植物体及土壤水分散失的过程。生态系统过程模型能够揭示生产力及植被-环境之间相互作用的机制，以此研究生态系统对气候变化的响应，因为这类模型对生态系统有较深入的理解，所以应该比其他模型更准确。然而，这类模型都非常复杂而且需要输入许多参数，这些参数在大尺度范围内很难获得，而插值、调节参数过程会导致模型误差增大。在实际应用中，在国家或全球尺度上往往要基于植被和环境条件在0.5°~1.0°的经纬网栅格单元内具有同质性的假设(Melillo,1993; Bonan,1995)，而NPP受多种生物或非生物因素如气候、土壤、植被、管理等因素的控制，采样点的数据无法描述整个0.5°~1.0°栅格内的特征，因此加大了估算的不确定性(Daolan Zheng,2003)。

表9.1 国际上主要的生态系统过程模型

Table 9.1 A list of terrestrial ecosystem models that have been widely reported in the literature

名称	全名	空间分辨率	时间步长	年 NPP/PgC	面积/$10^6 km^2$	引文
HRBM	High Resolution Biosphere Model	0.5°×0.5°	1月	44.3	128.7	Esser G et al, 1991;1994
Biome-BGC	Biome BioGeochemical Cycles model	1°×1°	1天	62.2	124.0	Running & Hurt,1993
CENTURY		0.5°×0.5°	1月	53.3	116.9	Parton et al, 1993
CARAIB	CARbon Assimilation In the Biosphere model	1°×1°	1天	65.2	128.7	Warnant et al, 1994
DOLY		0.5°×0.5°	1年	46.4	128.7	Woodward et al, 1995
TEM	Terrestrial Ecosystem Model	0.5°×0.5°	1月	46.2	125.6	McGuire et al, 1995;1997
SILVAN	SImulating Land Vegetation And NPP model	0.5°×0.5°	6天	61.1	128.7	Kaduk & Heimann,1996
IBIS	Integrated BIosphere Simulator	2°×2°	1 h			Foley et al,1996
SIB	Simple Interactive Biosphere Model	4°×5°	12 min	47.9	115.7	Sellers et al, 1996
HYBRID		0.5°×0.5°	1天	39.9	128.7	Friend,1997

(3) 遥感模型

生产力受气候因子(如光、温度、CO_2浓度、降雨等)、土壤(如营养元素、土壤质地、有机物分解、呼吸过程)和人为因素(土地利用和管理)的影响，大尺度上的植被生产力的精确估算非常困难。近10年来遥感技术以及数据处理能力的迅速发展和基于遥感观测生理生态理论研究的进展使大尺度生态系统格局和过程的定量、动态观测成为可能(Tucker,1985;Schimel,1995;Field,1995)。地球资源卫星和气象卫星已进行了近30年的全球连续观测，新卫星系统如美国宇航局的地球观测系统将在未来15年提供精确度和分辨率更高的生态系统变化观测数据。自从Tucker(1985)等人有关地面对可见光和近红外线吸收的差别(一般以normalized difference vegetation index ,NDVI,表达之)与植被光合作用相关性的开拓性研究以来,遥感已成为观测土地利用、植被分布和生产力变化的主要手段(Schimel,1995;Field,1995)。因此,利用计算机模型及遥感信息估算生产力已成为一种重要而广泛接受的研究方法。遥感对植被光合有效辐射吸收的测定为估计植被生产力和碳固定变化提供了基础,光能利用率模型的创始人 Monteith (1972,1977)发现在英国几种不同的农作物的 NPP 与 APAR 具有相似的线性关系,建立了著名的 Monteith 方程,即

$$NPP = APAR \times \varepsilon \tag{9.1}$$

这样的线性关系随后又在其他样地和树种发现。Monteith 方程为参数模型奠定了理论基础,近年来,基于遥感数据的光能利用率 (light use efficiency, LUE)模型(如 CASA, GLO-PEM)逐步趋于成熟,这些模型中根据其各自的模型结构原理将高时间分辨率的遥感数据(NOAA/AVHRR, MODIS)应用其中实现了全球 NPP 的估算(Potter,1995;Goetz,1999,2000;Running,2002)。这类模型以遥感数据为信息源,非常适宜于大区域 NPP 估算。

光能利用率(LUE) 是一颇受争议的生态学概念和模型重要参数,其中 LUE 在植物种间变异是争执较多的问题之一(Montieth, 1972; Field, 1991; Ruimy et al, 1994; Hunt, 1994; Goetz &Prince, 1996; Gower et al, 1999; Goetz et al, 1999),更多的研究认为,基于 GPP 的 LUE 较之基于 NPP 的 LUE 在植被间变异小(Goetz & Prince, 1999; Turner et al, 2002)。LUE 在植被间的变异问题引发了对 LUE 多方面的研究,如 LUE 的时空异质性的研究(Turner et al, 2003; Turner et al, 2002; Nouvellon et al, 2000),LUE 变异产生的生物学机制和环境控制机制(Goetz & Prince, 1999)等。

9.2 主要 GPP 遥感估计模型回顾

光合作用是植物生长的根本驱动力,植物冠层光合作用的主要成分是光的分布和截获、单叶的光合作用及冠层的光合作用。植被生产力遥感模型一般是以 Monteith 方程为理论基础的光能利用率模型(LUE),即 $NPP = APAR \times \varepsilon$,$LUE(\varepsilon)$表示地上部分每年吸收一个单位的太阳总辐射或光合有效辐射(PAR)所产生的干物质量。而后来的研究表明由于随着生物量和温度的升高,由吸收的光合辐射转换为干物质的效率会降低,从而导致更多的同化物通过自养呼吸消耗,这说明相对于 NPP 与 APAR 的关系而言,GPP 与 APAR 的关系更稳定。因此,很多模型开始尝试通过参数化环境条件及植被类型对 GPP 与 APAR 的关系来首先估算 GPP(Ruimy et al, 1996)。ε 值在不同植物种之间有很大差异(Prince,1991; Ruimy et al, 1994),从 0.22 到 3.59 g · MJ^{-1},Prince (1991)总结了禾本科 C_3 植物的光能利用率范围为 1.0~1.8 g · MJ^{-1},而 C_4 植物光能利用率较 C_3 高。

光能利用率研究的理论基础是功能性衰减假设(functional convergence hypothesis),即环境因子胁迫导致植被潜在最大光能利用率的衰减,$\varepsilon_g = \varepsilon_g^* \sigma$(其中,$\varepsilon_g^*$ 是最大的潜在光能利用率,σ 是环境因子影响下导致的 ε_g^* 衰减)。理想条件下,植被具有由其内在生物学机制形成的最大的光能利用率(ε_g^*)。在 CO_2 光合同化过程中对植物吸收的光合有效辐射的利用效率影响的环境因子包括空气温度、土壤水分含量和饱和水汽压差等,但对于低矮而浓密的作物或牧草,饱和水汽压差几乎没有什么影响(Jarvis& McNaughton, 1986)。此外,叶片类型和叶子物候期(叶片萌发、叶片舒展、枯萎、凋落)的差异也会使植被冠层截获的光量不同,从而影响光能利用率。植被冠层由光合作用有效部分(photosynthetically active vegetation ,PAV,主要是叶绿体)和非光合部分(nonphotosynthetic vegetation,NPV,主要是枯叶、茎秆)组成,即便在叶片上也有一定比例的非光合作用结构,如叶脉、细胞壁,在冠层水平上 NPV 可能使 FPAR 增加 10% ~40% (Asner et al, 1998),叶片非光合结构吸收的光随植物种、叶子形态、叶龄及生长过程而不同(Hanan et al, 1998, 2002; Lambers et al, 1998)。

基于光能利用率原理的 GPP 遥感模型可以根据估计植被所吸收的用于光合作用的光合有效辐射的方法简单地分为两类(图 9.1):一类是基于植被叶面积指数(LAI)- 植被冠层光合有效辐射的吸收($FPAR_{canopy}$)关系的生物物理方法,这种方法已经是遥感和生态学研究中的主流方法;第二类是基于叶绿素(chlorophyll) - 叶绿素光合有效辐射的吸收($FPAR_{chl}$) 关系的生物化学方法,这是在该领域近年发展的新方法。

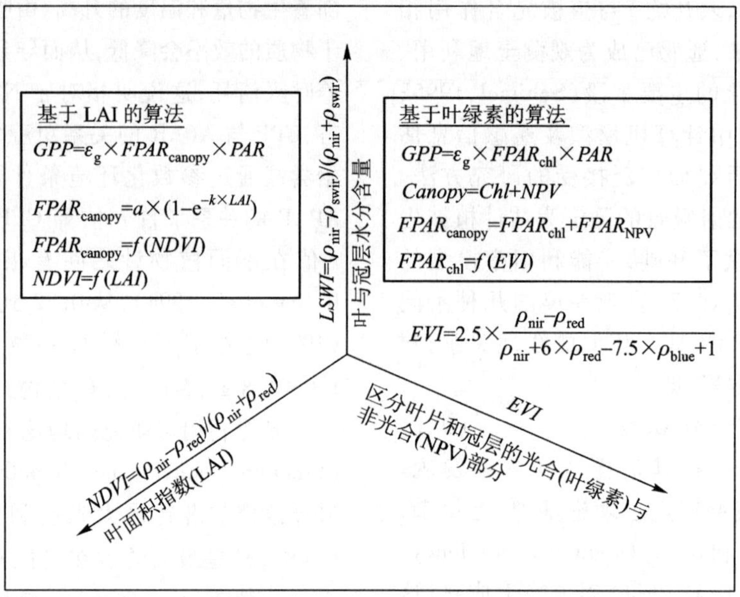

图9.1 基于光能利用率原理的GPP遥感模型范式

Figure 9.1 A summary of satellite-based models for gross primary production of vegetation

9.2.1 基于$FPAR_{canopy}$的光能利用率模型

(1) GLO-PEM 模型

GLO-PEM是一个主要由遥感观测数据驱动的生产力效率模型,由描述冠层辐射吸收、利用、自养呼吸以及这些过程如何受环境条件控制等几个相互联系的部分组成。在GLO-PEM中,GPP的计算也是基于光能利用率原理,即

$$GPP=\varepsilon_g \times S_t \times N_t \quad (9.2)$$

式中S_t为t时刻入射光合有效辐射(PAR),N_t为植被吸收光合有效辐射的比例$FPAR$,ε_g为植被吸收的光合有效辐射的有机物转化率。

在GLO-PEM中,FPAR由下式计算得到:

$$FPAR = 1.67 \times NDVI - 0.08 \text{ (no unit)} \quad (9.3)$$

光能利用率ε_g由下式计算:

$$\varepsilon_g=\varepsilon_g^* \cdot f(g_s) \quad (9.4)$$

式中:ε_g^*为潜在光能利用率,受温度、光合途径和大气中CO_2/O_2等条件的影响。$f(g_s)$为气孔导度对环境因子的响应函数。

在CO_2光合同化过程中对植物吸收的光合有效辐射的利用效率影响最强的环境因子是空气温度、土壤水分含量和饱和水汽压差,它们都会通过影响气孔导度进而影响CO_2同化。

$$f(g_s)=f(T)f(\delta q)f(\delta\theta) \quad (9.5)$$

式中,$f(T)$、$f(\delta q)$、$f(\delta\theta)$分别表示温度、饱和水汽压差(VPD)、土壤水分对气孔导度的影响(Prince, 1995;Goetz,1999;Cao,2004)。

植物最大可能的光合转化率受光合途径、温度、CO_2/O_2浓度比影响。C_3植物和C_4植物的光合作用可基于Collatz等(1991)的模型。对于C_3植物来说:

$$\alpha=0.08\left(\frac{P_i-\Gamma^*}{P_i+2\Gamma^*}\right) \quad (9.6)$$

在上述方程中,α为量子效率(每μmol光子的μmol CO_2),其中P_i为叶子内部的CO_2浓度;Γ^*为CO_2光合补偿点,$\Gamma^*=\frac{O_i}{2\tau}$,$O_i$为$O_2$的浓度,等于20 900 Pa,$\tau$为随植被温度$T_a$而变的Michaelis-Menten系数。根据Collatz等(1991)等研究,可表示为$\tau=2\ 600\times0.57^{\left(\frac{T_a-20}{10}\right)}$。由此,$C_3$植物的光合利用率($\varepsilon_{C_3}$)可由下式求得:

$$\varepsilon_{C_3}=55.2\alpha \quad (9.7)$$

对于C_4植物来说,光合利用率为一个常数2.76 g·MJ^{-1}。在22°C时,C_3和C_4植物的光合利用率相等。利用这一特点,该点温度通常被用作计算C_4植物光合作用分量(P_{C_4}):

$$P_{C_4}=\frac{1}{1+\exp[-0.5\times(T_a-22)]} \quad (9.8)$$

进而,植物潜在光能利用率(ε^*)用下式表示:

$$\varepsilon^*=2.76P_{C_4}+(1-P_{C_4})\times\varepsilon_{C_3} \quad (9.9)$$

(2) TURC 模型

TURC(terrestrial uptake and release of carbon)模型是基于 NDVI-$FPAR_{canopy}$ 关系的生物物理方法的光能利用率模型,不同于从叶片水平观测并计算植被光能利用率的 GLO-PEM 模型,TURC 模型是第一次尝试应用由冠层尺度的实际测量数据确定的经验关系计算光能利用率并估计全球范围的 GPP 和 NPP 的模型(Ruimy et al, 1996)。模型中估算 GPP 的算法是:

$$P_g = \varepsilon' S_{p,abs} = \varepsilon' fcS_g \tag{9.10}$$

式中 P_g 是 GPP,ε' 是光合效率,$S_{p,abs}$ 是吸收的光合有效辐射,f 是植被冠层所吸收的光合有效辐射效率,c 是入射光合有效辐射(PAR)的比例,模型中设定为 0.48;S_g 是入射辐射。f 由植被指数计算得到,即:

$$f = 0.95 \times (-0.025 + 1.25N) \tag{9.11}$$

其中,N 为由 NOAA-AVHRR 的红波段和近红外波段数据计算得到的植被指数 NDVI。

为确定光能利用率,模型开发者根据已出版的冠层水平测量的 CO_2 通量数据分析碳通量与太阳辐射的关系,发现在郁闭的冠层 CO_2 通量与太阳辐射的关系更接近于线性,因此在 TURC 模型中将各种植被类型与环境下的光能利用率值 ε' 设定为 0.002。

(3) PSN (MODIS) 模型

PSN(photosynthesis)模型是美国宇航局(NASA)对地观测系统用于生产基于 MODIS 数据的全球空间分辨率 1 km、时间分辨率 8 天的 GPP 和 NPP 产品(MOD17)开发的 GPP 算法。算法同样是基于光能利用率的原理,即:

$$GPP = \varepsilon \times FPAR \times PAR \tag{9.12}$$

其中,FPAR 直接使用 MOD15 的 FPAR 产品,PAR 来源于 NASA 的 DAO(Data Assimilation Office)数据中的地表气象资料。光能利用率(ε)因植被类型的不同而异,因为不同植被类型其用于维持呼吸所立即消耗的光合产物以及气候条件因子(温度、水分等)对其胁迫作用不同。ε 的计算方法如下:

$$\varepsilon = \varepsilon_{max} \times TMIN\_scalar \times VPD\_scalar \tag{9.13}$$

式中,ε_{max} 是最大光能利用率,其值依照不同的植被群落类型由查找表的方法获得;TMIN_scalar 和 VPD_scalar 分别是低温和水汽压饱和差对不同植被群落类型光合作用的胁迫因子,它们通过影响植物气孔导度而作用于光能转换效率。MOD17 算法中一个重要的假设是各种植被群落类型的生理参数不会随时间和空间发生变化,基于此假设即可依据 MOD12 植被分类系统或 Maryland 植被分类系统的各类群落类型从查找表确定计算光能利用率所需的各参数(包括最大光能利用率 ε_{max},$\varepsilon = \varepsilon_{max}$ 时的日最低温度 $TMIN_{max}$,$\varepsilon = 0$ 时的最低温度 $TMIN_{min}$,$\varepsilon = \varepsilon_{max}$ 时白天平均的水汽压饱和亏 VPD_{max},$\varepsilon = 0$ 时白天平均的水汽压饱和亏 VPD_{min})。

9.2.2 基于 $FPAR_{chl}$ 的光能利用率模型——VPM 模型

VPM(vegetation photosynthesis model)模型(Xiao et al,2004)是一个基于卫星遥感数据的 GPP 估算模型。该模型基于的原理是:植被冠层由光合部分(photosynthetically active vegetation,PAV,大多数是叶绿素, chlorophyll)和非光合部分(non-photosynthetically active vegetation,NPV,大部分是衰老的叶片、枝条和茎)组成,植被冠层光合有效辐射的吸收($FPAR_{canopy}$)也由 $FPAR_{chl}$ 和 $FPAR_{NPV}$ 组成,只有 $FPAR_{chl}$ 用来计算光合作用。Xiao 等利用 SPOT4 卫星的 VEGETATION(VGT)数据和 MODIS 数据基于 VPM 模型估算了常绿针叶林(Xiao et al,2004a)、落叶阔叶林(Xiao et al,2004b)、常绿阔叶林(Xiao et al,2005)和高山草原(Li et al, 2007)的区域 GPP,并和该区涡度相关塔观测的数据进行了比较,结果证明,该模型用来计算区域 GPP 有着很大的潜力。

VPM 模型结构如图 9.2 所描述,图中 T_{scalar}、W_{scalar}、P_{scalar} 分别是温度、水分、叶龄对光能利用率的调节系数。

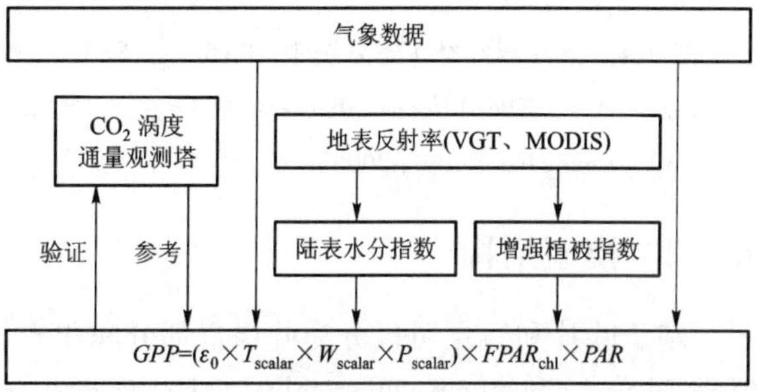

图 9.2 VPM 模型结构图(Xiao et al,2004)

Figure 9.2 A schematic diagram on the Vegetation Photosynthesis Model (VPM) (from Xiao et al, 2004)

9.3 VPM 模型详细描述

9.3.1 模型理论概念——叶绿素含量和叶绿素的光吸收

从生物化学的角度来看，植被冠层是由叶绿素部分（chl）和包括冠层水平上的（如植物茎秆、枯萎叶片等）和叶片水平上的（如细胞壁、叶脉和其他色素等）非光合物质部分（non-photosynthetic vegetation，NPV）组成，因此冠层 FPAR（$FPAR_{canopy}$）应分成被植被观测中叶绿素吸收的部分和被非光合物质成分吸收的部分（Xiao et al, 2005）：

$$Canopy\ (g/m^2) = chlorophyll\ (g/m^2) + NPV\ (g/m^2)\ FPAR_{canopy} = FPAR_{chl} + FPAR_{NPV} \quad (9.14)$$

植物光合作用包括光反应过程和碳羧化过程（图 9.3），其中只有叶绿素吸收的光合有效辐射（$FPAR_{chl}$ × PAR）对光合作用有意义。而究竟 $FPAR_{canopy}$ 和 $FPAR_{chl}$ 之间有多大的差异呢？是否在植物的整个生长季 $FPAR_{canopy}$ 和 $FPAR_{chl}$ 都存在差异？应用辐射传输模型（PROSAIL2）和每日的 MODIS数据（Zhang et al, 2005, 2006）在森林生态系统的研究结果说明 $FPAR_{canopy}$ 在统计学上显著大于 $FPAR_{chl}$，而且 $FPAR_{canopy}$ 和 $FPAR_{chl}$ 之间在整个植物生长季都存在显著的差异（图 9.4）。

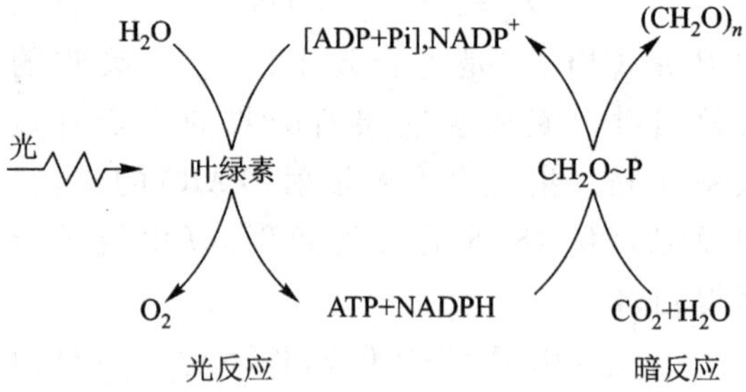

图 9.3 光合作用过程和叶绿素的作用

Figure 9.3 Photosynthesis processes and the role of chlorophyll

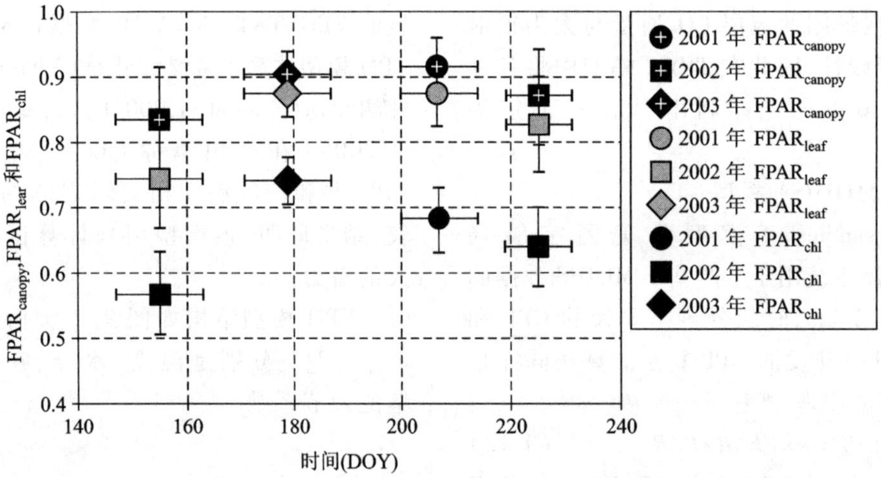

图 9.4 落叶阔叶林生态系统中 $FPAR_{canopy}$、$FPAR_{leaf}$和 $FPAR_{chl}$的差异（美国马塞诸塞州，引自 Zhang et al, 2005）

Figure 9.4 The difference between $FPAR_{canopy}$, $FPAR_{leaf}$ and $FPAR_{chl}$ for a deciduous broadleaf forest in Massachusetts, USA (from Zhang et al, 2005)

9.3.2 模型结构

基于叶片和冠层可以分为叶绿素部分和非光合植被部分（non-photosynthetically active vegetation, NPV）这一概念，Xiao 等（2004a）发展了估计植被光合作用期间 GPP 的 VPM（vegetation photosynthesis model）模型，模型可以用下式简单表示：

$$GPP = \varepsilon_g \times FPAR_{chl} \times PAR \quad (9.15)$$

其中，$FPAR_{chl}$是植被冠层中被叶片叶绿素所吸收的光合有效辐射（PAR）比例，PAR 是光合有效辐射（μmol photosynthetic photon flux density, PPFD），ε_g 是光能利用率（μmol CO_2/μmol PPFD）。ε_g受温度、水分和叶物候期的影响，即：

$$\varepsilon_g = \varepsilon_0 \times T_{scalar} \times W_{scalar} \times P_{scalar} \quad (9.16)$$

其中 ε_0 是表观光量子产量或最大光能利用率（μmol CO_2/μmol PPFD），T_{scalar}、W_{scalar}和 P_{scalar}分别是

温度、水分和叶物候期对光能利用率影响的调节因子。

9.3.3 模型输入数据

(1) 卫星数据

基于卫星观测的 VPM 模型使用增强植被指数 EVI(enhanced vegetation index)和地表水分指数 LSWI(land surface water index)作为输入数据,EVI 在考虑红波段反射的同时,还直接用蓝波段调节残余的大气污染(如气溶胶)、土壤或冠层背景反射的影响(Huete et al, 1997):

$$EVI=G\times(\rho_{nir}-\rho_{red})/(\rho_{nir}+(C_1\times\rho_{red}-C_2\times\rho_{blue})+L) \tag{9.17}$$

其中,$G=2.5$,$C_1=6$, $C_2=7.5$, $L=1$,ρ_{blue}、ρ_{red}和ρ_{nir}分别是蓝、红和近红外波段的反射率。

因为短波红外 (SWIR) 波段对植被水分含量和土壤水分含量敏感,近红外和短波红外波段已经被用来获取对水分敏感的植被指数(Ceccato et al, 2001, 2002a,b; Xiao et al, 2004a),LSWI 是描述植被水分含量的一项指标 (Xiao et al, 2002):

$$LSWI=(\rho_{nir}-\rho_{swir})/(\rho_{nir}+\rho_{swir}) \tag{9.18}$$

其中ρ_{nir}和ρ_{swir}分别是近红外和短波红外波段的反射率。

EVI 和 LSWI 不同于广泛使用的归一化植被指数 NDVI (normalized difference vegetation index), NDVI经常用于生产力效率模型中估计陆地生态系统植被生产力(Field et al, 1995; Prince & Goward, 1995; Nemani et al, 2003):

$$NDVI=(\rho_{nir}-\rho_{red})/(\rho_{nir}+\rho_{red}) \tag{9.19}$$

但很多研究已经证实,因为 NDVI 对大气、土壤背景(如土壤湿度)的敏感性,加之 NDVI 值在多层且郁闭度高的冠层通常会饱和,使得在 NDVI 的使用上有一些限制 (Xiao et al, 2004a)。搭载在 SPOT4 卫星的 Vegetation 传感器和搭载在 Terra 卫星上的 MODIS 传感器都包括有蓝、红、近红外和短波红外波段,能够由此计算 EVI 和 LSWI。EVI 和 LSWI 已被广泛用于植被生长动态的识别(Zhang et al, 2003; Boles et al, 2004)。

美国国家航空航天局(National Aeronautics and Space Administration, NASA)发射的 TERRA 卫星上的 MODIS 传感器具有 36 个光谱通道,分布在 0.4 ~ 14 μm的电磁波谱范围内。MODIS 的空间分辨率分别为 250 m、500 m 和 1 000 m,扫描宽度为 2 330 km,在对地观测过程中,每秒可同时获得 6.1 兆比特的来自大气、海洋和陆地表面信息。多波段数据可以同时提供反映陆地、云边界、云特性、海洋水色、浮游植物、生物地理、化学、大气水汽、地表温度、云顶温度、大气温度、臭氧和云顶高度等特征信息,用于地表、生物圈、固体地球、大气和海洋进行长期观测。其中有 7 个光谱通道是主要为植被和陆地表层的研究而设计,包括蓝 (459 ~ 479 nm)、绿 (545 ~ 565 nm)、红 (620 ~ 670 nm)、近红外 (841 ~ 875 nm, 1 230 ~ 1 250 nm)和短波红外(1 628 ~ 1 652 nm, 2 105 ~ 2 155 nm) 7 个波段。NASA 对 MODIS 采取免费接收的数据获取政策,免费提供多种原始数据和不同等级的数据处理产品。在本章第 9.4 节我们讨论的案例研究中所用的 8 天合成的地表反射率产品 (MOD09A1)就是从 EROS 数据中心(http://www.edc.usgs.gov/)下载蓝、红、近红外和短波红外 4 个波段的反射率数据进一步计算得到 NDVI、EVI 和 LSWI 植被指数。在用 VPM 模型进行站点模拟运行时,要获取涡度通量塔所在的站点位置的 MODIS 植被指数时间序列数据,多数情况下,通量足迹(<500 m) 几乎相当于一个空间分辨率为500 m的 MODIS 像素的大小。

(2) 气候数据

VPM 模型运行的气候驱动数据包括每日的最低温度、最高温度和每日光合有效辐射 (PAR, mol/d)。

9.3.4 VPM 模型参数的确定

(1) 叶绿素的光吸收

植被冠层光合产物取决于叶片叶绿体所能吸收的光合有效辐射,而要准确估算 $FPAR_{chl}$ 无论用辐射传输模型还是地面测量的方法都是一项难度很大的工作。在 VPM 版本 1.0,$FPAR_{chl}$ 被近似用与 EVI 的线性函数来表达:

$$FPAR_{chl}=a\times EVI \tag{9.20}$$

其中,系数 a 设为 1.0 (Xiao et al, 2004a; Xiao et al, 2004b)。

(2) 温度对 GPP 的影响(T_{scalar})

温度对光合作用影响(T_{scalar})的估算方法有很多种,在 VPM 模型中,T_{scalar} 采用 TEM 模型(terrestrial ecosystem model)的计算方法按下式计算(Raich et al, 1991):

$$T_{scalar}=\frac{(T-T_{min})(T-T_{max})}{(T-T_{min})(T-T_{max})-(T-T_{opt})^2} \tag{9.21}$$

式中,T 为大气温度,T_{min}、T_{opt} 和 T_{max} 分别为光合作用的最小、最优和最大温度。如果空气温度低于零度,T_{scalar} 设为零,T_{min}、T_{max} 和 T_{opt} 的值根据不同的植被类型设定。

(3) 水分对 GPP 的影响(W_{scalar})

在一些植被光能利用率模型中水分对光合作用的影响(W_{scalar})通常用饱和水汽压差和土壤湿度等一系列公式来表示(Field et al, 1995; Prince & Goward, 1995; Running et al, 2000)。例如,在 CASA(Carnegie, Stanford, Ames Approach)模型中,水分限制因子的估算考虑了潜在蒸腾量、降水量和土壤水分特征,土壤湿度用一个单层活塞模型(one-layer bucket model)计算(Malmstrom et al, 1997)。土壤湿度代表土壤对叶片和植被冠层的供水能力,饱和水汽压差代表植被在大气中的蒸发需求量,叶片和冠层的水分含量主要取决于土壤湿度和饱和水汽压差的动态变化。新一代先进的光学传感器(如 VGT, MODIS)提供的 SWIR 和 NIR 波段的时间序列数据为在大空间尺度上用植被指数(Ceccato et al, 2002)和辐射传输模型(Zarco-Tejada et al, 2003)的方法定量估计冠层水分含量提供了数据基础。由短波红外和近红外波段计算得到的植被指数能够定量估算叶片或冠层水分含量(equivalent water content ,EWT, g H_2O/m^2)。

在 VPM 中,W_{scalar} 用对水分敏感的植被指数用以下公式计算

$$W_{scalar}=\frac{1+LSWI}{1+LSWI_{max}} \tag{9.22}$$

式中,$LSWI_{max}$ 是每个像元在植物生长季最大的 $LSWI$,$LSWI$ 值从 -1 到 +1。

(4) 叶片物候特征对 GPP 的影响(P_{scalar})

叶龄影响植物光合能力和生态系统碳交换作用(Wilson et al, 2001),由 4 个 CO_2 通量站(农田、高草草原、落叶阔叶林和北方森林)对每天的光能利用率的比较研究也表明光能利用率模型需要考虑植被物候参数(Turner et al, 2003b)。在 VPM 模型中,用叶龄因子 P_{scalar} 描述叶龄对冠层尺度上光合作用的影响。P_{scalar} 的计算方法取决于叶片寿命的长短(落叶 vs 常绿),对于叶片寿命为 1 年即经历出芽、舒展、枯萎和凋落过程的植被(如落叶林),P_{scalar} 分为叶片充分舒展前后两个阶段计算:

在出芽到叶片充分舒展阶段,

$$P_{scalar}=\frac{1+LSWI}{2} \tag{9.23}$$

叶片充分舒展后,$P_{scalar}=1.0$

常绿树木和灌丛常年有绿色冠层,其冠层包括不同时期开始生长的叶片,树叶可能保持几个生长季,因此这样的冠层由不同叶龄的叶片组成。在一些生态系统过程模型中通常把常绿针叶林的叶周转速率作为常数(Aber & Federer, 1992; Law et al, 2000),VPM 模型也据此将常绿针叶林的 P_{scalar} 假定为固定值 1.0 (Xiao et al, 2004a)。对于苔原、草地、农田(如小麦)等在植被整个生长季都有新叶发生、生长的植被,在 VPM 模型中 P_{scalar} 也设定为 1.0 (Li et al, 2006)。

(5) 最大光能利用率(ε_0)

生态系统水平最大光能利用率(ε_0)可以由涡度通量塔站点观测到的每小时的 CO_2 生态系统净交换(net ecosystem exchange,NEE)和 PAR 数据经过非线性分析计算。在 VPM 模型中,不同植被类型的 ε_0 值不同,各种类型的 ε_0 值可以从涡度通量塔站点观测到的 NEE 和 PAR ($\mu mol/m^2/s$, photosynthetic photon flux density) 数据计算获得(Goulden et al, 1997)。为了估计不同植被类型在生态系统水平上的 ε_0 值,通常由植被生长最旺盛时期(7—8 月)内 10 天的数据用米氏方程(Michaelis-Menten function)计算求得:

$$NEE=\frac{\alpha\times PPFD\times GEE_{max}}{\alpha\times PPFD+GEE_{max}}-R \tag{9.24}$$

式中,α 是最大光能利用率或显在量子产量(随着 $PPFD$ 接近于 0),$PPFD$ 是光合量子通量密度,GEE_{max} 是最大的生态系统总交换量,R 是生态系统呼吸。其中的 α 值是 VPM 模型中所需要的 ε_0 值。

9.4 典型生态系统 GPP 遥感模型估算

VPM 模型已经被应用于多个生态类型,包括温带落叶阔叶林、常绿针叶林、高山冻原和草地。这里介绍几个主要研究实例。

9.4.1 美国马塞诸塞州 Harvard 落叶阔叶林

Harvard 森林位于美国马塞诸塞州 Petersham 镇,是一个长期生态研究站点。主要植被类型为 60 到 80 年生的落叶阔叶林,主要树种包括红橡木、红花槭、美国黑桦、美国五针松和铁杉。年平均温度为 7.9 ℃,平均降水量为 1 066 mm。Harvard 森林测量 CO_2、水和能量通量的涡度相关通量塔(42.54°N ,72.18°W,海拔 340 m)从 1991 年开始采集数据(Barford et al, 2001; Goulden et al, 1996; Wofsy et al, 1993)。

VPM 模型驱动数据为 2001 年由 8 天合成

MODIS地表反射率计算的植被指数(EVI，LSWI)、站点空气温度和光合有效辐射。估算的2001年GPP和观测的GPP吻合较好(图9.5)。2001年3月30日到12月18日(33个8天合成数据)的季节合成GPP_{pred}是1 409 g C/m^2，比使用通量塔观测的NEE和生态呼吸估算的GPP_{obs}(1 289 g C/m^2)高9%。

9.4.2　美国缅因州Howland常绿针叶林

缅因州Howland森林的涡度相关通量塔(45.20407°N，68.7402°W)主要是常绿针叶树(Hollinger et al，1999)。90年生的常绿针叶林41%为红松，25%为东部云杉，23%为其他针叶树，11%为阔叶树(Hollinger et al，1999)。站点的叶面积指数(LAI)大约为5.3 m^2/m^2，植被生长季节通常在4月中(第100天)开始并持续180天左右。测量CO_2、水和能量通量的涡度相关通量塔从1996年开始采集数据(Hollinger et al，2004；Hollinger et al，1999)，是美国通量网络的一部分(http://public.ornl.gov/ameriflux/Data/index.cfm)。

利用2001年MODIS 8天合成产品和气象数据驱动的VPM模型估算的季节GPP和通量塔估算的GPP吻合较好(图9.6)。2001年3月30日到12月10日的季节合成GPP_{pred}是1 280 g C/m^2，比通量塔估算的GPP_{obs}(1 238 g C/m^2)高3%。

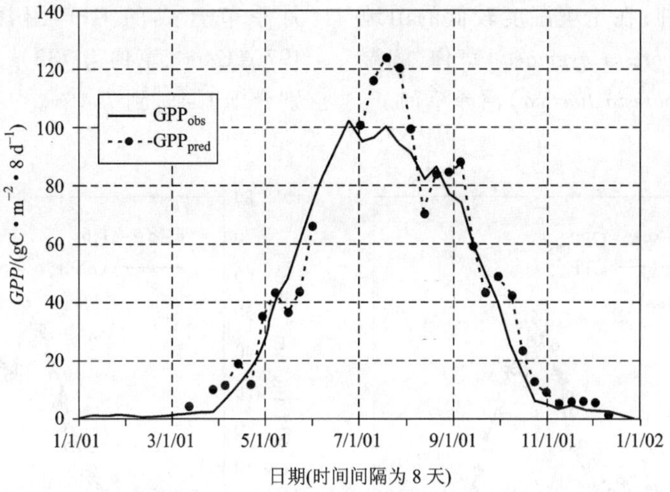

图9.5　美国马塞诸塞州落叶阔叶林通量估计的GPP(GPP_{obs})与VPM模型模拟得到的GPP季节动态(GPP_{pred})对比(Xiao et al，2005)

Figure 9.5 Seasonal dynamics of estimated (GPP_{obs}) and VPM-predicted (GPP_{pred}) estimates of gross primary production (GPP) in a deciduous broadleaf forest, Massachusetts, USA (from Xiao et al, 2005)

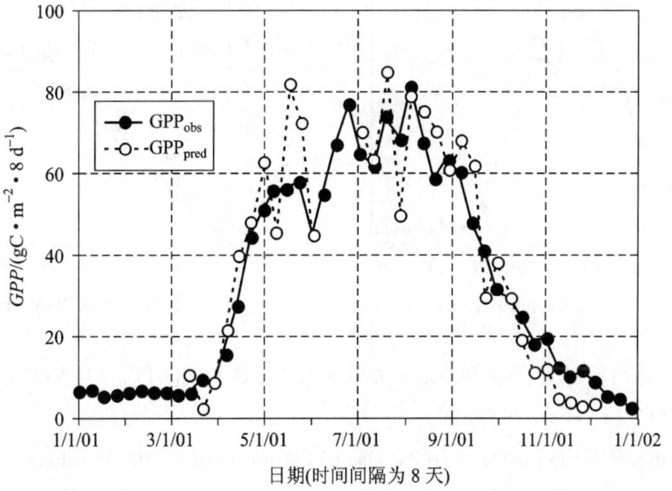

图9.6　美国缅因州常绿针叶林通量估计的GPP(GPP_{obs})与VPM模型模拟得到的GPP季节动态(GPP_{pred})对比(Xiao et al，2005)

Figure 9.6　A comparison between estimated (GPP_{obs}) and VPM-predicted GPP (GPP_{pred}) for an evergreen needleleaf forest in Maine, USA (see Xiao et al, 2005, Ecological Applications)

9.4.3 中国青藏高原高寒草甸、灌木和湿地

海北高寒草甸生态研究站位于中国西北部的青海省,1976 年建立进行生态研究,1989 年成为中国生态系统研究网络的一部分。站区地形开阔,海拔在 3 100 ~ 3 400 m。该站为高原大陆性气候,夏季东南季风,冬季西伯利亚高压。年平均气温为 -1.7°C,介于 27.6°C 到 -37.1°C。年降水量介于 426 mm 到 860 mm,平均为 600 mm,主要降水时间从 5 月到 9 月。高寒草甸植被类型,山地阳坡多以矮嵩草(*Kobresia tibetica*)草甸为主,土壤湿度较低的山地阴坡和部分滩地多为金露梅(*Formation Dasiphora fruticosa*)灌丛草甸;在土壤湿度较低的山地阳坡还发育着小嵩草(*Kobresia pygmaea*)草甸,潮湿地带多分布有藏嵩草(*Kobresia tibetica*)沼泽草甸。

CO_2 涡度相关通量塔分别建立在高寒草甸、高寒灌木和高寒沼泽上,2004 年以来的每日 CO_2 通量、气象和辐射数据用于本研究,VPM 模型驱动数据为 2004 年 8 天步长的站点温度、光合有效辐射和植被指数(Li et al, 2007)。图 9.7 为利用 VPM 模型估算的季节 GPP(GPP_{pred})和观测的 GPP(GPP_{obs})比较。

VPM 模型估算的 GPP 总体上和三个站点通量塔计算的 GPP 吻合较好,GPP_{pred} 和 GPP_{obs} 简单的线性回归模型见图 9.7(d)。VPM 模型估算的 5 月到 10 月季节合成的 GPP 沼泽为 459 g C/m^2,灌木为 473 g C/m^2,草甸为 679 g C/m^2。站点观测数据估算的 5 月到 10 月季节合成的 GPP 沼泽为 466 g C/m^2,灌木为 497 g C/m^2,草甸为 733 g C/m^2。观测和模拟的差别介于 1.4% 到 7.4%。

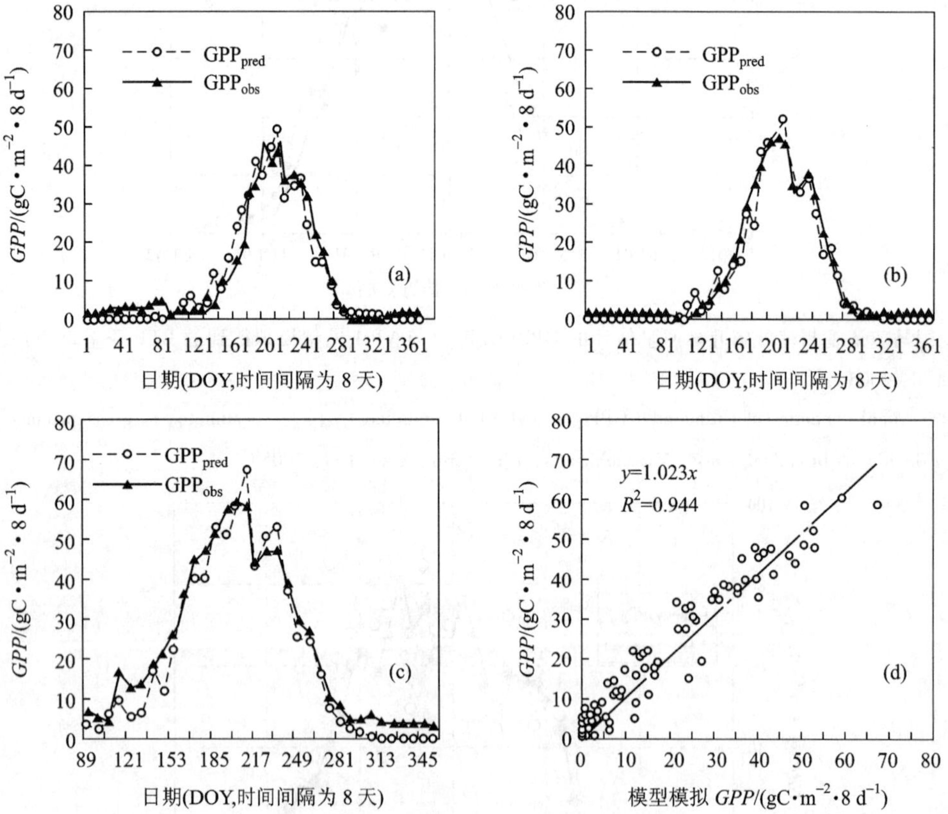

图 9.7 中国青藏高原高原湿地、灌丛和草地由通量观测估计的 GPP(GPP_{obs})与 VPM 模型模拟得到的 GPP 季节动态(GPP_{pred})对比(Li et al, 2007)

Figure 9.7 Seasonal dynamics of estimated (GPP_{obs}) and VPM-predicted (GPP_{pred}) estimates of gross primary production (GPP) at alpine swamp(a), alpine shrub (b) and alpine meadow (c) in Qinghai-Tibetan Plateau, China (from Li et al, 2007)

9.5 模型精度评价和不确定性分析

9.5.1 精度评价——输入数据的误差源

模型模拟结果主要受输入数据如气象、土壤、土地覆盖类型和卫星影像的影响(Pan et al, 1996)。例如 PSN 模型输入数据集是每日气象数据(光合有效辐射、温度和饱和水气压)、土地覆盖类型和 $FPAR_{canopy}$。在早期的研究报道中(Zhao et al, 2005a),不同的全球气候数据集用于驱动 PSN 模型会对 GPP 估算结果有较大的影响。Heinsch (Heinsch et al, 2006)等研究证明分别使用站点气象数据和 NASA 数据同化办公室提供的全球气象数据,GPP 估算结果有显著的不同。他们的研究结果表明气象数据需要进一步改进,这将在区域和全球尺度减少 GPP 估算误差。

$FPAR_{canopy}$是一个重要的生物物理参数,生态系统科学家常用叶面积指数估算 $FPAR_{canopy}$,遥感科学家则用卫星影像估算 $FPAR_{canopy}$。红波段和近红外波段的归一化比值计算的归一化植被指数 NDVI 经常被用来估算 $FPAR_{canopy}$(Prince & Goward, 1995)。一个辐射传输模型利用 MODIS 数据制作 $FPAR_{canopy}$ 和 LAI 标准产品(Prince & Goward, 1995)。Turner 等(2006) 和 Heinsch 等(2006)比较了 $FPAR_{canopy}$ 和地面测量的 LAI 季节动态值,讨论了 $FPAR_{canopy}$ 作为 PSN 模型输入参数对估算季节 GPP 的影响。

精度评价和误差分配还依赖于时间尺度(日、周、月、季节和年)。在季节尺度上,利用 MODIS 和通量塔估算的季节合成 GPP 相比较,GPP 估算精度夏季高而冬季低(Zhao et al, 2005b)。在 Harvard 森林落叶阔叶林,2000—2003 年利用 MODIS 估算的 GPP 总量和通量塔估算的 GPP 吻合较好,但在季节动态变化有显著的差别(Turner et al, 2003a; Turner et al, 2005)。

9.5.2 模型变量的不确定性——被叶绿素和冠层吸收的光

不同的模型使用不同的参数,模型相互比较通常用模型参数的不确定性来表示(Schimel et al, 1997)。

在生物物理方面,植被冠层通常用叶面积指数 LAI 和冠层高度来描述。生态系统科学家常用 LAI 来估算 $FPAR_{canopy}$。同时,遥感科学家用卫星影像估算的植被指数来估算 $FPAR_{canopy}$。$FPAR_{canopy}$ 是一个广泛用于多个模型的重要的生物物理参数。

在生物化学方面,植被冠层由叶绿素和非光合部分(NPV,包括冠层尺度如茎和衰老的叶片,叶片尺度如细胞壁、叶脉和其他色素)组成,只有叶绿素吸收的 PAR($FPAR_{chl}\times$ PAR 产品)用来计算光合作用。近来,一些研究用非破坏性的光学方法来估算农作物冠层叶绿素含量(Gitelson et al, 2005),用增强型植被指数(EVI) (Huete et al, 1997)估算各种类型森林的 $FPAR_{chl}$(Xiao et al, 2004c; Xiao et al, 2005),通过辐射传输模型利用每日 MODIS 数据反演叶片叶绿素含量和 $FPAR_{chl}$(Zhang et al, 2005)。落叶阔叶林 $FPAR_{chl}$和 $FPAR_{canopy}$差别很大而且随着时间的变化而改变。

在概念上,把 $FPAR_{canopy}$ 分解成 $FPAR_{chl}$ 和 $FPAR_{NPV}$是可行的,但在一段时间内通过各种生物量来定量化 $FPAR_{chl}$ 是一个很有挑战的任务。它需要(1)大量的叶片、冠层和景观尺度叶绿素地面测量数据,(2)符合叶片尺度生物化学(叶绿素、其他色素和干物质)和冠层尺度生物化学(植被叶面积、茎)改进的辐射传输模型,(3)高质量的卫星影像。比较 $FPAR_{chl}$和 $FPAR_{canopy}$将有助于定义植被生产力模型在何种程度上与叶绿素尺度光合作用光吸收过程相一致。一个利用 $FPAR_{canopy}\times$ PAR 估算 GPP 的模型可能高估叶片叶绿素吸收的光合有效辐射,因此也会将这种不确定性传递给 GPP 估算模型。

9.5.3 模型参数的不确定性——最大光能利用率

不同的模型在模型变量上通常使用不同的模型参数。例如在景观尺度上的植被生产力模型,最大光能利用率(ε_0)是一个重要的参数。土地利用变化、扰动历史和植被不同生长过程将导致不同生物类型 ε_0在空间和时间的变化,在站点冠层尺度上 ε_0 有可能是固定值。不同植被类型 ε_0信息可以从一系列文献(Ruimy et al, 1995)得到或由分析涡度相关通量塔 CO_2总生态系统交换量和光量子通量密度(Wofsy et al, 1993)得出。估算 ε_0在很大程度上主要取决于年 GPP 和吸收的 PAR(APAR,1 个半小时到小时步长)的线性模型(式 9.25)或非线性模型(式 9.26)的选择(Ruimy et al, 1996; Ruimy et al,

1995)。

$$NEE=\beta\times APAR-R \quad (9.25)$$

$$NEE=\frac{\alpha\times APAR\times GPP_{max}}{\alpha\times APAR+GPP_{max}}-R \quad (9.26)$$

式中,R 为生态系统呼吸,α 为表观量子产量,β 为线性尺度。

例如,在 126 个数据集中(Ruimy et al, 1995),GPP 和 PAR 的线性关系是:ε_0 = 0.020 μmol CO_2/μmol PAR (~0.24 g C/mol PAR),但在非线性双曲线方程中,ε_0 = 0.044 μmol CO_2/μmol PAR (~0.528 g C/mol PAR)。

不同的植被生产力模型对某一生物类型采用不同的 ε_0 值(表 9.2)。例如,PSN 模型对每种植被类型假设采用一个 ε_0 值(Running et al, 2000),对于落叶阔叶林,ε_0 值为 0.227 g C/mol PAR。CO_2 涡度相关通量塔提供连续的通量数据,这使得在冠层和景观尺度估算 ε_0 值成为可能(Wofsy et al, 1993),可以比较研究分别来源于通量数据和各种生产力模型的 ε_0 值,这可为确定植被生产力模型的不确定性提供新的视点。另外,还需要对一种生物类型估算 ε_0 值空间变化和年际动态开展研究。

表 9.2 不同植被生产力模型使用的落叶阔叶林最大光能利用率(ε_0, g C/mol PAR)比较

Table9.2 A comparison of maximum light use efficiency (ε_0, g C/mol PAR) used in different Production Efficiency Models for deciduous broadleaf forest

模型	$FPAR_{canopy}$ 或 $FPAR_{chl}$	ε_g	ε_0
TURC (Ruimy et al, 1996)	$FPAR_{canopy}=f(NDVI)$	$\varepsilon_g=\varepsilon_0$	0.24
GLO-PEM (Prince & Goward, 1995)	$FPAR_{canopy}=f(NDVI)$	$\varepsilon_g=\varepsilon_0\times T\times SM\times VPD$	0.146
PSN (Running et al, 2000)	$FPAR_{canopy}=f(LAI)$ $FPAR_{canopy}=f(NDVI)$	$\varepsilon_g=\varepsilon_0\times T\times VPD$	0.227
VPM (Xiao et al, 2004c)	$FPAR_{chl}=f(EVI)$	$\varepsilon_g=\varepsilon_0\times T\times W$	0.528
CO_2 flux site (Wofsy et al, 1993)	森林 NEE 和 PAR 数据 Harvard	落叶阔叶林	0.528

注:T—气温,SM—土壤湿度,VPD—饱和水气压,W—叶片含水量。

T — air temperature scalar; SM — soil moisture scalar; VPD—water vapor pressure deficit scalar; W—leaf water content scalar.

9.6 小结

全球 GPP 产品精度评价和定标需要遥感和地面通量观测共同长期的合作与努力。目前,全世界不同的生态类型拥有超过 200 个涡度相关通量塔,包括不同的土地利用、管理、扰动和恢复阶段。涡度相关需要(1)每半小时的 NEE 数据计算成 GPP 和生态系统呼吸,为用户提供即时的 GPP 数据,(2)利用一致的方法采用观测的 NEE 和 PAR 数据定量化光能利用率,由于有很多方法可利用 NEE 数据估算 GPP,仍需要其他的努力利用通量数据来降低 GPP 的估算误差。陆地生态科学和遥感研究在叶片、冠层和景观尺度的生物化学(叶绿素、氮和 $FPAR_{chl}$)和生物物理(LAI, $FPAR_{canopy}$)变量上需要使用新的方法和模型,发展陆地生态系统的叶绿素含量数据集。另外,叶片氮的很大一部分在叶绿体里,定量化叶绿素和氮的关系将对估算 GPP 和碳循环有显著影响。

参考文献

周广胜,张新时. 全球气候变化的中国自然植被的净第一性生产力研究. 植物生态学报,1996,20(1):11-19.

朱志辉. 自然植被净第一性生产力估计模型. 科学通报,1993,38(15):1 422-1 426.

Aber J D, Federer C A. 1992. A Generalized, Lumped-Parameter Model of Photosynthesis, Evapotranspiration and Net Primary Production in Temperate and Boreal Forest Ecosystems. Oecologia, 92(4): 463-474.

Asner G P, Wessman C A, Schimel D S, et al. 1998. Variability in leaf and litter optical properties: Implications for BRDF model inversions using AVHRR, MODIS, and MISR. Remote Sensing of Environment, 63(3): 243-257.

Barford C C, Wofsy S C, Goulden M L, et al, 2001. Factors controlling long-and short-term sequestration of atmospheric CO_2 in a mid-latitude forest. Science, 294(5 547): 1 688-1 691.

Boles S H, Xiao X, Zhang Q, et al. 2004. Land cover characterization of Temperate East Asia using multi-temporal VEGETATION sensor data. Remote Sensing of Environment, 90(4): 477-489.

Cao M K, Prince S D, Small J, et al. 2004. Remotely sensed interannual variations and trends in terestrial net primary productivity 1981—2000. Ecosystems, 7(3): 233-242.

Ceccato P, Flasse S, Gregoire J M. 2002a. Designing a spectral index to estimate vegetation water content from remote sensing data-Part 2. Validation and applications. Remote Sensing of Environment, 82 (2-3): 198-207.

Ceccato P, Flasse S, Tarantola S, et al. 2001. Detecting vegetation leaf water content using reflectance in the optical domain. Remote Sensing of Environment, 77(1): 22-33.

Ceccato P, Gobron N, Flasse S, et al. 2002b. Designing a spectral index to estimate vegetation water content from remote sensing data: Part 1-Theoretical approach. Remote Sensing of Environment, 82(2-3): 188-197.

Ciais P, Tans P P, Trolier M, et al. 1995. A Large Northern-Hemisphere Terrestrial CO_2 Sink Indicated by the C-13/C-12 Ratio of Atmospheric CO_2. Science, 269(5 227): 1 098-1 102.

Collatz G J, Ball J T, Grivet C, et al. 1991. Physiological and environmental regulation of stomatal conductance, photosynthesis and transpiration: a model that includes a laminar boundary layer. Agricultural and Forest Meteorology, 54: 107-136.

Field C B, Randerson J T, Malmstrom C M. 1995. Global Net Primary Production-Combining Ecology and Remote-Sensing. Remote Sensing of Environment, 51(1): 74-88.

Gitelson A A, Vina A, Ciganda V, et al. 2005. Remote estimation of canopy chlorophyll content in crops. Geophysical Research Letters, 32: L08403. doi:10.1029/2005GL022688.

Goetz S J, Prince S D, Goward S N, et al. 1999. Satellite remote sensing of primary production: an improved production efficiency modeling approach. Ecological Modeling, 122: 239-255.

Goulden M L, Daube B C, Fan S M, et al. 1997. Physiological responses of a black spruce forest to weather. Journal of Geophysical Research-Atmospheres, 102(D24): 28 987-28 996.

Goulden M L, Munger J W, Fan S M, et al. 1996. Exchange of carbon dioxide by a deciduous forest: Response to interannual climate variability. Science, 271(5 255): 1 576-1 578.

Hanan N P, Burba G, Verma S B, et al. 2002. Inversion of net ecosystem CO_2 flux measurements for estimation of canopy PAR absorption. Global Change Biology, 8(6): 563-574.

Hanan N P, Kabat P, Dolman A J, et al. 1998. Photosynthesis and carbon balance of a Sahelian fallow savanna. Global Change Biology, 4(5): 523-538.

Heinsch F A, Zhao M, Running S W, et al. 2006. Evaluation of remote sensing based terrestrial productivity from MODIS using regional tower eddy flux network observations. IEEE Transactions on Geoscience and Remote Sensing, 44(7): 1 908-1 925.

Hollinger D Y, Aber J, Dail B, et al. 2004. Spatial and temporal variability in forest-atmosphere CO_2 exchange. Global Change Biology, 10(10): 1 689-1 706.

Hollinger D Y, Goltz S M, Davidson E A, et al. 1999. Seasonal patterns and environmental control of carbon dioxide and water vapour exchange in an ecotonal boreal forest. Global Change Biology, 5(8): 891-902.

Huete A R, Liu H Q, Batchily K, et al. 1997. A comparison of vegetation indices over a global set of TM images for EOS-MODIS. Remote Sensing of Environment, 59(3): 440-451.

Jarvis P G, McNaughton K G. 1986. Stomatal control of transpiration: scaling up from leaf to region. Advances in ecological research, 15: 1- 49.

Keeling C D, Chin J F S, Whorf T P. 1996. Increased activity of northern vegetation inferred from atmospheric CO_2 measurements. Nature, 382(6 587): 146-149.

Lambers H, Chapin F S, Pons T L. 1998. Plant Physiological Ecology. New York: Springer-Verlag.

Law B E, Waring R H, Anthoni P M, et al. 2000. Measurements of gross and net ecosystem productivity and water vapour exchange of a *Pinus ponderosa* ecosystem, and an evaluation of two generalized models. Global Change Biology, 6(2): 155-168.

Li Z, Yu G, Xiao X, et al. 2007. Modeling gross primary production of alpine ecosystems in the Qinghai-Tibet Plateau using MODIS images and climate data. Remote Sensing of Environment, 107(3): 510-519.

Malmstrom C M, Thompson M V, Juday G P, et al. 1997. Interannual variation in global-scale net primary production: Testing model estimates. Global Biogeochemical Cycles, 11(3): 367-392.

Melillo J M, McGuire A D, Kicklighter D W, et al. 1993. Global Climate-Change and Terrestrial Net Primary Production. Nature, 363(6 426): 234-240.

Monteith J L. 1972. Solar Radiation and Productivity in Tropical Exosystems. Journal of Applied Ecology, 9: 747-766.

Monteith J L. 1977. Climate and the efficiency of crop production in Britain, Philosphical transactions of the Royal Society of London. Ser. B, 281: 277-294.

Nemani R R, Keeling C D, Hashimoto H, et al. 2003. Climate-driven increases in global terrestrial net primary production from 1982 to 1999. Science, 300 (5 625): 1 560-1 563.

Nouvellon Y, Seed D L, Rambal S, et al. 2000. Time course of radiation use efficiency in a shortgrass ecosystem: Consequences for remotely sensed estimation of primary production. Remote Sensing of Environment, 71(1): 43-55.

Pan Y, McGuire A D, Kicklighter D, et al. 1996. The importance of climate and soils for estimates of net primary production: a sensitivity analysis with the Terrestrial Ecosystem Model. Global Change Biology, 2: 5-23.

Potter C S, Randerson J T, Field C B, et al. 1993. Terrestrial Ecosystem Production — a Process Model-Based on Global Satellite and Surface Data. Global Biogeochemical Cycles, 7(4): 811- 841.

Prince S D, Goward S N. 1995. Global primary production: A remote sensing approach. Journal of Biogeography, 22(4-5): 815- 835.

Prince S D. 1991. A Model of Regional Primary Production for Use with Coarse Resolution Satellite Data. International Journal of Remote Sensing, 12(6): 1 313-1 330.

Raich J W, Rastetter E B, Melillo J M, et al. 1991. Potential Net Primary Productivity in South-America-Application of a Global-Model. Ecological Applications, 1(4): 399- 429.

Ruimy A, Dedieu G Saugier B. 1996. TURC: A diagnostic model of continental gross primary productivity and net primary productivity. Global Biogeochemical Cycles, 10(2): 269-285.

Ruimy A, Jarvis P G Baldocchi D D, et al. 1995. CO_2 fluxes over plant canopies and solar radiation: A review. Advances in Ecological Research,(26): 1- 68.

Ruimy A, Saugier B, Dedieu G. 1994. Methodology for the estimation of terrestrial net primary production from remotely sensed data. Journal of Geophysical Research-Atmospheres, 99(D3): 5 263-5 283.

Running S W, Thornton P E, Nemani R, et al. 2000. Global terrestrial gross and net primary productivity from the Earth Observing System//Sala O E, Jackson R B, Mooney H A, et al. Methods in Ecosystem Science. New York: Springer Verlag, 44-57.

Schimel D S, VEMAP Participants, Braswell B H, et al. 1997. Continental scale variability in ecosystem processes: Models, data, and the role of disturbance. Ecological Monographs, 67(2): 251-271.

Schimel D S. 1995. Terrestrial ecosystems and the carbon cycle. Global Change Biology, 1(1): 77-91.

Tucker C J, Townshend J R G, Goff T E. 1985. African Land-Cover Classification Using Satellite Data. Science, 227(4 685): 369-375.

Turner D P, Gower S T, Cohen W B, et al. 2002. Effects of spatial variability in light use efficiency on satellite-based NPP monitoring. Remote Sensing of Environment, 80(3): 397- 405.

Turner D P, Ritts W D, Cohen W B, et al. 2003a. Scaling Gross Primary Production (GPP) over boreal and deciduous forest landscapes in support of MODIS GPP product validation. Remote Sensing of Environment, 88(3): 256-270.

Turner D P, Ritts W D, Zhao M, et al. 2006. Assessing interannual variation in MODIS-based estimates of gross primary production. IEEE Transactions on Geoscience and Remote Sensing, 44(7): 1 899-1 907.

Turner D P, Urbanski S, Bremer D, et al. 2003b. A cross-biome comparison of daily light use efficiency for gross primary production. Global Change Biology, 9(3): 383-395.

Wilson K B, Baldocchi D D, Hanson P J. 2001. Leaf age affects the seasonal pattern of photosynthetic capacity and net ecosystem exchange of carbon in a deciduous forest. Plant Cell and Environment, 24(6): 571-583.

Wofsy S C, Goulden M L, Munger J W, et al. 1993. Net Exchange of CO_2 in a mid-latitude Forest. Science, 260(5112): 1 314-1 317.

Xiao X M, Boles S, Frolking S, et al. 2002. Observation of flooding and rice transplanting of paddy rice fields at the site to landscape scales in China using VEGETATION sensor data. International Journal of Remote Sensing, 23(15): 3 009-3 022.

Xiao X M, Hollinger D, Aber J, et al. 2004a. Satellite-based modeling of gross primary production in an evergreen needleleaf forest. Remote Sensing of Environment, 89(4): 519-534.

Xiao X M, Zhang Q Y, Braswell B, et al. 2004b. Modeling gross primary production of a deciduous broadleaf forest using satellite images and climate data. Remote Sensing of Environment, 91(2): 256-270.

Xiao X M, Zhang Q Y, Hollinger D, et al. 2005. Modeling gross primary production of an evergreen needleleaf forest using MODIS and climate data. Ecological Applications, 15(3): 954-969.

Zarco-Tejada P J, Rueda C A, Ustin S L. 2003. Water content estimation in vegetation with MODIS reflectance data and model inversion methods. Remote Sensing of Environment, 85(1): 109-124.

Zhang Q Y, Xiao X M, Braswell B, et al. 2005. Estimating light absorption by chlorophyll, leaf and canopy in a deciduous broadleaf forest using MODIS data and a radiative transfer model. Remote Sensing of Environment, 99(3): 357-371.

Zhang Q Y, Xiao X M, Braswell B, et al. 2006. Characterization of seasonal variation of forest canopy in a temperate deciduous broadleaf forest, using daily MODIS data. Remote Sensing of Environment, 105 (3): 189-203.

Zhang X Y, Friedl M A, Schaaf C B, et al. 2003. Monitoring vegetation phenology using MODIS. Remote Sensing of Environment, 84(3): 471- 475.

Zhao M S, Heinsch F A, Nemani R R, et al. 2005b. Improvements of the MODIS terrestrial gross and net primary production global data set. Remote Sensing of Environment, 95(2): 164-176.

Zhao M, Heinsch F, Nemani R, et al. 2005a. Improvements of the MODIS terrestrial gross and net primary production global data set. Remote Sensing of Environment, 95(2): 164-176.

Zheng D L, Prince S, Wright R. 2003. Terrestrial net primary production estimates for 0.5° grid cells from field observations-a contribution to a contribution to global biogeochemical modeling. Global Change Biology, 9(1): 46- 64.

第 10 章

多尺度、多源生态观测数据的同化技术及其在碳循环研究中的应用

骆亦其[1] 张黎[2]

([1]美国俄克拉何马大学;[2]中国科学院地理科学与资源研究所)

摘要

定量估计陆地生态系统的碳循环过程是全球变化研究领域的重要问题之一。为描述陆地生态系统碳循环的动态变化,必须确定决定生态系统固碳速率三个关键参数,即经光合作用进入生态系统的碳通量、滞留时间和碳库大小(或初始值)。其中,对光合作用速率的研究已经较为成熟,但对另外两个参数的确定仍存在一定难度。目前可以通过数据同化技术,利用模型和FACE试验数据、通量观测数据、土壤碳以及同位素观测数据,对陆地生态系统碳滞留时间和碳库大小进行反演,进而定量估算陆地生态系统固碳能力及其不确定性。本章从陆地生态系统模型出发,对数据同化技术及其在生态系统碳循环研究中的应用进行了阐述,分别介绍了基于通量网数据和基于控制试验数据的应用。一方面,短期的涡度通量观测数据反映了光合和呼吸通量之间的差异,而长期的通量观测数据则可能提供快周转碳库的动态变化以及慢周转碳库之间的碳交换信息。基于这样一些短期和长期的涡度相关通量数据开展的生态系统模型参数估计研究表明:涡度相关技术测定的通量数据对碳循环模型的部分参数具有一定的约束作用,有助于不确定性的降低;长期的涡度通量数据和植被生物量、土壤碳等生物计量数据的综合应用也可能为与碳库有关参数的约束提供有效信息。另一方面,在全球变化的背景下,温度、CO_2浓度和降水等要素的控制试验为陆地生态系统碳循环研究提供了重要数据。利用这些数据能够有效开展CO_2浓度变化情况下关键参数的反演分析,估算碳的分配和转移系数,从而有助于预测CO_2浓度变化情况下的陆地生态系统碳收支情况及其不确定性。

关键词:数据同化　碳循环　生态系统模型　涡度相关技术　控制试验　参数估计

Chapter 10

Assimilation of multi-scale and mulit-source ecological data: Techniques and application to carbon cycle research

Abstract

Quantification of carbon (C) cycling processes and C sequestration in terrestrial ecosystems is one of the most important issues in global change research. C influx, residence time, and pool sizes (or their initial values in a modeling study) are three key parameters that can fully characterize the dynamic disequilibrium of C cycling and determine the rate of ecosystem C sequestration. Among the three sets of parameters, photosynthesis has been relatively well studied, while it is still a great challenge to quantity C residence times and initial C pool sizes. Recently, data assimilation techniques have been applied to quantify C residence times by measurements from flux network, elevated CO_2 experiments, soil C and isotopic experiments, and then to estimate C sequestration in terrestrial ecosystem and its uncertainty. In this chapter, we introduced data assimilation techniques and discussed their applications to data from flux network and measurements from manipulative experiments. Eddy flux measurements quantify net differences between photosynthetic and respiratory fluxes and may potentially contain information on C pools. Recent studies on parameter estimation of terrestrial ecosystem models have showed that short-term eddy flux measurements can constrain some parameters of C cycle models and be helpful to reduce model uncertainty. Data from biometrical measurements of long-term processes such as plant biomass growth and soil carbon dynamics contain information to effectively constrain pool-related parameters. In addition, manipulative experiments with temperature, CO_2, and precipitation treatments offer important data to improve ecosystem models for C research. Data from manipulative experiments are useful to inversion analysis of key parameters, such as carbon transfer coefficients or residence times, and to prediction of terrestrial C balance and its uncertainty in response to global change.

Keywords: Data assimilation, Carbon cycle, Ecosystem model, Eddy covariance technique, Manipulative experiment, Parameter estimation

10.1 引言

定量估计陆地生态系统固碳能力是评价通过生态系统碳管理减缓人类活动干扰气候系统的前提。通常采用大气反演法或生物地球化学循环模型来定量估算陆地与大气之间的碳交换。大气反演法主要利用大气观测数据来反推区域碳汇大小(Peylin et al, 2002)。该方法充分利用大气快速混合均匀、平滑陆面异质性的特点(Tans et al, 1990; Biraud et al, 2000),反推区域碳平衡的年变化(Bousquet et al, 2000; Morimoto et al, 2000),估算 CO_2 碳源、汇的平均空间分布(Ciais et al, 2000; Gurney et al, 2002)。大气反演法估算出的碳源、汇往往是周转快的碳,它必须与周转时间为中等和长期的碳库结合起来进行动态分析,因为京都议定书中的内容更主要地是针对周转慢的碳,并且周转慢的碳与陆地碳汇的基本机制过程更为相关。

陆地生物地球化学循环模型为提高对生态系统碳过程的机制认识、预测未来碳汇变化提供了有效途径(Parton et al, 1987; Luo & Reynolds, 1999; Cramer et al, 2001; McGuire et al, 2001)。这类模型通常是对生态系统过程现有认识的综合,利用碳过程的观测数据对模型进行参数化及检验。目前人们已经较为清楚地认识了生态系统碳转移的主要过程,即光合作用固定的碳部分用于植物生长,部分通过植物呼吸作用释放到大气中;死体植物(即凋落物)部分转变为土壤有机质(SOM);植物组织储存碳可达几个月至几百年,土壤有机质中的碳在分解成 CO_2 前可滞留几百至几千年。目前大多数生物地球化学模型的结构都基于这样一种认识而构建。在这些模型中,光合作用固定的碳被分配到若干个碳库中(Rastetter et al, 1997; Luo et al, 2001c),并且碳在各个库之间的转移受到碳源的控制(Luo & Reynolds, 1999)。

尽管多碳库模型大多采用这种结构,但仍然不能准确预测碳收支,这在很大程度上归因于模型尚不能很好地描述碳固定的主要机制。只有当碳输入大于碳输出时,碳才会被固存下来。碳的输入量取决于植被的光合作用能力,而碳的输出则由不同碳库的大小以及碳的滞留时间共同决定。滞留时间衡量了碳原子由光合作用进入生态系统到经呼吸作用离开生态系统的平均时间。进入生态系统的碳原子最终要释放到大气中,因此,滞留时间是确定生态系统贮碳能力的一个关键参数(Luo et al, 2001c, 2003)。碳的滞留时间越长,生态系统的贮碳能力也就越强。碳库大小是另一个决定生态系统固碳能力的重要变量。在平衡态状态下,呼吸作用释放的 CO_2 与通过光合作用进入生态系统的 CO_2 相等。如果实际碳库大小小于平衡态的碳库大小,呼吸释放的 CO_2 小于光合作用吸收的 CO_2,就会产生碳的固定。而当碳库大小大于平衡态的碳库大小时,生态系统就会成为碳源释放 CO_2。因此,经光合作用进入生态系统的碳输入、碳滞留时间和碳库大小(或模拟研究中碳库大小的初始值)即是描述碳循环的动态变化、决定生态系统固碳速率的三个关键参数。

在上述三个关键参数中,对光合作用的研究已经较为成熟,碳的滞留时间常常用同位素方法或质量平衡法进行量化。近年来,反演方法已成功应用于生态系统尺度上碳的滞留时间的估算(Barrett, 2002; Zhou & Luo, 2008)及其对 CO_2 浓度升高的响应研究(Luo et al, 2003; Xu et al, 2006)。而如何设置模型中各个碳库初始值的问题仍有待解决。为了提高生态系统固碳能力的预测水平,必须利用多源观测数据对上述关键参数进行估计。

本章将首先介绍典型生态系统碳循环模型,然后以数据同化技术在碳循环研究中的应用为例对数据同化技术进行阐述,最后展开讨论通量网络数据、控制试验数据以及区域尺度分析数据等在陆地生态系统碳模型数据融合方面的应用情况。

10.2 陆地生态系统碳循环模拟模型

为准确模拟和预测陆地生态系统的固碳能力,首先必须弄清陆地生态系统碳循环的主要过程及其模拟方法。植物通过光合作用将大气中的 CO_2 固定到植物体内,从而进入生态系统(图 10.1)。一部分光合产物用于植物组织的生长,另一部分则通过呼

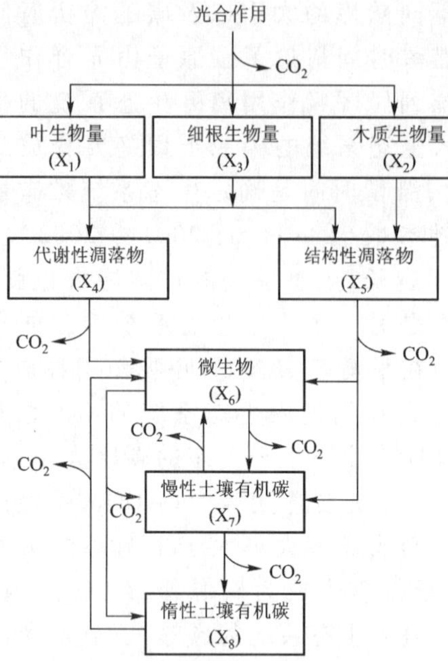

图 10.1 TECO 模型结构示意图

Figure 10.1 Schematic diagram of structure of the TECO model

吸作用以 CO_2的形式返回大气。森林生态系统中的植物组织能够存活几个月(如叶和细根)到几百年(如木质)。植物的死体(即凋落物)部分被微生物分解,部分进入土壤有机质(SOM)中。土壤有机质中的碳能够储存几百甚至上千年才通过微生物的呼吸作用被分解成 CO_2。

碳循环过程可用下面的数学方程进行描述(Luo et al, 2003):

$$\begin{cases}\dfrac{\mathrm{d}\,\underline{\boldsymbol{X}}}{\mathrm{d}t}=\xi\,\underline{\boldsymbol{A}}\,\underline{\boldsymbol{X}}+\underline{\boldsymbol{B}}p \\ \underline{\boldsymbol{X}}(t=0)=\underline{\boldsymbol{X}}_0\end{cases} \tag{10.1}$$

其中,$\underline{\boldsymbol{X}}$ 为各个碳库的大小,$\underline{\boldsymbol{X}}_0$ 为 $\underline{\boldsymbol{X}}$ 的初始值,$\underline{\boldsymbol{A}}$ 是碳转移矩阵,ξ 表示土壤温度和湿度对碳转移速率的影响因子(Luo et al, 2001b),p 是输入到生态系统的碳,$\underline{\boldsymbol{B}}$ 为碳分配到叶、木质、细根等部分的系数,t 为时间步长。

矩阵$\underline{\boldsymbol{A}}$ 中非零值表示各个碳库间碳的转移关系(式 10.2),其余为零值。矩阵$\underline{\boldsymbol{A}}$ 可表示为:

$$\underline{\boldsymbol{A}}=\begin{pmatrix} -a_{1,1} & 0 & 0 & 0 & 0 & 0 & 0 & 0 \\ 0 & -a_{2,2} & 0 & 0 & 0 & 0 & 0 & 0 \\ 0 & 0 & -a_{3,3} & 0 & 0 & 0 & 0 & 0 \\ f_{4,1}a_{1,1} & 0 & f_{4,3}a_{3,3} & -a_{4,4} & 0 & 0 & 0 & 0 \\ f_{5,1}a_{1,1} & f_{5,2}a_{2,2} & f_{5,3}a_{3,3} & 0 & -a_{5,5} & 0 & 0 & 0 \\ 0 & 0 & 0 & f_{6,4}a_{4,4} & f_{6,5}a_{5,5} & -a_{6,6} & f_{6,7}a_{7,7} & f_{6,8}a_{8,8} \\ 0 & 0 & 0 & 0 & f_{7,5}a_{5,5} & f_{7,5}a_{6,6} & -a_{7,7} & 0 \\ 0 & 0 & 0 & 0 & 0 & f_{8,6}a_{6,6} & f_{8,6}a_{7,7} & -a_{8,8} \end{pmatrix} \tag{10.2}$$

对角线元素($a_{i,i}$, i = 1, 2,…, 8)表示每个时间步长各个碳库损失碳的速率,其倒数 1/ $a_{i,i}$即是碳在每个库的平均滞留时间。非对角线的非零元素($f_{j,i}$, i = 1, 2,…, 8; j = 1, 2, …, 8)表示碳从库 i 到库 j 的转移比例。需要指出的是,矩阵$\underline{\boldsymbol{A}}$ 的每一列中 $f_{j,i}$之和不一定等于 1,因为有些碳库通过呼吸作用释放了部分碳到大气中。矢量$\underline{\boldsymbol{B}}$ 决定了碳在叶、木质和细根之间的分配:

$$\underline{\boldsymbol{B}}=(b_1 \quad b_2 \quad b_3 \quad 0 \quad 0 \quad 0 \quad 0 \quad 0)' \tag{10.3}$$

其中 b_1、b_2和 b_3分别表示冠层光合产物分配到叶、木质和细根生物量库的比例。矩阵$\underline{\boldsymbol{A}}$ 和矢量$\underline{\boldsymbol{B}}$ 可用于计算生态系统的碳的滞留时间(Barrett,2002; Zhou & Luo, 2008)。生态系统的碳输入 p 通常用冠层光合作用模型进行估算,这里我们用矢量$\underline{\boldsymbol{P}}$ 表示冠层光合作用模型所需的参数。方程(10.1)也可用于草地和其他非木质植被类型,只要将公式(10.3)中的 b_2设为零即可。

动态非平衡的碳循环过程可以用$\underline{\boldsymbol{P}}$、$\underline{\boldsymbol{\tau}}_E$和$\underline{\boldsymbol{X}}_0$这三个参数来描述。大多数模拟模型将$\underline{\boldsymbol{P}}$ 和$\underline{\boldsymbol{\tau}}_E$进行固定,通过运行上千年来获得平衡态时的$\underline{\boldsymbol{X}}_0$。当达到平衡态时,模拟的碳库大小将达到较为稳定的值,此时经呼吸作用释放的碳等于进入生态系统的碳。当实际碳库$\underline{\boldsymbol{X}}$ 大于(或小于)平衡态碳库$\underline{\boldsymbol{X}}_0$时,生态系统即变为净的碳源(或汇)。如果碳的滞留时间$\underline{\boldsymbol{\tau}}_E$和碳库大小$\underline{\boldsymbol{X}}_0$固定,那么由于大气 CO_2浓度增加引起的光合作用的增加将导致净的碳汇。如果碳的输入$\underline{\boldsymbol{P}}$ 和碳库大小$\underline{\boldsymbol{X}}_0$固定,那么碳的滞留时间$\underline{\boldsymbol{\tau}}_E$的延长将产生碳的固存,而$\underline{\boldsymbol{\tau}}_E$的缩短则导致生态系统释放碳。

然而,这三组参数值却并不容易确定。尽管大多数模拟模型都采用固定$\underline{\boldsymbol{P}}$ 和$\underline{\boldsymbol{\tau}}_E$然后运行几千年的方法来获得平衡态$\underline{\boldsymbol{X}}_0$,但这种 spin-up 方法不能有效地估算出受干扰和恢复的生态系统的碳源或汇,因为受干扰的生态系统已经偏离了平衡态。不仅如此,参数

$\underline{\boldsymbol{P}}$和$\underline{\boldsymbol{\tau}}_E$也并非总是固定的常数,它们会随着大气$CO_2$浓度的增加或者其他气候因子的变化而变化,表现为光合作用(Luo et al, 1994)和呼吸作用的适应现象(Luo et al, 2001b)。因此,定量地估算参数随时间的变化对准确模拟碳收支十分重要。不仅如此,陆地生态系统碳循环还常常受到随机过程的影响。然而大多数模拟模型都无法处理随机过程的影响,也不能对碳源、汇的估算结果进行不确定性分析。这样,由于缺乏对碳循环模型固有的不确定性的评估,模型的结果将难以支持决策者在面对各种不同的结果时制定出合理的环境政策(Mastrandrea et al, 2004)。

人们已经做了很多努力去改进碳模拟模型,比如开展连续观测或者用空间代替时间的观测(space-for-time measurements),这些方法已被用于校准模拟模型,使模型能够定量估算受干扰时的碳通量(Amiro et al, 2000; Hicke et al, 2003)。比如应用 Biome-BGC 模型研究干扰和恢复对美国俄勒冈州森林生态系统碳循环影响的结果表明,模型要 spin-up 几千年才能达到生态系统碳库的平衡态(Law et al, 2001)。基于这个平衡态结果,根据不同干扰历史和恢复时间的站点观测数据通过改变碳库的初始值来对模型进行校正,用校正后的模型来模拟干扰和恢复对生态系统碳动态变化的影响。White 等(2005) 也曾利用六组观测数据对碳库的初始值进行了估计,由此估计的碳库初始值与滞留时间$\underline{\boldsymbol{\tau}}_E$以及碳输入一起用于描述森林再生长时期的碳累积速率。

起初人们通过试验方法(比如同位素和物质-通量比)来确定碳的滞留时间。近年来,Luo 等 (2001c, 2003) 基于 Duke FACE 试验站收集的观测数据,分别采用去卷积法和反演方法评估了CO_2浓度升高对碳滞留时间的影响。在区域和大陆尺度,Barrett (2002)、Zhou 和 Luo (2008) 根据区域尺度的 NPP、生物量和土壤碳含量数据,应用反演方法分别对澳大利亚和美国的碳滞留时间进行了估算。此外,人们也相继开展了一些利用 AmeriFlux 和其他通量网的观测数据对生态系统碳模型参数进行估计的研究(Braswell et al, 2005; Knorr & Kattge, 2005; Williams et al, 2005; Sacks et al, 2006; White et al, 2006)。这些数据同化研究大多处于技术开发阶段,但它们在碳循环模拟的改进方面具有很大潜力。

生态系统过程的随机性和不确定性分析有助于提高模型对生态系统变化的预测能力(Clark, 2005; Murphy et al, 2004; Dose et al, 2004; Forest et al, 2002; Wang et al, 2001)。其中,Bayesian 方法将先验概率密度函数(PDF)与观测数据这两方面的信息进行结合,从而生成模型参数的后验概率密度函数(Braswell et al, 2005; Knorr & Kattge, 2005)。在区域尺度上,Bayesian 方法也被应用于生物圈模型(biosphere models)的参数估计研究,采用大气CO_2浓度数据对参数进行估算,并对碳通量及其不确定性进行评估(Kaminski et al, 2002; Rayner et al, 2005)。Xu 等 (2006) 应用马尔可夫链蒙特卡罗(Markov chain Monte Carlo)的 Metropolis-Hasting 采样方法(Metropolis et al, 1953; Hasting, 1970)估算了非平衡态生态系统碳的滞留时间($\underline{\boldsymbol{\tau}}_E$)。

综上所述,碳循环的动态过程完全可以用碳输入$\underline{\boldsymbol{P}}$、滞留时间$\underline{\boldsymbol{\tau}}_E$和碳库初始值$\underline{\boldsymbol{X}}_0$这三组参数来进行描述。尽管这些参数的确定仍存在一定难度,但目前可以通过数据模型融合的方法,利用模型和 FACE 试验数据、通量网数据、土壤碳以及同位素观测数据,对陆地生态系统的固碳能力及其不确定性进行定量估计。

10.3 数据同化技术

所谓数据同化就是采用严格的统计学和数学方法将观测数据和生态学模型进行融合。它是改善模型参数、选择模型结构、优化传感器网络设计和试验设计以及分析模拟结果的不确定性等方面研究的一个有效工具。近年来,生态学研究团体正在探索、检验和开发一系列的数据同化技术来分析多时空尺度的生态学数据,比如反演分析(inverse analysis)、分等级的 Bayesian 分析(hierarchical Baysian analysis)、模型选择方法(model selection approaches)和状态空间模拟(state-space modeling)。

在过去的几年里,骆亦其及其同事开发了一个名为"同化碳研究数据的生态学平台"(Ecological Platform for Assimilation of Data in C research)的数据同化平台,简称 EcoPAD-C。EcoPAD-C 包含了不同的过程模型、反演方法和数据集(图 10.2)。EcoPAD-C通过反演分析和正演模型来实现数据模型同化。其中,反演分析可应用于(1)参数估计、(2)不同模型结构的评估、(3)不确定性分析和(4)诊断模型数据集中所包含信息的定量化。正演模型利用估计出的参数值和方差以及反演分析得到的其他信息对碳汇及其不确定性进行预测。

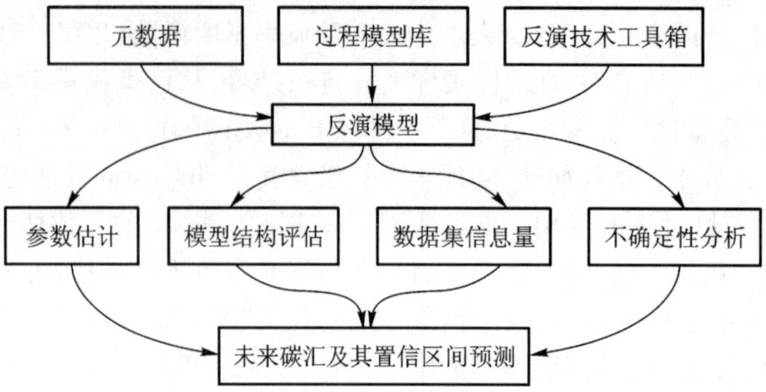

图 10.2 “同化碳研究数据的生态学平台”(EcoPAD-C)示意图

Figure 10.2 Proposed Ecological Platform for Assimilation of Data in C research (EcoPAD-C)

本章基于 EcoPAD-C,将反演分析方法应用于上述三组参数(即$\underline{\boldsymbol{P}}$,$\underline{\boldsymbol{\tau}}_E$和$\underline{\boldsymbol{X}}_0$)的估计,以此示例来阐述数据同化的主要过程(详见 Luo et al, 2003; Xu et al, 2006)。首先,我们定义一个参数矢量$\underline{\boldsymbol{q}}$来表示反演分析中所有要被估计的那些参数。

$$\underline{\boldsymbol{q}} = \{\underline{\boldsymbol{P}}, \underline{\boldsymbol{\tau}}_E, \underline{\boldsymbol{X}}_0\} \tag{10.4}$$

这里我们将六组观测数据同化到一个包含八个库的碳模型中(图 10.1)。这六组观测数据为木质生物量(woody biomass)、枯枝落叶层的碳含量(C in forest floor)、土壤碳含量(C in mineral soil)、叶生物量(foliage biomass)、凋落物(litterfall)和土壤呼吸(soil respiration)。每组数据用 $Q^j(t_i)$表示,其中j表示第几组观测数据,t_i为观测次数,$i = 1, 2, \cdots, n_j$,n_j为第j组数据的样本量。这里我们定义一个观测算子 $\varphi^j(q)$将模拟变量与观测量一一对应起来。这六组数据的观测算子分别是:

$$\left.\begin{array}{ll}
\text{木质生物量:} & (0 \quad 1 \quad 0 \quad 0 \quad 0 \quad 0 \quad 0 \quad 0) \\
\text{枯枝落叶层的碳含量:} & (0 \quad 0 \quad 0 \quad 0.75 \quad 0.75 \quad 0 \quad 0 \quad 0) \\
\text{土壤碳含量:} & (0 \quad 0 \quad 0 \quad 0 \quad 0 \quad 1 \quad 1 \quad 1) \\
\text{叶生物量:} & (1 \quad 0 \quad 0 \quad 0 \quad 0 \quad 0 \quad 0 \quad 0) \\
\text{凋落物:} & (a_{1,1} \quad f_a a_{2,2} \quad 0 \quad 0 \quad 0 \quad 0 \quad 0 \quad 0) \\
\text{土壤呼吸:} & (0 \quad g_2 a_{2,2} \quad g_3 a_{3,3} \quad g_4 a_{4,4} \quad g_5 a_{5,5} \quad g_6 a_{6,6} \quad g_7 a_{7,7} \quad g_8 a_{8,8})
\end{array}\right\} \tag{10.5}$$

其中 $a_{i,i}$为公式(10.2)中矩阵 $\boldsymbol{A}$ 的对角线元素,f_a是地上木质生物量占总生物量的比例,g_i是凋落物和 SOM 被微生物分解过程中释放 CO_2的比例。

利用观测算子将模拟的碳库大小$\underline{\boldsymbol{X}}(\underline{\boldsymbol{q}})(t_i)$与观测数据集 $Q^j(t_i)$一一对应,用目标函数表示为:

$$J(\underline{\boldsymbol{q}}) = \sum_{j=1}^{m} \nu_j \left[\sum_{i=1}^{n_j} (\varphi^j(\underline{\boldsymbol{q}})\underline{\boldsymbol{X}}(\underline{\boldsymbol{q}})(t_i) - Q^j(t_i))^2 \right] + \sum_{r=1}^{R} C_r \delta(\alpha'_r - \alpha_r)^{\kappa} \tag{10.6}$$

其中 m 为数据集包含的数据类型的个数,这里 $m = 6$,ν_j是目标函数中每组数据的权重因子,

$$\nu_j = \frac{k_j}{m} \frac{1}{\mathrm{Var}(Q^j)} \tag{10.7}$$

k_j是数据j对总目标的贡献大小,$\mathrm{Var}(Q^j)$是观测数据 Q^j的方差。公式(10.6)中的第二项为源自参数先验知识的罚函数 $\alpha_r (r = 1, 2, \cdots, R)$,$\delta$ 为罚参数,κ 和 C_r为权重系数。

目标函数还可以用其他方法来评价,比如遗传算法(Barrett,2002)、模拟退火法、基于拟蒙特卡罗(quasi-Monte Carlo)的 Levenberg-Marquardt 最小化方法以及马尔可夫链蒙特卡罗方法(MCMC)(Luo et al, 2003; White & Luo, 2002, 2005; White et al, 2005; Xu et al, 2006)。其中,MCMC 方法可以对参数估计以及碳源、汇的模拟结果进行不确定性分析,因此这里我们以 MCMC 方法为例来阐述如何估算$\underline{\boldsymbol{P}}$、$\underline{\boldsymbol{\tau}}_E$和$\underline{\boldsymbol{X}}_0$。MCMC 方法生成的参数边缘分布可以用概率密度函数(PDF)或者累积概率函数(CDF)来表示(图 10.3)。PDF 的形状越瘦长,就表示被估计参数的不确定性越小。为了量化和评估用于改善碳预测能力的数据集包含的信息量大小,可以利用不同数据组合进行参数估计,得到不同的 PDF 或 CDF,然后通过比较参数估计值的范围及其 95% 的置信区间来衡量数据的信息量。参数估计值的范围

越小,观测数据包含的信息量就越高。熵信息量函数是另一种广为人知的信息/不确定性的衡量方法,是对比数据以及参数的有用方法(Tarantola, 1987; White &Zaman, 2002; White et al, 2006)。

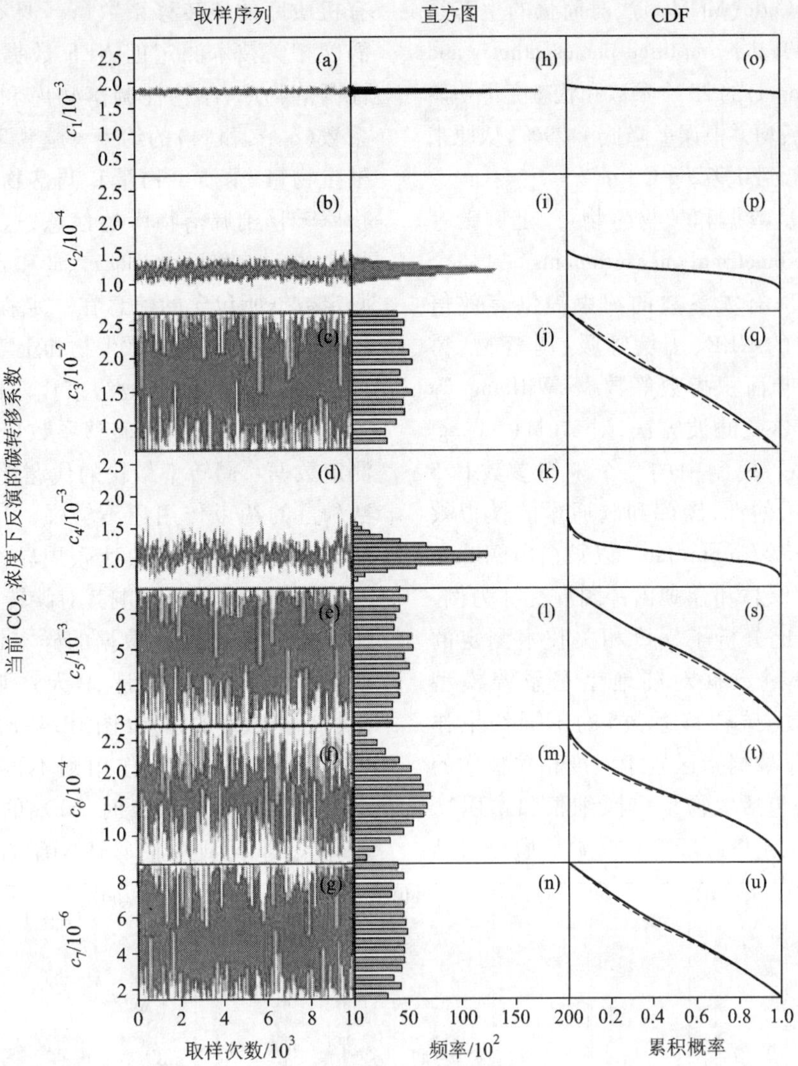

图 10.3 当前 CO_2浓度下碳转移系数的后验概率分布图,图中 $c_i(i=1,2,\cdots,7)$分别表示 7 个碳库(见图 10.1,其中细根和叶生物量统一为非木质生物量)的转移系数(Xu et al,2006)

Figure 10.3 Posterior histograms of estimated carbon transfer coefficients under ambient CO_2(from Xu et al, 2006)

10.4 基于通量网的应用

通量网测定的 NEE 数据是通过光合作用进入生态系统的碳输入量与生态系统经过呼吸作用释放到大气中的碳的差值。长期来看,多数生态系统通过光合作用固定的碳绝大部分又经呼吸作用返还到大气中。即使是近期受到干扰的生态系统,一年中新固定的碳的 80% 左右被呼吸作用所释放。因此,NEE 数据主要由与通量相关的过程(即光合和呼吸)决定。然而,从演替的时间尺度(几十年或更长)来看,生态系统所积累的碳主要被保存在长效碳库中。因此,短期的涡度通量观测主要体现的是光合和呼吸通量之间的差异,但长期的通量观测提供的快周转碳库的时间动态变化特征,也可能会包含慢周转碳库之间的碳交换信息。

目前基于涡度相关通量数据已经开展了一些生态系统模型的参数估计研究。所用的 NEE 数据由几天(Knorr et al, 2005)、几周(Wang et al, 2001)至几年(Braswell et al, 2005)不等,被估计参数的个数也各不相同,主要取决于自由参数个数、优化方法等因素。这些研究表明,涡度相关技术测定的通量数据对碳循环模型的部分参数具有一定的约束作用,有助于不确定性的降低。比如 Braswell 等(2005)采用 Harvard Forest 站点 1992—2001 年 NEE 观测数据，利用 Markov Chain Monte Carlo(MCMC)法对简化的生态系统碳通量模型 SIPNET(the simplified photosynthesis and evapo-transpiration model)的 23 个参数和状态变量初始值进行了优化，优化后均方根误差降低了 29%，从原来的 1.37 g C · m^{-2}降低到 0.972 g C · m^{-2}。

长期的涡度通量数据和植物生物量、土壤碳等生态学观测数据(biometrical measurements)的综合应用也可能为与碳库有关参数的约束提供有效信息。利用三年观测的 NEE、土壤呼吸、凋落物、树干、根、土壤碳以及叶面积指数等数据，Williams 等(2005)采用集合卡尔曼滤波方法，对 ACM(the aggregated canopy model)模型中的 9 个未知参数和 5 个碳库初始值进行了估计，碳库和碳通量的模拟效果得到提高。Zhang 等(submitted) 以长白山阔叶红松林、千烟洲人工常绿林和鼎湖山针阔混交林为例，应用 MCMC 方法对比分析了涡度相关技术测定的 NEE 数据和生物计量数据对陆地生态系统模型(TECO)的关键参数(碳转移系数)的不同约束作用。这里的生物计量数据指区别于涡度相关技术的其他生态观测数据，包括生物量(叶、细根和木质)、凋落物、土壤有机质、土壤呼吸等。参数后验分布结果(图 10.4)表明，生物计量数据对三个植物库(叶、细根和木质)的碳转移系数(c_1、c_2和 c_3)和慢性土壤有机质库的碳转移系数(c_7)具有较好的约束作用，涡度相关技术测定的 NEE 数据有助于增强对代谢性凋落物库、结构性凋落物库和微生物库的碳转移系数(c_4、c_5和 c_6)的约束。这说明：(1)叶生物量、细根生物量、木质生物量和凋落物数据包含了碳由植物库转移到凋落物库的信息，这些信息足以满足对相应的碳转移系数(即 c_1、c_2和 c_3)的估计；(2)NEE 测定数据所包含的信息在一定程度上反映了周转率较快的碳在凋落物、微生物和土壤有机质之间转移的过程，因此能够较好地约束代谢性凋落物、结构性凋落物和微生物库的碳转移系数(c_4、c_5和 c_6)；(3)NEE 测定数据对周转率最快的代谢性凋落物的碳转移系数(c_4)的约束作用还不够强，可能是由于日尺度的 NEE 值掩盖了一些快速碳周转过程。此外，NEE 观测数据的样本量会影响其对碳转移系数的约束作用。倘若减少 NEE 测定数据的样本量，比如仅采用未经插补的 NEE 数据(共计 59 天)，那么其结果与仅同化生物计量数据的结果(图 10.4-Exp2)类似，NEE 对参数 c_4、c_5和 c_6的约束作用则不再明显。这是因为当 NEE 数据样本量减少时，NEE 的对数似然值的量级也降低，即 NEE 对整个似然函数的贡献变弱。

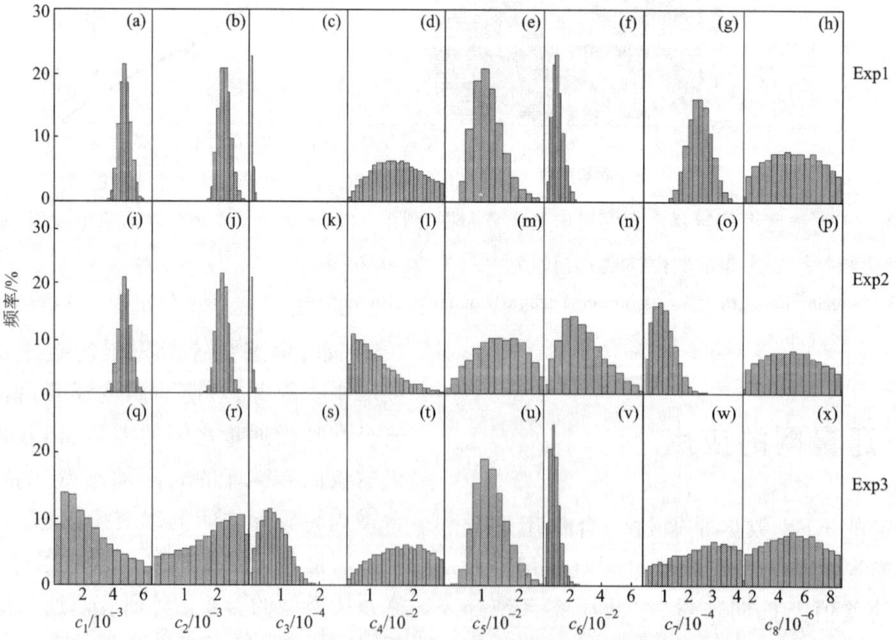

图 10.4 长白山阔叶红松林碳转移系数的后验频率直方图(Exp1：同化 NEE 和生物计量数据；Exp2：同化生物计量数据；Exp3：仅同化 NEE 数据)

Figure 10.4 Posterior histograms of estimated carbon transfer coefficients at Changbaishan broad-leaved Korean pine mixed forest (Exp1: assimilating NEE and biometric data; Exp2: assimilating biometric data; Exp3: assimilating NEE data)

10.5 基于控制试验的应用

温度、CO_2浓度和降水控制试验为改进生态系统模型模拟碳循环提供了良好的数据基础。过去的几十年内已经开展了上百次控制试验。部分控制试验已经持续开展了多年，比如在美国 Duke Forest 进行的开放式 CO_2富集（FACE）试验、在俄克拉何马州进行的温度控制试验（warming and clipping experiment）。这些控制试验提供了与生态系统碳、氮、水循环相关的多种观测数据。然而，这些控制试验采取的是阶跃式变化（step change），而实际上全球变化是渐进式（gradual change）的。Luo 和 Reynolds（1999）利用模型对比研究了生态系统对 CO_2浓度阶跃式升高和逐渐升高的响应差异。在 CO_2浓度逐渐升高的情况下，模拟的生态系统固碳量也逐渐增加（图 10.5c）；而在 CO_2浓度骤然升高的情况下，模拟的生态系统固碳量在试验开始后迅速增加继而下降（图 10.5f）。田间 CO_2试验的瞬时性特点同样体现在碳氮的相互作用上。当 CO_2浓度阶跃式增加时，碳的固定量的急剧增加必然要求大量的氮素的供应以使得碳氮比达到平衡。而当 CO_2浓度逐渐升高时，少量的碳固定与源自大气沉降的氮基本平衡。Duke FACE 试验的证据支持和证实了这种瞬时响应的特点（Luo，2001；Hui et al，2001），同时 Klironomos 等（2005）开展的独立研究也验证了这一现象的存在。

瞬时响应现象的存在会产生这样一个问题：既

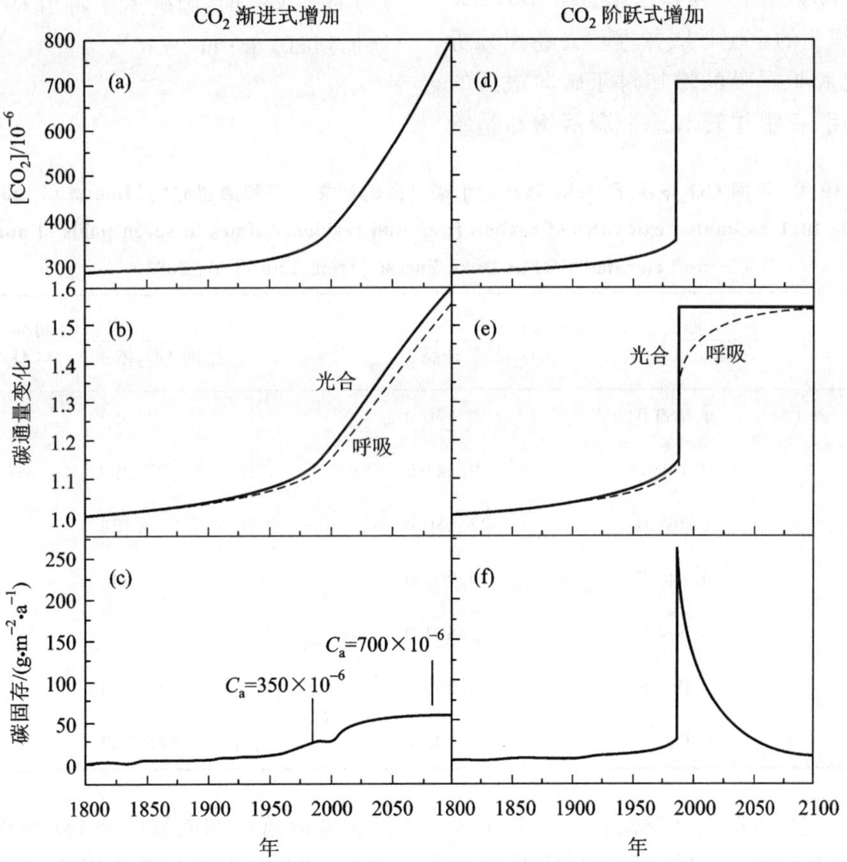

图 10.5　不同 CO_2浓度增加方式下的碳通量（光合和呼吸）和固碳大小

Figure 10.5 Simulated responses of C sequestration to step and gradual increases in CO_2

然 FACE 试验获得的数据反映的是 CO_2浓度骤然变化时生态系统的响应，那么我们如何才能合理利用 FACE 试验数据来理解和预测生态系统对实际渐进的 CO_2浓度变化的长期响应？对于这个问题，Luo 和 Reynolds（1999）认为，FACE 试验数据可以通过改进碳循环模型、估计模型参数的方式加以分析和利用，从而预测实际变化。

骆亦其及其同事先后对 Duke FACE 试验数据

进行了去卷积(deconvolution)和反演分析,从而估算碳的分配和转移系数。去卷积是指通过测量输出和已知输入重构未知输入的过程。进行去卷积分析的观测量是几个具有明显差异的过程的卷积。举例来说,土壤呼吸是多个过程产生CO_2的综合结果,包括根分泌、根呼吸、根周转和凋落物与土壤有机质的分解。这些过程对碳的扰动有不同的响应,其差异与碳的滞留时间有关(Thompson & Randerson, 1999; Luo & Reynolds, 1999)。比如,通过根分泌的地下碳循环途径需几周时间(Cheng et al, 1994; Rouchier et al, 1996),而通过木质生长、死亡和分解的碳循环途径则需几十年。无论是碳输入增加(如CO_2浓度增加试验)还是底物供应降低(如树木环割试验),根分泌和根呼吸会很快发生响应,而土壤有机质的变化则慢得多。利用不同碳过程响应时间的差别,Luo 等(2001b)应用去卷积法来区分 Duke 森林的 FACE 试验观测的土壤呼吸数据。去卷积分析结果表明,根分泌和根呼吸的增加对于碳向根区的转移没有太大作用,而根周转和地上凋落物却是碳转移到土壤的主要过程。

Luo 等(2003)还应用了反演方法对美国北卡罗来纳州 Duke 森林的 FACE 试验观测数据进行了分析,这些数据分别为环境CO_2浓度(350 mg · kg^{-1})和高CO_2浓度(550 mg · kg^{-1})下的土壤呼吸、木质生物量、叶生物量、凋凋物、凋落层的碳含量以及土壤碳含量数据,这些数据用于反演不同植物和土壤库的碳滞留时间。反演结果表明,与环境CO_2浓度的情况相比,在高CO_2浓度的情况下,植物碳的滞留时间缩短而微生物碳和土壤碳的滞留时间延长(表10.1),但高CO_2浓度情形下的碳滞留时间的估计值与环境CO_2浓度下的估计值有很好的相关性。由此估计的碳滞留时间与碳输入相结合,可以用于模拟CO_2浓度逐渐增加情况下的固碳速率。当大气CO_2浓度从2000年的378 mg · kg^{-1}逐渐增加到2100年的710 mg · kg^{-1}时,固碳速率将由69 g · m^{-2} · a^{-1}逐渐增加到201 g · m^{-2} · a^{-1}。

表10.1 不同CO_2浓度下 Duke 森林七个碳库碳的损失速率和滞留时间(Luo et al, 2003)

Table 10.1 Estimated exit rates of carbon from and residence times in seven pools at ambient and elevated CO_2 at Duke Forest (from Luo et al, 2003)

碳库	损失速率/(g · kg^{-1} · d^{-1})		滞留时间/a	
	当前CO_2浓度	CO_2浓度升高	当前CO_2浓度	CO_2浓度升高
非木质生物量	1.760 0	2.170 0	1.557	1.263
木质生物量	0.100 1	0.141 0	27.369	19.429
代谢性凋落物	21.468 0	22.680 0	0.128	0.121
结构性凋落物	0.845 0	0.965 0	3.242	2.839
微生物生物量	8.534 0	2.534 0	0.321	1.081
慢性土壤有机质	0.089 8	0.055 8	30.523	49.134
惰性土壤有机质	0.003 1	0.002 7	885.027	1 031.368

Xu 等(2006)应用贝叶斯概率反演和马尔可夫链蒙特卡罗方法(MCMC)对碳滞留时间和碳库大小估计值的不确定性进行了分析。该研究采用 Metropolis-Hastings 方法,在模型参数先验知识、模型结构和六组观测数据的基础上,构建了碳转移系数的后验概率密度函数(PPDF)。这六组观测数据与 Luo 等(2003)所用的数据相同。从生成的后验概率密度函数可以看出,非木质生物量、木质生物量、结构性凋落物均能被两种CO_2浓度下的观测数据所约束,这些数据也包含了慢性土壤有机碳转移系数的信息,但对代谢凋落物、微生物和惰性土壤有机碳的转移系数的约束很弱。碳库大小模拟值的累积分布函数(CDFs)显示,2010年高CO_2浓度下生态系统碳密度的平均值为16 616 g C · m^{-2},明显高于当前环境CO_2浓度下的13 426 g C · m^{-2},模拟结果及其95%置信区间见图10.6。

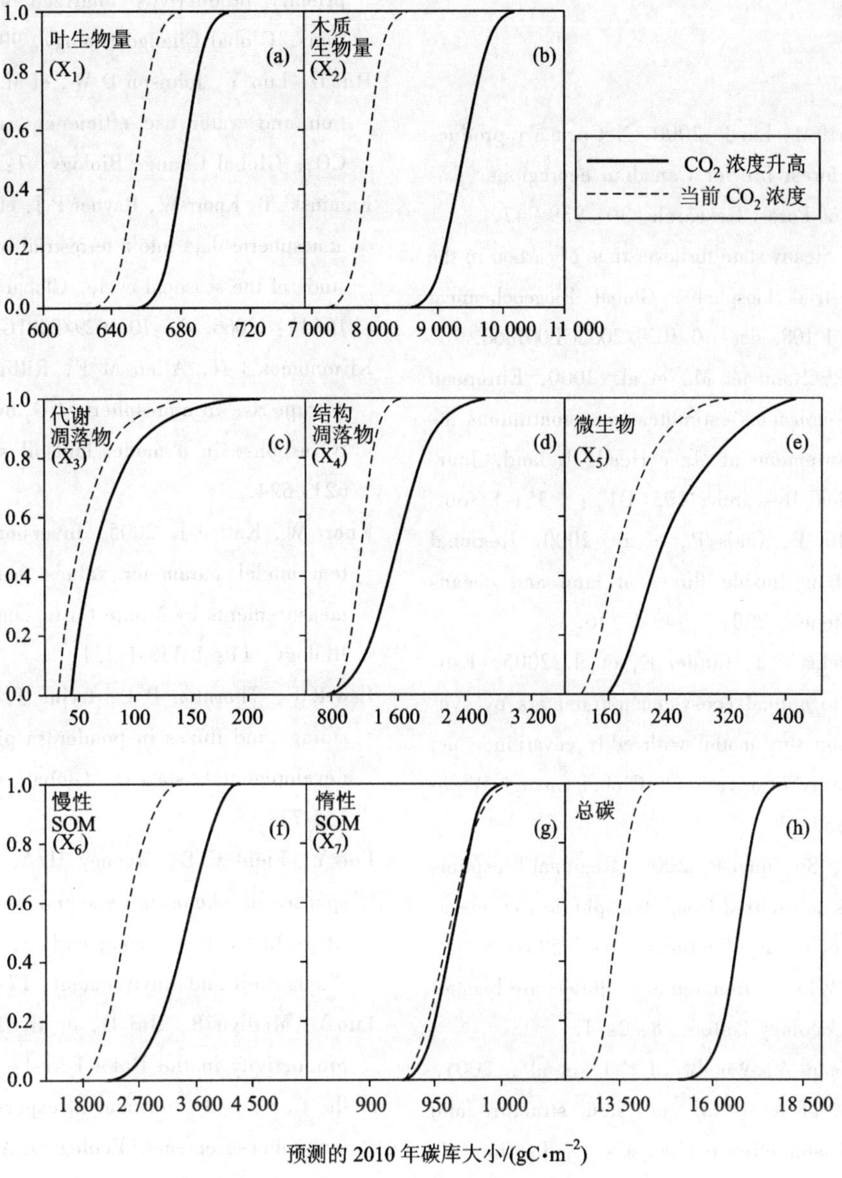

图 10.6 2010 年 Duke 森林碳库大小预测值的概率累积分布函数(Xu et al, 2006)

Figure 10.6 Cumulative distribution functions of simulated carbon pool sizes of year 2010 (from Xu et al, 2006)

10.6 小结

为更好地揭示和预测陆地生态系统碳循环的动态变化,对于陆地生态系统碳循环过程中的未知关键参数,人们可以通过数据同化技术,利用现有的多源观测数据对其进行反演,从而降低模型的不确定性,增强预测结果的可信度。上文中列举了若干利用 FACE 试验数据、通量网数据、生物计量等观测数据对陆地生态系统碳滞留时间和碳库大小进行反演的示例,进而定量估算陆地生态系统固碳能力及其不确定性。这些研究有力地促进和推动了陆地生态系统碳循环领域的发展,增强了对未来气候变化条件下的生态系统碳循环过程的预测能力。然而还有很多具体的问题有待进一步明确和解决,比如数据误差、模型结构、数据信息量、不同尺度数据之间的匹配等问题都会对数据模型融合的结果产生不同程度的影响(Luo et al, in press)。这些问题的解决将会提升数据同化技术陆地生态系统碳循环研究领域的应用前景。此外,基于数据同化技术的区域至全球尺度的碳循环模拟和预测也是目前以及今后一段时间研究的重点和难点。

参考文献

Amiro B D, Chen J M, Liu J. 2000. Net primary productivity following forest fire for Canadian ecoregions. Canadian Journal of Forest Research, 30: 939-947.

Barrett D J. 2002. Steady state turnover time of carbon in the Australian terrestrial biosphere. Global Biogeochemical Cycles, 16(4): 1 108. doi: 10.1029/2002GB001860.

Biraud S, Ciais P, Ramonet M, et al. 2000. European greenhouse gas emissions estimates from continuous atmospheric measurements at Mace Head, Ireland. Journal of Geophysical Research, 105(D1): 1 351-1 366.

Bousquet P, Peylin P, Ciais P, et al. 2000. Regional changes in carbon dioxide fluxes of land and oceans since 1980. Science, 290: 1 342-1 346.

Braswell B H, Sacks W J, Linder E, et al. 2005. Estimating diurnal to annual ecosystem parameters by synthesis of a carbon flux model with eddy covariance net ecosystem exchange observations. Global Change Biology, 11: 335-355.

Ciais P, Peylin P, Bousquet P. 2000. Regional biospheric carbon fluxes as inferred from atmospheric CO_2 measurements. Ecological Applications, 10: 1 574-1 589.

Clark J S. 2005. Why environmental scientists are becoming Bayesians. Ecology Letters, 8: 2-14.

Cramer W, Bondeau A, Woodward F I, et al . 2001. Global response of terrestrial ecosystem structure and function to CO_2 and climate change : results from six dynamic global vegetation models. Global Change Biology, 7: 357-373.

Forest C E, Stone P H, Sokolov A P, et al. 2002. Quantifying uncertainties in climate system properties with the use of recent climate observations. Science, 295: 113-117.

Gurney K R, Law R M, Denning A S, et al. 2002. Towards robust regional estimates of CO_2 sources and sinks using atmospheric transport models. Nature, 415: 626-630.

Hastings W K. 1970. Monte Carlo sampling methods using Markov chain and their applications. Biometrika, 57: 97-109.

Hicke J A, Asner G P, Kasischke E S, et al. 2003. Postfire response of North American boreal forest net primary productivity analyzed with satellite observations. Global Change Biology, 99: 1 145-1 157.

Hui D, Luo Y, Johnson D W, et al. 2001. Canopy radiation and water use efficiency as affected by elevated CO_2. Global Change Biology, 7: 75-91.

Kaminski T, Knorr W, Rayner P J, et al. 2002. Assimilating atmospheric data into a terrestrial biosphere model: A case study of the seasonal cycle. Global Change Biology, 2002, 16(4): 1 066. doi:10.1029/2001GB001463.

Klironomos J N, Allen M F, Rillig M C, et al. 2005. Abrupt rise in atmospheric CO_2 overestimates community response in a model lantsoil system. Nature, 433: 621-624.

Knorr W, Kattge J. 2005. Inversion of terrestrial ecosystem model parameter values against eddy covariance measurements by Monte Carlo sampling. Global Change Biology, 11: 1 333-1 351.

Law B E, Thornton P E, Irvine J, et al. 2001. Carbon storage and fluxes in ponderosa pine forests at different developmental stages. Global Change Biology, 7: 755-777.

Luo Y, Field C B, Mooney H A. 1994. Predicting responses of photosynthesis and root fraction to elevated CO_2: Interaction among carbon, nitrogen and growth. Plant, Cell and Environment, 17: 1 195-1 204.

Luo Y, Medlyn B, Hui D, et al. 2001b. Gross primary productivity in the Duke Forest: Modeling synthesis of the free-air CO_2 enrichment experiment and eddy-covariance measurements. Ecological Applications, 11: 239-252.

Luo Y, Reynolds J F. 1999. Validity of extrapolating field CO_2 experiments to predict carbon sequestration in natural ecosystems. Ecology, 80:1 568-1 583.

Luo Y, Weng E, Wu X, et al. Parameter Identifiability, Constraint, and Equifinality in Data Assimilation with Ecosystem Models. Ecological Applications, in press.

Luo Y, White L W, Canadell J G, et al. 2003. Sustainability of terrestrial carbon sequestration: A case study in Duke Forest with inversion approach. Global Biogeochemical Cycles, 17(1): 1 021. doi: 10.1029/2002GB001923.

Luo Y, Wu L H, Andrews J A, et al. 2001c. Elevated CO_2 differeentiates ecosystem carbon processes: deconvolution analysis of Duke Forest FACE data. Ecological Monographs, 71: 357-376.

Mastrandrea M D, Schneider S H. 2004. Probabilistic Integrated Assessment of "Dangerous" Climate Change. Science, 304(5 670):71-75.

McGuire A D, Sitch S, Clein J S, et al. 2001. Carbon balance of the terrestrial biosphere in the twentieth century: Analyses of CO_2, climate and land-use effects with four process-based ecosystem models. Global Biogeochemical Cycles, 15(1): 183-206.

Metropolis N, Rosenbluth A W, Rosenbluth M N, et al. 1953. Equation of state calculation by fast computer machines. Journal of Chemical Physics, 21(6): 1 087-1 092.

Morimoto S, Nakazawa T, Higuschi K, et al. 2000. Latitudinal distribution of atmospheric CO_2 sources and sinks inferred by δ^{13} C measurements from 1985 to 1991. J. Geophys. Res. ,105: 23 315-24 326.

Murphy J M, Sexton D M H, Barnett D N, et al. 2004. Quantification of modeling uncertainties in a large ensemble of climate change simulations. Nature, 430: 768-772.

Parton W J, Schimel D S, Cole C V, et al. 1987. Analysis of factors controlling soil organic matter levels in Great Plains grasslands. Soil Science Society of America Journal, 51: 1 173-1 179.

Peylin P, Baker D, Sarmiento J, et al. 2002. Influence of transport uncertainty on annual mean and seasonal inversions of atmospheric CO_2 data. J. Geophys. Res, 107(D19): 4 385. doi:10.1029/2001JD000857.

Rastetter E B, Ågren G I, Shaver G R. 1997. Responses of N-limited ecosystems to increased CO_2: Application of a balanced-nutrition, coupledelement-cycles model. Ecological Applications, 7: 444-460.

Rayner P J, Scholze M, Knorr W, et al. Two decades of terrestrial carbon fluxes from a carbon cycle data assimilation system (CCDAS). Global Biogeochemical Cycles, 2005, 19: GB2026. doi:10.1029/2004GB002254.

Sacks W J, Schimel D S, Monson R K, et al. 2006. Model-data synthesis of diurnal and seasonal CO_2 fluxes at Niwot Ridge, Colorado. Global Change Biology, 12: 240-259.

Tans P P, Fung I Y, Takahashu T. 1990. Observational contraints on the global atmospheric CO_2 budget. Science, 247: 1 431-1 439. doi:10.1126/science.247.4949.1431.

Tarantola A. 1987. Inverse problem theory. Amsterdam: Elsevier.

Thompson M V, Randerson J T. 1999. Pulse response functions of terrestrial carbon models: method and application. Global Change Biology, 5: 371-394.

Wang Y P, Leuning R, Cleugh H A, et al. 2001. Parameter estimation in surface exchange models using nonlinear inversion: how many parameters can we estimate and which measurements are most useful. Global Change Biology, 7: 495-510.

White L W, Zaman M. 2002. Stochastic Inversion and Prediction Applied to Concrete Overlay Systems. Applied Math and Computation, 128: 59-79.

White L, Luo Y, Xu T. 2005. Carbon sequestration: inversion of FACE data and prediction. Applied Mathematics and Computation, 163: 783-800.

White L, Luo Y. 2002. Inverse analysis for estimating carbon transfer coefficients in Duke Forest. Applied Mathematics and Computation, 130:101-120.

White L, White F, Luo Y, et al. 2006. Estimation of parameters in carbon sequestration models from net ecosystem exchange data. Applied Mathematics and Computation, 181:864-879.

Williams M, Schwarz P A, Law B E, et al. 2005. An improved analysis of forest carbon dynamics using data assimilation. Global Change Biology, 11:89-105.

Xu T, White L, Hui D, et al. 2006. Probabilistic inversion of a terrestrial ecosystem model: Analysis of uncertainty in parameter estimation and model prediction. Global Biogeochemical Cycles, 20: GB2007. doi:10.1029/2005GB002468.

Zhang L, Luo Y Q, Yu G R, et al. Variations in Estimated Carbon Residence Times among Three Forest Ecosystems in Eastern China: Applications of Probabilistic Inversion. New Phytologist, Submitted.

Zhou T, Luo Y. 2008. Spatial patterns of ecosystem carbon residence time and NPP-driven carbon uptake in the conterminous United States. Global Biogeochemical Cycles, 22: GB3032. doi:10.1029/2007GB002939.

第三篇

全球变化驱动下的生态系统变化过程及其适应性

第11章 气候变化对陆地生态系统格局的影响

徐明 郭华

（中国科学院地理科学与资源研究所）

摘要

以“气候变暖”为标志的全球气候变化对陆地生态系统产生了强烈的影响。随着气温与降水量的振荡性增加趋势，陆地生态系统格局也呈现出相应的振荡性变化趋势。气候变暖使北半球气候带普遍北移，中国陆地生态系统格局在近十几年内的变化总体趋势是北方荒漠化仍在继续增加；北方地区草地呈现减少的趋势，气候变暖将使中国北方牧区的各类草原界限东移；热带亚热带森林增加，温带森林和北方森林显著减少；中国北部和东北部农田增加，东部和东南沿海农田急剧减少，气候变暖将增加各地的热量资源，使作物潜在生长季延长，多熟种植北界北移。

中国西北及东南部气候正在向暖湿发展。20世纪60年代以来，中国Holdridge生命地带空间分布变化表明，中国冰雪地带面积以每10年6.3%的速率持续减少；亚热带有刺疏林以每10年10.4%的速率下降。按照目前的发展速度，冰雪地带可能会在159年后消失，而亚热带有刺疏林将会在96年后消失。高山干苔原和冷温带灌丛则呈现持续增加趋势，这两种地带的每10年增加速度分别是13.1%和3.4%。热带荒漠、暖温带荒漠呈现出向外围扩展趋势，尤其是黄土高原和内蒙古高原上的荒漠灌丛地带向东、东南方向扩展趋势较为明显。暖温带有刺草原、亚热带有刺疏林和热带干旱森林减少最为剧烈，与亚热带潮湿森林和暖温带潮湿森林变化趋势相反。热带湿润森林自20世纪70年代出现，它的中心已经从海南向东北方向的广州迁移，这意味着海南及其东北邻区的气温及降水量已在最近几十年有增加趋势。总得来说，在近40年HLZ多样性呈下降趋势，连通性则持续增加。

气候变化通过植物生理生态、覆盖范围、主要物种、物候、种植制度和耕作方式以及生产力等方面，使得陆地生态系统格局发生了很大变化。为最大限度地减小全球变化的不利影响，利用全球变化的有利方面，迫切需要加强全球变化背景下，关键生态因子与不同尺度上陆地生态系统的相互影响研究，揭示其适应的机制。

关键词：气候变化　中国陆地生态系统　西北及东南部暖湿趋势　Holdridge 生命地带　冰雪地带减少　热带湿润森林出现并扩展

Chapter 11

Impacts of climate change on terrestrial ecosystems

Abstract

Affected by climate change, marked by strong warming in the past three decades, both the spatial pattern and local community structures of major terrestrial ecosystems across China have shown significant changes. Major features of these changes are (1) intensified desertification in north and northwest China, (2) decrease of forest coverage in temperate climate zone and northern territories while increase of forest coverage in southern and southeastern regions, (3) sharp decrease in agricultural lands in eastern and coastal regions and increase of crop lands in northern China, and (4) extended growing season length in northern China and northward shift of major crop zones.

In accordance, the Holdridge Life Zone (HLZ) in China has shown dynamic evolutions since the 1960s. In particular, glacier and perennial snow cover areas have been shrinking at a rate of 6.3% per decade, and areas of subtropical thorn woodland had been diminishing at a rate of 10.4% per decade. If these trends continue, these specific ecozones would have been disappeared in 159 years and 96 years, respectively. Meanwhile, alpine dry tundra and cool temperate scrub lands have steadily increased in the past four decades following the increase in temperature, and their decadal rates are 13.1% and 3.4%, respectively. Tropical moist forests have steadily extended northward since 1970s and the mean latitude center of these forests has advanced from Hainan province to Guangzhou province. These changes have reduced biodiversities in the original ecosystems across China while encouraging infiltration of invasive species, demonstrating great effects of climate change on terrestrial ecosystems across China.

To understand these changes in plant physiology and spatial variations, invasive species, and ecosystem functioning and services, we must investigate these changes and study their interactions and climatic roles in causing or facilitating these changes at various spatial and temporal scales so to develop effective adaptation strategies to curb adverse climate change impacts on ecosystem services. This chapter provides a summary of our understanding of these changes and serves as a reference for further understanding them.

Keywords: Climate change, Terrestrial ecosystem in China, Warm-humid trend of climate in western and southeastern China, Holdridge Life Zone, Decrease of nival area, Appearance and extension of subtropical forest

11.1 中国陆地生态系统空间格局

11.1.1 中国陆地生态系统空间格局概况

(1) 森林生态系统空间格局

我国幅员辽阔,地形复杂,气候多样,宜林地范围很广,但是因各地的生态环境差异很大,致使我国林地空间分布极不均匀,第六次全国森林清查结果显示,全国森林覆盖率为 18.21%,其中东部地区森林覆盖率为 34.27%,中部地区为 27.12%,西部地区只有 12.54%,而占国土面积 32.19% 的西北 5 省区森林覆盖率只有 5.86%(国家林业局,2005)。

我国林地空间分布总的态势是(高志强,2000):主要分布在东北三省的大小兴安岭区和南方山地丘陵区。大致以大兴安岭—吕梁山—青藏高原东缘一线以东的地区是有林地集中分布的地区,此线以西,内蒙古中部—青藏高原的雅鲁藏布江中游一线以东的地区是灌木林集中分布的地区,其他林地主要混杂在有林地分布的区域之内(图 11.1a)。

中国森林类型的分布除地带性分布外,还有一些非地带性分布类型。这些森林植被在地球表面并非单独形成一个"带",而是分散地分布在各个植被带中,而且决定这些森林植被分布的主导因素是地形和地质条件影响下的局部特殊生境,并非当地的气候条件。因此,这些森林的分布是非地带性的。中国森林的非地带性类型可大致分为青藏高原区的森林、温带草原区的森林和温带荒漠区的山地森林三大类,大部分分布在西部(刘纪远等,2006)。

(2) 草地生态系统空间格局

中国现有草地 4 亿 hm^2,占国土总面积的 40%,仅次于澳大利亚,居世界第二位(刘纪远等,2006)。中国草地的基本空间格局为以西部分布为主,东部分布稀少。从湿润度上看,集中分布在北部和西部年降水量少于400 mm的半干旱和干旱区地区,大致在大兴安岭—阴山—吕梁山—横断山一线以西的地区(高志强,2000)。从地貌类型上看,草地主要分布在西部的青藏高原、内蒙古高原、黄土高原、天山山脉、阿尔泰山脉及塔里木盆地的周围。在南方丘陵区,如云南、贵州、四川、湖南、湖北、安徽、福建、台湾、广东、广西等省区,海拔 1 000 m 以下丘陵山地区,草地也有分布(图 11.1b)。总之,在自然环境条件和人类活动的影响下,我国的草地在空间分布上呈现出西多东少,干旱半干旱气候区多、湿润半湿润气候区少,西部北部集中、东部南部分散的特点(高志强,2000)。

(3) 农田生态系统空间格局

我国土地开发历史悠久,耕地分布很不均衡,大致以大兴安岭—张家口—榆林—兰州—藏东南边缘为界,其东南部占全国土地总面积 45%,而耕地却占总耕地的 88.4%,而占国土总面积 55% 的西北部,耕地仅占 11.6%,使我国农业形成农牧两大作业区域。由图 11.1(c)可知中国农田主要分布在东部沿海 400 mm等降水线以东的地区,即半湿润和湿润区,400 mm等降水线以西的半干旱和干旱区,只有河西走廊、天山南北的河流冲积扇区有大片耕地分布。从地貌类型分布看,中国耕地集中分布在中国的东北平原、华北平原、长江中下游平原、四川盆地和关中盆地等地区,在平原和盆地区的耕地基本上连片分布;在南方丘陵和低山区耕地也广泛分布,但不是连片分布,与林地和草地穿插分布(高志强,2000)。

(4) 荒漠生态系统空间格局

我国虽然幅员辽阔,但约有 21% 的国土面积为难以利用的未利用土地,包括沙地、戈壁、盐碱地、沼泽地裸土地、裸岩石砾地等。如图 11.1(d) 所示,我国未利用土地主要分布在西北温带及暖温带荒漠区和青藏高寒地区。这里地处欧亚大陆中心,四周离海洋遥远,而为一系列高山高原所环绕,湿润的海洋气流很难进入,因此其区域特征是气候极其干旱,景观以各种类型的温带与暖温带荒漠为主,特别是流沙莽莽的沙漠和砾石累累的戈壁,再加上中低纬度内独特的大面积高寒环境,对农业生产十分不利。其中塔里木盆地、准噶尔盆地、柴达木盆地及青藏高原和内蒙古高原是荒地最集中的地区;荒地集中分布在干旱和半干旱地区;东部半湿润和湿润地区荒地只有零星分布(高志强,2000)。

11.1.2 HLZ 生态系统空间格局

HLZ(Holdridge Life Zone)(后文简称为生命地带)是用三个生物气候变量(生物温度、降水量、蒸腾比率)来表示气候格局与大尺度植被分布的关系(刘纪远等, 2006)。在 38 种 HLZ 陆地生态系统中,中国共有 28 类,生态系统类型丰富,结构复杂。中国 HLZ 类型的空间分布随着生物温度、降水量、蒸腾比率等气候条件的变化发生一系列的变化。从生命地带的空间分布序列图(图 11.2)分析可看出:

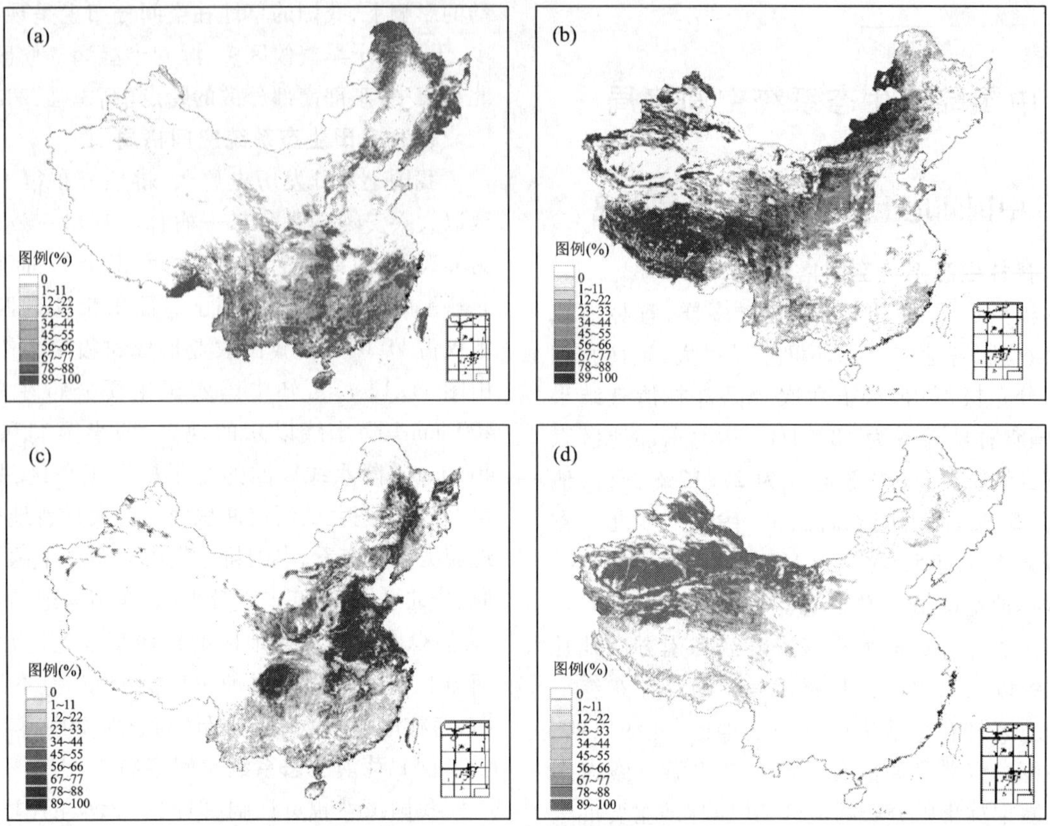

图 11.1　中国陆地生态系统空间分布格局(高志强,2000)

(a) 森林生态系统　(b) 草地生态系统　(c) 农田生态系统　(d) 荒漠生态系统

参见彩色插页

Figure 11.1 Spatial pattern of terrestrial ecosystem in China (from Gao, 2000)

(a) Forest, (b) Grassland, (c) Farmland, (d) Desert

(1) 西北干旱荒漠区

热带荒漠主要分布在塔里木盆地和吐鲁番盆地的中心部位,也就是相应的塔克拉玛干沙漠地区;暖温带荒漠主要分布在热带荒漠地带外部的塔里木盆地、吐鲁番盆地的大部分地区、柴达木盆地中部、巴丹吉林沙漠和腾格尔沙漠一带,整体上处于热带荒漠地带与冷温带荒漠地带之间;寒温带荒漠主要分布在暖温带荒漠的外围的阿拉善高原西部与东部、塔里木盆地和吐鲁番盆地的边缘地带、柴达木盆地的外围地带以及准噶尔盆地的少部分地区;北方荒漠主要分布在青藏高原北部和塔里木盆地南部边缘;北方干旱灌丛主要分布在天山低山地带、青藏高原西南部及祁连山北部低山地带;寒温带干旱灌丛和暖温带荒漠灌丛主要分布在阿拉善高原地带及准噶尔盆地大部分地区、黄土高原西北部和内蒙古高原西南部地区,这两种生命地带呈现出向外围扩展趋势,尤其是黄土高原和内蒙古高原上的荒漠灌丛地带向东、东南方向扩展趋势较为明显(刘纪远等, 2006;Yue et al, 2005)。

(2) 高寒区

冰雪地带主要分布在青藏高原西北部的大部分地区、祁连山西北部的大部分高山地带及天山的哈尔克山和博格达山的高山地带、阿尔泰山的高山地带;高山干苔原、高山湿润苔原、高山潮湿苔原和高山雨苔原主要分布在冰雪地带外围的高山地带、青藏高原东南部的大部分高山地区、阿尔泰山、祁连山及天山地区的冰雪地带外围以及大兴安岭北部的高山地带。随着气温的升高和降水量的增加,1961—2000 年间,中国西部的冰雪地带在持续减少,高山苔原地带和高山湿润地带在逐渐增加;青藏高原上的冰雪地带明显向西北方向退缩,而其他高山地带的冰雪地带则逐渐向高海拔的山顶退缩。冰雪地带退缩所留下空间则逐渐被各种高山苔原地带所代替(刘纪远等, 2006;Yue et al, 2005)。

(3) 半干旱半湿润区

寒温带草原主要分布在蒙古高原、黄土高原和东北平原的西南部;暖温带有刺草原主要分布在喜马拉雅山东南部和天山西北部一带。北方湿润森林、北方潮湿森林和北方雨林主要分布在青藏高原东部和大兴安岭地区;寒温带湿润森林和寒温带潮湿森林主要分布在青藏高原东部高山地带、秦岭的大部分高山地带、小兴安岭及长白山地带;暖温带干旱森林主要分布在秦岭北部的低山地带及东南部地区、四川盆地中心地带、云贵高原高山地以及华北平原大部分地区(刘纪远等, 2006;Yue et al, 2005)。

(4) 湿润地区

暖温带湿润森林和暖温带潮湿森林主要分布在青藏高原南部、云贵高原、四川东部以及长江中下游地区大部地区;亚热带干旱森林、亚热带湿润森林和热带湿润森林主要分布在四川盆地东南部、云南南部、广西、广东、湖南南部、江西、福建、海南绝大部分地区,台湾北部和西部;台湾中部和东部分布有暖温带干旱森林;热带干旱森林主要分布在海南中部地区,20世纪70年代后在广西最南部也出现了热带干旱森林(刘纪远等, 2006;Yue et al, 2005)。

我国主要的10种HLZ包括暖温带湿润森林(12.94%)、冰雪地带(10.66%)、寒温带湿润森林(10.07%)、寒温带草原(9.76%)、暖温带荒漠(7.89%)、亚热带湿润森林(7.89%)、暖温带干旱森林(7.47%)、寒温带灌丛(5.37%)、北方湿润森林(4.94%)和高山雨苔原(4.58%)。这10种HLZ覆盖了中国81.57%的面积。虽然这10种HLZ是中国的主要生命地带类型,但是另外18种在HLZ多样性方面具有非常重要的作用,而且它们对气候变化和人类活动的敏感性要远远大于其他10种HLZ,其中暖温带有刺草原、亚热带潮湿森林和寒温带潮湿森林更是如此。HLZ的空间分布表明,暖温带干旱森林主要分布在干旱半干旱区向半湿润、湿润区过渡地带,这里年降水量大概是600 ~ 1 200 mm;暖温带湿润森林分布在暖温带干旱森林南部,年降水量是1 200 ~ 1 400 mm;一部分亚热带干旱森林分布在长江中上游地区;亚热带湿润森林多数分布在降水量1 400 ~ 1 800 mm的地区(Yue et al, 2005)。

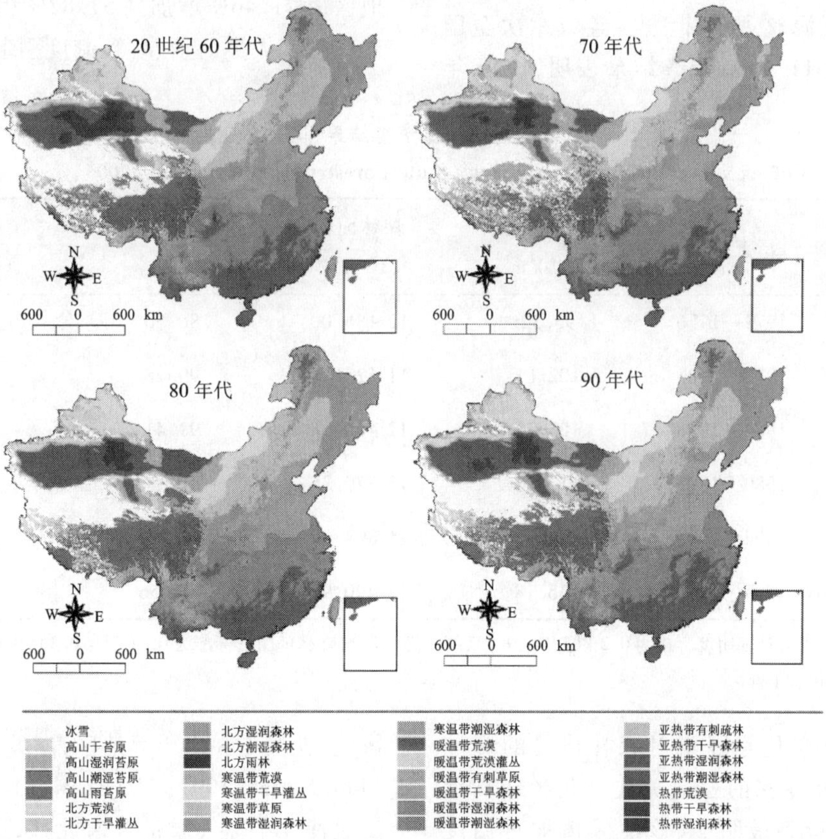

图11.2 20世纪60年代、70年代、80年代和90年代中国HLZ空间分布(Yue et al, 2005)

参见彩色插页

Figure 11.2 Holdridge Life Zone spatial distribution in 1960s, 1970s, 1980s, and 1990s(Yue et al, 2005)

11.2　中国陆地生态系统时空格局变化趋势

11.2.1　中国陆地生态系统时空格局变化趋势概况

中国陆地生态系统格局在近十几年内的变化总体趋势是西部荒地在增加,东部荒地在减少;中国北方地区林地和草地在大量被开发,呈现减少的趋势,但是由于 20 世纪 80 年代以来大量植树造林,林地面积大幅上升;中国北部和东北部农田增加,东部和东南沿海农田在急剧减少(高志强,2000)。以上格局除了土地开垦加剧、城市扩张、大量林地被开发等人类活动影响外,气候变化对各种陆地生态系统格局有着不同程度的影响。

(1) 森林生态系统时空格局变化趋势

从新中国成立以来到 2003 年止,我国先后完成了一次全国森林资源整理统计汇总、连续六次全国森林资源清查(表 11.1)。清查结果表明,1950 年至第五次森林清查(1994—1998 年),我国森林资源总量在持续增长,林分面积、林分蓄积均呈增加趋势,无林地面积呈降低趋势,但是经济林增长幅度较大,成熟林面积减少,树种单一,森林质量下降(国家林业局,2005)。相对于第五次森林清查,第六次森林清查(1999—2003 年)结果表明:有林地净增面积 1 071.89 万 hm^2,年均净增率为 1.32%;其中,林分面积净增量为 905.63 万 hm^2,经济林面积净增量为 103.23 万 hm^2,竹林面积净增量为 63.03 万 hm^2,其年均净增率分别为 1.32%、1.00%、2.798%;森林覆盖率由 16.55% 上升到 18.21%,年均增长 0.33%;全国林分郁闭度为 0.54,其中天然林平均郁闭度为 0.55,人工林平均郁闭度为 0.52,人工林郁闭度 0.7 以上面积占人工林比例为 29.63%;全国林木蓄积平均生长率由 4.34% 增加到 5.08%;全国阔叶林和针阔混交林面积占林分面积比例由 49.63% 增加到 53.19%,其中西北林区阔叶林和针阔混交林比例达到了 67.44%;林种结构得到合理调整,防护林面积由 16.55% 增加到 37.23%,西部地区由 21.46% 增加到 51.82%(鲁绍伟,2006)。

除了人类活动、政策制度引起的森林生态系统

表 11.1　六次全国森林资源清查结果(国家林业局,2005)

Table 11.1 Results of six surveys of forest resources (State Forestry Administration, 2005)

历次清查	清查年份	活立木蓄积量/$10^8 m^3$	森林面积/$10^4 hm^2$	森林蓄积量/$10^8 m^3$	森林覆盖率/%
第一次	1973—1976	95.32	12 186.00	86.56	12.70
第二次	1977—1981	102.61	11 527.74	90.28	12.00
第三次	1984—1988	105.72	12 465.28	91.41	12.98
第四次	1989—1993	117.85	13 370.35	101.37	13.92
第五次 *	1994—1998	124.88	15 894.09	112.67	16.55
第六次 *	1999—2003	136.18	17 490.92	124.56	18.21

* 第五次、第六次清查森林郁闭度标准为 0.2 以上(含 0.2),第一至第四次森林郁闭度标准为 0.3(不含 0.3),因此第五、六次树林的面积和蓄积量按 0.3 的标准相应下降。

的变化之外,气候变化等因素对森林格局的影响近年来引起国内外专家的普遍关注。北半球高纬度地区气温升高趋势最明显,该地区植被对温度的敏感性也很强。20 世纪以来,高山林线的海拔高度均有不同程度的升高,不同地理纬度上的高山林线海拔高度受林线所处位置的热量亏缺和干燥度影响,尤其是在半干旱地区,南坡林线上界比北坡高(Lloyd et al, 1997; Malyshev & Nimis, 1997)。气候变暖使北半球气候带普遍北移,这已对动植物的分布产生了影响。在我国,油松毛虫原分布在辽西、北京、河北、陕西、山西、山东等地区,现已向北、向西扩展,广泛分布在内蒙古赤峰市以南,向南扩展呈岛

状，分布于海拔 800 m 以上，或西北黄土高原海拔 500～2 000 m的油松林之间（赵铁良等，2003）。周晓峰等（2002）通过蒙古栎地境与年龄关系推算蒙古栎历年更新量，结果表明，蒙古栎在其分布区的西北边缘群落中呈明显的种群进展趋势。

近年来一些研究根据植被带的水热指标和气候变化预估结果，分析了气候变化对未来森林分布的影响。张新时等（1994）预估，CO_2浓度加倍的条件下，我国森林植被带的界线一般向北推移 2.5～4.5 个纬度。热带亚热带森林增加，温带森林和北方森林显著减少甚至消失。气温升高还有可能使混交林和落叶阔叶林向华北扩展，草地和灌木丛向东南移动（Li et al, 2006）。郭泉水等（1995）指出，根据全球气候预测模型预测的 2030 年气候变化结果，油松的极限分布区将发生不十分明显的北移。北界东部约向北移 1.4 个纬度，南界约向北移 0.2 个纬度，东西界向分布中心有所收缩。油松分布面积的减少，主要发生在海拔 180～1 200 m 的地区。中心分布区面积比当前气候条件下约减少 7%，中心分布区的南部由较连续的块状分布变为零散的点状分布。

（2）草地生态系统时空格局变化趋势

在人类活动与自然条件共同作用下，我国草地在不同程度上出现了退化。早在 20 世纪 60 年代，我国草地生态系统就出现了退化，70 年代中期草地退化面积还只占草地总面积的 15%，到 80 年代中期已增加到 30% 以上（李博，1995），而到了 90 年代则扩大到 50.2%，并且以每年 133 万 hm^2速度继续扩大（齐景发，2001），进入 21 世纪退化草地面积仍在扩大。

据统计，目前，我国主要牧区草地普遍受到退化的威胁（刘纪远等，2006）。观测表明，36 年来祁连山海北州牧草的年净生产量普遍下降（李英年和张景华，1997）；20 世纪 90 年代青藏高原牧草高度与 80 年代末期比较，生长高度普遍下降 30%～50%（张国胜等，1999）；天然草地产鲜草量和干草量均呈减少趋势；中国内蒙古的草地生产力普遍下降（牛建明等，1999）。CENTURY 模型模拟表明，气候变化将导致羊草草原和大针茅草原初级生产力和土壤有机质含量的显著下降（肖向明等，1996）。

气候变化将改变牧草分布的高度，导致植物区系组成的变化，即草地类型在景观上的迁移。气候变暖将使中国北方牧区变得更加暖干，目前的各类草原界限将会东移（王馥堂等，2003）。就青藏高原、天山、祁连山等高山草场而言，如果温度升高，各类草原的分布界限将相应北移。拉元林等（2005）指出气温上升使青海省海南州地区冰川消退，雪线上升，河流干涸，土壤融冻侵蚀严重，水土流失加剧，严重影响了牧草的正常生长发育，牧草生育期提早或推迟，干物质积累减少，产量下降。另外，冻土层的下降为鼠类的生存提供了有利条件，加速了鼠害的形成和发生，导致草地荒漠化形成。若温度上升 3 ℃，各类草原界限相应就会上移 300～600 m。牛建明和吕桂芬（1999）对中国内蒙古草原研究指出，在温度升高 2 ℃，降水增加 20 % 时草原总面积将减少近 30 %。气候变暖使内蒙古的草地植被由东南向西北压缩，界线北移。北部典型草原向大兴安岭推进；南部典型草原和荒漠草原向北退缩。在温度升高 2℃，降水增加 20 % 情况下，不考虑草地类型的空间迁移，各类草原减产幅度差别很大，其中以荒漠草原的减产最为剧烈，达到 17.1 %；若计入各类型空间分布的变化，各草地类型生产力减产约 30%（周广胜等，2005）。

（3）农田生态系统时空格局变化趋势

1996 年，中国完成了新中国成立以来第一次全国范围内的土地利用详查，也第一次获得了有关全国土地利用较为科学、准确的数据（赵翠薇等，2005）。1996—2005 年期间，耕地面积在持续减少，1996 年底中国耕地面积为 $13\ 003.92\times10^4\ hm^2$，截止到 2005 年底耕地面积减少至 $12\ 208.26\times10^4\ hm^2$，耕地的净减少量为 $795.66\times10^4 hm^2$，其年减少量为 $79.57\times10^4\ hm^2$，耕地变化的动态度达到了 0.61%。1996—2005 年期间，耕地减少量最多的是 2003 年，净减少面积为 $253.74\times10^4\ hm^2$，年减少率达到 2.01%，远高于年均减少率 0.70%（曹银贵等，2008）。

我国农田面积整体在下降，下降的地区主要分布在黄土高原、环渤海地区、云贵高原、四川盆地、江淮之间、长江中下游及华南地区；增加的地区主要分布在西北自然条件较好的地区、内蒙古中东部半干旱区以及东北地区，其中增加最明显的是东北地区（刘旭华等，2005）。

气候变暖将增加各地的热量资源，使作物潜在生长季延长，多熟种植北界北移（周广胜等，2004）。温度升高使东北地区有效积温增加，进而使晚熟品种播种面积扩大，提高了粮食生产潜力（娄秀荣等，

1995)。20世纪60年代,大兴安岭地区少有茄子、番茄、青椒等喜温性作物的种植,而现在已很普遍。该地区6月份霜冻现象逐渐减弱(甚至不发生),使生长季延长,原来不能成熟的豆角、玉米等作物20世纪90年代后期已都能成熟(周晓峰等,2002)。中国冬小麦的安全种植北界将由目前的长城一线,北上到沈阳—张家口—包头—乌鲁木齐一线(金之庆等,1994)。华北目前推广的冬小麦品种(强冬性)因冬季无法经历足够的寒冷期以满足春化作用对低温的要求,将不得不被其他类型的冬小麦品种(半冬性)取代。在南方,比较耐高温的水稻品种将占主导地位,且还将逐渐向北方稻区发展(高亮之等,1994)。

(4) 荒漠生态系统时空格局变化趋势

中国荒漠化很严重,总面积已达国土总面积的8%;其中风沙活动和水蚀引起的荒漠化面积几乎各占一半(董玉祥,1995)。另外还有盐渍化及其他因素所形成的荒漠化土地。20世纪50年代以来,荒漠化防治尽管在局部取得了一定成效,但是从全国范围来看,荒漠化土地仍在继续扩大,例如中国北方农牧交错带地区土地沙漠化发展就十分迅速(刘纪远等,2007)。高志强(2000)认为塔里木盆地和准噶尔盆地外围的荒漠化区域将会扩展;内蒙古高原的荒漠化将会向东和东南方向延伸;黄土高原的荒漠化也会日益严峻。据测算,20世纪50—70年代,沙漠化土地年均扩大1 560 km^2,20世纪80年代年均扩展2 100 km^2,到90年代后年均扩展速度达到2 460 km^2(刘纪远等,2007)。

但也有相反情况,林培松等(2005)研究表明:20世纪80年代中期以来,海南岛西增温增湿趋势明显,暖湿气候导致水分循环变化,使岛西年平均相对湿度一般都达到80%以上,其中旱季相对湿度比80年代中期以前增加8.45%,而年蒸发量、年均风速和大风日数都出现下降趋势。较高的空气湿度与较低的蒸发量、较低的风速相配合,有利于保持土壤水分,使土壤水分增大,并使风蚀侵蚀力随之减弱,地表土层有机质、沙物质及种苗都不易被吹蚀,有利于植被的恢复和生物多样性的增加,这对沙漠化的逆转十分有利。

11.2.2 HLZ生态系统变化趋势

由整个中国的HLZ空间分布来看,随着气温与降水量的振荡性增加趋势,生命地带类型也呈现出相应的振荡性变化趋势,例如,20世纪70年代我国出现了第28种HLZ——热带湿润森林,广西最南部出现了原本主要分布在海南中部地区的热带干旱森林。

分析20世纪60年代、70年代、80年代和90年代中国HLZ空间分布变化(Yue et al, 2005),40多年来中国冰雪地带面积以每10年6.3%的速率持续减少,平均来看亚热带有刺疏林快速下降,下降速率为每10年10.4%。青藏高原上的冰雪地带明显向西北方向退缩,而其他高山地带的冰雪地带则逐渐向高海拔的山顶退缩。冰雪地带退缩所留下空间则逐渐被各种高山苔原地带所代替。如果按照目前的发展速度,冰雪地带可能会在159年后消失,而亚热带有刺疏林将会在96年后消失。高山干苔原和冷温带灌丛则呈现持续增加趋势,这两种地带的每10年增加速度分别是13.1%和3.4%。热带荒漠、暖温带荒漠呈现出向外围扩展趋势,尤其是黄土高原和内蒙古高原上的荒漠灌丛地带向东、东南方向扩展趋势较为明显。其他生命地带呈波动变化状态。比较20世纪90年代与60年代生命地带的分布,面积增大的类型包括高山湿润苔原、高山潮湿苔原、北方荒漠、北方潮湿森林、北方雨林、冷温带草原、暖温带荒漠、暖温带荒漠灌丛、暖温带干旱森林、暖温带潮湿森林、亚热带干旱森林、亚热带湿润森林、亚热带潮湿森林和热带湿润森林;面积减小的类型包括北方干旱灌丛、北方湿润森林、冷温带荒漠、冷温带湿润森林、暖温带有刺草原、暖温带湿润森林、热带荒漠和热带干旱森林。40多年平均来看,亚热带潮湿森林和暖温带潮湿森林呈同步变化趋势,亚热带湿润森林增加幅度最大,20世纪70年代比60年代增加了577.78%,而80年代比70年代减少60.66%,90年代又比80年代增加237.5%;其次是暖温带潮湿森林,70年代比60年代增加了219.3%,而80年代比70年代减少32.42%,90年代又比80年代增加188.62%。而暖温带有刺草原、亚热带有刺疏林和热带干旱森林减少最为剧烈,与亚热带潮湿森林和暖温带潮湿森林变化趋势相反(表11.2),这可能是气候振荡的具体表现:整体来看中国西北及东南部气候正在向暖湿发展(Yue et al, 2005)。

表 11.2 20 世纪 60—90 年代中国生命地带面积变化(单位:Mhm^2)

(根据 Yue et al, 2005 Table3 计算得到)

Table 11.2 Area change of HLZs from 1960s to 1990s (Unit: Mhm^2)

(Calculated from the results of table3 in Yue et al, 2005)

编码	生命地带类型名称	60—70 年代		70—80 年代		80—90 年代	
		面积变化	变化比例/%	面积变化	变化比例/%	面积变化	变化比例/%
1	冰雪	-23.27	-19.22	-2.51	-2.57	-4.74	-4.98
2	高山干苔原	0.5	7.81	2.03	29.42	0.82	9.18
3	高山湿润苔原	41.33	423.46	-39.19	-76.71	-1.4	-11.76
4	高山潮湿苔原	2.36	7.82	-1.13	-3.47	5.19	16.52
5	高山雨苔原	-21.81	-50.90	37.27	177.14	-6.49	-11.13
6	北方荒漠	0.5	5.72	-0.41	-4.44	0.39	4.42
7	北方干旱灌丛	0.27	2.42	0.68	5.96	-1.57	-12.99
8	北方湿润森林	5.95	12.26	-12.46	-22.86	0.5	1.19
9	北方潮湿森林	-1.84	-10.05	5.4	32.79	-0.11	-0.50
10	北方雨林	0	0	0.12	30.77	-0.03	-5.88
11	冷温带荒漠	4.08	10.34	-9.17	-21.06	-0.17	-0.49
12	冷温带干旱灌丛	0.48	1.00	4.79	9.90	1.3	2.44
13	冷温带草原	17.08	20.63	-8.93	-8.94	6.15	6.76
14	冷温带湿润森林	-15.91	-15.40	10.33	11.82	-3.86	-3.95
15	冷温带潮湿森林	-0.94	-17.41	1.77	39.69	-1.69	-27.13
17	暖温带荒漠	9.87	14.96	6.38	8.41	-6.8	-8.27
18	暖温带荒漠灌丛	-1.81	-26.70	2.52	50.70	2.85	38.05
19	**暖温带有刺草原**	**-0.49**	**-42.98**	**0.62**	**95.38**	**-0.43**	**-33.86**
20	暖温带干旱森林	5.95	9.14	-2.63	-3.70	10.65	15.56
21	暖温带湿润森林	-5.08	-3.98	6.39	5.21	-17.33	-13.42
22	暖温带潮湿森林	1.25	219.30	-0.59	-32.42	2.32	188.62
26	**亚热带有刺疏林**	**-0.17**	**-22.08**	**0.01**	**1.67**	**-0.16**	**-26.23**
27	亚热带干旱森林	1.48	27.16	-1.29	-18.61	0.37	6.56
28	亚热带湿润森林	-4.78	-6.33	0	0	11.78	16.66
29	亚热带潮湿森林	0.52	577.78	-0.37	-60.66	0.57	237.5
31	热带荒漠	-15.45	-65.22	0.27	3.28	1.93	22.68
35	**热带干旱森林**	**-0.11**	**-52.38**	**0.11**	**110**	**-0.09**	**-42.86**
36	热带湿润森林	0.082		-0.055	-67.073	0.073	270.370

注:表中加底纹表示该生命地带面积增加幅度较大,加粗表示该生命地带面积减少幅度较大。

西部地区,特别是青藏高原的气候条件和地貌特征更为复杂,这些气候条件和地貌条件共同作用形成的土地覆被类型(表征为相应复杂的 HLZ)的演替相对频繁,因此青藏高原区的 HLZ 存在较大的不稳定性和脆弱性,尤其是青藏高原东北部、东南部及东部更为明显。可以说随着气温的不断上升和降水的逐渐增加,中国西部陆地生态系统正在向有利于人类生存的方向发展。西部 HLZ 生态系统多样性和斑块连通性均呈增加趋势,平均每 10 年分别增加 0.27% 和 2.79%。由于近半个世纪以来气温的不断上升,自 20 世纪 70 年代起在广西南部一带出现了热带湿润森林地带类型,在云南南部出现了热带干旱森林地带。中国 HLZ 陆地生态系统面积平均变化趋势分析结果表明,冰雪地带面积持续减少,高山干苔原与冷温带灌丛地带持续增加,而暖温带荒漠灌丛地带除 20 世纪 70 年代后一直快速增加的趋势也表明我国西部地区荒漠化面积不断扩大的严峻现实(Yue et al, 2005)。

热带湿润森林自 20 世纪 70 年代出现,它的中心已经从海南岛向东北方向的广州迁移,这意味着海南岛及东北邻区的气温及降水量已在最近几十年有增加趋势。冰雪地带的面积自 20 世纪 60 年代开始持续减少,其中心向西北迁移,这与中国西北部地区的气候变暖和降水量增加有关。占中国陆地生态系统 9.76% 的寒温带草原大致向西南迁移了 500 km。虽然 HLZ 自 20 世纪 70 年代由于海南热带湿润森林的出现而增加到 28 种,但是平均来说,HLZ 多样性在近 40 年呈下降趋势,下降速率为每 10 年 0.003%;同时,HLZ 的连通性在近 40 年也在以平均每 10 年 0.043 9% 的速率持续增加(表 11.3),这意味着利用生态服务功能的能力增强(Yue et al, 2005)。总之,中国陆地生态系统格局的变化反映了气候变化对陆地生态系统的剧烈影响。

表 11.3 20 世纪 60—90 年代 HLZ 多样性及连通性变化(引自 Yue et al, 2005)

Table 11.3 Changes of HLZ diversity and patch connectivity in the four decades on the average (From Yue et al, 2005)

	60 年代	70 年代	80 年代	90 年代	年代际增长速率/%
HLZ 多样性	0.141 8	0.140 8	0.140 8	0.140 1	−0.003 0
HLZ 斑块连通性	0.130 3	0.136 5	0.142 4	0.153 2	0.043 9

结合近几十年中国气候格局以及 HadCM2 和 HadCM3 模式模拟的气候情景,分析未来 100 年中国陆地生态系统空间格局的可能变化,结果表明(Yue et al,2006):随着未来气温的升高,冰雪地带会迅速缩小,HadCM2 和 HadCM3 模式分别预测出冰雪地带可能会在未来 552 年和 204 年消失;冰雪带、暖温带湿润森林和北方潮湿森林会持续减少,而亚热带湿润森林和冷温带森林会持续增加。HadCM2 和 HadCM3 模式模拟的结果还表明北方潮湿森林、亚热带湿润森林、热带干旱森林、暖温带湿润森林和亚热带潮湿森林对气候变化情景更为敏感,有更大的偏移空间范围(图 11.3)。气候变化可能会使生态区多样性减少而提高斑块连通性。

总之,如果能够有效地保护和恢复,我国陆地生态系统会出现良性循环,但是如果人类活动超出了生态系统所能承受的范围,生态环境将会持续恶化。

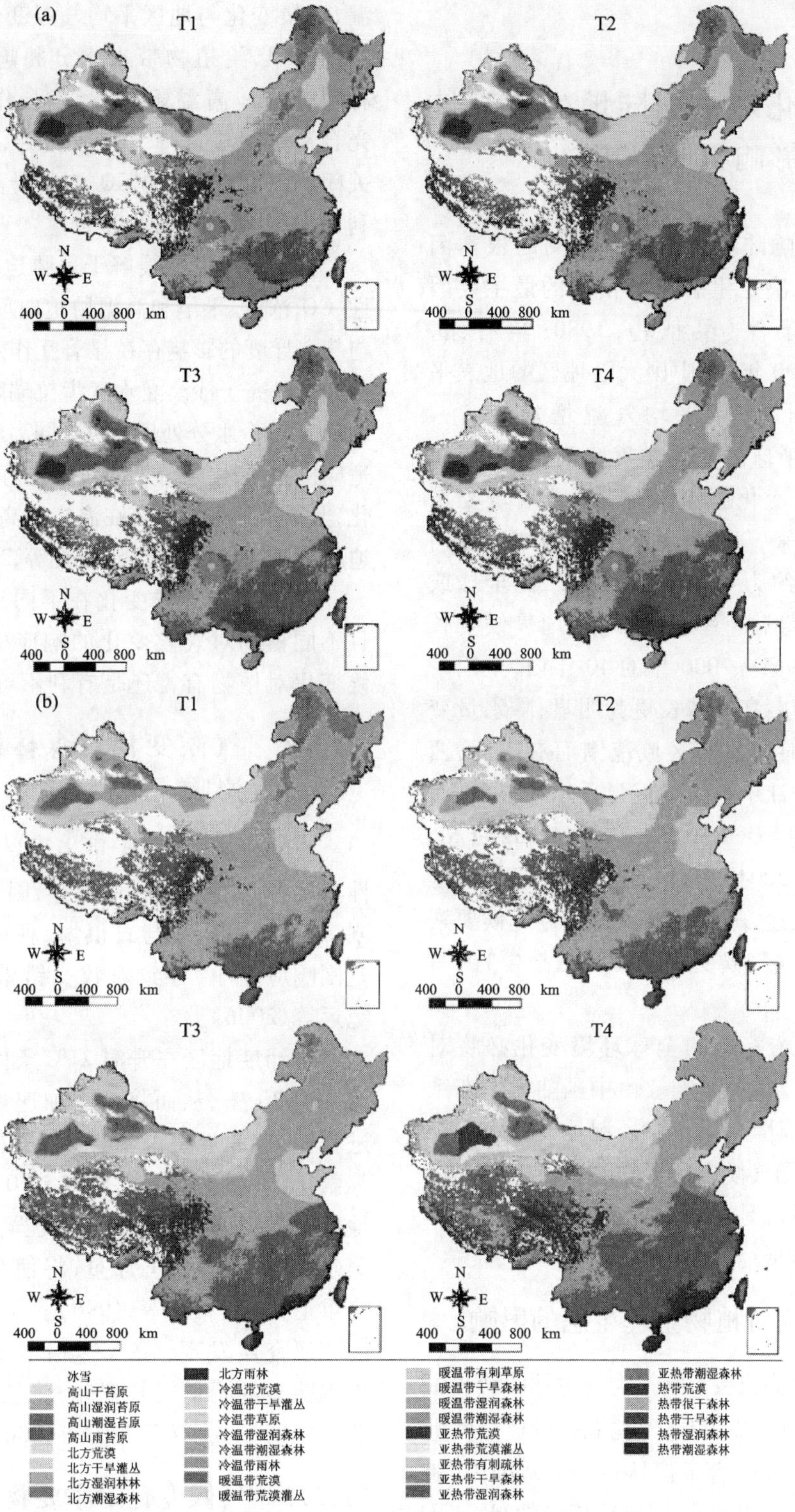

图 11.3　预测的 1961—1990 年(T1),2010—2039 年(T2),2040—2069 年(T3),2070—2099 年(T4)四个时期 HLZ 空间分布:(a) HadCM2 预测,(b) HadCM3 预测(Yue et al, 2006)

参见彩色插页

Figure 11.3 Holdridge Life Zone spatial distribution predicted by HadCM2 (a) and HadCM3 (b) for the periods 1961—1990 (T1), 2010—2039 (T2), 2040—2069 (T3) and 2070—2099 (T4)

(From Yue et al, 2006)

11.3 气候变化对中国陆地生态系统格局的影响机制

气候因素是影响陆地生态系统格局的根本因素。在气候因素中，决定生态系统格局的最主要因素是热量和水分条件（吴征镒，1980；蒋有绪，1997）。在过去的100年内，中国大陆地区的地表平均气温已经明显升高，年平均气温增加0.5～0.8℃，比全球或北半球的变暖幅度略高，其中冬季增温最明显（《气候变化国家评估报告》编写委员会，2007）。50多年来，年平均地表气温增加幅度约为1.1℃，增温速率约为每10年0.25℃，比全球或北半球同期平均年增温速率高得多；中国气候生长期也明显增长，在1961—2000年的40年内，全国平均增长了6.5天，青藏高原增长更为明显；降水量变化趋势因所分析的时间段和区域范围而有不同，西北和东南部增加，长江中下游地区夏季增加显著，而华北、东北南部下降（Qian et al, 2005；Feng et al, 2007；Yang & Lau, 2004）；全国平均或大部分地区的日照时数、平均风速、蒸发量和总云量等气候要素均呈显著下降趋势（《气候变化国家评估报告》编写委员会，2007）。

以"气候变暖"为标志的全球环境变化必将对陆地生态系统产生严重的影响。由中国陆地生态系统格局变化可知，森林、草原、荒漠、湿地以及农田等陆地生态系统极易受气候变化影响。气候变化存在区域不均衡性，同时陆地生态系统的响应也存在不均衡性（吴循等，2008）。

11.3.1 气候变化对植物生理生态的影响

大气CO_2浓度升高直接影响植物的生理活动和生化反应，使植物的生理生态、形态结构和化学成分发生变化（吴循等，2008）。CO_2含量保持在一定范围内，随其浓度升高植物光合作用加强，呼吸作用受抑制，气孔导度降低，水分利用率提高，生物量和产量增加，关键蛋白质、酶和非结构性糖类含量增加，组织中氮、硫含量减少，根系和花的发育提前（张炜银等，2001）。CO_2浓度升高还可增加农田土壤团粒的保水性，从而增加植物对水的利用率（Rillig et al,1999,2001）。

近100年来，中纬度地区暖期雨量减少，冷期潮湿，雨量变化与地区平均气温变化呈反位相关，导致暖期干旱，给植物带来水分胁迫和高温胁迫（肖辉林，1994）。高温条件下，光合作用被严重抑制，净光合速率明显下降。一般认为，温度升高可使气孔关闭，叶肉细胞间的CO_2浓度升高，提高叶片的水分利用率（许振柱等，2003）。

高CO_2浓度能缓解干旱胁迫作用，增加植物抗旱性，CO_2浓度、干旱和高温胁迫时间对叶片净光合速率与气孔导度的影响存在显著互作效应。Hamerlynck等（2000）研究了沙漠灌木三齿拉瑞阿幼苗在3个CO_2浓度梯度、2个水分处理下对不同高温时间长度的响应与适应机制，指出中午期间供水良好，幼苗水势无显著变化，但干旱处理的幼苗在温度升高时，可缓和因干旱胁迫所造成的水势降低（许振柱等，2003）。

由于全球气候变化在不同地区存在较大差异，且不同植物对气候变化的响应机制亦有区别，故气候变化对植物有害还是有利不可一概而论。

11.3.2 气候变化对森林植被范围的可能影响

长期以来，北方干旱半干旱农牧交错区的边际性种植业与草地畜牧业并存，因气候变暖，干旱化加剧，加上人口压力与日俱增，种植区逐步扩大，牧区范围响应缩小，导致农牧交错带持续北移西进（刘纪远等，2006）。

中纬度地区在升温2 ℃条件下，地表蒸发能力将增加20 %，从而将大大加速华北、西北的干旱化进程，宜农北界将由400 mm等雨量线移至450 mm等雨量线，损失宜农耕地将达0.13×10^8 hm^2；西部地区因升温明显、综合降水与蒸发的双重效应，导致蒸发加剧，盐碱危害加重，将使0.10×10^8 hm^2耕地严重退化（陆雅海等，1996）。

研究还发现，在CO_2倍增条件下，东北地区将出现明显的暖干气候变化，将使阔叶红松林的适宜分布区明显减少（吴正方等，2003）。

11.3.3 气候变化对主要物种的影响

长期的自然选择使世界各种气候带都有其独特的植被类型，各植被的生理过程都已适于它原来所处的变化而又相对稳定的气候模型，忽略植物发生的适应环境变化的基因突变，多数植物对气候的适应都要经过漫长的过程（吴循等，2008）。往往在极端气候条件下，一些物种会衰退甚至灭亡，而能适应气候变化的物种会占据更多空间，这样便发生物种演替。Cohen 的模拟试验(1991)也指出，全球变暖可通过树木对日温的反应而直接地影响森林的生长，也可通过提高蒸散作用并因此增加干旱胁迫而间接地影响森林的生长。全球变暖将使森林发生衰退，某一森林主要树种将被另一树种所取代。吴正方(1996)研究表明，气候变暖将迅速改变阔叶红松林的组成结构，使之演变为阔叶林；变暖幅度不同，阔叶红松林树种结构的改变也不同。

11.3.4 气候变化对物候的影响

气候变化影响物候，进而影响陆地生态系统。居辉等(2000)指出，冬季增温使树木物候期推迟，秋季增温使树木物候期提前，促进芽发育。在未来气候变暖条件下，春季提前而秋季推迟，使绿叶期延长，果实和种子成熟期提前，且春季物候期提前幅度较大，北方物候期提前和推迟程度大于南方。暖冬有利于病虫害越冬、滋生和蔓延，也会使病虫害发生期提前，危害期延长和危害程度加重，对森林和草原以及农田不利。灰鹤在俄罗斯及我国东北繁殖，历史上它在我国华南地区越冬，在黄河三角洲只是旅鸟，而现在它们不仅在黄河三角洲越冬，而且在辽宁省瓦房店地区也发现了灰鹤的越冬种群(居辉等，2000)。徐德应等基于气候变化情景预测对物候的分析表明：气候变化将使春季物候普遍提前 4 ~ 6 d，树木花期提前，果实或种子的生长期缩短；秋季的树木开花和黄叶、落叶等也相应推迟 4 ~ 6 d；年均温升高 1 ℃，春季物候期提前 3 ~ 5 d，而秋季则推迟 3 ~ 5 d，绿叶期将延长 6 ~ 10 d；北方物候期的提前或推迟幅度较南方大(徐德应等，1997)。

11.3.5 气候变化对种植制度和耕作方式的影响

气候变化与 CO_2 浓度倍增亦将影响中国农作物的种植制度和耕作方式(周广胜等，2004)。到 2030 年，如果全球 CO_2 浓度倍增，平均气温上升 1 ℃，预计中国三熟制的北界将从目前的长江流域移至黄河流域，二熟制北界从秦淮地区北移至内蒙古和东北的南部(陶战等，1994)。在品种和生产水平不变前提下，仅考虑热量条件，气候变化后中国的一熟制面积将由当前的 63 % 下降为 34 %，两熟制面积由 24.2 % 变为 24.9 %，三熟制面积由 13.5 % 提高到 35.9 %(张厚瑄，2000)。气候变化，CO_2 浓度倍增，西南和中南地区，由于水稻生长季的降雨量将明显减少，水稻灌溉需要量将比目前增加 2 ~ 6 倍；在华北平原北部的水浇地，冬小麦的灌溉需要量将增加 22% ~ 34%(高亮之等，1994)。华北地区水资源匮乏和土壤沙化的加剧将使得水浇地面积减少。

11.3.6 气候变化对生产力的影响

气候变化将使中国森林生产力略有增加，增加幅度为 2% ~ 8%(徐德应等，1997)。

气候变暖在加速农作物生长的同时，也使农作物的呼吸作用增强，生育期缩短，从而影响到农作物的产量。气候变化将导致中国大部分地区主要农作物产量下降(张宇，1993)。生长于 6 ~ 31°N 的水稻结实期在温度上升 1 ~ 2 ℃ 时产量将下降 10% ~ 20%；纬度越高，影响越严重(Parry & Swaminathan，1992)。温度每增加 1 ℃，玉米平均产量将减少 3 %(Terjung et al，1989)，小麦也将由于水分条件恶化而减产。此外，气候变暖导致土壤有机质的微生物分解加快，将造成土壤肥力下降，农田生产潜力降低(高亮之等，1994)。

CO_2 浓度倍增对不同作物的产量影响不同。C_3 作物将因此提高产量 30 % 左右，而 C_4 作物仅提高 10 % 左右(王绍武，1989)。因此，中国的 C_3 作物，如水稻、小麦、油菜等的产量将有明显提高(张爱民等，2002)。CO_2 浓度倍增条件下，作物干物质平均增加 40 %，产量增加 26 %，且植株含碳量提高，但含氮量下降，从而将引起害虫采食量增大；同时，也将伴随杂草增多。另外，如果土壤水分和营养物质得不到满足，这种增产效应将会大大减弱(周广胜等，2004)。

CO_2 浓度倍增还将引起农作物品质的变化。如 CO_2 浓度增加将使玉米蛋白质、赖氨酸和脂肪含量减少，淀粉含量略有增高，品质有所下降；与此同时，CO_2 浓度增加将使小麦籽粒的蛋白质、赖氨酸、脂肪含量增高，淀粉含量下降，品质得到提高(王春乙等，2000)。

如果 CO_2 浓度倍增，全球平均气温升高 1 ~ 2 ℃，则中国的西南、西北地区由于有效积温提高和 CO_2 浓度增加，农业将增产 2%，东北、内蒙古夏季增温，农业增产；华南地区以及洞庭与鄱阳盆地可能因春季低温潮湿天气的改善而使农业增产。在全国大部分地区，春旱、夏旱、秋旱和干热风的发生频率将明显上升；特别是作为北方农业增长限制因子的水资源形势将更加严峻，将造成中国粮食平均减产 5% ~ 20%(陆雅海等，1996)。CO_2 浓度倍增与气候变化的协同作用对中国主要农作物产量的影响不同。气候变化和 CO_2 浓度倍增将使中国北方冬小麦产量显著增加，而南方麦区的减产幅度亦趋向缓和，有的甚至增产（金之庆等，1994）。考虑光、温、水、CO_2 和太阳紫外线的综合影响，南方地区冬小麦生产潜力将下降 20 %（郑有飞等，1997）。气候变化与 CO_2 浓度倍增将使中国南方水稻的成熟期平均提前 3 个星期。由于生育期特别是灌浆期的缩短，将造成水稻、小麦、大豆和玉米等作物的单产下降（高亮之等，1994）。总体上，CO_2 倍增和气候变化将使得中国水稻的产量下降，小麦的产量增加，增产突出的地区是东北、华北和新疆，可能减产的地区是黄土高原、长江中下游和西北北部春麦区（周广胜等，2004）。

气候变暖在全球呈不均匀性，使得极端天气事件的发生频率、出现、延续时间和分布发生变化，导致气象灾害的频率和强度加大（蔡运龙等，1996）。温度升高将导致一些作物不同程度地受到高温热害的影响，尤以长江中下游的水稻和北方小麦为甚。与此同时，一些地区的低温冷害仍然比较严重。1985 和 1989 年东北地区均发生了全区性的夏季低温冷害，东北三省粮食减产幅度均在 10% ~27%（高素华等，1991）。

气候变暖将使得病虫危害面积扩大（李淑华，1997）：(1) 害虫的地理分布界限北移；(2) 害虫种群的世代增加，农田多次受害的概率增高；(3) 害虫迁移入侵的风险增高。此外，气候变暖，尤其暖湿气候将有利于一些病菌的发生、繁殖和蔓延，从而将使中国农田生态系统的稳定性降低（周广胜等，2004）。

CO_2 浓度倍增，气候变暖，海平面上升还会淹没沿海重要的粮食生产基地；华东和华南受洪水肆虐的程度和频率将可能提高，加上三角洲地区海水倒灌，大片良田将盐渍化。如果海平面上升 1 m，又不加任何防范措施，则中国沿海地区将有 60 个左右的县、市受淹，受淹地区将集中在人口密度最高、工农业比较发达的辽河三角洲、华北、华东沿海平原以及珠江三角洲平原，约 125 000 km^2 的良田将要废弃（高亮之等，1994）。一旦遭遇洪水、涨潮、台风等侵袭，造成的危害就更严重。

11.4　展望

在近 100 年内气候变化和人类活动对陆地生态系统产生了越来越大的压力，我国生态系统呈现出由结构性破坏向功能性紊乱演变的发展态势（国家环境保护总局，2005）。为了有效地确保陆地生态系统可持续发展，需要有效地监控和管理生态系统，制定科学的干预措施，通过长期观测进行相关的科学研究，并且把生态系统的管理和决策纳入到各个国家的各个部门，增进各种多边环境协议之间，以及环境协议与其他国际经济与社会机构之间的协调合作（赵士洞等，2007）。

面对全球环境变化与人类社会可持续发展的挑战，未来全球变化研究趋势将更加关注人类社会与自然界的相互作用与反馈，强调有序人类活动与生态环境安全和地球资源可持续发展的相互关系，以及全球变化的多尺度响应与调控机制；在研究方法上，则更加关注通过高新科技获取多平台全球变化研究观测资料，关注多因子影响的综合研究，强调以地球系统为核心的、多学科、多圈层的交叉集成分析与模拟。

全球变化将在不同的时间和空间尺度上对陆地生态系统产生深刻影响。为最大限度地减小全球变化的不利影响，利用全球变化的有利方面，迫切需要加强全球变化背景下，关键生态因子与不同尺度上陆地生态系统的相互影响研究，揭示其适应的机制。

根据国际全球变化研究的发展趋势，为在全球变化研究领域取得与中国国际地位相适应的成绩，考虑到中国的经济实力与已有的基础，周广胜等（2004）提出未来中国关于全球变化与陆地生态系统相互作用研究需加强中国东部季风区典型生态系统的生态安全机制与调控研究。

气候变化对陆地生态系统的影响已引起国际社会的警觉，并唤起人类遏制气候变化的行动。为此在技术方面应做到：提高对未来气候变化格局预测的精度和准确度；加强以全球变化为背景的关键生态因子与不同尺度上陆地生态系统互相影响的研究，揭示其适应机制；积极控制 CO_2 等温室气体的排放，减缓大气中温室气体增加的速度；通过杂交和遗传工程培育适应气候变化的植被，大力开展良种选育工作。在政策方面应考虑：积极保护和营造植被，增加温室气体被吸收固定的数量，同时依靠绿色植被增强地区调节小气候的能力，对植被带和种植带北移的可能性采取规划措施，选择和培育适应区域气候变化的农牧渔业种类和品种；重视生态原理的应用，强调高新技术的开发和应用；健全环境立法，呼吁世界各国严格遵守已有的国际公约，如《气候变化公约》、《臭氧层保护条约》等（吴循等，2008）。

参考文献

《气候变化国家评估报告》编写委员会. 2007. 气候变化国家评估报告. 北京:科学出版社.

蔡运龙,Smith B. 1996. 全球气候变化下中国农业脆弱性与适应对策. 地理学报,51(3):202-212.

曹银贵,袁春,周伟,等. 2008. 中国耕地变化的驱动因子及其省域差异分析. 中国土地科学,22(2):17-22.

董玉祥. 1995. 我国土地沙漠化态势初步研究. 中国地质灾害与防治学报,6(4):24-29.

高亮之,金之庆. 1994. 全球气候变化和中国的农业. 江苏农业学报,10(1):1-10.

高素华,潘亚茹. 1991. 温室效应对未来农业气候资源的影响问题. 中国农业气象,12(4):1-5.

高志强. 2000. 中国土地利用/土地覆盖时空变化及成因综合分析. 中国科学院地理科学与资源研究所博士后研究报告.

郭泉水,徐德应,阎洪. 1995. 气候变化对油松地理分布影响的研究. 林业科学,31(5):393-402.

国家环境保护局. 1997. 中国生物多样性国别报告. 北京:中国环境科学出版社.

国家林业局. 2005. 全国森林资源统计:http://www.forestry.gov.cn.

蒋有绪. 1997. 中国森林的地理规律分布//中国森林编辑委员会. 中国森林. 北京:中国林业出版社,184-204.

金之庆,方娟,葛道阔,等. 1994. 全球气候变化影响我国冬小麦生产之前瞻. 作物学报,20(2):186-197.

居辉,林而达,钟秀丽. 2000. 气候变化对我国森林生态的影响. 生态农业研究,8(4):20-22.

拉元林,全晓毅. 2005. 青海省海南州高寒草地荒漠化治理技术与对策. 草业科学,22(8):55-61.

李博. 1995. 草地生物多样性保护研究. 呼和浩特:内蒙古大学出版社,1-12,69-77.

李淑华. 1997. 持续农业、气候变化与有害生物持续治理. 灾害学报,12(2):92-96.

李英年,张景华. 1997. 祁连山区气候变化及其对高寒草甸植物生产力的影响. 中国农业气象,18(2):29-32.

林培松,李森,李保生,等. 2005. 近20年来海南岛西部土地沙漠化与气候变化关联度研究. 中国沙漠,25(1):27-32.

刘纪远,岳天祥,鞠洪波,等. 2006. 中国西部生态系统综合评估. 北京:气象出版社.

刘旭华,王劲峰,刘明亮,等. 2005. 中国耕地变化驱动力分区研究. 中国科学D辑,35(11):1 087-1 095.

娄秀荣,王石立,沙奕卓. 1995. 东北地区气温变化对粮食产量的影响. 应用气象学报,6(增刊):102-107.

鲁绍伟. 2006. 中国森林生态服务功能动态分析与仿真预测. 北京林业大学博士学位论文.

陆雅海,朱华潭. 1996. 全球气候变化对我国农业的影响与对策. 世界农业,8:41-43.

牛建明,吕桂芬. 1999. 内蒙古生命地带的划分及其对气候变化的响应. 内蒙古大学学报(自然科学版),30(3):360-366.

齐景发. 2001. 草原保护与建设//刘江. 中国可持续发展战略研究. 北京:中国农业出版社.

陶战,蔡罗保,杨书润. 1994. 气候变化对我国农业的可能影响及对策. 农业环境与发展,11(3):1-7.

王春乙,郭建平,崔读昌,等. 2000. CO_2浓度增加对小麦和玉米品质影响的试验研究. 作物学报,26(6):931-936.

王馥棠,赵宗慈,王石立,等. 2003. 气候变化对农业生态的影响. 北京:气象出版社,131-134.

王绍武. 1989. 温室气体增长对气候和社会的影响. 气象科技,1:1-6.

吴循,周青. 2008. 气候变暖对陆地生态系统的影响. 中国生态农业学报,16(1):223-228.

吴征镒. 1980. 中国植被. 北京:科学出版社,74-81,505.

吴正方,邓慧平. 1996. 东北阔叶红松林全球气候变化响应研究. 地理学报,51(增刊):81-91.

吴正方. 2003. 东北阔叶红松林分布区生态气候适宜性及全球气候变化影响评价. 应用生态学报,14(5):771-775.

肖辉林. 1994. 森林衰退与全球气候变化. 生态学报,14(4):430-436.

肖向明,王义凤,等. 1996. 内蒙古锡林河流域典型草原初级生产力和土壤有机质的动态及其对气候变化的反应. 植物学报,38(1):45-52.

徐德应,郭泉水,阎洪. 1997. 气候变化对中国森林影响研究. 北京:中国科学技术出版社.

许振柱,周广胜. 2003. 陆生植物对气候变化适应性研究进展. 自然科学发展,13(2):113-120.

张爱民,王效瑞,马晓群. 2002. 淮河流域气候变化及其对农业的影响. 安徽农业科学, 30 (6):843-846.

张国胜,李林,汪青春,等. 1999. 青南高原气候变化及其对高寒草甸牧草生长影响的研究. 草业学报, 8 (3) :1-10.

张厚暄. 2000. 中国种植制度对全球气候变化响应的有关问题 I：气候变化对我国种植制度的影响. 中国农业气象, 21 (1):9-13.

张炜银,彭少麟,王伯荪,等. 2001. 利用 RS 与 GIS 研究气候变化对植被的影响. 热带亚热带植物学报, 9 (3)：269-276.

张新时,刘春迎. 1994. 全球变化条件下的青藏高原植被变化图景预估//中国国家自然科学基金委员会生命科学部,中国科学院上海文献情报中心. 全球变化与生态系统. 上海:上海科学技术出版社,17-26.

张宇. 1993. 水热变化对冬小麦生长发育的模拟试验. 气象, 7：19-32.

赵翠薇, 濮励杰. 2005. 贵州省 50 年来耕地资源数量变化特征及其与粮食产量的关系研究. 南京大学学报(自然科学), 41(1)：105-112.

赵士洞,张永民,赖鹏飞,译. 2007. 千年生态系统评估报告集. 北京:中国环境科学出版社.

赵铁良,耿海东,张旭东,等. 2003. 气温变化对我国森林病虫害的影响. 中国森林病虫,22(3):29-32.

郑有飞,万长建,徐维新. 未来气候变化时南京地区冬小麦气候生产潜力的估算. 中国农业气象, 1997, 18 (3):14-18.

周广胜,李从先. 2005. 气候与环境未来变化对生态系统的影响//陈宜瑜. 中国气候与环境演变上卷——气候与环境变化的影响与适应、减缓对策. 北京:科学出版社.

周广胜,王玉辉,白莉萍,等. 2004. 陆地生态系统与全球变化相互作用的研究进展. 气象学报,62(5)：692-706.

周晓峰,张远东,孙慧珍,等. 2002. 气候变化对大兴安岭北部蒙古栎种群动态的影响. 生态学报, 22(7)：1 035-1 040.

Cohen Y, Pastor J. 1991. The responses of a forest model to serial correlations of global warming. Ecology, 72 (3)：1 161-1 165.

Feng S, Nadarahah S, Hu Q. 2007. Modeling annual extreme precipitation in China using the generalized extreme value distribution. Journal of the Meteorological Society of Japan, 85：599-613.

Hamerlynck E P, Huxman T E, Loik M E, et al. Effects of extreme high temperature, drought and elevated CO_2 on photosynthesis of the Mojave Desert evergreen shrub, Larrea tridentata. Plant Ecology, 2000, 148(2)：183-193.

Li Y, Cao M K, Li K R. 2006. Climate-induced changes in the vegetation pattern of China in the 21st century. Ecology Research, 21：912-919. doi：10. 1007/s11284-006-0042-8.

Lloyd A H, Graumlich L J. 1997. Holocene dynamics of treeline forests in the Sierra Nevada. Ecology, 78(4)：1 199-1 210.

Malyshev L, Nimis P L. 1997. Climatic dependence of the ecotone between alpine and forest orobiomes in southern Siberia. Flora, 192(2)：109-120.

Parry M L, Swaminathan M S. 1992. Effects of climate change on food production. Cambridge：Cambridge University Press.

Qian W, Lin X. 2005. Regional trends in recent precipitation indices in China. Meteorology and Atmospheric Physics, 90：193-207. doi：10. 1007/s00703-004-0101-z.

Rillig M C, Wright S F, Kimball B A, et al. 2001. Elevated carbon dioxide and irrigation effects on water stable aggregates in a sorghum field：a possible role for arbuscular mycorrhizal fungi. Global Change Biology, 7 (3):333-337.

Rillig M C, Wright S F, Allen M F, et al. 1999. Rise in carbon dioxide changes soil structure. Nature, 400:628.

Terjung W H, Ji H Y, Hayes J T, et al. 1989. Actual and potential yield for rainfed and irrigated maize in China. International Journal of Biometeorology, 28：115-135.

Yang F, Lau K M, 2004. Trend and variability of China precipitation in spring and summer：linkage to sea-surface temperatures. International Journal of Climatology, 24：1 625-1 644. doi：10.1002/joc.1094.

Yue T X, Fan Z M, Liu J Y, et al. 2006. Scenarios of major terrestrial ecosystems in China. Ecological Modeling, 199:363-376.

Yue T X, Fan Z M, Liu J Y. 2005. Changes of major terrestrial ecosystems in China since 1960. Global and Planetary Change, 48：287-302.

第12章

生态系统的生物种群和植被动态对全球气候变化的响应与适应

官丽莉 于贵瑞

（中国科学院地理科学与资源研究所）

摘要

人类活动是导致全球气候变化的重要因素之一，其中的各种生态因子单独或复合的改变势必影响植物、动物和微生物的生理生态、生长、繁殖和物候期的变化，并且在分子、个体、种群、群落、生态系统等不同尺度上表现出来。本章阐述了植物个体、种群结构和植被动态对全球气候变化的响应特征，并对未来的相关研究进行了展望。在全球气候变化对植物的影响中，着重表述了CO_2浓度升高对植物光合、呼吸、蒸腾作用和植物的养分含量以及植物有性生殖的影响，温度升高对植物的气体交换作用和光合速率产生的影响，降水格局的变化对植物的各种生命代谢过程的影响，辐射变化对植物的形态、生理和元素的含量产生不利影响。全球气候变化对植物个体产生的影响，必然会影响到植物种群结构和动态，即CO_2浓度升高、温度胁迫、水分胁迫、物候变化、日照和光强变化以及有害物种入侵都会影响植物的生殖特性、物种分布，进而改变生态系统的组成、结构和功能。同时，全球变化也对植被的类型、分布和动态产生深远影响，这是生态系统的现实结构、功能和分布格局对目前气候状况长期适应的结果。借助模型模拟来预测植被对全球变化的响应，可以从斑块到区域尺度上进行模拟，不同模型模拟全球变化对未来植被的动态影响表现出大致相似的结果：全球气候变暖会使森林类型的分布发生相当大的转移。但全球气候变化对热带森林、温带森林和北方森林等不同植被类型的影响却不同。另外，文中较详细地介绍了演替模型、SVAT模型、生物地理模型和Holdridge生命地带系统四种预测植被对全球变化响应的模型，并区分了它们的原理、特点、适用范围、用途等。最后对当前有关全球气候变化对森林生态系统影响的研究存在的不足进行剖析，以期为以后的研究提供思路。

关键词：生态系统　全球气候变化　响应　适应　光合作用　呼吸作用　物候　种群结构　动态　模型

Chapter 12

Responses and adaptation of ecosystem species and vegetation dynamic to the global climate change

Abstract

Human activities are one of the major factors leading to global climate change. A variety of ecological factors alone or combined will effect physiology, growth, reproduction and phenological phase of plants, animals and microbe, and being shown on molecular, individual, population, community, ecosystem, and so on scales. This chapter firstly described the individual plants, population structure and vegetation dynamics in response to climate change, and put forward future prospects of correlative research. And then the statement focused on the effect of increased CO_2 concentration on plant photosynthesis, respiration, transpiration, nutrient content and sexual reproduction. It also discussed that temperature rise had different influences on the gas exchange of plant photosynthesis and its rate. Similarly, the changes of precipitation pattern caused a huge impact on a variety of plant metabolism processes. In addition, the radiation had a negative impact on the plant morphology, physiology and the elements content. It was more complicated that the four ecological factors compounded to impact on plants.

With the global climate change impacting on the plant, it affected the structure and dynamics of plant populations. That was, increased CO_2 concentration, temperature stress, water stress, changes in phenology, light intensity changes and the invasion of harmful species would affect the reproductive characteristics of plants and species distribution, and then cause the changes of ecosystem composition, structure and function.

At the same time, global climate change also had far-reaching effects on the vegetation type, distribution and dynamic, which was the long-term result of actual ecosystem structure, function and the distribution pattern adapting to the current state of climate. To predict the response of vegetation to global change we could use simulation models from the patch to the regional scale. The results were similar using different models to simulate the dynamic impact of global change on vegetation in the future, that was a large transfer of the forest distribution leaded by global warming. However, global climate change had different effects on tropical forests, temperate and boreal forests and other vegetation types. In this chapter, four forecast models of vegetation response to global changes, including the succession model, SVAT model, the biogeographic model and Holdridge life zone system, were detailed and distinguished their principles, characteristics, usage and so on. Finally, we identified shortages in the current study of global climate change's impact on forest ecosystems and put forward some perspectives for future research.

Keywords: Ecosystem, Global climate change, Response, Adaptation, Photosynthesis, Respiration, Phonology, Population structure, Dynamic, Model

12.1 引言

由于人类活动的影响，大气中二氧化碳浓度已由工业革命前的 280 μmol/mol 增加到 1999 年的 370 μmol/mol(Prentice & Lloyd, 2000)，到本世纪末将增至 900 μmol/mol(IPCC, 2001)。政府间气候变化专门委员会(IPCC)第三次评估报告认为：全球平均地面气温 20 世纪升高了(0.6±0.2)℃(IPCC, 2001)，近 100 年中国地表年平均气温明显增加，升温幅度为 0.5～0.8℃(丁一汇等,2006)。虽然目前关于气候变化的预测还存在很多不确定性，但人类活动所引起的温室效应在不断加强是毋庸置疑的。过去十几年的观测、试验和模拟研究表明，气候变化在不同的时空尺度上对生物圈，特别是人类赖以生存的陆地生态系统产生了深刻的影响(Karl & Trenberth, 2003)。

随着全球变化加剧，影响生物的各种生态因子也将发生不同程度的变化，它们单独或复合的变化必将引起生物从分子到区域类型及陆地生态系统结构等不同尺度的变化。生长因子(二氧化碳、温度、降水和氮素)的变化引起植物、动物和微生物的生理生态、物候期、生长和繁殖的响应(Fitter & Fitter, 2002)，改变了物种间的竞争关系(Heegaard & Vandvik, 2004; Klanderud, 2005)、相对优势度(Weltzin et al, 2003)和分布范围(Peterson et al, 2002;Root et al, 2002)。由于物种之间复杂的相互作用，在全球变化背景下一个物种的消失可能会危及其他物种的生存，造成对生物多样性的连锁效应(Callaway et al, 2002)，最终导致某些物种的灭绝和生物多样性的丧失(Sala et al, 2000)。据估计，在未来 50 年中，将会有 50% 的物种消失(Thomas et al, 2004)。在气温升高 2℃、降水增加 20% 的情况下，内蒙古草原的总面积将减少近 30%(牛建明, 1999)。全球变化导致的生态系统的结构和功能变化出现在斑块、景观和区域尺度上；随着全球气候变暖，气候带将向两极方向迁移，由于物种和群落的自然迁移比预测的气候变化速率要缓慢得多，因此，动、植物的变化等将滞后于气候带的移动，但随着物种适应气候而向北方或更高海拔地区的迁移，许多物种的种群大小和生存范围将会缩小，甚至可能导致生态的不稳定、失衡或退化(Rick, 1997)。世界的 7 个大气环流模式对未来气候情景和生物地理模型的预测，我国各植被类型将向北移动 500 km 左右；温带草原和热带森林的面积将有所扩大，各类草原界限东移；农牧过渡带向东南方向移动(徐德应等, 1997;王馥堂, 2003)。

12.2 全球气候变化对植物的影响

全球变化不仅通过气候变化对植被产生影响，而且通过作用于 CO_2 直接影响植物的不同层次。了解植物对于全球变化响应与适应的机制是全球变化与陆地生态系统关系研究的基础，不仅有助于解释植被变化的原因，而且可以为建立机理模型提供各种参数，是建立植物对全球变化的响应模型及制定对应策略的关键。

12.2.1 CO_2 浓度升高对植物的影响

(1) 对光合作用的影响

一般认为 CO_2 浓度升高使叶片的光合速率升高。但对于不同的物种、不同的生态环境条件等所测得的增加幅度不一。Curtis(1996)用整合分析的方法总结了 38 项研究结果后得出，CO_2 浓度倍增后叶片的光合速率增加了 50%。CO_2 浓度增加的初始阶段使植物的光合速率显著增加，而后随着时间的延长，增加速率有降低的趋势；原因可能是植物适应环境变化的结果，其生理代谢的原因可能是由于激发后产生的大量糖类来不及外运，由此引起的反馈限制了光合速率的进一步提高，并与氮素的供应特别是与进行碳固定的关键酶的变化有关。而张其德等(1996)对紫花苜蓿的研究发现，倍增 CO_2 浓度对光合作用原初光能转换有明显的影响：其叶绿体对光有更强的吸收能力，叶片的光系统Ⅱ原初光能转换效率、潜在活性、电子传递量子产量以及光系统Ⅰ活化能力均有提高；同时荧光光化学猝灭 qP 增加，非光化学猝灭 qN 降低。这表明在 CO_2 浓度倍增条件下的紫花苜蓿对光能的利用更为有效，从而对光合作用起到促进作用。

(2) 对呼吸、蒸腾作用的影响

CO_2 浓度增加对呼吸有抑制作用，普遍认为可能是以下原因导致了呼吸速率下降：CO_2 浓度增加，Rubisco 酶向着有利于羧化反应的方向发展，而氧化效率降低(韩文军等,2003)；其次，CO_2 是呼吸作用最终产物，当外界环境的CO_2浓度增加时，会起到产物积累的反馈效应，导致呼吸作用受到抑制。

气孔的数量、密度、功能对于CO_2浓度变化感受最敏感。许多研究表明，高CO_2浓度使植物气孔密度、导度下降，气孔变小，气孔孔隙度降低（孙谷畴等，2003）。由于气孔阻力、密度等方面的变化，直接限制了水分子的散失，蒸腾速率必然下降。但也有学者从整体群体角度考虑，认为虽然植株蒸腾速率减小，但由于高CO_2浓度造成的叶面积指数增加，因此有可能抵消其对蒸腾的削弱作用（廖建雄等，2002）。

（3）对植物养分含量的影响

随着CO_2浓度增加，植物体内的养分含量也随之变化。大多数研究表明，植物体内的N含量显著下降，C含量依植物种类、品种、环境等不变或升高，最终C/N显著增加（谢祖彬等，2002；李伏生等，2002）。大豆和紫花苜蓿根部的C/N在CO_2浓度倍增时明显减少，而茎的C/N则明显增加（丁莉等，1996）。其他研究表明，植株体内N含量并不下降，而是由于CO_2浓度增加，光合速率增加，植物生长愈加繁茂，养分利用效率提高，相对稀释了植物体内N含量，从而造成C/N比增加；另外蒸腾速率的下降，也可能造成单位干物质养分输送的下降，引起N含量的下降，从而使C/N增加（BassiriRad，1997；Gifford et al，2000）。

（4）对植物有性生殖的影响

通常在高浓度CO_2条件下，大多数植物开花会提前数天到两周不等（Murray，1997）。如农作物小麦、水稻、大豆等在高浓度CO_2条件下，均比对照提前数天开花（Uprety et al，2003；Johannessen et al，2005）。

在高CO_2浓度条件下，通常大多数植物的生殖生物量，如花、果实与种子数量等均会显著增加，而种子平均大小的增加幅度却相对较少。植物花部的发育对CO_2浓度变化的响应相当敏感，如大多数植物的开花数量在高CO_2浓度时会增多（Jablonski et al，2002）。Thurig等（2003）通过对61种植物在高浓度CO_2下开花影响的研究发现，这些植物在群体水平上的花枝数目平均提高24%左右。Jablonski等（2002）也发现，在高浓度CO_2处理下，水稻、大豆、小麦以及玉米等农作物果实、种子数量和产量平均分别增加了18%、16%和25%。同样，牧草白三叶的种子数量在CO_2浓度升高时增加18%以上，但种子千粒重却未受到CO_2的影响（Wagner et al，2001）。

一般而言，CO_2浓度升高导致种子中的C/N比升高，千粒重增加以及萌发率和萌发势加强，而含氮量、蛋白质、自由氨基酸含量和营养成分降低（Stiling et al，2004；He et al，2005）。CO_2浓度增加会导致一些草地植物的种子平均质量有所增加，种子萌发时间缩短以及种子的含氮量显著降低（Barbara et al，2003）。火炬松的种子萌发率在CO_2浓度升高时提高两倍，萌发时间提前5 d，并且幼苗生长速度加快和生长势增强，这就使得它们在群体中具有更强的竞争力（Hussain et al，2001）。但也有研究发现种子质量增加对幼苗大小并无多大影响，其原因可能是由于种子含氮量的降低抵消了种子质量增加带给幼苗的优势（Steinger et al，2000）。

12.2.2 温度升高对植物的影响

温度实质上是影响植物的化学和生物学的全过程，而CO_2的直接影响则几乎完全限制在叶片层，因此气温升高的直接影响要比CO_2浓度增加产生的影响更为复杂。曾小平等（2006）总结出升温对植物气体交换作用的3种情况：①升温对气体交换没有影响，如*Polygonum bistorta*的叶片光合同化速率不受温度影响（Starr，2000）。②升温促进气体交换速率，如火炬松的光合作用与温度的增长存在正相关关系（Tissue et al，1995）；在正常的CO_2浓度（350 μmol/mol）、水分充足时，温度增加约4.8℃使叶片净光合速率明显增加（廖建雄等，2002）。③升温抑制气体交换速率，温度增加使美国西部黄松幼苗的光合速率下降了约10%（Callaway，1994）。

还有一些研究指出，光合速率随叶片温度的变化呈抛物线型关系。张小全等（2002）的试验证明，杉木中龄林针叶净光合速率对温度变化十分敏感。随着温度的升高，净光合速率增加，但到达一定温度后，虽然总光合速率仍维持在较高水平，但可能由于光呼吸大幅度上升，净光合速率急剧下降。

12.2.3 降水格局变化对植物的影响

未来全球变化所引起的降水格局变化无疑将对植物的各种生命代谢过程造成巨大影响。全球变化造成土壤水分和地下水埋深的变化对植被有一定影响。张宏（2001）的研究指出，极端干旱气候条件下，盐化草垫植被的净初级生产力对全球变化的响应程度与地下水埋深密切相关,地下水埋深越大,对全球变化的响应越明显。肖春旺等(2001)用降水模拟的方法研究了中国北部沙区毛乌素沙地主要优势植物对不同降水量的响应,指出不同的施水量显著影响叶片的气体交换过程,随着施水量的减少,净光合速率、胞间 CO_2浓度、蒸腾速率、气孔导度、光系统Ⅱ的最大荧光、可变荧光、最大荧光比和最大光化学效率降低,而根冠比增加。

12.2.4 辐射变化对植物的影响

Barnes 等(1990)研究了 12 种单、双子叶作物和杂草,发现 UV-B 辐射强烈改变植物的高度和叶面积等形态学指标,单子叶植物更为敏感,但茎的干物重变化不大。大量研究证明总干重由于 UV-B 辐射显著减少,且这种减少在低 PAR 下被放大(Taylor et al, 1994)。UV-B 辐射可能从多个层面抑制光合作用,如使叶绿素含量下降与希尔反应活性降低(杨志敏等,1995),叶片气孔阻力增大或气孔关闭(Wright & Murphy,1982),叶绿体膜组分改变,不饱和脂肪酸含量下降,饱和脂肪酸含量上升,造成膜流动性降低(杨景宏等,2000)。Yue 等(1998)在研究了大田条件下增强 UV-B 辐射对小麦矿质营养的影响后指出,UV-B 辐射增强了 N 和 K 在植物各部分的吸收,而 P、Mg、Zn、Fe 含量均有不同程度的下降。

12.2.5 CO_2浓度升高以及温度、水分和辐射变化的复合效应

在自然条件下,植物在适应大气 CO_2浓度升高的同时也要适应太阳 UV-B 辐射增加、高温和干旱等环境条件的变化。因而仅考虑单一因子对植物的作用很难正确评估由于全球变化而产生的种种生物学和生态学效应(Caldwell, 1998)。许多研究均表明,增加 CO_2浓度有利于提高光饱和点,CO_2浓度同光强存在着协同作用。在高辐射条件下增加大气中 CO_2的"施肥效应"比低辐射条件下要显著(郭建平等,2004)。高 CO_2浓度下,随着氮肥用量增加光合速率相应增加,而不施氮肥则增加有限(李伏生等,2003)。

CO_2浓度升高,最直接的作用可能就是气候变暖;而温度直接影响光合作用中的一系列酶促反应,从而直接影响到植物的生长过程。高温、高 CO_2浓度使作物光合作用速率升高,蒸腾速率下降和气孔阻力增加,对提高单位叶面积的干物质量和水分利用率有利,但是高温和高 CO_2浓度均加速作物的生育进程,促进作物生长发育速度加快,生育期缩短,其中尤以高温对植物的影响最大。植物生育期缩短,使作物叶面积、根、茎、叶生长量不足,生物量下降,从而影响到植物的生物量和产量,还会影响到作物的产量结构(刘建栋等,2001)。因此,综合考虑,CO_2浓度倍增对植物光能利用率的正效应一定程度上弥补了升温带来的负效应,使植物能够更加耐高温胁迫(廖建雄等,2000)。

CO_2浓度的增加、温度的升高,必然会影响到水分循环,同时影响全球大气环流,使得降水减少,蒸发加剧。水分胁迫会对植物产生负效应,引起植物光合速率下降,气孔阻力增加,蒸腾速率下降,干物质生产受到影响;但许多研究表明:CO_2浓度升高可以缓解干旱胁迫的不利影响,有助于增强植物的抗旱性(高素华等,2002),并且这种效应在水分胁迫越严重时表现得越明显(廖建雄等,2000)。

12.3 植物种群结构与动态对全球变化的响应

千万年来,不同的物种为了适应不同的环境条件而形成了各自独特的生理和生态特征,从而形成现有不同森林气候生态系统的结构和物种组成。由于原有系统中不同的树木物种及其不同的年龄阶段对 CO_2浓度上升及由此引起的气候变化的适应能力不同,在剧烈的气候变化条件下,某些物种可能会因完全不能适应而死亡,另一些则能够生存,变化后的条件还有可能更适合于区域物种的入侵,从而导致森林生态系统的结构和物种组成的强烈改变。陆地上许多物种的变化足以证实 20 世纪气候变化已对自然生态系统产生了影响。许多生物过程在特定的温度与降水阈值发生时都经历了突变。遭受严寒与少雨,常常决定了动植物的生活空间边界,单一的极端温度有可能改变生态系统。有学者预测,在全球变化的背景下,随着 CO_2浓度继续升高,现有植被的组合整体,将不是以完整的生物群落发生位移,而是通过新成员的定居和生长的同时提高它原有的某些成分死亡率而发生变化(Walker & Steffen, 1997)。目前,大气 CO_2浓度上升对森林群落内竞争产生影响,进而使群落结构和功能发生变化的研究思路越

来越受到较多的关注，被认为是全球变化研究领域的新热点。

气候变化通过 CO_2 浓度升高、温度胁迫、水分胁迫、物候变化、日照和光强变化等途径来改变生态系统的组成和结构。这些因素的综合作用使一些树种退出原有的森林生态系统，而一些新的物种侵入到系统中，从而改变原有森林生态系统的组成和结构。

(1) 大气 CO_2 浓度升高的影响

大气 CO_2 浓度升高导致植物有性生殖特性发生变化，由此将会引发一系列不寻常的后果。例如当植物开花期提前或延缓后，使许多植物的繁殖成效受到影响，从而改变了一些植物群落的结构组成。植物种子产量与质量的变化，对植物群落的变化也有很大的影响，大气 CO_2 浓度升高使得有些类型植物的种子产量增加、种子体积变大、种子的萌发率和萌发势增强，这利于其后代在植物群落中具有更强的竞争力，最终有可能成为优势种群(Stiling et al, 2004)。因此，有些植物的有性生殖对 CO_2 升高表现出正面效应，从而逐渐成为植物群落中的优势种群，而那些对 CO_2 升高表现出负面效应的种类则成为退化种群，并最终有可能被淘汰，致使一些植物群落结构发生明显的变化(Gutterman, 2000; Stiling et al, 2004)。

不同植物对 CO_2 的响应存在差异以及 CO_2 导致的相应温度、水分条件改变，也会影响植物群落的结构、演替方向、多样性等一系列群落特征。空气 CO_2 浓度增高将有利于阳生植物群落的进一步发展，使阳生性植物群落向中生性和耐阴性树种群落演替(孙谷畴等，2003)。Smith 等(2000)研究认为，CO_2 增加会使群落的演替方向、演替速度发生改变，同时会改变群落结构；长期下去有可能造成生物多样性减少。

(2) 温度胁迫

温度是物种分布的主要限制因子之一，高温限制了北方物种分布的南界，而低温则是热带和亚热带物种向北分布的限制因素。在未来气候变化的预测中，全球平均温度将升高，尤其是冬季低温的升高，这对于一些嗜冷物种来说无疑是一个灾害，因为这种变化打破了它们原有的休眠节律，使其生长受到抑制；但对于嗜温性物种来说则非常有利，温度升高有利于其种子的萌发，使它们演替更新的速度加快，竞争能力提高。

(3) 水分胁迫

虽然现有大气环流模型预测全球降雨量将有所增加，但是由于地区和季节的不同而存在很大的差别。有预测表明，在中纬度内陆地区其降雨会相对减少，尤其是在夏季，在一些热带地区其干旱季节也将延长。此外，气温升高也将导致地面蒸散作用增加，使土壤含水量减少，植物在其生长季节中水分严重亏损，从而使其生长受到抑制，甚至出现落叶及顶梢枯死等现象而导致衰亡。但是对于一些耐寒能力强的物种(如一些旱性灌丛)来说，这种变化将会使它们在物种间的竞争中处于有利地位，从而得以大量地繁殖和入侵。

(4) 物候变化

物候是反映气候变化对植物发育阶段影响的综合性生物指标。随着全球气候的变化，植物的物候也将发生显著变化。CO_2 浓度增高将导致作物的生长和发育加速，生育期缩短，物候期提前。大豆在 CO_2 浓度倍增条件下，各发育期可提前 2～3 天；玉米从抽雄到乳熟阶段，在 CO_2 浓度为 700×10^{-6} 下生育期提前 4～5 天(王春乙等，1995；Wang et al, 1995)。冬季和早春温度的升高还会使春季提前到来，从而影响到植物的物候，使它们提前开花放叶，这将对那些在早春完成其生活史的林下植物产生不利的影响，甚至有可能使其无法完成生命周期而灭亡，从而导致森林生态系统的结构和物种组成的改变。

郑景云等(2003)分析了近 40 年我国木本植物物候变化及其对气候变化的响应关系，及当前气候增暖背景下物候期地理分布规律变化对气候变化的响应关系。结果表明：温度上升，我国的木本植物春季物候期提前，20 世纪 80 年代以后，东北、华北及长江下游等地区的物候期提前，西南东部、长江中游等地区的物候期推迟，同时物候期随纬度变化的幅度减小。张福春(1995)论证了气温是影响中国木本植物物候的主要因子，又利用其建立的统计模式分析计算了未来全球年平均气温升高 0.5～2.0℃ 和未来大气中 CO_2 浓度倍增而增暖情况下，我国主要木本植物物候期的大致变幅。

(5) 日照和光强的变化

日照时数和光照强度的增加，将有利于阳性植物的生长和繁育，但对于耐阴性植物来说，其生长将受到严重的抑制，尤其是其后代的繁育和更新将受到强烈的影响。

(6) 有害物种的入侵

有害物种往往有较强的适应能力,它们更能适应强烈变化的环境条件而处于有利地位。因此,气候变化的结果可能使它们更容易侵入到各个生态系统中,从而改变系统的种类组成和结构。此外,气候变化还将通过改变树木的生理生态特性(如气孔的大小和密度、叶面积指数等)和生物地球化学循环等途径对不同物种产生影响。而不同物种的耐性、繁殖能力和迁移能力在新系统的形成中也起着重要的作用。总之,气候变化对森林生态系统的结构和物种组成的影响是各个因素综合作用的结果。这些影响对不同森林生态系统之间的过渡区域可能尤为严重(刘国华和傅伯杰,2001)。

Mack(2000)认为,目前生物入侵的进程已影响到其他全球变化因子,主要是改变了大气温室气体,尽管改变方式是复杂而难以预测的。最典型例子是亚马孙河流域盆地大片森林被烧毁后代之以草地,形成新的生态系统。这种变化对当地乃至全球范围的大气、温度、降雨和物质循环的影响都是深远的。氮素沉积的增加有利于生物入侵,特别是对外来植物的入侵(Burke & Grime, 1996)。总之,生物入侵已成为全球变化不可分割的一部分,由此可能带来的影响应引起我们足够的重视。

12.4 当前及未来气候情景下的植被动态

气候是决定植被类型(或物种)分布的主要因素,植被(物种)分布规律与气候因子之间的关系早就被人们所认知,并由此而提出一系列气候-植被分类系统(如 Holdridge 生命带、Thornthwaite 水分平衡及 Kira 温暖指数和寒冷指数等)。当前,人们正是基于气候与植被(或物种)间的关系来描绘未来气候变化下物种和植被分布的情形(刘国华和傅伯杰,2001)。大气 CO_2 浓度增加、温度升高等气候变化情况下,陆地生态系统现在的准平衡状态必将随之变化,因为这些生态系统的现实结构、功能和分布格局是对目前气候状况的长期适应的结果。目前,大多数有关气候变化对森林类型分布影响的预测都是根据模拟所预测的未来气候情形下森林类型分布图与现有气候条件下森林分布图的比较而得到,其结果都认为各森林类型将发生大范围的转移(Emanue et al, 1985; Smith et al, 1992)。例如 Smith 等人(1995)利用 Holdridge 模型,根据 GCMs 对气候变化的估测结果来预测未来植被分布的变化,他们发现森林类型的分布将发生相当大的转移,例如北方森林转化为寒温带森林、寒温带森林转化为暖温带森林等,寒温带和热带森林的面积趋于增加,北方森林、暖温带森林和亚热带森林的面积则将减少。

气候变化对我国森林初级生产力地理分布格局不会产生显著影响,但会使森林生产力增加 1% ~ 10%,并从东南向西北递增。东北森林的组成和结构将发生较大变化,落叶阔叶树种将逐步成为优势树种。半干旱地区潜在荒漠化趋势增大,山地草原界限可能上升 380 ~ 600 m,高山草地面积减少(林而达等,2006)。张明军和周立华(2004)则认为,随着全球气候的变化,除云南松和红松分布面积有所增加(分别约 12% 和 3%)外,其他树种的面积均有所减少,幅度为 2% ~ 57%,草原和荒漠分布范围将向中国西部和高海拔地区扩展。

中国东北样带(NECT)植被类型对气候变化响应的静态经验模型结果表明:由于气温和降水的变化,NECT 样带区域内的森林和灌丛在全球变化后面积将减少;假设在未来 30 ~ 50 年内不发生由灌丛向森林和从草地向灌丛的转化,森林面积将减少 47% ~ 60%,灌丛将减少 46% ~ 51%,草甸和草本沼泽的面积将减少 37% ~ 67%,农作面积不会有很大的变化;NECT 样带上的植被,不论东部还是西部,均受到水分匮乏的限制,特别是西部地区,在 CO_2 浓度加倍后,这种水分胁迫将进一步增强(张新时等,1997)。

12.4.1 对不同生态系统的影响

由于在不同的区域其未来气候变化的情形不一致,而不同的植被类型也有其独特的结构和功能等特点,因此,气候变化对各个植被类型的影响是不同的。

(1) 森林生态系统

一般认为,随着全球气候变暖,热带雨林的更新将加快。总体上,热带雨林将侵入到目前的亚热带或温带地区,雨林面积将有所增加。同时,从对环境变化的适应性来看,热带森林的生长与水分可利用性和季节性的关系比温带森林更为密切,所以热带森林在其干旱的边缘地带被草地或稀树草原的吞食以及人为活动等影响下,可能会变得更为脆弱。此外,随全球变暖而增加的热带风暴对热带森林的结构和组成以及分布也将产生重大的影响(刘国华和傅伯杰,2001)。

温带森林是受人类活动干扰最大的森林,地球上现存的温带森林几乎都成片断化分布,因此,未来气候变化对温带森林的影响是巨大的。一般认为,随着全球气候变暖,温带将向极地方向扩展,而温带森林也将侵入到当前北方森林地带,而在其南界则将被亚热带或热带森林所取代。目前大部分模拟预测都认为温带森林面积将减少(Smith et al, 1995; Neilson et al, 1993)。冷文芳(2007)等人研究认为,在未来气候变化条件下,到 2100 年,兴安落叶松的适宜分布区向西北方退缩 500 km,长白落叶松向西北方扩展 400 km,而华北落叶松则向东北方向扩展 750 km。

北方森林被认为是目前地球上最为年轻的森林生态系统,还处于不断地形成和发育之中,易于受到各种外部因素的干扰。而在未来的气候变化中,由于高纬度地区的增温幅度远比低纬度地区的增温幅度大,因此,Smith(1992, 1995)等认为气候变化对北方森林的影响要比对热带和温带森林的影响大得多,而且其面积将大大减少。

(2) 草地生态系统

在中国的干旱、半干旱区,在未来降水增加不多的气候条件下,由于温度升高、蒸散量增大,牧草的产量将随有效水分的减少而降低。300 ~ 400 mm 降水量的草甸草原每减少 50 mm 的水分供应,产草量减少 20% ~ 25%,在典型草原和荒漠草原区,这种反应就更明显(丁一汇等,1995)。Alward 等人利用连续 23 年的观测资料研究表明,科罗拉多东北部草原主要优势种和功能群的丰富度以及地上初级生产力受最低温度变化的影响明显,一些敏感种的变化已经导致草原抵御干旱和放牧干扰的能力有所降低(Alward et al,1999)。

12.4.2 预测生态系统植被对全球变化响应的模型方法

模型模拟是预测生态系统植被对全球变化响应的最佳手段,能实现从斑块到区域尺度的模拟。在斑块尺度上建立的动态模型用于动态描述生态系统的组成和功能,可以预测植被对气候变化的瞬时反应。其中以林窗模型为代表的森林生态系统演替动态模型应用最广泛,这类模型是以单个个体为研究对象,研究在林分中个体的行为和个体间相互作用的动态,进而反映出群体动态。在更大尺度上运用的多为静态模型,这是在当前气候与植被类型之间的关系基础上开始的非动态相关模型,本质上是经典的气候-植被分类的现代工具,用于描述大尺度的植被分布,这类模型并非基于气候与植被相互作用的机制,而是基于假设现在的植被与气候处于平衡状态,没有包含滞后效应。生态系统对全球变化的反馈作用要求将区域水平的预测融入动态全球植被模型,这可以通过静态模型的尺度细化和动态模型的尺度扩展来实现生态系统反馈作用的模拟(周广胜等, 1997)。

(1) 演替模型

森林演替模型可以模拟和预测森林群落发生、发展的过程、变化的速度和机制,能深入了解环境变化情况下森林植被反应的特点和原因,能为合理地保护和持续利用森林提供理论基础、操作依据和数量指标(Solomon & Shugart, 1993)。目前应用最广泛的是林窗模型,如 Botkin 等(1972)利用生长模型的建模方法,建立了以树木个体为基础的林窗模型,已用于许多森林动态演替的研究中。林窗模型建模过程包括两方面:一是森林中各树种本身的生物学特征模型化,二是影响树种生长的环境因素模型化。通过模拟某一林窗大小面积林地上各树种的更新、生长和死亡来重现森林的变化过程。目前林窗模型已不仅仅是用来模拟揭示森林植被的组成变化,以量化的形式表达出森林主要树种各种属性(如生物量、生产力、商品材积、年龄、树高、直径)的变化过程,更主要的是用来预测在全球气候变化条件下特定区有林分的潜在变化,为森林的科学管理和有关限制温室气体释放政策的制定提供依据(陈雄文等,2000)。林窗模型的优势还在于模型中包括环境变化过程的函数,因而能预测森林的长期变化(一个世纪到几个世纪);把不同组织水平的过程统一在一个模型中而避免了尺度不同引起的尺度转换问题;所需参数只需森林经营方面的数据,容易收集、花费较小,这些都是林窗模型被广泛应用的原因。由于大多数林窗模型的适用范围较窄,其模拟能力往往只是针对某一种森林类型,目前国内适合于中国东北森林地区的林窗模型有 NEWCOP(延晓冬等,1995)、LINKAGES(郝占庆,2001)和 BKPF(陈雄文和王凤友,2000)等类型。

(2) SVAT 模型

SVAT 模型以 Monteith-Perman 方程和 Darcy 方程(土壤液态水垂直交换与重力和基质水势的关系)为基础,考虑植物叶片对不同波段辐射的选择吸收和反射以及植被冠层对蒸腾作用、水热转化和动量交换的影响等。大部分 SVAT 模型都结合了营养物质生物地球化学循环与碳、水过程的相互作用,能应付一系列系统复杂性。在较小的范围内,SVAT 模型可利用 FLUXNET 研究点的水文、地理、气候和植被特征参数来模拟那些不能直接测量的关键生态过程(比如 NEE 碳流过程),分别计算 NPP 和 ET,并与相应的通量塔观测数据进行比较,对气候变化对植被的影响以及植被对气候的反馈作用进行监测(Running et al, 1999)。在区域水平上,SVAT 模型也能直接对 CO_2、H_2O 流进行模拟监测,并能揭示它们与气候变化之间的复杂关系(White et al,1998)。

(3) 生物地理模型

生物地理模型以植物对环境的生态生理适应性和资源竞争能力为基础模拟植被分布和组成,应用植物功能类型的概念把植物分为乔木、灌木和草本生活型,针叶和阔叶及常绿和落叶生理类型,以及 C 3和 C 4光合类型。较有代表性的生物地理模型包括 BIOME 和 MAPSS,都是利用气候指数和阈值来计算决定生物的地理分布(VEMAP,1995)。

(4) Holdridge 生命地带系统

Holdridge 生命地带系统目前在环境评价、生态区划以及评估与预测全球变化对陆地生态系统影响等方面广泛应用,其本质上是根据 Thornthwaite 的方法计算的潜在蒸散建立的气候-植被分类系统。张新时等(1994)首次将 Holdridge 生命地带系统及自然植被的净第一性生产力模型和 Chikugo 模型引进中国,利用预测的未来气候条件预测了全国及青藏高原植被的演变趋势。气候-植被分类必须强调气候因子的综合影响,区域潜在蒸散包括从所有表面的蒸发与植物蒸腾,并涉及决定植被分布的两大要素温度和降水,从而具有作为植被气候相关分析与分类的综合气候指标的功能。

12.5 展望

面对全球气候变化加速的巨大挑战,当前有关陆地生态系统对气候变化相应与适应的研究还存在很多的不足之处,主要体现在以下几点:

(1) 个体水平上:植物生理生态过程对全球气候变化响应机制的研究还需进一步深入。不同植物种、功能群或同一植物在不同生源环境下对温度升高和 CO_2浓度增大表现出不同的适应模式(王叶和延晓冬,2006)。目前开展的大部分研究都是单因子对比试验,且试验装置及设计均有待进一步改进,在 CO_2及其他环境因子共同作用、CO_2浓度、营养供应、生长的源库关系等方面仍有大量工作需要开展。今后的研究应着重于多因子的交互作用对陆地植物的影响机制,用综合模拟的手段预测未来气候变化情景,整合研究植物的响应及适应机制。

(2) 种群水平上:现有气候变化对树木和森林生态系统影响的研究常集中在单个物种或是把各个森林类型作为一个整体,忽略了不同物种之间的竞争机制。随着气候的变化,物种实际生态位将随着不同物种竞争组合的变化而发生改变,但是现有气候变化模拟的预测却认为,只要某地气候条件没有限制,那么相关的树木就可以在该地分布。这往往很难真实地反映未来树木和森林的分布状况(刘国华和傅伯杰,2001)。

(3) 生态系统水平:没有考虑森林变化对气候变化的反馈作用及其进一步对森林的影响。首先,森林碳循环的改变,可能使森林成为大气中 CO_2 的源或汇,造成大气中 CO_2浓度的升高或降低,从而进一步加强或削弱全球变暖趋势;其次,森林结构和分布的变化将改变地表原有的反射率和全球的水循环模式。所有这些将对气候的变化产生一定的影响,从而进一步影响到森林的结构和功能,因此,森林与气候间的相互作用是非常复杂的。所以,现在有关的模型预测研究中为了避免这种复杂的关系,往往很少考虑到气候变化所引起的森林变化对气候的反馈作用(刘国华和傅伯杰,2001)。符淙斌和袁惠玲(2001)利用区域环境系统集成模式(RIEMS)模拟结果表明,大范围恢复自然植被对东亚夏季气候的影响是明显的,它不仅可以改变近地面气候状况,而且可以影响季风环流强度的变化,根据当地的气候、水文和土壤等自然条件来实行退耕还林(草),恢复自然植被有可能产生显著的气候和环境效应。

另外,在以往的研究中,生态系统对全球变化响应的模拟和预测研究以应用大尺度的经验模型和小尺度的机理模型为主。大尺度的经验模型基于植被格局与环境要素的统计关系,缺乏生理生态机制基础,不能分析植被格局变化的过程机制及其与生态系统过程的相互作用。小尺度模型缺乏对大尺度过程机制和控制机制的模拟,不能现实地反映样带或区域尺度生态系统对全球变化的响应,而且主要以生物地球化学循环过程为主,不能表达与生态系统格局变化的相互关系。

为了更准确地预测未来气候变化对陆地生态系统的影响,有必要建立一些固定样地进行长期的观测,尤其是对不同生态系统类型间过渡区各种变化的研究,并保证其时间上、空间上和气候梯度上的连续性,使获取的数据能为模型的设计和尺度的转换提供更为精准的基本信息。另外还需改进并完善观测手段和方法,结合遥感和GIS等技术,增强数据的可比性,同时进一步改进并完善模型,提高模拟精度。

参考文献

陈雄文,王凤友. 2000. 林窗模型BKPF模拟红松针阔叶混交林群落对气候变化的潜在反应. 植物生态学报, 24:327-331.

丁莉,钟泽璞,李世仪,等. 1996. CO_2倍增对紫花苜蓿碳氮同化与分配的影响. 植物学报, 38(1): 83-86.

丁一汇,任国玉,石广玉,等. 2006. 气候变化国家评估报告(Ⅰ):中国气候变化的历史和未来趋势. 气候变化研究进展, 2(1): 3-8.

符淙斌,袁惠玲. 2001. 恢复自然植被对东亚夏季气候和环境影响的一个虚拟试验. 科学通报, 46(8): 691-695.

高素华,郭建平,周广胜. 2002. 高CO_2浓度下羊草对土壤干旱胁迫的响应. 中国生态农业学报, 10(4): 31-33.

郭建平,高素华. 2004. CO_2浓度和辐射强度变化对沙柳光合作用速率影响的模拟研究. 生态学报, 24(2): 181-185.

韩文军,廖飞勇,何平. 2003. 大气二氧化碳浓度倍增对闽楠光合性状的影响. 中南林学院学报, 23(2): 62-65.

郝占庆,代力民,贺红士. 2001. 气候变暖对长白山主要树种的潜在影响. 应用生态学报, 12(5): 653-658.

冷文芳,贺红士,布仁仓,等. 2007. 东北落叶松属植物潜在分布对气候变化的响应. 辽宁工程技术大学学报, 26(4): 289-292.

李伏生,康绍忠. 2002. 不同氮和水分条件下CO_2浓度升高对小麦碳氮比和碳磷比的影响. 植物生态学报, 26(3): 295-302.

李伏生,康绍忠. 2003. 两种氮水平下CO_2浓度升高对冬小麦生长和氮磷浓度的影响. 土壤学报, 40(4): 599-605.

李霞,张新时,杨奠安. 1994. 应用Horldridge植被-气候分类系统进行中国植被对全球变化响应的研究//中国国家自然科学基金委员会生命科学部,中国科学院上海文献情报中心. 全球变化与生态系统. 上海:上海科学技术出版社,1-16.

廖建雄,王根轩. 2000. CO_2和温度升高及干旱对小麦叶片化学成分的影响. 植物生态学报, 24(6): 744-747.

廖建雄,王根轩. 2002. 干旱、CO_2和温度升高对春小麦光合、蒸发蒸腾及水分利用效率的影响. 应用生态学报, 13(5): 547-550.

林而达,许吟隆,蒋金荷,等. 2006. 气候变化国家评估报告(Ⅱ):气候变化的影响与适应. 气候变化研究进展, 2(2): 51-56.

刘国华,傅伯杰. 2001. 全球气候变化对森林生态系统的影响. 自然资源学报, 16(1): 71-78.

刘建栋,王石立,于强. 2001. CO_2倍增对黄淮海气候生产力影响的数值模拟. 自然灾害学报, 10(1): 17-23.

牛建明. 1999. 内蒙古生命地带的划分及其对气候变化的响应. 内蒙古大学学报(自然科学版), 30(3): 360-367.

孙谷畴,曾小平,赵平,等. 2003. 不同氮源下生长的柚树叶片光合参数对高浓度CO_2驯化作用的比较. 生态学报, 23(1): 14-21.

王春乙,高素华,郭建平. 1995. 模拟大气中CO_2浓度对大豆影响的试验. 生态学报, 15(2): 34-40.

王馥堂,赵宗慈,王石立,等. 2003. 气候变化对农业生态的影响. 北京:气象出版社, 131-134.

王叶,延晓冬. 2006. 全球气候变化对中国森林生态系统的影响. 大气科学, 30(5): 1 009-1 018.

肖春旺,周广胜,等. 2001. 毛乌素沙地中间锦鸡儿幼苗生长、气体交换和叶绿素荧光对模拟降水量的响应. 应用生态学报, 12(5): 692.

谢祖彬，朱建国，张雅丽，等．2002．水稻生长及其体内C、N、P组成对开放式空气CO_2浓度增高和N、P施肥的响应．应用生态学报，13(10)：1 223-1 230．

徐德应，郭泉水，阎洪．1997．气候变化对中国森林影响研究．北京：中国科学技术出版社．

延晓冬，赵士洞，于振良．2000．中国东北森林生长演替模拟模型及其在全球变化研究中的应用．植物生态学报，24(1)：1-8．

杨景宏，陈拓，王勋陵．2000．增强紫外线-B辐射对小麦叶绿体膜组分和膜流动性的影响．植物生态学报，24(1)：102-105．

杨志敏，颜景义，郑有飞，等．1995．不同条件下UV-B辐射降低小麦叶片叶绿素含量的效应．西北植物学报，15(4)：288-293．

曾小平，赵平，孙谷畴．2006．气候变暖对陆生植物的影响．应用生态学报，17(12)：244-250．

张福春．1995．气候变化对中国木本植物物候的可能影响．地理学报，50(5)：402-410．

张宏．2001．极端干旱气候下盐化植被草甸净初级生产力对全球变化的响应．自然资源学报，16(3)：216．

张明军，周立华．2004．气候变化对中国森林生态系统服务价值的影响．干旱区资源与环境，18(2)：40-43．

张其德，卢从明，冯丽洁，等．1996．CO_2加富对紫花苜蓿光合作用原初转换的影响．植物学报，38(1)：77-82．

张小全，徐德英．2002．温度对杉木中龄林针叶光合生理生态的影响．林业科学，38(3)：27-33．

张新时，刘春迎．1994．全球变化条件下的青藏高原植被变化图景预测，全球变化与生态系统．上海：上海科技出版社，17-26．

张新时，周广胜，高琼，等．1997．中国全球变化与陆地生态系统关系研究．地学前缘，4(1-2)：137-144．

张新时，周广胜，高琼，等．1997．全球变化研究中的中国东北森林-草原陆地样带(NECT)．地学前缘，4(1-2)：145-151．

郑景云，葛全胜．2003．近40年中国植物物候对气候变化的响应研究．中国农业气象，24(3)：28-32．

周广胜，张新时，高素华，等．1997．中国植被对全球变化反应的研究．植物学报，39(9)：879-888．

Barbara T, Christian K, Jurg S. 2003. Seed production and seed quality in a calcareous grassland in elevated CO_2. Global Change Biology, 9: 873-884.

Barnes P W, Flint S D, Caldwell M M. 1990. Morphological responses of crop and weed species of different growth from to UV-B radiation. American Journal of Botany, 77(10): 1 354-1 361.

BassiriRad H, Griffin K L, Reynolds J F, et al. 1997. Changes in root NH_4^+ and NO_3^- absorption rates of loblolly and ponderosa pine in response to CO_2 enrichment. Plant and Soil, 190: 1-9.

Burke M W, Grime J P. 1996. An experimental study of plant community invisibility. Ecology, 77: 776-790.

Caldwell M M, Bjorn L O, Bornman J F, et al. 1998. Effects of increased solar ultraviolet radiation on terrestrial ecosystems. Journal of Photochemistry and Photobiology B: Biology, 46: 40-52.

Callaway R M, Delucia E H, Thomas E M, et al. 1994. Compensatory responses of CO_2 exchange and biomass allocation and their effects on the relative growth rate of Ponderosa Pine in different CO_2 and temperature regines. Oeeologia, 1998: 159-166.

Callaway R M, Brooker R W, Choler P, et al. 2002. Positive interactions among alpine plants increase with stress. Nature, 417: 844-848.

Canadell J G, Steffen W, White P S. 2002. IGBP/GCTE terrestrial transects: Dynamics of terrestrial ecosystems under environmental change-introduction. Journal of Vegetation Science, 13: 298-300.

Curtis P S. 1996. A meta-analysis of leaf gas exchange and nitrogen in trees grown under elevated carbon dioxide. Plant Cell and Environment, 19: 127.

Emanuel W R, Shugart H H, Stevenson M P. 1985. Climatic change and broad scale distribution of terrestrial ecosystem complexs. Climatic Change, 7: 29-43.

Fitter A H, Fitter R S R. 2002. Rapid changes in flowering time in British plants. Science, 296: 1 689-1 691.

Gifford R G, Barrett D L, Lutze J L. 2000. The effects of elevated CO_2 on the C : N and C : P mass ratios of plant tissues. Plant and Soil, 224: 1-14.

Gutterman Y. 2000. Maternal effects on seeds during development// Fenner M. Seeds, the Ecology of Regeneration in Plant Communities. New York: CABI Publishing, 59-84.

He J S, Flynn D F B, Wolfe-Bellin K, et al. 2005. CO_2 and nitrogen, but not population density, alter the size and C/N ratio of *Phytolacca americana* seeds. Functional Ecology, 19: 437-444.

Heegaard E , Vandvik V. 2004. Climate change affects the outcome of competitive interactions-an application of principal response curves. Oecologia, 139: 459-466.

Houghton J T, Ding Y H, Griggs D G, et al. 2001. Climate Change 2001: The Scientific Basis. Cambridge, UK: Cambridge University Press.

Houghton J T, Jenkins G J, Ephraums J J. 1990. Climate Change: The IPCC Scientific Assessment. Cambridge: Cambridge University Press, 1-15.

Hussain M, Kubiske M E, Connor K F. 2001. Germination of CO_2-enriched *Pinus taeda* L. seeds and subsequent seedling growth responses to CO_2 enrichment. Functional Ecology, 15: 344-350.

Jablonski L M, Wang X Z, Curtis P S. 2002. Plant reproduction under elevated CO_2 conditions: a meta-analysis of reports on 79 crop and wild species. New Phytologist, 156: 9-26.

Johannessen M M, Mikkelsen T N, Nersting L G, et al. 2005. Effects of increased atmospheric CO_2 on varieties of oat. Plant Breeding, 124: 253-256.

Karl T R, Trenberth K E. 2003. Modern global climate change. Science, 302: 1 719-1 723.

Klanderud K. 2005. Climate change effects on species interactions in an alpine plant community. Journal of Ecology, 93: 127-137.

Lavola A, Julkunen-Tiitto R, DE LA Rosa T, et al. 2000. Allocation of carbon to growth and secondary metabolites in birch seedling under UV-B radition and CO_2 exposure. Plant Physiology, 109: 260-267.

Murray D R. 1997. Carbon Dioxide and Plant Responses. Taunton, UK: Research Studies Press Ltd.

Neilson R P. 1993. Vegetation redistribution: A possible biosphere source of CO_2 during climate change . Water, Air and Soil Pollution, 70: 659-673.

Peterson A T, Ortega-Huerta M A, Bartley J, et al. 2002. Future projections for Mexican faunas under global climate change scenarios. Nature, 416: 626-629.

Prentice I C, Lloyd L. 2000. The carbon balance of the terrestrial biosphere: ecosystem and atmospheric observation. Journal Geophysics Research.

Richard N M, Simberloff C D, Lonsdale W M, et al. 2000. Biotic invasions: causes, epidemiology, global consequences, and control. Issues in Ecology, 10(3): 689-710.

Rick P. 2004. Our Changing Planet—The FY 1997 U. S. Global Change Research Program. Science, 302: 1 719-1 723.

Root T L, Price J T, Hall K R, et al. 2002. Fingerprints of global warming on wild animals and plants. Nature, 421: 57-60.

Running S W, Baldocchi D D, Turner D P, et al. 1999. A global terrestrial monitoring network integrating tower fluxes, flask sampling, ecosystem modeling and EOS satellite data. Remote Sensing of Environment, 70: 108-127.

Sala O E, Chapin III F S, Armesto J J, et al. 2000. Global biodiversity scenarios for the year 2100. Science, 287: 1 770-1 774.

Smith S D, Huxman T E, Zitzer S F, et al. 2000. Elevated CO_2 increases productivity and invasive species success in an arid ecosystem. Nature, 408: 79-82.

Smith T M, Halpin P N, Shugart H H, et al. 1995. Global forest //Strzepek K M, Smith J B. As Climate Change International Impacts and Implications. Cambridge: Cambridge University Press, 59-78.

Smith T M, Leemans R, Shugart H H. 1992. Sensitivity of terrestrial carbon storage to CO_2-induced climate change: comparison of four scenarios based on general circulation models. Climatic Change, 21: 367-384.

Starr G, Oberbauer S F, Pop E W. 2000. Effects of lengthened growing season and soil warming on the phenology and physiology of *Polygonum bistorta*. Global Change Boilogy, 6(3): 357-369.

Steinger T, Gall R, Schmid B. 2003. Maternal and direct effects of elevated CO_2 on seed provisioning, germination and seedling growth in *Bromus erectus*. Oecologia, 123: 475-480.

Stiling P, Moon D, Hymus G, et al. 2004. Differential effects of elevated CO_2 on acorn density, weight, germination, and predation among three oak species in a scrub forest. Global Change Biology, 10: 228-232.

Sullivan J H. 1997. Effects of increasing UV-B radiation and atmospheric CO_2 on photosynthesis and growth: implications for terrestrial ecosystems. Plant Ecology, 128: 194-206.

Taylor R M,Tobin A K, Bray C M. 1994. The effects of

enhanced UV-B irradiation on DNA damage and repair in plant tissue. Journal of Experimental Botany, 45: 55-61.

Teramura A H, Sullivan J H, Lydon J. 1990. Effects of UV-B radiation on soybean yield and seed quality: A six-year field study. Physiology Plant, 80: 5-11.

Thomas C D, Cameron A, Green R E, et al. 2004. Extinction risk from climate change. Nature, 427: 145-148.

Thurig B, Konner C, Stocklin J. 2003. Seed production and seed quality in a calcareous grassland in elevated CO_2. Global Change Biology, 9: 873-884.

Tissue D T, Griffin K L, Thomas R B. 1995. Effects of low and elevated CO_2 on C_3 and C_4 annuals Ⅱ Photosynthesis and leaf biochemistry. Oeeologia, 101: 21-28.

Uprety D C, Dwivedi N, Jain V, et al. 2003. Responses of rice cultivars to the elevated CO_2. Biologia Plantarum, 46: 35-39.

VEMAP (Vegetation-ecosystem Modeling and Analysis Project). 1995. Comparing biogeography and biogeochemistry models in a continental-scale study of terrestrial ecosystem response to climate change and CO_2 doubling. Global Biogeochemical Cycles, 9: 407-437.

Walker B, Steffen W. 1997. An overview of the implication of global change for natural and managed terrestrialeco system. Conservation Ecology, 1(2): 2-20.

Wagner J, Lscher A, Hillebrand C, et al. 2001. Sexual reproduction of *Lolium perenne* L. and *Trifolium repens* L. under free air CO_2 enrichment (FACE) at two levels of nitrogen application. Plant, Cell and Environment, 24: 957-965.

Wang C Y, Bai Y M, Wen M. 1995. A diagnostic experiment of the influence of CO_2 on winter wheat. Environmental Sciences, 1(2): 56-64.

Watson R H, Rodhe H, Oeschager H, et al. 1990. Greenhouse gases and aerosols//Houghton J T, Oeschager H, Siegenthaler U. Climate Change: The IPCC Scientific Assessment. New York: Cambridge University Press, 1-40.

Weltzin J F, Bridgham S D, Pastor J, et al. 2003. Potential effect of warming and drying on peat land plant community composition. Global Change Biology, 9: 141-151.

White J D, Running S W, Thornton P E, et al. 1998. Assessing simulated ecosystem processes for climate variability at Glacier National Park, USA. Ecological Application, 8: 805-823.

Wright L A, Murphy T M. 1982. Short wave ultraviolet light close leaf stomata. American Journal of Botany, 69: 1 196-1 198.

Yue M, Li Y, Wang X L. 1998. Effects of enhanced ultraviolet-B radiation on plant nutrients and decomposition of spring wheat under field condition. Environmental and Experimental Botany, 40: 187-196.

Zhang X S, Yang D A, Zhou G S, et al. 1996. Model expectation of impacts of global climate change on biomass of the Tibetan Plateau//Omasa K, et al. Climate Change and Plants in East Asia. Berlin: Springer-Verlag, 25-38.

第13章

生态系统的碳、氮、水过程对全球变化的响应与适应

方华军 于贵瑞
（中国科学院地理科学与资源研究所）

摘要

人类活动每年使大气 CO_2、CH_4和 N_2O 浓度分别增加 0.4%、0.8%和 0.25%，对温室效应的贡献分别为 55%、19%和 6%，导致地球表面气温以每 10 年 0.2℃的速度升高。总体上，全球降水呈增加趋势，但干旱与半干旱地区降水减少，酷热、干旱和洪涝等极端气候事件增加。与此同时，人类活动产生并排放到大气中的反应性氮由15 $TgN \cdot a^{-1}$增加到 165 $TgN \cdot a^{-1}$，全球通过干湿沉降的平均氮量为 25～40 $TgN \cdot a^{-1}$，预计未来 25 年内将加倍。另外，全球（尤其在南极和青藏高原地区）臭氧总量呈现急剧下降趋势，相应地向地面 UV-B 辐射量显著增加。陆地生态系统碳、氮、水循环通过复杂的物理、化学和生物交互作用耦合在一起，并与环境因子之间存在复杂的响应和反馈关系，是驱动生态系统变化的关键过程。陆地生态系统土壤碳循环主要包括凋落物分解、有机碳转化和土壤含碳气体的排放等过程，同时伴随着有机氮的矿化、硝化、反硝化、含 N 气体释放和淋溶等氮循环过程，两者均在土壤微生物和土壤酶等作用下完成。气温、降水、大气 CO_2浓度、大气氮沉降以及 UV-B 辐射等环境要素的变化，将直接或间接地影响陆地生态系统碳、氮、水循环过程，进而影响生态系统固碳潜力。然而，目前有关生态系统水、碳和氮循环的研究基本上局限于某一要素单一过程的变化，缺乏对三者之间的交互作用及其对未来气候变化的响应与适应机制的认识。本章主要从植物叶片、个体、生态系统及全球等不同尺度出发，综述植物碳、氮、水循环的主要过程对未来温度升高、降水增加或减少、大气 CO_2浓度和氮沉降升高的短期响应过程和长期适应趋势，探讨可能存在的内在机制。

关键词：增温　穿透水转移　降水脉冲　自由式大气 CO_2浓度富集　开顶箱（OTC）　大气氮沉降　多因子试验

Chapter 13

Responses and adaptation of ecosystems C, N and H_2O processes to global climate change

Abstract

Due to human activities, atmospheric CO_2, CH_4 and N_2O are increasing and are responsible for 0.4%、0.8% and 0.25% of greenhouse effects, respectively. This partly results in the increase of surface temperature at a rate of 0.2℃ per decade. Global precipitation tends to increase, but decrease appears in arid and semiarid regions; moreover, the extreme precipitation events will increase. Meanwhile, the increasing anthropogenic actitive nitrogen arosed an average rate of nitrogen deposition from 25 to 40 TgN · a^{-1}. C, N and H_2O cyclings in terrestrilal ecosystems are coupling through complex biogeochemical processes, and have varying responses to change of environment factors. The key processes of soil carbon cycling include litter decomposition, organic carbon transformation and containing C gases emission, while processes of N minerlization, nitrification and denitrification and containing N gases emission etc also occur synchronously. These processes are carried through by soil microorganism and enzyme activities. However, warming, precipitation increase or decrease, CO_2 concentration enrichment and chronic N deposition input would change the processes of terrestrial C, N and H_2O cyclings directly and indirectly. Presently, study on the response and acclimation of ecosystem C, N and H_2O to climate changes is limited single element or some processes, the coupling mechanism among three element cyclings is rarely understood. In this chapter, manipulative experiments of warming, throughfall exclusion and pulse precipitation, free air CO_2 enrichment (FACE) and open top chamber (OTC), and simulating nitrogen deposition or N addition are detailed to clarify the response and acclimation mechanism of C, N and H_2O processes to environment changes.

Keywords: Warming Throughfall exclusion Precipitation pulses Free air CO_2 enrichment (FACE) Open top chamber (OTC) Atmospheric nitrogen deposition Multi-factor experiments

13.1 生态系统碳、氮、水过程对温度升高的响应与适应

联合国政府间气候变化专门委员会(IPCC)第四次气候变化评估报告指出,20 世纪全球温度平均上升了 0.74℃,到本世纪末,高排放情景下的全球平均气温将在目前的基础上再升高 2.4 ~ 6.4℃(IPCC 2007a, b, 2008)。根据《气候变化国家评估报告》和《中国应对气候变化国家方案》的估计,在过去 100 年中,我国平均气温上升了 0.5 ~ 0.8 ℃;1986 年以来连续出现了 21 个全国性暖冬。气温升高直接或间接影响着陆地生态系统碳、氮、水循环的各个方面,包括植物光合、呼吸、蒸腾等生理生态,土壤碳、氮转化过程,温室气体排放以及整个生态系统的碳、氮平衡。本节主要探讨气温升高对陆地生态系统碳、氮循环的主要关键过程的影响,归纳并揭示生态系统碳、氮循环耦合作用的内在机制。

13.1.1 气温升高对生态系统 NPP 和植被碳库储量的影响

生态系统净初级生产力(NPP)是指单位时间、单位面积上植物光合产物与植物自养呼吸的差值,代表了陆地生态系统的碳素输入。一方面,气候变暖可以通过影响植物的光合和自养呼吸作用直接改变陆地生态系统的 NPP(Scheller & Mladenoff, 2005);另一方面,还可以通过改变土壤氮素矿化速率、土壤水分含量对陆地生态系统的 NPP 产生间接的影响(Shaver et al, 2000; Melillo et al, 2002)。目前关于大气温度升高对陆地生态系统 NPP 的影响主要存在以下两种观点:(1)气候变暖可以显著增加部分地区陆地生态系统的 NPP,且增加幅度存在明显的时空分布特征(Scheller & Mladenoff,2005; Cao et al, 2005)。Cao 和 Woodward(1998)利用 CEVSA 模型研究了在未来气候情景下全球 NPP 的变化,结果显示热带生态系统、温带森林和北方生态系统的 NPP 分别增加 45%、20% 和 36%。从 20 世纪 80 到 90 年代,全球各大洲的 NPP 均表现为随气候变暖而增加(Cao et al, 2005)。北方森林、北方温带落叶阔叶林等部分生态系统的 NPP 随气候变暖而增加,其主要原因可能是土壤有机质矿化增加了土壤氮素有效性(Melillo et al, 1993);另外,植物物候(如长叶时间)的提前和群落生长季延长可能固定更多的碳(Chen et al, 1999)。(2)与上述观点相反,有些学者认为虽然增温可以使光合作用固定更多的 CO_2,但是由于同时增加生态系统的自养呼吸,其增温的净效应为 NPP 降低(Vukicevic et al, 2001)。Tian 等(1998)对亚马孙流域热带雨林地区过去 100 年的研究结果显示气候变暖可以降低生态系统的 NPP(图 13.1)。地处热带的亚马孙流域,气候变暖可能对植被的生长影响不大,而气候变暖所伴随的降水和其他因素可能会导致植物光合作用的降低和自养呼吸的增强。Melillo 等(1993)认为气候变暖对 NPP 影响最大的是热带雨林地区,因为该地区不存在氮素限制作用,所以气候变暖所引起的氮素释放并不能增加植物生长,相反,气候变暖所引起的植物自养呼吸增加和土壤水分亏缺最终导致 NPP 的降低。总之,不同生态系统的 NPP 对气候变暖的响应不同,低纬度地区生态系统的 NPP 一般表现为降低,而中高纬度地区的生态系统 NPP 通常表现为升高或不变。

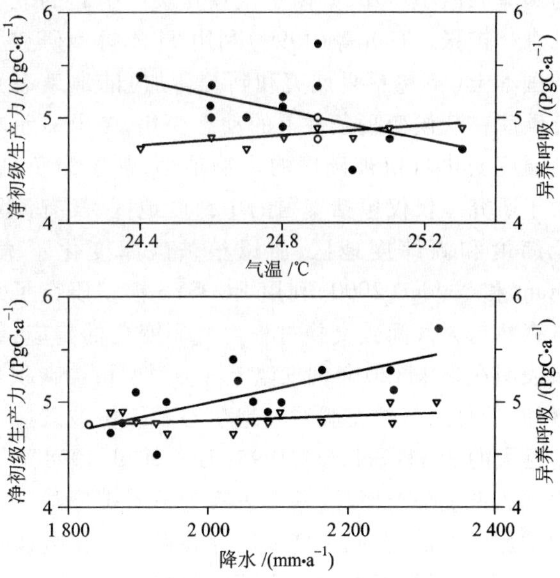

图 13.1 亚马孙流域热带雨林生态系统净初级生产力(NPP)和土壤呼吸(R_h)与温度和降水的关系(●和粗直线代表 NPP,△和细直线代表 R_h)(Tian et al, 1998)

Figure 13.1 Relation of annual net primary production (NPP, thick line, circles) and annual heterotrophic respiration (R_h, thin line, triangles) to temperature and precipitation

相似地,在未来气候变暖条件下,陆地生态系统

植被碳库也有增加(Cao & Woodward,1998)、减少(Tian et al,1998)以及无显著变化(King et al,1997)等不同结论,并与大气 CO_2浓度和气温的变化形成正、负反馈关系(Cox et al,2000)。一些土壤增温试验研究发现,经过 5 年的土壤增温使得单位面积森林的树茎生长量增加了近 50%(Bergh et al,1999;Jarvis & Linder,2000)。Tian 等(2000)利用 TEM 模型对亚马逊河流域研究表明,从 1980 到 1994 年间,气候变暖导致亚马逊流域植被碳库增加 2%。King 等(1997)结合未来气候情景研究了植被碳库对气候变化的响应,结果表明单纯气候变暖就可以导致全球植被碳库增加 12% ~16%,尽管不同的气候情景所导致植被碳库改变各不相同。但是,Cao 和 Woodward(1998)利用 CEVSA 模型耦合 GCM 模型研究了 1860—2070 年的陆地生态系统碳动态,认为在 200 年间全球陆地植被碳库的增加量很小,但是不同生态系统的表现并不一致,如高纬度的北方森林生态系统植被碳库在气候变暖的影响下要增加,而中纬度的温带森林和低纬度的热带森林生态系统则要表现为少量的碳流失,最终在全球尺度上表现为碳库的微小增加,归因于气候变暖所引起的北半球森林扩张。Tian 等(1999)利用 TEM 模型研究了美国本土(不包括夏威夷和阿拉斯加)陆地生态系统碳库在气候变暖条件下的动态变化,结果显示单纯温度变化对植被碳库的影响很小,甚至为负值。由于研究区仅仅包括美国的中纬度地区,没有涉及低纬度和高纬度地区,所以植被碳库变化不大。Grant 和 Nalder(2000)利用 ECOSYS 模型研究了北方森林与大气间碳交换过程对气候变化的响应,结果表明在未来 120 年间气温上升会引发植被碳积累增加。因此,气候变暖对陆地生态系统植被碳库产生巨大的影响(Schimel,1995;Tian et al,1998),并因生态系统类型而异,基本表现为植被碳库随纬度的增加而增加,在低纬度地区存在微小的植被碳库流失,在全球尺度上比较合理的解释是存在一定程度的微量增加。

13.1.2 增温对陆地生态系统土壤碳储量的影响

土壤包括有机和无机两个碳库,分别占陆地总土壤碳库的 2/3 和 1/3 (Schimel,1995)。气候变暖主要通过增加土壤中植物残体的归还量、增加土壤有机质分解、加速土壤呼吸释放等碳素输入和输出过程来影响土壤碳库储量。目前有关增温对土壤碳库储量的影响效应主要存在以下几种观点:(1)当 NPP 增加,植物残体归还到土壤的碳素增加量超过碳释放时,土壤碳库也随之增加;(2)如果 NPP 不增加或微弱增加,而凋落物和土壤有机质分解以及土壤呼吸增加速率超过植物残体输入速率,导致土壤碳库储量降低;(3)如果植物残体碳素归还量与土壤碳释放速率大致相抵,则土壤碳库保持不变。不同纬度地带的土壤对气候变暖的响应不同,一般引起高纬度富碳地区土壤碳流失,尤其在北方森林和苔原地区,而中低纬度地区的土壤碳库则可能不变或略有增加。随着全球气候的变暖,气候带正以每年 5 km 的速度向北方移动,北方高纬度地区的温度将逐年增加。而且全球有 1/4 ~1/3 的碳被固定在永久冻结带(Woodwell,1995),气温升高势必对该区土壤碳储量产生影响。Christensen 等(1990)研究了欧洲北极和西伯利亚地区不同温度梯度下的土壤有机碳释放及其对温度的依赖性,发现深层土壤比表层土壤更加富含有机质,且不稳定性有机碳含量更高,对温度响应更为敏感。加拿大的 Cryosols 地区约 48% 的有机碳严重地受到全球气候变暖的影响,其中很大比例的碳是以 CO_2或甲烷的形式排放到大气中(Woodwell, 1995)。McKane 等(1997)利用 MBL-GEM 模型研究了北半球苔原生态系统碳动态在气候变暖条件下的变化,结果表明土壤有机碳库将会减少 0.3%,因为苔原的碳库储存量较大,这种碳排放会持续很长时间。而 Tian 等(1999)研究了美国本土对气候变暖的响应,结果表明在过去的 95 年间,气候变暖导致土壤碳库有一个很微弱的增加。就全球尺度来说,在气候变暖条件下,温度每升高 1℃,土壤有机碳损失 10%,而在低温高纬度地区土壤碳损失远高于这一比例(Kirschbaum,1995)。

除影响土壤碳库储量以外,气候变暖还可以改变土壤有机碳组成和周转时间。关于 SOC 不同组分对温度敏感性的认识仍存在很大争议,成为预测未来土壤碳储量的数量以及全球格局变化的关键。一种观点认为,活性 SOC 对气温变化敏感,反之惰性 SOC 组分对气温变化不敏感(Giardina & Ryan, 2000;Liski et al,1999),增温促进活性碳库向钝性或缓性碳库转移,导致土壤碳循环对气候变暖的反馈是有限的。另一种观点认为,惰性 SOC 和活性 SOC 对气温的敏感性并没有显著性差别(图 13.2),而微生物的活性随着土壤碳库深度的变化而变化(Fang

& Moncrieff, 2005; Field & Raupach, 2004)。另外，增温通过加速土壤碳的分解和释放来缩短周转时间，增加土壤碳库的周转速率(Trumbore et al, 1996,1997)。CENTURY 模型也是基于这一思想来构建有机质分解模块的，即有机质分解随温度升高而增加。但是也有例外，如 Geber 等(2004)利用 LPJDGVM 模型分析了陆地生态系统对气候变暖和 CO_2浓度升高的响应，认为在寒冷地区土壤有机碳的周转速率降低。

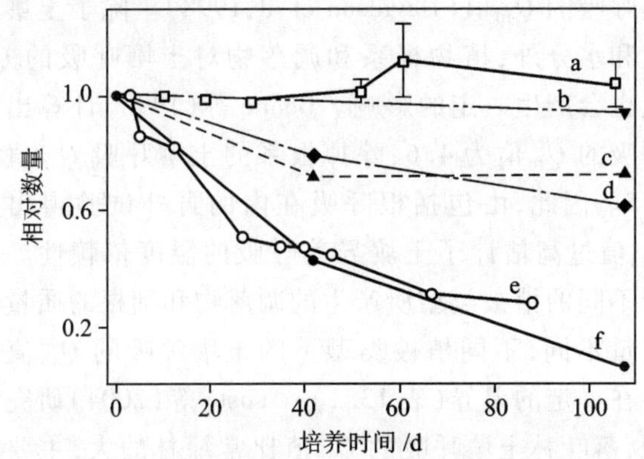

图 13.2 土壤呼吸速率和土壤有机碳组分随培养时间的变化(数据利用初始值进行了标准化处理，a 为 Q_{10}，b 为 TOC，c 为 DOC，d 为 K_2SO_4提取的 C，e 为 20℃的呼吸速率，f 为微生物生物量 C)(Fang et al, 2005)

Figure 13.2 Variations in respiration rate and soil carbon pools with increasing incubation time. Values are averages of all four samples, and normalized by initial values. a, Q_{10} value; b, TOC; c, DOC; d, K_2SO_4-extracted C; e, respiration rate at 20℃; and f, microbial biomass C (Fang et al, 2005)

温度对 SOC 的影响机制包括微观和宏观两个方面。微观上，温度通过影响微生物种群结构、N 素矿化速率以及改变生态系统 NPP 来实现。温度升高导致微生物种群的增长，促进 SOC 的分解，并导致微生物群落结构发生变化。气温上升显著降低土壤微生物量中细菌的比例、增加真菌的比例、提高微生物对 SOC 的利用效率(Zhang et al,2004)。温度升高可促进有机 N 的矿化(Rustad et al, 2001; Schimel et al,1996)，植物可利用的矿质 N 增加，植物生长使碳吸收从土壤碳库(低 C/N)转移到植物碳库(高 C/N)。反之，气候变暖也可以影响碳素从植物碳库向土壤碳库的流动，主要是因为光合作用增强导致光合产物向地下部分分配的增加(Jones et al,1998)，在这一过程中气温升高和随之发生的降水格局变化同时起作用。Gorissen 等(2004)利用 ^{14}C标记法研究了欧洲地区灌丛生态系统碳素在植被和土壤碳库中再分配，指出在气温升高的条件下，干旱地区由植被库向土壤库中的碳流动增加，而在湿润地区则减少。但也有研究认为，全球生物群落的 SOC 贮量与 NPP 之间的相关关系极其微弱，植物 NPP 的增长并不意味着 SOC 净储量的增加(倪健等,1998)。Kirschbaum(1995)研究表明，气温升高对有机质分解的促进作用可能比 NPP 增加的促进作用更为显著。气温升高还将影响植被类型及其分布面积的变化，使北方森林、永久冻土和苔原面积减少，从而使得更多的土壤碳释放到大气中形成正反馈。

13.1.3 土壤呼吸对增温的响应与适应

土壤呼吸是指土壤排放 CO_2的过程，包括根系呼吸、土壤微生物呼吸、土壤动物呼吸以及含碳化合物氧化四个过程(Raich & Schilesinger, 1992)。土壤呼吸是陆地碳循环的重要组成部分，其微小的变化将对陆地碳收支格局产生很大的影响。土壤呼吸增加 20% 将导致 14 ~ 20 PgC · a^{-1}的土壤碳排放，是化石燃料燃烧和土地利用变化排放量(7 PgC · a^{-1})的 2 ~ 3 倍(Lal et al,1995)，可对大气 CO_2浓度和气候变暖产生一个强烈的正反馈。土壤呼吸对温度升高的响应的敏感性系数可用 Q_{10}来表示，其内在含义为温度每升高 10℃土壤呼吸的变化率。大量野外观测和模型模拟表明，除了一些沙漠地区外，土壤呼吸随温度的升高而增加(Christensen et al,1997; Rustard et al,2001)，表现为根系呼吸(Högberg et al, 2001)和土壤动物呼吸(Briones et al,2004)的增加。并且高纬度地区土壤呼吸的温度敏感性较大，全球升温将导致高纬度生态系统向大气排放大量的碳，某些北方生态系统已经由净碳汇变成净碳源(Kirschbaum et al,1995)。Kang 等(2003)研究发现，在不同的土壤微环境条件下土壤呼吸的 Q_{10}并不随温度的变化而改变，说明气候变暖可以持续地增加土壤呼吸速率。然而，近年来研究发现，虽然气候变暖可以在短时间内刺激土壤呼吸产生大量 CO_2，但是它并不能从根本上增加土壤呼吸(Luo et al,2001; Melillo et al,2002)。Luo 等(2001)在美国 Oklahoma 中部大草原上进行为期 3 年的土壤增温(增加 2℃)和刈割试验，结果发现土壤呼吸的温度敏感性在气候变暖情况下会降低或者产生适应(acclamation),高温情况下适应性更强(图 13.3)。如果这种关系在更大的空间和时间尺度上也存在的话,那么温暖地区的生态系统可能比寒冷地区的生态系统更能适应全球变暖。Melillon 等(2002)在 Harvard 森林进行了近 10 年的土壤呼吸对温度的响应野外控制试验,发现温度升高并不能长久地增加土壤呼吸,他们将之归因于土壤有限的活性碳库,当这部分碳释放进入大气以后,增温就不能再刺激土壤呼吸作用了。

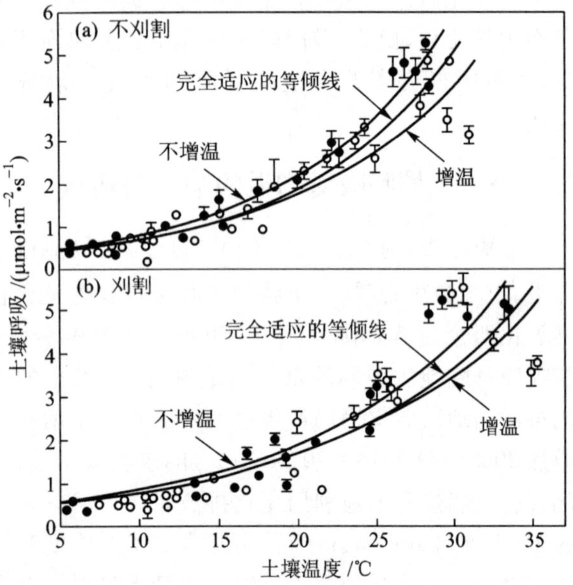

图 13.3 增温和不增温样地土壤呼吸和温度的关系(● 不增温,○ 增温)(Luo et al, 2001)

Figure 13.3 The relationships between soil respiration and temperature in unwarmed (filled circles) and warmed (open circles) treatments with standard errors. (a) unclipped subplots, (b) clipped subplots

土壤呼吸的温度敏感性系数 Q_{10} 在时间和空间上具有很大的变异性(表 13.1)。Raich 和 Schlesinger (1992) 指出,Q_{10} 值变化范围为 1.3 到 3.3之间变动,温带地区大约为 2.4,北极地区为 2 ~ 8.8(Nadelhoffer et al,1992)。一年之内土壤呼吸的 Q_{10} 值并不是一个固定常数,与温度(Rayment & Jarvis,2000;Luo et al,2001;Drewitt et al, 2002)、湿度(Xu & Qi, 2001)以及植物根系及凋落物关系密切。当温度相对较低时,微生物种群在低温条件下增长较快,导致低温时 Q_{10} 值较高(Andrews et al,2000)。除此之外,其他温度敏感过程如有机质分子通过水膜的扩散、细胞代谢也会造成低温时 Q_{10} 值较大(Janssenss & Pilegaard,2003)。土壤湿度与土壤呼吸的 Q_{10} 值成正相关关系(Xu & Qi,2001)。Boken 等(1999)研究发现,由于土壤干湿交替的变化,云杉立地土壤的 Q_{10} 值由 3.9 增加到 5.7,说明 Q_{10} 值增加主要是由于湿润的环境有利于土壤微生物分解土壤有机碳。相反,干旱胁迫会使土壤呼吸对温度的依赖性降低。但是,土壤过湿阻碍了 O_2 的扩散,反而降低了分解速率和 CO_2 的产生,进而降低了土壤呼吸的 Q_{10} 值(Davidson et al,1998)。除了土壤温度和水分外,植物根系和凋落物对土壤呼吸的 Q_{10} 值也会产生一定的影响。Boone 等(1998)计算出根呼吸的 Q_{10} 值为 4.6,除掉根系的土壤呼吸 Q_{10} 值为 2.5。因此,由包括根呼吸在内的野外试验得出的 Q_{10} 值过高估计了土壤异养呼吸的温度依赖性。由于不同的植被类型所产生的凋落物和细根的质量和数量不同,不同植被类型下的土壤呼吸的 Q_{10} 值便存在一定的差异(表 13.1)。Yuste 等(2004)研究发现,落叶林土壤呼吸的 Q_{10} 值比常绿林的大,主要是由落叶林和常绿林两种植被的季节活动性不同造成的。

气候变暖时,土壤呼吸对气候升高产生适应的原因可能是:(1)反应底物不足。当土壤异养微生物处于底物供应不足的环境中时,土壤呼吸对温度升高不敏感(Giardina et al,2000),潜在地产生了适应(Oechal et al,2000)。影响底物有效性的因子包括土壤黏粒含量、有效水分以及矿质土壤的质量。如果适应是由有限基质供应造成的,则土壤碳含量低的生态系统可能比碳含量高的生态系统更能适应气候变暖。(2)土壤有效水分的限制。一般来说,过干和过湿的环境都不适于土壤呼吸的进行(Peterjohn et al,1994)。气候变暖通常伴随着降水分布格局和强度的变化,在一些地区降水过多,而另一些地区降水过少,形成了一些过干或过湿的地区,从而降低土壤呼吸的强度。(3)氮素过量。气温的升高势必导致土壤氮素矿化速率的增加和土壤可利用氮素的增加,从而导致植物 C/N 降低,植物体向土壤中分泌的有机物减少,进而限制了土壤呼吸的进行(Melillo et al,2002)。(4)生物适应性。通过改变土壤微生物群落组成和调节微生物的生理过程来对温度升高产生适应。在高温的条件下,前期微生物可以加快代谢,随时间的延长,微生物逐渐适应了高温的环境,自身代谢随之趋于稳定(Lange & Green,

2005)。在不考虑微生物种群变化的情况下,土壤呼吸的温度敏感性降低可能是由生理变化引起的。如真菌可以改变它的呼吸作用以适应温度的改变(Lange & Green,2005)。

表 13.1 不同植被类型土壤呼吸的 Q_{10} 值(同小娟等,2005)

Table 13.1 Q_{10} values of soil respiration of different vegetation types (Tong Xiaojuan et al, 2005)

植被类型	计算 Q_{10} 采用的温度	温度范围	Q_{10}值
北方森林			1.24,1.73
温带山毛榉	2 cm 地温	0~16℃	4.21
温带阔叶林	10 cm 地温	0~30℃	3.6
温带针叶林	10 cm 地温	0~30℃	3.8
温带针阔混交林	10 cm 地温	0~30℃	3.2
温带混交硬木林	10 cm 地温		3.9
温带混交硬木林	10 cm 地温		3.12~3.26
温带阔叶红松林	室内培养温度	0~35℃	3.64
温带云冷杉暗针叶林	室内培养温度	0~35℃	2.19
温带岳桦林	室内培养温度	0~35℃	3.91
暖温带辽东栎林	0 cm 地温	10~20℃	1.7
暖温带辽东栎林	0 cm 地温	20~30℃	1.51
温带森林			1.93
温带混交硬木林	室内培养温度	15~25℃	2.03
中亚热带青冈常绿阔叶林	0 cm 地温	-5~35℃	2.55
中亚热带毛竹林	0 cm 地温	-5~35℃	2.11
中亚热带茶园	0 cm 地温	-5~35℃	1.75
亚热带樟树林林地	0 cm 地温	10~20℃	3.22
亚热带樟树林林地	0 cm 地温	20~30℃	1.68
亚热带季风林	5 cm 地温		1.86~2.72
热带季雨林	5 cm 地温		2.03~2.36
热带森林			1.96
草原			2.03
苔原			2.78
温带草地	3.8 cm 地温	10~25℃	2.7
温带羊草草原	气温		2.0~3.0
温带草原	气温		1.47~1.78
小麦(秸秆还田)	5 cm 地温	-1.8~21.9℃	2.51
小麦	气温		1.84

13.1.4 陆地生态系统碳过程对气温变暖的响应机制

陆地生态系统主要通过光合作用、自养呼吸和异养呼吸与大气进行碳素交换,气候变暖可以增加或降低各个过程的速率或反应量,进而影响到全球陆地生态系统的碳素收支(IPCC,1997,2001),表现为碳源或碳汇(Trumbore et al,1996)。气候变暖与陆地生态系统碳循环之间存在正、负反馈关系(图 13.4):增温促进养分矿化—植物生长—碳截留(负反馈),同时增温可加速生态系统呼吸——释放额外的 CO_2(正反馈)。陆地生态系统对气候变暖的响应机制是:气候变暖通常可以增加植物的光合作用,同时高温还会增加潜在蒸发散和植物的呼吸作用,蒸发散的增强可以导致植物的水分胁迫,进而导致 NPP 的降低。另一方面温度的增加和水分胁迫的发生可以导致土壤可利用性 N 素的增加,解除植物的 N 素限制,增加 NPP(徐小锋等,2007)。另一种观点认为,气候变暖使陆地生态系统固定更多的碳在植物体中,从而减缓气候变暖的步伐,陆地生态系统在这种作用中是一个碳汇(Smith et al, 1992;Cramer & Solomon,1993;Prentice & Sykes,1995)。事实上,气候变暖对陆地生态系统碳源/碳汇的影响是不同的,不同的生态系统会产生不同的效果。各种生态系统对温度增加的响应各不相同,大多数北方生态系统和热带生态系统均表现为碳源,有少数温带森林等生态系统表现为碳汇(Tian et al,1999)。干旱、高纬度地区的生态系统在气候变暖条件下变成碳源,而低纬度高湿地区的生态系统在气候变暖条件下可能成为碳汇,这是因为低温条件下尽管 NPP 相对较低,但是呼吸和土壤碳库的分解也比较弱,导致净碳积累,而高温条件下分解作用超过碳的积累,使生态系统表现为碳源。而 Keyser 等(2000)则认为气候变暖导致碳积累和释放的同时加速,但是并不一定导致碳源/汇的变化,也就是气候变暖只改变了碳循环的速率,而对碳库并无影响,这可能是因为生

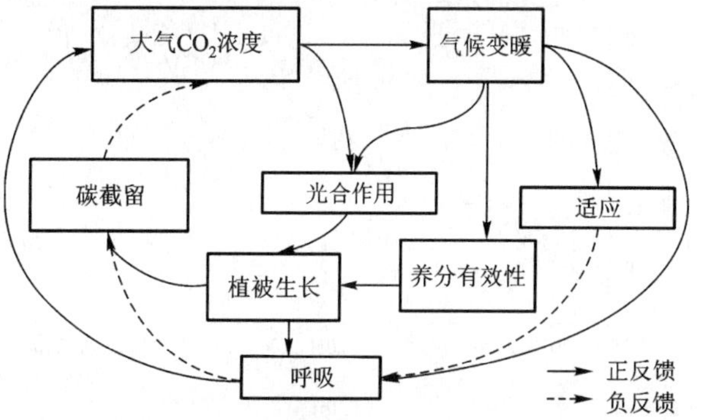

图 13.4 气候变暖-碳循环耦合系统中主要反馈关系(Luo et al, 2001)

Figure 13.4 Schematic diagram of major feedbacks in a coupled climate-carbon cycle system (Luo et al,2001)

态系统对气候变化存在生物适应性(Stirling et al, 1997;Lapenis et al,2005)。

13.1.5　中国区域的碳循环对气候变暖的响应模拟

由于陆地生态系统的复杂性,试验站点的观测数据很有限,且所观测的数据在时间和空间上又比较离散,因此单纯依靠试验方法难以做到对大尺度陆地生态系统土壤呼吸的预测,这就需要采用模型手段进行尺度扩展(scaling up)。陆地生态系统碳循环模型,尤其是基于过程的机理模型为解决这一问题提供了有效的工具。Cao 等(2002,2003)利用 CEVSA 模型对 1981—1998 年间全球和中国的土壤异养呼吸分别进行模拟后发现,在此期间中国温度分别升高了 0.7℃,温度升高使土壤异养呼吸分别以每年 0.4% 的速率增加。在 20 世纪 80 年代早期中国土壤异养呼吸为 2.94 PgC · a^{-1},到 20 世纪 90 年代末期则增到 3.13 PgC · a^{-1}。利用改进后的

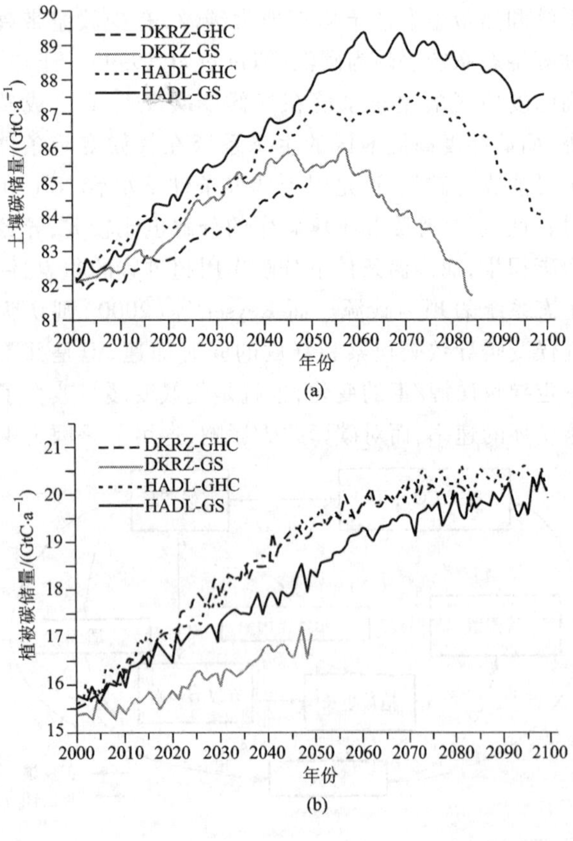

图 13.5　未来气候变化情景下的土壤(a)和植被(b)碳储量年际变化(陶波,2005)

Figure 13.5 variaiton of soil and vegetation carbon stock in the future scenarios of climate change (Tao Bo, 2005)

CEVSA 模型对 1981—2000 年间中国土壤异养呼吸进行模拟后发现,在过去的 20 年里,气候变暖使土壤异养呼吸明显增加,年增加速率约为 0.014 PgC。除 DKRZ-GS 情景数据年限较短尚未达到饱和外,其他三种气候变化情景下的土壤碳储量均经历了从增长到饱和然后逐渐降低的过程,其中 DKRZ-GHC 情景下的土壤碳储量在 2050 年前后达到饱和,HADL-GHC 和 HADL-GS 情景均约在 2070 年前后饱和(图 13.5)。与土壤碳的情况相反,植被碳储量基本上随时间变化呈逐渐增长趋势(图 13.5),最大增长率在 30% 左右。综合各个气候变化情景下 NEP 的变化情况,可以看出,未来气候变化情景下,中国陆地生态系统碳吸收能力的降低(由碳汇逐渐转化为碳源)主要是由于土壤碳储量的减少造成的。

13.2　生态系统碳、水过程对降水格局变化的响应与适应

降水变化包括降水量、降水频度、降水强度以及降水的季节分配等诸多方面。许多有关全球变化的研究都预言全球范围内周期性的干旱将更加普遍,极端的降水事件将更加频繁(Karl & Knight,1998; Easterling et al, 2000)。这将导致土壤水分缺乏的周期延长和土壤含水量的变异性更大(Giorgi et al, 1998; Jackson et al, 2001)。全球变化所引起的降水量、降水强度、极端降水事件和降水时间不确定性的增加将对许多陆地生态系统产生重要的影响(Knapp et al, 2002; Fay et al, 2003)。对不同的生态系统而言,降水变化的影响方式也存在明显差异。就草地、荒漠等干旱半干旱生态系统而言,在野外通常采用降水脉冲控制试验模拟研究降水量和降水频率的变化对生态系统碳、氮循环关键过程的影响(Knapp & Smith, 2001)。而对森林生态系统来说,降水的季节分配可能对生态系统的影响更为显著,多采用穿透水转移控制试验来模拟研究。

13.2.1　降水格局变化对陆地生态系统生产力和碳平衡的影响

水分是控制生态系统碳吸收能力的主要环境因素之一,近年来在降水格局变化如何影响生态系统

碳循环过程方面开展了大量的研究工作（Knapp & Smith, 2001; Knapp et al, 2002; Huxman et al, 2004; Schwinning & Sala, 2004; Lee et al, 2004）。Weltzin 等(2003)对欧洲多个森林站的研究发现,地上净第一性生产力(ANPP)随年降水量的增加而增加。类似的研究结果也在中国东部森林生态系统中得以体现,年平均降水量能够解释 NPP 变异的 78%(Yu et al, 2008)。相反,季节性干旱能够导致生态系统碳吸收能力下降。2003 年夏季干旱造成欧洲森林生态系统总生产力降低 30%,欧洲大陆碳平衡表现为净释放 0.5 Pg C（Ciais et al, 2005; Reichstein et al, 2007）。Knapp 等(2002)研究发现,降水格局变化明显改变土壤含水量,草地建群种 CO_2 吸收量以及 ANPP 下降,且 ANPP 对土壤含水量的变化响应较平均土壤含水量更为敏感。

降水模式的变化会影响植物可利用水含量、植物的光合速率、生长季长度和生物多样性,进而影响生态系统的生物量和 NPP。幼苗存活,大小、生长以及生物量分配很大程度上依赖于降水格局的改变。Weltzin 和 McPherson(2000)研究得出,夏季增雨使幼苗出苗率和更新速率增加 3 倍,而出苗率和更新速率与冬季降水机制变化无关。另外,生物多样性随土壤水分变异增加而增加,随生产力增高而降低(Weltzin & McPherson, 2000)。同样, Staddon 等(2003)研究也发现增温、干旱以及二者的交互作用均会导致生物多样性的降低。随着年平均降水的增加,生物群系的降水利用效率减小;而且当水分受到极端限制时,无论是荒漠,还是草原和森林,它们的最大降水利用效率都趋于守恒,即单位降水的生物量生产相等(Huxman et al, 2004)。虽然因降水格局不同造成的生态系统水分可利用性在短期(小时或天)和较长期的时间尺度(季节间或年际间)上都存在变化,但目前绝大多数研究都集中在长期动态变化上,包括季节间和年际间的水分可利用性对植物功能型多度和生活史多样性的影响(Smith et al, 1997),季节和年际降水量变化对生态系统过程如初级生产力的影响(Knapp & Smith, 2001; Huxman et al, 2004a)。而由于降水格局变化导致生态系统水分可利用性的短期波动对生态学过程有何影响的研究却相对较少。

13.2.2 土壤呼吸对降水变化的响应

土壤呼吸受到土壤温度、土壤含水量和基质可利用性的影响(Craine et al, 1999),植物和微生物过程都依赖于土壤水分可利用性的变化。随着降水过程中与降水后水分的下渗,降水(尤其是降雨)事件往往使得土壤水分在短期内迅速增加,土壤的通透性、土壤溶液中可溶性有机质的浓度等土壤的理化性质也会发生相应的变化,而且不同植物根系和不同微生物对这些变化作出的反应可能各不相同,降水的不同形式及其强度的大小、历时的长短等都不可避免地要对土壤 CO_2 排放速率产生或大或小的影响。大气降水对土壤呼吸的影响结果是因时、因地而异,在湿润的生态系统或有干湿交替的生态系统中比较湿润的季节,降水事件对土壤呼吸可能会产生比较明显的抑制现象;而在干旱的生态系统或有干湿交替季节的生态系统中比较干旱的季节里,降水事件可能会强烈地激发土壤呼吸。以下主要从森林穿透水转移控制试验和草原脉冲式降水控制试验来介绍降水变化对不同生态系统土壤呼吸的可能影响(陈全胜等, 2003)。

土壤水分影响温带森林 SOC 分解和根际呼吸,但是由于水分变化与温度变化通常耦合在一起,难以分离土壤呼吸对夏季干旱以及对随后的湿润环境的响应。Borken 等(2006)在马塞诸塞州 Harvard 森林站研究发现,林内雨移除导致土壤呼吸速率显著下降,干旱处理 84 天和 126 天平均降低 53 $mgC \cdot m^{-2} \cdot h^{-1}$ 和 68 $mgC \cdot m^{-2} \cdot h^{-1}$, 分别占生态系统年 NEE 的 10% ~30% 和 35% ~75%。相似地,Sotta 等(2007)研究也发现,巴西热带雨林 Caxiuanã 站点 2 年的穿透水转移试验平均使土壤 CO_2 通量降低 25.6%,穿透水转移样方亚表层土壤(0.5 m 深度以下)对总土壤 CO_2 产生的贡献比对照更大 (28% vs 17%)。除了 CO_2 气体外,穿透水转移模拟干旱导致热带雨林土壤 N_2O 释放平均每年降低>40%,大气 CH_4 消耗增加约 4 mg $CH_4 \cdot m^{-2} \cdot d^{-1}$(Davidson et al, 2004)。林内雨转移后土壤呼吸的影响主要与土壤水分变化有关,土壤水分变化包括三个阶段(图 13.6)。

对于干旱-半干旱区生态系统而言,土壤呼吸对脉冲式降水的响应也备受关注,但对其内在的响应机制及其对生态系统 CO_2 交换量的贡献等方面的研究还不够深入。不经常的、间断性的并具有很大不可预测性的脉冲式降水对干旱地区土壤呼吸的影响包括以下几个方面:(1)替代作用。大气降水沿

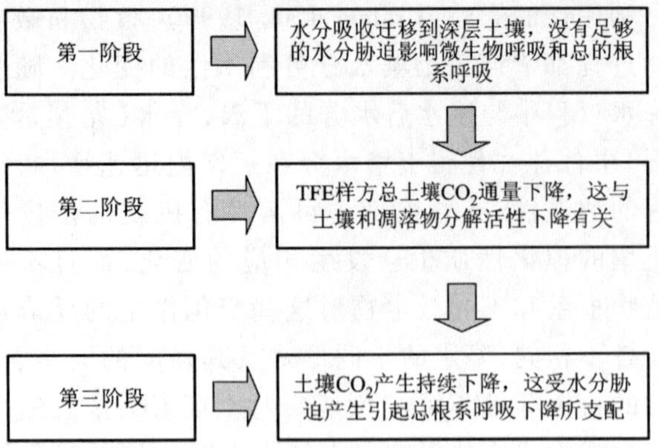

图 13.6 穿透水转移控制试验中土壤水分变化过程及其对土壤呼吸的影响

Figure 13.6 The variation of soil moisture and its effects on soil respiration in throughfall exclusion manupilative experiment

着土壤孔隙下渗或侧渗，取代土壤孔隙中原先空气所占据的位置，前一个干旱期中土壤无机 C 源和土壤微生物活动累积下来的高浓度 CO_2 被释放到大气中，短期内(1 h 内)造成土壤 CO_2 排放量在旱季的雨后迅速增加(Harper et al, 2005)。(2)阻滞作用。水分取代了土壤中 CO_2 占据的位置的同时也使土壤的通透性变差，CO_2 在土壤中的扩散阻力因此增大，导致雨后实际测定的土壤 CO_2 排放量减少(Rochette et al, 1991)。(3)促进微生物生物量及其活性。雨后湿润增加不稳定有机底物(死亡的微生物细胞)的可利用性，破坏土壤团聚体使其结构稳定性降低，增加了土壤有机质与微生物的接触面积，进而增加有机质降解、N 矿化速率和微生物活性(Huxman et al, 2004b; Scott et al, 2004)。干旱区土壤 CO_2 的释放可能超出了其后的植物光合固定的 CO_2，因此一个脉冲式降水或一个完整的雨季可能导致生态系统净 C 量的丢失，以往研究中经常忽略了降水过程中土壤呼吸的变化过程，导致无法更加正确地测定一个生态系统的碳平衡(图 13.7)。

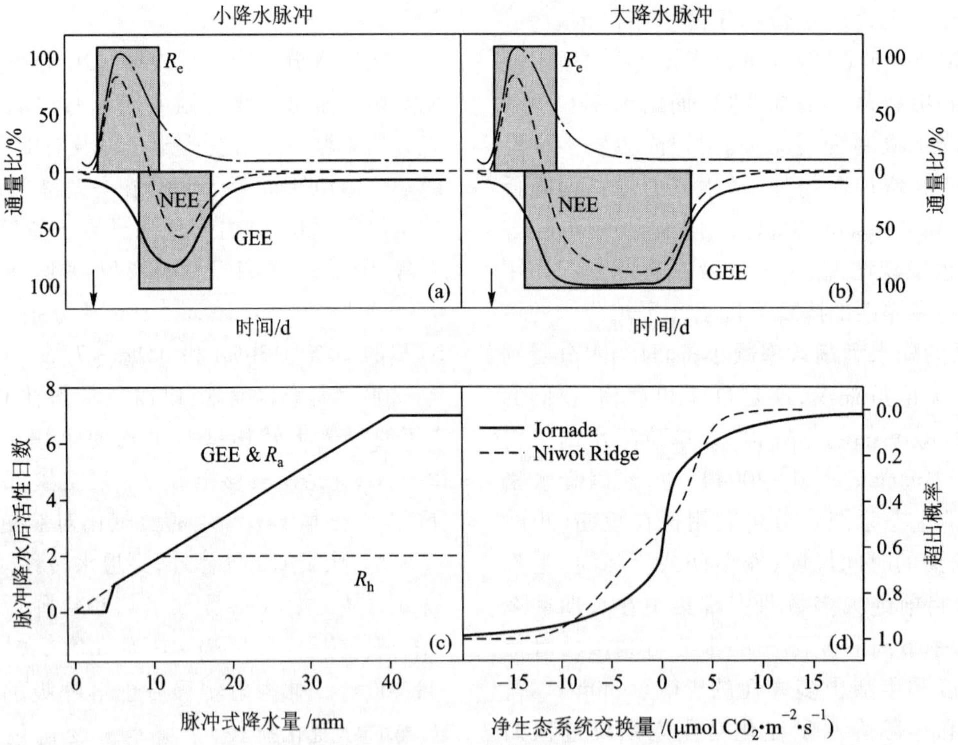

图 13.7 脉冲式降水后生态系统 CO_2 交换(生态系统呼吸 R_e，总生态系统交换量 GEE，净生态系统交换量 NEE)随时间变化(Huxman et al, 2004b)

Figure 13.7 Ecosystem CO_2 exchange [ecosystem respiration (R_e); gross ecosystem exchange (GEE); net ecosystem exchange (NEE)] following a pulse through time (from Huxman et al, 2004b)

13.2.3 降水格局变化对地下碳储量的影响

降水模式的变化会影响植物有效水含量和生长季长短。降水减少会急剧降低植物光合作用和植物生长(James et al,2001),反之则增加土壤中微生物数量,促进土壤微生物活性(Anderson,1992)。Joslin 和 Wolfe(1998)研究发现,干旱处理导致 0 ~ 30 cm土层植物根系总生产和死亡量均增加,但生产速率>死亡速率,导致根系净生长。同时,干旱处理使植物根/茎变大,其内在原因是:(1)地下 C 分配更高,以满足根/茎的转变。(2)前一年干旱导致根系死亡和根表面耗竭,补足性生长。另一方面,水分增加也可能降低土壤呼吸对气温的敏感性(陈全胜等,2004),降水和湿度的增加是北美陆地生态系统成为大气碳汇的重要原因之一(Lovett, 2002)。Borken 等(2006)研究发现,长期夏季干旱主要降低凋落物层(O 层)的异养呼吸,进而引起森林土壤有机碳储量增加,但目前还不清楚这个土壤碳汇是瞬时的还是持久的。在区域尺度上,Friedlingstein 等(2006)利用模型预测表明气候变干使热带雨林地区(尤其是亚马孙流域)陆地碳储量大幅度降低,导致大量的碳释放到大气中。然而,除常年淹水的湿地土壤外,一般情况下水分没有温度的影响大(王绍强等,2002)。高鲁鹏等(2005)利用 CENTURY 模型模拟表明,降水量的减少能够降低自然黑土有机碳含量,相反则有利于其升高;当气温升高 2℃时,无论降水量不变、减少或增加 20%,都能导致土壤有机碳含量下降。

13.2.4 生态系统 CO_2 和 H_2O 通量对降水变化的响应

目前,降水格局变化与生态系统与大气之间的气体交换量之间的关系还未被很好地理解,导致模型预测生态系统碳平衡时产生许多不确定性,这主要是由缺乏准确的研究数据以及对生态系统水分限制的过程理解(Fisher et al, 2007)。利用涡度相关系统,生态系统碳、水通量对降水减少有响应和无显著响应两种截然不同的结论(Carswell et al, 2002; Saleska et al, 2003; da Rocha et al, 2004; Goulden et al, 2004; Loescher et al, 2005),但多倾向于后者。Fisher 等(2007)发现两年的模拟干旱导致生态系统的蒸腾作用较对照减少 20%,主要是增加土壤水势和土壤-根系阻抗,进而限制了土壤-叶片传输所致。模型预测热带雨林降水减少 50%,蒸散速率下降 30% ~ 40%,年平均 GPP 将下降 13% ~ 14%(Fisher et al, 2007)。Schindler 等(2006)也研究发现 2003 年欧洲赤松林由于极端干旱导致 8,9 两个月夜间平均最大 NEE 通量较 2004 年下降了 45%,全年森林生态系统表现为明显的碳源(35 g C · m^{-2})。

生态系统总的交换量与脉冲式降水的关系主要受以下几个因子的影响:降水量、入渗深度、土壤微生物和植物根系在土壤中的位置、微生物和植物对降水响应时间的差异(图 13.8, Huxman et al, 2004b)。降水后土壤水分的垂直分布可能是控制生态系统 C 交换的首要因素。一般土壤微生物群落位于浅层土壤,而表层土壤或临近下层土壤更经常地保持湿润,即使是很小的脉冲式降水(低至 2 mm)都可能增加微生物对生态系统 CO_2 释放的贡献,而这样小的降水对激发植物的自养过程是无效的(Austin et al, 2004 ;Schwinning & Sala,2004),较大的降水脉冲需要入渗到能被植物利用的深度才能激发其同化过程(Reynolds et al, 2004)。此外,因为生理同化和新根系和叶片的生长,在雨水到达一定的土壤层次与光合速率高峰之间会存在一定时间的滞后(Ogle & Reynolds,2004)。结果,土壤呼吸和 GEE 对不同大小的脉冲式降水将会有不同的功能响应:小的脉冲式降水将主要通过物理过程和微生物呼吸导致生态系统 C 的丢失;而大的降水通过生态系统自养组分实现净 C 固定。

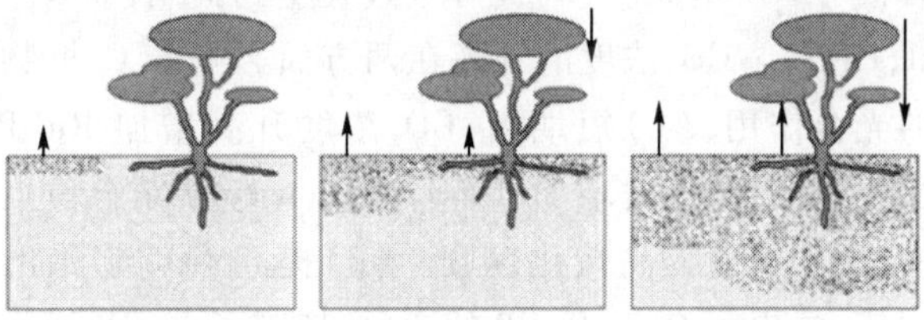

图 13.8 三个级别的脉冲降水下,干旱和半干旱生态系统裸土和冠层下方相对土壤含水量和 C 通量之间的关系(Huxman et al, 2004b)

Figure 13.8 Hypothesized relative soil water content and subsequent C fluxes under bare soil and sub-canopy areas of an arid or semiarid ecosystem are shown following a pulse of one of the three size classes (Ⅰ-Ⅲ) defined by the distribution of water on the surface (from Huxman et al, 2004b)

13.3 生态系统碳、氮、水过程对大气CO_2浓度升高的响应与适应

由于CO_2是植物进行光合作用的原料，人类活动引起大气CO_2浓度的升高势必影响植物的生理反应，影响植物地上与地下部分质量和生物量的分配，影响土壤中根系和生物的活动，进而引起植物群落结构和功能的变化(Saxe et al,1998)。本节主要论述植物碳、水生理生态过程、凋落物分解、土壤碳氮转化、温室气体排放以及生态系统碳、氮库储量对大气CO_2增高的响应和长期适应，探讨引起变化的原因，揭示其可能存在的变化机制。

13.3.1 植物光合作用对CO_2浓度升高的响应与适应

植物光合作用对CO_2浓度升高的响应在不同时间尺度上有不同的响应，并因物种的不同而异。短期内(几分钟至几小时)，植物光合能力随着CO_2浓度的增加而增加，不同光合途径的植物对CO_2浓度升高响应不同。许多研究表明，CO_2浓度倍增后，C_3植物的净光合速率可提高66%，而C_4植物净光合速率只增加了4%(Kimball et al,1993；白克智等，1996)。短期内高CO_2浓度增加植物光合作用的内在原因包括：(1)在目前大气CO_2浓度下，Rubisco没有被CO_2所饱和。(2)光呼吸过程受到抑制(Bert et al,1997)。CO_2浓度的升高在两方面影响着C_3植物的光合作用，(1)短期内，CO_2浓度升高增加RuBP羧化酶活性，同时增加了CO_2对Rubisco酶结合位点的竞争，从而提高羧化速度。(2)提高CO_2与O_2的比值，减少了O_2对RuBP的竞争，抑制了RuBP加氧酶活性，这将使植物光呼吸降低，净光合速率提高(Cure & Acock, 1986)。大气CO_2浓度升高对C_4植物的光合作用无显著的促进作用，这是因为C_4植物具有特殊的叶片解剖结构、光合机制和光合酶系统，在正常CO_2浓度下，其光合作用已接近饱和状态(Bowes et al,1993；Kimball et al,1993)。

但是，许多物种在高浓度CO_2条件下生长一段时间后出现光合能力下降的现象或称之为光合适应(Sage,1994；Gunderson & Wulllschleger,1994；Stitt & Krapp,1999)。光合适应是植物为了弥补环境条件的改变对光合机能的影响而调节自身化学组分数量和活性的一种潜在机制(Bloom et al,1985)。理论上，光合作用通常有三个限制步骤，即二磷酸核酮糖羧化、氧化酶消耗二磷酸核酮糖的能力，RuBP的再生能力，淀粉与蔗糖的合成及磷酸的再生能力(Harley & Sharkey, 1991)。光饱和并且在较低胞间CO_2浓度条件下，Rubisco是光合作用的主要限制因子；中等胞间CO_2浓度下，RuBP再生是主要限制因子；较高胞间CO_2浓度下，磷酸再生是主要的限制因子(Sage,1994)。基于上述理论，当用于合成RuBP与磷酸再生的物质增加和用于Rubisco的物质减少时，光合适应就发生。此外，如果光合能力超过了其他器官利用光合产物时，为了使CO_2固定和糖类利用相一致，光合适应也会发生(Stitt,1991)。

植物光合作用对高浓度CO_2产生适应可能与下列因素有关：(1)Rubisco的活性受植物“库”(根系)与“源”(叶片)平衡的影响，如植物根系不能全部利用在高CO_2条件下所增加的糖类(主要是淀粉)，通过反馈抑制使叶片光合速率降低(Micallef et al, 1995)。(2)气孔阻力的增加(Bert et al,1997；毛健民，1998)。(3)糖类在叶绿体内的积累，使类囊体膜受到物理损伤，影响叶绿体对光的吸收和降低光合作用的量子效率(Miller et al,1997；王为民等，2000)。(4)植物体内氮资源再分配假说，即体内蛋白质的再分配影响了光合作用的酶促过程(匡廷云等,1994)。Rubisco是叶片光合器官中唯一的氮汇，高CO_2浓度改变植物体内化学成分尤其是N素含量，当植物体内供氮受到限制，成为限制因素时，叶片内氮素可能会重新分配到PCR循环中的其他酶类或组织器官中，使Rubisco的活性下降，影响植物的光合作用(蒋高明等,1997；王为民等,2000)。如果土壤中氮源和其他营养成分不亏缺，那植物对CO_2的倍增往往是正响应，反之正响应下降(蒋高明等,1997；林伟宏,1998)。值得注意的是，通过调查了大量经过长期高浓度CO_2处理的树木，通过整合分析后发现只有10%发生光合适应或光合下调(Curtis,1996；Curtis & Wang,1998)，大多数植物光合作用基本未发生变化(Lawlor & Mitchell,1991；Gunderson et al, 1993)。可能是由于某些无限生长习性的物种，能够不断产生新的组织和器官消耗积累的有机物，具有较大的库容量，很少发生光合下调现象(Kaushal et al, 1989)。

13.3.2 植物自养呼吸作用对 CO_2 浓度升高的响应与适应

暗呼吸要消耗植物净 50% 的光合产物，呼吸所产生的 CO_2 是影响植物个体和生态系统 C 平衡的关键(Field et al, 1992)。相对于光合作用研究而言，对高浓度 CO_2 条件下植物呼吸作用变化的研究略显不足。植物自养呼吸对 CO_2 浓度升高的响应也存在增加、不变和下降几种结论(Mangin, 1986; Thomas, 1993; Ziska & Bunce, 1998)，但多数研究倾向于抑制作用。Reuveni 和 Gale (1985) 研究发现在 950×10^{-6} CO_2 浓度下，紫花苜蓿(*Medicago sativa*)的暗呼吸下降了 10%，且呼吸速率在根部下降的程度大于茎部。Amthor(1991)报道了无论是长期还是短期高浓度 CO_2 处理都会抑制植物组织的呼吸现象。然而，有些研究则认为，植物的呼吸作用对 CO_2 浓度增加的短期(直接)和长期(间接)响应有很大程度的差异(Amthor, 1995; Drake et al, 1997)。Drake 等(1997)对 23 个物种进行比较分析，发现 CO_2 浓度增加短期内导致专性呼吸速率平均下降 20%。Baker 等(1992a, 1992b)和 Gifford (1995)对 17 个种的长期试验结果发现，长期响应不太明显，仅有 5% 下降。一般说来，CO_2 浓度升高增加叶片糖含量，呼吸不应该被抑制。高浓度 CO_2 对植物自养呼吸的抑制作用与多种因素有关：(1) CO_2 浓度升高，导致保卫细胞收缩，气孔关闭，细胞内氧分压降低，从而使呼吸作用下降；(2) CO_2 浓度升高降低单位叶面积，组织氮含量减少和可溶糖类增多，可能增加合成单位叶面积的能量消耗；(3)减少叶片中线粒体电子传递相关的酶类数量，降低与溶解无机碳有关的酶活性；(4)呼吸速率的降低还可能取决于叶龄和叶片的发育阶段。同时，呼吸作用的表示方式不同也会产生差异。Poorter 和 Gifford(1992)指出，CO_2 浓度升高，基于单位叶面积的呼吸作用增大 16%，而基于单位干物质的呼吸下降 14%。

另外，CO_2 浓度升高和增温对植物自养呼吸具有协同和独立两种作用。由于呼吸速率随温度升高而增大，高温下自养呼吸对 CO_2 浓度更敏感，同时 CO_2 浓度升高产生的多余光合产物使得呼吸作用对温度升高响应更大(Rowland-Bamford & Baker, 1996)。但是，温度过高反而降低植物糖类含量，呼吸作用和生长会受到限制(Rowland-Bamford & Baker, 1996)。但是，Tjoelker 等(1999)对生长在不同 CO_2 浓度和温度处理中的美洲山杨(*Populus tremuloides*)、黄桦(*Betula papyrifera*)、美洲落叶松(*Larix laricina*)、北美短叶松(*Pinus banksiana*)和黑云杉(*Picea mariana*)的研究表明，温度和 CO_2 浓度对呼吸作用的影响在很大程度上是独立的。

13.3.3 土壤呼吸对 CO_2 浓度升高的响应

土壤呼吸主要包括根系自养呼吸，根际和土壤微生物的异养呼吸，土壤动物的异养呼吸以及含碳矿物质的化学氧化作用。由于土壤动物呼吸和土壤中的非生物学过程产生的 CO_2 量所占比例很小，在实际测量或估算中常常被忽略，土壤呼吸通常主要指根呼吸和微生物呼吸。根呼吸和土壤微生物呼吸分别是指以植物碳为来源和以土壤有机质为来源的呼吸(Susfalk et al, 2002)，因此，根呼吸与微生物呼吸对高浓度 CO_2 的响应方程式和程度可能不同(Lin et al, 2001)。

(1) 根系(际)呼吸对 CO_2 浓度升高的响应

一些研究认为，根呼吸占总土壤呼吸的 40% ~ 60%，与地上光合作用所固定的 CO_2 密切相关(Kelting et al, 1998)。根的建成消耗和维持呼吸/离子吸收呼吸分别占地上部 C 输入的 39% 和 61% (Hanson et al, 2000; Gorgan et al, 2002)。CO_2 浓度升高可促进和抑制根系及根际呼吸。Andrews 等(1999)研究发现，高浓度 CO_2 (700 μmol · mol^{-1} CO_2)处理 6 个月，三年生欧洲赤松离体根呼吸速率增加了 46%，原位根际呼吸也明显增加，根际呼吸占总呼吸的 66% ~ 71%，高于正常 CO_2 条件下根际呼吸的贡献(50% ~ 57%)。高浓度 CO_2 增加根(际)呼吸与根系生物量和 C、N 含量明显增加有关(Andrews et al, 1999; Griffin et al, 1997; Lin et al, 2001)，或与根系生物量成正相关(Pregitzer et al, 2000)。高浓度 CO_2 在促进根系生长和增加生物量的同时(Niinist et al, 2004)，也会加速死亡细根的碳转移(Tingey et al, 1997)，进而增强根际呼吸。粗根生物量增加也会使土壤呼吸增加(Vose et al, 1995; Edwards & Norby, 1999)。然而，Crook-shanks 等(1998)研究却发现，利用开顶箱高浓度 CO_2 (700 μmol · mol^{-1})对欧洲赤松(*Pinus sylvestris*)和几种阔叶树种根系呼吸的影响时发现，处理 20 个月后根呼吸明显低于正常大气 CO_2 浓度的对照处理，且根中的可溶性糖含量明显增加，阔叶树根中淀粉含量降低而针叶树增加。相似地，在美国杜克森林和橡树岭研究所的 FACE 试验基地，George 等(2003)研究发现，高 CO_2浓度(560 μmol · mol^{-1})处理的火炬松(*Pinus taeda*)细根年际呼吸总量比对照相比降低了 17%。虽然高浓度 CO_2 使细根生长呼吸升高了 37%，同时导致维持呼吸下降了 24%；由于维持呼吸对总呼吸的贡献高达 92%，因此 CO_2富集的净效应仍降低了细根总呼吸(George et al, 2003)。

根(际)呼吸对高浓度 CO_2的响应与处理时间、土壤养分(特别是 N 素)的有效性有关(Griffin et al, 1997；Ball et al,2000；Tingey et al,2000)。CO_2浓度升高会影响根的生长、根系分泌物量及土壤碳积累，根系生物量和根系分泌物增加短期内增加根系以及根际土壤呼吸速率(Pregitzer et al,2000)。但这种促进作用能否持续取决于土壤养分供应情况。一般情况下，根呼吸会随外源氮浓度或根的氮浓度增加而增加，并因植物种类的不同而异(Griffin et al, 1997)。

(2) 土壤微生物呼吸对 CO_2浓度升高的响应

大气 CO_2浓度升高对森林土壤微生物呼吸有增加、降低或没有明显改变等多种结论(表 13.2，Zak et al,1993；Johnson et al,1994；Ball et al,2000；Lin et al,2001)。Ball 等 (2000)研究发现，经过高 CO_2浓度(700 μmol · mol^{-1})处理 6 个生长季(5—10 月)的山胡椒，单位面积土壤微生物呼吸增加。可能是由于 CO_2浓度升高增加了地下碳分配及根系分泌量，进而促进土壤微生物呼吸(Cheng,1999；Williams et al,2000)。Johnson 等(1994)发现相同浓度的 CO_2处理下美国黄松的土壤微生物呼吸与对照无显著差异。而多数研究发现 CO_2浓度升高后，微生物呼吸会降低(Schortemeyer et al, 1996；Cheng, 1999；Lin et al,2001)。这是因为土壤微生物更易分解根系来源的易降解物质，土壤中不稳定碳含量的增加，使得微生物对土壤有机质的分解减少，从而导致土壤微生物呼吸的降低。

由于土壤中的 CO_2浓度比大气中高几十倍，所以大气 CO_2浓度升高只能间接地通过改变根际分泌物的组成和数量来影响植物根际的微生物区系，进而影响土壤微生物的呼吸强度。Phillips 等(2002)研究表明，高浓度 CO_2(560 μmol · mol^{-1})处理 3 年的白杨(*Populus tremuloides*)林、白杨-纸桦(*Betula papyrifera*)林和白杨-糖槭(*Acer saccharum*)林，土壤微生物呼吸增加了 29%，微生物量差异不明显，但微生物群落组成发生了明显的变化，使微生物活性增强。相似地，Insam 等 (1999)研究 7 种热带 C_3植物经过高浓度 CO_2(610 μmol · mol^{-1})处理 530 d 后，土壤微生物呼吸增加 19%，微生物量没有明显变化，但细菌总数和微生物量 C/N 比明显增加。虽然微生物量是土壤中最活跃和最不稳定的成分，但它与微生物呼吸之间并没有明显的相关关系，微生物呼吸的不确定性主要是由植物对高浓度 CO_2的响应差异以及由此而导致的凋落物产量的差异所造成的(Zak et al,2000)。

表 13.2 高浓度 CO_2条件下土壤微生物呼吸和根(际)呼吸(周玉梅等,2007)

Table 13.2 Soil microbial respiration and root/rhizosphere respiration under elevated CO_2 concentration (Zhou Yumei et al, 2007)

物种	土壤特征	CO_2浓度(μmol · mol^{-1})	处理时间	根(际)呼吸	微生物呼吸	试验方法	试验实施
白蜡树	灰壤	700	20 个月	降低		培养法	开顶箱
无梗花栎	灰壤	700	20 个月	降低		培养法	开顶箱
欧洲赤松	灰壤	700	20 个月	降低		培养法	开顶箱
火炬松	淋溶土	200	4 年	降低		离体测定	FACE 系统
火炬松	淋溶土	200	1 年	增加		碳同位素示踪法	FACE 系统
火炬松	灭菌的河沙	700	5 个月	增加		培养法	人工气候室
美国黄松	灭菌的河沙	700	5 个月	增加	降低	培养法	人工气候室
欧洲赤松	砂质森林土	700	6 个月	增加		离体测定	开顶箱
欧洲赤松	砂质森林土	700	6 个月	增加	增加	切断根法	开顶箱
白杨	砂壤土	560	3 年		增加	碳同位素法	FACE 系统

续表

物种	土壤特征	CO_2 浓度 ($\mu mol \cdot mol^{-1}$)	处理时间	根(际)呼吸	微生物呼吸	试验方法	试验实施
纸桦	砂壤土	560	3 年		增加	碳同位素法	FACE 系统
糖槭	砂壤土	560	3 年		增加	碳同位素法	FACE 系统
7 种热带 C_3 植物	森林土	610	530 天		增加	底物诱导法	温室
北美枫香	薄层湿老成土	200	2 年	增加		离体测定	FACE 系统
北美黄杉	森林土	200	2 年	增加	降低	双标稳定性同位素法	控制环境箱
糖槭	粉砂壤土	300	3 年	增加	无变化	根排除法	开顶箱
美国红枫	粉砂壤土	300	3 年	增加	无变化	根排除法	开顶箱
山胡椒	砂壤土	700	6 个生长季	增加/不变	增加	离体测定	封闭式八角形箱

(3) 土壤呼吸对 CO_2 浓度升高副效应的响应

大气 CO_2 升高通常伴随着多种环境效应，如温度升高、土壤变干以及改变土壤 CO_2 扩散等，因此 CO_2 浓度、温度及水分变化共同作用对土壤呼吸的各物理、化学及生物过程产生影响。Lin 等(1999)用同位素法研究了升高的 CO_2 浓度(+200 $\mu mol \cdot mol^{-1}$)和温度(+4℃)对花旗松(*Pseudotsuga menziesii*)林土壤呼吸各组分的影响，分解土壤有机质的微生物呼吸仅对高温敏感，根呼吸对高浓度 CO_2 响应更强烈，高温与高 CO_2 交互作用仍促进了根际呼吸。同时，高浓度 CO_2 通过降低冠层蒸腾作用和提高叶片水分利用效率以缓解土壤水分胁迫，增加对土壤碳的输入(Owensby et al, 1993; Field et al, 1995)可为微生物提供更多的作用底物。另外，CO_2 浓度升高条件下，微生物活性和数量与微生物呼吸之间没有明显的相关关系，但与土壤含水量显著相关(Rice et al, 1994)。目前我们还不清楚 CO_2 浓度升高条件下土壤湿度对土壤微生物呼吸和根(际)呼吸产生何种影响，以及土壤水分对土壤呼吸的各组分变化的贡献值。

(4) CO_2 浓度升高对土壤 CH_4 和 N_2O 排放的影响

大气 CH_4 主要来自于地表生物源，其中以稻田和天然沼泽等湿地生态系统以及反刍动物饲养过程为主(王明星，1999)。许多 OTC 和 FACE 控制试验研究发现，CO_2 浓度升高增加自然(沼泽)和人为(水稻田)湿地生态系统 CH_4 排放，其增加幅度因试验控制条件和生态系统类型而异(Ziska et al, 1998；王大力和朱立民，1999)。CO_2 浓度升高促进 CH_4 排放存在多方面的原因：①CO_2 浓度升高刺激植物根系生长，植物根系分泌功能的增强，根系生物量和分泌物在土壤中的积累，使植物根际产 CH_4 菌的有效底物也相应增加，从而促进了产甲烷菌的代谢活性，增加了 CH_4 产量。②CO_2 浓度增加通过促进植物植株生长和强化其通气性能，更有利于 CH_4 的输送。当 CO_2 浓度增加时，植物气孔的水气传导速率降低，气孔阻力增加，抑制了植物的蒸腾作用(Wand et al, 1999)。③植物的蒸腾作用减弱有利于使田间保持更多的土壤水分(Ambus & Robertson, 1999)。高 CO_2 浓度下的土壤湿度一般大于低浓度 CO_2 下的土壤湿度，前者氧化还原电位低于后者，不利于 CH_4 在土壤中被氧化，故而削弱 CH_4 吸收或促进 CH_4 排放(Inubushi et al, 2000)。④ CO_2 浓度升高可通过增加植物的凋落物和根系周转量等促进 CH_4 的排放(Decay, 1994)。因为土壤有机质含量是 CH_4 排放的一个重要影响因子，不仅是土壤中 CH_4 细菌的重要底物(CH_4 前体)，而且有机质含量的提高会降低土壤氧化还原电位以及加速 CH_4 以气泡形式释放，有利于 CH_4 的产生和排放。

硝化和反硝化过程是农业土壤产生 N_2O 的主要源。关于 CO_2 浓度增加对 N_2O 排放的影响普遍存在增加(Ineson et al, 1998)、不变(Weber, 1997)和减少(Hungate et al, 1997)等多种不同的结论。具体原因包括：①CO_2 浓度增加会刺激作物生长，植株特别是根生物量积累增加，有助于土壤微生物从根获得更多的 C 源作为反硝化所需能量，从而促进 N_2O 的排放(Ineson et al, 1998)。同时，当土壤中 NO_3^- 过剩，高 CO_2 浓度条件下则有可能促进反硝化作用，也促进 N_2O 的释放。②水分是影响 N_2O 排放的重要因子，当土壤中水分充足时大气中 CO_2 浓度改变不会影响 N_2O 的排放，只有在田间水分亏缺的情况下，高浓度的 CO_2 才引起 N_2O 的高排放（Inubushi et al, 2000；Ottman et al, 2001）。③CO_2 浓度升高增加了碳向土壤中的输入，其中 C/N 的改变可能会促进异养微生物对氮的固定，从而减少硝化及反硝化作用，最终导致 N_2O 排放降低（Torber et al, 2000）。

（5）土壤活性有机质组分对 CO_2 浓度升高的响应

土壤微生物生物量是指土壤中个体体积小于 5 μm^3 的活微生物总量，是土壤有机质中最活跃和最易变化的部分，对植物养分具有贮存和调节作用，其大小和活性直接影响养分的矿化和固定（李杨等，2003）。土壤微生物生物量对 CO_2 浓度升高的响应存在大幅度的增加和减少这一截然不同结论，可能与植物种类以及生活型的差异有关，也可能是进入土壤的底物的性质改变的结果。绝大多数研究结果表明，FACE 条件下稻田土壤（尤指表层土）的微生物生物量碳（C_{mic}）和生物量氮（N_{mic}）均发生显著的正效应（Inubushi et al，2001），植物根际和非根际土壤的 C_{mic} 和 N_{mic} 也增加（Zak et al, 1993；Sowerby et al, 2000；Rice et al, 1994）。Schortemeyer 等（1996）却发现 2 年的 FACE 处理对土壤的 C_{mic} 没有产生影响。其结果不一致的原因可能是微生物生物量本身就存在高度的变异性，以及高浓度 CO_2 处理时间的长短也必然会影响微生物生物量的变化程度（Williams et al, 2000）。另外，很多研究表明，分配到根部过剩的同化 C 会增加通过根呼吸和根分泌进入土壤中的可溶性有机物。Norby 等（1987）对短叶松的示踪试验也发现高 CO_2 浓度明显增加了可溶性的根系分泌物。Cheng 等（1998）对春小麦的 ^{14}C 示踪显示，高 CO_2 浓度下根际可溶性 C 含量增加了 60%。Hodge 等（1998）在灭菌条件下分析了黑麦草的根系分泌物，发现在生育后期，高 CO_2 浓度抑制了总糖和酚酸的分泌，然而却极显著增加了总有机 C 的分泌量。

由于 CO_2 浓度升高能够间接升高温度并引起土壤 N 素逐渐受到限制，因此 CO_2 浓度增加和增温、施氮协同作用会对土壤活性碳、氮产生不同的影响。Uselman 等（1999）对刺槐树的研究结果显示，单位根重可溶性有机 N（DON）的分泌并没有对 CO_2 浓度倍增作出响应，而 N 的供应却极显著刺激了 DON 的分泌；同时发现温度升高 4℃ 单位根重 DOC 和 DON 的分泌量分别较对照增加了 1.7 和 1.4 倍。对农田生态系统不同层次的土壤有机质组分而言，大气 CO_2 浓度升高，增加表层土壤水溶性有机碳（WSOC）含量，对下层没有显著影响；同时降低了土壤中可提取腐殖物质中胡敏酸（HA）的比例，土壤的腐殖化度下降，有利于 HA 的分解与转化和富里酸（FA）的积累（关松等，2006）。关于大气 CO_2 浓度升高情景下，陆地土壤是 C 素的源或汇目前仍有争议。一方面，CO_2 浓度升高，根冠比增加，更多的同化 C 转运到根部，土壤微生物可供利用的 C 源增多，微生物的数量和活性增加，促进了本土有机质的分解，土壤可能是“C 源”。另一方面，由根新输入到土壤中的 C 源多是极易被利用的 C，可被微生物优先利用，从而保护了本土有机质，而凋落物的高 C/N 也会减缓微生物对其分解速率，因此土壤可能是“C 汇”。

（6）植物蒸腾和系统蒸散对 CO_2 浓度升高的响应

植物体内水分主要是通过蒸腾作用以气态的方式从植物叶片表面向外界散失，而气孔是水汽向外扩散的一个重要限制因素。大气 CO_2 含量上升，引起细胞间 CO_2 浓度相应增加。植物为保持细胞间 CO_2 分压始终低于大气 CO_2 分压，必须调节气孔开闭程度，从而导致气孔导度下降。水分由叶片向外排放阻力加大，使蒸腾速率降低（蒋高明等，1997）。Dugas 等（1997）研究 C_3 大豆和 C_4 高粱的蒸腾速率对 CO_2 浓度倍增的响应，发现在大多数的观测日，两种作物的蒸腾速率在高 CO_2 下均显著降低，大豆和高粱平均降低 75% 和 46%，表明 C_3 植物对 CO_2 浓度升高比 C_4 植物敏感。大量试验证明由于高 CO_2 浓度可以提高植物的光合能力，从而导致植物生长加快，生物量增加，加之蒸腾降低，所以水分损失减小，水分利用率（WUE）提高（陈德祥等，2004）。另外，树木年轮和植物标本也能估测过去 100 年大气 CO_2 浓度的变化对植物水分利用率的影响。Duquesnay 等（1998）利用树木年轮的 $\delta^{13}C$ 值推断，过去的 100 年山毛榉（*Fagus sylvatical* L.）WUE 增加了 44%，而 Feng（1999）推测美国西北部从 1750—1970 年植物的 WUE 增加了 10% ~25%。但 WUE 的提高并不意味着植物对土壤水分的需求量下降，植物对土壤水分需求量是否下降要依赖于叶面积和单位叶面积

蒸腾量在高 CO_2 下的变化情况。

在植被冠层水平上，边界层的湿度和叶的温度抑制蒸腾对气孔导度的敏感性。气孔导度的降低可使边界层变干，增加蒸腾的驱动力。气孔导度的降低会导致叶温度升高，这样叶和冠层间的水汽压差也会增加，从而使蒸腾增加，可以部分地缓解气孔导度下降的影响。此外，高 CO_2 下叶面积指数的变化也在影响植被冠层蒸腾和地面的蒸发。由于温室效应，CO_2 浓度升高必将引起气温的升高，导致水分蒸发速度加快，则由 CO_2 浓度升高而带来的双重效应（蒸腾减少和蒸发加速）是否能保持平衡还有待进一步考证。Grossman 等（1999）研究表明，高浓度（550 $mg \cdot kg^{-1}$）处理的春小麦其蒸散较对照（330 $mg \cdot kg^{-1}$）处理下降 5%。高浓度 CO_2 条件下，生态系统蒸散下降会增加系统内土壤水分含量。Owensby 等（1999）对美国堪萨斯州的高草草原生态系统进行了连续 8 年的 OTC 试验，发现高浓度 CO_2 处理样地土壤含水量均高于对照。干旱情况下，植物对高 CO_2 的反应更加敏感，但目前还不清楚这种反应是因为土壤水分含量的增加，还是单位水量所提供的生长量或光合量的提高。当研究尺度扩大时，大量的地表和大气过程影响蒸散对高 CO_2 的响应，其中有一些能提高蒸散对气孔导度下降的敏感度，但大多数是负反馈。

（7）大气 CO_2 浓度升高条件下的生态系统 C、N 交互作用

基于上述碳、氮、水循环关键过程的论述，大气 CO_2 浓度升高提高光合作用，初期促进了陆地生态系统 C 截留（sequestration）。CO_2 增加如何持续地截留 C，部分取决于生态系统 N 素有效性与供应。大气 CO_2 浓度升高条件下，生态系统 C 截留通量增加通常需要更多的 N 素来支持作物生长，伴随着大量的 N 素被截留在植物生物量和土壤有机质库中。生态系统 N 截留降低了植物对土壤 N 素的可利用性，长期以往将导致生态系统逐渐受 N 素限制（Finzi et al, 2006）。一方面，渐进式 N 素限制（PNL）假设表明，如果没有新的氮输入或氮损失不降低，CO_2 升高条件下有机质库截留 N 素导致矿质 N 素的有效性随时间下降。另一方面，植物 N 需求或 N 截存增加能够改变氮素供应。当 CO_2 升高增加 N 素利用效率（NUE），促进 N 素从低 C/N 的土壤有机库向高 C/N 的植物库中迁移，可能延迟 PNL 的发生。CO_2 浓度升高条件下，如果 C 输入增加通过 N 固定、降低损失来增加土壤 N 素含量，那么将不发生 PNL。在此背景下，CO_2 引起的生态系统 C 截留将随时间发生下降。总之，随着时间的延长 N 将抑制 C 截存，除非 CO_2 升高时额外的 C 输入刺激生态系统 N 增加。

森林生态系统维持 CO_2 对 NPP 的刺激作用主要与植物吸收 N 素有关。Norby 等（2001）对田纳西橡树岭试验室 Sweetgum 森林立地的 FACE 数据进行分析，发现暴露于开放式 CO_2 富集（FACE）试验 6 年，由于在 CO_2 浓度升高条件下 NUE 没有发生显著变化，所以 CO_2 对 NPP 的持续刺激作用主要与增加 N 吸收有关。因为高浓度 CO_2 持续刺激根系生长以利用深层土壤中的 N 源，橡树岭土壤 N 供应充分有助于延滞甚至避免 PNL 的发生。在杜克 KUKE 森林 FACE 试验点，Finzi 等（2006）研究表明，在试验的前六年 CO_2 对 NPP 的刺激作用被维持在 18% ~ 24%。持续的 NPP 刺激作用伴随着树木明显的 N 吸收，并且高浓度 CO_2 处理的植物和森林地被层凋落物中积累了更多的 N。森林生态系统产生的 N 量平均为 12 $gN \cdot m^{-2} \cdot a^{-1}$，可能是由于植物根系从土壤深处吸收 N 所致。但是，胭脂栎（Scruboak）生态系统（Hungate et al, 2003，2004）和得克萨斯 C_3/C_4 草地生态系统对 CO_2 浓度升高的响应（Gill et al, 2002）试验中出现了明显的 PNL 和 C 截存现象。最初，从土壤中吸收 N 避免了植物生长的 PNL，后来通过增加 NUE 来减轻。CO_2 浓度升高不会改变生态系统总 N 含量，但是导致 N 素从土壤到植物和凋落物之间发生再分配。在得克萨斯草地，CO_2 浓度从 200 $\mu mol \cdot mol^{-1}$ 增加到当前 560 $\mu mol \cdot mol^{-1}$ 也导致 N 素从土壤到植物的再分配，以及从土壤有机质耐分解组分到易变组分再分配。N 素分配减轻 PNL，允许植物生产力随 CO_2 浓度增加而增加。但是，由于来自植物生物量的 C 可能通过分解迅速损失掉，因而并不支持 CO_2 浓度升高处理下土壤长期的 C 截存。试验点的结果通常变化很大。为了综合来自多站点的研究结果。Luo 等（2006）对 104 篇发表的文章中数据进行整合（Meta）分析，发现在 CO_2 浓度升高条件下，所有的植物和土壤库平均 C、N 含量显著增加，植物和土壤库中 N 素净积累有助于避免降低因 CO_2 浓度升高引起的生态系统 C 截存的长期刺激作用。CO_2 升高条件下，净 C、N 累积与成百上千年的生态系统演替中 C、N 动态一致，表明生态系统本质上具有通过 C 输入刺激 N 积累的能力(表 13.3)。总之,树木能够从土壤中长期挖掘吸收 N 素,但是 PNL 将抑制 CO_2对植物生物量增长的刺激作用,除非增加额外的 N 素输入如固氮作用或 N 沉降。

表 13.3　不同生态系统类型和 CO_2浓度升高及氮处理条件下不同植物和土壤库的 C、N 含量与 C/N 的响应率 (Luo et al, 2006)

Table 13.3 Response ratios (×100) of C contents, N contents, and C:N in various plant and soil pools under different facilities, ecosystems types, and nitrogen treatments (Luo et al,2006)

变量	试验装置			生态系统类型					N 处理	
	FACE	OTC	GC	农田	森林	草地	沙漠	湿地	对照	施氮
ACP	11.59*	13.87*	16.22*	14.21*	21.50*	9.8*	9.66	3.43	2.98	22.42*
BCP	47.23*	1.33	36.47*	22.54*	48.76*	40.49*	11.4	−12.97*	38.98*	51.96*
WCP	4.57*	7.94*	21.22*	15.72*	26.72*	0.54	24.60*	−8.51	12.26*	28.35*
SCP	5.75*	6.62*		2.81	5.56*	10.49*		−0.73	−4.28	13.35*
ANP	21.11*	12.58*	4.35	−1.6	31.28*	20.46*	2.9	−10.5*	20.45*	31.02*
BNP	27.73*	19.41*	12.27*		24.49*	26.76*	−3.64	−0.6	14.07*	30.73*
WNP	26.25*	12.8*	14.46*		15.08*	25.67*	−0.91	8.98*	24.9*	27.71*
SNP	3.52	11.52*			18.29*	5.71*		−8.52	−9.18*	13.35*
A-C/N	9.79*	11.47*	5.70*		15.22*	11.05*		8.69	12.13*	7.84
B-C/N	4.90*	10.86*	4.34*		14.02*	5.46*		9.29	7.99	5.64
S-C/N	0.74	1.88*			1.26	1.67	0.39		−1.63	−1.9
R/S	4.90*	10.35*	4.35*		14.01*	5.46*		9.29	7.99	5.64

注:ACP、BCP、WCP、SCP 和 ANP、BNP、WNP、SNP 分别表示地上茎、地下根系、整个植株和土壤组分的碳库和氮库;A-C/N, B-C/N 和 S-C/N 分别表示地上茎、地下根系和土壤的 C/N;R/S 表示根茎比。* 表示 $P<0.05$。

13.4　生态系统碳、氮、水过程对大气氮沉降增加的响应与适应

大气氮沉降增加陆地生态系统氮的有效性,通过促进净第一性生产力 (NPP)来截存一定数量的有机碳,在一定程度上可缓解大气 CO_2浓度的升高,部分解释"漏失汇"(missing sink)的分布(Mäkipää et al,1999;Turunen et al,2004)。另一方面,长期缓慢的氮沉降导致陆地生态系统氮饱和,反之会降低陆地生态系统生产力、提高土壤氮素淋失、加速枯落物和土壤有机碳的分解等,从而削弱了陆地生态系统碳截存(Nadelhoffer et al, 1999; Stevens et al, 2004)。本节主要论述植物-大气交换过程、凋落物分解、土壤有机碳、氮动态、土壤温室气体排放以及生态系统碳截留等过程对大气氮沉降增加的响应,探讨生态系统碳、氮过程变化的内在机制,指出可能存在的不足和未来的研究重点。

13.4.1　植物气体交换对大气氮沉降输入的响应与适应

大气氮沉降或人为施氮增加植物对有效氮的吸收,增加植物叶片等组织的氮素含量,进而影响光合、蒸腾、呼吸等生理生态过程。许多研究表明,植物光合速率随着叶片氮素含量的增加而增加,但当叶氮含量超过一定范围后光合速率反而下降(Brown et al,1996 ; Nakaji et al, 2001,2002)。同时也有些研究表明,增氮处理没有引起光合速率的变化(Schaberg et al, 1997)。土壤有效氮水平较低或施氮前期植物光合速率增加是由于增氮引起 Rubisco、叶绿素和与光合作用相关的含氮组分增加,进而增加植物的光合能力。过量的氮沉降间接引起叶片营养失衡,降低叶绿素含量,加上氮输入引起植物自遮蔽(self-shading)作用,导致高氮处理或氮处理后期光合速率反而下降。光合作用随增氮水平无显著变化可能是由于氮处理引起的植物营养失衡或自我遮蔽产生的负效应抵消了氮含量增加的正效应所致。

植物自养呼吸与植物组织中氮素含量线性相关(Scheaberg et al, 1997)。氮沉降对植物呼吸的影响有增强(Ryan,1995;Maier et al, 1998)和无影响(Van Dijk et al, 1988)等不同结论。氮处理导致植物呼吸的增强,一方面是由于植物组织中蛋白质含量增加,因为细胞中蛋白质的修复和更新所需的能量占维持性呼吸的20% ~60%(Bouma et al, 1994);另一方面是增氮导致叶片盐基离子(如Ca、Mg)下降,破坏膜结构的完整性,从而引起呼吸作用增强。植物呼吸对增氮响应不明显可能是由于进入植物体中的氮很大一部分是以游离态氨基酸的形式贮存的,最终转化为蛋白质形态的氮不多。

长期生长在高氮沉降区的植物会对氮胁迫逆境产生生理驯化,表现在植物体内某些与NH_4^+代谢有关的酶,如催化NH_4^+合成谷氨酰胺的谷氨酰胺合成酶(GS)和催化α-酮戊二酸胺化/去胺化作用生成谷氨酸的谷氨酸脱氢酶(GDH)的活性可能增加,从而在一定程度上缓解氨毒。Pérez-Solba等(1994)的试验表明,氨处理导致针叶中GS活性显著增加。此外,不同物种体内与NH_4^+代谢有关的酶的活性本身存在差异,也会造成它们缓解氨毒的能力不同,如Pérez-Solba和De Vissert(1994)报道生长在高氨/铵沉降下的欧洲赤松体内的GS和GDH活性分别比花旗松的高44%和25%。有趣的是,生长在高氨/铵沉降下的欧洲赤松的活力也比花旗松的高(Duyzer et al, 1992)。此外,一些施氮试验表明,大量的氮输入引起叶片中多胺(腐胺、亚精胺和精胺)浓度增加。如在Harvard森林用氮处理导致多脂松(*Pinus resinosa*)针叶中多胺浓度显著增加,高氮处理的北美红栎(*Qlte fcusrubra*)和黑栎(*Quercus vetulina*)叶片中腐胺含量是对照的3~4倍(Minocha et al, 2000)。细胞内的多胺带有净正电荷,与植物的胁迫响应密切相关,因此对所有生物的生长和发育都具有重要的意义。大量氮沉降引起叶片中多胺增加,对植物是利是弊,还有待进一步研究。

13.4.2 凋落物分解对大气氮沉降输入的响应

目前关于凋落物分解对氮素输入的响应仍然存在很大的不确定性,对其内在响应机制的认识也不尽相同。大量的研究表明,外源性氮输入对凋落物分解具有促进作用(Tessier & Raynal,2003)、抑制作用(Lee & Jose,2003;Bowden et al,2004)或者无显著影响(Prescott et al,1999)。长期的氮沉降增加植物叶片的N含量,降低凋落物的C/N,从而促进枯落物的分解,增加矿化和硝化作用中氮素的释放速率,导致地表凋落物现存量减少(Li et al,2003)。凋落物和土壤C/N的变化可能影响微生物的活性,进而影响微生物呼吸和土壤CO_2释放(Bowden et al, 2004)。但是,一些研究也发现,长期氮沉降输入会降低凋落物分解速率,部分可由过量的氮对胞外酶(EEA)的抑制效应来解释(Saiya-Cork et al,2002;De Forest et al,2005)。胞外酶能够调节植物凋落物的分解,并且凋落物对氮输入的响应比土壤更强(Saiya-Cork et al,2002)。特别是源自大气的NO_3^--N能够被微生物迅速同化,随后释放出NH_4^+-N。NH_4^+-N含量升高可潜在抑制白腐菌产生酚氧化酶,进而抑制木质素溶解酶生成。木质素保护植物组织免受微生物分解,减少木质素降解能够降低其他异养微生物新陈代谢所需的有效碳数量。从生物化学角度上看,在分解初期凋落物高氮含量可以促进其分解,但是在分解后期反而受到高氮含量的抑制(Fenn et al,1998),从而导致森林土壤表层厚度增加和有机质不断积累。目前,有关氮输入对凋落物分解影响的研究多通过计算未标记植物残体的分解速率来衡量,无法准确区分和量化凋落物与土壤中原有有机质分解产生的微生物量,也极少研究新形成的微生物量碳、氮与土壤原有微生物量碳、氮之间的关系。

13.4.3 土壤有机碳组分动态对大气氮沉降输入的响应

SOM库由连续的不同分解阶段的有机物组成,包括已经分解完全的腐殖质、半分解有机残体和微生物及其排泄物(Caron et al,1996)。按照密度可将SOM分为游离态轻组(free light fraction)、包裹态轻组(intra-aggregate light fraction)和重组(heavy fraction)(Freixo et al,2002;Roscoe & Buurman,2003)。按照SOM库在土壤结构中的分布(彭新华等,2004),可分为溶解性有机质(DOM)、游离态颗粒有机质(free POM)、闭蓄态颗粒有机质(occluded POM)和矿质结合态有机质(IOM)。关于氮输入对土壤不同活性碳组分影响的研究结论并不一致。SOM中轻组C/N比重组高,而^{15}N丰度比重组低,反映了有机质多来自近期的植物残体(Compton et al,2004)。关于土壤轻组有机碳对氮输入的响应有增加(Gregorich et al,1996)和不变(Liang et al,1998)两种结论,与土壤质地密切相关,但均普遍认为对重组有机碳含量影响不大。相似地,氮沉降对土壤DOC含量的影响也有增加(Guggenberger,1994)、不变(McDowell et al,2004)和下降(Chantigny et al,1999)三种结论,取决于植物残体的生物降解、根系分泌物产生的DOC输入和土壤微生物消耗输出之间的平衡(Pregitzer et al,2004)。颗粒态有机质(POM,>53 μm)通常由最近加入的未分解或半分解的动植物和根系残体组成,是相对未受保护的有效碳库,对环境条件变化敏感(Christensen,2001)。土壤中POM数量显著影响土壤碳、氮的矿化和固定过程(Kuzyakov et al,2001),是土壤氮矿化的重要"源"(Yakovchenko et al,1998)。IOM是与黏粒和粉粒结合的那部分碳,其形成年代较老,性质较稳定。上述迥异的研究结论表明,目前对土壤不同活性碳组分对氮素输入的响应机制仍然不甚清楚,难以区分不同碳组分之间的转移和累积。而且,过去大量研究认为易分解土壤碳对环境条件变化更加敏感,而难分解土壤碳则被假设为对环境变化没有响应(Fang et al,2005),很少关注土壤中老碳库(如IOM)的动态。此外,在分离方法上缺乏统一的标准,相似研究结果之间难以进行比较。

13.4.4 土壤呼吸对模拟大气氮沉降的响应

土壤呼吸是指未受扰动土壤中产生CO_2的所有代谢作用,包括土壤微生物呼吸、活根系呼吸和土壤动物呼吸三个生物学过程和含碳物质的化学氧化作用这一非生物学过程(Schlesinger & Andrews,2000)。外源性氮输入对土壤呼吸有促进作用(Micks et al,2004)、抑制作用(Bowden et al,2004)或无显著影响(Prescott et al,1999),可能与施氮引起碳的固定、分配以及土壤"氮饱和"程度有关(Bowden et al,2004)。施氮初期土壤呼吸速率增加可能与凋落物量、根系生物量、根系氮浓度增加以及地下碳的分配有关(Burton et al,2002;Lee & Jose,2003)。地上凋落物和根系分解输入的碳可能会对异养呼吸产生激发作用,根系生物量和根系分泌物的增加相应地提高了施氮小区土壤的自养呼吸。当土壤氮接近饱和状态时,土壤呼吸对施氮的响应发生逆转,反映了吸收养分的植物根系活性的变化。微生物优先利用SOM活性组分,根际沉积物可被微生物迅速利用,而根系活性下降导致根际沉积的有机物质减少,进而抑制土壤微生物分解(Bowden et al,2004;Frey et al,2004)。但是,土壤呼吸的不同组分对人为干扰的响应也不同,认识自养呼吸(根系)和异养呼吸(土壤微生物和土壤动物)对总土壤呼吸的贡献是准确评价环境变化对土壤碳循环和碳截存的前提。分离土壤的方法有组分综合法(Hanson et al,2000)、排根法(Bowden et al,2004)、^{14}C方法(Schuur & Trumbore,2005)和稳定性碳同位素方法(Philips & Fahey,2005)。目前,在研究内容上,多局限于植被对碳的截存,几乎没有涉及氮沉降是否通过促进凋落物和SOM的分解增强土壤CO_2净排放,从而抵消一部分由植被和土壤所吸收的碳素;在研究方法上,多局限于常规排根法,只能分离根呼吸和SOM分解释放的CO_2,无法区分根系自养呼吸、根际微生物呼吸和SOM分解对大气氮沉降的响应(Kuzyakov,2005)。

13.4.5 土壤CH_4和N_2O排放对增氮的响应

大气CH_4主要来自于地表生物源,稻田和天然沼泽等湿地生态系统土壤一般表现为CH_4的源,而森林、草地等非淹水土壤为CH_4的吸收汇。大量研究表明,施氮能够明显抑制森林土壤CH_4的氧化(Steudler,1989;Castro et al,1994;Whalen & Reeburgh,2000;Le Mer & Roger,2001;Hutsch,2001;莫江明等,2006),但是Whalen和Reeburgh(2000)在北方森林地通过增施氮肥来模拟大气氮沉降,得出了未来大气中的氮沉降增加并不能改变全球中高纬度北方森林土壤作为甲烷"汇"的作用的结论。MacDonald等(1997)研究发现,氮沉降输入($46\ kg \cdot hm^{-2} \cdot a^{-1}$)增加了苏格兰内陆针叶林土壤$NH_4^+$-N含量,使土壤$CH_4$汇的强度降低了50%。莫江明等(2006)研究也发现,增氮明显抑制季风林和马尾松林土壤CH_4吸收,但对混交林有一定的促进作用。但是,在湿地生态系统中,湿地植物的生长状况是CH_4产生与排放的又一重要影响因子(宋长春等,2004),氮输入在促进植物生长发育的同时,也使植物的通气组织在数量上有所增加,因此氮输入促进了CH_4排放。同时,氮输入后土壤有机质含量升高,有利于湿地土壤CH_4的产生和排放(Updegraff,2001;蒋静艳等,2003;Bodelier & Laanbroek,2004)。由于大多数研究集中在氮输入抑制非淹水土壤CH_4氧化方面,氮作为重要的影响因子在全球CH_4"汇"的估算中的作用常被忽略,尤其是在沼泽湿地环境中(Bodelier & Laanbroek, 2004)。

氮沉降或施氮处理可能通过减少自养型 NH_4^+ 的氧化来影响土壤对 CH_4 的吸收(Gundersen & Rasmussen,1990)。氮沉降或施氮导致表土 NH_4^+ 含量高于亚表层土壤,抑制了表土 CH_4 的氧化(Conrad,1996;Amaral & Knowle,1997)。NO_3^- 对 CH_4 氧化没有抑制效应(Willison et al,1995),硝态氮肥减轻土壤酸化还可能有利于 CH_4 氧化菌活动(Hütsch,2001)。NH_4^+ 对土壤 CH_4 氧化的抑制作用可归因于 NH_3 和 CH_4 在甲烷单氧酶水平上的竞争、由氧化作用向硝化作用的转移以及 NH_4^+ 氧化生成的 NO_2^- 的毒性(Nesbit & Breitenbeck, 1992; Castro et al, 1994)。由于甲烷单氧酶对底物的专一性极低,施入土壤的 NH_4^+ 立即被甲烷单氧酶氧化,直到 NH_4^+ 被耗尽,CH_4 氧化才得以开始(Hütsch,1998)。NO_2^- 是 CH_4 氧化菌氧化 NH_4^+ 的最终产物,相对于 NH_4^+ 能更有效地抑制 CH_4 氧化(Hütsch,1998),抑制时间也更长。但 NH_4^+ 对 CH_4 氧化的抑制效应主要不是通过 NO_2^-,因为 NO_2^- 产生后立即被氧化而很少在土壤中累积(Hütsch,1998)。

当外源氮素输入后,在土壤温度、水分和其他环境状况一致的条件下,有效氮源供应水平是影响土壤 N_2O 排放的主要因素(侯爱新等,1998)。土壤有效氮(NH_4^+ 和 NO_3^-)含量是控制土壤产生 N_2O 的重要因素。NH_4^+ 是土壤生物硝化作用的底物,土壤中可利用 NH_4^+ 含量决定了硝化作用的强度,进而影响土壤 N_2O 的排放。研究表明,当土壤中 NH_4^+ 含量为 1 ~6 mg NH_4^+-N · kg^{-1} 土时,土壤 N_2O 排放量随 NH_4^+-N 含量增加呈指数增加。当 NH_4^+ 浓度超过 10 mg NH_4^+-N · kg^{-1} 土时,N_2O 排放量保持稳定(Nishio & Fujimoto,1990)。硝化作用的产物 NO_2^- 和 NO_3^- 又可通过反硝化过程产生 N_2O,且土壤中 NO_3^- 能够抑制或延缓 N_2O 还原为 N_2。莫江明等(2006)研究,鼎湖山三种演替阶段的森林土壤硝态氮含量依次为:季风林>马尾松林>混交林,其中季风林硝态氮和总有效氮含量显著高于马尾松林和混交林($P<0.05$ %)。季风林富氮的环境有利于土壤 N_2O 排放,因此在施氮后短期内土壤 N_2O 排放明显增加。氮沉降/施氮能够显著增加森林生态系统有效氮含量,南亚热带森林土壤 N_2O 排放受到土壤有效氮素供应状况的显著影响,且硝态氮对森林土壤 N_2O 排放速率的影响可能比铵态氮更为重要(图 13.9)。

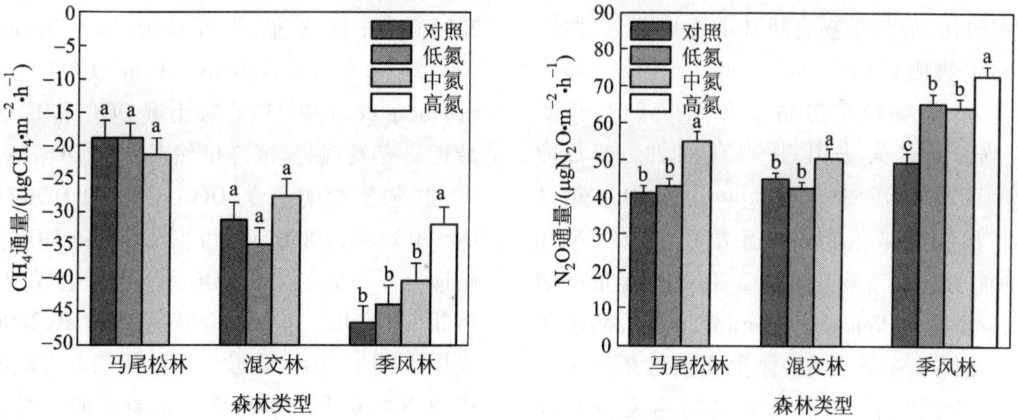

图 13.9 氮沉降对中国南亚热带森林土壤 CH_4 和 N_2O 释放的影响

Figure 13.9 The effects of nitrogen deposition on soil CH_4 and N_2O emission in south subtropical forest in China

13.4.6 土壤无机氮动态对氮素输入的响应

土壤无机氮动态实际上是土壤矿化、硝化、固持、反硝化等过程的综合表现。土壤中无机氮含量净变化(ΔN_i)等于被矿化的有机氮(N_{min})减去微生物固持(N_a)、植物吸收(N_p)、淋失(N_L)及反硝化排放量(N_d)之和(Magill et al,2004)。由于温带和热带森林土壤因反硝化作用损失的氮一般都低于 2 kg · hm^{-2} · a^{-1}(Gundersen, 1991; 韩兴国等, 1994),因此本研究将不考虑土壤氮的反硝化过程。氮沉降对森林土壤矿化和硝化的影响存在增加(Gundersen et al, 1998)、减少或下降(Tietema, 1998)、无影响(Emmett et al, 1998; 方运霆等, 2004a)三种观点,取决于施氮量(或持续时间)、森林类型、凋落物性质以及土壤属性(如 pH、黏粒)等(方运霆等,2004b)。在氮饱和早期,输入的氮被 SOM 吸收,C/N 减少,从而增加分解过程中氮的释放速度。但在氮饱和后期,增氮降低细胞外代谢酶的效率和分解速度,加之由土壤真菌产生的腐殖质降解酶数量随土壤矿质氮含量增加而减少,导致土壤氮的矿化速率下降。由于存在过量的有效性 NH_4^+-N,土壤硝化作用增强,NO_3^--N 淋溶急剧增加(Aber et al,1998)。目前,测定土壤氮的净矿化和硝化速率多采用试验室异位培养和原位培养两种方法,并且异位培养测定的潜在氮矿化与原地年净氮矿化显著相关(Fernandez et al,2000)。虽然研究发现,增氮或氮沉降增加导致受氮限制的森林土壤氮矿化和硝化速率发生变化,但是没有区分土壤氮总矿化量和 NH_4^+固持量,也没有区分土壤氮总硝化速率的增加量和 NO_3^-的消耗量。^{15}N 稀释法通过一次性标记能定量计算土壤氮的矿化、固持、硝化和 NO_3^-消耗量,在一定程度上可弥补培养法的不足(Barrett & Burke,2000)。

过去一直认为微生物固持过程是森林表层土壤的主要持氮方式,但目前研究证明非生物因素也具有显著的氮固持作用(Zogg et al,2000)。矿化和硝化过程产生的 NH_4^+-N 和 NO_3^--N 一部分被微生物和植物吸收同化,成为生物有机体的组成部分,称之为无机氮的生物固持(immobilization);另外一部分 NH_4^+陷入 2 : 1 型黏粒矿物晶架表面孔穴内,转变为固定态铵,暂时失去其生物有效性,称之为 NH_4^+-N的矿物固定作用(ammonium fixation)(黄昌勇,1999)。植物和微生物固持土壤中 NH_4^+-N 和 NO_3^--N 的能力与凋落物、土壤 C/N、SOC 含量密切相关(Månsson & Falkengren-Grerup,2003),而矿物固氮量与土壤黏土矿物类型、伴生交换性阳离子的种类和含量、干湿交替、酸碱度等密切相关(Barrett et al,2002)。在土壤氮饱和初期,非生物氮固持量小于生物氮固持量,随着土壤氮趋于饱和,生物持氮能力下降,而非生物氮固持量的比例增加(Barrett et al,2002;Davidson et al,2003)。上述研究说明,非生物氮固持是森林土壤氮固持的重要过程,可能是沉降氮的一个汇。目前,对生物和非生物氮固持机制的认识也众说纷纭:① C/N 稳定学说。在一定的环境条件下,微生物群落试图保持其稳定的 C/N 比。高 C/N 凋落物在土壤中矿化速率低,减少了微生物硝化活动的基质,进而加速氮的生物净固定。另外,腐殖化程度较高的 SOM 层对大气输入 NO_3^-的明显固持作用以及有效性碳的增加将有利于异养菌固定有效性 NH_4^+和 NO_3^-,导致氮储量的增加(Venterea et al,2004)。②"铁轮"(ferrous wheel)假说。光合产物碳将土壤矿物中的 Fe^{3+}转变为 Fe^{2+},当 NO_3^-被 Fe^{2+}(Mn^{2+})还原为 NO_2^-时,假设 NO_2^-通过苯环结构上的硝基和亚硝基与 DOM 反应,然后产生 DON(Davidson et al,2003),因此可溶性无机氮(DIN)向 DON 转变是土壤氮持留的一个可能机制(Dail et al,2001)。综合上述分析可以看出,大多数研究认为森林生态系统氮持留受生物过程的控制,大气沉降氮主要被植物残体、微生物、植物根系结合;对于控制土壤氮持留的非生物过程(包括 NH_4^+的黏粒矿物固定过程和与有机质发生化学反应产生的固定过程)关注较少,没有准确量化生物和非生物因子对氮持留的贡献。

13.4.7 土壤溶解性有机碳、氮对模拟氮沉降的响应

土壤溶解性有机碳(DOC)和溶解性有机氮(DON)的动态明显受到氮素输入的影响,在森林土壤"氮饱和"以及"碳截存"研究中具有重要作用,是评价土壤氮素状态的良好指示因子(Neff et al,2003)。长期氮输入可能增加(Pregitzer et al,2004)、降低(Chantigny et al,1999)或不影响(Sjöberg et al,2003)森林土壤 DOC 和 DON 的生成。最近研究发现,氮沉降虽然对土壤 DOC 含量影响不大,但显著影响土壤 DON 含量和 DOC/DON(McDowell et al,2004),这说明 DON 和 DOC 对增氮的响应并不一致,驱动 DOC 和 DON 生成的因子也不尽相同(Kalbitz et al,2000;Neff et al,2000)。森林表层土壤中 DOC 动态变化包括三个可能的机制:①矿质 N 含量升高抑制降解木质素的白腐菌活性,增加水溶性腐解产物的释放(Saiya-Cork et al,2002;De Forest et al,2004,2005)。② DOC 是微生物生长的有效碳源,微生物固氮增加了对土壤有效碳的需求,导致土壤 DOC 释放速率下降(Yano et al,2000)。③ 土壤 DOC 的生成下降,可能被近期凋落物、根系分泌物和脱落物的分解等植物过程产生的 DOC 所弥补,导致 DOC 浓度无显著变化(McDowell et al,2004)。相似地,悬浮在空气中和黏附在植物体表面上的 DON 通过降水进入生态系统(Neff et al,2002),在降水与土壤、植物接触时产生的 DON

最终通过淋溶进入河流或地下水(Parakis & Hedin, 2002)。土壤微生物周转(Seely & Lajtha,1997)、细胞外代谢酶的间接作用(Trasar - Cepeda et al, 2000)、地表凋落物和SOM的物理溶解和解吸(Aitkenhead-Peterson et al,2002)、土壤中溶解性有机质(DOM)与NO_3^-发生的物理和生物调节均可产生DON(Perakis et al,2001;Davidson et al,2003)。森林土壤DON渗漏是一个普遍现象,即使在N需求较高的生态系统中,植物和微生物也无法完全阻止DON的流失(Parakis & Hedin,2002;Neff et al, 2003)。随着大气N沉降的增加,DON可能是森林土壤主要的N损失路径(Andersson et al,2000; Hagedorn et al,2001)。然而,过去多数研究只关注无机氮的淋溶,忽略了土壤有机氮的淋失;研究淋失机制时,往往将DOC和DON均作为一个整体来考虑,没有区分DOC和DON中易变组分和稳定组分对环境变化的不同响应;缺乏对不同N饱和阶段土壤渗漏液中DOC和DON的组成及其结构特征的认识,从而难以明晰土壤DOC和DON对氮输入的响应模式以及生成机制。

森林生态系统高氮输入可能通过影响腐殖化过程来改变DOM的组成和结构,导致土壤DOC和DON淋溶对增氮有着不同的响应。DOM主要由疏水性和亲水性酸性、中性及碱性物质组成,亲水性DOM可以优先从矿质土壤中释放出来,而疏水性酸性DOM则被优先吸附在矿质土层中,其生物有效性小于亲水性DOM(周江敏等,2004)。连续施氮使土壤微生物群落组成由碳体系(异养型)转变为氮体系(自养型),降低生物可降解DOC(BDOC)的消耗,导致森林表层土壤中BDOC的浓度显著提高(Yano et al,2000;Cleveland et al,2004)。但是部分研究也发现,施氮后土壤亲水性和疏水性DOC组分没有发生显著性变化(Raastad & Mulder,1999)。当土壤氮饱和时,总DON库中亲水物质占更大比例,DOM库中亲水组分C/N更低(McDowell et al, 2004)。根据^{13}C NMR波谱分析发现,土壤DOM组成与其来源的SOM组成相似,都以烷基碳和烷氧基碳化合物为主(Dai et al,2001;Kalbitz et al,2003;倪进治等,2003),但是水提取有机质(WEOM)的烷氧基碳含量高于土壤渗漏液中的DOM,而芳香碳含量却低于土壤渗漏液中的DOM(Michel et al,2006),这说明分解过程对DOM的产生具有重要作用(Huang et al,1998)。DOM的紫外和荧光光谱分析表明,矿质氮的输入导致DOM中缩聚物和芳香化合物发生消耗,改变了DOM的芳香度和复杂度(即分子浓缩度)(Park et al,2002;Hagedorn et al, 2002)。由于DOM具有高度易变性,关于DOM质量与原SOM结构、组成以及土壤氮含量之间关系的研究较少。在很大程度上,森林土壤氮输入的增加对SOM、DOM组成和结构的影响仍然不清楚。在测定方法上,光谱和核磁共振(NMR)等现代分析技术可以在不破坏样品的情况下,测定有机物的组成和结构特征,明显优于传统化学分析方法。另外,光谱技术在研究有机质的含氧功能团特性方面优于NMR波谱,而研究其结构则相反。而且,光谱法难以定量研究,而NMR波谱既能定性给出C、N、H、P等元素的类型,又能通过积分方法给出它们的相对含量。

13.4.8 陆地生态系统碳截留对大气氮沉降输入的响应

自然生态系统中,氮素经常成为生态系统生产力的限制因素,因此,有效氮输入引起碳、氮循环过程发生变化,可能会改变群落的生物多样性和生物量,进而影响生态系统碳截留。Baron等(2000)研究发现,虽然落基山脉地区大气氮沉降量仅为4~6 kgN·hm^{-2},但足以改变该地区的植物群落组成和净初级生产力(NPP)。受氮限制的苔原生态系统比森林生态系统对大气氮沉降的响应更为敏感(Gundersen et al,1998),施氮后苔原生态系统物种的多样性减少(Seastedt & Vaccaro,2001),苔藓类植物中的碳含量也减少(Makipaa, 1995; Bauer et al, 2004)。生态系统尺度上,氮输入明显增加了光合速率和系统LAI,同时也增加了生态系统呼吸各组分,但是生态系统的NEE动态对增氮的响应因森林类型而异。Lai等(2002)研究氮沉降对美国东南部的森林生态系统碳平衡时得出,氮输入使该地区森林生态系统从碳"源"变成一个碳"汇"。而Makipaa等(1995)的研究结论与此并不一致,他们认为森林生态系统中的地表植被对氮输入的响应并不积极,因此在高氮沉降的条件下,北方森林中的地表植被并不是碳的"汇"。就全球而言,森林生态系统氮沉降量将从目前的10 TgN·a^{-1}增加到2100年的20 TgN·a^{-1}(Lamarque et al,2005),由大气氮沉降引起森林生态系统碳截存的贡献估计在0.1~2.3 PgC·a^{-1}之间(Townsend et al,1996;Holland,

1997)，主要发生在中纬度温带森林生态系统(Ciais et al,1995)。另有些研究认为氮沉降对温带森林的碳截存作用不大，其碳截存潜力取决于沉降氮在森林生态系统中的分配(Nadelhoffer et al,1999；表13.4)。但是多数研究认为森林生态系统碳过程对氮沉降的响应取决于土壤氮的饱和状态(Magill et al, 2004；Aber & Magill, 2004)。

表13.4 NO_y和NH_x沉降对森林吸收CO_2影响估计(Nadelhoffer et al,1999)

Table 13.4 Estimated influence of NO_y+NH_x deposition on CO_2-C uptake by forests (Nadelhoffer et al,1999)

森林生态系统库	氮沉降分配到各库的比例/%	C/N	库中的沉降氮/Tg	CO_2-C 吸收量/Pg
非木质生物量	15	25	0.77	0.019
木质生物量	5	500	0.25	0.125
土壤(森林地表+矿质土壤)	70	30	3.57	0.107
淋溶+气体损失	10	0	0.51	0
总计	100		5.1	0.251

注：树木生物量：在外界和人为氮输入处理下，^{15}N 示踪剂回收率平均为20%，大多数示踪剂在树叶、细根、树皮和小树枝中。转移到木材中的示踪剂仅为5%。如果大气N沉降对木材生物量的积累没有明显影响，那么氮沉降的增加对北纬地区CO_2的贡献不大(0.25 Pg·a^{-1})。

13.5 小结和展望

通过综述国内外大量的野外控制试验结果，概括起来，研究主要集中在植物光合、呼吸等生理生态、凋落物和土壤有机分解、土壤温室气体排放、土壤养分动态、叶片和土壤C、N、P等要素的生物化学计量平衡以生态系统尺度上生产力和气体交换通量等方面，初步阐明了生态系统碳、氮、水过程对环境变化(增温、降水变化、氮沉降增加)的响应特征。但是，控制因子上多局限于单因子或双因子试验，少数研究开始考虑多因子协同控制的作用，如增温、增减降水、CO_2/O_3浓度增加、UV-B增加、施氮和生态系统管理措施。研究方法上，由室内小尺度的温室控制措施转变为野外自然条件下大样方模拟研究，人为干扰效应逐渐降低，所模拟的环境越来越接近于实际。数据积累和研究也使研究由几年的短期响应特征逐渐过渡到10多年的长期适应性规律的探讨。另外，多因子控制试验与生态系统样带研究方法相结合，有利于研究未来气候变化的不确定性，充分理解生态系统对环境变化的响应机制和适应策略。

参考文献

白克智，钟泽璞，丁莉，等. 1996. 大豆对大气CO_2倍增的一些生理反应. 科学通报，41(2)：164-166.

陈德祥，李意德，骆士寿，等. 2004. 短期CO_2浓度升高对雨林树种盘壳栎光合特性的影响. 生态学报，24(8)：1 622-1 628.

陈全胜，李凌浩，韩兴国，等. 2003. 水分对土壤呼吸的影响及机理. 生态学报，23(5)：972-978.

方运霆，莫江明，Per Gundersen，等. 2004b. 南亚热带森林土壤有效氮含量及其对模拟氮沉降增加的初期响应. 生态学报，24(7)：2 353-2 359.

方运霆，莫江明，Per Gundersen，等. 2004a. 森林土壤氮素转换及其对氮沉降的响应. 生态学报，24(11)：1 523-1 531.

高鲁鹏，梁文举，赵军，等. 2005. 气候变化对黑土有机碳库影响模拟研究. 辽宁工程技术大学学报，24(2)：288-291.

关松，窦森，张大军，等. 2006. 土壤腐殖质组成对大气二氧化碳浓度升高的响应. 水土保持学报，20(5)：186-188.

韩兴国，李凌浩，黄建辉. 1994. 生物地球化学概论. 北京：高等教育出版社.

侯爱新，陈冠雄. 1998. 不同种类氮肥对土壤释放N_2O的影响. 应用生态学报，9(2)：176-180.

黄昌勇. 1999. 土壤学. 北京：高等教育出版社.

蒋高明，韩兴国，林光辉. 1997. 大气CO_2浓度升高对植物的直接影响. 植物生态学报，21(6)：489-502.

蒋静艳，黄耀，宗良纲. 2003. 环境因素和作物生长对稻田CH_4和N_2O排放的影响，农业环境科学学报，22(6)：711-714.

匡廷云,白克智,林伟宏. 1994. 大气 CO_2 的升高对植物生理的影响. 上海:上海科学技术出版社.

李杨,黄国宏,史奕. 2003. 大气 CO_2 浓度升高对农田土壤微生物及其相关因素的影响. 应用生态学报,14(12):2 321-2 325.

李英年,杜明远,唐艳鸿,等. 2006. 祁连山海北高寒草甸地区 UV-B 的气候变化特征. 干旱区资源与环境,20(3):79-84.

林伟宏. 1998. 植物光合作用对大气 CO_2 浓度升高的反应. 生态学报,18(5):121-128.

毛健民. 1998. 大气 CO_2 浓度升高对植物光合作用的影响. 农业与技术,18(2):7-8,24.

莫江明,方运霆,李德军,等. 2006. 鼎湖山主要森林土壤 CO_2 排放和 CH_4 吸收特征. 广西植物,26(2):142-147.

倪健,张新时. 1998. CO_2 增浓和气候变化对陆地生态系统的影响. 大自然探索,17(1):1-6.

倪进治,徐建民,谢正苗,等. 2003. 不同施肥处理下土壤水溶性有机碳含量及其组成特征的研究. 土壤学报,40(5):724-730.

彭新华,张斌,赵其国. 2004. 土壤有机碳库与土壤结构稳定性关系的研究进展. 土壤学报,41(4):618-623.

宋长春,杨文艳,徐小锋,等. 2004. 沼泽湿地生态系统土壤 CO_2 和 CH_4 排放动态及影响因素. 环境科学,25(4):1-6.

同小娟,陶波,曹明奎. 2005. 陆地生态系统土壤呼吸、氮矿化对气候变暖的响应. 地理科学进展,24(4):84-96.

王大力,朱立民. 1999. CO_2 倍增对稻田甲烷排放的影响. 植物生态学报,23(5):451-457.

王明星. 1999. 大气化学. 2 版. 北京:气象出版社.

王绍强,刘纪远. 2002. 土壤碳储量变化的影响因素分析. 地球科学进展,17(4):528-534.

王为民,王晨,李春俭,等. 2000. 大气 CO_2 浓度升高对植物生长的影响. 西北植物学报,20(4):676-683.

徐小锋,田汉勤,万师强. 2007. 气候变暖对陆地生态系统碳循环的影响. 植物生态学报,31(2):175-188.

于贵瑞,李海涛,王绍强. 2003. 全球变化与陆地生态系统碳循环和碳蓄积. 北京:气象出版社.

周江敏,代静玉,潘根兴. 2004. 应用光谱分析技术研究土壤水溶性有机质的分组及其结构特征. 光谱学与光谱分析,24(9):1 060-1 065.

周玉梅,韩士杰,郑俊强,等. 2007. CO_2 浓度升高对森林土壤微生物呼吸与根(际)呼吸的影响. 植物生态学报,31(3):386-393.

Aber J D, Magill A H. 2004. Chronic nitrogen additions at the Harvard Forest (USA): the first 15 years of a nitrogen saturation experiment. Forest Ecology and Management, 196: 1-5.

Aber J D, McDowell W, Nadelhoffer K, et al. 1998. Nitrogen saturation in temperate forest ecosystems. Bioscience, 8: 921-934.

Aitkenhead-Peterson J A, McDowell W H, Neff J C. 2002. Sources, production and regulation of allochthonous dissolved organic matter// Findlay S, Sinsabaugh R. Aquatic ecosystems, interactivity of dissolved organic matter. Amsterdam: Academic Press, 26-70.

Amaral J A, Knowles R. 1997. Inhibition of methane concentration in forest soil and cultures of methanotrophs by aqueous forest soil extracts. Soil Biology and Biochemistry, 29: 1 713-1 720.

Ambus P, Robertson G P. 1999. Fluxes of CH_4 and N_2O in aspen stands grown under ambient and twice-ambient CO_2. Plant and Soil, 209(1):1-8.

Amthor J S. 1991. Respiration in a future, higher-CO_2 world. Plant, Cell and Environment, 14: 13-20.

Amthor J S. 1995. Terrestrial higher-plant response to increasing atmospheric CO_2 in relation to the global carbon cycle. Global Change Biology, 1: 243-274.

Anderson J M. 1992. Soil and climate change. Advances in Ecological Research, 22: 188-210.

Andersson S, Nilsson S I, Saetre P. 2000. Leaching of dissolved organic carbon (DOC) and dissolved organic nitrogen (DON) in more humus as affected by temperature and pH. Soil Biology and Biochemistry, 32: 1-10.

Andrews J A, Matamala R, Westover K M, et al. 2000. Temperature effects on the diversity of soil heterotrophs and the $\delta^{13}C$ of soil-respired CO_2. Soil Biology and Biochemistry, 32: 699-706.

Andrews J A, Harrison K G, Matamala R, et al. 1999. Separation of Root Respiration from Total Soil Respiration Using Carbon-13 Labeling during Free-Air Carbon Dioxide Enrichment (FACE). Soil Science Society of America Journal, 63: 1 429-1 435.

Austin A T, Howarth R W, Baron J S, et al. 2004. Water pulses and biogeochemical cycles in arid and semiarid ecosystems. Oecologia, 141:221-235.

Baker J T, Laugel F, Boote K J, et al. 1992. Effects of

daytime carbon dioxide concentration on dark respiration in rice. Plant, Cell and Environment, 15: 231-239.

Ball A S, Milne E, Drake B G, et al. 2000. Elevated atmospheric-carbon dioxide concentration increases soil respiration in a mid-successional lowland forest. Soil Biology and Biochemistry, 32: 721-723.

Baron J S, Hartman M D, Band L E, et al. 2000. Sensitivity of a high-elevation Rocky Mountain watershed to altered climate and CO_2. Water Resources Research, 36 (1):89-99.

Barrett J E, Burke I C. 2000. Potential nitrogen immobilization in grassland soils across a soil organic matter gradient. Soil Biology and Biochemistry, 32: 1 707-1 716.

Barrett J E, Johnson D W, Burke I C. 2002. Abiotic Nitrogen Uptake in Semiarid Grassland Soils of the U S Great Plains. Soil Science Society of America Journal, 66: 979-987.

Bauer G A, Bazzaz F A, Minocha R, et al. 2004. Effects of chronic N additions on tissue chemistry, photosynthetic capacity, and carbon sequestration potential of a red pine (*Pinus resinosa* Ait.) stand in the NE United States. Forest Ecology and Management, 196: 173-186.

Bergh J, Linder S, Lundmark T, et al. 1999. The effect of water and nutrient availability on the productivity of Norway spruce in northern and southern Sweden. Forest Ecology and Management, 119: 51-62.

Bert D, Leavitt S W, Dupouey J L. 1997. Variations of wood $\delta^{13}C$ and water-use efficiency of *Abies alba* during the last century. Ecology, 78(5):1 588-1 596.

Bloom A J, Chapin III F S, Mooney H A. 1985. Resource limitation in plants—an economic analogy. Annual Review of Ecology System, 16: 363-392.

Boken W, Xu Y J, Brumme R, et al. 1999. A Climate Change Scenario for Carbon Dioxide and Dissolved Organic Carbon Fluxes from a Temperate Forest Soil. Soil Science Society of America Journal, 63:1 848-1 855.

Boone R D, Nadelhoffer K J, Boone R D, et al, 1998. Roots exert a strong influence on the temperature sensitivity of soil respiration. Nature, 396:570-572.

Borken W, Savage K, Davidson E A, et al. 2006. Effects of experimental drought on soil respiration and radiocarbon efflux from a temperate forest soil. Global change biology, 12(2): 177-193.

Bowden R D, Davidson E, Savage K, et al. 2004. Chronic nitrogen additions reduce total soil respiration and microbial respiration in temperate forest soils at the Harvard Forest. Forest Ecology and Management, 196: 43-56.

Bowes G. 1993. Facing the inevitable: plant and increasing atmospheric CO_2. Anuual Review of Plant Physiology and Plant Molecular Biology, 44: 309-333.

Burton A J, Pregitzer K S, Reuss R W, et al. 2002. Root respiration in North American forests: effects of nitrogen concentration and temperature across biomes. Oecologia, 131: 559-568.

Cao M K, Prince S D, Li K, et al. 2003. Response of terrestrial carbon uptake to climate interannual variability in China. Global Change Biology, 9: 536-546.

Cao M K, Woodward F I. 1998. Net primary and ecosystem production and carbon stocks of terrestrial ecosystems and their responses to climate change. Global Change Biology, 4(2): 185-198.

Cao M K, Yu G R, Liu J Y, et al. 2005. Multi-scale observation and cross-scale mechanistic modeling on terrestrial ecosystem carbon cycle. Science in China, Series D, 48:17-32 .

Caron J, Espindola C R, Angers D A. 1996. Soil structural stability during rapid wetting: Influence of land use on some aggregate properties. Soil Science Society of America Journal, 60: 901-908.

Carswell F E, Costa A L, Palheta M. 2002. Seasonality in CO_2 and H_2O flux at an eastern Amazonian rain forest. Journal of Geophysical Research, 107: 8 076.

Castro M S, Peterjohn W T, Melillo J M, et al. 1994. Effects of nitrogen fertilization on the fluxes of N_2O, CH_4, and CO_2 from soils in a Florida slash pine plantation. Canadian Journal of Forest Research, 24: 9-13.

Chantigny M H, Angers D A, Prévost D, et al. 1999. Dynamics of soluble organic C and C mineralization in cultivated soils with varying N fertilization. Soil Biology and Biochemistry, 31: 543-550.

Chen W J, Black T A, Yang P C, et al. 1999. Effects of climatic variability on the annual carbon sequestration by a boreal aspen forest. Global Change Biology, 5: 41-53.

Cheng W, Johnson D W. Elevated CO_2, rhizosphere processes, and soil organic matter decomposition. Plant and Soil, 1998, 202:167-174.

Cheng W. 1999. Rhizosphere feedbacks in elevated CO_2. Tree Physiology, 19: 313-320.

Christensen B T. 2001. Physical fractionation of soil and structural and functional complexity in organic matter turnover. European Journal of Soil Science, 52: 345-353.

Ciais P, Reichstein M, Viovy N, et al. 2005. Europe-wide reduction in primary productivity caused by the heat and drought in 2003. Nature, 437: 529-533.

Ciais P, Tans P P, Trolier M, et al. 1995. A large northern-hemisphere terrestrial CO_2 sink indicated by the $^{13}C/^{12}C$ ratio of atmospheric CO_2. Science, 269: 1 098-1 102.

Cleveland C C, Neff J C, Townsend A R, et al. 2004. Composition, Dynamics, and Fate of Leached Dissolved Organic Matter in Terrestrial Ecosystems: Results from a Decomposition Experiment. Ecosystems, 7: 275-285.

Compton J E, Watrud L S, Porteous L A, et al. 2004. Response of soil microbial biomass and community composition to chronic nitrogen additions at Harvard forest. Forest Ecology and Management, 196: 143-158.

Conrad R. 1996. Soil microorganisms as controllers of atmospheric trace gases (H_2, CO, OCS, N_2O, and NO). Microbiology Review, 60: 609-640.

Cox P M, Betts R A, Jones C D, et al. 2000. Acceleration of global warming due to carbon-cycle feedbacks in a coupled climate model. Nature, 408: 184-187.

Craine J M, Wedin D A, Chapin F S. 1999. Predominance of ecophysiological controls on soil CO_2 flux in a Minnesota grassland. Plant and Soil, 207: 77-86.

Cramer W P, Solomon A M. 1993. Climatic distribution and future global redistribution of agricultural land. Climatic Research, 3: 97-110.

Crookshanks M, Taylor G, Broadmeadow M. 1998. Elevated CO_2 and tree root growth: contrasting responses in *Fraxinus excelsior*, *Quercus petraea* and *Pinus sylvestris*. New Phytologist, 138: 241-250.

Cure J D, Acock B. 1986. Crop response to carbon dioxide doubling: a literature survey. Agriculture and Forest Meteorology, 38:127-145.

Curtis P S, Wang X. 1998. A meta-analysis of elevated CO_2 effects on woody plant mass, form, and physiology. Oecologia, 113: 299-313.

Curtis P S. 1996. A meta-analysis of leaf gas exchange and nitrogen in trees grown under elevated carbon dioxide. Plant, Cell and Environment, 19:127-137.

da Rocha H R, Goulden M L, Miller S D, et al. 2004. Seasonality of water and heat fluxes over a tropical forest in eastern Amazonia. Ecological Applications, 14, S22-S32.

Dai K O H, Johnson H, Driscoll C E. 2001. Organic matter chemistry and dynamics in clear-cut and unmanaged hardwood forest ecosystems. Biogeochemistry, 54: 51-83.

Davidson E A, Belk E, Boone R D. 1998. Soil water content and temperature as independent or confounded factors controlling soil respiration in temperate mixed hardwood forest. Global Change Biology, 4: 217-227.

Davidson E A, Chorover J, Dail B D. 2003. A mechanism of abiotic immobilization of nitrate in forest ecosystems: the ferrous wheel hypothesis. Global Change Biology, 9: 228-236.

Davidson E A, Ishida F Y, Nepstad D C. 2004. Effects of an experimental drought on soil emissions of carbon dioxide, methane, nitrous oxide, and nitric oxide in a moist tropical forest. Global Change Biology, 10: 718-730.

De Forest J L, Zak D R, Pregitzer K S, et al. 2005. Atmospheric nitrate deposition and enhanced dissolved organic carbon leaching: test of a potential mechanism. Soil Science Society of America Journal, 69: 1 233-1 237.

Decay J W H, Drake B G, Klug M J. 1994. Stimulantion of methane emission by carbon dioxide enrichment of marsh vegetation. Nature, 370.

DeForest J L, Zak D R, Pregitzer K S, et al. 2004. Nitrate deposition and the microbial degradation of cellulose and lignin in a northern hardwood forest. Soil Biology and Biochemistry, 36: 965-971.

Dugas W A, Prior S A, Rogers H H. 1997. Transpiration from sorghum and soybean growing under ambient and elevated CO_2 concentration. Agriculture and Forest Meteorology, 83:37-48.

Duquesnay A, Breda N, Stievenard M, et al. 1998. Changes of tree-ring $\delta^{13}C$ and water use efficiency of beech (*Fagus sylvatical* L.) in north-eastern France during the past century. Plant, Cell and Environment, 21: 565-572.

Duyzer J H, Verhagen H L M, Weststrate J H, et al. 1992. Measurement of the dry deposition flux of NH_3 onto coniferous foresst. Environment Pollution, 75: 3-13.

Easterling D R, Meehl G A, Parmensan C, et al. 2000. Climate extremes, observation, modeling and impact. Science, 289: 2 068-2 074.

Edwards N T, Norby R J. 1999. Below-ground respiratory responses of sugarmaple and red maple saplings to atmospheric CO_2 enrichment and elevated air temperature. Plant and Soil, 206: 85-97.

Emmet B A, Kjonaas O J, Gundersen P, et al. 1998. Natural abundance of ^{15}N in forests across a nitrogen deposition gradient. Forest Ecology and Management, 101: 9-18.

Fang C M, Smith P, Moncrieff J B, et al. 2005. Similar response of labile and resistant soil organic matter pools to changes in temperature. Nature, 433: 57-59 .

Fay P A, Carlisle J D, Knapp A K. 2003. Productivity responses to altered rainfall patterns in a C_4 dominated grassland. Oecologia,137(2): 245-251.

Feng X. 1999. Trends in intrinsic water-use efficiency of natural trees for the past 100-200 years: A response to atmospheric CO_2 concentration. Geoch Cosmoch. Acta, 63: 1 891-1 903.

Fenn M E, Poth M A, Aber J D, et al. 1998. Nitrogen excess in North American ecosystems: Predisposing factors, ecosystems responses, and management strategies. Ecological Applications, 8: 706-733.

Fernandez I J, Simmons J A, Briggs R D. 2000. Indices of forest floor nitrogen status along a climate gradient in Maine, USA. Forest Ecology and Management, 134: 177-187.

Field C B, Chapin F S, Matson P A. 1992. Response of terrestrial ecosystems to the changing atmosphere: a resource based approach. Annual review of Ecology System, 23:201-235.

Field C B, Raupach M R. 2004. The Global Carbon Cycle: Integration Humans, Climate and Natural World. Washington D C: Island Press, 45-76.

Field C B, Jackson R B, Mooney H A. 1995. Stomatal responses to increased CO_2: implications from the plant to the global scale. Plant, Cell and Environment, 18: 1 214-1 225.

Finzi A, Moore D J, DeLucia E H, et al. 2006. Progressive nitrogen limitation of ecosystem processes under elevated CO_2 in a warm-temperate forest. Ecology, 87 : 15-25.

Fisher R A, Williams M, Lola da Costa A. 2007. The response of an Eastern Amazonian rain forest to drought stress: results and modelling analyses from a throughfall exclusion experiment. Global Change Biology, 13: 2 361-2 378.

Freixo A A, Machado P L, Santos H P , et al. 2002. Soil organic carbon and fractions of a Rhodic Ferralsol under the influence of tillage and crop rotation systems in southern Brazil. Soil & Tillage Research, 64:221-230 .

Frey S D, Knorr M, Parrent J L, et al. 2004. Chronic nitrogen enrichment affects the structure and function of the soil microbial community in temperate hardwood and pine forests. Forest Ecology and Management, 196: 159-171.

Friedlingstein P, Cox P, Betts R, et al. 2006. Climate - carbon cycle feedback analysis: results from the C4MIP model intercomparison. Journal of Climate, 14: 3 337-3 353.

Galloway J N, Aber J D, Erisman J W, et al. 2003. The nitrogen cascade. Bioscience, 53:341-356.

Giardina C P, Ryan M G. 2000. Evidence that decomposition rates of organic carbon in mineral soil do not vary with temperature. Nature, 404:858-861.

Gifford R M. 1995. Whole plant respiration and temperature long-term versus short-term distinctions for modeling. Global Change Biology, 1: 385-396.

Gill R A, Polley H W, Johnson H B, et al. 2002. Nonlinear grassland responses to past and future atmospheric CO_2. Nature, 417: 279-282.

Giorgi F, Mearns L O, Shields C, et al. 1998. Regional nested model simulations of present day and $2\times CO_2$ climate over the central plains of the United States. Climate Change, 40: 457-493.

Gorissen A, Tietema A, Joosten N N, et al. 2004. Climate change affects carbon allocation to the soil in shrub lands. Ecosystems, 7: 650-661.

Goulden M L, Miller S D, da Rocha H R, et al. 2004. Diel and seasonal patterns of tropical forest CO_2 exchange. Ecological Applications, 14: S42-S54.

Grant R F, Nalder I A. 2000. Climate change effects on net carbon exchange of a boreal aspen-hazelnut forest:

estimates from the ecosystem model ecosys. Global Change Biology, 6: 183-200.

Gregorich E G, Janzen M H. 1996. Storage of soil carbon in the light fraction and macro organic matter//Carter M R, Stewart B A. Advances in soil science: Structure and organic matter storage in agriculture soils. Boca Raton: CRC Lewis Publishers, 167-190.

Griffin K L, Bashkin M A, Thomas R B, et al. 1997. Interactive effects of soil nitrogen and atmospheric carbon dioxide on root/rhizosphere carbon dioxide efflux from loblolly and ponderosa pine seedlings. Plant and Soil, 190: 11-18.

Grossman-Clarke S, Kimball B A, Hunsaker D J, et al. 1999. Effects of elevated atmospheric CO_2 on canopy transpiration in senescent spring wheat. Agricultural and Forest Meteorology, 93: 95-109.

Guggenberger G. 1994. Acidification effects on dissolved organic matter mobility in spruce forest ecosystems. Environmental International, 20: 31-41.

Gundersen P, Emmet B A, Kjonnas O J, et al. 1998. Impact of nitrogen deposition on nitrogen cycling in forests: a synthesis of NITREX data. Forest Ecology and Management, 101: 37-55.

Gundersen P, Rasmussen L. 1990. Nitrification in forest soil: effect from nitrogen deposition on soil acidification and aluminium release. Reviews of Environmental Contamination Toxicology, 113: 1-45.

Gundersen P. 1991. Nitrogen deposition and the forest nitrogen cycle: role of denitrification. Forest Ecology and Management, 44: 15-28.

Gunderson C A, Wullschleger S D. 1994. Photosynthetic acclimation in trees to rising atmospheric CO_2: A broader per-spective. Photosynthesis Research, 39: 369-388.

Hagedorn F, Blaser P, Siegwolf R. 2002. Elevated atmospheric CO_2 and increased N deposition effects on dissolved organic carbon-clues from $\delta^{13}C$ signature. Soil Biology and Biochemistry, 34: 355-366.

Hagedorn F, Bucher J B, Schleppi P. 2001. Contrasting dynamics of dissolved inorganic and organic nitrogen in soil and surface waters of forested catchments with Gleysols. Geoderma, 100: 173-192.

Hanson P J, Edwards N T, Garten C T, et al. 2000. Separating root and soil microbial contributions to soil respiration: A review of methods and observations. Biogeochemistry, 48: 115-146.

Harley P C, Sharkey T D. 1991. An improved model of C_3 photosythesis at high CO_2: Reversed O_2 sensitivity explained by lack of glycerate recentry into the chloroplast. Photosynthesis Research, 27: 169-178.

Harper C W, Blair J M, Fay P A, et al. 2005. Increased rainfall variability and reduced rainfall amount decreases soil CO_2 flux in a grassland ecosystem. Global Change Biology, 11: 322-334.

Hodge A, Paterson E, Grayston S J, et al. 1998. Characterisation and microbial utilisation of exudate material from the rhizosphere of *Lolium perenne* grown under CO_2 enrichment. Soil Biology and Biochemistry, 30: 1 033-1 043.

Högberg P, Nordgren A, Buchmann N, et al. 2001. Large-scale forest girdling shows that current photosynthesis drives soil respiration. Nature, 411: 789-792.

Holland E A, Braswell B H, Lamarque J F, et al. 1997. Variations in the predicted spatial distribution of atmospheric nitrogen deposition and their impact on carbon uptake by terrestrial ecosystems. Journal of Geophysical Research, 102: 15 849-15 866.

Huang Y, Eglington G, van der Hage E R E, et al. 1998. Dissolved organic matter and its parent organic matter in grass upland soil horizons studied by analytical pyrolysis techniques. European Journal of Soil Science, 49: 1-15.

Hungate B A, Dukes J S, Shaw M R, et al. 2003. Nitrogen and climate change. Science, 302: 1 512-1 513.

Hungate B A, Stiling P D, Dijkstra P, et al. 2004. CO_2 elicits long-term decline in nitrogen fixation. Science, 304: 1 291.

Hungate B A, Lund C P, Pearson H L, et al. 1997. Elevated CO_2 and nutrient addition alter soil N cycling and N trace gas fluxes with early season wet-up in a Califomia annual grassland. Biogeochemistry, 37: 89-109.

Hütsch B W. 2001. Methane oxidation in non-flooded soils as affected by crop production invited paper. European Journal of Agronomy, 14: 237-260.

Hütsch B W. 1998. Tillage and land use effects on methane oxidation rates and their vertical profiles in soil. Biology and Fertility of Soils, 27: 284-292.

Huxman T E, Smith M D, Fay P A, et al. 2004a. Convergence across biomes to a common rain-use efficiency.

Nature, 429: 651-654.

Huxman T E, Snyder K A, Tissue D, et al. 2004b. Precipitation pulses and carbon fluxes in semiarid and arid ecosystems. Oecologia, 141: 254-268.

Ineson P, Benham D G, Poskitt J, et al. 1998. Effects of climate change on nitrogen dynamics in upland soils. 2. A soil warming study. Global Change Biology, 4: 153-161.

Insam H, Bååth E, Berreck M, et al. 1999. Responses of the soil microbiota to elevated CO_2 in an artificial tropical ecosystem. Journal of Microbiological Methods, 36: 45-54.

IPCC. 1997. Climate Change 1997: the Science of Climate Change. Cambridge: Cambridge University Press.

IPCC. 2001. Climate Change 2001. The scientific basis. Contribution of working group I to the third assessment report of the intergovernmental panel on climate change. Cambridge, UK: Cambridge University Press, 881.

Jackson R B, Carpenter S R, Dahm C N, et al. 2001. Water in a Changing World. Ecological Applications, 11:1 027-1 045.

James J M, Canziani O F, Leary N A, et al. 2001. Climate Change 2001: Impacts, Adaptation and Vulnerability. Cambridge: Cambridge University Press, 31-36.

Jarvis P, Linder S. 2000. Botany: constraints to growth of boreal forests. Nature, 405: 904-905.

Johnson D, Geisinger D, Walker R, et al. 1994. Soil pCO_2, soil respiration, and root activity in CO_2-fumigated and nitrogen-fertilized ponderosa pine. Plant and Soil, 165: 129-138.

Jones T H, Thompson L J, Lawton J H, et al. 1998. Impacts of rising atmospheric carbon dioxide on model terrestrial ecosystem. Science, 280: 441-443.

Joslin J D, Wolfe M H. 1998. Impacts of water input manipulations on fine root production and mortality in a mature hardwood forest. Plant and Soil, 204:165-174.

Jump A S, Woodward F I. 2003. Seed production and population density decline approaching the range-edge of *Cirsium* species. New Phytologist, 160: 349-358.

Kalbitz K, Schmerwitz J, Schwesig D, et al. 2003. Biodegradation of soil-derived dissolved organic matter as related to its properties. Geoderma, 113:273-291.

Kalbitz K, Solinger S, Park J H, et al. 2000. Controls on the dynamics of dissolved organic matter in soils: a review. Soil Science, 165: 277-304.

Kang S, Doh S, Lee D, et al. 2003. Topograph and climatic controls on soil respiration in six temperate mixed hardwood forest slopes, Korea. Global Change Biology, 9: 1 427-1 437.

Karl T R, Knight R W. 1998. Secular Trends of Precipitation Amount, Frequency, and Intensity in the United States. Bulletin of the American Meteorological Society, 79: 2 552-2 554.

Kaushal P, Guehl J M, Aussenac G. 1989. Differential growth response to atmospheric carbon dioxide enrichment in seedlings of *Cedrus atlantica* and *Pinus nigra* ssp. Laricio var. *corsicana*. Canadian Journal of Forest Reserch, 19:1 351-1 358.

Keller J K, White J R, Bridgham S D, et al. 2004. Climate change effects on carbon and nitrogen mineralization in peatlands through changes in soil quality. Global Change Biology, 10: 1 053-1 064.

Kelting D L, Burger J A, Edwards G S. 1998. Estimating rootrespiration microbial respiration in the rhizosphere, and root-free soil respiration in forest soils. Soil Biology and Biochemistry, 30 (7): 961-968.

Keyser A R, Kimball J S, Nemani R R, et al. 2000. Simulating the effects of climate change on the carbon balance of North American high-latitude forests. Global Change Biology, 6 (Suppl. 1): 185-195.

Kimball B A. 1993. Ecology of crops in changing CO_2 concentration. J Agric Meteorol, 48: 559-566.

King A W, Post W M, Wullschleger S D. 1997. The potential response of terrestrial carbon storage to changes in climate and atmospheric CO_2. Climatic Change, 35: 199-227.

Kirschbaum M U F. 1995. The temperature of dependence soil organic matter decomposition, and the effect of global warming on soil carbon storage. Soil Biological Geochemistry, 27: 753-760.

Knapp A K, Fay P A, Blair J M, et al. 2002. Rainfall Variability, Carbon Cycling, and Plant Species Diversity in a Mesic Grassland. Science, 298: 2 202-2 205.

Knapp A K, Smith M D. 2001. Variation among biomes in temporal dynamics of aboveground primary production. Science, 291:481-484.

Kuzyakov Y, Ehrensberger H, Stahr K. 2001. Carbon partitioning and below-ground transloration by *Lolium pe-*

renne. Soil Biology and Biochemistry, 33: 61-74.

Kuzyakov Y. 2005. Theoretical background for partitioning of root and rhizomicrobial respiration by $\delta^{13}C$ of microbial biomass. European Journal of Soil Biology, 41:1-9.

Lai C T, Katul G, Butnor J, et al. 2002. Modelling the limits on the response of net carbon exchange to fertilization in a south-eastern pine forest. Plant, Cell and Environment, 25:1 095-1 119.

Lal R, Fausey N R, Eckert D J. 1995. Land use and soil management effects on emissions of radiatively active gases from two Ohio soils//Lal R, et al. Soils and global change. Advance in soil science. Boca Raton, FL:CRC Press, 41-59.

Lamarque J F, Kiehl J T, Brasseur G P, et al. 2005. Assessing future nitrogen deposition and carbon cycle feedback using a multimodel approach: Analysis of nitrogen deposition. Journal of Geophysical Research, 110:1-21.

Lange O L, Green T G A. 2005. Lichens show that fungi can acclimate their respiration to seasonal change in temperature. Oecologia, 142: 11-19.

Lapenis A, Shvidenko A, Shepaschenko D, et al. 2005. Acclimation of Russian forests to recent changes in climate. Global Change Biology, 11: 1-13.

Lawlor D W, Mitchell R A C. 1991. The effects of increasing CO_2 on crop photosynthesis and productivity: a review of field studies. Plant, Cell and Environment, 14: 807-818.

Le Mer J, Roger P. 2001. Production, oxidation, emission and consumption of methane by soils: a review. European Journal of Soil Biology, 37: 25-50.

Lee K H, Jose S. 2003. Soil respiration, fine root production, and microbial biomass in cottonwood and loblolly pine plantations along a nitrogen fertilization gradient. Forest Ecology and Management, 185: 263-273.

Lee Y H, Mahrt L. 2004. Comparison of heat and moisture fluxes from a modified soil-plant-atmosphere model with observations from BOREAS. Journal of Geophysical Research, 109: D08103.

Lelievel J, Crutzen P J. 1992. Indirect chemical effects of methane on climate warming. Nature, 355: 339-342.

Li D J, Mo J M, Fang Y T, et al. 2003. Impacts of nitrogen deposition on forest plants. Acta Ecologica Sinica, 23(9): 1 891-1 900.

Liang B C, Mackenzie A F, Schnitzer M, et al. 1998. Management-induced change in labile soil organic matter under continuous corn in eastern Canadian soils. Biology and Fertility of Soils, 26: 88-94.

Lin G H, Ehleringer J R, Rygiewicz P T, et al. 1999. Elevated CO_2 and temperature impacts on different component of soil CO_2 efflux in Douglas-fir terracosms. Global Change Biology, 5: 157-168.

Lin G H, Rygiewicz P T, Ehleringer J R, et al. 2001. Time-dependent responses of soil CO_2 efflux component to elevated atmospheric CO_2 and temperature in experiment forest mesocosms. Plant and Soil, 229: 259-270.

Liski J, Nissinen A, Erhard M, Taskinen O. 2003. Climatic effects on litter decomposition from Arctic tundra to tropical rainforest. Global Change Biology, 9: 575-584.

Loescher H W, Gholza H L, Jacobs J M, et al. 2005. Energy dynamics and modeled evapotranspiration from a wet tropical forest in Costa Rica. Journal of Hydrology, 315: 274-294.

Lovett R A. 2002. Rain might be leading carbon sink factor. Science , 296:1 787.

Luo Y, Field C B, Jackson R B. 2006. Does nitrogen constrain carbon cycling, or does carbon input stimulate nitrogen cycling. Ecology, 87(1): 3-4.

LuoY Q, Wan S Q, Hui D F, et al. 2001. Acclimatization of soil respiration to warming in a tall grass prairie. Nature, 413: 622-625.

Macdonald J A, Skiba U, Sheppard L J. 1997. The effect of nitrogen deposition and seasonal variability on methane oxidation and nitrous oxide emission rates in an upland Spruce plantation and moorland. Atmospheric Environment, 31: 3 693-3 706.

Magill A H, Aber J D, Currie W, et al. 2004. Ecosystem response to 15 years of chronic nitrogen additions at the Harvard Forest LTER, Massachusetts, USA. Forest Ecology and Management, 196: 7-28.

Mäkipää R. 1995. Effect of nitrogen input on carbon accumulation of boreal forest soils and ground vegetation. Forest Ecology and Management, 79: 217-226.

Mäkipää R, Karjalainen T, Pussinen A, et al. 1999. Effects of climate change and nitrogen deposition on the carbon sequestration of a forest ecosystem in the boreal zone. Canadian Journal of Forest Research, 29: 1 490-1 501.

Månsson K F, Falkengren-Grerup U. 2003. The effect of nitrogen deposition on nitrification, carbon and nitrogen mineralization and litter C: N ratios in oak (*Quercus robur* L.) forests. Forest Ecology and Management, 179: 455-467.

Matson P A, Lohse K A, Hall S J. 2002. The Globalization of nitrogen deposition: consequences for terrestrial ecosystems. Ambio, 31(2): 113-118.

McDowell W H, Magill A H, Aitkenhead-Peterson J A, et al. 2004. Effects of chronic nitrogen amendment on dissolved organic matter and inorganic nitrogen in soil solution. Forest Ecology and Management, 196: 29-41.

McKane R B, Rastetter E B, Shaver G R, et al. 1997. Climatic effects on tundra carbon storage inferred from experimental data and a model. Ecology, 78: 1 170-1 187.

Melillo J M, McGuire A D, Kichlighter D W, et al. 1993. Global climate change and terrestrial net primary production. Nature, 363: 234-240.

Mellion J M, Susan E T, Ronald A. 2002. Soil warming and carbon cycle feedback to the climate system. Science, 298: 2 173-2 176.

Michel K, Matzner E, Dignac M F, et al. 2006. Properties of dissolved organic matter related to soil organic matter quality and nitrogen additions in Norway spruce forest floors. Geoderma, 130: 250-264.

Micks P, Aber J D, Boone R D, et al. 2004. Short-term soil respiration and nitrogen immobilization response to nitrogen applications in control and nitrogen-enriched temperate forests. Forest Ecology and Management, 196: 57-70.

Nadelhoffer K J, Emmett B A, Gundersen P, et al. 1999. Nitrogen deposition makes a minor contribution to carbon sequestration in temperate forests. Nature, 398: 145-148.

Nakaji T, Fukami M, Dokiya Y, et al. 2001. Effects of high nitrogen load on growth, photosynthesis and nutrient status of *Cryptomeria japonica* and *Pinus densiflora* seedlings. Trees, 15: 453-461.

Nakaji T, Takenaga S, Kuroha M, et al. 2002. Photosynthetic response of *Pinus densiflora* seedlings to high nitrogen load. Environmental Sciences, 9: 269-282.

Neff J C, Chapin III F S, Vitousek P M. 2003. Breaks in the cycle: dissolved organic nitrogen in terrestrial ecosystems. Front Ecological Environment, 1(4): 205-211.

Neff J C, Hobbie S H, Vitousek P M. 2000. Controls over the production and stoichiometry of dissolved organic carbon, nitrogen and phosphorus in tropical soils. Biogeochemistry, 51: 283-302.

Neff J C, Townsend A R, Gleixner G, et al. 2002. Variable effects of nitrogen additions on the stability and turnover of organic carbon. Nature, 419: 915-917.

Nesbit S P, Breitenbeck G A. 1992. A laboratory study of factors influencing methane up take by soils. Agriculture Ecosystems and Environment, 41: 39-54.

Niinistö S M, Silvola J, Kellomaki S. 2004. Soil CO_2 efflux in a boreal pine forest under atmospheric CO_2 enrichment and air warming. Global Change Biology, 10: 1 363-1 376.

Nishio T, Fujimoto T. 1990. Kinetics of nitrification of various amounts of ammonium added to soils. Soil Biology and Biochemistry, 22: 51-55.

Norby R J, Cotrufo M F, Ineson P, et al. 2001. Elevated CO_2, litter chemistry, and decompostion: a synthesis, Oecologia, 127: 153-165.

Norby R J, O'Neill E G, Gregory Hood W, et al. 1987. Carbon allocation, root exudation and mycorhizal colonization of *Pinus echinata* seedings grown under CO_2 enrichment. Tree Physiology, 3: 203-210.

Oechel W C, Vourlitis G L, Hastings S J, et al. 2000. Acclimation of ecosystem CO_2 exchange in the Alaskan Arctic in response to decadal climate warming. Nature, 406: 978-981.

Ogle K, Reynolds J F. 2004. Plant responses to precipitation in desert ecosystems: Integrating functional types, pulses, thresholds, and delays. Oecologia, 141: 282-294.

Ottman M J, Kimball B A, Pinter P J, et al. 2001. Elevated CO_2 increases sorghum biomass under drought conditions. New Phytologist, 150: 261-273.

Owensby C E, Ham J M, Knapp A K, et al. 1999. Biomass production and species composition change in a tall grass prairie ecosystem after long-term exposure to elevated atmospheric CO_2. Global Change Biology, 5: 497-506.

Owensby C E, Coyne P I, Ham J M, et al. 1993. Biomass production in a tallgrass prairie ecosystem exposed to ambient and elevated CO_2. Ecol. Appl., 3: 644-653.

Park J H, Kalbitz K, Matzner E. 2002. Resource control on the production of dissolved organic carbon and nitrogen in a deciduous forest floor. Soil Biology and Biochemistry, 34: 813-822.

Bodelier P L E, Laanbroek H J. 2004. Nitrogen as a regulatory factor of methane oxidation in soils and sediments. FEMS Microbiology Ecoloy, 47:265-277.

Perakis S S, Hedin L O. 2001. Fluxes and fates of nitrogen in soil of an unpolluted old growth temperate forest, southern Chile. Ecology, 82: 45-60.

Perakis S S, Hedin L O. 2002. Nitrogen loss from unpolluted South American forests mainly via dissolved organic compounds. Nature, 415: 416-419.

Pérez-Solba M, De Vissert P H B. 1994. Nitrogen metabolism of Douglas fir and Scots pine as affected by optimal nutrition and water supply under conditions of relative high atmospheric nitrogen deposition. Trees, 9:19-25.

Pérez-Solba M, Stulen I, Van der Eerden L J M. 1994. Effects of atmospheric ammonia on the nitrogen metabolism of Scots pine (*Pinus sylvestris*) needles. Physiologia Plantarum, 90: 629-636.

Peterjohn W T, Melillo J M, Steudler P A, et al. 1994. Response of trace gas fluxes and N availability to experimentally elevated soil temperatures. Ecological Applications, 4: 617-625.

Philips R P, Fahey T J. 2005. Patterns of rhizosphere carbon flux in sugar maple (*Acer saccharum*) and yellow birch (*Betula allegheniensis*) saplings. Global Change Biology, 11: 983-995.

Post W M, Kwon K C. 2000. Soil carbon sequestration and landuse changes: processes and potential. Global Change Biology, 6: 317-328 .

Pregitzer K S, Zak D R, Burton A J, et al. 2004. Chronic nitrate additions dramatically increase the export of carbon and nitrogen from northern hardwood ecosystems. Biogeochemistry, 68: 179-197.

Pregitzer K S, Zak D R, Maziasz J, et al. 2000. Interactive effects of atmospheric CO_2 and soil-N availability on fine roots of *Populus tremuloides*. Ecological Apolications, 10: 18-33.

Prentice I C, Farquhar G D, Fasham M J R, et al. 2001. Chapter 3: The Carbon Cycle and Atmosphere CO_2// Houghton J T, Yihui D. The Intergovernmental Panel on Climate Change (IPCC). Third Assessment Report. Cambridge: Cambridge University Press.

Prentice I C, Sykes M T. 1995. Vegetation geography and global carbon storage changes//Woodwell G M, Mackenie F T. Biotic Feedbacks in the Global Climatic System. NewYork: Oxford University Press,300-312.

Prescott C E, Kabzems R, Zabek L M. 1999. Effects of fertilization on decomposition rate of *Populus tremuloides* Michx. foliar litter in a boreal forest. Canadian Journal of Forest Research, 29:393-397.

Raastad I A, Mulder J. 1999. Dissolved organic matter (DOM) in acid forest soils at Gårdsjön (Sweden): natural variabilities and effects of increased input of nitrogen and of reversal of acidification. Water Air Soil Pollution, 114: 199-219.

Raich J W, Schlesinger W H. 1992. The global carbon dioxide flux in soil respiration and its relationship to vegetation and climate. Tellus, 44B:81-99.

Reichstein M, Papale D, Valentini R, et al. 2007. Determinants of terrestrial ecosystem carbon balance inferred from European eddy covariance flux sites. Geophysical Research Letters, 34: L01402.

Reynolds J F, Kemp P R, Ogle K. 2004. Modifying the 'pulse-reserve' paradigm for deserts of North America: precipitation pulses, soil water and plant responses. Oecologia, 141:194-210.

Rice C W, Garcia F O, Hampton C O, et al. 1994. Soil-microbial response in tallgrassprairie to elevated CO_2. Plant and Soil, 165: 67-74.

Rochette P, Desjardins R L, Pattey E. 1991. Spatial and termporal variability of soil respiration in agricultural fields. Canadian Journal of Soil Science, 71: 189-196.

Roscoe R, Buurman P. 2003. Tillage effects on soil organic matter in density fractions of a Cerrado Oxisol. Soil and Tillage Research, 70: 107-119.

Rustad L, Campbell J, Marion G, et al. 2001. A meta-analysis of the response of soil respiration, net nitrogen mineralization, and above ground plant growth to experimental ecosystem warming. Oecologia, 126: 543-562.

Sage R F. 1994. Acclimation of photosynthesis to increasing atmospheric CO_2: The gas exchange perspective. Photosynthesis Research, 39: 351-368.

Saiya-Cork K R, Sinsabaugh R L, Zak D R. 2002. The effects of long term nitrogen deposition on extracellular enzyme activity in an *Acer saccharum* forest soil. Soil Biology and Biochemistry, 34: 1 309-1 315.

Saleska S R, Miller S D, Matross D M, et al. 2003. Carbon in Amazon forests: unexpected seasonal fluxes and disturbance-induced losses. Science, 302: 1 554-1 557.

Saxe H, Ellsworth D S, Heath J. 1998. Tree and forest functioning in an enriched CO_2 atmosphere. New Phytologist, 139: 395-436.

Scheller R M, Mladenoff D J. 2005. A spatially interactive simulation of climate change, harvesting, wind, and tree species migration and projected changes to forest composition and biomass in Northern Wisconsin, USA. Global Change Biology, 11: 307-321.

Schimel D S. 1995. Terrestrial ecosystems and the carbon cycle. Global Change Biology, 1: 77-91.

Schindler D, Türk M, Mayer H. 2006. CO_2 fluxes of a scots pine forest growing in the warm and dry southern. upper Rhine plain, SW Germany. European Journal of Forest Research, 125: 201-212.

Schlesinger W H, Andrews J A. 2000. Soil respiration and the global carbon cycle. Biogeochemistry, 48: 7-20.

Schortemeyer M, Hartwig U A, Hendrey G R, et al. 1996. Microbial community changes in the rhizospheres of white clover and perennial ryegrass exposed to free air carbon dioxide enrichment (FACE). Soil Biology and Biochemistry, 28: 1 717-1 724.

Schuur E A G, Trumbore S E. 2005. Partitioning sources of soil respiration in boreal black spruce forest using radiocarbon. Global Change Biology, 11: 1-12.

Schwinning S, Sala O E. 2004. Hierarchy of responses to resource pulses in arid and semi-arid ecosystems. Oecologia, 141: 211-220.

Scott R L, Edwards E A, Shuttleworth W J, et al. 2004. Interannual and seasonal variation in fluxes of water and carbon dioxide from a riparian woodland ecosystem. Agricultural and Forest Meteorology, 122:65-84.

Seely B, Lajtha K. 1997. Application of a ^{15}N tracer to simulate and track the fate of atmospherically-deposited N in the coastal forests of the Waquoit Bay Watershed, Cape Cod, MA. Oecologia, 112: 393-402 .

Shaver G R, Canadell J, Chapin F S, et al. 2000. Global warming and terrestrial ecosystem: a conceptual framework for analysis. Bioscience, 50: 871-882.

Sjöberg G, Bergkvist B, Berggren D, et al. 2003. Long-term N addition effects on the C mineralization and DOC production in moor humus under spruce. Soil Biology and Biochemistry, 35: 1 305-1 315.

Smith S D, Monson R K, Anderson J E. 1997. Physiology ecology of North American desert plants. Berlin Heidelberg: Springer Press.

Smith T M, Leemans R, Shugart H H. 1992. Sensitivity of terrestrial carbon storage to CO_2 induced climate change: comparison of four scenarios based on general circulation models. Climatic Change, 21: 367-384.

Sotta E D, Veldkamp E, Schwendenmann L, et al. 2007. Effects of an induced drought on soil carbon dioxide (CO_2) efflux and soil CO_2 production in an Eastern Amazonian rainforest, Brazil. Global Change Biology, 13: 2 218-2 229.

Staddon P L, Thompson K, Jakobsen I, et al. 2003. Mycorrhizal fungal abundance is affected by long-term climatic manipulations in the field. Global Change Biology, 9: 1 365-2 486.

Stevens C J, Dise N B, Mountford J O, et al. 2004. Impact of nitrogen deposition on the species richness of grasslands. Science, 303(5 665): 1 876-1 879.

Stirling C M, Davey P A, Williams T G, et al. 1997. Acclimation of photosynthesis to elevated CO_2 and temperature in five British native species of contrasting functional type. Global Change Biology, 3: 237-246.

Stitt M, Krapp A. 1999. The interaction between elevated carbon dioxide and nitrogen nutrition: the physiological and molecular background. Plant, Cell and Environment, 22: 583-621.

Stitt M. 1991. Rising CO_2 levels and their potential significance for carbon flow in photosynthetic cells. Plant, Cell and Environment, 14: 741-762.

Susfalk R B, Cheng W X, Johnson D W, et al. 2002. Lateral diffusion and atmospheric CO_2 mixing compromise estimates of rhizosphere respiration in a forest soil. Ganadian Journal of Forest Research, 32(6): 1 005-1 015.

Tessier J T, Raynal D J. 2003. Use of nitrogen to phosphorus ratios in plant tissue as an indicator of nutrient limitation and nitrogen saturation. Journal of Applied Ecology, 40: 523-534 .

Tian H Q, Melillo J M, Kicklighter D W, et al. 1998. Effect of interannual climate variability on carbon storage in Amazonian ecosystems. Nature, 396: 664-667.

Tian H Q, Melillo J M, Kicklighter D W, et al. 1999.

The sensitivity of terrestrial carbon storage to historical climate variability and atmospheric CO_2 in the United States. Tellus, 51B: 414-452.

Tian H Q, Melillo J M, Kicklighter D W, et al. 2000. Climatic and biotic controls on annual carbon storage in Amazonian ecosystems. Global Ecology and Biogeography, 9: 315-336.

Tietema A, Boxman A W, Bredemeier M, et al. 1998. Nitrogen saturation experiments (NITREX) in coniferous forest ecosystems in Europe: a summary of results. Environmental Pollution, 102: 433-437.

Tingey D T, Phillips D L, Johnson M G, et al. 1997. Effects of elevated CO_2 and N fertilization on fine root dynamics and fungal growth in seedling *Pinus ponderosa*. Environmental and Experimental Botany, 37: 73-83.

Tingey D T, Phillips D L, Johnson M G. 2000. Elevated CO_2 and conifer roots: effect on growth and life span and turnover. New Phytologist, 147: 87-103.

Tjoelker M G, Oleksyn J, Reich P B. 1999. Acclimation of respiration to temperature and CO_2 in seedlings of boreal tree species in relation to plant size and relative growth rate. Global Change Biology, 49: 679-691.

Torbert H A, Prior S A, Rogers H H, et al. 2000. Review of elevated atmospheric CO_2 effects on agro-ecosystems: residue decomposition processes and soil C storage. Plant and Soil, 224: 59-73.

Townsend A R, Braswell B H, Holland E A, et al. 1996. Spatial and temporal patterns in terrestrial carbon storage due to deposition of anthropogenic nitrogen. Ecological Applications, 6(3): 806-814.

Trasar-Cepeda C M, Leiros C, Gil-Sotres F. 2000. Biochemical properties of acid soils under climate vegetation (Atlantic oakwood) in an area of the European temperate humid zone (Galicia, NW Spain): specific parameters. Soil Biology and Biochemistry, 32: 747-755.

Trumbore S E. 1997. Potential responses of soil organic carbon to global environmental change. Proceedings of the National Academy of Sciences of the United States of America, 94: 8 284-8 291.

Trumbore S E, Chadwick O, Amundson R. 1996. Rapid exchange between soil carbon and atmospheric carbon dioxide driven by temperature change. Science, 272: 393-396.

Turunen J, Roulet N T, Moore T R, et al. 2004. Nitrogen deposition and increased carbon accumulation in ombrotrophic peatlands in eastern Canada. Global Biogeochemical Cycles, 18: 1-12 .

Updegraff K, Bridgham S D, Pastor J, et al. 2001. Response of CO_2 and CH_4 emissions from peatlands to warming and water table manipulation. Ecological Applications, 11:311-326.

Uselman S M, Qualls R G, Thomas R B. 1999. A test of a potential short cut in the nitrogen cycle: The role of exudation of symbiotically fixed nitrogen from the roots of a N-fixing tree and the effects of increased atmospheric CO_2 and temperature. Plant and Soil, 210: 21-32.

Van Dijk H F G, Roelofs J G M. 1988. Effects of excessive ammonium deposition on the nutritional status and condition of pine needles. Physiol. Plant, 73: 494-501.

Venterea R T, Groffman P M, Verchot L V, et al. 2004. Gross nitrogen process rates in temperate forest soils exhibiting symptoms of nitrogen saturation. Forest Ecology and Management, 196:129-142.

Vose J M, Elliott K J, Johnson D W, et al. 1995. Effects of elevated CO_2 and N fertilization on soil respiration from ponderosa pine (*Pinus ponderosa*) in open top chambers. Canadian Journal of Forest Research, 25: 1 243-1 251.

Vukicevic T, Braswell B H, Schimel D S. 2001. A diagnostic study of temperature controls on global terrestrial carbon exchange. Tellus B, 53: 150-170.

Wand S J E, Midgley G F, Jones M H, et al. 1999. Responses of wild C_4 and C_3 grass (Poaceae) species to elevated atmospheric CO_2 concentration: a meta-analytic test of current theories and perceptions. Global Change Biology, 5: 723-741.

Weltzin J F, Loik M E, Schwinning S, et al. 2003. Assessing the response of terrestrial ecosystems to potential changes in precipitation. Bioscience, 53:941-952.

Weltzin J F, McPherson G R. 2000. Implications of precipitation redistribution for shifts in temperate savanna ecotones. Ecology, 81: 1 902-1 913.

Whalen S C, Reeburgh W S. 2000. Effect of nitrogen fertilization on atmospheric methane oxidation in boreal forest soils. Chemosphere, 2: 151-155.

Wiliams M A, Rice C W, Owensby C E. 2000. Carbon dynamics and microbial activity in tallgrass prairie exposed to elevated CO_2 for 8 years. Plant and Soil, 227: 127-137.

Willison T W, Webster C P, Goulding K W T, et al. 1995. Methane oxidation in temperate soil effective of land use and the chemical form of nitrogen fertilizer. Chemosphere, 30: 539-546.

Woodwell G M, Mackenzie F T. 1995. Biotic Feedbacks in the Global Climatic System: Will the Warming Feed the Warming. New York: Oxford University Press, 188-218.

Xu M, Qi Y. 2001. Spatial and seasonal variations of Q_{10} determined by soil respiration measurements at a Sierra Nevadan forest. Global Biogeochemical Cycles, 15: 687-696.

Yakovchenko V P, Sikora L J, Millner P D. 1998. Carbon and nitrogen mineralization of added particulate and macroorganic matter. Soil Biology and Biochemistry, 30 (14): 2 139-2 146.

Yano Y, McDowell W H, Aber J D. 2000. Biodegradable dissolved organic carbon in forest soil solution and effects of chronic nitrogen deposition. Soil Biology and Biochemistry, 32: 1 743-1 751.

Yu G R, Wang Q F, Zhuang J. 2004. Modeling the water use efficiency of soybean and maize plants under environmental stresses: application of a synthetic model of photosynthesis-transpiration based on stomatal behavior. Journal of Plant Physiology, 161(3):308-318.

Yuste J C, Janssens I A, Carrara A, et al. 2004. Annual Q_{10} of soil respiration reflects plant phenological patterns as well as temperature sensitivity. Global Change Biology, 10: 161-169.

Zak D R, Pregitzer K S, Curtis P S, et al. 1993. Elevated atmospheric CO_2 and feedback between carbon and nitrogen cycles. Plant and Soil, 151: 105-117.

Zak D R, Pregitzer K S, King J S, et al. 2000. Elevated atmospheric CO_2, fine roots and the response of soil microorganisms: a review and hypothesis. New Phytologist, 147:201-222.

Zhang W J, Xu Q, Wang X K, et al. 2004. Impact of experimental atmospheric warming on soil microbial community structure in the tall grass prairie. Acta Ecological Sinica, 24: 1 746-1 751.

Ziska L, Bunce J A. 1998. The influence of increasing growth temperature and CO_2 concentration on the ratio of respiration to photosynthesis in soybean seedling. Global Change Biology, 4:637-643.

Zogg G P, Zak D R, Pregitzer K S, et al. 2000. Microbial immobilization and the retention of anthropogenic nitrate in a northern hardwood forest. Ecology, 81(7): 1 858-1 866.

第14章

陆地生态系统碳、氮、水过程间耦合关系及其对全球变化的响应与适应

张雷明 王秋凤 宋霞 任书杰 张黎 刘帅 胡中民 赵风华

（中国科学院地理科学与资源研究所）

摘要

陆地生态系统碳、氮、水循环过程间耦合关系及其对全球变化的响应与适应是当前生态系统和全球变化科学研究的前沿科学问题。生态系统以气孔行为为结点把碳循环过程与水循环过程耦联成为一个有机的整体，并对气候变化做出响应和适应，光合作用－气孔行为－蒸腾作用的关系构成了水循环和碳循环耦合关系的核心。水分利用效率（water use efficiency，WUE）是反映不同生态学等级尺度水循环和碳循环耦合关系的一个重要的生理生态指标。一定条件下，WUE表现出明显保守性，并且这种保守性构成了许多生态系统水－碳耦合循环模型的基础，但环境变化条件下WUE的变异性越来越受到人们的重视，以更好地理解生态系统水－碳耦合关系对全球变化的响应和适应。生态系统中碳循环和氮循环之间存在着密切的耦合关系。植物体内碳和氮的比例关系一定程度上反映了植物的养分利用效率，其大小控制了植物的碳生产、累积与养分吸收、植物向土壤归还有机物质的分解过程，对生态系统中碳氮利用、贮存和转移起着决定作用，因此，生态系统碳贮量和碳通量在很大程度上受氮循环的影响和限制。氮的供应不足有可能会限制在提高大气CO_2浓度的条件下陆地生态系统碳吸收能力的提高，影响了生态系统碳平衡对全球变化的响应和适应。虽然我国在生态系统碳、水循环研究工作取得了很大进展，但迄今的研究工作都还没有涉及生态系统碳循环、氮素代谢与水循环过程的耦合关系，亟待开展陆地生态系统的碳、氮、水耦合循环的综合观测，深化对陆地生态系统多过程间的耦合关系对气候变化的响应和适应的研究，为开展陆地生态系统的碳、氮、水循环和生态系统管理提供理论和实践基础。

关键词：碳循环　水循环　氮循环　耦合　模型　全球变化　生态系统管理

Chapter 14

Response and adaptation of the coupling relationships among carbon, nitrogen and water processes in terrestrial ecosystem to global change

Abstract

The coupling mechanism among carbon, nitrogen and water processes in terrestrial ecosystem and its response and adaptation to global change are front scientific problems in current ecosystems and global change science. Carbon cycle and water cycle were coupled as an organic system through stomatal behavior in terrestrial ecosystems to make response and adaptation to climate change. Photosynthesis–stomatal behavior–transpiration constitutes the key coupling mechanism of water cycle and carbon cycle. Water use efficiency (WUE) is an important physiological index reflecting the coupling mechanism of carbon and water cycles on different ecological scales. WUE is usually assumed to be conservative under a certain condition and such assumption is applied in many ecological water–carbon coupling models. However, the variability of WUE under environmental change is becoming more important to better understand its response and adaptation to global change. Carbon cycle and nitrogen cycle also coupled together in terrestrial ecosystems. The ratio of carbon and nitrogen in plants reflects nutrient use efficiency to some extent, which control the carbon production, carbon accumulation, nutrition uptake and decomposition process by which organic matter is returned to soil. C:N ratio plays an important role during the use, storage and transfer of carbon and nitrogen in ecosystems. Therefore, carbon storage and flux is strongly limited by nitrogen cycle. The deficient supply of nitrogen probably limits the enhancement of carbon absorption under the condition of elevated CO_2 concentration, which influences the response and adaptation of carbon balance of ecosystem to global change. Recently, large progress on ecosystem carbon and water cycle has been made in China, however, the research on the coupling mechanism of the carbon, nitrogen and water cycles is still limited. Therefore, synthetic observations of carbon, nitrogen and water coupling cycles in terrestrial ecosystem is urgent to develop for the deep understanding on the response and adaptation of the coupling relationships among multi-processes in terrestrial ecosystem to climate change, which will provide theoretical and practical base for integrated management of carbon, nitrogen and water cycles in terrestrial ecosystem.

Keywords: Carbon cycle, Water cycle, Nitrogen cycle, Coupling, Model, Global change, Ecosystem management

陆地生态系统关键过程及其耦合关系对全球气候变化的响应和适应机制是认识陆地生态系统与大气间相互作用规律的基础,也是了解陆地生态系统主要功能和生理过程的重要前提。生态系统碳、氮、水循环过程及其相互关系,是当前生态系统和全球变化科学研究的最前沿,是相关的国际合作研究计划的中心议题,与淡水资源、全球变暖、食物生产、生态管理密切相关(于贵瑞和孙晓敏,2006)。陆地生态系统的水循环与碳循环是地球陆地表层系统物质循环与能量交换的基本生物物理过程。由CO_2等温室气体排放所导致的全球变暖和世界范围内的淡水资源短缺已经成为世界经济可持续发展所面临的两大主要环境问题。与此同时,目前人类对全球氮循环的干扰程度已经远远超过对地球上碳素以外的其他主要生物地球化学循环的影响(Galloway et al, 2003)。通过对生态系统水循环、碳循环和氮循环的大量观测和模拟研究表明,生态系统的碳、水循环与氮素代谢具有复杂的、非线性的耦合关系,它们通过多种物理化学和生物学过程而相互作用,并与环境因子之间存在各种复杂的响应和反馈关系,而生态系统多过程间的耦合关系决定了生态系统对全球变化的响应和适应。因此,陆地生态系统多过程间的耦合关系对气候变化的响应和适应特征及其机制问题已经成为当前和今后全球变化研究中最重要的科学主题之一(Global Carbon Project, 2003; IPCC, 2007),其中又以生态系统碳循环为中心的水碳耦合和碳氮耦合受到了更多的关注。

14.1 陆地生态系统的水、碳耦合循环

植被和大气之间的水汽交换与CO_2交换具有密切的联系,这种联系是通过植物的光合作用和蒸腾作用实现的。植物的光合作用和蒸腾作用是生态系统能量流动与物质循环的两个最重要的生理生态学过程。光合作用是推动和支撑整个生态系统的原初动力,是陆地生态系统碳固定的主要途径,也是认识植被碳汇形成机制,构建陆地生态系统碳循环模型的理论基础。蒸散作用是与光合作用相伴随的植物体及土壤水分散失的过程。准确模拟植物的光合碳固定与蒸散的水输运,是评价全球和区域初级生产力、模拟作物生长、研究陆面过程与气候相互作用和预测生态系统变化等科学问题的关键环节,是研究地球表层物质迁移和能量流动、地球生物化学循环的重大基础问题(于贵瑞和孙晓敏,2006)。

14.1.1 陆地生态系统水循环和碳循环的耦合关系

陆地生态系统的水循环和碳循环是耦合的两个生态学过程,对水-碳耦合循环的生理生态机制的研究也是开发陆地生态系统水-碳耦合循环机理模型的重要环节。植物的光合作用和蒸腾作用共同受植被的气孔行为所控制(于贵瑞和孙晓敏,2006),生态系统正是以气孔行为为结点把碳循环过程与水循环过程耦联成为一个有机的整体,并对气候变化做出响应和适应(图 14.1)。植物的水分利用效率(water use efficiency, WUE)是反映水循环和碳循环耦合关系的一个重要的生理生态指标,而光合作用-气孔行为-蒸腾作用的关系是水循环和碳循环耦合关系的核心,对它们进行深入细致的研究可以促进对陆地生态系统水-碳耦合循环生理生态机制的深入理解,为大尺度水-碳耦合循环模型研究提供依据,并可进一步为评价生物圈对土壤-植物-大气系统的碳循环和水循环的控制作用、评价植物的水分利用效率以及水资源制约的生态系统生产力提供重要的科学依据(于贵瑞和孙晓敏,2006)。

植被水分利用效率描述了植被在单位蒸腾速率下的光合产物。WUE在植物个体水平或生态系统水平上的变异性指示了植物或生态系统在光合作用过程中的水分需求和水分利用策略的差异。同时,WUE也表现出了一定的保守性,可以通过一种通量的观测结果来推断另外一种通量(Moren et al, 2001; Katul et al, 2003; Yu et al, 2008)。很长时间以来,农业学家、树木学家和生态学家都对植被的WUE非常感兴趣,在农业生产系统中,提高农作物的WUE也就意味着在节约用水的条件下可以提高农业产量。在林业系统中,WUE则与木材生产、水资源管理密切相关。在物种水平上,人们多用WUE作为比较同一物种在不同时期或者不同物种间水分利用合理性的生理生态学指标(Donovan & Ehleringer, 1991),而在生态系统水平上,人们则把WUE作为指示生态系统碳循环与水循环耦合关系的定量化指标(Yu et al, 2004)。研究表明,在本世纪末大气CO_2浓度将会是现在的2倍,大气温度将相应地升高1.4~5.8℃(IPCC,2001)。尽管一些人工控制试验和模型预测表明,在未来全球气候变

化情景下，植被 WUE 会有所提高（Guehl et al, 1994; Farquhar, 1989），但是这种变化主要受何种因素影响以及其变化的内在机制仍然需要开展大量的研究工作。

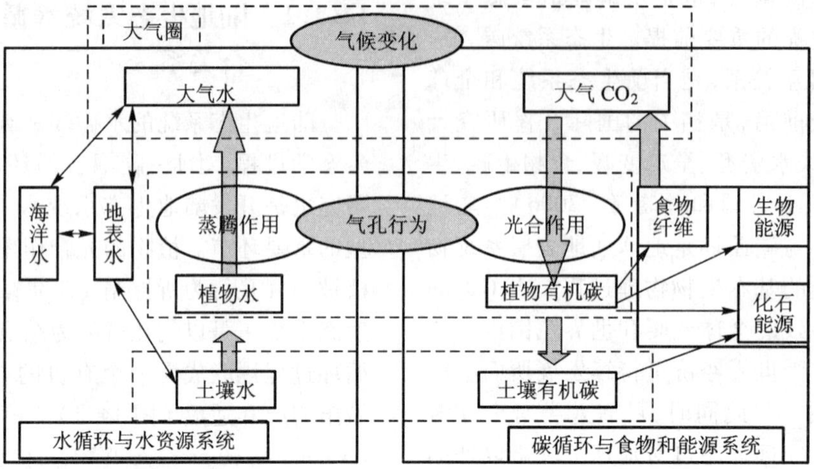

图 14.1 以气孔行为为结点的碳循环与水循环耦合关系（于贵瑞和孙晓敏，2006）

Figure 14.1 Coupling relationship of carbon and water cycle jointed by stomatal behavior (see Yu & Sun, 2006, in Chinese)

(1) 水分利用效率的等级尺度

自水分利用效率提出以来，从不同学科角度定义的水分利用效率概念很多，各定义之间的关系较难掌握，而且还易出现一些概念上的混乱。基于这点考虑，如果根据生态学的等级尺度概念来界定植物水分利用效率的概念框架可能更为合理（王秋凤，2005）。

图 14.2 为不同等级尺度上碳固定和水分散失过程的示意图。在不同尺度碳固定中，GPP 是植物通过光合作用同化 CO_2 形成的总初级生产力；NPP 是净初级生产力，为 GPP 减去自养呼吸（R_a）后剩余的部分；NEP 为净生态系统生产力，是净初级生产力（NPP）同异养呼吸（R_h）的差值；NBP 为净生物群系生产力，是 NEP 除去由自然或人类活动引起的各种扰动（火灾、虫害等）造成的碳损失量（L_d）所剩余的部分。不同尺度的水分消耗中，*CE* 是指植物光合作用化学过程的耗水量；*PE* 为叶片的水分散失，由光合作用耗水量（*CE*）与叶片的气孔蒸腾（T_r）共同组成；*ET* 为生态系统的蒸发散，包括植物的蒸腾、土壤蒸发（E_s）和冠层的蒸发（E_c）；*BET*

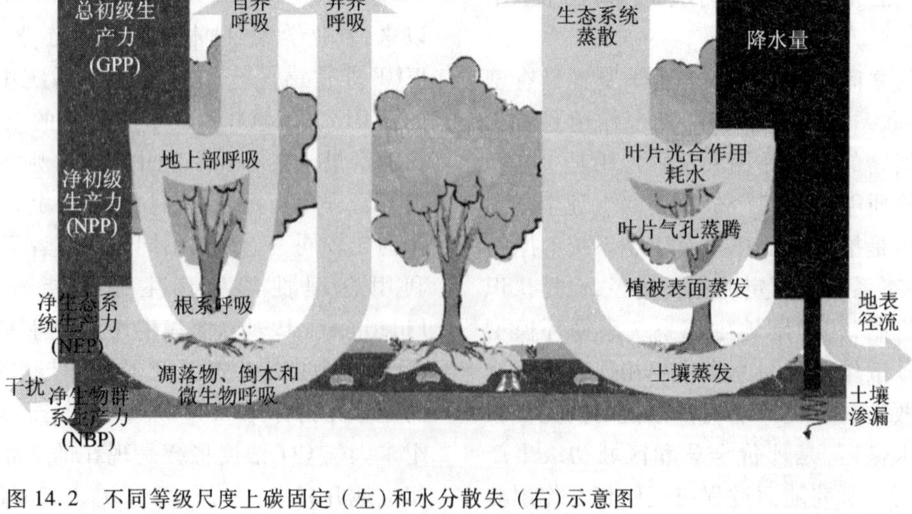

图 14.2 不同等级尺度上碳固定（左）和水分散失（右）示意图

Figure 14.2 Diagram of carbon fixation (left) and water loss (right) at different hierarchies

表示生物群系的水分散失量,包括生态系统的蒸发散、地表径流（R)和垂直入渗（Q)等。由不同尺度的碳固定和水分散失量,则可以得到相应尺度的水分利用效率。

① 光合作用化学过程的水分利用效率（WUE_C)

光合作用化学过程的水分利用效率（WUE_C)可以表示成:

$$WUE_C = GPP/CE \tag{14.1}$$

WUE_C也可看作是一种潜在的（或称为最大的)水分利用效率。一般地,光合作用过程可以用下面的化学反应方程式表示:

$$6CO_2 + 6H_2O \xrightarrow{\text{植物和光}} C_6H_{12}O_6 + 6O_2 \tag{14.2}$$

从式（14.2)可以看出,每形成 1 mol 的糖类需要消耗 6 mol 的水,也即水分的潜在利用效率为 166 μmol · mmol^{-1}。

② 叶片尺度的水分利用效率（WUE)

叶片尺度水分利用效率（WUE)可以表示为:

$$WUE = NPP/PE \tag{14.3}$$

在植物生理生态学上所讲的叶片水分利用效率常以净光合速率与蒸腾速率的比值来表示,其与植物生理功能有最直接的关系,可反映植物气体代谢功能及植物生长与水分利用之间的数量关系,由于近年来红外气体交换技术的发展,光合速率和蒸腾速率都比较容易测定,目前多数文献报道的水分利用效率是瞬时测定的光合速率/蒸腾速率的比值,而这里所提出的叶片尺度的水分利用效率与上述概念还存在一定的区别。

③ 生态系统水平的水分利用效率（WUE_e)

生态系统（群落）尺度的水分利用效率（WUE_e)可以定义为净生态系统生产力与生态系统蒸发散的比值,即:

$$WUE_e = NEP/ET \tag{14.4}$$

其中,$NEP = NPP - R_h$,$ET = PE + E_s + E_c$。

④ 生物群系的水分利用效率（WUE_B)

生物群系的水分利用效率（WUE_B)由净生物群系生产力（NBP)与生物圈的水分散失（BET)的比值来表示,即:

$$WUE_B = NBP/BET \tag{14.5}$$

很显然,由上述不同尺度的水分利用效率的定义以及图 14.1 和 14.2 可以看出,随研究尺度的扩展,碳固定呈逐级递减趋势,而水分散失却呈逐级递增趋势。因此,随研究尺度的增加,水分利用效率不断下降。这种从生态学角度来定义不同尺度水分利用效率的方法具有以下优点:它不仅可以比较清晰地表现出不同等级水分利用效率之间的关系,而且为各种水分利用效率之间的尺度转换提供了基础。

(2)光合作用-气孔行为-蒸腾作用的相互关系

图 14.1 表明,气孔是 CO_2和水汽的同一进出通道,气孔行为同时控制着植物的碳固定和水分散失两个过程,因此三者之间的关系构成了生态系统水-碳耦合循环关系研究的核心（于贵瑞和孙晓敏,2006)。植物蒸腾和气孔行为的相互关系比较明确,国内外已有许多文献报道认为蒸腾速率与气孔导度为正相关关系（如 Thorpe, 1978; Dettori, 1985; Caspari et al, 1993; Heping et al, 1997; 王秋凤,2005)。光合速率与气孔导度的关系则比较复杂,目前的研究结果也存在很大的不一致性,多数研究结果表明净光合速率和气孔导度存在高度的线性相关（Ball et al, 1982; Lin et al, 1992; 牛书丽, 2004; 王秋凤,2005)。虽然目前关于植物生理生态特性的研究都对光合作用和蒸腾作用做了大量的报道,但有关二者耦合关系的研究尚不多见。王会肖和刘昌明（2003)的研究表明,光合和蒸腾之间为非线性关系。也有研究表明,叶片光合速率和蒸腾作用在水分适宜条件下,存在极显著正相关（王建林, 2004)。

(3)水分利用效率的保守性

植被的碳吸收和水耗散两者都主要受气孔的调控,从而以最少的耗散水分来获取最多的碳吸收(Farquhar et al, 2002),并且在较大的环境波动条件下,通过气孔本身行为的调节,光合速率和气孔导度之间可以保持基本恒定（Schulze et al, 1998),而气孔导度和蒸腾速率存在显著的正相关关系。很多研究表明,在不同的空间尺度上,植被或生态系统的 WUE 表现出一定的保守性（Law et al, 2002; Abbate et al, 2004; Huxman et al, 2004)。Abbate 等(2004)总结了在阿根廷主要小麦产区 1995 至 1998 年 6 个试验点上的试验结果,认为虽然区域和水分处理间作物 WUE（地上生物产量/蒸散量)存在差异,但在各区域和各处理内部则有很好的稳定值;在引入 VPD 作用后,同水分处理下的不同区域间地上生物产量与 ET/VPD 表现出显著的线性关系,同时,低水分处理的斜率要高于高水分处理。

Law 等(2002)利用 FLUXNET 的观测数据,对

森林、草地、农田、苔原多种生态系统的碳、水通量关系进行了综合分析。研究表明,在月尺度上,不同类型生态系统的初级生产力(GEP)和蒸散量(ET)之间均存在显著的线性相关关系,表明生态系统碳固定和水分散失之间存在很强的相互作用,即 GEP 随着 ET 的增大而线性升高,其斜率表示了生态系统水分利用效率(WUE)。在不同类型生态系统之间,WUE 存在一定的差异,常绿针叶林、草地、落叶阔叶林、农田和苔原冻土生态系统 WUE 分别为4.2、3.4、3.2、3.1 和 1.5 $gCO_2/kg\ H_2O$。

(4)水分利用效率的变异性

WUE 在表现出保守性的同时,也会随很多因素条件的变化而改变。因此,以水分利用效率作为参数构建碳-水耦合循环模型时,水分利用效率并不能简单地看作一个常数处理(王秋凤,2005)。引起 WUE 发生变化的因素有很多,包括碳的同化机制类型(C_3、C_4、CAM)、生物气候(落叶、常绿)、叶片形态、根分布(浅根、深根)、对光照条件的忍受、冠层结构、氮固定及物种演替阶段、管理措施、植被年龄和木质部水分的疏通性等。由于植物本身的特性,包括形态、解剖结构、CO_2同化方式及气孔行为的不同,使不同植物种和品种在水分消耗和产量形成上表现出差异,最终导致水分利用效率的差异,并且物种间的差异大于品种间的差异(王秋凤,2005)。Farquhar 和 Sharkey(1982)和 Nobel(1991)的研究指出,具有不同光合途径的植物水分利用效率存在明显差异,C_4植物的水分利用效率为 C_3植物的 2.5 ~3 倍,CAM 植物由于具有反常的气孔行为(晚上开放吸收 CO_2形成 4 碳酸,白天关闭气孔以避免蒸腾失水并进行 CO_2还原,CO_2的还原和吸收在时间和空间上分开进行),是目前已知的水分利用效率最高的植物类型。现已发现许多作物的水分利用效率在品种间存在差异,而且这种差异是稳定的遗传性状,在不同环境条件下具有稳定的表现(Hubick et al, 1989; Condon et al, 1990; Read et al, 1991)。这使得通过品种选育提高水分利用效率成为可能。20 世纪 80 年代末至今,我国学者对不同物种和品种间水分利用效率的差异也进行了大量的比较研究。如蒋高明等(1999)对毛乌素沙地 67 种植物水分利用效率的研究,以及渠春梅等(2001)对不同树种水分利用效率的比较对于物种和品种间水分利用效率差异的研究等。

有研究表明,常绿林的 WUE 也要大于落叶林(Brooks et al, 1997),而很多研究结果则与之相反(Grower & Richards, 1990; Valentini et al, 1992; Marshall & Zhang, 1994; Yu et al, 2008)。引起两种类型资源利用率差异的内在机制尚不明确,其中生理生态学参数可能会起到非常大的作用。当资源比较有限时,高的资源利用率非常利于生态系统的碳固定(Chabot & Hicks, 1982; Sheriff et al, 1995)。很多叶片水平的生理生态学特征会影响资源利用率(Coley, 1988; Reich et al, 1991)。比如,落叶林的净光合、氮含量、比叶面积通常大于常绿林(Chabot & Hicks, 1982; Mooney & Gulmon, 1982; Coley, 1988; Reich et al, 1997)。林龄也是造成不同类型森林 WUE 差异的主要原因,大量的研究表明,年轻林的 WUE 明显大于老龄林(Francey & Farquhar, 1982)。

水分利用效率也具有明显的日变化和季节变化特征,气象条件是驱动水分利用效率日变化的主要因子(王秋凤,2005)。对于水分利用效率的日变化特征,因研究对象和研究条件的不同,不同研究者得出的结论也相差较大。如郑有飞等(1997)研究发现,小麦水分利用效率的日变化曲线基本上呈抛物线型。而李俊等(1997)研究表明,土壤湿度较低时,冬小麦水分利用效率呈 L 型或 U 型日变化,而土壤湿度较高时,日变化不明显。大多数研究者的结果显示,植物的水分利用效率在上午 10:00 左右最高(赵平等, 2000; 王秋凤, 2005)。对于 WUE 的季节变化特征,不同物种之间存在很大差异,WUE 随作物生长发育的快慢而发生变化,曲线呈现出两头低、中间高的变化趋势,与作物"慢-快-慢"的生长规律基本一致(王秋凤, 2005)。

植物水分利用效率也表现出了随气候带和海拔高度变化而变化的特征。渠春梅等(2001)研究认为,温带植物的水分利用效率最高,其次是亚热带植物,最低的是热带植物;森林边缘与森林内部的水分利用效率也有区别,森林林缘 0 ~ 10 m 的水分利用效率大小顺序为 $WUE_{西向} > WUE_{东向}$ 和 $WUE_{南向} > WUE_{北向}$。Yu 等(2008)利用涡度相关技术对比分析了中国东部南北森林样带(NSTEC)上长白山温带森林、千烟洲亚热带人工针叶林和鼎湖山亚热带常绿混交林生态系统 WUE 的季节变化特征,研究表明,长白山温带森林 WUE 的季节变化模式与亚热带森林明显不同。温带森林 WUE 的季节变化模式与 GPP 和 ET 相同,在整个生长季的波动也较小,而亚热带森林的 WUE 季节变化模式与 GPP 和 ET 的季节变化趋势不同,WUE 在生长旺季达到最小值,非生长旺季的 WUE 明显大于生长旺季。温带森林 GPP 和 ET 之间均呈现显著的线性关系,说明该生态系统的水、碳通量间具有很强的耦合关系。相反,亚热带两种森林生态系统的 GPP 和 ET 之间均呈现为非线性的对数关系,这说明两种森林 GPP 和 ET 的耦合关系会因气候环境的季节变化而解耦(图 14.3)。

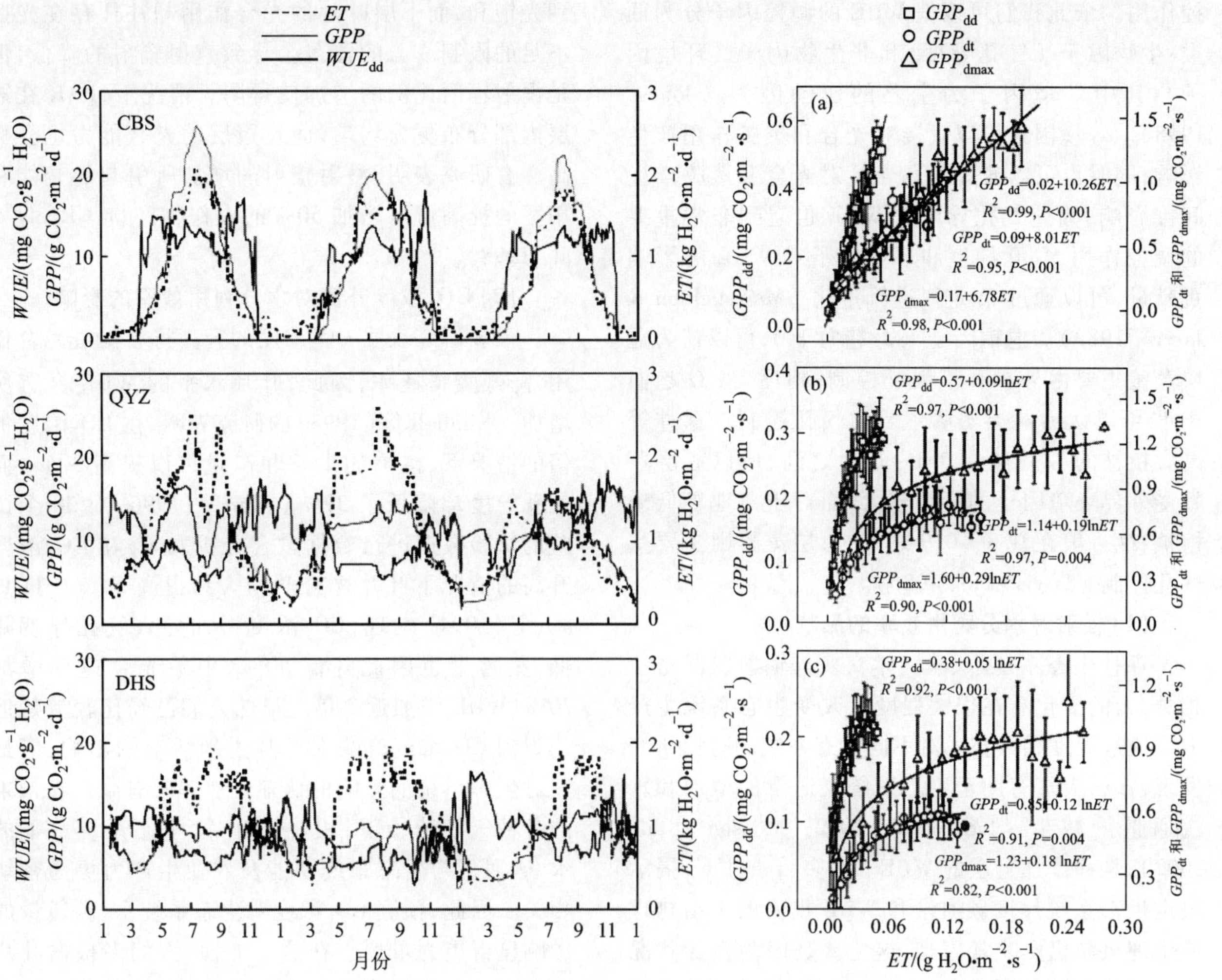

图 14.3 2003—2005 年中国东部南北森林样带(NSTEC)上长白山温带森林(CBS)、千烟洲亚热带人工针叶林(QYZ)和鼎湖山亚热带常绿混交林(DHS)生态系统总初级生产力(GPP,灰线)、蒸散(ET,虚线)和日尺度水分利用效率(WUE,实线)的季节变化特征(左图)及生态系统初级生产力(GPP)和蒸散(ET)的关系(右图),左图中数据为 5 日滑动平均,右图中 GPP_{dd}(方形)、GPP_{dt}(圆形)和 GPP_{dmax}(三角)分别表示日平均、白天平均和日最大 GPP,相对应的 ET 也分为日平均、白天平均和日最大 ET,图中 GPP 数据为按 ET 进行分级平均,竖线表示变异范围(引自 Yu et al, 2008)

Figure 14.3 The seasonal variation of gross primary productivity (GPP, grey line), evapotranspiration (ET, dashed line) and daily water-use efficiency (WUE_{dd}, black line) at CBS (Changbaishan temperate broad-leaved Korean pine mixed forest), QYZ (Qianyanzhou subtropical coniferous plantation) and DHS (Dinghushan subtropical evergreen broad-leaved forest) sites from 2003 to 2005. Lines are 5-d running average (left). The relationships between gross primary productivity (GPP) and evapotranspiration (ET) for different timescales at CBS, QYZ and DHS sites from 2003 to 2005. GPP_{dd} (squares) and GPP_{dt} (circles) are the averages of whole-day and daytime, respectively. GPP_{dmax} (triangles) is the maximum GPP during daytime. Evapotranspiration includes ET_{dd}, ET_{dt}, and ET_{dmax}. Here the value of GPP was aggregated in classes of increasing ET (right) (Yu et al, 2008)

14.1.2 陆地生态系统水循环和碳循环的耦合关系对环境因子的响应和适应

环境因子和气孔导度的变化均会对光合、呼吸和蒸腾、蒸发作用产生影响，最终起到对 WUE 的调控作用。依此我们可以把 WUE 的调控因子分为两类：生物因子（气孔导度）和非生物因子（环境因子），其中环境因子为主要的驱动因素（Jones, 1998）。环境因素可以直接对光合和蒸腾作用产生影响，同时也可以通过气孔导度对光合和蒸腾产生间接影响，因此气孔导度对 WUE 也起到非常重要的调控作用，气孔导度和环境因子对 WUE 的影响贡献量，可以通过 Ω 定律进行量化（McNaughton & Jarvis, 1983）。退耦因子（Ω）趋向于 0，可以认为冠层蒸腾主要由外界环境因子控制，相反，当 Ω 趋向于 1，可以认为冠层蒸腾主要由气孔控制。森林等高大植被的 Ω 一般在 0.1 ~ 0.2 之间，所以冠层蒸腾受外界环境因子的影响较大，而对于草地等低矮植被，Ω 一般在 0.8 ~ 0.9 之间，冠层蒸腾则主要受气孔控制（Jarvis et al, 1986）。

（1）辐射对水分利用效率的影响

森林生态系统水、碳气体交换与辐射状况密切相关，云的变化会在很大程度上改变生态系统生产力。通过涡度相关技术对不同生态系统的对比研究发现，多云天气有助于生态系统碳通量的增加和水汽通量的减少（Law et al, 2002; Monson et al, 2002），从而增加冠层的 WUE。在多云条件下，揭示决定生态系统尺度碳通量和 WUE 提高的生物物理或生理机制仍然非常困难，这主要是因为多云状况会同时改变多种环境变量。云的增多导致到达地面的太阳辐射、光合有效辐射（PAR）、叶片温度和饱和水汽压差（VPD）都会减少（Gu et al, 1999; Freedman, 2001）。云的存在导致 PAR 的降低，叶片水平的光合和蒸腾可能随之降低，但也可能会因叶片温度和 VPD 的降低而增加（Knapp et al, 1989）。部分研究表明，生态系统碳通量的增加主要源于 VPD 的降低（Freedman et al, 2001），而叶片蒸腾的减少则主要源于叶片温度的降低（Baldocchi, 1997）。气孔大小的改变则主要与光照的波动和漫射辐射的增加有关（Hollinger et al, 1994; Fan et al, 1995; Goulden et al, 1997）。

尽管云的存在导致 PAR 的降低，但是漫射辐射与直射辐射的相对量也会有所改变（Gu et al, 1999）。在植被冠层内部，直射辐射的衰减速度远远大于漫射辐射（Baldocchi et al, 1985）。而森林冠层的氮含量（Hirose & Werger, 1987）和叶片的光合能力又存在明显的垂直梯度（Wilson et al, 2000）。当直射辐射非常充足时，上层叶片可能达到光饱和，而下层叶片的光合作用却往往存在光照不足的限制。云的覆盖会导致直射辐射的降低，但是漫射辐射比例的增加使得阴天情况下，PAR 在冠层内部分布更为均匀，而且冠层的光合能力也会提高。有研究表明，漫射辐射的增加所引起的光能利用率的提高可以增加 50% 的农作物产量（Healy et al, 1998）。

（2）CO_2浓度升高对水分利用效率的影响

很多研究表明 CO_2浓度的升高将会促进光合作用，降低蒸腾速率，因此，叶片水平的 WUE 会有所增加。Kimball 等（1993）的研究表明，在 CO_2浓度加倍的情况下，植被的生长和产量可以提高 30%，而气孔导度却降低了 37%。Curtis（1996）对 38 个试验的试验数据进行数据融合分析发现，在 CO_2浓度升高的情况下叶片光合产物大约提高 50%。Jackson 等（1994）发现，CO_2浓度增加导致气孔导度降低，蒸腾量也因此降低 50%，中午光合速率增加 70%，WUE 增加近 2 倍。虽然人们已经比较清楚地认识到 CO_2浓度升高对叶片生理活动的影响，但是其对生态系统的影响的认知仍然非常有限。在未来的各种气候情景下，相对于叶片，生态系统水平的水、碳通量与生态系统功能及农业生产力更为密切相关。因此，预测 CO_2浓度对生态系统水、碳通量的影响显得更为重要。在这一方面，人们多根据叶片的研究结果用间接方法或者用模型进行尺度上推来研究 CO_2浓度升高对冠层水、碳通量的影响。Ham 等（1995）和 Field 等（1997）发现 CO_2浓度升高可以提高土壤含水量，由此得出结论，冠层蒸腾量在 CO_2浓度升高的情况下将会减少。在尺度上推研究中，现在也考虑到植被的冠层结构的影响（Wang & Jarvis, 1990; Sellers, 1992; Norman, 1993; Amthor, 1994; Leuning et al, 1995; Wang & Polglase, 1995; Dewar, 1997）。Baldocchi 和 Harley（1995）用冠层光合、蒸腾模型研究了温带阔叶林，结果表明 CO_2浓度从 350 $\mu mol \cdot mol^{-1}$ 增加到 600 $\mu mol \cdot mol^{-1}$，冠层光合大约增加 45%，而气孔导度则降低 16%。

（3）多种因子对水分利用效率的协同影响

在一定的光照条件下，植被存活的重要策略是最大可能地进行碳固定。在夏季高温或者干旱的气候条件下,植被不但遭受强辐射,而且要忍受高温、高饱和水汽压差的胁迫。在这种条件下,植被一般通过自身形态结构的调整和生化适应措施来避免萎蔫,并且尽量保持自身生长。植被提高 WUE 是适应高温强辐射的有效手段（Hanba et al, 2002）。在光照弱、湿度大的环境条件下,比如早晨或晚上,即使光合速率非常低,但是气孔的开放程度却非常大,此时当光条件再次转弱时,光合会立刻下降,但是气孔仍然开放,那么就会导致内禀 WUE 降低。相反,中午的 VPD 非常高,环境比较干燥,气孔的开度较小,相应的水分的耗散也较少,此时内禀 WUE 增加是植被适应水分限制的重要手段。即使对于水分条件充分的植被也可能会产生同样的响应,因为其叶片会因蒸腾量的增加而变得水分匮缺,但随着气孔导度的持续降低,净光合产物剧烈下降,此时 CO_2 可利用率也会降低,最终导致羧化速率和内禀 WUE 都会下降（Maroco et al, 1997; Valladares & Pearcy, 2002）。

通常温度的升高都要伴随 VPD 的增加,因此将两种因素的效应进行分离是非常困难的。当大气温度轻微偏离叶片光合作用的最优温度时,主要是通过影响饱和水汽压差来影响 WUE,这主要是因为饱和水汽压差是叶片温度的函数,导致蒸腾和叶片温度具有相同的变化趋势。很多研究表明 WUE 与 VPD 之间存在反比关系（Lindroth & Cienciala, 1996; Dewar, 1997; Berbigier et al, 2001）。除非温度变化超过植物生长的忍受极限,否则光合对温度的响应并不敏感（Baker et al, 1996）。同时,植被的蒸散通常与温度表现为正相关关系（Allen et al, 2003）,结果导致 WUE 与温度的变化趋势相反。另外,温度通过影响呼吸来影响 WUE,呼吸通常随温度的增加而增加,尤其是 C_3 物种（Osmond et al, 1980）,结果导致净光合和 WUE 的降低。

Yu 等（2008）对中国东部南北森林样带（NSTEC）上长白山温带森林、千烟洲亚热带人工针叶林和鼎湖山亚热带常绿混交林生态系统 WUE 的比较研究表明,季节性的环境变化对 GPP 和 ET 的驱动作用的差异是导致 WUE 的保守性和变异性的主要原因,决定生长季内生态系统的碳水通量耦合关系的维持和解耦的内在机制是生态系统 GPP 和 ET 对温度、VPD 和辐射响应模式的差异（图 14.4）。

(4) 环境梯度造成的水分利用效率空间变异

尽管通过控制试验可以预测短期、非平衡状况下植被对温度、干旱和 CO_2 浓度的响应,但是这些研究不能用来预测群落和生态系统对气候变化的响应。具有一定环境梯度的植物群落样带就成为研究植被对气候变化响应的重要手段。样带研究途径是在沿着相对简单的环境和干扰因素变化梯度开展线状区域观测,分析生态系统与环境要素地带性变化的相关性（IGBP, 1995）,是全球变化研究领域中非常重要和独特的技术路线,可以最大程度地有效利用各站点的观测数据,用空间代替时间的方法,缩短对科学问题认识所需要的时间（张新时,1995）。

Yu 等（2008）对中国东部南北森林样带（NSTEC）上长白山温带森林、千烟洲亚热带人工针叶林和鼎湖山亚热带常绿混交林生态系统 WUE 的研究表明,沿 NSTEC 的环境梯度,生长季内和全年尺度上生态系统 WUE 的大小顺序均表现为 CBS>QYZ>DHS,并且生态统之间 WUE 的变异性可以用温度和降水进行很好的解释（图 14.5）。

碳同位素分辨率（carbon isotope discrimination）被视为能有效指示植物长期水分利用效率的指标（Farquhar et al, 1989）,已广泛应用于植物水分利用效率研究中（Davison et al, 2002; 陈世苹等, 2002）。Leffler 和 Enquist（2002）对热带地区 17 个生态系统进行研究,发现 $\delta^{13}C$ 和总降水量之间存在显著的曲线关系,表明降水量减少和增加对 $\delta^{13}C$ 的变化同等重要。而且他们研究发现,在这种曲线响应关系中降水量明显存在一个阈值,如果降水量超过此阈值,多余的降水量对 $\delta^{13}C$ 的影响不再明显。多数研究表明,在不同空间尺度上,随着生境由湿到干,植物叶片的 $\delta^{13}C$ 值增加,即水分利用效率增加（Anderson et al, 1996; Korol et al, 1999; Moore et al, 1999; Miller et al, 2001; Van de Water et al, 2002）。但也有研究得出不完全一致的结果（如 Stewart et al, 1995; Schulze et al, 1996a,b; 苏波等, 2002）。苏波等（2002）利用同位素方法研究了中国东北样带主要物种的水分利用效率变化格局,结果表明,随着干旱的加剧,大部分物种水分利用效率升高,但也有物种水分利用效率变化不明显甚至呈降低趋势。Schulze 等（1998）研究了澳大利亚北部的样带,结果发现降水只有在 250 ~ 450 mm 时,植被的同位素分辨率才随降水的减少而降低,降水在 450 ~ 1 800 mm 时,同位素分辨率基本为常数。Schulze 等（1996a）在研究一些 C_4 草类时发现,当降

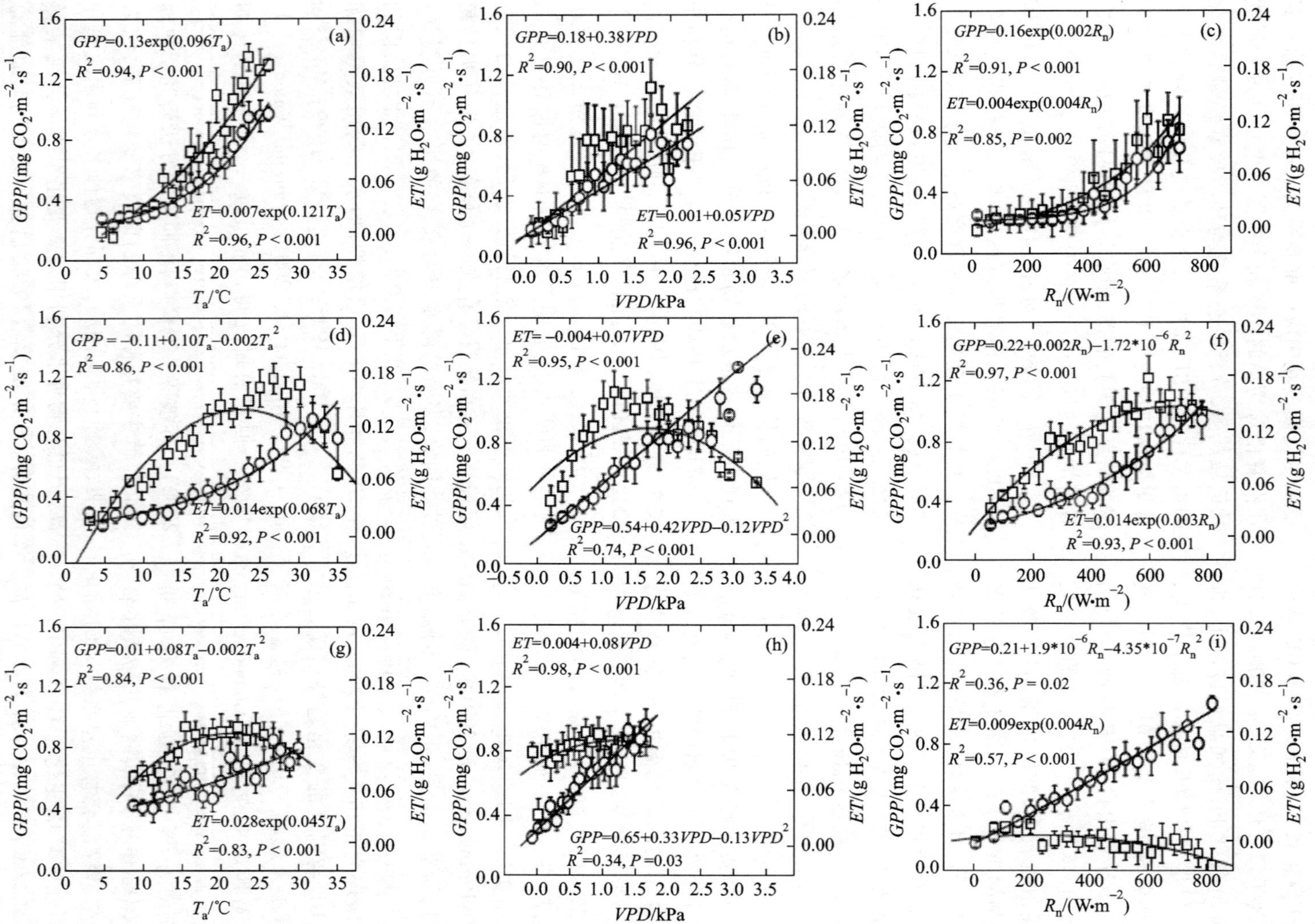

图 14.4 2003—2005 年中国东部南北森林样带(NSTEC)上长白山温带森林（CBS)、千烟洲亚热带人工针叶林（QYZ)和鼎湖山亚热带常绿混交林（DHS)生态系统 GPP、ET 和气候变量（T_a, VPD, R_n)的关系。图中 a ~ c、d ~ f、g ~ i 分别为 CBS、QYZ 和 DHS 生态系统 GPP 和 ET 对气候变量的响应，环境变量从左到右依次为温度（T)、VPD 和净辐射（R_n)。图中 GPP 和 ET 数据为按气候变量分别进行分级平均，竖线表示变异范围(引自 Yu et al. 2008)

Figure 14.4 The relationship between gross primary productivity (GPP, squares), evapotranspiration (ET, circles) and climatic variables (air temperature (T_a), saturated vapor pressure deficit (VPD) and net radiation (R_n)) at CBS (Changbaishan temperate broad-leaved Korean pine mixed forest, a ~ c), QYZ (Qianyanzhou subtropical coniferous plantation, d ~ f) and DHS (Dinghushan subtropical evergreen broad-leaved forest, g ~ i) sites from 2003 to 2005. Half-hourly data of GPP and ET were aggregated in classes of increasing T_a, VPD and R_n (Yu et al, 2008)

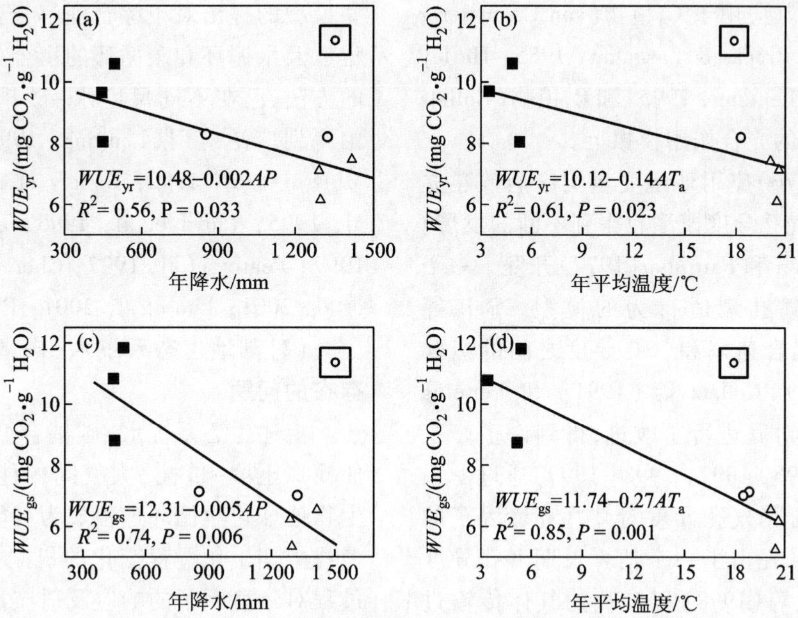

图 14.5 2003—2005 年中国东部南北森林样带（NSTEC）上长白山温带森林（CBS）、千烟洲亚热带人工针叶林（QYZ）和鼎湖山亚热带常绿混交林（DHS）生态系统生长季 WUE（WUE_{gs}）和年尺度 WUE（WUE_{yr}）随年降水量（AP）和年平均温度（AT_a）的变化；图中方框表示 2005 年 QYZ 的 WUE（Yu 等，2008）

Figure 14.5 The variations of vegetative season ecosystem water-use efficiency (WUE_{gs}) and annual ecosystem WUE (WUE_{yr}) with increasing annual precipitation (AP) and mean annual temperature (AT_a). Sites were: CBS (Changbaishan temperate broad-leaved Korean pine mixed forest, squares), QYZ (Qianyanzhou subtropical coniferous plantation, circles) and DHS (Dinghushan subtropical evergreen broad-leaved forest, triangles). The inset circle is the WUE of QYZ in 2005 (Yu et al, 2008)

水量在 50～600 mm 范围内变化时，δ^{13}C 的变化也非常小。因为物种和不同功能型植被的碳同位素组成也存在很大差异，δ^{13}C 随着环境梯度的变化可能会被物种间的差异所减弱（Schulze et al, 1996b）。Stewart 等（1995）的研究却相反，他们发现同位素分辨率随降水量的减少而减少。Schulze 等（1998）对两种不同的结果作出如下解释：（1）研究的植被群落组成存在很大差异（澳大利亚北部只有树，而东部则既有树又有灌木），（2）两个地区间的气候存在很大差异（相对于澳大利亚东部来讲，北部具有更强的季节性降雨），（3）澳大利亚北部的植被和气候之间的相互关系比东部可能更为复杂。

14.1.3 陆地生态系统水循环和碳循环的耦合模型研究进展

（1）生态系统水-碳耦合模型的发展

植物通过光合作用和蒸腾作用进行土壤-植被-大气系统之间的物质和能量交换。在这些过程中气孔的开闭运动起着十分关键的作用，它同时控制着光合和蒸腾作用，是水循环和碳循环过程耦合的关键所在，因此生态系统水碳耦合模型大多以气孔导度模型为桥梁将水循环和碳循环过程耦合在一起。二者的耦合建立在光合作用模型和气孔导度模型各自发展的基础之上。

20 世纪 70 年代以来，随着红外气体分析技术的发展，叶片水平的 CO_2 和水汽交换及其对环境因子的响应可以直接测量，推动了光合作用机理模型的发展。在短短 10 多年内建立了许多光合作用机理模型（Tenhunen et al, 1990），其中以 Farquhar 的 C_3 植物光合作用生物化学模型（Farquhar et al, 1980; Farquhar & Sharkey, 1982）影响最为深远。Farquhar 模型是以羧化和电子传递这两个光合作用的基本过程为基础而建立的。叶片光合能力主要取决于光合羧化酶的羧化活性，即 1,5-二磷酸核酮糖羧化/氧化酶（Rubisco）的活性决定了 C_3 植物叶片的内禀光合能力。羧化速率取决于酶的含量和其他任何由基质浓度产生的限制因子，如由气孔关闭导致的低 CO_2 浓度。之后，许多研究者对 Farquhar 模型进行了修正并将其应用于 C_3 植物(von Caemmerer & Farquhar, 1981; Brooks & Farquhar, 1985; Harley et al, 1985, 1992; Leuning, 1995)和 C_4 植物(Collatz et al, 1991, 1992)的光合作用模拟上。

自从 Jarvis(1976)应用环境变量响应函数建立了气孔模型以来,气孔导度模型也得到不断的发展。Cowan(1977)、Cowan 和 Farquhar(1977)开发了一个量化变化环境下气孔最适行为的模型。Ball 等(1987)提出了净光合速率和气孔导度之间的经验关系,Lloyd(1991)、Collatz 等(1991)和 Leuning(1990, 1995)分别对其进行了改进,得到许多修正的版本。Yu 等(1996, 1997, 1998, 1999)通过一系列研究,在明确了玉米气孔导度对某些环境因子的响应特征的基础上,提出了一个估算长期气孔导度的综合模型。于强等(1998)以叶片的气体传输过程为基础,将蒸腾作用引入光合作用-气孔导度的耦合模型中,建立了一个光合作用-蒸腾作用-气孔导度的耦合模型,并用该模型模拟了边界层导度对生理过程的影响,模拟结果与许多试验结论相符合。其中,Ball 等(1987)提出的光合作用与气孔导度的经验关系最具影响力,已经被模型构建者广泛地应用于单叶尺度(Leuning, 1990, 1995; Tenhunen et al, 1990; Collatz et al, 1991; Harley et al, 1992)、冠层尺度(Hatton et al, 1992)、景观尺度(McMurtrie et al, 1992),以及一些全球气候模型中(Sellers et al, 1992, 1996; Woodward & Smith, 1994, 1995)。

基于对叶片尺度气孔行为及其控制的光合作用和蒸腾作用等气体交换特征等关键过程的深入理解,Collatz 等(1991)将 Farquhar 光合模型与 Ball(1987)气孔导度模型相结合,改进了光合生化模型的求解方法,同时也实现了碳水过程模拟的耦合。20 世纪 90 年代以来,陆地生态系统水-碳耦合模型研究得到了迅速发展,人们提出了许多比较成熟的基于过程的水循环或碳循环的生物物理、生物地球化学和生物地理学模型。同时,研究工作也开始致力于以土壤-大气-植被间物质循环和能量流动的物理学、生物地球化学过程和植物生理生态过程相结合的方向,开发陆地生态系统的碳循环与水循环的耦合模型。比较有影响的模型有 FOREST-BGC(BIOME - BGC)(Running et al, 1988, 1989; VEMAP Members, 1995)、SiB2(Sellers et al, 1986, 1996)、BEPS(Liu et al, 1997, 1999)、AVIM(Ji, 1995)、CEVSA(Cao & Woodward, 1998a, b)等。这些模型的提出对于综合理解光合作用和蒸腾作用过程以及水循环和碳循环的耦合关系提供了非常有效的方法,已在不同尺度水-碳耦合循环模型研究当中得到广泛应用(Leuning, 1990; Sage, 1990; McMurtrie et al, 1992; Sellers et al, 1992; Leuning et al, 1995; Lloyd et al, 1995; de Pury & Farquhar, 1997; Pearcy et al, 1997; Chen et al, 1999; Sinoquet et al, 2001; Luo et al, 2001; Pitman, 2003)。

(2)陆地生态系统水-碳耦合循环模型研究中存在的问题

上述生态系统水-碳耦合循环模型的提出尽管使模拟土壤-植被-大气间的能量、水汽、碳和氮等生物地球化学循环过程成为可能,但是在尺度扩展、植物生理生化过程变化的机制描述、植物生理生化过程对环境因子的响应及适应性模拟等方面仍存在一些问题。

① 尺度扩展问题

光合生化模型在从叶绿体到叶片的扩展过程中,假设光、CO_2 和 Rubisco 的浓度是同质的,而且光合能力和光强在空间上具有同变性。这种假设在一天的时间尺度上是成立的,但是在较短的时间尺度上,特别是有光斑穿透冠层时,光强的变化快于叶片经过适应后光合速率产生的变化。模型不能抓住这些细节过程,往往高估了冠层的光合强度。如果区分阳叶和阴叶,则能够在很大程度上克服这一问题(de Pury & Farquhar, 1997)。然而,对于针叶植物,模型还应该引入半影的作用。由于对 Rubisco 酶的活性和电子传递能力随环境条件的变化的认识还比较少,目前还不能构建更长时间尺度上的预测模型。光合生化模型未来的发展必然要结合生长和发育模型,必须考虑细胞的分裂和生长、激素和基因表达的调控。光合和气孔导度模型已被嵌入到全球碳循环和陆地表面对气候变化反馈的大模型中,模拟大陆植被表面和大气间水热交换,但对不同时空尺度上陆气相互作用关系的定量表达还有待进一步研究。

② 植被冠层生理生态过程变化的机制描述

现有模型虽然能够模拟出不同环境条件下植被冠层生理生态过程的动态变化,但是对这些变化的认识仍停留在经验水平,对这些变化的生理过程的解释还有待进一步提高。比如在模拟水-碳循环的耦合关系时,或是假设植物气孔调节下的植物水分利用效率(WUE = 光合速率/蒸腾速率)为常数,或者通过假设植物气孔控制的水汽扩散导度(g_{sw})和叶面边界层导度(g_{bw})与气孔控制的 CO_2 扩散导度(g_{sc})和叶面边界层导度(g_{bc})具有固定的比例关系($g_{sw}=1.56g_{sc}, g_{bw}=1.37g_{bc}$)。但是,植物的水分利用效率和光合速率-气孔导度的经验方程不仅在植物种类间存在着很大差异,而且还因环境条件而大幅度地变化;在受到水分胁迫情况下,不仅 C_3 和 C_4 植物的气孔开闭行为不同,而且两者的气孔导度对光合作用的贡献度差异很大(Yu et al, 2001, 2003)。这说明现有的陆地生态系统水-碳耦合循环研究中的基本假设尚存在缺陷(图 14.6),所构建的模型难以真实地表现生态系统的碳循环与水循环的耦合关系,难以确切地分析生物圈对碳循环和水循环的控制作用和对全球变化的响应特征。

③ 植物生理生态过程对环境的响应和适应性

以往模型主要侧重在描述模拟植物对环境的响应方面,而忽略了植物生理生态过程对环境适应的模拟。比如,随着大气 CO_2 浓度的增加,光合速率增加到一定值以后不再继续增加;干旱地区的植物会通过调整根冠比来增强根的吸水、吸肥能力,从而保证植物的各项生理过程正常进行。现有模型缺乏对这些现象的准确描述,有待进一步发展。

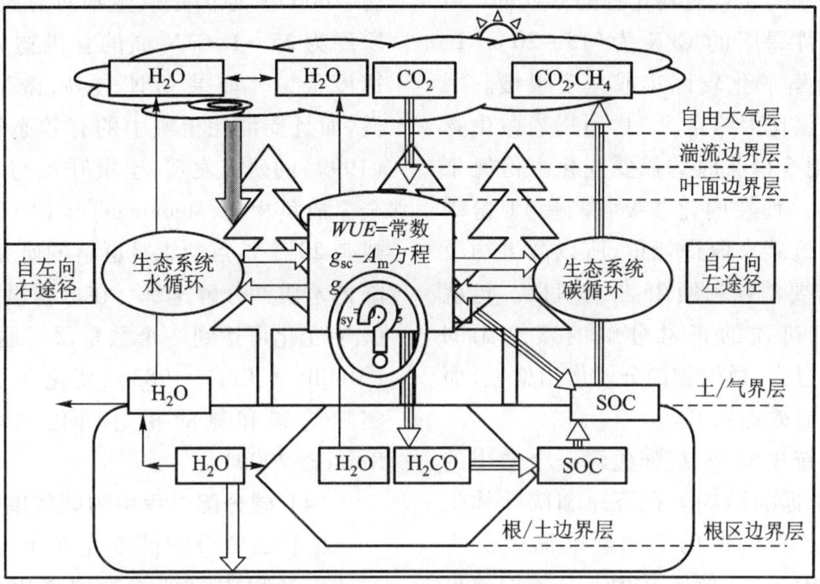

图 14.6 水-碳循环及其耦合环节上存在的问题

Figure 14.6 Framework of carbon-water cycle in terrestrial ecosystem and the issues related to their coupling relationship

14.2 陆地生态系统的碳、氮耦合循环

氮是蛋白质、核酸、磷脂的主要成分,而这三者又是原生质、细胞核和生物膜的重要组成部分,它们在生命活动中占有特殊作用。酶以及许多辅酶和辅基如 NAD^+、$NADP^+$、FAD 等的构成也都有氮参与。氮还是某些植物激素如生长素和细胞分裂素、维生素的成分,它们对生命活动起重要的调节作用。在光合作用过程中,植物吸收同化碳、氮的过程密切相关(Raven et al, 2004; Luo et al, 2004, 2006a,b)。氮不仅是叶绿素的成分,叶片中含 N 量的 80% 在叶绿体中,而且也是许多酶的重要成分。在一定范围内,叶的含 N 量、叶绿素含量、Rubisco 含量分别与光合速率呈正相关。同时,植物体内碳和氮的比例关系一定程度上反映了植物养分利用效率的指标,其大小控制了植物的碳生产、累积与养分吸收、植物向土壤归还有机物质的分解过程(Luo et al, 2004),对生态系统中碳氮利用、贮存和转移起着决定作用(Hessen et al, 2004 ; Luo et al, 2004)。因此,生态系统中碳循环和氮循环之间存在着密切的耦合关系,并且碳贮量与碳通量在很大程度上受氮循环的影响和限制(Mcgroddy et al, 2004)。

14.2.1 陆地生态系统碳循环和氮循环的耦合关系

(1) 碳氮比(C/N)

全球碳循环和氮循环通过陆地生态系统与海洋生物量的累积、分解和贮存相耦合。Redfield(1958)的研究表明,在海洋浮游植物和细菌中碳和养分的比例几乎是一个常数,一种生物地球化学元素变化,必然导致其他相关元素的变化。Redfield 的养分比例的思想在理解海洋的生物地球化学循环(Broecker et al, 1979)及陆地养分和碳循环(Vitousek, 1982)中都已证明有重要的理论价值。

所谓碳氮比(C/N)是指有机物中碳的总含量与氮的总含量的比值。对作物而言,一般禾本科作物的茎秆如水稻秆、玉米秆和杂草中的 C/N 都很高,可以达到(60~100):1,豆科作物的茎秆的C/N都较小,如一般豆科绿肥的 C/N 为(15~20):1。C/N 大的有机物分解矿化较困难或速度很慢。因为微生物自身的碳氮比大约是 5:1,所以当微生物分解有机物时,同化 5 份碳时约需要同化 1 份氮来构成它自身细胞体。而在同化(吸收利用)1 份碳时需要消耗 4 份有机碳来取得能量,所以微生物吸收利用 1 份氮时需要消耗利用 25 份有机碳。也就是说,微生物对有机质的正常分解的碳氮比的 25:1。如果碳氮比过大,微生物的分解作用就慢,而且要消耗土壤中的有效态氮素。

在陆地生态系统中 C-N 新陈代谢一个微小的变化对 C 贮量有深远的影响。在苔原和阔叶林生态系统中植被和土壤 C/N 的不同影响固碳潜力(Rastetter et al, 1991)。在阔叶林生态系统中单位 N 所占有的碳远多于苔原生态系统。因此,在阔叶林生态系统中植被和土壤 C/N 的差为 146.3(=159.5-13.2),但在苔原中仅为 24.1(=41.6-17.5)。因此,从土壤到植被每转移 1 g N,阔叶林生态系统的净碳贮量是苔原生态系统的 6 倍(假设植被和土壤的 C/N 没有变化)。但阔叶林生态系统单位面积的 N 大约仅是苔原的一半,所以,N 从土壤到植物转移 1%,导致的阔叶林生态系统的净 C 贮藏是苔原生态系统的 3 倍。

(2) 植被光合作用生产过程的碳氮耦合

很多的研究已经表明,植物的光合作用与氮的供应状况和叶片氮含量密切相关(徐克章, 1995;Anten et al, 1995; Anten et al, 1998)。这主要是由于因叶片光合能力的一个关键因素,即最大羧化速率(v_{max})与叶片的氮含量有很强的相关关系(Thompson, 1992)。也有研究认为,影响 v_{max} 的不是叶片氮含量,而是与 Rubisco(核酮糖二磷酸羧化酶)有关的氮含量(Dickinson et al, 2002)。因此,叶片氮能够作为一个可供选择的方案用来描述 v_{max}。但是,在任何给定的叶片中,氮并不是一个固定的数量,而是随整个土壤和植物的氮循环过程发生变化,这些循环过程反过来与不同的气候要素(如温度和降雨等)有密切的相关关系。

(3) 有机碳分解过程中的碳氮耦合

土壤中有机碳的分解受土壤微生物的碳氮平衡影响(Moorhead & Reynolds, 1991),因此土壤的碳氮比(C/N)在很大程度上影响其分解速率(黄昌勇,2000)。原因是微生物对有机质正常分解的 C/N 约为 25:1,C/N 高的有机物分解矿化较困难或速度很慢。如果 C/N 过高,微生物的分解作用就慢,而且要消耗土壤中的有效态氮素。Niklińska 等(1999)的研究发现,土壤呼吸与 C/N 成正相关,与全氮成负相关;Meentemeyer (1978)对极地、温带和热带 20 个地点的森林群落的研究表明,N 含量高会降低木质素分解速率。在植物组织和植物类型间的 C/N 变化可达到一个数量级(通常范围为 5~50)(Melillo & Gosz, 1983),变化在很大程度上依赖于实际的碳和氮的相对同化速率(Norby, 1998; Körner, 2000)。

(4) 碳分配过程中的碳氮耦合

植物碳氮分配的变化在生态系统对环境变化的适应过程中起到关键的作用,它影响植物碳同化、呼吸和土壤有机质的分解等一系列过程。在资源饱和的环境中,植物通过调整它们的分配方式以达到最大的生长(Tilman, 1998)。但是在自然环境中,外界的压力总是迫使植物为了获得地下的养分、水分等而使一部分光合产物分配到根系,同时为了获得充足的光照,使一部分光合产物分配到茎秆。因此,分配在植物对多种压力的综合反应中起到重要的作用(Friedlingstein et al, 1999)。植物在叶片、茎秆和根系之间按比例分配碳和氮使碳、水和养分的获取达到一个平衡。在氮的分配中,最优先考虑的是满足叶片和根系的生长需要(Shinozaki et al, 1964)。当叶片的碳同化小于甚至等于呼吸损失时,叶片就会枯萎脱落。当实际的 C/N 比大于最适的 C/N 比时,更多的碳将被分配给根系。研究表明,根冠比随养分的限制而提高(Wilson, 1988; Cannell & Dewar, 1994)。增施氮肥能改变糖类在细根和地上各部分的分配，由于氮的缺乏，每年从净初级生产力分配到细根的碳的比例可能从25%增加到大约60%（Beets & Whitehead, 1996; Runyon et al, 1994）。如果吸收的总氮量能够满足植物碳同化的需要，那么氮就不会影响碳在植物器官中的分配，碳在器官中的分配是由生物物理异速生长（Cao & Woodward, 1998a）和新产物的C/N比共同确定的。但在大气CO_2浓度升高的条件下，叶片中较低的氮就能维持一定的光合能力（Webber et al, 1994）。大田的观测已经证实，通过升高大气中CO_2浓度提高根冠比（Rogers et al, 1996）。

14.2.2 生态系统碳氮耦合关系对全球变化的响应和适应

在全球变化研究中，生态系统碳氮耦合循环对CO_2升高的响应和适应受到了广泛的关注，并且在森林、草地和农田开展了CO_2浓度升高的长期控制试验。大量的研究表明，在大气CO_2浓度升高的情况下，特别是初期，生态系统可能吸收更多的碳（Houghton et al, 1998），但是一些模拟和大田研究对长期稳定、相对较高的CO_2浓度条件是否会使陆地生态系统碳固定增加表示了质疑（Chen et al, 2000; Schlesinger & Lichter, 2001; Luo et al, 2006b）。McGuire等（1995）和Oren等（2001）的研究表明，氮的供应不足有可能会限制在提高大气CO_2浓度的条件下植物光合作用的反应。Poorter和Pérez-Soba（2001）基于实测数据的研究发现，低的营养供应状况在很大程度上降低了由于CO_2浓度升高对植物生长的促进。Hungate等（2003）指出，与养分循环结合的预估和没有考虑养分循环的预估相比显著降低了CO_2的吸收。Luo等（2004）基于不同资料的综合分析，提出了生态系统碳过程对CO_2升高响应的PNL（progressive nitrogen limitation）理论。氮在北部森林生态系统中经常是NPP的一个限制因素（Hobbie et al, 2002），所以在这些生态系统中，由于大气中CO_2浓度升高对NPP的任何有利的影响都可能被限制。此外，当大气的氮沉降和化肥的过量施用导致氮饱和时，也会对植物生长产生负面的影响（Vitousek et al, 1997）。在考虑氮对碳循环的影响后，IBIS模型模拟的1851—2000年间加拿大萨斯喀彻温省（Saskatchewan）的NPP与遥感数据为主要驱动的BEPS模型估算的结果有更好的一致性（Liu et al, 2005）。

IPCC第三次评估报告中的HYBRID、IBIS、LPJ、SDGVM、TRIFFID和VECODE六个模型预测结果显示，在CO_2升高条件下，陆地生态系统可以很快的速度吸收碳而抵消排放出的碳。若仅考虑CO_2排放的话，2100年大气中CO_2的增加可以导致350~890 PgC累积在陆地生态系统内，相当于预测排放量的22%~57%。若同时考虑CO_2和气候的相互作用，则可以累积260~530 PgC，相当于预测排放量的16%~34%。Hungate等（2003）利用与IPCC报告相同的模型对未来CO_2排放情景下的陆地生态系统碳储量增加和氮需求增长的关系进行了预测分析，研究表明，在不改变C/N在植被（200）和土壤（15）比例大小的前提下，若到达IPCC报告中所认为的陆地碳汇的增加量，在单独的CO_2排放下预测需要7.7~37.5 Pg N，考虑CO_2-气候相互作用情况下也需要2.3~16.9 PgN，而估算的结果显示，2100年生态系统中累积氮的变异范围是1.2~6.1 PgN，远小于模型预测的氮需求。另一方面，尽管植被和土壤中的C/N会随着大气CO_2的增加而增大，在短期内形成没有额外N输入下的碳累积增加。这可能是由于土壤会转移部分的N到植被，降低植被中碳增大对N的需要，也可能是植物本身对氮素利用率作出的适应性调整。但是，试验研究表明，CO_2的富集造成土壤C/N增大，分解微生物需要更多的N。这种作用会减少N的矿化，而矿化的N是植被光合作用等生产过程中主要的N源。因此，土壤C/N增大的条件下，生态系统碳库不太可能会大量增加，除非有外部氮源的输入。

碳循环与氮循环是密切联系的统一过程，它们在叶片水平、整个植物水平和生态系统水平上都紧密耦合。在叶片水平上，植物叶片的光合能力和暗呼吸与叶氮含量相联系；在整个植物水平上，叶氮含量与根系对氮的吸收和同化产物的分配有关；在生态系统水平，即大气-植物-土壤连续体（soil-plant-atmosphere continuum, SPAC）中，植物和土壤通过植物光合作用和呼吸作用、植物N的吸收、土壤中凋落碳和氮的输入与分解以及氮矿化和氮沉降等一系列过程相互作用。尽管氮循环对陆地生态系统碳贮量和碳通量的研究非常重要，但是以往的研究更多地注重了CO_2浓度、温度和水分等物理因子的影响，同时由于对其机制过程的相对模糊，目前关于氮对碳循环影响的认识仍然十分有限。

14.2.3 碳氮相互作用的模型研究现状与存在问题

(1) 生态系统碳模型的研究现状

自从工业革命以来,人类活动已经明显地从区域和全球尺度上改变了碳(Houghton & Woodwell, 1989; IPCC, 2001, 2007)和氮(Galloway et al, 2004)的生物地球化学循环。在过去的十几年间,有关碳的陆地生物地球化学模型发展非常迅速。这些生物地球化学模型被广泛用于评价和预估全球变化(CO_2,温度升高等)背景下区域性(Raich et al, 1991; McGuire et al, 1992; VEMAP Members, 1995; Bousquet et al, 2000)或全球性能量收支、水分循环、初级生产力和碳循环(Melillo et al, 1993; Schimel et al, 1996; Cao & Woodward, 1998a, b),并有很多被应用于评价和预估全球陆地生物圈初级生产力和碳循环的过去、现在和未来格局变化(Schimel et al, 1996; Melillo et al, 1996; Cao & Woodward, 1998b)。

目前,由于对很多碳循环内部过程和机制仍然不清楚,因此对全球碳循环的认识还非常有限(李克让,2002)。尤其在CO_2浓度上升及气候变化条件下陆地生态系统的响应和生态系统的反馈作用,以及土地利用和土地覆盖变化等方面的研究还有很大的不确定性(汪业勖和赵士洞,1998;陈广生和田汉勤,2007)。而产生这种不确定性的主要原因之一就是生态系统中氮素的供应状态(Hungate et al, 2003; Liu et al, 2005),缺乏对氮素限制作用及其机制的理解,夸大了陆地生物圈减缓CO_2上升的潜力。因此要正确评价和预估目前和未来气候变化条件下的碳循环,在碳的生物地球化学模型中充分考虑氮循环的影响非常重要。

(2) 碳同化过程中考虑氮限制的模型分类及存在问题

当前,人类对全球碳循环和氮循环的影响已经超过了对陆地上其他主要元素的生物地球化学循环过程的影响,然而生态系统的碳循环对迅速变化的氮循环是如何反应的,我们的预估能力依然很弱(Asner et al, 2001)。因此在碳的同化过程中考虑氮循环的影响对于减少碳循环和碳蓄积研究中的不确定性十分重要。从氮循环的角度出发,根据碳氮相互作用模型的现状,可以把在碳同化过程中考虑氮素限制的生态系统碳模型分为三类(Liu et al, 2005):

① 静态模型

这类模型的主要特点是把土壤肥力水平或叶氮含量作为一个常数。在这类模型中,生理过程模型驱动的NPP由物理环境变量决定,但通常忽略了整个生态系统的氮收支。这类模型可以成功应用于已知土壤肥力状况或叶氮含量地区的NPP估算。3PG模型(Landsberg et al, 1997)、SiB2(Sellers et al, 1996)、CARAIB(Warnant et al, 1994)和BIOME3(Haxeltine, 1996)是这种模型的代表。但是,由于陆地生态系统的高度异质性,在大尺度研究中将土壤肥力水平或叶氮含量作为一个常数往往是不适宜的,因此这类模型更适于在站点和肥力状况变化不大的小尺度地区应用,在区域和全球尺度上会产生很大的不确定性。

② 土壤氮限制模型

这类模型通常需要一个潜在的NPP(没有氮素限制)以及一个基于植物氮需求和土壤氮的可给性的氮限制因子。这个限制因子是按比例缩小潜在的NPP和实际的NPP,它用一个具体的生物量的C/N驱动新的生物量生产。这些模型能够保持稳定的生态系统氮收支,利用土壤氮的可给性的动态变化来使模拟的NPP属于合理的范围。CENTRY模型(Parton et al, 1987; Schimel et al, 1996)即属于这类模型。此类模型的一个简单化是把叶氮含量作为一个常数或者把光合作用的氮调节作为一个黑匣子。因此这类模型虽然考虑了动力学的土壤氮素对NPP的影响,但是在叶氮含量对光合的影响方面的考虑不足。

③ 叶氮限制模型

这类模型与动力学的土壤氮限制模型相似,其特色是用叶片氮水平对NPP进行调节。通常方法是利用相对叶氮浓度成比例缩小叶片/冠层的NPP或最大Rubisco羧化能力,一般最大羧化速率(v_{max})按Farquhar等(1980)等的方法计算。如INTEC模型(Chen et al, 2000)。Dickinson等(2002)的研究认为,最大的光合速率应与叶片中的非结构性的氮的浓度有关。Woodward等(1995)则通过叶片吸收的氮素(N)对最大的光饱和时光合速率(A_{max})进行调节。另外,这种类型的模型还包括HYBRID(Friend et al, 1997)、FORESTBGC和BIOME-BGC(Running & Coughlan, 1988; Running & Gower, 1991)、BEPS(Chen et al, 1999)和CLASS

(Verseghy et al, 1993)由 Wang 等(2001)修改后的模型。

14.2.4 生态系统碳氮耦合研究的方向

氮影响植物光合、有机质分解、同化产物的分配以及生态系统对大气 CO_2浓度升高的响应等多方面生态过程,氮的任何变化都可能导致碳贮量和碳通量的变化。鉴于当前的研究现状,今后应加强以下两个方面的研究。

(1) 加强对碳氮耦合的综合研究工作

氮循环与碳循环虽然密切相关,但以往的研究更多注重的是 CO_2浓度升高和温度等气候要素对碳循环的影响,对碳、氮耦合以及氮和其他影响因子交互作用的研究较少,尤其是氮和其他因子交互作用对碳循环的影响研究还不多见。实际上,通过试验、遥感和模型模拟的结合,可对交互作用的机制进行研究(Canadell et al, 2000)。一个可供选择的方法是获得模型对一个单一因子反应的全面理解,依据这一理解来获得交互作用的机制与过程(Norby & Luo, 2004)。因此,要加强氮对碳循环影响的模型研究,必须要加强氮素对碳循环影响的试验研究工作。模型参数的获取主要通过不同尺度系统的试验观测数据。此外,模型模拟结果的可靠程度需要通过试验观测进行检验,而模型改进的基础也来自观测试验。因此,观测试验研究工作应进一步加强。

(2) 建立动态的碳氮耦合循环模型

如上所述,从目前碳模型的研究现状来看,一些模型没有考虑氮的影响,另外一些模型虽然考虑了氮对碳循环的影响,但多数只包括简单过程,或将氮作为常数处理,事实上,氮碳循环密切相关,它们在相互作用和相互影响的过程中发生着复杂的变化。因此,建立动态的氮素对碳循环影响的模型势在必行。此外,由于植物碳氮组成变化还受人类活动的影响,与人类的生活和健康密切相关(IPCC, 2007)。因此,目前迫切需要建立考虑人类活动影响的动态的碳氮耦合循环模型,为更加准确可靠地预估过去、现在和未来陆地生态系统的碳收支提供有力的支持。

14.3 结论与展望

在陆地生态系统多过程间的耦合关系对气候变化的响应和适应研究中,以生态系统碳循环为中心的碳水耦合和碳氮耦合已经受到了广泛的关注。围绕光合作用-气孔行为-蒸腾作用的关系和陆地生态系统碳平衡对氮循环的响应,在水分利用效率的保守性和变异性、陆地生态系统碳循环的氮限制以及生态系统碳水耦合和碳氮耦合循环模型等方面均取得了较大的进展。但由于生态系统的碳、水循环与氮素代谢具有复杂的、非线性的耦合关系,并与环境因子之间存在各种复杂的响应和反馈关系,同时,这种耦合关系的变化无疑会对生态系统的服务功能产生重要影响。因此,亟待开展陆地生态系统的碳、氮、水耦合循环的综合观测,深化对生态系统多过程间耦合关系对气候变化的响应和适应的认知,为进行陆地生态系统的碳、氮、水循环和生态系统管理提供理论依据。

14.3.1 陆地生态系统的碳、氮、水耦合循环的综合观测

生态系统碳、氮、水和能量通量观测为评价不同时空尺度生态系统碳氮水循环和能量平衡特征及其生物物理学和环境控制机制提供了重要的和直接的研究数据。同时,生态系统碳、氮、水循环机制与过程模型的改进,区域尺度碳源或碳汇特征的遥感估算都在极大程度上依赖于通量观测所提供的高质量数据资源。由于控制陆地生态系统与大气之间 CO_2、氮、水汽和能量交换的物理和生物过程的复杂性,准确阐明生态系统碳、氮、水平衡的控制机制,评价区域尺度上碳、氮、水平衡的时空变异性,需要在不同类型的生态系统开展以碳氮水通量为核心、结合稳定性同位素测定和生理生态学调查的综合观测。因此,全球变化科学研究十分注重生态系统碳、氮、水循环和食物以及人类与环境的相互作用研究,特别是国家或大洲尺度的生态系统碳、氮、水的生物地球化学过程对气候变化的区域响应。因此,在几乎所有的有关全球变化科学的研究计划中都把生物圈与大气圈之间的二氧化碳、水汽和氮的交换过程及其相互作用关系作为研究计划的核心内容。

近年来,我国的生态系统碳循环研究工作取得了很大进展,但是,迄今的研究工作都还没有涉及生态系统碳循环、氮素代谢与水循环过程的耦合关系,还没有涉及生物圈各种代谢过程的多尺度、多过程的融合及其综合集成分析等科学问题。现阶段迫切需要以生态水、碳、氮循环的耦合过程为对象,采用多过程、多尺度的综合观测、联网对比研究与控制试验相结合的方法,从生态系统和区域尺度上综合认识水、碳、氮循环过程的耦合关系及其相互作用机制,以实现对这些过程变化的成功模拟和科学预测(于贵瑞和孙晓敏,2006)。

14.3.2　陆地生态系统的碳、氮、水循环和生态系统管理

在全球变化和陆地生态系统研究过程中,人们广泛意识到进行生态系统管理的重要性。全球或区域尺度的生态系统管理研究的目的是,要通过对不同类型和不同尺度生态系统的有效管理,维持有序的生态系统水循环、养分(氮)循环、碳循环和生物进化等关键生态学过程,保护物种(基因)和生态系统的多样性,维持生态系统的可持续生产力和环境服务功能的产出(于贵瑞,2004)。所以,陆地生态系统管理必须深入理解生态系统的水循环、养分循环、碳循环和生物进化等生态学过程的机制与动态行为,在此基础上提出生态系统的水、养分(氮)、碳和生物管理的策略和技术,为解决全球气候变化、生物多样性和社会可持续发展等重大问题提供科学依据或管理策略。合理的生态系统碳管理、水管理与氮管理,需要对不同尺度生态系统的碳循环、水循环与氮循环过程机制及其耦合关系的深入理解,获取生态系统碳、氮、水循环通量等生态信息,科学管理数据资源和基于生态学过程的模型开发,评价生态系统碳、氮、水过程对全球变化的响应和适应,探讨不同尺度和不同类型的生态系统管理的技术策略与效果(图 14.7)。

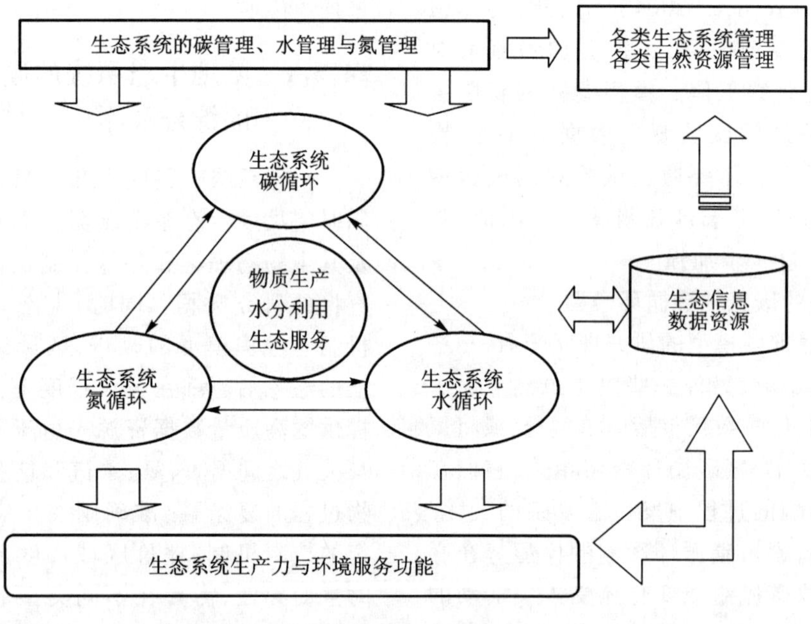

图 14.7　生态系统碳、氮、水循环与生态系统管理

Figure 14.7 Framework of integrated management on the coupling cycles of ecosystem carbon, water and nitrogen

参考文献

陈广生,田汉勤. 2007. 土地利用/覆盖变化对陆地生态系统碳循环的影响. 植物生态学报, 31(2): 189-220.

陈世苹,白永飞,韩兴国. 2002. 稳定性碳同位素技术在生态学研究中的应用. 植物生态学报, 26(5): 549-560.

黄昌勇. 2000. 土壤学. 北京: 中国农业出版社, 311.

蒋高明，何维明. 1999. 毛乌素沙地若干植物光合作用、蒸腾作用和水分利用效率种间及生境间差异. 植物学报，41(10)：1 114-1 124.

李俊，于沪宁，刘苏峡. 1997. 冬小麦水分利用效率及其环境影响因素分析. 地理学报，52(6)：551-560.

李克让. 2002. 土地利用变化和温室气体排放与陆地生态系统碳循环. 北京：气象出版社，310.

牛书丽. 2004. 浑善达克沙地优势豆科植物光合生理特性研究. 中国科学院植物研究所博士学位论文.

渠春梅，韩兴国，苏波，等. 2001. 云南西双版纳片断化热带雨林植物叶片 $\delta^{13}C$ 值的特点及其对水分利用效率的指示. 植物学报，43(2)：186-192.

苏波，韩兴国，李凌浩，等. 2002. 中国东北样带草原区植物 $\delta^{13}C$ 值及水分利用效率对环境梯度的响应. 植物生态学报，24(6)：648-655.

汪业勖，赵士洞. 1998. 陆地碳循环研究中的模拟方法. 应用生态学报，9(6)：658-664.

王会肖，刘昌明. 2003. 作物光合、蒸腾与水分高效利用的试验研究. 应用生态学报，14(10)：1 632-1 636.

王建林. 2004. 作物叶片光合作用模型研究. 沈阳农业大学博士学位论文.

王秋凤. 2005. 陆地生态系统水-碳耦合循环的生理生态机制及其模拟研究. 中国科学院地理科学与资源研究所博士学位论文.

徐克章. 1995. 水稻开花后叶片含氮量与光合作用的动态变化及其关系. 作物学报，21(2)：171-175.

于贵瑞，孙晓敏. 2006. 陆地生态系统通量观测的原理与方法. 北京：高等教育出版社，508.

于强，王天铎. 1998. 光合作用-蒸腾作用-气孔导度的耦合模型及 C_3 植物叶片对环境因子的生理响应. 植物学报， 40(8)：740-754.

张新时，杨奠安. 1995. 中国全球变化样带的设置与研究. 第四纪研究，1：43-52.

赵平，曾小平，彭少麟，等. 2000. 海南红豆夏季叶片气孔交换、气孔导度和水分利用效率的日变化. 热带亚热带植物学报，8(1)：35-42.

郑有飞，万长建，颜景义，等. 1997. 小麦的水分利用效率及其最优化问题. 中国农业气象，18(4)：13-17.

Abbate P E, Dardanelli J L, Cantarero M G, et al. 2004. Climatic and water availability effects on water-use efficiency in wheat. Crop Science, 44: 474-483.

Allen L H, Pan J D, Boote K J, et al. 2003. Carbon dioxide and temperature effects on evapotranspiration and water use efficiency of soybean. Agronomy Journal, 95: 1 071-1 081.

Amthor J S. 1994. Scaling CO_2-photosynthesis relationships from the leaf to the canopy. Photosynthesis Research, 39: 321-350.

Anderson J E, Williams J, Kriedemann P E, et al. 1996. Correlations between carbon isotope discrimination and climate of native habitats for diverse eucalypt taxa growing in a common garden. Australian Journal of Plant Physiology, 23: 311-320.

Anten N P R, Schieving F, Werger M J A. 1995. Patterns of light and nitrogen distribution in relation to whole canopy carbon gain in C_3 and C_4 mono- and dicotyledonous species. Oecologia, 101: 504-513.

Anten N P R, Werger M J A, Medina E. 1998. Nitrogen distribution and leaf area indices in relation to photosynthetic nitrogen use efficiency in savanna grasses. Plant Ecology, 138: 63-75.

Asner G P, Townsend A R, Riley W, et al. 2001. Physical and biogeochemical controls of terrestrial ecosystems responses to nitrogen deposition. Biogeochemistry, 54: 1-39.

Baker J T, Allen L H, Boote K J, et al. 1996. Assessing rice response to global climatic change: CO_2 and temperature//Koch GW, Mooney H A: Carbon Dioxide and Terrestrial Ecosystem. San Diego: Academic Press, 265-282.

Baldocchi D D, Harley P C. 1995. Scaling carbon dioxide and water vapour from leaf to canopy in a deciduous forest. II. Model testing and application. Plant, Cell and Environment, 18: 1 157-1 173.

Baldocchi D D, Hutchison B A, Matt D R, et al. 1985. Canopy radiative transfer models for spherical and known leaf inclination distribution angles: A test in an oak-hickory forest. Journal of Applied Ecology, 22: 539-555.

Baldocchi D D. 1997. Measuring and modeling carbon dioxide and water vapor exchange over a temperate broadleaved forest during the 1995 summer drought. Plant Cell Environment, 20: 1 108 -1 122.

Ball J T, Woodrow I E, Berry J A. 1987. A model predicting stomatal conductance and its contribution to the control of photosynthesis under different environmental conditions. //Binggins I. Progress in Photosynthesis Research. Netherlands: Martinus Nijhoff Publishers, 221-224.

Ball M C, Critchley C. 1982. Photosynthetic responses to irradiance by the grey mangrove, Aviccrtnia marina, grown under different light regime. Plant Physiology, 70: 1 101-1 106.

Beets P N, Whitehead D. 1996. Carbon partitioning in *Pinus radiata* stands in relation to foliage nitrogen status. Tree Physiology, 16: 139-144.

Berbigier P, Bonnefond J M, Mellmannb P. 2001. CO_2 and water vapour fluxes for 2 years above Euroflux forest site. Agricultural and Forest Meteorology, 108: 183-197.

Bousquet P, Peylin P, Ciais P, et al. 2000. Regional changes in carbon dioxide fluxes of land and oceans since 1980. Science, 290: 1 342-1 346.

Broecker W S, Takahashi T, Simpson L G, et al. 1979. Fate of fossil fuel carbon dioxide and the global carbon budget. Science, 206: 409-418.

Brooks A, Farquhar G D. 1985. Effect of temperature on the CO_2/O_2 specificity of rebulose-1, 5-bisphosphate carboxylase/oxygenase and the rate of respiration in the light. Planta, 165: 397-406.

Brooks J R, Flanagan L B, Buchmann N, et al. 1997. Carbon isotope composition of boreal plants functional grouping of life forms. Oecologia, 110: 301-311.

Canadell J G, Mooney H A, Baldocchi D D, et al. 2000. Carbon metabolism of the terrestrial biosphere: A multitechnique approach for improved understanding. Ecosystems, 3: 115-130.

Cannell M G R, Dewar R C. 1994. Carbon allocation in trees: a review of concepts for modeling. Advances in Ecological Research, 25: 59-104.

Cao M K, Woodward F I. 1998a. Dynamic responses of terrestrial ecosystem carbon cycling to global climate change. Nature, 393: 249-252.

Cao M K, Woodward F I. 1998b. Net primary and ecosystem production and carbon stocks of terrestrial ecosystems and their response to climatic change. Global Change Biology, 4: 185-198.

Caspari H W, Green S R, Edwards W R N, et al. 1993. Transpiration of well-watered and water-stressed Asian pear trees as determined by Lysimetry Heat-pulse and estimated by a Penman-Monteith model. Agricultural and Forest Meteorology, 67: 13-27.

Chabot B F, Hicks D J. 1982. The ecology of leaf life spans. Annual Review of Ecology and Systematics, 13: 229-259.

Chen W, Chen J M, Cihlar J. 2000. An integrated terrestrial ecosystem carbon-budget model based on changes in disturbance, climate, and atmospheric chemistry. Ecological Modelling, 135: 55-79.

Chen J M, Liu J, Cihlar J, et al. 1999. Daily canopy photosynthesis model through temporal and spatial scaling for remote sensing applications. Ecological Modelling, 124: 99-119.

Coley P O. 1988. Effects of plant growth rate and leaf lifetime on the amount and type of antiherbivore defense. Oecologia, 74: 531-536.

Collatz G J, Ball J T, Grivet T C, et al. 1991. Physiological and environmental regulation of stomatal conductance, photosynthesis and transpiration: a model that includes a laminar boundary layer. Agricultural and Forest Meteorology, 54: 107-136.

Collatz G J, Ribas-Carbo M, Berry J A. 1992. Coupled physiological-stomatal conductance model for leaves C_4 plants. Australian Journal of Plant Physiology, 19: 519-538.

Condon A G, Farquhar G D, Richards R A. 1990. Genotypic variation in carbon isotope discrimination and transpiration efficiency in wheat. Leaf gas exchange and whole plant studies. Australian Journal of Plant Physiology, 17: 9-22.

Cowan I R. 1977. Stomatal behavior and environment. Advances in Botanical Research, 4: 117-228.

Cowan I R, Farquhar G D. 1977. Stomatal function in relation to leaf metabolism and environment. Symposia of the Society for Experimental Biology, 31: 471-505.

Curtis P S. 1996. A meta-analysis of leaf gas exchange and nitrogen in trees grown under elevated carbon dioxide. Plant, Cell and Environment, 19: 127-137.

Davison T E, Mambelli S, Plamboeck A H, et al. 2002. Stable isotopes in plant ecology. Annual Review of Ecology and Systematics, 33: 507-555.

de Pury D G G , Farquhar G D. 1997. Simple scaling of photosynthesis from leaves to canopies without the errors of big-leaf models. Plant, Cell and Environment, 20:

537-557.

Dettori S. 1985. Leaf potential, stomatal resistance and transpiration response to different watering almond, peach and " pixty " plum. Acta Horticulturae, 171: 181-186.

Dewar R C. 1997. A simple model of light and water use evaluated for *Pinus radiate*. Tree Physiology, 17: 259-265.

Dickinson R E, Berry J A, Bonan G B, et al. 2002. Nitrogen controls on climate model evapotranspiration. Journal of Climate, 15: 278-295.

Donovan L A, Ehleringer J R. 1991. Ecophysiological differences among juvenile and reproductive plants of several woody species. Oecologia, 86: 594-597.

Fan S M, Goulden M L, Munger J W, et al. 1995. Environmental controls on the photosynthesis and respiration of a boreal lichen woodland: A growing season of whole-ecosystem exchange measurements by eddy correlation. Oecologia, 102: 443-452.

Farquhar G D, Sharkey T D. 1982. Stomatal conductance and photosynthesis. Annual Review of Plant Physiology, 33: 317-345.

Farquhar G D, von Caemmerer S, Berry J A. 1980. A biochemical model of photosynthetic CO_2 assimilation in leaves of C_3 species. Planta, 149: 78-90.

Farquhar G D, Buckley T N, Miller J M. 2002. Optimal stomatal control in relation to leaf area and nitrogen content. Silva Fennica, 36: 625-637.

Farquhar G D, Ehleringer J R, Hubick K T. 1989. Carbon isotope discrimination and photosynthesis. Annual Review of Plant Physiology, 40: 503-537.

Field C B, Lund C P, Chiariello N R, et al. 1997. CO_2 effects on the water budget of grassland microcosm communities. Global Change Biology, 3: 197-206.

Francey R J, Farquhar G D. 1982. An explanation of $^{13}C/^{12}C$ in tree rings. Nature, 297: 28-31.

Freedman J M, Firzjarrald D R, Moore K E, et al. 2001. Boundary layer clouds and vegetation-atmosphere feedbacks. International Journal of Climatology, 14: 180-197.

Friedlingstein P, Joel G, Field C B, et al. 1999. Toward an allocation scheme for global terrestrial carbon models. Global Change Biology, 5: 755-770.

Friend A D, Stevens A K, Knox R G, et al. 1997. A process-based, terrestrial biosphere model of ecosystem dynamics (Hybrid 3.0). Ecological Modelling, 95: 249-287.

Galloway J N, Dentener F J, Capone D G, et al. 2004. Nitrogen cycles: past, present, and future. Biochemistry, 70: 153-226.

Galloway J N, Aber J D, Erisman J W, et al. 2003. The nitrogen cascade. Bioscience, 53: 341-356.

Global Carbon Project. 2003. Science framework and implementation. Earth system science partnership (IGBP, IHDP, WCRP, DIVERSITAS) Report No. 1, Global Carbon Project report No. 1, 68, Canberra.

Goulden M L, Daube B C, Fan S M, et al. 1997. Physiological responses of a black spruce forest to weather. Journal of geophysical research, 102:28 987-28 996.

Grower S T, Richards J H. 1990. Larches: deciduous conifers in an evergreen world. Bioscience, 40: 825-826.

Gu L, Fuentes J D, Shugart H H, et al. 1999. Responses of net ecosystem exchanges of carbon dioxide to changes in cloudiness: Results from two North American deciduous forests. Journal of Geophysical Research, 31 421-31 434.

Guehl J M, Picon C, Aussenac G, et al. 1994. Interactive effects of elevated CO_2 and soil drought on growth and transpiration efficiency and its determinants in two European forest tree species. Tree Physiology, 14: 707-724.

Ham J M, Owensby C E, Coyne P I, et al. 1995. Fluxes of CO_2 and water vapor from a prairie ecosystem exposed to ambient CO_2 and elevated atmospheric CO_2. Agricultural and Forest Meteorology, 77: 73-93.

Hanba Y T, Kogami H, Terashima I. 2002. The effect of growth irradiance on leaf anatomy and photosynthesis in Acer species differing in light adaptation. Plant, Cell and Environment, 25: 1 021-1 030.

Harley P C, Thomas R B, Reynolds J F, et al. 1992. Modeling photosynthesis of cotton grown in elevated CO_2. Plant, Cell and Environment, 15: 271-282.

Harley P C, Weder J A, Gates D M. 1985. Interactive effects of light, leaf temperature, CO_2 and O_2 on photosynthesis in soybean. Planta, 165: 249-263.

Hatton T J, Walker J, Dawes W R, et al. 1992. Simulation of hydro-ecological responses to elevated CO_2. Plant, Cell and Environment, 15: 217-282.

Haxeltine A, Prentice I C. 1996. BIOME3: an equilibrium terrestrial biosphere model based on ecophysiological constraints, resource availability and competition among plant functional types. Global Biogeochemical Cycles, 10: 693-709.

Healy K D, Richer K G, Hammer G L, et al. 1998. Radiation use efficiency increases when the diffuse component of incident radiation is enhanced. Australian Journal of Agricultural Research, 49: 665- 672.

Heping Z, Lester P S, James I L M, et al. 1997. Estimation of transpiration by singles trees: comparison of sap flow measurements with a combination equation. Agricultural and Forest Meteorology, 87: 155-169.

Hessen D O, Agren G I, Anerson T R, et al. 2004. Carbon sequestration in ecosystems , the role of stoichiometry. Ecology, 85: 1 179-1 192.

Hirose T, Werger M J A. 1987. Maximizing daily canopy photosynthesis with respect to the leaf nitrogen allocation pattern in the canopy. Oecologia, 72: 520-526.

Hobbie S E, Nadelhoffer K J, Höogberg P. 2002. A synthesis: the role of nutrients as constraints on carbon balances in boreal and arctic regions. Plant and Soil, 242: 163-170.

Hollinger D Y, Kelliher F M, Byers J N, et al. 1994. Carbon dioxide exchange between an undisturbed old-growth temperate forest and the atmosphere. Ecology, 75: 134 -150.

IPCC. 2001. Climate Change 2001: The Scientific Basis//Houghton J T, Ding Y, Griggs D J, et al. Contribution of Working Group I to the Third Assessment Report of the Intergovernmental Panel on Climate Change. Cambridge, United Kingdom and New York, NY, USA: Cambridge University Press, 881.

IPCC. 2007. Climate Change 2007: Synthesis Report// Core Writing Team, Pachauri R K, Reisinger A. Contribution of Working Groups I, II and III to the Fourth Assessment Report of the Intergovernmental Panel on Climate Change. Geneva, Switzerland: IPCC, 104.

Houghton R A, Davidson E A, Woodwell G M. 1998. Missing sinks, feedbacks, and understanding the role of terrestrial ecosystems in the global carbon balance. Global Biogeochemical Cycles, 12: 25-34.

Houghton R A, Woodwell G M. 1989. Global climatic change. Scientific American, 260: 36-47.

Hubick K T, Farquhar G D. 1989. Carbon isotope discrimination and the ratio of carbon gained to water lost in barley cultivars. Plant, Cell and Environment, 12: 795-804.

Hungate B A, Dukes J S, Shaw M R, et al. 2003. Nitrogen and Climate Change. Science, 302, 1 512-1 513.

Huxman T E, Smith M D, Fay P A, et al. 2004. Convergence across biomes to a common rain-use efficiency. Nature, 429: 651-654.

IGBP. 1995. Terrestrial Transects: Science Plan. Report, The IGBP No. 36.

Jackson R B, Sala O E, Field C B, et al. 1994. CO_2 alters water use, carbon gain, and yield for the dominant species in a natural grassland. Oecologia, 98: 257-262.

Jarvis P J. 1976. The interpretation of the variations in leaf water potential and stomatal conductance found in canopies in the field. Phil Trans R Soc Lond B, 273: 593-610.

Jarvis P G, McNaughton K G. 1986. Stomatal control of transpiration: scaling up from leaf to region. Advances in Ecological Research, 15: 1-19.

Ji J J. 1995. A climate-vegetation interaction model: simulating physical and biological processes at the surface. Journal of Biogeography, 22: 2 063-2 068.

Liu J, Chen J M, Cihlar J, et al. 1997. A process-based boreal ecosystem productivity simulator using remote sensing input. Remote Sensing Environment, 62: 158-175.

Jones H G. 1998. Stomatal control of photosynthesis and transpiration. Journal of Experimental Botany, 49: 387-398.

Katul G, Leuning R, Oren R. 2003. Relationship between plant hydraulic and biochemical properties derived from a steady-state coupled water and carbon transport model. Plant Cell Environ, 26: 339-350.

Kimball B A, Mauney J R, Nakayama F S, et al. 1993. Effects of increasing atmospheric CO_2 on vegetation. Vegetation, 104/105: 65-75.

Knapp A K, Smith W K, Young D R. 1989. Importance of intermittent shade to the ecophysiology of subalpine herbs. Functional Ecology, 3: 753-758.

Körner C. 2000. Biosphere responses to CO_2 enrichment. Ecological Applications, 10, 1 590-1 619.

Korol R L, Kirschbaum M U F, Farquhar G D, et al. 1999. Effects of water status and soil fertility on the C-isotope signature in *Pinus radiata*. Tree Physiology, 19: 551-562.

Landsberg J J, Waring R H. 1997. A generalized model of forest productivity using simplified concepts of radiation-use efficiency, carbon balance and partitioning. Forest Ecology and Management, 95: 209-228.

Law B E, Falge E, Gu L, et al. 2002. Environmental controls over carbon dioxide and water vapor exchange of terrestrial vegetation. Agricultural and Forest Meterology, 113: 97-120.

Leffler A J, Enquist B J. 2002. Carbon isotope composition of tree leaves from dry tropical forests of Guanacaste, Costa Rica: Comparison across tropical ecosystems and tree life history. Journal of Tropical Ecology, 18: 151-159.

Leuning R, Kelliher F M, de Pury D G G, et al. 1995. Leaf nitrogen, photosynthesis, conductance and transpiration: scaling from leaves to canopies. Plant, Cell and Environment, 18: 1 183-1 200.

Leuning R. 1995. A critical appraisal of a combined stomatal-photosynthesis model for C_3 plants. Plant, Cell and Environment, 18: 339-355.

Leuning R. 1990. Modeling stomatal behavior and photosynthesis of *Eucalyptus grandis*. Australian Journal of Plant Physiology, 17: 159-175.

Lin G, Sternberg L S L. 1992. Effect of growth form, salinity, nutrient and sulfide on photosynthesis, carbon isotope discrimination and growth of red mangrove (*Rhizophora mangle* L.). Australian Journal of Plant Physiology, 19: 509-517.

Lindroth A, Cienciala E. 1996. Water use efficiency of short-rotation *Salix viminalis* at leaf, tree and stand scales. Tree Physiology, 16: 257-262.

Liu J X, Price D T, Chen J M. 2005. Nitrogen controls on ecosystem carbon sequestration: a model implementation and application to Saskatchewan, Canada. Ecological modeling, 186: 178-195.

Lloyd J. 1991. Modelling stomatal responses to environment in *Macadamia integrifolia*. Australian Journal of Plant Physiology, 18: 649-660.

Lloyd J, Wong S C, Styles J M, et al. 1995. Measuring and modelling whole-tree gas exchange. Australian Journal of Plant Physiology, 22: 987-1 000.

Luo Y Q, Field C B, Jackson R B. 2006b. Does nitrogen constrain carbon cycling, or does carbon input stimulate nitrogen cycling. Ecology, 87: 3-4.

Luo Y Q, Hui D, Zhang D Q. 2006a. Elevated CO_2 stimulates net accumulations of carbon and nitrogen in land systems: a meta-analysis. Ecology, 87: 53-63.

Luo Y Q, Su B, Currie W S, et al. 2004. Progressive nitrogen limitation of ecosystem responses to rising atmospheric carbon dioxide. Bioscience, 54: 731-739.

Luo Y, Medlyn B, Hui D, et al. 2001. Gross primary productivity in Duke Forest: Modeling synthesis of CO_2 experiment and eddy-flux data. Ecological applications, 11: 239-252.

Maroco J P, Pereira J S, Chaves M M. 1997. Stomatal responses to leaf-to-air vapour pressure deficit in Shahelian species. Austrlian Journal of Plant Physiology, 24: 383-387.

Marshall J D, Zhang J. 1994. Carbon isotope discrimination and water-use efficiency in native plants of the north-central Rockies. Ecology, 75: 1 887-1 895.

McGroddy M E, Daufresne T, Hedin L O. 2004. Scaling of C : N : P stoichiometry in forests worldwide: implications of terrestrial Redfield-type ratios. Ecology, 85: 2 390-2 401.

McGuire A D, Melillo J M, Joyce L A, et al. 1992. Interactions between carbon and nitrogen dynamics in estimating net primary productivity for potential vegetation in North America. Global Biogeochemical Cycles, 6: 101-124.

McGuire A D, Melillo J M, Joyce L A. 1995. The role of nitrogen in the response of forest net primary production to elevated atmospheric carbon dioxide. Annual Review of Ecology and Systematics, 26: 473-503.

McMurtrie R E, Leuning R, Thompson W A, et al. 1992. A model of canopy photosynthesis and water use incorporating a mechanistic formulation of leaf CO_2 exchange. Forest Ecological Management, 52: 261-278.

McNaughton K G, Jarvis P G. 1983. Predicting effects of vegetation changes on transpiration and evaporation// Kozlowski T T. Water Deficit and Plant Growth. New York: Academic Press, 7, 1-47.

Meentemeyer V. 1978. An approach to the biometeorology of decomposer organisms. International Journal of Biometeorology, 22: 94-102.

Melillo J M, Gosz J R. 1983. Interactions of biogeochemical cycles in forest ecosystems//Bolin B, Cook R B. The major biogeochemicalcycles and their interactions. New York: John Wiley and Sons, 177-222.

Melillo J M, McGuire A D, Kicklighter D W, et al. 1993. Productivity response of climax temperate forests to elevated temperature and carbon dioxide: a North American comparison between two global models. Climate Change, 24: 287-310.

Miller J M, Williams R J, Farquhar G D. 2001. Carbon isotope discrimination by a sequence of *Eucalyptus* species along a subcontinental rainfall gradient in Australia. Functional Ecology, 15: 222-232.

Monson R K, Turnipseed A A, Sparks J P, et al. 2002. Carbon sequestration in a high-elevation, subalpine forest. Global Change Biology, 8: 459-478.

Mooney H A, Gulmon S L. 1982. Constraints on leaf structure and functions in reference to herbivory. Bioscience, 32: 198-206.

Moore D J, Nowak R S, Tausch R J. 1999. Gas exchange and carbon isotope discrimination of *Juniperus osteosperma* and *Juniperus occidentalis* across environmental gradients in the Great Basin of western North America. Tree Physiology, 19: 421-433.

Moorhead D L, Reynolds J F. 1991. A general model of litter decomposition in the northern Chihuahuan desert. Ecological Modelling, 56: 197-219.

Moren A S, Lindroth A, Grelle A. 2001. Water-use efficiency as a means of modelling net assimilation in boreal forests. Trees Structure and Function, 15: 67-74.

Niklińska M, Maryański M, Laskowski R. 1999. Effect of temperature on humus respiration rate and nitrogen mineralization: implication for global climate change. Biogeochemistry, 44: 239-257.

Nobel P S. 1991. Achievable productivities of certain CAM plants: Basis for high values compared with C_3 and C_4 plants. New Phytologist, 119: 183-205.

Norby R J, Luo Y Q. 2004. Evaluating ecosystem responses to rising atmospheric CO_2 and global warming in a multi-factor world. New Phytologist,162: 281-293.

Norman J M. 1993. Scaling processes between leaf and canopy levels//Ehleringer J R, Field C B. Scaling Physiological Processes: Leaf to Globe. San diego, CA: Academic Press.

Oren R R, Ellsworth D S, Johnsen K H, et al. 2001. Soil fertility limits carbon sequestration by forest ecosystems in a CO_2- enriched atmosphere. Nature, 469-472.

Osmond C B, Björkman O, Anderson D J. 1980. Physiological processes in plant ecology: Toward a synthesis with Atriplex. Ecological Studies, 36:468.

Parton W J, Schimel D S, Cole C V, et al. 1987. Analysis of factors controlling soil organic matter levels in Great Plains grasslands. Soil Science Society of America Journal, 51: 1 173-1 179.

Pearcy R W, Gross I J, He D. 1997. An improved dynamic model of photosynthesis for estimation of carbon gain in sunfleck light regimes. Plant, Cell and Environment, 20: 411-424.

Pitman A J. 2003. The evolution of, and revolution in, land surface schemes designed for climate models. International Journal of Climatology, 23: 479-510.

Poorter H, Pérez-Soba M. 2001. The growth response of plants to elevated CO_2 under non-optimal environmental conditions. Oecologia, 129: 1-20.

Raich J W, Rastetter E B, Melillo J M, et al. 1991. Potential net primary productivity in South America: application of a global model. Ecological Applications, 1: 399-429.

Rastetter E B, Ryan M G, Shaver G R, et al. 1991. A general biogeochemical model describing the responses of the C and N cycles in terrestrial ecosystems to changes in CO_2, climate, and N deposition. Tree Physiology, 9: 101-126.

Raven J A, Handley L L, Andrews M. 2004. Global aspects of C/N interactions determining plant-environemnt interactions. Journal of Experimental Botany, 55: 11-25.

Read J J, Johnson D A, Asay K H, et al. 1991. Carbon isotope discrimination, gas exchange, and water use efficiency in crested wheat grass clones. Crop Science, 31: 1 203-1 208.

Redfield A C. 1958. The biological control of chemical factors in the environment. American Scientist, 46: 205-221.

Reich P B, Walters M B, Ellsworth D S. 1997. From tropics to tundra: global convergence in plant functioning. Proceedings of the National Academy of Sciences of the USA, 94: 13 730-13 734.

Reich P B, Walters M B, Ellsworth D S. 1991. Leaf lifespan as a determinant of leaf structure and function among 23 amazonian tree species. Oecologia, 86: 16-24.

Rogers H H, Prior S A, Runion G B, et al. 1996. Root to shoot ratio of crops as influenced by CO_2. Plant and Soil, 187: 229-248.

Running S W, Coughlan J C. 1988. A general model of forest ecosystem processes for regional applications. I. Hydrologic balance canopy gas exchange and primary production processes. Ecological Modelling, 42: 125-154.

Running S W, Gower S T. 1991. FOREST-BGC, a general model of forest ecosystem processes for regional applications. II. Dynamic carbon allocation and nitrogen budgets. Tree Physiology, 9: 147-160.

Running S W, Nemani R R, Peterson D L, et al. 1989. Mapping regional forest evapo-transpiration and photosynthesis by coupling satellite data with ecosystem simulation. Ecology, 70: 1 090-1 101.

Runyon J, Waring R H, Goward S N, et al. 1994. Environmental limits on net primary production and light-use efficiency across the Oregon transect. Ecological Applications, 4: 226-237.

Sage R F. 1990. A model describing the regulation of ribulose-1,5-bisphosphate carboxylase, electron transport, and triose phosphate use in response to light intensity and CO_2 in C_3 plants. Plant Physiology, 94: 1 728-1 734.

Schimel D S, Braswell B H, McKeown R, et al. 1996. Climate and nitrogen controls on the geography and timescales of terrestrial biogeochemical cycling. Global Biogeochemical Cycles, 10: 677-692.

Schlesinger W H, Lichter J. 2001. Limited carbon storage in soil and litter of experimental forest plots under elevated atmospheric CO_2. Nature, 411: 466-469.

Schulze E D, Ellis R, Schulze W, et al. 1996a. Diversity, metabolic types and $\delta^{13}C$ carbon isotope ratios in the grass flora of Namibia in relation to growth form, precipitation and habitat conditions. Oecologia, 106: 352-369.

Schulze E D, Williams R J, Farquhar G D, et al. 1998. Carbon and nitrogen isotope discrimination and nitrogen nutrition of trees along a rainfall gradient in northern Australian. Journal of Plant Physiology, 25: 413-425.

Schulze E D, Mooney H A, Sala O E, et al. 1996b. Rooting depth, water availability, and vegetation cover along an aridity gradient in Patagonia. Oecologia, 108: 503-511.

Sellers J P, Randell D A, Collatz G J, et al. 1996. A revised land surface parameterization (SiB2) for atmospheric GCMs. Part I. Model formulation. Journal of Climate, 9: 676-705.

Sellers P J, Berry J A, Collatz G J, et al. 1992. Canopy reflectance, photosynthesis and transpiration. III. A reanalysis using improved leaf model and a new canopy integration scheme. Remote Sensing and Environment, 42: 187-216.

Sellers P J, Mintz Y, Sud Y C, et al. 1986. A Simple Biosphere Model (SiB) for use within General Circulation Models. Journal of Atmospheric Science, 43: 505-523.

Sheriff D W, Margolis H A, KaufrrTann M R, et al. 1995. Resource use efficiency//Smith W K, Hinckley T M. Resource Physiology of Conifers. San Diego, London: Academic Press, 143-178.

Shinozaki K, Yoda K, Hozumi K, et al. 1964. A quantitative analysis of plant form-the pipe model theory: I. Basic Analyses. Japanese Journal of Ecology, 14: 97-103.

Sinoquet H, Le Roux X, Adam B, et al. 2001. RATP: a model for simulating the spatial distribution of radiation absorption, transpiration, and photosynthesis within vegetation canopies: application to an isolated tree crown. Plant, Cell and Environment, 24: 395-406.

Stewart G R, Turnbull M H, Schmidt S, et al. 1995. ^{13}C natural abundance in plant communities along a rainfall gradient: a biological integrator of water availability. Australian Journal of Plant Physiology, 22: 51-55.

Tenhunen J D, Sala Serra A, Harley P C, et al. 1990. Factors influencing carbon fixation and water use by Mediterranean sclerophyll shrubs during summer drought. Oecologia, 82: 381-393.

Thompson W A, Wheeler A M. 1992. Photosynthesis by nature needles of field-grown *Pinus radiata*. Forest Ecology and Management, 52: 225-242.

Thorpe M R. 1978. Net radiation and transpiration of apple in rows. Agricultural Meteorology, 19: 41-57.

Tilman D. 1988. Plant strategies and the dynamics and structure of plant communities. Princetion, NJ: Princeton University Press.

Valentini R, Anfodillo T, Ehleringer J R. 1992. Hydrogen and Carbon Isotope Ratios of Selected Species of a Mediterranean Macchia Ecosystem. Functional Ecology, 6: 627-631.

Valladares F, Pearcy R W. 2002. Drought can be more critical in the shade than in the sun: a field study of carbon gain and photo-inhibition in a Californian shrub during a dry El Niño year. Plant, Cell and Environment, 25: 749-759.

Van de Water P D, Leavitt S W, Betancourt J L. 2002. Leaf cellulose $\delta^{13}C$ variability with elevation, slope aspect and precipitation in the U S Southwest. Oecologia, 132: 332-343.

VEMAP Members. 1995. Vegetation/ecosystem modeling and analysis project: Comparing biogeography and biogeochemistry models in a continental-scale study of terrestrial ecosystem responses to climate change and CO_2 doubling. Global Biogeochemical Cycles, 4: 407-437.

Verseghy D L, McFarlane N A, Lazare M. 1993. CLASS-a Canadian land surface scheme for GCMs, II. Vegetation model and coupled runs. International Journal of Climatology, 13: 347-370.

Vitousek P M, Aber J D, Howarth R W, et al. 1997. Human alteration of the global nitrogen cycle: Sources and consequences. Ecological applications, 7: 737-750.

Vitousek P M. 1982. Nutrient cycling and nutrient use efficiency. American Naturalist, 119: 53-72.

von Caemmerer S, Farquhar G D. 1981. Some relationships between the biochemistry of photosynthesis and the gas exchange of leaves. Planta, 153: 376-387.

Wang S, Grant R F, Verseghy D L, et al. 2001. Modelling plant carbon and nitrogen dynamics of a boreal aspen forest in CLASS-the Canadian land surface scheme. Ecological Modelling, 142: 135-154.

Wang Y P, Jarvis P G. 1990. Description and validation of an array model-MAESTRO. Agricultural and Forest Meteorology, 51: 257-280.

Wang Y P, Polglase P J. 1995. Carbon balance in the tundra, boreal forest and humid tropical forest during climate change, scaling up from leaf physiology and soil carbon dynamics. Plant, Cell and Environment, 18: 1 226-1 244.

Warnant P, Franccois L, Strivay D, et al. 1994. CARAIB: a global model of terrestrial biological productivity. Global Biogeochemical Cycles, 8: 255-270.

Webber A N, Nie G Y, Long S P. 1994. Acclimation of photosynthetic proteins to rising atmospheric CO_2. Photosynthesis Research, 39: 413-425.

Wilson J B. 1988. A review of evidence in the control of root:shoot ratios in relation to models. Annals of Botany, 61: 433-449.

Wilson K B, Baldocchi D D, Hanson P J. 2000. Spatial and seasonal variability of photosynthesis parameters and their relationship to leaf nitrogen in a deciduous forest. Tree Physiology, 20: 565-587.

Woodward F I, Smith T M, Emanuel W R. 1995. A global land primary productivity and phytogeography model. Global Biogeochemical Cycles, 9: 471-490.

Woodward F I, Smith T M. 1994. Global photosynthesis and stomatal conductance: Modelling the controls by soil and climate. Advances in Botanical Research, 23: 1-41.

Yu G R, Kobayashi T, Zhuang J, et al. 2003. A coupled model of photosynthesis-transpiration based on the stomatal behavior for maize (*Zea mays* L.) grown in the field. Plant and Soil, 249: 401-415.

Yu G R, Nakayama K, Lu H Q. 1996. Responses of stomatal conductance in field-grown maize leaves to certain environmental factors over a long term. Journal of Agricultural Meteorology, 52: 311-320.

Yu G R, Nakayama K, Matsuoka N, et al. 1998. A combination model for estimating stomatal conductance of maize (*Zea mays* L.) leaves over a long term. Agricultural and Forest Meteorology, 92: 9-28.

Yu G R, Nakayama K. 1997. Development of model for estimating stomatal conductance of maize leaves. Journal of Agricultural Meteorology, 52: 505-508.

Yu G R, Zhuang J, Yu Z L. 2001. An attempt to establish a synthetic model of photosynthesis-transpiration based on stomatal behavior for maize and soybean plants grown in field. Journal of Plant Physiology, 158: 861-874.

Yu G R. 1999. A study on modeling stomatal conductance of maize (*Zea mays* L.) leaves. Tech. Bull. Fac.

Hort. Chiba Univ, 1999, 53: 145-239.

Yu G, Wang Q, Zhuang J. 2004. Modeling the water use efficiency of soybean and maize plants under environmental stresses: application of a synthetic model of photosynthesis-transpiration based on stomatal behavior. Journal of Plant Physiology, 161: 308-318.

Yu G R, Song X, Wang Q F, et al. 2008. Water-use efficiency of forest ecosystems in eastern China and its relations to climatic variables. New Phytologist, 177: 927-937.

第15章

生态系统结构与功能的复杂性及其环境响应的不确定性

王绍强[1] 伍卫星[1] 李佾兰[2] 周蕾[1]

([1]中国科学院地理科学与资源研究所;[2]南京信息工程大学)

摘要

生态系统的复杂性是一个跨学科的研究领域,主要利用复杂系统科学(包括物理、数学和计算科学等)的学科工具和概念研究自然生态系统模式和过程之间的相互关系。狭义的生态系统复杂性等同于生物多样性,指生物及由它们所组成系统的总体多样性和变异性,包括三个层次:基因多样性、物种多样性和生态系统多样性。而目前广泛沿用的生态系统复杂性概念,不仅包括了生物多样性的内涵,还特指生态系统结构和功能的复杂性及其对于环境干扰响应的不确定性。

传统的生态学研究方法仅在一个组织层级(比如种群或者群落,而不是同时包含两者)对研究实体进行描述和模拟,基于复杂性理论的生态系统复杂性研究不同于传统的解析方法,它利用概念性的模型为不同组织层级之间构造相互适应的模型框架,模型框架中的研究实体处于相关组织级别的某一个层次上,同时整个框架中的所有研究实体都相互关联、相互影响,并基于概念模拟框架对整个生态系统的宏观特征进行研究。由于生态系统各组成要素及其相互作用关系的多样性,所以整个生态系统的宏观行为也表现出高度的复杂性,因此,从本质上讲生态系统的变化是难以预报的,即存在所谓的混沌效应。比如,在不同的观测时空尺度下,生物群落和生态系统均由大量相互作用的具体组分构成,并且这些组分间的动力过程表现为非线性,由此导致了整个系统的不可预见性和明显的随机性。然而,在特定的空间、组织和时间尺度上,生态系统的复杂性呈现出特有的统计特征,这些特征揭示着生态系统表象后面的基本原理,可以用于预报合理时空分辨率及相应尺度下未来生态系统的表现。本章主要探讨生态复杂性的产生过程以及在复杂性理论框架下生态系统的结构和功能特征,以及生态系统本身对于外界干扰响应的不确定性,并最终尝试指出生态系统复杂性的一般性研究方法。

关键词: 生态复杂性　生物多样性　生物复杂性　生态系统结构和功能　生态系统响应的不确定性

Chapter 15

Ecological complexity of ecosystem structure and function and uncertainty of ecological responses to environmental disturbances

Abstract

Ecological complexity is a multi-discipline research field, focusing on modeling natural ecosystem patterns and processes by using complexity science tools. Its basic meaning is the same as biodiversity, including gene diversity, species diversity and ecosystem diversity. However, wider applications of ecological complexity also include structure and function complexity of ecosystems and uncertainty responses of ecosystem components to environmental disturbances.

Conventionally, ecosystem researches are limited to one level of ecosystem hierarchy (for example, species or community only, not both), while basing on complexity theory, a conceptual model frame would be built for different hierarchies. And research objects might be located at some level of the frame; however, all of the objects are interactive to each other. Finally, the model frame provides a basic field and tool for whole ecosystem macro-properties research. Although it is hard to predict the future dynamics of ecosystem because of the multi-interactions and complex randomness, ecologists might still found particular statistic characters of ecosystems on special space and time scales. The resultant complexity features might eventually be used as an effective tool for revealing the mechanisms of ecosystem macro-properties and even for thoughtful predicting structure and function properties of ecosystem on corresponding space, time and hierarchy scale. In this chapter, we will state how ecosystem complexity comes out, what the structure and function complexities are and why ecosystem responses to environmental disturbances are uncertain.

Keywords: Ecological complexity, Biodiversity, Biocomplexity, Ecosystem structure and function, Uncertainty ecosystem responses

15.1 生态系统复杂性理论概述

生态系统复杂性是生态学研究的重要内容,过去有关生态系统复杂性研究的热点主要是在群落或生态系统水平上探讨复杂性与稳定性之间的关系。近年来,国际上生态系统复杂性研究出现了一个新动向,其特点是利用复杂学的原理和方法来研究进化和生态学问题,研究内容涉及生态系统内不同层次上的结构和功能(张知彬等,1998)。生态系统由数目众多且不尽相同的具体单元组成,这些组成单元之间往往存在强烈的非线性相互作用。同时,生态系统对于环境干扰的反馈及调节方式变化多样,系统的组成与动力过程均表现出高度的时空异质性。一般而言,随着生物进化,生态系统中群落的演替过程趋于更加复杂化,生物活动对周围环境更加适应。上述特征使得生态系统成为自然界中最复杂的系统之一(邬建国等,2002)。然而,在传统的生态学研究中,生态学家往往故意或者不得不忽视掉生态系统的复杂性,从而将生态系统研究强行纳入机械还原论的思维范式进行研究。但是,作为复杂的开放系统,根据普利高津(1977 年诺贝尔化学奖获得者)耗散结构的理论,生态系统在远离热平衡态时依然存在发展变化甚至突变以及自适应的进化(高兆蔚,2002)。因此,忽视生态系统复杂性的本身特征将可能导致对于生态系统的错误认识;引入生态复杂性理论,正是期望运用复杂性范式的基本观点(比如:非线性,非平衡态,混沌现象,涌现性以及自组织临界性及适应性等)来考察和理解生态系统。

15.1.1 复杂性理论的提出

人类面临着环境、政治、经济、社会等各种各样的复杂性问题的挑战。纵观生物学、医学、数学、物理学、化学、工程学、经济学、政治学、哲学、社会学、决策科学、计算机科学及人工智能等领域,科学家们正在探索这样的问题:是否存在任何普适性理论能够帮助人们理解不同领域种类繁多的复杂现象?复杂性科学作为研究自然界中各类系统复杂性的一门科学,其主要目的就在于回答上述问题(邬建国等,2002)。

一般认为,复杂性科学及其研究始于 20 世纪 80 年代初,以 1985 年在美国新墨西哥州成立的圣菲研究所(Sante Fe Institute,简称 SFI)为标志(张知彬等,1998)。圣菲研究所聚集了不同研究领域的科学家,致力于解决跨学科深入研究与相互影响的问题,试图在不同的复杂系统之间找出一些共性。作为一门新兴的交叉学科,复杂性科学研究范围十分广泛,其理论深入到各应用领域,涉及数理科学、生命科学、环境科学、信息科学、经济、管理等学科,成为跨越学科界限的基本方法论。复杂性科学中严格定义的复杂系统指大量相互作用的不同单元组成的自适应系统,因此复杂系统有时又称作复杂适应系统。事实上,我国著名科学家钱学森院士最早在 1979 年就已经提出巨系统的概念,初步具备了圣菲研究所所指的"复杂系统"概念的雏形;历经 10 余年,钱学森等人在 1990 年《自然杂志》第 1 期上发表了重要文章《一个科学新领域——开放的复杂巨系统及其方法论》,首次向国人展示了这一新的科学领域及其基本观点,标志着中国科学家在复杂系统科学及其方法论研究中做出了重要的贡献(卢明森,2004)。

概括起来,复杂系统应该具有 4 个基本特征:(1)组成单元数量庞大;(2)单元之间存在大量联系;(3)具有自适应性和进化能力;(4)具有动力学特征。由此可见,生态系统确实是典型的复杂系统,比如,从群落或生态系统水平上看,生态系统由大量的物种构成,物种之间存在捕食和被捕食、寄生、互惠共生等复杂的种间关系,这些物种直接或间接地联结在一起,形成一个复杂的生态网络(张知彬等,1998)。生态复杂性主要包括生态系统结构和功能的复杂性,生态系统本身的自组织性及有序性等。按照钱学森院士的理论,生态系统同样也是一类典型的开放的复杂巨系统。生态系统复杂性研究的主要任务在于利用复杂学的原理和方法,探讨生态系统复杂化的机制及发展规律,为认识生态系统提供新的途径。生态复杂性的主要研究方法包括元胞自动机、遗传算法、博弈论及组合优化法等(张知彬等,1998)。

15.1.2 生物复杂性与生态系统复杂性

1999 年 2 月 9 日,在圣菲研究所成立 14 年之后,美国国家自然科学基金会(NSF)在新任主任 Rita Colwell 博士的主持下,倡议以"环境中的生物复杂性"为主题组织该年度的环境研究项目。NSF 在

1999 财政年度对于“环境中的生物复杂性”计划的总投资是 6 亿美元，该计划的目的在于促使多学科集成的科学家队伍去充分认识和模型化源于生物学、物理学和社会系统之间的相互作用的生物复杂性，以增进人类对于环境中的生物复杂性的动态和特性的理解（李海涛，2000）。NSF 所指生物复杂性是指来自地球多样化的环境系统的生物的、物理的和社会的各个组成成分之间动态的相互作用现象。生物复杂性研究来自于生物和环境之间的相互作用，来自于行为科学的、生物学的、社会学和化学的相互作用。这些相互作用影响、支持着生物有机体的生命活动，并被生物有机体反馈影响。同年 4 月 2 日出版的《科学》杂志以封面报道的形式正式描绘了生物复杂性的特性，其中一篇文章指出：“复杂性的一个新的研究趋势是推动学科之间的结合，将生物学与数学、工程学、计算机科学及物理学等结合起来”。随着对自然生态认识的不断加深，科学家认识到仅仅将地球生态系统的多样性按时间顺序一个种群接一个种群排列起来是不够的，由此衍生出了生物复杂性的概念（Colwell，1998）。作为一项新的研究计划，美国海洋学家和微生物学家 Rita Colwell 率先将生物复杂性的概念应用到了更为广泛的目标和现象上，比如，集成不同学科，综合生物和物理过程，发展方法论，以及地球系统本身的复杂性等，这种广泛的内涵对生物复杂性的发展产生了重大的影响。比如，在 Michener 等人（2001）关于生物复杂性的讨论之中，突创性、涌现性以及时空尺度变化和协同效应等都被一一强调，他们认为生物复杂性是因为行为、生物、化学、物理和社会活动相互作用而产生的突创性特征，这些特征影响并维持该系统的正常运转。

作为一个较新的概念，目前大体认为有两种方式将“生物复杂性”引入了生态学研究：一是在生物多样性基础上产生的类似概念，二是以系统理论的复杂性概念为桥梁引入到生态学的研究领域。然而，在这两种转换的过程中，生物复杂性都仅仅是一种隐喻的概念，而没有实质性的内涵。生物多样性的概念是比较明了的，然而，在生态学和社会科学之间，如何利用生物多样性的原理建立基于物理和数学基础的经验型过渡却不是很清楚。只有基于时间、空间和组织维度等系统理论的基本观点才能建立对于生物复杂性以及生态复杂性的基础研究框架；通过设置潜在的可测量标准，才可以识别生物复杂性在三种维度的变异程度，并据此确定生态学及其交叉范畴的具体问题（Cadenasso et al，2006）。

然而，一个较全面的复杂性概念除了包含复杂系统的固有属性外，还应包括观察者或研究者的特征。这是因为对客观系统复杂性的表述及其特征不可避免地受到研究者的兴趣、能力，以及学术观点和信仰的影响。尽管科学家追求客观真理，科学最终还是客观世界和一群有特殊爱好和追求的人们相互作用的结果（邬建国等，2001）。因此，在 2007 年美国生态学会（ESA）和国际生态协会（INTECOL）在蒙特利尔（Montreal）举办的联席会议上，与会生态学者共同讨论了生态系统复杂性问题并一致认为：（1）未来的生态学研究要将人类作为生态系统本身的一部分；（2）生态系统的功能总是与生态实体的拓扑相互作用有关的，然而对于生态实体拓扑关系的界定需要准确地说明；（3）关于生态系统（生态学）复杂性的定义目前还没有定论，同时对于生态系统复杂性的技术性定义并不准确，如何将复杂系统方法（complex systems approach，CSA）应用到生态学的研究中还需要建立全面的框架性基础（Raphaël，2007）。

15.1.3　生物多样性与生态系统复杂性

“生物多样性”是指一定空间范围内多种多样的生命有机体，包括动物、植物和微生物的多样性和变异性以及物种生境的异质性，主要强调基于遗传变异的生物世界的丰富程度。生物多样性虽然是一个生物学术语，但引入生物多样性概念的初衷在于激发公众和决策者对于生态系统的关注，特别是在当代环境保护运动中，提出了保护生物多样性的问题，让公众深刻认识到危及生物多样性也将最终危及人类自身。因此，生物多样性的内涵得以进一步发展，同时承担了科学和社会的双重含义。

然而，在当前的使用中，生物多样性的概念已经具有重大的局限。因为它起源于遗传单元（比如物种），所以它主要关注生态系统中的生物学部分。但是，生态系统的物理环境也可能同生物组成一样共同主导着生物多样性的基础——差异性。此外，生物多样性的实际研究往往过多集中于生态系统结构和组成方面，而缺乏对于生态系统所处空间状态或尺度的考虑；换句话说，在大多数关于生物多样性的研究中，自然世界的空间异质性往往被看作聚集的或者均一的，而不是被处理成真实的空间分布。

生物多样性概念的其他局限还包括把人类排斥在分析之外，或者仅仅将人类活动看作生态系统的外部推动(Noss,1990)。

“生态系统复杂性”弥补了生物多样性在实践中遇到的这些局限，强调了系统的动态和超越物种视角的广泛应用。此外，“生态系统复杂性”研究生态系统过程及动态的多种尺度，于是，在生物多样性概念下的静态实体所具有的数量和差异问题被整合成为生态系统复杂性研究的内容之一。用传统系统途径来分析生态系统时，生物多样性和空间异质性往往被整合进同质的“库”和“流”中，因此忽略了组分的应变性和适应性对系统宏观特征的影响过程。与此不同，生态系统复杂性理论明确强调多样性、异质性及适应性对系统宏观行为的影响，为研究非线性相互作用系统的结构、功能和动态过程提供了一个新途径(邬建国等,2001)。

15.2 生态系统结构与功能的复杂性

Levin(1999)指出，复杂适应系统具有四大要素：异质性、非线性、等级结构和流，它们是系统产生自组织行为的根本原因，也就是说，系统通常是通过异质成分间非线性作用而自组织成等级结构，而这一结构又支配组成成分间的能量、物质和信息流，同时也受其影响。生态系统具有如下的五个特征：具有大量的组分；生态系统是开放系统，通过不断地与环境进行能量、物质和信息交换而保持远离热力学平衡态；具有适应性，即生态系统通过其生物组分能够对环境变化作出行为或遗传上的响应；由于生物系统演化和其他原因，生态系统发展的历史不可逆转；具有大量复杂的非线性关系；上述特性确实使生态系统成为无可非议的复杂适应系统。Levin(1999)进而指出，生态系统和生物圈本身是复杂适应系统的典型代表，在这样的系统中，大尺度上的格局是由小尺度上的局部相互作用和选择过程所产生的。理解环境条件和自组织因素在确定系统整体特征中的相对重要性是十分重要的。他认为，人类极度经营的生态系统(如农田和林地)，就不是完全的复杂适应系统，因为其简化的结构并不是内在产生的，而是人为设计的。所以，这些系统缺乏适应性，对干扰的抵抗力比较弱(如病虫害爆发就很易使这样的系统崩溃)(邬建国等,2001)。因此，可以认为生态系统结构的复杂性是生态系统作为复杂自组织适应系统的基础，脱离了结构复杂性，生态系统将变成如同人类经营的农田和林地一样，成为单一的非自适应系统。而生态系统的复杂性主要以功能复杂性的形式体现，功能的复杂性是生态系统成为自组织适应系统的必要条件。下面分别以生态系统结构复杂性的测度和复杂性与稳定性的关系两个方面为例阐述自然生态系统的结构与功能的复杂性。

15.2.1 生态系统结构的复杂性

生态系统复杂性的研究基本可以分为两大类：一类是生态系统复杂性的测度问题，即解决各个生态组织层级上的结构、组成、格局以及它们在时间上的状态变化(动态)的复杂性的描述问题；另一类是功能复杂性问题，即用复杂性的方法研究形成这些复杂结构、格局背后的过程、功能规律。目前，关于功能复杂性的问题取得了一些进展，包括采用前文所述的元胞自动机、遗传算法等模型和计算机方法，揭示了许多复杂格局的产生规律(金森,2006)。然而，关于生态系统结构复杂性的研究还相对滞后，一方面在于目前还没有形成对于复杂性本身的准确定义；另一方面在于对于结构复杂性的测度还没有较好的理论或模拟方法(Raphaël et al, 2007)。

通过综合分析不同的生态系统结构复杂性测度方法，金森(2006)认为目前的结构复杂性测度方法大致可以分为三类：(1)基于生物多样性的测度方法；(2)基于计算复杂性的测度方法；以及(3)基于几何学特征的测度方法。基于生物多样性的测度方法由来已久，但并不完全代表了生态系统的结构复杂性，比如生境多样性指数等都仅仅是分析了生态系统众多组分的某一方面特征。复杂性与多样性虽有一定的联系，但作为独立的概念，在其理论基础生态系统的结构的测度方面即应该有别于生物多样性(金森,2006)。由于基于生物多样性的结构复杂性测度方法所能够提供的关于生态系统的认识并不充分，于是有人将信息学中的测度方法引入到生态系统复杂性的研究中来，即形成了基于计算复杂性的结构测度。群落或生态系统结构的计算复杂性可以认为是对于群落结构的某一个或几个属性，采用信息学的方法(比如信息熵、最小编码长度或程序长度等)描述其时空分布。另外一个重要的结构测度是利用几何学中的分维数来表征群落的结构复杂性，而分维和分形也是复杂性科学的核心概念之一。

比如 Marsden 等人(2002)即利用分数维、平均斑块面积及其标准差以及景观形状指数等指标研究了马来西亚热带森林下层植被的复杂性；而 Moser 等(2002)应用类似的方法研究了澳大利亚乡村景观斑块的复杂性。国内学者在生态系统结构复杂性的测度方面也作出了初步的尝试，比如覃林等人(2004)即利用信息熵的方法对广东黑石顶的森林群落复杂性进行了分析，并得出结论认为常绿阔叶林复杂性要高于针阔混交林和针叶林，而且各种森林类型的群落复杂性与取样尺度之间具有较好的分形关系。另一方面，国内学者也在积极利用理论分析的方法对生态系统的结构复杂性进行测度。比如王辉等(2007)结合统计动力学，对生态系统分形层次结构的起源及其形成过程的机制进行了初步探索，分析了生态系统分形维数的影响因素及机制。

15.2.2 生态系统功能的复杂性

生态系统结构的复杂性构成生态系统宏观特征复杂性的基础，而生态系统宏观特征的复杂性的机制却在于生态系统功能的复杂性。

自生态系统概念诞生以来，科学家一直在探索并逐步发现生态系统功能的复杂性，生态系统功能的复杂性包含广泛的研究内容，包括生物多样性与稳定性的关系，物种分布与多度的关系，能量流动法则以及物质循环规律等。近年来，引入复杂性科学的主要概念和方法，生态学家对于生态系统功能的复杂性有了更新的认识，包括利用元胞自动机、遗传算法等计算机模拟的方法以解释生态系统的复杂特性，比如非线性、自组织适应性以及涌现性等。下文主要以生态系统的多样性与稳定性的关系为例，初步阐述生态系统功能的复杂性。

著名生态学家 MacArther 最先于 1955 年提出生态系统的多样性和稳定性的关系，他认为一个生态系统的稳定性取决于物种的多少以及物种间相互作用的大小。Odum E. P. 进一步指出生态系统食物网能量路径的数量是群落稳定性的度量，路径越多系统越稳定。因此，20 世纪 70 年代以前的生态学者普遍认为生态系统的多样性导致其稳定性。然而，1972 年英国理论生态学家 Robert May 撰文指出物种的增加将导致生态系统不稳定的可能性的增加，并利用数学理论阐述了物种数、种间关系以及作用强度对于系统由稳定状态转为不稳定状态的过程中所起的作用。尽管部分科学家据此对多样性导致稳定性产生了疑惑，但多数观点还是认为多样性是稳定性的基础。上世纪 90 年代后期，生态学家开始利用模型模拟的手段对生态系统的多样性和稳定性的关系进行研究，利用量化的种间相互作用关系，模拟结果证明：在大多数生态系统中，仅有部分物种对于生态系统的稳定性起着关键作用，而其余物种仅仅起较小的或者很弱的作用(McCann et al, 1998)。然而，即使这些弱相互作用者的灭绝也将可能显著改变生态系统的自然特征，因为它们起着重要的稳定或者消除干扰的作用，因此，可以认为一些弱相互作用者也可能因为其影响在时空尺度上的不同被放大而变得十分重要。

事实上，由于生态系统在结构、功能上的复杂性以及在不同时空尺度上的动态变化，加上生态系统稳定性表达的多样化，使得对生态系统稳定性的度量变得较为困难，而关于生态系统多样性和稳定性的争论也源于对于生态系统复杂性的认识不够深入。目前，关于生态系统稳定性的研究方法已由传统的定性描述、简单线性模型等发展为利用复杂性科学核心工具与方法论结合现代仪器设备(如卫星遥感、大型计算机数值模拟等)，以复杂的非线性模型的定量研究方法(马风云，2002)。虽然，还不足以完全解决生态系统多样性与稳定性的关系问题，但取得的认识已经大大深入，包括发展了食物网理论、冗余种假说以及中性理论等崭新的生态学理论。同时，生态学家逐步认识到生态系统的复杂性不仅体现在自身结构和功能所具有的复杂性方面，还表现在对于外界环境响应的不确定性方面。

15.3 生态系统环境响应的不确定性

生态系统总是和外界进行物质、能量和信息的交换，各要素息息相关、相互作用。近百年来，以全球变暖为主要特征的全球气候与环境发生了重大变化(秦大河等，2005)。气候变化(气温升高、可能的降水变化)、氮沉降、大气中温室气体浓度升高、CO_2 浓度上升、社会经济活动和土地利用变化等是其突出表现形式。自以国际地圈生物圈计划(IGBP)为代表的一系列全球变化研究计划从 20 世纪 80 年代中期开始实施以来，研究全球变化对生态系统的影响与反馈机制，探明生态系统对全球变化胁迫的响应与适应机制，就成为了世界范围内的一个重点研究领域(傅伯杰等,2005)。全球变化研究中,预测生态系统对环境变化的响应,是预测现代全球变化的可能后果的关键。Osvaldo 等(2000)基于大气CO_2、气候植被和土地利用等环境因子的变化以及已知的生物多样性对这些环境因子变化的敏感度,研究了2100年的全球生物多样性场景。Vitoused(1990)通过研究美国的夏威夷几个重要的生态系统中生态系统结构和功能的变化,提出了单个物种(例如引入的外来种)对生态系统水平功能过程的影响的新理论。他认为,入侵种将通过改变系统水平的资源有效性、营养级结构及干扰频率和强度而改变生态系统的功能甚至生态系统的稳定性。

然而,人类面临的生态系统是复杂多变的,具有开放性、组织单元的大量性、强非线性耦合等特征,是一个涉及多种元素和多方面相互作用的典型复杂系统(柴立和等,2004)。生态系统的结构和功能均具有多样性、自组织性及有序性,当其面对错综复杂的各种环境变化因子时,由于自我调节和反馈机制以及系统响应与环境变化之间的相互作用,整个系统所呈现出来的响应是难以确定的。以气候变化对生物种群的影响为例,许多种群显示出与气候变化有关的形态、生理和行为上的变化,种群分布的变化(在诸多大陆、极地地区和主要动物分类类群里),化石的记录不仅反映出物种在过去气候变暖期间向高纬和高海拔地区的迁移,而且在某些情况下也看出其分布范围的明显缩小。然而,种群对环境变化的响应,种群之间的相互影响以及它们对生态系统的影响常常是复杂的,非线性的,基于生态学理论和短期经验研究是无法预测的。微小的变化可能被放大为对物种组成、网状交互作用、物质和能量流通道产生重大影响。相反地,扰动也有可能被弱化,因此生态系统特性依然可以保持相对稳定。

长期尺度上,由于生态系统响应与环境变化之间的相互作用,系统结构和功能的变化更是难以确定。对于在美国得克萨斯西部岩石中保留下来的一个2.7亿年的礁石系统相关的腕足动物群落所做的一项新的研究,显示了4个生态系统是怎样对长期变化进行响应的。岩石演替记录了海平面下降和回升的4次事件。这些事件没有导致生物普遍灭绝以及腕足动物多样性丧失的最坏情况。相反,跨越生态系统边界的物种交换和替换的速度发生了变化,但本地群落保持了其多样性。与此类似,瞬时的种群波动被认为既增加了种群灭绝的风险又增加了共存的概率。通过分析生态系统对环境变化响应的不确定性,可揭示和预测系统状态与过程在各种变换作用下的演化方向。如果能掌握一些利于可持续发展的生态演化现象和演化机制,就可进行预防和治理,并造福人类(罗慧等,2005)。

15.3.1 环境干扰作用的不确定性

环境中的每一个生态因子都是在与其他因子的相互影响、相互制约中起作用的,任何一个因子的变化都会在不同程度上引起其他因子的变化。完全孤立地去研究生物对任一特定生态因子的反应往往会得出片面的结论。例如光强度的变化必然会引起大气和土壤温度和湿度的改变,这就是生态因子的综合作用。很多陆地生物对温度的耐受性往往是同它们对湿度的耐受性密切相关的,这是因为影响温度调节的生理过程本来是由摄水的难易程度控制的。

生态因子的作用在某种程度上具有互补性。某一因子的数量不足,有时可以靠另一因子的加强而得到调剂和补偿。例如光强减弱所引起的光合作用下降可靠CO_2浓度的增加而得到补偿。锶大量存在时可以减少钙不足对动物造成的有害影响。生物在生长发育的不同阶段往往需要不同的生态因子或生态因子的不同强度。因此,某一生态因子的有益作用常常只限于生物生长发育的某一特定阶段。例如低温对某些作物的春化阶段是必不可少的,但在其后的生长阶段则是有害的;很多昆虫的幼虫和成虫生活在完全不同的生境中,因此它们对生态因子的要求差异极大。环境变化因子之间的非线性相关和相互作用是研究生态系统对环境响应的不可忽视的一方面。例如,外来物种的入侵往往是由人类扰动(土地利用变化)和气候变率的改变(气候变化)所促进的,在氮沉降情形下,CO_2浓度上升对物种组成的影响是最大的。遗憾的是,环境因子之间的这些交互作用对生态系统响应的影响,我们目前仍然不清楚。

植物对施肥、放牧和干旱有明显不同的响应,因而对于不同种类的扰动,群落的反应是不同的。干扰是自然界的普遍现象,生态系统不断经受着各种随机变化的事件,近代多数生态学家认为干扰是一种有意义的生态现象,它引起群落的非平衡特性,强调了干扰在形成群落结构和动态中的作用。Connell(1978)做过关于热带森林和珊瑚礁生态系统稳定性和物种多样性的研究,他认为,中度干扰是引起生物多样性的主要原因。但是,如果是超过了系统中种群和功能组的补偿能力的大扰动,生态系统就面临着重组并丧失原始特性的危险(James et al, 2001)。

IPCC 的第四次评估报告(IPCC, 2007)指出,气候变化将一方面通过温度升高、降雨量格局改变、海平面升高和风暴潮的变化等直接影响生态系统组成与功能,另一方面通过气候变化引起的干扰(例如火灾)强度和频率的增加而间接影响生态系统。气候变化对生态系统的影响还依赖于其他一些显著的干扰过程,如生境丧失和片断化、外来物种的引进等。这些不同类型和强度的扰动综合起来,究竟对生态系统结构和功能产生怎样影响,很难找出一个确定的答案。

15.3.2 生态系统响应特征的复杂性

复杂系统的显著特征是组成单元数量庞大,且单元之间存在大量联系,系统具有适应性和进化能力,并具有动力学特性。生态系统作为典型的开放的复杂系统,稳定性是它的一个重要属性,虽然目前关于生态系统稳定性的含义和外延的表述仍不够全面,稳定性特征也无法量化,但是,在生态系统对环境变化的响应中,它有着举足轻重的作用。

众所周知,自然界的生态系统具有自我调节机制和反馈现象。通过自我调节和负反馈,在面对环境变化时,生态系统具有保持或恢复自身结构和功能的相对稳定的能力。营养结构越复杂,生态系统的自我调节能力就越强。一个复杂的食物网是使生态系统保持稳定的重要条件。如冻原生态系统是地球上食物网结构比较简单的生态系统,它的生产者主要是地衣,地衣对环境的变化很敏感,很容易被破坏,它的生长又很慢,一旦某种原因(如大气中二氧化硫含量超标)使地衣生产力下降或毁灭后就很难恢复,从而导致生态系统的崩溃。因此,自然保护专家们普遍认为,在开发和利用冻原生态系统之前,必须对该系统的食物链、食物网结构、生物生产力、能量流动和物质循环规律进行深入的研究,以便尽可能减少对这一脆弱生态系统的损害。具有不同稳定性的生态系统,其对环境的响应是不同的。

从生态系统中生物体的个体行为来说,生态系统中任一物种几乎都能通过形态、行为或生理上的适应性来抵御一定水平的生物或非生物因子的扰动。例如,生物对生态因子耐受限度能进行自我调整,如驯化、休眠和昼夜节律以及其他周期性的补偿变化。生态系统中生物体的行为复杂性是生态复杂性的一个重要组成部分(Craig,2004)。不同于物理学中的组建单元(如理想气体和单一质子),生物体的行为学特征基于各自的 DNA 中所包含的大量复杂信息。植物会根据当前的生存条件调整生活型,动物也会在捕食过程中不断获取经验而使捕食行为更加熟练。已有一些生态模型将移居决策和食物动态考虑入动物活动范围模型,但总体来说,行为学维度的复杂性被掩盖了。从个体水平上考虑生物与环境之间的关系时,由于生物本身的一些特性和生态因子作用的特性等,就显得极其复杂。

某些物种的遗传组成可能降低它们应付环境变化的能力。有些物种可能从气候变暖中得益,这会造成捕食者-猎物关系产生不平衡,例如某些鱼类在较温暖的水中生长旺盛,驱逐其竞争者,垄断食物供应。这就意味着即使某些物种能忍耐和适应变化的气候,但捕食者的增加或外来种的侵入,也可能很快地消灭它们。对有些物种来说,温度变化不是直接的关键因素,而是因此引起的降雨格局的数量的影响,因为许多植物在开花结果时期遭到破坏,主要是缺乏传粉者和种子传播者,从而也引起许多动物缺乏食物难以生存,以致整个生态系统解体,这在热带森林中特别突出。

迈因策尔(2000)认为复杂性是“复杂系统中通过微观元素的非线性相互作用造成的一定的宏观现象”。生态系统作为典型的开放复杂系统,多尺度、多层次和异质性特点显著,其结构上的复杂性来源于生态系统内部的相互联系,例如食物网结构、竞争网络和适应性等(Craig, 2004)。作为对达尔文的自然选择学说的一个重要补充,复杂学的自组织思想不仅对生态和进化问题研究相当重要,而且对于重新认识生态系统的多样性和稳定性之间的关系可能会有所帮助。按照复杂学的观点,虽然成千上万的物种之间都直接或间接地发生着联系,但每个物种与其他物种直接发生的联系数却十分有限,也就是说,多样性和稳定性之间关系依然难以明了(张知彬等,1998)。

我们必须注意到生态系统是一个开放的、不可分割的整体。它是一个由多种因素组成的强迫耗散的非线性动力系统,其中每个因素的增长速度都受到其他因素影响。以物种多样性与生态系统稳定性关系为例,由于生态系统是一个开放系统,具备了系统的一般特征。而 Gardner 等学者提出，对于一个百分之百联结的系统（系统中每一个种与其他种都有相互作用），每增加一个种，不稳定的可能性将增加 2^{n-1}（Gardner et al, 1970）。当然，对于一个生命系统，联结度是不可能达到百分之百的。连续的群落中出现断层是非常普遍的现象，而断层经常是由干扰造成。干扰形成群落的断层以后，有的在没有继续干扰的条件下会逐渐地恢复，但断层也可能被周围群落的任何一个种侵入和占有，并发展为优势种，哪一种是优胜者完全取决于随机因素，这可称为对断层的抽彩式竞争。另外，生态系统中的非生物成分和生物成分是密切交织在一起、彼此相互作用的，土壤系统就是这种相互作用的一个很好的实例。

如前文所述，生态系统结构复杂性和系统动态稳定之间的关系，一直是一个存在争议的领域。从直觉上容易做出判断，结构复杂的生态系统往往具有结构稳定性，但是结构稳定的生态系统并不一定也是动态稳定的。生理条件的变化导致的物理参数的改变足以给结构稳定的系统动态带来无法预知的影响。Ranjit 等（2000）通过模拟简单生态系统的动态得出的结论是，结构简单的系统在一定条件下，也可能是动态稳定的。

15.3.3 生态系统响应与环境变化的相互作用的多样性

从长期尺度上考虑生态系统结构与功能对环境变化的响应，二者之间的相互作用是不容忽视的一个驱动力。最明显的例子是，气候变化会引起生态系统的物种、群落等发生变化，而在生态系统的演替过程中，包括适应、竞争、迁移和自然条件的改变，甚至会使局地气候发生改变。另外，以湿地生态系统为例，湿地生态系统的结构和功能取决于生物多样性的状态，而生物多样性丧失是全球环境恶化的基本特征（温刚等，1997）。湿地物种多样性的丧失和湿地环境的变化又影响全球环境的变化。

自然界的生态系统从极地到赤道，从海洋到陆地，从平原到高山，其类型可以说是千变万化，结构和功能的复杂性是普遍存在的现象。同时，人类活动的干扰使得生态系统所面临的生物环境和非生物环境都异常复杂，系统内部从每个生物到种间关联，都表现出对不同种类和不同强度环境变化因子的适应、调节以及相互作用等种种不确定性。因此，当生态系统模型越来越多地被应用于生态学和全球变化领域的研究时，必须考虑到生态系统作为一个复杂系统，其对环境变化因子响应的不确定性。

地球正在经历着从构造剧变到气候变化的一系列不同强度的环境变化，当前，许多生态系统更是面临着由人类活动带来的新的空前扰动影响。为了维持自然环境尽量少受人类影响，为了保护生物多样性不再受本地种灭绝和外来种传播的影响，为了保障人类的食物、水和其他“可再生自然资源”供应，为了合理处置人类活动造成的废弃污染物，使其在最小限度上对环境产生毒害，解决这种种问题，极为重要的一点就是需要我们对生态系统的组成、功能、行为等有更彻底的了解。生态系统的复杂性决定了生态系统长期定位观测和多台站联网研究的重要性，生态系统的长期研究为研究不同物种在生态系统中的作用，尤其是生态系统对环境变化的响应提供了一个独特的视角。长期的网络动态观测与遥感、地理信息系统和数学模型相结合，有助于在景观、区域和全球等不同尺度上分析生态系统对环境变化的响应。

15.4 生态系统复杂性研究方法概述

15.4.1 生态系统复杂性的维度

Cottingham（2002）撰文指出：在进行生态系统复杂性的研究时，空间复杂性、组织复杂性以及时间复杂性需要同时考虑。尽管她并没有提出处理上述三类维度时的操作差异，但是关于生态系统复杂性研究的基本框架却大体如此。

所谓空间复杂性，是指空间镶嵌和空间领域增加的精细的和可以获取的定量信息。理解系统空间结构复杂性的关键在于寻找处理多样相互作用关系存在的空间异质性的办法。生态学家通常使用具有不同结构、组成和功能的斑块-廊道区域来描述空间异质性。斑块动态的生态学理论已经成为理解和应用群落组织、种群动态、演替、干扰、生态系统功能和保育的重要的解释性的以及模型的工具。斑块理论可以支撑生态系统复杂性理论的进步，而且有助于理解空间结构的复杂性，对于结构和功能的关系研究也有辅助作用。反映空间数据连续性的统计公式也有类似效果。更为重要的是，空间结构的复杂性会随着从简单描述斑块类型到评价镶嵌构造随时间变化的动态的过程而大幅度增加。同生物多样性一样，尽管复杂性研究始于数目及关系差异，目前已经进展到空间结构异质性和等级性的评价。总的来说，复杂性的空间维度从简单到复杂包括：斑块丰度—斑块频度—斑块构造—内部斑块变化—转换斑块镶嵌（Cadenasso，2006）。斑块丰度仅仅是生态系统空间维度的简单表示，描述不同斑块类型的数目。斑块频度通过描述在整个斑块类型当中每一个斑块的相对分布以增加复杂性内涵。而斑块构造描述斑块的空间格局，表征不同斑块类型的近似程度、边界关系以及一个镶嵌体内的其他的空间特征。第四个层次"内部斑块变化"表明斑块内部并非不变的，内部的变化使得研究人员可以描述和计算每个斑块变化和维持的时间或方法。空间复杂性的最高层次"转换斑块镶嵌"考虑了一系列斑块的空间构造，以及每一个斑块构成的斑块联合体及其变化特征。生态系统复杂性的空间维度指出了理解斑块和斑块构造的方法，可以认为这个维度的研究是生物多样性及其格局随时间变化的研究的继续与深入。

第二层次的维度是组织复杂性，反映了控制系统动态的基本单元之间的连通性的增加。在等级组织中，因果关系可以上下推绎。组织复杂性是系统弹性（对外在条件或内在反馈的变化进行调整的能力）的重要驱动。一般认为，组织复杂性从简到繁有以下的顺序：单元内过程—单元相互作用—边界调整—单元间调整—功能斑块动态（Cadenasso，2006）。在起始阶段，单元之间的功能联系很弱，单元内过程由结构和单元内其他过程决定。复杂性增加产生了单元之间的相互作用，一个系统或斑块的过程可能受到其他系统过程的影响。如果产生单元之间的相互作用，复杂性的下一步是对边界进行重新定义，在这个层次上，单元之间的边界结构决定了一个单元对于其他单元的影响程度。单元之间的相互作用指两个邻接的或者隔离的单元可以相互影响。在复杂性的最高等级，单元镶嵌体的相互作用通过物质、能量、机体和信息通量而体现，同时镶嵌体的结构和动态可以被这些通量改变。

时间复杂性，指系统内超越直接作用或同时发生的相互作用关系。所以，以前的影响或者对于系统过去状态的记忆，迟滞效应的存在，间接效应的缓慢体现都会增加时间复杂性。时间尺度的基本启承，尽管对于解释生态系统很重要，却并不同于考虑历史及其影响的时间复杂性。时间复杂性可以表示如下：同时的直接相互作用—同时的间接相互作用—历史性—迟滞相互作用—缓慢的突创性间接效应（Cadenasso，2006）。严格的同时相互作用指系统瞬时状态的生态学相互影响。比如：捕食理论中捕食者和猎物的相互作用。历史影响通过过去状态决定现实相互作用而改变系统。比如：在捕食者-猎物系统中，之前有捕食者和没有捕食者对于目前的捕食风险来说是不一样的。过去的状态可能不会产生即时的连续的影响。换句话说，历史状态具有迟滞效应，比如：经历过胁迫和干扰的系统可能对于现有的胁迫反应不同，害虫的效应即是迟滞反应的一个实例。一个生态实体通过第三方对另一个实体产生影响称为间接效应，这种效应在生态学研究中并不少见，尤其是在考虑人类对于自然系统的影响时，应该尽可能考虑间接效应的作用。

15.4.2 生态系统复杂性的一般研究方法

复杂性科学主要的研究方法包括非平衡态热力学、协同学、自组织临界理论以及等级理论等，下文对这些主要的方法分别进行阐述，以作为生态系统复杂性研究的参考（张知彬等，1998）。

所谓非平衡态热力学是指远离平衡的开放复杂系统通过非线性的相互作用形成的有序结构，这种结构必须与外界交换物质和能量才能维持有序状态，并克服熵增加导致的"热寂"状态，因此，普利高津把这种结构称为耗散结构。根据耗散结构的基本理论，我们认为可以把生态系统当成耗散结构，生态系统的不同形态不仅满足从外界吸取负熵流形成耗散结构的开放条件，而且是在系统演化的过程中，通过失稳而形成的等级结构。一方面，生态系统通过能量的流动与转化形成系统的基本过程；另一方面，生态系统通过不断地与外界进行着物质与能量的交换过程以抵消系统自身的熵增效应，形成吸取负熵流的过程，从而使系统出现更为有序的结构（柴立和等，2004）。因此，耗散结构可以从一定程度上解释生态系统如何按不同演替等级形成稳定的结构。

与耗散结构理论相应的是，哈肯概括了各种有序结构形成的共同特点，即一个由大量子系统所构成的系统，在一定的条件下，由于子系统间的相互作用和协作，这种系统便会形成一定功能的自组织结构，在宏观上便形成了时间有序、空间有序和时空有序结构，也就是说达到了新的有序状态。系统内部将发生互相关联的非线性作用，为形成有序结构提供了前提条件。利用协同学的观点可以解释许多生态现象,比如:生态系统中处于层级系统中低层级的组分,其动态行为常常表现出尺度小、频率高和速率大等特点,而高层级的组分动态行为常常表现为尺度大、频率小和速率小等特点,但同时高层级结构对低层级结构有制约作用,而低层级系统不断局域化,从而形成一个整体性的层级结构(柴立和等,2004)。

自组织临界现象是自然界中广泛存在的现象,该理论认为,由大量相互作用成分组成的系统会自然地向自组织临界态发展;当系统达到自组织临界态时,即使小的干扰事件也可引起系统发生一系列灾变。所谓"自组织"是指该状态的形成主要是由系统内部组分间的相互作用产生,而不是由任何外界因素控制或主导所致。所谓"临界态"是指系统处于一种特殊敏感状态,微小的局部变化可以不断放大、扩延至整个系统。也就是说,系统在临界态时,其所有组分的行为都相互关联。因为在临界态时,系统内事件大小与其频率之间是幂函数关系,这时系统不存在特征尺度;也就是说,事件发生在所有尺度上,或与尺度无关(邬建国等,2002)。尽管对于复杂的生态系统还很难说可以用一个单一的理论来描述,也就是还难说复杂系统存在某个单一的简单原理,但自组织临界性理论无疑在我们追求复杂系统的某个统一理论方面迈出了重要的一步。

复杂系统演化的一个最典型的特征就是复杂系统在演化过程中呈现等级结构,所谓等级结构是指若干要素利用相干性关系构成系统,再通过新的相干性关系而构成新系统并逐级构成结构关系。在这种关系中,参与构成的系统称为低等级系统,构成后的新系统称为高等级系统。事实表明,复杂系统演化中等级化是一个普遍性的特征,即系统在演化的过程中内部元素会不断归并为若干个相对独立的等级,系统最终由这些等级所构成。在生命世界中,最简单的生命现象出现在蛋白质、基因水平上;生物大分子所构成的细胞是生命体的形态结构和生命活动的基本单位;细胞逐步分化形成组织,组织合成器官,器官合成系统,不同系统又组合成生物个体;个体联合而成为种群;生活在一定区域的不同生物种群形成生物群落,生物群落及其所生活的无机环境又构成生态系统,地球上所有生物和它们的物理环境组合起来就是生物圈,这是生物界的最高等级。等级结构是复杂系统演化的产物,又是我们分析复杂系统问题的方法,复杂系统的可分解性是应用等级理论的前提,我们可以根据周期、频率、速率、反应时间等标准,同时考虑结构和功能表现出的边界或表面特征来分解复杂系统(包括生态系统)(柴立和等,2004)。

Holland 于 1994 年提出复杂适应系统理论,该理论的核心是适应性造就复杂性,主要描述复杂系统在演化发展的过程中,主体可以通过学习来改变自己的行为,从而达到对环境的相互协调、相互适应。复杂适应系统的主体之间的相互作用会涌现出新的组织行为模式,在每个等级上都有新的模式出现,低等级上的复杂适应系统通过相互作用产生高等级的现象。复杂适应系统理论可以分析和描述复杂系统的等级结构和相应等级的功能,而且复杂适应系统理论在算法和模型方面已取得了巨大的成功,如复杂适应系统理论在计算机上形成了标准的算法,比如:遗传算法,它具有普适性和可操作性,这些都大大促进了复杂适应系统理论的发展及应用(柴立和等,2004)。

物质流、能量流和信息流是生态系统的三大要素,只有从这三个方面出发,才有可能找到生态系统中最普遍性的东西。所以,今后生态复杂性的研究应紧紧围绕这三个方面,特别是要和能量生态学结合起来,因为能量是所有开放系统生存和演化的必要条件,而且是一种通用"货币"。从能量入手,可能在生态复杂性研究上获得突破(张知彬等,1998)。

参考文献

柴立和,郎铁柱. 2004. 生态系统复杂性研究的几个基本理论及其局限性. 自然杂志, 26(2): 98-102.

傅伯杰,牛栋,赵士洞. 2005. 全球变化与陆地生态系统研究:回顾与展望. 地球科学进展,20(5): 556-560.

高兆蔚. 2002. 森林系统的整体性与复杂性问题的研究. 林业资源管理, 2: 9-12.

金森. 2006. 群落结构复杂性的测度方法研究进展. 植物生态学报, 30(6): 1 030-1 039.

李海涛. 2000. 新世纪的挑战——生物复杂性研究. 世纪科技研究与发展, 22(6): 64-67.

卢明森. 2004. "开放的复杂巨系统概念"的形成. 中国

工程科学, 6(5): 17-23.

罗慧,苏正军,刘安麟,等. 2005. 基于复杂性的生态系统可持续演化特征分析. 气象科技, 33(5): 442-444.

马风云. 2002. 生态系统稳定性若干问题研究评述. 中国沙漠,22(4): 401-407.

迈因策尔. 2000. 复杂性中的思维:物质、精神和人类的复杂动力学. 曾国屏,译. 北京:中央编译出版社.

秦大河,丁一汇,苏纪兰,等. 2005. 中国气候与环境演变评估(Ⅰ):中国气候与环境变化及未来趋势. 气候变化研究进展,1(1): 4-9.

覃林,余世孝. 2004. 森林群落复杂性分析:以广东黑石顶森林为例. 生物多样性, 12(3): 354-360.

Colwell R. 2000. 生物复杂性与环境. 中国人口资源与环境,10(3): 116-117.

王辉,柴立和. 2007. 复杂生态系统分形层次结构的统计动力学分析. 应用生态学报,18(7): 1 560-1 567.

温刚,严中伟,叶笃正. 1997. 全球环境变化. 长沙:湖南科学技术出版社.

邬建国,韩兴国,黄建辉. 2002. 现代生态学讲座(第二卷):基础研究与环境问题. 北京:中国科学技术出版社.

张知彬,王祖望,李典谟. 1998. 生态复杂性研究综述与展望. 生态学报, 18: 433-441.

Cadenasso M L, Pickett S T M, Grove J M. 2006. Dimensions of ecosystem complexity: Heterogeneity, connectivity, and history. Ecological complexity, 3: 1-12.

Connell J H. 1978. Diversity in tropical rain forests and coral reefs. Science, 199: 1 302-1 310.

Colwell R. 1998. Balancing the biocomplexity of the planet's living systems: a twenty-first century task for science. Bioscience, 48: 786-787.

Cottingham K L. 2002. Tackling bio-complexing: The role of people, tools and scale. BioScience, 52(9): 793-799.

Craig L. 2004. Challenges of ecological complexity. Ecological Complexity, 1: 3-6.

Gardner M R, Ashby W R. 1970. Connectance of large dynamic (cybernetic) systems: critical values for stability. Nature, 228: 784.

James H B, Thomas G W, Morgan S K, et al. 2001. Complex Species Interactions and the Dynamics of Ecological Systems: Long-Term Experiments. Science, 293: 643-650.

Levin S A. 1999. Fragile Dominion: Complexity and the Commons. Massachusetts: Perseus Books, Reading.

Matsden S J, Fielding A H, Mead C, et al. 2002. A technique for measuring the density and complexity of understory vegetation in tropical forest. Forest Ecology and Management, 165: 117-123.

McCann K, Hasting A, Huxel G R. 1998. Weak trophic interactions and the balance of nature. Nature, 395: 794-798.

Michener W K, Thomas J B, Penelope F, et al. 2001. Defining and unraveling biocomplexity. Bioscience, 51(12): 1 018-1 023.

Moser D, Zechmeister H G, Plutzar C, et al. 2002. Landscape patch shape complexity as an effective measure for plant species richness in normal landscape. Landscape Ecology, 17: 657-669.

Noss R F. 1990. Indicators of monitoring biodiversity: a hierarchical approach. Conservation Biology, 4: 355-364.

Osvaldo E S, Chapin Ⅲ F S, Armesto J J, et al. 2000. Global Biodiversity Scenarios for the Year 2100. Science, 287: 1 770-1 774.

Raphaël P. 2007. Ecological complexity for unifying ecological theory across scales: A field ecologist's perspective. Ecological Complexity, 4(3): 85-92.

Vitousek P M. 1990. Biological invasion and ecological process: towards an integration of population biology and ecosystem studies. Oikos, 59: 7-13.

Vpadhyay R K, Lyengar S R K, Rai V. 2000. Stability and complexity in ecological systems. Chaos Solitons Fractals, 11(4):533–542.

第四篇

人类活动对生态系统的影响及其评价和调控

第16章 中国建设用地扩张的区域差异及其影响因素

黄季焜[1,2]　朱莉芬[3,1]　邓祥征[1,2]
([1]中国科学院农业政策研究中心;[2]中国科学院地理科学与资源研究所;
[3]重庆工商大学长江上游经济研究中心)

摘要

建设用地扩张是中国当前生态系统时空格局变化最为突出的问题。人多地少的基本国情,决定了中国今后和未来较长的一段时间里必须面对建设用地扩张与耕地保护这一日趋尖锐的矛盾。虽然国内外该领域的学者已经就此开展了一些研究,取得了一系列的研究成果,但在建设用地扩张的主要影响因素及其影响机制,尤其是社会、经济政策因素对建设用地扩张时空格局的影响上还有很多研究需要深化。此外,过去的相关研究多以描述性分析为主,且多为一定区域上的案例研究,要更好地分析影响因素与建设用地的关系,了解驱动中国建设用地扩张变化的时空格局特征的关键影响因素,需要开展大尺度深入、细致的综合研究。因此,研究快速工业化、人口增长与经济发展等宏观背景下建设用地扩张的时空格局特征,探索社会、经济政策等因素对不同区域建设用地扩张的影响是一项亟待研究的命题。

本章利用中国科学院土地利用数据和作者收集的社会经济数据,分析了20世纪80年代末到2000年期间,中国建设用地在不同区域扩展的变动趋势和差异。在此基础上建立了计量经济模型,定量分析了1996—2000年间不同区域建设用地扩展的主要影响因素。计量经济模型估计结果表明,经济发展对人均建设用地扩张有显著影响,但其影响程度并不像以往许多研究得到的那么大。随时间变化的影响因素中,除经济发展外,其他因素对不同区域人均建设用地的影响也不同。研究表明,1989—2000年间,虽然全国建设用地总体扩张速度加快了,但其变化趋势在区域间存在明显的差异,具体表现为东部地区有所减缓,而中西部地区明显加速。东部地区建设用地增速减缓主要是因为经济增长并没有引起人均建设用地的扩张,建设用地已经向集约利用的方向发展;而中西部地区建设用地扩张加速主要是因为随着经济增长,建设用地向平面扩张更快所致,这可能同当地政策及当地相对便宜的地价有关。因此,经济增长带来的建设用地扩张和耕地减少可能在中西部地区会面临更严峻的挑战。

关键词:建设用地　建设用地扩张　土地利用　区域差异　影响因素　经济增长　工业化　计量经济模型　中国

Chapter 16

Regional differences and determinants of build-up area expansion in China

Abstract

The expansion of build-up area (BUA) has become a hotspot issue in the land utilization in China. The nation's huge population and scarce arable land per capita has determined that China will face the increasingly conflict between BUA expansion and cultivated land protection in the future. Although economic growth is a major factor for expansion of BUA, as the nature of many previous studies in this area in China is descriptive and there has been nearly no study that quantitatively analyzed BUA that simultaneously took into account of different periods and different regions nationwide, to better analyze the relation between economic development and BUA, and to understand the regional differences in expansion of BUA in the whole China, research must be carried out in a larger scope. Therefore, the objectives of this chapter are to analyze the trends and variations of BUA expansion in different regions over different periods, quantitatively examine the effects of economic growth and other factors on the expansion of BUA in different regions, and provide empirically based evidence for better policy information on land use planning.

Based on the remote sensing data on land uses provided by the Chinese Academy of Sciences and the social economic data collected by the authors, this chapter analyzes the trends and regional differences of build-up area (BUA) expansion in China during the late 1980s and 2000, and empirically estimates the major determinants of BUA expansion in different regions in 1996—2000. The results show that in 1989—2000, although China's overall BUA expansion accelerated, the change trends differed significantly among regions. BUA expansion in the central and western regions was accelerating significantly, but it has considerably slowed down in eastern region. The estimation results from econometric model show that BUA expansion in eastern region has reached a period when economic growth has no significant impact on per capita BUA, which implies that the land utilization in this region has become more intensive than before with the expansion of economy. While in the central and western regions, the BUA has expanded remarkably over space due to the relatively more flexible land development policies and the relatively cheap land prices in the regions. Therefore, as the economy continues to growth rapidly in the future, the BUA expansion and cultivated land reduction may face more serious challenge in the central and western regions.

Keywords: Build-up area, Expansion of build-up area, Land use, Spatio-temporal patterns, Regional difference, Determinants, Economic growth, Industrialization, Econometric model, China

16.1 引言

作为中国当前生态系统时空格局变化最为突出的问题之一，建设用地扩张受到国内外专家、学者与决策界的关注，也成为中国土地利用研究中的热点问题。人多地少的基本国情，决定了中国今后和未来一段较长的时间里都必须面对建设用地扩张与耕地保护这一日趋尖锐的矛盾。过去的许多研究表明，城镇周边多为土壤肥沃、生产力较高的耕地，城镇扩张必然要导致优质耕地的损失，从而影响到国家的粮食安全（封志明和李香莲，2000；蔡运龙等，2002；谈明洪等，2004）。因此，建设用地尤其是城镇用地扩张已经成为当前政府部门和学术界日益关注的焦点问题（Parker，1995；刘盛和，2002）。

建设用地扩张是经济发展的必然结果。改革开放以来，随着工业化、城市化进程加快和人口的持续增长，中国土地利用的演变特别是建设用地的利用演变在一定程度上反映了社会经济发展的要求，是经济高速发展和产业结构调整的必然结果（陈利根等，2004）。工业化、城市化过程必然引起生产要素从农业部门向非农业部门转移，当然也包括农地的转移（曲福田等，2004）。未来，随着社会经济的进一步发展和工业化、城市化进程的提速，建设占用耕地的趋势还将继续。

虽然经济增长是建设用地扩张的主要因素，但在经济增长对建设用地影响程度的认识上仍存在较大差异。例如，谈明洪等（2003）分析了人口、经济增长和城市环境改善对城市用地扩张的影响，认为经济增长是最重要、最根本的驱动因素。一项对 20 世纪 90 年代中国 145 个城市的研究结果表明（谈明洪等，2004），职工工资的增长最能解释城市建设用地扩张的区域差异。陈利根等（2004）以马鞍山市为例采用计量经济模型估计，得出人均 GDP 对城镇建设用地规模有正影响，弹性系数为 0.26，这意味着如果人均 GDP 以年均 8% 的速度增长，建设用地在 20 年左右将扩大一倍。朱莉芬（2006）对中国东部地区 14 个省份的研究也得出经济增长对建设用地有显著的正影响，但其影响的弹性系数仅约为 0.002。

过去研究结果存在较大差异可能同以下几方面的因素有关。首先，不同研究分析的地区不同，其中大部分是研究个别地区的城市扩张（陈利根等，2004），或以大中城市为主，或以经济发展较快的东部地区为主（朱莉芬，2006），或选择西部欠发达地区进行研究（余国庆，2004）。其次，不同研究界定的建设用地范围也不尽相同，一些研究中的城镇地区仅仅包括市区而不含市辖县（谈明洪等，2004），而另一些研究界定的城镇地区包括了市辖县的范围（朱莉芬，2006）。另外，除了考虑到研究范围本身存在空间上的差异外，这些研究结论与其分析考察的时期不同也有很大关系，如，有的研究关注 20 世纪 80 年代中期以来建设用地的变化（谈明洪等，2003），有的则研究整个 90 年代（谈明洪等，2004）或 90 年代中期到 2000 年（朱莉芬，2006）等不同时期建设用地扩张的情况。这些研究范围的时空差异必然会影响到分析结论的差异。

过去的相关研究多以描述性分析为主，同时考虑不同时期和不同地区的全国大范围区域的定量分析少有报道，要更好地分析经济发展与建设用地的关系，以及了解整个中国建设用地扩张变化的区域差异，需要在更大范围来进行研究。因此，本章的研究目的是分析建设用地在不同时期、不同地区扩张的变动趋势和差异，并探讨经济增长等因素对不同区域建设用地扩张的影响，以期为国家相关部门制定建设用地规划政策提供合理的实证依据。

16.2 数据与样本

本章研究中的建设用地包括城镇用地、农村居民点、交通用地和独立工矿用地等非农建设用地。建设用地数据来源于中国科学院资源环境科学数据中心的土地利用数据库，该数据库是基于美国陆地卫星 TM/ETM 空间分辨率为 30 m×30 m 的影像数据解译的（Vogelmann et al，2001）。本文分析的数据包括 3 个时点：（1）20 世纪 80 年代末期，主要包括从 1988—1989 年的数据（为简便对于年份的表达，简记为 1989 年）；（2）20 世纪 90 年代中期，包括 1995—1996 年的数据（简记为 1996 年）；（3）20 世纪末，包括 1999—2000 年的数据（简记为 2000 年）。在本研究中利用遥感和地理信息系统（GIS）技术，将形态相对稳定的、图斑大小连片的建设用地加总到县（市）级水平上，并将县（市）作为本研究的基本分析单位，其中市包括县级市、地级市、省级市和直辖市的市区。为了控制不同地区县(市)范围大小和人口不同对分析结果造成的影响,并使不同地区有更好的可比性,我们在实证分析中采用人均建设用地指标,GDP和人口数据来自国家有关部门的统计。1996年的GDP数据来源于各个省的统计年鉴(国家统计局,1996),2000年的GDP数据来源于《中国县(市)社会经济统计年鉴》(国家统计局,2000)。人口数据来源于公安部的《中国县市人口年鉴》(中国公安部,1989,1996,2000)。

为了较准确地分析经济增长与建设用地之间的关系,本研究也试图分析除经济增长外随时间变化的其他因素对建设用地的影响。这些因素可能包括随时间而变化的对建设用地有影响的各种政策,但由于这些变量一般难以量化,同时它们的变化趋势与时间变化密切相关,所以我们在研究中通过引入时间虚拟变量的办法来反映相关政策因素的作用。

本研究中的解释变量还包括各县(市)的区位特征、平均坡度、高程和平均气温等自然因素。各县(市)中心到省会城市和最近港口城市的距离两个区位特征因素,是基于1∶25万地形图计算的,原始数据源来自国家测绘局。各县(市)的坡度和高程信息是基于全国1:25万比例尺的数字地面高程模型(DEM)提取的。平均气温数据是利用中国气象局1950—2000年以来的气象观测数据,通过空间离散处理,将台站数据离散到1 km×1 km栅格空间上,然后,利用GIS的空间分析功能计算并汇总到各县(市)上获得的(邓祥征,2005)。

由于西藏自治区大部分县(市)缺失GDP数据和20世纪80年代后期有些省缺乏分县(市)的GDP等数据,因此,在实证分析中,我们主要对中国除西藏、香港、台湾和澳门以外的其他30个省份的建设用地扩张进行研究,每年的有效样本县(市)有2 246个。

16.3 建设用地扩张

总体来看,随着经济发展,全国建设用地年均增长不断加速。1989年样本县(市)的建设用地总面积为15.64×10^4 km^2,之后逐渐增长到1996年的16.59×10^4 km^2和2000年的17.31×10^4 km^2(表16.1)。从增长速度来看,1989—1996年间建设用地年均增长0.85%,到1996—2000年间达1.07%。

表 16.1 1989—2000 年中国建设用地的区域扩张状况

Table 16.1 Regional expansion of BUA in China in 1989—2000

建设用地/km^2	西部[a]	中部[b]	东部[c]	全国
1989	21 212	66 912	68 257	156 381
1996	21 818	68 388	75 678	165 884
2000	23 718	70 506	78 846	173 070
年均增长率/%				
1989—1996	0.40	0.31	1.49	0.85
1996—2000	2.11	0.77	1.03	1.07
1989—2000	1.02	0.48	1.32	0.93

数据来源:根据土地利用遥感数据整理而得。全国共2 246个样本县(市)(不包括西藏、台湾、香港和澳门)。(a)西部地区包括广西、重庆、四川、贵州、云南、陕西、甘肃、宁夏、青海、新疆共10个省、自治区、直辖市。(b)中部地区包括山西、内蒙古、吉林、黑龙江、安徽、江西、河南、湖北、湖南共9个省、自治区。(c)东部地区包括北京、天津、河北、辽宁、上海、江苏、浙江、福建、山东、广东、海南共11个省、自治区、直辖市。

从区域来看,建设用地的扩张速度存在显著的差异。首先,从研究的整个时期来看,东部地区建设用地扩张最快,1989—2000年间年均增长1.32%,超过全国总体水平(0.93%),之后依次为西部地区(1.02%)和中部地区(0.48%)(表16.1)。其次,虽然东部地区在1989—2000年间增长最快,但从不同时期来看,东部地区建设用地增长速度明显下降(年均由1989—1996年间的1.49%下降到1996—2000年间的1.03%)。第三,西部和中部地区建设用地的增长则出现了加速的现象,尤其是西部地区,它的年均建设用地增长在1996—2000年间超过了东部地区,达到了2.11%。

那么,为什么全国建设用地增长加速,而且在不同地区增长的差异很大,中西部地区增长明显加速,而东部地区增长却有所减缓?过去的研究已经表明,经济发展是重要因素,但区域空间差异、历史发展基础和政策变化也是造成建设用地增长区域差异的重要原因。下面我们将重点分析经济增长以及其他因素与人均建设用地的关系。

16.4 人均建设用地区域差异

为了更好地比较不同地区以及同一地区不同时期建设用地与经济增长的关系,我们计算了人均建设用地与人均GDP两个指标。根据1996年不同地区县(市)人均GDP情况,我们把所有县(市)分成4

组,每组的人均 GDP 分别为:0 ~ 2 500 元、2 500 ~ 5 000 元、5 000 ~ 10 000 元和 10 000 元以上(表 16.2)。然后考察人均建设用地在 1996—2000 年间的变化以及它们在不同收入组的差异。表 16.2 体现了如下几点很有意思的不同地区、不同收入组的人均建设用地变化特征。

表 16.2 1996—2000 年间经济发展与人均建设用地的时空分异

Table 16.2 Correlation between economic development and per capita BUA in 1996—2000

地区	人均 GDP/元	样本数	人均建设用地/m^2 1996 年(平均)	2000 年(平均)
西部		800	94	99
	0 ~ 2 500	487	63	66
	2 500 ~ 5 000	232	127	130
	5 000 ~ 10 000	64	160	185
	>10 000	17	285	325
中部		788	188	186
	0 ~ 2 500	332	176	177
	2 500 ~ 5 000	331	201	200
	5 000 ~ 10 000	102	198	184
	>10 000	23	131	121
东部		658	176	178
	0 ~ 2 500	67	194	191
	2 500 ~ 5 000	288	165	167
	5 000 ~ 10 000	208	185	188
	>10 000	95	177	179
全国		2 246	151	153
	0 ~ 2 500	886	115	117
	2 500 ~ 5 000	851	169	170
	5 000 ~ 10 000	374	184	187
	>10 000	135	183	187

注:GDP 是以 2000 年不变价计算的。

(1)从全国总体水平上看,经济发展促进了人均建设用地的扩展,但也有例外。比如,从不同时期上看,随着经济发展,人均建设用地也从 1996 年的 151 m^2提高到 2000 年的 153 m^2;从同一年份不同收入的地区看,在 1996 年,当人均 GDP 不到 2 500 元时,人均建设用地仅为 115 m^2,当人均 GDP 达到 5 000 ~ 10 000 元之间时,人均建设用地平均达 184 m^2。

收入越高,建设用地越多,这是许多人所预期的。但有意思的是,人均 GDP 超过 10 000 元的县(市),其人均建设用地并不比人均 GDP 在 5 000 ~ 10 000元的县(市)多。这表明除经济增长因素以外,还有其他重要因素(如地方的土地用途转移控制和价格等因素)也显著地影响着建设用地的扩张。

(2)从总体水平上看,不同区域的非经济增长因素对人均建设用地有显著的影响。西部地区在 1996 年人均建设用地为 94 m^2,中部地区为 188 m^2,东部地区为 176 m^2,中部和东部地区几乎是西部地区的 2 倍;这种差别在 2000 年同样存在。人均建设用地虽然与不同地区经济发展水平有关,但仅仅是经济发展因素解释不了东中部之间的差异,因为东部比中部经济发达,而人均建设用地却相对要少一些(表 16.2)。实际上,比较不同地区在同一收入组的人均建设用地,即在同样的经济发展水平下比较,人均建设用地在不同区域存在显著差异,也意味着非经济增长因素是解释区域差异的主要原因。

(3)收入水平与人均建设用地之间在不同地区表现出不同的关系。在西部地区,收入高的县(市)人均建设用地也高(图 16.1),但这种正相关现象在东部和中部地区表现得并不明显,这意味着区域之间的政策、土地资源的稀缺程度(如地价)和区位等自然条件在区域间的差异会显著影响建设用地的扩张程度。经济发展水平达到一定程度后,人均建设用地开始下降,这可能同发达地区的资源条件和地价相对较高等因素有关。

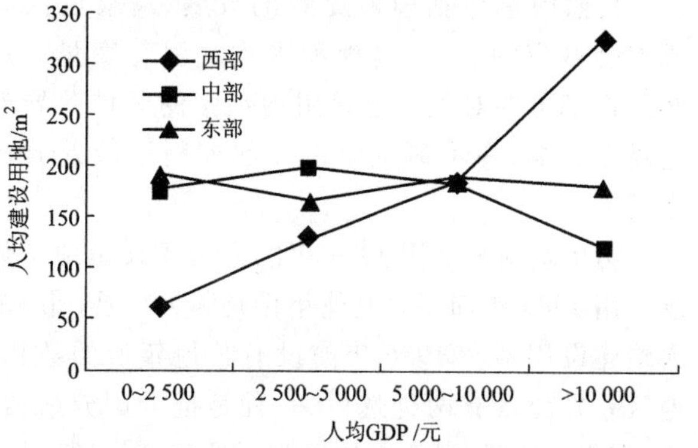

图 16.1 经济发展与人均建设用地的关系(以 2000 年为例)

Figure16.1 Relation ship between economic development and per capita BUA in 2000

16.5　建设用地变化分析计量经济模型

根据以上人均建设用地区域差异的分析，结合过去的许多研究结果，我们把影响人均建设用地的因素分成两类，分别是随时间变化的因素和随空间变化的因素。其中随时间变化的因素包括经济增长和除经济增长外其他随时间变化的因素；随空间变化的因素包括自然因素、历史基础水平和地区差异。因此，建立了如下计量经济模型：

人均建设用地 = f(随时间变化的因素，随空间变化的因素)

= f(经济发展水平，随时间变化的其他因素，自然因素，历史基础，地区差异)

模型中的被解释变量是人均建设用地(m^2)，年份为 1996 年和 2000 年。模型中的各个解释变量简要说明如下：

经济发展水平用每个县(市)的人均 GDP 来反映，为尽量避免内生性问题，本研究采用的人均 GDP 是滞后 1 年的数据。因为人均 GDP 对人均建设用地的影响可能因不同地区而异，所以我们设置了人均 GDP 与 3 个地区虚变量的交叉变量。随时间而变化的因素还包括如政策变化等难以量化的因素。在实证分析中，我们用时间虚变量来反映，如果是 2000 年的数据，其值为 1，否则为 0，即 2000 年同 1996 年相比。因为这些因素对建设用地的影响在不同地区可能存在差异，为此我们设置了地区和时间年份的交叉变量(地区虚变量×2000 年)，如果以上模型估计出的交叉变量的系数在不同地区的统计上存在显著差异，表明随时间而变化的因素对不同地区建设用地的扩张有不同的影响。

自然因素包括前面提到的坡度、离最近港口或省会城市的距离、高程和平均气温等变量。这些因素都可能对人均建设用地扩张的区域差异产生重要影响，在本研究中主要起控制区域差异的作用。

历史基础水平用 1989 年的人均建设用地来体现。用 1989 年而不是其他年份是因为分县(市)的人均建设用地在 1996 年前没有其他年份的数据。地区差异变量有两种选择，一种是把全国分成西、中、东 3 个地区，以西部地区为对照组，另一种是在模型中加入所有县(市)的虚变量(或叫 0-1 哑变量)。模型中的所有连续变量都取对数(用 ln 表示)，以上变量的具体形式见表 16.3。

表 16.3　1996—2000 年人均建设用地的决定因素模型

Table16.3　Estimation results of determinants of per capita BUA in 1996—2000

解释变量 \ 被解释变量	ln(人均建设用地)	
经济发展	西、中、东三大地区	县(市)虚变量
--ln(西部人均 GDP_{t-1})	-0.064	0.094
	(7.39)***	(2.87)***
--ln(中部人均 GDP_{t-1})	0.001	0.097
	(0.13)	(3.08)***
--ln(东部人均 GDP_{t-1})	0.073	0.045
	(7.53)***	(0.97)
区域虚变量×T_{2000}(对比组为1996 年)		
--西部×T_{2000}	0.081	0.072
	(7.55)***	(5.46)***
--中部×T_{2000}	0.010	-0.029
	(0.86)	(1.93)*
--东部×T_{2000}	-0.010	-0.000
	(0.84)	(0.01)
自然因素		
--ln(平均坡度)	-0.010	
	(3.30)***	
--ln(到港口最近距离)	0.005	
	(2.67)***	
--ln(到省会最近距离)	-0.016	
	(4.51)***	
--ln(高程)	-0.006	
	(2.59)***	
--平均气温	-0.005	
	(5.33)***	
ln(人均建设用地)$_{1989}$	0.937	
	(166.75)***	
地区虚变量(对比组为西部)		
--中部	0.563	
	(5.59)***	
--东部	0.006	
	(0.06)	
县(市)虚变量	不包括县市虚变量	包括 2 245 个县市虚变量
截距	-0.568	-3.104
	(5.61)***	(18.13)***
校正的 R^2	0.97	0.98

注：括号内是 t 统计量的绝对值；***，* 分别表示 1% 和 10% 的统计显著性水平；t-1 表示滞后一年；样本数是 4 492，来自 2 246 个县(市)。模型中变量的均值和其他概要统计见表 16.4。

表 16.4 所有变量的均值(简单平均数)和标准差

Table 16.4 Mean and standard error of all variables used in this study

变量	1996		2000	
	均值[a]	标准差	均值	标准差
人均建设用地/hm^2	0.151	0.169	0.153	0.165
基期(1989)建设用地/hm^2	0.159	0.180	0.159	0.180
西部人均 GDP/元	2 778	3 064	3 732	3 636
中部人均 GDP/元	3 440	2 598	5 052	3 699
东部人均 GDP/元	6 393	5 692	9 214	8 088
平均坡度/(°)	2.8	2.8	2.8	2.8
到港口最近距离/km	631	566	631	566
到省会最近距离/km	195	145	195	145
高程/m	743	876	743	876
平均气温/℃	12	6	12	6
样本数[b]	2 246		2 246	

(a)报告的均值是本项研究的样本的均值。

(b)每年样本县(市)数是 2 246 个。

16.6 计量经济模型估计结果与分析

由于在控制地区差异时采用了两套指标[西、中、东三大地区和县(市)虚变量],我们也分别得到了计量经济模型估计的两套结果。表 16.3 中的第 1 列结果是用西、中、东部来体现区域差异,而第 2 列是用 2 245 个县(市)虚变量来控制区域差异。分县(市)的虚变量包括所有不随时间而变化的各种影响因素,因此自然因素和历史基础因素不参与计量估计过程。总体来看,计量模型估计结果显示大多数的系数在统计上都达到了极其显著的水平,其中历史基础变量对 1996—2000 年间人均建设用地有非常显著的正影响,表明它能够较好地控制区域间“人均建设用地”基础水平的差异(见表 16.3,第 1 列)。下面,我们重点讨论从计量估计结果得出的几点主要结论:

(1)从总体上看,经济发展对人均建设用地扩张有影响,但其影响程度并不像以往许多研究得到的影响那么大。模型 1 和 2 的估计结果都表明了经济增长促进了人均建设用地的扩大,但模型 1 的结果显示中部地区人均 GDP 对人均建设用地的影响不显著,模型 2 则表明人均 GDP 在东部地区对人均建设用地的影响不显著。在这里更倾向于接受模型 2 的结果,因为模型 1 还有一些空间差异影响没有被完全控制住,估计结果有偏。根据模型 2 的估计结果,西部地区人均 GDP 对人均建设用地的弹性系数为 0.094,这意味着如果年人均 GDP 以 8% 的速度增长,经济在 9 年左右将翻一番,人均建设用地将增长约 9.4%,20 年左右将增长 35% 左右。根据对估计系数的分解分析,西部地区在 1996—2000 年间人均建设用地增长了 5.69%,其中人均 GDP 增长促使人均建设用地增长了 2.91%。这与前面描述的西部地区人均建设用地随着人均 GDP 增长明显增加的趋势是一致的。这是由于经济发展(尤其是工业和服务业)需要大量基础设施和配套的服务设施,城镇化水平还不高,土地利用比较粗放,相应地促进了人均建设用地的增加。在中部地区,经济增长对人均建设用地也有相当显著的正影响(表 16.3 第 2 列),表明在其他条件一样的情况下,当人均 GDP 每增长 1%,人均建设用地将扩大 0.097%。根据对计量估计结果的分解分析,中部地区人均建设用地在 1996—2000 年间减少了 1.20%,而经济增长影响人均建设用地的扩大高达 3.77%,表明经济增长是影响中部地区人均建设用地的决定因素,同时也表明人均建设用地还同其他影响因素有关。在东部地区,估计结果显示出经济发展对人均建设用地有正影响,但统计检验不显著(表 16.3 第 2 列),这表明东部地区人均建设用地已经逐渐走向集约利用的道路。

(2)随时间变化的影响因素中,除经济发展外,其他因素对不同区域人均建设用地的影响也不同。这些因素包括不同时期的土地管理和价格、区域开发、财政税收、外商投资、城镇发展等政策变化。模型 2 估计出的“区域虚变量×T_{2000}”系数结果表明,随时间变化的以上各种因素对西部地区的建设用地有显著的正影响,对中部地区是负影响,而对东部地区则没有影响。这些结果与前面描述的不同地区人均建设用地在不同时期的变化趋势基本一致。在西部地区,人均建设用地扩张与国家区域开发政策密切相关,20 世纪 90 年代末,中央实施“西部大开发”的战略,国家对西部的投资力度加大了,西部建设步伐加快,相应的基础设施等建设用地增加较多,同时由于西部地区土地价格较低(陈浮和王良健,2000),因此人均建设用地扩张也相对较快。在中部地区,随时间变化的因素与人均建设用地成负相关,系数的估计值为 0.029。这可能是由如下两方面的原因引起,一是在这期间中部地区没有特殊的政策刺激其建设用地的扩张，中部地区缺少许多类似于东部发展的优惠政策和西部开发政策；二是中部地区多为国家的粮食主产地，20 世纪 90 年代以来国土资源部下发了一系列有关保护耕地的通知，强调“以保护基本农田为核心，实行保护耕地数量和质量并重”等政策，这些政策在中部粮食主产地区得到相对较严格的实行。以上两方面的因素与逐渐上升的地价一起共同作用，使中部地区人均建设用地出现下降趋势，这与前面的描述是一致的。现在和今后若干年正是西部城市建设加快、用地扩张的时期，而东部已经走过这个高峰时期，速度开始放缓。东部地区由于发展较早，城镇化水平高，人均建设用地已经达到一定规模，同时可供开发的土地资源有限，地价也已达到比较高的水平，加上国家政策对建设用地的严格控制，因此在 1996—2000 年间，除经济增长以外，随时间而变化的各种政策因素对其人均建设用地的影响不显著（表 16.3）。

（3）自然因素差异对不同地区人均建设用地的影响也非常显著（表 16.3），而且它们的系数符号都与我们的预期基本一致，同其他类似的相关研究得到的结论也是一致的（Silva & Clark，2002；Burchfield & Turner，2006）。鉴于这些因素不是本文研究的重点，为减少篇幅，这里不作具体讨论。

（4）人均建设用地区域间差异显著。地区虚变量的系数显著性表明（表 16.3，第 1 列），在其他因素一样的情况下，与西部地区相比，中部地区的人均建设用地基础要多 56.3%，这也与前面提到的人均建设用地的区域差异是一致的。中部地区在 1996 年时人均建设用地面积为 188 m^2，比西部地区（94 m^2）多 94 m^2，其中有 52.9 m^2（94×0.563）是区域差异引起的。中部比西部地区人均建设用地基础高很多，也许是由于中部地区矿产多，相应的工矿用地较多，以及农村建房的习惯（如房子前面普遍有一个院子）差异等引起的。估计结果还表明了东部地区与西部地区人均建设用地的基础差异不显著，这也说明表 16.2 中显示的东西部差异主要是由于经济发展水平所决定。

16.7　结论与展望

本研究表明，从全国来看，20 世纪 80 年代末到 2000 年期间，建设用地总面积不断增长，尤其是 90 年代中期后扩张加速了。从区域来看，建设用地扩张存在显著的差异，虽然东部地区建设用地扩张最快，但增长幅度显著下降，西部和中部地区虽然总体增长较慢，但增长不断加速，尤其是西部地区，其建设用地增长速度已超过了东部地区。

计量经济模型的实证估计结果表明，1996—2000 年间东部地区建设用地增速减缓是因为经济增长对当地人均用地的影响不再显著。由于早期已有很高的发展速度，经济进一步发展必然导致地价等显著提高，东部地区已经由早期的平面扩散型向更集约用地的方向发展。未来随着地价上升，人口增长，东部地区的人均建设用地会继续下降。中部和西部地区人均建设用地增长加速主要是因为经济增长在这些地区的影响显著，表现为人均建设用地随着经济发展往平面扩张更快，在未来会继续扩大，这可能同中西部地区的政策及当地相对便宜的地价有关。因此，发展经济和保护耕地的矛盾在这两个地区将面临更严峻的挑战。

致谢

中国科学院资源环境科学数据中心提供了部分基础数据。

参考文献

蔡运龙，傅泽强，戴尔阜. 2002. 区域最小人均耕地面积与耕地资源调控. 地理学报，57(2)：127-134.

陈浮，王良健. 2000. 中国房地产市场化区域差异与发展战略研究. 财经理论与实践，21(105)：104-107.

陈利根，陈会广，曲福田，等. 2004. 经济发展、产业结构调整与城镇建设用地规模控制——以马鞍山市为例. 资源科学，26(6)：137-144.

邓祥征. 2005. 土地利用变化的效应及其决定因素分析. 博士后研究工作报告. 北京：中国科学院地理科学与资源研究所，43.

封志明，李香莲. 2000. 耕地与粮食安全战略：藏粮于土，提高中国土地资源的综合生产能力. 地理学与国土研究，16(3)：1-5.

国家统计局. 1996. 各个省的统计年鉴. 北京：中国统计出版社.

国家统计局. 2000. 中国县(市)社会经济统计年鉴. 北京:中国统计出版社.

刘盛和. 2002. 城市土地利用扩展的空间模式与动力机制. 地理科学进展, 21(1): 43-50.

曲福田,冯淑怡,诸培新,等. 2004. 制度安排、价格机制与农地非农化研究. 经济学, 4(1): 229-248.

谈明洪,李秀斌,吕昌河. 2004. 20世纪90年代中国大中城市建设用地扩张及其对耕地的占用. 中国科学D辑:地球科学, 34(12): 1 157-1 165.

谈明洪,李秀斌,吕昌河. 2003. 中国城市用地扩张的驱动力分析. 经济地理, 16(5): 635-639.

余国庆. 2004. 经济欠发达地区城镇化发展的限制因素分析. 焦作师范高等专科学校学报, 20(1): 11-14.

中国公安部. 1989,1996,2000. 中国县市人口年鉴. 北京:中国公安大学出版社.

朱莉芬. 2006. 中国城镇化及其对耕地的影响研究——以东部14省为例. 博士学位论文. 北京:中国科学院地理科学与资源研究所, 91-94.

Burchfield M, Puga D, Turner M. 2006. The determinants of urban sprawl: A portrait from space. Quarterly Journal of Economics, 121(2): 587-633.

Parker A. 1995. Patterns of federal urban spending: central cities and their suburbs, 1983—1992. Urban Affairs Review, 31 (2): 184-205.

Silva E A, Clark K C. 2002. Calibration of the SLEUTH urban growth model for Lisbon and Porto, Portugal. Computers, Environment and Urban Systems, 26: 525-552.

Vogelmann J E, Helder D, Morfitt R, et al. 2001. Effects of Landsat 5 thematic mapper and Landsat 7 enhanced thematic mapper plus radiometric and geometric calibrations and corrections on landscape characterization. Remote Sensing of Environment, 78: 55-70.

第 17 章

耕地用途转移对我国耕地生产潜力的影响

邓祥征[1,2] 黄季焜[1,2] Scott Rozelle[3] Emi Uchida[4] 张林秀[1,2]

([1]中国科学院农业政策研究中心;[2]中国科学院地理科学与资源研究所;[3]美国斯坦福大学亚太研究中心;[4]美国罗得岛大学环境与资源经济系)

摘要

经济的快速增长常常伴随着农业用地向工业、基础设施和住宅等用途的转移。过去几十年里,各国的耕地面积普遍呈下降趋势。作为经济增长最快国家之一的中国,在经济增长和保障粮食安全两方面都取得了举世瞩目的成就,但近年来,粮价上升以及新一轮经济开发区建设,引起了耕地用途转移并进而导致耕地面积下降的担忧。改革开放以来,中国经济快速增长,中国耕地转移导致的耕地流失的数量、程度及由此导致的耕地质量的变化等一系列问题,引起了学术界、决策部门的高度关注,从而使耕地用途转移对耕地作物生产潜力乃至对国家粮食安全的影响程度等问题的研究成为相关领域学者研究的热点。相关研究成果也将为国家制订土地利用政策以及对其进行评价提供重要的决策参考。

本章利用中国科学院基于 Landsat 遥感数据的解译土地利用数据,分析了1986—2000 年间中国耕地用途转移的态势。并利用农业生态地带模型(AEZ)估算了由于耕地转移导致的耕地生产潜力的变化。研究表明,1986—2000 年中国耕地面积增加了 265 万公顷,约占 1986 年耕地面积的 2%,耕地的平均耕地生产潜力下降了 2.2%。研究发现,中国耕地在 2000 年前向其他类型用地转移的数量很少,是经济快速发展的国家中耕地面积下降最少的国家之一。中国耕地变化对中国粮食生产和粮食安全没有造成显著的影响。土地用途转移的方向,亦即耕地转移为其他类型用地或其他类型用地转移为耕地,存在着显著的区域差异。中国应制订并实施合理的土地利用规划。同时,国家层面上制订的土地利用规划在不同地区应该有所区别。应稳步推进和进一步完善退耕还林(或还草)工程,增加农业投入,提高耕地的综合生产能力。基于该研究,我们形成的一个基本的推论是适度的耕地用途转移是一个国家发展过程中不可避免的现象,人为地遏制这一转移趋势会影响中国经济的快速发展。

关键词:土地　土地利用　土地用途转移　耕地　耕地非农化利用　耕地变化　耕地生产潜力　农业生态地带模型　粮食安全　中国

Chapter 17

Cultivated land conversion and its impacts on agricultural productivity potential in China

Abstract

International experience shows that rapid economic growth is always accompanied with shift of land from agriculture to industry, infrastructure and residential uses. China has grown extremely fast in recent years. There is a growing concern on the impacts of cultivated land conversion on food security. Several key questions are in need of being addressed. During the reform era, how much cultivated land has been shifted to non-agricultural use? Of the cultivated area that has been lost, how much has been due to urbanization and industrialization? While land is being converted out of cultivated area, how much land has been converted into cultivated area? What are the implications of cultivated land changes to the nation's food security? Answers to the questions are critical for China to be able to formulate appropriate policies that can ensure both food security and high economic growth in the coming decades.

This chapter examines the changes of the area of cultivated land and its agricultural productivity potential in China using satellite images. We find that between 1986 and 2000, China recorded a net increase of cultivated land (+2%), which almost offset the decrease in average potential productivity of agriculture (−2.2%). Therefore, we conclude that conversion of cultivated land did not threaten China's national food security. Although there was decline in cultivated land due to "Green for Grain Program" in recent years, it had little impacts on China's food security. China needs to develop rational long-run land use plans. Stopping conversion sharply will hurt economic growth.

Keywords: Land, Land use, Land conversion, Cultivated land, Non-agricultural use of cultivated land, Cultivated land change, Cultivated land potential productivity, Agro-ecological zone methodology, Grain security, China

17.1 引言

国际经验表明，经济的快速增长常常伴随着农业用地向工业、基础设施和住宅等用途的转移。例如，在过去的30年里，日本的耕地一直呈减少态势，在20世纪90年代，日本的耕地仍然以每年1%的速度减少；自20世纪70年代以来，韩国的耕地也呈现出类似的减少趋势；美国的农用地每年也在以0.1%到0.3%的速度转为开发用地和保护地；欧洲的大多数国家，在1975—1995年间，耕地也呈减少态势，不过不同国家的下降幅度不同，英国下降了12%，而卢森堡仅仅下降了1.5%（Uchida et al, 2004）。

过去20多年，中国是世界上经济增长最快的国家之一。2003年，中国的经济水平已经达到了1978年改革伊始的9.4倍，在1978—2003年间，GDP的年均增长率达9.4%，农业GDP年均增长率也达到近5%，明显高于同期1.2%的人口年均增长率。在21世纪的头10年里，中国有望将经济产出再翻一番。收入和农业生产的增长不仅大幅度降低了贫困发生率，而且也使中国分别自20世纪80年代初和90年代中期成为食物和粮食的净出口国，当前已成为世界所有发展中国家粮食最安全的国家之一（黄季焜，2004）。

尽管中国在经济增长和保障粮食安全两方面都取得了举世瞩目的成就，但由于粮食生产在1999—2003年连续下降，使粮价在2003年秋季开始大幅上升，政府和社会各界对粮食安全表示出极大的关注。与此同时，新一轮经济开发区建设也在许多沿海地区逐渐兴起。为此，政府下达了一系列文件，严格控制以至禁止耕地向建设用地的转移。各地政府和学术界对此反映强烈，褒贬不一。有些人认为严格控制耕地保障国家粮食安全至关重要（谭术魁等，2003；余振国等，2003；蔡运龙等，2002；封志明等，2000；谢高地等，1999）；有些人则认为，中国今后的发展主要依赖于工业化水平的提高，耕地适度向非农业用地的转化是不可避免的，长期过于严格的控制以至禁止耕地向建设用地的转移，会削弱中国经济增长，影响就业和城乡居民的收入增长（黄季焜，2004；国合会农业与农村发展课题组，2004；国家粮食局调控司，2004；陈百明，1996；胡岳岷，1998）。

令人费解的是，尽管以上问题的影响广泛，意义深远，但却很少有人对中国耕地及其生产力变化进行实证研究。在制订国家土地利用政策以及对其进行评价时，对以下问题的了解至关重要。在过去20多年的经济高速发展期间，中国流失了多少耕地？流失程度如何？在耕地转作非农用地的同时，又有多少土地转换为耕地？耕地的质量发生了怎样的变化？它们对国家粮食安全到底有何影响？本章将通过对土地用途转移及其对耕地生产潜力变化的影响来回答上述问题。

研究发现，1986—2000年间，中国耕地并没有大幅度地从农业用途转为非农用途。实际上，在部分耕地被转移为建设用地的同时，也有更多的非耕地转为耕地，1986—2000年间，耕地增加了265万公顷，约占1986年耕地面积的2%；但耕地的平均耕地生产潜力下降了2.2%。结合国土资源部1999—2003年耕地变化数据，我们得出如下结论：1986—2003年的18年间，我国耕地面积仅减少2.42%，年均减少0.14%，是经济快速发展的国家中耕地面积下降最少的国家之一；如果不包括1999—2003年间540万公顷的退耕还林面积，耕地还增加了1.82%。过去20年耕地的变化对国家粮食安全的影响是微不足道的。

17.2 土地利用数据

本章利用中国科学院开发的土地利用类型（LUT）数据集。研究所用的数据是两个时间截面的陆地卫星的遥感数据（Liu et al, 2003；刘纪远等，2003）。第一时期是20世纪80年代中后期，包括1986—1989（此后简称为1986年数据）的Landsat-TM/ETM数据；第二时期是20世纪90年代后期，包括1999年和2000年（此后简称为2000）的Landsat-TM/ETM数据。具体而言，我们利用了20世纪80年代后期的514景和90年代后期的512景Landsat-TM/ETM数字影像。解译过程中，利用了实测的地面控制点和高分辨率的数字高程模型将TM影像按照1：100 000的比例尺进行了解译，并获得了各种土地利用类型数据（Liu et al, 2003；刘纪远等，2003；Deng et al, 2002；邓祥征等，2003；陈述彭等，2000；Albersen et al, 2003）。土地利用类型包括六种：耕地、林地、草地、水域、建设用地和未利用地。

大量的实地勘测表明 TM 影像解译的精度较高（Liu et al，2003；刘纪远等，2003；Deng et al，2002；邓祥征等，2003）。中国科学院的解译小组进行了 75 000多千米的实地验证，在验证过程中，工作人员用配有全球定位系统（GPS）的相机拍摄了 8 000 幅景观照片。对数据精度的分析表明，20 世纪 80 年代后期和 90 年代后期的定性解译精度分别为 92.9% 和 97.6%。利用 80 年代后期和 90 年代后期土地利用数据，通过空间运算我们获得了 1986—2000 年间中国土地利用的变化信息。刘纪远等人详细地报道了根据 Landsat-TM/BTM 制备土地利用数据的过程与方法（Liu et al，2003；刘纪远等，2003；Deng et al，2002；邓祥征等，2003；陈述彭等，2000）。

17.3　耕地生产潜力估算模型

国际上估算耕地生产潜力的模型较多。一般的做法是对每一地块上可以种植的作物或者作物组合做出若干假设，在估计可接受的产出水平、土地转移程度和受技术、管理和投资等因素制约的土地利用强度的前提下，对土地的生产能力进行估算（Albersen，2003；Fischer，2001，2002）。

联合国粮农组织（FAO）与国际应用系统分析研究所（IIASA）联合开发了农业生态区（AEZ）模型，用来估算耕地生产潜力（Albersen，2003；Fischer，2001，2002）。利用 AEZ 方法估算耕地生产潜力大致包括三个步骤：界定了投入/产出关系的农业生产系统和划分各种土地利用类型（LUTs），制备了土地资源环境数据（包括气候、土壤和地貌数据等），在地块或者单元格水平上完成了潜在产量的估算。

IIASA 的 LUC 研究小组利用 AEZ 方法对中国的耕地潜力进行了评估。Fisher 等人以 1958—1988 年的月份历史数据为基础，在每个栅格单元中利用水分平衡模型来估算足以维持作物生长的时间（Fischer，2001，2002）。该模型还将土壤湿度和其他气候特征（例如不同的辐射水平和温度）应用于一个作物生长模型，计算潜在的生物量生产力。LUC 小组将每个单元的潜在产量以近似定量的方式同几种农业/气候因素（例如病虫害）和因土壤、地貌条件而异的换算系数相结合（Fischer，2002），计算一定的假设情景下耕地的耕地生产潜力。本章将按照这一方法利用 AEZ 模型估算由于土地用途转移导致的耕地生产潜力变化。

17.4　耕地用途转移特征

根据我们对数据资料的研究结果，形成了以下一些研究发现。

首先，中国耕地在 2000 年前向其他类型用地转移的数量很少。在 1986—2000 年间，耕地向其他用地转移了 306 万公顷，大约是 1986 年耕地总面积的 2.21%。这一转移量意味着 15 年间耕地大致以每年 0.16% 的速度向其他用地转移，这一速度远低于其他国家在经济起飞时耕地流失的速度。

其次，中国东南沿海出现了较大幅度的耕地向其他用地的转移。由于该区域林地与草地较少，所以流失的耕地主要转移为建设用地（刘纪远等，2003）。同时，在黄土高原与四川盆地也有一定量的耕地转移为建设用地。这些城市扩展区主要分布在成都、重庆、西安和其他的省会城市周边。耕地除了转移为工矿用地、基础设施用地、城市用地与农村居住用地外，还转移为林地。耕地转移为林地的区域主要分布在华南与西南地区。此外，内蒙古中部与东三省西部有一部分耕地转移为草地与其他。

进一步分析耕地向其他用地类型的转移，我们发现在耕地的转出结构中（图 17.1），大部分——大约占耕地总转出量的 38%——被转移为建设用地。从绝对数字看，这意味着在 1986—2000 年间，大约 120 万公顷的耕地被转移为建设用地。由此可见，期间中国耕地转移为其他用地的态势并不严峻，耕地转移为城市建设用地的年均速率约为 0.08%。除此之外，在耕地的总转出面积中，约有 17% 转移为林地，30% 转移为草地，15% 转移为其他用地。

1986—2000 年间，在耕地转移为其他用地的同时，其他用地也向耕地转移，并导致耕地面积增加了 570 多万公顷，这一面积大约占 1986 年耕地面积的 4.1%。综合考虑由于耕地向其他类型用地转移导致的耕地减少（306 万公顷）与由于其他类型用地向耕地转移导致的耕地增加（571 万公顷），1986—2000 年间，耕地实际上增加了 265 多万公顷（图17.1）。同 1986 年耕地相比，2000 年耕地增加了大约 1.9%。

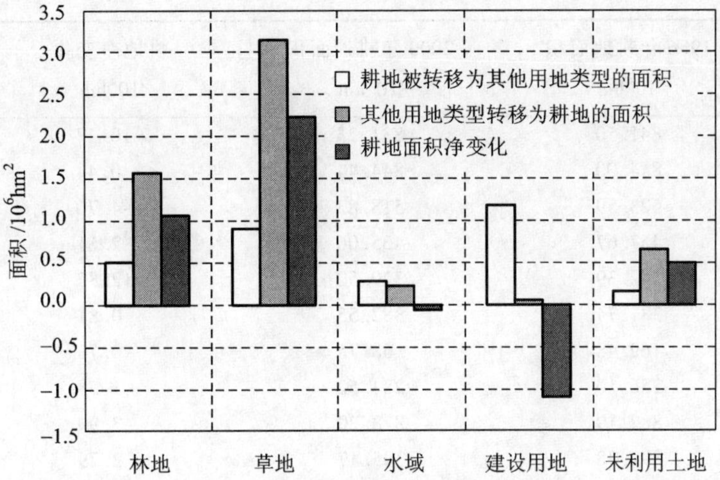

图 17.1 1986—2000 年中国耕地与其他用地类型之间的转移

Figure 17.1 Conversion of cultivated land in China, 1986—2000

我们的研究还发现,草地向耕地转移主要分布在中国的西北部与内蒙古的东部。在中国东北有不少林地转移为耕地。在中国西南传统林区也有出现林地转移为耕地的情况。在中国东北三省,尤其是黑龙江省有大量的未利用地被开垦为耕地。有趣的是,我们发现在中国东北耕地的内部转移也十分活跃,出现了旱地向水田和水田向旱地相互转移的格局。从土地转移的一级类型上看,草地转移为耕地的面积占耕地总转入量的 55%,林地转移为耕地的面积占耕地总转入量的 28%,未利用地开垦导致的耕地增加占耕地总转入量的 10% 左右(图 17.1)。

另外,土地用途转移的方向(耕地转移为其他类型用地与其他类型用地转移为耕地)存在着明显的区域差异。我们汇总了 1986—2000 年由于耕地转移导致的耕地的净变化情况(表 17.1),我们发现,1986—2000 年间中国 2/3 省份的耕地减少了,而另 1/3 的省份的耕地则增加了。耕地净减少的省份大都是直辖市,或者是华南与东部沿海的一些省份。中国东北与华北的一些省份的耕地出现了净增加。从各省耕地净减少率看,只有北京、上海与浙江超过了 5%。不过,这三个省市的耕地面积之和只占到全国耕地总面积的 2% 左右。

表 17.1 1986—2000 年中国部分省份耕地变化

Table 17.1 Changes of cultivated land by province, 1986 to 2000

省(直辖市)	1986 年耕地面积 /10^4hm^2	2000 年耕地面积 /10^4hm^2	耕地净变化 /10^4hm^2	耕地变化率/%
北京	40.69	34.11	−6.58	−16.17
天津	49.51	48.05	−1.46	−2.95
河北	721.47	708.90	−12.57	−1.74
山西	494.51	494.85	0.34	0.07
内蒙古	851.41	949.52	98.11	11.52
辽宁	511.95	529.31	17.36	3.39
吉林	588.82	625.15	36.33	6.17
黑龙江	1 287.62	1 454.62	167.00	12.97
上海	35.62	32.67	−2.95	−8.28
江苏	525.95	508.01	−17.94	−3.41
浙江	230.29	216.09	−14.20	−6.17
安徽	617.10	609.68	−7.42	−1.20
福建	163.99	162.89	−1.10	−0.67
江西	335.41	333.94	−1.47	−0.44

续表

省(直辖市)	1986 年耕地面积 /10^4hm^2	2000 年耕地面积 /10^4hm^2	耕地净变化 /10^4hm^2	耕地变化率/%
山东	841.50	831.23	-10.27	-1.22
河南	844.00	844.44	0.44	0.05
湖北	523.59	518.83	-4.76	-0.91
湖南	457.67	455.06	-2.61	-0.57
广东	342.39	329.52	-12.87	-3.76
广西	381.74	382.55	0.81	0.21
海南	69.48	68.75	-0.73	-1.05
重庆	286.10	284.52	-1.58	-0.55
四川	882.19	878.20	-3.99	-0.45
贵州	392.38	395.17	2.79	0.71
云南	511.22	507.66	-3.56	-0.70
西藏	46.97	46.88	-0.09	-0.19
陕西	563.64	564.98	1.34	0.24
甘肃	541.76	548.20	6.44	1.19
青海	62.79	64.79	2.00	3.19
宁夏	127.23	144.30	17.07	13.42
新疆	450.90	472.07	21.17	4.70
台湾	69.70	69.41	-0.29	-0.42
总计	13 849.59	14 114.35	264.76	1.91

17.5　耕地生产潜力变化

利用 AEZ 模型,我们可以估算由于土地用途转移导致的耕地生产潜力的变化。计算发现,1986—2000 年,由于土地用途转移导致耕地生产潜力平均下降了 2.2%。我们把耕地转移的方向按照耕地的转入与转出两个方向进行分解,以期能分别估算耕地的转出与转入对耕地生产潜力的影响(表 17.2)。从表 17.2 可以看出,由于耕地转移为其他用地类型导致了耕地的生产潜力平均下降了 2.2%。其中,转入耕地的生产潜力约为 508 万 kcal/$hm^2$①;转出耕地的生产潜力约为 1 138 万 kcal/hm^2。由于耕地转移为其他用地类型导致耕地生产潜力下降的地区集中分布在华南与中国的东部沿海地区,这些地方的复种指数较高,地势较为平坦,雨水丰沛,耕地的生产潜力的水平一般较高。在耕地向其他用地类型转移导致耕地生产潜力下降的同时,由于其他用地类型转移为耕地也导致耕地生产潜力增加了。尽管转为耕地的土地质量一般比流失的耕地的质量差(比如,转移为城市建设用地的耕地质量一般较高),1986—2000 年耕地面积的增加(表 17.1)还是在一定程度上抵消了由此导致的耕地生产潜力的降低。

表 17.2　1986—2000 年中国部分省份因耕地转移导致的耕地生产潜力的变化

Table 17.2　Change of land potential productivity associated with changes in cultivated land by provinces, 1986—2000

省(直辖市)	1986 年耕地生产潜力/ ($10^4kcal \cdot hm^{-2}$)	2000 年耕地生产潜力/ ($10^4kcal \cdot hm^{-2}$)	变化率/%	转入耕地的生产潜力/ ($10^4kcal \cdot hm^{-2}$)	转出耕地的生产潜力/ ($10^4kcal \cdot hm^{-2}$)
北京	1 013	969	-4.34	858	1 222
天津	1 256	1 255	-0.08	1 174	1 298
河北	1 006	1 002	-0.40	1 022	1 185
山西	700	700	0	752	736

① 1 kcal=4.18 kJ,全书下同。

续表

省(直辖市)	1986 年耕地生产潜力/(10^4kcal·hm^{-2})	2000 年耕地生产潜力/(10^4kcal·hm^{-2})	变化率/%	转入耕地的生产潜力/(10^4kcal·hm^{-2})	转出耕地的生产潜力/(10^4kcal·hm^{-2})
内蒙古	424	415	-2.12	354	395
辽宁	664	661	-0.45	572	606
吉林	533	527	-1.13	423	433
黑龙江	414	406	-1.93	344	380
上海	2 574	2 498	-2.95	320	3 412
江苏	2 168	2 150	-0.83	2 284	2 634
浙江	3 001	3 072	2.37	2 276	1 951
安徽	2 220	2 220	0	2 835	2 323
福建	2 933	2 939	0.20	1 771	2 342
江西	3 160	3 160	0	3 138	3 128
山东	1 160	1 159	-0.09	902	1 185
河南	1 315	1 316	0.08	1 329	1 235
湖北	2 846	2 841	-0.18	2 575	3 070
湖南	3 081	3 080	-0.03	2 887	3 081
广东	2 652	2 659	0.26	1 764	1 706
广西	2 960	2 967	0.24	3 359	2 679
海南	2 317	2 319	0.09	2 250	2 219
重庆	1 969	1 969	0	1 849	1 930
四川	1 995	1 993	-0.10	1 462	2 032
贵州	1 676	1 677	0.06	1 734	1 479
云南	1 328	1 334	0.45	1 755	1 258
西藏	413	413	0	365	400
陕西	724	723	-0.14	745	846
甘肃	591	591	0	582	569
青海	443	440	-0.68	381	427
宁夏	671	667	-0.60	637	639
新疆	637	648	1.73	304	127
台湾	1 937	1 936	-0.05	2 143	2 138
全国平均	1 421	1 390	-2.18	508	1 138

比较各个省份耕地生产潜力的变化,我们可以发现耕地生产潜力的变化也呈现明显的区域差异(表 17.2)。华北地区经济比较发达的省市(如北京与上海)耕地生产潜力的下降趋势明显。东部沿海与几个西南省份耕地生产潜力的减少也不容忽视。中国东北、内蒙古与一些内陆省份伴随着其他类型用地向耕地的转移尽管耕地面积出现了一定幅度的增长,但这几个省份耕地生产潜力也存在小幅下降的趋势。

综合考虑耕地转移对耕地生产潜力的影响,我们可以发现,1986—2000 年间,耕地转移对中国的粮食安全的影响甚微。在研究时段内,耕地面积增加了 1.9%,平均耕地生产潜力仅仅下降了 2.2%。由此可见,耕地面积的增加几乎可以抵消由于耕地转移导致的耕地生产潜力的变化。

17.6 2000—2003 年耕地变化

由于受目前我们拥有的 Landsat 数据库只升级到 2000 年的限制,我们仅可以利用它做出 1986—2000 年耕地转移对耕地生产潜力没有严重的负面影响的结论。根据 1997 年以来国土资源部的调查数据,我们发现近年来耕地面积流失的速度加快了。1997—2000 年间,耕地年均减少 50 多万公顷。2001—2003 年间,耕地年均减少 156 万公顷。也许正是基于这个原因,人们开始担心耕地减少会对粮食安全造成影响。

不过,对国土资源部耕地利用变化的统计数据分析表明,耕地减少的主要原因是国家于1999年底实施的退耕还林还草政策。在2000—2003年间的耕地面积减少中,有69%的面积是由于实施退耕还林还草工程导致的,在2003年更高达79%。实际上,1997—2003年间,耕地向城镇建设用地与工业用地的转移的速率并没有发生很大的变化。同时,我们也发现,由于加大对土地的投资、拓耕与废弃地复垦导致的耕地面积的增长也在一定程度上抵消了由于耕地向城市建设用地转移导致的耕地生产力的减少(国合会农业与农村发展课题组,2004)。

我们对退耕还林还草效应的初步分析表明,它对粮食生产和价格影响十分微弱,因为退耕还林还草的耕地质量低,一般亩产仅为全国平均水平的30%,甚至还低(国合会农业与农村发展课题组,2004;Xu et al,2004),而且农民退出一部分坡耕地后,会把更多的投入投放到其他生产条件更好的耕地上,从而导致耕地产出的增加可以在一定程度上抵消由于坡耕地退耕导致的耕地产出的减少,因此,我们认为2003年以来耕地的减少对中国的粮食安全没有造成显著的影响。

17.7 政策建议

研究表明,在经济快速发展的25年里中国的耕地并没有出现大幅度下降,在1986—2000年间,还净增加了1.9%。从耕地转出的类型上看,近一半转出到草地与林地(其中转为草地的占30%,转为林地的占17%);大约有40%转移为建设用地。然而,与此同时,由于其他类型用地向耕地转移,也导致耕地的增加,耕地的增加主要来自草地和林地。

1986—2000年间,耕地面积的增加同耕地生产潜力的下降基本相当。耕地生产潜力下降的主要原因是转为建设用地的耕地的质量一般比新增耕地的质量好。我们的研究也表明,尽管在最近五年,耕地总量出现了下降的态势,但有近70%的下降是由于实施退耕还林政策导致的,而且退耕还林对中国耕地生产能力和粮食的长期安全没有产生显著的影响。

虽然土地利用涉及许多国家政策问题(如土地产权、土地征用、土地非农化、宏观经济调控等),但这些不是本章的研究重点,上述政策问题我们在国合会的农业和农村发展报告(国合会农业与农村发展课题组,2004)里做了论述。这里仅根据本章的研究结果,并结合当前同我们的研究结果相关的一些政策,提出如下几项政策建议:

第一,国家需要制定长期的合理的土地利用规划,统筹农业和非农用地的发展。

同其他国家相比,中国耕地的非农化程度并不高。中国今后的发展主要依赖于工业化水平的提高,就业、收入和生产率的增加都伴随着土地利用的变化,适度的耕地非农业是不可避免的,人为地遏制这一转移趋势会影响经济的健康发展。国家应把工作重点放在制定长期的合理的土地利用规划,有效地平衡农业和非农用地的发展。

第二,在国家土地利用规划中,不同地区的土地利用规划应有所区别。

一方面,经济发展都伴随着土地从生产力较低的农业部门转移到生产力较高的工业和服务业部门,另一方面,土地的经济生产力在不同地区存在着极大的差异,土地这种经济生产率差异永远大于土地的农业生产力差异。由于土地在空间或区域间不能实现“流动”,这就要求国家的土地利用规划不能搞一刀切,不同地区的土地利用规划应有所区别。

第三,政府应稳步推进和进一步完善退耕还林(或还草)项目。

退耕还林(或还草)的实施不是导致近期粮食价格上涨的原因,也不会对国家的长期粮食安全造成影响,不应该基于对国家粮食安全的考虑而停止这一生态工程的实施。到2004年,实施五年的退耕还林使700多万公顷耕地转化为其他用途,虽然在执行中出现了较严重的管理问题,但整体上退耕还林已经产生了积极效应,不但降低了土壤的侵蚀,增加了林地面积,而且为农民提供了一定额度的补偿,所有这些都将提高农民收入和他们所拥有的资产价值。未来退耕还林(或还草)项目可考虑现金补偿的方式,同时进一步完善退耕还林(或还草)项目的管理。

第四,增加农业投入,提高耕地的综合生产能力。

中国在推进农业科技体制改革的同时,应继续保持农业科研与技术推广投资的持续增长;在不断提高农业基础设施(尤其是水利建设)投资的同时,增强对中低产田的综合治理力度。提高耕地的综合生产能力,是保障中国的粮食与食物安全的最有效的根本措施。

参考文献

蔡运龙,傅泽强,戴尔阜. 2002. 区域最小人均耕地面积与耕地资源调控. 地理学报. 57(2):127-134.

陈百明. 1996. 论"谁来养活中国". 自然资源学报,11(3):210-215.

陈述彭,鲁学军,周成虎. 2000. 地理信息系统导论. 北京:科学出版社,23-28.

邓祥征,刘彦随,赵涛. 2003. 汉江流域土地利用变化及空间格局分析. 长江流域资源与环境,12(6):522-528.

封志明,李香莲. 2000. 耕地与粮食安全战略:藏粮于土,提高中国土地资源的综合生产能力. 地理学与国土研究,16(3):1-5.

国合会农业与农村发展课题组. 2004. 新时期中国农业和农村的发展:挑战、机遇与政策选择. 政策简报. 北京:中国科学院农业政策研究中心.

国家粮食局调控司. 2004. 关于我国粮食安全问题的思考. 宏观经济研究,9:6-9.

胡岳岷. 1998. 未来粮食安全论——兼评莱斯特·布朗的《谁来养活中国》. 当代经济研究,5:3-11.

黄季焜,2004. 中国食物安全问题. 中国农村经济,238:4-10.

刘纪远,张增祥,庄大方,等. 2003. 20世纪90年代中国土地利用变化时空特征及其成因分析. 地理研究,22(1):1-12.

谭术魁,彭补拙. 2003. 粮食安全的耕地保障检讨及近期耕地调控思路. 经济地理,23(3):371-374.

谢高地,成升魁,丁贤忠. 1999. 人口增长胁迫下的全球土地利用变化研究. 自然资源学报,14(3):193-199.

余振国,袭燕燕,李晓妹. 2003. 论耕地质量、种粮效益与我国粮食安全. 资源开发与市场. 19(1):3-6.

Albersen P, Fischer G, Keyzer M, et al. 2003. Estimation of agricultural production relation in the LUC model for China. Luxemburg: IIASA.

Deng X, Liu J, Zhuang D. 2002. Modeling the relationship of land use change and some geophysical indicators: a case study in the ecotone between agriculture and pasturing in Northern China. Journal of Geographical Sciences, 12: 397-404.

Fischer G, Sun L. 2001. Model based analysis of future land-use development in China. Agriculture, Ecosystems & Environment, 85: 163-176.

Fischer G, van Velthuizen H T, Nachtergaele F O. 2002. Global agro-ecological zones assessment: methodology and results. Interim Report IR-00-064. Luxemburg: IIASA.

Liu J, Liu M, Zhuang D. 2003. Study on spatial pattern of land-use change in China during 1995—2000. Science in China (Series D), 46: 373-384.

Uchida E, Rozelle S, Deng X, et al. 2004. Changes in Cultivated Land due to Urbanization: China in an International Perspective. CCAP Working Paper. CCICED, Agricultural and Rural Development working meeting. Beijing: Center for Chinese Agricultural Policy, March 18–21th.

Xu Z, Xu J, Deng X, et al. 2004. Grain for Green and Grain: A Case Study of the Conflict between Food Security and the Environment in China. CCAP Working Paper. Beijing: Center for Chinese Agricultural Policy (CCAP), CAS.

第 18 章

农业生态区(AEZ)模型方法与农业生产潜力评估

Guenther Fischer [1]　孙来祥[2]　邓祥征[3,4]　Harrij van Velthuizen[1]

([1]奥地利国际应用系统分析研究所;[2]英国伦敦大学;[3]中国科学院农业政策研究中心;[4]中国科学院地理科学与资源研究所)

摘要

土地是人类开展生产活动的必要载体与资源,为人类农林业生产、储水、娱乐消遣和居住提供了场所。在大多数发展中国家,人口的快速增长和经济发展导致了人们生活方式的改变,使土地供给日益成为粮食生产的重要制约因素。在中国,人多地少(可耕地更少)的矛盾一直以来就是制约粮食安全的一个重要因素。因此制定并实施合理有效的土地利用规划和土地管理政策十分重要。为了实现土地合理利用的目标,有必要开展土地适宜性评价与农业生产潜力评估。本章主要介绍了一种评估农业生产潜力的方法——AEZ 模型方法。

20 世纪 70 年代以来,联合国粮农组织(FAO)和维也纳国际应用系统与分析研究所(IIASA)一直联合开发和改进农业生态区(AEZ)模型和数据库,该模型所依托的数据库整合了气候、土壤、地形等自然背景数据与经济、管理等社会数据。在评估农业生产潜力或评价作物生长发育面临的生物物理制约条件时,该模型可以有效区分不同生产要素投入与管理水平。该模型包括的基本模块有:气候数据分析,农作物的农学-气候关联特征及其生物量估算,引入农学-气候约束、考虑土壤与地形约束等各种限制条件的应用程序接口等。

本章章节安排如下:第一部分阐述开展农业生产潜力评估的必要性;第二部分介绍 AEZ 模型方法的框架与主要步骤;第三部分讨论 AEZ 模型涉及的土地资源特征,包括热量带分区和水分状况,以及土壤和地形条件;第四部分描述土地利用类型,评估作物生长过程对土壤等因素的适宜性要求,介绍影响作物生物量的主要因素,阐述估算作物生物量的步骤;第五部分介绍 AEZ 模型方法在中国的应用;最后总结 AEZ 模型,分析其局限性与不足,并提出下一步的升级、发展的建议。

关键词:土地　土地利用　土地资源　土地生产潜力　农业生产潜力　农业生态区(AEZ)模型　土地适宜性评价　农业生产潜力评估　中国

Chapter 18

AEZ methodology and assessment on agricultural production potential

Abstract

The United Nations Food and Agricultural Organization (FAO), in collaboration with the International Institute for Applied Systems Analysis (IIASA), has developed the Agro-Ecological Zones (AEZ) methodology and a worldwide database on climate, soil, and terrain conditions relevant to agricultural production. This AEZ model together with its database has been used to evaluate biophysical limitations and production potentials of major food, feed and fiber crops, under various levels of inputs and management conditions, locally or globally. This chapter introduces the AEZ modeling methodology and illustrates its recent application, conducted by the authors, to China.

The AEZ methodology follows an ecological systems approach. First, it provides a standardized framework for the characterization of climate, soil, and terrain conditions relevant to agricultural production. In this context, the concepts of "length of growing period" and of latitudinal thermal climates have been applied in mapping activities focusing on zoning at various scales, from the sub-national to the global level. Second, the AEZ matching procedures are used to identify crop-specific limitations of prevailing climate, soil, and terrain resources, under assumed levels of inputs and management conditions. This part of the AEZ methodology provides estimates of maximum potential and agronomically attainable crop yields for basic land resources units. Third, it provides the frame for various applications, such as quantification of land productivity, extents of land with rain-fed or irrigated cultivation potential, estimation of the land's population supporting capacity, and multi-criteria optimization of the use and development of land resources.

Crop suitability is a joint result of both agro-climatic and agro-edaphic evaluation. While the modules of agro-climatic ratings and soil limitations and edaphic ratings can be developed relatively independently, a combination of both would lead to a modification of the independent assessments. In our setup, the results of the agro-climatic suitability are successively modified, according to edaphic suitability, to provide overall crop suitability. The modularized model runs through the following five steps: Climate data analysis; crop-specific agro-climatic assessment and potential biomass calculation; application of agro-climatic constraints; soil and terrain suitability assessments; various applications (e.g., potential productivity of cultivated land or calculation of land with cultivation potential).

Keywords: Land, Land use, Land resources, Land potential productivity, Agricultural productivity potential, Agro-Ecological Zones (AEZ) model, Assessment of the land productivity potential, Assessment of the agricultural productivity potential, China

18.1 引言

土地是人类活动的必要载体与资源，为人类农林业生产、储水、娱乐消遣和居住提供了必要的场所。人类使用土地受到诸如气候、地形和土壤特征等自然因素的制约，同时，还在很大程度上受到人口、社会经济、文化和政治因素的影响，如人口密度、土地所有权制度、市场发育程度和其他社会经济制度以及土地管理政策等。

在大多数发展中国家，人口快速增长和经济发展引发的生活方式的改变使土地供给日益成为制约粮食生产的重要因素。在中国，土地的有效使用和合理分配对于粮食安全和经济发展至关重要。尽管中国国土面积有960万km^2，位居世界第三，但是只有14.8%的土地可用来种植农作物和进行园艺生产，耕地主要集中在人口密集和经济比较发达的地区，大约有10亿人口（中国有13亿人口）集中在不到1/3的土地上，主要分布在东部地区（长江中下游地区）、四川和东部沿海城市地带，这些沿海地区也是经济发展速度最快的地区。在东部的七个省份中，居住用地已经超过了土地总量的10%，而且这一趋势还将进一步发展。由于城市化发展和村庄、乡镇企业以及基础设施发展对耕地的侵占，高质量的耕地正在不断减少。

中国粮食安全也受到了耕地退化的影响。耕地退化的因素很多，主要有自然灾害、土壤侵蚀、土壤物理、化学性状的变化等。同时，土地的过度开垦和工业污染也加剧了耕地退化的趋势。尽管针对中国未来30年的粮食需求和供给满足的情况还存在争议（Chen et al, 1996; Huang & Rozelle, 1997），但是有一点是肯定的，那就是可耕种土地的减少及其土地退化会在一定程度上影响中国粮食的生产能力（Gardner, 1996; Rozelle & Huang, 1997），而林地和草地的过度开垦和退化将进一步强化这种负面影响（Fischer et al, 1996; Liu, 1998）。

来自粮食安全的压力和不同土地利用类型之间的矛盾使制定并实施合理有效的土地利用规划和土地利用管理政策变得十分重要。合理的、持续的开发、利用土地资源，对于各级政府和土地使用者而言都是至关重要的，保护土地资源关系着人类现在和将来的利益。政策制定者和土地使用者常常面临着两个挑战：(1)通过改善环境和提高土壤肥力对已经退化的耕地进行修复；(2)通过合理分配和对资源的充分利用，保持土地生产能力，减少土壤侵蚀，并防止新开发土地资源的退化。只有发展一套综合的、服务于土地利用规划与管理的方法，才能应对这两个挑战，指导土地利用规划，解决土地利用中的深层次矛盾，实现通过合理调整土地利用结构，在可持续利用的前提下，确保获得最大的收益。

为了实现土地的合理使用，针对自然环境条件对土地利用的影响与制约，我们需要确立土地总量和土地未来生产潜力的目标。FAO已经关注到了这一点，从1976年开始，FAO和IIASA发展了农业生态区（AEZ）模型方法，并积累了大量的数据，开发了开展土地适宜性评价与农业生产潜力评估的模型。

20世纪70年代，国际上首次提出了土地适宜性评价的基本原理。1976年，FAO出版了《土地评估框架》一书（FAO, 1976），该书依据土地资源的特征（如坡度、土壤质地、降雨量等）和土地资源的性质（如热量带分区、可利用的水资源等）定义了土地单元，并将这些土地单元与它们的利用方式匹配起来，最后评估土地利用的适宜性。该书还强调，只有可持续的土地利用的方式与途径才是适宜的。随着该书的出版，一系列相关出版物也陆续出版，并提供了较为详尽的关于土地资源特征的定义、分析与介绍（FAO, 1984, 1985; FAO/IIASA, 1991）。早期比较重要的出版物介绍了当时迫切需要的，可以用来评估发展中国家土地生产力的方法（FAO/IIASA/UNFPA, 1982）。尽管这些评估在实施过程中受到了数据质量、数据可获得性等方面的严重制约，但是在1983年的FAO组织的研讨会上，与会者还是就利用计算机来处理空间数据集并利用该方法评估土地生产潜力的步骤与策略达成了共识。此后，该评估方法在肯尼亚的案例研究也得到了推广应用。肯尼亚的案例研究是在国家尺度上利用AEZ模型方法开展土地适宜性评价及农业生产潜力评估的成功案例，最终，形成了一套政策制定和发展规划的分析工具（FAO/IIASA, 1991）。这种辅助决策的分析工具对地方政府和土地主管部门制定土地利用规划，提升土地规划技术方法，开展分类专题规划起到了重要的推动作用。

简言之，AEZ模型方法是在一定投入管理水平下，利用土地资源清查数据与信息，开展土地适宜性评价,估算与农业生态系统相联系的土地生产力。土地资源的特征包括气候、土壤、地形等多层面信息,为作物生产提供了水、能量、养分和环境基础。在农业生产潜力评估基础上,综合考虑自然、社会与经济方面的限制条件、目标和生产选择,进而提炼不同区域土地资源的合理利用模式,实现资源的合理配置,达到水土资源优化利用的目标(Fischer et al, 1998)。

近年来,气候数据、地形、土壤、土地覆盖和人口分布等全球数字化数据库不断完善,推动了 AEZ 模型关于作物环境适宜性评价和土地生产力评估的方法与技术的发展,为全球范围内土地生产潜力的评估奠定了基础(Fischer et al, 2000, 2002)。

本章其余部分安排如下:18.2 ~ 18.4 节介绍 AEZ 模型框架、输入参数及处理;18.5 节介绍 AEZ 模型方法在中国农业生产潜力评估中的应用;18.6 节概括了本章的主要结论,指出了 AEZ 模型局限性与发展方向。

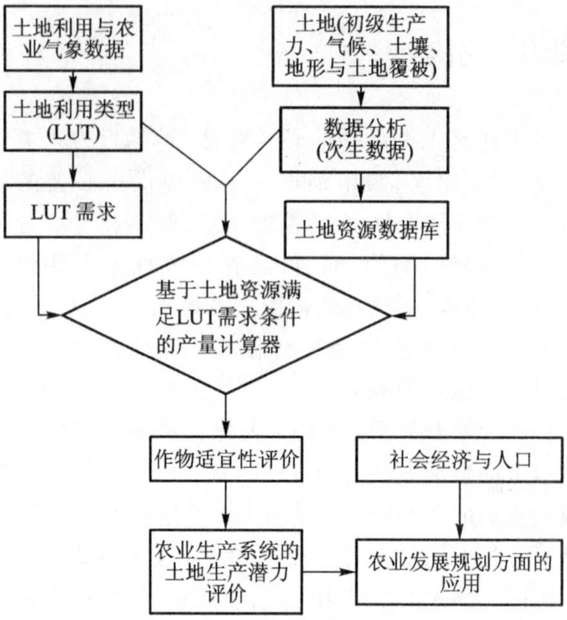

图 18.1　农业生态区模型概念框架

Figure 18.1　Conceptual framework of Agro-Ecological Zones methodology

18.2　AEZ 模型框架

18.2.1　AEZ 模型组成要素

AEZ 模型方法包括五个基本要素(图 18.1):土地利用类型、土地资源数据库、作物产量与土地利用类型的空间匹配关系、作物适宜性与土地生产潜力评价以及该模型在农业发展规划方面的应用。

(1)土地利用类型(LUTs):在一定投入和管理条件下,各种土地利用类型上选择的农业生产系统(含各种具体作物的环境需求以及土地资源的满足情况)。

(2)土地资源数据库:具有空间属性的包括气候、土壤和地形地貌信息的数据库。

(3)作物产量和 LUTs 需求的空间匹配:将每个土地单元/栅格上估算的生产潜力和作物/LUTs 环境需求与土地资源数据库中储存的各类环境因素特征进行空间匹配的过程。

(4)作物适宜性评价和土地生产潜力评估。

(5)在农业发展规划方面的应用。

20 世纪 70 年代以来,农业生态区方法就已经被广泛使用了。该方法也在不同地区、不同领域的推广应用中逐渐成熟(如 FAO/IIASA/UNFPA, 1982; Fischer & Heilig, 1997; Stewart, 1983; Verheye, 1987; UNDP/SSTC/FAO/SLA, 1994)。FAO 和 IIASA 在推广该模型的应用方面起到了重要作用。

首先,AEZ 模型方法为与农业生产有关的气候、土壤和地形地貌特征等生产要素的适宜性评价提供了方法论框架。作物生长期(LGP)的概念与气温的纬向分异规律已经被应用到与 AEZ 模型方法应用相关的从国家到全球尺度的制图。

其次,在设定的投入水平和管理条件下,利用 AEZ 模型方法判定气候、土壤和地形地貌条件对作物生长的影响。可以估算每个土地单元上的最大生产潜力和可能获得的农作物产量。

第三,AEZ 模型方法为各种具体应用提供了方法论框架。不过其运行还需要海量数据构成的数据库的支持。AEZ 模型方法可以用来估算土地生产力,判定雨养与灌溉条件下耕地生产潜力的值域范围,估算土地人口承载力,基于多目标规划方法编制土地资源优化利用与开发的模式。

18.2.2　AEZ 模型主要输入参数

AEZ 模型信息流程如图 18.2 所示,相关参数及其概念说明如下(图 18.2,表 18.1)。

表 18.1 AEZ 模型作物参数的标准化处理，以冬小麦、高投入水平为例

Table 18.1 An example of crop parameterization in AEZ: winter wheat, high level of inputs

作物特征		
适应组		C 3/1
生长周期		110 ~130 天
休眠期之前		30 天
休眠期之后		90 天
最大叶面积指数		4.5
作物生长阶段	初期	10
	发育期	30
	中期	35
	后期	25
作物水需求	初期	0.4
作物需水系数	发育期	0.4 ~ 1.1
	中期	1.1
	后期	1.1 ~ 0.4
水分条件不足导致的作物减产	初期	0.2
作物需水系数	发育期	0.6
	中期	0.75
	后期	0.50
作物需求		
热量条件		北温带，亚热带
气温剖面		
生长期		
休眠期		
休眠期后积温（最优）		>1 300
休眠期后积温（次优）		>1 200
对土壤水分匮缺的敏感程度		第三类
土壤与地形条件		
作物转换系数		
收获指数		0.45
作物折算系数		1.0
提取比率		75%
能量指数 /(kcal · kg^{-1})		3 640
蛋白质含量 /(g · kg^{-1})		110
作物秸秆系数/(kg 干物质 · kg^{-1}产量)		1.0
作物秸秆利用率		40%
作物副产品比率/(kg 干物质 · kg^{-1}产量)		0.20
作物副产品利用率		90%

(1) 土地利用类型 (LUTs)

FAO (1984a)定义 LUT 为“一定社会经济条件与技术水平下的土地利用类型”。该定义中已经包括了利用土地资源进行农业生产的资源需求、生产特征与农业生产的可选条件，也包括了作物种植信息，如耕作习惯、投入水平、作物生长周期、主要作物利用类型与方式、作物秸秆与副产品。全球尺度的 AEZ(GAEZ)模型界定了 154 种作物（含饲草、饲料作物与牧草）与高、中、低三种投入与管理水平。

(2) 作物种类及其组合

AEZ 模型中的作物种类及其组合数据库对 LUTs 做了更具体的描述。以冬小麦为例，作物种类的描述项中包括作物特征，如作物生长周期、作物发育阶段、光合作用途径、作物适应群组、最大叶面积指数、收获指数、不同发育阶段作物需水系数、FAO (1979)中定义的由于水分胁迫导致的农作物产量损减因子、食物热量、蛋白质含量、热量转化率、作物残余物/副产品比率与食物累积质量。作物种类及其组合中已经考虑了雨养和灌溉条件下 LUTs 的比例、作物气温需求、作物生长基本生理需求、作物对土壤和地形地貌条件的需求及其对热带、亚热带、温带和寒带环境条件需求情况。

(3) 气候数据库

气候数据对于农业生产潜力评估来说至关重要。相关领域的专家在构建全球气候数据库方面做了开创性工作（参见 Kineman & Ohrenschall, 1992）。GAEZ 模型采用了由东英格兰大学气候研究所(CRU)提供的气候数据 (New et al, 1998)。这套数据包括了运行 GAEZ 需要的所有气候参数，能反映全球 1960—1996 年气候变化的基本情况，还包括了 1991—1996 年历年气候变化情况。数据采用 30 分经纬度的栅格（全球共 720 × 360 栅格）方式记录。IIASA 在运行 GAEZ 模型时，重建了全球气候平均变化态势与 1960—1996 年历年气候变化信息。

(4) 气候情景

GAEZ 模型采用了通过精度验证的几种常用大气环流模型(GCM)的气候情景，采用了由政府间气候变化组织(IPCC)提供的六类大气环境模型模拟输出结果。

(5) 不同情景下的气候参数

至少四个从 GCM 中输出的气候参数被用来生成每一个栅格单元的基本气候条件。每一个气候情景都因大气 CO_2浓度以及作物用水效率的不同而各具特征，这些气候情景中包括的参数影响着参考作物的蒸散系数和生物量的估计。

(6) 土地覆被特征

土壤、海拔高度、地形坡度、森林面积、保护区面

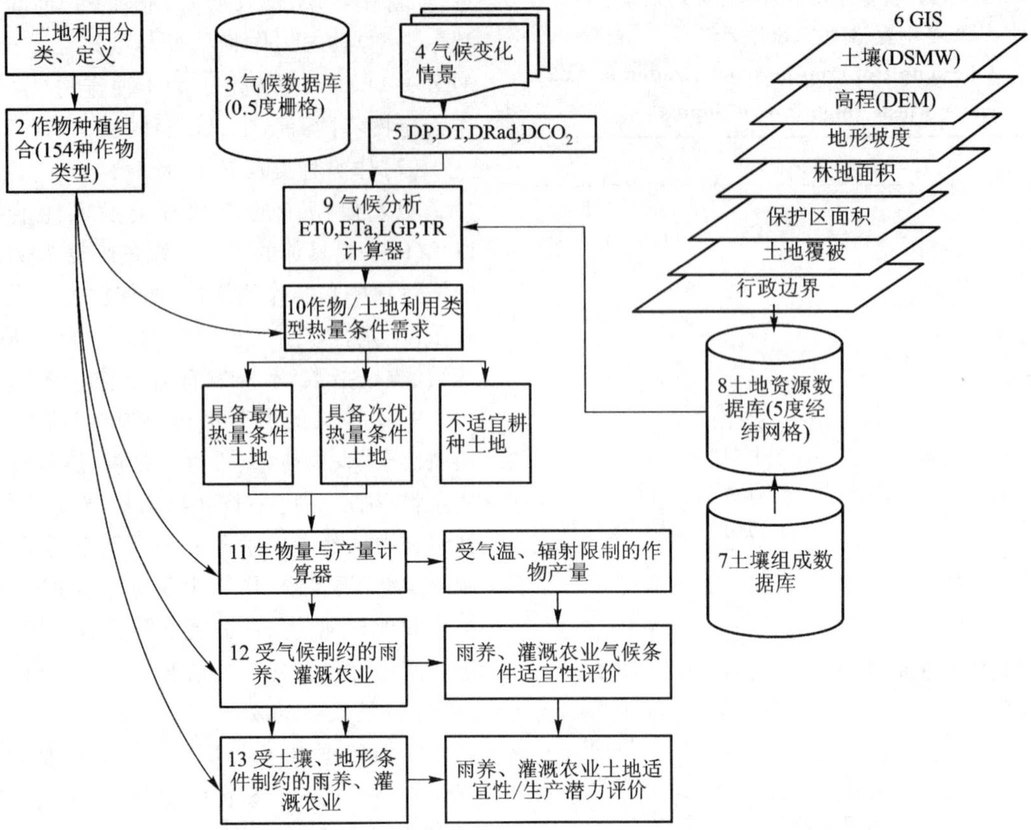

图 18.2　应用 AEZ 方法评估土地适宜性/生产潜力的信息流

Figure 18.2　Flow and integration of information in implementing AEZ assessment

积、行政区域范围在 GIS 空间数据库中保存为不同的图层,在评估土地生产潜力时它们可以根据需要被选择使用。GAEZ 土壤信息来自于采用 FAO 的世界土壤图例系例(1974)的全球土壤信息(FAO,1995b),数字化的空间分辨率为 5 分经纬度。海拔高度信息取自 GTOPO30 数据集(EROS 数据中心,1998)。在运行 GAEZ 模型时,IIASA 基于相邻栅格单元之间的高度差,构建包括 7 种坡度分级的地形坡度空间分布数据库(以 FAO DSMW 5 分栅格尺度计)。全球保护区信息来源于 FAO GIS 数据库。以 DSMW 5 分经纬度单元格记录的土地利用信息来源于全球土地覆被特征数据库(GLCC),这些数据空间分辨率是 30 分经纬度(EROS 数据中心,2000)。

(7)土壤组成数据库

土壤组成数据库包括了以出现频率记录的土壤单元、土相与以体积比含量记录的土壤质地分类、坡度分级信息。依据土壤的理化性质划分的土壤制图单元主要包括以下几个方面的土壤信息:① 从 FAO DSMW 光盘(FAO, 1995b)获取的土壤制图单元的特征信息;② 世界资源清查数据库中土壤侵蚀潜力数据集(WISE)(Batjes, 1995)的土壤剖面数据信息。世界资源清查数据库中土壤侵蚀潜力数据集以 FAO (1974)和 FAO(1990)两种分类体系(Batjes et al,1997)记录了土壤制图单元的理化特征信息。

(8)土地资源数据库

5 分分辨率的多层面空间属性数据(GIS 图层)组成了土地资源数据库。该数据库的关键组成部分包括 FAO DSMW 及与之相链接的土地利用结构数据库、从 GTOPO30 提取的 5 分分辨率的坡度分级数据库,从美国地质调查(USGS)GLCC 数据集中提取的数据提供了 DSMW 每个 5 分分辨率栅格上的 11 种土地覆被类型空间分布的信息。

(9)气候数据分析(计算 ET0,ETa,LGP 与 TR)

每个栅格上参考作物每月蒸散量(ET0)是根据

Penman-Monteith 公式(FAO, 1992b)计算得来的。反映作物从降水和土壤中得到的水分与潜在蒸散量之间的关系的水平衡模型可以用来估算作物实际蒸散量并界定生长期(LGP)长短。LGP 长短比较综合地反映了作物生长期的长度和类型、作物生长期起始时间以及生长期内作物水分满足程度等情况。热量带分区(TR)则依据每一个栅格上的热量条件、气温剖面、生长期与生长期内的积温四个属性划定。

(10) 作物/LUT 积温需求

作物对气温分配需求、生长期内热量需求、LUTs 总热量需求同单元格的实际热量分配的匹配关系对作物生长、发育的影响巨大。作物对气温分配需求以每隔 5°的气温变化来说明,气温变化包括了一年生长期内的气温上升与气温下降两个阶段。这种气温变化趋势是基于从气象台站获取的气温数据计算得来的。当某个栅格上的气温特征满足了作物生长所需要的气温分布需求、生长期长短与积温水平的需求时,我们才认为该栅格上作物在生长,并计算其生物量/产量。

(11) 生物量和产量的计算

GAEZ 中的生物量和产量的计算根据 Kassam (1977)和 FAO (1979, 1992a)提供的方法。在生物量计算模块中计算出的最适宜光温条件下的作物产量反映的是各栅格温度和辐射条件下的生产潜力。该生产潜力(作物/LUTs 的产量)仅受到气温与光照/太阳辐射分配的制约。

(12) 气候条件限制性评价

气候条件对产量的限制主要体现为气候造成的直接或间接作物产量的损失和质量的变化。农业气候限制条件造成作物减产主要包括以下几种因素:① 生长期内作物水分胁迫程度和时空变异性,② 影响农作物质量的病虫害爆发和杂草发生,③ 气候因素通过对产量的直接或间接影响降低作物产品质量(品质),④ 影响农业生产效率和成本的气候因素,⑤ 早霜或晚霜爆发风险及危害程度。GAEZ 气候条件限制性评价依据作物生长所需的条件对每个单元格上的气温、水分条件及其季节分布情况来开展,尤其是评估气温生长期和水分生长期及其满足条件的限制性。另外,这些因素还取决于作物类型和投入与管理水平。

(13) 土壤和地形限制性评价

土壤和地形限制性评价包括了对雨养和灌溉作物生长所需要的土壤和地形条件及其在每个栅格上满足条件的评价。土壤与地形条件之间也存在相互影响,所以土壤和地形限制性评价常常联系在一起,如对土壤限制性评价常常也涉及对地形特征的评价,这种地形特征尽管不会对土壤特征造成直接影响,但却常常会对土壤/土地上从事生产经营活动的生产者采取的行为造成重要影响。作物/LUTs 生长所需要的内部与外部土壤条件差异明显:内部土壤需求包括土壤热量带分区、土壤水分状况、土壤肥力、适合于根部生长的有效土壤深度,以及其他土壤理化特性。外部土壤需求包括坡度、洪涝灾害规避程度以及土壤肥力水平等。我们可以依据作物对土壤与地形条件的要求与每个单元格的土壤与地形特征的匹配情况及其据此估算出的潜在生物量判断在农业气候限制下每种雨养、灌溉作物/LUT 在高、中、低三种投入与管理水平下的适宜性分类。这种作物生产适宜性评价与分类方法有利于提炼保障生产的措施,不过,在评估过程中还需要进一步考虑两个因素:① 必须安排一定比例的休耕地来维持土壤的肥力和结构,同时抵消由于耕种活动造成的土壤退化;② 地形与坡度的适宜性程度不仅与土地的供给和适宜耕作的程度有关,也与防止表层土过度侵蚀和表层土壤肥力过度下降相关。

18.3 土地资源的构成

18.3.1 气候资源

作物生长与发育离不开热量、光和水。从一个较长的时空尺度来看,热量、光和水受气候环境的制约。在 AEZ 模型中,温度、水和太阳辐射都是关键的气候参数。这些参数影响了作物的净光合速率、作物可能累积的干物质量和作物轮作条件。作物生长、发育和产量形成的气候参数被编辑成气候参数列表。作物不同,其对热量和水分的适应性也有差异。当水分条件充足时,作物的生长主要受到温度的影响。当温度条件得到满足时,作物生长则主要受到其生长期内水分供给情况的制约。这种影响催生了作物生长期(LGP)的概念,LGP 考虑了同农业生产密切相关的环境要素及其特征,其定义为作物生长所需的水分和温度条件都能满足的天数。根据生长期的长短,LGP 考虑了没有作物生长、一年只有一季作物生长(如在干旱或少雨地区)以及一年有多季作物生长(如在热带或亚热带地区)的情况。

(1)气候数据

GAEZ采用了CRU全球气候数据集(New et al, 1998)。这套数据包括了9个气候参数,数据来源为基于气候观测数据插值到30分经纬度的气候栅格表面数据,每一个数据集包括720×360个单元格(只记陆地地表部分)。表18.2描述了CRU数据库的气候参数。

表18.2 CRU气候数据库主要参数项

Table 18.2 Attributes in the CRU climate databases

1961—1990月度数据	1901—1996月度数据
· 降水量	· 降水量
· 湿天频率	· 湿天频率
· 平均气温	· 平均气温
· 日较差	· 日较差
· 水汽压	· 水汽压
· 云量	
· 日照百分率 (n/N)	
· 地面有霜频率	
. 风速	

历年气候数据库(1961—1990年)包括了作物生长期内的变量,可以用来估算气候限制条件下每个栅格上的作物生产潜力。依据Penman-Monteith计算过程,平均年降雨量和估算的参考蒸散量都已经与基于气象台站观测形成的FAOCLIM数据库进行了比对(FAO, 1995a)。由于变量之间的高度相关,估算过程中存在一定的误差是不可避免的,而且这一误差会因蒸散量的测量标准不同而不同。尤其是如下两个问题的存在,会导致观察站的数据和已经实现空间离散的栅格数据值之间存在差异:① 气象台站的观测时段与CRU发布的1961—1990年气候常规变化观测时段及其起止时间可能会不一致;② 插值后的气候栅格数据每个栅格上的值代表了每0.5度经纬度栅格大小上气候指标的平均水平,在复杂的地形或水分条件过足和坡度很大的地区,每个0.5度经纬度网格气候指标的空间差异不能用经纬度栅格上的平均值代替。

(2)热量带分区

光合作用过程积累作物生长、发育所需的能量。影响光合作用的因素包括气温、辐射以及作物本身所处的发育阶段,因此,可耕作物的选择主要决定于热量带分区和光照水平。气温可以决定作物特定发育过程能否开始(如作物开始孕育花蕾需要一定的最低温度,低于这个温度会影响、推迟作物花期和结果时间)。对于感光植物,日长在决定开花时间上起着重要的作用,例如,很多种类的大豆在赤道都不会开花。

作物不同,其对气候条件的敏感程度也有所差异。一般而言,在适宜的光照条件下,与C_4作物相比,C_3作物的同化过程更容易在较低的气温下进行。但是,在自然选择与人为影响共同作用下,作物选育过程已经使一些C_3和C_4植物在进行光合作用时对光的感应发生了变化。因此,根据作物同化途径和光合作用反应温度的差异,AEZ模型方法中将作物分成四个组:

组 *I* 能忍受低温的C_3作物(如小麦,马铃薯);

组 *II* 不能忍受低温的C_3作物(如大豆,水稻,木薯);

组 *III* 不能忍受低温的C_4作物(如粟,高粱,玉米,甘蔗);

组 *IV* 能忍受低温的C_4作物(如高粱,玉米)。

图18.3揭示了每类作物在最适宜温度条件下的光合作用速率与光合有效辐射之间的关系。图18.4显示了气温条件与每类作物叶面光合作用速率之间存在明显的U型关系。

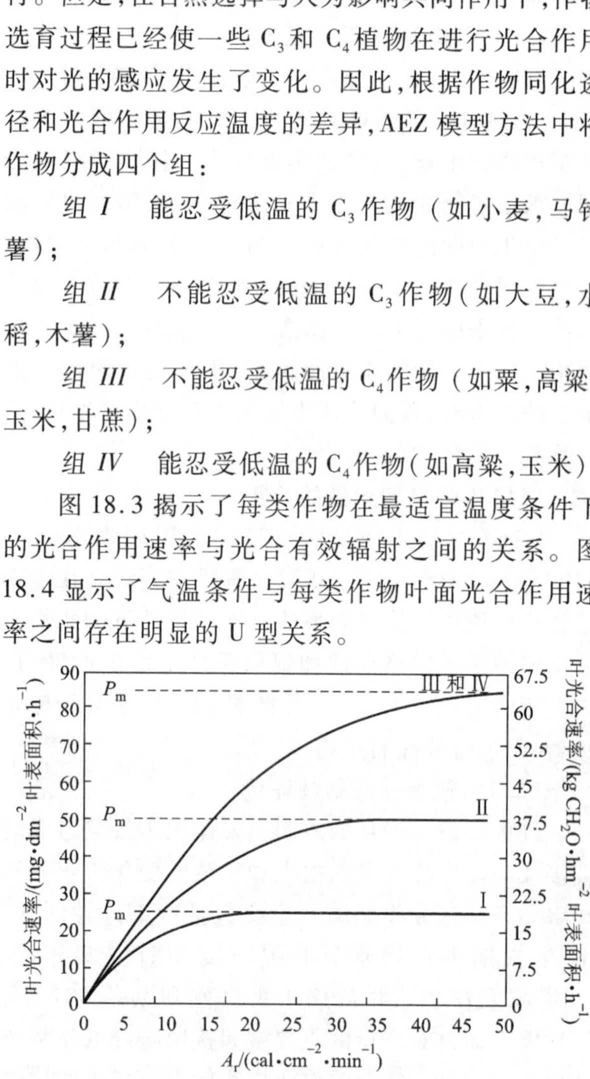

图18.3 最适宜气温条件下叶光合作用速率与四类作物(I、II、III、IV作物组)光合有效辐射之间的关系(FAO, 1978—1981a)。注:叶光合作用值反映了基期(1961—1990)大气二氧化碳沉积水平

Figure 18.3 Relationship between leaf photosynthesis rate at optimum temperature and photosynthetically active radiation for crop groups I, II, III, and IV (FAO, 1978—1981a). Note: The leaf photosynthesis values reflect base period (1961—1990) levels of atmospheric carbon dioxide concentrations

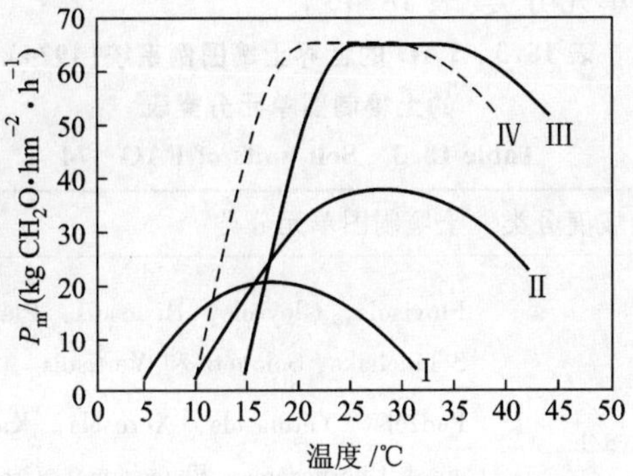

图 18.4 最大叶光合辐射率(P_m)与四类作物(Ⅰ、Ⅱ、Ⅲ、Ⅳ 作物组)温度之间的关系示意图(FAO, 1978—1981a)

Figure 18.4 Examples of relationships between maximum leaf photosynthesis rate (P_m) and temperature for crop groups Ⅰ, Ⅱ, Ⅲ, and Ⅳ (FAO, 1978—1981a)

为了刻画不同作物在热量需求上的差异,我们依据如下四个指标描述气温变化规律,即① 热量气候带,代表纬度气候带;② 气温剖面,反映了气温季节性变化规律;③ 生长期 (LGPt),适宜作物生长发育的天数,代表日均气温超过某特定最低气温并低于作物生长最高极限气温的天数;④ 积温,一定气温水平下热量条件的累积情况。

(3)水分状况

作物生长期(LGP)的定义已经包含了作物生长对水分条件的要求,亦即作物生长期内除了气温需要大于5℃外,还要求水分条件要满足作物生长的要求。

在气温大于 5 ℃的雨养条件下,作物生长期的开始与雨季的开始是紧密相承的。毋庸置疑,农民的种植活动受雨季开始的时间影响。一般而言,农民都是在降雨积累到一定程度,表土得到充分湿润时才开始播种。因此,作物生长期的开始时间取决于进入生长期之前降雨的总量和频率。当月降水量等于或超过潜在蒸散量的一半时 (FAO, 1978—1981),降水量在增加土壤含水量、促进作物生长发育方面的作用开始急剧加强。同时,维持出芽期作物生长所耗水分也远远低于作物最大冠径期土壤水分蒸发、蒸腾损失总量。对于旱地作物,当土壤水分蒸散量达到或者接近 0.4 ~ 0.5 倍的参考蒸散量,作物生长的水分需求就基本能够得到满足(FAO 1978—1981a,1979, 1992a)。关于如何计算潜在蒸散量的详细说明请参阅参考文献 Fischer 等 (2002)的附录Ⅴ。

大多数作物生长期或多或少都会比雨季长,在一定程度上,作物发育成熟依靠的是土壤中贮存的水分,不过土壤剖面中贮存的水分并不等同于作物能够吸收的水分。土壤深度、土壤物理特性以及作物不同的根部形状对土壤水分吸收率的影响十分巨大。土壤贮存水分的流失会导致实际蒸散量不能达到潜在蒸散量的水平。土壤最大贮水能力 (S_{max}) 与土壤的理化性质相关,主要取决于土壤深度和容积率。在世界土壤地图集(FAO, 1974)中,FAO 成功开发了估算土壤最大贮水能力 S_{max}(FAO, 1995b)的程序。针对每种 FAO 土壤单元进行了评估与分级[Fischer 等,2002,附录Ⅷ (CD-ROM)],并做了详细说明。每个土壤制图单元(甚至到每个栅格)的组成以及受土壤深度/容积率限制的土壤状态在 DSMW 数据库中有详细记载。作物可能获得的土壤水分阈值的计算参考了每个栅格中各土壤单元所占的比值,当作物生长期大于雨季持续时间时,计算该阈值时还需要考虑土壤单元、土壤结构分级和土相。

另外考虑到土壤本身有一个最大贮水能力 (S_{max}值)的问题,在分析生长期内作物水分平衡时还需要考虑并进行如下处理:① 需要考虑受温带和寒带之间大气环流控制的水热交互作用;② 需要对水分平衡过程进行标准化处理,进行月变量向日变量(运用二次样条函数)的变换;③ 确保 ET_0和水平衡的计算在每个 0.5 度经纬网栅格上进行。

18.3.2 土壤和地形特征

(1) 土壤信息

GAEZ 使用的土壤信息来自于 DSMW 数据库。该数据库是 FAO/UNESCO 世界土壤地图集的数字化版本 (FAO, 1995b),其土壤类型的分类标准参照 FAO/UNESCO 的世界土壤图例系统(1974)分类体系 (FAO/UNESCO, 1974)。

大多数非洲、南美洲以及亚洲国家的土壤地图已经或者正在根据 FAO1990 (FAO/UNESCO/ISRIC, 1990)世界土壤地图的分类体系进行更新(升级)。前苏联、蒙古和中国土壤信息更新主要基于 FAO 和 IIASA 合作实施的土地利用变化项目(LUC),该项目最终形成了欧亚大陆中部和北部的土壤和地形数据库(FAO/IIASA, 1999),其中位于莫斯科的 Dokuchaev 土壤研究所完成了覆盖前苏联和蒙古版图的部分土壤数据收集与更新,比例尺为

1 : 5 000 000 (Stolbovoi, 1998)。中国科学院南京土壤所负责完成了覆盖中国版图的土壤数据数字化与编辑,比例尺为 1 : 4 000 000(FAO/CAS, 1995)。以上两套土壤数据均被 AEZ 模型采用 (FAO, 1995b; FAO/IIASA, 1999)。

数字化土壤信息是土地资源数据库中的一个重要组成部分,并和其他地理信息(如海拔高度、地形坡度、距海岸线距离、保护区位置、地表覆被、行政区划信息)保存在一个属性表中。其他土壤成分信息则被保存在土壤成分数据库中,主要属性项包括土壤单元、质地、地形坡度等级和土相的百分比含量。FAO 图例中界定的土壤制图单元是可以测量与观察分析的、具有一致属性的土壤单元,该单元上的很多属性都直接影响了农业生产潜力。

土壤制图单元的属性信息主要有如下两个来源:① DSMW 数据库(CD-ROM),土壤制图采用 FAO/UNESCO 1974 图例(FAO, 1995b);② WISE 数据库(Batjes, 1995),WISE 数据库包括了超过 4 000种土地剖面的土壤属性。在 FAO 以及 IIASA 的 LUC 项目推动下,国际土壤参考和信息中心(ISRIC)开发了从 WISE 土壤剖面数据库中提取相关土壤单元属性的程序,构建了土壤分类系统,从而促进了苏联、蒙古和中国数字土壤图集与 FAO/UNESCO 数字化世界土壤图集、FSU 的数字化土壤地图信息的相互补充与比照。

(2) 地形坡度

GAEZ 模型采用了两类具有地理坐标的地形坡度数据信息:① 制图单元中地形坡度数据存在于每个土壤图件的属性表格中;② GTOPO30 数据中提取的 (EROS Data Center, 1998)连续性数值表征的坡度数据。IIASA 依据 DSMW 中 5 分经纬度的土壤栅格将坡度划分为 7 个等级。

在运行 GAEZ 模型时,IIASA 将地形坡度分成 3 类:

级别 a: 起伏平缓,坡度在 0°~8°。

级别 b: 起伏较大,坡度在 8°~30°。

级别 c: 陡峭,坡度超过 30°。

DSMW 的地形坡度分类用于标注土壤制图单元中占主导地位的土壤类型。当两种坡度均适合土壤制图单元时 (即 a/b 或 b/c),则这两种坡度分别占主导土壤单元的 50%(FAO, 1978—1981a;表 18.3)。那些相关的或者是土壤相互嵌套的土壤单元均被分配了坡度分级。该土壤坡度分类的方法同样适用于 FAO 的世界土壤图例系统(1990)的土壤制图单元分类(表 18.4)。

表 18.3 FAO 的世界土壤图例系统(1974) 的土壤制图单元分类表

Table 18.3 Soil units of FAO '74

土壤坡度分类	土壤制图单元分类
a	Fluvisols, Gleysols, Histosols, Planosols, Solonchaks, Solonetz 和 Vertisols
a/b	Podzols, Yermosols, Xerosols, Kastanozems, Chernozems, Phaeozems, Greyzems, Luvisols, Podzoluvisols, Ferralsols 和 Arenosols
b	Regosols, Rendzinas, Cambisols, Acrisols 和 Nitosols
b/c	Andosols, Rankers 和 Lithosols

表 18.4 FAO 的世界土壤图例系统(1990) 的土壤制图单元分类表

Table 18.4 Soil units of FAO'90

土壤坡度分类	土壤制图单元分类
a	Fluvisols, Gleysols, Histosols, Planosols, Solonchaks, Solonetz 和 Vertisols
a/b	Àrenosols, Anthrosols, Chernozems, Ferralsols, Greyzems, Gypsisols, Kastanozems, Luvisols, Lixisols, Podzoluvisols, Phaeozems, Plinthosols 和 Podzols
b	Acrisols, Alisols, Calcisols, Cambisols, Nitisols 和 Regosols
b/c	Andosols 和 Lepthosols

DSMW 的坡度分级粗一些,并没有详尽地反映出数字化的土壤信息。为进一步认识土壤制图单元与坡度的关系,并在充分掌握 GTOPO30 数据库土壤信息的基础上,IIASA 将这一粗线条的坡度分级进行了细化。主要操作步骤如下:

确定 GTOPO30 数据库中 30 秒空间分辨率栅格上的坡度分级。主要有 7 个级别:0~2%, 2%~5%, 5%~8%, 8%~16%, 16%~30%, 30%~45% 以及 >45%。

整合所有 DSMW 数据库中 5 分分辨率栅格内的分类结果和土壤制图单元内的分类结果,计算每个栅格内坡度等级。

定义土壤制图单元中主要坡度类型并按照重要性排序。

按照土壤/坡度等级排序一致性原则建立土壤(类型)组合。

根据计算出的坡度分布,将各土壤制图单元对应到 DSMW 数据库中 5 分分辨率的栅格中。

(3)土壤和地形限制

在开展土地适宜性评价时,土壤与地形条件对作物生长发育的限制因素还可以再细分类型(见 18.4 节)。具体而言,这些限制因素包括地形坡度、土壤厚度、土壤肥力、土壤排水性、土壤质地、土壤化学特征和土地单元组合情况等。

栅格水平上土壤和地形限制条件的适宜性评价可以整合到国家或地区层次上。这些限制条件的影响可以以 6 个生长期水平表示(0 天、1 ~ 59 天、60 ~ 119 天、120 ~ 179 天、180 ~ 269 天和 ≥ 270 天)。限制条件的划分细节请参见参考文献 Fischer 等(2002)附录Ⅲ(光盘)。限制条件及其影响的空间分布格局参见该附录光盘 Plates 20 ~ 28。

18.4 土地利用类型与作物复种轮种区划

18.4.1 土地利用类型

在应用 AEZ 模型方法时,一个重要的步骤是选择和描述土地利用类型(LUTs)。目前 GAEZ 作物选择主要考虑了三个方面,即① 要包括最重要的粮食作物;② 要覆盖广泛的自然环境,包括温带和寒带地区;③ 为了与早期 AEZ 的研究成果与结论兼容,要包括以前所有的作物。

GAEZ 辨别了 260 种雨养作物、饲料和草地的 LUTs,它们在投入和管理上都有三个层次(高、中、低投入水平)。对灌溉作物的生产潜力的评估,作物/LUTs 在投入和管理水平上有高、中两个投入水平。

相关作物适应性和作物需求数据储存在作物种类数据库。这些数据集记录了每种作物/LUTs(以及适宜投入水平)以下信息:

作物特征:作物生长周期的长度、作物发育阶段的相对长度、光合途径、作物适应性种类(对最大光合速率的定义)、发育阶段、作物需水与参考蒸散量之间的相关系数(K_c为作物需水系数,参见 FAO,1992a)等,与产量降低指数相关的水分胁迫(K_y为作物产量系数,参见 FAO,1992a)。

雨养和灌溉地 LUTs 参数:热量条件需求、生长期需求、土壤和地形条件需求、分别在热带、亚热带、温带和寒带地区的适用性。

生物量转为有用产品和粮食产品的系数:收获指数、热量转换系数(能量、蛋白质)、能量提取/转化速率、作物副产品/秸秆系数、粮食产品重量。

18.4.2 气候适宜性评价

气候适宜性评价主要探讨作物/LUTs 需求条件与主要气候条件间的匹配关系,包括以下工作:

① 整理作物适宜性评价结果,说明作物/LUTs 所需的温度和水分需求。

② 分析作物的温度条件需求和主要热量带分区气温特征间的匹配关系。

③ 确定最佳作物播种周期和计算生物量和产量。

④ 计算作物/LUTs 缺水量,提供与水分胁迫相关的减产因子(雨养地),计算灌溉需水量(灌溉地)。

⑤ 提出作物/LUT 特定的气候限制条件,即能够导致可预见的减产因子及其变动情况,包括病虫害、杂草、霜冻的爆发等;在充分考虑每一减产因素的影响下估算每一个栅格的平均产量。

气候适宜性评价主要有三个步骤。步骤一,分析每个栅格农业气候特征,包括热量计算、温度分布和水热生长期特征。步骤二,计算受温度和辐射条件影响的作物生产潜力,评价与产量减少相关的水分胁迫因子的影响,确定最佳的作物播种时间。步骤三,提供可获得的作物平均产量。根据与作物最大生产潜力相关的可收获的作物产量范围划分 5 个基本的适宜性水平级别。

(1)作物热量需求和热量适宜性

气温和日长决定了与气候相关的生长周期。作物在光合作用与生长发育阶段对热量与日长的需求主要考虑以下三个方面:

① 根据日长需求将作物分类。例如,短日长需求的作物适宜生长在低纬度地区,而长日长需求的作物适宜生长在高纬度的寒带和温带。

② 260 种作物/LUTs 的热量需求方案依据如下几条原则而设计:(i)对作物进行光合作用与生长发育过程的需求要考虑充分,考虑每种作物生长发育阶段的具体需求;(ii)该热量需求方案不仅适用于赤道热带地区的作物,同时也适用于亚热带、温带与寒带地区的作物。每个栅格上的热量带是基于其气

温剖面来确定的(见 18.3.1)。这样,作物热量需求通过日平均气温每隔 5℃的天数(白天持续长度)表示出来,并按照气温升高和降低两种情况分别计算。作物热量需求和每个栅格上气温分布的过程大致分成三种情况:当气温达到并在一定限度内稍高于作物光合作用所需气温时,对作物生长而言,该物候条件为最优条件;当气温刚好达到作物光合作用气温需求时,该物候条件为次优条件;当气温不能满足光合作用所需要的气温条件时,我们称气温条件不适宜作物生长。

③ 比较作物生长期内的积温需求(日均温的累积)与栅格上作物实际可能获得的积温,当积温条件不能满足所考察作物的生长需求时,我们称该热量带分区不适宜该作物生长。在这种情况下,我们不再继续探讨该栅格上的物候条件是否适宜该作物生长。

当栅格上的气候条件对某种作物/LUT 而言条件属于最优或次优时,我们将进行作物生物量和产量的计算。图 18.5 显示了冬小麦生长期内的热量需求。所有作物的热量需求见图 18.7,详细内容请参见参考文献 Fischer 等(2002)附录Ⅳ。

作物		冬水麦(c3/i)			
气候		亚热带、热带、寒带			
对光敏感度		平均日长/最长日长			
生长周期(天)[(a)]		a + b 30 + 90,35 + 105, 40 + 120,45 + 135			
气温周期[(b)]		次优条件 占生长期		最优条件 占生长期	
		1st req.	2nd req.	1st req.	2nd req.
A9	<-5℃	0	0	0	0
A8	-5~0℃	0	0	0	0
A7	0~5℃	0	0	0	0
A6	5~10℃	≤50 % b	> 16.7 % b	≤50 % b	> 16.7 % b
A5	10~15℃				
A4	15~20℃	≤100 % b		≤100 % b	
A3	20~25℃				
A2	25~30℃		≤33.3 % b		≤33.3 % b
A1	> 30℃	0	0	0	0
B1	> 30℃	0	0	0	0
B2	30~25℃				
B3	25~20℃	≤50 % b		≤50 % b	
B4	20~15℃		100 % a		100 % a
B5	15~10℃				
B6	10~5℃				
B7	5~0℃	0	0	0	0
B8	0~-5℃	0	0	0	0
B9	<-5℃	0	0	0	0
生长期内积温 (TSgc)[(c)]		TSgc > 1 300 (休眠期过后)		TSgc > 1 500 (休眠期过后)	
日均温为 5 ℃		< 365		< 365	
休眠期		需要		需要	
永久冻结带容忍度		无永久冻结带		无永久冻结带	

图 18.5　冬小麦气温剖面及其热量需求

(a)a: 生长期内休眠之前的时间占生长期的比例;b: 生长期内休眠之后的时间占生长期的比例。

(b)A9-A1 增温期间温度期,如从冬季到夏季;B1-B9:降温期间温度期,如从夏季到冬季

(c)生长期内休眠期之后积温

Figure 18.5 Temperature profile and thermal requirements for winter wheat

(2)生物量和产量

在没有限制因素的影响下,AEZ 模型计算的作物产量反映了作物的生产潜力,这种生产潜力主要与每个栅格上的温度和辐射水平有关。AEZ 模型中估算作物生产潜力的生物物理模型至少需要如下几个作物特征参数(Kassam,1977):① 作物生长期(从作物发芽到完全成熟的天数),② 产量形成期,③ 作物最大生长速率时叶面积指数(LAI),④ 收获指数(Hi),⑤ 作物适应组,⑥ 作物生长期对热量供给的敏感程度。模型参数与计算过程的详细说明请参见参考文献 Fisher 等(2002)附录Ⅵ和Ⅶ。

生物量和产量计算的结果依赖于作物的农事安排(作物日历)。对于每种作物与每个栅格,作物生长期开始与结束时间设定的前提为确保作物在灌溉或者雨养条件下获得最大可能的产量。这样确保了利用 AEZ 模型估算出来的生物量与产量接近于各栅格水平上多年的、物候条件最适宜条件下的水平,同时,我们还可以模拟气候变化情景中灾变现象对生产潜力的影响。AEZ 模型方法模拟的生物量和产量可以通过表格或地图形式表现出来。Fischer 等(2002)中的图 10 表示了气温与辐射条件对小麦产量的影响。

(3)作物水分条件需求和生长期内的适宜程度

作物水分条件需求(作物生长期内的需水量)比较容易估算,而且这方面的研究成果已经多有发表。与作物需水量相关的变量主要有作物生长期、作物特定生长发育阶段的需水系数和由于作物缺水导致的产量损减系数,这类变量存储于作物种类数据文件中。

考虑到土壤类型对土壤持水量的影响,我们针对土壤持水量(S_{max})的 6 个级别分别计算作物生长周期生物量。计算一年生雨养作物的气候产量需要利用作物特定的产量损减系数,这些系数取自 FAO(1992a)开发的计算程序,就像在生物量和产量计算过程中描述的一样,我们可以把相关的结果应用到 FAO DSMW 土壤制图单元中的各种土壤类型中。

多年生作物(如木薯、甘蔗、香蕉、油椰子、橄榄、苜蓿、草/豆混合与草)生长期水分需求的计算需要注意如下两个问题:① 作物生长期是否与作物生长周期总天数相吻合;② 作物需水量与生长期作物质量之间的关系如何[以如下参数表示:实际蒸散量占潜在蒸散量的比例(ET_a/ET_m),或者生长期类型]。产量损失的直接原因往往是由于水分不足,水分制约程度可以间接地通过叶面积指数和收获指数推算出来。例如,作物生长期内水分短缺情况下,叶面积指数相对于正常生长期的指数是成比例缩减的,收获指数也是成比例缩减的。

(4)气候限制性评价

在计算生物量和潜在产量时,AEZ 模型方法没有考虑与气候相关的影响因素,如病虫害等。要实现对作物产量的真实估算,必须考虑这些影响因素。对于宏观的、全球尺度的研究来说,精确估算这些因素对作物生物量与潜在产量的影响难度很大。可以通过定量分析限制因素造成的产量损减程度,比如通过对限制因素的类型和对每种作物的影响程度、生长周期长短差异与投入水平的差异。同时,我们还需要考虑到这些限制因素发挥影响的程度也与投入水平有关,如棉铃虫害在低投入水平下会爆发,但当投入水平提高病虫害的爆发程度会得到有效地控制。一般地,限制因素对各种投入水平下作物产量的影响是广泛存在的,还有一些因素的影响(如由于水分条件过于充足导致水分利用率下降)需要在高投入水平、机械化耕作的条件下才能体现出来。

气候限制因素直接或间接影响着产品质量与产量。雨养作物因气候限制性因素导致的产量损失可以利用 FAO(1978—1981a)开发的程序来估算。导致产量损失的主要因素包括:

作物生长周期如何与基于气候条件计算出来的 LGP 匹配起来;

在生长期中水分缺少的程度;

与气候限制条件紧密联系的病虫害、杂草的发生;

直接或间接减少产量和产品质量的气候因素;

影响耕作效率和生产成本的气候因素;

霜冻灾害和高温事件。

这些气候限制因素与主要的气候条件相关。简单地说可以分成以下 4 类:

由于作物生长水分短缺造成的减产(如降水量的变化);

由于作物生长过程中爆发的病虫害与杂草造成的减产;

作物籽粒形成过程中由于缺水、过量降水和疾病(最终影响农产品质量)等因素导致的减产;

由于发生早霜或晚霜导致的减产。

根据由气候条件影响的农业气候限制条件,我们可以将气候因素的限制条件划分为 5 种类型:

(a)由于影响作物生长的水分限制因素导致的减产(如降水变率)。

(b)由于发生影响作物生长的病虫害、杂草爆发导致的减产。

(c)由于气候限制条件(如降水过大导致的过湿、气候异常事件导致的病虫害爆发等)影响了作物籽粒的形成而导致减产。

(d)由于田间管理和收获/收割过程中的制约因素(如收获季节降水过大延迟作物最佳收割时间)导致的减产。

(e)由于发生早霜或晚霜导致的减产。

有了多年的降水量数据,我们可以估算因缺水而导致的减产量。因此,同降水量相关的限制型"a"不再适用。然而,限制型"a"已经被保存在气候限制数据库中,结合平均降水量数据,进行每年降水量变化信息的分析。

限制型"b"和限制型"d"以及部分限制型"c"是与降水量有关的。这些限制的级别与 LGP 相关,水分条件传统地表示为 P/ET_0 比率,并且随着 LGP 变化而发生很大的变化。LGP 长、P/ET_0 比率相对低的情况一般出现在亚热带、温带和寒带地区。

为了揭示长的 LGP (>225 天)水分条件差异的影响,我们将农业气候限制因素与 P/ET_0 比率两个指标综合起来并重新计算与调整 LGP 的值。例如,当 P/ET_0 比率低于平均水平时就要调整 LGP 的值,这种调整的 LGP 在限制型"b"、"c" 和"d" 的情况下会得到广泛地应用。

所有作物/LUTs 的气候限制参数的更多详细信息,请参见 Fischer 等(2002)附录Ⅷ,其图 11 和 12 显示了高投入水平下雨养和灌溉小麦的产量。

18.4.3 土壤适宜性评价

气候生产潜力的开发和土地生产潜力的维护,主要依靠土壤肥力和相关土壤管理措施。土地生产力与土壤肥力密切相关,要提供和保持土壤的养分和水分,可以让作物最大程度地利用本地气候资源。土壤肥力既由它的物理特性决定,也与其化学特性相关,了解这些因素以及这些因素之间的相互作用对有效利用气候、地形条件非常重要。

土壤特征、条件与作物产量存在密切的关系。对于大多数作物,要评估作物产量,需要定量评价并把握土壤特征与条件。如果土壤特征、土壤条件超过了作物可以生长的临界范围,除非采取了特殊的预防性管理方法,否则估算的作物产量就不可能达到。土壤适宜性分类以作物需求为出发点,在分类过程中还综合考虑了土壤条件和土壤管理、投入与管理水平等信息。换言之,土壤适宜性分类是基于一定的投入与管理水平,并考虑土壤条件与作物需求来开展的。在 GAEZ 模型中,一些定性判定和半定量方法也得到了大量的应用(见图 18.6;本章涉及的中国区域制图数据源于国家基础地理信息中心,图幅设计和国界显示均以维护国家领土完整为首要,图 18.7 ~ 图 18.10 与此同,特此说明)。

(1)雨养作物土壤适宜性评估

从某种意义上看,应用于 AEZ 模型方法中的 FAO 的农业土壤适宜性分类是以 Sys 等人及 FAO (FAO, 1978—1981; Sys & Riquier, 1980; FAO, 1984; FAO, 1985; Nachtergaele, 1988; Sys, 1990; Sys et al, 1993) 的经验公式/经验参数为基础的。FAO 和一些国际组织、机构已经将农业土壤分类推广应用到很多国家和地区;历经多次国际专家咨询会议的评估与修改,目前这一土壤适宜性分类体系已经包含并整合了很多专家知识与经验。该分类系统可以分为三种投入与管理水平下每个土壤制图单元的作物适宜性级别/水平。农业土壤适宜级别是依据作物土壤需求和主要土壤条件及特征建立的(Sys et al,1993)。

土壤信息主要来自于数字化的 FAO/UNESCO 世界土壤地图 (FAO, 1995b)。有关作物/LUTs 的 FAO 的世界土壤图例系统(1974)土壤制图单元的土壤级别信息见参考文献 Fischer 等(2002)附录Ⅹ,土壤适宜性分级见 Fischer 等(2002)附录Ⅺ。土壤制图单元适宜性分级是根据 FAO(1978—1981a)的程序计算而来的。

(2)雨养作物地形适宜性评价

地形特征在农业土地利用中的影响是多方面的。耕作习惯要适合地形的坡度、坡向、坡形和微地形。例如,陡峭、不规则的坡地不适合机械化耕作,然而这些坡地却适于用改造的小机械或者手工进行作业。

坡地上的可持续农业生产最大限制因素主要包括地表土层侵蚀和肥力下降。通常,这些制约因素可以通过实施一定的作物管理和土壤保护措施来规避。没有有效的土壤保护措施的坡地作物/LUTs 的耕种会加速土壤退化。从短期来看,由于表层土土壤肥力的降低,坡地耕种会导致减产;从长期来看,土壤剖面的不完整或者土壤肥力与土壤水分的减少将会导致土地生产力的下降。

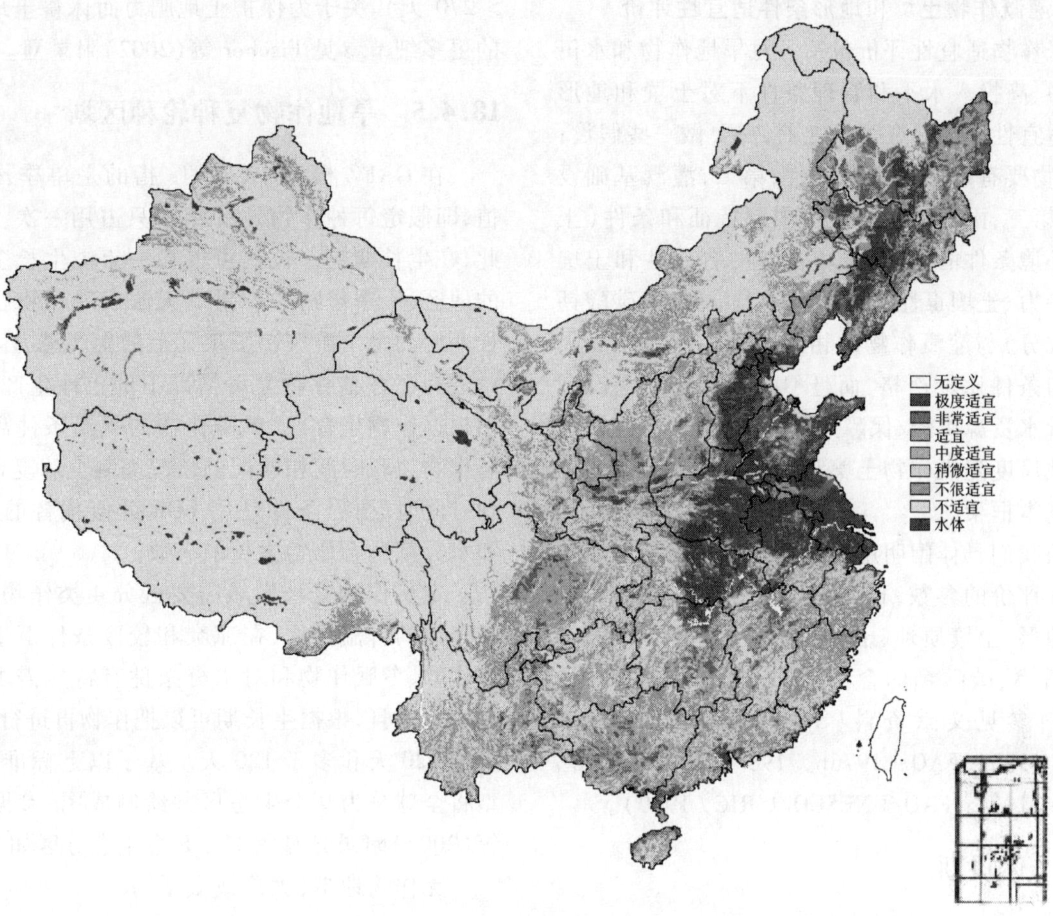

图 18.6 雨养与灌溉作物土地适应性评价

参见彩色插页

Figure 18.6 Land suitability for rain-fed and irrigated cereal production

在影响因素与不当管理措施的综合作用下，雨养作物常常会导致表层土土壤侵蚀。GAEZ 模型采用如下办法来分析生产可持续性影响因素的作用：① 通过设定最大坡度，定义可耕种的坡度范围；② 在坡度条件允许的前提下，计算由于肥力和表层土侵蚀造成的减产效应；③ 区分种植方式（从全手工作业到完全机器耕种）对生产的影响。

在种植相同作物、实行相同土壤管理措施情况下，土壤侵蚀危害主要取决于降水量的大小和强度。降水量数据是在 0.5 度经纬度气候数据库的月数据基础上生成的。与土壤侵蚀相关的降雨强度没有包括在该数据库中。

鉴于降水量和一年内降水分配的季节差异，我们需要使用 4 个修正指数（F_m）反映降水量和降水分布的综合效应（FAO/UNEP，1977），计算公式如下：

$$F_m = 12\sum_{i=1}^{12}\frac{p_i^2}{P_{ann}}$$

这里，p_i 表示 i 月降水量，P_{ann} 为年降水量。

这样，当一年之内降水量是平均分布时，亦即，一年每个月的降水量都相等，$F_m = P_{ann}$。另一个极端的例子是所有的降水量都集中在一个月，此时，$F_m = 12 \times P_{ann}$。因此，F_m 不仅对降水总量敏感，同时也对降水分布敏感。F_m 满足关系式：$P_{ann} \leqslant F_m \leqslant 12\ P_{ann}$。GAEZ 中 F_m 的空间分辨率是 0.5 度经纬度网格，其水平被分成 6 类，即：< 1 300 mm，1 300 ~ 1 800 mm，1 800 ~ 2 200 mm，2 200 ~ 2 500 mm，2 500 ~ 2 700 mm 和 > 2 700 mm。

在土地资源数据库中坡度分级被定义成 7 类，即：平坦（0 ~ 2%）、微坡（2% ~ 5%）、起伏较大（5% ~ 8%）、起伏较大（8% ~ 16%）、陡坡（16% ~ 30%）、陡峭（30% ~ 45%）与非常陡峭（> 45%）。

(3) 灌溉作物土壤和地形条件适宜性评价

灌溉作物适宜性评价包括了对旱地作物和水田作物在中、高投入水平和管理条件下对土壤和地形条件的适宜性评价。在评价之前,需要做一些假设:首先,作物要有好的水资源条件;第二,灌溉基础设施齐备;第三,雨养作物的土壤限制特征和条件(土壤根部环境条件的限制、土壤营养的有效性和土壤营养保持力、土壤毒性、土壤盐度、土壤碱度、碳酸钙和石膏成分)与灌溉作物的相同。尽管这些灌溉限制特征与条件比较严格,而且 GAEZ 模型中也没有定量评价水资源供给/保障条件的指标,这些假设还是为流域尺度灌溉作物土壤和地形条件适宜性评价提供了基本框架。

下面我们具体阐明用于灌溉作物土壤和地形条件适宜性评价的参数,相关土壤和地形条件特征主要包括地形、土壤质地、土壤排水条件、表层和次表层的含石率、碳酸钙的含量、石膏含量、盐碱度等。具体资料参见文献资料(Sys et al, 1993; Sys & Riquier, 1980; FAO, 1976b, 1985, 1996; FAO/UNESCO, 1974; FAO/UNESCO/ISRIC, 1990)。

18.4.4 休耕期

作物轮作中引入休耕有利于维持土壤肥力并保障生产的持续性。休耕时间的长短取决于投入水平、土壤、气候条件和作物的种类。在低投入水平下,恢复土壤肥力是通过土地休耕和灌木或草休整(少受人类活动的扰动)来实现的。在高投入水平下,土壤肥力是通过休耕长草、豆科作物或绿肥作物来实现的。影响土壤有机质含量变化的因素很多(Nye & Greenland, 1960; Kowal & Kassam, 1978),主要包括气温、降水、土壤水分和排水条件、成土母质和耕作习惯等。在 GAEZ 模型中,评价土地生产潜力时所采用的休耕方案参考了 FAO 早期区域评估工作(Young & Wright, 1980)与利用 AEZ 模型开展肯尼亚案例研究成果(FAO/IIASA, 1991)。

休耕方案根据主要作物类型与实际环境条件来确定。作物种类包括谷物、豆类、根茎和一年生或者常年生的各类作物。在编制休耕方案时,考虑了每个土壤制图单元的具体情况与热量带分区和水分分区等因素。热量带分区利用年平均气温表示,可以分为 4 个范围(> 25°C、20 ~ 25°C、15 ~ 20°C 和 <15°C)。水分分区包括了 5 个 LGP 的值域范围(<90 天、90 ~ 120 天、120 ~ 180 天、180 ~ 270 天与 > 270 天)。关于为保护土地肥力而休耕土地的需求的更多细节参见 Fischer 等(2002)附录Ⅻ。

18.4.5 旱地作物复种轮种区划

在 GAEZ 模型中, LUTs 指的是单季作物的种植,即假定每种作物在一年中只占用一次土地。因此,在生长期足够长到可以在一年中生长多季作物的地区,一季作物的产量就无法反映作物在整个生长期内的每个土壤制图单元上的生产潜力。

为了评估作物复种情况下的土地生产潜力,我们根据作物生育期、单季作物的气温条件需求及其与作物生长时间相匹配的情况编制全球复种轮作区划。此时,雨养条件是用 LGP 近似代替的,如气温和水分都适合作物生长的天数。

定义作物复种区域需要区分 4 类作物:需要较高气温的喜温作物、在凉爽和较冷条件下生长的喜冷作物、冬眠作物和对水分条件有特殊需求的湿地作物。而且,根据生长期可以把作物再进行划分,如少于 120 天和多于 120 天。基于以上标准,AEZ 模型将全球分为 9 个生态区并绘制成图,参见 Fischer 等(2002)附录光盘图 13。8 个生态分区如下:

无作物地带(太冷或太干);

一季作物地带;

有限制条件的两季作物地带(轮作法,有可能种植单季水稻);

两季作物地带(连续种植,不可能种植水稻);

两季作物地带(连续种植,有可能种植一季水稻);

有限制条件的三季作物地带(部分轮作,如果两季都种植了水稻则不可能再种植第三种作物);

三季作物地带(三种短生长期作物连续播种,有可能种植两季水稻);

三季水稻种植地带(三季水稻可以连续种植)。

开展雨养条件下复种区划主要依据从 AEZ 模型中计算出的农业气候属性,例如:

LGP:作物生长期(气温和土壤水分都适合作物生长的天数)。

$LGP_{t=5}$:日平均气温高于 5℃的天数。

$LGP_{t=10}$:日平均气温高于 10℃的天数。

$TS_{t=0}$:日平均气温≥ 0℃的积温(℃ · d)。

$TS_{t=10}$:日平均气温≥10℃的积温(℃ · d)。

$TS\text{-}G_{t=5}$:生长期内日平均温度≥ 5℃的积温。

$TS\text{-}G_{t=10}$:生长期内日平均温度≥ 10℃的积温。

表 18.5 总结了在雨养条件下亚热带/温带地区进行复种区划的标准。

表 18.5 亚热带、温带地区雨养条件下复种指数分区

Table 18.5 Delineation of multiple cropping zones under rain-fed conditions in subtropics and temperate zones

分区	生长期	日均温大于 10 ℃生长期	日均温大于 10 ℃生长期	日均温大于 0 ℃天数积温	日均温大于 10 ℃天数积温	$TS-G_{t=5}$	$TS-G_{t=10}$
A[(a)]	—	—	—	—	—	—	—
B[(b)]	≥ 45	≥ 120	≥ 90	≥ 1 600	≥ 1 200	—	—
C	≥ 180	≥ 200	≥ 120	≥ 3 600	≥ 3 000	≥ 3 200	≥ 2 700
D	≥ 210	≥ 240	≥ 165	≥ 4 500	≥ 3 600	≥ 4 000	≥ 3 200
E	≥ 240	≥ 270	≥ 180	≥ 4 800	≥ 4 500	≥ 4 300	≥ 4 000
F	≥ 300	≥ 300	≥ 240	≥ 5 400	≥ 5 100	≥ 5 100	≥ 4 800
G	≥ 330	≥ 330	≥ 270	≥ 5 700	≥ 5 500	—	—
H	≥ 360	≥ 360	≥ 330	≥ 7 200	≥ 7 000	—	—

(a) 当 B 区(单季作物种植区)条件不能满足时适用。

(b) 在至少有一种作物在各个栅格单元上气候条件适宜的情况下程序测试通过。

18.5 中国农业生产潜力评估

如前所述,GAEZ 模型利用了以 0.5 度经纬度网格为空间分辨率的世界气候数据集与 FAO 以 5 分经纬度网格为空间分辨率的世界土壤地图,同时,还利用了 30 分经纬度网格空间分辨率的全球土地特征数据库和 30 分经纬度网格空间分辨率的数字高程数据集。在整理、编辑 GAEZ 模型所需要的全球数据集时,我们发现这些数据集的质量和可靠性在各个国家与地区之间存在着显著的差异。如果能够拿到并利用更高分辨率的中国气候和土壤数据集开展中国农业生产潜力评估,评估结果将会更加准确。另外,欧洲联盟启动的 CHINAGRO 项目中,CHINAGRO 模型的农业生产模块分析了中国不同区域的主要物候限制条件。在这两个因素的推动下,我们开展了中国各县农业生态区划,并将农业生态区的生产潜力指数作为农业生产投入产出分析中的一个重要的参数 (Albersen et al,2002)。

在 CHINAGRO 的整个模型框架中,以 AEZ 模型方法为核心的土地生产力评估模块提供了农业用地环境特征的分析,并通过开展空间显性的农业生产潜力的估算为建立 CHINAGRO 福利模型在农产品供给方面的分析奠定了基础。这进而使CHINAGRO模型相关的分析与水需求方面的建模分析,尤其是灌溉用水需求方面的建模分析密切联系。

评估农业生产潜力的土地资源数据库包括的主要数据有:① 从"中华人民共和国气候数据库"获取的气候数据 (CDIAC, 1998)。基于定点观测的气候数据已经被内插,生成的 5 km 栅格水平的气候数据库。② 中国土壤数字地图,分辨率也是 5 km 的,包含了基于修订的 FAO1990 图例(FAO/UNESCO/ISRIC, 1990)的关于 2 700 个土壤制图单元上的土壤信息。这个数字化地图由中国科学院南京土壤研究所编制(FAO/Academia Sinica Nanjing, 1995),并由 FAO/IIASA (1999)出版。③ 基于 30 分分辨率 GTOPO 和 30 分分辨率的全球 DEM 数据(EROS Data Center, 1998)计算生成的 5 km 空间分辨率地形坡度数据。④ 中国科学院资源环境科学数据中心提供的 1 km 土地利用栅格数据(Liu, 1996)。⑤ 当前作物和耕作模式下的耕作系统区划。⑥ 县社会经济和人口数据以及农业统计数据库。

在利用 AEZ 模型评估中国农业生产潜力时,以 1958 年到 1997 年月历史数据为基础的水平衡模型被应用到每个栅格上以模拟在当前水分供给条件下作物生长的时间长度。土壤水分条件同其他气候特征被引入作物生长模型以估算各农业生态区的生物量和生产潜力,结合产量损减系数估算农业生产潜力。这些产量损减系数直接或间接地同气候、土壤和地形条件相关,并且随着作物类型、各栅格上自然环境与条件、投入与管理水平的变化而变化。同时,为了保证农业生产的可持续,需要考虑必要的休耕区间。

利用 AEZ 模型评估适宜性可以按照作物组合并采用二维表格或者绘图的方式表达。例如,5 km 栅格水平上的适宜性评价可以通过适宜性程度指数表达出来。回归分析证实,适宜性程度指数与耕地分布、耕地利用强度高度相关。图 18.6 显示中等投入、管理水平条件下的中国作物适宜性的评估结果。

中国农业的另一个重要特征是作物复种的复杂性和广泛性。一年内种植两种甚至三种作物的可能性主要取决于热量带分区的位置。在雨养条件下,土壤水分也受到了限制。AEZ 程序包括了对多种作物的适宜性评估,根据可利用的灌溉条件下的复种指数综合反映了作物的适宜性水平(图 18.7)。

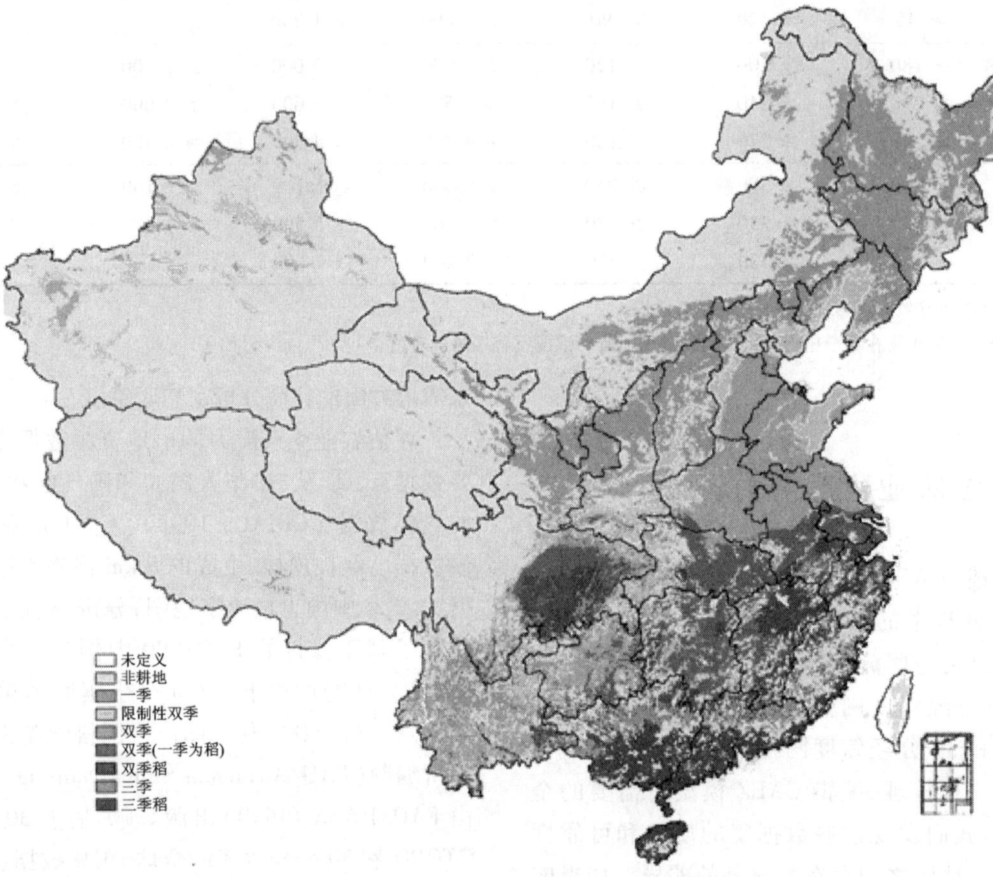

图 18.7 中国农作物多熟制的热量适宜性评价

参见彩色插页

Figure 18.7 Thermal suitability of China's cropland for multiple cropping

在单季种植区,热量条件允许一年只能生长一种作物。生产潜力就由分别在灌溉和雨养条件下估算出来的所有适宜种植的作物的最高产量决定。在限制型两季作物种植区,气温条件容许两季生长期短的作物轮作,如,可能是小麦与粟轮作,或者是小麦与玉米轮作。产量估算是按照寒冷条件、较温暖条件和温暖条件三种情景分别进行的。县级生产潜力是根据作物复种指数(MCI)构建的。双季作物区是典型的冬小麦(包括冬眠期)或大麦、暖季玉米、大豆和红薯的双季种植区。年生产潜力是估算出的两季种植作物生产潜力之和。一季水稻区(一季为稻)与双季作物区类似,能够种植两季作物,并且其中的一季作物可以种植水稻。两季水稻区在长江以南广有分布,允许包括两季水稻的三季种植,如第三季一般种植绿肥等。年气温分布对于三季作物是不够的。当 MCI 超过 2 时,将该年寒冷和温暖季节中最适宜的作物生产潜力之和定义为年农业生产潜力。当 MCI 接近于 3 时,在计算年生产潜力时只考虑作物生长期在 120 天及少于 120 天的作物。三季作物种植区主要分布在中国南方,允许三季作物轮作。一个典型的例子就是冬小麦和两季从春天到秋天的水稻。在这种情况下,计算年生产潜力时只考虑生长期短的作物。三季稻区仅在中国最南部有分布,该区为热带气候,允许种植三季适宜温暖条件的作物,如水稻。该区生长季是全年并且年积温(大于10℃)超过7 000 ℃。当MCI超过3时,计算年农业生产潜力时,只有生长周期少于120天的作物类型才被考虑。

制备CHINAGRO福利模型中所需的农业生产潜力参数的主要汇总(从栅格到县行政区域)步骤如下:

根据中国土地资源清查的5 km栅格数据将中国分成7种复种指数类型区(见图18.7);

根据作物生长期和热量需求,把作物分成8类;

根据耕地分布的地理信息和灌溉利用的空间土地利用信息,将5 km栅格数据结果整合到县行政区域上(见图18.8耕地分布和图18.9耕地灌溉强度)①。

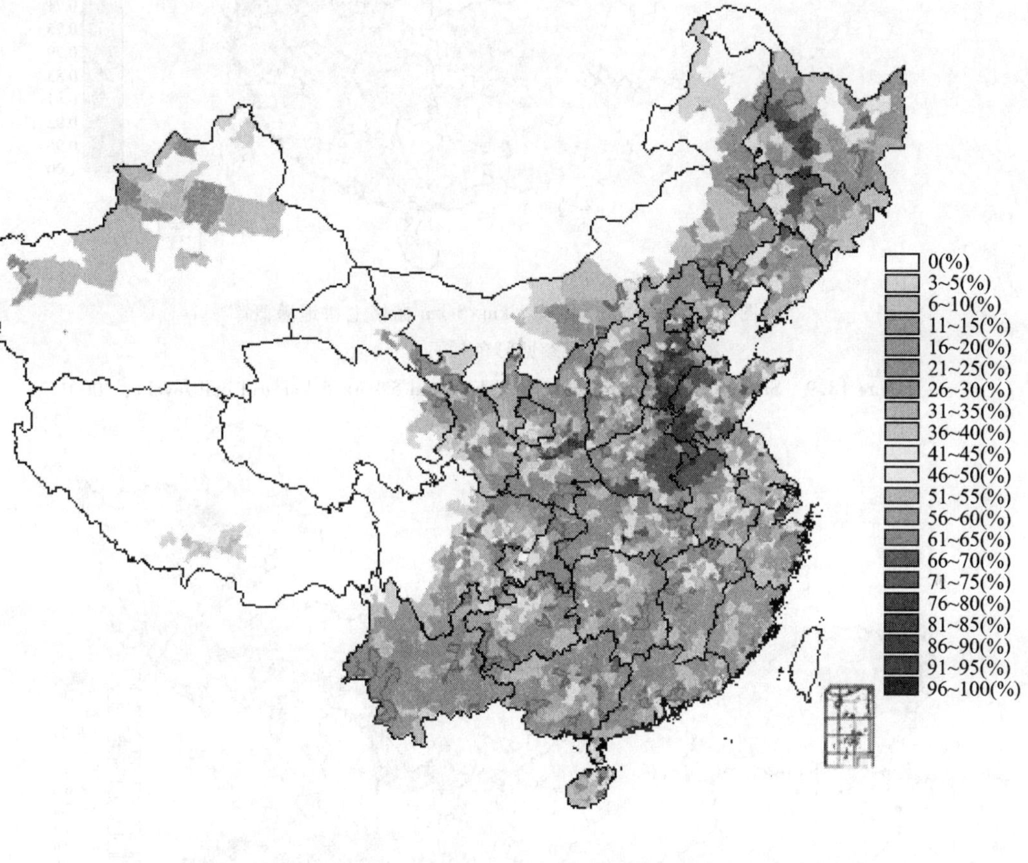

图18.8 中国2000年各县耕地与园地种植面积占总土地面积的比例

参见彩色插页

Figure 18.8 Intensity of cultivated and orchard land (% of total land in county) in 2000

在利用AEZ模型评估中国农业生产潜力时,我们分别根据雨养和灌溉条件计算了每个县农业生产潜力,并将计算结果集成到数据库中(雨养作物、灌溉作物分别记录)。这些变量在CHINAGRO福利模型的县级分析中起着重要作用。图18.10展示了5 km栅格年农业生产潜力,这是通过灌溉和雨养作物潜力加权平均得到的。

① 5 km× 5 km耕地栅格成分数据是根据一种向下尺度推演的算法生成的(Fischer et al ,2006)。采用该方法可以基于遥感解译的土地利用类型的分布格局(刘纪远,1996),将国土资源部调查的土地面积数据分配到每个5 km×5 km的栅格上,并使这两类面积数据一致起来。

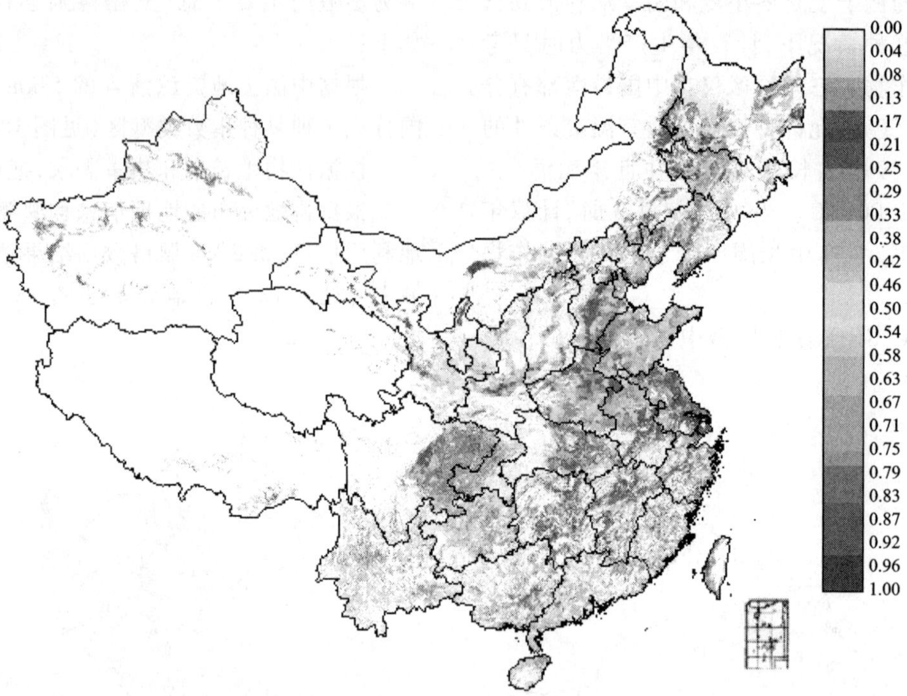

图 18.9 中国 2000 年 5 km×5 km 栅格上耕地灌溉率

参见彩色插页

Figure 18.9 Share of irrigation in cultivated land (at 5 km× 5 km grid cell level), 2000

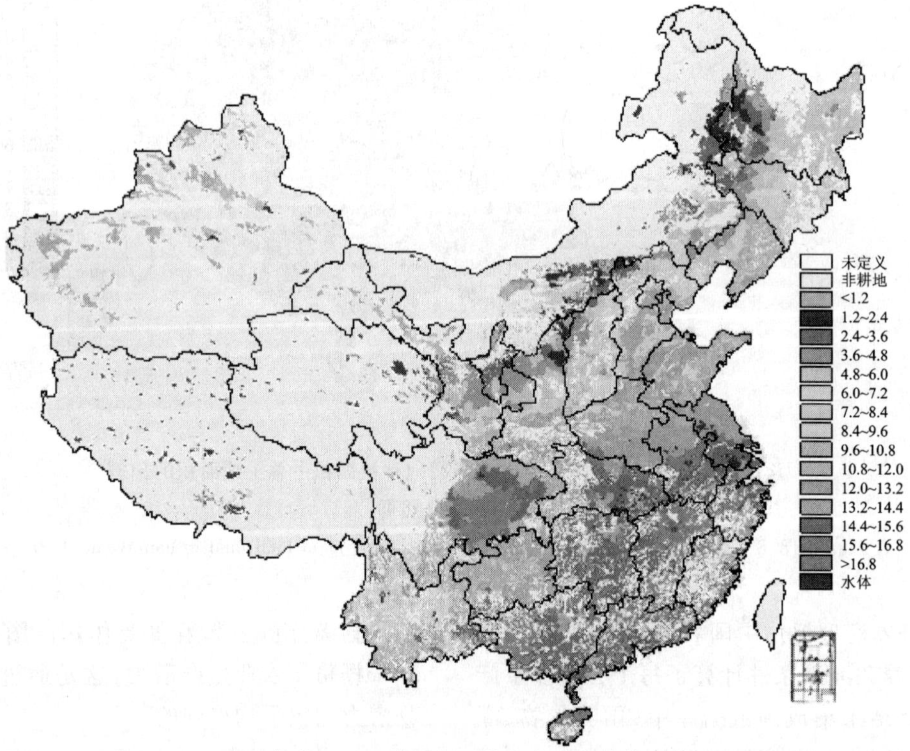

图 18.10 中国 5 km×5 km 栅格上基于灌溉与雨养生产潜力计算汇总的年均粮食生产潜力

参见彩色插页

Figure 18.10 Annual potential (grain) productivity (at 5 km×5 km grid-cell level), weighted average of irrigation and rain-fed potentials

18.6 结论与展望

本章介绍了 AEZ 模型方法，并利用该模型评估了中国农业生产潜力。AEZ 模型方法以 GIS 空间数据库为基础，通过集成影响与制约农业生产的自然环境条件、社会经济和多目标分析方法的土地评估模型来估算农业生产潜力。AEZ 模型方法是辅助农业可持续发展决策的一个有效工具。

AEZ 模型的输出结果以栅格数据的形式保存，可以根据研究目的的不同，将结果集成到不同级别的行政区域。其主要输出结果包括：一定气候、土壤、地形、地貌条件对农业生产形成严重影响与制约的区域的判定，雨养与灌溉农业的范围及其可以扩展的范围的定量估算，林地和草地可能形成的粮食作物潜力，一定国家和地区气候变化对粮食生产的影响，耕地用途的转移和粮食安全的基本分析结论等。

AEZ 模型包括了估算作物生产潜力所需要的数据、信息库，除了可以用来评估农业生产潜力外，AEZ 模型方法还用于气候变化影响评估，也可以用来评估林业生产潜力、牧草地生产潜力等，此外，还可以利用 AEZ 模型方法开展土地利用规划。此外，通过与一些经济模型链接，AEZ 模型还可以应用到更为复杂的经济分析。AEZ 模型也适用于开展生态系统评估，其在千年生态系统评估中的应用已经表明了其在宏观生态系统评估中的适用性（Fischer et al,2002）。AEZ 模型的应用范围很广，远不仅限于上述提及的范围。

AEZ 模型方法模拟结果的精度主要受到两个方面因素的制约：一个是数据的质量和分辨率。例如，世界土壤地图的质量特别值得注意，该图是在 1 : 5 000 000比例尺地图建立的，其数据质量的可靠性随着地区的变化而变化。另一个例子是目前土地退化数据不能从 FAO 全球土壤地图中得到。全球土壤退化评估（GLASOD）数据显示土地退化类型的情形和速度，但 GLASOD 没有为 GAEZ 提供具体的细节和量化标准。目前 GAEZ 估算的农业生产潜力的结果如果具体到一些区域尺度上来看，有些地方还需要斟酌，在有更高的空间分辨率数据的支持下，一些区域的估算结果还需要进一步修正。

另一个影响 AEZ 模型模拟结果精度的因素与该方法的复杂性及其全球尺度有关。估算过程中的一些依靠专家评判、排序和半定量方法的采用，在一定程度上减低了模型的透明度。为了克服这些不足，有必要在 AEZ 模型方法的下一个版本中考虑部分引入最近开发的作物系统动态模型与农业技术转移方法（DSSAT; 参见 Jones et al, 2003），以期更精确地制备重要的控制变量和/或参数，增加模拟过程的透明性，同时也使模拟过程更易于控制。

参考文献

Albersen P, Fischer G, Keyzer M, et al. 2002. Estimation of Agricultural Production Relations in the LUC Model for China. IIASA/SOW-VU Research Report RR-02-03. Laxenburg, Austria: International Institute for Applied Systems Analysis (IIASA).

Batjes N H, Fischer G, Nachtergaele F O, et al. 1997. Soil Data Derived from WISE for Use in Global and Regional AEZ Studies. FAO/IIASA/ISRIC Interim Report IR-97-025: Laxenburg, Austria: IIASA.

Batjes N H. 1995. World Inventory of Soil Emission Potentials (WISE 2.1), Profile Database, User Manual, and Coding Protocols. Technical Paper 26. Wageningen, Netherlands: International Soil Reference and Information Centre.

CDIAC. 1998. Climate Data Bases of the People's Republic of China, 1854—1988. Anonymous ftp access at: cdiac. esd. ornl. gov (128.219.24.36).

Chen X, Wang Z, Guo J. 1996. China's Grain Supply and Demand in the 21st Century. Bulletin of the Chinese Academy of Science, 10.

EROS Data Center. 1998. Global 30 arc-second Digital Elevation Model (http://edcwww. cr. usgs. gov). Anonymous ftp access at edcftp. cr. usgs. gov.

EROS Data Center. 2000. Land Cover Characteristics Database, Version 2.0 (http://edcwww. cr. usgs. gov). Anonymous ftp access at edcftp. cr. usgs. gov.

FAO. 1976. A Framework for Land Evaluation. FAO Soils Bulletin, 32. Rome, Italy: FAO.

FAO. 1978—1981. Report on the Agro-Ecological Zones Project. World Soil Resources Report 48. Rome, Italy: FAO.

FAO. 1979. Yield Response to Water. Drainage and Irrigation Paper 33, Rome, Italy: FAO.

FAO. 1984. Guidelines: Land Evaluation for Rain-fed Agriculture. FAO Soils Bulletin, 52. Rome, Italy: FAO.

FAO. 1985. Guidelines: Land Evaluation for Irrigated Agriculture. FAO Soils Bulletin, 55. Rome, Italy: FAO.

FAO. 1992a. CROPWAT: A Computer Program for Irrigation Planning and Management. FAO Irrigation and Drainage Paper 46. Rome, Italy: Land and Water Development Division, FAO.

FAO. 1992b. Report on the Expert Consultation on Revision of FAO Methodologies for Crop Water Requirements. Rome, Italy: Land and Water Development Division, FAO.

FAO. 1995a. FAOCLIM—User's Manual: A CD-ROM with World-wide Agroclimatic Database. Agrometeorology Series Working Paper, No. 11. Rome, Italy: FAO.

FAO. 1995b. Digital Soil Map of the World and Derived Soil Properties (Version 3.5). CD-ROM. Rome, Italy: FAO.

FAO/Academia Sinica Nanjing. 1995. Note on Soil Map of China. Nanjing, China: Institute of Soil Science, Academia Sinica.

FAO/IIASA. 1999. Soil and Terrain Database for North and Central EURASIA. CD-ROM. FAO Land and Water Digital Media Series No, Version 1 for Windows. Rome, Italy: FAO.

FAO/IIASA. 1991. Agro-Ecological Land Resources Assessment for Agricultural Development Planning — A Case Study for Kenya, Main report and Annex (Vol. 1-9). World Soil Resources Report, 71. Rome, Italy: FAO.

FAO/IIASA/UNFPA. 1982. Potential Population Supporting Capacities of Lands in the Developing World. Technical Report on Project INT/513. Rome, Italy: FAO.

FAO/UNEP. 1977. Assessing Soil Degradation. FAO Soils Bulletin 34. Rome, Italy: FAO.

FAO/UNESCO. 1974. Legend of the Soil Map of the World. Rome, Italy: FAO.

FAO/Unesco/ISRIC. 1990. Revised Legend of the Soil Map of the World. World Soil Resources Report 60. Rome, Italy: FAO.

Fischer G, Granat, G, Makowski M. 1998. AEZWIN. An Interactive Multiple-Criteria Analysis Tool for Land Resources Appraisal. Interim Report IR-98-051. Laxenburg, Austria: IIASA.

Fischer G, Heilig G K. 1997. Population momentum and the demand on land and water resources. Philosophical Transactions of the Royal Society of London B, 352: 869-889.

Fischer G, Ermolieva T, Ermoliev Y, et al. 2006. Spatial Recovering of Agricultural Values from Aggregate Information: Sequential Downscaling Methods. International Journal of Knowledge and Systems Sciences, 15 (4): 399-418.

Fischer G, van Velthuizen H T. 1996. Climate Change and Global Agricultural Potential Project: A Case Study of Kenya. Laxenburg, Austria: IIASA.

Fischer G, van Velthuizen H, Shah M, et al. 2002. Global Agro-Ecological Assessment for Agriculture in the 21st Century: Methodology and Results, RR-02-02. Laxenburg, Austria: RAO and IIASA.

Fischer G, Velthuizen H, Nachtergaele F O. 2000. Global Agro-Ecological Zone Assessment: Methodology and Results. Interim Report IR-00-064. Laxenburg, Austria: FAO and International Institute for Applied Systems Analysis.

Fischer G, Velthuizen H, Shah M, et al. 2000. Global Agro-Ecological Assessment for Agriculture in the 21st Century: Methodology and Results. Research Report RR-02-02. Laxenburg, Austria: FAO and International Institute for Applied Systems Analysis.

Fischer G, Zhao Y L M, Sun H. 1996. Land-Use Change in China: Land Resources and Contemporary Land Use. LUC project, internal working manuscript. Laxenburg, Austria: International Institute for Applied Systems Analysis.

Gardner G. 1996. Shrinking Fields: Cropland Loss in a World of Eight Billion. Worldwatch Paper. Washington, DC: Worldwatch Institute.

Gong Z T, Zhou H Z, Shi X Z, et al. 1995. Introduction on the Attributes of Legends in Soil Map of China. Nanjing, China: FAO/CAS.

Huang J K, Rozelle S. 1997. Environmental stress and grain yields in China. American Journal of Agricultural Economics, 77 (4): 853-864.

Jones J W, Hoogenboom G, Porter C H, et al. 2003. The DSSAT Cropping System Model. European Journal of

Agronomy, 18: 235-265.

Kassam A H. 1977. Net Biomass Production and Yield of Crops. Rome, Italy: FAO.

Kineman J J, Ohrenschall M A. 1992. Global Ecosystems Database Version 1.0 (on CD-ROM) Disc-A, Documentation Manual. Key to Geophysical Records Documentation No. 27. Boulder, CO, USA: USDOC/NOAA.

Kowal J, Kassam A H. 1978. Agricultural Ecology of Savanna. Oxford, UK: Clarendon Press.

Liu J. 1996. Macro-scale Survey and Dynamic Study of Natural Resources and Environment of China by Remote Sensing. Beijing: China Science & Technology Publishing House.

Liu X. 1998. Adjusted forest accounts for China. Ecological Economics, 27: 283-298.

Nachtergaele F O. 1988. Methodology for Regional Analysis of Physical Potential for Crop Production. AG:GCP/RAF/230/JPN, Field Document 1, KILIMO, Dar es Salaam. Rome, Italy: Microfilm, FAO.

New M G, Hulm M E, Jones P D. 1998. Representing 20th century space-time climate variability. I: Development of a 1961—1990 mean monthly terrestrial climatology. Climate (Web access via http://www.cru.uea.ac.uk/link).

Nye P H, Greenland D J. 1960. The Soil under Shifting Cultivation. Harpenden, UK: Comm. Bur. Soils.

Stewart R B. 1983. Modeling Methodology for Assessing Crop Production Potentials in Canada. Ottawa, Canada: Agriculture Canada, Research Branch.

Stolbovoi V. 1998. Soils of Russia. Correlated with the Revised Legend of the FAO Soil Map of the World. IIASA/ FAO Interim Report IR-98-037. Laxenburg, Austria: International Institute for Applied Systems Analysis.

Sys C, Riquier J. 1980. Ratings of FAO/UNESCO soil units for specific crop production. Report on the Second FAO/UNFPA Expert Consultation on Land Resources for Populations of the Future. Rome, Italy: FAO.

Sys C, van Ranst E, Debaveye J, et al. 1993. Land Evaluation-Parts I, II and III. International Training Centre for Post-Graduate Soil Scientists (ITC), University of Ghent, Agricultural Publications No. 7. Brussels, Belgium: General Administration for Development Cooperation.

Sys C. 1990. Consultant's Report for the UNDP/SSTC/FAO/SLA Land Resources, Use and Productivity Assessment Project CPR/89/029. Beijing, China.

UNDP/SSTC/FAO/SLA. 1994. Land Resources, Use and Productivity Assessment in China. Main Report and Technical Annex (Vols. 1-9) of Project CPR/87/029/B/01/R. United Nations Development Program, State Science and Technology Commission of the People's Republic of China, Food and Agriculture Organization of the United Nations, State Land Administration of the People's Republic of China, Beijing.

van Velthuizen H T. 1992. Agro-ecological Suitability of Chickpea and European Olive. Internal report. Rome, Italy: FAO.

Verheye W. 1987. Definition and Delineation of Agro-Climatic Zones in the European Community. Antwerpen, Belgium: CEE-University Instelling.

Young A, Wright A C S. 1980. Rest period requirements of tropical and subtropical soils under annual crops. Report on the Second FAO/UNFPA Expert Consultation on Land Resources for Populations of the Future. Rome, Italy: FAO.

Zhang X, Zhou G. 1995. A New NPP Model//Ye D Z, Lin H, et al. China Contribution to Global Change Studies, China Global Change Report No. 2. Beijing, China Science Press.

第19章

气候变化、陆地生态系统格局与人类活动相互作用机制

齐家国[1,2]　李常斌[1,3]　张峰[1,3] Nathan Moore[1] Jianjun Ge[4]　闫慧敏[2]
([1]密歇根州立大学，全球变化与对地观测中心；[2]中国科学院地理科学与资源研究所；
[3]兰州大学；[4]美国俄克拉何马州立大学　地理系)

摘要

本章在介绍大气化学组分及其人类活动影响、全球变化及其国际应对策略和陆地生态系统动态变迁等内容的基础上，以理解人-地-气三大系统互动耦合机制为切入，集成并构建一个复杂系统模型，基于模型模拟，考察30年来气候变化对中国陆地生态系统的服务及功能的影响，并以上述关系为纽带，就气候变化和人类活动相互影响和相互作用的机制展开研究。结果表明，气候变化对陆地生态系统初级生产力状况和固碳能力等服务功能产生影响，而生态系统服务功能的转变影响到人类资源用度的革新，导致土地利用方式的转变，反过来又影响区域气候变迁。上述各环节的多种响应和反馈，是本章所构建复杂系统模型中人-地-气互动耦合机制的具体表征，而中国范例研究为该系统模型在宏观尺度人-地-气复杂过程模拟中的应用提供了借鉴，是地学、生态学和大气科学融合交叉及多学科模型集成应用的一次良好实践。

关键词：气候变化　土地利用　土地覆被变化　人类活动　系统模型

Chapter 19

On the coupling of human activities, ecosystems and climate

Abstract

This chapter first provided background information of global climate change, including fundamentals of atmospheric composition and how it is affected by human emission. Further, it discussed international effort on combating climate change by international organizations and the United Nations. It followed with a discussion on ecosystems functions and services and their contribution to global climate change. Based on these discussions, a general modeling system was presented to dynamically link human systems with regional climate through ecosystem functions, allowing one to assess how human activities such as land use and land cover change affect hydrological cycles and carbon sequestration processes, which then affect atmospheric composition that causes climate change. Once climate changed, it imposes stresses to ecosystems such as grasslands to affect their ecosystem productivity or carbon storage. The alteration of these ecosystem services, in turn, will change the way that human manage resources, therefore, changing land use practices. The cycle then repeats itself as a response and feedback, representing the dynamic nature of human interactions with ecosystem and the climate system. Once described, this system model was applied to China as a case study and the results showed that the modeling system could be used to quantitatively assess how the China's land use and land cover change over the past 30 years have affected regional climate and how the change in the climate has impacted China's grassland ecosystems. In summary, a macro-scale modeling system was developed and presented in this chapter and applied to China as a modeling tool to assess the interactions among human, ecosystem and climate.

Keywords: Climate change, Land use, Land cover change, Human activities, Systematic model

19.1 引言

工业革命以前,人类干预气候变化的程度很低,地球气候过程主要受自然因素驱动,其本身有足够的时间去适应自身或外围因素变化带来的影响,地球大气过程也因此呈现平稳缓慢的周期性特征。

工业革命以来,化石燃料的燃烧释放使大气中温室气体的浓度急剧上升,特别是近半个世纪以来,温室效应加剧使全球变暖愈演愈烈。有足够的证据表明,全球变暖的增温信号明确开始于工业革命发生的1750年前后(IPCC,2007),亦有大量的器测资料重复和证明着气候变暖的基本事实:20世纪的增温幅度有可能是过去1 000年中最大的;而20世纪90年代有可能是过去1 000年最热的10年,其中1998年又是该年代最热的一年(朱诚等,2006)。

本世纪初,IPCC第三次科学评估报告(TAR,the Third Assessment Report, IPCC, 2001)发布的百年大气增温幅度为0.6(0.4~0.8)℃(1901—2000),而2007年IPCC第四次科学评估报告(FAR,the Fourth Assessment Report,IPCC,2007)公布的新一轮百年增温趋势达到0.74(0.56~0.92)℃(1906—2005);FAR同时指出,最近的12年(1995—2006)中,有11年位列1850年以来最暖的12年;而新近5年(2001—2005)的气温比19世纪后半叶(1850—1899)气温高出0.76(0.57~0.95)℃(IPCC,2007)。

上述数据表明,气温升高已是不争事实。随着监测手段的完善和推广,全球变暖及其效应越来越清晰;人们也越来越发现,全球变暖使当今世界面临极为严峻的局面。热浪、干旱、洪水、飓风、暴雪等极端事件频频发生,与陆地生态系统稳定性相关的众多资源环境问题也纷沓而来。据IPCC-TAR的解释,气候变化引发的环境问题主要表现为:干旱和半干旱地区将变得更干旱;全球海平面持续上升;厄尔尼诺发生的频率和强度可能增加;极端气候事件的影响范围将有所增大等(刘江等,2001;朱诚等,2006)。这些气候事件在短期内的大幅变化有可能使陆地生态系统发生重大改变,进而对人类生存和发展产生影响。大量的观测试验和模拟结果表明,全球气候变化已经和正在直接或间接地影响着陆地生态系统格局,两者之间的相互作用发生在不同的广度和深度,涵盖多个时、空层次(季劲钧和李银鹏,2001)。IPCC-FAR指出,陆地生态系统和洪水、干旱、野火、病虫害等诸多过程共同响应于全球气候变化,这种发生于自然界的陆-气过程耦合及反馈在本世纪将加剧,并与土地利用、土地覆被变化、各种污染以及资源过度利用等人类活动的负面影响一起,使全球气候变化及其驱动更为错综复杂(IPCC,2007)。这一论断表明,全球气候变化对陆地生态系统的影响是复杂而长期的,该过程将与人类活动的负面效应交织混合,在各种时、空尺度交替和互动,同时反馈于气候系统,使气候变化朝着不利于陆地生态系统健康有序的方向演变,最终威胁到人类社会的可持续发展。正因如此,全球气候变化对陆地生态系统的影响,受到多个国家及地方政府和国际科学组织的关注,业已成为当前和今后一段时期地球系统和生态安全相关领域科研生产的难点、重点和热点。

一般而言,气候变化是指气候在自然或人类活动影响下发生的随时间的变化。为了区别气候变化的自然过程和强调温室气体浓度增加所引起的气候变化及后果,UNFCCC和IPCC在关于气候变化的各种撰述中较重视和关注人类活动暨社会经济发展对气候变化的影响及贡献份额,这也是本章撰述所依据的主体思想,特此说明。

19.2 全球气候变化与国际因素

19.2.1 大气组分及其气候效应

地球大气主要包括氮气(N_2,约78%)、氧气(O_2,约21%)和氩气(Ar,约0.93%)。这三种气体总和占整个地球大气的99%以上;除了上述气体,地球大气中还存在二氧化碳(CO_2,约0.03%)、氖气(Ne,约0.001 8%)和少量的水汽及尘埃物质。其中,水汽主要存在于低层大气之中,其含量受蒸发和降水的影响,最高可达3%。大气中除氮、氧、氩和水汽四种气体以外,其余统称微量气体。与氮、氧、氩等气体相比,微量气体的辐射活性和化学活性显著,很大程度上控制和影响着地球辐射平衡和大气化学性质。器测时代的各类数据表明,正是由于微量气体含量的变化,导致大气层吸收和反射地球长波辐射的性质发生了改变,从而加速了全球变暖进程。最为突出的例子当属大气二氧化碳和甲烷等温室气体含量的增高，提升了温室效应贡献于地-气能量传输的强度，干扰到地球大气系统自然变迁的"平衡"，全球气候开始趋于"更"暖。

(1) 温室气体

温室气体是指能够引起温室效应的大气组分，主要指二氧化碳、甲烷、氧化亚氮、卤烃化合物和水汽。地球大气中的温室气体在工业革命以前是比较少的，随着社会的发展和能源需求的增加，人类活动对地球系统的影响范围越来越大，程度越来越深，大气中温室气体浓度的升高便是一个明证，其结果是大气成分及其化学和辐射性质发生改变，导致温度在短期内明显上升。大多数温室气体在大气中会存留较长时间，其历史排放的积聚效应可能延续几个世纪。根据 IPCC SRES (Special Report on Emission Scenarios，排放情景特别报告)的模拟结果，即便是基于有效减排使所有辐射强迫因子维系在2000年水平，未来20年气温升高仍然会持续，并导致地球以每10年0.1℃的速度继续变暖(IPCC，2007)。

① 二氧化碳(CO_2)

自然状态下，大气中的二氧化碳处于"增长"和"消耗"的动态平衡中。人类、动植物的呼吸为大气系统提供了将近80%的二氧化碳，其余20%则主要来自各类燃料的燃烧。这些二氧化碳中的75%被海洋、湖泊、河流等地面水体和降水吸纳溶解，另有约5%经植物光合作用转为初级生产力。剩余部分则以常态存在于大气中，维持着0.03%的体积分数。工业革命以后，大量化石燃料的燃烧和土地利用变化极大地提升了地球向大气的二氧化碳排放强度，大气中二氧化碳的浓度开始"突飞猛进"。2007年底，IPCC 发布的 FAR 中提到：大量观测和研究结果表明，全球大气二氧化碳浓度的增加主要是由于化石燃料使用和土地利用变化，但后者的贡献要小。

目前，大气二氧化碳浓度已经由工业化(约1750年)前的280 $mg \cdot kg^{-1}$ 增加到2008年的385 $mg \cdot kg^{-1}$(图19.1)。并且2008年的大气二氧化碳浓度值已经远远超出了冰芯记录到的65万年以来大气二氧化碳浓度的自然变化范围(180 $mg \cdot kg^{-1}$ ~ 330 $mg \cdot kg^{-1}$)。近10年(1995—2005年)的浓度增长速率为1.9 $mg \cdot kg^{-1} \cdot a^{-1}$，远大于1960年(开始连续测量大气状况)以来的年均递增率1.4 $mg \cdot kg^{-1} \cdot a^{-1}$(IPCC，2007)。年代际浓度增长率的对比结果表明，二氧化碳浓度提升呈现放大势头。

从二氧化碳排放量来看，化石燃料使用所贡献份额在20世纪90年代为平均每年排放64亿吨碳(相当于235亿吨二氧化碳)，而21世纪的前6年(2000—2005)平均每年排放72亿吨(相当于264亿吨二氧化碳)，增加了12.5%，增幅很大；相应地，土地利用变化的贡献份额要小一些，20世纪90年代的纯碳当量贡献约为16亿吨(相当于59亿吨二氧化碳)，占化石燃料贡献份额的25%左右(排放当量的估算具有一定不确定性，IPCC，2007)。

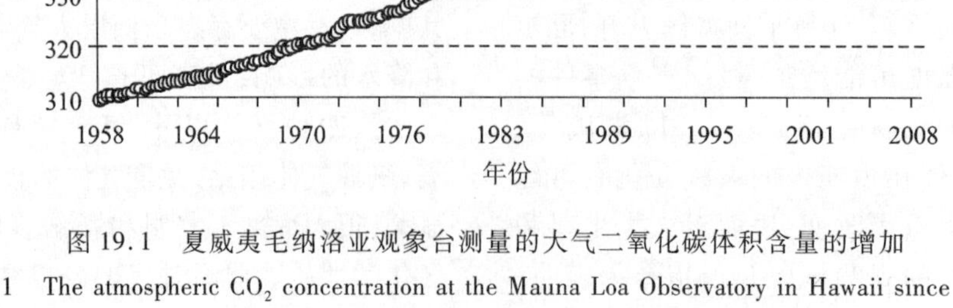

图19.1 夏威夷毛纳洛亚观象台测量的大气二氧化碳体积含量的增加

Figure 19.1 The atmospheric CO_2 concentration at the Mauna Loa Observatory in Hawaii since March 1958

② 甲烷(CH_4)

由人类活动所致的大气中甲烷浓度的变化主要来自农业活动。甲烷是大气中含量最丰的碳氢化合物,在人类活动所致的温室效应增大中,甲烷的贡献仅次于二氧化碳。

观测结果表明,地球大气中的甲烷浓度值已经从工业革命前的715 $\mu g \cdot kg^{-1}$增加到20世纪90年代的1 732 $\mu g \cdot kg^{-1}$,在2005年达到1 774 $\mu g \cdot kg^{-1}$,而冰芯记录的65万年以来的浓度变化在320 ~ 790 $\mu g \cdot kg^{-1}$之间。就其排放速度而言,大气中甲烷浓度的增长速率从20世纪90年代开始有所下降,但总体仍处于浓度增高的阶段。人类活动中,农业和化石燃料利用可能构成甲烷排放的来源,但有效分割两者的贡献在现阶段仍比较困难(IPCC, 2007)。有必要提及的是,大气中甲烷的浓度远低于二氧化碳,但甲烷的温室效应是二氧化碳的20倍。抑制甲烷排放是实现有效减排的重要内容。

有研究表明,甲烷的自然排放主要来源于湿地。其份额要小于人类活动的贡献,自然和人类活动排放的比值约为1:2.3,两者构成5.35±1.25亿吨的全球总排放量(朱诚等,2006)。而人类活动中,备受关注的稻田甲烷排放实际并不很大,份额只占人类活动排放的约1/6。

③ 氧化亚氮(N_2O)

氧化亚氮的单个分子的辐射效应远远大于甲烷和二氧化碳,是重要的大气辐射活性成分。热带土壤和海洋均为氧化亚氮的重要释放源,主要发生于土壤和水中的生物过程。氧化亚氮地球总排放量中超过1/3的份额属于人为造成,主要来自农业。全球大气中的氧化亚氮的浓度值已经从工业革命前的270 $\mu g \cdot kg^{-1}$上升到2005年的319 $\mu g \cdot kg^{-1}$,两个多世纪增加了18%。根据大气监测及试验的结果,氧化亚氮的大气浓度增长速率自1980年来已大致稳定(IPCC, 2007)。

④ 卤烃物质

大气中含有各种各样的卤烃物质,最主要的是氟氯烃化合物,是大气中一系列含有氟、氯和碳元素化合物的总称,其中最为人所知的是大名鼎鼎的氟里昂(冰箱制冷剂),其不仅具有强烈增温效应,还会破坏臭氧(O_3)层造成所谓臭氧空洞。卤烃类物质于上个世纪由人工合成,被认为是当时人工化合方面取得的巨大成就,产品广泛用于机械制冷和农用化工,余废物品不加处理随意舍弃,形成广大的人工排放源,导致20世纪80年代以前大气中卤烃浓度的快速增加。1987年出于保护大气臭氧层的目的,签订了《蒙特利尔议定书》,有效抑制了卤烃类物质的大气排放,其浓度增长有所减慢。

目前,大气中含卤成分的气体浓度与其他气体相比较很低,但其环境影响十分恶劣,一方面是因为卤烃物质基本不受对流层广泛存在的氧化、光解离和干湿沉降等清除机制的影响,经扩散作用抵达平流层后,在紫外辐射作用下解离释放出氯原子,对臭氧破坏反应进行催化和加速,从而破坏臭氧层。臭氧是一种可以阻止太阳辐射中紫外线辐射到达地面的元素,它的减少使地面的紫外辐射量增加。过多的紫外辐射会削弱人体免疫力,增加传染概率以及导致皮肤癌和白内障等疾病的发生,不利于人类整体健康;另一方面,卤烃物质的温室效应很强,单个分子的效应强度往往是二氧化碳分子的近万倍,它们可对波长在8 ~ 14 μm的地面红外辐射进行强烈吸收,导致大气变暖。卤烃类物质不易破坏,因此在大气中可以滞留很长时间,其所引起的地球增温效应很难去除。

⑤ 水汽

大气中的水汽主要来自地球表面。各类水体、土壤、生物体中的水分经蒸散发等作用发生上移进入大气层,寒冷地区的冰雪升华也是大气水汽一个来源。几乎所有的大气水汽都集中在垂高10 km以内的低层大气中,参与周而复始的水循环。

水汽与二氧化碳相似,对地球表面具有温室效应。有研究认为,平流层水汽含量增加5倍的情形下,地表气温可升高2℃;而高空水汽的增加会导致高空卷积云数量的增多。在北美—大西洋—欧洲航线上,大量喷气式飞机的运行使高空卷积云量增加了5% ~10%。而云对太阳辐射和地-气红外辐射均有重要影响,在气候形成和变化中起着重要作用。自20世纪80年代以来,无论在陆地还是海洋上空,甚至对流层的上层,平均大气水汽含量都有所增加,这与较暖空气能够容纳更多水汽的认识总体一致,从另一侧面证明了地球大气的升温现实。

(2) 气溶胶

与前述大气组分不同,气溶胶属于地球大气的液相或固相成分。大气气溶胶主要来自地球表面各种自然营力(风沙、海洋溅沫、火山喷发)或人类活动(化石燃料的燃烧)造成的微粒扩散,大气中的一些物理和化学过程也会产生气溶胶。通俗而言,大气气溶胶系指悬浮于大气中的微小固体或液体颗粒。气溶胶的化学组成十分复杂，包括各类氧化物（有机物、无机物）、硫酸盐及微量元素等。雾、霾、飘尘和烟雾都属于大气气溶胶。

根据气溶胶的基本化学组成，可将其分为硫酸盐、硝酸盐、矿物和含碳气溶胶。其中，含碳气溶胶既可能是元素碳气溶胶，也可能是有机碳气溶胶。元素碳气溶胶又称黑炭（石墨碳、烟碳）气溶胶，系直接由燃烧过程注入大气的含碳气溶胶。大气气溶胶在大气辐射和气候变化研究中占有重要地位，主要是因为其复杂的气候效应。

大气气溶胶的主要清除机制是干、湿沉降。气溶胶在重力作用下由空中降落地面称为干沉降，随雨水降落地面称为湿沉降。气溶胶可以散射和吸收太阳短波辐射及地球长波辐射，影响地-气系统的辐射平衡，这是气溶胶的直接气候效应；另外，气溶胶还可作为凝结核影响云的辐射特性以及作为反应表面，影响大气化学反应的速度，这类效应称为气溶胶的间接气候效应（朱诚等，2006）。

（3）温室效应

所谓温室效应是指地球大气中以二氧化碳等为主的温室气体含量增加，使全球气温升高的现象。地球大气中，氮、氧比例是最高的，它们均可透过可见光和红外辐射。温室气体则不然。二氧化碳、甲烷、氧化亚氮、卤烃化合物和臭氧，这些气体对太阳短波辐射几乎是透明的，但对地面长波辐射具有强烈的吸收作用，使地表辐射热量滞留大气层，其功能类似于玻璃暖房或塑料大棚，地表温度由此提高，这是温室效应的物理成因。

地球大气已经和正在经历着漫长岁月的演化，工业革命之前，这种演化历程基本是自然和原生态的。工业革命（或称工业化，约 1750 年）之后，尤其是近半个世纪以来，大量化石燃料的使用以及土地利用方式的改变（森林砍伐、过牧和过度垦殖），使陆-气物理化学过程发生变异，地球大气组分发生很大改变，其中尤以二氧化碳和甲烷等温室气体和气溶胶含量的增加为主。成分发生改变后的地球大气系统通过温室效应干扰陆-气辐射过程并使地球增温，已经和正在对当前及未来的地球气候状况产生深远影响。

19.2.2　全球气候变化的内容及后果

全球气候变化涉及地球表层系统的多种过程，同时又受到外部行星系能量奔袭的影响，再加上人类活动干扰的升级，其过程机制和行为变迁的尺度特征交互而复杂。对应于一个既定空间系统，天气和气象在短期内决定着陆地生态系统对大气环境的适从程度，两者在长时间跨度的综合或平均则成为气候。气候变化在多个时空层次上驱动、响应、反馈乃至放大，既因循某种周期性规律，又存在速变或突变。气候突变往往以天气或气象形式演绎，这就是所谓的极端气候事件，极端事件是气候变化的短期凸显，往往对应着高强度和严重后果。总体而言，气候变化是一系列事件和过程的综合反映，也是多种成因机制共同作用和干涉的巨大耦合系统。

（1）气候变化的历史回顾

随着现代科学技术的发展和测试手段的进步，科研人员不仅能够利用深海氧同位素、黄土和湖泊沉积进行较粗分辨率古气候重建，而且也可使用包括树轮、珊瑚、石笋、冰芯、环境考古、孢粉等在内的多种手段方法进行高分辨率古气候重建。热带地区的冰川遗迹、超大 U 型谷与 V 型谷等地质证据以及大量代用指标分析表明，距今 22 亿年至 1 万年之间曾反复出现过三次大的冰期。距现在最近的末次冰期（欧洲称为玉木冰期，北美称为威斯康星冰期，中国称为大理冰期）的延续时间大致在 7.5 万年至1.1 万年之间，地球在距今 1 万年左右迎来现代间冰期，间冰期的气候特征与冰期相反，气温呈上升趋势。由于人类活动干预的程度提升，一般认为现代气候的升温格局越来越偏离气候变迁的自然轨迹，全球变暖的迹象越来越明显，地球已经进入“现代暖期”。刚刚过去的 20 世纪是现代“暖期”的首个百年，目前地球处于“现代暖期”的第二个百年。全世界将目光投向温室气体的减排，就是因为地球正处于大周期里的变暖阶段，地表碳源效应很可能催化这一自然进程，导致气候过程发生质变，从而引起陆地生态系统的瓦解、崩溃和各种文明的灭亡。中国新疆罗布泊古楼兰王国的消失、美洲玛雅文化的消亡和上世纪 30 年代美国中部干旱导致的经济大萧条，几乎都与气候变异和区域生态环境恶化有关。

工业革命以来，人类活动对地球环境系统的负面作用逐渐占据全球变化的主要方面（李崇银，2007）。古气候研究表明，近 50 年气候变暖至少在最近 1 300 年是一个异常（IPCC，2007）。我们正处于一个机遇与挑战并存的重大关头。本着可持续发展的终极目标，人类没有理由继续漠视气候变化。

(2) 气候变化的现状及后果

① 气候变化的现状

自 IPPC TAR(2001)以来,用于气候变化研究的观测试验和数据资料更为丰富,数据涵盖的时空范围也不断延伸,各种测试手段和模型工具有效支持了气候评估的情景预测,以及模拟结果的精度分析和评价。目前,从全球平均气(海)温的升高、大范围的冰雪融化以及海平面上升的观测中(图 19.2),科研人员认识到气温升高的现实和人类面对的气候压力。全球气温每 10 年的增温幅度,近 50 年[0.13 (0.10 ~ 0.16)℃]几乎是近 100 年以来的 2 倍;比之 19 世纪后期,当前气温总体上升 0.76 (0.57 ~ 0.95) ℃;南北半球的冰盖和冰川总体发生退缩,格陵兰和南极大陆及周边冰洋均发生不同程度的冰盖物质溢出、冰架变薄和冰舌损耗,这一过程很可能是海平面上升的因素之一(海洋已经和正在吸收 80% 左右增益至大气系统的热量,导致海温升高和海水膨胀,可能是海平面上升的另一原因);1961 年以来的观测表明,全球海洋平均温度的增加已延伸到 3 000 m 的深度。至 2003 年,海面上升的平均速率为每年 1.8(1.3 ~ 2.3) mm,但在 1993 年至 2003 年 10 年间,这一速率增大为每年 3.1(2.4 ~ 3.8) mm,海平面上升速度有所加快;20 世纪全球海平面上升的总体估计为 170(120 ~ 220) m。此外,极地和青藏高原冻土退化、南北半球西风带西风增强、中高纬海水淡化和低纬盐度升高、热带和副热带大范围持续干旱、高强度降水频率的变异、极端温度低值频率的降低和高值频率的增加、北大西洋热带气旋的强度和频率增加等,都不同程度地表征着全球气候变化的现状,那就是,全球正在变暖(IPCC, 2007)。

② 气候变化的后果

全球气候变化的诱因主要有太阳辐射、大气环流和下垫面强迫。太阳辐射与太阳活动、日地距离等因素有关;而大气环流则主要由太阳辐射和地球自转驱动,并受地表性质和地面摩擦力影响,在半球或洲际尺度运动发展。太阳辐射和大气环流属于超出人类所能控制和影响的范围,目前只能通过观察和试验掌握其形成、分布及运动规律,在有限条件下

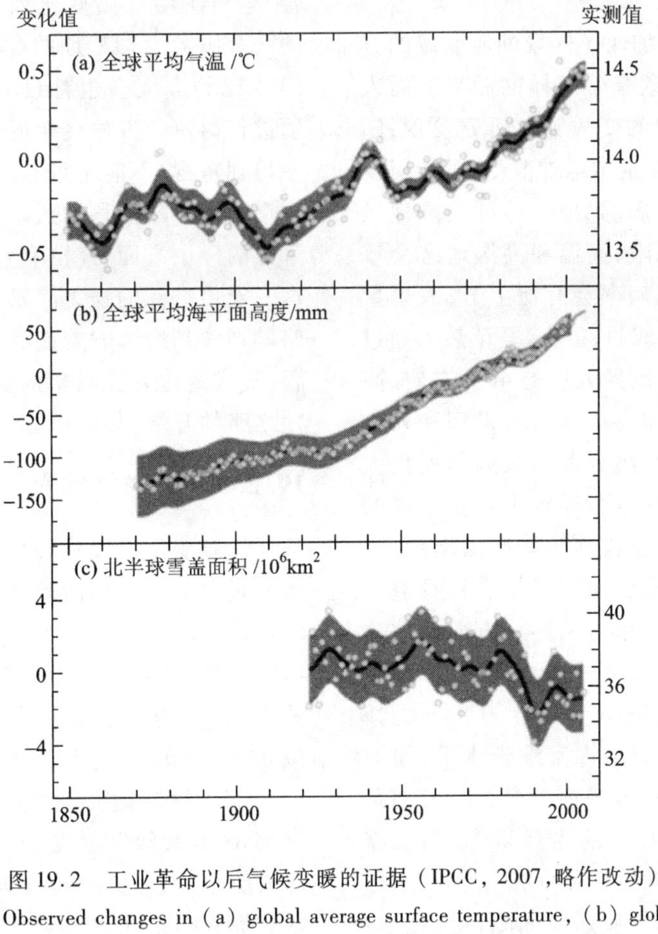

图 19.2 工业革命以后气候变暖的证据 (IPCC, 2007,略作改动)

Figure 19.2 Observed changes in (a) global average surface temperature, (b) global average sea level from tide gauge and satellite data and (c) Northern Hemisphere snow cover for March-April

和有限范围内通过调整人类自身行为进行适应。近几十年的研究发现,人类活动对全球气候变化的影响主要集中在下垫面强迫方面,且主要为无意识影响;而为了达到某种目的,采用一定措施有意识地改变气候条件,目前还达不到。人类的无意识影响,主要表现在以下几个方面。首先,人类在工农业生产中排放到大气中的二氧化碳等温室气体和各类污染物质,极大地改变了大气的化学组分,产生的温室效应被认为是自工业革命以来全球气候变暖的主要原因;其次,农牧业发展和其他生产活动长久以来改变着陆表下垫面性质,森林砍伐、草场退化以及海洋污染等产生的负面效应日益凸显,陆地生态系统遭到破坏的同时,也对气候变化产生不利影响;再者,随着城镇的发展,热岛、浑浊岛、干岛、湿岛和雨岛等与现代城市相关的"五岛"效应也频频出现于大章小报,其中尤以热岛效应最为吸引眼球,因为它对气候变暖能够起到推波助澜的作用。在2007年IPCC的气候变化评估报告中,热岛效应被认为是明确存在的,但因其局地性太强在全球气候变化评估中被忽略(IPCC, 2007)。

人类活动很大程度上加速了气候朝着变暖的方向发展,那么气候变暖究竟有着怎样的后果?而人类又该如何面对如此种种的变故呢?研究发现,随着气候变暖,温度和降水发生全球性改变,可能引发病媒传染疾病和病毒性疾病的分布,纬度较高地区也有可能面临更多疾病危险;高温和高湿地区会孳生蚊蝇,霍乱、黄热病的发病率会有所上升;人口聚集区会受到病虫害和细菌威胁;疟疾、登革热等通过昆虫传播的疾病可能殃及世界人口的40%左右;高温热浪随之出现,心脏病和高血压患者发病和死亡的概率都将增加,与气候变热有关的疾病和死亡人数也会上升。同时,气候变暖会导致工农业布局的适应性调整,中、高纬地区农耕面积将有所增加,夏季因制冷引发的行业间、地区间用电矛盾将日益严重。全球变暖过程中,极地冰盖消融一方面导致冰界向极地萎缩,另一方面造成海平面上升,许多国家会因此而丧失大量国土面积;海平面上升1 m的情形下,孟加拉现有国土的17%将淹没于水下;埃及将失去12% ~15%的耕地;海平面上升50 cm便可导致我国东南沿海冲积平原区的4万km^2沃野被淹没,地区农业生产力由此遭受巨大冲击。另外,全球变暖还使陆地生态系统的气候适应面临巨大挑战:气候是决定生物群落分布的主要因素,随着全球变暖,自然生态系统逐渐不能适应于原来环境,生态系统向着不稳定状态发展,生态系统内部种群的竞争力也随之发生改变,如我国东北林区随着气温上升而可能发生北移,当地生态环境由此可能发生剧变,等等。

由于气候变化影响到人类社会当前和未来的生存与发展,为了当代及今后社会的可持续发展,保护气候已经到了刻不容缓的时候(秦大河, 2006)。IPCC第四次评估报告(FAR)于2007年发布,指出气候变化有90%以上的可能性是由人类活动所造成,十分肯定地认定了人类在当代气候变化中的负面影响(IPCC,2007)。既然如此,人类该如何面对和应对造成气候变化的人为因素?

刚刚过去的2007年,无疑是人类反省和实践挽回的颇具意义的一年:1月,达沃斯世界经济论坛年会上,气候变化被列为超过恐怖主义、巴以冲突、伊拉克战争等问题的最主要问题;4月,气候变化问题被提到联合国大会层面,安理会首次讨论了气候变化与全球安全问题;6月,八国首脑高峰会议(G8峰会)上再次将气候变化列为主要议题;接下来9月的联合国大会、12月的《联合国气候框架公约》第13次缔约方大会也都设有专题就全球气候变化问题进行讨论。气候变化的重要性在众多的高层会议中得到重视,不能不说是人类正确面对气候变化的一个明证。然而科学认识只是人类为全球气候变化筹谋的一个方面,经济利益和政治意愿更是作用于这一宏伟目标的强力因素。世界政治经济格局和战略筹划深刻地影响着人类作用于气候变化的实践历程,气候变化人类因素的国家认定和实施尚处于理性之路的开端,其进程必然艰难而复杂。

19.2.3 全球气候变化的国际因素

气候变化不仅是环境问题,更是发展问题。全球变暖主要由人类活动所造成,这一论断已经得到国际社会广泛认同。各民间团体、科学联盟和政府组织也都开始行动,为应对全球气候变化商讨必要的措施和方案。在形形色色的国际组织中,最具权威的科研机构是政府间气候变化专门委员会(IPCC),该委员会由世界气象组织和联合国环境署于1988年共同发起成立,主要是通过协调和整合国际科研力量,为解决与气候相关的环境问题提供包括数据和结论在内的科学建议与支撑。IPCC的气候变化科学评估报告对国际间气候政策谈判产生着重要影响，报告的发表对各种谈判进程具有很强的推动作用。1990 年 IPCC 的第一次科学评估报告推动了《联合国气候变化框架公约》的签署（1992 年 9 月，巴西，里约热内卢）；1995 年 IPCC 的第二次科学评估报告推动了《京都议定书》的签署（1997 年 12 月，日本，京都）；2001 年，IPCC 发布第三次科学评估报告，该报告推动了《京都议定书》的正式生效（2005 年 2 月）。

（1）《联合国气候变化框架公约》

《联合国气候变化框架公约》（UNFCCC，以下简称《公约》）签于 1992 年 9 月在巴西里约热内卢召开的“联合国环境与发展大会”。这次大会有 153 个国家和欧共体（现称为欧洲联盟）的政府首脑（代表）参加，签署《公约》的目的是控制温室气体的排放，延缓全球变暖进程。《公约》没有对参加国规定具体义务和承担的责任，后来的《京都议定书》是《公约》框架下考虑了国家责任与义务的减排措施的具体化。

①《公约》产生的背景

1988 年 12 月，第四十三届联合国大会通过了《为人类当代和后代保护全球气候》的第 43 款 53 号决议，全球气候变化及其国际应对开始提上日程；两年之后，第四十五届联合国大会通过了第 45 款 212 号决议，由联合国全体成员国参加组成“政府间谈判委员会”，开始着手起草《联合国气候变化框架公约》。从 1991 年 2 月到 1992 年 5 月，历时 15 个月，5 轮谈判，《公约》终于得以诞生并在 1992 年 5 月 9 日于联合国总部予以通过；同年 6 月，“联合国环境与发展大会”在巴西里约热内卢召开，会议期间，《公约》正式开放签署，有 153 个国家和欧共体的代表签署了《公约》。1994 年 3 月，有 50 个国家正式批准了《公约》；截至 1999 年，共有 175 个国家和区域一体化组织成为《公约》缔约方。中国政府于签署《公约》的 1992 年底经由全国人大常委会审议批准了《公约》，成为《公约》最早的 10 个缔约方国家之一。

②《公约》的终极目标

《公约》第二条规定，《公约》及其缔约方会议可能通过的任何相关法律文书的最终目标是：将大气中温室气体的浓度稳定在防止气候系统受到危险的人为干扰的水平上；这一水平应当在足以使生态系统能够自然地适应气候变化，确保粮食生产免受威胁，并使经济能够可持续进行的时间范围内实现。

③《公约》基本原则

《公约》基本原则包括：公平原则，共同但有区别的责任原则，充分考虑发展中国家的具体需要和特殊情况的原则，预防原则，促进可持续发展的原则，国际合作与开放经济体系原则。其中，公平、共同但有区别的责任、预防以及可持续发展等原则最为根本。

• 公平、共同但有区别的责任原则：各缔约方应在公平基础上，根据它们共同但有区别的责任和各自的能力，为当代和未来人类的利益保护地球气候系统，发达国家应当率先采取行动应对气候变化及其不利影响。发展中国家，尤其是那些易受气候变化影响的发展中国家的具体需要和特殊情况应该得到充分考虑。

• 预防原则：各缔约方应当采取预防措施，预测、防止或尽量减少引起气候变化的原因，并缓解其不利影响。不能以科学上的不确定性为由推迟采取预防措施。

• 可持续发展原则：经济发展对应对气候变化是至关重要的，各缔约方有权并且应当促进可持续发展，所采取的政策措施应当适合自己的具体情况，并应当结合到国家的发展规划中去。

④ 缔约方义务

根据《公约》确立的发达国家和发展中国家“共同但有区别的责任”原则，《公约》将所有国家分为附件Ⅰ缔约方（发达国家和经济转型期）和非附件Ⅰ缔约方（发展中国家），所承担的责任有所不同。

所有缔约方义务：

• 提供所有温室气体各种源和汇的国家清单。

• 制定、执行、公布国家计划，包括减缓气候变化以及适应气候变化的措施。

• 促进减少或防止温室气体人为排放的技术的开发应用。

• 增强温室气体的汇，制定适应气候变化影响的计划。

• 促进有关气候变化和应对气候变化的信息交流。

• 促进与气候变化有关的教育、培训和提高公众意识。

发达国家义务：

• 带头依循《公约》目标，改变温室气体人为排放的趋势，制定国家政策和采取相应措施，通过限制人为的温室气体排放以及保护和增强温室气体汇和库，减缓气候变化。

- 到 2000 年，个别或共同地将 CO_2 等温室气体的人为排放恢复到 1990 年水平，并定期就其采取的政策措施提供详细信息。
- 附件 I 所列发达国家应提供新的和额外的资金，支付发展中国家为提供国家信息通报所需的全部费用。
- 附件 I 所列发达国家应帮助特别易受气候变化不利影响的发展中国家缔约方支付适应这些不利影响的费用。
- 附件 I 所列发达国家应促进和资助向发展中国家转让无害于环境的技术，应支持发展中国家的自身技术的开发能力。

《公约》强调，发展中国家能在多大程度上有效履行其在《公约》中的义务，将取决于发达国家对其在《公约》中所承担的有关资金和技术转让的承诺的有效履行，并将充分考虑到经济和社会发展以及消除贫困是发展中国家首要和压倒一切的优先任务。

(2)《京都议定书》

自 1995 年起，《公约》组织每年都要召开缔约方会议。1997 年 12 月，在第三次《公约》缔约方会议上，通过了世界著名的《京都议定书》(以下简称《议定书》)。《京都议定书》的全称是《联合国气候变化框架公约之京都议定书》，实际上是《公约》的补充条款。《京都议定书》是第一个为发达国家规定了具有法律约束力的具体减排指标的国际法律文件。

①《议定书》生效背景

1995 年 3 月 28 日至 4 月 7 日，在德国柏林召开《公约》组织第一次缔约方会议。会议审议了发达国家在减排承诺上的态度问题，通过了第一次缔约方会议的《一号决议》，该决议又称《柏林授权》(Berlin Mandate)，以此为起点，开始有步骤地就发达国家实施减排义务的量化进行谈判，并规定对发展中国家不宜增加新的减排义务。1997 年 12 月日本京都的缔约方第三次会议上，经艰苦谈判和多方妥协，备受瞩目的《京都议定书》以第 1 款第 CP.3 号决定的形式得以通过。《议定书》的参与国包括"既是缔约国又签署了条约的国家"、"是缔约国并即将签署条约的国家"、"是缔约国但拒绝签署条约的国家"和"态度未定的国家"。对《议定书》条约态度的不一致给《议定书》的通过带来相当大的困难。《议定书》条约规定其应该在"不少于 55 个参与国签署该条约并且温室气体排放量降至附件 I 国家在 1990 年排放总量的 55% 后的第 90 天"生效。1998 年 3 月 16 日至 1999 年 3 月 15 日，《议定书》开放签字。2002 年 5 月 23 日，冰岛通过条约使"55 个参与国"的首要条件得以实现；2004 年 12 月 18 日，俄罗斯通过条约使"附件 I 国家 1990 年总排量的 55%"的条件得到认定；于是《京都议定书》在 90 天后也即 2005 年 2 月 16 日开始强制生效(强制生效是因为美国和澳大利亚并未签署《议定书》条约)。截至 2005 年 9 月，共有 156 个国家通过了《议定书》所列条约，这些国家的排放量占到全球排放量的 61%。

②《议定书》的减排目标

《京都议定书》明确了要求减排的 6 种温室气体，它们是二氧化碳(CO_2)、甲烷(CH_4)、氧化亚氮(N_2O)、氢氟碳化物(HFCs)、全氟化碳(PFCs)和六氟化硫(SF_6)。规定附件 I 国家缔约方应该个别或共同确保其温室气体排放(以 CO_2 当量计)在 2008—2012 年的承诺期内比 1990 年水平至少降低 5%，并且应在 2005 年对实践承诺做出可以证实的评估。以上述规定为基础，根据"共同但有区别责任"原则，根据各国的具体情况，为每个附件 I 国家制定了减排指标：欧洲联盟当时成员国减排 8%，美国 7%，日本、加拿大 6%，俄罗斯、乌克兰"0"减排，澳大利亚增排 8%，冰岛增排 10%，等等。

③《议定书》三机制

《京都议定书》三机制是指清洁发展机制、联合履行机制和排放贸易机制。

《议定书》第 12 条确定了清洁发展机制，一方面协助发展中国家实现可持续发展，从而有益于《公约》的最终目标的达成；另一方面有利于附件 I 国家实现《议定书》为其规定的量化限制和减排目标。清洁发展机制允许发达国家资助发展中国家开展具有减少温室气体排放效果的项目，基于此获得一部分减排指标，用于抵偿其在《议定书》框架下承诺的部分义务。很明显，发展中国家藉此获取发展资源的同时，尚可使其消费和生产模式变得更为环保，可谓一举多得。清洁发展机制是《议定书》谈判的核心议题之一，机制内项目必须是经缔约方批准，自愿参加，同时必须产生与减缓气候变化有关的实际、可测量和长期效益；减少的温室气体必须相当于在没有这类项目的情况下发生的净额减排，并且相应于其他存在的可能减排是额外的。

联合履行机制与清洁发展机制相类似，区别在于该机制只能在附件Ⅰ国家之间进行。谈判过程中，发展中国家主张清洁发展机制的规则应该适用于联合履行，发达国家则一致反对，大会主席倾向于后者，即采用较为宽松的规则用于联合履行机制。

排放贸易机制是为了协助附件Ⅰ国家履行其减排义务。《议定书》规定任何此种贸易都应是本国减排行动的补充。

④ 碳汇的减排性质

土地利用方式的变化如造林或土壤耕化对大气CO_2有吸收作用，这便是陆表碳汇效应。《议定书》规定，由造林、再造林和砍伐森林带来的土地利用变化和林业活动所引起的温室气体排放的变化，可用于完成《议定书》框架内承诺的减排指标。关于碳汇问题的争论核心是发达国家是否应该采取切实的减排行动。理论而言，森林和农业土壤具有很大的碳汇潜力，比之能源部门的减排投入，其成本要低廉许多。如果不加限制使用，则某些发达国家有可能不需要采取任何实质性减排行动便可达到《议定书》规定的减排目标。如此，经艰苦努力最终形成的《议定书》事实上将失去意义（刘江等，2001；朱诚等，2006）。

（3）后《京都议定书》时代的困惑与窘迫

2007年是《京都议定书》达成10周年，IPCC第四次科学评估报告的发布再一次警示世人全球变暖的现实。2012年，《京都议定书》即将到期。国际上已经开始启动一些与"可持续减排"相关的"后京都"谈判。减排第一阶段评估的结果，只有欧洲联盟实现了《议定书》设定的标准，美国、加拿大、日本等国，排放量较1990年水平增长许多，远未达到《议定书》所规定的指标。能源密集型企业，执行减排行动意味着放弃一部分能耗空间，环境效果良好，但经济效益面临损减，这使企业的能耗选择进退两难。世界各国都呼吁，先进技术特别是低碳技术的开发和应用是解决气候问题的最终手段，《议定书》也因此强调，向发展中国家转让先进技术是鼓励其参与国际减排的重要手段。然而，出于国内产业发展和产品国际竞争力的顾虑，发达国家并未真实履行这一义务。实际上，即便是不考虑意识形态分歧，欧美发达国家和发展中国家之间关于气候问题的谈判分歧，其本身就是一个政治问题，而不仅仅是一个政治化了的（气候）问题（倪建军，2007）。各类矛盾往往出现在国家战略层面，如德国准备向中国、印度等发展中国家征收环境税、美国始终把中国未履行减排义务作为拒签《京都议定书》的"理由"。如此种种都折射出美欧发达国家对发展中国家经济发展的一贯态度，其根本目的是维护发达国家的国际经济优势地位，通过政策禁锢增加发展中国家发展成本，使其为发达国家历史时期的经济能耗买单。

英国的《斯特恩报告》指出，人均排放的增长和人均GDP的增长呈正相关关系，如果没有强有力的政策体系来影响和制约的话，这种关系是不可能被打破的。现在发达国家的人均排放都已基本稳定，之所以如此，是发达国家通过国际市场机制将高排（碳）企业如制造业等都转移到了发展中国家（吕学都，2007）。发展阶段不同，这种合作是很必然而且必须的，目前的重点应该是处理好生产和减排的关系，生产领域的国际合作不应该成为合理有序的减排政策的瓶颈，相反，世界应该基于共同的环境需求认同国际减排的必要性，政府、企业和个人应自觉通过权利和义务的契约化，激发减排动力，规范减排程序，使气候变化的人文因素朝着健康和可持续的方向发展。

19.3 陆地生态系统及其对全球气候变化的响应

19.3.1 生态系统的结构与功能

（1）生态系统的结构

任何类型的生态系统均包含大量的非生物（土壤、水分、日照）和生物（植物、动物和微生物）组分。生态系统内部各组分之间基于物质和能量转化形成一定的结构。生态系统的结构包括两方面的内容：生态系统的成分，食物链和食物网。从生态系统的生物成分而言，可依据其各自代谢类型以及在生态系统中的功能将其分为三大类，即生产者、消费者和分解者，称为生态系统的三大功能类群。三大功能类群以及它们与非生物组分之间存在着链状和网状的食物传递关系，从而形成生态系统内"等级森严"的营养结构。从生态系统的物质和能量迁徙的实质来看，生态系统以链、网形式传递的营养（物质、能量）过程最终决定着生态系统功能的结构性表征。

（2）生态系统的功能

在生态系统尺度上，生态过程涉及生物量的形成、水分和养分的运动等内容，生态系统由此表现出各种各样的服务功能。大的生态系统作为由不同级别子系统构成的复杂系统，在不同层次和不同运行周期上存在着明显的时空尺度。生态系统的尺度不同，生态系统功能所涵盖的范围、强度甚至内容和形式也不尽相同。功能和尺度是生态学研究中最具耦合互动特性的重要内容，是当前研究的热点和难点。按照生态系统主要群落类型及其功能，生态系统可划分为森林、草原、农田等子系统。光合作用是太阳能进入生态系统的最主要途径；而呼吸作用维系着生物的生命活动，两者是一切生态系统存在的生命基础，也是生态系统服务功能的形成基础。一般认为，生态系统的服务与其功能为一体，共同指征着生态系统及其过程形成与维持的、人类赖以生存的环境条件和效用（欧阳志云等，1999a）。从人类角度而言，主要指通过生态系统功能能够直接或间接得到的产品和服务。Costanza 等人基于服务和功能属性对全球生态系统进行了分类，共得出 17 种功能型生态服务分类，总体上包括了现有知识体系所能阐释的生态系统服务功能的主要内容（Costanza et al，1997）。生态系统的生态服务功能是人类生存与现代文明的基础，现代科学技术能够不同程度地予以影响，但其物质资料和环境文化效用不能够被完全代替。

全球生态系统可分为陆地生态系统、海洋生态系统和淡水生态系统。从全球净初级生产力的分布来看，大陆约为 773 $g \cdot m^{-2} \cdot a^{-1}$，海洋约为 152 $g \cdot m^{-2} \cdot a^{-1}$；前者提供的有机物干重为 115×10^9 $t \cdot a^{-1}$，后者为 55×10^9 $t \cdot a^{-1}$；陆地生态系统在全球生物量总量中占有相当大的份额。同时，陆地生态系统、淡水生态系统因提供生栖环境和丰富的物质资料而与人类关系密切。工业革命以后，随着人口剧增和基于发展的内在需求膨胀，人类对自然资源的攫取程度不断升级，陆地生态系统的结构、功能及其稳定性受到严重影响。人类需要制定和谐发展目标和适时调整发展战略，使生态环境朝着有利于可持续发展的方向演进。

（3）陆地生态系统主要类型及其服务

按照植物生长型，陆地生态系统可分为森林生态系统（热带雨林、温带落叶阔叶林、北方针叶林）、草地生态系统、寒区苔原生态系统、旱区沙漠生态系统和人类活动影响控制的农田生态系统。其中苔原生态系统和沙漠生态系统因植被种类贫乏、群落结构单调而生产量低下。于全球环境变化和人类生活影响最大的属森林、草地和农田生态系统，下面就这三类陆地生态系统作简要介绍。

① 森林生态系统

森林是陆地生态系统中最重要的群落组构，其生物种类繁多，结构复杂，能量转换和物质循环旺盛，生物生产力和现存量大，稳定性程度较高，生态效益也最强。全球森林分布具有明显的纬度地带性，赤道南北 20°范围内，年均气温多在 23～28℃，年均降水超过 2 000 mm，主要分布着热带雨林；中纬度温带地区，气候四季分明，夏季炎热多雨，冬季寒冷干燥，年降水在 500～1 000 mm 之间，分布着大片的落叶阔叶林，该类森林在几百万年以前，曾一度扩展到整个北半球温带；北纬 45°～70°的寒温带，冬季严寒漫长，夏季温凉短促，分布着云杉、冷杉、松、落叶松等针叶树种。总体而论，森林生态系统具有滞御风沙、涵养水源、保持水土、调节气候、净化环境和保护周围其他生态系统等作用。余新晓等人就森林生态系统的八大服务功能进行了基于价值估算的排序，依次为固碳释氧、净化空气、保持土壤、涵养水源、养分循环、林木及林副产品、生物多样性维持、景观游憩（余新晓，2005）。在维持自然界的生态平衡，改善人类生存环境方面，森林生态系统的作用是应予以首先考虑的重要因素。1971 年第七届世界森林大会决定将每年的 3 月 21 日定为世界森林日，以引起各国和世界人民对森林资源的重视，通过协调人类与森林的关系，实现森林保护和森林资源的可持续利用。

② 草地生态系统

草地约占世界陆地面积的 20%，主要分布在各大陆内部气候干燥、降水稀少（250～500 $mm \cdot a^{-1}$）的地区，这些地区降水主要分布在夏季且年际变化大，春夏秋冬四季分明。草地主要生长草本和灌木植物，适宜发展畜牧业生产。草地生态系统的服务功能主要体现在有机物初级生产、大气成分调节、营养演替循环、环境净化和水土保持等方面。草地的生产力和生物量不像森林那样高，但往往生长有营养价值高、适口性强的牧草，为畜牧业的发展提供了良好条件。当前的观测研究表明，盲目追求经济发展导致的过度放牧已使很多牧区的草场发生退化，优良牧草减少，草地生产力下降，水土流失现象也有所加剧。草地生态系统和草原生态的开发利用必须因地制宜,通过产休结合和保育改良,确保草地生产力的恢复和改善。

③ 农田生态系统

传统产业结构中的大农业包括农、林、牧、副、渔。其中的农即指狭义的农业,狭义农业生态过程发生在其所必需的水、热、地、气、肥等条件共同作用下的培植基础——农田之上,成分以农植对象为主,生命过程受人类活动影响和控制,同时兼有社会、经济和自然等多种服务功能特征,是人类社会存在和发展的基础。农田生态系统的形成是在条件适宜的自然基础之上经人类活动改造而来,受人类的严格控制,属于大农业生态系统之亚系统,具有巨大的、其他生态系统所无法比拟的服务功能。对人类社会而言,农田生态系统产品的服务功能是所有生态系统中最直接和有效的,提供着人类社会存在和发展的物质基础。当前,工业化的发展和生产模式的转变使农业由传统粗放转向现代集约,农田生态系统的服务功能得到加强。然而,集约地、过度地开垦使农田景观的空间异质性减少,农田养分的输出和输入发生失衡,养分流失加剧;导致农作区土地生产力下降和农田生物多样性的破坏;最终影响到包括土壤肥力、光合效率、水资源质量和农产品质量、数量等在内的农田生态系统服务功能总价值的损减。

作为一种半自然或半人工生态系统,农田生态系统服务功能形成的根本驱动是人类活动。为了不伤及子孙后代可持续发展的根本,人类在自然资源尤其是土地资源开发利用中,需要因地适时地合理开发和有效管理,真正将和谐和共存作为一种理念,贯穿始终并且坚守奉行。

19.3.2 陆地生态系统动态与全球气候变化

陆地生态系统是一个巨大的开放系统,时刻与地球大气圈发生着物质和能量交换。地球气候的经纬向分异决定着生物分布的水热条件,进而控制和奠定着全球陆地生态系统的基本格局。湿热冷干的各类气候能够影响生物分子、细胞、个体、种群乃至群落等各种尺度的生态系统,也对生态系统中非生命环境的状态演替产生着深远影响。

(1) 陆地生态系统动态

生态系统无论大小,总是存在着生命体的生老病死和非生命无机环境的聚离变迁,生态系统永远处于发展、运动和变化的动态演替当中,其基本过程包括各种各样的能量流动和物质循环。一般而言,陆地生态系统动态的驱动因素来自自然和人类活动两个方面。地形地貌、气候气象、土壤质地和自然灾害是陆地生态系统动态演变的自然原因;人类活动如人口增长、经济需求、政策法规、文化理念等都可对陆地生态系统的存在状况产生影响,属于人文方面的因素。事实上,地球上几乎找不到完全没有受到人类干扰的地方(傅伯杰等,2001),因此,纯粹地就生态系统动态演替的原因在自然和人为之间进行分割是不可能的,各种影响因素在不同的时空尺度相互嵌套、作用并最终对陆地生态系统产生胁迫,陆地生态系统的生产力、多样性和营养关系以生态系统稳定性重构为目标发生变化,某种时空尺度的生态系统总是在不断地调整和适应中趋于新的养分和通量均衡,这是生态系统动态的最终结果。

① 生物循环

生物循环是陆地生态系统动态的主要内容,与地球各圈层的化学和生命过程紧密相连。陆地生态系统参与的碳、氮、硫、磷(C,N,S,P)等化学循环及其与大气圈的相互交换是当前全球变化领域的研究热点。下面主要就陆地生态系统的碳、氮、硫、磷元素的循环动态进行简单介绍。

碳循环:碳是构成生命个体的主要元素,碳循环是生命过程和地球表层生物地化过程的主要环节。陆地生态系统中,绿色植物作为生产者,经光合作用将大气中的二氧化碳(CO_2)转化为有机物,供给其他营养级别的消费者和分解者维持其生命过程。一般认为,每年陆地环境中绿色植物从大气圈中挪走和固定的碳量等于动、植物呼吸及其残体分解释放到大气中的碳量,陆地生态系统和大气圈之间的碳交换在年际尺度处于动态平衡(朱诚等,2006)。就年内循环而言,夏秋两季陆地生态系统处于生长期,其光合作用效能(生产量)大于呼吸作用(呼吸量),因此碳循环朝着陆地生态系统固碳(汇)的方向进行;冬春二季,动植物呼吸作用和微生物分解作用释放到大气中的二氧化碳量大于陆地生态系统所能固定的量,因此,碳循环朝着陆地生态系统释碳(源)的方向进行。同样的情形也出现在昼夜交替的小时间尺度。白天,光合作用占主导地位,陆地生态系统以固碳为主;晚上,呼吸作用强盛,陆地生态系统则成为碳源。人类活动对碳循环的影响已成为当前各界人士所共同关注的问题。新近发布的 IPCC 第四次科学评估报告认为,工业革命(1750 年前后)以来，人类活动是导致全球变暖的主要原因，并把这一科学认定的可能提升到 90%（IPCC，2007）。人类活动对碳循环的影响主要表现在两个方面，一是化石燃料的使用，极大地增加了空气中以二氧化碳为主的温室气体的浓度，温室效应呈扩大趋势，全球变暖的程度被提升，伴随而来的是极端气候事件频率的变异，人类在自然面前开始手足无措；二是大规模地砍伐（森林）、过牧（草原）和垦殖（农田）。森林和草原等生态系统具有固碳释氧、涵养水源、保持水土和维持生物多样性等重要服务功能。乱砍滥伐和超垦过牧极大地损伤了森林、草原原有的生态系统稳定格局，其固有的碳循环自组织系统发生失衡，后果则是于人类社会和环境生态的负面效应。所幸的是人类已经逐渐认识到上述行为的严重后果，并制定相应政策积极调整和适应。

氮循环：地球系统的氮主要存在于大气圈，大气体积的 78% 为氮气所占据。然而氮是陆地生命系统不可或缺的重要元素，它参与氨基酸、蛋白质和核酸等基本生命物质的形成。陆地生态系统中的氮素主要通过生物固氮完成。与豆科植物具有共生关系的细菌和根瘤菌、需氧细菌、蓝绿藻等生物类群具有固氮的本领。进入生物体的氮以氨或铵盐的形式被固定后，经硝化作用形成（亚）硝酸盐；在亚硝酸细菌的作用下，被氧化成亚硝酸根或硝酸根，上述两种酸根绿色植物吸收后转为氨基酸，用于合成蛋白质。异养细菌和真菌可对动物排泄物和动、植物残体进行分解生成氨基酸，接着在氨化作用下被分解为氨、二氧化碳和水，氮重新以无机形式存在。人类对氮循环的影响包括农田化肥的使用和燃料燃烧释放。前者使氮、磷等营养元素在湖泊、宽浅河流和近海富集，造成水域富营养化，藻类和浮游生物生长迅速，耗用大量的水中溶解氧，不利于鱼类和其他水生生物繁殖；后者往往与二氧化硫的释放同步，导致大气中硝酸、亚硫酸的含量增加，上述酸性物质经沉降作用以酸雨形式返回地面，对陆地生态系统和人居环境造成的破坏十分巨大。

硫循环：含硫矿物如黄铁矿（FeS_2）和黄铜矿（$CuFeS_2$）经风化剥蚀进入土壤，土壤中的硫一部分被氧化，以挥发性气体的形式进入大气，最终伴随降水回落地面；另一部分随着地表径流进入尾闾湖泊或海洋，转为水体深部沉积和消耗于生物体吸收；其余部分则为陆地生态系统中的植被所吸收，存在于各级营养结构的链状分布中。生物体中的硫在腐败分解过程中，部分以硫化氢（H_2S）形式进入大气，另一部分则重新回到土壤，进入下一轮循环。硫对生命的形成至关重要，是蛋白质和氨基酸的基本成分。人类对化石燃料的使用极大地改变了自然界硫的循环，大气中的硫化物、二氧化硫（SO_2）和元素硫可被氧化形成三氧化硫（SO_3），与水结合形成硫酸，硫酸通过酸性沉降以酸雨形式回落地面，对环境生态造成极大的负面效应。

磷循环：磷是植物三大养分要素（氮、磷、钾）之一，对生态系统初级生产量意义重大；同时，磷是构成核酸的主要成分，是研究生命起源和揭示生命奥秘的一把钥匙。磷灰石岩层是无机磷的巨大储备库，磷灰石岩风化崩解后，磷经土壤或水体被植物以磷酸盐离子形式吸收合成原生质，形成有机磷；再经各类生态系统的食物链延续和传递，为食物链网的各层消费者提供营养需要。动植物残体和动物排泄物中的有机磷被微生物分解后重新回归为磷酸盐无机态，部分被植物重新吸收进行初级合成，其余则随地表地下水进入湖泊海洋，开始了沉积循环的漫长岁月。人类活动对自然界磷循环的影响主要为农业及农田施肥。农业生产使部分有机磷从农田生态系统移出，经人畜消费、排泄以聚态进入陆地水体，往往造成富营养化；农田施肥后，土壤中的磷和钙、铁、氨等离子化合后生成难溶盐，反而不利于植物有效吸收，造成（磷）营养效率低下和生产力浪费。

② 陆地生态系统的景观动态

对陆地生态系统而言，景观是一个有效的研究尺度。这一尺度上，生物及群落被景观要素或组合的生态学含义有效界定，其分布格局和过程机制被景观组分的种类、大小、形状、轮廓、数目及空间配置、相互作用及其随时间的变化所表征。生态过程和地理分异在同一尺度被认知，地理学和生态学在此基础上交叉融合并产生了新的学术生长点，或者说产生了综合研究的特殊观点（傅伯杰等，2001）。

在景观尺度，陆地生态系统可根据地理及气候分异进行描述，如赤道-热带雨林景观、北半球-温带落叶阔叶林和草原景观、北半球-旱区荒漠景观和寒区苔原景观等；在此基础上，可由群落特征再行分类，如阔叶落叶林景观、稀疏草原景观、沙漠绿洲景观等。各类景观在其景观生态学概念框架下，可根据镶嵌体或斑块属性进行物理解译和生态计量，属当前区域地理-生态格局及过程研究的重要方法。

陆地生态系统在景观尺度的动态主要表现在景观斑块数量、面积、周长和密度等的变化，以及由此衍生的破碎度、异质性和稳定性等状态因子的计量评价。

③ 陆地生态系统的净生产量和生物量

绿色植物通过光合作用对太阳能进行固定，是陆地生态系统有机物质制造和物质循环的开始，因此将绿色植物通过光合作用进行的生产称为初级生产或第一性生产，相应的有机物总量称为初级生产量或第一性生产量。由于绿色植物本身的呼吸要消耗能量，剩余部分是其真正固定的能够用于陆地生态系统能量流动和物质循环的量，这部分生产量称为生态系统的净初级生产量或净第一性生产量。

生产量隐有生产速率的涵义，主要指单位时间和面积上产生的能被生态系统其他营养级别利用的物质或能量，因而也常以生产力来进行概念表述，通常用有机物质的质量单位（干重，$g \cdot m^{-2} \cdot a^{-1}$）或能量单位（$J \cdot m^{-2} \cdot a^{-1}$）来表征。物质和能量之间具有较为固定的换算关系，如植物组织平均每千克干重相当于 1.8×10^4 J 的热量值；动物组织平均每千克干重相当于 2.0×10^4 J 热量值，因此，两种形式的单位其计算结果可统为一体。

与生产量相近的概念如生物量，系指某时刻之前生态系统所累积的有机物活体总量，主要强调某调查时刻以前单位面积上积存的有机物质的干重或湿重，其大小受食物链网的营养级别和食物供给关系的控制，同时受该营养序位生物呼吸作用和生命消耗的影响。植物生态系统的生物量等于净生产量（初级生产除去呼吸消耗）减去动物取食和植被枯亡的部分。在正常养分供给的条件下，植被群落会逐渐向顶级状态演替，到达一种动态平衡，此时光合速率等于呼吸速率，即植被初级生产的能量固定消耗于呼吸作用，而净第一生产力为零。

了解和掌握生物量和生产量之间的关系，对于决定森林的砍伐期和砍伐量、经济动物的狩猎期和捕获量、鱼类的捕捞时间和渔获量等具有重要的指导意义（中国环境生态网）。

（2）全球气候变化的陆表因素

陆地生态系统格局、动态和功能的变化深刻影响着全球气候变化的时程和跨度。陆地生态系统对气候变化的影响归根结底是其碳汇功能的衰减导致了陆表温室气体排放的增加，加剧了大气温室效应，使全球变暖的程度扩大。于全球气候变化而言，其陆表暨下垫面因素众多，总体可分为自然和人类活动两部分。

① 陆表自然生态系统对气候变化的影响

自然生态系统瞬息万变，时刻影响着大气成分及其气候效应。生物单体、种群、群落乃至陆地景观等，其发生发展及动态变迁在各个尺度上影响着微气象过程和年代际气候变化。目前，气候变化主要指其统计学意义上的平均状态的异化和10年或更长尺度的变动，然而气候变化的高度非线性机制涵盖了许多次级和更初级过程，这些过程发生于陆地生态系统的所有尺度。1963年洛伦茨以蝴蝶效应阐释气候变化的混沌本质，深刻揭示出气候变化的非线性驱动本因和过程，特别是凸显了气候变化的初始因由及其重要性。这一认识极富哲理和蕴意，对人类科学认知的思路形成和方法论均具指导意义。蝶翅轻拍、分解者的劳碌、物候交替、生物多样性降低、森林砍伐和景观衰变等发生在陆地生态系统的各种动态，通过陆-气交换和生物地化作用对大气过程产生影响，并最终贡献于气候变化。森林和草地通过光合作用固碳释氧，调节大气碳素含量，改善气候变暖的程度；湿地调节和涵养着流域水资源的质和量，但同时是陆地区甲烷（CH_4）的主要排放源；作为生态系统的终极分解者，微生物使有机质中的碳素重新矿化，分解产物中的二氧化碳回归大气，进入又一轮生态循环，同时参与和影响着全球气候变化进程；这些都是陆地生态系统影响气候的具体范例。

② 人类活动对气候变化的影响

过去十几年，人类在发现全球变暖的本因机制研究中，逐渐将目光投向自身。IPCC的第四次科学评估报告以90%的可能性，高度认定人类活动的负面效应对近150年以来气候变化的所应承担的责任。人类活动对气候的影响及其附加效应主要表现在以下几个方面。

工农业生产和化石燃料的使用，使大气中温室气体（包括一些痕量气体）的浓度明显升高，大气化学组分和相应的光化学及光物理效应发生改变，扩大和加重了全球变暖的范围及程度。工业生产排放的大量的二氧化碳、甲烷、一氧化二氮、卤烃化合物、农田水稻作业区释放的甲烷，都是极具温室效应的增温气体。其中尤以甲烷和卤烃化合物为甚,后者还被认为是破坏平流层臭氧的罪魁祸首,导致了包括气候变暖在内的一系列环境问题。

工业生产、机动车和航空运输运行、人类取暖致冷和动物新陈代谢均存在热量和水汽的排放。这些热量释放像火炉一样,烘烤着近地表大气,对其产生直接加热;水汽是另外一种重要的温室气体,其温室效应强于二氧化碳,因此人为水汽的排放也对气候有所影响,不过认为水汽量比之自然蒸腾散量而言要小得多,仅对局地低云量的增加有一定作用。

森林的砍伐、草场的过牧和过度的农业垦殖极大改变了陆地生态系统的分布格局,气候变化的下垫面因素发生改变,深刻地影响到陆地水文循环和局地气候的形成变迁,进而影响到较长尺度气候变化的进程。

城市人口密集,土地利用、土地覆被变化剧烈,工商业活动和交通运行频繁,能耗需求大而排放多。各类人为热、人为水汽、粉尘污染多出现在城市及比邻地区,所造成的气候影响也最为明显和突出,如著名的热岛效应便是一例。热岛效应的成因可归结为城市下垫面因素、人为热和温室气体排放。另外,气候状况也是热岛效应存在和发展的客观条件之一。在气压梯度小和天气形势稳定的情况下,热岛效应往往易于形成。根据 IPCC 2007 年科学评估报告,热岛效应是存在的,但其于全球气候变化的影响可予以忽略,因为热岛效应是局地的,并且从全球格局而言,其于海洋的热效应为 0,在大陆区小于 0.006℃/10 年(IPCC,2007)。

(3) 陆地生态系统对全球气候变化的响应

陆地生态系统是气候变化的下垫面因素,同时也受后者的影响。两者在相互制约和作用过程中交替互动,在多种尺度、多个层次呈现出复杂的耦合关联。当前,关于气候变化如何影响陆地生态系统的研究已经广泛而深入。宏观陆地生态系统如种群、群落和景观尺度上,气候变化背景下的生态演替及其过程格局的研究成果颇丰,而微观尺度如二氧化碳浓度升高对单株植物及个体等影响的试验性研究已具体到组织、细胞和亚细胞层面。后者(微观尺度)对前者(宏观尺度)研究的继续深入具有重要的理论指导意义(刘世荣等,1996)。

对人类社会这一特殊生态群体而言,全球变暖已越来越影响到衣食住行的方方面面。极端气候事件使人类在有效预警方面束手无策,生存、健康和安全问题日益凸现;气候变暖对人口聚集区的健康危害极大,高温、高湿地区会蚊蝇孳生,霍乱、疟疾和黄热病有可能乘机蔓延;而降水和气温格局的全球性变化可能导致上述疾病的纬向转移,高纬地区的人口也将面临疫病的威胁。

根据 IPCC 2007 年度的科学评估报告,全球继续变暖形势下,多数生态系统的功能型恢复将延占整个 21 世纪,期间仍存在洪水、干旱、野火、病虫害以及水体富营养化等多种灾害,并且伴随土地利用、土地覆被变化、污染以及资源过度开发利用等诱发全球变化的陆地过程因由。报告预测,陆地生态系统的碳汇净容量在本世纪中叶将达到最大,之后将逐渐变小甚至为负,全球变暖的趋势将进一步强化。在全球升温幅度达 1.5 ~ 2.5℃ 的情形下,濒临灭绝的动植物种类将占到现存数量的 20% ~ 30%。模型模拟的结果表明,同样的升温幅度下(1.5 ~ 2.5℃),随着大气二氧化碳浓度的增加,陆地生态系统的格局和功能将发生重大变化,种群间生态交互、物种的地理分异、生物多样性、生态系统产品和服务等都将朝负向发展,这一情形同样出现在水资源和食物供给方面,将给人类社会的发展带来危机。

总之,从海平面上升、热浪袭击、洪水干旱和冰盖消融等一系列全球变暖导致的极端事件爆发的频率变异来看,升温"模式"不利于全球性资源存续和社会经济的可持续发展。陆地生态系统因与大气之间存在频繁的物能交换而相互制约和影响,其对气候变化的响应更为复杂而突出;又由于陆地生态系统与人类社会关系密切,两者在复杂耦合中与气候系统相互作用、相互影响,其过程机制始终是地球系统科学和生态安全体系研究中的热点问题。

19.4 气候、陆地生态系统和人类之间的相互作用机制

19.4.1 人、地、气系统的主要要素

太阳辐射在全球尺度驱动着地球气候变化,在次一级和更小尺度,尤其是区域或局地尺度,包括土地利用、土地覆被变化、化石燃料燃烧和生态系统退

化在内的各类过程，都对气候变迁产生着深刻影响，而这些过程都与人类活动有关。

气候系统在各种时空尺度发生着震荡变迁，气温和降水格局深受地理区位与高程的控制，在不同的空间尺度表现迥异。太阳运动和地球系统过程对气候的影响是广泛而全局的，而区域和局地气候则对人类活动（二氧化碳排放）、特殊陆表及海洋过程、土地利用、土地覆被变化和生态系统退化等反应敏感。观测研究表明，在自然和人类活动双重影响下，气候系统已经和正在发生着显著变化，特别是地球大气中的二氧化碳（CO_2）、甲烷（CH_4）和一氧化二氮（N_2O）等温室气体浓度正在持续增加，这一情形导致全球范围内的气温升高。由 IPCC 的报告可以解读，未来气温升高的趋势和幅度将很大程度上受控于人类选择的区域发展模式及排放水平（IPCC, 2007）。IPCC 情景模拟的结果还显示，由于温室气体在气候系统的滞留效应，即便人类能够通过优化发展模式使排放处于合理水平，全球气温的升高将在持续半个世纪之后才会趋向新的平衡（稳定或回落）。

有研究表明，自然变异本身导致气候变化，这一论断不能解释过去 100 年气温持续升高的全部。随着发现和认知能力的提升，人类改变陆表过程的自然进程和向大气排放温室气体等活动对气候变异和气温升高产生催化作用的原因逐渐浮出水面，人类活动的负面效应已经受到谴责并开始得以制衡。在气候持续增暖的不利状况下，不应以当前气候格局不同于工业革命以前为由，拒绝人类理应承担的责任，这是很不理智的，其后果必然影响到整个人类社会的可持续发展。

在以地球气候和生态系统相互影响和作用为内容的环境体系内，人类子系统无疑是最复杂多变的一支。人类维系于一定社会结构、追求经济发展、渴望提升健康水平、不断改进政策理念、通过加强管理效用而增加社会财富，千百年来，人类对自然的适应是以改造为主要特点的。人们建造房屋以消暑避寒，镰仓源水以生息繁衍。人类的技能水平越高，掌控能力越大，人类越成为地球的主宰，这使得世界人口数量不断增长。人口增加对区域经济提出严峻挑战，在以科学和发展为时代主题的当今，仍有许多地方，由于环境和资源容量有限，粮食生产不能适应人口和发展需求，人地矛盾凸显，生态环境日益恶化。另一方面，随着知识和理念的深入人心，人们也注意到在求得温饱的同时，有必要关注生态系统更多功能及其服务，比如环境质量的维持和提升不是小事，它关乎人类社会发展的可持续底线。很简单的例子，水和空气质量对人类健康尤为关键，但在一些地区，盲目于发展经济的恶性排放，最终导致大面积水体污染，接踵而来的是人们所面临的生存危机，即区域性疾病和死亡的威胁。

在一些地区，人口和需求的不断增长使自然生态系统不堪重负。人们在资源用度方面超前透支可持续发展的成本，高度攫取而管理效能低下。大城市的不断扩张，林地和湿地被农田包围甚至占用，过度放牧使草场退化，滥砍滥伐损毁森林资源，经济目标下的无序能源消耗，等等。人类的不理智行为已经极大地破坏了生态和环境良性发展的自然进程，进而伤及人类可持续发展的本身。

生态系统，特别是陆地生态系统，提供着人类生存所必需的农产品和水、能等自然资源效用。在气候格局变异和人类活动强度的共同胁迫下，生态系统的服务及功能的形式和内容会发生波动，损益相间。如持续干旱或洪水来袭的情景下，生态系统的产出会大打折扣，水资源用度也将入窘境；人类发展矿业所致的重金属污染，使河流水质恶化；大量农药化肥残留排泄至江河湖泊，导致严重的水体富营养化，同时使流经的地下水系统能够遭受污染，威胁到人类健康。

为人类提供生存发展之基本服务之余，生态系统还具有固碳释氧、净化空气和滤纯水质等重要环境功能。土壤蒸发和植被蒸腾使陆地和大气间形成水热通量交换，地表得到"冷却"的同时，也增加了空气水分含量，为雨水的形成做好准备。光合作用使植被生态系统变成一个基于复杂生化过程的大型有机加工厂，在这里，太阳能被转化为初级营养，大气二氧化碳被固定在植被和土壤中，温室效应则得以缓解。生态系统于气候系统的良性运转有着重要贡献。上述有关生态系统服务及功能的表述，说明陆地生态系统在初级生产力提供和提高环境质量方面具有十分重要的非替代性作用。

19.4.2 人、地、气之间的相互作用机制与宏观模型

本节的内容着重阐述气候、人类活动和生态系统之间的有机联系。这三种过程间的复杂耦合机制可以基于多种方法描述和量化，其中，以系统间交互作用的衔接机制为纽带（图 19.3），是一种行之有效

的方法。

人类活动:我们可以从图 19.3 下方所示的人类系统开始。如前所述,出于生存和可持续发展的需要,人类需要通过管理提升和规范自然生态系统的产出和效益,其中一个重要的后果,就是土地利用格局的变化。人口增加和经济发展的内在需求使人类对自然资源的用度扩大,原本天然的景色围上了行色各异的条框,生态环境演替的自然进程发生扭转,这一切既有自然本身的原因,也不可避免打上人类社会政策的和管理行为的烙印。其中,人类在谋求生态系统产出最优和经济效益最大化的同时,忽视了环境劣变的可能后果,于是,土壤侵蚀,水体污染,生物多样性丧失等,一系列生态环境问题接踵而生。

生态系统及其功能:生态系统格局演替,如土地利用、土地覆被的变化将最终导致其服务功能的变化,包括水热路径和养分传输的形式改变。值得一提的是,水热迁移的变化将直接影响陆表和大气水文过程,而这一过程是区域乃至全球气候变化的重要内容。陆表及大气碳动态及其效应,毫无疑问是另一个当前和今后很长时期内地学、气候学和生态学研究的热点,其中,土地利用变化对陆-气碳通量及碳储动态的影响是一个重要方向。如畜牧业区和湿地的甲烷排放被证明也是全球气温升高的原因,而人类通过增加陆地生物量的固碳效应有效降低大气二氧化碳的浓度,从而减缓气温升高的趋势,这些都与陆地生态系统的的功能有关,同时也与人类活动的贡献密不可分。现在已有较多的基于过程的生物地化模型可以相当精确地模拟生态系统的变化,如 DNDC 模型 (denitrification and decomposition) (Li et al, 2002) 便是一例。该模型可以用于土地利用或环境变化所致的碳汇和碳源效应的模拟,效果良好。

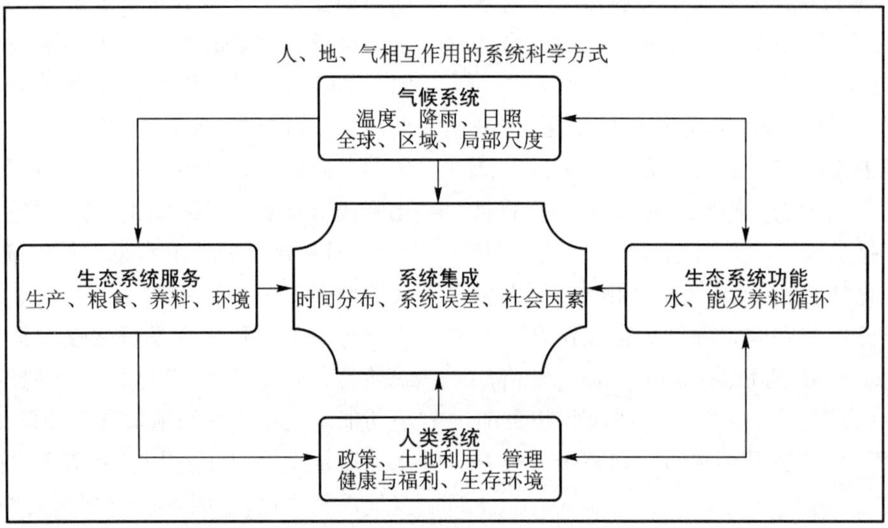

图 19.3 联结人类与气候系统的宏观模型

Figure 19.3 Conceptual model framework for linking human and atmosphere via ecosystems

气候系统:生态系统服务及功能的变化会影响区域气候进程,使气候和陆表生态系统交互关联机制发生改变,气候系统的变异程度于是升级。地球大气组分尤其是痕量气体如臭氧、二氧化碳及甲烷等温室气体含量的增加,使地球如同裹了一层带有过滤性能的毛毡,来自外部的太阳短波辐射可以透过,而射向大气的地表长波辐射被截留,这种被称为“温室效应”的机制正是一个半世纪以来气温居高不低的主要原因。气温和降水格局的演进及变异也正是在这种背景下发生,且越来越难以捉摸,其对陆表生态过程的影响的程度和广度也趋于无序。陆表过程和大气组分的改变对气候的影响可由气候模式进行模拟,如著名的 CGMs 可用于全球尺度的环流模拟,而 RCMs 可贡献于区域气候过程的动态模拟。其中,RCMs 中的 RAMS (regional atmospheric modeling system, Pielke, 1992)将区域尺度气候过程和陆表过程要素基于两者的耦合机制集成,可有效模拟气温、降水和热通量等关键因量的数量及格局动态。该模型可以基于遥感信息解译实现陆表参数空间化,通过参、变量适时调整进行气候过程动态模拟,在大气组分效应和土地利用、土地覆被变化引起的气候变迁方面尤为有效。这种考虑复杂变量体系及其耦合机制的过程模型为陆表生态系统和气候系统相互影响和作用的量化提供了契机,科研人员可以基于情景设置得到不同土地利用模式下的气候状态,从而为减缓和适应气候变化提供决策依据。

生态系统服务:气候系统发生变化,如降水格局变异和气温升高,会直接导致生态系统的变化加剧,特别是生态系统功能及服务失衡,如降水的纬向性摆动所致的疾病扩散很大程度地威胁到人类健康,干旱或洪涝导致农业减产等,均是千百年来人类备受气候劣变负面影响的例子。另外,环境恶化如湿地萎缩所致的动、植物数量减少甚至灭绝,是气候劣变损害生物多样性的另一范例。生态系统服务及功能对气候条件即其格局变异的依赖及两者间的互动关联机制的研究已经进行了数十年。生态系统服务,如粮食产量、生态系统固碳能力等重要变量已经能够基于过程进行动态模拟。CENTURY 模型,连同前文所介绍的 DNDC 模型,都是这一方面的著名成果。这些模型关注气候和生物地球化学过程的机制衔接,重点模拟陆-气交互界面的动态过程,如对植被生长过程的量化,模型不仅考虑植被将太阳能固定为生物量的关键部分即光合作用(光合作用效率),还重视土壤水分条件(土壤含水量)和气温(最高、最低气温)的影响,在兼顾考虑与植被生长有关的众多因素的基础上,通过集成用户输入界面,实现了气候变化和生态系统产出之间的有效衔接。

回归人类系统:环境损减和生态系统产出降低迫使人们重新思考和衡量管理实践的效用,其中的一个重要方面就是政策干预下的土地利用模式的转变。比如,干旱或洪涝威胁到人类收益甚至生活的稳定和持续,人们则通过完善农灌体系确保收成,或者不得不搬迁到更适合生存的地方。人们通过制定新的政策法规用于农事,以确保粮食收成,使粮食风险最小化,同时也愿意通过协商和管理实践降低气候变化的消极影响。如前所述,《京都议定书》是以契约和政策的形式规范国际减排行动的绝好范例,而这一成就主要归功于 IPCC 在气候变化方面组织的行之有效的长期研究,及其致力于实践应用的不懈追求。IPCC 的工作为"议定"的出台提供了坚实的科学依据。在各种新的措施执行和实践过程中,土地利用变化进入新一轮历程,生态系统格局与过程也将发生变化,其与气候系统的耦合互动将趋向新的平衡。从人类系统出发,经由人类系统→生态系统功能→气候变化→生态系统服务,最终仍回到人类系统,在这个复杂循环体系中,所有的过程动态可由气候、生态和社会经济模型进行模拟。这一基于模型集成体系的构想是描述人类和气候系统关联的有效方法。

系统集成:集成上述系统模型的一个难点在于不同过程的时空尺度的匹配或转化。气候系统的变化可能发生在很小的时间尺度,如天或分、秒,却横跨大的地理尺度;生态系统功能的变化常发生在年际或年代际,但响应的空间尺度常为区域或局地。至于人类系统的时空尺度,更是有大有小,完全取决于科学问题的提出和所具备的数据和方法手段。不同时空尺度的匹配和过程间转化是系统模型集成和实现的一个重大挑战。

另外,系统模拟的误差传递在系统模型集成工作中亦不容忽视。人类系统模拟中,因数据和模型逼近的程度有限,模型输出具有很大的不确定性。这种不确定性可以递延到机制关联的生态系统功能模拟中,并在尺度转化中有可能被放大,这一情形在生态和气候模型衔接时依然存在。模型预报的不确定性构成整个系统模型输出误差的主要来源,因此,不确定性分析在模型计算时就显得尤为关键。在系统模型的率定中,准确把握社会因素的不确定性并根据模型结果与政策实践相互印证,对参变量进行适时调整,可以得到更好的模拟效果。这一工作需要自然科学家和社会科学家的共同努力。

学科交叉和方法集成,是当前科学研究的主流和前沿;基于此,复杂系统模型的开发应用,是过程理解和人-地-气系统耦合互动研究的有效方法,既饱含机遇,又存有挑战。在气候变暖的大背景下,基于机制关联进行多个系统之间相互作用和关系的研究,有助于人类更好地应对环境变化,可为地球系统已经和即将发生的各种难题的理解、解决提供科学解释和数据支撑,是减缓和适应策略出台的基础。接下来,我们将就该复杂系统在中国的应用做简单介绍,内容主要集中在气候(降水、气温)变化对土地利用变化的胁迫及其反馈方面。

19.4.3 中国人、地、气耦合模型具体描述

本节介绍前文所述的复杂系统模型在中国的应用。图 19.4 是与中国范例研究的具体流程表征。下面结合该图就复杂模型系统的构成、数据来源和运行进行简要介绍。

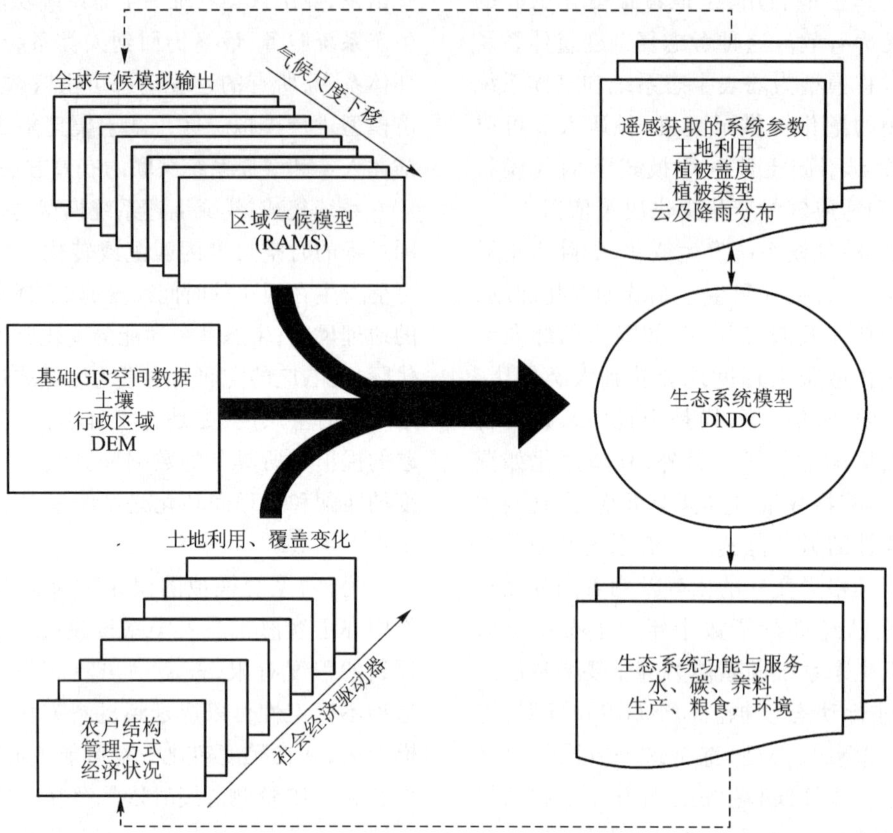

图 19.4 以生态系统变化为纽带的气候和人类系统交互流程

Figure 19.4 Detailed modeling system to exam the coupling nature of the climate and human system through land use and land cover change

在中国的范例研究中，我们选择 DNDC 模型模拟生态系统功能和服务相关内容。DNDC 模型是一个基于过程的生物地球化学模型，可用于土壤碳、氮循环模拟（Li et al, 2002）。该模型基于界面实现生态系统管理措施的输入[如农田生态系统的轮种、翻犁、施肥（化肥和有机肥）、灌溉、洪水、除草等，草地生态系统的放牧和收割等]。基于率定，该模型可用于多种生态系统（林、草、农）的碳、氮循环研究；基于过程，DNDC 模型可实现变化的管理实践及相应的生态效益评估（如分次施肥和无耕翻，不同灌溉措施，草地载畜规模的变化等）。用户可以根据科研需要任意变换出多种管理形式进行"实践"，根据模型输出，对比考察各种人为因素在某个气候、土壤和作物情形下，其环境或生态效益的分布式表征。DNDC 由气候变量驱动，气温和降水是最基本输入项；同时，与燃料燃烧有关的区域氮沉降值等环境参量也是重要的输入项。与 GIS 的空间数据管理模式进行链接后，DNDC 可用于人类系统和气候变化耦合互动的分布式模拟。

区域气候模式采用 RAMS version 4.4（Pielke et al, 1992）。RAMS 是一个动力学机制三维驱动的普适型区域气候模型系统，该系统以地球系统坐标为参照，可进行大气动力学及水热组分传输等过程及格局的连续模拟。RAMS4.4 不但可以进行区域气候模拟，还可以用于数值天气预报，而后者决定于状态变量的初始设定，模型的初始化程度对模拟结果影响明显。与之相比，长时段连续气候模拟不依赖模型的初始化条件，模式运行的边界条件对模型结果的影响则十分显著。与 RAMS4.4 边界条件设定有关的参变量包括海洋温度、土地利用和温室气体浓度等（Giorgi & Mearns, 1999）。模型系统在经由土-植-气（SVAT, Soil-Vegetation-Atmosphere Transition）传输模式界定下垫面变量后，能够处理陆-气系统变化的全部过程，内容涉及陆面过程研究领域的大气动力传输和水、热迁徙的全部。目前，RAMS 尚不能完全实现海-气耦合及其动态模拟，海洋表面温度被简化和预处理为模型的边界条件之一。

RAMS模型系统采用的SVAT传输模式为LEAF-2（Land Ecosystem-Atmosphere Feedback model, version 2)，该模型可模拟多种下垫面情形下的水-能贮留和垂向迁移过程，如层状土壤模式、非永久性地表储水和冰雪模式以及冠层微气象组构模式等。LEAF-2的优势在于能够通过栅格数值算法实现次一级地表变化的细微表征，这种次一级尺度特征可基于土地覆被类型的变化进行动态赋值，并将赋值过程精确到栅格尺度。由于每个栅格的土地覆被属性是唯一的，其对气候系统的影响可基于陆-气过程机制进行高分辨率分布式量化。地表覆盖的生物物理属性，如反照率，叶面积指数、植被覆盖度等，是模型能够识别的重要参量，LEAF-2能够处理到次级栅格尺度（http://www.atmet.com/html/docs/rams/RT1-leaf 2-3.pdf）。在中国范例研究的数据试验中，每个栅格的次级数量界定为10，在实现陆表参量空间分辨率的分布式提升后，模型对自然过程的逼近更为具体。

19.5 中国区域气候变化、土地利用与生态功能案例研究

19.5.1 中国近30年来的气候变化

为了研究气候变化与人类生态的作用与反作用，我们必须量化中国气候变化的时空格局。利用台站数据及遥感影像我们来看中国气候变化的趋势。从20世纪80年代开始，中国科学家开始对中国的气候变化做了大量的研究。发现20世纪以来中国气温以40年代最暖，随后下降，70年代气温比40年代要低。自20世纪50年代以来，中国渐趋干旱（张先恭等，1982)，这一结果在随后的研究中更是得到了证实（屠其璞，1984；赵汉光等，1989；林学椿等，1990)。另有学者指出，中国变暖区主要在35°N以北地区。35°N以南和100°E以东地区存在一个气温变冷区，中心在四川及其邻近地区，变冷区中心的四川省自40年代以后一直在逐步变冷（陈隆勋，1991)。

(1) 中国大部分地区温度变化明显

尽管对中国气候变化的趋势仍有争论，但共同的认知是气候确实在发生变化。利用逐点回归的方法分析中国自1981至2007年的温度，从而得出温度随时间变化的相关系数。图19.5至图19.7显示中国自1981至2007年日最低气温、日平均气温、日最高气温的变化趋势图[本章涉及的中国区域制图数据源于国家基础地理信息中心，图幅设计和国界显示均以维护国家领土完整为首要，制图标准对应于国家测绘局“中华人民共和国地图”之示意地图版4(海陆同线无图廓海南诸岛)：图19.5至图19.9(b)，图19.14至图19.17；以及国家测绘局“中华人民共和国”之示意地图版4(海陆同线无图廓)：图19.10，特此说明]。可以看出，中国大部分地区的温度呈上升的现象，且日最低气温上升的速度最快。这些地区的温度上升将直接影响到生态系统的服务功能。

如图所示，图19.5、图19.6和图19.7分别为各地区1981到2007年日平均最低温、日平均最高温，以及日均温的气温变化图。青藏高原增温最明显，其次华北地区温度也有较大的升高。在四川、贵州、云南西部、东北的辽宁气温有变冷的趋势，特别是以四川为中心的区域，其变冷的趋势很强烈，这一结果也在以前的研究中有所发现（陈隆勋，1998)。此外，新疆一些地区和内蒙过西北部也是变冷区。在本研究中，35°N以北的区域有着明显的升温趋势，与已有的研究结果比较吻合（陈隆勋等，1991；陈隆勋等，1998)。

在图19.5、图19.6和图19.7中，我们可以发现，若从更长远的角度来看中国气候的变化趋势，在全球变暖的大背景下，中国气温的整体变化趋势也符合这个趋势，即，基本上在中国境内，日最低气温都升高了，特别是东部以及东南部，也即110°E以东的地区，这个变化趋势很明显。在100°E和110°E之间，这里则存在一个为许多学者所发现的冷区，这个冷区核心处于四川盆地，基本上从北向南贯穿了整个中国境内。在100°E以西，变暖仍然是主要的趋势，青藏高原区气候的不断变暖已经作为一个严峻的问题摆在了我们面前。

我们分别拟合了1981—2007年和2000—2007年的气温的不同变化趋势，希望可以利用这种手段掌握中国气候在长期和中短期的不同变化趋势。而我们的结果表明，采用长期的数据，可以很有效地掌握整体气温的变化趋势，采用短期的数据，则可以有效地把握短期内气候变化最剧烈的部分。

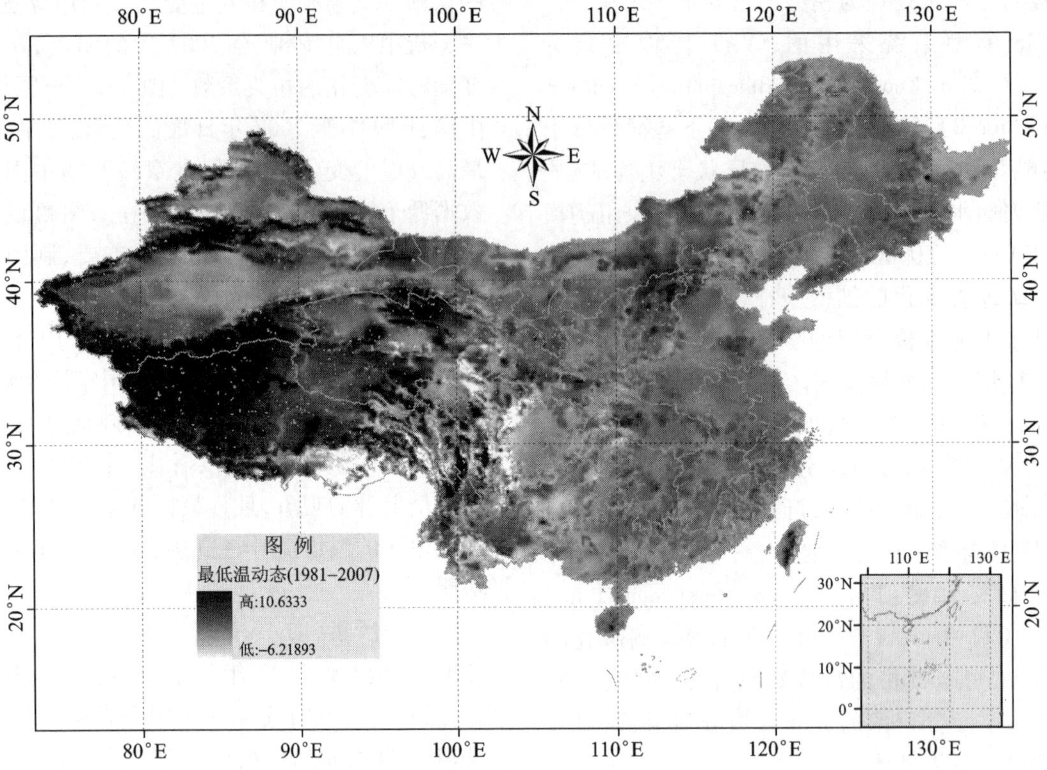

图 19.5 1981—2007 年日最低温度变化趋势

Figure 19.5 Trend of the minimum daily temperature change from 1981 to 2007

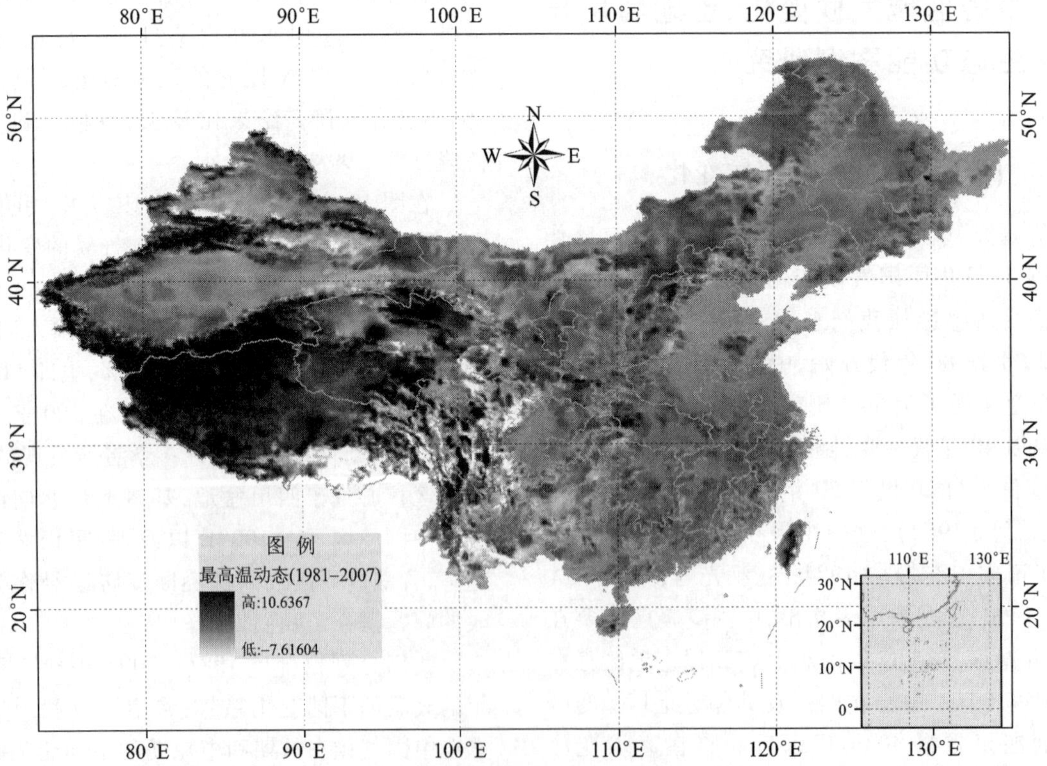

图 19.6 1981—2007 年日最高温度变化趋势

Figure 19.6 Trend of the maximum daily temperature change from 1981 to 2007

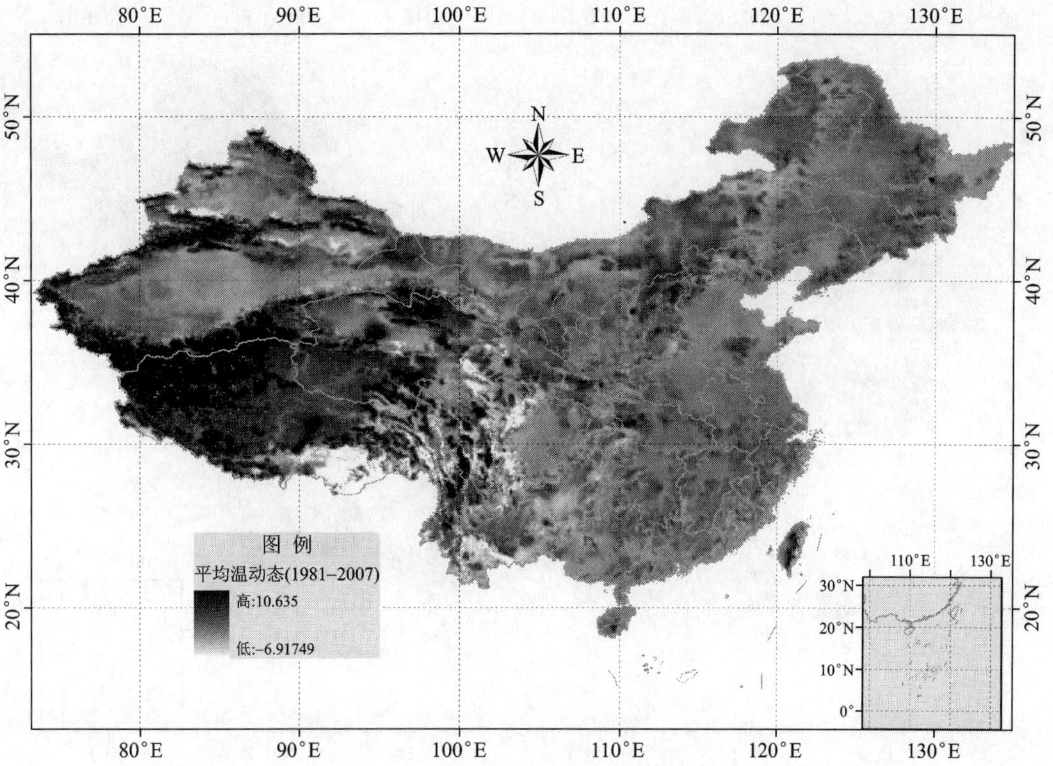

图 19.7 1981—2007 年日平均温度变化趋势

Figure 19.7 Trend of the daily mean temperature change from 1981 to 2007

(2) 中国年降水量普遍下降

最近的研究指出,由于季风气流与西风带气流绕青藏高原的相互作用,全球中低纬度气候相互作用最突出的地区在中国(Qian,2007;钱维宏,2007)。在这种趋势下,从 2000 年到 2007 年之间,中国降水的变化呈现很明显的空间异质性,如图 19.8 所示,正值代表降水增加,负值代表降水减少。值越大,变化趋势越显著。在内蒙古西部、新疆北部的一个小区域,降水有较大的增加,此外在江淮地区降水也略有增加。在整个青藏高原、新疆的大部分地区、东北、华东,降水显著减少。特别是青藏高原西端,降水有着极其明显的减少,以四川为中心的区域,降水量也处于下降的趋势。华南地区则变化不太明显。

从 1981—2007 年这一个较长的时间尺度上,中国的总的降水量趋势是,东部、东南部处于一个降水量减少的过程,其中,华南、东北以及西部的青藏高原降水量都在急剧减少。而北方的内蒙古西部、新疆东部、青海西北部,降水量都有所增长(图 19.9a)。这种降水量的时空变化直接影响到地表植被的变化,我们由植被的变化趋势可以基本上把握这种降水的变化动态。图 19.9b是利用 GIMMS(Global Inventory Modeling and Mapping Studies)数据生成的 1981 年到 2006 年的植被变化动态图,正值代表植被正在向繁盛的方向发展,负值代表植被正在向退化的方向发展。在这里,中国北方的内蒙古东部,以及青海的大部分植被都表现出了良好的增长势头,这与这一区域降水的增加应该有直接的关系,这主要是由于,在这一区域,草原是主要的植被类型,通常情况下,草原植被生长的主要限制因子就是水分,因此当这些区域的降水明显增加后,植被也就获取一个更强的生长动力,出现了良好的发展趋势。在中国的南部,在降水减少的同时,气温却在不断升高,这样,植被的生长开始受到了一定的影响,由图 19.9b 可以清晰展示这种动态变化过程。

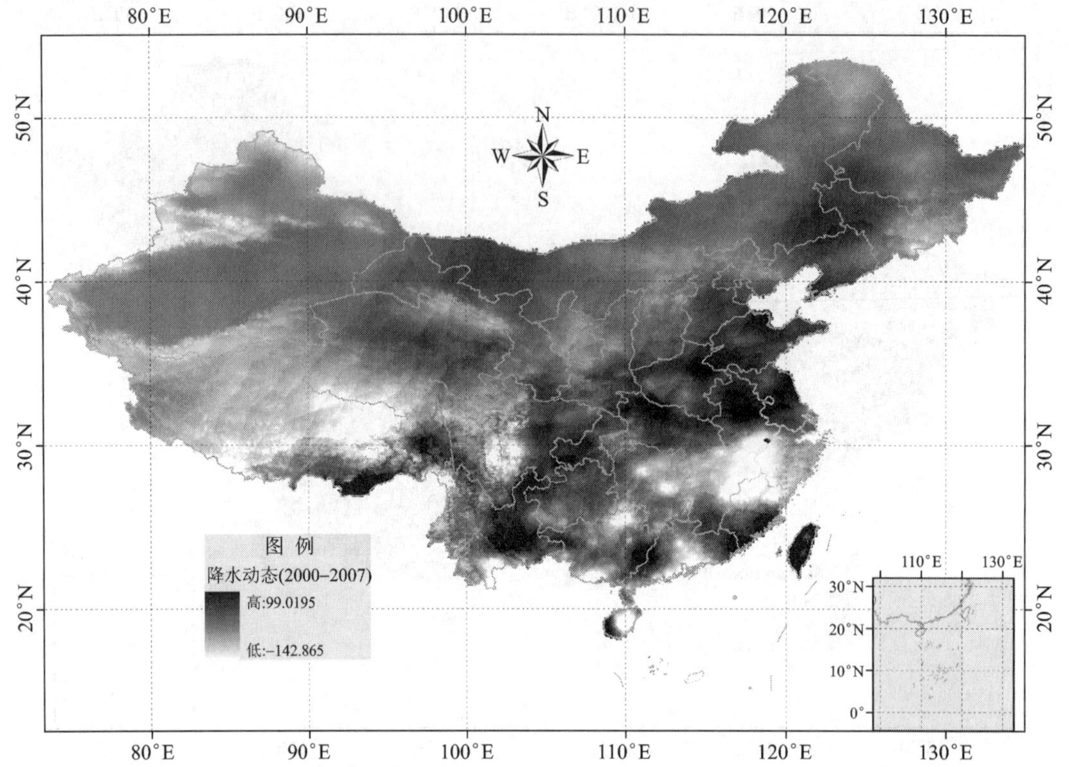

图 19.8 2000—2007 年降水变化趋势
Figure 19.8 Precipitation changed from 2000 to 2007

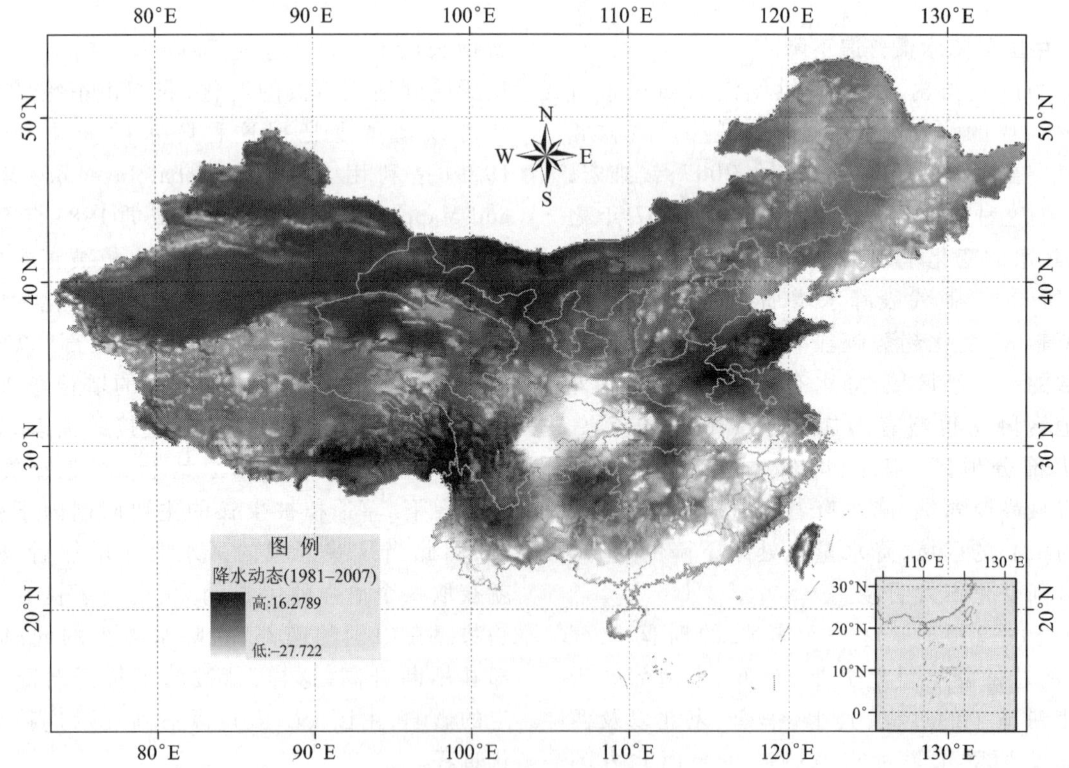

图 19.9a 1981—2007 年降水变化趋势
Figure 19.9a Precipitation changed from 1981 to 2007

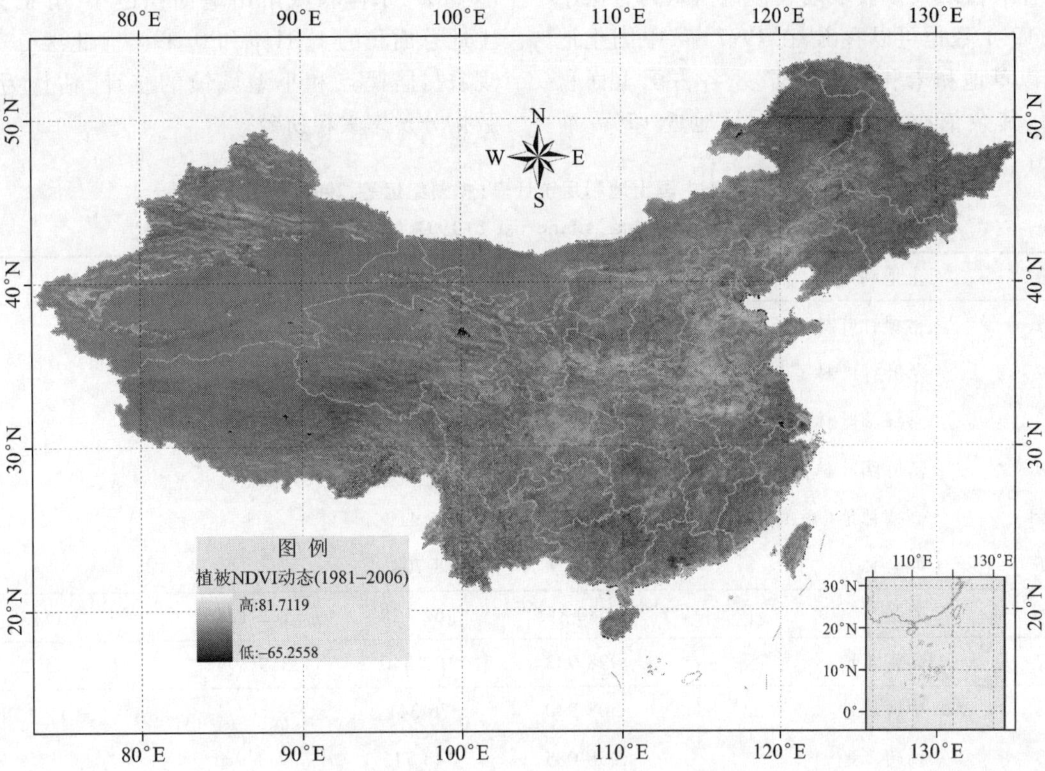

图 19.9b 1981—2006 年中国植被变化趋势

Figure 19.9b Vegetation cover changed from 1981 to 2006 inferred from GIMMS data

19.5.2 中国近 30 年来的土地利用变化

土地是人类赖以生存和发展的最基本的自然资源。土地利用变化通过改变地表覆被情形而影响环境质量和陆地生态系统性质,在各种尺度影响着人-地系统的和谐发展,已成为国际和国内众多重大研究计划的核心内容。中国幅员辽阔,地表覆盖类型多样。人口增加和城镇化建设对土地资源的需求使中国土地利用 30 年以来发生了巨大变化;同时,气候变化也在一定时空尺度和地表生态过程互为影响和作用,中国土地利用变化总体上呈现出复杂多变的特点。在刘纪远等人 2003 年的报道中,中国在 20 世纪 80 年末至 90 年代末的 10 年间,土地利用的变化主要表现为(刘纪远等,2003):

① 耕地面积增加 4 488 万亩[①],其中水田增加 212 万亩,旱地增加 4 276 万亩。

② 城乡建设用地增加 2 639 万亩,其中 81% 的新增建设用地来自对耕地的占用。

③ 林地用地面积减少 1 634 万亩,主要表现为东北、四川和贵州等天然林边缘农林交错带的各类林地的减少。

④ 草地面积净减少 5 155 万亩,主要开垦为耕地,占减少总量的 60% 以上。

⑤ 水域面积增加 240 万亩,主要集中在山东、浙江、广东和洞庭湖地区。

⑥ 未利用土地的面积减少 570 万亩,动态变化多集中在北方地区。

上述变化表明,中国在 20 世纪最后一个 10 年,土地利用变化主要集中在农田和城市建设用地扩展。这一时期,林、草和未利用土地不同程度地贡献于人类发展需求,面积发生减少。

刘纪远项目组以气温、降水的长序列数据为植被气候分区依据,将中国分为 9 个植被气候分区,并叠置高程数据,与 1997 年 AVHRR 四季合成影像及 NDVI 融合,应用监督分类方法得出中国 1997 年土地利用数据构成(表 19.1),这种方法很好地发展了

① 1 亩 = 666.6 m^2,全书下同。

遥感技术在大区域尺度获取陆表覆盖信息的方法手段。由表19.1数据可以看出,在1997年,中国土地利用构成以草地和未利用土地居多,各占国土面积的约25%;其余依次为耕地22%、林地近15%、灌丛11%;水体和城市用地面积最小,分别只占全国土地总面积的1.31%和0.39%。此次分类未能实现农村居民点和小型城镇的统计,估计为AVHRR数据分辨率太粗所致。

表19.1 1997年中国土地利用统计表(据刘纪远等,2003;略有改动)

Table 19.1 Statistics of China's land use in 1997 (based on Liu et al, 2003)

序号	土地利用类	面积/km^2	面积(万亩)	大类/万亩	%
C1	常绿针叶林	379 258	56 889		
C2	落叶针叶林	128 864	19 330		
C3	常绿阔叶林	145 224	21 784	207 053	14.53
C4	落叶阔叶林	232 845	34 927		
C18	高寒林地(青藏地区)	436 129	65 419		
C5	混合林	58 029	8 704		
C6	灌丛	1 080 855	162 128	162 128	11.38
C7	高密草地	928 933	139 340	359 394	25.23
C8	中覆草地	508 940	76 341		
C9	稀疏草地	958 085	143 713		
C10	耕地	2 077 498	311 625	311 625	21.87
C12	城市	36 915	5 537	5 537	0.39
C13	水体	124 235	18 635	18 635	1.31
C11	湿地	56 809	8 521		
C14	冰雪	79 397	11 910		
C15	荒漠	1 232 057	184 809	360 273	25.29
C16	沙漠	548 045	82 207		
C17	裸岩	485 507	72 826		
合 计		9 497 625	1 424 645	1 424 645	100

20世纪90年代中期以来,中国在发展经济的同时,逐渐规范和提升公众环保意识,一系列的环境工程实施,在一定尺度和程度上取得效益,但总体改良的状况如何,齐家国等人通过解译2005年土地利用、土地覆被状况(表19.2),并与1997年状况对比得出一些初步结论。

表19.2 2005年中国土地利用统计表

Table 19.2 Statistics of China's land use in 2005

序号	土地利用类	面积/km^2	面积/万亩	大类/万亩	%
C1	常绿针叶林	1 009 043	151 356		
C2	落叶针叶林	7 752	1 163		
C3	常绿阔叶林	304 242	45 636	213 631	14.96
C4	落叶阔叶林	101 170	15 176		
C5	混合林	2 001	300		

续表

序号	土地利用类	面积/km^2	面积/万亩	大类/万亩	%
C6	灌丛	280 407	42 061	42 061	2.94
C7	高密草地	956 120	143 418		
C8	中覆草地	1 384 467	207 670	373 480	26.15
C9	稀疏草地	149 277	22 392		
C10	耕地	2 660 982	399 147	399 147	27.94
C12	城市	31 154	4 673	4 673	0.33
C13	水体	105 322	15 798	15 798	1.11
C14	冰雪	137 337	20 601		
C15	荒漠	59 990	8 999	379 562	26.57
C16	沙漠	242 811	36 422		
C17	裸岩	2 090 264	313 540		
合计		9 522 339	1 428 352	1 428 352	100

注:基于 GlobCover V2 产品统计。

表 19.3 中国土地利用变化(1997—2005)

Table 19.3 Land use changes in China from 1997 to 2005

土地利用	1997 面积/万亩	2005 面积/万亩	变化面积/万亩	变化比例
林地	207 053	213 631	6 578	3.18%
草灌	521 522	415 541	-105 981	-20.32%
耕地城镇	317 162	403 820	86 658	27.32%
水体	18 635	15 798	-2 837	-15.22%
未利用土地	360 273	379 562	19 289	5.35%
总面积*	1 426 499			

* 由于统计误差,1997 年和 2005 年全国土地面积数据有所偏差,该值为两年面积的平均值。

根据 GlobCover V2 产品,可以由土地覆被类型得到土地利用的大类数据。从全国范围来看,与 1997 年相比,2005 年林地面积增加了 3.18%,草灌面积减少了 20.32%,而人类活动区域即农田和城镇面积增加了 27.32%,水体减少 15.22%,而包括永久冰雪、荒漠、沙漠、湿地、裸岩(土)在内的未利用土地面积增加了 5.35%(表 19.3)。由于土地覆盖和土地利用在分类系统及解译标准上的差异,上述数据存在统计上的误差,但从大的趋势来看,过去 10 年,中国林、草、灌等植被覆盖的面积是减少的,表明一定程度上的生态功能减退;人居和农业占地进一步增大,说明人类活动强度仍处于增强状态;同时,水域面积减少,水资源状况仍不容乐观;而不能利用的土地呈增加趋势,表明包括荒漠化和沙漠化在内的土地退化仍在发生。

为了考察较长一段时期中国土地利用变化的具体情况,齐家国等人以 1980 年中国土地利用和 2005 年 GlobCover 底图为源数据,就近 30 年以来中国土地利用变化进行分析。图 19.10 是 1980 年和 2005 年中国土地利用变化的对比示意图,由图中可以看出,从 1980 年到 2005 年,中国林草面积下降,水域减少,农业用地明显增加,包括荒漠和沙漠在内的不能利用的土地面积有大幅增加。

综上所述,本节从 10 年尺度(20 世纪 80 年代末至 90 年代末,1997 至 2005 年)和近 30 年尺度(1980 至 2005 年)分析了中国土地利用变化状况,从农地增加和林草减少的事实来看,土地利用变化

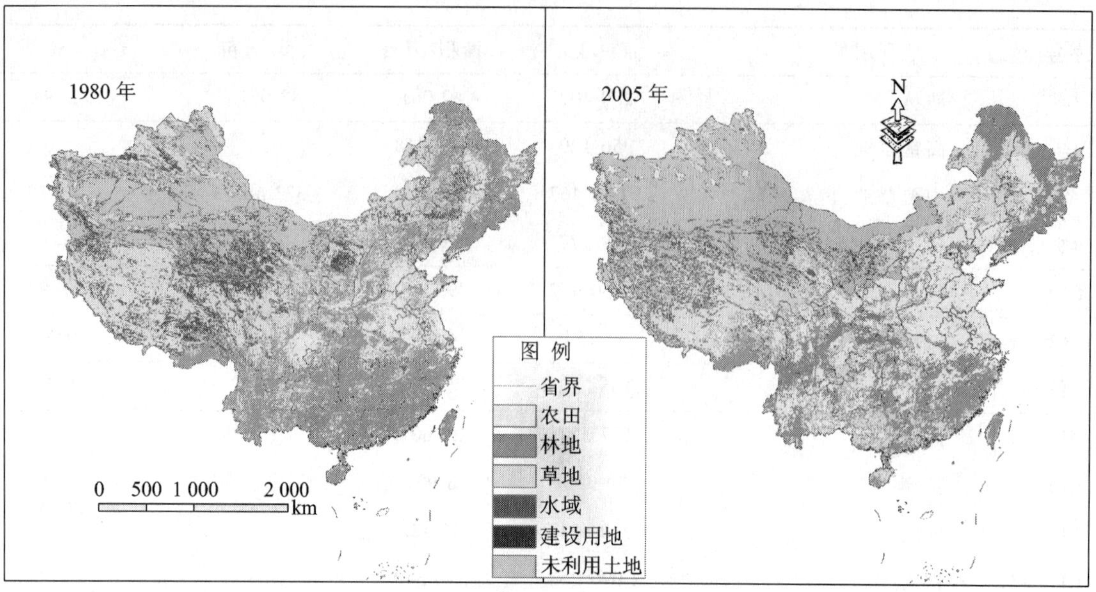

图 19.10 近 30 年以来中国土地利用变化

参见彩色插页

Figure 19.10 Land use changes over the past 30 years in China

及其所致的环境劣变归根结底由人口增加和经济发展的内在需求所驱动。90 年代末，中国政府为改良环境，出台和实施了一系列与植被恢复与重建有关的政策措施。目前为止，种种迹象表明，中国环境的总体状况仍处于堪忧状态，国家层面和地方各级政府的统筹、规划还需进一步完善、加强。

19.5.3 土地覆盖变化导致的气候变化

(1) 能量、反照率格局变化

RAMS 4.4 可以用来模拟土地覆盖变化对大气传输过程的影响。该模型允许不同分辨率级别的中尺度空间设定(如 80 或 20 km)。齐家国等人以中国陆地生长季(2 月 20 日—10 月 15 日)地表覆被特征的变化来驱动 RAMS 模型，进行中国地表反照率格局动态研究。图 19.11 所示是 20 km 分辨率的输出结果，从中可以看出，1985 年到 1995 年间，农业扩张和滥砍滥伐致使中国西部和北部广大地区林地面积退减迅速，退减区地表反照率有所升高(左图橙色所示)；1995 年以来，国家实施各类生态重建工程，地表覆被得到一定程度改善，中图绿色区所示的地表反照率下降即是这一情形的模式表征；在更长时间跨度上(1985—2000 年)，除了西部一些地区，中国绝大部分地区地表反照率变化不甚明显(右图)，表明在较长一段时期，地表覆被情形的变化差异不大。

(2) 植被与大气相互作用的位移高度变化

土地覆盖在影响地表反照率发生变化的同时，也使大气和地表交互的位移高度发生垂向变迁，上述变化分别影响陆-气通量过程和地表风速，进而影响中尺度对流进程。地表反照率表达着能量暨热的地区传输差异，尤其在植林地区和相邻裸露地区，这一情况十分明显；而植被和大气相互作用的位移高度则明显影响到风力过程，植被区(林地或农田)风力下降、风速滞缓，而裸露地表的风动力过程则不但不受阻碍，反而可能更加强劲。通常，大气过程会驱散或抑制对流，但在垂向抬升机制(如锋面系统和风暴轴)和充裕水汽并存的情形下，对流会加促遇冷凝结，降水形成的可能性则大为增加。并且，林地往往对应更多蒸散通量，与其相邻地区形成平向对流，这种情形类似于垂向抬升的有效位能，可以促进降水形成。

以 RAMS 模型的输出来看，农田置换林地对植被位移高度有明显的削弱影响，而林地重建则效果相反，使陆-气交互的层位上移，这一情形在北方较为明显，但在南部及靠近海岸地区则响应甚微(图 19.12)。

(3) 降水格局变化

图 19.13 所示的降水变化对比发生在 3 个不同

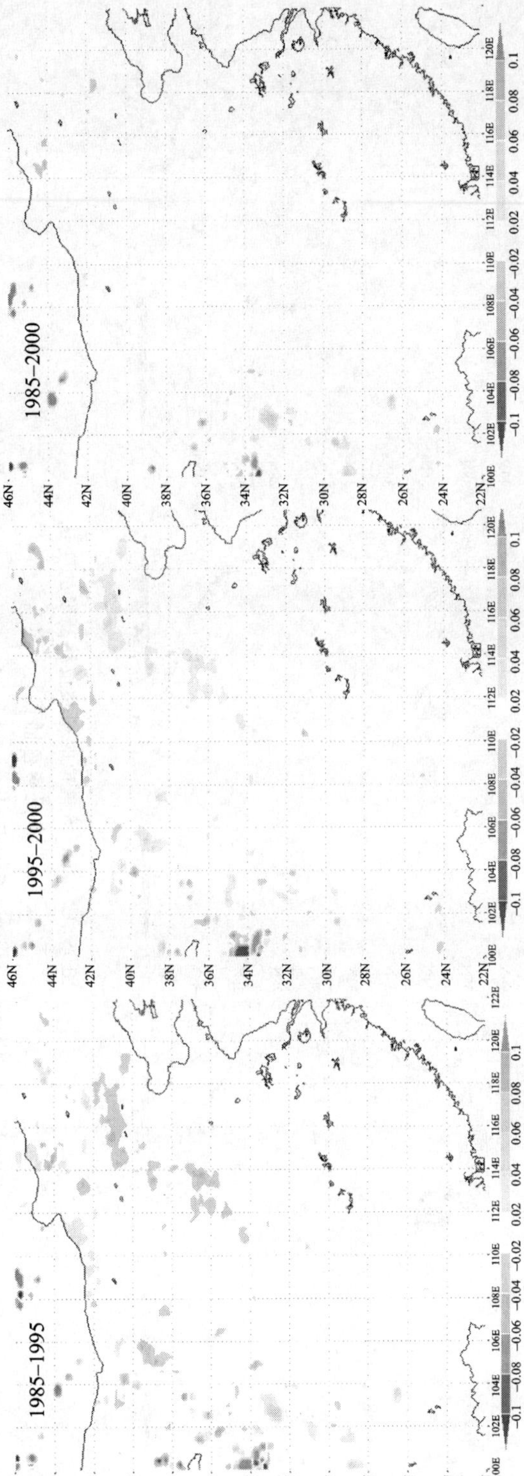

图 19.11　RAMS 模拟地表反照率变化示意图

参见彩色插页

Figure 19.11　Changes in albedo as represented in RAMS simulations

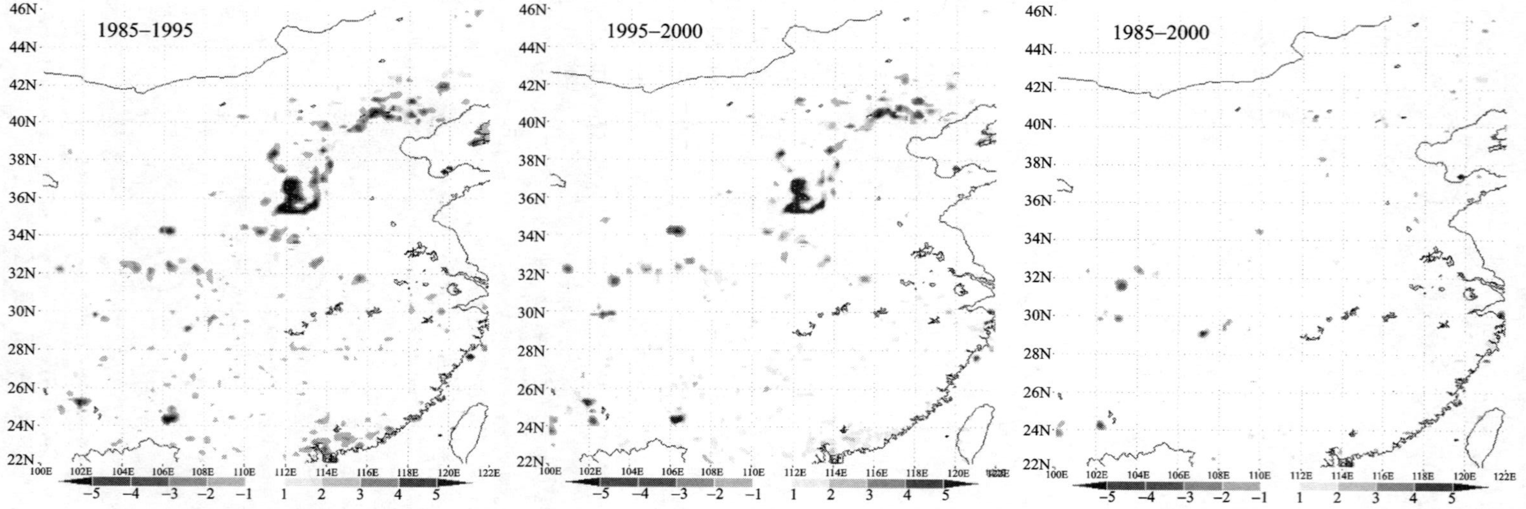

图 19.12 RAMS 模拟的植被位移高度的变化

参见彩色插页

Figure 19.12 Changes in vegetation displacement height as represented in RAMS simulations

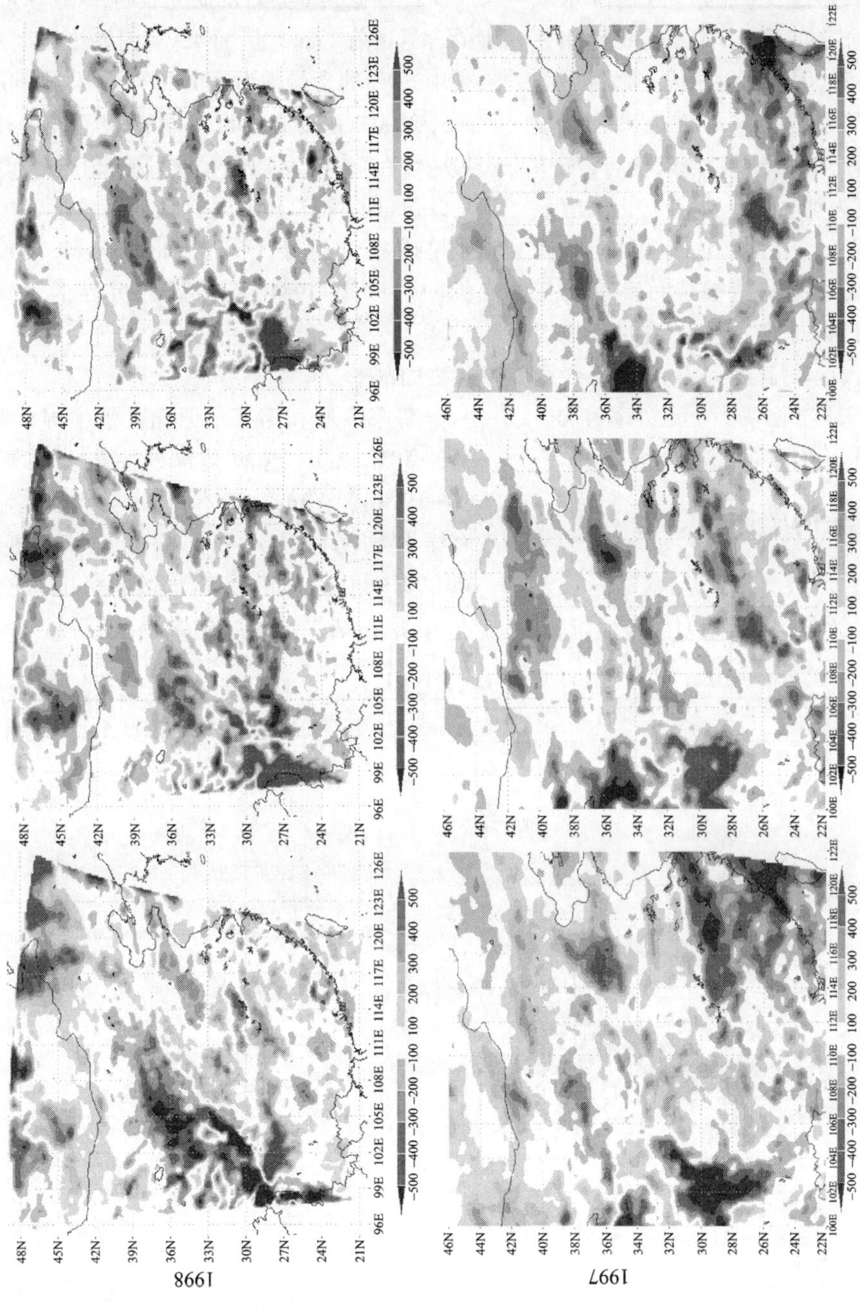

图 19.13 基于不同土地利用变化格局的 1997 年和 1998 年生长期降水变化

参见彩色插页

Figure 19.13 Changes in precipitation (Feb 20th to Oct 15th) in the growing seasons of 1997 and 1998

土地覆盖变化基础上的两个年份(1997 年和 1998 年)之间。以 1985—1995 年土地利用变化为输入，RAMS 能够模拟出中国东部森林砍伐区的风力辐合增强,但在森林覆盖好和地表糙度大的地区,上述过程退减。同时,该地区的降水具有较为明显的纬向性分异。研究区西部,森林砍伐(裸露)致使降水减少更多,与东部风力辐合区的降水增加形成负相关(图 19.13 左)。1995—2000 年间,中国土地利用朝着好的方向发展,两年的模拟结果均表现出大规模植树造林有助于地区降水的增加。1998 年长江中下游地区的降水增加更为明显(图 19.13 中),应该与当年的 ENSO 效应有关。在 1985—2000 年的较长一个时期,尽管地表反照率和植被位移高度的变化不明显(图 19.13 右),但地表覆盖相关的其他因素如季节性叶面积指数、地表盖度等不可避免会影响到局地气候过程乃至环流格局,与反照率和陆-气交互位移高度相比,上述因素的影响要弱一些。

19.5.4　气候变化导致的碳循环变化

(1) 土壤碳变化

这里,我们以中国草原中的有机碳为例进行研究,其他的植被类型也可以使用同样的方法来进行研究。中国草原 0 ~ 50 cm 的总土壤有机碳量为 12.4 Pg C,这一结果低于 Olson 的估计值。之所以会出现这样的结果,主要是由于在 DNDC 中,模拟结果仅仅是 0 ~ 50 cm 的土壤有机碳含量,而 Olson 的估计值则是全部土壤的含量。根据其他学者的研究表明,草原 SOC 在前20 cm 的含量是前 1 m 含量的 42% ,而在第 2 m 和第 3 m 土壤中 SOC 的含量则为第 1 m 的 43% (Jobbagy & Jackson, 2000),由此我们可以推断,整个草原中 SOC 的含量应该在 20 Pg C 以上,虽然这一值依然低于 Olson 的估计值(Ni, 2002),但是其他的一些学者指出,中国的土壤碳密度低于 Olson(Olson et al, 1983)和 Zinke (Zinke et al, 1984)所估计的世界的平均水平(Ni, 2004b),总之,本文研究结果的精度处于一个相对可以接受的水平。

高寒草甸和高寒草原储存了中国草原土壤总碳量的 50% 以上,这两类草地主要分布于青藏高原(图 19.14),Yang (2008)在青藏高原上利用土壤剖面样本数据估计青藏高原的土壤有机碳密度为 65 000 kg C · hm^{-2},50 cm 的有机碳总储量为 6.13 Pg C,这一结果与本文的结果很相似。

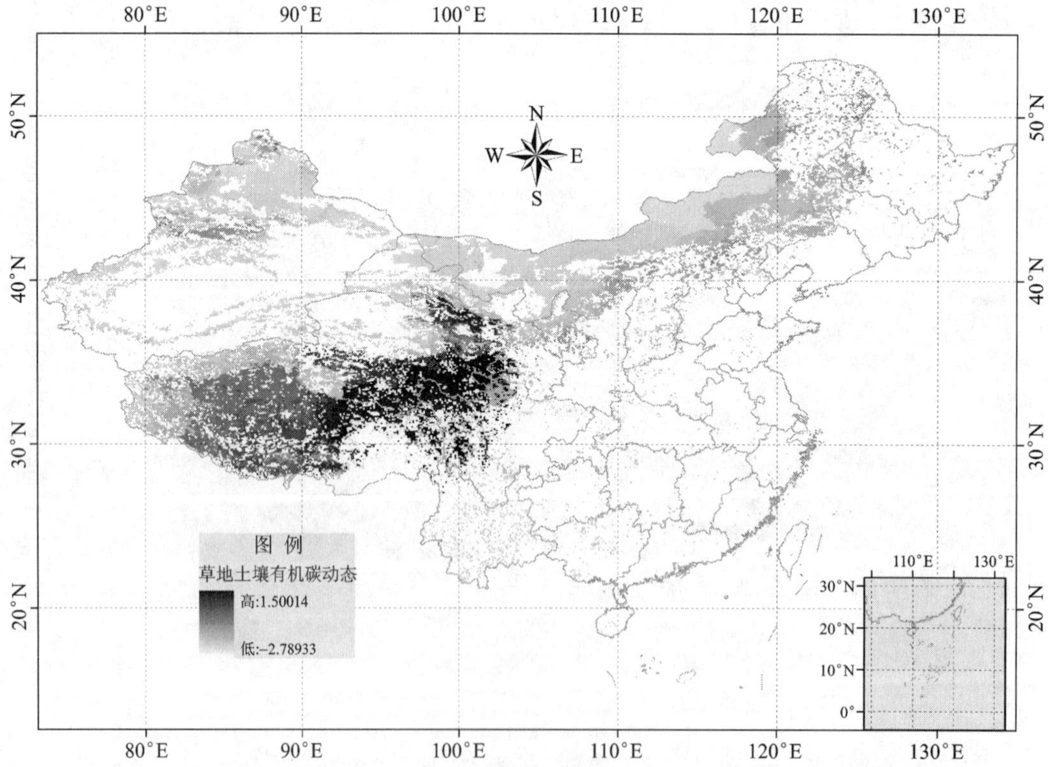

图 19.14　2000—2007 年中国草地土壤有机碳动态

Figure 19.14　SOC dynamics in Chinese grassland ecosystem from 2000 to 2007

(2) 中国草地生态系统碳储量动态

草原植被碳储量主要分为地上植被碳储量和地下植被碳储量：中国草原地表植被碳储量为 0.249 8 Pg C，这个估计值低于 Fan 等(2008)的估计值，但是高于 Ni(2004)的估计值。其中，草原碳储量与 Ni 估计的碳储量有着很强的线性关系，这主要是由于 Ni(2004)仅仅采用牧草生长季中的最大产量来估计碳储量，牧草的产量只是实际地上生物量的一部分，这样就会导致对结果产生低估，这也是 Ni(2004)方法中的一个主要的缺陷，本文的地表碳储存量则包含了植物的所有地上部分，因此总量上也就会相应增加。此外，在 Ni 的文章中，草原面积仅仅 2.98×10^7 hm^2，这个值低于本文中使用的 3.37×10^7 hm^2 的面积(Ni, 2004)。在本研究的结果中，地上草原植被碳储量之值低于 Fan 等(2008)的估计值，这主要是由于 Fan 等(2008)仅仅使用了一年的调查数据，而在我们的研究中，采用的是 8 年模拟结果的平均数据，这种处理方法会平滑年际间的变化，降低模型的不确定性，产生较为可靠的估计值，但是却会降低对特定年份的数据敏感性。

地下植物碳库的估计往往较地表的更难，这主要是由于测量条件的限制(Fan et al, 2008)。模型是一个解决此类问题的理想工具。在本研究中，中国草原总的地下植被碳储存量是 1.85 Pg C。其中，高山草甸的储存量最大，达到了 0.87 Pg C，占了全国总地下碳储量的 47%。在我们的研究中，虽然碳总储量结果低于 Fan 等(2008)研究中所获取的结果，但碳储量与碳密度却与 Fan 等(2008)的结果有极强的相关性(图 19.15)。这主要是由于在我们的研究中，我们仅仅和使用了植物的根部碳作为地下的植物碳库，而 Fan 等 (2008)中则包含了全部的植物根系、土壤中的有机体以及死亡的和分解的植物体(Fan et al, 2008)。如图 19.15 所示，从 2000 年到 2007 年 8 年间，中国北方大部分地区与整个青藏高原地区地上植被都处于不断退化的过程，其中青藏高原的东端，四川盆地区植被却有一个不断改善的趋势。但是草原总植被碳储量仍然处于一个不断下降的过程。

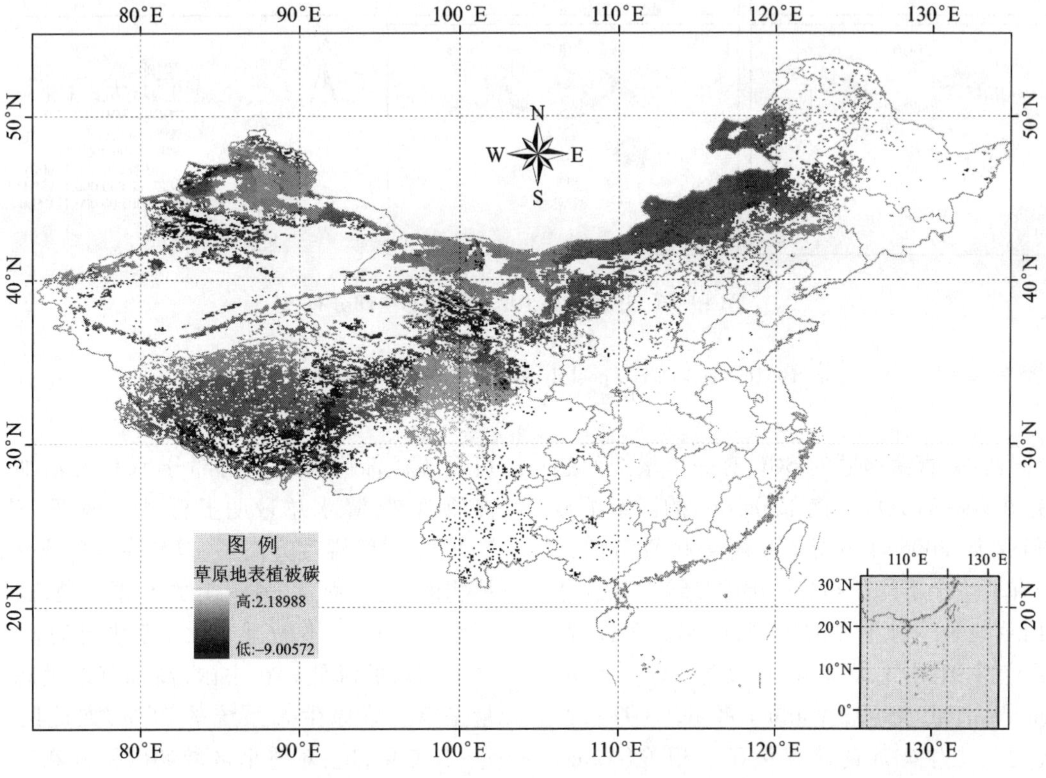

图 19.15 中国草原地上植被碳储量动态(2000—2007)

Figure 19.15 Vegetation carbon pool dynamics of the surface part in Chinese grassland from 2000 to 2007

(3) 气候变化对中国草地碳库影响

在研究中,我们使用了实际的 CO_2 含量来模拟 8 年的草原生长情况,在这 8 年里,草原碳有了很大的变化。从 2000 年到 2007 年,虽然中国草原碳总储量增加了,但是不同的地区却表现出很大的区别,这些变化的空间分布,以及其变化模式值得我们注意,特别是北方的典型草原区和西部的高寒草原区。在北方的典型草原,SOC 增加率低于其他地方,从 2003 年开始,内蒙古西部和新疆北部的 SOC 开始减少(图 19.16),这是因为这些地区属于干旱半干旱地区,温性沙漠和温性沙漠草原是主要的植被类型,在这些地区中,气温处于一个不断升高的过程,但同时,降水却是一个不断下降的过程 (NDRC, 2007),降水作为干旱半干旱地区植物生长的一个关键的限制性因子,其可以明显地限制微生物的活动以及生态系统的整体动态变化,当降水量降低时,将会导致 SOC 的降低,而 SOC 的降低又意味着整个生态系统的退化。

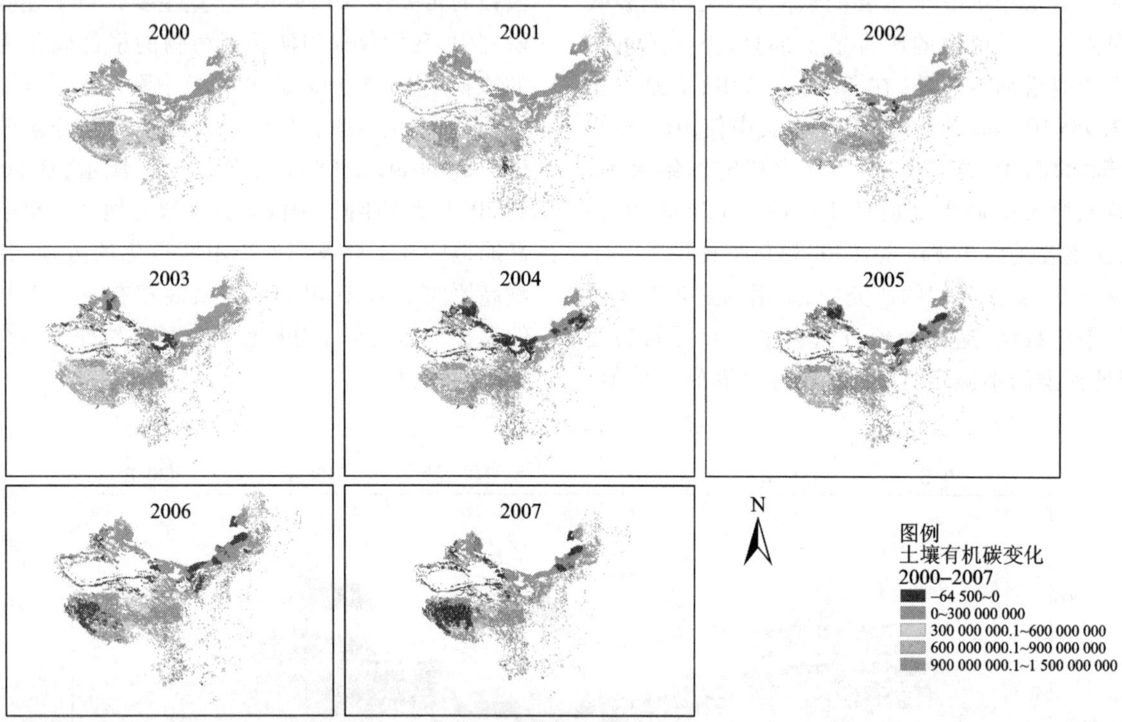

图 19.16　中国草原土壤碳库动态空间分布

参见彩色插页

Figure 19.16　Soil carbon pool dynamics in Chinese grassland ecosystem

在中国西部,青藏高原的 SOC 有一个增加的趋势,特别是在青藏高原的东南部分,CO_2 的固定量显著增加,但是从 2006 年开始,青藏高原西南部的 SOC 开始有了一个下降的趋势(图 19.16)。在这些地区,高山草地是一种主要的类型,由于高海拔,高山生态系统一般对气候变化很敏感(Luo et al, 2004; Pounds et al, 1999; Walther et al, 2002),并且土壤湿度与土壤碳库的储存量显著相关(Yang, 2008)。水分和温度是青藏高原植物的两个主要限制因子,一些研究者发现随着气候变暖,可利用养分会增加(Klein et al, 2004),温度增加,这一地区的植物就可以获取更多的养分从而生长得更好,这就可以解释青藏高原东南部分 SOC 的增加。在青藏高原西部,降水总量明显低于东南部(Shen et al, 2006),尽管温度升高了,但是降水量依然在限制着植物的生长,而且,另一个关键原因是,这一地区的降水本身就在不断减少,二者共同的作用导致了 SOC 储量的降低。在中国,高寒草地生态系统碳储量是整个草原生态系统的 56%,如此巨大的碳储量,其变化将会对整个区域的碳平衡和区域气候造成深远的影响。

(4) 模型验证

本模型的结果与遥感观测的结果显示了一个相似的模式,这也可以进一步论证模型的估计和实际情形的相似性。鉴于土壤数据的缺乏,我们采用了遥感和已有文献结果相结合的验证模式。

从2000年到2007的NDVI趋势图(图19.17)上可以看到,在中国北方的内蒙古东部以及青藏高原地区的植被处于一个明显的下降过程,这与我们模型估计的结果十分吻合。在青藏高原东麓,我们的模拟结果展示这里的植被处于一个不断改善的过程,这一结果也在NDVI趋势图上得到了验证。

中国草原植被碳储量为2.098 7 Pg C。高山草甸占其中的59%,温性草原占17%,这一结果与中国草原类型的总分布结果十分吻合。在我们的结果中,总植物碳储量与Olson等(1983)的估计值有着很强的相关性,Fang等(1996)对中国草原的碳储量进行估计时,虽然采用了一个比较大的面积,但是总的碳储存量却低于此研究中的结果。在另外的一个研究中,Fan等(2008)使用生物量来估计中国植物碳储量时,使用了一个与Ni(2002)相似的草原面积,并且取得了与Ni(2002)采用Olson等(1983)中等水平的碳密度时比较相似的结果(图19.18),但是Ni(2002)却指明,在中国使用Olson中等水平的碳密度值,会高估整体碳储存量。在本文的研究中,我们的估计值基本上是Fang等(1996)和Fan et al (2008)的一个平均值,估计值处于一个可接受的范围内。

我们估计的总草原植物碳密度与Olson(Ni, 2002)的全球植被碳密度(高水平)数据表示出了极好的相关性,但是在低水平(low level)和中等水平(median level)下,相关性比较差,但是当我们将高山草甸,高山草原草甸排除时,整个相关性会显著提高。根据Fan et al对高山草甸和高山草原草甸的估计以及在此研究中的估计表明,在中国,高山草甸和高山草原草甸的应该高于Olson所估计的中低水平。如果将Olson的中等水平作为一个碳库储存潜力的话,那么仅仅高山草甸达到了这个标准,其他草原仍然有增加碳储量的潜力,同时,许多的研究者都表明了中国草原的草地植物碳密度低于Olson所报告的数据(Ni, 2004)。

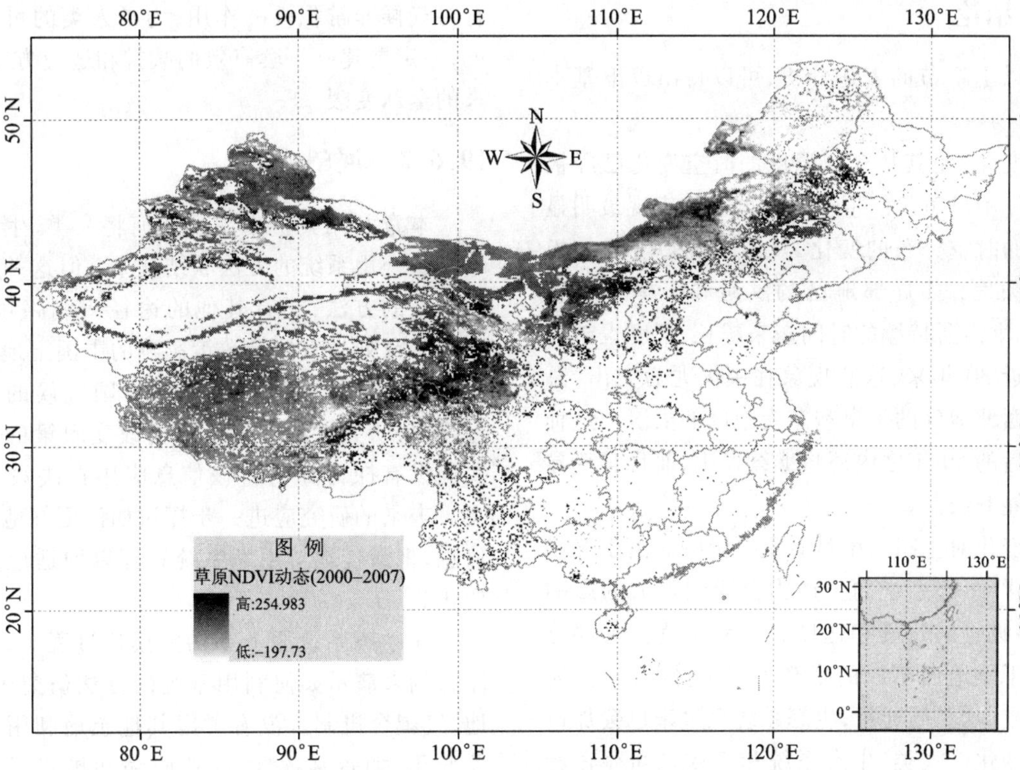

图19.17 中国草原NDVI动态变化图(2000—2007)

Figure 19.17 NDVI dynamics in Chinese grassland from 2000 to 2007

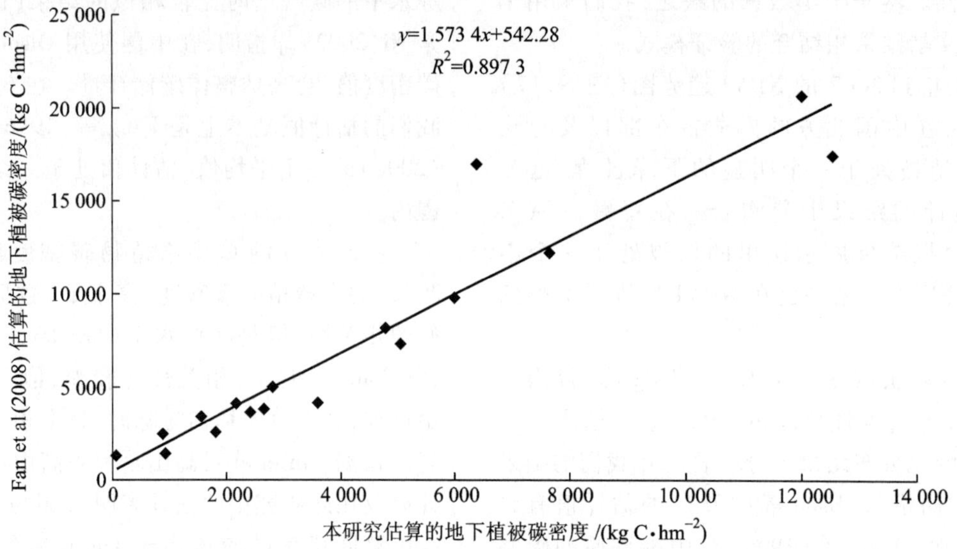

图 19.18　中国草原植被地下部分碳密度对比(与 Fan,2008)

Figure 19.18　Verification for the underground carbon density in Chinese grassland ecosystem

19.6　结论与展望

19.6.1　结论

通过以上章节的表述分析,可以得出以下基本结论:

全球变化,尤其是全球温度的时空变化已经被认为是一件不可争议的事实。全球变化表现最明显的是气候的时空分布的变化,具体来说是气候的极端现象的频发,如局部地区的洪涝和干旱日趋频繁,干旱和洪涝所持续的时间越来越长,程度也越来越剧烈。近 30 年来,这些现象在中国尤为突出,总体表现为西北地区的干旱和东南地区的洪涝。这种现象在今后的 50 年之内还将继续发生,而且其变异的程度可能升级。

全球变化对生态系统具有重要影响。由于气候持续的变化,生态系统的生产力会受到很大的影响和改变,碳吸收的过程和速度将受到干扰。大部分干旱和半干旱地区草原的生产力将下降。同时,通过改变能量、水和碳通量,生态系统反过来也会加快全球气候变化。人类、生态系统和气候之间存在着内在的联系。它们之间的内在联系可以通过一个系统模型给予量化。该系统模型可以提供一个重要的工具,使我们更好地理解人类、生态系统和气候系统之间的内在关系。这项研究表明,中国土地利用和土地覆盖变化可以改变它的周边气候的时空分布。反过来,气候变化会也会影响到人类赖以生存的生态系统服务功能——粮食和能源。政策的出台可能有对气候非常积极的作用,为了人类的可持续性发展,一定要建立一套有效的减排和适应方案,以防未来的全球变暖。

19.6.2　展望

本章利用案例来演示如何将人类、生态系统与气候系统用系统的方法联结起来,但这并不是唯一的联结的方法,还有其他的途径或线路可以考虑。这项研究列举直接受政策影响的中国土地利用变化及其生态系统功能的改变对中国气候的影响。不过,这项研究并没有提供如何改变政策的建议,即,我们没有探讨如何将该信息应用在决策制定当中去。未来的研究应进一步探讨如何更好地应用这些信息,来最佳地对生态系统管理以便适应全球气候变化。

在生态系统服务和功能模拟过程中,我们用草原为例来演示如何利用系统的方法研究中国的人、地、气耦合机制。没有考虑其他土地利用和土地覆盖变化,如森林砍伐、农业收缩和扩张、城市化等。随着中国经济继续增长,城市扩展仍在继续。定量评估城市扩展对气候可能是很有意义的,并且,城市扩展对气候所带来的影响可能比其他土地利用变化对大气的影响更大一些。

最后,从社会经济的角度来分析,由于全球变化导致的生态系统服务功能影响应该进一步加强,这涉及中国经济的可持续新发展问题。一个国家依赖于经济的可持续性和粮食生产稳定性。所以,未来的研究应该从社会经济的角度来分析全球变化的影响,以便建立一套有效的减排、缓解及适应未来全球气候变化的策略体系。

致谢

作者感谢中国科学院地理所创新团队项目的支持,同时也感谢美国 NASA 资助的项目(NNG05GD49G)和 NASA 的 LCLUC/MAIRS 项目的支持。

参考文献

北京大学生命科学学院编写组. 2000. 生命科学导论. 北京:高等教育出版社.

陈隆勋,邵永宁,张清芬,等. 1991. 近四十年我国气候变化的初步分析. 应用气象学报,(2):164-173.

陈隆勋,朱文琴,王文,等. 1998. 中国近 45 年来气候变化的研究. 气象学报,56(3):257-271.

傅伯杰,陈利顶,马克明,等. 2000. 景观生态学原理及应用. 北京:科学出版社.

李崇银. 2007. 太阳活动如何影响天气气候变化. 创新科技,5:42-43.

季劲钧,李银鹏. 2001. 全球陆地生态系统与大气之间碳交换的模拟研究. 地理学报,56(4):379-389.

林学椿,于淑秋. 1990. 近 40 年我国气候趋势. 气象,(10):16-21.

刘纪远,张增祥,庄大方,等. 2003. 20 世纪 90 年代中国土地利用变化时空特征及其成因分析. 地理研究,22(1):1-12.

刘江. 2001. 中国可持续发展战略研究. 北京:中国农业出版社.

刘世荣,王兵,郭泉水. 1996. 大气 CO_2 浓度增加对生物组织结构和功能的可能影响Ⅱ—植物种群、群落、生态系统结构和生产力对大气 CO_2 浓度增加的响应. 地理学报,51(增刊):141-148.

吕学都. 2005. 气候变化的国际博弈:商务周刊封面故事. 商务周刊,5:40-47.

欧阳志云,王如松,赵景柱. 1999a. 生态系统服务功能及其生态经济价值评价. 应用生态学报,10 (5):635-640.

钱维宏,丁婷,符娇兰,等. 2007. 中国气候变化研究中不同时间尺度资料的应用与研究. 气候变化研究进展,3(6):334-339.

屠其璞. 1984. 近百年来我国气温变化的趋势和周期. 南京气象学院学报,(2):151-161.

余新晓,鲁绍伟,靳芳,等. 2005. 中国森林生态系统服务功能价值评估. 生态学报,25(8):2 097-2 012.

张先恭. 1982. 本世纪我国气温变化的某些特征. 气象学报,40(2):198-208.

赵汉光,张桂森. 1989. 我国异常冬暖的时空变化及其环流特征的分析. 气象,(5):16-20.

朱诚,谢志诚,申洪源,等. 2006. 全球变化科学导论. 南京:南京大学出版社.

庄贵阳,倪建军,崔成. 2007. 气候变化中的玄机:世界知识封面话题. 世界知识,14:14-23.

Costanza, R Arge, R Groot, et al. 1997. The value of the world's ecosystem services and natural capital. Nature, 387: 253-260.

Daily G C. 1997. Nature's Services Societal Dependence on Natural Ecosystem. Washington D. C.: Island Press, 237-252.

Fan J, Zhong H, Harris W, et al. 2008. Carbon storage in the grasslands of China based on field measurements of above- and below-ground biomass. Climatic Change, 86: 375-396.

Fang J Y, Liu G H, Xu S L. 1996. Carbon pools in terrestrial ecosystems in China//Wang R S, Fang J Y, Gao L, et al. Hot spots in modern ecology. Beijing: China Sciences and Technology.

Giorgi F, Mearns L O. 1999. Introduction to special section: Regional climate modeling revisited. Journal of Geophysical Research, 104: 6 335-6 352.

http://baike.baidu.com/view/1180.htm

http://forum.zaojiao.com.cn

http://geo.cersp.com

http://www.eedu.org.cn/Article/ecology/ecologyth/ecosystem/200412/3468.html

http://www.lmbe.seu.edu.cn

IPCC. 2007. Summary for Policymakers//Parry M L, Canziani O F, Palutikof J P, et al. Climate Change

2007: Impacts, Adaptation and Vulnerability. Contribution of Working Group II to the Fourth Assessment Report of the Intergovernmental Panel on Climate Change. Cambridge, UK: Cambridge University Press, 7-22.

IPCC. 2007. Summary for Policymakers//Metz B, Davidson OR , Bosch P R, et al. Climate Change 2007: Mitigation. Contribution of Working Group III to the Fourth Assessment Report of the Intergovernmental Panel on Climate Change. Cambridge, United Kingdom and New York, NY, USA: Cambridge University Press.

IPCC. 2007. Summary for Policymakers//Solomon S, Qin D, Manning M, et al. Climate Change 2007: The Physical Science Basis. Contribution of Working Group I to the Fourth Assessment Report of the Intergovernmental Panel on Climate Change. Cambridge, United Kingdom and New York, NY, USA: Cambridge University Press.

Jobbagy E G, Jackson R B. 2000. The Vertical Distribution of Soil Organic Carbon and Its Relation to Climate and Vegetation. Ecological Applications, 10: 423-436 .

Klein J, Harte J, Zhao X Q. 2004. Experimental warming causes large and rapid species loss, dampened by simulated grazing, on the Tibetan Plateau. Ecology Letters, 7: 1 170-1 179.

Li C, Qiu J, Frolking S, et al. 2002. Reduced methane emissions from large-scale changes in water management of China's rice paddies during 1980—2000. Geophysical Research Letters, 29 (20): 1-4.

Luo T X, Pan Y D, Ouyang H, et al. 2004. Leaf area index and net primary productivity along subtropical to alpine gradients in the Tibetan Plateau. Global Ecology and Biogeography, 13: 345-358.

NDRC. 2007. China's National Climate Change Program. Prepared under the Auspices of National Development and Reform commission, People's Republic of China: 4-5. www. ccchina. gov. cn/WebSite/CCChina/UpFile/File 188. pdf.

Ni J. 2002. Carbon storage in grasslands of China. Journal of Arid Environments, 50: 205-218.

Ni J. 2004. Forage Yield-Based Carbon Storage in Grasslands of China. Climatic Change, 67: 237-246.

Olson J S, Watts J A, Allison L J. 1983. Carbon in Live Vegetation of Major World Ecosystems. Oak Ridge, Tennessee: Oak Ridge National Laboratory.

Pielke R A. 1992. A comprehensive meteorological modeling system — RAMS. Meteorology and Atmospheric Physics, 49: 69-91.

Pounds J A, Fogden M P L, Campbell J H. 1999. Biological response to climate change on a tropical mountain. Nature, 398: 611-615.

Qian W H, Lin X, Zhu Y F, et al. 2007. Climatic regime shift and decadal anomalous events in China. Climatic Change, 84: 167-189.

Shen C, Liu K, Tang L, et al. 2006. Quantitative relationships between modern pollen rain and climate in the Tibetan Plateau. Review of Palaeobotany and Palynology, 140: 61-77.

Walther G R, Post E, Convey P, et al. 2002. Ecological responses to recent climate change. Nature, 416: 389-395.

Yang Y, Fang J, Tang Y, et al. 2008. Storage, patterns and controls of soil organic carbon in the Tibetan grasslands. Global Change Biology, 14: 1 592-1 599 .

Zinke P J, Stangenberger A G, Post W M, et al. 1984. Worldwide Organic Soil Carbon and Nitrogen Data. Oak Ridge, Tennessee, U. S. A: Oak Ridge National Laboratory.

第 20 章

生态系统服务功能变化与人类活动承载能力

曹淑艳[1]　谢高地[2]

([1]北京石油化工技术学院;[2]中国科学院地理科学与资源研究所)

摘要

生态系统是人类社会赖以生存与发展的唯一基础,人口增长、工业化与城市化的发展以及科技的进步,使全球大部分国家和地区的生态系统遭受着前所未有的干扰,这种干扰在未来依然呈强度增大、频度增高的趋势,经济发展正在挑战与接近发展的生态临界。本章系统总结全球和中国的生态系统服务功能变化与人类活动承载能力,结果表明:(1)人口活动驱动下的土地利用的转变以及对自然资源取用强度、频度的增加,对生态系统服务功能的变化产生了深刻的影响。全球60% ~ 70%的生态服务在过去的50年是退化的,预计相当一部分生态服务在未来的50年内依然进一步退化。过去半个多世纪,中国生态服务的变化趋势也是总体退化,未来50年的发展也不甚乐观。生态安全已经是和仍将是包括中国在内的很多国家、地区在未来社会经济安全的约束。(2)采用生态足迹模型可以有效度量中国生态系统服务的消费与供给能力。目前,生态赤字是中国大部分省、近80%的县共同面临的生态问题。(3)目前,大多数生态服务的价值在市场机制与政府机制中均得不到体现,依然还置于生产与消费的成本之外,其货币价值难以实现,亟需将之内部化到发展的成本之中的政策、机制与案例实践。

关键词: 生态服务　生态系统价值　生态惠益衰退　生态足迹　生物承载力

Chapter 20

Changes in ecosystem services and carrying capacity of human activity

Abstract
Ecosystem is the only basis for the survival and development of human society. Ecosystem in the world and in its most countries/regions has been suffering unprecedented disturbances for the rise of population and the development of industrialization and urbanization, as well as for the advance of science and technology, and will keep on suffering these disturbances but by increasing intensity and frequency in future. As a result, current economic metabolism is challenging and approaching to the upper limit of ecosystem to support economy. The chapter systematically reviewed the changes of the world's and China's ecosystem services and assessed China's biocapacity, and concluded the followings. (1) The ecosystem in the world and in its most countries/regions including China has significantly changed in structure, area and the ability of providing ecosystem services, as the consequence of continuing land use change and conversion, and of the improving intensity and frequency of disturbing ecosystem and extracting or harvesting natural resources. 60% to 70% of global ecosystem services have been deteriorating during past 50 years around the year 2000, and most of those services will keep on deteriorating in the coming 50 years. And so are, and will be, China's ecosystem services. Ecological security will, therefore, become the dominant limiting factor for economy in almost every countries/regions in the world including China. (2) Ecological footprint model is an efficient tool of accounting the provision and consumption of ecosystem services. Now ecological deficit has become the common ecological problems for China, its most provinces and 80% of counties. (3) Most of ecosystem services are still free of both market forces and government policies, and their economic values are externalized from the cost of both producers and consumers. So it is in urgent demand of policies, mechanisms and case practices of internalizing value of ecosystem services into cost of economic development.

Keywords: Ecosystem services, Ecosystem values, Ecosystem welfare deterioration, Ecological footprint, Biocapacity

生态系统是人类社会赖以生存与发展的唯一基础。人口增长、工业化与城市化的发展以及科技的进步,使全球大部分国家和地区的生态系统遭受着前所未有的干扰,这种干扰在未来依然呈强度增大、频度增高的趋势,经济发展正在挑战与接近发展的生态临界。人类社会经济系统与生态系统的关系的失调,是人类知识限制、市场失灵与政府失灵等长期的、综合的作用的后果。自然环境在惠给人类生态资产、功能与服务的同时,也需要人类的精心呵护,否则,总有一天,生态系统会崩溃。

本章的目的是综合国内外最新研究资料,分析人类活动和自然因素影响下,全球和中国生态系统所提供的生态系统服务功能变化趋势以及生态系统服务功能对人口的承载能力,以便于为各层次与领域的决策提供生态依据。

20.1 重要生态服务的总体变化趋势

人类活动驱动下各类生态系统格局和土地利用的转变以及对自然资源取用强度、频度的增加,对生态系统服务功能的变化产生了深刻的影响。研究已清楚显示,全球60% ~70%的生态服务在过去的50年(相对于2000年)是退化的,预计相当一部分生态服务在未来的50年内将进一步退化。过去的半个多世纪,中国生态服务的变化趋势也是总体退化,未来50年内的发展也不甚乐观。生态安全已经是和仍将是包括中国在内的很多国家、地区未来社会经济安全的主要约束。

20.1.1 生态服务的种类及价值

在20世纪70年代初,SCEP(Standing Committee on Environment Protection)中首次使用了生态系统服务功能的"Service"一词,并列出了自然生态系统对人类的"环境服务"功能,其中包括害虫控制、昆虫传粉、渔业、土壤形成、水土保持、气候调节、洪水控制、物质循环与大气组成等方面。此后,"生态系统服务功能"这一科学术语逐渐为人们所接受和认可。1991年国际科学联合会环境委员会组织了一次有关开展生物多样性定量研究的会议,促进了生物多样性与生态系统服务功能关系的研究以及生态系统服务功能经济价值评估方法的发展(Schulze & Mooney,1993)。Daily(1997)认为生态系统服务功能是指生态系统及其生态过程所形成与所维持的人类赖以生存的环境条件和效用,是由自然资本的能流、物流、信息流构成的生态系统服务功能和非自然资本结合在一起产生了人类福利。Daily在研究中将生态系统服务功能分为9项,包括有机物质的生产、生物多样性的产生和维持、调节气候、减轻洪涝和干旱灾害、土壤的生态服务功能、传粉、有害生物的控制、种子的扩散、提供美学、文化和娱乐等。Costanza和Folke(1997)将生态系统服务功能定义为生态系统提供的产品和服务,将生态系统服务功能划分为如下17类:调节大气、调节气候、干扰调节、调节水分、供应水资源、控制侵蚀与沉积物滞留、土壤形成、养分循环、废物处理、授粉、生物控制、避难所、食物生产、原材料、基因资源、娱乐、文化等。续此两项研究之后,关于生态系统服务功能内涵、类型、物理化度量与价值化度量及其应用的研究陆续涌现,掀开了全球生态服务功能研究的热潮,并对服务于社会经济决策初具影响。在2002年联合国发起组织的千年生态系统评估项目(MA)的框架中,将生态系统服务[①]定义为人类直接或间接从生态系统中获得的惠益(Ecosystem services are the benefits provided by ecosystems),将生态系统服务功能分为供给、调节、文化和支持服务四大类,其中,支持功能是生态系统供给、调节与文化服务功能的集中表现(图20.1)。该生态系统服务功能分类非常直观,同时考虑了不同类别的生态系统服务功能存在重叠的现实,在目前颇具影响力。

依据Constanza(1997)研究,全球生态服务的总价值为每年33万亿(15万亿~54万亿)美元,是全球GNP(18万亿美元)的1.8倍,各类生态系统的生态服务价值强度与总量见表20.1。陈仲新和张新时等(2000)根据1:400万中国植被图,把中国植被类型合并成为若干个陆地生态系统类型,核算了中国生态系统服务的价值,合计为9 030亿美元,其中,陆地总生态服务价值为6 509亿美元,每公顷陆地的年生态服务价值强度为678美元;海洋的生态服务价值为2 522亿美元,每公顷海洋的年生态服务价值强度为533美元。

① 生态系统服务曾被定义为:能够为人类提供福利的自然最终产品(Ecosystem services are end products of nature that yield human well-being)。与千年生态系统评估的定义相比,这一定义强调的是生态系统的供给服务。

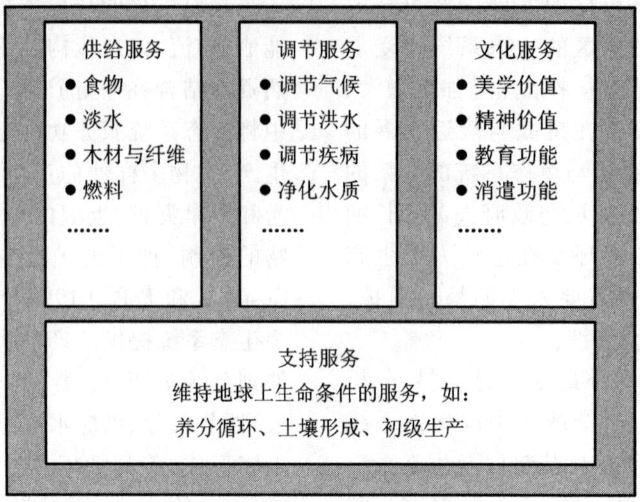

图 20.1 生态系统服务的类型

Figure 20.1 Classification of ecological services

表 20.1 全球生态系统服务的年价值

Table20.1 Valuation of global ecological services

	面积/ $10^6 hm^2$	价值强度/ (美元 · hm^{-2})	价值总量/ 万亿美元		面积/ $10^6 hm^2$	价值强度/ (美元 · hm^{-2})	价值总量/ 万亿美元
世界合计			33.3				
海洋	33 200	252	8.4	草地	3 898	232	0.9
近海水域	3 102	4 052	12.6	湿地	330	14 785	4.9
热带森林	1 900	2 007	3.8	河湖	200	8 498	1.7
其他森林	2 955	302	0.9	农田	1 400	92	0.1

20.1.2 供给服务功能

生态系统的供给服务是指从生态系统获得各种产品（WGMEA,2003），这些产品主要包括食物、纤维（如木材、黄麻、棉花、大麻、蚕丝及羊毛等）、燃料（如用作能源的木材、家畜粪便等）、基因资源、装饰资源（如贝壳、花朵）、淡水，以及生物化学物质、天然药材和医药品。其中，由于淡水是其他生命所必需的，因而，也被认为是一项支持服务。

（1）世界生态系统供给服务功能变化

① 过去趋势

MA 评估选用的 24 项生态服务指标中，仅有 4 项在 20 世纪的后 50 年（约数）里为人类提供生态服务的能力得到了增强，其中 3 项属于供给服务，包括农产品生产、水产业养殖与家畜养殖。另一项为调节气候，其中生态系统提供水产品与畜牧产品的能力提高主要是人为干预的结果。20 世纪 80 年代后期以来海洋捕捞量不断下降，说明天然海洋供养水产品的能力已较之前下降了。世界生态系统的各项供给服务变化见表 20.2（WGMEA,2003）。

表 20.2 2000 年前后人类利用世界生态系统强度及世界生态系统供给服务的变化趋势

Table 20.2 Trends in the human use and in provisioning service of global ecosystem around the year 2000

服务	亚类	人类利用	生态系统服务	说明
食物	作物	▲	▲	食物供给的增长速度高于人口增长速度。这是单产提高与农田面积扩大的综合结果
	牲畜	▲	▼	畜牧生产的提高主要源于猪、家禽的圈养生产的规模化发展
	捕鱼	▼	▼	以 20 世纪 80 年代后期为分水岭,海洋渔业捕捞量由持续增长转为不断下降。当前,1/4 的海洋渔业资源被过度开发或面临严重衰竭。资源约束使得人类对海洋渔业利用下降。淡水天然渔业供需情形与之类似
	水产养殖	▲	▼	水产养殖日益成为世界重要的食物来源之一,在 2000 年提供了全球 27% 的鱼类产品。但是,把鱼类作为食肉类水产物种的饲料却增加了捕捞渔业的额外负担
	来自野生动植物的食物产品	NA	▼	由于自然栖息地的破坏,以及人类特别是贫困人群对野生种群的不可持续开发,因而来自野生动植物的食物资源供应总体上日渐衰减
纤维	木材	▲	+/-	在过去的 40 年里,全球的木材生产增加了 60%。导致许多地区的森林面积下降,质量恶化。与此同时,温带地区一些国家的森林正在得到恢复,其木材供应服务得到一定的改善(相对于更低的基线而言)
	棉花、大麻、丝绸	+/-	+/-	在过去的 40 年来,棉花和丝绸生产分别增加到了原来的 2 倍和 3 倍。而其他农业纤维的生产却出现了下降的趋势
	薪柴	+/-	▼	全球的薪柴消费在 20 世纪 90 年代似乎已经达到最高点,现在正缓慢减少,但是在许多地区,薪柴依然是主要的生活能源
基因资源		▼	▼	随着新的生物技术产业的发展,人类对基因资源的利用在不断提高。但是,传统栽培作物品种的丧失(部分原因由于采用了现代化的耕作方式和作物品种)和物种的灭绝却已导致了基因资源的丧失
生化物质与天然药品		▲	▼	人类对生物化学物质和新药品的需求正在增长。在满足这种需求的过程中,新的合成技术与天然产品发生竞争。此外,对于其他天然产品(化妆品、个人护理品、生物保健品、生物试验体)的利用也在增加。但由于物种灭绝和对药用植物的过度收获,这些资源的可利用量却不断减少
装饰资源		NA	NA	
淡水		▲	▼	人工工程(如修建水库、提灌站)已经使得陆地河流的相当一部分流量变得稳定,可以利用供给更多的淡水资源。河流中的淡水通过水利发电还可以能量的形式向人类提供服务。造成一些河流特别是季节性河流被超负荷使用。当前,全球 2% ~25% 的淡水利用已经超过了长期容许利用量;许多地区的内陆河流,正遭受着污染和生物多样性丧失的威胁

图例说明:

▲表示增加(对于"人类利用"栏而言)或者增强(对于"生态系统服务"栏而言);

▼表示减少(对于"人类利用"栏而言)或者退化(对于"生态系统服务"栏而言);

+/-表示混合趋势(在过去的 50 年里增加与减少趋势并存,或者有些组分/地区呈增加趋势,而其他组分/地区呈减少趋势);

NA 表示 MA 没有对之进行评估或目前掌握的信息和数据不足以得出可靠的评估结果。

② 主要食物

1961—2005 年，世界主要动植物食物实现了持续的增长（图 20.2，图 20.3）。谷物产量由 8.8 亿 t 提高为 22.3 亿 t，根茎类作物产量由 4.6 亿 t 提高为 7.2 t，主要系耕地生产力提高的结果；油料作物产量由 0.26 亿 t 提高为 1.38 亿 t，是播种面积增加与耕地生产力提高共同作用的结果，但耕地生产力提高的贡献份额更为显著。牛羊肉由 3 480 万 t 增长到 7 643 万 t，年均增长率 1.6%；鲜奶由 34 420 万 t 增长到 62 920 万 t，年均增长率 1.4%；猪肉生产由 2 450 万 t 增长至 10 252 万 t，年增长率高达 3.1%；家禽肉由 895 万 t 增加为 8 100 万 t，年均增长率 5.2%；禽蛋产量由 1 513 万 t 增加为 6 429 万 t，年均增长率 3.4%。但是，全球畜牧产品生产能力的发展并不均衡，一些地区甚至出现了生产下降的趋势。

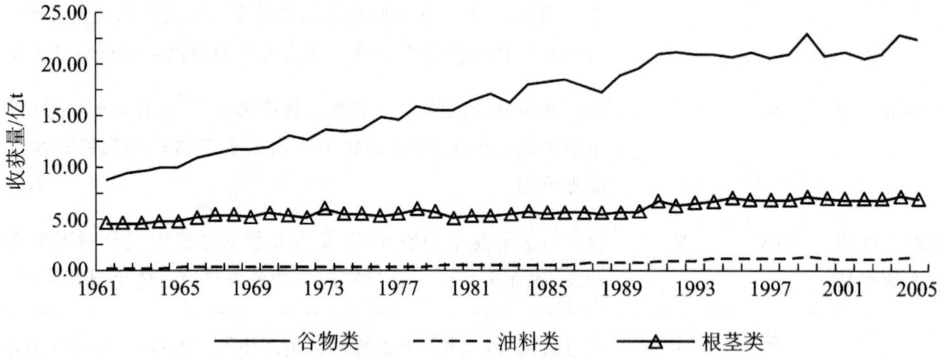

图 20.2 世界主要农作物的产量（1961—2005）

数据来源：FAO 网（www.fao.org）数据库

Figure 20.2 Changes of global crops production（1961—2005）

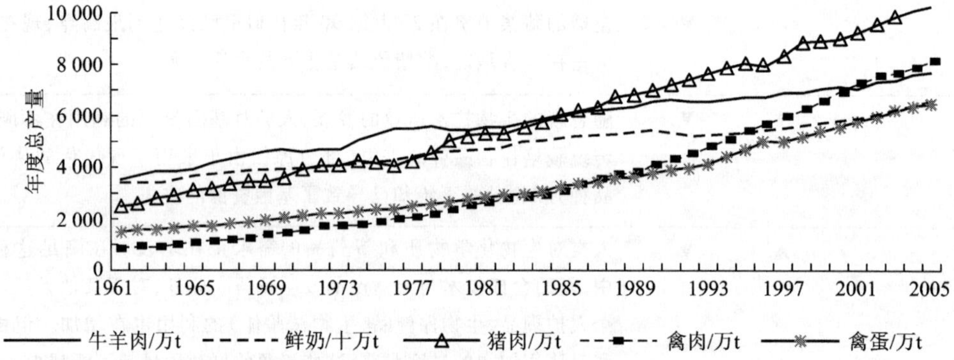

图 20.3 世界主要畜牧产品的产量（1961—2005）

数据来源：FAO 网（www.fao.org）数据库

Figure 20.3 Changes of global animals production（1961—2005）

③ 主要纤维

1961—2005 年，世界农田生产纤维类作物的能力由 0.15 亿 t 提高到 0.29 亿 t，增加了近一倍。同期，全球原木收获量由 2 324 百万 m^3 增长到 3 503 百万 m^3，增加了 51%（图 20.4）。随着生活水平的提高和世界人口的增长，全球对直接或间接的原木产品需求将进一步呈增长趋势。60% ~70% 的全球原木产量来自图 20.5 所列出的国家。其中，原木产量居世界前五位的国家（美国、巴西、加拿大、俄罗斯、中国）的原木收获量占全球总量的 40% ~50%。由此可见，原木生产的世界格局是非常不均衡的，这主要是森林资源分布区域差异的结果。

④ 木质薪柴

1961—2005 年，全球木质薪柴收获量由 13.2 万 m^3 增长到 17.9 万 m^3，增长了 36%（图 20.6）。在未来的一定时期内，人类对木质薪柴的需求依然呈波动

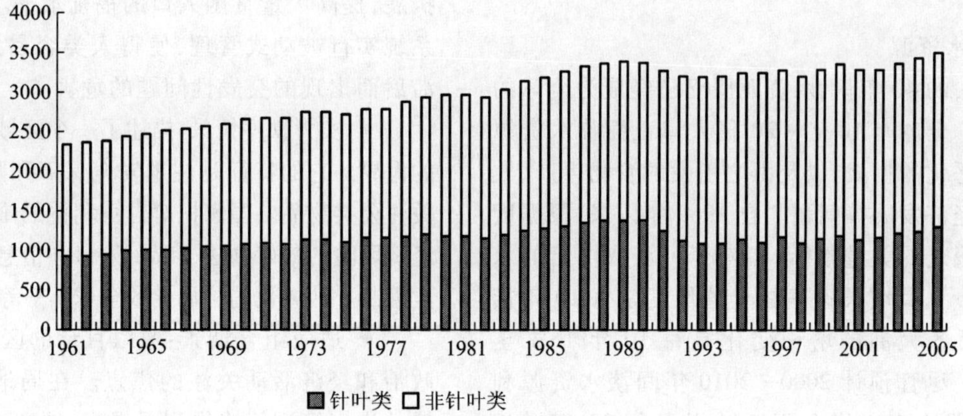

图 20.4 世界原木收获量

数据来源:FAO 网(www. fao. org)数据库

Figure 20.4 Global roundwood harvest

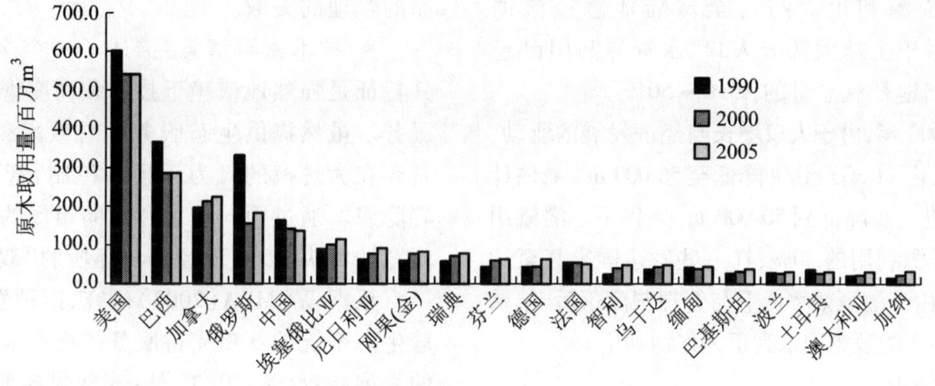

图 20.5 原木产量居前 20 位的国家的原木收获量

数据来源:FAO 网(www. fao. org)数据库

Figure 20.5 Top 20 countries in roundwood harvest and their harvest

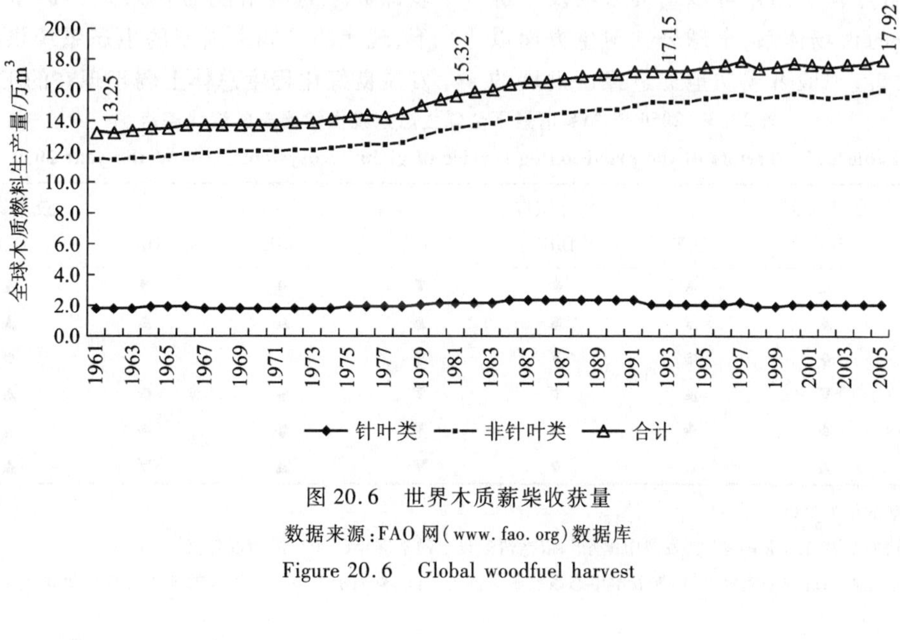

图 20.6 世界木质薪柴收获量

数据来源:FAO 网(www. fao. org)数据库

Figure 20.6 Global woodfuel harvest

增长态势。

⑤ 淡水资源

在过去的 40 年里,水资源匮乏已经成为全球的显著特征。全球有 10 亿～20 亿人口正面临水资源条件不断恶化的挑战,以及由之引发的食物生产、人类健康及经济发展等问题。自 1960 年以来,根据度量水资源匮乏的关键指标(相对于可获取供给的水资源利用量),其增长速率在全球尺度是每 10 年接近 20%,而各大洲的增长变化是每 10 年 15% 至 30% 以上。尽管预计 2000—2010 年间淡水资源利用的全球增长速度将会逐渐减慢至每 20 年增长 10% 的水平,但是有些地区的相对利用率仍有可能保持在较高的水平,其中,中东与北美有可能每 10 年增长 14%,拉丁美洲为 16%,而非洲撒哈拉沙漠南部是 20%。

当代水资源利用大约占全球陆地总径流的 10%。然而对于全球大部分人口,水资源利用已经达到可利用陆地径流总量的 40%～50%。

1960—2000 年,由于人口增长与经济发展的驱动,人均水资源已由 11 300 m^3/a 降低至 56 000 m^3/a,估计到 2010 年将进一步降低到 50 000 m^3/a 以下。灌溉用水占全球水资源利用的 70%,在一些发达国家甚至达到 90% 以上,由于灌溉效率低下与管理制度落后,结果是只有不足 1/2 的灌溉用水真正为作物利用。

⑥ 未来情形

MA 评估模拟了四种发展情景下全球生态系统服务的趋势。这四种情景是:

• 全球协同情景:描述了一个全球化的社会。在这个社会中,重点在于创建可以平等参与及平等获取商品与服务的市场体系,全球公共卫生方面以及教育状况的改善,一般可成功地促进经济发展的扩展,提高大量贫困人口的福祉水平。但是,对生态系统实行被动式管理,使得人类容易遭受由于行动滞后而出现的突发性问题的危害。

• 实力秩序情景:描述了一个区域化的和破碎化的世界。它的特征是注重安全保障和防护措施,很少关注公共物品。国家把对自身利益的维护看作是防御经济风险的最好办法,商品、人口和信息的流动受到强大管制。区域化的格局导致全球不平等性加剧。

• 适应组合情景:数以百计的区域生态系统是政治和经济活动关注的焦点。在局地尺度上,该情景的生态管理策略得到了提高,地方机构不断加强。不同国家和地区的管制方式具有很大的区别,很多地区对适应性管理进行积极探索。初期可能加强的贸易壁垒将逐渐降低,信息方面的障碍几乎不存在。但是,侧重于当地的管制可能导致有些全球公共物品的管理的失败。

• 技术家园情景:描述了一个全球化的世界。其特征是强烈地依赖于技术和高度管制来管理生态服务。虽然提供生态服务的总效率得到了提高,但是存在大规模的人为干预与控制,管理的成果蕴涵着隐患。通过面向技术和面向市场的改革获取环境问题的解决,以实现经济与环境的“双赢”。

根据 WGMEA(2003)研究,四种发展情景下,全球生态系统的 6 项支持服务指标在未来半个世纪内的发展趋势(表 20.3)是:薪柴供给服务最为乐观,预计在各种情景下均呈提高趋势;其次为淡水与食物供给服务,预计将维持或高于目前的水平;而遗传资源供给、生物化学物质或自然医药品供给的功能、装饰资源的供给能力在未来不甚乐观。各种情景下,现代的发展中国家的生态系统供给支持服务的发展良好化程度总体上弱于现在的工业化国家。

表 20.3 2050 年 MA 情景下全球生态系统供给服务的变化趋势

Table20.3 Trends of the provisioning service of global ecosystems around the year 2050

服务	全球协同		实力秩序		适应组合		技术家园	
	DdE	DiE	DdE	DiE	DdE	DiE	DdE	DiE
食物	▲	▲	◆	▼	◆	▼	▲	▲
薪柴	▲	▲	▲	▲	▲	▲	▲	▲
遗传资源	◆	◆	▼	▼			◆	
生化物质/医药品	▼	▲	▼	▼	◆	◆	▲	▲
装饰资源	◆	◆	◆	▼	◆	◆	▲	▲
淡水	▲	▲	◆	▼	▲	▼	▲	◆

注:(1) 比较的基准年为 2000 年。

(2) DdE、DiE 分别代表“工业化国家”、“发展中国家”,依据情景设定的基准年(2000)的情况定义。

(3) 图例:▲表示生态系统服务能力上升;▼表示生态系统服务能力下降;◆表示生态系统服务的能力维持在 2000 年的现状。

(2) 中国生态系统供给服务功能变化

① 主要食物

1961—2005年,中国大宗动植物食物资源均呈现明显的增长势头(图20.7~图20.9)。谷物产量由1.10亿t提高为4.27亿t,油料作物产量由0.024亿t提高为0.164亿t,根茎类作物产量由0.92亿t提高至1.86亿t,分别提高到3.9、6.9、2.0倍,主要归于生产力水平的提高。牛羊肉由18万t增长至1 150万t,增长了60多倍;鲜奶由180万t增长到2 870万t,增长了近16倍;猪肉生产由161万t增长为5 009万t,目前占世界猪肉年产量的50%左右,增长了30倍;家禽肉由69万t增长到1 489万t,增长了20倍多;禽蛋产量由152万增长到2 867万t,增长了18倍。1978—2005年,中国水产品年产量由465万t增长为5 107万t,增长了10倍,人工养殖对之作出了卓越的贡献(图20.9)。近几年来,天然水产品产量增长缓慢,特别是天然海水水产品的产量基本停留在10余年前的水平,而同期捕鱼的技术是前进的,说明中国水域水量、水质以及人为干扰水生态系统的频度与强度的增加,已经对天然水域的动物资源产生了不良的影响。预期这种影响在未来依然持续,不断增长的水产品需求将更多地依赖人工养殖。

基于1999—2000年各类农产品年均产量与1997—2004年的变幅估测,至2020年以前,中国的粮食保持在2000年水平,而油料作物、水果、肉奶等畜牧业以及水产品的产量将有不同程度的明显增长。

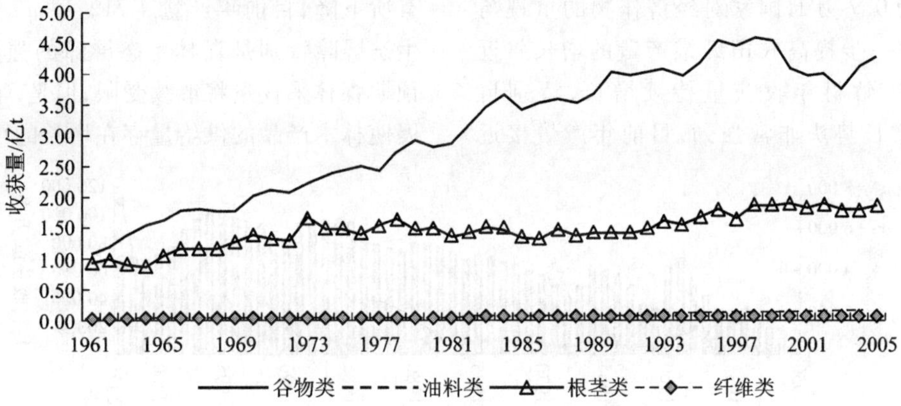

图20.7 中国主要农作物的产量(1961—2005)

数据来源:FAO网(www.fao.org)数据库

Figure 20.7 Changes of Chinese crops production(1961—2005)

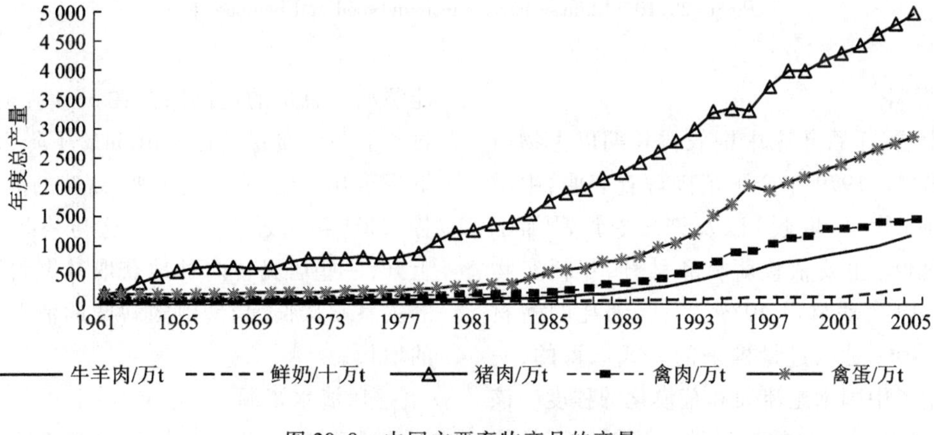

图20.8 中国主要畜牧产品的产量

数据来源:FAO网(www.fao.org)数据库

Figure 20.8 Changes of Chinese animals production

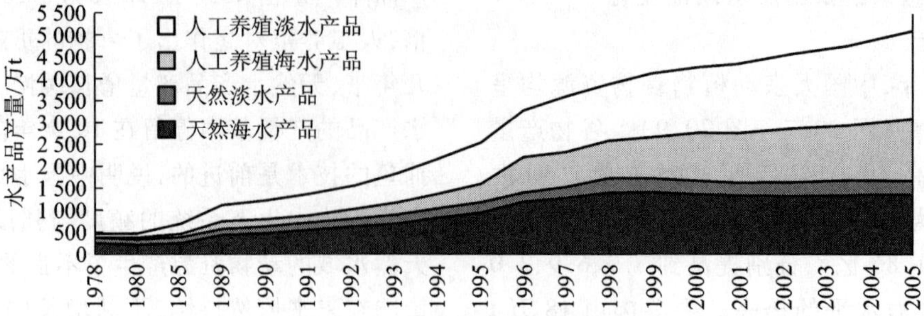

图 20.9 中国水产品的产量

数据来源:中国统计网 http://www.stats.gov.cn

Figure 20.9 Changes of Chinese aquatic production

② 主要纤维

1961—2005 年,中国农田年纤维作物生产量由 0.1 万 t 增长为 0.7 万 t,国家对经济作物的重视与需求增长,将进一步提高农田纤维产量的增长。近 50 多年来,中国竹材年收获量持续增长,特别自 1985 年以来,增长势头非常强劲,目前年产量接近 11 亿根(图 20.10)。同期,原木产量总体呈增加趋势,受天然林保护政策的制约,近年来中国原木产量有所下降,目前年产量 4 712 万 m^3。考虑到国家对生态屏障特别是森林生态屏障的强烈关注与需求,预期森林采伐量将继续受限,但是,丰产人工林的发展使林木产品的供给量存在增长的可能。

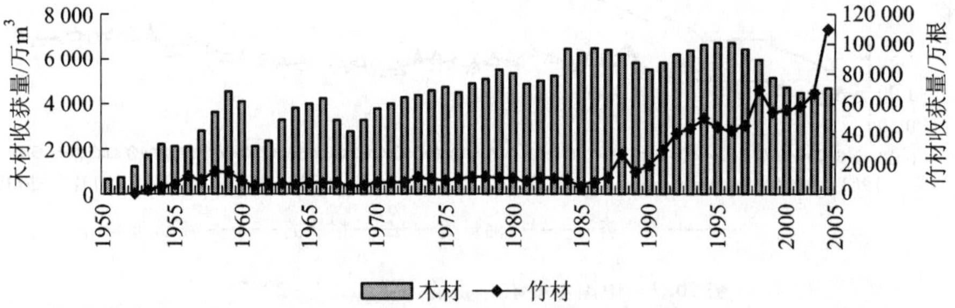

图 20.10 中国林业纤维(原木与竹材)收获量

数据来源:依各年林业统计年鉴整理

Figure 20.10 Chinese harvest in roundwood and bamboo stem

③ 纤维燃料

从历史上看,千百年来中国农村长期以生物质能作为主要燃料。1979 年全国范围调查表明,中国农村生活用能(炊事、取暖)以及许多农产品加工(如制茶、烤烟叶)主要依赖薪材和秸秆,年耗实物量 6 亿 t 多,其中,薪材占 40% 左右。消耗的薪材中,有 30% ~40% 是以过量樵采的方式取得的,一定程度上加剧了中国水土流失和荒漠化的程度。该年,容纳全国 80% 总人口的农村地区消耗的商品能源(如煤炭、油、电)仅占全国的 15%,约 1 亿 tec(吨标准煤单位)。此后,随着中国经济的腾飞与能源事业的发展,中国农村能源利用的结构发生了显著的变化。但是,1978 年以来燃料用秸秆在中国农村能源消费总量的比例保持在 35% 左右,而薪柴占农村总能源消费量的比例由 34% 下降为 23%,消费量下降至 0.7 亿 tec。近年来,薪柴的消费量有回升趋势,2004 年超过 1 亿 tec。这与一些地区煤炭价格上升,一些居民转向林地获取其燃料满足具有一定的关系。从长远看,中国薪柴的消费量不会有明显的增长。

④ 淡水资源

通常认为,当径流量利用率超过 20% 时就会对水环境产生很大影响,超过 50% 时则会产生严重影响。目前,中国水资源开发利用率已达 19%,接近世界平均水平的 3 倍,个别地区更高,如 1995 年松海黄淮等片开发利用率已达 50% 以上,其中淮河流域达 98%,此外,过度开采地下水会引起地面沉降、海水入侵、海水倒灌等环境问题。由于长时间对地下水的恶性超采,目前中国已形成区域地下水降落“漏斗”100 多个,面积已经达到 15 万 km^2,其中华北平原近 7 万 km^2面积的地下水位低于海平面。全国有近 70 个城市因不合理开采地下水诱发了地面沉降,沉降范围 6.4 万 km^2,沉降中心最大沉降量超过 2 m 的有上海、天津、太原、西安、苏州、无锡、常州等城市,其中天津塘沽的沉降量达到 3.1 m。太湖流域的苏州、无锡、常州地区不仅出现了地面沉降,还出现了地裂缝,对城市基础设施建设构成威胁。沿海地区海水入侵淡水含水层的现象屡屡发生,从北向南涉及辽宁、河北、山东、广西、海南等多个省份。其中,环渤海地区海水入侵发展尤为迅速,仅 2003 年海水入侵面积就达 2 457 km^2,比 20 世纪 80 年代末增加了 937 km^2,平均每年增加 62 km^2。

中国的缺水问题更主要是水质型缺水。全国 90 % 以上的城市水域受到不同程度的污染,近 50% 重点城镇的集中饮用水水源不符合取水标准,其中水源受污染比较严重的城市有 98 个主要分布在“三河三湖”流域。据全国环境统计公报,2004 年城市工业废水排放达标率为 90.7%,生活污水处理率为 32.3%,仍有大量的污水直接排放到了水体中。水污染的直接后果是一些水源被迫停止使用,更加剧水资源特别是城市水资源的短缺,也严重威胁到居民的饮水安全和身体健康以及水生态安全。管理性缺水也是导致中国缺水的另一重要原因。中国万元工业产值耗水量一般是发达国家的 10 ~ 20 倍,个别行业甚至高达 45 倍。目前工业生产用水的重复利用率约为 40 %,远低于发达国家 75% ~ 85 % 的水平。在未来,淡水资源服务将是中国在发展中必须正视与致力于解决的生态问题与国计民生问题。

⑤ 百年趋势

根据上述分析以及有关资料,对中国生态系统的支持服务在 1950—2050 年的百年时间尺度内的趋势进行简要评估,结果见表 20.4。

表 20.4 中国生态系统的利用强度与支持服务的变化

Table 20.4 Use of and enhancement or degradation of the provisioning service in China

		1950—2000			2000—2050		
服务	亚类	人类利用	增强或退化	说明	人类利用	增强或退化	说明
食物	作物	▲	▲	单产提供的贡献显著	▲	◆	取决于单产提高幅度
	牲畜	▲	▲	人工饲养水平提高与出栏率提高的贡献	▲	▲	饲料报酬率提高非常关键
	捕鱼	▲	▲	淡水产品贡献显著	▼	▼	水生态改变的影响
	水产品养殖	▲	▲	淡水产品贡献显著	▲	▲	可利用养殖水域的开发不可缺少
	野生动植物产品	▼	▼	数量下降与生态保护的结果	▼	▼	数量下降与生态保护的影响
纤维	木材	▲	▼	需求与就业双重影响	▲	◆	取决人工林演进速度
	棉花、丝绸等	▲	▼	单产与种植面积提高的结果	▲	▲	提高农民经济收入的需求
基因资源		▼	▼	与农业生产、生物多样性下降有关	▼	◆	生态系统进一步人工化的影响
淡水		▲	▼	水质污染贡献显著,其次为水资源管理低效	▲	◆	取决于城市化速率与水资源保护的有效程度

注:图例(▲/▼/◆)说明同表 20.3。

20.1.3 调节服务功能

调节服务是指从生态系统过程的调节当中获得的惠益。这些惠益包括调节空气质量、气候、水资源、土壤侵蚀、疾病与自然灾害等方面(WGMEA,2003)。

(1) 世界生态系统调节服务功能变化

① 过去趋势

根据 MA 评估结果,在 2000 年左右过去的 50 年里的时间尺度上,人类对生态系统的调节服务利用总体上是增强的,而全球生态系统的各项调节服务中,只有对全球气候调节一项是增强的,控制疾病和调节水资源项是呈混合趋势,其他均呈退化趋势(表 20.5)。

表 20.5 2000 年前后人类利用世界生态系统强度及世界生态系统调节服务的变化趋势

Table 20.5 Trends in the human use and in regulating service of global ecosystem around the year 2000

服务	亚类	人类利用	增强或退化	说明
调节空气质量		▲	▼	自工业化时代以来,大气对污染物的自净能力略有下降,但下降幅度可能不超过 10%。目前还不知道生态系统对这种变化的净贡献
调节气候	全球	▲	▲	陆地生态系统在 19 世纪和 20 世纪早期,总体上是大气二氧化碳的净源,到 20 世纪中期转变为净碳汇。在全球尺度上,历史时期(1750 年以前)土地覆盖变化导致反射率增加,其生物物理效应属于致冷作用,一定程度上抵消了同期碳释放引起的温室效应
	区域和局地	▲	▼	土地覆被变化对区域和局地气候产生的影响,既有有利的,也有不利的,但是不利的居多。例如,热带地区的森林滥伐加剧土地荒漠化,往往导致当地降雨量减少
调节水资源		▲	+/-	生态系统变化对径流、洪水和蓄水层水源补给的时间和规模的影响,取决于所在的生态系统以及对生态系统所作的具体贡献
调节侵蚀		▲	▼	目前,土地利用/作物管理已经加剧了土壤的退化和侵蚀,但在北美和拉丁美洲地区,农民正逐步采用防止土壤侵蚀的保护措施
净化水质和处理废弃物		▲	▼	全球的水质在不断下降。在过去的 30 年里,水中硝酸盐浓度迅速增加。湿地的丧失进一步降低了生态系统过滤和降解废弃物的能力。但是在过去的 20 年里,大多数工业化国家的地表水的病原体和有机物污染有所缓解
控制疾病		▲	+/-	虽然与发展有关的生态系统改造通常是导致当地传染性疾病发病率增加,但是栖息地的重要变化既可能增加,也可能减少某种传染性疾病的风险
调控虫害		▲	▼	在许多农业地区,自然天敌对害虫的控制已被杀虫剂所替代,导致农业生态系统的抗害虫能力退化。在一些生态系统中,综合性虫害防治策略不断得到应用。应用抗虫基因的作物品种,也可减少对有毒化合杀虫剂的需求
授粉		▲	▼	据不完全确认的证据表明,全球授粉媒介动物的数量在减少。除南极大陆之外,其他各大洲至少有一个地区或国家已经对授粉媒介的减少进行过报道。目前,独特授粉媒介的丧失已经直接影响了一些稀有物种的繁育能力
调控自然灾害		▲	▼	人类不断占用容易遭受极端事件影响的地区和位置,加剧了应对自然灾害的脆弱性。这种趋势的发展,以及生态系统应对极端事件的缓冲能力的下降,不断造成全球人类生命与财产的重大损失

注:图例说明同表 20.3。

② 气候调节

自然生态系统在全球、区域、流域和小生境等不同的空间尺度上影响着天气和气候。大气成分组成既是生态系统演化的结果，也是生态系统稳定的基础。例如，O_2浓度决定着地球上氧化过程的发生和强度，不同尺度上的生物化学过程都受制于O_2浓度，O_2浓度的微小变化可能导致整个地球生命过程和状态发生显著的改变。再如，CO_2浓度的稳定对地表温度的稳定作用非常明确，生态系统是CO_2浓度重要的稳定调节器，不同时空尺度上的生物过程通过吸收和释放CO_2，使它的浓度稳定，进而维持地表热量的动态平衡。

生态系统对气候的影响方式包括：致暖（例如，作为排放温室气体的源，或者森林的发生率低于裸露的雪面）、制冷（例如，作为吸收温室气体的汇，释放对太阳辐射具有发射作用的某些悬浮尘粒的源以及生态系统的蒸发、蒸散）以及改变水分分配或循环过程和区域降水格局（例如通过蒸发蒸散或者云的凝结核）。工业革命以来，人为排放的CO_2排放量增长显著，使得大气CO_2浓度比工业革命前增加了34%多，全球表面平均温度上升了0.3～0.6℃，到2003年达到14.6℃多。温室气体中，大约40%的历史排放量（在过去的2个世纪中）和大约20%的当前排放量（指20世纪90年代以来）是土地利用与土地经营的变化造成的。作为CO_2的汇，陆地生态系统吸收了大约1/3的历史累积排放及1/3的当前排放量。对于汇，部分可能与北美洲、欧洲、中国和其他地区植树造林有关，也部分可能与氮沉积以及大气中CO_2浓度增加导致的增肥效应有关。自1975年以来，土地覆被变化已提高了地表对太阳辐射率的反射率，这部分抵消了温室气体排放造成的增暖效应。热带和亚热带地区的森林砍伐和荒漠化导致区域降水减少。在评估气候变化的对策时，要考虑生物物理方面的影响。例如，对于被季节性降雪覆盖的区域而言，造林将导致地表发射率降低而产生增暖效应，同时生物碳吸收又产生制冷作用，二者作用博弈的结果可能是增暖效应大于制冷效应。平均来讲，19世纪和20世纪早期，陆地生态系统是排放CO_2的净源。

海洋通过生物泵作用，起着吸收CO_2的净汇作用。海洋深处的CO_2汇可能与大气隔绝几十甚至几百年，结果是：与假设没有海洋植物的情况相比，大气中的CO_2浓度降低了200×10^{-6}。

当前，生物圈是地球重要的净的碳汇，它吸收10亿～20亿t的碳，相当于化石燃料燃烧排放量的20%。在未来，这种服务因可能发生的土地利用变化而受到很大影响，使得未来陆地生态系统对于气候调节的贡献具有一定的不确定性。预计大气CO_2增加将提高生态系统的净生产力，但是这并不一定导致碳汇服务的增加。因为在陆地上大量的碳被植物固定之后储存于土壤有机质之中，而目前对土壤呼吸过程的了解还不多。

③ 控制疾病

传染性疾病在全球疾病中依然占有1/4的比例，一些主要的热带疾病，特别是疟疾、脑膜炎、里什曼病、登革热等疾病仍在世界范围内干扰数以百万计的人口。生态变化的各种变化可以通过多种机制对疾病的发生率产生影响：

- 水坝和灌溉渠为蜗牛提供了理想的栖息环境，而蜗牛是血吸虫的中间储菌宿主物种。灌溉稻田扩大了蚊子的饲养面积，增加了由蚊子传播的疟疾、淋巴丝虫病、日本脑炎和裂谷热这些疾病的传播机会。
- 森林砍伐为传播疟疾的蚊子提供了适宜的栖息环境，可能增加疟疾在非洲和南美洲传播的风险。
- 栖息地破碎化以及并发的生物多样性下降，扩大了细菌在扁虱中的流行，引发了非洲的莱姆关节炎。
- 抗生素的使用、密集且人畜混居的畜牧养殖以及食用野生动物，可能为疾病感染源提供有利的条件，导致诸如SARS、感冒新菌株等危险新病变体的出现。不断报道的畜牧疾病如疯牛病、禽流感、蓝耳病也证实了密集畜牧养殖的生态与人体健康风险。

同时，人类对生态系统的一些改变，也可以降低传染性疾病的发病风险。有证据表明，维护生态系统具有较高水平的生物多样性，可以降低生活在该生态系统中的人们感染传染病的风险，北美莱姆关节炎的分布格局就是一个例子。

区域地理位置、社会经济发展程度等差异，使得全球生态系统的疾病调控服务变化具有较大的差别。在一些地区，健康状况上升，而在一些地区，健康状况下降。相对而言，位于热带地区的发展中国家，人们比较容易受到传染性疾病的带菌媒介的危害，因而过去、现在和未来受到传染性疾病影响较大。

④ 调控自然灾害

生态系统对极端事件具有重要的调节作用。生态系统不仅影响事件的发生概率,还对事件的作用效果具有调节作用。土壤储存大量的水分,为地表水向地下水的转移提供了便利条件,从而防止和减少洪水的发生。堰滩、湿地和湖泊,通过吸收径流的洪峰和风暴潮,有削弱洪水的效用。

数据资料显示,极端事件对世界上很多地区的影响正在上升。20 世纪 50 年代至 90 年代,每年因极端事件造成的经济损失增长了 10 倍。洪水是发生最为频繁的自然灾害,在过去的 60 年中,大陆上洪水发生次数明显增加(图 20.11),在 1992—2001 年的 10 年中共导致 96 507 人死亡,大于 12 亿的人口受到影响。由于人为干扰,生态系统对自然灾害的自然保护机制与能力在下降。例如,在人类定居之前,美国密西西比河附近沿岸的森林湿地可以储存 60 天的河流流量,但是,随着开凿运河、修建防洪堤坝和排水等人类活动的开展,湿地相应减少,目前森林湿地的储洪能力不足 12 天的河流流量。各大洲火灾的发生频率也显著地增加,且主要发展在发展中国家。20 世纪 80 年代,北美洲大约每 10 年发生火灾 10 次,而到 90 年代演化为每 10 年 45 次。

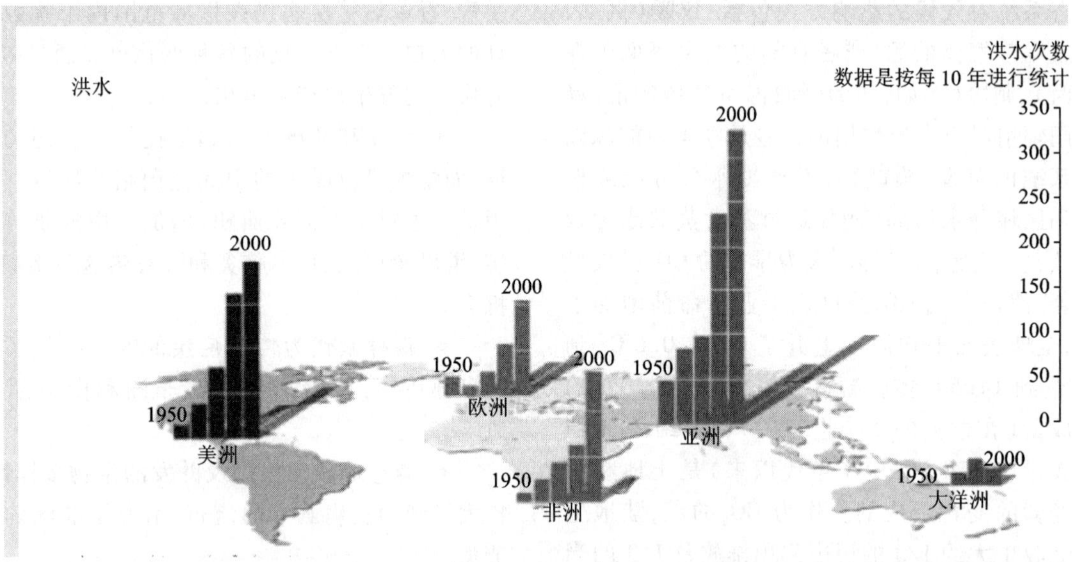

图 20.11 自 1950 年以来,按每 10 年计算的世界各大洲洪水的爆发次数

资料来源:WGMEA(2003)

Figure 20.11 Number of flood events by continent and decade since 1950

⑤ 未来情形

根据 MA 评估,未来半个世纪里全球生态系统的调节服务的各项目指标的发展趋势是:(i)在全球协同与实力秩序情景下,各生态服务最多是维持在 2000 年的水平上;(ii)在适应组合与技术家园情景下,生态系统的近半数支持服务将有所增强,近半数保持在 2000 年的水平上;(iii)各种情景下,现代的发展中国家的生态系统的调节能力的发展良好化程度总体上弱于现在的工业化国家。

(2) 中国生态系统调节服务功能变化

① 调节空气质量

1985—2002 年间,中国工业废气的年排放量呈逐年递增的趋势,由 73 970 亿标 m^3 增长到 175 257 亿标 m^3。同期,三大主要污染物即二氧化硫、烟尘、粉尘排放量的变化趋势有所不同:二氧化硫的等标污染负荷由 2 650 万 t 增长为 3 124 万 t,烟尘等标污染负荷由 9 633 万 t 下降为 6 751 万 t,粉尘的等标污染负荷由 4 350 万 t 下降为 3 137 万 t。污染物的持续高强度排放,在很多地区造成了大气质量的恶化。2002 年,在中国有统计的 343 个城市中,只有约 1/3 的城市(116 个)达到二级空气质量标准,符合适于居住的条件,107 个城市空气质量劣于三级;经济快速发展的大中城市大气中二次污染上升,氮氧化物和臭氧浓度显著提高,能见度明显下降。“看不见蓝天”已成为许多城市的共同忧患。酸沉

表 20.6 2050 年 MA 情景下的全球生态系统的调节服务的趋势

Table20.6 Trends of the regulating service of global ecosystem around the year 2050

服务	全球协同		实力秩序		适应组合		技术家园	
	DdE	DiE	DdE	DiE	DdE	DiE	DdE	DiE
调节空气质量	◆	◆	◆	◆	◆	◆	▲	▲
调节气候	◆	◆	▼	▼	◆	◆	▲	▲
调节水资源	◆	▼	▼	▼	▲	▲	◆	▲
调控侵蚀	◆	▼	▼	▼	▲	▲	◆	▲
净化水源	◆	◆	▼	▼	▲	▲	◆	▲
调控人类疾病	◆	▲	◆	◆	◆	▲	▲	▲
调控虫害	◆	▼	▼	▼	▲	▲	◆	◆
授粉	▼	▼	▼	▼	◆	◆	▼	▼
调控风暴灾害	◆	▼	◆	◆	▲	▲	▼	◆

注:说明同表 20.3。

降、光化学烟雾、细颗粒物污染已经在城市密集地区构成严重的区域性污染。根据联合国开发计划署《2002 中国人类发展报告》,2001 年全球 20 个空气污染最严重的城市中,中国占 16 个。世界银行根据目前的发展趋势预测,2020 年中国将为燃煤污染导致的疾病支付 3 900 亿美元的费用,约占当时 GDP 的 13%。

② 气候调节

生态系统具有调节气候的生态功能是不争的事实,但其表现形式受土地利用、地表覆盖、所处地理位置和周围地形的影响。李明志等(2003)研究指出,由于受人类活动和自然因素的综合影响,自 20 世纪 50 年代以来,中国年平均气温已升高了 0.668℃,其中黄河以北地区平均升高了 0.8~1.2℃,黄河以南地区平均下降了 0.2~0.8℃,而北方年降水量减少,南方却增加,南涝北旱将进一步加剧;预测认为,中国气候变暖将持续到 2015 年,将于 2016 年转入低温期,2039 年又将转入高温期。到 2020 年全国年平均气温将比 20 世纪 50 年代升高 1.68℃,西北地区平均升高 2.22℃,南方年平均降水量增加 28 mm,变化不大;2030 年海平面将升高 5.3~14.2 cm,气候将向暖、干的趋势发展。由于增加的降水远不能补偿气温升高引起的大量蒸发所需要的水分,气候暖干化发展将使农业发展受到威胁,种植制度发生变化,病虫害增加,海平面上升淹没土地导致耕地减少,粮食总产量将减少 10%。自 1950 年以来,由于土地利用变化造成的全国平均温度的变化与温室气体排放浓度增加导致的升温趋势相一致(李巧萍等,2006)。

③ 净化水源

中国废水排放总量呈逐年增长的趋势。1985 年为 341.5 亿 t,到 2002 年增至 439.5 亿 t。水环境污染已从陆地蔓延到近海水域,从地表水延伸到地下水,从一般污染物扩展到有毒有害污染物,已经形成点源与面源污染共存,生活污染和工业排放叠加,各种新、旧污染与二次污染相互复合的态势,在区域和流域范围(特别是长江、珠江三角洲以及环渤海地区)已出现大气、水体、土壤污染相互作用的格局,对生态系统、食品安全、人体健康构成了日益严重的威胁。20 世纪后 10 年,中国水体的水质变化特征为:

- 大江大湖的水环境恶化趋势基本得到控制,水质向好的方向转变,但污染的整体状况仍然很严重。
- 太湖、滇池、巢湖的水质污染十分严重,特别是总磷、总氮的污染严重,而且这种污染形势自 20 世纪 90 年代以来没有缓解的趋势,水体的富营养化十分严重。这 3 个湖泊的富营养化指数历年均在 60%,其中巢湖的富营养化指数高达 70% 以上。
- 1994—1999 年,近岸海域水质基本稳定,但污染程度较重。主要污染物无机氮和活性磷酸盐污染一直是在较高污染水平上波动。但是,渤海、黄海近岸海域水质有好转趋势。

- 城市地下水50%受到一定程度的污染，局部地段部分因子超标。从全国看，北方城市的地下水污染普遍较南方城市重，污染项目多且超标率高，这在华北地区污染最为突出。

④ 调节水资源

中国水资源总量趋于减少。2000年全国平均年降水量为612 mm，折合降水总量58 122亿 m^3，比常年（多年平均）减少4.1%。与1980年相比，在北方五个流域片中，松辽河流域降水量减少了21.6%，海河流域降水量减少了25.5%，黄河流域降水量减少了13.2%，淮河流域降水量减少了25.3%，只有内陆河流域降水量增加了0.8%；南方四个流域片中，长江流域降水量减少了6.6%，珠江流域降水量减少了15.4%，东南诸河流域降水量减少了3.4%，仅西南诸河流域降水量增加了3.3%。根据2001年国家水利部公报，在各省级行政区中，降水量比常年偏少的有22个省（区、市），其中偏少20%以上的有河南、内蒙古、湖北、安徽、北京、吉林、重庆、黑龙江、山西和河北。

由于森林滥砍、草场过牧，长江地区水土流失严重。20世纪50年代，长江流域水土流失面积36.380万 hm^2，占全流域总面积的20.2%；至20世纪末，长江流域水土流失面积已达56.90万 hm^2，占全流域面积的31.35%，造成7.2亿 t/a的泥沙土流失，土地沙化面积每年以1.730万 hm^2 的速度递增。泥沙、水土流失另一负面效应是造成库、湖淤积，河床抬高，库容减少。现在，长江流域8.6万个水库库容量已丧失40%，大、中型湖泊调蓄量减少50%以上，洞庭湖大堤几十年来增高2.5～3.5 m，洪水水位也抬高了1.5～2.5 m。现在长江流域，地上的"悬湖"、"悬库"、"悬河"比比皆是（雷慰慈，1999）。上述变化又制约了生态系统调节水资源和调节气候的支持服务能力。研究表明，长江流域灾害形势还会险化、恶化、频繁化，不同区位的灾害变化趋势是：下游渐趋轻缓，上游次之，中游最为严峻（雷慰慈，1999）。

⑤ 调控自然灾害

新中国成立以来，自然灾害在不断加重，带来的损失也在加剧（张艳军等，2003）。每年仅气象、海洋、洪水、地质、地震、农作物病虫害、森林灾害等7大类自然灾害所造成的直接经济损失，在20世纪五六十年代平均每年达到300亿～400亿元，七八十年代平均每年为400亿～500亿元，90年代初增至年平均直接经济损失1 000亿元以上。据统计，约有50%的自然灾害与人为活动有关。例如20世纪50年代初，湖南有林面积10 000万 hm^2，森林覆盖率为44%，而目前有林面积为7 300万 hm^2，森林覆盖率为36%，伴随森林的减少，全省水土流失面积由1955年的1.87万 km^2 扩大到目前的6.43万 km^2，遍及省内90个县（市），上游水土流失导致下游淤积，河湖行洪和分、蓄洪能力下降的恶性循环（段德寅，1999）。广西洪涝灾害也是愈演愈烈的趋势（胡小晖等，1999）。自1990年以来，长江流域已进入历史上洪灾的高发期，而且在未来的十几年内，长江中游洪灾的发展态势依然不容乐观。

目前，中国广大农村地区的水土流失面积达150万 km^2，约占国土面积的1/6。每年流失的泥沙达50亿 t，这些土壤所含的养分相当于全国每年化肥的产量（李新等，2007）。

尽管自1955年以来中国森林火灾的发生面积和过火面积总体下降，但长远来看隐藏一定的负作用。因为长期的森林防火政策，会导致森林可燃物积累不断增加，等积累到一定程度，一旦有自然或人为火源就会引发高强度火灾，这种火灾很难扑救；全球变暖也会增加森林火灾的严重性（韩建军和曾前，2003）。

⑥ 调控疾病

中国是多种传染病特别是自然疫源病和人畜共患疾病的高发区，疫区主要分布在农村。伴随气候变暖和人类活动对生态系统的破坏的加剧，一些老的传染性疾病在中国呈死灰复燃的趋势。例如，鼠疫在20世纪90年代明显呈上升趋势；布鲁氏菌病区涉及全国1 400多个县；疟疾有蔓延的风险；血吸虫病病区已经扩展到南方的12省（市）434余个县，病区人口6 600多万，患者约84万，几乎全部是农民（韩建军和曾前，2003）。但是，由于卫生条件的改善，婴儿死亡率呈明显的下降趋势，在城市区域，很多疾病的发病率出现明显的下降。

⑦ 调控虫害

由于作物单一化和人工化程度的增强，以及生境的退化，近几十年来，生态系统的病虫害呈加重的趋势。

据不完全统计，中国森林病虫害的发生面积20世纪50年代为100万 hm^2，60年代为140万 hm^2，到了90年代上升至1 100万 hm^2，每年因森林病虫害造成的经济损失达50多亿元；全国发生的森林病虫害种类有 8 000 多种，其中经常造成严重危害的有 200 多种；在 20 世纪末的最后几年，几乎每年都有 3 ~5 种过去多为零星发生的病虫害，大面积爆发成灾(叶建仁,2000)。

1949 年以来，中国的蝗虫灾害一度大规模降低，但是近年来再次出现复发趋势。1999 年以来，中国西北地区和东北草原持续爆发蝗虫灾害。新疆每年因蝗灾减少牧草生产 35 亿 kg；2003 年，湖南衡阳蝗灾发生面积 20 万亩，其中成灾面积 8 万亩，绝收面积 2 万亩；2002 年，内蒙古草原蝗灾发生面积 1.7 亿亩，其中成灾面积 900 万亩。

⑧ 百年趋势

根据上述分析及有关资料，对中国生态系统的支持服务在 1950—2050 年的百年时间尺度内的趋势进行简要评估与预测，结果见表 20.7。在过去的 50 余年里，中国生态系统的各项调节服务除调节人类疾病服务之外，均呈衰退的趋势，这主要是人类干预生态系统的强度与频率增加，导致生态系统的结构与功能的衰退，这与同期人类对生态系统的调节服务需求的增长形成了鲜明的对比。预期在未来的 50 年里，人口对生态系统的调节服务需求将进一步增长，而在中国积极的生态恢复政策与实践的推动下，将有近 70% 的调节服务(6 项)在一些地区呈提高的趋势，但是发生恶化的区域相对更多，有 3 项调节服务(调节空气质量、调节气候、调节自然灾害)依然处于恶化趋势。

表 20.7 中国生态系统的利用强度与调节服务的变化

Table 20.7 Use of and enhancement or degradation of the regulating service in China

服务	2000(相对于 1950 年)			2050(相对于 2000 年)		
	人类利用	增强或退化	说明	人类利用	增强或退化	说明
调节控制空气质量	▲	▼	工业化进程快，资源利用增加，污染物排放仍维持在较高的水平	▲	▼	工业化、城镇化的影响，以及历史遗留问题的持续
调节气候	▲	▼	化石燃料持续增长；森林面积增加有利于调节气候能力的增强	▲	▼	化石燃料利用总量与森林覆盖率均保持增长趋势
调节水资源	▲	▼	很多流域被过度开发利用	▲	◆	取决于生态恢复的成效。部分地区有改进
调控侵蚀	▲	▼	水土流失面积扩大，沙漠化扩展面积增大	▲	◆	取决于生态恢复的成效。部分地区有改进
净化水源	▲	▼	水污染物排放增加与很多水体被过度利用	▲	◆	取决于环境政策实施与生态恢复的成效
调控人类疾病	▲	+/-	疾病复发与得到控制并存；且有城乡差异	▲	◆	不同地区，调控的有效程度与反应不同
授粉	▲	▼	由于野生动物种类和数量的减少	▲	◆	生态系统人工化增强的影响依然持续
调节自然灾害	▲	▼	生态系统脆弱性、单一性增加与人类干扰强度与频度增加的结果	▲	▼	历史遗留的生态问题继续存在，人类利用强度保持在较高水平上
调控虫害	▲	▼	生态系统脆弱性、单一性增加的结果	▲	◆	与综合病虫害防治等生物措施有关

注：说明同表 20.3。

20.1.4 文化服务功能

文化服务是指通过精神满足、发展认知、思考、消遣和体验美感而使人类从生态系统获得的非物质惠益(WGMEA,2003)。这些惠益包括文化多元性、精神和宗教价值、知识系统(传统的和正规的)服务价值、教育价值、灵感培育价值、美学价值、社会关系、地方感、文化遗产价值、消遣与生态旅游服务等。其中,社会关系服务是指生态系统可能影响建立于特定文化氛围之中的各种社会关系的类型。例如,渔业社会的社会关系在许多方面不同于游牧社区或者农业社区;地方感是指许多人珍惜“地方感”的价值,这种情结与他们对生活环境的特征认知,以及对生态系统的不同方面的感觉密切相关。

(1) 过去趋势

人类社会已经与自然环境形成了密切的联系。自然环境孕育、激发与影响了人类社会的文化价值体系,促进人类的经济福祉与社会文明的演进。生产力的发展与生活水平的提高,促进人们日益追求精神上的满足;城市化的推进以及城市人口的相对拥挤,诱发更多的城市人口喜爱在自然的环境中休闲,一些老年人甚至把农村作为老年生活的最佳选择。生态旅游的兴起,既是人们对自然的喜爱的增强,同时也是自然生态系统稀缺性的重要反映。表 20.8 描述了 2000 年前后全球生态系统的文化服务功能的变化情形,这是 MA 的评估结果。中国生态系统的文化服务功能的变化趋势与世界情况基本类似。

表 20.8 2000 年前后人类利用世界生态系统强度及世界生态系统文化服务的变化趋势

Table 20.8 Trends in the human use and in cultural service of global ecosystem around the year 2000

服务	人类利用	增强或退化	说明
精神与宗教价值	▲	▼	重要生态系统特征(与宗教有关的物种或森林)的丧失,以及社会和经济的变化,可能会减弱人类从生态系统获得的精神满足。在有些情况下,某些生态系统特征的丧失,可能会提高那些被保留下来的特征的精神价值
美学价值	▲	▼	随着城市化的不断发展,人类对美丽宜人的自然景观的需求不断增加。但是,可以满足这种需求的地方在数量和质量上已有所衰退
消遣与生态服务	▲	+/-	人类对消遣景观的利用需求在日益增加,按这种需求管理自然景观的地区也在不断增加。但是,许多景观例如珊瑚礁的自然特征由于作为消遣资源,被强度利用,可能造成或加速其退化
其他	NA	NA	

注:说明同表 20.3。

(2) 未来情形

根据 WGMEA(2003)研究,在未来半个世纪内,全球生态系统的文化服务功能的各项目指标在四种发展情景下的发展趋势(表 20.9)是:① 精神与宗教价值至少不低于目前的水平,社会关系只有在技术家园情景下存在退化的可能;② 在各种情景下,其他文化服务以退化或保持目前水平为主要可能;③ 与调节服务、支持服务的预测结果显著不同的是,现代的发展中国家的生态系统的文化服务能力的发展普遍较现在的工业化国家的更为乐观。

表 20.9 2050 年 MA 情景下的生态系统的文化服务的趋势

Table20.9 Enhancement or degradation of the cultural service around the year 2050

服务	全球协同		实力秩序		适应组合		技术家园	
	DdE	DiE	DdE	DiE	DdE	DiE	DdE	DiE
精神/宗教价值	◆	◆	◆	▲	▲	▲	▲	▲
美学价值	◆	◆	◆	▼	▲	▲	◆	◆
消遣价值	▼	▲	▼	▲	▼	▼	▲	▲
文化多元化	▼	▼	▼	▼	▲	▲	▼	▼
知识系统	◆	▼	▼	▼	▲	▲	◆	◆
社会关系	◆	▲	▲	▲	▲	▲	▼	▼

注:说明同表 20.3。

20.1.5 支持服务功能

支持服务是指对于生态系统服务的生产所必需的那些服务。支持服务与供给服务、调节服务、文化服务的区别在于:支持服务对于人类的影响具有间接性,或者持续较长的时间,而其他服务对于人类的影响是直接的,并且持续的时间较短。这些服务包括(WGMEA,2003):

- 土壤形成——生态系统的许多供给服务的生产依赖于土壤肥力,所以土壤的形成速度可以从许多方面影响人类的福祉。
- 光合作用——光合作用制造氧气,这对大多数有机体的生存是必需的。
- 养分循环——磷、氮等约 20 种生命所必需的元素是通过生态系统进行循环的,并且在生态系统的不同组分维持着不同的浓度。
- 水循环——水通过生态系统进行循环,这一循环过程对于维持生命有机体的生存与发展是必不可少的。

生态系统的某些服务,如侵蚀调节,依据时间尺度的长短和对人类影响的直接性特征,既可能被认为是支持服务,也可能被认为是调节服务。

(1) 净初级生产力

1981—2000 年期间,世界包括旱区、森林和垦殖系统在内的一些全球"系统"的净初级生产力(NPP)出现了增长的趋势(WGMEA,2003)。

(2) 养分循环

生态系统通过养分循环这一生态过程为生命提供必要的充足的元素供应,从而为生态系统的其他服务提供支持。在过去的 2 个世纪中,人类活动已经极大地改变了几种关键元素的循环过程,进而对一系列的其他生态服务和人类福祉产生了重要的影响。这些影响既有有利的,也有有害的。由于生态系统已经彻底地简化成了大尺度、低生物多样性的生态系统,特别是农业生态系统,陆地生态系统的吸收和持有养分的能力已经受到了较为严重的破坏。过量的养分元素通过渗漏进入水体系统,对水生态生境产生不良的影响,加剧了水资源的供需矛盾。

在工业革命之前的时代,每年由大气进入陆地和水体生态系统的氮通量是 110 万亿 ~210 万亿 g,当前,人类活动使年氮通量增加了大约 165 万亿 g,致使地球表面活性氮的生产速率明显增加。氮在陆地和水体中的累积已经极大地提高了部分国家的食物生产,但是也为此付出了一定的代价,例如温室气体排放增加,淡水和海滨生态系统提供的水质、水产品和文化价值等降低。预计到 2030 年,进入海滨生态系统的全球氮通量会再增加 10% ~20%(3 种情景下,确定度中等情况下);大多数发展中国家河流中的氮可能增加 20% ~30%,进而可能加重生态系统富营养化问题,但是,估计工业化国家河流中的氮不会发生大的变化。

当前,磷在生态系统中的累积速度每年是 10.5 万亿 ~15.5 万亿 g,与此相比,工业革命之前的时代的累积速度是每年 1 万亿 ~6 万亿 g。这主要是农业生产使用磷肥的结果。土壤中积累的磷会通过径流途径向迁移水体中迁移。当前生态系统已经累积了大量的磷,这些磷元素向水体的输送速度较慢且难以防止,因而在未来的几十年内,磷导致生态系统服务退化的趋势具有扩大和恶化的可能。当前,硫的排放在欧洲和北美洲正在日益减少,但是这种趋势不包括世界上一些正向工业化发展的地区,例如印度、南非以及南美洲的南部地区。全球评估认为,热带生态系统发生酸沉降的风险较大。

(3) 生物多样性

① 世界情况

生物资源是自然界中的有机组成部分,是自然力的产物,是生物多样性的物质体现,是人类社会生存与发展的基础。物种灭绝作为地球上生命进化史的一种自然现象,本是一种正常的自然过程。地球上自 35 亿年前出现生命,灭绝便已开始。新的物种不断形成,旧的物种逐渐灭绝,在自然界达成一种生与死的平衡。地球至今已有数亿种生物生存过,如今绝大多数早已消逝。现存的物种是过去数十亿年进化的结晶,是数亿个物种在灭绝中的幸存者。除了像白垩纪末期这样的主要灭绝事件外,物种一般可以持续 10^6 ~10^7 年,如果灭绝是独立的,每 10^6 ~10^7 物种年(species year)应才发生一例灭绝。而近百年来北美淡水软体动物灭绝了 21 种,约占区域总物种数(297)的 7%,灭绝速率为每 1.4×10^3 物种年灭绝一个物种,是背景灭绝速率的 10^3 ~10^4 倍。依据物种数与面积之间的关系估测,每年约 27 000 个物种丧失,即每 27 分钟丧失一个物种。尽管很多学者批判这种估测方法,但是人类主导生态系统导致很多生境内生物多样性明显下降,世界范围物种灭绝速度加快的趋势是不容置疑的。1970 年以来,陆地、淡水、海水的物种指数均发生了不同程度的下降,其中,尤以淡水生态系统的下降为最。很多生物群中,5% ~20%的物种已经灭绝了。尽管物种灭绝是一种自然过程,但由于人类干扰,现在的灭绝速率是自然选择过程的1 000倍多,而且将来物种的灭绝速率可能更大,是当前灭绝速率的10倍多(WG-MEA,2003)。

动物学专家保守估计的全球物种为500万~3 000万种,但实际上有科学描述的仅约175万种,占估计物种的10%左右。生物多样性的丧失,可能使一些物种在人类还没有来得及认识其价值的时候,就已经从地区上消失了。

② 中国情况

中国地域辽阔,自然条件复杂,自然历史悠久,地形、土壤、气候多样,为生物多样性形成与发展提供了极为优越的自然基础。中国是全世界12个"生物多样性特丰富国家"之一,从已经记录的物种数目看,中国估计有10万种生物。

中国也是物种受威胁情况比较惊人的国家之一和世界上生物多样性丧失最严重的国家之一。近50年来,中国约有200种植物灭绝,高等植物中濒危和受威胁的高达4 000~5 000种,占总种数的15% ~20%。许多重要药材如野人参、野天麻等濒临灭绝。近百年来,有10余种动物绝迹,如高鼻羚羊、麋鹿、野马、犀牛、新疆虎等。目前,大熊猫、金丝猴、东北虎、雪豹、白鳖豚等20余种珍稀动物又面临绝灭的危险。在《濒危野生动植物种国际贸易公约》所列640个种中,中国占了1/4,即156个种。

20.2 用生态足迹度量生态服务消费

"数字化"生态系统服务是生态系统管理的重要前提。生态足迹模型是度量生态系统服务的消费与生产特别是生态系统的支持服务的消费与生产的有效工具。生态足迹核算表明,生态赤字是中国及其大部分省、近80%的县的生态系统面临的共同问题,从小尺度上着手生态管理更为有效。

20.2.1 生态服务消费的总体趋势

(1) 模型说明

生态系统是一个由有限资源构成的服务能力有限的地球生命支持系统。只有把人类社会经济代谢的生态需求限制在地球生态系统的环境容纳量和资源最大可持续产出量范围内,才能保证人类持久地从自然获得生态惠益,即生态系统服务。"数字化"生态系统服务是生态系统管理的重要前提。由于地球家园的许多生态系统服务均与NPP密切相关(Richmond,2007),而后者具有面积依赖的特征(Haberl,2004),因而,以生产性土地(包括水域)为表达媒介的生态足迹模型可用于度量生态系统服务,它在度量生态系统的食物支持能力方面尤为卓越。

① 生物生产性空间与生态系统服务

生态足迹模型是以生物生产性空间来度量人与自然之间的相互依赖关系。在生产端,生态足迹模型以生态承载力为指标,度量研究区拥有的生物生产力空间的多少;在消费端,生态足迹模型以生态足迹为指标,度量生产一定人口消费的资源及吸纳其排放的废弃物所需要的生物生产性空间的面积(Wackernagel& Rees ,1996;Rees,2000)。

在生态足迹模型中,生态承载力测度的是生态系统供给服务能力的大小。生态承载力是研究区生物资本的产品流(Q^P)、生物净初级生产力($\overline{Y}$)与产品-资源转化系数(生产单位产品所需要的自然资源量,k)的函数,它与生态系统的产品量成正比,与NPP成反比,见公式(20.1)。NPP是维持生产生态系统服务流的自然资本库的流。与NPP低的生态系统相比,NPP高的生态系统通常产生较多的食物、纤维、木材等供给服务流,具有较强的调节水资源、调控虫害、防治土壤侵蚀等调节服务能力,同时拥有较高的休闲娱乐和生态旅游价值。可见,虽然生态承载力核算反映的是生态系统的供给服务能力的大小,但也包含着调节服务、文化服务乃至支持服务的强弱的信息。

$$CC=f(Q_i^P,\overline{Y},k_i)=\sum\frac{Q_i^P\times k_i}{\overline{Y}} \quad (20.1)$$

公式20.1中,CC为区域生态承载力总量,i为产品类型的编号。

如果不同土地利用的生产力用Y_i表示,面积用A_i表示,公式20.1可以改写为:

$$CC=f(A_i,\overline{Y},Y_i,k_i)=\sum A_i\cdot\frac{Y_i\times k_i}{\overline{Y}} \quad (20.2)$$

由式20.2可见,在采用固定NPP的情况下,区域生态承载力的大小与土地利用面积成正比。可见,生物生产性空间的面积是反映生态系统的供给服务能力的有效指标，该值越大，表示生态系统的供给服务能力越强，同时其所蕴涵的生态系统的调节服务与文化服务功能越强。

生态足迹由生物质消费的足迹组分与化石能源消费所需的足迹组分两部分组成（式20.3），核算结果度量的是支持社会经济代谢所需的生态系统的供给服务能力以及污染物调节能力的大小。

$$\begin{cases} EF=EF_i^{\mathrm{B}}+EF_i^{\mathrm{F}} \\ EF_i^{\mathrm{B}}=f(C_i,\overline{Y},k_i)=\sum \dfrac{C_i \times k_i}{\overline{Y}} \\ EF_i^{\mathrm{F}}=f(C_i,r_i)=w \times \sum \dfrac{C_i}{r_i} \end{cases} \tag{20.3}$$

式20.3中，EF表示生态足迹总量，上标B、F分别是生物质资源与化石能资源的标识，C_i是产品表观消费量，r为化石能源的比能源足迹，其他同式（20.1）。

② 模型度量生态系统服务的性能

用生态足迹模型度量生态系统服务具有许多优点，主要表现为：

用面积单位直观度量生态系统服务。生态足迹模型将人类复杂的生态系统过程和多样的生态系统服务图谱综合转化为单一的生物生产性空间面积，十分生动地揭示人类活动与生态系统服务功能供需之间的依赖程度，以及两者对地球表面生物生产性空间的依存程度。

以物理量度量生态系统服务收支的合理性。生态足迹模型基于生物生产性空间度量生态系统服务流的收支，这种方法本质上属于物理量评价法。对于生态系统服务的“收益流”，如果生态系统供给社会经济系统的生物生产性空间的实现，没有减少自然资本库的数量，完全依赖生物资源的可更新能力，如果生态系统供给服务的生物生产性空间的面积不随时间的推移而减少（式20.4），则认为生态系统是处于比较理想的状态；但生态系统供给生态承载力空间触动自然资本库时，在考虑生态系统供给服务流时应扣除以自然资本库的资本量减少为代价的生物生产性空间，如果扣除后的生物生产性空间的面积不随时间的推移而减少（式20.5），则认为生态系统是处于比较理想的状态。对于生态系统服务的“支出流”，如果人类社会经济系统占用“生物生产性空间”的增长幅度不超过生态系统NPP的增长幅度（式20.6），则认为人类社会经济活动对生态系统服务流的取用是比较理想的状态。

$$CC(t+\Delta t) \geqslant CC(t), \quad \Delta t>0 \tag{20.4}$$

$$CC(t+\Delta t) \times (1-\lambda_{t+\Delta t}) \geqslant CC(t) \times (1-\lambda_t), \Delta t>0 \tag{20.5}$$

式20.5中，λ表示被动用的资本库存量占生态系统产品“收益流”的比例。

$$\frac{EF(t+\Delta t)}{EF(t)} \leqslant \frac{NPP_{t+\Delta t}}{NPP_t} \tag{20.6}$$

有效度量区域社会经济代谢的对外生态系统服务依赖程度。生态足迹模型能快捷地揭示区域社会发展过程对外界生态服务的依赖程度。区域的生态承载力与生态足迹之差，如果为正，称之为生态盈余，如果为负，称之为生态赤字。区域处于生态盈余时，表明区域生态系统提供的生态服务足以满足地区社会经济代谢所需的生态资本，并有所富余，此时区域社会经济代谢对外生态服务依赖程度为零。生态赤字则表明区域生态系统提供的生态服务不足以满足社会经济代谢所需的生态资本，生态赤字与生态承载力之比即为区域社会经济代谢对外生态服务的依存程度。

生态足迹模型在核算生态系统服务时具有方法简捷、结果直观等优点的同时，也存在一定的局限性，主要表现为：① 模型对生态系统服务是不完整的，② 核算结果具有一定的不确定性。

（2）中国的生态足迹

① 国家层面

随着国家经济增长和人口生活水平的持续提高，中国人口生存与发展所需的生态服务量也不断增长。1985—2004年，中国人均生态足迹由1.12 hm^2增长为1.94 hm^2，增长了73%，年均增长率在3.7%以上（图20.12）。其中，人均能源足迹由0.51 hm^2增长为1.27 hm^2，由于化石能源足迹的显幅增长使得能源足迹在总生态足迹中的份额呈持续增长趋势（表20.10），由1985年的45%到2004年增长至67%；同期用于满足人口食物、薪材、木材等可更新生物质消费所需的人均生态足迹总体保持在0.60～0.70 hm^2的水平上，但其在人均总生态足迹中的份额因而呈下降趋势，由1985年的53.4%到2004降低为30.7%，共下降了22.7个百分点。这些下降份额中，有1.6个百分点为建筑用地份额所取代，其他百分点为能源足迹份额所取代。

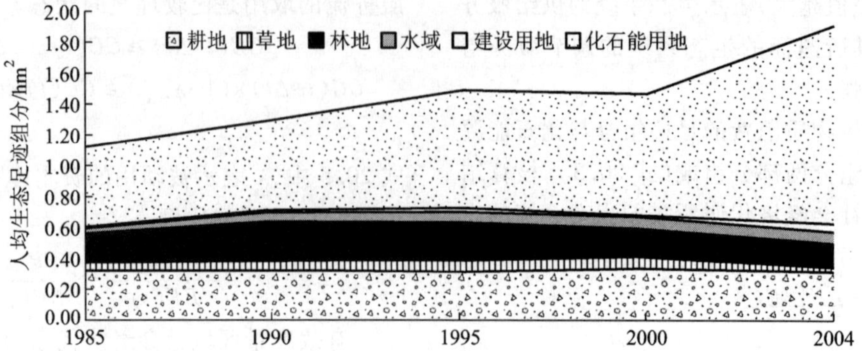

图 20.12 中国生态足迹组分组成图

Figure 20.12 Per capita footprint in China

近 20 年来,中国人均耕地资源占有量增长幅度极微,但由于生产力水平的提高与农业结构的调整,农业用地(不包括林地)供给的生态承载力无论是总量水平还是人均水平均总体呈增长趋势。2004 年中国林业用地以外的农业用地供给的承载力空间(定义为膳食资源承载力)总量为 11.21 亿 hm^2,是 1985 年水平(4.81 亿 hm^2)的 2.3 倍;人均水平 0.86 hm^2,是 1985 年水平的 1.9 倍(图 20.13)。草地与水域产出能力的持续提高,对之作出了重要的贡献。如果将林地考虑在内,2004 年中国生态承载力空间总量为 14.47 亿 hm^2,人均 1.11 hm^2,分别是 1985 年相应水平的 1.7 与 1.4 倍。

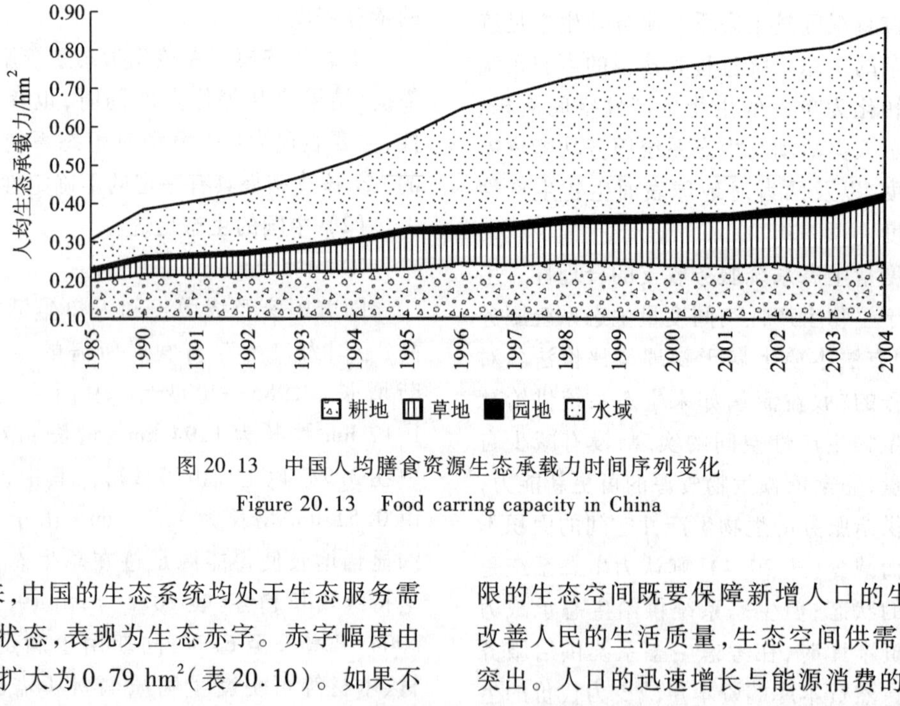

图 20.13 中国人均膳食资源生态承载力时间序列变化

Figure 20.13 Food carring capacity in China

近 20 年来,中国的生态系统均处于生态服务需求大于供给的状态,表现为生态赤字。赤字幅度由人均 0.32 hm^2扩大为 0.79 hm^2(表 20.10)。如果不考虑能源消费排放 CO_2所需要林地资源承载力供需缺口,近 20 年来,中国生态系统供给膳食资源承载力空间的能力总体上大于人口食物消费对膳食资源承载力空间的需求程度,膳食资源生态空间处于生态盈余状态,且盈余幅度总体呈增加趋势。中国生态赤字形成及不断扩大的主要原因在于能源足迹用地不断增加。由于我国人均生态空间本来就小,有限的生态空间既要保障新增人口的生活需求,又要改善人民的生活质量,生态空间供需竞争矛盾十分突出。人口的迅速增长与能源消费的激增是导致生态赤字不断增加的根本原因。所以提高生态空间的单位面积生产力,是减少生态赤字的重要手段。

中国生态系统呈现出与世界生态系统类似的变化趋势,以 1980 年前后为生态盈余与生态赤字的分水岭;但与世界平均水平比较,中国生态资本供需平衡关系的变化速度更快,表明中国在世界生态系统演变中的影响越来越明显。

表 20.10 中国人均生态盈余/赤字组成(hm^2)

Table 20.10 Per capita ecological surplus or deficit in China

	1985	1990	1995	2000	2004
膳食空间	0.05	0.02	0.14	0.27	0.44
#耕地	0.04	-0.05	-0.05	-0.07	-0.03
#草地	-0.03	-0.02	0.02	0.03	0.11
#水域	0.04	0.08	0.17	0.30	0.35
林地与能源	-0.38	-0.57	-0.76	-0.79	-1.23
建设用地	0.00	0.00	0.00	0.00	0.00
总计	-0.32	-0.52	-0.61	-0.52	-0.79

② 省际层面

近20年来,各省(市、区)的人均生态足迹总体均呈增长趋势(表20.11),且省际空间人均生态压力分布格局发生了明显的变化。人均生态足迹分布的高值区由最初集中分布在东北、西北地区以及京、津、沪三个直辖市向东部延伸,形成了目前省际人均生态足迹分布北部最高、东部居中、中部最低的格局。

同期,虽然大部分省份的生态承载力总量与人均水平也呈增长的趋势,但是大部分省份的人均生态承载力增长幅度低于其生态足迹的增长幅度,结果是生态赤字不断扩大(表20.11)。依据近20年来各省份生态盈余或生态赤字的变化,可将它们划分为如下四类区域:

表 20.11 主要年份中国部分省(市、区)人均生态足迹变化

Table 20.11 Per capita ecological footprint and ecological surplus/deficit at provinces level

省(市、区)	人均生态足迹/hm^2					人均生态盈余/赤字/hm^2				
	1985	1990	1995	2000	2004	1985	1990	1995	2000	2004
北　京	2.29	2.29	2.35	2.94	3.26	-1.94	-1.92	-2.56	-2.93	-2.96
天　津	1.95	1.95	2.21	2.54	2.43	-1.65	-1.86	-2.10	-1.97	-2.39
河　北	1.05	1.05	1.19	1.45	1.52	-0.33	-0.53	-0.63	-0.62	-1.01
山　西	1.48	1.48	1.35	1.71	1.61	-0.83	-0.76	-0.99	-1.08	-2.22
内蒙古	1.27	1.27	1.63	1.52	1.79	2.13	0.92	0.97	0.46	-0.13
辽　宁	1.86	1.86	2.05	2.27	2.20	-0.91	-1.12	-1.10	-0.69	-0.64
吉　林	1.56	1.56	1.80	1.90	1.64	-0.37	-0.58	-0.65	-0.53	-0.91
黑龙江	1.53	1.53	1.71	1.91	1.80	-0.03	-0.17	-0.21	-0.32	-1.98
上　海	2.23	2.23	2.91	3.07	2.98	-1.84	-2.51	-2.71	-2.68	-2.22
江　苏	0.98	0.98	1.18	1.50	1.49	-0.32	-0.58	-0.73	-0.66	-0.33
浙　江	1.17	1.17	1.43	1.92	1.98	-0.01	-0.23	-0.35	-0.31	-0.77
安　徽	0.88	0.88	0.90	1.17	1.19	-0.20	-0.28	-0.31	-0.24	-0.47
福　建	0.83	0.83	1.46	1.73	1.34	0.26	0.11	0.23	0.81	0.32
江　西	0.97	0.97	1.16	1.16	1.01	0.12	-0.04	-0.01	0.05	-0.76
山　东	0.97	0.97	1.05	1.21	1.25	-0.32	-0.30	-0.02	0.25	-0.41
河　南	0.77	0.77	0.81	0.86	0.95	-0.23	-0.30	-0.25	-0.27	-1.64
湖　北	1.17	1.17	1.22	1.34	1.45	-0.23	-0.43	-0.38	-0.33	-0.20

续表

省(市、区)	人均生态足迹/hm^2					人均生态盈余/赤字/hm^2				
	1985	1990	1995	2000	2004	1985	1990	1995	2000	2004
湖　南	1.26	1.26	1.50	1.55	1.31	-0.13	-0.29	-0.42	-0.25	-1.35
广　东	1.11	1.11	1.11	1.70	1.65	-0.16	-0.09	-0.32	-0.51	-1.27
广　西	0.96	0.96	1.07	1.14	1.19	0.27	0.03	0.07	0.36	-0.45
海　南					1.46			0.45	0.59	0.68
重　庆					1.59				-1.04	-1.81
四　川	0.89	0.89	1.07	1.27	1.16	-0.19	-0.22	-0.40	-0.27	-0.80
贵　州	1.02	1.02	1.42	1.25	1.57	-0.06	-0.37	-0.53	-0.73	-0.89
云　南	1.02	1.02	1.45	1.54	1.33	0.62	0.26	0.11	-0.12	-0.86
西　藏	1.36	1.36	1.37	1.35	1.67	7.15	6.43	5.96	4.74	3.90
陕　西	0.98	0.98	1.19	1.16	1.11	0.03	-0.15	-0.29	-0.29	-0.85
甘　肃	1.15	1.15	1.21	1.29	1.36	-0.35	-0.39	-0.53	-0.63	-0.72
青　海	1.54	1.54	1.65	2.15	2.07	0.56	0.27	0.05	-0.19	-0.13
宁　夏	1.14	1.14	1.54	1.50	1.69	-0.53	-0.83	-0.79	-0.91	-2.14
新　疆	1.64	1.64	2.04	2.01	1.99	-0.57	-0.57	-0.63	-0.59	-0.98

生态盈余区:近 20 年来生态空间一直处于供给大于需求的状态,这类省份仅有海南、西藏与福建三地。

生态平衡转盈余为赤字区:包括内蒙古、江西、广西、云南、陕西、青海,共同特征是在研究起始年份生态系统处于盈余状态,而后随着能源足迹的增加,生态系统盈余幅度不断缩减,并最终处于生态赤字状态。

生态赤字波动缩减区:这类区域一直处于生态赤字状态,但赤字幅度总体降低,期间有过上升的经历。辽宁、江苏、湖北属于此类区域。这三个地区的种植业、畜牧业与渔业生产能力持续提高,使得它们生态服务供给步伐高于需求步伐。

生态赤字持续扩张区:这类区域在近 20 年均处于生态赤字不断扩大的状态。包括北京、天津、河北、吉林、黑龙江、上海、浙江等 17 个省(市、区)。

可见,生物生产性空间供需矛盾是我国各地区普遍面临的矛盾,而对于大多省份来说,这种矛盾处于加强状态。如何提高区域生态承载力,并有效降低人口活动对生态系统的占用强度,是当前中国各省(市、区)普遍面临并必须正视的一个客观问题。

③ 县际层面

2000 年中国各县的人均生态足迹在 0.7 ~ 4.0 hm^2的区间内,且主要分布在 0.7 ~ 1.7 hm^2之间(图 20.14)。该年,中国约 4/5 的县域处于生态赤字状态。1990—2000 年,中国有 57% 的县的生态服务供需差距朝拉大的方向恶化,有 38% 的县的生态服务供需关系向明显改善的方向发展。这暗示小尺度上的生态系统管理对于维持和提高生态系统服务是非常重要的。

基尼系数是衡量公平性或者说是均匀性的重要指标①。如果将洛伦茨曲线与基尼系数中的收入及收入累计百分比相应地由生态服务指标及其累计百分数替代,洛伦茨曲线与基尼系数可用于度量人口生态服务供给与消费的区域公平性。1990—2000 年,中国县际的人均生态足迹以及膳食足迹(耕地、水域、草地三类足迹的和)的基尼系数均在 0.2 以下,生态服务消费的区域分配是高度平均的。但是,人均生态承载力的基尼系数由 1990 年的 0.21 升高为 2000 年的 0.31,即生态承载力在县际尺度上的分配已经不再“相对平均”。其中,膳食资源承载力

① 按照国际惯例,基尼系数公平程度的分组标准为:0.2 以下表示居民之间收入分配“高度平均”,0.2 ~ 0.3 之间表示“相对平均”,在 0.3 ~ 0.4 之间为“比较合理”,0.4 ~ 0.6 为“差距偏大”,0.6 以上为“高度不平均”。

的基尼系数由 0.35 提高为 0.41，在县际尺度上的分配已经不再"比较合理"，而是处于"差距偏大"的状态。这意味着，在更为细致的空间尺度上，中国食物供给格局与生态安全供给格局是不同的，甚至有些地区是相互矛盾的。国家必须采取有效生态服务补偿，以保持生态服务供给的不均衡不波及区域特别是生态服务供给源区的经济与社会生活领域。同时，中国区域生态服务消费的高度均匀与生态服务的不均匀的鲜明对比启示我们，跨区域资源流动具有更大的潜在需求，也呼吁有效的生态服务价值实现机制。

图 20.14 2000 年中国县际尺度人均生态足迹的空间分布

参见彩色插页

Figure 20.14 Per capita footprint distribution by counties in 2000

20.2.2 生态服务消费增加的原因

衡量生态系统或环境系统的压力的经典公式是 IPAT 等式，$I=PAT$，其中，I 为指定环境生态压力或环境压力，P 为人口，A 表示富裕（如人均消费或生产），T 为技术（单位消费或生产的环境影响或者说资源与环境效率，可以理解为单位消费或生产的资源强度）。生态系统服务的供给可以用面积与单位面积的生态服务供给强度来表达。两者的供需对比关系，度量的是生态系统产生的服务流满足人类社会经济系统对这种服务流的需求的程度（图 20.15）。图 20.15 所示的生态系统供需影响因子模式是一种抽象的概念模式，可以将这一概念模式进行更为详细的分解。首先，人均消费水平与社会经济发达程度和城市化率息息相关，而社会发达程度往往与化石能源的利用规模具有密切的联系；其次，人口的消费结构对生态服务消费具有明显的影响，因而，恩格尔系数的变化是评估人们对生态服务消费变化的重要参数；第三，经济发展与人口消费具有"惯性"，或者说容易受历史特征的影响；第四，社会上不同利益群体的"生态责任感"的强弱与履行情况；第五，生产与资源利用的"集约化"程度。

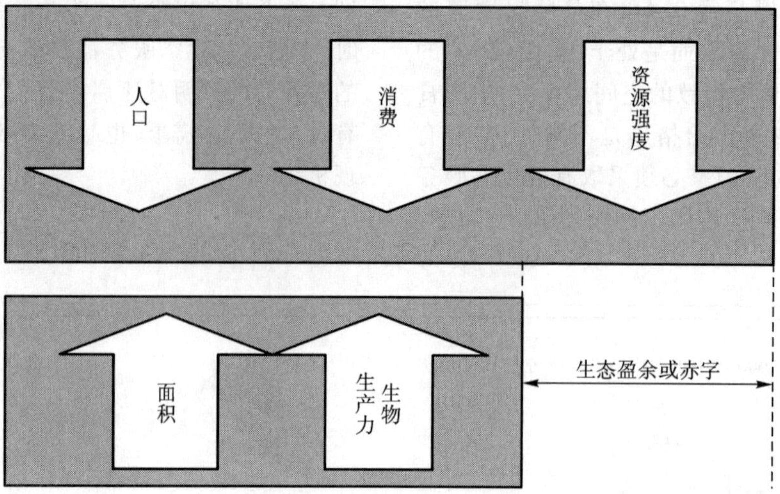

图 20.15 决定生态服务消费与自然生态系统服务供需结果的因素

资料来源:WWF(2007)

Figure 20.15 Footprint and biocapacity factors that determine overshoot

(1) 人口的规模

无论社会发达到何种程度,一个人对自然生态服务的消费总是有限的,但是乘以人口规模这个放大系数后,一个很小的人均生态服务消费值,也许会得到很高的区域总生态服务需求量。人口规模对生态服务需求的放大效应,在中国、印度这样的人口大国尤为明显。

(2) 富裕的程度

人均 GDP:表明区域经济发展水平与阶段。在技术水平和产业结构一定的情况下,人均 GDP 可大致表明居民生产生活的资源消耗水平。人均 GDP 增加往往意味着人均收入的增加,人们可以用来"购买"生态服务的能力与意愿的双重增加。而在生态服务需求可得时,这种意愿常常被转化为现实。在社会的一定时期,口袋中金钱的膨胀会促发人们的生活消费态度和行为发生转变,"购买"篮子装的不再仅仅是维持生存所必需的生态产品与服务,有一部分甚至相当一部分装的是奢侈品的生态服务消费需求。正因金钱具有如此的诱惑力,消费经济学悄然兴起,"长尾理论"正在世界风行。收入的这种刺激消费功能,使人们不禁为这样一个问题的答案而感到不寒而栗:如果世界上发展中国家或仅中国的每个人过着与美国、加拿大人相似的生活方式与消费水平,世界生态系统承受的生态服务需求的压力将如何。

恩格尔系数:恩格尔系数的下降意味着相对更多的收入被用于非生存性消费,而奢侈品消费所需要的生态服务往往大于生存性资源消费的生态服务。生态旅游的人均生态足迹(按停留天数折合成年度值)常常是当地人口的数倍,即是一个有利的证据。同时,恩格尔系数下降还引发人们在外就餐消费需求的增加,而这种消费往往比在家就餐具有更大的生态服务需求。

城市化率:城市几乎是消费的代名词,这里人口的资源消费强度、交通出行距离与频度、工业化发展水平和能源利用规模往往都高于农村,而不断增加的硬化地面和为满足景观安全与休闲需求而高度人工化的生态系统,面临着绿色生产土地面积缩减、天然水循环遭受阻断等负面影响。结果,城市发展面临的生态服务需求增加与生态服务供给下降(相对于相同技术下、不同土地利用格局)矛盾更为突出。很多研究表明,区域内,城镇人口的人均生态足迹高于农村人口,在中国,城乡居民人均足迹的差距正在不断拉大。如果一个地区的人均、城镇人均与农村人均的生态足迹依次用 WEF、UEF 与 REF 表示,城市化率用 r 表示,则:$WEF = UEF \times r + REF \times (1-r) = REF + (UEF - REF) \times r$,即,人均生态足迹等于农村人均生态足迹与城乡人均生态足迹差距与城市化率的乘积之和。如果某地的城乡人均年生态足迹消费差距为 $3hm^2$(接近 2004 年中国水平),人口规模为 13 亿人(大致与中国人口规模相当),那么,该地区的城市化率每提高 1 个百分点,就意味着整个地区人均多需要0.03 hm^2生物生产性空间来供给的生态需求,总计多需要3 900万 hm^2。

(3) 效率与速率

自然界中物质总量是守恒的。如果考察的时间尺度足够长,社会经济系统动用的资源量扣除被人们完全消耗或滞留的那部分产品,就是其产生的废弃物的量。因为,物质是守恒的。所以,资源开发、加工、利用与消费,乃至最终处理整个生命周期内,效率都是人们对生态系统服务需求强度的关键因素。单位GDP能耗、水资源消耗、污染物排放、占地(建设用)面积等资源、环境指标,无不指向效率问题。而这一点在中国虽然获得了可喜的发展,但发展的程度还远远不够。例如,目前中国化石资源开采普遍是采1 t扔2 t,煤炭资源的平均回采率约为30%,原油和天然气的采收率分别为27%和35%左右,资源开发的隐性生态包袱不容忽略;煤炭"筛选"与"入洗"率低,使中国煤炭资源运输中有20%多的动力是花费在煤矸石、粉煤灰这样的无效资源上;中国每年因木质包装消耗450万 m^3木材和14亿多t水资源,因金属包装消耗近200 t铁、铝、锡金属资源,因塑料包装使国家多消耗1.5%的原油资源。

自然界的动物是非常精明的数学家,它们在捕食时会全面权衡捕食努力与食物获得之间的相互关系,以及在哪捕食,每次捕食多少。适度需求与生态位分化是动物应用捕食经济学的一种结果。生存于人工聚落的人类,喜欢满足的感觉、安全的感觉以及消费的感觉等。这些感觉推动人们对自然的探索与解密,推进了文明的进步与科学的发展,具有积极的作用。但是,也推动了生产领域与消费领域资源需求与废弃速率的加快。冰箱、彩色电视、房屋等很多的耐用品正在变得不那么耐用,虽然它们的质量较以前大为改进了。频繁的购买与丢弃这些耐用品,无疑是需要相当的生态服务来支持的。商家为了收益增长持续刺激居民消费,居民消费不断向商家馈给更多需求的信号,如此的循环,一定程度上会使生产者花费更多的时间与精力研究消费者行为,而相对减少用于环境与生态友好的技术研发与积累的时间,减少对生态服务消费降低的可能贡献。

(4) 节约的贡献

节约化发展是富有生态责任的每位地球公民都应认识到并身体力行的发展准则,应贯穿于生产领域与消费领域的各个环节。

中国农业大学对22个省574个县粮食产后损失情况进行的抽样调查结果表明,中国粮食在收获、储藏、调运、加工、销售和消费中的总损失高达18.7%(文启湘和韩松,2005)。与20世纪80年代相比,中国目前的产后粮食损失率上升了3%左右。这意味着仅2004年一年中国的粮食损失总计就达到0.88亿t,相当于当年中国口粮消费总量的40%。而河南省各环节的粮食损失合计高达21.5%(文启湘和韩松,2005),远超过联合国粮农组织规定的5%的损失标准。中国国家粮食局最新抽样调查显示,由于储粮设施简陋,方法不科学,农户储粮损耗惊人,损失率在8%到10%,每年粮食损失量高达150亿至200亿kg。在粮食加工业环节,中国目前粮食加工装备的粮食收得率较发达国家低约2%,同时粮食加工中资源综合利用程度也较低,造成了巨大的粮食、资源与经济浪费。如果粮食损失率为5%,2004年中国人均生态足迹将降低0.04 hm^2,全国合计降低5 200万 hm^2,满足该年北京市生态服务消费中需求后尚有所剩余。如果仅这样"节约"粮食,2004年中国人均生态足迹将比现在的实际水平下降3%,这3%即是节约的贡献率或贡献系数。

20.2.3 生态服务消费的模式

人类社会获取生态服务消费的途径、消费的强度以及消费对生态系统的影响的多样性,使得可以从不同角度划分生态服务消费的模式。这里依据(生态服务)消费的必需性、消费的公平性、消费的来源,以及消费对生态系统服务流变化的影响,对人类消费生态系统服务的模式进行简要的理论划分,四种划分依据下的生态服务消费的模式的类型与解释见表20.12,各种模式之间的相互组合,形成SENT综合模式图(图20.16)。

SENT中,S(source)指依据生态服务的来源分类;E(equity)指生态服务的消费的公平性;N(necessity)指消费的必需性;T(trend)指当年生态服务较基准年的变化趋势。图20.16所示的各轴向,由下到上表示消费模式的演进层级。基本理想的生态服务消费模式位于图20.16的中间部分的虚线勾勒的平面(定义其为"可持续生态服务消费"参考面)的附近,其特点是:①某一地区的生态系统服务消费可以满足生存对能量与营养的需求,但不过多;②这种消费既不挤占他人的生态服务,也不受他人挤占;

表 20.12　人类消费生态服务的模式分类

Table 20.12　Classification of ecological services consumption

分类的依据及类型	解释
A. 消费的必需性	
■ 贫困型	生态服务的获取不能满足最基本生存的能量需求
■ 生存型	生态服务的获取仅仅是满足基本生存的能量需求
■ 富足型	生态服务的获取可以满足生存的能量与营养的需求
■ 奢侈型	大部分生态服务的获取已经超过了能量与营养的“富足”
B. 消费的公平性	
■ 亏缺型	人均生态足迹较明显低于设定的标杆值(如全球平均值)
■ 中等型	人均生态足迹基本在设定的标杆值的附近
■ 挤占型	人均生态足迹较明显高于设定的标杆值
C. 消费的来源	
■ 当地且当年型	消费的生态服务均来自当地,且当年生态系统服务是盈余的
■ 外地但当年型	消费的生态服务部分或全部来自当地以外,但输入地在当年是生态服务盈余的
■ 当地但未来型	消费的生态服务均来自当地,但当年生态系统服务是赤字的
■ 外地且未来型	消费的生态服务部分或全部来自当地以外,且输入地在当年是生态服务赤字的
D. 当地生态服务趋势	
■ 积累型	与前一年度(或其他基准年度)相比,当年当地生态服务有所提高
■ 平衡型	与前一年度(或其他基准年度)相比,当年当地生态服务基本不变
■ 欠账型	与前一年度(或其他基准年度)相比,当年当地生态服务有所退化

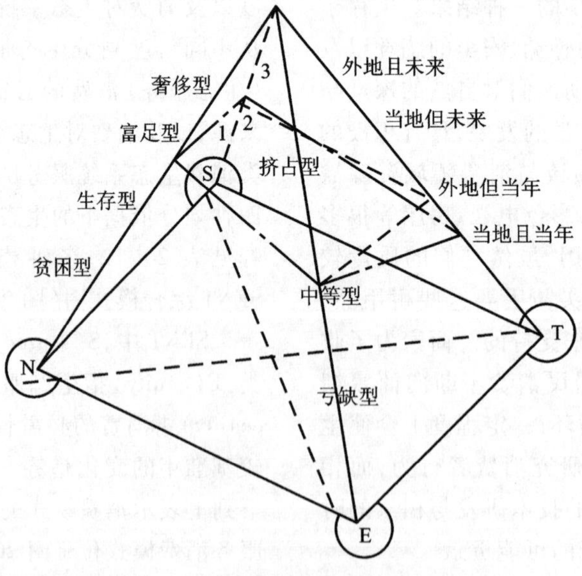

图 20.16　生态服务消费模式的组合(SENT)

1、2、3 分别表示“积累型”、“平衡型”、“欠账型”,其他见正文

Figure 20.16　Configuration of ecological services consumption (SENT)

③与基准年度相比，当年的生态服务消费不会引起生态服务的退化；④生态服务的消费不对未来人口享有的生态服务造成影响。“可持续生态服务消费”参考面是一个沿“S”轴向下的移动平面，如果该虚线在“S”轴的点越低即越靠近“积累型”，则越是理想。最理想的生态服务消费模式是该平面与“S”轴线交汇在“0”点位置。实际上，由于生态服务增强是一渐进的过程，除非基准年距离被评估年的距离较大，否则不会出现这样的情形，相反，该交汇点位于图示的位置的可能性更高。如果某一地区的生态服务消费位于该“可持续生态服务消费”参考面的上部，认为是不理想的，且越靠近锥体的顶部，不理想程度越大。一个高生态足迹、生态服务退化的生态赤字国从生态服务退化的国家进口生态服务流以满足本国的需求，就属于这种情况。如果某一地区的生态服务消费位于该“可持续生态服务消费”参考面的下部，认为其生态服务消费是低于实际需求的，距离该参考面的距离越大，即越靠近锥体的底部，低于的程度越大。

生态服务消费的 SENT 综合模式图是比较理想的评估生态系统服务可持续性程度的模式。在此模式下，只要区域的生态服务消费与净供需结果位于“可持续生态服务消费”参考面的范围内，其生态服务消费就是可持续的。在一些地区，这种可持续可以依赖于外源生态服务的输入实现，前提是输入地的消费也是可持续的。当 SENT 四个方面的数据无法全部获得时，可以将图示的四棱锥模式降维为三棱锥，甚至三角形；即使降维到平面上，由此得到的可持续性信息也较单一依赖生态赤字判定可持续性更为丰富，也更能反映实际。

20.2.4 生态服务货币价值的实现程度分析

由于生态系统的很多生态服务具有“公共物品”的属性，没有明显的消费者、受益或受害以及所有者，自然维权者也相对缺乏。因而，很多生态服务是远离于市场的，没有明确或直接的或间接的市场价值。有时，人们创建人为生态服务市场，使得一些生态服务具有可交换和价值实现的场所与可能，如碳排放权交换；有时通过谈判、补贴等方式，使一些生态系统部分得到一定的价值实现。例如，中国政府对退耕还林的补贴、流域之间与生态服务有关的赔偿，上游自愿为下游支付的生态建设费用等。表 20.13 依据生态服务价值在物理度量与价值度量方面实现的难度程度，其市场的有无与完善程度，以及有关政策的相关规定，归纳了生态系统各项服务功能货币化价值的实现程度。总的来说，生态系统的食物供给服务的价值最容易实现，其次为薪柴。

表 20.13 生态服务货币价值的实现程度

Table 20.13 Achievement of monetary value of ecological services

供给服务	实现	调节服务	实现	文化服务	实现	支持服务	实现
食物	○	调节空气质量	•̲	精神/宗教价值	•	养分循环	•
薪柴	○	调节气候	•̲	美学价值	•̲	初级生产	◎
遗传资源	•	调节水资源	•̲	消遣价值	○	光合作用	•
生化物质/医药品	○	调控侵蚀	•̲	文化多元化	•	水循环	•
装饰资源	○	净化水源	•	知识系统	•		
淡水	○	调控人类疾病	◎	社会关系	•		
		调控虫害	◎				
		授粉	•				
		调控风暴灾害	•̲				

符号说明：

○ 表示由于该项服务具有明确的产权与市场，在以货币为交换媒介的地区，该项生态服务货币价值容易实现。在消费数据可获得的情况下，这种价值的实现可以采用市场价值法或替代市场价值法评估。

◎表示由于该项生态服务对人类产生的影响比较直接，虽然没有市场，但是人们通过预防与补救等途径，愿意为其支付货币，或在实际中已经支付了货币。

• 表示由于该项服务过于抽象，或较为间接又相对远离日常生活且同时还具有明显的公共物品特征，人们很少会为此支付货币。

•̲ 表示在一定的政策下，人们可能为此支付货币，如碳排放额交换、碳税、退耕补偿、流域补偿等，但是支付的货币可能明显低于其实际价值。

20.3　中国生态服务的人口承载能力

如上所述，我们可以清楚地看出，自然界为人类提供的生态服务功能是有限的，一些生态服务功能正由于人类活动影响处于下降趋势，而另一方面，人类对生态系统生态服务消费量却在快速增长。对中国生态系统服务功能承载力的研究表明，在 2050 年以前，中国最理想人口规模为 5 亿 ~6 亿人，比较理想的人口规模为 7 亿 ~8 亿人，能保证食物安全但生态承载力空间有赤字的人口规模为 11 亿 ~12 亿人。不可突破的人口承载规模在近 20 年内大约为 14.5 亿人，在 2025—2050 年间为 16 亿人。由此可以看出，中国在未来减缓生态服务消费增长速率的可选途径是控制人口规模，提高资源利用效率，延长资源在社会经济系统中的利用时间，以“节俭”的方式适度满足取用生态系统服务、合理配置与从区外输入生态服务流。

20.3.1　不考虑耗竭性资源投入的人口承载能力

(1) 不同食物消费与营养富裕程度情景下

根据图 20.15 描述影响生态服务供需的因素及其相互关系，某一国家或区域的人口承载力 P_t 可以依据公式(20.7)进行预测。

$$P_t=\frac{S_tY_t}{A_tT_t} \tag{20.7}$$

其中，$S_t \times Y_t$ 的结果表示预测点的生态承载力总量，A 表示预测基准人均生态足迹需求强度，T 为技术的影响。

表 20.14 是不同农业产出情景、不同食物消费与营养富裕程度下中国可承载的人口规模预测结果。

表 20.14　不同食物消费与营养富裕程度下中国的人口承载力

Table 20.14　Population bearing capacity under different food consumption level

		单一粮食 /万吨	人口/万人			综合粮食 /万吨	人口/万人		
			R400	R450	R500		R400	R450	R500
2010 年	保守方案	47 440	97 252	86 446	77 802	60 989	113 561	100 943	90 849
	中方案	52 184	108 282	96 250	86 625	66 176	125 019	111 128	100 015
	高方案	52 184	109 586	97 410	87 669	66 176	127 621	113 441	102 097
2020 年	保守方案	47 440	98 438	87 500	78 750	61 549	117 343	104 304	93 874
	中方案	52 184	109 586	97 410	87 669	66 735	129 050	114 711	103 240
	高方案	54 556	117 295	104 263	93 836	70 780	143 338	127 412	114 671
2030 年	保守方案	49 812	105 851	94 089	84 680	64 701	128 385	114 120	102 708
	中方案	54 793	119 175	105 933	95 340	70 202	144 157	128 140	115 326
	高方案	59 774	132 997	118 220	106 398	78 899	170 319	151 395	136 256
2040 年	保守方案	52 303	113 759	101 119	91 007	67 984	140 272	124 686	112 218
	中方案	57 533	128 011	113 787	102 409	73 874	157 733	140 207	126 186
	高方案	62 763	144 355	128 315	115 484	85 066	195 742	173 993	156 594
2050 年	保守方案	54 918	122 193	108 616	97 754	71 403	153 060	136 054	122 448
	中方案	60 410	137 433	122 162	109 946	77 765	172 527	153 357	138 021
	高方案	65 901	156 515	139 124	125 212	91 975	225 017	200 015	180 014

食物消费与营养富裕程度是衡量一个地区食物满足程度与营养实现程度的重要指标。中国的食物消费与营养富裕程度主要为三类：① 城乡人口食物消费与营养基本接近小康标准，全国人均热能日供给量 2 600 kcal，蛋白质 72 g，脂肪 72 g，折合人年均粮食 400 kg；② 城乡人口食物消费与营养全面达到小康的标准，即人均日热量摄取达到 2 650 kcal，蛋白质达到 77 kg，脂肪达到 76 kg，折合人年均粮食 450 kg；③ 人口食物消费与营养达到富裕程度的标准，即人均日热量摄取达到 2 750 kcal，蛋白质达到 85 kg，脂肪达到 81 kg，折合人年均粮食消费500 kg。如果未来中国人口粮食需求完全由耕地提供，在人均年消费粮食 400、450 与 500 kg 情景下，2020 年以前中国人口的适度规模依次为 11.0 亿、9.6 亿与

8.7亿以下；在2050年依次为13.7亿、12.2亿与11.0亿人，此时要求粮食产量达到6.3亿吨，粮食综合损耗率低于5%。如果将粮食之外的其他动植物膳食资源均折算成粮食当量，中国的农业生态系统能承载的人口规模较单一粮食算法下的人口规模高出1亿~7亿人不等。

中国生态系统最大可承载的人口规模为：2010年为12.5亿，农业产业维持低方案，人均年消费粮食400 kg；2020年为12.3亿，农业产业维持中方案，人均年消费粮食420 kg左右；2030年为12.8亿，农业产业维持中方案，人均年消费粮食不高于450 kg；2040年为13.1亿，粮食总产维持中方案，人均粮食消费在480 kg左右；2050年为13.8亿，粮食总产为中方案，人均粮食消费500 kg。而综合粮食法下，中国农业生态系统没有风险情况下的最佳人口承载量是基于保守方案下农业产出推算的，在11亿~12亿人之间，其中：2010年为11.3亿（人年均粮食400 kg），2020年为11.1亿（人年均粮食420 kg），2030年为11.4亿（人年均粮食450 kg），2040年为11.6亿（人年均粮食480 kg），2050年为12.2亿（人年均粮食500 kg）。

(2) 不同均衡膳食因子限制下

均衡膳食是采用中国营养学会推荐的膳食宝塔作为参考，得到低能量选择的人口人均年膳食足迹为0.611 hm^2，中能量组的为0.729 hm^2，而高能量组的为0.839 hm^2。考虑人口结构因素后，取0.70 hm^2作为人均年均衡膳食的生态足迹。

如果粮食产量中50%作为口粮使用，未来45年内中国最终最佳的人口承载量为3.5亿~5亿，即使粮食生产实现高方案目标，人口承载量也仅为5.5亿；如果以直接口粮消费与间接粮食消费的合计值为限制因子，未来45年内中国粮食（扣除损耗项）可承载的理想人口数量为5亿~7亿，最高上限为8.5亿人。在中、低方案下，以畜牧产品消费为限制因子得到草地畜牧业所能承载的理想人口量为10亿~12亿，以水产品为限制因子的人口承载极限为11亿~14亿，高方案下2030—2050年中国以畜牧业产品与水产品为限制因子的人口承载量分别为14亿~21亿与16亿~23亿。由上分析可见，粮食特别是口粮生产能力是限制中国理想人口规模的最重要限制因子。中国最理想的人口规模在2010年为3.4亿~3.9亿，在2020年为3.4亿~4.2亿，在2030年在3.7亿~4.7亿，在2040年为4.0亿~5.1亿，在2050年为4.3亿~5.5亿。这种理想人口规模下，人口所需的各类膳食素均可在生态系统可更新能力范畴之内得到满足，并有所富足盈余，为其他生物发展留下充足的空间。目前中国人口总量约为13亿，在未来的几十年内是不可能达到这种理想的规模的。如果未来人口发展以在陆地生态系统可更新能力范畴为目标，2005—2050年的中国的理想人口规模：中、低方案下为4.5亿~5.8亿，高方案下2050年也不超过8.3亿。若以未来人口规模在整个生态系统的可更新能力范畴之内为目标，未来45年内中国比较理想的人口规模为8.5亿~11亿，最大可承受的人口规模为16.4亿，各时间点的适度人口规模在2010年为8.8亿，2020年为9.1亿，2030年为9.7亿，2040年为10.2亿，2050年为10.9亿（表20.15）。

表20.15 合理膳食约束下的最佳人口承载力水平（万人）

Table20.15 Optimal population bearing capacity under logical and balanced diet

		粮食损耗率/%	口粮(50%粮食)	全部粮食	草地畜牧业	陆域	水域	综合
2010年	保守方案	18	34 171	52 946	99 295	44 301	111 835	84 674
	中方案	17	38 046	58 951	99 295	46 568	111 835	87 760
	高方案	16	38 504	59 661	99 295	46 836	111 835	88 126
2020年	保守方案	17	34 588	53 592	103 953	45 685	116 496	87 720
	中方案	16	38 504	59 661	103 953	47 976	116 496	90 840
	高方案	14	41 214	63 860	119 547	53 380	133 969	102 023

续表

		粮食损耗率/%	口粮(50%粮食)	全部粮食	草地畜牧业	陆域	水域	综合
2030 年	保守方案	15	37 192	57 627	108 615	48 350	121 154	92 510
	中方案	13	41 874	64 882	109 078	51 203	121 619	96 512
	高方案	11	46 731	72 408	143 853	62 558	160 528	120 506
2040 年	保守方案	13	39 971	61 933	113 273	51 116	125 812	97 438
	中方案	11	44 978	69 691	114 717	54 399	127 257	102 270
	高方案	8	50 722	78 592	173 014	72 032	192 400	140 593
2050 年	保守方案	11	42 935	66 525	117 936	53 992	130 471	102 514
	中方案	9	48 290	74 823	120 920	57 855	133 458	108 521
	高方案	5	54 994	85 210	208 012	83 099	230 647	164 283

(3) 美国式食物消费情景下

美国人口的食物消费模式是以肉、奶动物性食物为主,人均年消费肉类 80 ~ 90 kg,消费各类奶产品 260 kg 多,其中液体牛奶约占 40%,远高于中国人均的平均食物消费水平。美国人口消费的各项植物性食物中,除直接口粮消费(约 85 kg)低于中国的人均水平外,食糖、蔬菜、啤酒、水果等植物性食物消费均远明显高于中国的人均消费水平。1985—2004 年期间,美国人口食物消费的人年均生态足迹占用为 1.49 hm^2,其中耕地、草地与水域三类生态足迹组分依次为 0.66、0.75 与 0.08 hm^2。如果未来 45 年内,中国人年均食物消费数量与结构同美国过去的 20 年的人年均水平相同,2005—2050 年中国农业生态系统可承载的人口规模见表 20.16。如果不考虑食物损耗,在美国式食物消费水平与格局的情况下,中国最大可承受的人口极限在农业产出中、低方案下是:2005—2030 年为 7.2 亿 ~ 8.0 亿人,在 2030—2050 年为 8.0 亿 ~ 8.8 亿人;在农业产出高方案下,2010、2020、2030、2040 与 2050 年依次约为 7.3 亿、8.6 亿、10.1 亿、11.8 亿与 13.9 亿人。在考虑食物损耗的情况下,未来中国较为理想的人口承载规模(即农业产出中、低方案下)是:在 2010—2030 年期间为 4.1 亿 ~ 4.5 亿人,在 2030—2050 年期间为 4.5 亿 ~ 5.2 亿人,最大可承载的人口规模(即农业产出高方案下)预计在 2010、2020、2030、2040 与 2050 年顺次约为 4.2 亿、4.8 亿、5.7 亿、6.6 亿与 7.7 亿人。美式食物格局对草原畜牧业的肉、奶产品消耗量大,人年均生态足迹为 0.75 hm^2,占食物消费的人年均生态占用的一半,而同时中国草地组分的生态承载力空间在总生态承载力中所占比例大约在 20%,所以,草地组分成为制约中国人口承载规模的关键生态因子。如不考虑食物之间的替代作用,美国食物消费模式下,2005—2050 年期间中国可承载的最大人口一般在 2 亿左右,最大也不超过 3.3 亿(表 20.16)。

表 20.16 美国食物消费模式下中国的人口承载力(万人)

Table20.16 Population bearing capacity by average American lifestyle

		不考虑损耗	考虑损耗	#耕地	#草地	#陆域	#水域
2010 年	保守方案	71 846	39 993	32 293	15 602	25 667	295 868
	中方案	73 423	41 465	35 930	15 602	27 221	295 868
	高方案	73 423	41 630	36 339	15 602	27 396	295 868
2020 年	保守方案	74 362	41 407	32 664	16 333	26 470	308 197
	中方案	75 940	42 894	36 339	16 333	28 040	308 197
	高方案	85 517	48 137	38 846	18 784	30 988	354 425

续表

		不考虑损耗	考虑损耗	#耕地	#草地	#陆域	#水域
2030 年	保守方案	77 668	43 647	35 077	17 066	28 145	320 522
	中方案	79 576	45 540	39 443	17 139	30 075	321 752
	高方案	100 817	56 798	43 965	22 603	36 200	424 689
2040 年	保守方案	81 012	45 951	37 650	17 798	29 889	332 846
	中方案	83 532	48 231	42 315	18 025	32 082	336 668
	高方案	118 091	66 192	47 637	27 185	41 399	509 008
2050 年	保守方案	84 398	48 325	40 393	18 530	31 705	345 170
	中方案	87 838	51 152	45 378	18 999	34 248	353 073
	高方案	138 668	77 272	51 565	32 684	47 434	610 192

20.3.2 考虑耗竭性资源投入的人口承载能力

如果中国人年均能源足迹在 2010 与 2020 年分别为 1.5 与 2.0 hm^2,2030 年以后保持在 2.5 hm^2 的水平上,在可持续能源情景下,地球生态系统需要吸纳掉人口能源消费排放的温室气体,森林的生态系统承载力大小将成为制约未来中国人口规模的最关键生态因子。此种限制因子条件下,2005—2050 年中国可承载的人口上限在森林发展低、中、高三种情景下相差不大,2010 年为 1.7 亿 ~ 1.8 亿人,2020 年为 1.3 亿 ~ 1.6 亿人,2030 年以后为 1.2 亿 ~ 1.5 亿人;若考虑 CO_2 在大气中的停留寿命(约为 0.3 年),2005—2050 年中国可承载的人口上限在 2010 年为 7.0 亿 ~ 7.2 亿人,2020 年为 5.4 亿 ~ 5.6 亿人,2030 年以后为 5.3 亿 ~ 6.1 亿人;如果再考虑海洋的碳汇作用,2005—2050 年中国可承载的人口上限在 2010 年为 10.5 亿 ~ 10.8 亿人,2020 年为 7.0 亿 ~ 8.5 亿人,2030 年以后为 8.0 亿 ~ 9.0 亿人。

综上分析,未来 45 年内,生态限制下中国最理想人口规模为 5 亿 ~ 6 亿人,此种人口规模下,能源温室气体基本全部为生态系统吸纳,人口食物消费也基本在陆地生态系统可更新能力范畴之内,但一定程度上需要利用水产品取代人口的畜禽肉类产品需求;比较理想的人口规模为 7 亿 ~ 8 亿人,此种人口规模下,食物消费与能源消费也基本在生态可更新能力替代性发挥作用的范畴之内;能保证食物安全但生态承载力空间有所赤字的人口规模为 11 亿 ~ 12 亿人。生态系统最不可突破的人口规模上限在近 20 年内大约为 14.5 亿人,在 2025—2050 年为 16 亿人。

参考文献

陈仲新,张新时. 2000. 中国生态系统效益的价值. 科学通报. 45(1): 17-22.

段德寅,汪扩军,陆魁东. 1999. 近 40 年湖南洪涝演变趋势及其成因. 气象,25(6): 42-46.

国家环保局. 2004. 2004 年中国环境公报. http://www.china.com.cn/zhuanti2005/txt /2006-01/25/content_6104624.htm.

国家环保局. 2006. 2006 年中国环境公报. http://www.china.com.cn/city/txt/ 2007-06/18/content _8407488.htm.

国家农业部. 2006. 中国农业发展报告 2006. 北京:中国农业出版社.

国家统计局. 2007. 中国统计年鉴 2006. 北京: 中国统计出版社.

韩建军,曾前. 2003. 我国气候异常对森林火灾发生的影响. 林业防火, 1:15-16.

胡小晖,延军平,欧维新. 1999. 1950 年以来广西洪涝灾害及趋势预测. 灾害学, 14(4):27-31.

姜文来,唐曲,雷波,等. 2005. 水资源管理学导论. 北京:化学工业出版社.

雷慰慈. 1999. 长江流域生态形势、灾害趋势与湿地保护. 地球科学——中国地质大学学报, 24(4): 335-338.

李明志,袁嘉祖,李建军. 2003. 中国气候变化现状及前景分析. 北京林业大学学报(社会科学版), 2(2): 16-20.

李巧萍,丁一汇,董文杰. 2006. 中国近代土地利用变化对区域气候影响的数值模拟. 气象学报, 64(3): 257-270.

李新,年福华,等. 2007. 城市化过程中的生态风险与环境管理. 北京:化学工业出版社.

吕宪国,刘烘玉. 2004. 湿地生态系统保护与管理. 北京:化学工业出版社.

王德利. 2004. 草地生态系统及其管理利用. 北京:化学工业出版社.

文启湘,韩松. 2005. 我国粮食流通中利益损失的原因分析与均衡策略. 经济经纬,(2):102-104.

叶建仁. 2000. 中国森林病虫害防治现状与展望. 南京林业大学学报, 24(4):1-5.

张艳军,陈敏,冯江. 2003. 论人类活动、生态环境与自然灾害的关系. 中国环境管理, 22(1).

Aselmann I, Crutzen P J. 1989. Gobal distribution of natural freshwater wetland and rice paddies, their net primary productive and possible methane emissions. Journal of atomospher chemistry, 8: 307-358.

Costanza R, Folke C. 1997. Valuing ecosystem services with efficiency, fairness and sustainability as goals// Daily G C. Nature's Services. Washington, D. C.: Island Press, 49-70.

Daily G C. 1997. Nature's Service: Societal Dependence on Natural Ecosystems. Washington, D. C.: Island Press.

FAO . 2005. State of the world's forest 2005. Rome. http://www.fao.org/ documents/how_cdr.asp? url_file =/DOCREP/005/Y7581E/y7581e00.htm.

Gleick. 2002. The world's water. 2000—2001v. Washington, D. C.: Island Press.

Haberl H, Erb K, Krausmann F. 2003. How to calculate and interpret ecological footprints for long periods of time: the case of Austria 1926—1995. Ecological Economics, 38: 25-45.

Loh J. Living Planet Report 2004. http://assets.panda.org/downloads/lpr2004.pdf.

Maltby E, Turner R E. 1983. Wetlands are not Wastelands. Geographical Magazine LV, 92-97.

Maltby E. 1986. Waterlogged Wealth - Why waste the world's wet places. London: Earthscan.

Matthews E, Fung I. 1987. Methane emissions from natural wetlands: Global distribution, area, and environmental characteristics of sources. Global Biogeochem. Cycles, 1: 61-86.

Rees W E. 2000. Eco-footprint analysis: merits and brickbats. Ecological Economics, 32:371-374.

Richmond A, Kaugmann R K, Mynen R B. 2007. Valuing ecosystem services: a shadow price for net primary production. Ecological Economics. dio: 10. 1016/j. ecolecon. 2007.03.009.

Schulze E D, Mooney H. 1993. Biodiversity and ecosystem function. Berlin: Spring-Verlag.

Wackernagel M, Rees W. 1996. Our Ecological Footprint: Reducing Human Impact on the Earth. Philadelphia, PA: New Society Publishers.

WGMEA (Working Group of the Millennium Ecosystem Assessment) . 2003. Ecosystems and Human Well-being: A Framework for Assessment. Washington, Covelo, London: Island Press.

WGMEA (Working Group of the Millennium Ecosystem Assessment) . 2003. Ecosystems and Human Well-being: Biodiversity Synthesis. Washington, Covelo, London: Island Press.

WGMEA (Working Group of the Millennium Ecosystem Assessment) . 2003. Ecosystems and Human Well-being: Wetlands and Water. Washington, Covelo, London: Island Press.

WGMEA (Working Group of the Millennium Ecosystem Assessment) . 2003. Ecosystems and Human Well-being: Desertification Synthesis. Washington, Covelo, London: Island Press.

第21章

生态系统服务的供给、贸易与市场机制

谢高地[1]　曹淑艳[2]

([1]中国科学院地理科学与资源研究所;[2]北京石油化工技术学院)

摘要

生态系统服务是生态经济学最为重要的概念之一,20世纪90年代中期以来,生态系统服务及其价值评估的研究成为生态学领域的一个热点,被广泛开展,可是目前生态系统服务的供给—消费—价值化还没有成熟的理论基础。本章根据计量经济学理论,试图构建一个生态服务的生产—消费—价值化理论分析基础和方法框架,我们认为,生态服务的生产函数和成本函数可以被看成是生态服务生产的主要理论基础和分析方法;生态服务的消费函数和生态服务效用函数可以被看成是生态服务消费的主要理论基础和分析方法;生态服务的效用价值理论、生产者和消费者剩余理论、个人偏好与支付意愿理论等可以被认为基本形成了生态服务价值化的理论基础和评估方法。生态系统-经济系统的综合均衡模型显示,只有生态服务参与社会的资源配置过程,经济生产的外部性问题才能切实得到解决。许多基于市场的生态系统管理机制促进了生态服务市场的创建与服务价值的部分实现,但是生态服务市场的发育仍处于局部与试点的阶段,进一步的发展离不开政府的有效介入。

关键词:生态服务　生态服务生产函数　生态服务效用函数　效用价值　一般均衡模型　市场机制　贸易

Chapter 21

Supply, trade, and market force of ecosystem service

Abstract

The ecosystem service has been become one of most important concepts advanced by ecological economists. Since 1990s, the ecosystem service and its value has being a hotspot in field of ecological economics and widely has been studied and appraised. However, the process and characteristics of the supply, consumption and valuation on ecosystem service still does not well researched and have no theory to explain and to analyse rationally the behaviors of producer and consumers of ecosystem services. This chapter in accordance with the existed econometrics theory, attempts to construct a theoretical analysis frame to describe the process of the supply, consumption and valuation on ecosystem service. In the proposed theoretical analysis frame the ecology service production function and the ecology service cost function are regarded as its main rationale and the analysis method for analyzing its supplying process; the ecosystem service consumption function and the ecosystem service utility function regarded as its main rationale and the analysis method for analyzing its consumption process; the utility value theory, the producer and the consumer surplus theory and the payment willingness theory are allowed to form its main rationale and the appraisal method for valuation of ecosystem services. An introduction of two general equilibriums of an integrated ecological-economic system demonstrates that resources allocation in a society is inefficient, unless ecological services is involved and priced properly. Market rarely exists for ecosystem services, but governments and authorities can help ecosystems run as if they have a market. Payment for ecosystem is the significantly important theory and practices of ecological services shaping ecosystem management and gaining efficient natural rewards based on the market force.

Keywords: Ecosystem service, Supply function, Utility function, Valuation, General equilibrium model, Market force, Trade

21.1 引言

在工业体系达到极高水平，集聚和累积人工资本的成就到达颠峰之时，人类文明赖以创造经济繁荣的自然资本却正在急剧减少，它们在全世界都以一种前所未有的速度不断衰退。由于更多的人和经济体面临生命系统更大的压力，对经济持续繁荣的制约将更多地取决于自然资本。中国是目前世界上人均自然资产最为稀缺的国家之一，与此相应地也是人均生态服务最为稀缺的国家之一。在经济高速发展的影响下，自然资产的储量、生态系统服务的供给能力都在急剧下降，与此相反，由于生态服务产品的无偿或低价消费，生态服务的消费总量却在急剧攀升。在此情况下，系统研究生态服务的供给、消费和价值实现特点和规律，具有重要的学术意义和实践意义。

尽管对生态服务的供给、消费和价值实现的特点和规律研究有着迫切的需求，但目前世界上还没有与此有关的相对成熟的理论和分析方法。1997 年 Costanza 等在《自然》杂志发表了“全球生态系统服务价值和自然资本”一文，使生态系统服务价值研究在国际范围内掀起了一个热潮，此后，众多中国学者开始对区域、城市生态系统（欧阳志云等，1999；陈仲新和张新时，2000；谢高地等，2003；Xiao et al，2005；谢高地等，2006）、森林生态系统（蒋延玲和周广胜，1999；赵同谦等，2004）、草地生态系统（谢高地等，2001）和农田生态系统（谢高地等，2005）的生态服务及其价值评估理论与方法进行积极探讨，在生态系统服务领域的多个方面都获得了一些研究成果。上述研究成果至少使政府和公众普遍重视了生态系统为人类提供的生态系统服务，促使政府和公众更加重视对自然生态系统的保护，也正在促使各种形式的生态补偿政策制定和即将付诸实施，但毫无疑问，上述研究成果主要集中于生态服务的功能量和价值量评估，并没有形成生态系统服务供给、消费和价值化的系统理论框架。本章试图对生态服务的供给、消费和供需平衡、价值化特点及其实现的市场机制进行总结。

21.2 生态系统服务的供给与消费

经济学家和生态经济学家认识到自然为人类提供了广泛的但未被重视的服务，于是提出了“生态系统服务”这个术语。尽管生态系统服务目前还被排除在经济政策和决策的制定之外，在正式的资源管理结构和程序中总是被忽略，而且一些重要的生态系统服务还没有包含在传统的经济模型中，但我们认为生态系统服务是 20 世纪生态经济学界提出的一个最重要的概念，它将会对全球经济模式和政府的决策产生难以预估的重大影响。

21.2.1 生态服务的生产与供给

（1）生态系统服务生产和供给的特点

生态系统通过其功能和过程向人类提供各种生态服务，这种生态服务的产生、形成和供给与人类社会生产其他服务和产品有着巨大的区别和差异。其特点表现如下：

① 生态服务供给量主要取决于生态系统本身的规模和功能。

由于生态服务生产的基础是生态系统内部各种复杂的关系与化学反应的总和，所以每一种生态系统提供的生态服务是非常复杂和多方面的，有很多生态服务人们还并没有认识到或揭示出来。在生态系统中，单种生态服务并非是一种独立的存在。各种生态服务类型在不同生态系统中所占的分量不同，有的偏重于这一方面，有的偏重于另一方面，如森林生态系统的生态服务偏重于生物多样性维持，而农田生态系统提供的服务偏重于食物和原材料生产，湿地生态系统偏重于废弃物净化等，但大多数情况下，各种生态系统都能提供多种类型的生态服务。人类要提高生态系统服务量，只有通过扩大生态系统规模和提高生态系统功能两个途径实现。

② 生态服务生产过程主要是自然生产过程，人类活动可以调控这一过程，从而增加和减少生态系统服务生产量或供给量。

生态系统是人类控制之下为人类提供生命支持的一个最有效的利用自然资源的系统。这个系统在生态系统变化的自然过程中，通过其结构、生态过程和功能，与地形地貌、植被、土壤、生物多样性、生物生产量等要素构成一个环境整体反映出对人类有用性、景观自然协调性、环境的承载能力和自身的调节能力。生态系统通过自然过程和人类活动共同作用为人类生存提供生态服务和产品,随着对生态系统研究的进一步深入,人们认识到,人类活动对生态系统服务的生产量或供给量有重要的影响,大量结果表明,自然生态系统被转化为人类管理和控制的生态系统,很大程度上改变了陆地生态系统的生物和物理组成和功能。在转化过程中自然生态系统的有些供给量被弱化或损害,与此同时其他供给量却被强化,如生物多样性可能下降,但食物和原材料生产功能被加强。

③ 生态服务的总效益可能取决于土地利用类型的多寡、土地利用的质量或两者的综合。

在自然界中,一些土地利用既具有较高的原材料生产功能,同时也具有较高的物种多样性、水资源调节、土壤维持与改进、固碳等生态服务功能,即这些土地利用的生态系统的生态服务效益具有高度一致性。一致性高,意味着这类土地利用能够产生较高(相对于其他类型的土地利用)生态服务总效益;而有些土地利用的生态服务产生能力的一致性低,若欲产生同样大小的生态服务总效益,必须依赖更多的土地利用类型,见图 21.1(Donaldson, 2003)。所以,生态系统服务总效益,可能取决于土地利用的质量,也可能取决于土地利用类型的数量,以及两者的综合作用。遭受人类频繁干扰的生态系统,往往是增加了土地利用的类型,但同时降低了不同土地利用的生产生态服务能力的一致性,当土地利用数量对生态服务的增加效应不足以抵消生态服务一致性下降的损失时,系统的总生态服务就会下降。因此,人工林地产生生态服务的能力往往难与原生森林相比,生境破碎化会导致系统生态服务大为下降。在生态恢复与土地利用的管理实践中,应充分考虑当地的生态服务与土地利用的这种关系。

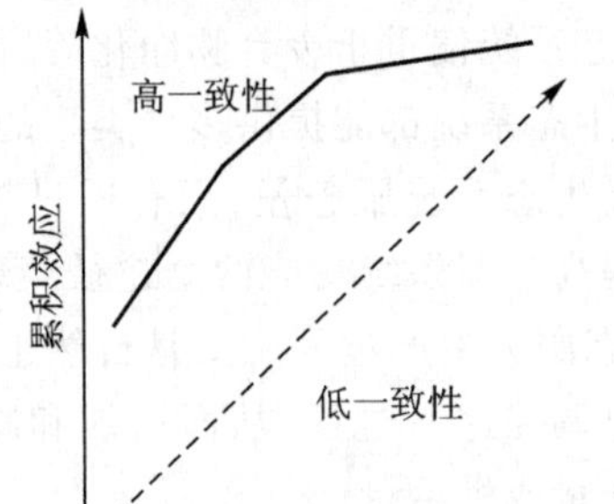

图 21.1 土地利用类型与累积生态服务效应

Figure 21.1 Number of land use type and cumulative ecological service

④ 生态服务的流量是储存性生态资产的生态功能的一种表达,是渐变的,但存在突变的可能。

某一时段(如一年)内,无论是生态系统的供给功能、调节功能、文化服务功能,还是支持功能,均是历史遗留下来的土地、水资源、林木、生物多样性等自然资本存量的生产结果。在相同种植技术下,肥沃的土壤较一般的土壤产出更多的粮食,这是因为肥沃的土壤中蕴藏着相对丰富的营养物质与结构性能。由于生态系统演变是渐进的,因而,在没有破坏性干扰的情况下,生态服务的流量变化也是渐进的,但当变化累积到一定程度,可能造成生态服务的显著变化(增加或减少)。图 21.2 描述了一个森林资源非常充足的地区,森林减少导致的洪水防御服务价值损失的变化:最初森林面积减少对区域森林的洪水防御价值影响不大;当面积减少累积到某一临界值时,森林的洪水防御价值迅速下降,洪水发生的严重性迅速上升;森林持续减少最终会导致其洪水防御功能基本完全丧失。森林资源减少导致的其洪水防御的服务功能的上述变化,在人类活动高强度、大规模破坏森林时,达到阈值所花费的时间将大为缩短。从图 21.3 描述的森林林木密度与其美学享受价值的关系中可见,森林的美学享受价值也与生态资本存量密切相关,而且它的变化也存在突变的可能。生态系统的生态服务流量取决于生态资产的历史累积,并与人类干扰生态系统的强度、规模、频度密切相关。所以,人类的活动至少不应损害未来后代享受同样生态惠益的权利。

⑤ 一些生态服务的生产能力具有不可逆性。

在自然界中,有些生态资产一旦遭受破坏,即使采用生态恢复使其数量与密度达到破坏前的程度,

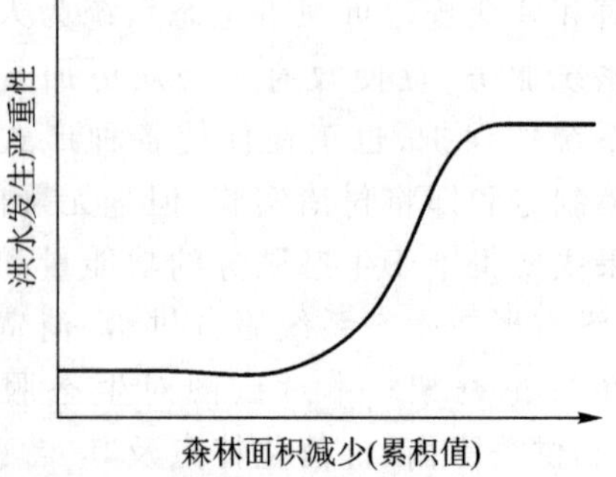

图 21.2 森林减少与洪水防御价值

Figure 21.2 Deforestation and flood severity

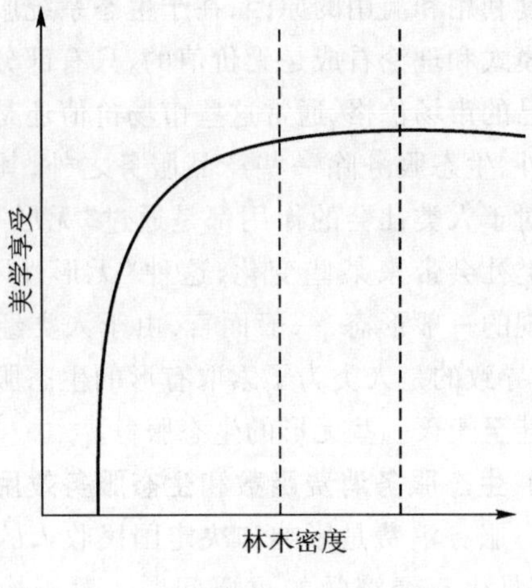

图 21.3 森林的美学享受价值

Figure 21.3 The value of trees for visual appeal

其生态服务仍可能是不可逆的。例如，当森林的林木密度降低到低于阈值范围且长期改变景观条件时，即使通过植树的方式，把林木密度恢复到原来的水平，其洪水防御的服务能力也多低于原生状态的服务能力。在图21.4中，一旦森林破坏超越其临界阈值，在生态恢复之后，森林密度与当地的社会经济系统面临的洪水危害沿着图中的虚线变化，而不是沿着实线变化。森林、草地的美学享受价值、生物多样性的价值也具有不可逆性，一旦原生植被或生物多样性遭受破坏，很难恢复到以前的水平。在生态系统利用与管理中，人们应对不可逆的生态服务予以高度的重视。

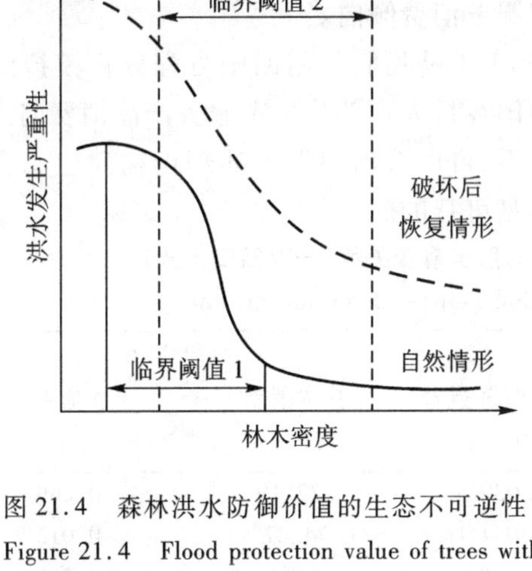

图 21.4 森林洪水防御价值的生态不可逆性

Figure 21.4 Flood protection value of trees with ecosystem reversibilities

（2）生态系统服务生产或供给的基本规律和理论框架

金融和加工资本大规模增长的过去200年，伴随着一套对这种现象进行分析的异常的经济理论，这种理论把经济过程看成是生产和消费之间的一种脱离现实周期性的价值流动，在这种经济理论指导下的经济扩张造成沉重的生态负担，正在引起或加深多种形式的社会不幸和冲突。因此，现代社会的生产应该更多地追求一种生态服务的生产。

生态服务生产的理论框架现在仍然是个空白。构建生态服务理论框架的核心应该是分析一定社会经济条件下生态服务生产者的行为，学术上主要是回答生态服务生产者如何实现最佳的资源配置。依此，构建生态系统服务生产的基本理论框架就需要解决如下问题。

① 生态服务生产函数

生态服务生产是将投入转化为生态服务产出的过程。生态服务生产函数表示在一定时间内，生产生态服务中所使用的各种生产要素与所能生产的最大产量之间的关系。用 Y 表示所能生产的最大可能产量，用 $X_1, X_2, \cdots, X_n$ 表示某生态服务产品生产过程中各种生产要素的投入量，生态服务生产函数可用如下一般表达式表示：

$$Y=f(X_1, X_2, X_3, \cdots, X_n) \qquad (21.1)$$

该生产函数表示在既定的生产技术条件下，生态服务生产要素组合（$X_1, X_2, \cdots, X_n$）在某一时期所能生产的最大可能产量为 Y。在生态服务生产中，土地（生态系统）和资本是两种最重要的生产要素，如果用 N 表示土地投入量，用 K 表示资本投入量，则生产函数可用下式表示：

$$Y=f(N,K)$$

依据该生产函数，可以构建生态服务的长期生产函数（总产量、平均产量、边际产量）和短期生产函数（总产量、平均产量、边际产量），确定等生态服务产量曲线和可变要素的合理投入区域，分析不同生产要素的边际技术替代率和生态服务生产的规模收益。

② 生态服务成本函数

生态服务的成本是对生态服务生产投入的支付，生态服务的成本函数与生产函数有密切关系，可以表达为：

$$C=f(Y)=f(f(N,K)) \qquad (21.2)$$

依据该成本函数，可以进行生态系统服务的短期成本分析，构建生态服务的总固定成本曲线、总可变成本曲线、短期总成本曲线、平均固定成本曲线、平均可变成本曲线、短期平均成本曲线、短期边际成本曲线；也可以进行生态系统服务的长期成本分析，构建生态服务等成本线，确定生态服务产出既定时，使成本最小的要素最佳组合，成本既定时，使生态服务产出最大的要素最佳组合。

生态服务生产者需要通过生态服务产品的提供获得收益，基于生态服务的生产函数和成本函数，就可进一步分析得出生态服务的生产利益可能最大的条件是当边际收益等于边际成本。进而可以通过构建生态服务生产可能性曲线和等生态收益曲线，来解决生态服务生产者在生产多个生态服务产品时，如何在各个生态服务产品之间分配稀缺的资源。

上述来源于计量经济学的理论和方法基本上可以为分析生态服务生产者的行为提供理论和方法框架，但对于生态服务的不完备市场、一种投入同时连带产出多种生态服务、作为投入要素的生态系统资产还没有交易价格等特殊性如何考虑在上述理论和方法中，尚待做进一步的研究。

21.2.2　生态服务的消费

生态服务的消费是指人类生产和生活对生态服务的消耗、利用和占用。关于人们对生态服务的消费模式、消费量以及影响生态服务消费的因素，目前还很少有成果报道。与对普通消费品的消费不同，人类对生态服务的消费有如下特点。

(1) 生态服务消费的特点

① 生态系统服务的过度利用和滥用

在目前消费模式内可以发现，对生态系统服务的过度利用，这种消费模式超过基本需求的几倍。越来越多的证据显示，人类对生态系统服务的过度利用和滥用正在导致生态系统服务的下降。

② 利用不足：对生态系统服务所提供的一些自然再循环能力利用不足。

③ 生态系统服务的无偿使用：生态系统服务之所以过度利用和滥用的原因，在于生态系统服务被现有经济模式和理论看成是无价值的，只有部分生态产品有自己的市场价格，通常这些市场价值还是非常低的。另外，生态服务除一些产品服务之外，其余的生态服务对于人类社会的作用都是通过"无形"的力量而给人类社会带来某些变化，这种"无形性"是生态服务表现的一般形态，一般而言，由于人类经济价值的取向，导致的是人类为了索取有形的生态服务而同时破坏甚至毁灭一些无形的生态服务。

(2) 生态服务消费函数和生态服务效用

生态服务消费是影响和决定国民收入的重要因素，应该是生态经济学的重要问题。对于构建生态服务消费理论，应该回答两个问题：① 生态服务消费函数(生态服务消费与收入的关系)，② 生态服务效用(消费者消费生态服务的程度)。

① 生态服务消费函数构建

现代经济学消费函数只一般地反映消费和收入的关系，根据不同含义的收入影响消费的不同方式和程度，形成了经济学宏观消费行为理论，有凯恩斯的绝对收入理论、杜森贝的相对收入理论、莫迪利安尼的生命周期理论、弗里德曼的持久收入理论。但上述这些消费行为理论都不能全部解释生态服务的消费。

生态服务消费者对生态服务的消费(C)应该区分为两部分：基本消费部分(C_0)和随收入变化的部分(bY)，依此，可构建如下生态服务消费函数：

$$C=C_0+bY \tag{21.3}$$

公式(21.3)中，C_0为基本(初始)消费，Y为收入，b为生态服务消费倾向。

表 21.1 是我们利用回归方程分析模拟的不同年份中国乡村人均部分生态服务产品消费与人均收入的关系，可以看出根据上述理论构建生态服务消费函数是可行的。

表 21.1　中国农村人均食物消费量与人均纯收入的生态服务消费函数(一次回归系数)

Table21.1　Ecosystem services consumption function between food and income

	1980 年		1990 年		2000 年	
	基本消费(C_0)	生态服务消费倾向(b)	基本消费(C_0)	生态服务消费倾向(b)	基本消费(C_0)	生态服务消费倾向(b)
口粮	210.66	0.196 0	233.32	0.030 6	222.19	0.009 4
蔬菜	78.46	0.037 0	100.39	0.034 4	74.07	0.013 7
食用植物油	1.14	0.007 8	3.52	0.002 1	5.08	0.000 4
红肉	2.45	0.025 2	1.34	0.001 0	9.58	0.002 1
蛋	0.21	0.004 6	0.99	0.002 3	2.26	0.001 1
食糖	0.07	0.005 4	0.65	0.001 2	0.78	0.000 2

注：各年份的消费项目回归方程的回归系数与其显著性水平均满足标准。

生态服务消费的绝对收入函数：生态服务实际消费是实际收入（Y_a）的稳定函数，绝对收入指现期、绝对、实际收入，表达式为：

$$C=C_0+bY_a \quad (21.4)$$

生态服务相对收入理论：消费以相对收入（Y_r）为函数，考虑相对别人的示范效应（向高消费看齐）和相对自己过去的习惯效应，收入水平变化后消费有滞后性。

$$C=C_0+bY_r \quad (21.5)$$

生态服务消费的生命周期理论：消费与生命周期有关，与财产收入有关。如下式：

$$C=C_0+aWR+bYL \quad (21.6)$$

WR 为财产收入；a 为财产收入的消费倾向；YL 为劳动收入，实为个人生命周期不同阶段或不同年龄的收入；b 为劳动收入的边际消费倾向。表明消费取决于财产收入和个人生命周期不同阶段劳动收入。

上面分析收入对生态服务消费的影响，这是主要的，但除收入外还有其他因素影响，大体有：① 生态服务产品价格水平，价格水平对整个消费水平具有影响，价格水平和居民可支付收入有互动关系；② 收入分配；③ 消费者财产；④ 预期收入。上述理论框架还只是一个理论上的推断，逻辑上基本可以满足对生态服务消费政策选择的分析，可以依此分析生态服务消费的扩张过程、政策对生态服务产品的消费的刺激作用和抑制作用，以及政府为什么应该绝对保障生态服务的基本消费，但具体的生态服务消费函数有待通过实证案例来确立。

② 生态服务效用函数

现代经济学消费效用函数理论只一般地反映对不同消费品组合的偏好，从而揭示消费者对消费品组合选择的顺序和原因（行为）。其中的消费行为理论还不能全部解释生态服务的消费行为。

这里生态服务效用实际是指生态服务消费者对一个生态服务组合的偏好程度，或者也可理解为一个生态服务产品组合对消费者的有用程度或需要程度。设一个消费者从 n 种生态服务产品 $X_1, X_2, \cdots, X_n$的消费中获得效用（utility），则生态服务效用函数表达为：

$$U_x=U(X_1, X_2, \cdots, X_n) \quad (21.7)$$

生态服务的边际效用 MU，即其他生态服务或商品消费保持不变的情况下，一个生态服务项目消费 x_i微小改变引起的生态服务效用改变可表达为：

$$MU_i=\frac{\Delta U}{\Delta x_i}=\frac{U(x_1, x_2, \cdots, x_i+\Delta x_i, \cdots, x_n)-U(x_1, x_2, \cdots, x_n)}{\Delta x_i}=\frac{\partial U(x_1, x_2, \cdots, x_n)}{\partial x_i} \quad (21.8)$$

生态服务效用函数用等生态效用曲线（生态服务无差异曲线）表示更为直观，例如选取两项生态服务食物生产和土壤保持，其等生态效用曲线如图 21.5 所示，不同效用偏好曲线比较，越良好的土壤保持和越多的食物效用值越高，同一效用水平下，粮食消费越多则流失土壤越多。

生态服务消费函数研究基本上还没有成型结果，不同生态服务组合的效用函数到底是什么特征，一般消费品和生态服务的混合型消费函数又是什么特征，都需要进行大量的案例研究。

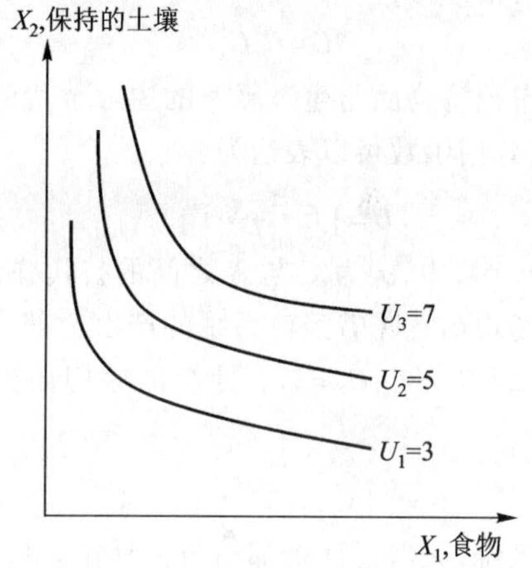

图 21.5　等生态服务效用曲线示意图

Figure 21.5　Indifference curves of the ecosystem service utility function

21.2.3　生态服务的供需均衡

目前，科学家日益认识到经济物品与服务和生态物品与服务对人类福利是同等重要的。人口的生存与健康离不开洁净的空气、水资源，充足的衣食与场所资源；社会经济系统发展所需的很多原材料都是生态系统的产品与服务，而其中很多生态产品与服务是市场无法供给的。生态服务是经济活动的重要投入，生态系统与经济系统相互依赖、相互制约，两者在本质上应均是一般均衡的，逐渐为一些学者所重视（Tschirhart, 2000；Hwang, 2005；Finnoff et al, 2007；Eichner & Pething, 2005, 2006），经济系统的均衡模型逐渐被引入到生态系统服务研究之中。本节由简到难，介绍两种将生态服务纳入社会资源配置优化决策的一般均衡模型的概念模式。

（1）生态经济综合性一般均衡模型（EEIGEM）

生态经济综合性一般均衡模型（ecological-economic integrated general equilibrium model, EEIGEM）是中国台湾学者 Hwang（2005）提出的。通过在需求端包含经济产品、服务与生态服务的效用函数，在供给端引入土地作为经济产出与生态系统的共同投入，EEIGEM 建立了经济系统与生态系统之间的联系，土地在两个系统之间的最优配置取决于经济系统的产品产出与生态系统的生态服务之间的均衡。

社会的效用函数同时包含对经济产品与服务的消费（C）和对生态产品与服务的消费（N）。假设经济系统只生产两种产品：产品 1 与产品 2，则经济系统的消费指数为：

$$C=C_1^kC_2^{11k} \tag{21.9}$$

考虑经济物品与生态服务的边际替代的互补作用，社会效用函数可以表达为：

$$U=[C^{\frac{\sigma-1}{\sigma}}+N^{\frac{\sigma-1}{\sigma}}]^{\frac{\sigma}{\sigma-1}} \tag{21.10}$$

公式（21.10）中，σ 为 C 与 N 之间的替代弹性。

市场均衡意味着经济系统的产出全部为消费者所消费，即 $C_1=y_1, C_2=y_2$。社会的效用函数可以改写为：

$$U=[(y^k,y_2^{1-k})^{\frac{\sigma-1}{\sigma}}+N^{\frac{\sigma-1}{\sigma}}]^{\frac{\sigma}{\sigma-1}} \tag{21.11}$$

在经济系统，只考虑两个部门与三种投入矢量，两个部门是农业（Y_1）与制造业（Y_2），三种投入包括农业特有投入（X_1）、制造业特有投入（X_2）与土地（X_3）。其中，土地也是生态产品与服务生产的基本投入。另 Z_1、Z_2、Z_N 分别表示部门 1、2 与生态系统占用的土地。

经济系统的生产函数为：

$$y_1=f(x_1,Z_1), y_2=f(x_2,Z_2) \tag{21.12}$$

假设经济系统的产出品与投入品的市场均是完全竞争的，并以产品 1 的价格作为计量单位，则经济系统的收入是：

$$y=y_1+py_2 \tag{21.13}$$

为了研究经济系统与生态系统之间的相互关联，假设社会对这两种产品的总需求是固定的，收入的一部分（k）用于购买产品 1，其余部分用于购买产品 2，即 $py_2=(1-k)y$。

在完全竞争市场下，供需均衡条件是每种产品的价格等于其单位生产成本，即：

$$\begin{aligned} w_1a_{x_1}+ra_{z_1}&=1 \\ w_2a_{x_1}+ra_{z_1}&=p \end{aligned} \tag{21.14}$$

土地资源的限制函数是：

$$Z_1+Z_2+Z_N=\overline{Z} \tag{21.15}$$

生态系统提供一系列的生态服务，生态服务的生产函数可以表达为：

$$N=N(E(A,B),Z_N)=ABZ_N \tag{21.16}$$

公式（21.16）中，A 与 B 分别是生态系统的非生物因素与生物因素。为了便于理解 EEIGEM，这里假设生态系统生产函数是线性的。

线性假设下，生态系统提供生产服务的社会效用最大化的条件是：

$$\begin{aligned} &\frac{\partial L}{\partial Z_1}=U^{\frac{\sigma}{\sigma-1}-1}C^{\frac{\sigma-1}{\sigma}-1}\cdot k\cdot f^{k-1}f'_{Z_1}g^{1-k}-\lambda_Z=0 \\ &\frac{\partial L}{\partial Z_2}=U^{\frac{\sigma}{\sigma-1}-1}C^{\frac{\sigma-1}{\sigma}-1}\cdot(1-k)\cdot f^kg^{1-k-1}g'_{Z_2}-\lambda_Z=0 \\ &\frac{\partial L}{\partial Z_N}=U^{\frac{\sigma}{\sigma-1}-1}C^{\frac{\sigma-1}{\sigma}-1}\cdot AB-\lambda_Z=0 \\ &\frac{\partial L}{\partial \lambda_Z}=\overline{Z}-Z_1-Z_2-Z_N=0 \end{aligned} \tag{21.17}$$

由式（21.17）求得生态系统和经济系统的最优配置为：

$$Z_N=(AB)^{\sigma-1}\frac{y}{r^\sigma} \tag{21.18}$$

即，生态系统土地需求函数是土地地租（r）的逆函数，如图 21.6 所示。

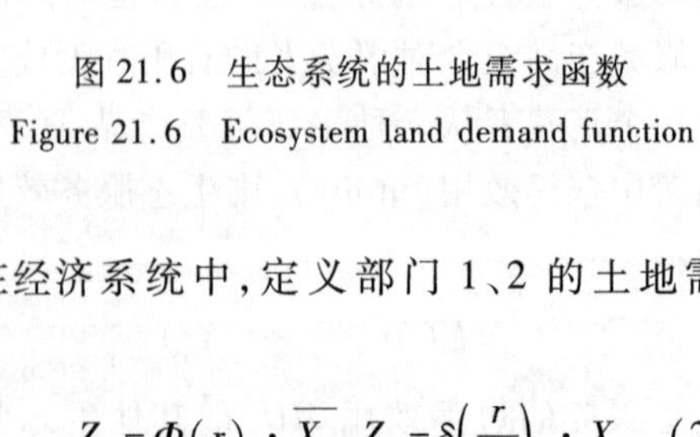

图 21.6　生态系统的土地需求函数

Figure 21.6　Ecosystem land demand function

在经济系统中，定义部门 1、2 的土地需求函数是：

$$Z_1=\Phi(r)\cdot\overline{X_1}, Z_2=\delta\left(\frac{r}{p}\right)\cdot X_2 \tag{21.19}$$

如果部门 1 与 2 的土地需求弹性分别用 r_{Z_1}、r_{Z_2}

表示：

$$r_{Z_1}=-\frac{Z_{\hat{1}d}}{\overline{X}_1},r_{Z_2}=-\frac{\hat{Z}_z/X_2}{r/p} \qquad (21.20)$$

则部门 1、2 的土地需求函数可以改写为：

$$\hat{Z}_1=\hat{\overline{X}}_1-\gamma_{Z_1}\hat{\gamma},\hat{Z}_2=\hat{\overline{X}}_2-\gamma_{Z_2}(\hat{\gamma}-\hat{p}) \qquad (21.21)$$

在不考虑生态土地需求的情况下，经济部门的土地需求平衡如图 21.7 所示。

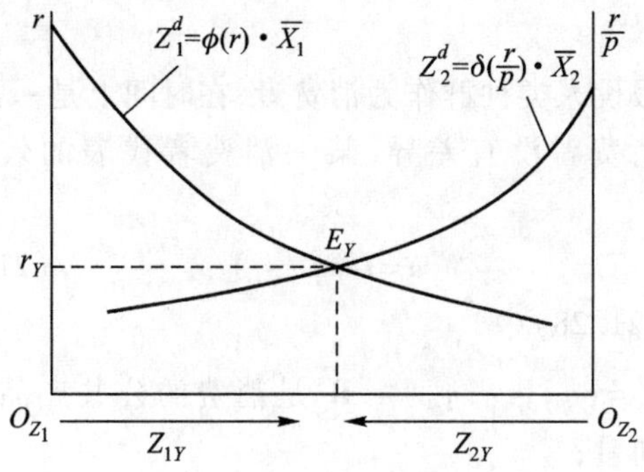

图 21.7 经济部门的土地需求平衡

Figure 21.7 Land market equilibrium in economic system

将图 21.7 中经济部门 1、2 的土地需求曲线沿水平方面相加，得到经济系统的总土地需求曲线（Z_1+Z_2），将图 21.6 中的生态系统的土地需求曲线（Z_N）向右旋转 180°。经济系统的总土地需求曲线（Z_1+Z_2）与生态系统的土地需求曲线相交于 E^I（图 21.8）。在这一点，经济系统与生态系统之间的土地资源配置是“综合均衡”的，土地的地租为 r^I。

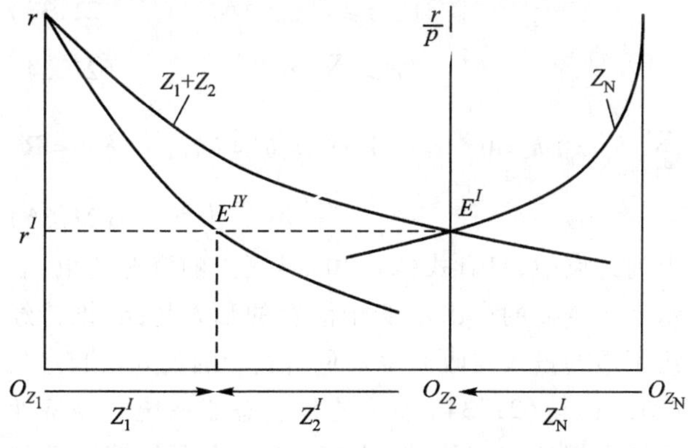

图 21.8 土地资源综合配置平衡

Figure 21.8 The integrated land allocation equilibrium

由于生态产品与服务的市场不健全，生态系统的生态服务及其对经济系统资源配置的影响常常为人们所忽视，使得生态产品与服务（如土地）得不到有效配置。图 21.9 描述了不考虑生态系统均衡情况下，低地租造成的经济系统土地配置的结果：部门 1、2 的土地占用均较“综合均衡”时扩大，而生态系统的土地占用则为 0。

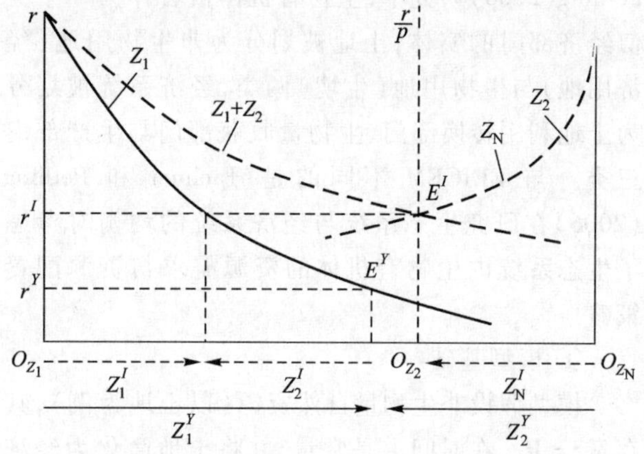

图 21.9 忽略生态系统下的土地资源配置平衡

Figure 21.9 The land allocation equilibrium in absence of ecosystem

由上述分析可见，在生态系统与经济系统的“综合均衡”中，土地的价格（地租）是由生态系统因子与经济系统因子共同决定的。

在“综合均衡”中，经济产品与服务的增长模式为：

$$\hat{y}=-[k\theta_{Z_1}+(1-k)\theta_{Z_2}]\gamma_{z_1}\hat{r}+k\hat{\overline{X}}_1+(1-k)\hat{\overline{X}}_2$$
$$+(1-k)(\theta_{Z_2}\gamma_{z_1}+1)\hat{p}$$

其中，$\theta_{Z_i}=Z_ir/(py_i)$ 表示产品 i 的比土地需求。

生态产品与服务的供给模式为：

$$\hat{N}=\sigma(\hat{A}+\hat{B})-k\hat{X}_1-(1-k)\hat{X}_2-\gamma_{Z_N}\hat{r}-(1-k)\theta_{Z_2}\gamma_{Z_2}\hat{p}$$

由上可见，经济参数与变量影响生态产品与服务的产生与供给水平；生态系统的生物与非生物成分的变化，不仅影响生态系统产品与服务的产出，也影响经济系统的产品与服务的产出。反之亦然。

EEIGEM 揭示，如果某项生态服务游离于市场资源配置范畴之外，市场机制必然导致经济部门过度占用该项生态服务，使得生态服务遭受的经济活动压力更大。

（2）IEES 的一般均衡模型

经济系统与生态系统的联系，远不止土地竞争，几乎涉及所有类型的生态服务，经济系统与生态系统的主体都在有意无意地努力配置其自身所有“拥有"的资源，同时尽可能追求自身发展利益的最大化。在生态－经济综合系统（integrated ecological-economic system，IEES）一般均衡模型中，生态系统与经济系统被视为两个相互依赖的亚系统，每个亚系统的各个部门均追求"最优"。在 Eichner 和 Pething(2006)研究中，生物有机体被看作为一个类似经济部门的实体，土地被划分为非生物用地（经济用地）与生物用地（生境）两类，经济系统被划分为土地利用转换部门、生物量收获部门与生产部门三类。与 EEIGEM 不同的是，Eichner 和 Pething (2006)在研究生态系统与经济系统的均衡时考虑了生态系统内生物有机体的资源需求与资源配置策略。

① 模型基础

模型假设非生物量自然资源（以土地为例），其存量$\bar{r}\in \mathbf{R}_+$，在时间上是常量，并将土地简化为经济用地和生境用地两类，相互之间具有排他性。人类利用经济用地 $r\in[0,\bar{r}]$，人类以外的生物利用生境用地 $s=\bar{r}-r$。经济用地随时间增加或减少：

$$\dot{r}=R(r,y_r) \qquad (21.22)$$

公式(21.22)中，y_r为维持、扩大经济用地所需要的投入$\bar{g}$（私人物品）向量。

生境用地的时间变化方程为：

$$\dot{s}=-\dot{r}=-R(r,y_r) \qquad (21.23)$$

假设生境 s 是物种 i 的家园，其种群规模是 $n^{\mathrm{T}}=(n_1,\cdots,n_{\bar{i}})\in \mathbf{R}_+^{i}$。

物种 i 的后代净增长量为 b_i：

$$b_i=B^i(s_i,z_i) \qquad i=1,\cdots,\bar{i} \qquad (21.24)$$

假设生境的生态服务供给水平、面积等于生物所占据的斑块的大小。

向量 $Z_i^{\mathrm{T}}=(Z_{i1},\cdots,Z_{ij},\cdots,Z_{i\bar{i}})\in \mathbf{R}^{\bar{i}}$表示有机体 i 的生物量交易。如果 $i\neq j$，$Z_{ij}(>0)$表示物种 i 对食物种群 j 的生物量的摄取（捕食）需求，$Z_{ii}(<0)$表示其他生物捕食造成的物种 i 的生物量损失（供给）。

有机体 i 的种群增长是：

$$\dot{n}_i=n_ib_i \qquad i=1,\cdots,\bar{i} \qquad (21.25)$$

人类作为 IEES 的最高捕食者，与其他物种竞争生物量，假设 $h_i\geqslant 0$ 是人类收获的物种 i 的生物量，h_i是收获（生产）函数，即：

$$h_i=H^i(n_i,y_i) \qquad i=1,\cdots,\bar{i} \qquad (21.26)$$

公式(21.26)中，$y_i^{\mathrm{T}}=(y_{i1},\cdots,y_{i\bar{g}})\in \mathbf{R}_+^{\bar{g}}$是人类收获生物量的投入，且 $H_{n_i}^i>0$。经济产品与服务由一定技术条件下的生产部门供给，其供给函数为：

$$F(h_f,r_f,y_f)\geqslant 0 \qquad (21.27)$$

式(21.27)中，

$h_{f_i}^{\mathrm{T}}=(h_{f_1},\cdots,h_{f_{\bar{i}}})\in \mathbf{R}_+^{\bar{i}}$是生产部门收获生物量所花费的投入；

$y_f^{\mathrm{T}}=(y_{f_1},\cdots,y_{f_{\bar{g}}})\in \mathbf{R}^{\bar{g}}$是物品与服务的投入－产出向量。其值为正时表示产出，反之，为负时表示投入。

假设人类种群作为消费者，在时间上是一常量，所有消费者没有差异，某一消费者代表的效用曲线是：

$$u=U(q_c,y_c) \qquad (21.28)$$

公式(21.28)中，

$q_c^{\mathrm{T}}=(q_{c1},\cdots,q_{c\bar{k}})\in \mathbf{R}^{\bar{k}}$是消费的公共产品或服务的向量；

$y_c^{\mathrm{T}}=(q_{c1},\cdots,y_{c\bar{g}})\in \mathbf{R}^{\bar{g}}$是消费的产品或服务向量，$y_{cg}>0$ 时表示消费者消费的私人产品或服务，而 $y_{cg}<0$ 时表示消费者供给的劳动服务。

生态系统供给生态产品与服务的生产函数可以表达为：

$$q=Q(n,r)=Q^1(n,r)\cdots Q^{\bar{r}}(n,r) \qquad (21.29)$$

IEES 是封闭系统，存在如下资源约束：

$$y_f\geqslant y_c+\sum_i y_i+y_r \qquad (21.30)$$

$$q\geqslant q_c \qquad (21.31)$$

$$h\geqslant h_f \qquad (21.32)$$

$$r\geqslant r_f \qquad (21.33)$$

$$\bar{r}-r\geqslant \sum_i n_ir_i \qquad (21.34)$$

$$\sum_j h_j+z_{ji}+h_i=0 \qquad i=1,\cdots,\bar{i},h^{\mathrm{T}}=(h_1,\cdots,h_{\bar{i}})\in \mathbf{R}_+^{\bar{i}} \qquad (21.35)$$

上列约束中，只有式(21.30)是真正的资源约束，表示生产企业的产出不低于消费的私人物品、维持经济用地的投入与收获生物量所花费的投入之和。式(21.31)至(21.34)表示的是生态亚系统与经济亚系统之间的相互依赖：式(21.31)强调经济亚系统与生态亚系统提供的生态服务 q 相一致，式(21.32)反映生态亚系统对经济亚系统收获生物量的约束，式(21.33)反映生态亚系统对经济亚系统土地转换的约束，式(21.34)与式(21.35)反映IEES 的一条重要的原则——人类以外的其他物种不得不相互竞争人类满足其自身使用后留下的(生境)土地与生物量资源。

② 完全竞争市场与给定条件下的经济均衡与生态均衡

假设所有商品、被收获的生物量与经济用地均存在市场,其市场价格分别为:

$$P_y^{\mathrm{T}}=(p_{i1},\cdots,p_{i\bar{g}})\in \mathbf{R}_+^{\bar{g}},P_h^{\mathrm{T}}=(p_{h1},\cdots,p_{h\bar{i}})\in \mathbf{R}_+^{\bar{i}},p_r\in \mathbf{R}_+$$

收获生物量的税收是 $\theta_h^{\mathrm{T}}=(\theta_{h1},\cdots,\theta_{h\bar{i}})\in \mathbf{R}^{\bar{i}}$,经济用地的税收是 $\theta_r\in \mathbf{R}$。为了便于应用,把价格与税收的向量表达为 $P=(P_h,p_r,P_y)$ 与 $\theta=(\theta_h,\theta_r)$。用函数 K 描述各种参数 k 的整个时间轨迹,即任一时间点 t 上 $k_t=K(t)$,例如,$P=(P^h,p^r,p^y)$ 是描述价格 $P_t=(P_{ht},p_{rt},P_{yt})$ 的时间变化轨迹,其中,$P_t=P(t)$,$P_{ht}=P^h(t)$, $p_{rt}=p^r(t)$, $P_{yt}=P^y(t)$。

假定不同部门均是动态的最优计划者(实际上,土地利用转换部门在时间尺度上是非竞争性的)。假设所有原位生物量与可供转化的土地(生境)是公共物品,收获部门在收获原位生物量与土地转换部门使用生境用地均是不付费的,然后它们将产品以包含了边际成本的价格(大于0)出售给生产部门。各经济部门的最优计划分别如下:

对于给定 P,Θ^r 和经济用地的初始值 r_0,土地转换企业的最优计划是:

$$\max_{Y^r}\int_0^{\infty} \mathrm{e}^{-\delta t}[(p_r-\theta_r)\cdot r-P_y^{\mathrm{T}}\cdot y_r]\mathrm{d}t \quad \text{s. t. 式(21.22)} \tag{21.36}$$

对于给定 P,θ_h 和生物量收获的初始值 N,生物量收获企业的最优计划是:

$$\max_{(H,Y^1,\cdots,Y^{\bar{i}})}\int_0^{\infty} \mathrm{e}^{-\delta t}[(p_{hi}-\theta_{hi})\cdot h_i-P_y^{\mathrm{T}}\cdot y_i]\mathrm{d}t \quad \text{s.t. 式(21.26)} \tag{21.37}$$

对于给定 P,生产企业的最优计划是:

$$\max_{(H^r,Y^f,R^{\bar{f}})}\int_0^{\infty} \mathrm{e}^{-\delta t}[P_y^{\mathrm{T}}\cdot y_f-P_h^{\mathrm{T}}\cdot h_f-p_r\cdot r_f]\mathrm{d}t \quad \text{s. t. 式(21.27)} \tag{21.38}$$

对于给定 P 与 Q,消费者代表的最优计划是:

$$\max_{(Y^{cr})}\int_0^{\infty} \mathrm{e}^{-\delta t}[U(q_c,y_c)]\mathrm{d}t \qquad \text{s. t. } P_y^{\mathrm{T}}y_c\leqslant w \tag{21.39}$$

其中,ω 为收益一次性支付,假设政府转移支付为常量。

由上可见,各经济部门的最优计划均直接或间接与生态参数相关。土地转换部门和生物量收获部门分别从生态系统获取土地和生物量资源,生产企业把转换的经济用地与收获的生物量加工成消费物品,消费者也依赖于生态服务。

如果对于任一时间点的生态服务轨迹 Q、物种种群轨迹 N 和税收轨迹 Θ,一般经济均衡包含价格 P 与经济分配 $A^y=(H,H^f,R,R^f,Y^c,Y^f,Y^{-1},\cdots,y^{-i})$,在市场经济中,完全竞争一般经济均衡是:在固定的 Q、N、Θ 情况下,上述最优方程的解与 A^y 的解一致;资源约束方程(21.11)至(21.13)同时满足。

经济系统中,一般经济均衡是一种状态:在不同时空点上各种交易都是明晰的,任何企业都不能为提高自身的福利而制定价格。但对于IEES而言,这种经济均衡是建立在 Q、N、Θ 是确定的基础之上,属于部分均衡。事实上,土地利用与生物量收获的经济行为不可能与规定的时间变化轨迹相一致。为了解决一致性问题,假想一种生态分配机制:在任何时间点上,生态系统均存在一种机制,使生态系统中的所有生物均参与分配土地与生物量,并且这种分配好像是在一个竞争的市场的贸易中完成的,生物在交易中的目的是使后代净增长量最大化。如果土地的生态价格为 $\pi_s\in \mathbf{R}_+$,各种有机体的生物量的生态价格为 $\pi_Z^{\mathrm{T}}=(\pi_{Z1},\cdots,\pi_{Z\bar{i}})\in \mathbf{R}_i^{\bar{i}}$。对于给定的 $\Pi=(\Pi^Z,\Pi^s)$、H 和 R,在任一时间点上,有机体的最优策略是:

$$\max_{(s_i,z_i)}B^i(s_i,z_i) \qquad \text{s. t. } \pi_s(\omega_i-s_i)\geqslant \pi_z^{\mathrm{T}}(z_i+h_i) \tag{21.40}$$

公式(21.40)中,$h_i=(h_{i1},\cdots,h_{ij},\cdots,h_{i\bar{i}})\in \mathbf{R}_+^{\bar{i}}$($i\neq j$ 时,$h_{ij}\equiv 0$;$h_{ii}\equiv h_i/n_i$),ω_i 表示有机体 i 对土地服务的贡献。

$$\omega_i=\omega_i(s,n)=\frac{\sigma_i s}{\sum_j \sigma_j n_j}\in \mathbf{R}_+ \tag{21.41}$$

公式(21.41)中,$(\sigma_1,\cdots,\sigma_{\bar{i}})^{\mathrm{T}}\in \mathbf{R}_+^{\bar{i}}$ 表示某一群落中物种层级或者捕食能力的权重,是常数。

在上述参数界定的基础上,完全竞争一般生态均衡可以表达为:在给定的人类收获轨迹 H 与经济用地轨迹 R 的前提下,生态系统均衡由生态分配 $A^m=(S^1,\cdots,S^{\bar{i}},Z^1,\cdots,Z^{\bar{i}},Q,N^{\bar{i}})$ 与价格 Π 构成,而且公式(21.40)的瞬时最优解与 A^m 一致。

与一般经济均衡类似,一般生态均衡也是一种状态:生态系统交易清晰,没有生物能为增加自己的净后代而改变价格。生态系统的一般均衡由一系列的短期均衡(或者瞬时均衡)构成。令 $v=(h,n,r)$ 表示生物量收获、生物量增长与土地转换的时间变化轨迹,$\widetilde{S}^i(\pi,v)$ 和 $\widetilde{Z}^i(\pi,v)$ 分别表示在价格为 $\pi=(\pi_s,\pi_z)$ 时有机体 i 的需求与供给[方程(21.36)的解]。依据公式(21.34)、(21.35)所表达的资源约束条件,在生态系统价格为 π^* 的情况下对所有有机体 i 解如下等式:

$$s=\sum_i n_i\widetilde{S}^i(\pi^*,v),\text{且} \sum_j n_j\widetilde{Z}^{ji}(\pi^*,v)+h_i=0$$

由于生态系统价格 π^* 明显依赖于 v,所以,短期供需均衡是 v 的函数,即 $S^i(v)$ 与 $Z^i(v)$,这两个函数决定平衡种群净增长 $B^i[S^i(v),\ Z^i(v)]$,把均衡种群净增长引入到公式(21.25)之中,则生态系统的各种群增长方程为:

$$\dot{n}_i=n_iB^i[S^i(v),Z^i(v)]=N^i(h,n,r) \tag{21.42}$$

在给定 H、R 的情况下,生态系统均衡分配的时间变化轨迹完全取决于种群随时间的变化轨迹 $N=(N^1,\cdots,N^i)$。

尽管上述生态均衡是给定 H 与 R 条件下的一般均衡,但从 IEES 视角来看,由于这种均衡是在人为假设经济模型是固定的情况下得到的,属于部分均衡。

③ IEES 系统的一般均衡

由经济系统的一般均衡与生态系统一般均衡的描述中可见,经济系统与生态系统相互制约,IEES 的均衡模型将考虑两个系统之间的相互依赖性。

在给定税收轨迹 θ 的情况下,如果(P^*,A^{y*},θ) 是与 Q^*、N^* 相关的一般经济均衡,而(Π^*,A^m)是与 H^*、R^* 相关的一般生态均衡,则 IEES 就实现了均衡$[(P^*,A^{y*},\theta),(\Pi^*,A^m)]$。

为了考察 IEES 一般均衡的效率性能,把社会最优分配作为目标,即效用最大化:

$$\max\int_0^\infty \mathrm{e}^{-\delta t}U(q_c,y_c)\,\mathrm{d}t \tag{21.43}$$

公式(21.44)是与复杂控制问题有关的哈密尔敦函数(Hamiltonian)。

$$\begin{aligned}L^P &= U(q_c,y_c+\sum_i\beta_in_iB^i(s_i,z_i))+(\rho-\gamma)R(r,y_r)\\&+\alpha_fF(h_f,r_f,y_f)\\&+\sum_k\alpha_{qk}[Q^k(n,r)-q_k]\\&+\sum_i\alpha_{hi}[H^i(n_i,y_i)-h_i]+\sum_k\alpha_{qk}^c(q_k-q_{ck})\\&+\sum_g\alpha_{yg}(y_{fg}-y_{rg}-\sum_i y_{ig}-y_{cg})\\&-\sum_i\alpha_{zi}(\sum_j n_jz_{ji}+h_i)+\sum_i\alpha_{vi}(h_i-h_{fi})\\&+\alpha_r(r-r_f)+\alpha_s(s-\sum_i n_is_i)\end{aligned} \tag{21.44}$$

方程(21.44)的一级求解条件见表 21.2。

表 21.2 IEES 最优化与均衡分配条件

Table 21.2 Optimum and equilibrium allocations in the IEES

序号	社会最优		一般均衡	
1	$\frac{R_{y_{rg}}}{R_{y_{r1}}}=\frac{\alpha_{yg}}{\alpha_{y1}}$	(所有 g)	$\frac{R_{y_{rg}}}{R_{y_{r1}}}=\frac{p_{yg}}{p_{y1}}$	(所有 g)
2	$\alpha_{vi}=\frac{\alpha_{yg}}{H^i_{y_{ig}}}+\alpha_{zi}$	(所有 g,i)	$p_{hi}=\frac{p_{yg}}{H^i_{y_{ig}}}+\theta_{hi}$	(所有 g,i)
3	$\frac{H^i_{y_{ig}}}{H^i_{y_{ig1}}}=\frac{\alpha_{yg}}{\alpha_{y1}}$	(所有 g,i)	$\frac{H^i_{y_{ig}}}{H^i_{y_{ig1}}}=\frac{p_{yg}}{p_{y1}}$	(所有 g,i)
4	$\frac{F_{hfi}}{F_{hf1}}=\frac{\alpha_{vi}}{\alpha_{y1}}$	(所有 i)	$\frac{F_{h_{fi}}}{F_{h_{f1}}}=\frac{p_{hi}}{p_{y1}}$	(所有 i)
5	$\frac{F_{rf}}{F_{yf1}}=\frac{\alpha_r}{\alpha_{y1}}$		$\frac{F_{rf}}{F_{y_{f1}}}=\frac{p_r}{p_{y1}}$	
6	$\frac{U_{y_{cg}}}{U_{y_{ca}}}=\frac{\alpha_{yg}}{\alpha_{y1}}$	(所有 g)	$\frac{U_{y_{cg}}}{U_{y_{ca}}}=\frac{p_{yg}}{p_{y1}}$	(所有 g)
7	$\frac{B^i_{z_{ij}}}{B^i_{z_{i1}}}=\frac{\alpha_{zj}}{\alpha_{z1}}$	(所有 i,j)	$\frac{B^i_{z_{ij}}}{B^i_{z_{i1}}}=\frac{\pi_{zj}}{\pi_{z1}}$	(所有 i,j)
8	$\frac{B^i_{s_i}}{B^i_{z_{i1}}}=\frac{\alpha_s}{\alpha_{z1}}$	(所有 i)	$\frac{B^i_{s_i}}{B^i_{z_{i1}}}=\frac{\vartheta_s}{\pi_{z1}}$	(所有 i)
9	$\dot{\rho}-\dot{\gamma}=(\rho-\gamma)(\delta-Rr)-\alpha_r-\sum_k U_{q_{ck}}Q^k_r+\alpha_s$, $\rho-\gamma=\frac{\alpha_{yg}}{R_{y_{rg}}}$		$\dot{\rho}=\rho_r(\delta-Rr)-p_r+\theta_r,p_r=\frac{p_{yg}}{R_{y_{rg}}}$	
10	$\dot{\beta}_i=\beta_i(\delta-b_i)-\sum_k U_{q_{ck}}Q^k_{h_i}-\frac{\alpha_{yg}H^i_{n_i}}{H^i_{y_{ig}}}+\alpha_ss_i+\sum_i\alpha_{zj}z_{ij}$		—	
11	$\frac{U_{q_{ck}}}{U_{q_{cq}}}=\frac{\alpha^c_{qk}}{\alpha_{y1}}$	(所有 k)	$\frac{U_{q_{ck}}}{U_{q_{cq}}}=\frac{\lambda_{qk}}{\alpha_{y1}}$	(所有 k)

如果公式(21.44)中,利润分配和消费者一次支付转移的有一组解$(\alpha,\beta,\gamma,\rho,A^m,A^y)$,当且只有当任一时间点上的价格与税收都按如下赋值时,IEES才达到有效一般均衡。

$$p_{hi}=\alpha_{vi}(\text{所有 } i), p_r=\alpha_r, p_{yg}=\alpha_{yg}(\text{所有 } g) \quad (\text{经济价格})$$

$$\pi_{zi}=\alpha_{zi}>0(\text{所有 } i), \pi_s=\alpha_s \quad (\text{生态系统价格})$$

$$\theta_r=\pi_s-\sum_k \frac{p_{yg}U_{q_{ck}Q_r^k}}{U_{y_{cg}}}>0(\text{所有 } g), \theta_{hi}=\pi_{zi}>0(\text{所有 } i) \quad (\text{税率})$$

古典经济学派领军人物亚当·斯密在其代表作《国富论》中提出了著名的"看不见的手"理论,该理论认为每个追求自身的私人利益的经济个体在市场这只看不见的手的调节下,经济最终可以实现从微观的混乱到宏观上的和谐。而实际上,市场自发的一般均衡并不存在。在(自发)放任机制下即土地与生物量的税收恒为0的情况下,IEES系统达到放任均衡是低效的,这种低效主要是由于三个原因造成的:①土地的经济价格错位,②生物量的经济价格信号不良,③生态服务外部性没有被内部化。在IEES中,由于经济系统与生态系统错综复杂的关系,使得人们在进行私人决策时,其行为的私人成本附加了不会由他本人承担的社会成本,并转嫁给了社会。在这样的情况下,私人经济行为的成本和收益不对等,资源也就得不到有效的配置。此时,政府的"有形的手"应进入生态系统的价格管理领域。

福利经济学第二定理告诉我们,通过适当的一次性转移支付和税收,市场能够达到竞争均衡,实现资源配置的帕累托效率,即消费者无差异曲线图与企业生产函数集为凸性,市场完全,信息完备,转移支付与税收等再分配过程不存在成本。在放任机制中,IEES的土地价格与生物量价格偏低,导致土地与生物量被过度供给与采集。若使IEES系统实现有效均衡,需要正的税率予以支持。对于生物量而言,有效的税率是使生物量的经济价格与其生态价格一致,而在放任机制中,不同经济部门却忽略生态系统的生物量资源的稀缺性。解决土地转换的方法也与之类似,但还要把生态系统服务外部性内部化到土地的税收之中。在经济系统、生态系统以及IEES中,资源禀赋再分配是普遍存在的,消费者的资源禀赋再分配也是资源最优配置的重要限定。但是,资源禀赋与转移却处于为社会决策者所忽略的地位。这制约了福利经济学第二定律在IEES的应用。

在有效均衡状态下,生态系统的总价值TEV是:

$$TEV=\frac{1}{\delta}\left[\sum_i\sum_k \frac{P_{yg}^* U_{q_{ck}} Q_{n_i}^k}{U_{y_{cg}} n_i}+\sum_i \varepsilon(h_i,n_i)(p_{hi}^*-\pi_{zi}^*)h_i+\sum_i \pi_{zi}^* h_i\right] \tag{21.45}$$

其中,$\varepsilon(h_i,n_i)=n_i H_{n_i}^i/h_i$。

公式(21.45)中,括号内的第一项是生存于生态系统的生物有机体的生态服务价值,第二项是收获有机体产生的种群总外部性效益,第三项是为人类收获的那部分生物量的总价值。即生态系统的总价值由具有公共物品属性的生态系统服务效益与作为人类收获生物量产生的经济效益构成。

21.3 生态系统服务的价值化

在生态服务的供给、消费特征和规律都不是很明确的情况下,国内外已经采用了各种各样的方法来估计生态服务价值的市场成分和非市场成分,由于各种方法后面的假设条件和局限性,评估结果具有很大争议。因此有必要将生态服务价值的主要特征和估价基础给予厘定。

(1) 生态服务的价值是一个效用价值

在中国经济学界,马克思的劳动价值论居于主导地位,根据劳动价值论,生态系统服务中由于没有包含人类劳动时间,所以是没有价值的。要在中国说服人们生态服务具有价值,首先需要确立生态服务的"效用价值",根据效用价值论,生态系统服务具有价值必须满足两个条件:一是生态系统服务对人类具有效用,二是生态系统服务具有稀缺性。由于人类经济发展对生态环境的破坏,生态系统服务已经成为一种稀缺资源,同时科学研究证明了生态系统服务对人类生存的重要性,越来越多的人承认生态系统服务对人类生存发挥的重要作用,显然,生态系统服务满足了两个必要条件,生态系统服务具有效用价值。

(2) 生态系统服务的价值用消费者剩余与生产者剩余之和表达

消费者剩余和生产者剩余常常被经济学家用来作为生态环境价值的表达指标,在Costanza生态系统服务价值化方法中，消费者剩余和生产者剩余被用来作为生态服务价值的表达指标，原因在于：首先，生态服务的价格很低，甚至为零，因此，生态服务的消费者剩余比较接近于支付意愿，从而能比较准确地表达自身的经济价值；其次，由于生态服务的价格很低，只有在政府进行相应的补贴的时候，可能才能被供给。所以，消费者剩余和生产者剩余的本质不仅仅代表了消费者和生产者的“心理收益”，还代表了部分的“实际收益”，可以用来表达生态服务的经济价值。总之，对于生态服务来说，很多时候政府要采取补贴等政策，因此当衡量一个生态系统的经济利益时，经济学家考虑的是衡量总的经济净收益也就是消费者剩余和生产者剩余之和。

（3）个人偏好与支付意愿

个人偏好与支付意愿是进行生态系统服务功能价值评估的又一基础。个人偏好为不同产品或服务之间进行对比和价值的衡量提供前提条件，是进行经济评估的基础，也就是说个人效用和边际效用必须从其表现出的“偏好”中获得，即从描述个人不同的经济情况下消费行为和偏好的经验资料中获得。从理论上看，生态系统服务价值既可用支付意愿测定，也可用接受补偿意愿测定，并且两者应该相等。根据偏好的显示性理论来计算其支付意愿，进而来衡量消费者的效用，从而可以进一步衡量该物品的边际效用，得出其价格水平。

（4）生态服务的价值与尺度选择

在什么时空水平上评估生态服务的价值，主要取决于：①研究对象所处的空间尺度，②生态服务随距离衰减否，③生态效益转换的条件或前景是否容易达到，④生态服务对地理尺度是否敏感，⑤生态服务对时间是否敏感。如果在评估 A 地区生态服务的价值，专业知识判断该地区的某类生态服务具有空间传递、难以替代、对地理空间敏感的特点，应对该类生态服务进行从当地到全球的各个主要尺度的价值判断。如果 A 地区的某类生态服务不具有空间传播性，而且容易替代，对地理空间也不敏感，可以只在研究区当地水平评估该类生态服务的价值。

目前，国内和国外生态系统服务价值的评估都难以得出让公众和学术界普遍接受的结果，这反映了该领域研究方法还不成熟，需要继续完善。如何建立符合中国基本国情的单位价值量是核算生态系统服务功能价值的核心。由于中国缺乏完善的市场环境，如何选择一个合理的价格体系作为衡量生态系统服务的单位价值量仍然还是一个难题。目前普遍采用的市场价格很难真实反映消费者剩余，从而导致单位价值或者说最终价值评估结果的不准确。表 21.3 是通过对近 600 位生态学专家进行调查形成的一个基于专家知识的生态系统服务价值单价体系，表中的调查结果应该为被调查对象对生态服务效用的一个个人偏好价值的表达。在没有其他更为可靠的方法的情况下，可以采用该方法对中国生态系统服务价值进行评估，可以作为适合中国生态系统状况和经济发展水平的一个生态系统服务价值评估工具。

表 21.3 中国生态系统单位面积生态服务价值（元 · hm^{-2} · a^{-1}，2007 年）

Table 21.3 The values per unit area of ecosystem services in China (RMB￥. hm^{-2}. a^{-1}, 2007)

一级类型	二级类型	森林	草地	农田	湿地	河流/湖泊	荒漠
供给服务	食物生产	148.20	193.11	449.10	161.68	238.02	8.98
	原材料生产	1 338.32	161.68	175.15	107.78	157.19	17.96
调节服务	气体调节	1 940.11	673.65	323.35	1 082.33	229.04	26.95
	气候调节	1 827.84	700.60	435.63	6 085.31	925.15	58.38
	水文调节	1 836.82	682.63	345.81	6 035.90	8 429.61	31.44
	废物处理	772.45	592.81	624.25	6 467.04	6 669.14	116.77
支持服务	保持土壤	1 805.38	1 005.98	660.18	893.71	184.13	76.35
	维持生物多样性	2 025.44	839.82	458.08	1 657.18	1 540.41	179.64
文化服务	提供美学景观	934.13	390.72	76.35	2 106.21	1 994.00	107.78
合计		12 628.69	5 241.00	3 547.9	24 597.14	20 366.69	624.25

21.4 生态系统服务贸易与市场机制

生态系统产生的很多生态服务是公共物品，由于没有市场或市场发育非常不完善，在社会经济系统的资源配置中曾一度处于被遗忘的地位。在本质上，目前世界及包括中国在内的很多国家、地区所面临的问题是经济与生态的协调问题。虽然生态退化问题与市场经济密不可分，但是，市场机制并不是产生生态退化的原因，只是加剧了生态服务的市场失灵。生态问题的根源在于经济活动，而不是市场机制本身。与非市场机制相比，市场机制对资源的配置更为有效，也是缓解生态退化、保护与恢复生态系统的根本途径。生态服务和生态服务价值，以一种新的范式考察生态系统与经济系统之间的相互关系，有助于促进社会经济决策在经济系统与生态系统组成的综合系统框架之内进行有效的资源配置。如何培育与发展有效的生态服务市场机制，已经成为生态服务研究与生态系统管理的热点之一，并在生物保护区管理、流域管理等实践中取得了一定的成效。但是，无论我们对生态服务的认识有多深刻，市场机制在资源配置上总会有些缺陷，这也是需要客观认识的。

21.4.1 生态服务贸易的界定

广义上，无论生态服务的供需双方是否在市场中真实存在，只要生态服务的供需双方具备，且生态服务的数量或价值在空间与代际及以上时间尺度上发生流转，就可视其为生态服务贸易。生态服务广义贸易主要三种形式：

(1) 依存于经济贸易的生态服务贸易

贸易与生态服务是相互联系的，原因是所有的经济活动都基于生态系统提供的服务。在最根本的层次上，除劳动力贸易之外几乎所有的经济产品与服务的贸易，其实质都是生态服务的贸易。很大程度上，生态服务交易中的弱势国家、地区也是贫困人口比较集中的国家、地区。在国际贸易水平上，发展中国家多以较低的价格出口初级产品，资源开采过程中的损失和资源市场价格以外生态成本均由发展中国家承担，而发达国家以低于资源价值的市场价格购得初级产品，加工成制成品后又以高价出售给发展中国家，从中获得高额利润，而发展中国家的资源消耗却得不到补偿与维护，结果是发达国家在国际经济贸易与生态服务贸易中，均处于主动的地位，而发展中国家则处于被动的境地。在中国国内贸易水平上，经济相对发达的地区也多处于经济贸易与生态服务贸易的主动地位，而经济相对落后的地区普遍处于被动地位。全世界 1/5 以上的人口生活绝对贫困，他们大多在发展中国家；中国经济相对落后的人口主要分布在生态脆弱、生态退化相对严重的区域。

(2) 依存于生态服务空间自然流转的生态服务贸易

一些生态服务具有空间流转的自然特性，使得这些生态服务的价值在异地实现。最普遍的例子就是流域上下游地区之间的生态服务关系。在流域的上下游地区之间生态服务贸易中，资源禀赋占优势的上游地区是生态服务交易的强势群体。

(3) 存在于不同代际人口之间的生态服务贸易

生态系统的很多服务功能与生态资本存量的丰度和质量密切相关，具有累积的特征，致使其服务的价值在不同时间点上有所差异，并与资源稀缺性密切相关，正如现代人面临的生态服务退化问题是过去几十年内人口的经济活动造成的结果，现代人口的经济活动也影响着未来人口的能够继承的生态系统的质量。而在现代与未来的人口的生态服务交易之中，现代人占据绝对优势，未来人口无法表达自己的生态服务需求与主张。

21.4.2 生态服务广义贸易中的市场失灵

市场机制可以被理解为配置资源的制度，又是“作为规则和所有权的制度”。市场机制至少在同时满足一系列苛刻条件时才能充分发挥配置社会资源的作用，这些条件包括：

- 不存在外部性。
- 不存在公共物品。
- 所有参加市场交易的消费者与厂商在进行交易决策时，均拥有完备的信息。
- 所有参加市场交易的消费者与厂商都是市场价格的接受者，而不能独立地决定市场价格，即市场是完全竞争的市场。

现实中的市场与理想的市场的差距，致使市场在配置经济产品与服务时不能有效、充分发挥作用，产生市场失灵。而对于生态系统，很多生态服务作为公共物品，具有“非排他性”、“非竞争性”特征，使市场在配置生态服务时产生的市场失灵更为严重。

当市场失灵发生时,需要国家干预解决资源配置问题。但由于决策判断失误、利益集团影响、决策信息不全以及体制不健全等原因,政府干预不能纠正或有效纠正市场失灵,有时甚至把市场进一步扭曲,使得政府失灵的结果可能比市场失灵更糟糕。在生态服务交易中,政府失灵主要表现为:首先,宏观经济环境政策对生态的不良影响,如一些补贴政策刺激了对生态的过度开发利用;其次,实现自身政策的目标是成功的,但是对生态系统造成了明显的外部性,化肥补贴鼓励农民多施用化肥,实现粮食增产,但同时造成土壤板结及水体营养物质增加,就是一个例子;此外,当市场失灵需要干预政策,政府却没有作出反应,如在生态服务的产权方面。

21.4.3 市场机制有效确定与实现生态服务价值的条件

在市场机制下,价值的确定与实现在于交换,而交换的集合就是市场,但是,由于生态服务没有市场或市场发育不完善,市场本身并不会自发地把生态服务的非使用价值与所有使用价值都自觉地纳入到决策约束之中。在生态服务贸易中,市场机制能否充分发挥市场力的作用,取决于下列基本条件是否具备:

- 市场主体(交易者)对生态服务具有相当的认识与认可。
- 生态服务的产权是明晰的。
- 市场力量作用的经济产品、服务对象与生态服务对象对它的作用是敏感的。
- 在经济产品、服务和生态服务之间,存在良好市场吸引机制,这通过一系列的竞争机制、信息机制、资源流机制来实现。
- 存在明确、有效的且认可生态服务的价值的市场激励机制,包括动力机制、约束机制、惩戒机制。
- 社会经济环境是稳定的。
- 交换成本是可以接受的。

由于当前生态服务缺乏市场或市场发育非常不完善,生态服务贸易同时存在生产的外部性与消费的外部性问题,生态服务的价值的确定与实现难以完全直接依赖市场机制。生态服务的供需均衡模型启示我们:只有政府部门在明晰生态资本产权、明晰生态服务责任和利益的边界和培育生态服务的市场制度等方面作出努力之后,市场才可能在生态服务贸易中尽可能发挥资源配置优势,使生态服务朝价值最大化、最稀缺的地方配置,促进生态系统与经济系统的综合效用最大化。

除了当代人,其他受害者无法维护自身的利润,但是生态破坏往往具有长期性,会损坏到后代人的利益。从可持续发展的角度来看,后代人对生态资源是享有一定权利的。对于代际之间的生态服务贸易问题,市场机制发挥作用的程度较其他两种生态服务贸易形式更为有限,更需要政府的干预。

21.4.4 "污染者"付费(PPP)机制

市场机制与手段被用于环境污染和生态保护已有很长时间,最初主要是用以抑制负的外部性效应,依据污染者付费原则(polluter pays principle,PPP),向行为主体征收税费。理论上,PPP是理想的,但实行起来具有相当的困难,最大的困难在于信息不完全,确定由"谁"向"谁"支付的管理成本过高。现实中,往往采用一定数额的排污权和固定的排污费来替代,此时,排污费制度是政府干预下的市场机制。

21.4.5 生态服务支付(PES)机制

虽然生态服务价值的研究时间还很短,价值估算的方法与确定性也存在相当的争议,但是生态服务已影响着生态环境政策对人与自然关系的反思,引导生态服务支付逐渐由惩治外部性不经济性行为转向激励外部经济性行为。PES(payment for ecosystem services)机制因而逐渐形成。PES机制认为,市场作用力能够提供有用且有效地支持可持续发展目标的途径,通过经济激励,维持与促进生态服务。

PES是指在自由交易中,某一定义明确的生态服务或可能确保该项生态服务安全的土地利用,由至少一个的"买方"从至少一个提供该项生态服务的供方("卖方")处购买,且生态服务的"卖方"能确保被交易的生态服务的供给安全(Wunder, 2005)。在国外,与PES类似的鼓励外部经济性的机制还有生态服务市场创建机制(markets for ecosystem/ environmental services)、生态服务奖酬机制(rewards for ecosystem/environmental services)和生态服务补偿机制(compensations for ecosystem-environmental services)。源于主张的鼓励方式的差异,这些机制存在一定区别:市场创建机制强调多重经济主体(agent)之间的竞争性关系,奖酬机制强调对生态服务提供者进行公正、公平的奖励,补偿机制强调对生态服务提供者因保护、维持生态服务所遭受的成本进行补偿。相对于环境污染损害赔偿而言,PES及上述其他提及的生态服务生产者惠益的机制,均是对人类的某种活动所产生的生态环境的外部经济性给予补偿。

PES机制是一种自愿的磋商机制,这与传统的"命令控制型"手段明显不同。在PES机制中,所交易的生态服务必须是所指明确的——数量上能够直接衡量,利益群体的边界能够确定,而且生态服务的"卖方"必须依约保持生态服务供给的质量。目前,较受关注的PES机制主要有流域补偿机制(upstream-downstream PES model)、国际PES机制(international PES, IPES)、清洁发展机制(clean development mechanism, CDM)、可转移的开发权(transfer development rights, TSEs)等。表21.4归纳了目前世界主要PES机制的实现方式、案例及预期的目标。

表21.4 生态支付的形式与例证

Table21.4 Categories and examples of ecosystem payment around the world

项目对象	案例	预期的生态服务目标	支付尺度
流域	环境服务支付(PES):日本、哥斯达黎加流域下游对上游的生态补偿	改善与净化水质,保持水土资源,防洪,兼顾调节气候、维护景观等	流域
城乡、流域、区域	流域管理、生物保护区管理	调节气候,保护生物多样性,提高生活福利	各类
农业环境保护	欧洲的农业环境项目、中国的退耕还林还草工程、美国的保护与储备计划(CRP)、加拿大的永久性草原覆盖恢复计划(PPCRP)	保持土壤,降低侵蚀,减少农药化肥的污染,兼顾调节气候、维护景观等	国家
林业	爱尔兰的私人造林补贴和林业奖励;中国的森林生态效益补偿基金	保持水土,防洪抗旱,保护生物多样性,调节气候,保护景观	流域,国家
生物多样性	新西兰的生物多样性保护激励措施	保护生物多样性	各类
碳排放	清洁发展机制(如碳基金、碳融资)	防止全球变暖	全球
土地	可转换的开发权:最初是美国用于保护土地转换与景观,后引入到生物保护区管理之中	土地、生物多样性等自然资产	国家,地区
经济产品	生态标志	(减少消费对环境服务的需求)	国家

资料来源:Duraiappah (2006),秦艳红和康慕谊(2007),Murtough 等(2002)。

PES机制通过创建对生态产品与服务的新的需求,在促进、形成生态服务保护资金(数量上或途径上)方面颇具潜力。当前,PES机制在世界范围发展虽然比较迅速,并对促进生态服务市场化与价值实现积累了不少经验,但主要是个案研究水平上,尚处于探索"生态服务市场"的创建阶段,距离形成"现实"生态服务市场存在相当的差距,而市场机制只有在"理想"市场下才能充分发挥资源的配置作用。所以,公平、公正、可持续的生态服务贸易目前还需要国家政府的有效干预以及国际领域的有效合作。

21.4.6 中国生态服务交易的市场机制发育情况

中国采用的基于市场的生态服务交易机制主要

包括:流域上下游生态补偿、退耕还林(草)工程、生态效益林保护基金、清洁生产机制、污染者付费等。其中,污染者付费是实施时间最长、覆盖空间最广的一项机制,而其他几项机制虽然实践或实施的时间、空间范围有限,但是应用的前景非常乐观。与国际先进水平相比,各项PES机制在中国的实践主要以政府的转移支付为主,生态服务市场的培育与创建尚处于理论探讨与萌芽的阶段。现有的生态服务支付主要是从国家到政府,再到农户的直接的纵向"补给",流域上下游之间、城乡之间、发达地区与发展中地区之间、生物多样性保护区与非保护区之间的横向生态服务支付十分有限。但是,中国长期致力于市场经济机制的完善与健康发展和近年来开始关注国际贸易与生态环境保护过程的生态服务贸易的公平性问题的解决预示,在未来,中国将比以往任何时期都注重经济、贸易、贫穷与发展的公平性与相互关系问题,积极探索与实践有利于生态服务价值化的实现机制,以扭转生态服务退化,提高发展的经济福利与生态福利。

21.5 结论与展望

生态系统服务的概念和思想是生态经济学最为重要的概念之一,其主要的价值观包括:(1)生态系统服务包容、供应和支持整个经济和人类生存。(2)未来的限制因素是生态系统的功能性,特别是目前没有市场价值的生态系统服务。(3)目前的商品生产-消费体系是造成生态系统损失的主要原因。(4)未来的经济进步依赖于生态服务价值得到充分的评价。(5)最有利的利用环境的关键是提高自然资源生产率(由追求劳动生产率转型)。(6)社会中至少有一个机制保障进行生态系统服务的生产、消费和价值实现。

20世纪90年代中期以来,生态系统服务及其价值评估的研究变成生态学研究的一个热点,广泛开展。不同研究者采用了不同的研究角度,如Daily等主要从生态学基础探讨生态系统服务及其价值,Costanza等则更多从经济学的角度研究生态系统服务的经济价值,Turner的研究注重生态系统服务经济价值评估的技术与方法,Naeem更关注生态系统服务功能变化的机制,MA更加全面地关注生态系统服务与人类福祉之间关系、变化的驱动因子、评价的尺度、评价技术与方法。

本章根据计量经济学,试图构建一个生态服务生产-消费-价值化的理论分析基础和方法框架,生态服务生产函数、生态服务成本函数可以被看成是生态服务生产的主要理论基础和分析方法;生态服务消费函数和生态服务效用函数可以被看成是生态服务消费的主要理论基础和分析方法,生态服务效用价值理论、生态服务生产者和消费者剩余理论、生态服务个人偏好与支付意愿理论可以被认为基本形成了生态服务价值化的理论基础和评估方法。生态服务价值的实现程度,依赖于其融入市场经济决策系统的程度,将福利经济学的一般均衡模型从经济系统扩展到经济-生态系统,在理论上分析生态服务参与社会资源配置的过程,对于探讨创建生态服务市场,促进生态服务的维持与价值实现具有重要的启示。

生态服务和生态服务价值,以一种新的范式考察生态系统与经济系统之间的相互关系,同时促进了包括中国在内的很多国家、地区的生态服务市场的培育与创建,为协调经济发展与生态保护的关系积累了不少经验,但是目前生态服务市场的发育仍处于局部与试点的阶段,进一步的发展离不开政府的有效干预。法律与经济制度必须开始更广泛地融合生态系统服务的概念和它们的框架。作为一个社会,应该或者将肯定会出现专门的部门和机制,确保合理地管理和利用生态系统服务。

参考文献

陈仲新,张新时. 2000. 中国生态系统效益的价值. 科学通报, 45(1):17-22.

蒋延玲,周广胜. 1999. 中国主要森林生态系统公益的评估. 植物生态学报, 23(5): 426-432.

欧阳志云, 王效科, 等. 1999. 中国陆地生态系统服务功能及其生态经济价值的初步研究. 生态学报, 19(5): 607-613.

秦艳红,康慕谊. 2007. 国内外生态补偿现状及其完善措施. 自然资源学报, 22(7): 557-567.

肖玉, 谢高地, 安凯. 2003. 青藏高原生态系统土壤保持功能及其价值. 生态学报, 23(11): 2 367-2 378.

谢高地, 肖玉, 鲁春霞. 2006. 生态系统服务研究: 进展、局限和基本范式. 植物生态学报, 30(2):

191-199.

谢高地，肖玉，甄霖，等. 2005. 我国粮食生产的生态服务价值研究. 中国生态农业学报，13(3)：10-13.

谢高地，张钇锂，鲁春霞，等. 2001. 中国自然草地生态系统服务价值. 自然资源学报，16(1)：47-53.

赵同谦，欧阳志云，郑华，等. 2004. 中国森林生态系统服务功能及其价值评价. 自然资源学报，19(4)：480-491.

Costanza R, d'Arge R, de Groot R, et al. 1997. The value of the world's ecosystem services and nature. Nature, 387: 253-260.

Donaldson J. 2003. Issues affected the value of ecosystem services in agriculture systems and implications for conservation farming. www. sanbi. org/consfarm/cfdown loads/Donaldson % 20 paper. pdf.

Duraiappah A K. 2006. Market for ecosystem services. a potential tool for multilateral environmental agreements. http://www. iisd. org.

Eichner T, Pethig R. 2005. Ecosystem and economy: An integrated dynamic general equilibrium approach. Journal of Economics, 85: 213-249.

Eichner T, Pethig R. 2006. Nonanthropocentric nature protection, Social Choice and Welfare, in press. http://www. cesifogroup. de/pls/guestci/download/CESifo%20 Papers%20 August%202004/cesi fo1 _wp 1262. pdf.

Eichner T, Pethig R. 2006. Pricing the ecosystem and taxing ecosystem services: a general equilibrium approach. http://www. bioecon. ucl. ac. uk/8th_paper/Pethig. pdf.

Finnoff D, Gong M, Tschirhart J. 2000. Joint determination to assess the economic importance of ecosystem services. http://www. aere. org/meetings/ecosystem _ workshop _ 2007. pdf.

Hwang A R. 2005. An Ecological-Economic Integrated General Equilibrium Model. IEAS Working Paper No. 05-A011. http://www. sinica. edu. tw/econ/.

Murtough G, Aretino B, Matysek A. 2002. Creating markets for ecosystem services. www. pc. gov. au/research/staffres/cmfes/.

Ouyang Z Y, Wang X K, Miao H . 1999. A primary study on Chinese terrestrial ecosystem services and their ecological-economic values. Acta Ecologica Sinica, 19: 607-613.

Tschirhart J. 2000. General equilibrium of an ecosystem. Journal of Theoretical Biology, 203: 13-32.

WGMEA (Working Group of the Millennium Ecosystem Assessment). 2003. Ecosystems and Human Well-being: A Framework for Assessment. Washington, Covelo, London: Island Press.

Wunder S. 2005. Payments for Environmental Services: Some Nuts and Bolts · CIFOR Occasional Paper, 42.

Xiao Y, Xie G D, Lu C X, et al. 2005. The value of gas exchange as a service in rice paddies in suburban Shanghai, P. R. China. Agriculture, Ecosystem and Environment, 109: 273-213.

Xie G D, Lu C X, Leng Y F, et al. 2003. Ecological assets valuation of the Tibetan Plateau. Journal of Natural Resources, 18: 189-196.

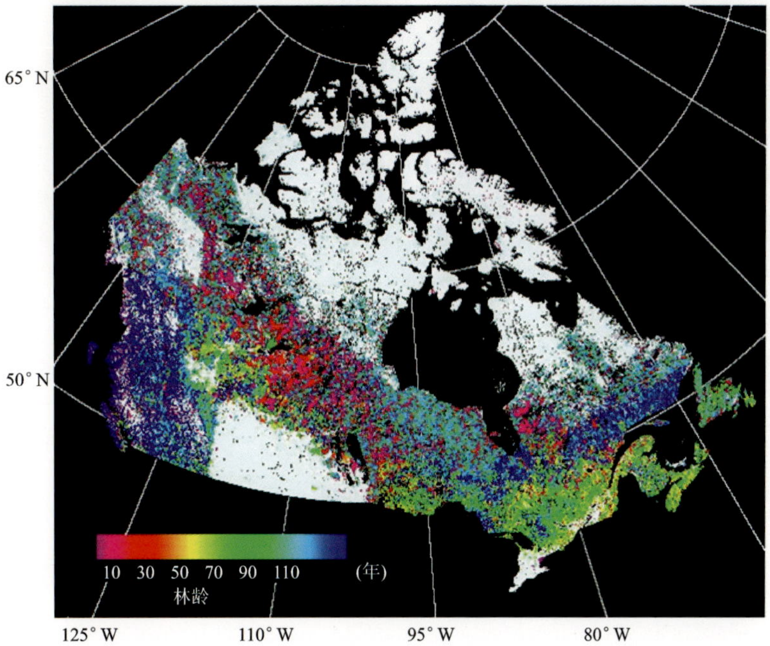

图 7.5 加拿大森林年龄分布图(1998)。该图汇总了 20 世纪 90 年代森林清查资料(将树龄分成 6 个年龄段)、1959 年来的地面火烧迹地资料,及由卫星遥感得到的近 25 年的火烧迹地资料,假设过火后第二年森林开始再生长

Figure 7.5 Forest stand age distribution in Canada(1998). This map integrates forest inventory data in the last 90 years (forest age is separated into 6 classes), large fire polygons since 1959, fire scar in the last 25 years based satellite remote sensing data. Forest regrowth is assumed to start in the second year after disturbance

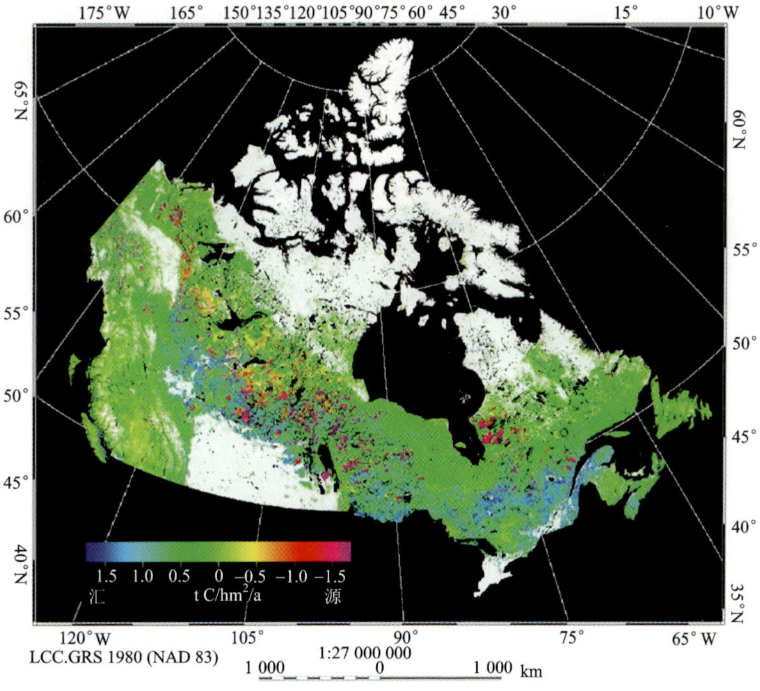

图 7.6 加拿大森林的 1984—1998 年平均碳源汇(NBP)分布。NBP 包括净初级生产力(NPP)减去土壤的异养呼吸,再减去由扰动所引起的碳释放量。由于资料限制,所有扰动(包括火灾、虫灾和伐木)都处理为火灾扰动

Figure 7.6 Carbon source and sink (NBP) distribution in Canada's forest in 1984—1998. NBP includes the net primary productivity (NPP) minus heterotrophic respiration and the direct carbon emission due to disturbance. Due to data limitation, all disturbance (including fire, insect and harvest) is treated as fire disturbance in our model

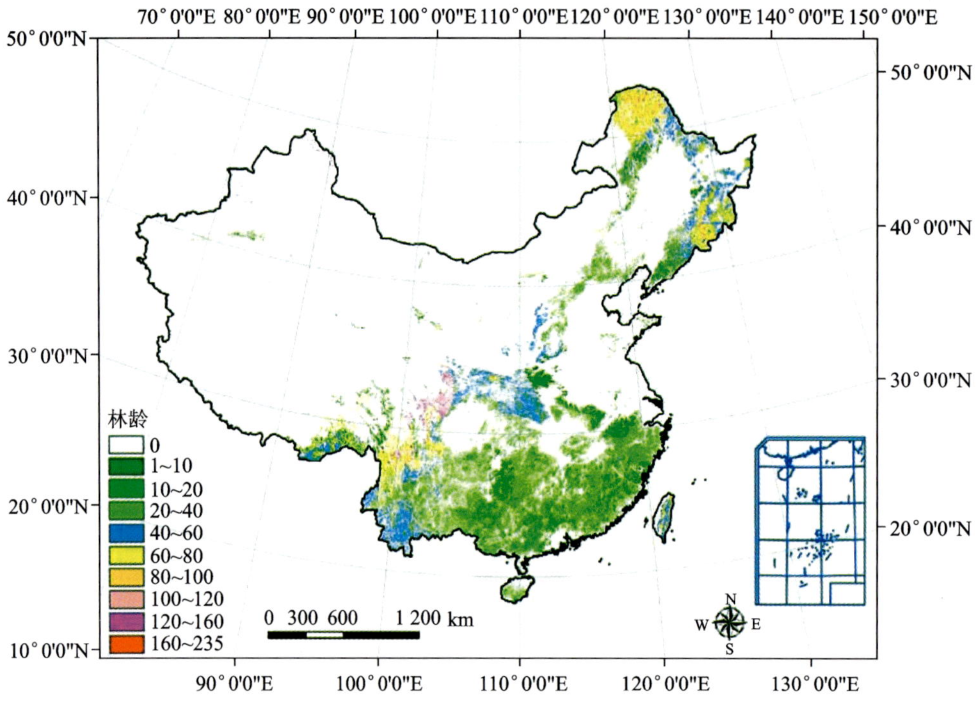

图 7.7　由第四次森林清查资料得到的中国林龄分布图(Wang et al,2007)

Figure 7.7　Forest stand age distribution in China obtained from the fourth forest inventory data (Wang et al, 2007)

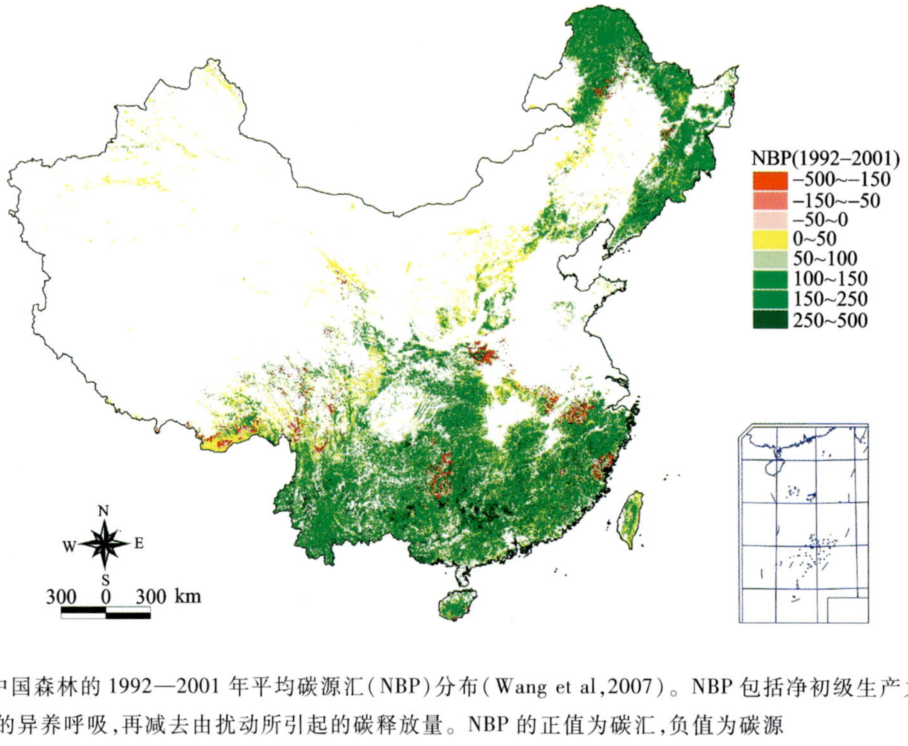

图 7.8　中国森林的 1992—2001 年平均碳源汇(NBP)分布(Wang et al,2007)。NBP 包括净初级生产力(NPP)减去土壤的异养呼吸,再减去由扰动所引起的碳释放量。NBP 的正值为碳汇,负值为碳源

Figure 7.8　The carbon source and sink (NBP) distribution in China's forest in the period 1992—2001 (Wang et al, 2007). NBP includes the net primary productivity (NPP) minus heterotrophic respiration and the direct carbon emission due to disturbance. Positive values (green) indicate sinks, and negative values (red) indicate sources

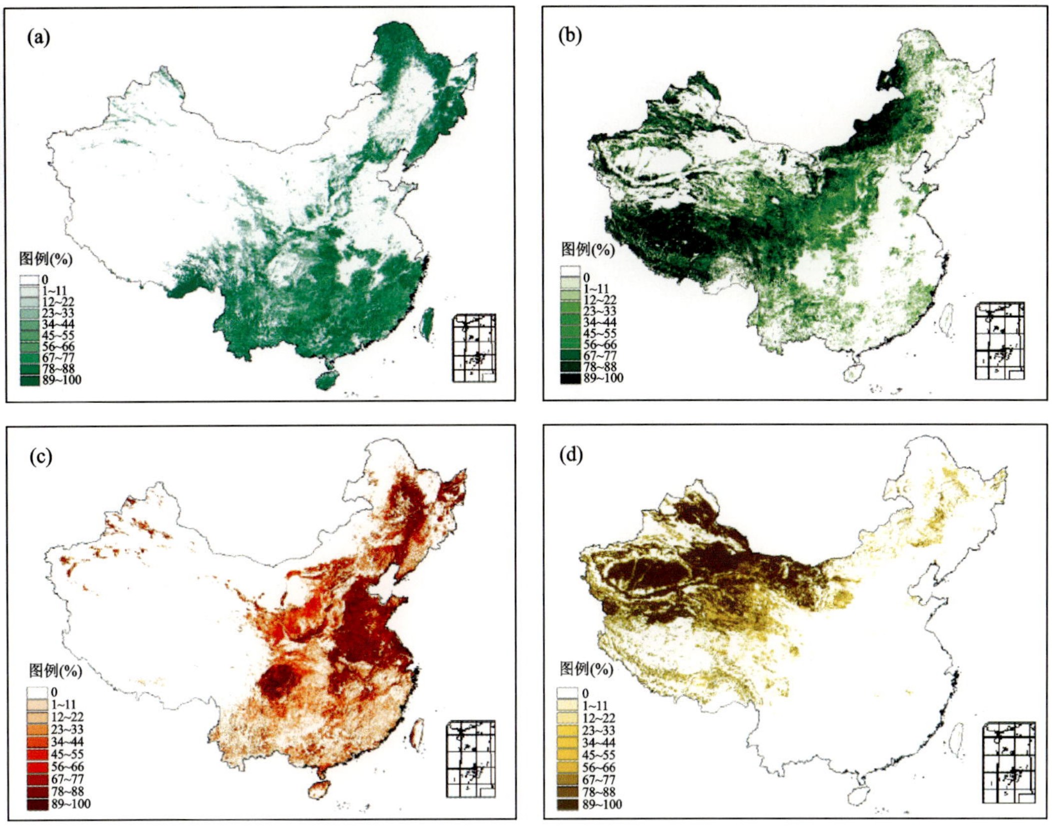

图 11.1　中国陆地生态系统空间分布格局(高志强,2000)

(a) 森林生态系统　(b) 草地生态系统　(c) 农田生态系统　(d) 荒漠生态系统

Figure 11.1　Spatial pattern of terrestrial ecosystem in China (from Gao, 2000)

(a) Forest, (b) Grassland, (c) Farmland, (d) Desert

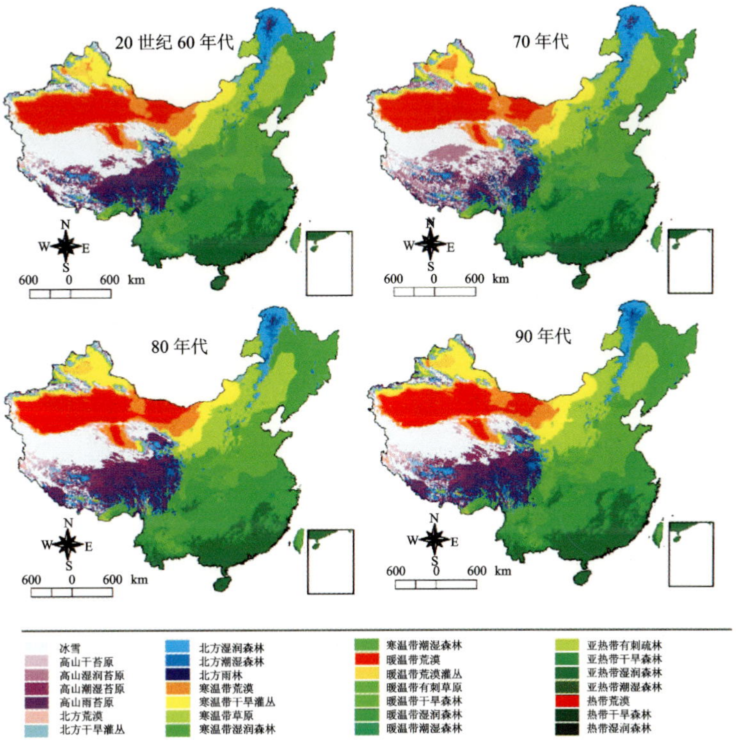

图 11.2　20 世纪 60 年代、70 年代、80 年代和 90 年代中国 HLZ 空间分布(Yue et al, 2005)

Figure 11.2　Holdridge Life Zone spatial distribution in 1960s, 1970s, 1980s, and 1990s (Yue et al, 2005)

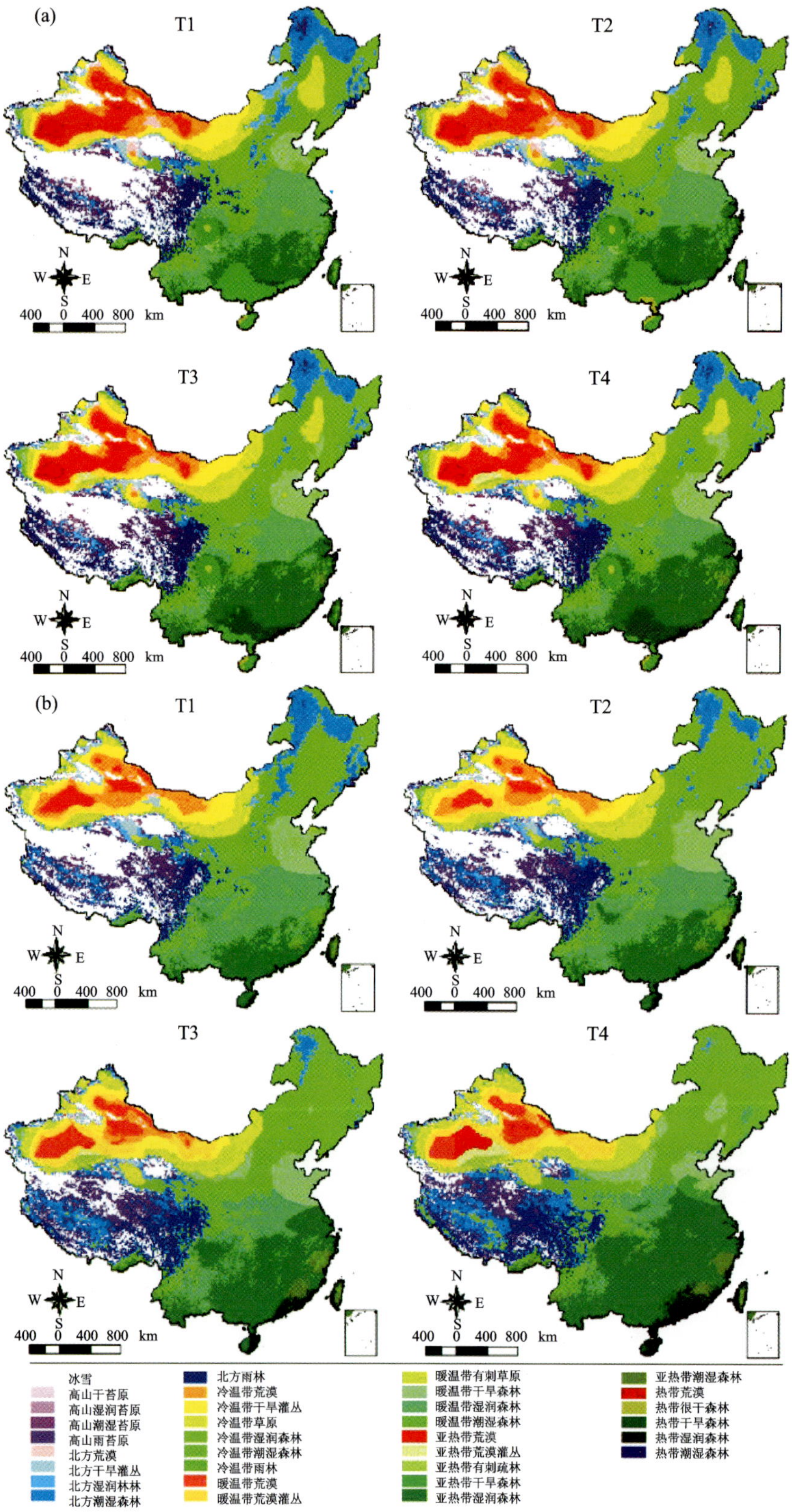

图 11.3　预测的 1961—1990 年(T1),2010—2039 年(T2),2040—2069 年(T3),2070—2099 年(T4)四个时期 HLZ 空间分布:(a) HadCM2 预测, (b) HadCM3 预测(Yue et al, 2006)

Figure 11.3 Holdridge Life Zone spatial distribution predicted by HadCM2 (a) and HadCM3 (b) for the periods 1961—1990 (T1), 2010—2039 (T2), 2040—2069 (T3) and 2070—2099 (T4) (From Yue et al, 2006)

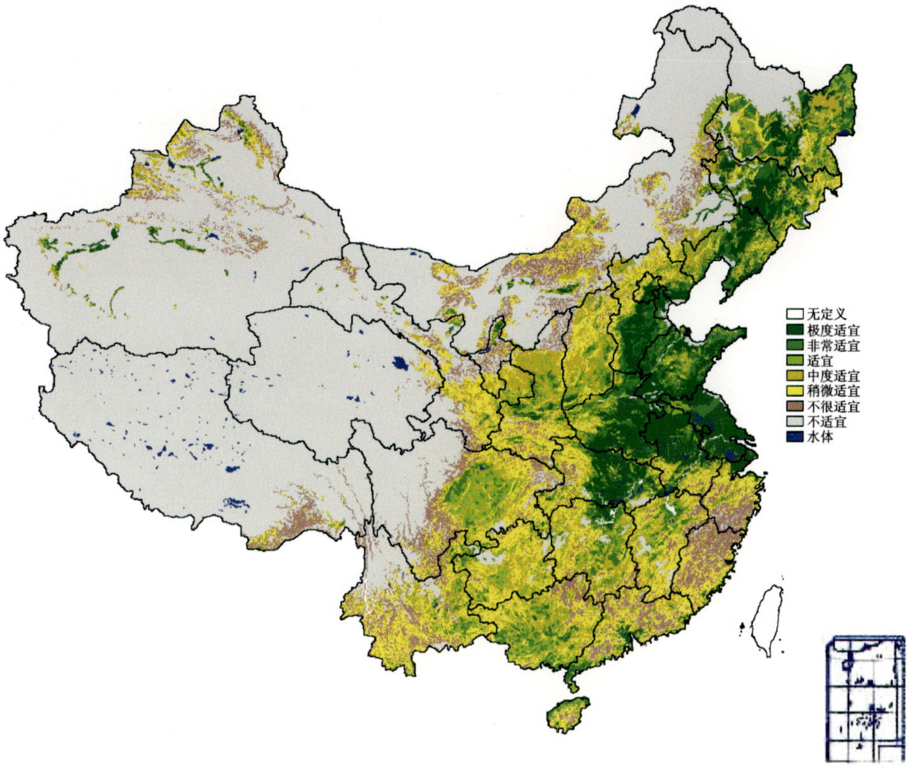

图 18.6　雨养与灌溉作物土地适应性评价
Figure 18.6　Land suitability for rain-fed and irrigated cereal production

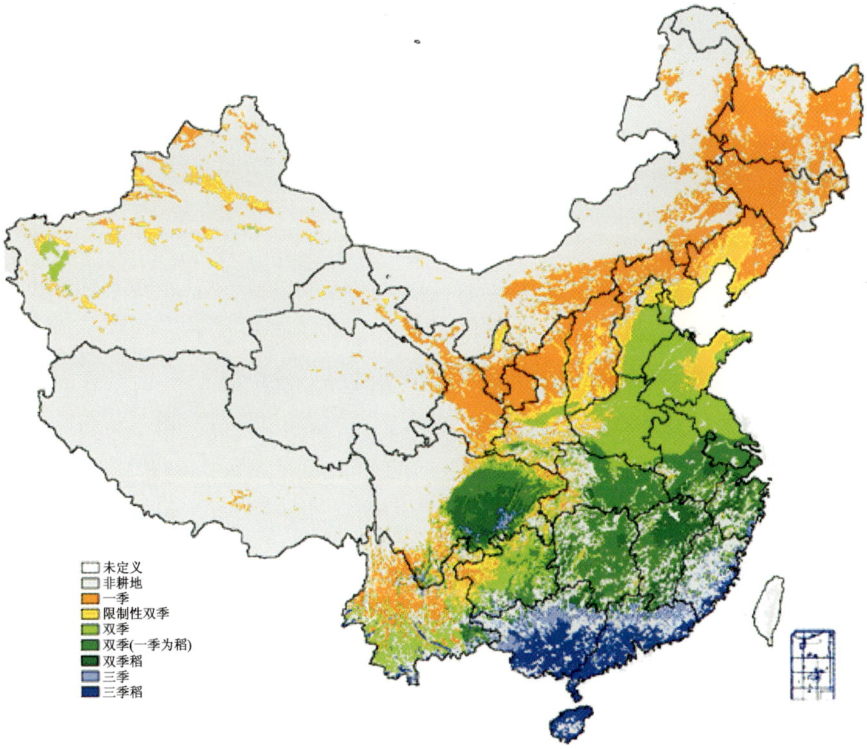

图 18.7　中国农作物多熟制的热量适宜性评价
Figure 18.7　Thermal suitability of China's cropland for multiple cropping

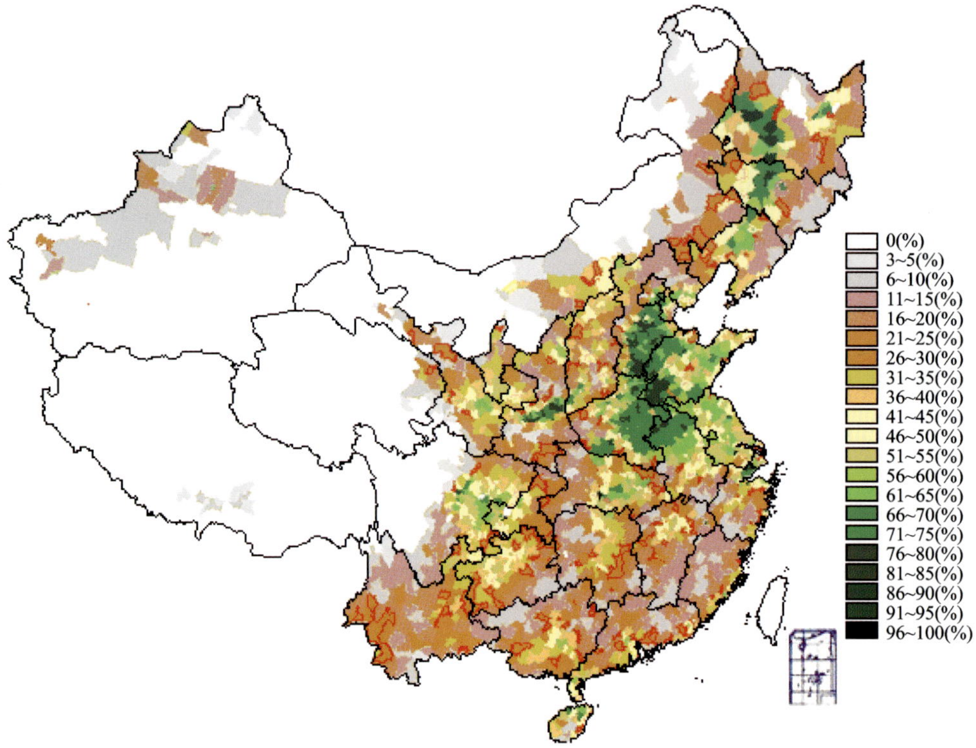

图 18.8　中国 2000 年各县耕地与园地种植面积占总土地面积的比例

Figure 18.8　Intensity of cultivated and orchard land (% of total land in county) in 2000

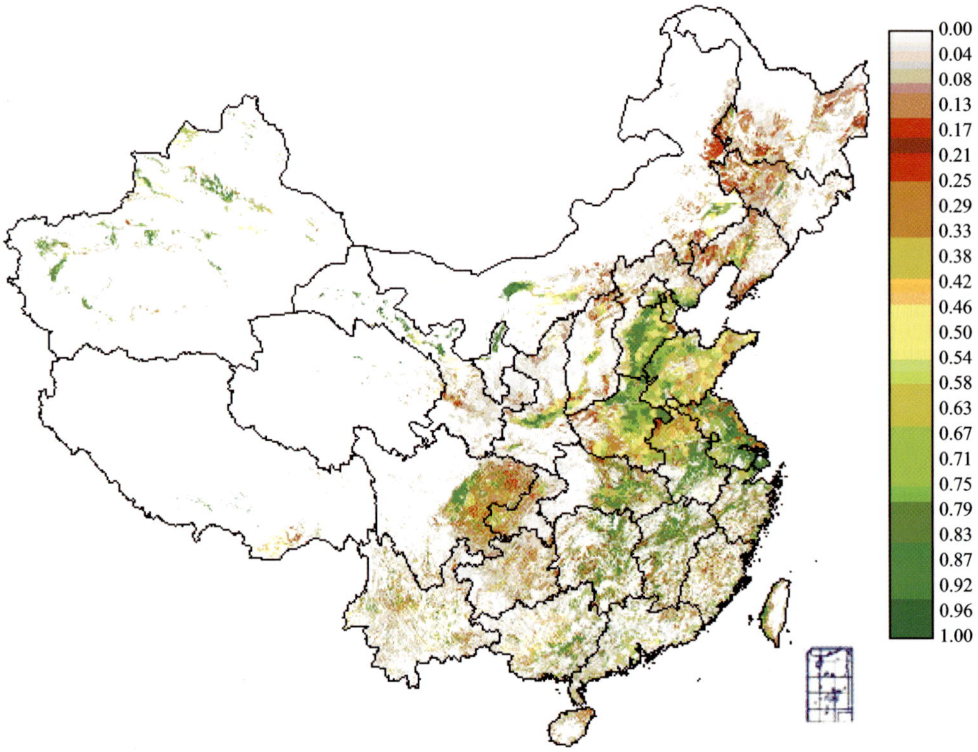

图 18.9　中国 2000 年 5 km×5 km 栅格上耕地灌溉率

Figure 18.9　Share of irrigation in cultivated land (at 5 km× 5 km grid cell level), 2000

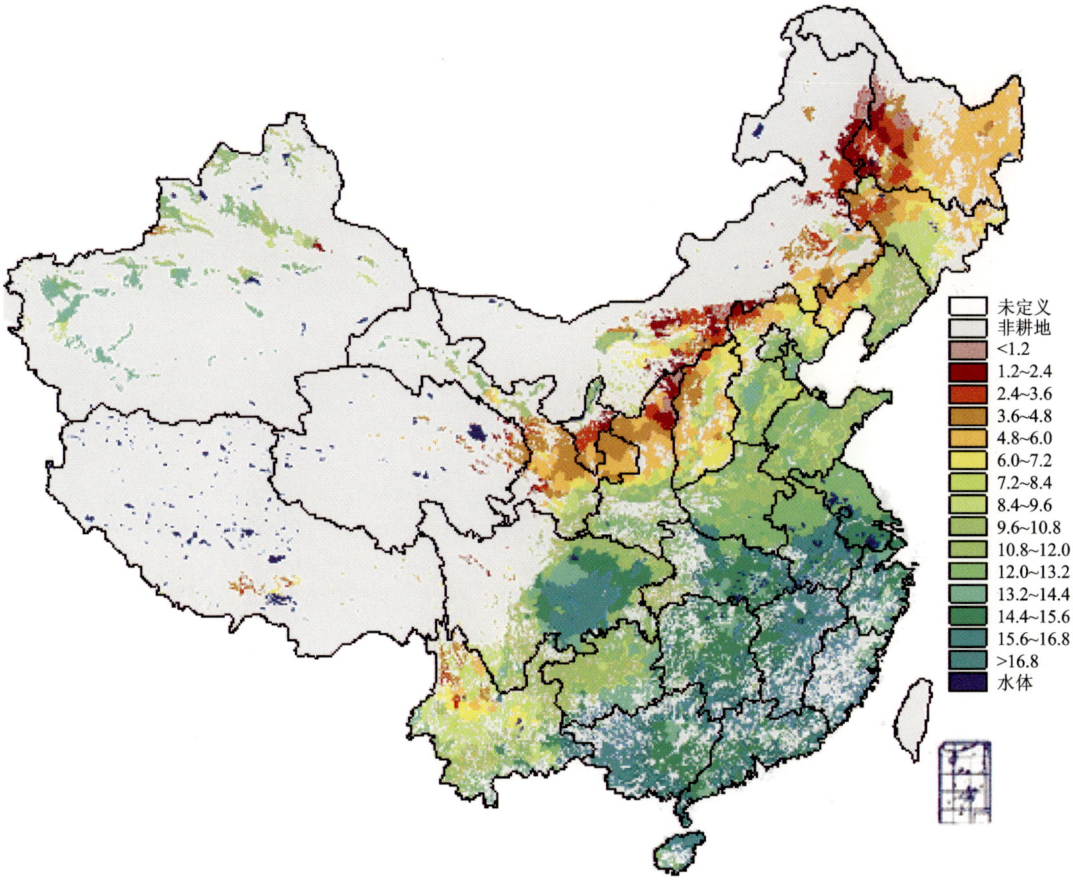

图 18.10 中国 5 km×5 km 栅格上基于灌溉与雨养生产潜力计算汇总的年均粮食生产潜力

Figure 18.10 Annual potential (grain) productivity (at 5 km×5 km grid-cell level), weighted average of irrigation and rain-fed potentials

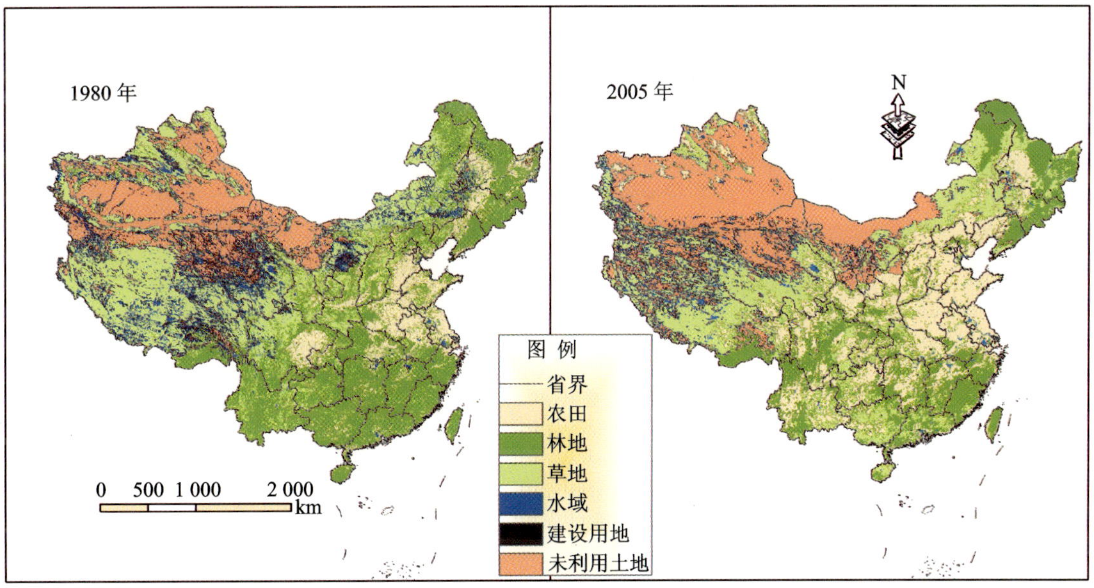

图 19.10 近 30 年以来中国土地利用变化

Figure 19.10 Land use changes over the past 30 years in China

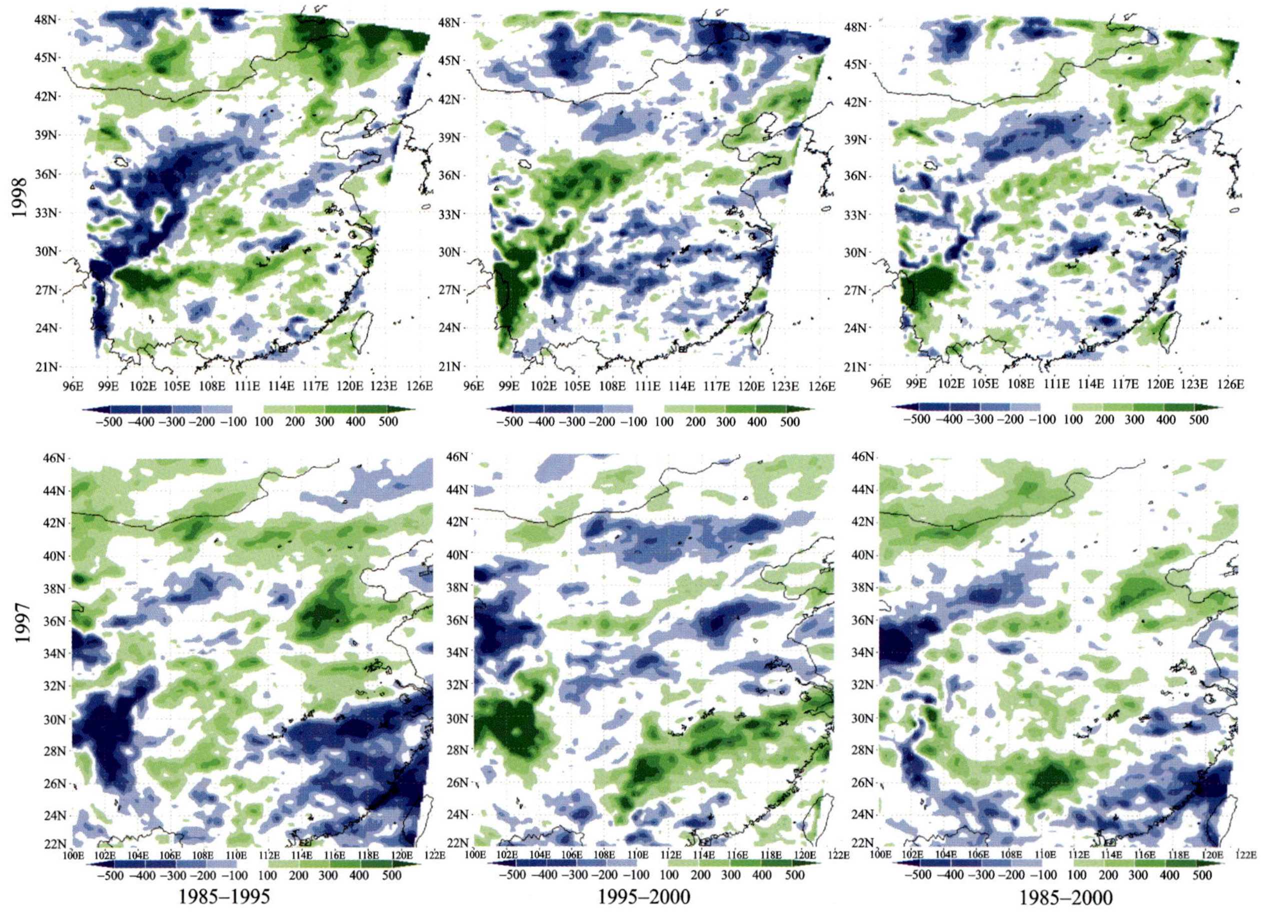

图 19.13　基于不同土地利用变化格局的 1997 年和 1998 年生长期降水变化

Figure 19.13　Changes in precipitation (Feb 20th to Oct 15th) in the growing seasons of 1997and 1998

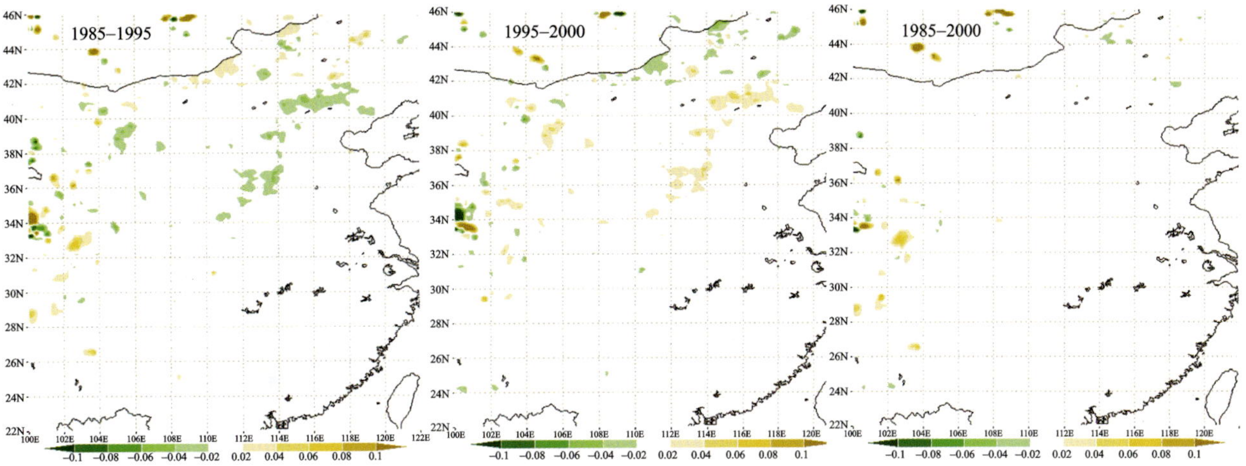

图 19.11　RAMS 模拟地表反照率变化示意图

Figure 19.11　Changes in albedo as represented in RAMS simulations

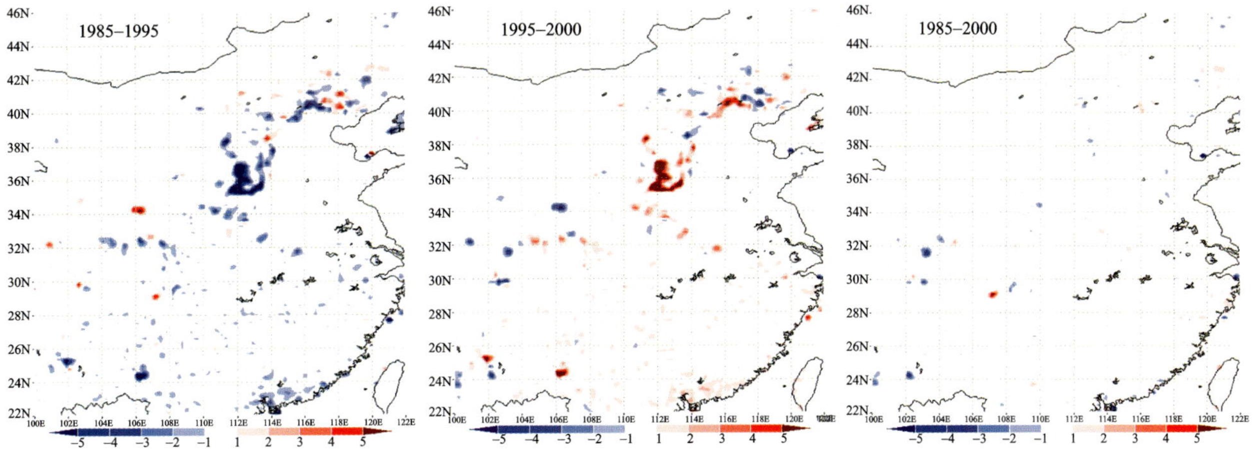

图 19.12　RAMS 模拟的植被位移高度的变化

Figure 19.12　Changes in vegetation displacement height as represented in RAMS simulations

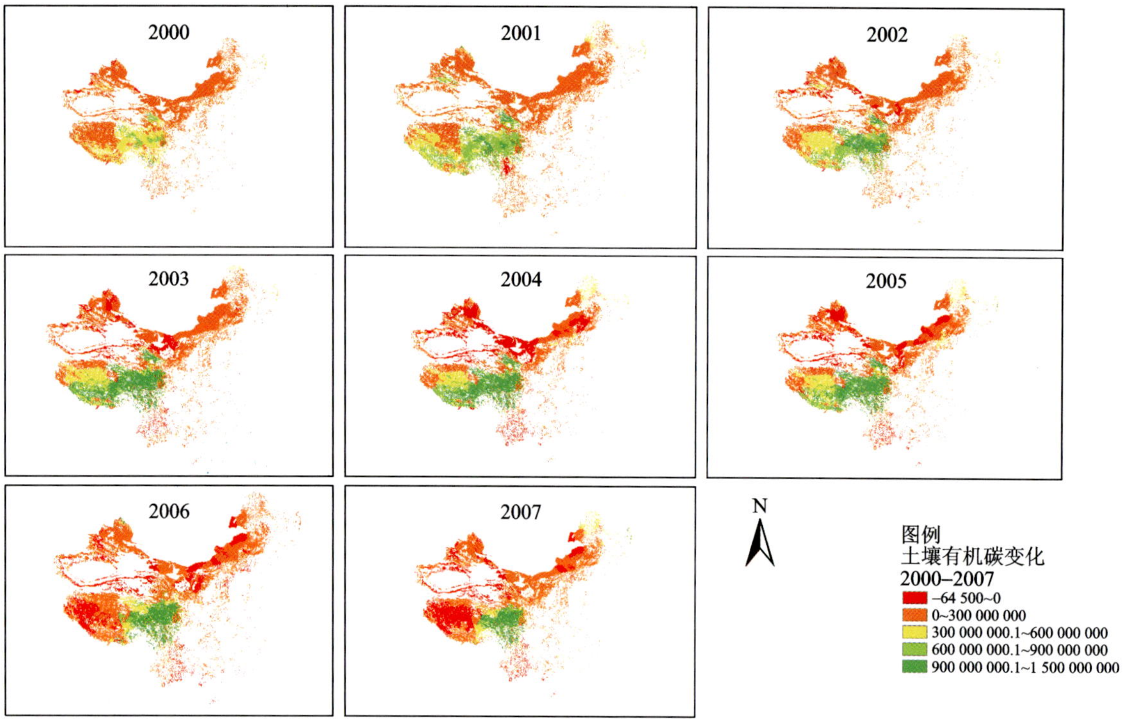

图 19.16　中国草原土壤碳库动态空间分布

Figure 19.16　Soil carbon pool dynamics in Chinese grassland ecosystem

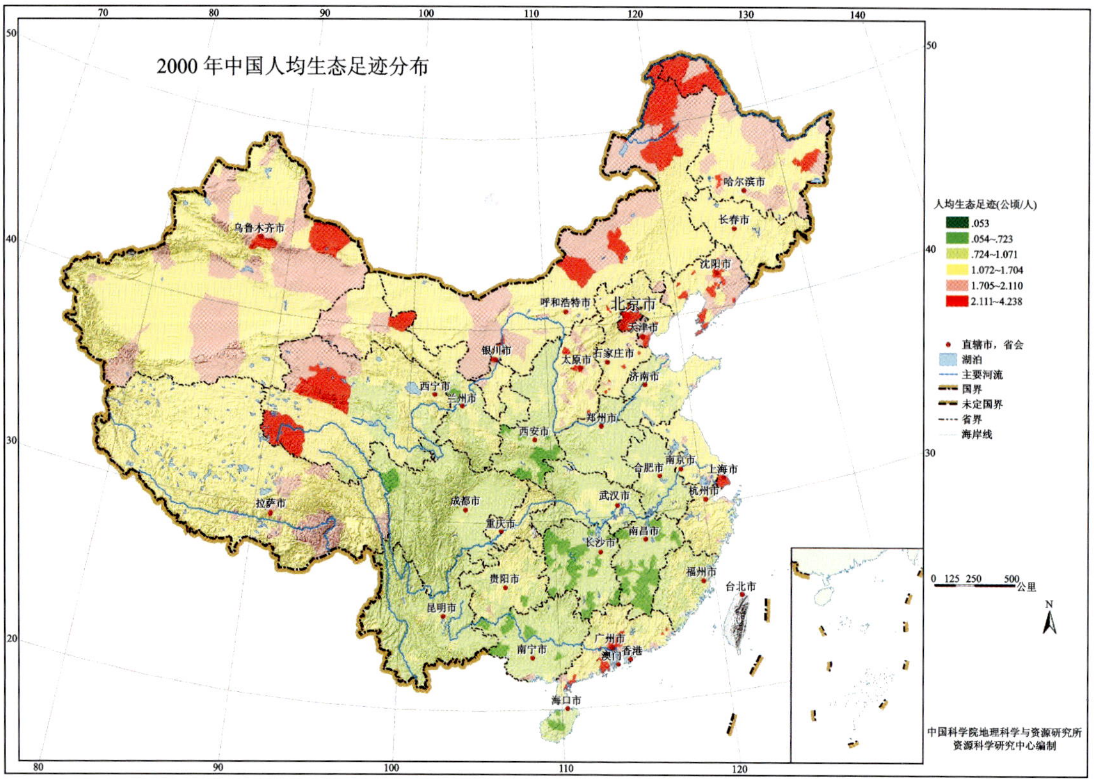

图 20.14　2000 年中国县际尺度人均生态足迹的空间分布

Figure 20.14　Per capita footprint distribution by counties in 2000

郑 重 声 明